Engineer Industrial Safety

맞짱 뜨기

`2023
산업안전기사

★ 단기간 합격에 맞춰 구성된 교재
★ 요약된 이론과 최신기출문제의 조합

오병섭 · 김세연 · 류선희 · 경국현 공편저

전 출제위원
검수

필기

인터넷 강의 신지원에듀 www.sinjiwonedu.co.kr

맞짱 뜨기

2023
산업
안전
기사
필기

Engineer
Industrial
Safety

EBS
교육방송교재

머리말

2022년 1월 27일 중대재해처벌법이 시행되었다. 그간 산업현장에서 중시되던 산업안전보건 등은 더 중대한 사회적 issue로 자리매김하고 있다. 사업장의 안전보건경영체계 구축 및 운영, 위험성 평가, 안전보건 교육 등 업무영역 또한 확장되고 있는 현실이다.

특히 국가기관, 공공기관, 대기업 등 전 산업분야에 안전담당 업무가 강화됨으로써 안전 전문가는 지속적으로 수요가 늘어갈 전망이다.

본 수험서는 산업안전기사 필기시험을 위한 이론과 기출문제의 풀이를 위한 해설을 제시하였다.

2021년도 산업안전분야 현황에서 산업안전기사 필기 응시 41,704명, 합격 20,205명, 실기 응시 29,571명, 합격 15,310명으로 평균 52%의 합격률을 보이고 있다. 최근의 산업안전기사의 많은 수요로 인해 난이도 조절 등을 통해 합격률이 과거보다 높아졌지만, 과거의 현황을 보면 만만치 않은 시험 중 하나이다.

본 수험서에 수록된 과목의 내용은 안전관리론, 인간공학 및 시스템안전공학, 기계위험방지기술, 전기위험방지기술, 화학설비 위험방지기술, 건설안전기술의 이론과 최근 6개년 기출문제 풀이로 구성하였다.

본 수험서는 수험생들이 이해하기 쉽게 구성하였으며, 새로이 개정된 법률 등을 전체적으로 반영하였다. 산업안전기사 국가공인 자격증 출제기준을 최대한 준수하였으며, 수험생들이 보다 쉽고 빠르게 산업안전기사 자격시험에 합격한다는 목표로 집필하였다.

기사 자격시험 합격의 핵심은 기 출제된 문제를 통한 빠른 이해와 다양한 과목을 이해하고 암기하는 것이다. 이런 모든 것을 쉽게 하기 위해서는 시험공부의 기본 계획을 세워 기출문제 풀이 5회독 이상을 권한다.

이 책이 수험생들에게 많은 도움이 되길 바라며, 합격이라는 좋은 결과가 있기를 기원한다.

공편저자 오병섭, 김세언, 류선희, 정국현

이 책의 구성 및 특징

효율적인 이론 구성

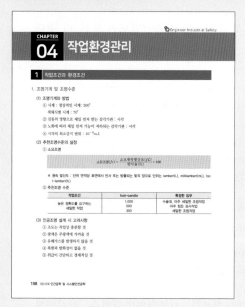

도표와 수식 등을 충분히 활용하여, 한눈에 들어올 수 있도록 이론을
효과적으로 요약하였습니다.

최근 빈출개념 표시

최근 기출문제에 출제된 개념은 ★표시를 하여 중요성을 강조하였습니
다.

• ★표시가 많을수록 더 자주 출제된 내용입니다.

계산문제 대비를 위한 예제 구성

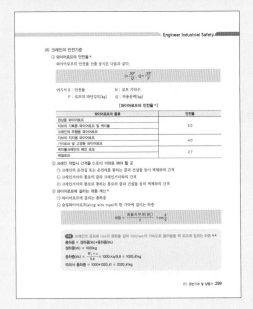

계산이 필요한 문제를 대비하기 위하여 적재적소에 예제를 배치하였습니다.

기출복원문제 수록

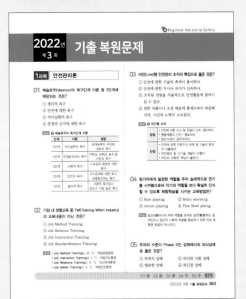

최근 6년간 기출문제를 복원하여 해설과 함께 수록하였습니다.

1
개요

생산관리에서 안전을 제외하고는 생산성 향상이 불가능하다는 인식 속에서 산업현장의 근로자를 보호하고 근로자들이 안심하고 생산성 향상에 주력할 수 있는 작업환경을 만들기 위하여 전문적인 지식을 가진 기술인력을 양성하고자 산업안전기사 자격제도를 제정하였다.

2
수행직무

제조 및 서비스업 등 각 산업현장에 배속되어 산업재해 예방계획의 수립에 관한 사항을 수행하며, 작업환경의 점검 및 개선에 관한 사항, 유해 및 위험방지에 관한 사항, 사고사례 분석 및 개선에 관한 사항, 근로자의 안전교육 및 훈련에 관한 업무 등을 수행한다.

3
진로 및 전망

기계, 금속, 전기, 화학, 목재 등 모든 제조업체, 안전관리 대행업체, 산업안전관리 정부기관, 한국산업안전공단 등으로 진출할 수 있다.

우리나라의 경우 재해율이 아직 후진국 수준에 머물러 있어 이를 개선하기 위한 계속적 투자의 사회적 인식이 높아지고 있으며, 안전인증 대상을 확대하여 각종 기계 · 기구 및 이를 위한 각종 방호장치까지 안전인증을 취득하도록 산업안전보건법 시행규칙이 개정되어, 이에 따른 고용창출 효과가 기대되고 있다. 전반적으로 산업안전기사 자격증 취득자에 대한 인력수요는 계속 증가할 것이다.

① 2023년 시험일정

회별	필기시험			응시자격 서류제출 (필기합격자결정)	실기시험		
	원서접수 (휴일제외)	시험시행	합격(예정)자 발표		원서접수 (휴일제외)	시험시행	합격자 발표
제1회	1.10~1.13	2.13~2.28	3.21	2.13~3.31	3.28~3.31	4.22~5.7	6.9
	1.16~1.19	3.1~3.15					
제2회	4.17~4.20	5.13~6.4	6.14	5.15~6.23	6.27~6.30	7.22~8.6	1차 : 8.17 2차 : 9.1
제3회	6.19~6.22	7.8~7.23	8.2	7.10~8.11	9.4~9.7	10.7~10.20	1차 : 11.1 2차 : 11.15

※ 제1회 시험 중 2.13~2.28 시험은 2월까지 응시자격을 갖춘 자, 3.1~3.15 시험은 3월부터 응시자격을 갖춘 자를 대상으로 한다.

- 원서접수시간은 원서접수 첫날 10:00부터 마지막 날 18:00까지임
- 필기시험 합격예정자 및 최종합격자 발표시간은 해당 발표일 09:00임
- 주말 및 공휴일, 공단창립기념일(3.18)에는 실기시험 원서 접수 불가
- 원서는 인터넷으로만 접수 가능
- 정확한 시험 일정은 한국산업인력공단 사이트(www.q-net.or.kr) 참고

② 취득방법

① 시행처 : 한국산업인력공단

② 관련학과 : 대학 및 전문대학의 안전공학, 산업안전공학, 보건안전학 관련학과

③ 시험과목
  - 필기(총 6과목) : 안전관리론, 인간공학 및 시스템안전공학, 기계위험방지기술, 전기위험방지기술, 화학설비 위험방지기술, 건설안전기술
  - 실기 : 산업안전실무

④ 검정방법
  - 필기 : 객관식 4지 택일형, 과목당 20문항(과목당 30분), 총 120문항 출제
  - 실기 : 복합형[필답형(1시간 30분, 55점) + 작업형(1시간 정도, 45점)]

⑤ 합격기준
  - 필기 : 100점을 만점으로 하여 과목당 40점 이상, 전과목 평균 60점 이상
  - 실기 : 100점을 만점으로 하여 60점 이상

③ 수수료

- 필기 : 19,400원
- 실기 : 34,600원

I. 안전관리론

주요항목	세부항목
1. 안전보건관리의 개요	안전과 생산
	안전보건관리 체제 및 운용
2. 재해 및 안전점검	재해조사
	산재분류 및 통계 분석
	안전점검 · 검사 · 인증 및 진단
3. 무재해운동 및 보호구	무재해 운동 등 안전활동 기법
	보호구 및 안전 보건표지
4. 산업안전심리	산업심리와 심리검사
	직업적성과 배치
	인간의 특성과 안전과의 관계
5. 인간의 행동과학	조직과 인간행동
	재해 빈발성 및 행동과학
	집단관리와 리더십
	생체리듬과 피로
6. 안전보건교육의 개념	교육의 필요성과 목적
	교육심리학
	안전보건교육계획 수립 및 실시
7. 교육의 내용 및 방법	교육내용
	교육방법
	교육실시 방법
8. 산업안전 관계법규	산업안전보건법
	산업안건보건법 시행령
	산업안전보건법 시행규칙
	관련 기준 및 지침

II. 인간공학 및 시스템안전공학

주요항목	세부항목
1. 안전과 인간공학	인간공학의 정의
	인간-기계체계
	체계설계와 인간 요소
2. 정보입력표시	시각적 표시장치
	청각적 표시장치
	촉각 및 후각적 표시장치
	인간요소와 휴먼에러
3. 인간계측 및 작업공간	인체계측 및 인간의 체계제어
	신체활동의 생리학적 측정법
	작업 공간 및 작업자세
	인간의 특성과 안전
4. 작업환경관리	작업조건과 환경조건
	작업환경과 인간공학
5. 시스템 위험분석	시스템 위험분석 및 관리
	시스템 위험 분석 기법
6. 결함수 분석법	결함수 분석
	정성적, 정량적 분석
7. 안전성 평가	위험성 평가의 개요
	신뢰도 계산
8. 각종 설비의 유지관리	설비관리의 개요
	설비의 운전 및 유지관리
	보전성 공학

III. 기계위험방지기술

주요항목	세부항목
1. 기계안전의 개념	기계의 위험 및 안전조건
	기계의 방호
	구조적 안전
	기능적 안전
2. 공작기계의 안전	절삭가공기계의 종류 및 방호장치
	소성가공 및 방호장치
3. 프레스 및 전단기의 안전	프레스 재해방지의 근본적인 대책
	금형의 안전화
4. 기타 산업용 기계 · 기구	롤러기
	원심기
	아세틸렌 용접장치 및 가스집합 용접장치
	보일러 및 압력용기
	산업용 로봇
	목재 가공용 기계
	고속회전체
	사출성형기
5. 운반기계 및 양중기	지게차
	컨베이어
	크레인 등 양중기(건설용은 제외)
	구내 운반 기계
6. 설비진단	비파괴검사의 종류 및 특징
	진동방지 기술
	소음방지 기술

IV. 전기위험방지기술

주요항목	세부항목
1. 전기 안전 일반	전기의 위험성
	전기설비 및 기기
	전기작업안전
2. 감전재해 및 방지대책	감전재해 예방 및 조치
	감전재해의 요인
	누전차단기 감전예방
	아크 용접장치
	절연용 안전장구
3. 전기화재 및 예방대책	전기화재의 원인
	접지공사
	피뢰설비
	화재경보기
	화재대책
4. 정전기의 재해방지대책	정전기의 발생 및 영향
	정전기재해의 방지대책
5. 전기설비의 방폭	방폭구조의 종류
	전기설비의 방폭 및 대책
	방폭설비의 공사 및 보수

V. 화학설비 위험방지기술

주요항목	세부항목
1. 위험물 및 유해화학물질 안전	위험물, 유해화학물질의 종류
	위험물, 유해화학물질의 취급 및 안전 수칙
2. 공정안전	공정안전 일반
	공정안전 보고서 작성심사 · 확인
3. 폭발방지 및 안전대책	폭발의 원리 및 특성
	폭발방지대책
4. 화학설비안전	화학설비의 종류 및 안전기준
	건조설비의 종류 및 재해형태
	공정 안전기술
5. 화재예방 및 소화방법	연소
	소화

VI. 건설안전기술

주요항목	세부항목
1. 건설공사 안전개요	공정계획 및 안전성 심사
	지반의 안정성
	건설업산업안전보건관리비
	사전안전성검토(유해위험방지 계획서)
2. 건설공구 및 장비	건설공구
	건설장비
	안전수칙
3. 양중기 및 해체용 기계 · 기구의 안전	해체용 기구의 종류 및 취급안전
	양중기의 종류 및 안전수칙
4. 건설재해 및 대책	떨어짐(추락) 재해 및 대책
	무너짐(붕괴) 재해 및 대책
	떨어짐(낙하), 날아옴(비래) 재해대책
5. 건설 가시설물 설치기준	비계
	작업통로 및 발판
	거푸집 및 동바리
	흙막이
6. 건설구조물공사 안전	콘크리트 구조물공사 안전
	철골 공사 안전
	PC(Precast Concrete) 공사 안전
7. 운반 · 하역작업	운반작업
	하역공사

목차

목차

기출 복원문제

Engineer Industrial Safety

제 1 과목

안전관리론

CHAPTER 01 안전보건관리의 개요

1 안전과 생산

1. 용어의 정의

(1) 산업재해

노무를 제공하는 사람이 업무에 관계되는 건설물·설비·원재료·가스·증기·분진 등에 의하거나 작업 또는 그 밖의 업무로 인하여 사망 또는 부상을 당하거나 질병에 걸리는 것을 말한다.

(2) 중대재해 ★

산업재해 중 사망 등 재해 정도가 심하거나 다수의 재해자가 발생한 경우로서 다음에 해당하는 재해를 말한다.
① 사망자가 1명 이상 발생한 재해
② 3개월 이상의 요양이 필요한 부상자가 동시에 2명 이상 발생한 재해
③ 부상자 또는 직업성 질병자가 동시에 10명 이상 발생한 재해

(3) 근로자

직업의 종류와 관계없이 임금을 목적으로 사업이나 사업장에 근로를 제공하는 사람을 말한다.

(4) 사업주

근로자를 사용하여 사업을 하는 자를 말한다.

(5) 근로자대표

근로자의 과반수로 조직된 노동조합이 있는 경우에는 그 노동조합을, 근로자의 과반수로 조직된 노동조합이 없는 경우에는 근로자의 과반수를 대표하는 자를 말한다.

(6) 도급

명칭에 관계없이 물건의 제조·건설·수리 또는 서비스의 제공, 그 밖의 업무를 타인에게 맡기는 계약을 말한다.

(7) 도급인

물건의 제조·건설·수리 또는 서비스의 제공, 그 밖의 업무를 도급하는 사업주를 말한다. 단, 건설공사발주자는 제외한다.

(8) 수급인

도급인으로부터 물건의 제조·건설·수리 또는 서비스의 제공, 그 밖의 업무를 도급받은 사업주를 말한다.

(9) 관계수급인

도급이 여러 단계에 걸쳐 체결된 경우에 각 단계별로 도급받은 사업주 전부를 말한다.

(10) 안전보건진단

산업재해를 예방하기 위하여 잠재적 위험성을 발견하고 그 개선대책을 수립할 목적으로 조사·평가하는 것을 말한다.

(11) 작업환경측정

작업환경 실태를 파악하기 위하여 해당 근로자 또는 작업장에 대하여 사업주가 유해인자에 대한 측정계획을 수립한 후 시료(試料)를 채취하고 분석·평가하는 것을 말한다.

2. 안전보건관리 제 이론

(1) 재해 발생 이론 ★

① 하인리히(H. W. Heinrich)의 도미노이론
  ㉠ 1단계 – 유전적인 요소 및 사회 환경(선천적 결함)
  ㉡ 2단계 – 개인의 결함(간접원인)
  ㉢ 3단계 – 불안전한 행동(인적 결함) 및 불안전한 상태(물적 결함) – (직접원인) ※ 제거가능
  ㉣ 4단계 – 사고
  ㉤ 5단계 – 재해

② 웨버의 연쇄성 이론
  ㉠ 1단계 – 유전적 결함 및 사회 환경
  ㉡ 2단계 – 개인적 결함(인간의 결함)
  ㉢ 3단계 – 불안전한 행동 및 상태
  ㉣ 4단계 – 사고
  ㉤ 5단계 – 상해

③ 버드(Frank Bird)의 신도미노이론 ★★★
  ㉠ 1단계 – 관리의 부족(관리의 부재, 통제부족)
  ㉡ 2단계 – 기본원인(기원)
  ㉢ 3단계 – 직접원인(징후) – 불안전한 행동, 불안전한 상태
  ㉣ 4단계 – 사고
  ㉤ 5단계 – 상해, 재해

④ 아담스(Edward Adams)의 사고연쇄 이론 ★
  ㉠ 1단계 – 관리구조
  ㉡ 2단계 – 작전적 에러(관리감독자의 오판, 누락 등)
  ㉢ 3단계 – 전술적 에러(작업자의 에러)
  ㉣ 4단계 – 사고
  ㉤ 5단계 – 상해

[이론의 정리]

구분	하인리히 도미노이론	웨버 연쇄성 이론	버드 신도미노이론	아담스 연쇄이론
1단계	유전적 요소, 환경	유전과 환경	제어부족(관리부재)	관리구조
2단계	개인적 결함	개인적 결함	기본원인(기원)	작전적 에러
3단계	불안전한 행동, 불안전한 상태	불안전한 행동, 불안전한 상태	직접원인(징후)	전술적 에러
4단계	사고	사고	사고(접촉)	사고
5단계	재해	상해	상해(손실)	상해

※ 제거가능 : 불안전행동, 불안전상태

(2) 재해 발생 원인★

간접원인★★	① 기술적 원인 : 건물, 기계장치의 설계불량, 구조, 재료의 부적합, 생산방법의 부적합, 점검, 정비, 보존불량 ② 교육적 원인 : 안전지식의 부족, 안전수칙의 오해, 경험·훈련의 미숙, 작업방법의 교육 불충분, 유해·위험작업의 교육 불충분 ③ 작업관리상 원인 : 안전관리조직 결함, 안전수칙 미제정, 작업준비 불충분, 인원배치 부적당, 작업지시 부적당
직접원인★	① 불안전한 행동(인적) : 위험장소 접근, 안전장치의 기능 제거, 기계기구의 잘못 사용, 운전중인 기계장치의 손질, 위험물 취급 부주의, 방호장치의 무단탈거 등 ② 불안전한 상태(물적) : 물 자체의 결함, 안전방호장치의 결함, 복장·보호구의 결함, 물의 배치 및 작업장소 결함, 생산공정의 결함

(3) 재해의 예방

① 재해예방의 4원칙★★★★★★

㉠ 예방 가능의 원칙 : 천재지변을 제외한 모든 인재는 예방이 가능하다.

㉡ 손실 우연의 원칙 : 사고의 결과 손실의 유무 또는 대소는 사고 당시의 조건에 따라서 우연적으로 발생한다.

㉢ 원인 연계의 원칙 : 사고에는 반드시 원인이 있으며, 원인은 대부분 복합적 연계 원인이다.

㉣ 대책 선정의 원칙 : 사고의 원인이나 불안전 요소가 발견되면 반드시 대책은 선정 실시되어야 하며, 대책 선정이 가능하다. 대책에는 재해 방지의 세 기둥이라 할 수 있는 3E, 즉 기술적 대책, 교육적 대책, 규제적 대책을 들 수 있다.

② 하인리히의 사고예방대책의 기본원리 5단계★★

㉠ 제1단계 : 안전관리조직

경영자는 안전 목표를 설정하고 먼저 안전관리조직을 구성하여 안전활동 방침 및 계획을 수립하고자 전문적 기술을 가진 조직을 통한 안전활동을 전개함으로써 전 종업원의 참여하에 집단의 목표를 달성하도록 하여야 한다.

ⓛ 제2단계 : 사실의 발견(현상파악)

ⓐ 사고 및 활동 기록의 검토

ⓑ 작업분석

ⓒ 점검 및 검사

ⓓ 사고 조사

ⓔ 각종 안전 회의 및 토의

ⓕ 근로자의 제안 및 여론 조사

ⓖ 관찰 및 보고의 연구 등을 통하여 불안전 요소를 발견한다.

ⓒ 제3단계 : 분석평가(발견된 사실 및 불안전한 요소)

ⓐ 사고 보고서 및 현장조사 분석

ⓑ 사고 기록 및 관계자료 분석

ⓒ 인적·물적 환경적 조건 분석

ⓓ 작업 공정 분석

ⓔ 교육 및 훈련 분석

ⓕ 배치 사항 분석

ⓖ 안전 수칙 및 작업 표준 분석

ⓗ 보호 장비의 적부 등의 분석을 통하여 사고의 직접원인과 간접원인을 찾아낸다.

ⓔ 제4단계 : 시정 방법의 선정(분석을 통해 색출된 원인) ★

ⓐ 기술적 개선

ⓑ 작업 배치 조정(인사조정)

ⓒ 교육 및 훈련 개선

ⓓ 안전 행정 개선

ⓔ 규정 및 수칙, 작업표준, 제도의 개선

ⓕ 안전활동 전개 등의 효과적인 개선 방법을 선정한다.

ⓜ 제5단계 : 시정책의 적용

ⓐ 목표를 설정하여 실시하고 실시 결과를 재평가하여 불합리한 점은 재조정되어 실시

ⓑ 시정책은 하비가 주장한 3E, 즉 교육(Education), 기술(Engineering), 독려·규제(Enforcement)를 완성함으로써 이루어진다.

(4) 재해 구성비율

① 하인리히 법칙 ★★★

1 : 29 : 300의 법칙

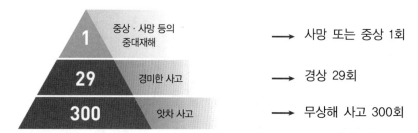

★ 재해의 발생 = 물적 불안전상태 + 인적 불안전행위 + α = 설비적 결함 + 관리적 결함 + α

따라서 α = 300/1+29+300(하인리히 법칙)

α : 잠재된 위험의 상태 = 재해

② 버드의 법칙 ★★

1 : 10 : 30 : 600의 법칙

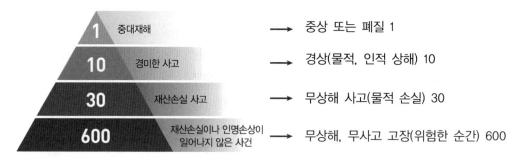

(5) 재해예방 대책

① 3S

㉠ 표준화(Standardization)

㉡ 전문화(Specialization)

㉢ 단순화(Simplification)

② 3E

㉠ 기술(Engineering)

㉡ 교육(Education)

㉢ 규제(Enforcement)

③ 4M ★

㉠ 사람(Man) : 인간으로부터 비롯되는 재해의 발생원인(착오, 실수, 불안전행동, 오조작 등)

  © 기계, 설비(Machine) : 기계로부터 비롯되는 재해 발생원(설계착오, 제작착오, 배치착오, 고장 등)

  © 물질, 환경(Media) : 작업매체로부터 비롯되는 재해 발생원(작업정보 부족, 작업환경 불량 등)

  © 관리(Management) : 관리로부터 비롯되는 재해 발생원(교육 부족, 안전조직 미비, 계획불량 등)

> ⊙ 3S와 3E
>
> **3S** : ① 표준화(Standardization) ② 전문화(Specialization) ③ 단순화(Simplification) + 총합화(Synthesization)를 추가하면 4S
>
> **3E** : ① 기술(Engineering) ② 교육(Education) ③ 규제(Enforcement) + 환경(Enviroment)을 추가하면 4E

3. 생산성과 경제적 안전도

(1) 안전관리의 정의

인사관리 등의 일환으로서 기업에 있어서 이 목적을 수행하기 위하여 인간존중의 정신을 이념으로 사업장의 노동재해의 요인을 파악하여 그것을 배제하며 노동재해의 방지를 도모하여 무사고로 일하는 환경을 만들어 내는 조직적, 합리적, 과학적인 제도이다.

(2) 안전관리의 기능

① 산업재해의 방지 및 노동생산성 향상

② 직장 내의 질서유지 및 직장규율의 개선

③ 노사협력 및 인간관계의 개선

(3) 생산과 안전

생산과 안전 양자를 따로따로 분리시킬 경우, 경영은 존재할 수 없으며 이때 안전이 가장 첫째로 우선된다. 또한 안전은 재해에 따른 경영 손실을 예방하므로 기업안전상 문제의 관할은 하나의 조직으로 종합하는 것이 바람직하다.

(4) 안전관리와 품질향상

현장에서 무재해가 지속되면 일하는 분위기가 아주 좋아지고 따라서 안전한 작업장에서 일하려는 근로자들의 욕구는 더욱 더 강렬해지고 더불어 안전관리에 만전을 기해야 한다. 그러면 품질향상도 되고 생산성도 높아진다. 산업현장에서 모든 생산이 이루어지기 때문에 환경적응이 상당히 중요하며 사고를 사전에 예방할 수 있을 뿐만 아니라 품질도 수준도 높여 준다. 이러한 안전관리와 품질향상을 위해서는

첫째, 자율적인 안전관리가 필요하다. 자신의 신체 중요성을 모두가 자각하고 있는 만큼 스스로 안전을 확립하는 것이다.

둘째, 확인·점검·개선의 추진이다. 현장에서의 행동을 통해 점검하고 더 나은 방향으로의 개선을 추진하는 것이다.

셋째, 쾌적한 작업현장의 구현이다. 깨끗하게 정리 및 정돈된 작업장은 안전의 기초라는 생각하에 항상 쾌적한 상태가 유지되도록 사업장을 정리하도록 하여야 한다.

4. 제조물책임과 안전

(1) 제조물책임

제조물의 결함으로 발생한 손해에 대한 제조업자 등의 손해배상책임을 규정함으로써 피해자 보호를 도모하고 국민생활의 안전 향상과 국민경제의 건전한 발전을 위하는 것이 제조물책임이다.

(2) 제조물책임의 용어 정의

① "제조물"이란 제조되거나 가공된 동산(다른 동산이나 부동산의 일부를 구성하는 경우를 포함한다)을 말한다.

② "결함"이란 해당 제조물에 다음의 어느 하나에 해당하는 제조상·설계상 또는 표시상의 결함이 있거나 그 밖에 통상적으로 기대할 수 있는 안전성이 결여되어 있는 것을 말한다.

　㉠ "제조상의 결함"이란 제조업자가 제조물에 대하여 제조상·가공상의 주의의무를 이행하였는지에 관계없이 제조물이 원래 의도한 설계와 다르게 제조·가공됨으로써 안전하지 못하게 된 경우를 말한다.

　㉡ "설계상의 결함"이란 제조업자가 합리적인 대체설계(代替設計)를 채용하였더라면 피해나 위험을 줄이거나 피할 수 있었음에도 대체설계를 채용하지 아니하여 해당 제조물이 안전하지 못하게 된 경우를 말한다.

　㉢ "표시상의 결함"이란 제조업자가 합리적인 설명·지시·경고 또는 그 밖의 표시를 하였더라면 해당 제조물에 의하여 발생할 수 있는 피해나 위험을 줄이거나 피할 수 있었음에도 이를 하지 아니한 경우를 말한다.

③ "제조업자"란 다음의 자를 말한다.

　㉠ 제조물의 제조·가공 또는 수입을 업(業)으로 하는 자

　㉡ 제조물에 성명·상호·상표 또는 그 밖에 식별(識別) 가능한 기호 등을 사용하여 자신을 ㉠의 자로 표시한 자 또는 ㉠의 자로 오인(誤認)하게 할 수 있는 표시를 한 자

(3) 제조물책임의 내용

① 제조업자는 제조물의 결함으로 생명·신체 또는 재산에 손해(그 제조물에 대하여만 발생한 손해는 제외한다)를 입은 자에게 그 손해를 배상하여야 한다.

② 제조업자가 제조물의 결함을 알면서도 그 결함에 대하여 필요한 조치를 취하지 아니한 결과로 생명 또는 신체에 중대한 손해를 입은 자가 있는 경우에는 그 자에게 발생한 손해의 3배를 넘지 아니하는 범위에서 배상책임을 진다. 이 경우 법원은 배상액을 정할 때 다음의 사항을 고려하여야 한다.

　㉠ 고의성의 정도

　㉡ 해당 제조물의 결함으로 인하여 발생한 손해의 정도

　㉢ 해당 제조물의 공급으로 인하여 제조업자가 취득한 경제적 이익

　㉣ 해당 제조물의 결함으로 인하여 제조업자가 형사처벌 또는 행정처분을 받은 경우 그 형사처벌 또는 행정처분의 정도

　㉤ 해당 제조물의 공급이 지속된 기간 및 공급 규모

　㉥ 제조업자의 재산상태

　㉦ 제조업자가 피해구제를 위하여 노력한 정도

③ 피해자가 제조물의 제조업자를 알 수 없는 경우에 그 제조물을 영리 목적으로 판매·대여 등의 방법으로 공급한 자는 ①에 따른 손해를 배상하여야 한다. 다만, 피해자 또는 법정대리인의 요청을 받고 상당한 기간 내에 그 제조업자 또는 공급한 자를 그 피해자 또는 법정대리인에게 고지(告知)한 때에는 그러하지 아니하다.

(4) 면책의 사유

① 손해배상책임을 지는 자가 다음의 어느 하나에 해당하는 사실을 입증한 경우에는 이 법에 따른 손해배상 책임을 면(免)한다.

㉠ 제조업자가 해당 제조물을 공급하지 아니하였다는 사실

㉡ 제조업자가 해당 제조물을 공급한 당시의 과학·기술 수준으로는 결함의 존재를 발견할 수 없었다는 사실

㉢ 제조물의 결함이 제조업자가 해당 제조물을 공급한 당시의 법령에서 정하는 기준을 준수함으로써 발생하였다는 사실

㉣ 원재료나 부품의 경우에는 그 원재료나 부품을 사용한 제조물 제조업자의 설계 또는 제작에 관한 지시로 인하여 결함이 발생하였다는 사실

② 손해배상책임을 지는 자가 제조물을 공급한 후에 그 제조물에 결함이 존재한다는 사실을 알거나 알 수 있었음에도 그 결함으로 인한 손해의 발생을 방지하기 위한 적절한 조치를 하지 아니한 경우에는 ①의 ㉡부터 ㉣까지의 규정에 따른 면책을 주장할 수 없다.

2 안전보건관리 체제 및 운용

1. 안전보건관리조직

(1) 안전보건조직의 목적

산업재해방지와 예방활동을 목적으로 안전보건조직을 구성한다.

(2) 안전보건조직의 종류 ★

- 직계식(Line) 조직
- 참모식(Staff) 조직
- 직계·참모식(Line·Staff) 조직

① 직계식(Line) 조직 ★★★

장점	㉠ 안전에 대한 지시 및 전달이 신속·용이하다. ㉡ 명령계통이 간단·명료하다. ㉢ 참모식보다 경제적이다.
단점	㉠ 안전에 관한 전문지식 부족 및 기술의 축적이 미흡하다. ㉡ 안전정보 및 신기술 개발이 어렵다. ㉢ 라인에 과중한 책임이 물린다.
비고	㉠ 소규모(근로자 100인 미만) 사업장에 적용 ㉡ 모든 명령은 생산계통을 따라 이루어진다.

② 참모식(Staff) 조직 ★★★

장점	㉠ 안전에 관한 전문지식 및 기술의 축적이 용이하다. ㉡ 경영자의 조언 및 자문 역할 ㉢ 안전정보 수집이 용이하고 신속하다.
단점	㉠ 생산부서와 유기적인 협조 필요 ㉡ 생산부분의 안전에 대한 무책임·무권한 ㉢ 생산부서와 마찰이 일어나기 쉽다.
비고	중규모(근로자 100인~1,000인) 사업장에 적용

③ 직계·참모식(Line·Staff) 조직 ★★★

장점	㉠ 안전지식 및 기술 축적 가능 ㉡ 안전지시 및 전달이 신속·정확하다. ㉢ 안전에 대한 신기술의 개발 및 보급이 용이하다. ㉣ 안전활동이 생산과 분리되지 않으므로 운용이 쉽다.
단점	㉠ 명령계통과 지도·조언 및 권고적 참여가 혼동되기 쉽다. ㉡ 스태프의 힘이 커지면 라인이 무력해진다.
비고	대규모(근로자 1,000인 이상) 사업장에 적용

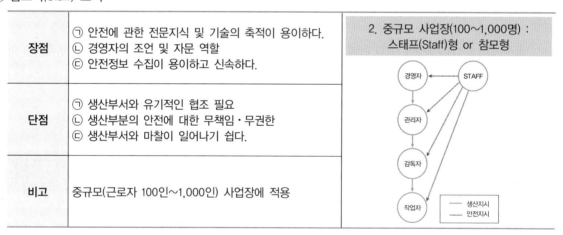

1. 소규모 사업장(100명 이하) : 라인형(Line) or 직계형

2. 중규모 사업장(100~1,000명) : 스태프(Staff)형 or 참모형

3. 대규모 사업장(1,000명 이상) : 라인·스태프형(Line·Staff) or 혼합형

(3) 안전보건 관리체계 조직도

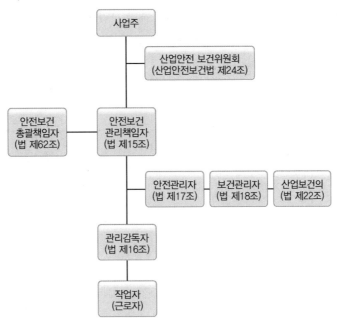

2. 산업안전보건위원회 등의 법적체제

(1) 산업안전보건위원회 구성 ★★

사업주는 사업장의 안전 및 보건에 관한 중요 사항을 심의·의결하기 위하여 사업장에 근로자위원과 사용자위원이 같은 수로 구성되는 산업안전보건위원회를 구성·운영하여야 한다.

① 근로자위원

　㉠ 근로자대표

　㉡ 명예산업안전감독관이 위촉되어 있는 사업장의 경우 근로자대표가 지명하는 1명 이상의 명예산업안전감독관

　㉢ 근로자대표가 지명하는 9명(근로자인 ㉡의 위원이 있는 경우에는 9명에서 그 위원의 수를 제외한 수를 말한다) 이내의 해당 사업장의 근로자

② 사용자위원 ★★

　㉠ 해당 사업의 대표자(같은 사업으로서 다른 지역에 사업장이 있는 경우에는 그 사업장의 안전보건관리책임자)

　㉡ 안전관리자(안전관리자를 두어야 하는 사업장으로 한정하되, 안전관리자의 업무를 안전관리전문기관에 위탁한 사업장의 경우에는 그 안전관리전문기관의 해당 사업장 담당자) 1명

　㉢ 보건관리자(보건관리자를 두어야 하는 사업장으로 한정하되, 보건관리자의 업무를 보건관리전문기관에 위탁한 사업장의 경우에는 그 보건관리전문기관의 해당 사업장 담당자) 1명

ⓔ 산업보건의(해당 사업장에 선임되어 있는 경우로 한정)

ⓜ 해당 사업의 대표자가 지명하는 9명 이내의 해당 사업장 부서의 장

[산업안전보건법상 산업안전보건위원회 및 노사협의체 구성위원] ★

구분	산업안전보건위원회	노사협의체
근로자위원	• 근로자대표 • 1명 이상 명예감독관 • 9명 이내 근로자	• 근로자대표(도급/하도급 포함) • 1명 이상 명예감독관 • 공사금액 20억 이상 도급/하도급 근로자대표
사용자위원	• 사업자대표 • 산업보건의 • 안전/보건관리자 각 1명 • 대표자가 지정한 사업장	• 사업자대표 • 안전/보건관리자 각 1명 • 공사금액 20억 이상 도급/하도급사업 사업주

(2) 산업안전보건위원회 심의·의결 사항

① 사업장의 산업재해 예방계획의 수립에 관한 사항

② 안전보건관리규정의 작성 및 변경에 관한 사항

③ 안전보건교육에 관한 사항

④ 작업환경측정 등 작업환경의 점검 및 개선에 관한 사항

⑤ 근로자의 건강진단 등 건강관리에 관한 사항

⑥ 산업재해의 원인 조사 및 재발 방지대책 수립에 관한 사항

⑦ 유해하거나 위험한 기계·기구·설비를 도입한 경우 안전 및 보건 관련 조치에 관한 사항

⑧ 그 밖에 해당 사업장 근로자의 안전 및 보건을 유지·증진시키기 위하여 필요한 사항

[산업안전보건위원회 심의·의결 사항 및 노사협의체 협의사항] ★★

산업안전보건위원회 심의·의결 사항	노사협의체 협의사항
• 산업재해예방계획 수립 • 안전보건관리규정 작성/변경 • 근로자 안전보건교육 및 건강관리 • 산업재해 통계기록 및 유지	• 산업재해 예방 및 대피방법 • 작업 시작시간 및 작업자 간 연락방법

(3) 산업안전보건위원회 회의 ★

① 회의 종류

㉠ 정기회의 : 분기마다 위원장이 소집

㉡ 임시회의 : 위원장이 필요하다고 인정할 때에 소집

[산업안전보건위원회, 노사협의체의 정기회의 개최기간 비교] ★★

산업안전보건위원회 운영	노사협의체 운영
• 정기회의 : 분기마다 • 임시회의 : 위원장이 필요하다 인정할 때	• 정기회의 : 2개월마다 • 임시회의 : 위원장이 필요하다 인정할 때

② 회의는 근로자위원 및 사용자위원 각 과반수의 출석으로 개의(開議)하고 출석위원 과반수의 찬성으로 의결한다.

③ 근로자대표, 명예산업안전감독관, 해당 사업의 대표자, 안전관리자 또는 보건관리자는 회의에 출석할 수 없는 경우에는 해당 사업에 종사하는 사람 중에서 1명을 지정하여 위원으로서의 직무를 대리하게 할 수 있다.

④ 산업안전보건위원회는 다음의 사항을 기록한 회의록을 작성하여 갖추어 두어야 한다.
  ㉠ 개최 일시 및 장소
  ㉡ 출석위원
  ㉢ 심의 내용 및 의결·결정 사항
  ㉣ 그 밖의 토의사항

⑤ 회의 결과 공지
  산업안전보건위원회의 위원장은 산업안전보건위원회에서 심의·의결된 내용 등 회의 결과와 중재 결정된 내용 등을 ㉠ 사내방송이나 사내보(社內報), 게시 또는 ㉡ 자체 정례조회, ㉢ 그 밖의 적절한 방법으로 근로자에게 신속히 알려야 한다.

(4) 주의사항

① 산업안전보건위원회는 이 법, 이 법에 따른 명령, 단체협약, 취업규칙 및 안전보건관리규정에 반하는 내용으로 심의·의결해서는 안 된다.

② 사업주는 산업안전보건위원회의 위원에게 직무 수행과 관련한 사유로 불리한 처우를 해서는 안 된다.

③ 산업안전보건위원회를 구성하여야 할 사업의 종류 및 사업장의 상시근로자 수, 산업안전보건위원회의 구성·운영 및 의결되지 아니한 경우의 처리방법, 그 밖에 필요한 사항은 대통령령으로 정한다.

(5) 산업안전보건위원회 설치대상 사업의 종류

사업의 종류	사업장의 상시근로자 수
1. 토사석 광업 2. 목재 및 나무제품 제조업; 가구 제외 3. 화학물질 및 화학제품 제조업; 의약품 제외(세제, 화장품 및 광택제 제조업과 화학섬유 제조업은 제외한다) 4. 비금속 광물제품 제조업 5. 1차 금속 제조업 6. 금속가공제품 제조업; 기계 및 가구 제외 7. 자동차 및 트레일러 제조업 8. 기타 기계 및 장비 제조업(사무용 기계 및 장비 제조업은 제외한다) 9. 기타 운송장비 제조업(전투용 차량 제조업은 제외한다)	상시근로자 50명 이상

10. 농업 11. 어업 12. 소프트웨어 개발 및 공급업 13. 컴퓨터 프로그래밍, 시스템 통합 및 관리업 14. 정보서비스업 15. 금융 및 보험업 16. 임대업; 부동산 제외 17. 전문, 과학 및 기술 서비스업(연구개발업은 제외한다) 18. 사업지원 서비스업 19. 사회복지 서비스업	상시근로자 300명 이상
20. 건설업	공사금액 120억원 이상(「건설산업기본법 시행령」 별표 1의 종합공사를 시공하는 업종의 건설업종란 제1호에 따른 토목 공사업의 경우에는 150억원 이상) ★
21. 제1호부터 제20호까지의 사업을 제외한 사업	상시근로자 100명 이상

3. 안전보건관리 운용방법

(1) 안전보건관리체제

① 회사의 대표이사는 대통령령으로 정하는 바에 따라 매년 회사의 안전 및 보건에 관한 계획을 수립하여 이사회에 보고하고 승인을 받아야 한다.

② ①에 따른 대표이사는 ①에 따른 안전 및 보건에 관한 계획을 성실하게 이행하여야 한다.

③ ①에 따른 안전 및 보건에 관한 계획에는 안전 및 보건에 관한 비용, 시설, 인원 등의 사항을 포함하여야 한다.

(2) 안전보건관리책임자 ★★

① 사업주는 사업장을 실질적으로 총괄하여 관리하는 사람에게 해당 사업장의 다음의 업무를 총괄하여 관리하도록 하여야 한다.

ㄱ 사업장의 산업재해 예방계획의 수립에 관한 사항

ㄴ 안전보건관리규정의 작성 및 변경에 관한 사항

ㄷ 안전보건교육에 관한 사항

ㄹ 작업환경측정 등 작업환경의 점검 및 개선에 관한 사항

ㅁ 근로자의 건강진단 등 건강관리에 관한 사항

ㅂ 산업재해의 원인 조사 및 재발 방지대책 수립에 관한 사항

ㅅ 산업재해에 관한 통계의 기록 및 유지에 관한 사항

ㅇ 안전장치 및 보호구 구입 시 적격품 여부 확인에 관한 사항

ㅈ 그 밖에 근로자의 유해·위험 방지조치에 관한 사항으로서 고용노동부령으로 정하는 사항

> **안전보건관리책임자 ★★**
> 1. 산업재해예방계획 수립
> 2. 안전보건관리규정 작성/변경
> 3. 근로자 안전보건교육 및 건강관리
> 4. 산업재해 통계기록 및 유지

② 안전보건관리책임자는 안전관리자와 보건관리자를 지휘·감독한다.

③ 안전보건관리책임자를 두어야 하는 사업의 종류와 사업장의 상시근로자 수

사업의 종류	사업장의 상시근로자 수
1. 토사석 광업 2. 식료품 제조업, 음료 제조업 3. 목재 및 나무제품 제조업; 가구 제외 4. 펄프, 종이 및 종이제품 제조업 5. 코크스, 연탄 및 석유정제품 제조업 6. 화학물질 및 화학제품 제조업; 의약품 제외 7. 의료용 물질 및 의약품 제조업 8. 고무 및 플라스틱제품 제조업 9. 비금속 광물제품 제조업 10. 1차 금속 제조업 11. 금속가공제품 제조업; 기계 및 가구 제외 12. 전자부품, 컴퓨터, 영상, 음향 및 통신장비 제조업 13. 의료, 정밀, 광학기기 및 시계 제조업 14. 전기장비 제조업 15. 기타 기계 및 장비 제조업 16. 자동차 및 트레일러 제조업 17. 기타 운송장비 제조업 18. 가구 제조업 19. 기타 제품 제조업 20. 서적, 잡지 및 기타 인쇄물 출판업 21. 해체, 선별 및 원료 재생업 22. 자동차 종합 수리업, 자동차 전문 수리업	상시 근로자 50명 이상
23. 농업 24. 어업 25. 소프트웨어 개발 및 공급업 26. 컴퓨터 프로그래밍, 시스템 통합 및 관리업 27. 정보서비스업 28. 금융 및 보험업 29. 임대업; 부동산 제외 30. 전문, 과학 및 기술 서비스업(연구개발업은 제외한다) 31. 사업지원 서비스업 32. 사회복지 서비스업	상시 근로자 300명 이상
33. 건설업	공사금액 20억원 이상 ★★★★
34. 제1호부터 제33호까지의 사업을 제외한 사업	상시 근로자 100명 이상 ★★

(3) 관리감독자

① 사업주는 사업장의 생산과 관련되는 업무와 그 소속 직원을 직접 지휘·감독하는 직위에 있는 사람(이하 "관리감독자"라 한다)에게 산업 안전 및 보건에 관한 업무로서 대통령령으로 정하는 업무를 수행하도록 하여야 한다.

② 관리감독자가 있는 경우에는 안전관리책임자 및 안전관리담당자를 각각 둔 것으로 본다.

> **관리감독자의 업무 ★**
> 1. 사업장 내 관리감독자가 지휘·감독하는 작업과 관련된 기계·기구 또는 설비 안전·보건 점검 및 이상 유무 확인
> 2. 관리감독자에게 소속된 근로자의 작업복·보호구 및 방호장치 점검 및 착용에 대한 교육·지도
> 3. 해당 작업에서 발생한 산업재해에 관한 보고 및 응급조치
> 4. 해당 작업의 작업장 정리 및 통로 확보에 대한 확인·감독
> 5. 사업장의 산업보건의, 안전관리자·보건관리자 및 안전보건관리담당자의 지도·조언에 대한 협조
> 6. 위험성 평가에 관한 유해·위험요인의 파악, 개선조치의 시행에 참여
> 7. 그 밖에 해당 작업의 안전·보건에 관한 사항으로서 고용노동부령으로 정하는 사항

(4) 안전관리자

① 사업주는 사업장에 산업안전보건법 제15조 제1항 각 호의 사항 중 안전에 관한 기술적인 사항에 관하여 사업주 또는 안전보건관리책임자를 보좌하고 관리감독자에게 지도·조언하는 업무를 수행하는 사람(이하 "안전관리자"라 한다)을 두어야 한다.

② 안전관리자를 두어야 하는 사업의 종류와 사업장의 상시근로자 수, 안전관리자의 수·자격·업무·권한·선임방법, 그 밖에 필요한 사항은 대통령령으로 정한다.

③ 대통령령으로 정하는 사업의 종류 및 사업장의 상시근로자 수에 해당하는 사업장의 사업주는 안전관리자에게 그 업무만을 전담하도록 하여야 한다.

④ 고용노동부장관은 산업재해 예방을 위하여 필요한 경우로서 고용노동부령으로 정하는 사유에 해당하는 경우에는 사업주에게 안전관리자를 대통령령으로 정하는 수 이상으로 늘리거나 교체할 것을 명할 수 있다.

⑤ 대통령령으로 정하는 사업의 종류 및 사업장의 상시근로자 수에 해당하는 사업장의 사업주는 지정받은 안전관리 업무를 전문적으로 수행하는 기관(이하 "안전관리전문기관"이라 한다)에 안전관리자의 업무를 위탁할 수 있다.

> **안전관리자의 업무 ★★★**
> 1. 산업안전보건위원회 또는 노사협의체에서 심의·의결한 업무와 해당 사업장의 안전보건관리규정 및 취업규칙에서 정한 업무
> 2. 위험성평가에 관한 보좌 및 지도·조언
> 3. 안전인증대상기계등과 자율안전확인대상기계등 구입 시 적격품의 선정에 관한 보좌 및 지도·조언
> 4. 해당 사업장 안전교육계획의 수립 및 안전교육 실시에 관한 보좌 및 지도·조언
> 5. 사업장 순회점검, 지도 및 조치 건의
> 6. 산업재해 발생의 원인 조사·분석 및 재발 방지를 위한 기술적 보좌 및 지도·조언

7. 산업재해에 관한 통계의 유지·관리·분석을 위한 보좌 및 지도·조언
8. 법 또는 법에 따른 명령으로 정한 안전에 관한 사항의 이행에 관한 보좌 및 지도·조언
9. 업무 수행 내용의 기록·유지
10. 그 밖에 안전에 관한 사항으로서 고용노동부장관이 정하는 사항

(5) 보건관리자

① 사업주는 사업장에 보건에 관한 기술적인 사항에 관하여 사업주 또는 안전보건관리책임자를 보좌하고 관리감독자에게 지도·조언하는 업무를 수행하는 사람(이하 "보건관리자"라 한다)을 두어야 한다.

② 보건관리자를 두어야 하는 사업의 종류와 사업장의 상시근로자 수, 보건관리자의 수·자격·업무·권한·선임방법, 그 밖에 필요한 사항은 대통령령으로 정한다.

③ 대통령령으로 정하는 사업의 종류 및 사업장의 상시근로자 수에 해당하는 사업장의 사업주는 보건관리자에게 그 업무만을 전담하도록 하여야 한다.

④ 고용노동부장관은 산업재해 예방을 위하여 필요한 경우로서 고용노동부령으로 정하는 사유에 해당하는 경우에는 사업주에게 보건관리자를 ②에 따라 대통령령으로 정하는 수 이상으로 늘리거나 교체할 것을 명할 수 있다.

⑤ 대통령령으로 정하는 사업의 종류 및 사업장의 상시근로자 수에 해당하는 사업장의 사업주는 산업안전보건법 제21조에 따라 지정받은 보건관리 업무를 전문적으로 수행하는 기관(이하 "보건관리전문기관"이라 한다)에 보건관리자의 업무를 위탁할 수 있다.

보건관리자의 업무

1. 산업안전보건위원회 또는 노사협의체에서 심의·의결한 업무와 안전보건관리규정 및 취업규칙에서 정한 업무
2. 안전인증대상기계등과 자율안전확인대상기계등 중 보건과 관련된 보호구(保護具) 구입 시 적격품 선정에 관한 보좌 및 지도·조언
3. 위험성평가에 관한 보좌 및 지도·조언
4. 물질안전보건자료의 게시 또는 비치에 관한 보좌 및 지도·조언
5. 산업보건의의 직무
6. 해당 사업장 보건교육계획의 수립 및 보건교육 실시에 관한 보좌 및 지도·조언
7. 해당 사업장의 근로자를 보호하기 위한 다음의 조치에 해당하는 의료행위
   가. 자주 발생하는 가벼운 부상에 대한 치료
   나. 응급처치가 필요한 사람에 대한 처치
   다. 부상·질병의 악화를 방지하기 위한 처치
   라. 건강진단 결과 발견된 질병자의 요양 지도 및 관리
   마. 가~라의 의료행위에 따르는 의약품의 투여
8. 작업장 내에서 사용되는 전체 환기장치 및 국소 배기장치 등에 관한 설비의 점검과 작업방법의 공학적 개선에 관한 보좌 및 지도·조언
9. 사업장 순회점검, 지도 및 조치 건의

10. 산업재해 발생의 원인 조사·분석 및 재발 방지를 위한 기술적 보좌 및 지도·조언
11. 산업재해에 관한 통계의 유지·관리·분석을 위한 보좌 및 지도·조언
12. 법 또는 법에 따른 명령으로 정한 보건에 관한 사항의 이행에 관한 보좌 및 지도·조언
13. 업무 수행 내용의 기록·유지
14. 그 밖에 보건과 관련된 작업관리 및 작업환경관리에 관한 사항으로서 고용노동부장관이 정하는 사항

(6) 안전보건관리담당자 선임

① 사업주는 사업장에 안전 및 보건에 관하여 사업주를 보좌하고 관리감독자에게 지도·조언하는 업무를 수행하는 사람(이하 "안전보건관리담당자"라 한다)을 두어야 한다. 다만, 안전관리자 또는 보건관리자가 있거나 이를 두어야 하는 경우에는 그러하지 아니하다.

② 안전보건관리담당자

　㉠ 상시근로자 20명 이상~50명 미만의 제조업, 임업, 하수·폐수 및 분뇨처리업, 폐기물수집·운반·처리 및 원료재생업, 환경 정화 및 복원업

　㉡ 요건 : 해당 사업장 소속 근로자로서 다음의 조건을 갖추어야 한다.
　　• 안전관리자의 자격 갖출 것
　　• 보건관리자의 자격 갖출 것
　　• 규정된 안전보건교육을 이수했을 것

　㉢ 업무에 지장이 없는 범위에서 다른 업무를 겸할 수 있다.

③ 고용노동부장관은 산업재해 예방을 위하여 필요한 경우로서 고용노동부령으로 정하는 사유에 해당하는 경우에는 사업주에게 안전보건관리담당자를 ②에 따라 대통령령으로 정하는 수 이상으로 늘리거나 교체할 것을 명할 수 있다.

④ 대통령령으로 정하는 사업의 종류 및 사업장의 상시근로자 수에 해당하는 사업장의 사업주는 안전관리전문기관 또는 보건관리전문기관에 안전보건관리담당자의 업무를 위탁할 수 있다.

안전보건관리담당자의 업무 ★

① 산업안전보건위원회에서 심의·의결한 직무와 당해 사업장의 안전보건관리규정 및 취업규칙에서 정한 직무
② 방호장치, 기계·기구 및 설비 또는 보호구 중 안전에 관련되는 보호구의 구입 시 적격품의 선정
③ 당해 사업장 안전교육계획의 수립 및 실시
④ 사업장 순회점검·지도 및 조치의 건의
⑤ 산업재해 발생의 원인 조사 및 재발 방지를 위한 기술적 지도·조언
⑥ 산업재해에 관한 통계의 유지·관리를 위한 지도·조언(안전분야에 한한다)
⑦ 법 또는 법에 의한 명령이나 안전보건관리규정 및 취업규칙 중 안전에 관한 사항을 위반한 근로자에 대한 조치의 건의
⑧ 기타 안전에 관한 사항으로서 노동부장관이 정하는 사항

(7) 안전보건총괄책임자 대상지정 사업 ★

　① 수급/하도급 포함 상시근로자 100인 이상 사업장(선박/광업/1차 금속제조업 : 50인 이상)

　② 수급/하도급 포함 공사금액 20억 이상 건설업

(8) 안전보건총괄책임자의 직무 ★

　① 위험성평가의 실시에 관한 사항

　② 작업의 중지

　③ 도급시 산업재해 예방조치

　④ 산업안전보건관리비의 관계수급인 간의 사용에 관한 협의·조정 및 그 집행의 감독

　⑤ 안전인증 대상 기계 등과 자율안전확인 대상 기계 등의 사용 여부 확인

4. 안전보건경영시스템

고용노동부장관은 산업안전보건법 제4조 제1항 제4호에 따른 사업주의 자율적인 산업 안전 및 보건 경영체제 확립을 위하여 다음과 관련된 시책을 마련해야 한다.

① 사업의 자율적인 안전·보건 경영체제 운영 등의 기법에 관한 연구 및 보급

② 사업의 안전관리 및 보건관리 수준의 향상

5. 안전보건관리규정

(1) 안전보건관리규정의 작성 ★

　① 사업주는 사업장의 안전 및 보건을 유지하기 위하여 다음의 사항이 포함된 안전보건관리규정을 작성하여야 한다.

　　㉠ 안전 및 보건에 관한 관리조직과 그 직무에 관한 사항

　　㉡ 안전보건교육에 관한 사항

　　㉢ 작업장의 안전 및 보건 관리에 관한 사항

　　㉣ 사고 조사 및 대책 수립에 관한 사항

　　㉤ 그 밖에 안전 및 보건에 관한 사항

　② 안전보건관리규정은 단체협약 또는 취업규칙에 반할 수 없다. 이 경우 안전보건관리규정 중 단체협약 또는 취업규칙에 반하는 부분에 관하여는 그 단체협약 또는 취업규칙으로 정한 기준에 따른다.

　③ 안전보건관리규정을 작성하여야 할 사업의 종류, 사업장의 상시근로자 수 및 안전보건관리규정에 포함되어야 할 세부적인 내용, 그 밖에 필요한 사항

[안전보건관리규정을 작성하여야 할 사업의 종류 및 규모]

사업의 종류 및 규모

1. 농업
2. 어업
3. 소프트웨어 개발 및 공급업
4. 컴퓨터 프로그래밍, 시스템 통합 및 관리업
5. 정보서비스업
6. 금융 및 보험업
7. 임대업(부동산 제외)
8. 전문, 과학 및 기술 서비스업(연구개발업은 제외)
9. 사업지원 서비스업
10. 사회복지 서비스업 상시 근로자 300명 이상
11. 제1호부터 제10호까지의 사업을 제외한 사업 상시 근로자 100명 이상

안전보건관리규정 작성 ★★

1. 작성대상 : 상시근로자 100인 이상 사업장
2. 안전관리규정을 작성하거나 변경할 때에는 산업안전보건위원회의 심의·의결을 거쳐야 함
   다만, 산언안전보건위원회가 미설치된 경우 근로자대표의 동의를 받아야 함
3. 사업주는 안전관리규정 변경사유 발생 시, 발생한 날로부터 30일 이내에 작성

안전관리규정 작성 시 유의사항 ★

1. 법적 기준을 상회하도록 작성
2. 관계 법령의 제정, 개정에 따라 즉시 개정
3. 현장의 의견을 충분히 반영
4. 정상 시 및 이상 시 조치에 관해서도 규정
5. 관리자층의 직무와 권한 및 권한 등을 명확히 기재

(2) 안전보건관리규정의 작성·변경 절차

사업주는 안전보건관리규정을 작성하거나 변경할 때에는 산업안전보건위원회의 심의·의결을 거쳐야 한다. 다만, 산업안전보건위원회가 설치되어 있지 아니한 사업장의 경우에는 근로자대표의 동의를 받아야 한다.

(3) 안전보건관리규정의 준수

사업주와 근로자는 안전보건관리규정을 지켜야 한다.

안전보건관리규정 포함사항(근로자에게 알리고 사업장에 비치할 사항) ★★★

1. 안전·보건관리조직과 그 직무에 관한 사항
2. 안전·보건교육에 관한 사항
3. 작업장 안전 및 보건관리에 관한 사항

4. 사고조사 및 대책 수립에 관한 사항

5. 그 밖에 안전·보건에 관한 사항

(4) 다른 법률의 준용

안전보건관리규정에 관하여 이 법에서 규정한 것을 제외하고는 그 성질에 반하지 아니하는 범위에서 「근로기준법」 중 취업규칙에 관한 규정을 준용한다.

① 도급인이 수급인의 산업재해 발생건수를 포함하여 공표하여야 하는 사업장 ★★

상시근로자 수 500인 이상 도급인은 수급인의 산업재해 발생건수 등을 포함하여 공표하여야 한다.

② 도급인 사업장의 사고사망만인율보다 수급인의 근로자를 포함한 사고만인율이 높은 사업장 중 도급인의 산업재해 발생건수 등에 수급인의 산업재해 발생건수 등을 포함하여 공표해야 하는 사업장

제조업, 철도운송업, 도시철도운송업, 전기업

[안전보건관리규정의 세부 내용] ★

1. 총칙
   가. 안전보건관리규정 작성의 목적 및 적용 범위에 관한 사항
   나. 사업주 및 근로자의 재해 예방 책임 및 의무 등에 관한 사항
   다. 하도급 사업장에 대한 안전·보건관리에 관한 사항
2. 안전·보건관리조직과 그 직무
   가. 안전·보건관리조직의 구성방법, 소속, 업무 분장 등에 관한 사항
   나. 안전보건관리책임자(안전보건총괄책임자), 안전관리자, 보건관리자, 관리감독자의 직무 및 선임에 관한 사항
   다. 산업안전보건위원회의 설치·운영에 관한 사항
   라. 명예산업안전감독관의 직무 및 활동에 관한 사항
   마. 작업지휘자 배치 등에 관한 사항
3. 안전·보건교육
   가. 근로자 및 관리감독자의 안전·보건교육에 관한 사항
   나. 교육계획의 수립 및 기록 등에 관한 사항
4. 작업장 안전관리
   가. 안전·보건관리에 관한 계획의 수립 및 시행에 관한 사항
   나. 기계·기구 및 설비의 방호조치에 관한 사항
   다. 유해·위험기계등에 대한 자율검사프로그램에 의한 검사 또는 안전검사에 관한 사항
   라. 근로자의 안전수칙 준수에 관한 사항
   마. 위험물질의 보관 및 출입 제한에 관한 사항
   바. 중대재해 및 중대산업사고 발생, 급박한 산업재해 발생의 위험이 있는 경우 작업중지에 관한 사항
   사. 안전표지·안전수칙의 종류 및 게시에 관한 사항과 그 밖에 안전관리에 관한 사항
5. 작업장 보건관리
   가. 근로자 건강진단, 작업환경측정의 실시 및 조치절차 등에 관한 사항
   나. 유해물질의 취급에 관한 사항
   다. 보호구의 지급 등에 관한 사항

라. 질병자의 근로 금지 및 취업 제한 등에 관한 사항

마. 보건표지·보건수칙의 종류 및 게시에 관한 사항과 그 밖에 보건관리에 관한 사항

6. 사고 조사 및 대책 수립

가. 산업재해 및 중대산업사고의 발생 시 처리 절차 및 긴급조치에 관한 사항

나. 산업재해 및 중대산업사고의 발생원인에 대한 조사 및 분석, 대책 수립에 관한 사항

다. 산업재해 및 중대산업사고 발생의 기록·관리 등에 관한 사항

7. 위험성평가에 관한 사항

가. 위험성평가의 실시 시기 및 방법, 절차에 관한 사항

나. 위험성 감소대책 수립 및 시행에 관한 사항

8. 보칙

가. 무재해 운동 참여, 안전·보건 관련 제안 및 포상·징계 등 산업재해 예방을 위하여 필요하다고 판단하는 사항

나. 안전·보건 관련 문서의 보존에 관한 사항

다. 그 밖의 사항

사업장의 규모·업종 등에 적합하게 작성하며, 필요한 사항을 추가하거나 그 사업장에 관련되지 않는 사항은 제외할 수 있다.

6. 안전보건관리계획

(1) 안전관리계획의 작성

① **작성대상** : 상시근로자 100인 이상 사업장

② 안전관리규정을 작성/변경할 때에는 산업안전보건위원회의 심의·의결을 거쳐야 한다.

→ 다만, 미설치된 경우 사업장 근로자대표의 동의를 받아야 한다.

③ 사업주는 안전관리규정 변경사유 발생 시, 발생일로부터 30일 이내에 작성한다.

- 계획(Plan) − 실시(Do) − 검토(Check) − 조치(Action) : **PDCA**
- 계획(Plan) − 실시(Do) − 평가(See) : **PDS**

(2) 안전관리규정 내용

① 안전보건관리조직과 그 직무에 관한 사항

② 안전보건교육에 관한 사항

③ 작업장 안전관리에 관한 사항

④ 작업장 보건관리에 관한 사항

⑤ 사고 조사 및 대책 수립에 관한 사항

⑥ 기타 안전보건에 관한 사항

(3) 안전관리규정 작성 시 유의사항

① 규정된 안전기준은 법적 기준을 상회하도록 작성할 것

② 관리자층의 직무와 권한 및 근로자에게 강제 또는 요청한 부분을 명확히 한다.

③ 관계 법령의 제정, 개정에 따라 즉시 개정한다.

④ 작성 또는 개정 시에 현장의 의견을 충분히 반영한다.

⑤ 규정내용을 정상 시는 물론 이상 시 즉, 사고 및 재해 발생 시의 조치에 관해서도 규정한다.

(4) 안전관리계획 주요 평가 척도

① 절대 척도(재해건수 등 수치)

② 상대 척도(도수율, 강도율 등)

③ 평정 척도(양적으로 나타내는 것. 양, 보통, 불가 등 단계로 평정)

④ 도수 척도(중앙값, [%] 등)

7. 안전보건개선계획

(1) 안전보건개선계획의 수립·시행명령

① 안전보건개선계획 수립 대상 사업장★★★

㉠ 산업재해율이 같은 업종의 규모별 평균 산업재해율보다 높은 사업장

㉡ 사업주가 필요한 안전조치 또는 보건조치를 이행하지 아니하여 중대재해가 발생한 사업장

㉢ 직업성 질병자 연간 2명 이상 발생한 사업장

㉣ 유해인자의 노출기준을 초과한 사업장

※ 평균보다 높으면, 중대재해 발생하면, 직업성질병자 2명 이상 노출기준 초과하면 개선계획

② 사업주는 안전보건개선계획을 수립 시 주의사항

㉠ 산업안전보건위원회의 심의를 거쳐야 한다.

㉡ 산업안전보건위원회가 설치되어 있지 아니한 사업장의 경우에는 근로자대표의 의견을 들어야 한다.

(2) 안전보건개선계획서의 제출

① 안전보건개선계획의 수립·시행 명령을 받은 사업주는 고용노동부령으로 정하는 바에 따라 안전보건개선계획서를 작성하여 고용노동부장관에게 제출하여야 한다.

② 고용노동부장관은 ①에 따라 제출받은 안전보건개선계획서를 고용노동부령으로 정하는 바에 따라 심사하여 그 결과를 사업주에게 서면으로 알려 주어야 한다. 이 경우 고용노동부장관은 근로자의 안전 및 보건의 유지·증진을 위하여 필요하다고 인정하는 경우 해당 안전보건개선계획서의 보완을 명할 수 있다.

③ 사업주와 근로자는 ②의 전단에 따라 심사를 받은 안전보건개선계획서(②의 후단에 따라 보완한 안전보건개선계획서를 포함한다)를 준수하여야 한다.

㉠ 안전보건개선계획 작성 시 포함사항

ⓐ 시설

ⓑ 안전보건교육

ⓒ 안전보건관리체제

ⓓ 산업재해 예방 및 작업 환경 개선을 위하여 필요한 사항

ⓛ 안전보건개선계획 공통사항에 포함되는 항목

ⓐ 안전보건관리조직

ⓑ 안전보건표지 부착

ⓒ 보호구 착용

ⓓ 건강진단 실시

ⓒ 안전보건개선계획 중점개선계획을 필요로 하는 항목

ⓐ 시설

ⓑ 기계 장치

ⓒ 원료, 재료

ⓓ 작업 방법

ⓔ 작업 환경

ⓕ 기타 안전보건기준상 조치사항

ⓔ 건강진단의 실시 및 일반건강진단의 주기 ★★

근로자	주기
사무직에 종사하는 근로자(공장 또는 공사현장과 같은 구역에 있지 않은 사무실에서 서무·인사·경리·판매·설계 등의 사무업무에 종사하는 근로자를 말하며, 판매업무 등에 직접 종사하는 근로자는 제외한다)	2년에 1회 이상
그 밖의 근로자	1년에 1회 이상

(3) 작업중지

① 사업주의 작업중지

사업주는 산업재해가 발생할 급박한 위험이 있을 때에는 즉시 작업을 중지시키고 근로자를 작업장소에서 대피시키는 등 안전 및 보건에 관하여 필요한 조치를 하여야 한다.

② 근로자의 작업중지

㉠ 근로자는 산업재해가 발생할 급박한 위험이 있는 경우에는 작업을 중지하고 대피할 수 있다.

㉡ 작업을 중지하고 대피한 근로자는 지체 없이 그 사실을 관리감독자 또는 그 밖에 부서의 장(이하 "관리감독자등"이라 한다)에게 보고하여야 한다.

㉢ 관리감독자 등은 보고를 받으면 안전 및 보건에 관하여 필요한 조치를 하여야 한다.

㉣ 사업주는 산업재해가 발생할 급박한 위험이 있다고 근로자가 믿을 만한 합리적인 이유가 있을 때에는 작업을 중지하고 대피한 근로자에 대하여 해고나 그 밖의 불리한 처우를 해서는 안 된다.

(4) 시정조치

① 고용노동부장관은 사업주가 사업장의 건설물 또는 그 부속건설물 및 기계·기구·설비·원재료(이하 "기계·설비 등"이라 한다)에 대하여 안전 및 보건에 관하여 고용노동부령으로 정하는 필요한 조치를 하지 아니하여 근로자에게 현저한 유해·위험이 초래될 우려가 있다고 판단될 때에는 해당 기계·설비 등에 대하여 사용중지·대체·제거 또는 시설의 개선, 그 밖에 안전 및 보건에 관하여 고용노동부령으로 정하는 필요한 조치(이하 "시정조치"라 한다)를 명할 수 있다.

② 시정조치 명령을 받은 사업주는 해당 기계·설비 등에 대하여 시정조치를 완료할 때까지 시정조치 명령 사항을 사업장 내에 근로자가 쉽게 볼 수 있는 장소에 게시하여야 한다.

③ 고용노동부장관은 사업주가 해당 기계·설비 등에 대한 시정조치 명령을 이행하지 아니하여 유해·위험 상태가 해소 또는 개선되지 아니하거나 근로자에 대한 유해·위험이 현저히 높아질 우려가 있는 경우에는 해당 기계·설비 등과 관련된 작업의 전부 또는 일부의 중지를 명할 수 있다.

④ ①에 따른 사용중지 명령 또는 ③에 따른 작업중지 명령을 받은 사업주는 그 시정조치를 완료한 경우에는 고용노동부장관에게 ①에 따른 사용중지 또는 ③에 따른 작업중지의 해제를 요청할 수 있다.

⑤ 고용노동부장관은 ④에 따른 해제 요청에 대하여 시정조치가 완료되었다고 판단될 때에는 ①에 따른 사용중지 또는 ③에 따른 작업중지를 해제하여야 한다.

(5) 중대재해 발생 시 사업주의 조치

① 사업주는 중대재해가 발생하였을 때에는 즉시 해당 작업을 중지시키고 근로자를 작업장소에서 대피시키는 등 안전 및 보건에 관하여 필요한 조치를 하여야 한다.

② 사업주는 중대재해가 발생한 사실을 알게 된 경우에는 고용노동부령으로 정하는 바에 따라 지체 없이 고용노동부장관에게 발생 즉시 보고하여야 한다. 발생개요 및 피해상황, 조치 및 전망 기타 중요한 사항을 보고한다. 다만, 천재지변 등 부득이한 사유가 발생한 경우에는 그 사유가 소멸되면 지체 없이 보고하여야 한다.

(6) 중대재해 발생 시 작업중지 조치

① 고용노동부장관은 중대재해가 발생하였을 때 다음의 어느 하나에 해당하는 작업으로 인하여 해당 사업장에 산업재해가 다시 발생할 급박한 위험이 있다고 판단되는 경우에는 그 작업의 중지를 명할 수 있다.
   ㉠ 중대재해가 발생한 해당 작업
   ㉡ 중대재해가 발생한 작업과 동일한 작업

② 고용노동부장관은 토사·구축물의 붕괴, 화재·폭발, 유해하거나 위험한 물질의 누출 등으로 인하여 중대재해가 발생하여 그 재해가 발생한 장소 주변으로 산업재해가 확산될 수 있다고 판단되는 등 불가피한 경우에는 해당 사업장의 작업을 중지할 수 있다.

③ 고용노동부장관은 사업주가 ① 또는 ②에 따른 작업중지의 해제를 요청한 경우에는 작업중지 해제에 관한 전문가 등으로 구성된 심의위원회의 심의를 거쳐 고용노동부령으로 정하는 바에 따라 ① 또는 ②에 따른 작업중지를 해제하여야 한다.

④ ③에 따른 작업중지 해제의 요청 절차 및 방법, 심의위원회의 구성·운영, 그 밖에 필요한 사항은 고용노동부령으로 정한다.

(7) 중대재해 원인조사

① 고용노동부장관은 중대재해가 발생하였을 때에는 그 원인 규명 또는 산업재해 예방대책 수립을 위하여 그 발생 원인을 조사할 수 있다.

② 고용노동부장관은 중대재해가 발생한 사업장의 사업주에게 안전보건개선계획의 수립·시행, 그 밖에 필요한 조치를 명할 수 있다.

③ 누구든지 중대재해 발생 현장을 훼손하거나 ①에 따른 고용노동부장관의 원인조사를 방해해서는 안 된다.

④ 중대재해가 발생한 사업장에 대한 원인조사의 내용 및 절차, 그 밖에 필요한 사항은 고용노동부령으로 정한다.

(8) 산업재해 발생 은폐 금지 및 보고

① 사업주는 산업재해가 발생하였을 때에는 그 발생 사실을 은폐해서는 안 된다.

② 사업주는 고용노동부령으로 정하는 바에 따라 산업재해의 발생 원인 등을 기록하여 보존하여야 한다.

③ 사업주는 고용노동부령으로 정하는 산업재해에 대해서는 그 발생 개요·원인 및 보고 시기, 재발방지 계획 등을 고용노동부령으로 정하는 바에 따라 고용노동부장관에게 보고하여야 한다.

안전보건개선계획 작성대상 사업장 ★★★

1. 같은 업종 평균 산업재해율보다 높은 사업장
2. 중대재해 발생 사업장
3. 직업성 질병자 연간 2명 이상 사업장
4. 유해인자 노출기준 초과 사업장

※ 평균보다 높으면, 중대재해 발생하면, 직업성질병자 2명 이상 노출기준 초과하면 개선계획

안전보건진단을 받아 안전보건개선계획을 수립·제출하도록 명할 수 있는 사업장 ★★

1. 같은 업종 평균 산업재해율의 2배 이상 사업장
2. 중대재해 발생 사업장
3. 직업성 질병자 연간 2명(1,000명 이상 3명) 이상 사업장

※ 평균의 2배 이상, 중대재해 발생, 직업병 2명(1,000명 사업장 3명) 이상이면 진단받아 개선

안전관리자의 증원·교체임명 명령 대상 사업장 ★★★★

1. 연간재해율이 같은 업종 평균재해율의 2배 이상 사업장
2. 중대재해 연간 2건 이상 발생(다만, 해당 사업장의 전년도 사망만인율이 같은 업종 평균 이하인 경우 제외)
3. 안전관리자가 3개월 이상 직무 수행할 수 없는 사업장
4. 직업성 질병자가 연간 3명 이상 발생한 사업장

※ 평균의 2배 이상, 중대재해 2건, 직업성 질병 3건 이상 증원
　3개월 이상 업무 수행 불가 교체

재해 발생건수 등 재해율 공표 대상 사업장 ★★★

1. 사망재해자가 연간 2명 이상인 사업장
2. 사망만인율이 같은 업종 평균 이상 사업장
3. 중대산업사고 발생 사업장
4. 산업재해 발생 은폐 사업장
5. 산업재해 발생 보고를 3년 이내 2회 이상 하지 않은 사업장

※ 사망자 2명, 평균사망만인율 이상, 중대산업사고 발생, 재해 은폐, 재해 보고 3년 동안 2번 누락하면 공표

안전진단 대상 사업장의 종류 ★★★

1. 중대재해 발생
2. 안전보건개선계획 수립·시행명령을 받은 사업장
3. 지방노동관서의 장이 안전·보건진단이 필요하다고 인정하는 사업장

(9) 유해·위험작업에 대한 근로시간 제한 등 ★★

① 사업주는 유해하거나 위험한 작업으로서 높은 기압에서 하는 작업 등 대통령령으로 정하는 작업에 종사하는 근로자에게는 1일 6시간, 1주 34시간을 초과하여 근로하게 해서는 안 된다.

② 사업주는 대통령령으로 정하는 유해하거나 위험한 작업에 종사하는 근로자에게 필요한 안전조치 및 보건조치 외에 작업과 휴식의 적정한 배분 및 근로시간과 관련된 근로조건의 개선을 통하여 근로자의 건강 보호를 위한 조치를 하여야 한다.

CHAPTER 02 재해 및 안전점검

1 재해조사

1. 재해조사의 목적

(1) 개요

재해조사는 기 발생된 재해를 과학적 방법으로 조사, 분석하여 재해의 발생 원인을 규명하고, 안전대책을 수립함으로서 동종 및 유사재해의 재발을 방지하고 안전한 작업상태의 확보, 쾌적한 작업환경을 조성하기 위해 실시하는 조사이다.

(2) 법적 근거(산업안전보건법 제56조, 중대재해원인조사등)

사망 또는 3일 이상의 휴업을 요하는 부상을 입거나 질병에 걸린 자가 발생한 때

(3) 재해조사의 목적 ★★

① 재해 발생 상황의 진실 규명

② 재해 발생의 원인 규명

③ 예방대책의 수립 : 동종 및 유사재해 방지

(4) 재해조사 순서 5단계

① 제0단계 : 전제조건, 재해상황의 파악

② 제1단계 : 사실의 확인

③ 제2단계 : 직접원인(물적원인, 인적원인)과 문제점 발견

④ 제3단계 : 기본원인(4M)과 근본적 문제점 결정

⑤ 제4단계 : 동종 및 유사재해 예방대책의 수립

(5) 재해조사 방법 분석자료 확보 ★

① 현장보존 : 재해조사는 재해 발생 직후에 실시한다.

② 사실수집

㉠ 현장의 물리적 흔적(증거)을 수집 및 보관한다.(사실수집)

㉡ 재해현장의 상황을 기록하고 사진을 촬영한다.

③ 진술확보

㉠ 목격자 및 현장 관계자의 진술을 확보한다.

㉡ 재해 피해자와 면담(사고 직전의 상황청취 등)

(6) 재해의 종류

① 산업재해 : 근로자가 업무와 관계되는 건설물, 설비, 원재료, 가스, 분진, 증기 등에 의하거나 작업 또는 그 밖의 업무로 인하여 사망 또는 부상하거나 질병에 걸리는 것

㉠ 출퇴근 시 발생한 재해

㉡ 행사(사내체육대회 등) 중 발생한 재해

㉢ 업무시간 외 발생한 재해

㉣ 근무시간 중 천재지변으로 인한 구조행위 중 발생한 재해

② 중대재해

㉠ 중대재해 의미

ⓐ 사망자가 1인 이상 발생한 재해

ⓑ 3개월 이상의 요양을 요하는 부상자가 2인 이상 발생한 재해

ⓒ 부상자 또는 질병자가 동시에 10인 이상 발생한 재해

㉡ 보고시점 : 발생 즉시

㉢ 보고사항 : 발생개요 및 피해상황, 조치 및 전망, 기타 중요사항

㉣ 중대재해 발생 시 관할 지방 노동관서의 장에게 보고해야 할 사항

ⓐ 발생개요 및 피해상황

ⓑ 조치 및 전망

ⓒ 기타 중요한 사항

㉤ 중대재해처벌법에서 중대산업재해와 중대시민재해 발생 시 기준은 산업안전보건법상 기준과 다르게 적용한다.

2 재해조사 시 유의사항 ★

(1) 사실을 수집한다.

(2) 목격자 등이 증언하는 사실 이외의 추측이나 본인의 의견 등은 분리하고 참고로만 한다.

(3) 조사는 신속히 실시하고, 2차재해 방지를 위한 안전조치를 한다.

(4) 인적, 물적 요인에 대한 조사를 병행한다.

(5) 객관적인 입장에서 2인 이상 실시한다.

(6) 책임추궁보다 재발 방지에 역점을 둔다.

(7) 피해자에 대한 구급조치를 우선한다.

(8) 위험에 대비해 보호구를 착용한다.

3. 재해 발생 시 조치사항 ★

산업재해가 발생하였을 경우 재발 방지를 위해 재해 발생 원인과 재발방지계획 등을 사업주가 기록하고 보존하도록
의무화하고 있다.

산업재해가 발생한 날부터 1개월 이내에 지방고용노동관서에 산업재해 조사표를 제출하거나, 근로복지공단에 요양
신청하여야 하며, 중대재해는 지체 없이 관할 지방고용노동관서에 보고토록 의무화하고 있다.

(1) 재해자 발견 시 조치사항 ★

① 재해 발생 기계의 정지 및 재해자 구출

② 긴급병원 후송 : 환자에 대한 응급처치와 동시에 119구급대, 병원 등에 연락하여 긴급 후송

③ 보고 및 현장보존 : 관리감독자 등 책임자에게 알리고, 사고원인 등 조사가 끝날 때까지 현장보존

(2) 산업재해 발생 보고

① 산업재해(4일 이상 요양)가 발생한 날부터 1개월 이내에 관할 지방고용노동관서에 산업재해조사표를 제출하
거나, 요양 신청을 근로복지공단에 신청

② 중대재해는 지체 없이 관할 지방고용노동관서에 전화, 팩스 등으로 보고

③ 보고사항

㉠ 발생개요 및 피해상황

㉡ 조치 및 전망

㉢ 그 밖의 중요사항

(3) 산업재해 기록 · 보존 ★

① 산업재해가 발생한 경우 다음의 사항을 기록하고, 3년간 보존

② 보존 자료

㉠ 사업장의 개요 및 근로자의 인적사항

㉡ 재해 발생 일시 및 장소

㉢ 재해 발생 원인 및 과정

㉣ 재해 재발방지 계획

(4) 재해 발생 시 조치 순서 ★★

① 제1단계 : 긴급처리(기계정지-응급처치-통보-2차 재해방지-현장보존)

② 제2단계 : 재해조사(6하원칙에 의해서)

③ 제3단계 : 원인강구(중점분석대상 : 사람 – 물체 – 관리)

④ 제4단계 : 대책수립(이유 : 동종 및 유사재해의 예방)

⑤ 제5단계 : 대책실시 계획

⑥ 제6단계 : 대책실시

⑦ 제7단계 : 평가

(5) 재해사례 연구의 순서 ★★★

① 제1단계 : 재해상황 파악

② 제2단계 : 사실의 확인

③ 제3단계 : 문제점 발견(작업표준 등을 근거)

④ 제4단계 : 근본적인 문제점 결정(각 문제점마다 재해요인의 인적·물적·관리적 원인 결정)

⑤ 제5단계 : 대책수립

4. 재해의 원인분석 및 조사기법

(1) 재해원인분석 ★

① 개별적 원인분석

② 통계적 원인분석

　㉠ 특성요인도 ★

　　ⓐ 특성요인도 특징

　　　• 결과에 원인이 어떻게 관계되며 영향을 미치고 있는가를 나타낸 그림으로 "어골도(Fish-Bone Diagram)", 어골상(魚骨像)이라고 한다.

　　　• 특성요인도의 작성은 사업장 분임조, 안전관리팀 전원이 참여하며 개인보다는 단체가 참여하는 브레인스토밍의 원칙을 적용한다.

　　ⓑ 특성요인도 작성법 ★

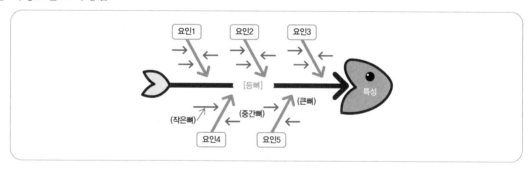

• 특성(문제점)을 정한다.

• 등뼈를 기입하고 등뼈는 특성을 오른쪽에 적고, 굵은 화살표(등뼈)를 기입한다.

• 큰 뼈를 기입한다. 큰 뼈는 특성이 생기는 원인이라고 생각되는 것을 크게 분류하면 어떤 것이 있는가를 찾아내어 그것을 큰 뼈로서 화살표로 기입한다. 큰 뼈는 4~8개 정도가 적당하다.

• 중뼈, 잔뼈를 기입한다. 큰 뼈의 하나하나에 대해서 특성이 발생되는 원인을 생각하여 중뼈를 화살표로 기입한다. 그 다음 중뼈에 대하여 그 원인이 되는 것(잔뼈)을 화살표로 기입한다.

• 기입 누락이 없는가를 체크한다. 큰 뼈 전부에 중뼈, 잔뼈의 기입이 끝났으면, 전체에 대해 원인으로

생각되는 것이 빠짐없이 들어 갔는가를 체크하여 기입 누락이 있으면 추가 기입한다.

- 특성에 대한 영향이 큰 것에 표를 한다.

ⓒ 작성순서 : 특성 기입 → 뼈대 기입 → 대분류 기입 → 중분류 기입 → 소분류 기입 → 기입된 내용 중 누락된 내용 확인 → 특성에 대한 영향이 큰 요인에 대해 표시

ⓛ 파레토도(Pareto Diagram) ★★

ⓐ 파레토도 특징 : 중요한 문제점을 발견하고자 하거나, 문제점의 원인을 조사하고자 하거나, 개선과 대책의 효과를 알고자 할 때 사용한다.

ⓑ 작성순서 : 조사 사항을 결정하고 분류 항목을 선정 → 선정된 항목에 대한 데이터를 수집하고 정리 → 수집된 데이터를 이용하여 막대그래프 작성 → 누적곡선을 그림

ⓒ 데이터분석 : 요인 중 전체 특정 인자에 의한 영향 정도를 확인할 수 있다.

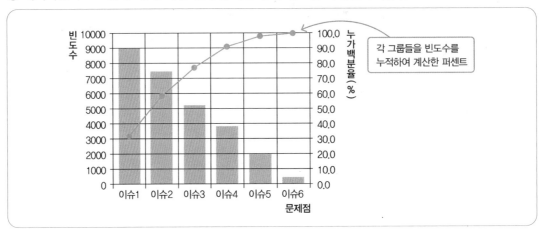

ⓒ 관리도(Control Chart) ★

ⓐ 관리도 특징 : 목표 관리를 행하기 위해 월별의 발생수를 그래프화하여 관리선을 설정하여 관리하는 방법으로 산업재해의 분석 및 평가를 위하여 재해 발생건수 등의 추이에 대해 한계선을 설정하여 목표 관리를 수행하는 재해통계 분석기법

ⓑ 관리도 종류 등 : 대표적인 것으로는, R 관리도, P 관리도, Pn 관리도, C 관리도, U 관리도 등이 있다. 관리도에 의해서 품질관리를 하는 경우에는, 관리하고자 하는 제품의 품질특성치의 관리한계를 정하고, 이 한계를 벗어나는 것은 놓칠 수 없는 원인(assignable cause)에 연유되는 것으로 생각하고, 이 원인을 제거하여 우연성에 기초를 둔 우연원인(chance cause)에 의한 특성 편차를 허용차 내에 가져오도록 한다. 우연원인은 확률적 요인 때문에 발생하므로 제품의 품질특성치가 어떤 중심치에 대하여 정규분포상으로 격차를 보이나 그것이 관리한계의 안쪽에 있으면 그 생산 공정은 안정한 상태에 있다고 판정할 수 있다.

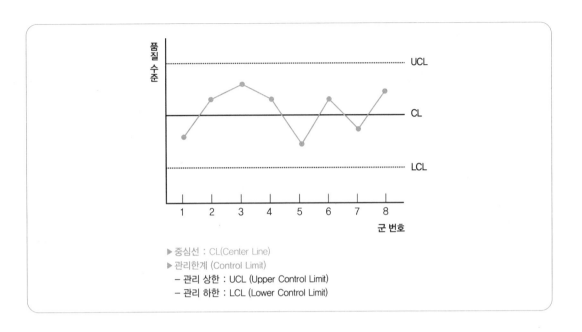

▶ 중심선 : CL(Center Line)
▶ 관리한계 (Control Limit)
　– 관리 상한 : UCL (Upper Control Limit)
　– 관리 하한 : LCL (Lower Control Limit)

(2) 조사기법

① 3E, 4M에 따라 구분하여 조사

② 육하원칙(5W1H)에 의거한 과학적 조사

③ 산업재해조사표(산업안전보건법 시행규칙 별지1호서식)의 작성

2 산재 분류 및 통계 분석

1. 재해관련 통계의 정의

(1) 재해 통계목적

① 재해 발생 상황을 통계적으로 산출하여 재해 방지에 활용할 정보를 위해 작성

② 다수의 재해 통계처리 결과를 안전대책으로 활용

③ 동종 및 유사재해의 예방을 목적으로 작성

(2) 재해의 발생형태 ★★

① **단순자극형** : 순간적으로 재해가 발생하는 유형으로 재해 발생 장소나 시점 등 일시적으로 요인이 집중되는 형태

② **연쇄형** : 원인들이 연쇄적 작용을 일으켜 결국 재해를 발생케 하는 형태

③ **복합형** : 단순자극형과 연쇄형의 혼합형으로 대부분의 재해가 이 형태를 따른다.

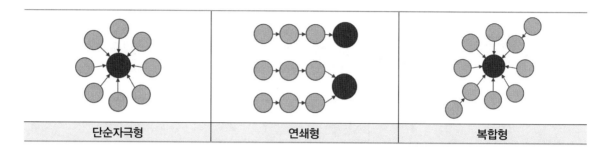

단순자극형	연쇄형	복합형

(3) 상해 종류별 분류

① 골절 : 뼈가 부러진 상해

② 동상 : 저온물 접촉으로 생긴 동상 상해

③ 부종 : 국부의 혈액 순환의 이상으로 몸이 퉁퉁 부어오르는 상해

④ 자상 : 칼날 등 날카로운 물건에 찔린 상해

⑤ 좌상 : 타박, 충돌, 추락 등으로 피부표면보다는 피하조직 또는 근육부를 다친 상해(삔 것 포함)

⑥ 절상 : 신체 부위가 절단된 상해

⑦ 중독, 질식 : 음식, 약물, 가스 등에 의한 중독이나 질식된 상해

⑧ 찰과상 : 스치거나 문질러서 벗겨진 상해

⑨ 창상 : 창, 칼 등에 베인 상해

⑩ 화상 : 화재 또는 고온물 접촉으로 인한 상해

⑪ 청력장해 : 청력이 감퇴 또는 난청이 된 상해

⑫ 시력장해 : 시력이 감퇴 또는 실명된 상해

⑬ 기타 : ①~⑫항목으로 분류 불능 시 상해 명칭을 기재할 것

(4) 재해 발생 형태별 분류

① 추락(떨어짐) : 사람이 건축물, 비계, 기계, 사다리, 계단, 경사면, 나무 등에서 떨어지는 것

② 전도 : 사람이 평면상으로 넘어졌을 때를 말함(과속, 미끄러짐 포함)

③ 충돌(부딪힘) : 사람이 정지물에 부딪친 경우

④ 낙하, 비래 : 물건이 주체가 되어 사람이 맞은 경우

⑤ 붕괴, 도괴 : 적재물, 비계, 건축물이 무너진 경우

⑥ 협착(끼임) : 물건에 끼워진 상태, 말려든 상태

⑦ 감전 : 전기 접촉이나 방전에 의해 사람이 충격을 받은 경우

⑧ 폭발 : 압력의 급격한 발생 또는 개방으로 폭음을 수반한 팽창이 일어난 경우

⑨ 파열 : 용기 또는 장치가 물리적인 압력에 의해 파열한 경우

⑩ 화재 : 화재로 인한 경우를 말하며 관련 물체는 발화물을 기재

⑪ 무리한 동작 : 무거운 물건을 들다 허리를 삐거나 부자연한 자세 또는 동작의 반동으로 상해를 입은 경우

⑫ 이상온도접촉 : 고온이나 저온에 접촉한 경우

⑬ 유해물접촉 : 유해물 접촉으로 중독되거나 질식된 경우

⑭ 기타 : ①~⑬항목으로 구분 불능 시 발생 형태를 기재할 것

2. 재해관련 통계의 종류 및 계산 ★★★

① **재해율** : 임금근로자수 100명당 발생하는 재해자수의 비율

$$재해율 = \frac{재해자수}{임금근로자수} \times 100$$

② **도수율(빈도율)** : 1,000,000 근로시간당 재해발생 건수

$$도수율(빈도율) = \frac{재해건수}{연근로시간수} \times 1{,}000{,}000$$

③ **연천인율**

$$연천인율 = \frac{연간재해자수}{연평균근로자수} \times 1000$$

• 연천인율은 도수율×2.4

• 연천인율과 빈도율과의 관계

$$연천인율 = 빈도율 \times 2.4$$

$$빈도율 = \frac{연천인률}{2.4}$$

2.4는 연평균근로시간이 2,400일 때

④ **강도율** : 근로시간 합계 1,000시간당 요양재해로 인한 근로손실일수를 말하며,

$$강도율 = \frac{총요양근로손실일수}{연근로시간수} \times 1{,}000$$

[별표 1]

요양근로손실일수 산정요령

총요양근로손실일수는 요양재해자의 총 요양기간을 합산하여 산출하되, 사망, 부상 또는 질병이나 장해자의 등급별 요양근로손실일수는 다음과 같다.

• 신체장해등급이 결정되었을 때는 다음과 같이 등급별 근로손실일수를 적용한다.

구분	사망	신체장해자등급												
		1~3	4	5	6	7	8	9	10	11	12	13	14
근로손실일수 (일)	7,500	7,500	5,500	4,000	3,000	2,200	1,500	1,000	600	400	200	100	50

※ 부상 및 질병자의 요양근로손실일수는 요양신청서에 기재된 요양일수를 말한다.

⑤ 평균강도율 ★★

$$평균강도율 = \frac{강도율}{도수율} \times 1,000$$

⑥ 종합재해지수(FSI) ★★★★

$$종합재해지수(FSI) = \sqrt{빈도율(F.R) \times 강도율(S.R)}$$

⑦ 환산강도율(S) ★★★

일평생 근로하는 동안 근로손실일수

$$환산강도율 = \frac{근로손실일수}{(연간) \ 총근로시간수} \times 평생근로시간수(10^5)$$

$$환산강도율 = 강도율 \times 100$$

⑧ 환산도수(빈도)율

한 사람이 평생 작업할 때 예상 재해건수

$$도수율 \times 0.1 \ 또는 \ \frac{도수율}{10}$$

0.1과 10은 100,000만 시간 기준

⑨ 환산재해율

$$환산재해율 = \frac{환산재해자수}{상시근로자수} \times 100$$

⑩ 환산재해자수

$$환산재해자수 = (사망자수 \times 5) + 부상자수$$

- 재해자수란 근로복지공단의 휴업급여를 지급받은 재해자를 말한다. 다만, 질병에 의한 재해와 사업장 밖의 교통사고(운수업, 음식숙박업은 사업장 밖의 교통사고도 포함한다)·체육행사·폭력행위로 발생한 재해는 제외한다.
- 사망자수란 근로복지공단의 유족급여가 지급된 사망자와 지방고용노동관서에 산업재해조사표가 제출된 사망자를 합산한 수를 말한다. 다만, 질병에 의해 사망한 경우와 사업장 밖의 교통사고(운수업, 음식숙박업은 사업장 밖의 교통사고도 포함)·체육행사·폭력행위에 의한 사망, 사고발생일로부터 1년을 경과하여 사망한 경우는 제외한다.

⑪ 사망만인율

임금근로자수 10,000명당 발생하는 사망자수의 비율

$$사망만인율 = \frac{사망자수}{임금근로자수} \times 10,000$$

- 임금근로자수란 통계청의 경제활동인구조사상 임금근로자수를 말한다. 다만, 건설업 근로자수는 통계청 건설업조사 피고용자수의 경제활동인구조사 건설업 근로자수에 대한 최근 5년 평균 배수를 산출하여 경제활동인구조사 건설업 임금근로자수에 곱하여 산출한다.

⑫ **안전활동률** : 일정기간의 안전활동률

※ 안전활동 건수에는 다음 항목 포함
실시한 안전개선 권고수, 안전 조치할 불안전 작업수, 불안전 행동 적발수, 불안전한 물리적 지적 건수, 안전회의 건수, 안전홍보(PR) 건수

$$안전활동률 = \frac{안전활동\ 건수}{근로시간수 \times 평균\ 근로자수} \times 10^6$$

⑬ **요양재해율** : 근로자수 100명당 발생하는 요양재해자수의 비율

$$요양재해율 = \frac{요양재해자수}{산재보험적용근로자수} \times 100$$

- 산재보험적용근로자수란 산업재해보상보험법이 적용되는 근로자수를 말한다.
- 요양재해자수란 근로복지공단의 유족급여가 지급된 사망자 및 근로복지공단에 최초요양신청서(재진 요양신청이나 전원 요양신청서는 제외한다)를 제출한 재해자 중 요양승인을 받은 자와 지방고용노동관서에 산업재해조사표가 제출된 재해자를 합산한 수를 말한다.

⑭ **상시근로자수** ★★

$$상시근로자수 = \frac{연간국내공사\ 실적액 \times 노무비율}{건설업\ 월평균임금 \times 12}$$

$$= \frac{사유발생일\ 전,\ 1개월\ 내에\ 사용한\ 근로자의\ 연인원수}{사유발생일\ 전,\ 1개월\ 내의\ 사업장\ 가동일수}$$

⑮ **근로 장비율 및 설비 가동률**

$$근로\ 장비율 = \frac{설비총액}{기중평균인원},\ 설비\ 가동률 = \frac{금기말의\ 사용\ 총설비}{전기말의\ 사용\ 총설비} \times 100$$

⑯ **세이프 티 스코어(Safe T Score)** ★★★

과거와 현재의 안전을 비교 평가하는 방법

$$세이프\ 티\ 스코어 = \frac{빈도율(현재) - 빈도율(과거)}{\sqrt{\dfrac{빈도율(과거)}{근로총시간수(현재)} \times 10^6}}$$

[판정기준]
- −2 이하 : 과거보다 안전이 좋아졌다.
- −2 ～ +2 사이 : 과거와 비슷
- +2 이상 : 과거보다 안전이 심각히 나빠짐

⑰ 근로자 1인당 평생 근로시간 계산 ★★

= 40년 × 2,400시간 + 4,000시간 = 100,000시간

- 1인의 평생근로년수 : 40년
- 1년 총근로시간수 : 2,400시간 = 300일 × 8시간
- 일평생 잔업시간 : 4,000시간

3. 재해손실비의 종류 및 계산 ★★

(1) 하인리히 방식 ★★★★

총재해비용 = 직접비(1) + 간접비(4)   (1 : 4)

직접비	간접비
치료비, 휴업, 요양, 유족, 장해, 간병, 직업재활급여, 상병 보상연금, 장례비	인적·물적손실비, 생산손실비, 기계·기구손실비

(2) 시몬즈 방식

ⓐ 총재해 코스트 = 보험 코스트 + 비보험 코스트

ⓑ 비보험 코스트 = (A × 휴업상해건수) + (B × 통원상해건수) + (C × 구급조치상해건수) + (D × 무상해사고건수)

※ A, B, C, D - 장해정도별 비보험비용의 평균치

ⓒ 상해 종류

- 휴업상해 : 영구 일부노동 불능, 일시 전노동 불능
- 통원상해 : 일시 일부노동 불능, 통원조치를 필요로 하는 상해
- 구급조치상해 : 응급조치상해, 8시간 미만 휴업 의료조치 상해
- 무상해사고 : 의료조치를 필요로 하지 않는 상해사고

4. 재해사례 분석절차

(1) 기인물 ★★

직접적으로 재해를 유발하거나 영향을 끼친 에너지원을 지닌 기계장치·구조물·물체·물질·사람 또는 환경을 말한다.

[예시] : 기계 작업에 배치된 작업자가 반장의 지시를 받기 전에 정지된 선반을 운전시키면서 변속치차의 덮개를 벗겨내고 치차를 저속으로 운전하면서 급유하려고 할 때 오른손이 변속치차에 맞물려 손가락이 절단된 경우의 기인물은 선반이다.

(2) 가해물

산업재해는 물건과 사람과의 충돌현상 또는 에너지를 가진 것에 접촉했을 때에 일어나는 현상으로 이 경우에는 사람에 직접 충돌하거나 또는 접촉에 의해서 위해(危害)를 준 물건을 가해물이라 한다.

(3) ILO 근로불능 상해의 구분(상해정도별 구분) ★★★★★

① 사망

② 영구 전 노동불능 : 신체 전체의 노동기능 완전상실(1~3급)

③ 영구 일부 노동불능 : 신체 일부의 노동기능 완전상실(4~14급)

④ 일시 전 노동불능 : 일정기간 노동 종사 불가(휴업상해)

⑤ 일시 일부 노동불능 : 일정기간 일부노동 종사 불가(통원상해)

⑥ 구급조치상해

3 안전점검 · 검사 · 인증 및 진단

1. 안전점검의 정의 및 목적

(1) 안전점검의 정의

안전확보를 위해 실태를 파악하여 설비의 불안전한 상태나 인간의 불안전한 행동에서 생기는 결함을 발견하고, 안전 대책의 이상 상태를 확인하는 행동이다.

① 기계 설비의 설계, 제조, 운전, 보전, 수리 등의 각 과정에서 인간의 착오 등에 의한 위험 요인의 잠재성을 제거하는 데 목적이 있다.

② 운전중인 기계 설비나 작업 환경도 수시로 변화함으로써 위험 요인을 제거하는 것이 목적이다.

(2) 안전점검의 목적

① 설비의 안전 확보

② 설비의 안전 상태 유지

③ 인적인 안전 행동 상태 유지

④ 합리적인 생산 관리

2. 안전점검의 종류

(1) 안전점검의 종류 ★★★★

① 정기점검 : 일정기간마다 정기적으로 실시(법적기준, 사내규정을 따름)

② 수시점검(일상점검) : 매일 작업 전, 중, 후에 실시

③ 특별점검 : 기계, 기구, 설비의 신설·변경 또는 고장 수리 시

④ 임시점검 : 기계, 기구, 설비 이상 발견시 임시로 점검

3. 안전점검표의 작성

(1) 안전점검표(체크리스트)에 포함해야 할 사항 ★
① 점검 부분(점검대상)
② 점검 방법(육안, 기능, 기기, 정밀)
③ 점검 항목
④ 판정 기준
⑤ 점검 시기
⑥ 판정
⑦ 조치

(2) 안전점검표(체크리스트)에 작성 시 유의사항 ★
① 사업장에 적합한 독자적 내용일 것
② 중점도가 높은 것부터 순서대로 작성할 것
③ 정기적으로 검토하여 재해 방지에 타당성 있게 개조된 내용일 것
④ 일정양식을 정하여 점검 대상을 정할 것
⑤ 점검표의 내용은 이해하기 쉽도록 표현하고 구체적일 것

(3) 작업표준
작업표준이란 표준화 생산 혹은 생산의 표준화를 말하며, 생산 관리의 기본 원칙이다. 즉, 생산에 필요한 인(人), 물, 방법, 관리의 기준을 규정한 것이다.

① 목적
   ㉠ 위험 요인의 제거
   ㉡ 손실 요인의 제거
   ㉢ 작업의 효율화

② 작업표준이 갖춰야 할 조건
   ㉠ 안전   ㉡ 능률
   ㉢ 원가   ㉣ 품질

③ 작업표준의 작성요령
   ㉠ 작업의 표준 설정은 실정에 적합할 것
   ㉡ 좋은 작업의 표준일 것
   ㉢ 표현은 구체적으로 나타낼 것
   ㉣ 생산성과 품질의 특성에 적합할 것
   ㉤ 이상시 조치 기준이 설정되어 있을 것
   ㉥ 다른 규정에 위배되지 않을 것

④ 작업표준의 작성절차

    ㉠ 작업을 분류 정리한다.

    ㉡ 작업을 세분화한다.

    ㉢ 검토에 의해 동작의 순서와 급소를 정한다.(검토 시 작업자 참여)(동작의 우선순위를 정한다.)

    ㉣ 작업 표준안을 작성한다.

    ㉤ 작업 표준을 제정한다.

    ㉥ 지도(교육)한다.

(4) 작업환경개선 4단계

① 제1단계 : 작업분해

② 제2단계 : 세부 내용 검토

③ 제3단계 : 작업 분석

④ 제4단계 : 새로운 방법의 적용

※ 표준작업을 작성하기 위한 TWI 개선 4단계를 묻는 질문의 답이기도 함

(5) 작업 분석 방법(E.C.R.S) ★

① 제거(Eliminate)

② 결합(Combine)

③ 재조정(Rearrange)

④ 단순화(Simplify)

(6) 작업위험분석

① 작업위험분석 방법

    ㉠ 설비, 환경, 인간의 위험 분석

    ㉡ 과업에 절차를 포함

    ㉢ 안전 작업 표준화가 목적

    ㉣ 비정규 작업에는 적용 곤란

② 작업위험 분석 종류

    ㉠ 면접   ㉡ 관찰

    ㉢ 설문방법   ㉣ 혼합방식

③ 동작 경제의 3원칙

    ㉠ 신체의 사용에 관한 원칙

    ㉡ 작업역의 배치에 관한 원칙

    ㉢ 공구 및 설비의 설계에 관한 원칙

(7) 작업시작 전 점검사항 ★

[작업시작 전 점검사항](안전보건규칙)

작업의 종류	점검내용
1. 프레스등을 사용하여 작업을 할 때(제2편 제1장 제3절) ★★★	가. 클러치 및 브레이크의 기능 나. 크랭크축·플라이휠·슬라이드·연결봉 및 연결 나사의 풀림 여부 다. 1행정 1정지기구·급정지장치 및 비상정지장치의 기능 라. 슬라이드 또는 칼날에 의한 위험방지 기구의 기능 마. 프레스의 금형 및 고정볼트 상태 바. 방호장치의 기능 사. 전단기(剪斷機)의 칼날 및 테이블의 상태
2. 로봇의 작동 범위에서 그 로봇에 관하여 교시 등(로봇의 동력원을 차단하고 하는 것은 제외한다)의 작업을 할 때(제2편 제1장 제13절)	가. 외부 전선의 피복 또는 외장의 손상 유무 나. 매니퓰레이터(manipulator) 작동의 이상 유무 다. 제동장치 및 비상정지장치의 기능
3. 공기압축기를 가동할 때(제2편 제1장 제7절)	가. 공기저장 압력용기의 외관 상태 나. 드레인밸브(drain valve)의 조작 및 배수 다. 압력방출장치의 기능 라. 언로드밸브(unloading valve)의 기능 마. 윤활유의 상태 바. 회전부의 덮개 또는 울 사. 그 밖의 연결 부위의 이상 유무
4. 크레인을 사용하여 작업을 하는 때(제2편 제1장 제9절 제2관)	가. 권과방지장치·브레이크·클러치 및 운전장치의 기능 나. 주행로의 상측 및 트롤리(trolley)가 횡행하는 레일의 상태 다. 와이어로프가 통하고 있는 곳의 상태
5. 이동식 크레인을 사용하여 작업을 할 때(제2편 제1장 제9절 제3관)	가. 권과방지장치나 그 밖의 경보장치의 기능 나. 브레이크·클러치 및 조정장치의 기능 다. 와이어로프가 통하고 있는 곳 및 작업장소의 지반상태
6. 리프트(자동차정비용 리프트를 포함한다)를 사용하여 작업을 할 때(제2편 제1장 제9절 제4관)	가. 방호장치·브레이크 및 클러치의 기능 나. 와이어로프가 통하고 있는 곳의 상태
7. 곤돌라를 사용하여 작업을 할 때(제2편 제1장 제9절 제5관)	가. 방호장치·브레이크의 기능 나. 와이어로프·슬링와이어(sling wire) 등의 상태
8. 양중기의 와이어로프·달기체인·섬유로프·섬유벨트 또는 훅·샤클·링 등의 철구(이하 "와이어로프등"이라 한다)를 사용하여 고리걸이작업을 할 때(제2편 제1장 제9절 제7관)	와이어로프등의 이상 유무
9. 지게차를 사용하여 작업을 하는 때(제2편 제1장 제10절 제2관)	가. 제동장치 및 조종장치 기능의 이상 유무 나. 하역장치 및 유압장치 기능의 이상 유무 다. 바퀴의 이상 유무 라. 전조등·후미등·방향지시기 및 경보장치 기능의 이상 유무

10. 구내운반차를 사용하여 작업을 할 때(제2편 제1장 제10절 제3관)	가. 제동장치 및 조종장치 기능의 이상 유무 나. 하역장치 및 유압장치 기능의 이상 유무 다. 바퀴의 이상 유무 라. 전조등·후미등·방향지시기 및 경음기 기능의 이상 유무 마. 충전장치를 포함한 홀더 등의 결합상태의 이상 유무
11. 고소작업대를 사용하여 작업을 할 때(제2편 제1장 제10절 제4관)	가. 비상정지장치 및 비상하강 방지장치 기능의 이상 유무 나. 과부하 방지장치의 작동 유무(와이어로프 또는 체인구동방식의 경우) 다. 아웃트리거 또는 바퀴의 이상 유무 라. 작업면의 기울기 또는 요철 유무 마. 활선작업용 장치의 경우 홈·균열·파손 등 그 밖의 손상 유무
12. 화물자동차를 사용하는 작업을 하게 할 때(제2편 제1장 제10절 제5관)	가. 제동장치 및 조종장치의 기능 나. 하역장치 및 유압장치의 기능 다. 바퀴의 이상 유무
13. 컨베이어등을 사용하여 작업을 할 때(제2편 제1장 제11절)	가. 원동기 및 풀리(pulley) 기능의 이상 유무 나. 이탈 등의 방지장치 기능의 이상 유무 다. 비상정지장치 기능의 이상 유무 라. 원동기·회전축·기어 및 풀리 등의 덮개 또는 울 등의 이상 유무
14. 차량계 건설기계를 사용하여 작업을 할 때(제2편 제1장 제12절 제1관)	브레이크 및 클러치 등의 기능
14의2. 용접·용단 작업 등의 화재위험작업을 할 때(제2편 제2장 제2절)	가. 작업 준비 및 작업 절차 수립 여부 나. 화기작업에 따른 인근 가연성 물질에 대한 방호조치 및 소화기구 비치 여부 다. 용접불티 비산방지덮개 또는 용접방화포 등 불꽃·불티 등의 비산을 방지하기 위한 조치 여부 라. 인화성 액체의 증기 또는 인화성 가스가 남아 있지 않도록 하는 환기 조치 여부 마. 작업근로자에 대한 화재예방 및 피난교육 등 비상조치 여부
15. 이동식 방폭구조(防爆構造) 전기기계·기구를 사용할 때(제2편 제3장 제1절)	전선 및 접속부 상태
16. 근로자가 반복하여 계속적으로 중량물을 취급하는 작업을 할 때(제2편 제5장)	가. 중량물 취급의 올바른 자세 및 복장 나. 위험물이 날아 흩어짐에 따른 보호구의 착용 다. 카바이드·생석회(산화칼슘) 등과 같이 온도상승이나 습기에 의하여 위험성이 존재하는 중량물의 취급방법 라. 그 밖에 하역운반기계등의 적절한 사용방법
17. 양화장치를 사용하여 화물을 싣고 내리는 작업을 할 때(제2편 제6장 제2절)	가. 양화장치(揚貨裝置)의 작동상태 나. 양화장치에 제한하중을 초과하는 하중을 실었는지 여부
18. 슬링 등을 사용하여 작업을 할 때(제2편 제6장 제2절)	가. 훅이 붙어 있는 슬링·와이어슬링 등이 매달린 상태 나. 슬링·와이어슬링 등의 상태(작업시작 전 및 작업 중 수시로 점검)

4. 안전검사 및 안전인증

(1) 안전인증 심사의 종류 및 제출서류 방법[산업안전보건법 시행규칙 별표 13] ★★

심사 종류		기계·기구 및 설비	방호장치·보호구
예비심사		1. 인증대상 제품의 용도·기능에 관한 자료 2. 제품설명서 3. 제품의 외관도 및 배치도	왼쪽란과 같음
서면심사		1. 사업자등록증 사본 2. 수입을 증명할 수 있는 서류(수입하는 경우로 한정한다) 3. 대리인임을 증명하는 서류(제108조 제1항 후단에 해당하는 경우로 한정한다) 4. 기계·기구 및 설비의 명세서 및 사용방법설명서 5. 기계·기구 및 설비를 구성하는 부품 목록이 포함된 조립도 6. 기계·기구 및 설비에 포함된 방호장치 명세서 및 방호장치와 관련된 도면 7. 기계·기구 및 설비에 포함된 부품·재료 및 동체 등의 강도계산서와 관련된 도면(고용노동부장관이 정하여 고시하는 것만 해당한다)	1. 사업자등록증 사본 2. 수입을 증명할 수 있는 서류(수입하는 경우로 한정한다) 3. 대리인임을 증명하는 서류(제108조 제1항 후단에 해당하는 경우로 한정한다) 4. 방호장치 및 보호구의 명세서 및 사용방법설명서 5. 방호장치 및 보호구의 조립도·부품도·회로도와 관련된 도면 6. 방호장치 및 보호구의 앞면·옆면 사진 및 주요 부품 사진
기술능력 및 생산체계 심사		1. 품질경영시스템의 수립 및 이행 방법 2. 구매한 제품의 안전성 확인 절차 및 내용 3. 공정 생산·관리 및 제품 출하 전후의 사후관리 절차 및 내용 4. 생산 및 서비스 제공에 대한 보완시스템 절차 5. 부품 및 제품의 식별관리체계 및 제품의 보존방법 6. 제품 생산 공정의 모니터링, 측정시험장치 및 장비의 관리방법 7. 공정상의 데이터 분석방법 및 문제점 발생 시 시정 및 예방에 필요한 조치방법 8. 부적합품 발생 시 처리 절차	왼쪽란과 같음
제품 심사	개별 제품 심사	1. 서면심사결과 통지서 2. 기계·기구 및 설비에 포함된 재료의 시험성적서 3. 기계·기구 및 설비의 배치도(설치되는 경우만 해당한다) 4. 크레인 지지용 구조물의 안전성을 증명할 수 있는 서류(구조물에 지지되는 경우만 해당하며, 정격하중 10[t] 미만인 경우는 제외한다)	해당 없음
	형식별 제품 심사	1. 서면심사결과 통지서 2. 기술능력 및 생산체계 심사결과통지서 3. 기계·기구 및 설비에 포함된 재료의 시험성적서	1. 서면심사결과 통지서 2. 기술능력 및 생산체계 심사결과 통지서(제110조 제1항 제3호 각 목에 해당하는 경우는 제외한다) 3. 방호장치 및 보호구에 포함된 재료의 시험성적서

① 안전인증 방법

    ㉠ 예비심사 : 기계 및 방호장치·보호구가 유해·위험기계 등인지를 확인하는 심사(안전인증을 신청한 경우만 해당한다)

    ㉡ 서면심사 : 유해·위험기계 등의 종류별 또는 형식별로 설계도면 등 유해·위험기계 등의 제품기술과 관련된 문서가 안전인증기준에 적합한지에 대한 심사

    ㉢ 기술능력 및 생산체계 심사 : 유해·위험기계 등의 안전성능을 지속적으로 유지·보증하기 위하여 사업장에서 갖추어야 할 기술능력과 생산체계가 안전인증기준에 적합한지에 대한 심사

    ㉣ 제품심사 : 유해·위험기계 등이 서면심사 내용과 일치하는지와 유해·위험기계 등의 안전에 관한 성능이 안전인증기준에 적합한지에 대한 심사. 다만, 다음의 심사는 유해·위험기계 등별로 고용노동부장관이 정하여 고시하는 기준에 따라 어느 하나만을 받는다.

        ⓐ 개별 제품심사 : 서면심사 결과가 안전인증기준에 적합할 경우에 유해·위험기계 등 모두에 대하여 하는 심사(안전인증을 받으려는 자가 서면심사와 개별 제품심사를 동시에 할 것을 요청하는 경우 병행할 수 있다)

        ⓑ 형식별 제품심사 : 서면심사와 기술능력 및 생산체계 심사 결과가 안전인증기준에 적합할 경우에 유해·위험기계등의 형식별로 표본을 추출하여 하는 심사(안전인증을 받으려는 자가 서면심사, 기술능력 및 생산체계 심사와 형식별 제품심사를 동시에 할 것을 요청하는 경우 병행할 수 있다)

② 안전인증 심사기간(부득이한 사유가 있을 때에는 15일의 범위에서 심사기간을 연장할 수 있다)

    ㉠ 예비심사 : 7일

    ㉡ 서면심사 : 15일(외국에서 제조한 경우 30일)

    ㉢ 기술능력 및 생산체계 심사 : 30일(외국에서 제조한 경우는 45일)

    ㉣ 개별제품의 심사 : 15일

    ㉤ 형식별 제품심사 : 30일(방호장치와 같은 보호구는 60일)

    ※ 예비 7, 개별서면 15, 기생 형식 30

(2) 안전인증 대상 기계·기구 및 관련 분야★★

안전인증 대상	관련 분야
크레인, 리프트, 고소작업대, 프레스, 전단기, 사출성형기, 롤러기, 절곡기, 곤돌라	기계, 전기·전자, 산업안전(기술사는 기계·전기안전으로 한정함)
압력용기	기계, 전기·전자, 화공, 금속, 에너지, 산업안전(기술사는 기계·화공안전으로 한정함)
방폭구조 전기기계·기구 및 부품	기계, 전기·전자, 금속, 화공, 가스
가설기자재	기계, 건축, 토목, 생산관리, 건설·산업안전(기술사는 건설·기계안전으로 한정함)

(3) 안전인증 대상 기계, 설비

- 프레스
- 전단기 및 절곡기(折曲機)
- 크레인
- 리프트
- 압력용기
- 롤러기
- 사출성형기(射出成形機)
- 고소(高所) 작업대
- 곤돌라

(4) 안전인증 대상 방호장치

- 프레스 및 전단기 방호장치
- 양중기용(揚重機用) 과부하 방지장치
- 보일러 압력방출용 안전밸브
- 압력용기 압력방출용 안전밸브
- 압력용기 압력방출용 파열판
- 절연용 방호구 및 활선작업용(活線作業用) 기구
- 방폭구조(防爆構造) 전기기계·기구 및 부품
- 추락·낙하 및 붕괴 등의 위험 방지 및 보호에 필요한 가설기자재로서 고용노동부장관이 정하여 고시하는 것
- 충돌·협착 등의 위험 방지에 필요한 산업용 로봇 방호장치로서 고용노동부장관이 정하여 고시하는 것

(5) 안전인증 대상 보호구

- 추락 및 감전 위험방지용 안전모
- 안전화
- 안전장갑
- 방진마스크
- 방독마스크
- 송기(送氣)마스크
- 전동식 호흡보호구
- 보호복
- 안전대
- 차광(遮光) 및 비산물(飛散物) 위험방지용 보안경
- 용접용 보안면
- 방음용 귀마개 또는 귀덮개

(6) 자율안전확인 대상 기계, 방호장치, 보호구

　① 자율안전확인 대상 기계, 설비

　　㉠ 연삭기(研削機) 또는 연마기. 이 경우 휴대형은 제외한다.

　　㉡ 산업용 로봇

　　㉢ 혼합기

　　㉣ 파쇄기 또는 분쇄기

　　㉤ 식품가공용 기계(파쇄·절단·혼합·제면기만 해당한다)

　　㉥ 컨베이어

　　㉦ 자동차정비용 리프트

　　㉧ 공작기계(선반, 드릴기, 평삭·형삭기, 밀링만 해당한다)

　　㉨ 고정형 목재가공용 기계(둥근톱, 대패, 루타기, 띠톱, 모떼기 기계만 해당한다)

　　㉩ 인쇄기

　② 자율안전확인 대상 방호장치

　　㉠ 아세틸렌 용접장치용 또는 가스집합 용접장치용 안전기

　　㉡ 교류 아크용접기용 자동전격방지기

　　㉢ 롤러기 급정지장치

　　㉣ 연삭기 덮개

　　㉤ 목재 가공용 둥근톱 반발 예방장치와 날 접촉 예방장치

　　㉥ 동력식 수동대패용 칼날 접촉 방지장치

　　㉦ 추락·낙하 및 붕괴 등의 위험 방지 및 보호에 필요한 가설기자재

　③ 자율안전확인 대상 보호구

　　㉠ 안전모(추락 및 감전 위험방지용 안전모 제외)

　　㉡ 보안경(차광 및 비산물 위험방지용 보안경 제외)

　　㉢ 보안면(용접용 보안면 제외)

(7) 안전인증취소 ★★

　① 6개월 이내의 기간

　② 안전인증표시 사용금지 시정 명령을 할 수 있는 경우

　　㉠ 거짓이나 그 밖의 부정한 방법으로 안전인증을 받은 경우(취소에 해당)

　　㉡ 안전인증을 받은 유해·위험기계등의 안전에 관한 성능 등이 안전인증기준에 맞지 아니하게 된 경우

　　㉢ 정당한 사유 없이 산업안전보건법 제84조 제4항에 따른 확인을 거부, 방해 또는 기피하는 경우

(8) 자율검사프로그램 인정을 받기 위한 요건 ★★★

　① 검사원을 고용하고 있을 것

② 검사 장비를 갖추고 유지 관리할 수 있을 것
③ 안전검사주기의 1/2에 해당하는 주기마다 검사할 것(건설현장 외의 크레인은 6개월)
④ 자율검사프로그램의 검사기준이 안전검사기준을 충족할 것
⑤ 3개월 이내에 보고할 것

[안전인증 및 자율안전확인 대상 기계·설비, 방호장치, 보호구의 종류] ★★★

	안전인증	자율안전확인
기계·설비	• 프레스 • 전단기 및 절곡기(折曲機) • 크레인 • 리프트 • 압력용기 • 롤러기 • 사출성형기(射出成形機) • 고소(高所) 작업대 • 곤돌라	• 연삭기(研削機) 또는 연마기. 이 경우 휴대형은 제외한다. • 산업용 로봇 • 혼합기 • 파쇄기 또는 분쇄기 • 식품가공용 기계(파쇄·절단·혼합·제면기만 해당한다) • 컨베이어 • 자동차정비용 리프트 • 공작기계(선반, 드릴기, 평삭·형삭기, 밀링만 해당한다) • 고정형 목재가공용 기계(둥근톱, 대패, 루타기, 띠톱, 모떼기 기계만 해당한다) • 인쇄기
방호장치	• 프레스 및 전단기 방호장치 • 양중기용(揚重機用) 과부하 방지장치 • 보일러 압력방출용 안전밸브 • 압력용기 압력방출용 안전밸브 • 압력용기 압력방출용 파열판 • 절연용 방호구 및 활선작업용(活線作業用) 기구 • 방폭구조(防爆構造) 전기기계·기구 및 부품 • 추락·낙하 및 붕괴 등의 위험 방지 및 보호에 필요한 가설기자재로서 고용노동부장관이 정하여 고시하는 것 • 충돌·협착 등의 위험 방지에 필요한 산업용 로봇 방호장치로서 고용노동부장관이 정하여 고시하는 것	• 아세틸렌 용접장치용 또는 가스집합 용접장치용 안전기 • 교류 아크용접기용 자동전격방지기 • 롤러기 급정지장치 • 연삭기 덮개 • 목재 가공용 둥근톱 반발 예방장치와 날 접촉 예방장치 • 동력식 수동대패용 칼날 접촉 방지장치 • 추락·낙하 및 붕괴 등의 위험 방지 및 보호에 필요한 가설기자재
보호구	• 추락 및 감전 위험방지용 안전모 • 안전화 • 안전장갑 • 방진마스크 • 방독마스크 • 송기(送氣)마스크 • 전동식 호흡보호구 • 보호복 • 안전대 • 차광(遮光) 및 비산물(飛散物) 위험방지용 보안경 • 용접용 보안면 • 방음용 귀마개 또는 귀덮개	• 안전모 • 보안경 • 보안면

(9) 안전검사 대상 기계·기구 및 주기 ★★★

① 대상 기계·기구·설비

> - 프레스
> - 전단기
> - 크레인(정격 하중이 2[t] 미만인 것은 제외한다)
> - 리프트
> - 압력용기
> - 곤돌라
> - 국소 배기장치(이동식은 제외한다)
> - 원심기(산업용만 해당한다)
> - 롤러기(밀폐형 구조는 제외한다)
> - 사출성형기[형 체결력(型 締結力) 294킬로뉴턴(KN) 미만은 제외한다]
> - 고소작업대(「자동차관리법」 제3조 제3호 또는 제4호에 따른 화물자동차 또는 특수자동차에 탑재한 고소작업대로 한정한다)
> - 컨베이어
> - 산업용 로봇

② 안전검사 주기 ★★★

㉠ 양중기 – 크레인, 리프트, 곤돌라 – 설치 끝난 날부터 3년 이내, 그 후 2년마다

　 건설현장에서 사용하는 것 – 최초 설치한 날부터 6개월마다

㉡ 이동식 크레인, 이삿짐 운반용 리프트 및 고소작업대 – 신규 등록 이후 3년 이내, 그 이후 2년마다

㉢ 프레스, 전단기, 압력용기, 국소 배기장치, 원심기, 롤러기, 사출성형기, 컨베이어 및 산업용 로봇 – 설치 끝난 날부터 3년 이내, 그 이후 2년마다

㉣ 공정안전보고서를 제출하여 확인받는 압력용기 – 4년마다

(10) 안전인증 및 자율안전확인, 안전검사의 합격표시에 표시할 내용 ★★

안전인증	자율안전확인	안전검사
형식 또는 모델명 규격 또는 등급 제조자명 제조일자 및 제조연월 안전인증 번호	형식 또는 모델명 규격 또는 등급 제조자명 제조일자 및 제조연월 자율안전확인 번호	검사 대상 유해, 위험 기계명 신청인 형식번호(기호) 합격번호 검사유효기간

(11) 안전인증의 면제

① 연구·개발을 목적으로 제조·수입하거나 수출을 목적으로 제조하는 경우

② 고용노동부장관이 정하여 고시하는 외국의 안전인증기관에서 인증을 받은 경우

③ 다른 법령에 따라 안전성에 관한 검사나 인증을 받은 경우로서 고용노동부령으로 정하는 경우

5. 안전진단

(1) 안전진단의 종류 및 내용

종류	진단내용
종합진단	1. 경영·관리적 사항에 대한 평가 　가. 산업재해 예방계획의 적정성 　나. 안전·보건 관리조직과 그 직무의 적정성 　다. 산업안전보건위원회 설치·운영, 명예산업안전감독관의 역할 등 근로자의 참여 정도 　라. 안전보건관리규정 내용의 적정성 2. 산업재해 또는 사고의 발생 원인(산업재해 또는 사고가 발생한 경우만 해당한다) 3. 작업조건 및 작업방법에 대한 평가 4. 유해·위험요인에 대한 측정 및 분석 　가. 기계·기구 또는 그 밖의 설비에 의한 위험성 　나. 폭발성·물반응성·자기반응성·자기발열성 물질, 자연발화성 액체·고체 및 인화성 액체 등에 의한 위험성 　다. 전기·열 또는 그 밖의 에너지에 의한 위험성 　라. 추락, 붕괴, 낙하, 비래(飛來) 등으로 인한 위험성 　마. 그 밖에 기계·기구·설비·장치·구축물·시설물·원재료 및 공정 등에 의한 위험성 　바. 법 제118조 제1항에 따른 허가대상물질, 고용노동부령으로 정하는 관리대상 유해물질 및 온도·습도·환기·소음·진동·분진, 유해광선 등의 유해성 또는 위험성 5. 보호구, 안전·보건장비 및 작업환경 개선시설의 적정성 6. 유해물질의 사용·보관·저장, 물질안전보건자료의 작성, 근로자 교육 및 경고표시 부착의 적정성 7. 그 밖에 작업환경 및 근로자 건강 유지·증진 등 보건관리의 개선을 위하여 필요한 사항
안전진단	종합진단 내용 중 제2호·제3호, 제4호 가목부터 마목까지 및 제5호 중 안전 관련 사항
보건진단	종합진단 내용 중 제2호·제3호, 제4호 바목, 제5호 중 보건 관련 사항, 제6호 및 제7호

(2) 안전진단 대상 사업장

① 중대재해 발생 사업장

② 안전보건개선계획 수립·시행 명령을 받은 사업장

③ 추락·폭발·붕괴 등 재해 발생 위험이 현저히 높은 사업장으로서 지방노동관서의 장이 안전·보건진단이 필요하다고 인정하는 사업장

CHAPTER 03 무재해 운동 및 보호구

1 무재해 운동 등 안전활동 기법

1. 무재해의 정의

무재해 개시 사업장에서 근로자가 업무에 인하여 사망 또는 4일 이상의 요양을 요하는 부상 또는 질병에 이환되지 않는 산업재해가 발생하지 않거나 500만원 이상의 물적손실이 따르는 산업사고가 발생하지 않는 것

2. 무재해 운동의 목적

사업장 내의 모든 잠재적 위험요인을 사전에 발견하여 파악하고, 근원적으로 산업재해를 예방하여 일체의 산업재해를 허용하지 않는 것

(1) 무재해 운동의 기본 3원칙 ★★★★
① 무(Zero)의 원칙 ★ : 산업재해의 근원적인 요소들을 없앤다는 것
② 안전제일의 원칙(선취의 원칙) ★ : 행동하기 전, 잠재위험요인을 발견하고 파악, 해결하여 재해를 예방하는 것
③ 참여의 원칙(참가의 원칙) : 전원이 일치 협력하여 각자의 위치에서 적극적으로 문제를 해결하는 것

(2) 무재해 운동의 3기둥(요소) ★★
① 최고경영자의 엄격한 안전경영자세
② 안전활동의 라인화(라인화 철저)
③ 직장 자주 안전활동의 활성화

3. 무재해 운동 이론

(1) 무재해 운동의 이념
무재해 운동은 인간존중의 이념에서 출발한다.
※ 팀 활동의 3원리 : 팀워크의 원리, 합의의 원리, 미팅의 원리

(2) 무재해로 인정되는 경우 ★
① 출, 퇴근 도중에 발생한 재해
② 운동 경기 등 각종 행사 중 발생한 재해
③ 작업 시간 중 천재지변 또는 돌발적인 사고로 인한 구조 행위 또는 긴급 피난 중 발생한 사고

④ 작업 시간 외에 천재지변 또는 돌발적인 사고 우려가 많은 장소에서 사회 통념상 인정되는 업무 수행 중 발생한 사고

⑤ 제3자의 행위에 의한 업무상 재해

⑥ 업무상 재해인정 기준 중 뇌혈관 질환 또는 심장 질환에 의한 재해

(3) 무재해 운동 적용대상 사업장

① 안전관리자를 선임해야 할 사업장

② 건설공사의 경우 도급액이 10억원 이상인 건설현장

③ 해외건설공사의 경우 상시근로자수 500인 이상이거나 도급금액이 1억달러 이상인 건설현장

④ 기타 무재해 운동 개시보고서를 한국산업안전공단 이사장 또는 기술지도원장에게 통보한 사업장

(4) 무재해 운동의 실천기법 위험예지훈련(3훈련)

① 감수성 훈련

② 단시간미팅 훈련

③ 문제해결 훈련

4. 무재해 소집단 활동

(1) 목적

사업장 전체의 안전보건추진체의 중요한 일환으로서 자주활동에 의한 라인관리를 위하여 직장에서 작업의 위험을 장기 또는 단시간에 해결하여 안전보건을 선취하기 위한 인간존중의 이념을 구현하는 팀이다.

(2) 소집단 활동

① 브레인스토밍

ㄱ 비판금지 : 다른 사람의 발언에 대해 비판금지

ㄴ 자유발언 : 어떠한 발언도 가능

ㄷ 대량발언 : 대량발언 가능

ㄹ 수정발언 : 다른 사람의 발언에 이어 발언을 할 수 있다.

② 듀퐁사의 STOP 기법

결심 – 정지 – 관찰 – 조치 – 보고

③ 툴박스미팅(T.B.M) ★ : T.B.M(Tool Box Meeting)으로 실시하는 위험예지활동을 말한다. 이는 현장에서 그때 그 장소의 상황에 즉응하여 실시하는 위험예지활동으로서 즉시 즉응법이라고도 한다.

ㄱ 내용 : 주로 불안전한 행동을 근절시키기 위하여 5~6인 소집단으로 나누어 편성하여 작업장 내에서 적당한 장소를 정하여 실시하는 단시간 미팅을 말한다.

ㄴ 미팅 시간

ⓐ 아침 작업 개시 전 & 중식 후 작업 개시 전 : 5~15분

ⓑ 작업 종료 시 : 3~5분

ⓒ 실시 단계

    ⓐ 제1단계 : 도입

    ⓑ 제2단계 : 점검 정비

    ⓒ 제3단계 : 작업지시

    ⓓ 제4단계 : 위험예측

    ⓔ 제5단계 : 확인

ⓓ TBM 실시방법에서 주의해야 할 5가지 중요사항

    ⓐ 감독자의 명령, 지시의 실시 방법에 대하여 의논

    ⓑ 지시작업에 대한 위험 예지

    ⓒ 지시사항에 대한 학습

    ⓓ 직장 문제점에 대한 문제 제기

    ⓔ 직장의 문제점에 대한 해결

④ **지적확인** : 작업의 정확성이나 안전을 확인하기 위해 사람의 눈이나 귀 등 오관의 감각기관을 총동원하는 것으로 작업을 안전하게 오조작 없이 작업공정의 요소요소에서 자신의 행동을 「…, 좋아!」 하고 대상을 지적하여 큰소리로 확인하는 것을 말한다.

  ⊙ 지적확인 시 주의사항

    ⓐ 동작에는 고도의 긴장이 필요하고 올바른 자세로 절도 있고 엄격하게 실행하여야 한다.

    ⓑ 큰소리를 내는 것이 싫어서 '지적'만 하거나 소리를 내어도 팔, 손가락의 지적동작을 태만히 하면 지적도가 떨어진다. 필히 지적하여 확인하는 것이 필수적이다.

    ⓒ 주의력을 가급적 집중시키기 위해서 정확하게 확인하는 것이 좋다.

    ⓓ 공동 작업자가 단독의 선창하에 맞추어 똑같은 것을 환호, 응답하는 것이 좋은 효과를 가져온다.

⑤ **터치 앤드 콜(Touch and Call)** ★ : 터치 앤드 콜은 피부를 맞대고 같이 소리치는 것으로 전원의 스킨십(Skinship)이라 할 수 있다. 이는 팀의 일체감, 연대감을 조성할 수 있고, 동시에 대뇌 구피질에 좋은 이미지를 불어넣어 안전행동을 하도록 하는 것이다. 작업현장에서 같이 호흡하는 동료끼리 서로의 피부를 맞대고 느낌을 교류하면 동료애가 저절로 우러나온다.

⑥ **원포인트 위험예지훈련** : 위험예지란 말 그대로 위험을 미리 안다는 뜻으로서 작업 중에 발생할 수 있는 위험요인을 발견·파악하여 그에 따른 대책을 강구하고 작업이 시작되기 전에 위험요인을 제거함으로써 안전을 확보하자는 뜻이다. 현장제일선의 안전을 매일 시시각각으로 확보해 가기 위해서는 리더를 중심으로 하여 단시간미팅(회합)을 통해서 작업현장에 잠재되어 있는 위험요인을 파악·해결하기 위한 기법이 필요한데 무재해 운동에서는 특히 위험예지기법을 활용하고 있다. 위험을 미리 찾아내어 해결책을 강구하기 위한 작업요원들의 실력배양을 위하여 연습활동을 하여야 하는데, 이 과정을 위험예지훈련이라고 말한다.

⑦ 1인 위험예지훈련 ★ : 각자가 위험에 대한 감수성 향상을 도모하기 위하여 삼각 및 원포인트 위험예지훈련을 하는 것이다.

⑧ 롤플레잉(Role Playing) ★ : 일상생활에서의 여러 역할을 모의로 실연(實演)하는 일. 개인이나 집단의 사회적 적응을 향상하기 위한 치료 및 훈련 방법의 하나이다.

⑨ 안전확인 5지 운동 – 5지의 호칭(엄지부터)
  ㉠ 마음
  ㉡ 복장
  ㉢ 규정
  ㉣ 정비
  ㉤ 확인

5. 위험예지훈련 및 진행방법

(1) 위험예지훈련의 종류

① 감수성 훈련

② 문제해결 훈련

③ 단시간미팅 훈련

④ 집중력 훈련

(2) 위험예지훈련의 4단계 ★★★★★

① 제1단계 : 현상파악 – 어떤 위험이 잠재되어 있는가?

② 제2단계 : 본질추구 – 이것이 위험의 point다.

③ 제3단계 : 대책수립 – 당신이라면 어떻게 하는가?

④ 제4단계 : 목표설정 – 우리들은 이렇게 한다.

(3) 추진 방법

① 1단계 : 전원이 대화하여 삽화 상황 중에 잠재된 위험요인을 발견함과 동시에 그 요인을 일으킨 현상을 상정(想定)해 간다.

② 2단계 : 발견된 위험요인 중, 이것이 중요하다고 생각되는 위험을 파악해 ○표시, ◎표시를 해서 좁혀간다.

③ 3단계 : ◎표시를 한 중요한 위험을 해결하려면 어떻게 하면 되는지를 생각해 구체적이며 실행가능한 대책을 세운다.

④ 4단계 : 대책 중 중점실시항목에 ※표시를 해서 그것을 실천하기 위한 팀 행동목표를 설정하여 전원이 제창한다.

2 보호구 및 안전보건표지

1. 보호구의 개요

(1) 보호구의 정의
인체에 미치는 각종의 유해, 위험으로부터 인체를 보호하기 위하여 착용하는 보조기구를 말한다.(안전의 소극적 대책으로 말한다.)

(2) 보호구가 갖추어야 할 구비요건
① 착용이 간편할 것
② 작업에 방해를 주지 않을 것
③ 유해 위험요소에 대한 방호가 완전할 것
④ 재료의 품질이 우수할 것
⑤ 구조 및 표면가공이 우수할 것
⑥ 외관상 보기가 좋을 것

(3) 보호구의 선정 시 유의사항
① 사용목적에 적합할 것
② 검정에 합격하고 성능이 보장되는 것
③ 작업에 방해가 되지 않는 것
④ 착용이 쉽고 크기 등 사용자에게 편리한 것

(4) 검정대상보호구의 종류
안전모 - 안전대 - 안전화 - 보안경 - 안전장갑 - 보안면 - 방진마스크 - 방독마스크 - 귀마개 또는 귀덮개 - 방열복

(5) 보호구의 관리
① 햇빛이 들지 않고 통풍이 잘되며, 청결하고 습기가 없는 장소에 보관할 것
② 발열체가 주변에 없을 것
③ 부식성 액체, 유기용제, 기름, 화장품, 산 등과 혼합하여 보관하지 않을 것
④ 모래, 진흙 등이 묻는 경우는 세척하고 그늘에서 말려 보관할 것
⑤ 땀 등으로 오염된 경우는 세탁하고 건조시킨 후 보관할 것
⑥ 정기적으로 점검할 것

(6) 안전인증의 표시 ★

① 안전인증 및 자율안전확인 표시 및 표시방법

㉠ 표시

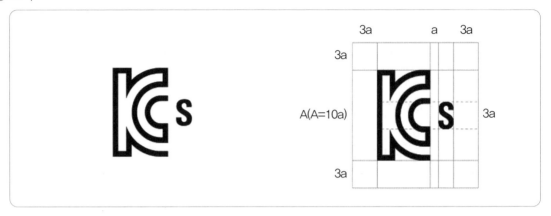

㉡ 표시방법

ⓐ 표시는 「국가표준기본법 시행령」 제15조의7 제1항에 따른 표시기준 및 방법에 따른다.

ⓑ 표시를 하는 경우 인체에 상해를 입힐 우려가 있는 재질이나 표면이 거친 재질을 사용해서는 안 된다.

② 안전인증 대상 기계등이 아닌 유해·위험기계등의 안전인증의 표시 및 표시방법

㉠ 표시

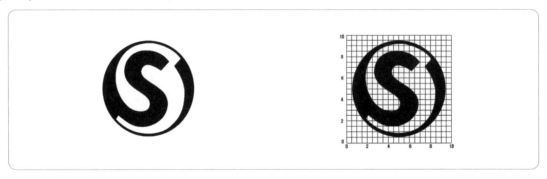

㉡ 표시방법

ⓐ 표시의 크기는 유해·위험기계등의 크기에 따라 조정할 수 있다.

ⓑ 표시의 표상을 명백히 하기 위하여 필요한 경우에는 표시 주위에 한글·영문 등의 글자로 필요한 사항을 덧붙여 적을 수 있다.

ⓒ 표시는 유해·위험기계등이나 이를 담은 용기 또는 포장지의 적당한 곳에 붙이거나 인쇄하거나 새기는 등의 방법으로 해야 한다.

ⓓ 표시는 테두리와 문자를 파란색, 그 밖의 부분을 흰색으로 표현하는 것을 원칙으로 하되, 안전인증표시의 바탕색 등을 고려하여 테두리와 문자를 흰색, 그 밖의 부분을 파란색으로 표현할 수 있다. 이 경우

파란색의 색도는 2.5PB 4/10으로, 흰색의 색도는 N9.5로 한다[색도기준은 한국산업표준(KS)에 따른 색의 3속성에 의한 표시방법(KS A 0062)에 따른다].

ⓔ 표시를 하는 경우에 인체에 상해를 입힐 우려가 있는 재질이나 표면이 거친 재질을 사용해서는 안 된다.

2. 보호구의 종류

(1) 안전인증 보호구

① 추락 및 감전 위험방지용 안전모

② 안전화

③ 안전장갑

④ 방진마스크

⑤ 방독마스크

⑥ 송기(送氣)마스크

⑦ 전동식 호흡보호구

⑧ 보호복

⑨ 안전대

⑩ 차광(遮光) 및 비산물(飛散物) 위험방지용 보안경

⑪ 용접용 보안면

⑫ 방음용 귀마개 또는 귀덮개

(2) 자율안전확인 대상 보호구

① 안전모(추락 및 감전 위험방지용 안전모 제외)

② 보안경(차광 및 비산물 위험방지용 보안경 제외)

③ 보안면(용접용 보안면 제외)

3. 보호구의 성능기준 및 시험방법

(1) 안전모

① 안전모의 종류

㉠ AB종 : 낙물체의 낙하 또는 비래 및 추락에 의한 위험을 방지 또는 경감시키기 위한 것(낙하, 추락방지용)

㉡ AE종 : 물체의 낙하 또는 비래에 의한 위험을 방지 또는 경감하고, 머리부위 감전에 의한 위험을 방지하기 위한 것(낙하, 감전방지용, 내전압성)

※ 내전압성이란 7,000[V] 이하의 전압에 견디는 것을 말한다. ★

㉢ ABE종 : 물체의 낙하, 비례, 추락, 감전에 대한 위험의 방지 또는 경감(다목적용)

② 안전모의 구비조건

㉠ 쉽게 부식하지 않을 것

㉡ 피부에 해로운 영향을 주지 않을 것

㉢ 사용 목적에 따라 내열성, 내한성 및 내수성을 보유할 것

㉣ 안전모는 착장제, 턱끈 등의 부속품을 제외한 무게가 0.44[kg]을 초과하지 않을 것

㉤ 모체의 표면은 밝고 선명한 색채로 할 것

③ 안전모의 성능시험 ★★★

㉠ 내관통성시험 : AE, ABE종 안전모는 관통거리가 9.5[mm] 이하이고, AB종 안전모는 관통거리가 11.1[mm] 이하이어야 한다.

㉡ 충격흡수성시험 : 최고전달충격력이 4,450[N]을 초과해서는 안 되며, 모체와 착장체의 기능이 상실되지 않아야 한다.

㉢ 내전압성시험 : AE, ABE종 안전모는 교류 20[kV]에서 1분간 절연파괴 없이 견뎌야 하고, 이때 누설되는 충전전류는 10[mA] 이하이어야 한다.

㉣ 내수성시험 : AE, ABE종 안전모는 질량증가율이 1[%] 미만이어야 한다.

$$★ \text{무게증가율} = \frac{\text{담근 후} - \text{담그기 전의 무게}}{\text{담그기 전의 무게}} \times 100$$

㉤ 난연성시험 : 모체가 불꽃을 내며 5초 이상 연소되지 않아야 한다.

㉥ 턱끈풀림 : 150[N] 이상 250[N] 이하에서 턱끈이 풀려야 한다.

④ 부가성능기준

㉠ 안전모의 측면변형방호 기능을 부가성능으로 요구 시에는 보호구 안전인증 고시 별표 1의2 제9호에 따라 시험하여 최대측면변형은 40[mm], 잔여변형은 15[mm] 이내이어야 한다.

㉡ 안전모의 금속용융물 분사방호기능을 부가성능으로 요구 시에는 보호구 안전인증 고시 별표 1의2 제10호에 따라 시험하여 다음과 같이 한다.

ⓐ 용융물에 의해 10[mm] 이상의 변형이 없고 관통되지 않을 것

ⓑ 금속용융물의 방출을 정지한 후 5초 이상 불꽃을 내며 연소되지 않을 것

⑤ 안전모의 구조

　　㉠ 모체 : 착용자의 머리부위를 덮는 물체

　　㉡ 착장체(머리받침끈, 머리고정대, 머리받침고리) :
　　　안전모를 머리부위에 고정시켜 주며, 안전모에 충
　　　격이 가해졌을 때 착용자의 머리부위에 전해지는
　　　충격을 완화시켜 주는 부품

　　㉢ 충격흡수재 : 안전모에 충격이 가해졌을 때 착용자
　　　의 머리부위에 전해지는 충격을 완화하기 위해 모
　　　체의 내면에 붙이는 부품

　　㉣ 턱끈 : 모체가 착용자의 머리부위에서 탈락하는 것을 방지하기 위한 부품

　　㉤ 통기구멍 : 통풍의 목적으로 모체에 있는 구멍

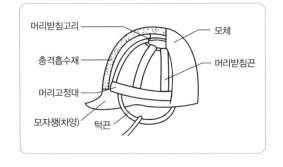

(2) 안전대

① 안전대의 종류 및 사용방법

　　㉠ 1종 : U자걸이 전용

　　㉡ 2종 : 1개걸이 전용

　　㉢ 3종 : 1개걸이, U자걸이 공용

　　㉣ 4종 : 1개걸이, U자걸이 공용(보조훅 부착)

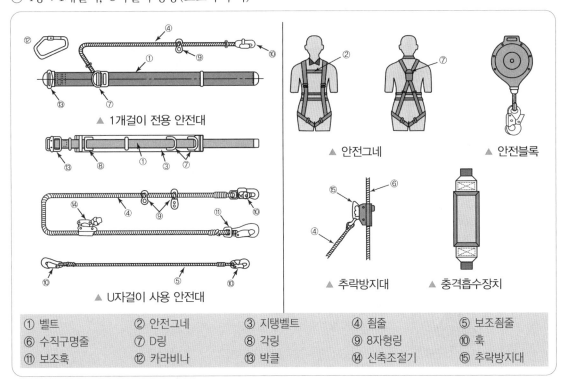

▲ 1개걸이 전용 안전대

▲ U자걸이 사용 안전대

▲ 안전그네

▲ 안전블록

▲ 추락방지대

▲ 충격흡수장치

① 벨트	② 안전그네	③ 지탱벨트	④ 죔줄	⑤ 보조죔줄
⑥ 수직구명줄	⑦ D링	⑧ 각링	⑨ 8자형링	⑩ 훅
⑪ 보조훅	⑫ 카라비나	⑬ 박클	⑭ 신축조절기	⑮ 추락방지대

② 안전대의 일반구조(U자걸이용 안전대)

　　㉠ 동체대기 벨트, 각 링 및 신축조절기가 있을 것

　　㉡ D링, 각 링은 안전대 착용자의 동체 양측의 해당하는 곳에 고정되도록 동체대기벨트에 부착할 것

　　㉢ 신축조절기가 로프로부터 이탈하지 말 것

　　※ 비고 : 추락방지대 및 안전블록은 안전그네식에만 적용

　　※ 전주 작업을 제외한 일반적인 경우에는 추락사고 시 발생하는 신체부담 경감을 위해 안전그네식 안전대를 사용

③ 안전대 종류에 따른 각부 명칭

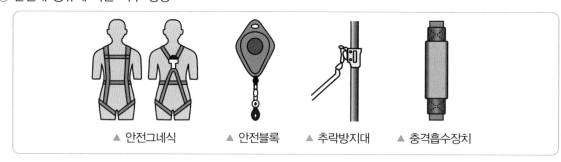

　▲ 안전그네식　　▲ 안전블록　　▲ 추락방지대　　▲ 충격흡수장치

(3) 안전화

① 안전화의 종류

	가죽제 안전화 떨어지는 물체에 맞거나 부딪히거나 날카로운 물체에 찔리지 않도록 발을 보호		**절연화** 떨어지는 물체에 맞거나 부딪히거나 날카로운 물체에 찔리지 않도록 발을 보호하고, 저압 감전을 방지
	고무제 안전화 떨어지는 물체에 맞거나 부딪히거나 날카로운 물체에 찔리지 않도록 발을 보호하고, 내수성과 내화학성을 갖춤		**발등안전화** 떨어지는 물체에 맞거나 부딪히거나 날카로운 물체에 찔리지 않도록 발과 발등을 보호
	**정전기 안전화** 떨어지는 물체에 맞거나 부딪히거나 날카로운 물체에 찔리지 않도록 발을 보호하고, 정전기의 인체 대전을 방지함		**화학물질용 안전화** 떨어지는 물체에 맞거나 부딪히거나 날카로운 물체에 찔리지 않도록 발을 보호하고, 화학물질로부터 유해위험 방지
	절연장화 고압 감전 방지와 방수를 겸함		

② 재질에 따른 성능시험

㉠ 가죽제 발보호 안전화의 성능시험 : 내압박시험, 충격시험, 박리시험, 내답발성시험

㉡ 고무제 발보호 안전화의 성능시험 : 압박시험, 충격시험, 침수시험

③ 절연화와 절연장화의 성능

㉠ 절연화 : 60[Hz]. 14,000[V]의 전압에 1분간 견디어야 하고 충전전류가 5[mA] 이하여야 한다.

㉡ 절연장화 : 20,000[V]에 1분간 견디어야 하고 충전전류가 20[mA] 이하여야 한다.

- A종 : 300[V] 초과, 교류 600[V], 직류 750[V] 이하의 작업에 사용
- B종 : 직류 750[V] 초과, 3,500[V] 이하의 작업에 사용
- C종 : 3,500[V] 초과, 7,000[V] 이하의 작업에 사용
- 내전압성능은 60[Hz], 20,000[V]전압에 1분간 견디고, 충전전류가 20[mA] 이하

(4) 안전장갑

① 내전압용 절연장갑

㉠ 고압, 감전방지 및 방수를 겸한다.

ⓐ A종 : 300[V] 초과, 교류 600[V], 직류 750[V] 이하

ⓑ B종 : 직류 750[V] 초과, 3,500[V] 이하의 작업

ⓒ C종 : 3,500[V] 초과, 7,000[V] 이하의 작업

㉡ 등급별 사용전압 및 등급별 색상 ★★

등급	최대사용전압		색상
	교류[V], 실효값	직류[V]	
00등급	500	750	갈색
0등급	1,000	1,500	빨간색
1등급	7,500	11,250	흰색
2등급	17,000	25,500	노란색
3등급	26,500	39,750	녹색
4등급	36,000	54,000	등색

※ 직류는 교류값에 1.5를 곱해주면 된다.

② 화학물질용 안전장갑 – 용접용 가죽제 보호장갑

㉠ 1종 : 아크용접작업에 사용

㉡ 2종 : 가스용접 및 용단작업에 사용

(5) 보안경

① 보안경의 조건

㉠ 특정한 위험에 대해서 적절한 보호를 할 수 있을 것

㉡ 착용 시 편안할 것

ⓒ 견고하게 고정되어 착용자가 움직이더라도 쉽게 탈락 또는 움직이지 않을 것

ⓔ 내구성이 있을 것

ⓜ 충분히 소독이 되어 있을 것

ⓗ 세척이 쉬울 것

② **보안경의 사용목적**

㉠ 강렬한 가시광선을 약하게 하여 광원의 모양을 관측하는 기능

㉡ 유해한 자외선의 차단

㉢ 열작업에서 발생하는 유해한 자외선의 차단

㉣ 작업 시 비산되는 물질로부터의 눈의 보호

③ **보호안경의 종류**

㉠ 차광 보안경

ⓐ 눈에 대해서 해로운 자외선 및 적외선 또는 강열한 가시광선(유해광선)이 발생하는 장소에서 눈을 보호하기 위한 것

ⓑ 차광보안경은 용접·용단작업 등에 적합한 차광번호를 선정한다.

ⓒ 차광번호 숫자가 클수록 차광능력이 높아진다.

ⓓ 자외선필터는 1.2 ~ 5번까지 구분

ⓔ 적외선필터는 1.2 ~ 10번까지 구분

ⓕ 용접필터는 1.2 ~16번까지 구분하고, 숫자가 크면 시감투과율이 낮다.

㉡ 유리 보안경 : 미분, 칩, 기타 비산물로부터 눈을 보호하기 위한 것

㉢ 플라스틱 보안경 : 미분, 칩, 액체 약품등 기타 비산물로부터 눈을 보호하기 위한 것

(고글형은 부유분진, 액체 약품 등의 비산물로부터 눈을 보호하기 위한 것)

㉣ 도수렌즈 보안경 : 근시, 원시 혹은 난시인 근로자가 차광보안경, 유리 보안경을 착용해야 하는 장소에서 작업하는 경우, 빛이나 비산물 및 기타 유해물질로부터 눈을 보호함과 동시에 시력을 교정하기 위한 것

(6) 마스크

① 방진마스크

㉠ 등급은 분진포집효율에 따라 구분 ★

ⓐ 특급은 99.5[%] 이상(중독성 분진, 흄, 방사성 물질분진을 비산하는 장소)

ⓑ 1급은 95[%] 이상(갱내, 암석의 파쇄, 분쇄하는 장소, 아크용접, 용단작업, 현저하게 분진이 많이 발생하는 작업, 석면을 사용하는 작업, 주물공장 등)

ⓒ 2급은 85[%] 이상

㉡ 성능시험항목 : 흡기저항시험, 분진포집효율시험, 배기저항시험, 흡기저항상승시험, 배기변의 작동기밀시험

ⓒ 방진마스크가 갖추어야 할 구비조건

ⓐ 분진포집효율(여과효율)이 좋을 것

ⓑ 흡기, 배기 저항이 낮을 것

ⓒ 사용적(유효공간)이 적을 것(180[cm] 이하)

ⓓ 중량이 가벼울 것[격리식 : 특급(700[g] 이하), 1급(500[g] 이하), 직결식 : 특급(200[g] 이하), 1급 (160[g] 이하), 2급(110[g] 이하)]

ⓔ 시야가 넓을 것(하방시야 60[°] 이상)

ⓕ 안면 밀착성이 좋을 것

ⓖ 피부 접촉 부위의 고무질이 좋을 것

ⓔ 방진마스크 등급에 따른 분진효율

ⓐ 분리식 : 특급(99.95[%] 이상), 1급(94[%] 이상), 2급(80[%] 이상) ★

ⓑ 안면부 : 특급(99[%] 이상), 1급(94[%] 이상), 2급(80[%] 이상)

ⓜ 방진마스크의 형태 ★

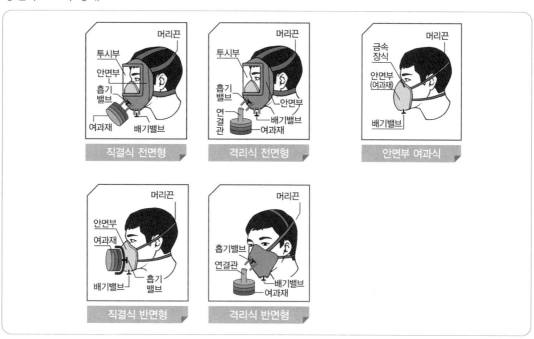

② 방독마스크

　㉠ 성능시험 : 기밀시험, 흡기저항시험, 배기저항시험, 배기밸브의 작동기밀시험

　㉡ 정화통의 종류와 색깔 ★★

　　　ⓐ 할로겐가스용(보통가스용), 황화수소용, 시안화수소용 – A : 회색 및 흑색(활성탄, 소다라임)

　　　ⓑ 유기가스용 – C : 흑색(활성탄)

　　　ⓒ 암모니아용 – H : 녹색(큐프라마이트)

　　　ⓓ 일산화탄소용 – E : 적색(홉카라이트, 방습제)

　　　ⓔ 아황산가스용 – I : 황색(산화금속, 알칼리제제)

　　　ⓕ 유기화합물용 : 갈색

　㉢ 방독마스크의 시험가스 ★★★

　　　ⓐ 유기화합물용 시험가스 : 시클로헥산/디메틸에테르/이소부탄

　　　ⓑ 할로겐용 : 염화가스 또는 증기

　　　ⓒ 황화수소용 : 시안화수소가스

　　　ⓓ 아황산용 : 아황산가스

　　　ⓔ 암모니아용 : 암모니아가스

　　　※ 질소가스용 방독마스크는 없다.

　㉣ 방독마스크 사용 시 주의사항

　　　ⓐ 방독마스크를 과신하지 말 것

　　　ⓑ 수명이 지난 것은 절대 사용하지 말 것

　　　ⓒ 산소결핍 장소에서는 사용하지 말 것

　　　ⓓ 가스의 종류에 따라 용도 이외의 것을 사용하지 말 것

③ 송기마스크 ★

　㉠ 송기마스크의 특징

　　　ⓐ 산소 농도가 18[%] 미만, 유해물질 농도가 2[%] (암모니아 3[%]) 이상인 장소 등에서 착용

　　　ⓑ 질식위험이 있는 밀폐공간(밀폐공간 작업 구조용 포함)에서 착용

　　　ⓒ 정화통 미개발 물질 취급, 독성 오염물질 노출 시 등 착용

ⓛ 송기마스크의 종류

ⓐ 호스 마스크

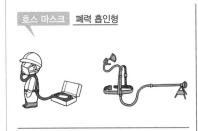

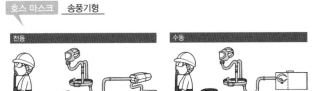

※ 최근에는 주로 자동(전동)식을 사용

- 착용자의 폐력으로 호스 끝에 고정된 신선한 공기를 호스 안면부를 통해 흡입하는 구조
- 호스는 원칙적으로 안지름 19[mm] 이상, 길이 10[m] 이하여야 함

- 전동 또는 수동 송풍기로 신선한 공기를 호스 안면부로 보내는 구조
- 송기풍량을 조절하는 유량조절장치와 송풍기에는 교환 필터를 갖춰야 함
- 안면부를 통해 송기하는 것은 송풍기가 사고로 정지됐을 때 폐력으로 호흡할 수 있도록 함

ⓑ 마스크

- 압축 공기관, 고압 공기용기, 공기압축기 등으로부터 중압호스와 안면부로 압축공기를 보내는 구조
- 중간에 송기풍량을 조절하는 유량조절장치, 압축공기 중의 분진과 기름 미스트 등을 걸러내는 여과장치를 갖춰야 함

- 일정 유량형과 같은 구조
- 공급밸브를 갖추고 착용자의 호흡량에 따라 안면부 내로 송기

- 보통 때는 디맨드형 또는 압력디맨드형을 사용하다가 급기 중단 등 긴급한 때나 작업상 필요한 경우에는 고압공기용기에서 공기를 받아 공기호흡기로 사용하는 구조
- 고압 공기용기와 폐지밸브는 KSP 규정을 따름

ⓒ 사용대상 작업

ⓐ 산소가 결핍되거나 유해가스 등의 농도를 모르는 장소

ⓑ 고농도 분진이나 유해물질의 증기, 가스가 발생하는 장소

ⓒ 강도가 높거나 장시간 하는 작업

ⓓ 유해물질의 종류나 농도가 불분명한 장소

ⓔ 방진·방독마스크 착용이 부적절한 장소

    ㉣ 선정 시 유의사항

        ⓐ 격리되거나 행동반경이 크고 공기 공급원에서 멀리 떨어진 장소에서 작업할 때는 공기호흡기를 지급하고 기능을 점검한다.

        ⓑ 공기가 오염된 곳에서는 폐력흡인형, 수동형은 사용하지 않는다.

        ⓒ 위험도가 높은 곳에서는 폐력흡인형 사용을 피한다.

(8) 방음보호구

  ① 방음보호구의 종류

    ㉠ 귀마개

        ⓐ 귀에 잘 맞을 것

        ⓑ 사용 중에 현저한 불쾌감이 없을 것

        ⓒ 사용 중에 쉽게 탈락되지 않을 것

    ㉡ 귀덮개

  ② 귀마개와 귀덮개 구분 및 성능

종류	구분	기호	성능
귀마개	1종	EP-1	저음부터 고음까지 차음
	2종	EP-2	주로 고음을 차음하고, 저음(회화음 영역)은 차음하지 않음
귀덮개	–	EM	–

폼타입 귀마개의 종류 (예시)	
재사용 귀마개의 종류 (예시)	
귀덮개의 종류 (예시)	

⊙ 차음효과 ★

미국의 EPA(Environmental Protection Agency)에서는 귀 보호구 제작사에게 차음효과를 나타낼 수 있는 단일 숫자의 차음평가수 NRR(Noise Reduction Rating)를 명시하도록 하였다. 이것은 외부에서 각 주파수별로 측정하여 계산한 특성 [dB](C)의 총 음압수준에서 착용자의 고막에 도달한 각 주파수별 특성 [dB(A)]의 총 음압수준을 뺀 다음 안전을 위하여 여기서 3[dB]를 더 뺀 값으로 NRR은 차음효과를 나타내 주는 값이다. 그러나 이 값이 실제 작업현장에서 차음효과를 그대로 나타내 주지는 않는다. 그것은 제작자가 실험실에서 실시한 NRR은 엄격하게 통제된 환경에서 실시한 값이기 때문이고 작업장은 개인의 착용특성, 주파수 대역의 차이, 노출시간의 변화 등의 다양한 변수 때문에 차음효과는 떨어지게 된다.

(9) 보호복

① 보호복의 특징

㉠ 화학적, 기계적, 물리적 작용으로부터 전신을 보호하는 의류 형태의 것

㉡ 방열복(안전인증), 화학물질용 보호복(안전인증)으로 구분

② 방열복의 주요 보호기능

㉠ 고열에 의한 화상 등의 위험 방지

㉡ 장시간 고열작업에 따른 열 피로의 방지

※ 제철, 금속정련, 금속용융, 가우징, 유리용융 등 작업장과 작업용도에 맞춰 착용한다.

③ 사용관리

㉠ 화염과 용융물 등에 직접 접촉해 사용하지 않도록 한다.

㉡ 상의와 장갑, 하의와 신발 사이로 착용자 신체가 노출되지 않도록 한다.

㉢ 파손·균열 등이 있는 경우 폐기한다.

㉣ 기타 자세한 사용방법, 세척 및 관리방법 등은 제품 사용설명서에 따른다.

④ 방열복의 종류

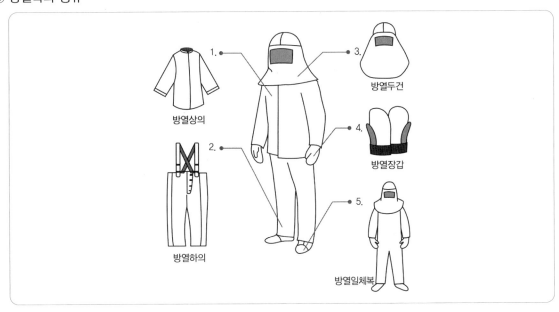

4. 안전보건표지의 종류·용도 및 적용 ★★★★★★★★

[안전보건표지의 종류와 형태]

1. 금지표지	101 출입금지	102 보행금지	103 차량통행금지	104 사용금지	105 탑승금지	106 금연
	107 화기금지	108 물체이동금지	**2. 경고표지**	201 인화성물질 경고	202 산화성물질 경고	203 폭발성물질 경고	204 급성독성물질 경고
205 부식성물질 경고	206 방사성물질 경고	207 고압전기 경고	208 매달린 물체 경고	209 낙하물 경고	210 고온 경고	211 저온 경고
212 몸균형 상실 경고	213 레이저광선 경고	214 발암성·변이원성 ·생식독성·전신 독성·호흡기 과민성 물질 경고	215 위험장소 경고	**3. 지시표지**	301 보안경 착용	302 방독마스크 착용

303 방진마스크 착용	304 보안면 착용	305 안전모 착용	306 귀마개 착용	307 안전화 착용	308 안전장갑 착용	309 안전복 착용
⊙	⊙	⊙	⊙	⊙	⊙	⊙

4. 안내표지	401 녹십자표지	402 응급구호표지	403 들것	404 세안장치	405 비상용기구	406 비상구
	⊕	✚	✚	👁 ✚	비상용 기구	🏃

407 좌측비상구	408 우측비상구	5. 관계자외 출입금지	501 허가대상물질 작업장	502 석면취급/해체 작업장	503 금지대상물질의 취급 실험실 등
◀ 🏃	🏃 ▶		관계자외 출입금지 (허가물질 명칭) 제조/사용/보관 중 보호구/보호복 착용 흡연 및 음식물 섭취 금지	관계자외 출입금지 석면 취급/해체 중 보호구/보호복 착용 흡연 및 음식물 섭취 금지	관계자외 출입금지 발암물질 취급 중 보호구/보호복 착용 흡연 및 음식물 섭취 금지

6. 문자추가시 예시문		▶ 내 자신의 건강과 복지를 위하여 안전을 늘 생각한다. ▶ 내 가정의 행복과 화목을 위하여 안전을 늘 생각한다. ▶ 내 자신의 실수로써 동료를 해치지 않도록 안전을 늘 생각한다. ▶ 내 자신이 일으킨 사고로 인한 회사의 재산과 손실을 방지하기 위하여 안전을 늘 생각한다. ▶ 내 자신의 방심과 불안전한 행동이 조국의 번영에 장애가 되지 않도록 하기 위하여 안전을 늘 생각한다.

★ 안전·보건표지의 제작에 있어 안전·보건표지 속의 그림 또는 부호의 크기는 안전·보건표지의 크기와 비례하여야 하며, 안전·보건표지 전체 규격의 30[%] 이상이 되어야 한다.

• 안전표찰 – 안전모 등에 부착하는 녹십자표지로서 작업복 또는 보호의의 우측어깨, 안전모의 좌우면, 안전완장

5. 안전보건표지의 색채 및 색도기준(산업안전보건법 시행규칙 별표 8) ★★

(1) 색채 ★

분류	기호	색채
금지표지	⃠	바탕은 흰색, 기본모형은 빨간색, 관련 부호 및 그림은 검은색
경고표지	△	바탕은 노란색, 기본모형, 관련 부호 및 그림은 검은색 다만, 인화성물질 경고, 산화성물질 경고, 폭발성물질 경고, 급성독성물질 경고, 부식성물질 경고 및 발암성 · 변이원성 · 생식독성 · 전신독성 · 호흡기과민성 물질 경고의 경우 바탕은 무색, 기본모형은 빨간색(검은색도 가능)
지시표지	○	바탕은 파란색, 관련 그림은 흰색
안내표지	□	녹십자 : 바탕은 흰색, 기본모형 및 관련 부호는 녹색 그 외 : 바탕은 녹색, 관련 부호 및 그림은 흰색
출입금지 표지	⃠	글자는 흰색바탕에 흑색 다음 글자는 적색 – ○○○제조/사용/보관 중 – 석면취급/해체 중 – 발암물질 취급 중

(2) 안전보건표지의 색도기준 및 용도 ★★★

색채	색도기준	용도	사용례
빨간색	7.5R 4/14	금지	정지신호, 소화설비 및 그 장소, 유해행위의 금지
		경고	화학물질 취급장소에서의 유해 · 위험 경고
노란색	5Y 8.5/12	경고	화학물질 취급장소에서의 유해 · 위험경고 이외의 위험경고, 주의표지 또는 기계방호물
파란색	2.5PB 4/10	지시	특정 행위의 지시 및 사실의 고지
녹색	2.5G 4/10	안내	비상구 및 피난소, 사람 또는 차량의 통행표지
흰색	N9.5		파란색 또는 녹색에 대한 보조색
검은색	N0.5		문자 및 빨간색 또는 노란색에 대한 보조색

CHAPTER 04 산업안전심리

1 산업심리와 심리검사

1. 심리검사의 종류

(1) 심리검사의 기준
① 타당성(적절성)
② 객관성(무오염성)
③ 신뢰성(반복, 재현성)
④ 사용성

(2) 심리검사의 구비조건
① **표준화** : 검사절차의 일관성과 통일성의 표준화
② **객관성** : 채점자의 편견, 주관성 배제
③ **규준** : 검사결과를 해석하기 위한 비교의 틀
④ **신뢰성** : 검사응답의 일관성(반복성)
⑤ **타당성** : 측정하고자 하는 것을 실제로 측정하는 것
⑥ **실용성** : 이용방법 용이

(3) 안전심리의 5대 요소 ★
① 동기
② 기질
③ 감정
④ 습성
⑤ 습관

(4) 심리검사의 종류 ★
① 지능검사
② 적성검사
③ 학력검사
④ 흥미검사
⑤ 성격검사

(5) 심리검사의 분류

① 계산에 의한 검사 : 계산검사, 기록검사, 수학응용검사

② 시각적 판단검사 : 형태비교검사, 입체도 판단검사, 언어식별 검사, 평면도 판단검사, 명칭판단검사, 공구판단검사

③ 운동능력검사

㉠ 추적 : 아주 작은 통로에 선을 그리는 것

㉡ 두드리기 : 가능한 빨리 점을 찍는 것

㉢ 점찍기 : 원 속에 점을 빨리 찍는 것

㉣ 복사 : 간단한 모양을 베끼는 것

㉤ 위치 : 일정한 점들을 이어 크거나 작게 변형

㉥ 블록 : 그림의 블록 개수 세기

㉦ 추적 : 미로 속의 선을 따라가기

(6) 성격검사

① Y-G 성격검사 ★

㉠ A형(평균형) : 조화적, 적응적

㉡ B형(우편형) : 정서 불안정, 활동적, 외향적(불안정, 적극형, 부적응)

㉢ C형(좌편형) : 안정, 소극형(온순, 소극적, 안정, 내향적, 비활동)

㉣ D형(우하형) : 안정, 적응, 적극형(정서 안정, 활동적, 사회 적응, 대인 관계 양호)

㉤ E형(좌하형) : 불안정, 부적응, 수동형(D형과 반대)

② Y-K(Yutaka – Kohate) 성격검사 ★

작업 성격 유형	작업 성격 인자
C,C형 : 담즙질	• 운동, 결단, 기민 빠르다 • 적응 빠름 • 세심하지 않음 • 내구, 집념 부족 • 자신감 강함
M,M형 : 흑담즙질(신경질형)	• 운동성 느리고 지속성 풍부 • 적응 느림 • 세심, 억제, 정확함 • 내구성, 집념, 지속성 • 담력, 자신감 강하다
S,S형 : 다혈질(운동성형)	• 운동, 결단, 기민 빠르다 • 적응 빠름 • 세심하지 않음 • 내구, 집념 부족 • 담력, 자신감 약하다

P,P형 : 점액질(평범수동성형)	• 운동성 느리고 지속성 풍부 • 적응 느림 • 세심, 억제, 정확함 • 내구성, 집념, 지속성 • 자신감 약하다
A,M형 : 이상질	• 극도로 나쁨 • 극도로 느림 • 극도로 바쁨 • 극도로 결핍 • 극도로 강하거나 약함

2. 심리학적 요인

(1) 심리의 특성

① 간결성의 원리 : 최소의 에너지로써 목표에 도달하려는 심리 특성

② 주의의 일점집중현상 : 돌발사태에 직면하면 공포를 느끼게 되고 주의가 일점(주시점)에 집중되어 판단정지 및 멍청한 상태에 빠지게 되어 유효한 대응을 못하게 된다.(사고 목격, 과긴장상태, 의식의 과잉)

③ 리스크 테이킹 : 객관적인 위험을 자기 나름대로 판정해서 의지결정을 하고 행동에 옮기는 것을 말한다.

④ 인간의 대피방향 : 좌측으로 피함

⑤ 감각차단현상 : 단조로운 업무를 장시간 수행 시 의식수준저하(졸음)

(2) 심리학의 범위

① 순수영역에서의 심리학

생리심리학, 지각심리학, 학습심리학, 인지심리학, 발달심리학, 성격심리학, 사회심리학

② 응용영역에서의 심리학

산업 및 조직 심리학, 상담심리학, 임상심리학, 교육심리학, 학교심리학, 환경심리학, 건강심리학, 여성심리학, 법정심리학

(3) 요인별 분류

① 인사심리학

㉠ 직무분석(job analysis) : 어떤 조직에 있는 특정 업무에 대한 정보를 수집, 분석, 종합하는 활동으로 모든 인적자원 관리의 출발점이다. 어떤 직무에 필요한 구체적인 지식, 기술, 능력을 결정하기 위해 직무분석 과정이 반드시 필요하다.

㉡ 조직구성원 선발 : 어느 기업이든 당면한 가장 중요한 문제는 복잡한 환경 속에서 여러 가지 업무를 잘 수행할 수 있는 종업원을 선발하는 것이다. 한 기업의 성패는 결국 얼마나 능력 있는 조직구성원들로 구성되었느냐에 의해 결정된다고 해도 과언이 아니기 때문이다.

ⓒ 직무수행평가 : 조직구성원들이 직무를 얼마나 잘 수행했는가를 측정하는 것은 기업과 조직구성원 모두에게 매우 중요하다. 왜냐하면 이 직무수행평가 결과가 조직구성원의 인사결정과 자기개발에 중요한 기초 자료로 활용되기 때문이다. 예를 들어, 어떤 조직구성원을 승진시켜야 할지 보너스는 얼마나 올릴지, 해고시켜야 하는지 등에 대한 결정들이 가능한 공정하고 객관적으로 이루어져야 하는데, 이런 측면에서 산업심리학자들의 연구 역할이 매우 중요하다.

ⓔ 교육 및 훈련 : 기업에서 교육 및 훈련의 목적은 조직구성원의 직무수행성과를 최대화하기 위해 구체적인 기술, 능력, 자세 등을 개발하는 것이다. 일반적으로 기업의 모든 신입사원들은 입사 후 어느 정도의 교육과 훈련을 받고, 경력이 없는 생산적 조직구성원들은 수행해야 하는 특수 작업에 대한 교육을 받아야 하고, 경력이 있는 조직구성원들도 새로운 기술과 수행절차를 새롭게 배워야 한다. 산업심리학자들은 이러한 기업의 교육 및 훈련계획을 수립하고 수행하고 평가해야 하는 책임을 갖고 있다.

ⓜ 경력개발 : 조직구성원의 경력개발은 조직 차원에서는 특정 조직구성원이 성장하도록 지도하고, 관리자적 역량과 기술적 재능이 조직의 욕구에 부합하도록 정보를 탐색하는 것이고, 개인 차원에서는 개인이 자신의 핵심 목표를 확인하고 이 목표를 달성하기 위해 해야 할 일이 무엇인지를 결정하는 과정이다.

ⓗ 노사관계 : 고용주와 종업원 간 또는 고용주와 노동조합 간에 발생하는 여러 가지 문제를 다룬다. 산업심리학자들은 노사관계에 영향을 주는 요인들, 노사관계의 과정(커뮤니케이션, 단체 행동, 단체교섭과 협상 등), 조직구성원들의 경영참여 문제 등 다양한 문제를 포괄한다.

② 조직심리학

㉠ 직무만족 : 조직구성원들이 자신의 직무에 대해 갖고 있는 태도를 말하는데, 기업의 입장에서 조직구성원들이 자신의 직무에서 효율성과 만족을 느끼도록 배려하는 일은 매우 중요하다.

㉡ 직업동기 : 기업의 생존은 조직구성원들의 동기에 기초한다. 아무리 조직구성원을 잘 선발하고 교육이나 훈련을 효과적으로 시키고, 장비가 현대적이라고 해도 조직구성원들이 충분히 동기화되어 있지 않다면 기업의 효율성과 생산성은 크게 기대할 수 없을 것이다. 이런 측면에서 조직구성원들의 작업 동기는 매우 중요하고 이 동기를 만족시키기 위해서는 직무와 작업조건을 어떻게 형성하고 개선해야 하는가를 연구해야 한다.

㉢ 조직의사소통 : 기업에서 조직구성원 간의 의사소통은 조직 내 의사소통이 효율적으로 이루어지지 않으면 시간이 낭비되고, 스트레스를 받고, 업무의 역할 분담이 제대로 이루어지지 못하며, 사고율이 증가하고, 생산성이 감소하는 등의 문제가 야기된다.

㉣ 조직개발 : 조직을 보다 효율적으로 만들기 위해 조직을 개선하고 변화시키는 것으로 조직의 문제를 진단하고, 변화를 도입하며, 이 변화가 조직에 미치는 효과를 평가하는 과정을 포함한다.

㉤ 경영전략과 조직문화 : 기업 목표를 달성하기 위해 경영이념 확립, 목표설정 및 경영계획 수립, 전략의 실시와 평가까지를 포함하는 미래지향적 경영프로그램이다. 조직문화란 조직과 관련된 활동, 상호작용, 감정, 신념, 가치를 공유하는 행동양식이나 사고방식으로 경영전략, 경영체계, 인적자원, 조직구조, 조직관리, 리더십을 유기적으로 연관시키고 있다.

ⓑ 리더십 : 조직의 유용성을 결정하는 주요 요인은 조직구성원의 리더십이다. 즉 가장 유능한 사람이 리더의 위치에 배치되어 가장 효율적인 방법으로 영향력을 발휘할 때 어떤 조직이든 간에 그 조직은 계속적인 성장과 발전을 할 것이다. 다양한 종류의 조직상황 속에서의 리더십을 이해할 필요가 있다.

(4) 산업심리학의 분야

분야	내용
선발과 배치	근로자들의 선발, 배치, 승진 등을 위한 측정방법의 개발과 검사에 관한 분야
교육과 개발	직무수행을 개선하기 위한 근로자의 기술향상 및 교육과 개발프로그램, 평가방법에 관한 분야
직무수행 평가	근로자들의 직무수행이 정도 및 직무수행이 조직에 기여한 효용성이나 가치측정에 관한 분야
조직 개발(구조분석)	근로자 및 근로조직의 만족과 효율성의 극대화를 위해 조직의 구조를 분석, 조직 내에서 행동에 영향을 미치는 다양한 요인들에 관한 분야
직업생활의 질적 수준	직무를 수행하는 근로자에게 보다 높은 의미부여와 만족감을 줄 수 있도록 직무를 재설계하는 분야
인간공학	인간의 능력과 잘 조화되면서 효율적으로 조작할 수 있는 기계, 설비 등의 작업체계를 설계하기 위한 분야

3. 지각과 정서

(1) 지각과 정서의 정의

① **지각** : 감각 정보(시각, 청각, 촉각, 후각, 미각)를 조직화하고 식별하여 해석하는 과정에 관해 연구하는 심리학의 한 분야이다. 쉽게 말하면, 오감이라고 알려진 감각 기관을 통해 들어온 정보들을 통해서 우리가 우리의 주변을 이해하는 과정을 밝히는 감각 기관의 자극으로 생겨나는 외적 사물의 전체상에 관한 의식이다. 즉 사과를 보고 과거 경험들을 상기시켜 종합적으로 '이것은 사과이다.'라고 판단하는 것이 '지각'이다.

② **정서** : 사람의 마음에 일어나는 여러 가지 감정. 또는 감정을 불러일으키는 기분이나 분위기로 정의되어 있으며, 비교적 약하고 장시간 계속되는 정취(情趣)와 구분한다. 희노애락(喜怒哀樂)·애증(愛憎)·공포·쾌고(快苦) 등이 정서이며, 의식적으로는 강한 감정이 중심이 되며, 신체적으로는 내장적(內臟的)인 생활기능의 변화를 수반하는 경우를 이야기하고 있다.

(2) 지각의 과정

① **선택적 지각**

② **조직화(체계화)**

　㉠ 대비효과

　㉡ 상동적태도

　㉢ 후광효과

③ **지각의 해석**

　㉠ 투사

　㉡ 귀인

4. 동기 · 좌절 · 갈등

(1) 동기

행동을 일으키게 하는 내적 직접요인의 총칭으로 유기적(有機的)인 요구에서 일어나는 동인은 생리적 동인이라고 할 수 있는 데 대하여, 기계론적으로 생각하기보다는 목적 및 목표와의 관련에서 발생하는 2차적 요구에 바탕을 둔 동인은 2차적 또는 학습성(學習性) 동기라고 한다.

동기의 유형으로는 생리적 동기, 내재적 동기 및 외재적 동기, 자극추구 동기, 사회적 동기기 있다.

(2) 좌절

심리학적으로 욕구불만 상태를 말한다. 이러한 상태는 작업행동 중에 위험을 초래하게 되므로 극력 배제해야 한다. 그러나 인간은 때로 마주치는 환경조건의 변화에 따라서 어떤 의미에 의해 불만족 상태를 품게 되며, 이것을 효과적으로 해소할 수 없게 되는 상태가 되는 일도 있으므로, 재해를 방지하는 데 상담 상대가 되어 해소시키는 것이 필요하다. 반응으로는 공격, 고착, 퇴행 우울 등이 있다.

(3) 갈등

① 갈등이란 두 가지 이상의 목표나 동기, 정서가 서로 충돌하는 현상으로 이러한 현상은 개인 또는 집단의 내부나 외부에서 발생할 수 있다. 레빈은 개인의 욕구나 목표에 접근하려는 경향과 회피하려는 경향이 존재하며, 이러한 접근 경향과 회피 경향의 충돌에 의해 갈등이 발생한다고 설명했다. 갈등은 또한 집단과 집단 간에도 발생할 수 있으며, 특정 집단에 대한 차별적 낙인과 집단 사고가 이러한 갈등을 심화시킨다. 집단 간 갈등을 해결하려면 집단을 구분하는 경계가 임의적인 것임을 상기하여, 본질적으로 동일한 사람임을 주지시키는 것과 더불어 역지사지를 통해 상대(집단)의 입장을 이해하는 것이 중요하다.

② 갈등상황의 3가지 기본형(레윈)

ㄱ. 접근 – 접근형 갈등 : 둘 이상의 목표가 모두 다 긍정적 결과를 가져다줄 경우 선택 상의 갈등

ㄴ. 접근 – 회피형 갈등 : 어떤 목표가 긍정적인 면과 부정적인 면을 동시에 가지고 있을 때 발생하는 갈등

ㄷ. 회피 – 회피형 갈등 : 둘 이상의 목표가 모두 다 부정적인 결과를 주지만 선택해야만 하는 갈등

5. 불안과 스트레스 ★

(1) 스트레스의 정의

인간의 모든 삶의 영역에 존재하기에 누구도 스트레스를 피할 수 없다. 스트레스는 인간이 적응해야 할 어떤 변화를 의미하기도 한다. 우리가 스트레스 상황에 처하면 스트레스에 대한 신체 반응으로 자율신경계의 교감부가 활성화되고, 응급상황에 반응하도록 신체의 자원들이 동원된다. 스트레스를 유발하는 요인은 매우 다양하나 적응의 관점에서 볼 때 스트레스를 어떻게 평가하고 대처하느냐가 중요하다고 볼 수 있다.

(2) 스트레스의 영향

생리적 반응, 심리적 반응, 행동적 반응

생리적 반응		심리적 반응		행동적 반응
동통	불면증	분노	무기력감	혀를 깨문다
변비	근육경련	불안	적개심	발을 동동 구른다
설사	욕지기	무관심	초조	이갈이
입 마름	식욕부진	싫증	주의집중곤란	충동적 행동
과다한 발한	심장박동	우울증	안절부절	긴장성 경련
고도한 배고픔	가쁜 숨	피로	거부	과민반응
극도의 피로	손떨림	죽음에 대한 공포	안정감 상실	머리, 귀, 코 쥐어뜯기
졸도	위장장애	욕구 좌절		
두통	가슴앓이	죄의식		

(3) 스트레스에 대한 신체 반응

① 위협적인 상황에 직면하면 뇌 속에 있는 전기적, 화학적 정보가 신경통로를 통해 시상하부로 이동한다. 시상하부는 뇌의 제일 밑바닥에 있는데 이곳은 약물, 스트레스, 격한 감정 등에 민감하게 반응하는 부위로 식욕, 성욕, 갈증, 체중 조절, 수분의 균형, 감정 등을 조절하는 중요한 곳이다.

② 시상하부에서는 피질자극 방출요인(corticotrophic releaseing factor, CRF)이라 부르는 일종의 방출 호르몬을 생산하는데, CRF는 뇌의 가장 밑바닥에 위치하는 뇌하수체로 이동한다.

③ 뇌하수체는 다른 내분비선의 호르몬 방출을 통제하는 분비선이다. 이곳에서는 부신피질 자극 호르몬(adrenocorticotrophic hormone, ACTH)과 갑상선 자극 호르몬(thyroid stimulating hormone, TSH)이라는 스트레스와 밀접한 호르몬을 생성, 방출한다.

④ TSH는 목의 앞쪽에 있는 갑상선이라는 내분비선을 자극하여 이곳에서 갑상선호르몬인 타이록신(thyroxine)을 분비한다. 이 호르몬은 신체의 에너지 수준을 높여 신진대사율을 증가시킨다.

⑤ ACTH는 부신피질을 자극하는 호르몬이다. 부신은 신장 가까이에 있는 두 개의 작은 분비선으로서 바깥 부분은 피질이고, 안쪽 부분은 수질이다.

⑥ 부신피질에서는 **코르티솔(cortisol)**이라는 호르몬을 생성한다. 이 호르몬이 분비되면 혈액 내 당의 수준이 높아지고 신체의 대사 활동이 촉진된다.

⑦ ACTH는 부신의 안쪽에 있는 수질 부위에도 영향을 미친다. 부신수질에서는 아드레날린과 노어아드레날린이라는 호르몬이 생성되는데, 이 호르몬들이 혈류에 분비되면 "싸울 것이냐 도망갈 것이냐"의 두 반응 중 하나가 일어난다.

⑧ 부신수질과 피질에서 분비된 이 호르몬들은 뇌하수체로 되돌아오는데 이러한 피드백이 스트레스 반응의 통제를 계속하게 된다.

2 직업적성과 배치

1. 직업적성의 분류

(1) 기계적 적성

① 손과 팔의 솜씨 – 신속, 정확한 능력

② 공간시각능력 – 형상이나 크기를 정확히 판단

③ 기계적 이해능력 – 공간시각능력, 지각속도, 기술적 지식 등이 결합된 것

(2) 사무적 적성

① 지능

② 지각속도

③ 정확성

※ 사무적성이 높을수록 사무 또는 행정 계통의 직무 희망

2. 적성검사의 종류

(1) 적성검사의 범위

① 기초 인간 능력

② 정신 운동 능력

③ 직무 특유 능력

④ 기계적 능력

⑤ 시각 기능적 능력

(2) 적성검사의 종류(유형별 분류)

종류	내용
시각적 판단 검사	언어식별 검사, 형태 비교 검사, 평면도 판단 검사, 공구 판단검사, 입체도 판단검사, 명칭 판단 검사
정확도 및 기민성 검사(정밀검사)	교환 검사, 회전검사, 조립검사, 분해검사
계산에 의한 검사	계산검사, 수학응용검사, 기록검사(기호 또는 선의 기입)
속도 검사	타점 속도 검사
직무 적성도 판단 검사	설문지법, 색채법, 설문지에 의한 컴퓨터 방식

(3) 적성검사의 주요소(9가지 적성요인) ★

① 지능(IQ)

② 수리 능력

③ 사무 능력

④ 언어 능력

⑤ 공간 판단 능력

⑥ 형태 지각 능력

⑦ 운동 조절 능력

⑧ 수지 조작 능력

⑨ 수동작 능력

(4) 직무적성검사의 특징 ★

① 객관성

② 타당성

③ 표준화

3. 직무분석 및 직무평가

(1) 직무분석의 정의

직무에 관한 정보를 수집, 분석하여 직무의 내용과 직무를 담당하는 자의 자격요건을 체계화하는 활동

① 직무를 구성하는 3요소

㉠ 과업(task)

㉡ 의무(duty)

㉢ 책임(responsibility)

② 직무분석 방법의 선정기준 : 분석대상 직무의 성격, 수집자료의 용도, 주어진 분석 조건 등에 따라 결정

(2) 목적 ★

① 직무 재조직에 영향 → 능률적이고 효율적인 직무수행

② 불필요한 시간과 노력의 제거

③ 장비와 작업 절차상의 관계 파악

④ 장비 설계의 개선점을 제시 → 직무능률 향상

(3) 분석방법 ★★

① 면접법

② 질문지법

③ 직접 관찰법

④ 혼합방식

⑤ 일지작성법

⑥ 결정 사건기법

4. 선발 및 배치

(1) 배치 시 고려사항 ★

① 작업의 성질과 작업의 적정한 양을 고려하여 배치

② 기능의 정도를 파악하여 배치

③ 공동 작업 시 팀워크의 효율성을 증대시킬 수 있도록 인간관계를 고려하여 배치

④ 질병자의 병력을 조사하여 근무로 인한 질병 악화가 생기지 않도록 배치

⑤ 법상 유격자가 필요한 작업은 자격 및 경력을 고려하여 배치

(2) 적성배치의 선발 효과

① 근로의욕고취

② 재해예방

③ 근로자 자신의 자아실현

④ 생산성 및 능률향상

5. 인사관리의 기초

(1) 인사관리

조직의 목표달성을 위한 → 인사활동, 인적자원 확보, 보상, 유지개발 → 계획, 조정, 지휘, 통제하는 관리체제

(2) 인사관리의 주요 기능

① 조직과 리더십

② 선발(선발시험 및 적성검사 등)

③ 배치(적성배치 포함)

④ 직무분석

⑤ 직무(업무)평가

⑥ 상담 및 노사간의 이해

3 인간의 특성과 안전과의 관계

1. 안전사고 요인

(1) 안전사고 요인(정신적 요소)

① 안전의식의 부족

② 주의력의 부족

③ 방심 및 공상

④ 개성적 결함 요소

   ㉠ 과도한 자존심 및 자만심

   ㉡ 다혈질 및 인내력 부족

   ㉢ 약한 마음

   ㉣ 도전적 성격

   ㉤ 감정의 장기 지속성

   ㉥ 경솔성

   ㉦ 과도한 집착성

   ㉧ 배타성

   ㉨ 게으름

⑤ 판단력의 부족 또는 그릇된 판단

⑥ 정신력에 영향을 주는 생리적 현상

   ㉠ 극도의 피로

   ㉡ 시력 및 청각 기능의 이상

   ㉢ 근육 운동의 부적합

   ㉣ 육체적 능력의 초과

   ㉤ 생리 및 신경 계통의 이상

(2) 안전사고의 경향성

① 안전사고의 원인과 개인의 관련성 : 기업체에서 일어난 대부분의 사고는 소수의 근로자에 의해서 발생한다.

   (심리학자 Greenwood)

② 소심한 사람은 사고를 유발하기 쉬우며, 이런 성격의 소유자는 도전적

③ 사고 경향성이 없는 사람은 침착 숙고형이다.

(3) 소질적 사고요인

① 지능

② 성격

③ 감각 운동 기능

(4) 사고의 본질적 특성

① **사고의 시간성** : 사고의 본질은 공간적인 것이 아니라 시간적이다.

② **우연성 중의 법칙성** : 모든 사고는 우연처럼 보이지만 엄연한 법칙에 따라 발생되기도 하고 미연에 방지되기도 한다.

③ **필연성 중의 우연성** : 인간 시스템은 복잡하고 행동의 자유성이 있기 때문에 오히려 인간이 착오를 일으켜 사고의 기회를 조성한다고 보며, 외적 조건 의지를 가진 자일 경우에는 우연성은 복합 형태가 되어 기회는 더 많아진다.

④ **사고의 재현 불가능설** : 사고는 인간의 추이 속에서 돌연히 인간의 의지에 반하여 발생되는 사건이라고 할 수 있으며 지나가 버린 시간을 되돌려 상황을 원상태로 재현할 수는 없다.

(5) 인간의 특성

① **인간동작의 외적 조건**

　㉠ 동적 조건 : 대상물의 동적 성질을 나타내는 것으로 가장 최대요인

　㉡ 정적 조건 : 높이, 크기, 깊이 등에 좌우

　㉢ 환경조건 : 온도, 습도, 소음 수준에 의해 좌우

② **인간동작의 내적 조건**

　㉠ 피로, 긴장 등에 의한 생리적 조건

　㉡ 근무 경력에 의한 경험 시간

　㉢ 개인차 : 적성, 성격, 개성

③ **동작실패의 원인이 되는 조건**

　㉠ 자세의 불균형 : 행동의 습관, 환경적 요인 등

　㉡ 피로 : 신체조건, 질병, 스트레스 등

　㉢ 작업강도 : 작업량, 작업속도, 작업시간 등

　㉣ 기상조건 : 온도, 습도, 그 밖에 기상조건 등

　㉤ 환경조건 : 작업환경, 심리적 환경

④ **인간의 행동특성**

　㉠ 간결성의 원리

　㉡ 주의의 일점 집중 현상

　㉢ 순간적인 경우 대피 방향 : 좌측

　㉣ 동조행동

     ⓜ 좌측통행

     ⓗ 위험감수

⑤ 불안전한 행동

    ㉠ 불안전한 행동의 직접원인

       ⓐ 지식부족

       ⓑ 기능 미숙

       ⓒ 태도 불량

       ⓓ 인간 에러

    ㉡ 불안전한 행동의 배후요인

       ⓐ 인적 요인

         • 생리적 요인 : 피로, 영양과 에너지 대사, 적성과 작업

         • 심리적 요인 : 의식의 우회, 소질적 결함, 주변적 동작, 걱정거리, 착오, 생략, 지름길 반응

       ⓑ 외적 요인

         • 인간관계 요인

         • 설비적 요인

         • 작업적 요인

         • 관리적 요인

요인	행동	내용
인적	망각	학습된 행동이 지속되지 않고 소실되는 현상(지속되는 것은 파지)
	소질적 결함	$B=f(P \cdot E)$ 적성배치를 통한 안전관리대책 필요
	주변적 동작	의식 외의 동작으로 인한 위험성 노출
	의식의 우회	공상, 회상 등
	지름길 반응	지름길을 통해 목적장소에 빨리 도달하려고 하는 행위
	생략행위	작업용구를 사용하지 않거나, 보호구를 미착용하거나, 정해진 순서를 빠뜨린 경우
	억측판단	자기 멋대로 하는 주관적인 판단
	착오(착각)	설비와 환경의 개선이 선결조건
	피로	능률의 저하, 생체의 다각적인 기능의 변화, 피로의 자각 등 변화
외적 (환경적) 4M	인간관계 요인 (Man)	인간관계 불량으로 작업의욕침체, 능률저하, 안전의식저하 등을 초래
	설비적(물적)요인 (Machine)	기계설비 등의 물적조건, 인간공학적 배려 및 작업성, 보전성, 신뢰성 등을 고려
	작업적 요인 (Media)	작업의 내용, 방법, 정보 등의 작업 방법적 요인 작업을 실시하는 장소에 관한 작업 환경적 요인
	관리적 요인 (Management)	안전법규의 철저, 안전기준, 지휘감독 등의 안전관리 교육훈련 부족, 감독지도 불충분, 적성배치 불충분

2. 산업안전 심리의 요소

(1) 산업안전 심리의 5대 요소
① 기질
② 동기
③ 습관
④ 습성
⑤ 감정

(2) 색의 심리 및 생리적 작용

색의 심리	생리적 작용
색채와 원근 감각	명도가 높은 것은 진출, 명도가 낮은 것은 후퇴
색채와 크기 감각	명도가 높을수록 크게 보임, 명도가 낮을수록 작게 보임
색채와 온도 감각	적색은 따뜻함, 청색은 차가움
색채와 안정감	상하로 구성할 때 명도가 높은 것은 위로, 낮은 것은 아래로 배치
색채와 경중	명도가 높으면 가볍게 느껴짐, 명도가 낮으면 무겁게 느껴짐
색채와 자극	황색을 경계로 녹색, 청색, 자색으로 갈수록 한색계라 하여 침착함 반대로 주황에서 빨강으로 갈수록 난색계라 하여 강한 자극
색채와 생물학적 작용	적색은 신경에 대한 흥분작용, 조직 호흡면에서 환원작용 촉진 청색은 신경에 대한 진정작용, 조직 호흡면에서 산화작용 촉진

3. 착상심리

인간판단의 과오 : 사람의 생각은 항상 건전하고 올바르다고 볼 수 없다는 심리

4. 착오

(1) 착오요인 ★★★★

종류	내용	
인지과정 착오	생리적, 심리적 능력의 한계(정보수용능력의 한계)	착시현상 등
	정보량 저장의 한계	처리 가능한 정보량 : 6bits/sec
	감각차단 현상(감성 차단)	정보량 부족으로 유사한 자극 반복 (계기비행, 단독비행 등) 단조로운 업무 장시간 지속(지루)
	심리적 요인	정서불안정, 불안, 공포 등
판단과정 착오	합리화, 능력부족, 정보부족, 환경조건 불비	
조작과정 착오	작업자의 기술능력이 미숙하거나 경험부족에서 발생	

(2) 착오의 메커니즘 ★★★

① 위치의 착오

② 순서의 착오

③ 패턴의 착오

④ 형태의 착오

⑤ 기억의 착오

　　㉠ 기억은 경험에 의해 얻은 내용을 저장, 보존하는 현상으로 과거에 형성된 행동이 어느 정도 보유되었다가 다음의 경험에 영향을 미치게 하는 활동 작용이다.

　　　　ⓐ 학습과정 – 특정 행위의 습득에 관한 과정

　　　　ⓑ 기억과정 – 특정 정보를 오랫동안 보관하는 과정과 필요시 정보를 다시 끄집어내어 사용하는 과정

　　㉡ 기억의 3가지 구성요소(3가지 모형) ★★

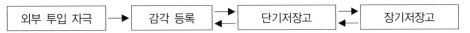

　　㉢ 단기기억은 감각기관을 통하며, 한계가 한정된 수(7±2)의 청크이다.

　　㉣ 망각은 약호화된 정보를 인출할 능력이 상실된 것으로

　　　　ⓐ 망각의 원인 : 자연 쇠퇴로 학습한 시간이 경과되어 기억흔적이 쇠퇴하여 자연히 일어난 것이다.

　　　　ⓑ 간섭설은 전·후 학습자료 간에 상호 간섭에 의해 일어난다.

　　㉤ 에빙하우스의 망각 곡선 및 기억률 공식

　　　　ⓐ 기억률 공식

$$기억률 = \frac{최초기억에 소요된 시간 - 그후에 기억에 소요된 시간}{최초기억에 소모된 시간} \times 100$$

　　　　ⓑ 기억한 내용은 급속하게 잊어버리게 되지만 시간의 경과와 함께 잊어버리는 비율은 완만해진다.(오래 되지 않은 기억은 잊어버리기 쉽고 오래된 기억은 잊어버리기 어렵다)

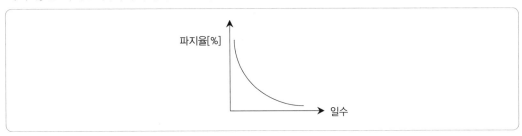

[인간오류의 유형] ★★★

유형	설명
착오	상황에 대한 해석을 잘못 하거나 목표에 대한 잘못된 이해로 착각하여 행하는 경우(주어진 정보가 불완전하거나 오해하는 경우에 발생하며 틀린 줄 모르고 행하는 오류)
실수	상황이나 목표에 대한 해석은 제대로 하였으나 의도와는 다른 행동을 하는 경우(주의산만이나 주의력 결핍에 의해 발생)
건망증	여러 과정이 연계적으로 계속하여 일어나는 행동 중에서 일부를 잊어버리고 하지 않거나 또는 기억의 실패에 의해 발생
위반	정해져 있는 규칙을 알고 있으면서 고의로 따르지 않거나 무시하는 행위

(3) Swain의 인간의 독립행동에 관한 오류 ★

　① Omission : 생략오류, 누설오류, 부작위오류

　② Time error : 시간오류

　③ Commission error : 작위오류

　④ Sequential error : 순서오류

　⑤ Extraneous error : 과잉행동오류

5. 착시

물체의 물리적인 구조가 인간의 감각기관인 시각을 통하여 인지한 구조와 현저하게 일치하지 않은 것으로 보이는 현상이다.

(1) 운동지각(착시)

　① 알파 운동 : 뮬러의 착시현상(화살표)

　② 베타 운동(가현운동) : 영화영상 기법(정지사진을 빨리 흘려 움직이는 것처럼)

　③ 유도운동 : 정지해 있는 배경이 움직이는 것으로 착각

　④ 자동운동 : 암실에서 강도가 낮은 작은 점을 보고 있으면 움직이는 것처럼 보이는 현상

(2) 착시현상의 종류 ★

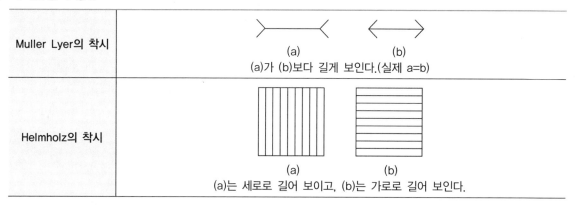

Muller Lyer의 착시	(a)　　　(b) (a)가 (b)보다 길게 보인다.(실제 a=b)
Helmholz의 착시	(a)　　　(b) (a)는 세로로 길어 보이고, (b)는 가로로 길어 보인다.

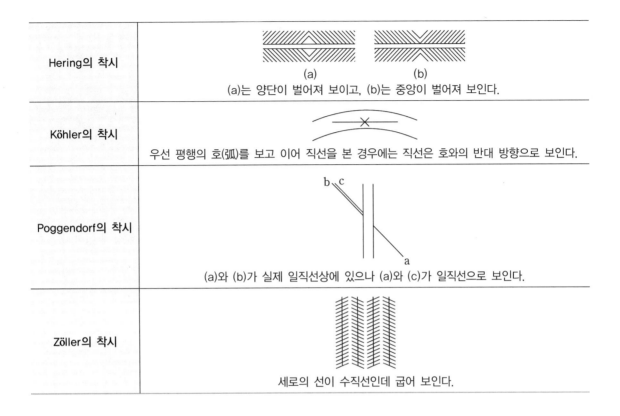

Hering의 착시	(a)는 양단이 벌어져 보이고, (b)는 중앙이 벌어져 보인다.
Köhler의 착시	우선 평행의 호(弧)를 보고 이어 직선을 본 경우에는 직선은 호와의 반대 방향으로 보인다.
Poggendorf의 착시	(a)와 (b)가 실제 일직선상에 있으나 (a)와 (c)가 일직선으로 보인다.
Zöller의 착시	세로의 선이 수직선인데 굽어 보인다.

6. 착각현상

착각은 물리현상을 왜곡하는 지각현상이다.

[착각의 종류별 내용] ★★★★★★★

종류	내용
자동운동	• 암실 내에서 정지된 작은 광점이나 밤하늘의 별들을 응시하면 움직이는 것처럼 보이는 현상 • 발생하기 쉬운 조건으로 광점이 작을수록, 시야의 다른 부분이 어두울수록, 광의 강도가 작을수록, 대상이 단순할수록 발생하기 쉽다.
유도운동	• 실제로는 정지한 물체가 어느 기준 물체의 이동에 유도되어 움직이는 것처럼 느끼는 현상 • 출발하는 자동차의 창문으로 길가의 가로수를 볼 때 가로수가 움직이는 것처럼 보이는 현상
가현운동	• 정지하고 있는 대상물이 빠르게 나타나거나 사라지는 것으로 인해 대상물이 운동하는 것으로 인식되는 현상 • 영화영상기법, β운동

CHAPTER 05 인간의 행동과학

1 조직과 인간행동

1. 인간관계

(1) 테일러의 과학적 관리법의 한계

① 긍정적인 면(생산성 향상) ★★★

시간과 동작연구를 통하여 → 인간 노동력을 과학적으로 합리화 → 생산능률 향상에 이바지

② 부정적인 면(인간성 무시)

㉠ 이익분배의 불균형성

㉡ 경영자에 의한 계획의 실시로 경영 독재성

㉢ 노동조합의 반대요소(상반된 견해)

㉣ 인간을 기계화하여 인적 요소(개인차)의 무시

㉤ 부적절한 표집사용 및 단순하고 반복적인 직무에만 적절

(2) 호손 실험(Hawthorn Experiment)과 인간관계

① 시카고에 있는 서부전기회사의 호손 공장에서 메이요와 레슬리스버거 교수가 주축이 되어 3만 명의 종업원을 대상으로 종업원의 인간성을 과학적 방법으로 연구한 실험이다.

순서	실험내용	결과
제1차 실험	조명실험(조명도가 작업능률에 미치는 영향)	생산성 향상의 요인은 될 수 있으나 절대적 요인 아님
제2차 실험	여러 가지 조건 제시(휴식, 간식제공, 근로시간 단축 등)	예상과 다른 결과
제3차 실험	면접실험(인간적인 면 파악)	개인의 감정이 중요한 역할
제4차 실험	뱅크의 권선작업 실험	비공식 조직의 존재와 중요성 인식
결론	조직 내에서 인간관계론에 대한 중요성 강조 및 비공식적인 조직 중시 시 생산능률의 향상 가능	

② 생산성 및 작업능률향상에 영향을 주는 것은 물질적인 환경조건(조명, 휴식시간, 임금 ★★ 등)이 아니라 인간적 요인(비공식집단, 감정 등)의 인간관계가 절대적인 요인으로 작용한다.

2. 사회행동의 기초

(1) 부적응의 유형

유형	내용
망상인격	자기 주장이 강하고 빈약한 대인관계
순환인격	울적한 상태에서 명랑한 상태로 상당히 장기간에 걸쳐 기분변동
분열인격	자폐적, 수줍음, 사교를 싫어하는 형태, 친밀한 인간관계 회피
폭발인격	갑자기 예고 없이 노여움 폭발, 흥분 잘하고 과민성, 자기행동의 합리화
강박인격	양심적, 우유부단, 욕망제지, 타인으로부터 인정받기를 지나치게 원함(완전주의)
기타	히스테리인격, 소극적 공격적 인격, 무력인격, 부적합인격, 반사회인격 등

(2) 일의 난이도에 따른 정보처리 단계

단계	내용
반사채널	위급한 상황에 대처하기 위해 대뇌와 관계없이 일어나는 무의식적인 반사
주시하지 않고 처리되는 작업	이미 습관된 간단한 조직행위이며, 동시에 다른 정보처리도 가능한 단계
루틴작업	정보처리 순서를 미리 알고 있는 정상적인 작업(동시에 다른 정보처리 불가능)
동적의지 결정	정보순서를 미리 알지 못하며, 상황에 따라 동적인 의지 결정이 필요한 조작(비정상적인 작업)
문제해결	미경험상황에 대처하기 위한 창의력이 필요한 조작(보관된 기억만으로는 처리불가)

(3) 성장과 발달에 관한 이론

이론	내용
생득설	인간의 지식이나 관념 및 표상은 본래 태어날 때부터 공통적으로 갖추어져 있으며, 성장 발달의 원동력이 개체 내의 유전적 특성에 있다는 학설(유전자의 입장)
경험설	발달 원동력이 개체 밖의 환경에 영향이 있다는 이론으로 학습을 중요시하며, 개인적인 물질적 심리적 환경 요인의 작용을 주원인으로 보는 학설(환경론자의 입장)
상호작용(폭주설)	유전과 환경의 상호작용(내적인 생득적 소질과 외적인 환경의 상호작용의 결과)에 의해 발달이 이루어진다고 보는 학설
체제설	유전과 환경 및 자아의 역동 관계에 의해 발달이 이루어진다고 인식하는 학설로서 내부적 소인과 환경적 요인이 고차적으로 착용하여 하나의 새로운 체계를 이루는 역동적 과정

3. 인간관계 메커니즘 ★★★★

(1) 종류

① 투사(Projection) : 자기 속에 억압된 것을 다른 사람의 것으로 생각하는 것

② 암시(Suggestion) : 다른 사람의 판단이나 행동을 그대로 수용하는 것

③ 커뮤니케이션(Communication) : 갖가지 행동 양식이나 기호를 매개로 하여 어떤 사람으로부터 다른 사람에게 전달되는 과정

④ 모방(Initation) : 남의 행동이나 판단을 기준으로 그에 가까운 행동을 함

⑤ 동일화(Identification) : 다른 사람의 행동 양식이나 태도를 투입시키거나, 다른 사람 가운데서 자기와 비슷한 것을 발견하는 것

4. 집단행동

(1) 집단 역학에서의 개념(집단의 규율)

종류	내용
집단규범 (집단 표준)	집단의 행동을 규제하는 틀을 의미하며 자연발생적으로 성립, 파괴(방해)행위, 쟁의행위, 태업(꾀, 게으름)
집단목표	집단이 지향하고 이룩해야 할 목표를 설정해야 한다.
집단의 응집력	집단에 머무르게 하고 집단 활동의 목표달성을 위한 효율을 극대화하는 것
집단 결정	구성원의 행동사항이나 구조 및 시설의 변경을 필요로 할 때 실시하는 의사결정(집단결정을 통하여 구성원의 저항심을 제거하고 목표 지향적 행동유지)

(2) 집단행동의 연구

① 사회 측정적 연구방법 ★★★★★

㉠ 소시오메트리 : 사회 측정법으로 집단에 있어 각 구성원 사이의 견인과 배척관계를 조사하여 어떤 개인의 집단 내에서의 관계나 위치를 발견하고 평가하는 방법(집단의 인간관계를 조사하는 방법)

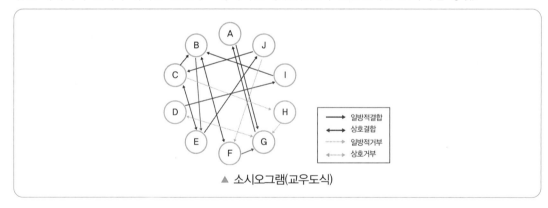

▲ 소시오그램(교우도식)

(3) 집단역학에서의 행동 ★

통제있는 집단 행동	비 통제 집단 행동
① 관습 ② 제도적 행동 ③ 유행	① 군중 : 성원 사이에 지위. 역할 문화 X, 책임감, 비판적 X ② 모브 : 폭동, 감정, 공격적, 군중보다 합의성 X ③ 패닉 : 모브가 공격적이면 패닉은 방위적 ④ 심리적 전염 : 유행, 무비판적, 상당한 기간

5. 인간의 일반적인 행동특성

(1) 레빈(R. Lewin)의 행동법칙 ★★★★★★

인간의 행동(B)은 인간이 가진 능력과 자질, 즉 개체(P)와 주변의 심리적환경(E)과의 상호함수관계에 있다.

$B = f(P \cdot E)$

B : Behavior(인간의 행동)
f : function(함수관계, P, E에 영향을 줄 수 있는 조건)
P : Person(연령, 경험, 심신상태, 성격, 지능, 소질 등)
E : Environment(심리적 환경 − 인간관계, 작업환경, 설비적 결함 등)

인간의 행동은 다양하게 변할 수 있는 인간 측 요인 P와 환경 측 요인 E에 의해서 나타나는 현상이므로 행동(B)은 항상 변할 수 있다. 따라서 안전에 벗어나는 불안전한 행동이 나타날 수 있으며 이것을 예방하기 위해서는 P와 E의 적절한 통제와 제어를 통해 안전한 상태를 유지할 수 있다. 즉, 인간행동의 위험성을 예방하기 위해서는 인간 측의 요인과 함께 환경 측의 요인도 함께 바로잡아야 한다.

(2) 심리학적 사태(생활공간) ★

심리학적 사태(S) = 개체(P) + 심리학적 환경(E)

① 개체와 심리학적 환경의 통합체를 심리학적 사태라 한다.
② 인간의 행동(B)은 심리학적 사태에 많은 영향을 받는다.
③ P와 E에 의해 생겨나는 심리학적 사태를 '심리학적 생활공간' 또는 '생활공간'이라 하며, 위의 식으로 표현한다.

(3) 인간의 동작특성

① 동작특성의 구분

구분	내용
외적 조건	동적조건(대상물의 동적인 성질의 초대요인) 정적조건(높이, 폭, 길이, 두께, 크기 등) 환경조건(기온, 습도, 조명, 분진 등의 물리적 환경조건)
내적 조건	생리적 조건(피로, 긴장 등), 경력, 개인차

② 인간의 동작 실패를 초래하는 조건
　㉠ 기상 조건
　㉡ 피로도
　㉢ 작업 강도
　㉣ 자세의 불균형
　㉤ 환경조건

③ 인간의 동작 실패를 막기 위한 조건

    ㉠ 착각을 일으킬 수 있는 외부 조건이 없을 것

    ㉡ 감각기의 기능이 정상적일 것

    ㉢ 올바른 판단을 내리기 위해 필요한 지식을 갖고 있을 것

    ㉣ 시간적, 수량적으로 능력을 발휘할 수 있는 체력이 있을 것

    ㉤ 의식 동작을 필요로 할 때 무의식 동작을 행하지 않을 것

(4) 인간의 심리적인 행동특성

① 리스크 테이킹 ★

    ㉠ 객관적인 위험을 자기 편리한 대로 판단하여 의지결정을 하고 행동에 옮기는 현상

    ㉡ 안전태도가 양호한 자는 리스크 테이킹 정도가 적다.

    ㉢ 안전태도 수준이 같은 경우 작업의 달성 동기, 성격, 일의 능률, 적성배치, 심리상태 등 각종요인의 영향으로 리스크 테이킹의 정도는 변한다.

(5) 기타의 행동특성 ★

① 순간적인 경우의 대치 방향은 좌측(우측에 비해 2배 이상)

② **동조행동** : 소속집단의 행동기준이나 원칙을 지키고 따르려고 하는 행동

③ **좌측 보행** : 자유로운 상태에서 보행할 경우 좌측벽면 쪽으로 보행하는 경우가 많다.

④ **근도 반응** : 정상적인 루트가 있음에도 지름길을 택하는 현상

⑤ **생략 행위** : 객관적 판단력의 약화로 나타나는 현상

(6) 실수 및 과오의 원인 ★★★

① 능력 부족

② 주의 부족

③ 환경조건 부적당

2 재해 빈발성 및 행동과학

1. 사고경향

(1) 사고의 경향설

① 사고의 대부분은 소수의 근로자에 의해 발생되었으며, 사고를 낸 사람이 또다시 사고를 발생시키는 경향이 있다.

② 성격

㉠ 사고 경향성인 사람 : 소심한 사람, 도전적 성격

㉡ 사고 경향성이 아닌 사람 : 침착하고 숙고형

(2) 사고 빈발자의 정신특성

특성	내용
지능과 사고	• 지능에 따른 사고의 관련성은 적으며 직종에 따른 차별화 • 지적능력이 많이 소요될수록 지능 측정에 의한 선발이 효과적 • 지적능력이 적게 소요될수록 지능검사에 의한 선발은 효율성 저하
성격 특성과 사고	• 정서적 불안정, 사회적 부적응, 충동적, 외향적 성격 등 • 허영적, 쾌락 추구적, 도덕적, 결벽성의 결여 등의 성격
감각운동기능과 사고	• 시각기능의 결함자는 사고 발생비율이 높게 나타남 • 반응동작(운동성)과 사고의 관련성은 일반적으로 반응속도 자체보다 반응의 정확도가 더 중요함 • 지각과 운동능력과의 불균형은 사고유발 가능성이 높다.(지각속도가 느리거나, 지각의 정확성이 불량한데 동작은 빠른 경우 사고 발생률은 증가한다.)

(3) 작업표준(표준안전 작업방법)

작업의 안전, 능률 등을 고려하여 작업내용, 작업조건, 사용재료, 사용설비, 작업 방법 및 관리, 이상발생 시 처리방법 등에 관한 기준을 규정하는 것으로 작업 기준이라고도 한다.

2. 성격의 유형

(1) 성격

환경에 대한 개인의 적응을 특징짓는 비교적 일관성 있고 독특한 행동양식

(2) 성격의 결정요인

① **생물학적 요인** : 신생아 때부터의 성질인 기질상의 차이가 있다는 것은 유전적 요인이 영향

② **환경적 요인(경험)** : 다양한 환경적 요인이나 개인마다 다른 경험에 의해서 성격이 형성

3. 재해 빈발성 ★

(1) 재해 발생확률

① **기회설** : 개인의 문제가 아니라 작업 자체에 위험성이 많기 때문 → 교육훈련실시 및 작업환경개선대책

② **경향설** : 개인이 가지고 있는 소질이 재해를 일으킨다는 설

③ **암시설** : 재해를 당한 경험이 있어서 재해를 빈발한다는 설(슬럼프)

(2) 재해 누발자 유형 ★

유형	내용
미숙성 누발자	• 기능미숙 • 작업환경 부적응
상황성 누발자 ★★★	• 작업 자체가 어렵기 때문 • 기계설비의 결함존재 • 주위 환경상 주의력 집중 곤란 • 심신에 근심 걱정이 있기 때문
습관성 누발자	• 경험한 재해로 인하여 대응능력약화(겁쟁이, 신경과민) • 여러 가지 원인으로 슬럼프 상태
소질성 누발자	• 개인의 소질 중 재해원인 요소를 가진 자 (주의력 부족, 소심한 성격, 저지능, 흥분, 감각운동부적합 등) • 특수성격의 소유자로 재해 발생 소질 소유자

⊙ 소질성 누발자의 요인

• 주의력의 산만, 주의력 지속 불능
• 주의력 범위의 협소, 편중
• 저지능
• 생활의 불규칙, 흐리멍텅함
• 작업에 대한 경시나 지속성 부족
• 정직하지 못함, 흥분성
• 비협조성, 도덕성의 결여
• 소심한 성격, 감각운동의 부적합

4. 동기부여

(1) 동기부여 방법 ★★★★★★

① 안전의 근본이념을 인식시킨다.

② 안전 목표를 명확히 설정한다.

③ 결과의 가치를 알려준다.

④ 상과 벌을 준다.

⑤ 경쟁과 협동을 유도한다.

⑥ 동기 유발의 최적수준을 유지하도록 한다.

(2) 동기부여이론

① 매슬로우의 욕구(위계이론) 순서 – 아래서 위로! ★★★★★★

단계		이론	설명
하위단계가 충족되어야 상위단계로 진행	5단계	자아실현의 욕구	잠재능력의 극대화, 성취의 욕구
	4단계	인정받으려는 욕구	자존심, 성취감, 승진 등 자존의 욕구
	3단계	사회적 욕구	소속감과 애정에 대한 욕구
	2단계	안전의 욕구	자기존재에 대한 욕구, 보호받으려는 욕구
	1단계	생리적 욕구	기본적 욕구로서 강도가 가장 높은 욕구

② 맥그리거(Mcgregor)의 X, Y이론 ★★★★★★

㉠ X, Y이론

McGregor의 X, Y이론	
X이론	Y이론
인간 불신감	상호 신뢰감
성악설	성선설
인간은 원래 게으르고 태만, 남의 지배 받기를 즐긴다.	인간은 부지런하고 근면, 적극적이며, 자주적이다.
물질욕구(저차적 욕구)	정신욕구(고차적 욕구)
명령통제에 의한 관리	목표통합과 자기통제에 의한 자율 관리
저개발국형	선진국형

㉡ X, Y이론의 관리처방 ★

X이론의 관리처방(독재적 리더십)	Y이론의 관리처방(민주적 리더십)
• 권위주의적 리더십의 확보 • 경제적 보상체계의 강화 • 세밀한 감독과 엄격한 통제 • 상부책임제도의 강화(경영자의 간섭) • 설득, 보상, 벌, 통제에 의한 관리	• 분권화와 권한의 위임 • 민주적 리더십의 확립 • 직무확장 • 비공식적 조직의 활용 • 목표에 의한 관리 • 자체 평가제도의 활성화 • 조직목표달성을 위한 자율적인 통제

③ 허즈버그(Herzberg)의 두 요인이론 ★★★★★★

㉠ 위생–동기 이론

Herzberg의 위생–동기 2요인 이론	
위생요인(직무환경, 저차원적 요구)	동기요인(직무내용, 고차원적 요구)
• 회사정책과 관리 • 개인 상호 간의 관계 • 감독, 통제 • 임금, 보수 • 작업조건 • 지위 • 안전	• 성취감 • 책임감 • 인정감 • 성장과 발전 • 도전감 • 일 그 자체

ⓛ 위생-동기 이론의 만족정도

요인/욕구	욕구충족이 되지 않을 경우	욕구충족이 될 경우
위생요인(불만요인)	불만 느낌	만족감 느끼지 못함
동기유발요인(만족요인)	불만 느끼지 않음	만족감 느낌

④ 알더퍼의 ERG이론 ★★★

욕구	내용
E – 생존(존재)욕구	유기체의 생존과 유지에 간련, 의식주와 같은 기본욕구포함(임금, 안전한 작업조건)
R – 관계욕구	타인과의 상호작용을 통하여 만족을 얻으려는 대인 욕구(개인간 관계, 소속감)
G – 성장욕구	개인의 발전과 증진에 관한 욕구, 주어진 능력이나 잠재능력을 발전시킴으로 충족(개인의 능력개발, 창의력 발휘)

⑤ 데이비스(Davis)의 동기부여이론 ★★

- 인간의 성과 × 물질적 성과 = 경영의 성과
- 지식(knowledge) × 기능(skill) = 능력(ability)
- 상황(situation) × 태도(attitude) = 동기 유발(motivation)
- 능력 × 동기 유발 = 인간의 성과(human performance)

데이비스의 동기부여이론은 결론은 경영에 있어 인간의 역할은 매우 중요한 부분을 차지하고 있으며, 이러한 인간적인 부분에 중대한 영향을 미치는 요소가 동기유발이다.

⑥ 맥클랜드의 성취동기이론 ★

㉠ 성취동기이론의 특징

ⓐ 성취 그 자체에 만족한다.

ⓑ 목표설정을 중요시하고 목표를 달성할 때까지 노력한다.

ⓒ 자신이 하는 일의 구체적인 진행상황을 알기를 원한다.(진행상황과 달성결과에 대한 피드백)

ⓓ 적절한 모험을 즐기고 난이도를 잘 절충한다. ★★★

ⓔ 동료관계에 관심을 갖고 성과 지향적인 동료와 일하기를 원한다.

㉡ 성취동기이론의 모델

단계	이론	내용
1단계	성취욕구	• 어려운 일을 성취하려는 것, 스스로 능력을 성공적으로 발휘함으로써 자긍심을 높이려는 것 등에 관한 욕구 • 성공에 대한 강한 욕구를 가지고 책임을 적극적으로 수용하고, 행동에 대한 즉각적인 피드백을 선호
2단계	권력욕구	• 리더가 되어 남을 통제하는 위치에 있는 것을 선호 • 타인들로 하여금 자기가 바라는 대로 행동하도록 강요하는 경향
3단계	친화욕구	• 다른 사람들과 좋은 관계를 유지하려고 노력 • 타인들에게 친절하고 동정심이 많고 타인을 도우며 즐겁게 살려고 하는 경향

(3) 욕구이론의 상호 관련성 ★

구분	Maslow의 욕구단계이론	Herzberg의 2요인	맥클랜드의 성취동기이론	Alderfer의 ERG이론
제1단계	생리적 욕구	위생요인	성취욕구	생존욕구(Existence)
제2단계	안전의 욕구			
제3단계	사회적 욕구			관계욕구(Relation)
제4단계	인정받으려는 욕구	동기요인	권력욕구	
제5단계	자아실현의 욕구		친화욕구	성장욕구(Growth)

(4) 직무만족에 관한 이론 ★

① 콜만의 일관성 이론

    ⊙ 자기 존중을 높이는 사람은 만족 상태를 유지하기 위해 더 높은 성과를 올리며 일관성을 유지하여 사회적
으로 존경받는 직업선택

    ⓛ 자기 존중을 낮게 하는 사람은 자기의 이미지와 일치하는 방식으로 행동

② 브롬의 기대이론(3가지 원리) ★★★

    ⊙ 성취(P)는 모티베이션(M)과 능력(A)의 기능상 곱의 함수

$$P = f(M \times A)$$

    ⓛ 모티베이션은 유의성(V : valence)과 기대(E : expectancy)와의 기능상 곱의 함수

$$M = f(V_1 \times E)$$

    ⓒ 유의성(V_1)은 보상과 관련된 유의성(V_2)과 수단성(I)과의 기능상 곱의 함수

$$V_1 = f(V_2 \times I)$$

    ⓔ 모티베이션은 자발적인 활동대안 중에서 선택을 관리하는 과정으로 대부분의 행동은 개인의 자발적 통제
하에 있으며, 그 결과에 의해 동기가 부여된다는 이론

5. 주의와 부주의

◉ 주의, 부주의

• 주의 : 행동하고자 하는 목적에 의식수준이 집중하는 심리상태
• 부주의 : 목적 수행을 위한 행동전개 과정 중 목적에서 벗어나는 심리적, 육체적인 변화의 현상으로 바람직하지 못한 정신상태를
총칭

(1) 주의

① 주의의 3특성 ★★★

㉠ 변동성 : 주의는 장시간 지속될 수 없다.

㉡ 선택성 : 주의는 한곳에만 집중할 수 있다.

㉢ 방향성 : 주의를 집중하는 곳 주변의 주의는 떨어진다.

② 주의의 조건

주의 조건	내용
외적 조건	자극의 대소(주의의 가치는 면적의 제곱근에 비례) 자극의 강도, 자극의 신기성, 자극의 반복, 자극의 운동, 자극의 대비
내적 조건	욕구, 흥미, 기대, 자극의 의미

③ 인간 의식단계(레벨)의 종류 및 의식수준의 5단계 ★★★

단계 (phase)	뇌파패턴	의식상태(mode)	주의의 작용	생리적 상태	신뢰성
0	δ파	무의식, 실신	제로	수면, 뇌발작	없다. 0
I	θ파	의식이 둔한 상태, 흐림, 몽롱 (subnormal)	활발하지 않음 (inactive)	피로 단조, 졸림, 취중	낮다. 0.9
II	α파	편안한 상태, 이완상태, 느긋함 (normal, relaxed)	수동적임 (passive)	안정적 상태, 휴식 시, 정상작업 시, 정례작업 시, 일반적으로 일을 시작할 때의 안정된 상태	다소 높다. 0.99~0.9999
III	β파	명석한 상태, 정상의식, 분명한 의식 (normal, clear)	활발함, 적극적임 (active)	적극적 활동 시, 가장 좋은 의식수준상태	매우 높다. 0.9999 이상
IV	β파 긴장과대	흥분상태(과긴장) (hypernormal)	일점에 응집, 판단정지	긴급방위반응, 당황, 패닉	낮다. 0.9 이하

• phase 0 : 무의식 상태(수면 상태, 실신한 상태 등)이기 때문에, 작업 중에는 있을 수 없는 상태이다.

• phase I : 뇌파에서는 θ파가 우세한 상태로서, 술에 취해 있거나 앉아서 졸고 있는 때와 같은 의식상태이다. 의식이 둔하고 강한 부주의 상태가 계속되며, 깜박 잊는 일과 실수가 많아진다.

• phase II : α파에 대응하는 의식수준이고 보통의 의식 상태이지만, 단순한 일을 하고 있는 때와 같이 마음이 편안한 상태로서, 예측기능이 활발하지 않고 사태를 분석하는 능력이 발휘되지 않는 상태이다. 휴식 시의 편안한 상태이고, 전두엽은 그다지 활동하고 있지 않아 깜박하는 실수를 하기 쉽다.

• phase III : β파의 의식수준으로서, 적당한 긴장감과 주의력이 작동하고 있고, 사태의 분석, 예측능력이 가장 잘 발휘되고 있는 상태이다. 의식은 밝고 맑으며, 전두엽이 완전히(활발히) 활동하고 있고, 실수를 하는 일도 거의 없다.

- phase Ⅳ : 긴장의 과대(過大) 또는 정동(情動) 흥분 시의 상태로서, 대뇌의 에너지 수준은 매우 높지만, 주의가 눈앞의 한 점에 흡착(집중)되어 사고협착에 빠져 있고, 냉정한 분석이나 올바른 판단에 의한 임기응변의 대응이 불가능하다. 실수를 범하기 쉽고, 심하면 패닉상태가 되어 당황하거나 공포감이 엄습하여 대외의 정보처리기능이 분열상태에 빠진다.

(2) 부주의

① 부주의의 특성 ★★★★★

㉠ 부주의는 불안전한 행위나 행동뿐만 아니라 불안전한 상태에서도 통용

㉡ 부주의란 말은 결과를 표현

㉢ 부주의에는 발생 원인이 있다.

㉣ 부주의와 유사한 현상 구분 : 착각이나 인간능력의 한계를 초과하는 요인에 의한 동작실패는 부주의에서 제외

※ 부주의는 무의식행위나 그것에 가까운 의식의 주변에서 행해지는 행위에 한정

② 부주의의 원인 및 대책 ★★★

구분	원인	대책
외적 원인	작업, 환경조건 불량	환경정비
	작업순서 부적당	작업순서조절
	작업강도	작업량, 시간, 속도 등의 조절
	기상조건	온도, 습도 등의 조절
내적 원인	소질적 요인	적성배치
	의식의 우회	상담
	경험 부족 및 미숙련	교육
	피로도	충분한 휴식
	정서불안정 등	심리적 안정 및 치료

③ 부주의 현상 ★★★

㉠ 의식의 우회 : 근심걱정으로 집중 못함 예 애가 아픔

㉡ 의식의 과잉 : 갑작스러운 사태 목격 시 멍해지는 현상(=일점 집중현상)

㉢ 의식의 단절 : 수면상태 또는 의식을 잃어버리는 상태

㉣ 의식의 혼란 : 경미한 자극에 주의력이 흐트러지는 현상

㉤ 의식수준의 저하 : 단조로운 업무를 장시간 수행 시 몽롱해지는 현상(=감각차단현상)

3 집단관리와 리더십

1. 리더십의 유형

(1) 리더십이란

① 리더십이란 주어진 상황에서 목표달성을 위해 리더와 추종자 그리고 상황에 의한 변수의 결합으로써 아래와 같은 함수로 표현

$$LS = f(L, S, F)$$

LS : 리더십(leadership), L(Leader) : 리더, S(Situation) : 상황, F(Follower) : 추종자

② 리더가 팔로워를 주어진 상황에서 어떻게 이끌 것인가?

(2) 리더십의 권한

① 보상적 권한(상부) : 위에서 정해진 보상을 리더가 줄 수 있음

② 위임된 권한(하부) : 팔로워가 자신의 권한을 위임해 리더가 대표해 목소리를 냄

③ 전문성 권한(리더 자신이 부여) : 내가 맡은 부서의 업무를 파악함

④ 강압적 권한(상부) : 위에서 정해진 벌을 리더가 줄 수 있음

⑤ 합법적 권한(상부)

(3) 리더십의 유형

유형	개념	특징
독재적(권위주의자) 리더십 (맥그리거의 X이론 중심)	• 부하직원의 정책 결정에 참여거부 • 리더의 의사에 복종강요(리더중심) • 집단성원의 행위는 공격적 아니면 무관심 • 집단구성원 간의 불신과 적대감	• 리더는 생산이나 효율의 극대화를 위해 완전한 통제를 하는 것이 목표
민주적 리더십 (맥그리거의 Y이론 중심)	• 집단토론이나 집단결정을 통하여 정책결정(집단중심) • 리더나 집단에 대하여 적극적인 자세로 행동	• 참여적인 의사결정 및 목표설정(리더와 부하직원 간의 협동과 상호 의사소통이 필요)
자유방임형 (개방적) 리더십	• 집단 구성원(종업원)에게 완전한 자유를 주고 리더의 권한 행사는 없음 • 집단 성원 간의 합의가 안 될 경우 혼란 야기(종업원 중심)	• 리더는 자문기관으로서의 역할만 하고 부하직원들이 목표와 정책 수립

(4) 리더십이론

종류	내용
특성 이론	리더 자신이 가지고 있는 개인적 특성 중에서 어떠한 특성들이 성공적인 리더가 되는 데 기여하는가를 찾아내고자 하는 이론

상황 이론	리더십은 그것이 수행되는 과정에서 항상 특정한 환경조건이 주어지며 이러한 환경과 사람과의 상호작용에 의해 이루어진다는 이론
2차원 이론	리더의 행동에는 '생산 및 과업지향 리더십(독재적 경향)'과 '인간지향형'의 두 가지 기본적인 형태가 있다고 주장하는 이론

2. 리더십과 헤드십

(1) 헤드십

① **헤드십의 개념** : 집단 내에서 내부적으로 선출된 지도자를 리더십이라 하며, 반대로 외부에 의해 지도자가 선출되는 경우 헤드십이라 한다.

② 헤드십의 권한은 ㉠ 부하들의 활동감독, ㉡ 부하들의 지배, ㉢ 처벌 등이 있다.

(2) 헤드십과 리더십의 구분 ★★

구분	권한부여 및 행사	권한근거	상관과 부하와의 관계 및 책임귀속	부하와의 사회적 간격	지휘형태
헤드십	위에서 위임하여 임명	법적 또는 공식적	지배적, 상사	넓다	권위주의적
리더십	아래로부터의 동의에 의한 선출	개인능력	개인적인 경향, 상사와 부하	좁다	민주주의적

3. 사기와 집단역학

(1) 집단의 개념과 조직

① **사회집단** : 서로 공유하는 가치와 규범에 따라 특정의 목적을 달성하기 위하여 일정기간 이상 지속적으로 상호작용을 하는 인간들의 집합체

② **사회조직** : 집단이 정형화, 전문화됨

③ **역할** : 구성원이 집단 내에서 자기의 지위를 보존하기 위하여 해야 할 일

④ **지위** : 집단이나 조직, 사회에서 어느 개인의 상대적 가치와 서열

(2) 집단의 분류

1	1차 집단	장기간 매우 밀접, 혈연, 지연, 직장
	2차 집단	임시적 접촉, 사교모임
2	공식집단	규칙과 규범을 가지고 의도적으로 설립, 능률성, 합리성 강조
	비공식집단	자연발생적 조직, 동창회, 동호회
3	성원집단	개인이 실제로 속해 있는 집단
	준거집단	그 집단에 속하고 싶으나 아직 그러지 못한 집단, 수련의 집단
4	세력집단	조직의 의사결정권을 행사
	비세력집단	세력집단의 영향을 받는 하부 집단

(3) 집단의 효율성

① 어떤 집단이든 효율성에 관심이 있으며, 생산성, 만족감, 성장 등의 의미이다.

② 효율성에 영향을 미치는 요인은 참여와 배분, 의사소통, 의사결정 과정, 문제해결 과정, 리더십, 갈증해소, 영향력과 동조, 지지도 및 신뢰 등이다.

(4) 집단의 역할

① **과업 역할** : 과업을 수행하기 위한 행동

② **집단유지 역할** : 집단의 유지를 위해 사기를 올리고 응집력을 기르며 친밀감을 조성하는 행동

③ **개인 역할** : 구성원 자신의 욕구만 만족시키는 이기적인 행동

④ **역할 수행자** : 역할을 인식하고 수행

⑤ **역할 전달자** : 수행자의 역할을 지각하고 평가하여 정보를 전달

⑥ **역할 기대** : 역할 수행자를 평가하는 기준

⑦ **역할 지각** : 역할 수행자에 의해 지각된 역할 기대, 만족시 순응, 불만족시 배타적 행동기능

(5) 역할 갈등

① **역할의 모호성**

　㉠ 역할이 분명하지 못하여 자기 역할에 대해 애매한 지각

　㉡ 직무기술서 내용이 분명하지 않거나 명확히 전달되지 않음

　㉢ 직무내용과 책임한계를 명백히 하여야 함

② **역할 무능력(역할부 적합)**

　㉠ 역할이 역할 수행자의 능력, 자질, 성격에 적합하지 않은 경우

　㉡ 교육, 훈련, 역할전환 필요

③ **역할 마찰**

　집단 구성원들 간에 각자가 선호하는 역할과 실제 역할과의 불일치 또는 부조화

(6) 모랄서베이

① **모랄 서베이의 효용**

　㉠ 근로자의 심리, 욕구를 파악하여 불만을 해소하고 노동 의욕을 높인다.

　㉡ 경영관리를 개선하는 데 자료를 얻는다.

　㉢ 종업원의 정화작용을 촉진시킨다.

② **모랄 서베이의 주요 방법**

　㉠ 통계에 의한 방법 : 사고 상해율, 생산성, 지각, 조퇴, 이직 등을 분석하여 파악하는 방법

　㉡ 사례연구법 : 경영관리상의 여러가지 제도에 나타나는 사례에 대해 연구함으로써 현상을 파악하는 방법

　㉢ 관찰법 : 종업원의 근무 실태를 계속 관찰함으로써 문제점을 찾아내는 방법

ⓔ 실험연구법 : 실험 그룹과 통제 그룹으로 나누고 상황에 맞는 자극을 주어 태도변화 여부를 조사하는 방법

ⓜ 태도조사법(의견조사) : 질문지법, 면접법, 집단토의법, 투사법, 문답법 등에 의해 조사하는 방법

(7) 관리그리드의 리더십 5가지 유형 ★

① 무관심(1,1)형

　　㉠ 생산과 인간에 대한 관심이 모두 낮은 무관심형

　　㉡ 리더 자신의 직분을 유지하는 데 필요한 최소의 노력만을 투입하려는 리더 유형

② 인기(1,9)형

　　㉠ 인간에 대한 관심은 매우 높고 생산에 대한 관심은 매우 낮은 유형

　　㉡ 부서원들과의 만족스러운 관계와 친밀한 분위기를 조성하는 데 역점을 기울이는 리더 유형

③ 과업(9,1)형

　　㉠ 생산에 대한 관심은 매우 높지만 인간에 대한 관심은 매우 낮은 유형

　　㉡ 인간적인 요소보다도 과업수행에 대한 능력을 중요시 하는 리더 유형

④ 타협(5,5)형

　　㉠ 중간형(사람과 업무의 절충형)

　　㉡ 과업의 생산성과 인간적 요소를 절충하여 적당한 수준의 성과를 지향하는 유형

⑤ 이상(9,9)형

　　㉠ 팀형으로 인간에 대한 관심과 생산에 대한 관심이 모두 높은 유형

　　㉡ 구성원들에게 공동목표 및 상호의존관계를 강조하고, 상호 신뢰적이고 상호존중관계 속에서 구성원들의 몰입을 통하여 과업을 달성하는 리더 유형

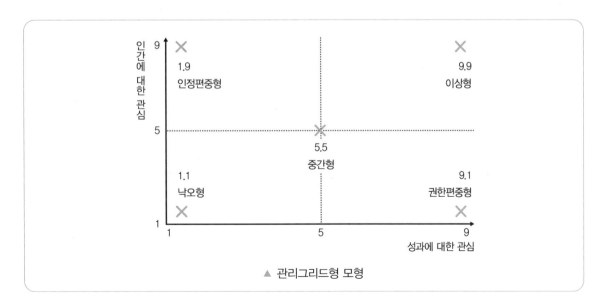

▲ 관리그리드형 모형

4. 양립성(모집단 전형)

(1) 양립성의 개념

자극들 간의, 반응들 간의 혹은 자극-반응들 간의 관계가 인간의 기대에 일치되는 정도를 말하며, 양립성 정도
가 높을수록 정보처리 시 정보변환이 줄어들게 되어 학습이 더 빨리 진행되고, 반응시간이 짧아지고, 오류가
적어지며, 정신적 부하가 감소된다.

(2) 양립성의 종류 ★

① 개념 양립성 : 외부로부터 자극에 대해 인간이 가지는 개념적 현상의 양립성

예 빨간색 버튼 : 정지 / 녹색 버튼 : 운전

② 공간 양립성 : 표시장치나 조종장치의 물리적인 형태나 공간적인 배치의 양립성

예 오른쪽 : 오른손 조절장치 / 왼쪽 : 왼손 조절장치

③ 운동 양립성 : 표시장치, 조종장치, 체계반응 등의 운동 방향의 양립성

예 조종장치를 오른쪽으로 돌리면 지침도 오른쪽으로 이동

④ 양식의 양립성 : 직무에 알맞는 응답양식의 존재 양립성

예 소리로 제시된 정보는 말로 반응케 하는 것이, 시각적으로 제시된 정보는 손으로 반응하는 것이 양립성
이 높다.

---

4 생체리듬(Bio Rhythm)과 피로

1. 피로의 증상 및 대책

(1) 피로의 분류 및 종류

① 피로의 분류

㉠ 정신적 피로

㉡ 육체적 피로

② 피로의 종류

㉠ 주관적 피로

㉡ 객관적 피로

㉢ 생리적 피로

③ 피로에 영향을 주는 기계측 인자

ㄱ 기계의 종류

ㄴ 기계의 색

ㄷ 조작부분의 배치

ㄹ 조작부분의 감촉

④ 피로의 3대 특징

ㄱ 능률의 저하

ㄴ 생체의 다각적인 기능의 변화

ㄷ 피로의 지각 등의 변화

(2) 피로의 발생원인 및 예방대책

① 피로의 요인 ★★

ㄱ 개체의 조건 – 신체적, 정신적 조건. 체력, 연령, 성별, 경력 등(내부인자)

ㄴ 작업조건(외부인자↓)

ⓐ 질적조건 : 작업강도(단조로움, 위험성, 복잡성, 심적, 정신적 부담 등)

ⓑ 양적조건 : 작업속도, 작업시간

ㄷ 환경조건 – 온도, 습도, 소음, 조명시설 등

ㄹ 생활조건 – 수면, 식사, 취미활동 등

ㅁ 사회적 조건 – 대인관계, 통근조건, 임금과 생활수준, 가족 간의 화목 등

② 피로의 예방대책

ㄱ 충분한 수면

ㄴ 충분한 영양섭취

ㄷ 산책 및 가벼운 운동

ㄹ 음악 감상 및 오락

ㅁ 목욕, 마사지 등 물리적 요법

③ 피로의 판정방법

ㄱ 생화학적 검사

ㄴ 근기능 검사

ㄷ 호흡기능 검사

ㄹ 순환기능 검사

ㅁ 자율신경기능 검사

ㅂ 감각기능 검사

ㅅ 심적기능 검사

2. 피로의 측정법

(1) 검사방법에 따른 검사항목 등

검사방법	검사항목	측정 방법 및 기기
생리적 방법	근력, 근활동 반사역치 대뇌피질 활동 호흡순환기능 인지 역치	근전계(EMG), 뇌파계(EEG), 플리커검사, 심전계 (ECG), 청력검사, 근점거리계
심리학적 방법	변별 역치 정신작업 피부(전위)저항 동작분석 행동기록 연속 반응시간 집중 유지 기능 전신 자각 증상	촉각계 연속 촬영법 피주전기반사 MCI, THI 등 holograph(안구운동 측정 등) 전자계산 Kleapelin가산법 표적, 조준, 기록장치
생화학적 방법	혈색소 농도 뇨단백, 뇨교질 배설량, 혈액수분, 혈 단백 응혈 시간, 혈액, 뇨전해질, 부신피질기능	광도계 뇨단백 검사, Donaggio검사, 혈청 굴절률 계 Storanbelt graph, Na, K, Cl의 상태변동성 측정

(2) 생리학적 측정법

작업	측정법
정적 근력 작업	에너지 대사량과 맥박수의 상관성, 근전도(EMG) 등
동적 근력 작업	에너지 대사량, 산소소비량 및 호흡량, 맥박수, 근전도 등
신경적 작업	매회 평균호흡진폭, 맥박수, 피부전기반사(GSR)
심적 작업	플리커값 등

(3) 작업부하, 긴장감 측정

① 작업부하나 피로 등의 측정 시 : 호흡량, 근전도, 플리커값 등 사용

② 긴장감 측정 시 : 맥박수, GSR 등 사용

(4) 측정법의 해석

① 근전도(EMG) : 근육이 수축할 때 근섬유에서 생기는 활동전위를 유도하여 증폭 기록한 근육활동의 전위차 (말초신경에 전기자극) ★

② 심전도(ECG) : 심장 근육의 전기적 변화를 전극을 통해 유도, 심전계에 입력, 증폭, 기록한 것

③ 피부전기반사(GSR) : 작업부하의 정신적 부담이 피로와 함께 증대하는 현상을 전기저항의 변화로서 측정, 정신 전류현상이라도 한다.

④ 플리커값 : 정신적 부담이 대뇌피질에 미치는 영향을 측정한 값

⊙ 플리커법(flicker) ★★

융합한계빈도 : CFF법이라고도 한다. 사이가 벌어진 회전하는 원판으로 들어오는 광원의 빛을 단속시켜 연속광으로 보이는지 단속광으로 보이는지 경계에서의 빛의 단속 주기를 플리커값이라고 하여 피로도 검사에 이용

3. 작업강도와 피로

(1) 작업강도(에너지 대사율 R.M.R)

작업강도는 휴식시간과 밀접한 관련이 있으며 이 두 조건의 적절한 조절은 작업의 능률과 생산성에 큰 영향을 줄 수 있다. 따라서 작업의 강도에 따라 에너지 소모가 다르게 나타나므로 에너지 대사율은 작업강도의 측정에 유효한 방법이다.

(2) 산출식 ★

① 기초대사량(BMR) − 체표면적 산출식과 기초대사량 표에 의해 산출

$$R = \frac{\text{작업 시 소비에너지} - \text{안정 시 소비에너지}}{\text{기초대사 시 소비에너지}} = \frac{\text{작업대사량}}{\text{기초대사량}}$$

작업 시 소비에너지 = 작업 중에 소비한 산소의 소모량으로 측정
안정 시 소비에너지 = 의자에 앉아서 호흡하는 동안 소비한 산소의 소모량

$$A = H^{0.725} \times W^{0.425} \times 72.46$$
A : 몸의 표면적[cm^2], H : 신장[cm], W : 체중[kg]

(3) RMR에 의한 작업강도단계

단계	작업	내용
0~2 RMR	경작업	정신작업(정밀작업, 감시작업, 사무적인 작업 등)
2~4 RMR	중(中)작업	손끝으로 하는 상체작업 또는 힘이나 동작 및 속도가 작은 하체작업
4~7 RMR	중(重)작업, 강작업	힘이나 동작 및 속도가 큰 상체작업 또는 일반적인 전신작업
7 RMR 이상	초중작업	과격한 작업에 해당하는 전신작업

* RMR7 이상은 되도록 기계화하고, RMR10 이상은 반드시 기계화 ★★★
* 작업의 지속시간
  • RMR3 : 3시간 지속 가능
  • RMR7 : 약 10분간 지속 가능

(4) 에너지 소비수준에 영향을 미치는 인자 ★

① **작업강도** : RMR 차이가 나 초중작업, 중작업, 경작업
② **작업자세** : 좋은 자세는 힘이 덜 든다.
③ **작업방법** : 에너지가 덜 드는 작업방법을 찾는다.
④ **작업속도** : 속도가 빠르면 심박수도 빨라져 생리학적 부담이 증가한다.
⑤ **도구설계** 에너지가 덜 드는 도구를 설계한다.

(5) 휴식시간 산출공식 ★

$$R = \frac{60(E-S)}{E-1.5}$$

휴식시간[분]

E : 작업 시 평균 에너지 소비량
60[분] : 총 작업시간
1.5[kcal/분] : 휴식시간 중의 에너지 소비량
S : 작업에 대한 평균 에너지 값

4. 생체리듬(Bio Rhythm) ★

(1) 생체리듬의 어원

① 인간의 생리적 주기 또는 리듬에 관한 이론

② 생체리듬 분류

　㉠ 육체적 리듬(청색) : 23일을 주기로 근육세포와 근섬유계를 지배하여 건강상태를 결정한다.

　㉡ 지성적 리듬(녹색) : 33일을 주기로 뇌세포 활동을 지배하여 정신력, 냉철함, 판단력, 이해력 등에 영향을 주는 리듬 ★

　㉢ 감성적 리듬(적색) : 28일을 주기로 교감신경계를 지배하여 정서와 감정의 에너지를 지배한다.

(2) 생체리듬의 종류 및 특징 ★★★★★★

종류	특징
육체적(신체적) 리듬	몸의 물리적인 상태를 나타내는 리듬으로 질병에 저항하는 면역력, 각종 체내 기관의 기능, 외부환경에 대한 신체의 반사작용 등을 알아볼 수 있는 척도로써 23일의 주기
감성적 리듬	기분이나 신경계통의 상태를 나타내는 리듬으로 창조력, 대인관계, 감정의 기복 등을 알아볼 수 있으며 28일의 주기
지성적 리듬	집중력, 기억력, 논리적인 사고력, 분석력 등의 기복을 나타내는 리듬으로 주로 두뇌활동과 관련된 리듬으로 33일의 주기

(3) 생체리듬(Bio리듬)의 변화 ★★★

① 주간 감소, 야간 증가 : 혈액의 수분, 염분량

② 주간 상승, 야간 감소 : 체온, 혈압, 맥박수

③ 특히 야간에는 체중 감소, 소화불량, 말초신경기능 저하, 피로의 자각증상 증대 등의 현상이 나타난다.

④ 사고발생률이 가장 높은 시간대 ★★

　㉠ 24시간 업무 중 : 03~05시 사이

　㉡ 주간업무 중 : 오전 10~11시, 오후 15~16시 사이

(4) 생체리듬(Bio리듬)의 표시방법 ★

리듬/방법	색으로 표시	선으로 표시
육체적(P)	청색	실선(———)
감성적(S)	적색	점선(· · · · · · · · ·)
지성적(I)	녹색	실선과 점선(· — · — · — ·)
위험일	점(·), 하트형, 크로바형 등	

5. 위험일

① 3가지의 리듬은 안정기(+)와 불안정기(−)를 교대로 반복하면서 사인곡선을 그려나가는데, (+)에서 (−)로 또는 (−)에서 (+)로 변하는 지점을 영(zero) 또는 위험일이라고 한다.

② 이러한 위험일에 뇌졸중은 5.4배, 자살은 6.8배나 증가한다.

CHAPTER 06 안전보건교육의 개념

1 안전보건교육의 개념

1. 교육의 개념

(1) 교육의 정의
교육은 피교육자를 자연적 상태로부터 어떤 이상적인 상태로 이끌어 가는 작용이다.

(2) 교육의 3요소 ★
① 주체 : 강사
② 객체 : 수강자, 학생
③ 매개체 : 교육내용, 교재

2. 안전보건교육의 개념

(1) 교육의 목적
① 인간의 정신(의식)의 안전화
② 행동(동작)의 안전화
③ 작업환경의 안전화
④ 설비와 물자의 안전화

(2) 안전보건교육의 기본 방향 ★
① 사고 사례 중심의 안전교육
② 안전 작업(표준작업)을 위한 안전교육
③ 안전 의식 향상을 위한 안전교육

(3) 안전보건교육의 종류
① 정기교육
② 채용 시나, 작업내용 변경 시 교육
③ 특별교육

(4) 안전교육의 지도 원칙(8원칙) ★★★★★★
① 피교육자 중심교육(상대방의 입장에서)
② 동기부여를 중요하게
③ 쉬운 부분에서 어려운 부분으로 진행

④ 반복에 의한 습관화 진행

⑤ 인상의 강화(사실적, 구체적인 진행)

⑥ 오관(감각기관)의 활용

⑦ 기능적인 이해(요점 위주로 교육) ★

    ㉠ [왜 그렇게 하지 않으면 안 되는가]에 대한 충분한 이해가 필요(암기식, 주입식 탈피)

    ㉡ 기능적 이해의 효과 ★★

        ⓐ 기억의 흔적이 강하게 인식되어 오랫동안 기억으로 남게 된다.

        ⓑ 경솔하게 판단하거나 자기 방식으로 일을 처리하지 않게 된다.

        ⓒ 손을 빼거나 기피하는 일이 없다.

        ⓓ 독선적인 자기만족이 억제된다.

        ⓔ 이상 발생 시 긴급조치 및 응용동작을 취할 수 있다.

⑧ 한 번에 한 가지씩 교육(교육의 성과는 양보다 질을 중시)

(5) 안전보건교육의 면제

① 사업장의 산업재해 발생 정도가 고용노동부령으로 정하는 기준에 해당하는 경우

② 근로자가 건강관리에 관한 교육 등 고용노동부령으로 정하는 교육을 이수한 경우

③ 관리감독자가 산업 안전 및 보건 업무의 전문성 제고를 위한 교육 등 고용노동부령으로 정하는 교육을 이수한 경우

④ 해당 근로자가 채용 또는 변경된 작업에 경험이 있는 등 고용노동부령으로 정하는 경우

(6) 안전보건교육의 계획

① 교육의 목표

② 교육 대상

③ 강사

④ 교육 방법

⑤ 교육 시간과 시기

⑥ 교육 장소

(7) 안전보건교육의 실시계획

① 소요 인원

② 교육 장소

③ 교육의 보조 자료

④ 시범 및 실습 계획

⑤ 견학 계획

⑥ 토의 진행 계획

⑦ 일정표

⑧ 평가 계획

⑨ 소요 예산 책정

(8) 안전보건교육의 3단계 ★★★★★

① 지식교육 : 기초지식주입, 광범위한 지식의 습득 및 전달

② 기능교육 : 교육자가 스스로 행함, 경험과 적응, 전문적 기술 기능, 작업능력 및 기술능력부여, 작업동작의 표준화, 교육기간의 장기화, 대규모 인원에 대한 교육 곤란

③ 태도교육 : 습관형성, 안전의식향상, 안전책임감 주입

구분	종류	내용	포인트
능력 개발	지식교육	취급하는 기계, 설비의 구조, 기능, 성능의 개념 형성 유해물의 성질과 취급방법 이해 재해 발생의 원리 이해 안전관리, 작업에 필요한 법령, 규정, 기준 이해	알아야 할 것의 개념형성을 도모
	기능교육	작업방법, 기계, 장치, 기계류의 조작방법을 몸에 익히는 것 점검방법, 이상 시의 조치를 몸에 익히는 것	실기를 중심으로 실시
인간 형성	태도교육	안전작업에 대한 자세, 마음가짐을 몸에 익히는 것 직장규율, 안전규율을 몸에 익히는 것 의욕 진작	가치관 정립의 교육으로 올바른 자세 형성을 위한 태도변화 도모

(9) 지식교육의 4단계 ★★★

① 제1단계 : 도입(준비) – 학습할 준비를 시킨다.

② 제2단계 : 제시(설명) – 작업을 설명한다.

③ 제3단계 : 적용(응용) – 작업을 시켜본다.

④ 제4단계 : 확인(총괄, 평가) – 가르친 뒤 살펴본다.

(10) 기능교육의 3원칙

① 준비

② 위험작업의 규제

③ 안전 작업의 표준화

(11) 기능 교육의 4단계 학습법

① 학습의 준비

② 작업 설명

③ 실습

④ 결과 확인

(12) 태도 교육의 4원칙

   ① 청취한다.(hearing)

   ② 이해, 납득시킨다.(understand)

   ③ 모범을 보인다.(example)

   ④ 평가한다.(evaluaion)

(13) 태도 교육의 기본과정

   ① 청취한다.

   ② 이해, 납득시킨다.

   ③ 모범을 보인다.

   ④ 권장한다.

   ⑤ 칭찬한다.

   ⑥ 벌을 준다.

3. 학습지도 이론

(1) 학습지도의 정의

교사가 학습과제를 가지고 학습 현장에서 관련된 자극을 주어서 학습자의 바람직한 행동의 변화를 유도해가는 과정이다.

(2) 학습지도의 원리 ★★

원리	설명
개별화의 원리	학습자를 개별적 존재로 인정하며 요구와 능력에 알맞은 기회 제공
자발성의 원리	학습자 스스로 능동적으로 즉, 내적 동기가 유발된 학습 활동을 할 수 있도록 장려
직관의 원리	언어 위주의 설명보다는 구체적 사물제시, 직접 경험 교육
사회화의 원리	집단 과정을 통합 협력적이고 우호적인 공동학습을 통한 사회화
통합화의 원리	특정 부분 발전이 아니라 종합적으로 지도하는 원리, 교재적 통합과 인격적 통합 구분
목적의 원리	학습 목표를 분명하게 인식시켜 적극적인 학습활동에 참여 유발
과학성의 원리	자연, 사회 기초지식 등을 지도하여 논리적 사고력을 발달시키는 것을 목표
자연성의 원리	자유로운 분위기를 존중하며, 압박감이나 구속감을 주지 않는다.

(3) 지도 교육의 8원칙

   ① 상대의 입장에서 지도 교육한다.(피교육자 중심교육)

   ② 동기부여를 충실히 한다.(동기 부여)

   ③ 쉬운 것에서 어려운 것으로 지도한다.(level up)

   ④ 반복해서 교육한다.(반복)

   ⑤ 한 번에 하나씩을 가르친다.(step by step)

⑥ 5감을 활용한다.

⑦ 인상의 강화를 한다.

⑧ 기능적인 이해를 도운다.

(4) 학습의 전개 과정

① 주제를 미리 알려진 것에서 점차 미지의 것으로 배열한다.

② 주제를 과거에서 현재, 미래의 순으로 실시한다.

③ 주제를 많이 사용하는 것에서 적게 사용하는 순으로 실시한다.

④ 주제를 간단한 것에서 복잡한 것으로 실시한다.

(5) 학습지도 이론

① S-R이론(자극에 의한 반응으로 보는 이론) ★

  ㉠ 시행착오설

  ㉡ 조건반사설

  ㉢ 접근적 조건화설

  ㉣ 도구적 조건화설

② 손다이크(Thorndike)의 시행착오설에 의한 학습법칙 ★

  ㉠ 효과의 법칙・준비성의 법칙・연습의 법칙

  ㉡ 준비성 → 연습/반복 → 효과

③ 파블로프(Pavlov)의 조건반사설(자극과 반응이론)에 의한 학습이론의 원리 ★★

  ㉠ 강도의 원리

  ㉡ 일관성의 원리

  ㉢ 시간의 원리

  ㉣ 계속성의 원리

④ 톨만(Tolman)의 기호형태설 : 학습자의 머릿속에 인지적 지도 같은 인지구조를 바탕으로 학습하려는 것이다.

⑤ 합리화의 원리

  ㉠ 신포도형

  ㉡ 투사형

  ㉢ 달콤한 레몬형

  ㉣ 망상형

2 교육심리학

1. 교육심리학의 정의

교육은 교사와 학습자의 인간관계 속에서 이루어진다. 따라서 인간관계에 대한 이해와 연구는 필수적이며 이러한 인간관계에 관한 이해를 폭넓게 연구할 수 있도록 도와주는 학문이다.

2. 교육심리학의 연구방법

(1) 관찰법

(2) 실험법

   ① 관찰하려는 대상을 교육목적에 맞도록 인위적으로 조작하여 나타나는 현상을 관찰하는 방법

   ② 실험법의 절차

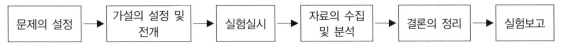

문제의 설정 → 가설의 설정 및 전개 → 실험실시 → 자료의 수집 및 분석 → 결론의 정리 → 실험보고

(3) 질문지법

(4) 면접법

(5) 평정법

(6) 투사법

(7) 사례연구법

3. 성장과 발달

학습자에 대한 이해는 학습자의 발달 단계를 파악, 발달 심리학적 측면에서 시기적절한 목표 설정을 설계하는 것으로 이해할 수 있다.

4. 학습이론

(1) S-R(행동주의) 이론

종류	내용	실험	학습의 원리 및 법칙
조건반사 (반응설) (Pavlov)	행동의 성립을 조건화에 의해 설명, 일정한 훈련을 통하여 반응이나 새로운 행동의 변용을 가져올 수 있다.(후천적으로 얻게 되는 반사작용)	개의 소화작용에 대한 타액반응 실험 음식/종 → 타액	일관성의 원리 강도의 원리 시간의 원리 계속성의 원리

시행착오설 (Thorndike)	학습이란 맹복적으로 탐색하는 시행착오의 과정을 통하여 선택되고 결합되는 것	문제상자 속에 고양이를 가두고 밖에 생선을 두어 탈출하게 함(반복 시 시간감소)	효과의 법칙 연습의 법칙 준비성의 법칙
조작적 조건 형성이론 (Skinner)	어떤 반응에 대해 체계적이고 선택적으로 강화를 주어 그 반응이 반복해서 일어날 확률을 증가시키는 것	스키너 상자 속에 쥐를 넣고 쥐의 행동에 따라 음식물이 떨어지게 함	강화의 원리 소거의 원리 조형의 원리 자발적 회복의 원리 변별의 원리

(2) 인지(형태)이론

종류	내용	실험	학습의 원리 및 법칙
통찰설 (Köhler)	문제해결의 목적과 수단의 관계에서 통찰이 성립되어 일어나는 것	우회로 실험(병아리) 도구사용 및 도구 조합의 실험(원숭이 바나나)	문제 해결은 갑자기 일어나며 완전하다. 통찰에 의한 수행은 원활하고 오류가 없다. 통찰에 의한 문제는 쉽게 다른 문제에 적용된다.
장이론 (Lewin)	하급에 해당하는 인지구조의 성립 및 변화는 심리적 생활공간(환경영역, 내적·개인적 영역, 내적 욕구, 동기 등)에 의한다		장이란 역동적인 상호관련 체제(형태 자체를 장이라고 할 수 있고 인지된 환경은 장으로 생각할 수 있다.)
기호형태설 (Tolmon)	어떤 구체적인 자극(기호)은 유기체의 측면에서 볼 때 일정한 형의 행동결과로서의 자극대상을 도출한다.		형태주의 이론과 행동주의 이론의 혼합(수단, 목표와의 의미관계를 파악하고 인지구조를 형성)

5. 학습조건

(1) 학습 유형 3가지

① **지식 저장설** : 지식 자체에 높은 가치를 가지며, 지식을 습득하여 저장하는 것을 말한다.

② **능력 연마설** : 정신 능력을 연마하여 발전시키기 위한 수단

③ **행동 변화설** : 지속적이고 바람직한 행동의 변화

(2) 학습의 성립 과정

① **5단계론** : 주의집중 → 지각 → 획득 → 파지 → 전이

② **3단계론** : 투입단계 → 저장단계 → 인증단계

③ **전이현상** : 학습의 결과가 다른 학습에 도움이 되거나 방해가 될 수도 있는 현상

　㉠ 적정 전이(적극적) : 선행학습의 결과가 이후 학습에 촉진적 역할(수평적, 수직적 전이로 구분함)

　㉡ 부적정 전이(소극적) : 선행학습 결과와 후행학습에 방해 역할

  ⓒ 학습 전이의 조건(영향요소)

   ⓐ 과거의 경험

   ⓑ 학습방법

   ⓒ 학습의 정도

   ⓓ 학습태도

   ⓔ 학습자료의 유사성

   ⓕ 학습자료의 게시 방법

   ⓖ 학습자의 지능요인

   ⓗ 시간적인 간격의 요인 등

(3) 교육과정 중 학습경험조직의 원리 ★★

① **계속성** : 교육내용이나 경험을 반복적으로 조직하는 것

② **계열성** : 교육내용이나 경험의 폭과 깊이를 더해지도록 조직하는 것

③ **통합성** : 교육내용 관련 요소들을 연관시켜 학습자 행동의 통일성을 증가시키는 것

(4) 학습경험선정의 원리

기회, 만족, 가능성, 다(多)경험, 다(多)성과, 행동의 원리

(5) 학습경험의 조직

수직적 조직원리, 수평적 조직원리

6. 적응기제(適應機制, Adjustment Mechanism)

인간이 행동적응 과정에서 목표에 도달하지 못하고 문제 사태에 부딪혔을 때 갈등이나 욕구불만 상태에 있게 되는데, 이런 부적응 상태에서 목표를 수정하거나 문제 사태를 우회 내지 대리적 목표를 설정하고 긴장이나 불안을 해소하려고 하는 방법이나 반응 혹은 행동양식을 말한다.

(1) 방어기제 ★★

자신이 조직에서 방출되지 않기 위해 방어함

① **보상** : 결함과 무능에 의해 생긴 열등감이나 긴장을 장점 같은 것으로 그 결함을 보충하려는 행동

② **합리화** : 실패나 약점을 그럴듯한 이유로 비난받지 않도록 하거나 자위하는 행동(변명)

③ **투사** : 불만이나 불안을 해소하기 위해 남에게 뒤집어 씌우는 식

④ **동일시** : 실현할 수 없는 적응을 타인 또는 어떤 집단에 자신과 동일한 것으로 여겨 욕구를 만족

⑤ **승화** : 억압당한 욕구를 다른 가치 있는 목적을 실현하도록 노력하여 욕구 충족

(2) 도피기제 ★★

① **고립** : 곤란한 상황과의 접촉을 피함

② **퇴행** : 발달단계로 역행함으로써 욕구를 충족하려는 행동

③ 억압 : 불쾌한 생각, 감정을 눌러 떠오르지 않도록 함

④ 백일몽 : 공상의 세계 속에서 만족을 얻으려는 행동

※ 단어들이 다 부정적인 의미임

(3) 공격기제

  ① 직접적인 공격기제 : 폭행, 싸움, 기물파괴 등

  ② 간접적인 공격기제 : 욕설. 비난, 조소 등

---

3 안전보건교육계획 수립 및 실시

1. 안전보건교육의 기본방향

(1) 안전교육의 3가지 기본방향 ★★★

  ① 사고 사례 중심의 안전교육

  ② 표준작업을 위한 안전교육

  ③ 안전의식 향상을 위한 안전교육

(2) 계획수립

  ① 계획수립 절차(단계)

    ㉠ 교육의 필요점 및 요구사항 파악

    ㉡ 교육내용 및 교육방법 결정

    ㉢ 교육의 준비 및 실시

    ㉣ 교육의 성과 평가

  ② 계획수립 시 고려사항(포함사항) ★★★★

    ㉠ 교육목표

    ㉡ 교육의 종류 및 교육대상

    ㉢ 교육과목 및 교육내용

    ㉣ 교육장소 및 교육방법

    ㉤ 교육기간 및 시간

    ㉥ 교육담당자 및 강사

  ③ 지도안 작성

    ㉠ 교육의 준비

    ㉡ 수강대상 그룹의 분석

ⓒ 교육목표의 명확화

ⓡ 주된 강조점 명확화

ⓜ 교재준비

ⓗ 자료 및 지도안 확정

ⓢ 교육의 진행방법과 요점을 교육사항마다 구체적으로 표시(지도단계에 따라 작성)

④ 강의 방법에 따른 시간 안배 ★

구분	도입	제시	적용	확인
강의식	5분	40분	10분	5분
토의식	5분	10분	40분	5분

⑤ 교재준비

ⓖ 관련자료 수집하여 자체 교재 제작

ⓛ 교육의 효과를 높이기 위한 시청각교육기법 적극 활용

ⓒ 산업안전공단 및 협회의 자료 활용

(3) 안전교육의 목적설정

① 안전교육 설정목표

ⓖ 인간 정신의 안전화

ⓛ 행동의 안전화

ⓒ 환경의 안전화

ⓡ 설비와 물자의 안전화

② 교육진행의 교육법 4단계

ⓖ 제1단계 : 도입

ⓛ 제2단계 : 제시

ⓒ 제3단계 : 적용

ⓡ 제4단계 : 확인

2. 안전보건교육의 단계별 교육과정 ★

(1) 교육 계획수립 및 추진순서

교육의 필요점 발견 → 교육대상 결정 → 교육내용 및 방법 결정 → 강사결정 → 교재작성 → 시간표 및 지도안 작성 → 교육실시 → 평가

(2) 강의 계획의 4단계

① 제1단계 : 학습목적(3요소 : 목표, 주제, 학습정도)과 학습성과의 설정

② 제2단계 : 학습자료의 수집 및 체계화

③ 제3단계 : 강의방법의 선정

④ 제4단계 : 강의안 작성

(3) 성인학습의 원리 ★

원리	설명
자발학습	• 특징으로 자각적 자발성에 기초한 자기 성취 추구와 자유로운 이성의지에 의한 자기교육 • 학습자 개인의 자발적 학습의지를 북돋워주고 동기부여 • 학습효과를 높이고 지속시키는 방법을 알려주고 조정
자기주도	• 학습자 스스로 학습전략 선정에 주도적이고 능동적인 역할 독려 • 학습자의 자율적이고 자기 주도적 학습 조력, 촉진
상호학습	• 이미 기본적 학교 교육을 마치고 풍부한 경험소유 • 자신이 학습할 사항에 대한 기본 지식과 방향 사전 이해 • 교육자와 학습자 상호 간의 경험을 공유할 수 있는 방향으로 성인교육 프로그램 마련 노력 • 가르친다는 의미보다는 상호작용과 조정을 통해 교육효과 상승에 주력
참여교육	• 학교교육은 주어진 교과내용을 교사가 학습자에게 전달하는 데 중점 • 성인교육은 학습자의 자율성에 바탕을 두고 수업설계 시 학습자의 자율적 참여가 장려될 수 있는 방안 모색
다양성	• 성인교육의 대상은 성인은 직업, 연령, 학력, 사회경제적 배경, 사회적 경험 등이 매우 이질적 • 교육자는 항상 학습자의 다양성을 고려하고 학습자의 경험과 지식, 의견을 같이 나누고 상승시킬 수 있는 환경을 조성

(4) 안전보건교육의 단계별 교육과정 ★★★★★

교육 및 단계		내용
지식교육 (제1단계)	특징	• 강의, 시청각교육 등 지식의 전달과 이해 • 다수인원에 대한 교육 가능 • 광범위한 지식의 전달 가능 • 안전의식의 제고용이 • 피교육자의 이해도 측정 곤란 • 교사의 학습 방법에 따라 차이 발생
	단계	도입(준비) → 제시(설명) → 적용(응용) → 종합, 총괄
기능교육 (제2단계)	특징	• 시범, 견학, 현장실습을 통한 경험 체득과 이해(표준작업방법사용) • 작업능력 및 기술능력 부여 • 작업동작의 표준화 • 교육기간의 장기화 • 다수인원 교육 곤란
	단계	학습준비 → 작업설명 → 실습 → 결과시찰
	3원칙	준비, 위험 동작의 규제, 안전작업의 표준화

태도교육 (제3단계)	특징	• 생활지도, 작업동작지도, 안전의 습관화 및 일체감 • 자아실현욕구의 충족 기회제공 • 상사와 부하의 목표 설정을 위한 대화(대인관계) • 작업자의 능력을 약간 초월하는 구체적이고 정량적인 목표 설정 • 신규채용 시에도 태도교육에 중점
	단계	청취 → 이해납득 → 모범 → 평가(권장) → 장려 및 처벌
추후교육	특징	지식-기능-태도교육을 반복 정기적인 OJT 실시

3. 안전보건교육계획에 포함되어야 하는 사항

① 교육목표
② 교육의 종류 및 교육대상(최우선적 고려사항)
③ 교육의 과목 및 교육내용
④ 교육기간 및 시간
⑤ 교육장소
⑥ 교육방법
⑦ 교육담당자 및 강사
⑧ 소요예산 책정

CHAPTER 07 교육의 내용 및 방법

1 안전보건교육내용

1. 근로자 정기안전보건교육내용

[근로자 정기교육] ★

교육내용
• 산업안전 및 사고 예방에 관한 사항
• 산업보건 및 직업병 예방에 관한 사항
• 건강증진 및 질병 예방에 관한 사항
• 유해·위험 작업환경 관리에 관한 사항
• 산업안전보건법령 및 산업재해보상보험 제도에 관한 사항
• 직무스트레스 예방 및 관리에 관한 사항
• 직장 내 괴롭힘, 고객의 폭언 등으로 인한 건강장해 예방 및 관리에 관한 사항

2. 관리감독자 정기안전보건교육내용

[관리감독자 정기교육] ★★★★★★★

교육내용
• 산업안전 및 사고 예방에 관한 사항
• 산업보건 및 직업병 예방에 관한 사항
• 유해·위험 작업환경 관리에 관한 사항
• 산업안전보건법령 및 산업재해보상보험 제도에 관한 사항
• 직무스트레스 예방 및 관리에 관한 사항
• 직장 내 괴롭힘, 고객의 폭언 등으로 인한 건강장해 예방 및 관리에 관한 사항
• 작업공정의 유해·위험과 재해 예방대책에 관한 사항
• 표준안전 작업방법 및 지도 요령에 관한 사항
• 관리감독자의 역할과 임무에 관한 사항

• 안전보건교육 능력 배양에 관한 사항
  – 현장근로자와의 의사소통능력 향상, 강의능력 향상 및 그 밖에 안전보건교육 능력 배양 등에 관한 사항. 이 경우 안전보건
    교육 능력 배양 교육은 별표 4에 따라 관리감독자가 받아야 하는 전체 교육시간의 3분의 1 범위에서 할 수 있다.

3. 신규채용 시와 작업내용 변경 시 안전보건교육내용

[채용 시 교육 및 작업내용 변경 시 교육] ★

교육내용
• 산업안전 및 사고 예방에 관한 사항
• 산업보건 및 직업병 예방에 관한 사항
• 산업안전보건법령 및 산업재해보상보험 제도에 관한 사항
• 직무스트레스 예방 및 관리에 관한 사항
• 직장 내 괴롭힘, 고객의 폭언 등으로 인한 건강장해 예방 및 관리에 관한 사항
• 기계·기구의 위험성과 작업의 순서 및 동선에 관한 사항
• 작업 개시 전 점검에 관한 사항
• 정리정돈 및 청소에 관한 사항
• 사고 발생 시 긴급조치에 관한 사항
• 물질안전보건자료에 관한 사항

4. 특별교육 대상 작업별 교육내용

(1) 특별교육 대상 작업별 교육 (산업안전보건법 시행규칙 별표 5) ★★

작업명	교육내용
〈개별내용〉 1. 고압실 내 작업(잠함공법이나 그 밖의 압기 공법으로 대기압을 넘는 기압인 작업실 또 는 수갱 내부에서 하는 작업만 해당한다)	• 고기압 장해의 인체에 미치는 영향에 관한 사항 • 작업의 시간·작업 방법 및 절차에 관한 사항 • 압기공법에 관한 기초지식 및 보호구 착용에 관한 사항 • 이상 발생 시 응급조치에 관한 사항 • 그 밖에 안전·보건관리에 필요한 사항
2. 아세틸렌 용접장치 또는 가스집합 용접장치 를 사용하는 금속의 용접·용단 또는 가열 작업(발생기·도관 등에 의하여 구성되는 용접장치만 해당한다)	• 용접 흄, 분진 및 유해광선 등의 유해성에 관한 사항 • 가스용접기, 압력조정기, 호스 및 취관두(불꽃이 나오는 용접기의 앞부 분) 등의 기기점검에 관한 사항 • 작업방법·순서 및 응급처치에 관한 사항 • 안전기 및 보호구 취급에 관한 사항 • 화재예방 및 초기대응에 관한 사항 • 그 밖에 안전·보건관리에 필요한 사항
★ 3. 밀폐된 장소(탱크 내 또는 환기가 극히 불량한 좁은 장소를 말한다)에서 하는 용 접작업 또는 습한 장소에서 하는 전기용 접 작업	• 작업순서, 안전작업방법 및 수칙에 관한 사항 • 환기설비에 관한 사항 • 전격 방지 및 보호구 착용에 관한 사항 • 질식 시 응급조치에 관한 사항 • 작업환경 점검에 관한 사항 • 그 밖에 안전·보건관리에 필요한 사항
4. 폭발성·물반응성·자기반응성·자기발열 성 물질, 자연발화성 액체·고체 및 인화성 액체의 제조 또는 취급작업(시험연구를 위 한 취급작업은 제외한다)	• 폭발성·물반응성·자기반응성·자기발열성 물질, 자연발화성 액체· 고체 및 인화성 액체의 성질이나 상태에 관한 사항 • 폭발 한계점, 발화점 및 인화점 등에 관한 사항 • 취급방법 및 안전수칙에 관한 사항 • 이상 발견 시의 응급처치 및 대피 요령에 관한 사항 • 화기·정전기·충격 및 자연발화 등의 위험방지에 관한 사항 • 작업순서, 취급주의사항 및 방호거리 등에 관한 사항 • 그 밖에 안전·보건관리에 필요한 사항

5. 액화석유가스 · 수소가스 등 인화성 가스 또는 폭발성 물질 중 가스의 발생장치 취급 작업	• 취급가스의 상태 및 성질에 관한 사항 • 발생장치 등의 위험 방지에 관한 사항 • 고압가스 저장설비 및 안전취급방법에 관한 사항 • 설비 및 기구의 점검 요령 • 그 밖에 안전 · 보건관리에 필요한 사항
6. 화학설비 중 반응기, 교반기 · 추출기의 사용 및 세척작업	• 각 계측장치의 취급 및 주의에 관한 사항 • 투시창 · 수위 및 유량계 등의 점검 및 밸브의 조작주의에 관한 사항 • 세척액의 유해성 및 인체에 미치는 영향에 관한 사항 • 작업 절차에 관한 사항 • 그 밖에 안전 · 보건관리에 필요한 사항
7. 화학설비의 탱크 내 작업	• 차단장치 · 정지장치 및 밸브 개폐장치의 점검에 관한 사항 • 탱크 내의 산소농도 측정 및 작업환경에 관한 사항 • 안전보호구 및 이상 발생 시 응급조치에 관한 사항 • 작업절차 · 방법 및 유해 · 위험에 관한 사항 • 그 밖에 안전 · 보건관리에 필요한 사항
8. 분말 · 원재료 등을 담은 호퍼(하부가 깔대기 모양으로 된 저장통) · 저장창고 등 저장탱크의 내부작업	• 분말 · 원재료의 인체에 미치는 영향에 관한 사항 • 저장탱크 내부작업 및 복장보호구 착용에 관한 사항 • 작업의 지정 · 방법 · 순서 및 작업환경 점검에 관한 사항 • 팬 · 풍기(風旗) 조작 및 취급에 관한 사항 • 분진 폭발에 관한 사항 • 그 밖에 안전 · 보건관리에 필요한 사항
9. 다음 각 목에 정하는 설비에 의한 물건의 가열 · 건조작업 　가. 건조설비 중 위험물 등에 관계되는 설비로 속부피가 1[m³] 이상인 것 　나. 건조설비 중 가목의 위험물 등 외의 물질에 관계되는 설비로서, 연료를 열원으로 사용하는 것(그 최대연소소비량이 매 시간당 10[kg] 이상인 것만 해당한다) 또는 전력을 열원으로 사용하는 것(정격소비전력이 10[kW] 이상인 경우만 해당한다)	• 건조설비 내외면 및 기기기능의 점검에 관한 사항 • 복장보호구 착용에 관한 사항 • 건조 시 유해가스 및 고열 등이 인체에 미치는 영향에 관한 사항 • 건조설비에 의한 화재 · 폭발 예방에 관한 사항
10. 다음 각 목에 해당하는 집재장치(집재기 · 가선 · 운반기구 · 지주 및 이들에 부속하는 물건으로 구성되고, 동력을 사용하여 원목 또는 장작과 숯을 담아 올리거나 공중에서 운반하는 설비를 말한다)의 조립, 해체, 변경 또는 수리작업 및 이들 설비에 의한 집재 또는 운반 작업 　가. 원동기의 정격출력이 7.5[kW]를 넘는 것 　나. 지간의 경사거리 합계가 350[m] 이상인 것 　다. 최대사용하중이 200[kg] 이상인 것	• 기계의 브레이크 비상정지장치 및 운반경로, 각종 기능 점검에 관한 사항 • 작업시작 전 준비사항 및 작업방법에 관한 사항 • 취급물의 유해 · 위험에 관한 사항 • 구조상의 이상 시 응급처치에 관한 사항 • 그 밖에 안전 · 보건관리에 필요한 사항

11. 동력에 의하여 작동되는 프레스기계를 5대 이상 보유한 사업장에서 해당 기계로 하는 작업	• 프레스의 특성과 위험성에 관한 사항 • 방호장치 종류와 취급에 관한 사항 • 안전작업방법에 관한 사항 • 프레스 안전기준에 관한 사항 • 그 밖에 안전·보건관리에 필요한 사항
12. 목재가공용 기계[둥근톱기계, 띠톱기계, 대패기계, 모떼기기계 및 라우터기(목재를 자르거나 홈을 파는 기계)만 해당하며, 휴대용은 제외한다]를 5대 이상 보유한 사업장에서 해당 기계로 하는 작업	• 목재가공용 기계의 특성과 위험성에 관한 사항 • 방호장치의 종류와 구조 및 취급에 관한 사항 • 안전기준에 관한 사항 • 안전작업방법 및 목재 취급에 관한 사항 • 그 밖에 안전·보건관리에 필요한 사항
13. 운반용 등 하역기계를 5대 이상 보유한 사업장에서의 해당 기계로 하는 작업	• 운반하역기계 및 부속설비의 점검에 관한 사항 • 작업순서와 방법에 관한 사항 • 안전운전방법에 관한 사항 • 화물의 취급 및 작업신호에 관한 사항 • 그 밖에 안전·보건관리에 필요한 사항
14. 1[t] 이상의 크레인을 사용하는 작업 또는 1[t] 미만의 크레인 또는 호이스트를 5대 이상 보유한 사업장에서 해당 기계로 하는 작업(제40호의 작업은 제외한다)	• 방호장치의 종류, 기능 및 취급에 관한 사항 • 걸고리·와이어로프 및 비상정지장치 등의 기계·기구 점검에 관한 사항 • 화물의 취급 및 안전작업방법에 관한 사항 • 신호방법 및 공동작업에 관한 사항 • 인양 물건의 위험성 및 낙하·비래(飛來)·충돌재해 예방에 관한 사항 • 인양물이 적재될 지반의 조건, 인양하중, 풍압 등이 인양물과 타워크레인에 미치는 영향 • 그 밖에 안전·보건관리에 필요한 사항
15. 건설용 리프트·곤돌라를 이용한 작업	• 방호장치의 기능 및 사용에 관한 사항 • 기계, 기구, 달기체인 및 와이어 등의 점검에 관한 사항 • 화물의 권상·권하 작업방법 및 안전작업 지도에 관한 사항 • 기계·기구에 특성 및 동작원리에 관한 사항 • 신호방법 및 공동작업에 관한 사항 • 그 밖에 안전·보건관리에 필요한 사항
16. 주물 및 단조(금속을 두들기거나 눌러서 형체를 만드는 일) 작업	• 고열물의 재료 및 작업환경에 관한 사항 • 출탕·주조 및 고열물의 취급과 안전작업방법에 관한 사항 • 고열작업의 유해·위험 및 보호구 착용에 관한 사항 • 안전기준 및 중량물 취급에 관한 사항 • 그 밖에 안전·보건관리에 필요한 사항
17. 전압이 75[V] 이상인 정전 및 활선작업	• 전기의 위험성 및 전격 방지에 관한 사항 • 해당 설비의 보수 및 점검에 관한 사항 • 정전작업·활선작업 시의 안전작업방법 및 순서에 관한 사항 • 절연용 보호구, 절연용 보호구 및 활선작업용 기구 등의 사용에 관한 사항 • 그 밖에 안전·보건관리에 필요한 사항
18. 콘크리트 파쇄기를 사용하여 하는 파쇄작업(2[m] 이상인 구축물의 파쇄작업만 해당한다)	• 콘크리트 해체 요령과 방호거리에 관한 사항 • 작업안전조치 및 안전기준에 관한 사항 • 파쇄기의 조작 및 공통작업 신호에 관한 사항 • 보호구 및 방호장비 등에 관한 사항 • 그 밖에 안전·보건관리에 필요한 사항

19. 굴착면의 높이가 2[m] 이상이 되는 지반 굴착(터널 및 수직갱 외의 갱 굴착은 제외한다)작업	• 지반의 형태·구조 및 굴착 요령에 관한 사항 • 지반의 붕괴재해 예방에 관한 사항 • 붕괴 방지용 구조물 설치 및 작업방법에 관한 사항 • 보호구의 종류 및 사용에 관한 사항 • 그 밖에 안전·보건관리에 필요한 사항
20. 흙막이 지보공의 보강 또는 동바리를 설치하거나 해체하는 작업	• 작업안전 점검 요령과 방법에 관한 사항 • 동바리의 운반·취급 및 설치 시 안전작업에 관한 사항 • 해체작업 순서와 안전기준에 관한 사항 • 보호구 취급 및 사용에 관한 사항 • 그 밖에 안전·보건관리에 필요한 사항
21. 터널 안에서의 굴착작업(굴착용 기계를 사용하여 하는 굴착작업 중 근로자가 칼날 밑에 접근하지 않고 하는 작업은 제외한다) 또는 같은 작업에서의 터널 거푸집 지보공의 조립 또는 콘크리트 작업	• 작업환경의 점검 요령과 방법에 관한 사항 • 붕괴 방지용 구조물 설치 및 안전작업 방법에 관한 사항 • 재료의 운반 및 취급·설치의 안전기준에 관한 사항 • 보호구의 종류 및 사용에 관한 사항 • 소화설비의 설치장소 및 사용방법에 관한 사항 • 그 밖에 안전·보건관리에 필요한 사항
22. 굴착면의 높이가 2[m] 이상이 되는 암석의 굴착작업	• 폭발물 취급 요령과 대피 요령에 관한 사항 • 안전거리 및 안전기준에 관한 사항 • 방호물의 설치 및 기준에 관한 사항 • 보호구 및 신호방법 등에 관한 사항 • 그 밖에 안전·보건관리에 필요한 사항
23. 높이가 2[m] 이상인 물건을 쌓거나 무너뜨리는 작업(하역기계로만 하는 작업은 제외한다)	• 원부재료의 취급 방법 및 요령에 관한 사항 • 물건의 위험성·낙하 및 붕괴재해 예방에 관한 사항 • 적재방법 및 전도 방지에 관한 사항 • 보호구 착용에 관한 사항 • 그 밖에 안전·보건관리에 필요한 사항
24. 선박에 짐을 쌓거나 부리거나 이동시키는 작업	• 하역 기계·기구의 운전방법에 관한 사항 • 운반·이송경로의 안전작업방법 및 기준에 관한 사항 • 중량물 취급 요령과 신호 요령에 관한 사항 • 작업안전 점검과 보호구 취급에 관한 사항 • 그 밖에 안전·보건관리에 필요한 사항
25. 거푸집동바리의 조립 또는 해체작업	• 동바리의 조립방법 및 작업 절차에 관한 사항 • 조립재료의 취급방법 및 설치기준에 관한 사항 • 조립 해체 시의 사고 예방에 관한 사항 • 보호구 착용 및 점검에 관한 사항 • 그 밖에 안전·보건관리에 필요한 사항
26. 비계의 조립·해체 또는 변경작업	• 비계의 조립순서 및 방법에 관한 사항 • 비계작업의 재료 취급 및 설치에 관한 사항 • 추락재해 방지에 관한 사항 • 보호구 착용에 관한 사항 • 비계상부 작업 시 최대 적재하중에 관한 사항 • 그 밖에 안전·보건관리에 필요한 사항

27. 건축물의 골조, 다리의 상부구조 또는 탑의 금속제의 부재로 구성되는 것(5[m] 이상인 것만 해당한다)의 조립·해체 또는 변경작업	• 건립 및 버팀대의 설치순서에 관한 사항 • 조립 해체 시의 추락재해 및 위험요인에 관한 사항 • 건립용 기계의 조작 및 작업신호 방법에 관한 사항 • 안전장비 착용 및 해체순서에 관한 사항 • 그 밖에 안전·보건관리에 필요한 사항
28. 처마 높이가 5[m] 이상인 목조건축물의 구조 부재의 조립이나 건축물의 지붕 또는 외벽 밑에서의 설치작업	• 붕괴·추락 및 재해 방지에 관한 사항 • 부재의 강도·재질 및 특성에 관한 사항 • 조립·설치 순서 및 안전작업방법에 관한 사항 • 보호구 착용 및 작업 점검에 관한 사항 • 그 밖에 안전·보건관리에 필요한 사항
29. 콘크리트 인공구조물(그 높이가 2[m] 이상인 것만 해당한다)의 해체 또는 파괴작업	• 콘크리트 해체기계의 점검에 관한 사항 • 파괴 시의 안전거리 및 대피 요령에 관한 사항 • 작업방법·순서 및 신호 방법 등에 관한 사항 • 해체·파괴 시의 작업안전기준 및 보호구에 관한 사항 • 그 밖에 안전·보건관리에 필요한 사항
30. 타워크레인을 설치(상승작업을 포함한다)·해체하는 작업	• 붕괴·추락 및 재해 방지에 관한 사항 • 설치·해체 순서 및 안전작업방법에 관한 사항 • 부재의 구조·재질 및 특성에 관한 사항 • 신호방법 및 요령에 관한 사항 • 이상 발생 시 응급조치에 관한 사항 • 그 밖에 안전·보건관리에 필요한 사항

31. 보일러(소형 보일러 및 다음 각 목에서 정하는 보일러는 제외한다)의 설치 및 취급 작업
  가. 몸통 반지름이 750[mm] 이하이고 그 길이가 1,300[mm] 이하인 증기보일러
  나. 전열면적이 3[m²] 이하인 증기보일러
  다. 전열면적이 14[m²] 이하인 온수보일러
  라. 전열면적이 30[m²] 이하인 관류보일러 (물관을 사용하여 가열시키는 방식의 보일러)
	• 기계 및 기기 점화장치 계측기의 점검에 관한 사항
	• 열관리 및 방호장치에 관한 사항
	• 작업순서 및 방법에 관한 사항
	• 그 밖에 안전·보건관리에 필요한 사항

32. 게이지 압력을 [cm²]당 1[kg] 이상으로 사용하는 압력용기의 설치 및 취급작업	• 안전시설 및 안전기준에 관한 사항 • 압력용기의 위험성에 관한 사항 • 용기 취급 및 설치기준에 관한 사항 • 작업안전 점검 방법 및 요령에 관한 사항 • 그 밖에 안전·보건관리에 필요한 사항
33. 방사선 업무에 관계되는 작업(의료 및 실험용은 제외한다) ★	• 방사선의 유해·위험 및 인체에 미치는 영향 • 방사선의 측정기기 기능의 점검에 관한 사항 • 방호거리·방호벽 및 방사선물질의 취급 요령에 관한 사항 • 응급처치 및 보호구 착용에 관한 사항 • 그 밖에 안전·보건관리에 필요한 사항

34. 밀폐공간에서의 작업	• 산소농도 측정 및 작업환경에 관한 사항
	• 사고 시의 응급처치 및 비상시 구출에 관한 사항
	• 보호구 착용 및 보호 장비 사용에 관한 사항
	• 작업내용·안전작업방법 및 절차에 관한 사항
	• 장비·설비 및 시설 등의 안전점검에 관한 사항
	• 그 밖에 안전·보건관리에 필요한 사항
35. 허가 및 관리 대상 유해물질의 제조 또는 취급작업	• 취급물질의 성질 및 상태에 관한 사항
	• 유해물질이 인체에 미치는 영향
	• 국소배기장치 및 안전설비에 관한 사항
	• 안전작업방법 및 보호구 사용에 관한 사항
	• 그 밖에 안전·보건관리에 필요한 사항
36. 로봇작업	• 로봇의 기본원리·구조 및 작업방법에 관한 사항
	• 이상 발생 시 응급조치에 관한 사항
	• 안전시설 및 안전기준에 관한 사항
	• 조작방법 및 작업순서에 관한 사항
37. 석면해체·제거작업	• 석면의 특성과 위험성
	• 석면해체·제거의 작업방법에 관한 사항
	• 장비 및 보호구 사용에 관한 사항
	• 그 밖에 안전·보건관리에 필요한 사항
38. 가연물이 있는 장소에서 하는 화재위험 작업	• 작업준비 및 작업절차에 관한 사항
	• 작업장 내 위험물, 가연물의 사용·보관·설치 현황에 관한 사항
	• 화재위험작업에 따른 인근 인화성 액체에 대한 방호조치에 관한 사항
	• 화재위험작업으로 인한 불꽃, 불티 등의 흩날림 방지 조치에 관한 사항
	• 인화성 액체의 증기가 남아 있지 않도록 환기 등의 조치에 관한 사항
	• 화재감시자의 직무 및 피난교육 등 비상조치에 관한 사항
	• 그 밖에 안전·보건관리에 필요한 사항
39. 타워크레인을 사용하는 작업 시 신호업무를 하는 작업 ★	• 타워크레인의 기계적 특성 및 방호장치 등에 관한 사항
	• 화물의 취급 및 안전작업방법에 관한 사항
	• 신호방법 및 요령에 관한 사항
	• 인양 물건의 위험성 및 낙하·비래·충돌재해 예방에 관한 사항
	• 인양물이 적재될 지반의 조건, 인양하중, 풍압 등이 인양물과 타워크레인에 미치는 영향
	• 그 밖에 안전·보건관리에 필요한 사항

(2) 건설업 기초안전보건교육에 대한 내용 및 시간

교육 내용	시간
건설공사의 종류(건축·토목 등) 및 시공 절차	1시간
산업재해 유형별 위험요인 및 안전보건조치	2시간
안전보건관리체제 현황 및 산업안전보건 관련 근로자 권리·의무	1시간

(3) 안전보건관리책임자 등에 대한 교육

교육대상	교육내용	
	신규과정	보수과정
가. 안전보건관리 책임자	1) 관리책임자의 책임과 직무에 관한 사항 2) 산업안전보건법령 및 안전·보건조치에 관한 사항	1) 산업안전·보건정책에 관한 사항 2) 자율안전·보건관리에 관한 사항
나. 안전관리자 및 안전관리전문기관 종사자	1) 산업안전보건법령에 관한 사항 2) 산업안전보건개론에 관한 사항 3) 인간공학 및 산업심리에 관한 사항 4) 안전보건교육방법에 관한 사항 5) 재해 발생 시 응급처치에 관한 사항 6) 안전점검·평가 및 재해 분석기법에 관한 사항 7) 안전기준 및 개인보호구 등 분야별 재해예방 실무에 관한 사항 8) 산업안전보건관리비 계상 및 사용기준에 관한 사항 9) 작업환경 개선 등 산업위생 분야에 관한 사항 10) 무재해 운동 추진기법 및 실무에 관한 사항 11) 위험성평가에 관한 사항 12) 그 밖에 안전관리자의 직무 향상을 위하여 필요한 사항	1) 산업안전보건법령 및 정책에 관한 사항 2) 안전관리계획 및 안전보건개선계획의 수립· 평가·실무에 관한 사항 3) 안전보건교육 및 무재해 운동 추진실무에 관한 사항 4) 산업안전보건관리비 사용기준 및 사용방법에 관한 사항 5) 분야별 재해 사례 및 개선 사례에 관한 연구 와 실무에 관한 사항 6) 사업장 안전 개선기법에 관한 사항 7) 위험성평가에 관한 사항 8) 그 밖에 안전관리자 직무 향상을 위하여 필요 한 사항
다. 보건관리자 및 보건관리전문기관 종사자	1) 산업안전보건법령 및 작업환경측정에 관한 사항 2) 산업안전보건개론에 관한 사항 3) 안전보건교육방법에 관한 사항 4) 산업보건관리계획 수립·평가 및 산업역학에 관한 사항 5) 작업환경 및 직업병 예방에 관한 사항 6) 작업환경 개선에 관한 사항(소음·분진·관 리대상 유해물질 및 유해광선 등) 7) 산업역학 및 통계에 관한 사항 8) 산업환기에 관한 사항 9) 안전보건관리의 체제·규정 및 보건관리자 역할에 관한 사항 10) 보건관리계획 및 운용에 관한 사항 11) 근로자 건강관리 및 응급처치에 관한 사항 12) 위험성평가에 관한 사항 13) 감염병 예방에 관한 사항 14) 자살 예방에 관한 사항 15) 그 밖에 보건관리자의 직무 향상을 위하여 필요한 사항	1) 산업안전보건법령, 정책 및 작업환경 관리에 관한 사항 2) 산업보건관리계획 수립·평가 및 안전보건교 육 추진 요령에 관한 사항 3) 근로자 건강 증진 및 구급환자 관리에 관한 사항 4) 산업위생 및 산업환기에 관한 사항 5) 직업병 사례 연구에 관한 사항 6) 유해물질별 작업환경 관리에 관한 사항 7) 위험성평가에 관한 사항 8) 감염병 예방에 관한 사항 9) 자살 예방에 관한 사항 10) 그 밖에 보건관리자 직무 향상을 위하여 필 요한 사항
라. 건설재해예방전문 지도기관 종사자	1) 산업안전보건법령 및 정책에 관한 사항 2) 분야별 재해사례 연구에 관한 사항 3) 새로운 공법 소개에 관한 사항 4) 사업장 안전관리기법에 관한 사항 5) 위험성평가의 실시에 관한 사항 6) 그 밖에 직무 향상을 위하여 필요한 사항	1) 산업안전보건법령 및 정책에 관한 사항 2) 분야별 재해사례 연구에 관한 사항 3) 새로운 공법 소개에 관한 사항 4) 사업장 안전관리기법에 관한 사항 5) 위험성평가의 실시에 관한 사항 6) 그 밖에 직무 향상을 위하여 필요한 사항

마. 석면조사기관 종사자	1) 석면 제품의 종류 및 구별 방법에 관한 사항 2) 석면에 의한 건강유해성에 관한 사항 3) 석면 관련 법령 및 제도(법, 「석면안전관리법」 및 「건축법」 등)에 관한 사항 4) 법 및 산업안전보건 정책방향에 관한 사항 5) 석면 시료채취 및 분석 방법에 관한 사항 6) 보호구 착용 방법에 관한 사항 7) 석면조사결과서 및 석면지도 작성 방법에 관한 사항 8) 석면조사 실습에 관한 사항	1) 석면 관련 법령 및 제도(법, 「석면안전관리법」 및 「건축법」 등)에 관한 사항 2) 실내공기오염 관리(또는 작업환경측정 및 관리)에 관한 사항 3) 산업안전보건 정책방향에 관한 사항 4) 건축물·설비 구조의 이해에 관한 사항 5) 건축물·설비 내 석면함유 자재 사용 및 시공·제거 방법에 관한 사항 6) 보호구 선택 및 관리방법에 관한 사항 7) 석면해체·제거작업 및 석면 흩날림 방지 계획 수립 및 평가에 관한 사항 8) 건축물 석면조사 시 위해도평가 및 석면지도 작성·관리 실무에 관한 사항 9) 건축 자재의 종류별 석면조사실무에 관한 사항
바. 안전보건관리 담당자		1) 위험성평가에 관한 사항 2) 안전·보건교육방법에 관한 사항 3) 사업장 순회점검 및 지도에 관한 사항 4) 기계·기구의 적격품 선정에 관한 사항 5) 산업재해 통계의 유지·관리 및 조사에 관한 사항 6) 그 밖에 안전보건관리담당자 직무 향상을 위하여 필요한 사항
사. 안전검사기관 및 자율안전검사 기관	1) 산업안전보건법령에 관한 사항 2) 기계, 장비의 주요장치에 관한 사항 3) 측정기기 작동 방법에 관한 사항 4) 공통점검 사항 및 주요 위험요인별 점검내용에 관한 사항 5) 기계, 장비의 주요안전장치에 관한 사항 6) 검사 시 안전보건 유의사항 7) 기계·전기·화공 등 공학적 기초 지식에 관한 사항 8) 검사원의 직무윤리에 관한 사항 9) 그 밖에 종사자의 직무 향상을 위하여 필요한 사항	1) 산업안전보건법령 및 정책에 관한 사항 2) 주요 위험요인별 점검내용에 관한 사항 3) 기계, 장비의 주요장치와 안전장치에 관한 심화과정 4) 검사 시 안전보건 유의사항 5) 구조해석, 용접, 피로, 파괴, 피해예측, 작업환기, 위험성평가 등에 관한 사항 6) 검사대상 기계별 재해 사례 및 개선 사례에 관한 연구와 실무에 관한 사항 7) 검사원의 직무윤리에 관한 사항 8) 그 밖에 종사자의 직무 향상을 위하여 필요한 사항

(4) 특수형태근로종사자에 대한 안전보건교육

최초 노무제공 시 교육 : 아래의 내용 중 특수형태근로종사자의 직무에 적합한 내용을 교육해야 한다.

① 산업안전 및 사고 예방에 관한 사항

② 산업보건 및 직업병 예방에 관한 사항

③ 건강증진 및 질병 예방에 관한 사항

④ 유해·위험 작업환경 관리에 관한 사항

⑤ 산업안전보건법령 및 산업재해보상보험 제도에 관한 사항

⑥ 직무스트레스 예방 및 관리에 관한 사항

⑦ 직장 내 괴롭힘, 고객의 폭언 등으로 인한 건강장해 예방 및 관리에 관한 사항

⑧ 기계·기구의 위험성과 작업의 순서 및 동선에 관한 사항

⑨ 작업 개시 전 점검에 관한 사항

⑩ 정리정돈 및 청소에 관한 사항

⑪ 사고 발생 시 긴급조치에 관한 사항

⑫ 물질안전보건자료에 관한 사항

⑬ 교통안전 및 운전안전에 관한 사항

⑭ 보호구 착용에 관한 사항

(5) 검사원 성능검사 교육

설비명	교육과정	교육내용
가. 프레스 및 전단기	성능검사 교육	• 관계 법령 • 프레스 및 전단기 개론 • 프레스 및 전단기 구조 및 특성 • 검사기준 • 방호장치 • 검사장비 용도 및 사용방법 • 검사실습 및 체크리스트 작성 요령 • 위험검출 훈련
나. 크레인	성능검사 교육	• 관계 법령 • 크레인 개론 • 크레인 구조 및 특성 • 검사기준 • 방호장치 • 검사장비 용도 및 사용방법 • 검사실습 및 체크리스트 작성 요령 • 위험검출 훈련 • 검사원 직무

다. 리프트	성능검사 교육	• 관계 법령 • 리프트 개론 • 리프트 구조 및 특성 • 검사기준 • 방호장치 • 검사장비 용도 및 사용방법 • 검사실습 및 체크리스트 작성 요령 • 위험검출 훈련 • 검사원 직무
라. 곤돌라	성능검사 교육	• 관계 법령 • 곤돌라 개론 • 곤돌라 구조 및 특성 • 검사기준 • 방호장치 • 검사장비 용도 및 사용방법 • 검사실습 및 체크리스트 작성 요령 • 위험검출 훈련 • 검사원 직무
마. 국소배기장치	성능검사 교육	• 관계 법령 • 산업보건 개요 • 산업환기의 기본원리 • 국소환기장치의 설계 및 실습 • 국소배기장치 및 제진장치 검사기준 • 검사실습 및 체크리스트 작성 요령 • 검사원 직무
바. 원심기	성능검사 교육	• 관계 법령 • 원심기 개론 • 원심기 종류 및 구조 • 검사기준 • 방호장치 • 검사장비 용도 및 사용방법 • 검사실습 및 체크리스트 작성 요령
사. 롤러기	성능검사 교육	• 관계 법령 • 롤러기 개론 • 롤러기 구조 및 특성 • 검사기준 • 방호장치 • 검사장비의 용도 및 사용방법 • 검사실습 및 체크리스트 작성 요령
아. 사출성형기	성능검사 교육	• 관계 법령 • 사출성형기 개론 • 사출성형기 구조 및 특성 • 검사기준 • 방호장치 • 검사장비 용도 및 사용방법 • 검사실습 및 체크리스트 작성 요령

자. 고소작업대	성능검사 교육	• 관계 법령 • 고소작업대 개론 • 고소작업대 구조 및 특성 • 검사기준 • 방호장치 • 검사장비의 용도 및 사용방법 • 검사실습 및 체크리스트 작성 요령
차. 컨베이어	성능검사 교육	• 관계 법령 • 컨베이어 개론 • 컨베이어 구조 및 특성 • 검사기준 • 방호장치 • 검사장비의 용도 및 사용방법 • 검사실습 및 체크리스트 작성 요령
카. 산업용 로봇	성능검사 교육	• 관계 법령 • 산업용 로봇 개론 • 산업용 로봇 구조 및 특성 • 검사기준 • 방호장치 • 검사장비 용도 및 사용방법 • 검사실습 및 체크리스트 작성 요령
타. 압력용기	성능검사 교육	• 관계 법령 • 압력용기 개론 • 압력용기의 종류, 구조 및 특성 • 검사기준 • 방호장치 • 검사장비 용도 및 사용방법 • 검사실습 및 체크리스트 작성 요령 • 이상 시 응급조치

(6) 물질안전보건자료에 관한 교육

① 대상화학물질의 명칭(또는 제품명)

② 물리적 위험성 및 건강 유해성

③ 취급상의 주의사항

④ 적절한 보호구

⑤ 응급조치 요령 및 사고시 대처방법

⑥ 물질안전보건자료 및 경고표지를 이해하는 방법

(7) 안전보건교육 교육 과정별 교육시간 ★

① 근로자 안전보건교육

교육과정	교육대상		교육시간
가. 정기교육	사무직 종사 근로자		매분기 3시간 이상
	사무직 종사 근로자 외의 근로자	판매업무에 직접 종사하는 근로자	매분기 3시간 이상
		판매업무에 직접 종사하는 근로자 외의 근로자	매분기 6시간 이상
	관리감독자의 지위에 있는 사람		연간 16시간 이상
나. 채용 시 교육	일용근로자		1시간 이상
	일용근로자를 제외한 근로자		8시간 이상
다. 작업내용 변경 시 교육 ★	일용근로자		1시간 이상
	일용근로자를 제외한 근로자		2시간 이상
라. 특별교육	타워크레인 신호작업을 제외한 특별교육 대상에 해당하는 작업에 종사하는 일용근로자		2시간 이상
	타워크레인 신호작업에 종사하는 일용근로자		8시간 이상
	특별교육 대상에 해당하는 작업에 종사하는 일용근로자를 제외한 근로자		• 16시간 이상(최초 작업에 종사하기 전 4시간 이상 실시하고 12시간은 3개월 이내에서 분할하여 실시가능) • 단기간 작업 또는 간헐적 작업인 경우에는 2시간 이상
마. 건설업 기초안전·보건교육	건설 일용근로자		4시간 이상

② 안전보건관리책임자 등에 관한 교육 ★

교육대상	교육시간	
	신규교육	보수교육
가. 안전보건관리책임자	6시간 이상	6시간 이상
나. 안전관리자, 안전관리전문기관의 종사자	34시간 이상	24시간 이상
다. 보건관리자, 보건관리전문기관의 종사자	34시간 이상	24시간 이상
라. 건설재해예방전문지도기관의 종사자	34시간 이상	24시간 이상
마. 석면조사기관의 종사자	34시간 이상	24시간 이상
바. 안전보건관리담당자	–	8시간 이상
사. 안전검사기관, 자율안전검사기관의 종사자	34시간 이상	24시간 이상

③ 특수형태근로종사자에 대한 안전보건교육

교육과정	교육시간
가. 최초 노무제공 시 교육	2시간 이상(단기간 작업 또는 간헐적 작업에 노무를 제공하는 경우에는 1시간 이상 실시하고, 특별교육을 실시한 경우는 면제)
나. 특별교육	16시간 이상(최초 작업에 종사하기 전 4시간 이상 실시하고 12시간은 3개월 이내에서 분할하여 실시가능)
	단기간 작업 또는 간헐적 작업인 경우에는 2시간 이상

④ 감사원 성능검사 교육

교육과정	교육대상	교육시간
성능검사 교육	–	28시간 이상

2 교육방법

1. 교육훈련기법

(1) 교육방법

① 집체교육

② 현장교육

③ 인터넷 원격교육

(2) 훈련기법의 종류

① 강의법 ★

안전지식을 강의식으로 전달하는 방법(초보적 단계에서 효과적)이다.

㉠ 강사의 입장에서 시간의 조정이 가능하다.

㉡ 전체적인 교육내용을 제시하는 데 유리하다.

㉢ 비교적 많은 인원을 대상으로 단시간에 지식을 부여할 수 있다.

② 토의법

③ 실연법 : 이미 설명을 듣고 시범을 보아서 알게 된 지식이나 기능을 교사의 지도 아래 직접 연습을 통해 적용해 보는 방법 ★

④ 프로그램학습법 : 학습자가 프로그램 자료를 가지고 단독으로 학습하도록 하는 방법 ★

⑤ 모의법 : 실제의 장면이나 상황을 인위적으로 비슷하게 만들어두고 학습하게 하는 방법

⑥ 구안법 : 참가자 스스로가 계획을 수립하고 행동하는 실천적인 학습활동 ★★

⑦ 시청각교육법

(3) 교육실행 순서 ★★

과제에 대한 목표결정 → 계획수립 → 활동 시킨다 → 행동 → 평가

(4) 안전보건교육 동기유발요인

안정, 기회, 참여, 인정, 경제, 성과, 부여권한(권력), 적응도, 독자성, 의사소통

(5) 존 듀이(Jone Dewey)의 5단계 사고과정 ★

존 듀이는 미국 실용주의 철학자, 교육자로 대표적인 형식적 교육은 학교안전교육이 있다고 말했다.

① 제1단계 : 시사(Suggestion)를 받는다.

② 제2단계 : 지식화(Intellectualization)한다.

③ 제3단계 : 가설(Hypothesis)을 설정한다.

④ 제4단계 : 추론(Reasoning)한다.

⑤ 제5단계 : 행동에 의하여 가설을 검토한다.

2. 안전보건교육방법(TWI, OJT, Off JT 등)

(1) 하버드 학파의 5단계 교수법

① 1단계 : 준비시킨다.

② 2단계 : 고시한다.

③ 3단계 : 연합한다.

④ 4단계 : 총괄한다.

⑤ 5단계 : 응용시킨다.

(2) 교시법의 4단계

① 1단계 : 준비단계

② 2단계 : 일을 하여 보이는 단계

③ 3단계 : 일 시켜 보이는 단계

④ 4단계 : 보습지도의 단계

(3) 수업 단계별 최적의 수업방법

① 도입단계 : 강의법, 시범법

② 전개, 정리단계 : 반복법, 토의법, 실연법

③ 정리단계 : 자율학습법

④ 도입, 전개, 정리단계 : 프로그램학습법, 모의학습법, 학생상호학습법

(4) TWI(Training With Industry, 기업내, 산업내 훈련) ★★★★★★

① 교육대상자 : 관리감독자

② 교육시간 : 10시간(1일 2시간씩 5일분) 한 그룹에 10명 내외

③ 진행방법 : 토의식과 실연법 중심으로

④ 훈련의 종류 ★★★

　　㉠ Job Method Training(J.M.T) : 작업방법훈련 – 작업의 개선방법에 대한 훈련

　　㉡ Job Instruction Training(J.I.T) : 작업지도훈련 – 작업을 가르치는 기법 훈련

ⓒ Job Relations Training(J.R.T) : 인간관계훈련 – 사람을 다루는 기법훈련

ⓔ Job Safety Training(J.S.T) : 작업안전훈련 – 작업안전에 대한 훈련기법

⑤ **교육의 내용 요건**

㉠ 직무에 관련한 지식

㉡ 책임에 관련한 지식

㉢ 작업을 가르치는 능력

㉣ 작업의 방법을 개선하는 기능

㉤ 사람을 다스리는 기량

(5) MTP(Mamagement Training Program)·FEAF(fast east air forces) ★★★

① **교육대상자** : TWI보다 약간 높은 관리자(관리문제에 치중)

② **교육시간** : 한 클래스는 10~15명, 2시간씩 20회 총 40시간을 훈련

③ **교육내용**

㉠ 관리의 기능

㉡ 조직의 원칙

㉢ 조직의 운영

㉣ 시간관리

㉤ 학습의 원칙

(6) ATT(American Telephone & Telegram Co.) ★★★

① **교육대상자** : 대상계층이 한정되어 있지 않다.(훈련을 먼저 받은 자는 직급에 관계없이 훈련을 받지 않은 자에 대해 지도원이 될 수 있다.)

② **교육내용**

㉠ 계획적인 감독

㉡ 인원배치 및 작업의 계획

㉢ 작업의 감독

㉣ 공구와 자료의 보고 및 기록

㉤ 개인작업의 개선

㉥ 인사관계

㉦ 종업원의 기술향상

㉧ 훈련

㉨ 안전 등

③ **교육시간**

㉠ 1차 과정 – 1일 8시간씩 2주간

ⓛ 2차 과정 – 문제가 발생할 때마다

④ 진행방법 – 토의식 : 지도자가 의견을 제시하여 결론을 이끌어 내는 방식

(7) ATP(Administration Training program)ㆍCCS(Civil Communication Section) ★★★

　① 교육대상자 : 초기에는 일부 회사의 톱 매니지먼트에 대해서 시행하던 것이 널리 보급된 것이다.

　② 교육시간 : 매주 4일, 4시간씩 8주간(총 128시간)

　③ 진행방법 : 강의식에 토의식 가미

　④ 교육내용

　　㉠ 정책의 수립

　　ⓛ 조직(조직형태, 경영부분, 구조 등)

　　ⓒ 통제(품질관리, 조직통제적용, 원가통제적용 등) 및 운영(운영조직, 협조에 의한 회사 운영)

(8) OJT(On the Job Training), Off JT ★★★★★★

구분	OJT ★★★★★★	Off JT ★★★★★
정의	현장이나 직장에서 직속 상사가 업무에 관련된 지식, 기능, 태도 등에 관하여 교육하는 실무훈련 과정으로 개별교육에 적합한 교육형태	계층별 또는 직능별로 공통된 교육목적을 가진 근로자를 현장 이외의 일정한 장소에 집결시켜 실시하는 집체 교육으로 집단교육에 적합한 교육형태
교육의 형태 및 방법	현장에서의 개인에 대한 직속 상사의 개별교육 및 지도	계층별 또는 직능별(공통대상) 집합교육
특징	• 직장의 현장 실정에 맞는 구체적이고 실질적인 교육이 가능하다. • 교육의 효과가 업무에 신속하게 반영된다. • 교육의 이해도가 빠르고 동기부여가 쉽다. • 개인의 능력과 적성에 알맞은 맞춤교육이 가능하다. • 교육으로 인해 업무가 중단되는 업무 손실이 적다. • 교육경비의 절감 효과가 있다. • 상사와의 의사소통 및 신뢰도 향상에 도움이 된다.	• 한 번에 다수의 대상을 일괄적, 조직적으로 교육할 수 있다. • 전문분야의 우수한 강사진을 초빙할 수 있다. • 교육기자재 및 특별 교재 또는 시설을 유효하게 활용할 수 있다. • 다른 분야 및 타 직장의 사람들과 지식이나 경험의 교환이 가능하다. • 업무와 분리되어 면학에 전념하는 것이 가능하다. • 교육목표를 위하여 집단적으로 협조와 협력이 가능하다. • 법규, 원리, 원칙, 개념, 이론 등의 교육에 적합하다.

3. 학습목적의 3요소

(1) 학습목적과 성과

학습의 목적	구성 3요소	• 목표(학습목적과 학습목표) • 주제(목적달성을 위한 주제) • 학습정도(주제를 학습시킬 범위와 내용의 정도) **※ 학습정도의 4단계** ① 인지(to acquaint) ② 지각(to know) ③ 이해(to understand) ④ 적용(to apply)
	진행단계	인지, 지각, 이해, 적응
학습의 성과	개념	학습목적을 세분화하여 구체적으로 결정하는 것으로 구체화된 학습목적 및 목표
	유의 사항	• 주제와 학습정의 포함 • 학습목적에 적합하고 타당할 것 • 구체적으로 서술하고 수강자의 입장에서 기술할 것

(2) 교육의 3요소

① 교육의 주체 : 강사

② 교육의 객체 : 학습자(교육대상 학생)

③ 교육의 매개체 : 교재(교육내용)

4. 교육법의 4단계

(1) 교육방법의 4단계

단계	구분	내용
1단계	도입	동기부여 및 안정
2단계	제시	강의순서대로 진행, 교재를 통해 듣고 말하는 단계(이해)
3단계	적용	자율학습을 통해 배운 것 학습, 상호토론 및 토의 등으로 이해력 향상
4단계	확인	잘못된 이해를 수정하고 요점 정리, 복습

(2) 교육기능의 4단계

단계	내용
1단계	학습할 준비
2단계	작업에 대한 설명
3단계	작업을 시켜본다.
4단계	가르친 작업의 보충 지도

5. 교육훈련의 평가방법

(1) 학습의 평가

① 교육훈련 평가의 4단계

단계	내용
1단계	반응단계
2단계	학습단계
3단계	행동단계
4단계	결과단계

② 안전교육 평가방법의 종류

종류	관찰	면접	노트	질문	시험	테스트
지식교육	▲	▲	X	▲	○	○
기능교육	▲	X	○	X	X	○
태도교육	○	○	X	▲	▲	X

(2) 학습평가의 기준

① 타당도

② 신뢰도

③ 객관도

④ 실용도

3 교육실시 방법

교육을 통해 안전수칙을 학습하여 안전한 작업이 이루어지게 하는 것이다. 교육훈련의 종류는 집체 훈련, 동영상 훈련, 인터넷 훈련, 체험 훈련 등 여러 가지로 구분될 수 있으며, 건설업에서는 집체 훈련을 주로 이용하고 있는 실정이다. 또한 시각 기능을 활용한 보조자료를 이용하는 것이 효과적이다.

교수법은 강의법, 문답법, 토의법(원탁토의, 학급토의, 그룹토의), 브레인스토밍 등이 있으며, 적절한 교육훈련 방법을 적용하여 학습자의 동기유발이 가능하도록 해야 한다.

1. 강의법

강의법은 가장 보편화된 방법으로 안전관리자(또는 교육 담당자)가 학습자에게 직업 언어로 설명하거나 제시하여 안전수칙 등에 대한 내용을 설명하는 것이다.

장점	단점
• 여러 명의 학습자에게 정보 전달이 가능하다. • 여러 수준의 지식 전달이 가능하다. • 안전관리자(또는 교육 담당자)나 학습자에게 친숙한 교수법이다.	• 안전관리자(또는 교육 담당자)의 개인 능력에 따라 교육훈련의 질이 결정된다. • 학습자의 동기유발이 어렵다.

2. 토의법 ★

토론식 교수법은 학습자와 학습자, 학습자와 교수자 사이에 정보나 아이디어, 의견 등을 나누기 위해 서로 토의하여 문제를 해결해 나가는 방식이다. 이것은 학습자의 적극적인 참여와 역할을 강조하는 학습자 중심의 수업방식이라고 할 수 있다.

장점	단점
• 상호 의견교환을 통해 안전태도를 향상시킬 수 있다. • 집단 구성원으로서의 역할과 소속감을 증가시킬 수 있다. • 학습자들 간에 비판적 탐색을 통해 태도변화, 특히 편견과 선입견이 수정될 수 있다. • 학습자와 교수자, 학습자와 학습자 간의 끊임없는 상호작용을 통해 이해 정도를 높일 수 있다.	• 토론 진행 과정에 많은 시간이 소요될 수 있다. • 학습자 몇몇에 의해 토론이 주도되는 경우도 있다. • 많은 양의 학습 내용에는 적합하지 않으므로 안전보건 특별교육에 적합한 방식이다.

(1) 심포지엄(Symposium) ★★★★

여러 사람의 강연자가 하나의 주제에 대해서 각각 다른 입장에서 짧은 강연을 하고, 그 뒤부터 청중으로부터 질문이나 의견을 내어 넓은 시야에서 문제를 생각하고, 많은 사람들에 관심을 가지고, 결론을 이끌어 내려고 하는 집단토론방식의 하나이다. 기업 내의 안전교육방식으로 채용되기 어렵지만, 많은 기업의 안전관리자를 참가시키고, 여기에 관심을 가지게 한 뒤 넓은 시야(視野)에서 문제를 생각하고 결론을 얻어 이것으로 교육에 일조를 하려고 하는 데 적당한 방법이다. 이 방법은 많은 사람들이 있으므로 압박감이나 시간의 제약 때문에 충분한 발언의 기회를 얻기 어려운 것이 결함이다.

(2) 포럼(Forum) ★

공개토의라고도 하며, 전문가의 발표 시간은 10~20분 정도 주어진다. 포럼은 전문가와 일반 참여자가 구분되는 비대칭적 토의이다. 각자 다른 입장의 전문가가 공개적으로 자신의 의견을 옹호하고 상대의 의견을 비판하면서 논박하는 데 비중을 둔다. 포럼의 사회자는 전문가의 발언시간과 순서, 횟수를 조정하고 일반 참여자의 질문과 전문가를 연결시켜 토의 진행을 활발하게 만든다. 일반 참여자는 포럼의 진행을 지켜보면서 자신의 입장을 좀 더 명확하게 세울 수 있는 토의 형식이다.

(3) 패널디스커션(Panel Discussion)

토론집단을 패널 멤버와 청중으로 나누고 먼저 소정의 문제에 대해 패널 멤버인 각 분야의 전문가로 하여금 토론하게 한 다음 청중과 패널 멤버 사이에 질의응답을 하도록 하는 토론 형식이다. 많은 사람이 토론에 참여할 수 있으며 비교적 성과가 큰 것이 특징이다.

(4) 버즈세션(Buzz Session) ★★

많은 사람이 시간이 별로 걸리지 않는 회의나 토론을 할 때 효과적으로 사용하는 방법이다. 전체구성원을 4~6명의 소그룹으로 나누고 각각의 소그룹이 개별적인 토의를 벌인 뒤 각 그룹의 결론을 패널형식으로 토론하고 최후의 리더가 전체적인 결론을 내리는 토의법이다. 최고 50명 정도가 이 회의에 참가할 수 있다. 전체사회자, 서기가 필요하며 참가자 전원이 발언할 수 있는 점이 특징으로, 각 그룹의 사회자를 빨리 정할 것, 시간 내에 각자의 의견을 빨리 취합할 것 등이 요구된다. 6-6회의라고도 한다.

(5) 사례연구법(Case Method)

교육훈련의 주제에 관한 실제의 사례를 작성하여 배부하고 여기에 관한 토론을 실시하는 교육훈련방법으로 피교육자에 대하여 많은 사례를 연구하고 분석하게 함으로써 그들의 판단력과 지식, 기능, 태도 및 분석능력을 향상시키고, 기업의 환경변화에 대한 대응력과 실제 문제해결능력을 향상시킬 수 있다.

(6) 문제법

학생 스스로가 생활 주변에서 문제를 찾아서 이를 풀어 나가는 학습 방법이다. 동물의 학습 능력이나 지능 수준을 시험할 때에 주로 사용되기도 한다. 일정한 과제를 주고 그것을 해결하는 능력 또는 해결방식을 관찰하는 방법이다.

(7) Focus Group Interview

① 포커스 그룹 인터뷰(표적집단면접)는 질적 연구의 한 형태로 연구대상의 인식, 의견, 믿음, 태도에 관한 조사 방법으로 심리학자이자 마케팅 전문가인 Ernest Dichter가 만들었다.

② 훈련받은 사회자가 작은 소집단 응답자들을 대상으로 인터뷰를 실시하고 인터뷰는 응답자들이 모든 측면에 대하여 자유롭게 자신의 의견을 말할 수 있도록 비구조화된 자연스런 방식으로 이루어진다.

③ 집단은 대체로 6~12명으로 구성되는데, 4~5명인 경우도 있다.

(8) 브레인스토밍(Brainstorming) ★★★

핵심은 아이디어의 발상 및 창작 과정에서 '좋다' 혹은 '나쁘다' 같은 아이디어의 수준을 판단하지 않고 최대한 많은 아이디어를 얻는 것으로, 어떤 생각이라도 자유롭게 말하는 '두뇌 폭풍'을 통해 창의적인 아이디어를 창출하는 것이 목표이다. 대략 6~12명의 구성원으로 진행되며 집단적 사고기법이라고 한다.

4가지의 원칙은 비판금지, 대량발언, 수정발언, 자유발언이다.

(9) 개별지도토의

개별적으로 지도하고 지도한 내용으로 토론하는 것이다.

3. 실연법

수업에서 학습자가 설명을 듣거나 시범을 보고 일차 획득한 지적 기능이나 운동기능을 익히기 위해서 적용 또는 연습해 보는 학습활동 또는 교수방법이다.

4. 프로그램학습법 ★

프로그램이라고 하는 것은 일련의 경험을 통하여 학습자를 프로그램 작성자가 의도하고 있는 목적, 즉 학습자가 달성해야 할 학습목표를 점진적으로 접근하게 하는 하나의 교육방안이라고 할 수 있다. 자극-반응-강화의 순환은 모든 프로그램이 완전히 끝날 때까지 반복된다. 소단계(small step), 외재적 반응, 결과에 대한 즉각적인 지식 및 자신의 속도(self-pace)로 진행할 수 있는 점은 프로그램 학습의 주요 특징들이라고 할 수 있다.

5. 모의법

모의법은 비용의 문제나 위험한 요소가 따르기 때문에 실제적인 상황들을 경험하기가 어려운 경우에 실제와 유사한 경험들을 제공키 위한 목적으로 사용된다. 학습자들은 실제와 유사한 상황들을 직접 참여・조작할 수 있으므로 현실적인 감각을 부여할 수 있을 뿐만 아니라 모의실험을 통하여 배운 지식이나 기술들은 실제 상황에 쉽게 적용하여 쓸 수 있는 전이가 높은 지식이나 기술이 될 수 있는 장점이 있다. 모의실험을 통하여 학습자들은 협동 및 팀워크 정신을 기를 수 있을 뿐만 아니라 의사결정능력을 키우는 데 있어서도 좋은 방법이 될 수 있다.

자신이 익숙하지 않은 역할들을 모의로 경험해 봄으로 인하여 타인에 대한 긍정적인 가치나 태도를 키우는 데도 효과적이다. 컴퓨터를 활용한 프로그램은 모의학습에 적절한 환경 및 경험을 제공할 수 있다. 학습자들은 컴퓨터를 활용하여 지식 및 기술을 발전시켜 나가기 위하여 자신들이 필요한 자료를 수집하며 정보를 적용하는 활동을 해나간다.

6. 시청각교육법 등

각종 시청각교재의 예로 영화, 환등기, TV, 괘도, 모형, 사진, 도표, 파워포인트 등을 이용하여 피교육자에 대한 교육훈련을 하는 방법이다.

CHAPTER 08 산업안전 관계법규

1. 산업안전보건법

이 법은 산업 안전 및 보건에 관한 기준을 확립하고 그 책임의 소재를 명확하게 하여 산업재해를 예방하고 쾌적한 작업환경을 조성함으로써 노무를 제공하는 사람의 안전 및 보건을 유지·증진함을 목적으로 하는 법으로 이 법에서 사용하는 용어의 정의를 비롯해 산업안전 보건에 관한 전반적인 사항을 다루고 있다. 이 법은 총 12장, 175조로 구성되어 있다.

2. 산업안건보건법 시행령

이 영은 「산업안전보건법」에서 위임된 사항과 그 시행에 필요한 사항을 규정함을 목적으로 하고 있으며, 이 영의 적용범위 등 11장, 119조로 구성되어 있다. 또한 25개의 별표서식을 담고 있다.

3. 산업안전보건법 시행규칙

이 규칙은 「산업안전보건법」 및 같은 법 시행령에서 위임된 사항과 그 시행에 필요한 사항을 규정함을 목적으로 하고 있으며, 11장, 243조로 구성되어 있으며, 별표 및 서식으로 105개로 구성되어 있다. 규칙에서 사용하는 용어의 뜻은 이 규칙에 특별한 규정이 없는 것은 「산업안전보건법」(이하 "법"이라 한다), 같은 법 시행령 및 「산업안전보건기준에 관한 규칙」(이하 "안전보건규칙"이라 한다)에서 정하는 바에 따르고 있다.

4. 관련 기준 및 지침

(1) 산업안전보건기준에 관한 규칙

이 규칙은 「산업안전보건법」 제5조 사업주 등의 의무, 제16조 관리감독자, 제37조 안전보건표지의 설치·부착부터 제40조 근로자의 안전조치 및 보건조치 준수까지, 제63조 도급인의 안전조치 및 보건조치부터 제66조 도급인의 관계수급인에 대한 시정조치까지, 제76조 기계·기구 등에 대한 건설공사도급인의 안전조치부터 제78조 배달종사자에 대한 안전조치까지, 제80조 유해하거나 위험한 기계·기구에 대한 방호조치, 제81조 기계·기구 등의 대여자 등의 조치, 제83조 안전인증기준, 제84조 안전인증, 제89조 자율안전확인의 신고, 제93조 안전검사, 제117조 유해·위험물질의 제조 등 금지부터 제119조 석면조사까지 및 제123조 석면해체·제거 작업기준의 준수 등에서 위임한 산업안전보건기준에 관한 사항과 그 시행에 필요한 사항을 규정함을 목적으로 하고 있다. 제1편 총칙부터 2편 안전기준, 3편 보건기준, 4편 특수형태근로종사자 등에 대한 안전조치 및 보건조치로 구성되었고, 13장, 673조로 되어 있다. 별표 18과 별지 4호 서식이다.

(2) 관련 고시 및 지침에 관한 사항

관련 고시 및 지침으로 일반사항에 관한 분야와 검사·인증 분야 및 기계 분야, 전기 분야, 화학 분야, 보건 분야, 위생 분야 및 각 교육의 분야에 관한 사항이 포함된다.

제 **2** 과목

인간공학 및 시스템안전공학

CHAPTER 01 안전과 인간공학

1 인간공학의 정의

1. 정의 및 목적

(1) 인간공학의 개념적 정의 ★

① 인간을 중심에 두고 더욱 효과적이고 안전한 시스템을 설계하기 위한 수단을 연구하는 학문

② 인간이 편리하게 사용할 수 있도록 기계 설비 및 환경을 설계하는 과정을 인간공학이라 한다.(인간의 편리성을 위한 설계)

③ 기계나 도구, 환경 따위를 인간의 해부학, 생리학, 심리학적 특성에 알맞게 하기 위한 연구를 하는 학문

④ 'ergonomics' 또는 'human factor'라고 부른다.

> **ergon(일, 작업) + nomos(자연의 원리, 법칙)**
> - ergonomics : 육체적인 작업에 대한 육체적이고 생리학적인 반응에 초점을 둔다. → 유럽에서 사용
> - human factor : 인간의 행위를 강조하여 인간-기계 간의 인터페이스에 초점을 둔다. → 미국에서 사용

(2) 인간공학의 목적 ★★★

인간/기계 시스템 구성요소의 최적설계를 통해 인간-기계 간의 상호작용을 개선하여 시스템의 성능을 높인다.

사회적, 인간적 측면	• 사용상의 효율성 및 편리성 향상 • 안정감 및 만족도를 증가시키고 인간의 가치기준을 향상(삶의 질적 향상) • 인간·기계 시스템에 대하여 인간의 복지, 안락함, 효율성을 향상시키는 것
산업현장 및 작업장 측면	• 안전성 향상 및 사고예방 • 직업능률 및 생산성 증대 • 작업환경의 쾌적성

2. 배경 및 필요성

(1) 인간공학의 배경

시스템이나 기기를 개발하는 과정에서 필수적인 한 공학분야로서 인간공학이 인식되기 시작한 것은 1940년대 부터이며, 역사는 짧지만 많은 발전을 통해 여러 관점의 변화를 겪어왔다.

① 초기(1940년대 이전) : 기계위주의 설계 철학

② 체계 수립과정(1940~1960년대) : 기계에 맞는 인간 선발 또는 훈련을 통한 기계에 적합하도록 유도

③ 급성장기(1960~1980년대) : 우주경쟁, 군사 산업분야에서 중요한 위치로 인간공학의 중요성 및 기여도 인식

④ 성숙기(1980년대 이후) : 인간과 기계 시스템을 적절하게 결합시킨 최적 통합체제의 중요성 부각

⑤ 현재 : 인간-기계 시스템을 넘어서는 인공지능 시대 도래로 인간공학 분야의 한 단계 높은 성장 기대

(2) 인간공학의 필요성 및 기대효과 ★

① 작업자의 안전과 작업능률 향상

② 산업재해 감소

③ 생산원가 절감

④ 재해로 인한 직무손실 감소

⑤ 직무만족도 향상

⑥ 기업의 이미지와 상품 선호도 향상으로 경쟁력 상승

⑦ 노사 간의 신뢰 구축

3. 작업관리와 인간공학

작업관리를 인간공학적으로 우리의 실정에 맞게 수정·개선하고 문화적·사회적 여건에 따라 실행전략을 구축하는 단계가 필요하다.

(1) 관·산·학의 연계체계 구축

학계와 산업계에의 작업 안전에 대한 중요성이 기피되고 있는 실정으로 연계를 통한 구축이 필요하다.

(2) 정보화 작업

① 산업안전 보건 및 인간공학 관련정보의 교환, 표준자료의 제공 및 표준업무의 개발 등과 같은 업무는 정보화 작업이 필수요건이라 할 수 있다.

② 해외 선진국의 경우 인터넷을 통하여 산업안전 보건 전담기관의 주요 업무인 업무통계, 표준작업 관리지침, 인간공학 관련 학술자료 및 사례연구 등이 네트워크에 제공되고 있다.

4. 사업장에서의 인간공학 적용분야

(1) 사업장에서의 인간공학 적용분야 ★

① 작업관련성 유해·위험작업 분석(작업환경분석)

② 제품설계에 있어 인간에 대한 안전성 평가(장비, 공구 설계)

③ 작업공간의 설계

④ 인간-기계 인터페이스 디자인

⑤ 재해 및 질병예방

(2) 인간공학의 기본적인 가정 ★

① 인간 기능의 효율은 인간-기계 시스템의 효율과 연계된다.

② 인간에게 적절한 동기부여가 된다면 좀 더 나은 성과를 얻게 된다.

③ 인간의 신체적, 심리적 능력 한계를 고려하여 인간에게 적절한 형태로 작업을 맞추는 것으로 개인의 시스템에서 효과적으로 기능을 하지 못하면 시스템의 수행도는 낮아진다.

④ 장비, 물건, 환경 특성이 인간의 수행도와 인간-기계 시스템의 성과에 영향을 준다.

(3) 필요성에 따른 적용분야

필요성	적용분야
산업재해 예방	작업장소와 작업설비
생산성 및 품질향상	작업방법
비용절감	작업환경

(4) 인간공학의 학문적 연구분야

생리학, 감성공학, 생체역학, 인체 측정학, 인지공학, 안전공학, 심리학, 작업연구, 산업위생학, 제어공학, 산업디자인, HCI

2 인간 – 기계 체계

1. 인간 – 기계 시스템의 정의 및 유형

(1) 정의

주어진 입력으로부터 원하는 출력을 생성하기 위한 인간과 기계 및 부품의 상호 작용으로 주목적은 안전의 최대화와 능률의 극대화 및 재해예방

(2) 인간 – 기계 시스템의 분류

① 개회로(Open loop control, Sequence control)

  ㉠ 지시대로 동작, 수정 불가능, 정해준 순서에 따라 제어를 차례로 행하는 것

  ㉡ 분류

    ⓐ 시한제어 : 제어의 순서와 제어 시간이 기억되어 정해진 제어 순서를 정해진 시간에 수행

    ⓑ 순서제어 : 제어 순서만이 기억되고 시간은 검출기에 의해 이루어지는 형태

    ⓒ 조건제어 : 검출기의 종류에 따라 제어 명령이 결정되는 형태

② 폐회로(Close loop control, feed back control, 궤환작업)

  ㉠ 제어 결과를 측정하여 목표로 하는 동작이나 상태와 비교하여 잘못된 점을 수정하여 나가는 제어 방식(스스로 연속적인 조종 수행)

  ㉡ 출력 측의 일부를 입력 측으로 돌리는 조작에 의해 제어량을 측정하여 기준치와 비교하여 오차를 자동으로 수정하여 항상 일정한 상태를 유지하는 방식(자동체계 및 감시체계)

ⓒ 분류

　　ⓐ 서보 기구 : 물체의 위치, 방향, 자세 등의 기계적 변위제어

　　ⓑ 프로세서 제어 : 온도, 유량, 압력, 습도, 밀도 등의 제어

　　ⓒ 자동조절 : 전압, 주파수, 속도 등의 제어

(3) 인간 – 기계 시스템의 기본기능 ★★

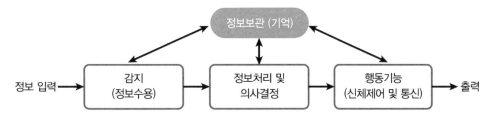

① **정보입력** : 원하는 결과를 얻기 위한 재료(물질 및 물체, 정보, 에너지 등)

② **감지**(sensing : 정보의 수용) : 정보입수의 과정

　㉠ 인간 : 시각, 청각, 촉각과 같은 여러 종류의 감각기관이 사용

　㉡ 기계 : 전자, 사진, 기계적인 여러 종류와 음파탐지기와 같이 인간이 감지할 수 없는 것도 감지가능

③ **정보의 보관**(information storage) : 인간의 기억과 유사하며, 대부분 코드화나 상징화된 형태로 저장된다.

　㉠ 인간 : 기억된 학습내용과 같다.

　㉡ 기계 : 펀치카드, 형판, 기록, 자료표 등과 같은 물리적 기구에 여러 가지 방법으로 보관할 수 있으며 암호
　　화나 부호화 형태로 보관되기도 한다.

④ **정보처리 및 의사결정**(information processing and decision) : 수용한 정보를 가지고 수행하는 여러 종류의
　조작을 말하며, 화상, 인식 정리가 있다.

　㉠ 인간 : 행동에 대한 결정으로 이어지며, 의사결정이 뒤따르는 것이 일반적이다. 한계는 0.5초이다.

　㉡ 기계 : 정해진 절차에 의해 입력에 대한 예정된 반응으로 이루어진다. 즉, 프로그램 된 방식으로 반응한다.

⑤ **행동기능**(action function) : 결정한 결과에 따라 인간은 행동, 기계는 작동한다.

　㉠ 물리적인 조정행위 : 조정장치 작동, 물체나 물건을 취급, 이동, 변경, 개조 등

　㉡ 통신행위 : 음성, 신호, 기록, 기호 등

⑥ **출력기능**

　㉠ 제품의 변화, 제공된 용역, 전달된 통신과 같은 체계의 성과 또는 결과

　㉡ 문제 되는 체계가 많은 부품을 포함한다면 부품 하나의 출력은 다른 부품의 입력으로 작용한다.

(4) 인간의 정보처리 능력

① **밀러**(Miller)**의 신비의 수** : 인간이 신뢰성 있게 정보 전달을 할 수 있는 기억은 5가지 미만이며, 단기기억으
　로는 신비의 수인 7±2 청크이다.

② 인간의 심리적 정보처리 단계

　㉠ recall(회상)

　㉡ recognition(인식)

　㉢ retention(정리, 집적)

2. 시스템의 특성

(1) 인간과 기계의 성능 비교 ★★

인간이 우수한 기능	기계가 우수한 기능
귀납적 추리	연역적 추리
과부하 상태에서 선택	과부하 상태에서도 효율적

(2) 인간 – 기계 시스템의 유형 ★ 및 기능

구분	내용
수동시스템	• 인간의 신체적인 힘을 동력으로 사용하여 작업통제(동력원 제어 : 사람, 수공구나 기타 보조물로 사용) • 다양성 있는 체계로 역할할 수 있는 능력을 최대한 활용하는 시스템(융통성이 있는 운용 가능)
기계화시스템	• 반자동체계, 변화가 적은 기능들을 수행하도록 설계(고도로 통합된 부품들로 구성되며 융통성이 없는 체계) • 기계가 동력을 제공하며, 조정 장치를 사용하는 통제는 사람이 담당
자동화시스템	• 감지, 정보처리 및 의사결정 행동을 포함한 모든 임무 수행(기계동력원 및 운전, 프로그램 감시 또는 통제, 관리) • 대부분의 폐회로 체계이며, 설계, 설치, 감시, 프로그램 작성 및 수정 정비, 유지 등은 사람이 담당

(3) 인간 – 기계 시스템의 설계 과정 ★★★★★

① 제1단계 : 목표 및 성능명세 결정 – 시스템 설계 전 그 목적이나 존재 이유가 있어야 함(인간 요소적인 면, 신체의 역학적 특성 및 인체특정학적 요소 고려)

② 제2단계 : 시스템(체계)의 정의 – 목적을 달성하기 위한 특정한 기본기능들이 수행되어야 함

③ 제3단계 : 기본설계 – 시스템의 형태를 갖추기 시작하는 단계(**직무분석, 작업설계, 기능할당**)

④ 제4단계 : 계면(인터페이스)설계 – 사용자 편의와 시스템 성능

⑤ 제5단계 : 촉진물(보조물)설계 – 인간의 성능을 촉진시킬 보조물 설계

⑥ 제6단계 : 시험 및 평가 – 시스템 개발과 관련된 평가와 인간적인 요소 평가 실시

(4) 인간 – 기계 시스템의 설계원칙

① 양립성 ★★★★★

자극과 반응의 관계가 인간의 기대와 모순되지 않는 성질

　㉠ 개념적 양립성 : 외부 자극에 대해 인간의 개념적 현상의 양립성

　　예 빨간 버튼 온수, 파란 버튼 냉수

ⓛ 공간적 양립성 : 표시장치, 조종장치의 형태 및 공간적 배치의 양립성

예 오른쪽 조리대는 오른쪽에 조절장치로, 왼쪽 조절장치는 왼쪽 조절장치로

ⓒ 운동의 양립성 : 표시장치, 조종장치 등의 운동 방향의 양립성

예 조종장치를 오른쪽으로 돌리면 표시장치의 지침이 오른쪽으로 이동하는 것

ⓔ 양식 양립성 : 직무에 맞는 자극과 응답 양식의 존재에 대한 양립성

② 응용원칙 ★

ⓐ 극단적 설계원칙

ⓐ 극단적(최대치/최소치) 설계

ⓑ 대상 집단의 최대치 또는 최소를 제한요소로 한 설계

ⓒ 남성 백분위수를 기준으로 설계

ⓓ 여성 백분위수를 기준으로 설계

ⓛ 가변적(조절식) 설계원칙

ⓐ 어떤 설비나 장치를 설계할 때 체격이 다른 여러 사람을 수용할 수 있도록 가변적으로 만든 것

ⓑ 여성 5백분위수에서 남성 95백분위수를 수용

ⓒ 평균적 설계원칙

ⓐ 극단치를 이용한 설계가 곤란한 경우에는 평균치를 이용하여 설계할 수 있다.

ⓑ 은행창구 높이를 일반적인 사람에 맞추는 경우

(5) 인간오류에 관한 설계

① 배타설계 : 오류를 범할 수 없도록 사물을 설계

② 예상설계 : 오류를 범하기 어렵도록 사물을 설계

③ 안전설계(Fail-safe Design) : Fool Proof, Fail Safe, Temper Proof

ⓐ 풀 프루프(Fool Proof) ★ : 사람의 실수가 있더라도 안전사고가 발생하지 않도록 2중, 3중 통제를 가함

ⓛ 페일 세이프(Fail Safe) : 기계의 고장이 있더라도 안전사고가 발생하지 않도록 2중, 3중 통제를 가함

⊙ Fail Safe의 3단계 종류 ★

• Fail Passive : 기계의 고장이 나는 즉시 작동이 멈춤
• Fail Active : 기계의 고장이 날 경우, 경보를 울리며 잠시간 작동이 가능함
• Fail Operational : 기계의 고장이 날 경우, 다음 정기점검까지 작동이 가능함

ⓒ 템퍼 프루프(Temper Proof) : 사용자가 고의로 안전장치를 제거할 경우 작동하지 않는 시스템

(6) 인간 – 기계 안전시스템(Lock System)

> **Lock System의 종류(인간과 기계의 신뢰도 유지 방안에서)**
>
> ① Interlock System : 기계에 두어 불안전한 요소에 대하여 통제를 가한다.
> ② Intralock System : 인간의 신중에 두어 불안전한 요소에 대하여 통제를 가한다.
> ③ Translock System : Interlock과 Intralock 사이에 두어 불안전한 요소에 대하여 통제를 가한다.

3 체계설계와 인간요소

1. 목표 및 성능명세의 결정

(1) 이해

① 인간공학 연구 및 체계개발에 있어서의 기준으로 인간요소적인 면과 신체의 역학적 특성 및 인체측정학적 요소를 고려하여 목표를 설정하여야 한다.

② 주요 인간공학 활동으로 목적을 달성하기 위한 특정한 기본기능들이 수행되어야 한다.

(2) 기준의 유형

체계기준 (System Criteria)	• 체계의 성능이나 산출물에 관련되는 기준 • 체계가 원래 의도한 바를 얼마나 달성하는가를 반영하는 기준	
	• 체계의 예상수명 • 정비유지도 • 운용비	• 운용이나 사용상의 용이도 • 신뢰도 • 인력소요
인간기준 (Human Criteria)	• 인간성능의 척도 • 주관적 반응	• 생리학적 지표 • 사고빈도

(3) 체계기준의 요건 ★★★★★

요건	내용
적절성	기준이 의도된 목적에 적합하다고 판단되는 정도
무오염성	측정하고자 하는 변수 외의 영향이 없어야 함
기준척도의 신뢰성	반복성을 통한 척도의 신뢰성이 있어야 함
민감도	피실험자 사이에서 볼 수 있는 예상 차이점에 비례하는 단위로 측정해야 한다.

2. 기본설계

시스템의 형태를 갖추기 시작하는 단계로 기능할당, 작업설계, 직무분석 등이 있다.

(1) 기능할당(인간, 기계(하드웨어, 소프트웨어))

① 인간과 기계의 기능비교(상대적 재능) ★★★

구분	인간이 기계보다 우수한 기능	기계가 인간보다 우수한 기능
감지기능	• 저에너지 자극감지 • 복잡 다양한 자극형태 식별 • 예기치 못한 사건 감지	• 인간의 정상적 감지 범위 밖의 자극감지 • 인간 및 기계에 대한 모니터 기능 • 드물게 발생하는 사상 감지
정보저장	• 많은 양의 정보를 장시간 보관	• 암호화된 정보를 신속하게 대량 보관
정보처리 및 결심	• 관찰을 통해 일반화 • 귀납적 추리 • 원칙적용 • 다양한 문제해결(정상적)	• 연역적 추리 • 정량적 정보처리
행동기능	• 과부하 상태에서는 중요한 일에 전념	• 과부하 상태에서도 효율적 작용 • 장시간 중량 작업 • 반복 작업, 동시에 여러 가지 작업 가능

② 구체적인 기능의 비교

인간이 기계보다 우수한 기능	기계가 인간보다 우수한 기능
• 매우 낮은 수준의 자극도 감지(감지기관) • 수신 상태가 불량한 음극선관(CRT)의 영상처럼 배경'잡음'이 심해도 자극(신호)을 감지 • 갑작스러운 이상 현상이나 예측치 못한 사건을 감지 • 많은 양의 정보를 장시간 보관(기억) • 항공사진의 사체나 음성처럼 상황에 따라 변하는 복잡한 자극형태 식별 • 보관된 정보를 회수(상기)하며, 관련된 수많은 정보 항목들을 회수(회수신뢰도는 낮다) • 다양한 경험을 토대로 의사결정(상황)에 따른 적응적 결정 및 비상시 임기응변가능 • 운용방법 실패 시 다른 방법 선택 • 귀납적 추리(관찰을 통하여 일반화) • 원칙을 적용, 다양한 문제해결 • 주관적인 추산과 평가 • 전혀 다른 새로운 해결책 찾아냄 • 과부하 상황에서는 상대적으로 중요한 활동에 전심 • 다양한 종류의 운용 요건에 따라 신체적인 반응을 적응	• 인간의 정상적인 감지범위 밖의 자극을 감지(X선, 레이더파, 초음파 등) • 연역적 추리(자극이 분류한 어떤 급에 속하는가를 판별하는 것) • 사전에 명시된 사상이나 드물게 발생하는 사상을 감지 • 암호화된 정보를 신속하게 대량으로 보관가능 • 구체적인 지시에 의해 암호화된 정보를 신속하고 정확하게 회수 • 정해진 프로그램에 의해 정량적인 정보처리 • 입력 신호에 신속하고 일관성 있게 반응 • 반복 작업의 수행에 높은 신뢰성 • 상당히 큰 물리적인 힘을 균일하게 발휘 • 장기간에 걸쳐 원만한 작업 수행(피로가 없음) • 물리적인 양을 계수하거나 측정 • 여러 개의 프로그램된 활동 동시 수행 • 과부하 상태에서도 효율적으로 작동 • 주위가 소란해도 효율적으로 작동
요약 : 인간은 융통성은 있으나 일관적 작업수행이 어렵고, 기계는 융통성이 없으나 일관성 있는 작업수행이 가능하다.	

③ 인간과 기계 비교의 한계점

ㄱ 일반적인 인간과 기계의 비교가 항상 적용되지 않는다.

ㄴ 상대적인 비교는 항상 변하기 마련이다.

ⓒ "최선의 성능"을 마련하는 것이 항상 중요한 것은 아니다.

ⓔ 기능의 수행이 유일한 기준이 아니다.

ⓜ 기능의 할당에서 사회적인, 또 이에 관련된 가치들을 고려해 넣어야 한다.

(2) 작업설계(인간의 가치기준) 시 고려할 사항

① 높은 수준의 작업 만족도를 위해 → 수평적 작업 확대(비슷한 업무 추가 및 단순 반복성 제거하여 능률 향상 기여) 및 수직적 작업 윤택화의 개념에 관심집중

작업 만족도에 초점, 부차적으로 작업 능률과 생산성 강조	• 활동의 수 증가 및 검사 책임 부여 • 한 단위의 책임 부여 또는 작업 방법 선택 기회 • 작업 순환 또는 작업팀에 더 큰 책임 부여 등

② 인간요소적 접근방법 : 주로 능률이나 생산성을 강조

③ 작업설계 시의 딜레마 → 작업능률과 작업만족의 기회 동시 제공

3. 계면설계

(1) 계면설계 요소

계면이란 서로 맞닿아 있는 두 가지 상(相)의 만나는 면을 말한다.

① 인간·기계 계면

② 인간·소프트웨어 계면

③ 포함사항

ⓐ 작업공간

ⓑ 표시장치

ⓒ 조정장치

ⓓ 제어

ⓔ 컴퓨터 대화 등

(2) 인간요소 자료

① 상식과 경험

② 상대적인 정량적 자료

③ 정량적 자료집

④ 수학적 함수와 등식

⑤ 원칙

⑥ 도식적 설명물

⑦ 전문가의 판단

⑧ 설계 표준 혹은 기준 등

(3) Man-Machine System에서 효율을 증대시키는 법

인간-기계 중에서 기계는 그대로 두고 인간을 훈련하여 기계에 접합

① 인간을 심리적으로 동기유발

② 인간을 교육훈련

③ 인간을 적성배치

(4) Man-Machine System의 조작상 인간에러 발생 빈도수의 순서

지식관련		정보관련		표시장치		제어장치		조작환경		시간관련
자극의 과대 및 과소	→	불완전한 정보전달	→	표시방법 및 위치의 부적당	→	배치 및 식별성 등의 부적당	→	환경조건, 작업공간의 부적당	→	작업시간의 부적당

4. 촉진물 설계

인간 성능을 증진시킬 보조물 설계

① 인간을 기계에 접합시키는 방식으로 교육 훈련

② 기계를 인간에 접합시키는 방식으로 인간 공학

5. 시험 및 평가

① 시스템 및 제품의 평가를 하고, 더 발전된 시스템 개발을 추구

② 체계의 설계에서 직무 분석 방법

  ㉠ 면접법

  ㉡ 설문지법

  ㉢ 직접관찰법

  ㉣ 일지작성법

  ㉤ 위험사건기법

  ㉥ 혼합방식법

③ 작업설계 시의 딜레마 : 작업능률과 작업만족도의 관계

6. 감성공학

① 감성공학과 인간 interface(계면)의 3단계

신체적(형태적) 인터페이스	인간의 신체적 또는 형태적 특성의 적합성 여부(필요조건)
지적 인터페이스	인간의 인지능력, 정신적 부담의 정도(편리수준)
감성적 인터페이스	인간의 감정 및 정서의 적합성 여부(쾌적수준)

* 인간-기계 시스템의 계면에서의 조화성은 3단계 인터페이스에서 이루어져야 한다.

② 인간 – 기계 시스템의 설계를 6단계로 구분
   ㉠ 1단계 : 시스템의 목표 및 성능 명세결정
   ㉡ 2단계 : 체계의 정의(시스템의 정의)
   ㉢ 3단계 : 기본설계(작업설계/직무분석/기능할당)
   ㉣ 4단계 : 계면설계(인터페이스 설계/작업공간/표시장치/조종장치)
   ㉤ 5단계 : 촉진물 설계(인간성능증진, 보조물 설계)
   ㉥ 6단계 : 시험 및 평가
③ 인간 – 기계 통합 체계 분석 및 설계에 있어서의 인간공학의 가치 ★
   ㉠ 성능의 향상
   ㉡ 훈련비용의 절감
   ㉢ 인력 이용률의 향상
   ㉣ 사고 및 오용으로부터의 손실 감소
   ㉤ 생산 및 정비 유지의 경제성 증대
   ㉥ 사용자의 수용도의 향상

CHAPTER 02 정보입력표시

1 시각적 표시장치

1. 시각과정

(1) 눈의 구조

① 눈의 구조 및 기능

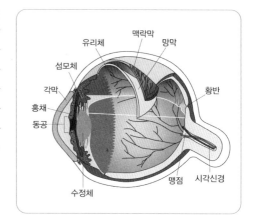

구조	기능
각막	최초로 빛이 통과하는 곳, 눈을 보호
홍채	동공의 크기를 조절해 빛의 양 조절
모양체	수정체 두께를 변화시켜 원근 조절
수정체	렌즈의 역할, 빛을 굴절시킴
망막	상이 맺히는 곳, 시세포 존재
맥락막	망막을 둘러싼 검은 막, 어둠상자 역할

② 시각의 전달 경로

빛 → 각막 → 동공 → 수정체 → 유리체 → 망막 → 시세포 → 시신경 → 대뇌

③ 망막

㉠ 황반 : 망막의 중심부로 시세포가 밀집하여 상이 뚜렷하게 맺히는 곳

㉡ 맹점 : 시신경이 지나가는 부분으로 시세포가 없어 상이 맺혀도 보이지 않는 경우

④ 망막의 감광요소

㉠ 원추체 : 밝은 곳에서 가능, 색 구별, 황반에 집중

㉡ 간상체 : 조도 수준이 낮을 때 기능, 흑백의 음영 구분, 망막 주변

(2) 눈의 이상 증상

① 원시 : 가까운 물체의 상이 망막 뒤에 맺혀 잘 보이지 않음 – 볼록렌즈 교정

② 근시 : 멀리 있는 물체의 상이 망막 앞에 맺혀 잘 보이지 않음 – 오목렌즈 교정

(3) 색

① 빛의 3대 특성 및 색의 3속성

㉠ 빛의 3특성 : 주파수, 포화도, 광도

㉡ 색의 3속성 : 색상, 명도, 채도

② 색계

　　㉠ Munsell 색계 : 색의 3요소(색상, 명도, 채도)

　　㉡ CIE 색계 : 빛의 3원색[적색(X), 녹색(Y), 청색(Z)]

(4) 암조응

① 밝은 곳에서 어두운 곳으로 갈 때 → 원추세포의 감수성 상실, 간상세포에 의해 물체 식별

② 완전 암조응 – 보통 30~40분 소요(명조응은 수초 내지 1~2분)

(5) 굴절률과 시력 ★

① 수정체의 초점조절작용의 능력 : diopter(D)값으로 표시

$$\text{렌즈의 굴절률 } diopter[D] = \frac{1}{\text{m단위의 초점거리}}$$

$$\text{사람의 눈 굴절률} = \frac{1}{0.017} = 59[D]$$

- D값이 클수록 초점거리는 가까워진다.
- 젊은 사람의 눈은 보통 59[D]에서 70[D]까지 11[D] 정도 굴절률을 증가시킬 수 있으며 이것을 조절폭이라 한다.

② 시력의 척도

　　㉠ 최소 가분 시력(간격해상력) ★

$$\text{시각} = \frac{L}{D}(rad) = L \times 57.3 \times \frac{60}{D}[\text{분}]$$

$$\text{시력} = \frac{1}{\text{시각}}$$

L : 시선과 직각으로 측정한 물체의 크기(글자일 경우 획폭 등)

D : 물체와 눈 사이의 거리

57.3과 60 : radian 단위를 분으로 환산한 상수

　　㉡ 시력 측정 종류

　　　　ⓐ Landolt Ring(기하적 형태의 표적)

　　　　ⓑ Snellen Letter(문자)

③ 시력의 종류 ★

　　㉠ 입체시력 : 거리가 있는 한 물체와 거리가 약간 다른 상에 대해 원근을 파악하는 능력으로 거리가 다른 두 상의 거리 차이를 구별하는 능력이다.

　　㉡ 배열시력 : 둘 혹은 그 이상의 물체들을 평면에 배열하여 놓고 그것이 일렬로 서 있는지 판별하는 시력

　　㉢ 동적시력 : 움직이는 물체를 정확하고 빠르게 인지하는 능력

　　㉣ 최소지각시력 : 한 점을 분간하는 능력

2. 시식별에 영향을 주는 조건

(1) 조도 ★★

어떤 물체나 표면에 도달하는 빛의 밀도로, 단위는 [fc]와 [lux]가 있다.

$$조도[lux] = \frac{광도[lumen]}{(거리[m])^2}$$

> **예제** 반사형 없이 모든 방향으로 빛을 발하는 점광원에서 2[m] 떨어진 곳의 조도가 120[lux]라면 3[m] 떨어진 곳의 조도는?
>
> ⇒ 2[m] 떨어진 곳의 조도를 가지고 광도를 구하면
>
> 광도$[lumen] = 조도 \times (거리)^2 = 120[lux] \times 2[m]^2 = 480[lumen]$
>
> **따라서 3[m] 떨어진 곳의 조도는**
>
> $$조도[lux] = \frac{광도[lumen]}{(거리[m])^2} = \frac{480[lumen]}{3[m]^2} = 53.33[lux]$$

(2) 반사율

$$반사율[\%] = \frac{광도[fL]}{조도[fC]} \times 100 = \frac{cd/m^2 \times \pi}{lux}$$

(3) 대비

표적의 광도(L_t)와 배경 광도(L_b)의 차를 나타내는 척도

$$대비[\%] = \frac{L_b - L_t}{L_b} \times 100$$

3. 정량적 · 정성적 표시장치

(1) 동적 표시장치의 기본형(정량적 동적) ★

아날로그	정목동침형	정량적인 눈금이 정성적으로 사용되어 원하는 값으로부터의 대략적인 편차나 고도를 읽을 때 그 변화 방향과 율 등을 알고자 할 때
	정침동목형	나타내고자 하는 값의 범위가 클 때, 비교적 작은 눈금판에 모두 나타내고자 할 때
디지털	계수형	• 수치를 정확하게 충분히 읽어야 할 경우 • 원형 표시 장치보다 판독 오차가 작고 판독 시간도 짧다.(원형 : 3.54초, 계수형 : 0.94초)

(2) 정성적 표시장치 ★

① 온도, 압력, 속도처럼 연속적으로 변하는 변수의 대략적인 값이나 또는 변화 추세율 등을 알고자 할 때

② 정량적 자료를 정성적 판독의 근거로 사용할 경우

ㄱ 변수의 상태나 조건이 미리 정해 놓은 몇 개의 범위 중 어디에 속하는가를 판정할 때(휴대용 라디오의 전지상태)

ㄴ 적정한 어떤 범위의 값을 일정하게 유지하고자 할 때(자동차 속력)

ㄷ 변화 추세나 율을 관찰하고자 할 때(비행고도의 변화율)

4. 상태표시기와 신호 및 경보등

(1) 상태표시기

① 이산적 상태표시

ㄱ on-off

ㄴ 멈춤, 진행, 주의(신호 표시기)

② 상태 점검을 목적으로 사용하는 정량적 계기는, 정량적 눈금 대신 상태표시기 사용이 적합

③ 가장 간단한 상태표시기 : 신호등

(2) 신호 및 경보등 ★

① 점멸등이나 상점등 이용

② 빛의 검출성의 영향 인자

ㄱ 크기, 광도 및 노출시간

ㄴ 색광 : 반응시간이 빠른 순서(적색 → 녹색 → 황색 → 백색)

ㄷ 점멸속도 : 점멸 융합 주파수(30[Hz])보다 훨씬 적어야 한다.

ㄹ 배경광 중 점멸 잡음광의 비율이 10[%] 이상이면 점멸등은 사용하지 않는 것이 좋다.

5. 묘사적 표시장치

(1) 목적

위치나 구조가 변하는 항공기표시장치 등과 같이 배경에 변화되는 상황을 중첩하여 나타내는 표시장치로, 효과적인 상황 파악을 위해 사용된다.

항공기 이동형	지평선 이동형
지평선 고정, 항공기가 움직이는 형태 outside-in(외견형), bird's eye	항공기 고정, 지평선이 움직이는 형태 inside-in(내견형), pilot's eye 대부분의 항공기 표시장치

(2) 비행 자세 표시장치

① 내견형 사용 경험자 : 내견형이 외견형보다 우수

② 미경험자 : 외견형이 내견형보다 우수(이동부분의 원칙)

③ 빈도분리형 : 외견형+내견형

④ 시계상사형 : 전자적으로 발생시킨 지형지물에 항공기를 중첩시켜 TV화면에 표현

(3) 추적 표시장치

① 목표와 추종요소의 상대적 위치의 오차만 표시

② 목표와 추종요소의 이동을 모두 공동 좌표계에 표시(성능이 상대적으로 우수)

(4) 비행 자세 표시장치 설계의 제원칙

① 표시장치 통합의 원칙

② 회화적 사실성의 원칙

③ 이동 부분의 원칙

④ 추종 추적의 원칙

⑤ 비도 분리의 원칙

⑥ 최적 축적의 원칙

6. 문자 – 숫자 표시장치

(1) 글자체

① 종횡비(폭대 높이의 비)

㉠ 숫자 3 : 5

㉡ 한글 1 : 1

㉢ 영자(대문자) 1 : 1 (3 : 5까지 줄어도 독해성에는 영향 없음)

② 획폭(높이에 대한 획굵기의 비)

㉠ 흰 바탕에 검은 글씨(양각)는 1 : 6 ～ 1 : 8 권장 (1 : 8 정도)

㉡ 검은 바탕에 흰 글씨(음각)는 1 : 8 ～ 1 : 10 권장 (1 : 13.3 정도) → 광삼현상으로 더 가늘어도 된다. (조도가 높은 표시장치와 암조응에서 강한 효과)

(2) 가독성

① 활자 모양

② 활자체

③ 크기

④ 대비

⑤ 행간격 및 길이 등

(3) 음극선관(CRT)에서의 영자의 가독성

① 대문자가 소문자보다 더 빨리 검색

② 검색 시간은 점이나 선으로 이루어진 글자가 거의 같다.

③ 선보다는 점으로 이루어진 글자를 더 선호

7. 시각적 암호와 부호 및 기호

(1) 시각적 암호의 비교

① 숫자, 영자, 기하학적 형상, 구성, 색의 비교 실험

② 식별, 위치, 계수, 비교, 확인의 실험 → 숫자, 색 암호의 성능 우수, 다음으로 영자, 형상암호, 구성암호의 순

(2) 부호의 유형 ★

묘사적 부호	사물이나 행동을 단순하고 정확하게 묘사(위험표지판의 걷는 사람, 해골과 뼈 등)
추상적 부호	전언의 기본요소를 도식적으로 압축한 부호(원개념과 약간의 유사성)
임의적 부호	이미 고안되어 있는 부호이므로 학습해야 하는 부호 (표지판의 삼각형 : 주의표지, 사각형 : 안내표지 등)

(3) 특정 목적을 위해 시각적 암호, 부호 및 기호를 의도적으로 사용 시 알아야 할 사항

① 검출성

② 변별성

③ 암호 의미의 필요성

④ 정보수용을 위한 작업자의 시각 영역 정리

(4) 인간 전달 함수(Human Transfer Function)의 결점

① 입력의 협소성(=한계성)

② 불충분한 직무묘사

③ 시점적 제약성

(5) 신호검출이론

① 개념 ★

인간이 자극을 감지하여 신호를 판단할 경우 잡음이나 소음이 있는 상황에서 이루어질 때, 잡음이 신호검출에 미치는 영향을 다루는 이론을 신호검출이론(SDT)이라고 한다.

② 신호 유무의 판정 반응 및 오류 ★

㉠ 신호의 정확한 판정(Hit) : 신호가 나타났을 때 신호라고 판정, P(S/S)

㉡ 허위경보(False Alarm) : 잡음을 신호로 판정, P(S/N)

ⓒ 신호검출실패(Miss) : 신호가 나타났어도 잡음으로 판정, P(N/S)

ⓔ 잡음을 제대로 판정(Correct Noise) : 잡음만 있을 때 잡음으로 판정, P(N/N)

2 청각적 표시장치

1. 청각과정

(1) 귀의 구조

중이	청소골	고막의 소리를 증폭시켜 내이(난원창)로 전달, 22배 증폭	
	유스타키오관	외이와 중이의 압력조절	
내이	전정기관	위치감각	평형감각기관
	반고리관	회전감각	

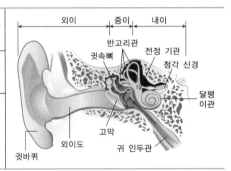

① 외이는 귓바퀴와 외이도로 구성된다.

② 고막은 외이와 중이의 경계에 위치하는 얇고 투명한 두께 0.1[mm]의 막이며, 외이로부터 전달된 음파에 진동이 되어 내이로 전달시키는 역할을 한다.

③ 중이에는 인두와 교통하여 고실 내압을 조절하는 유스타키오관이 존재한다.

④ 내이는 신체의 평형감각수용기인 반규관(반고리관)과 청각을 담당하는 전정기관 및 와우로 구성되어 있다.

(2) 음의 특성 및 측정

① 음의 강도 ★

  ㉠ 인간이 감지하는 음의 세기이다.

  ㉡ 음의 강도 척도 : bel의 1/10인 decibel[dB]

② 음압수준 ★

$$음압수준[dB] = 20\log_{10}\left(\frac{P_1}{P_0}\right)$$

P_1 : 음압으로 표시된 주어진 음의 강도

P_0 : 표준치(1,000[Hz] 순음의 가청 최소 음압)

③ 거리에 따른 음의 강도 변화

$$dB_2 = dB_1 - 20\log\left(\frac{d_2}{d_1}\right)$$

> **예제** 현재 위치로부터 25[m] 떨어진 곳의 음압수준이 120[dB]일 때 4,000[m] 떨어진 곳의 음압수준
> 은 몇 인가?
>
> $\Rightarrow \quad 120 - 20\log\left(\dfrac{4,000}{25}\right) = 75.917$

④ 음력레벨(PWL, Sound Power Level)

$$PWL = 10\log\left(\frac{P}{P_0}\right)[\text{dB}]$$

P : 음력[Watt], P_0 : 기준의 음력 10^{-12}[Watt]

⑤ 소음이 합쳐질 경우 음압수준 ★

$$SPL[\text{dB}] = 10\log(10^{\frac{A_1}{10}} + 10^{\frac{A_2}{10}} + 10^{\frac{A_3}{10}} + \cdots)$$

A_1, A_2, A_3 : 소음

(3) 음량 ★

① Phon과 Sone 및 인식소음 수준 ★★

Phon의 음량 수준	• 정량적 평가를 위한 음량 수준 척도 • 어떤 음의 Phon 값으로 표시한 음량 수준은 이 음과 같은 크기로 들리는 1,000[Hz] 순음의 음압수준[dB]
Sone에 의한 음량	• 다른 음의 상대적인 주관적 크기 비교 • 40[dB]의 1,000[Hz] 순음의 크기(=40[Phon])를 1[sone] • 기준 음보다 10배 크게 들리는 음은 10[sone]의 음량

② Phon과 Sone의 관계 ★

$$\text{Sone치} = 2^{(\text{phon치}-40)/10}$$

* 음량 수준이 10[phon] 증가하면 음량[sone]은 2배 증가된다.

1,000[Hz] 40[dB] → 40[sone]

– 인식소음수준[PNdB] / dBA / NRN

(4) 명료도 지수(articulation index, AI) ★★★

산업현장에서 소음과 관련된 명료도지수(articulation index, AI)는 소음 환경을 알고 있을 때의 이해도를 추정하기 위해 개발되었으며, 각 옥타브대의 음성과 잡음의 [dB]값에 가중치를 곱하여 합계를 구한다. 명료도 지수는 여러 종류의 송화자료의 이해도 추산치로 전환할 수 있다.

> 명료도 지수 = 각 음성과 잡음의 [dB] × 가중치

(5) 은폐(Masking)효과 ★

① 음의 한 성분이 다른 성분에 대한 귀의 감수성을 감소시키는 상황으로 한쪽 음의 강도가 약할 때 강한 음에 가로막혀 들리지 않게 되는 현상

② 복합소음(소음 수준이 같은 2대의 기계 : 3[dB] 증가)

　　㉠ (0-3) = 3[dB] 증가, (3-6) = 2[dB] 증가, (6-10) = 1[dB] 증가

　　㉡ 10 이상 차이는 Masking 효과가 나타난다.

2. 청각적 표시장치

(1) 표시장치

① 시각장치와 청각장치의 비교 ★★★

청각장치 사용	시각장치 사용
㉠ 전언이 간단하다.	㉠ 전언이 복잡하다.
㉡ 전언이 짧다.	㉡ 전언이 길다.
㉢ 전언이 후에 재참조되지 않는다.	㉢ 전언이 후에 재참조된다.
㉣ 전언이 시간적 사상을 다룬다.	㉣ 전언이 공간적인 위치를 다룬다.
㉤ 전언이 즉각적인 행동을 요구한다.(긴급할 때)	㉤ 전언이 즉각적인 행동을 요구하지 않는다.
㉥ 수신장소가 너무 밝거나 암조응유지가 필요시	㉥ 수신장소가 너무 시끄러울 때
㉦ 직무상 수신자가 자주 움직일 때	㉦ 직무상 수신자가 한곳에 머물 때
㉧ 수신자가 시각계통이 과부하 상태일 때	㉧ 수신자의 청각 계통이 과부하 상태일 때

② 청각적 표시장치가 시각적 장치보다 유리한 경우

　　㉠ 신호음 자체가 음일 때

　　㉡ 무선거리 신호, 항로 정보 등과 같이 연속적으로 변하는 정보를 제시할 때

　　㉢ 음성통신 경로가 전부 사용되고 있을 때

(2) 경계 및 경보신호 선택 시 지침 ★

① 귀는 중음역에 가장 민감하므로 500~3,000[Hz]의 진동수를 사용

② 고음은 멀리 가지 못하므로 300[m] 이상 장거리용으로는 1,000[Hz] 이하의 진동수 사용

③ 신호가 장애물을 돌아가거나 칸막이를 통과해야 할 때는 500[Hz] 이하의 진동수 사용

④ 주의를 끌기 위해서는 변조된 신호를 사용

⑤ 배경소음의 진동수와 다른 신호를 사용하고 신호는 최소한 0.5~1초 동안 지속

⑥ 경보 효과를 높이기 위해서 개시 시간이 짧은 고강도 신호 사용

⑦ 주변 소음에 대한 은폐효과를 막기 위해 500~1,000[Hz] 신호를 사용하여, 적어도 30[dB] 이상 차이가 나야 한다.

(3) 청각적 표시장치의 설계 시 적용하는 일반원리 ★

① 검약성이란 조작자에 대한 입력신호는 꼭 필요한 정보만을 제공하는 것이다.

② 근사성이란 복잡한 정보를 나타내고자 할 때 2단계의 신호를 고려하는 것이다.

③ 분리성이란 두 가지 이상의 채널을 듣고 있다면 각 채널의 주파수가 분리되어 있어야 한다는 의미이다.

(4) 인간의 감지능력(Weber의 법칙)

① 변화감지역

ㄱ 특정 감각의 감지능력은 두 자극 사이의 차이를 알아낼 수 있는 변화감지역(JND)으로 표현

ㄴ 변화감지역이 작을수록 변화를 검출하기 쉽다.

② Weber의 법칙

ㄱ 감각기관의 기준자극과 변화감지역의 연관관계

ㄴ 변화감지역은 사용되는 기준 자극의 크기에 비례

$$\text{Weber비} = \frac{\text{변화감지역}}{\text{기준자극크기}}$$

(5) C5-dip

소음성 난청의 초기단계이며 4,000[Hz]에서 청력손실이 가장 심하게 나타난다.

3. 음성통신 및 합성음성

(1) 음성통신

① 복합소음의 크기(크기가 같은 소음원)

70[dB]의 기계가 2대 있을 때(3[dB] 증가)

$$70 + 10\log n = 73[dB](n = 2일 때)$$

※ 10대가 있으면 80[dB](10[dB] 증가), 100대가 있으면 90[dB]

② 소음허용노출기준 : 연속소음 90[dB]에서 8시간 ★

(2) 합성음성 - 음성 합성 체계 유형

① 정수화 녹음

② 분석-합성

③ 규칙에 의한 합성

3 촉각 및 후각적 표시장치

1. 피부감각

(1) 피부감각 종류

압각	압박이나 충격이 피부에 주어질 때 느끼는 접촉감각
통각	피부 및 신체 내부에 아픔을 느끼는 감각
열감(온각, 냉각)	피부의 온도보다 높은 또는 낮은 온도를 갖는 대상에 자극되어 일어나는 감각

(2) 감각점의 분포량 순서

통점 → 압점 → 냉점 → 온점

(3) 문턱값 : 감지 가능한 가장 작은 자극의 크기 ★

손바닥 → 손가락 → 손가락 끝

2. 조종장치의 촉각적 암호화

(1) 촉각의 활용(기본정보 수용기 : 주로 손이 사용)

① 조종 손잡이(knob)나 연관장치의 설계 시 촉각적인 배려

② 조종장치의 촉각적 암호화 ★

　㉠ 형상을 구별하여 사용하는 경우

　㉡ 표면 촉감을 사용하는 경우

　㉢ 크기를 구별하여 사용하는 경우

　㉣ 위치를 구별하여 사용하는 경우

　㉤ 작동을 구별하여 사용하는 경우

(2) 크기를 이용한 조종장치

크기의 차이를 쉽게 구별할 수 있도록 설계	• 직경 : 1.3[cm](1/2") 차이 • 두께 : 0.95[cm](3/8") 차이
촉감으로 식별 가능한 18개의 손잡이 구성요소(조합)	• 세 가지 표면가공 • 세 가지 직경(1.9, 3.2, 4.5[cm]) • 두 가지 두께(0.95, 1.9[cm])

(3) 조종장치의 우발작동 방지방법

① 오목한 곳에 둔다.

② 조종장치를 덮거나 방호한다.

③ 작동을 위해서 힘이 요구되는 조종장치에는 저항을 제공한다.

④ 순서적 작동이 요구되는 작업일 때 순서를 지나치지 않도록 잠김 장치를 설치한다.

3. 동적인 촉각적 표시장치

- **기계적 자극의 접근방법**

  ① 피부에 진동기 부착 : 진동기 위치, 진동수, 강도, 지속시간 등의 조절

  ② 증폭된 음성을 하나의 진동기를 사용하여 피부에 전달

4. 후각적 표시장치

(1) 후각의 특징 ★

① **후각상피** : 코의 윗부분에 위치

② **자극원** : 기체상태의 화학물질

③ 사람의 감각기관 중 가장 예민하고 빨리 피로해지기 쉬운 기관

④ **후각의 전달 경로** : 기체상태의 화학물질 → 후각상피(후세포) → 후신경 → 대뇌

⑤ 후각은 특정 자극를 식별하는 데 사용하기보다는 냄새의 존재 여부를 탐지하는 데 효과적이다.

(2) 감각별 Weber의 비

종류	시각	무게	청각	후각	미각
비	1/60	1/50	1/10	1/4	1/3

(3) 감각기관의 자극에 대한 반응속도

청각	촉각	시각	미각	통각
0.17초	0.18초	0.20초	0.29초	0.70초

4　인간요소와 휴먼에러

1. 인간실수의 분류

(1) 휴먼에러의 분류 ★★★

심리적 분류(Swain의 분류) ★★★★★	원인별(레벨별) 분류
① 생략오류(Omission Error) : 절차를 생략해 발생하는 오류 ② 시간오류(Time Error) : 절차의 수행지연에 의한 오류 ③ 작위오류(Commission Error) : 절차의 불확실한 수행에 의한 오류 ④ 순서오류(Sequential Error) : 절차의 순서착오에 의한 오류 ⑤ 과잉행동오류(Extraneous Error) : 불필요한 작업/절차에 의한 오류	① Primary Error(1차 에러) : 작업자 자신에 의해 발생한 에러 ② Secondary Error(2차 에러) : 작업 형태/조건에 의해 발생. 또는 어떤 결함으로부터 파생하여 발생하는 에러 ③ Command Error : 작업자가 움직일 수 없는 상태에서 발생

(2) 휴먼에러의 영향인자

① 외적 인자 : 환경, 작업시간, 작업방법, 휴식 등

② 내적 인자 : 경험, 숙련도, 성격, 연령 등

③ 스트레스 인자 : 직무, 부하량, 속도, 온습도, 피로 등

(3) 스트레스에 반응하는 신체의 변화

혈소판이나 혈액응고 인자가 증가한다.

2. 형태적 특성

(1) 형태 지향적 분류

① Rook의 2차원 분류방식(Payne과 Altman의 3행태 원소를 확장)

② Swain의 분류

㉠ 부작위실수(Omission Error) : 직무의 한 단계 또는 전체 직무를 누락시킬 때 발생

㉡ 작위실수(Commission Error) : 직무를 수행하지만 잘못 수행할 때 발생(넓은 의미로 선택착오, 순서착오, 시간착오, 정성적 착오 포함)

(2) 인간실수와 기계 고장과의 차이점

① 인간실수는 우발적으로 재발하는 유형이지만, 설비의 고장 조건은 저절로 복구되지 않음

② 인간은 기계와 달리 학습에 의해 성능을 계속적으로 향상시켜나간다.

③ 인간 성능과 압박은 비선형 관계이므로 압박이 중간 정도일 때 성능 수준은 최대

(3) 오류의 유형 ★★★

① Slip(실수) : 의도는 잘 했지만 행동은 의도한 것과 다르게 나타남

② Mistake(착오) : 의도부터 잘못된 실수

③ Lapse(건망증) : 기억도 안 난 건망증

④ Violation(위반) : 일부러 범죄함

(4) Human Error와 System Performance의 단계

• 시스템 성능과 인간과오의 관계

$$SP = F(HE) = HE \times K$$

SP : 시스템퍼포먼스, HE : 휴먼에러, F : 함수, K : 상수

K ≒ 1	휴먼에러가 시스템퍼포먼스에 중대한 영향을 일으키는 것
K < 1	휴먼에러가 시스템퍼포먼스에 대하여 잠재적인 Effect 내지 Risk를 주는 것
K ≒ 0	휴먼에러가 시스템퍼포먼스에 대하여 아무런 영향을 주지 않는 것

(5) 의식레벨의 5단계

Phase	의식의 상태 및 수준	주의의 작용	생리적 상태
0	무의식, 실신, 의식단절	Zero	수면, 뇌발작
1	의식둔화, 의식수준저하	Inactive	피로, 단조로움, 졸음
2	Normal Relaxed 정상생활	Passive 마음의 내향성	안정기거, 휴식 시, 정상 작업 시
3★	Normal Clear 주의집중	Active 적극적, 주의의 폭이 넓음	적극 활동 시
4	Hypernormal Excited 주의의 일점집중현상	일점에 집중 판단 정지	긴급방위반응 panic

(6) 인간에러 원인(4M)

① Man : 본인 이외의 사람(인간관계)

② Machine : 기계장치

③ Media : 작업방법

④ Management : 작업관리

3. 인간실수 확률에 대한 추정기법

(1) 인간실수의 측정

① 인간 성능 표현

㉠ 시간적으로 이산적인 직무 : 사건당 실패 수

㉡ 시간적으로 연속적인 직무 : 단위시간당 실패 수

② 이산적 직무에서의 인간 실수 확률

　　㉠ 인간실수확률(Human Error Probability : HEP) : 특정한 직무에서 하나의 착오가 발생할 확률(할당된 시간은 내재적이거나 명시되지 않음)

$$HEP = \frac{인간의\ 실수\ 수}{전체\ 실수\ 발생기회의\ 수}$$

　　㉡ 직무의 성공적 수행확률(직무신뢰도) ★

$$1 - HEP$$

(2) 인간실수확률에 대한 추정기법

　• THERP(Technique for Human Error Rate Prediction) ★

　① 인간실수율 예측 기법(THERP)은 인간 신뢰도 분석에서의 HEP에 대한 예측 기법

　② 인간 신뢰도 분석 사건 나무

　　㉠ 분석하고자 하는 작업을 기본적 행위로 분할하여 각 행위의 성공 또는 실패 확률을 결합하여 성공 확률을 추정하는 정량적 분석방법

　　　→ A → B → ⋯ 순으로 수행

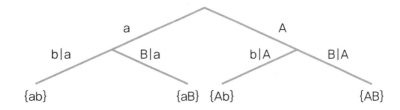

　　㉡ A가 먼저 수행되고 B가 수행되므로 작업 B에 대한 확률은 모두 조건부로 표현

　　㉢ 소문자는 작업의 성공, 대문자는 작업의 실패

　　㉣ 각 가지에 성공 또는 실패의 조건부 확률이 주어지면 각 경로의 확률 계산 가능

4. 인간실수 예방기법

　① 작업상황 개선

　② 요인 변경

　③ 체계의 영향 감소

CHAPTER 03 인간계측 및 작업공간

1 인체계측 및 인간의 체계제어

1. 인체계측

(1) 인체 측정학의 정의

신체 치수를 기본으로 신체 각 부위의 무게, 무게 중심, 부피, 운동 범위, 관성 등의 물리적 특성을 측정하여 일상생활에 적용하는 분야를 인체 측정학이라 한다.

(2) 인체계측 방법 ★

구조적 인체치수 (정적 인체계측)	① 신체를 고정시킨 자세에서 피측정자를 인체 측정기 등으로 측정 ② 여러 가지 설계의 표준이 되는 기초적 치수 결정 ③ 마르틴 식 인체계측기 사용 ④ 종류 　㉠ 골격치수 – 신체의 관절 사이를 측정 　㉡ 외곽치수 – 머리둘레, 허리둘레 등의 표면 치수 측정
기능적 인체치수 (동적 인체계측)	① 동적 치수는 운전을 위해 핸들을 조작하거나 브레이크를 밟는 행위 또는 물체를 잡기 위해 손을 뻗는 행위 등 움직이는 신체의 자세로부터 측정 ② 신체적 기능 수행 시 각 신체 부위는 독립적으로 움직이는 것이 아니라, 부위별 특성이 조합되어 나타나기 때문에 정적 치수와 차별화 ③ 소마토그래피 : 신체적 기능 수행을 정면도, 측면도, 평면도의 형태로 표현하여 신체 부위별 상호작용을 보여주는 그림

2. 인체계측 자료의 응용원칙 ★★

(1) 극단적인 사람을 위한 설계

① 극단치 설계(인체 측정 특성의 극단에 속하는 사람을 대상으로 설계하면 거의 모든 사람을 수용 가능)

구분	최대집단치 ★	최소집단치
개념	대상 집단에 대한 인체 측정 변수의 상위 백분위수를 기준으로 90, 95, 99[%] 치가 사용	관련 인체 측정 변수 분포의 하위 백분위수를 기준으로 1, 5, 10[%] 치를 사용
적용 예	• 출입문, 통로, 의자 사이의 간격 등 • 줄사다리, 그네 등의 지지물의 최소 지지중량(강도)	선반의 높이 또는 조정 장치까지의 거리, 버스나 전철의 손잡이 등

② 효과와 비용을 고려 : 흔히 95[%]나 5[%] 치를 사용

(2) 조절식 설계

① 장비나 설비의 설계에 있어 때로는 여러 사람이 사용 가능하도록 조절식으로 하는 것이 바람직한 경우도 있다.

② 사무실 의자의 높낮이 조절, 자동차 좌석의 전후 조절 등 ★

③ 통상 5[%] 치에서 95[%] 치까지의 90[%] 범위를 수용 대상으로 설계 ★

(3) 평균치를 기준으로 한 설계 ★

① 특정 장비나 설비의 경우, 최대집단치나 최소집단치 또는 조절식으로 설계하기가 부적절하거나 불가능할 때

② 가게나 은행의 계산대, 공원의 벤치 등

(4) 인체계측의 활용 시 고려사항

① 계측치에는 연령, 성별, 민족 등의 차이 외에 지역차 혹은 장기간의 근로조건, 스포츠의 경험에 따라서도 차이가 있을 수 있으므로 설계 집단에 적용할 때는 여러 요인들을 고려할 필요가 있다.

② 계측치의 표본 수는 신뢰성과 재현성이 높아야 하며 최소 표본 수 50~100으로 하는 것이 적당하다.

④ 인체계측치는 어떤 기준에 따라 측정되었는가를 확인할 필요가 있다.

⑤ 인체계측치는 통상 나체지수로 나타내며 설계 대상에 그대로 적용되는 경우는 드물다.

⑥ 설계대상의 잡단은 항상 일정한 것으로 한정되어 있지 않으므로 적용 범위로서는 허용을 고려해야 한다.

3. 신체반응의 측정

(1) 작업종류에 따른 측정 ★

① 동적 근력작업 : 에너지 대사량과 산소소비량, CO_2 배출량, 호흡량, 심박수, 근전도(EMG)

② 정적 근력작업 : 에너지 대사량과 심박수의 상관관계와 시간적 경과 및 근전도

③ 심적 작업 : 플리커값 등을 측정

④ 작업부하, 피로 등의 측정 : 매회 평균호흡진폭(호흡량), 근전도맥박수, 피부전기반사(GSR) 등 측정

(2) 심장의 측정

① 심장주기 : 수축기(약 0.3초), 확장기(약 0.5초)의 주기 측정

② 심박수 : 분당 심장 주기수를 측정(분당 75회)

③ 심전도(EMG) : 심장근 수축에 따른 전기적 변화를 피부에 부착한 전극으로 측정

(3) 근육의 구성

① 근육의 구조는 근섬유, 연결조직, 신경으로 구성된다. 근내막은 근섬유를 싸고 있고 근섬유 구조를 지지하는 역할을 한다. 근육은 근섬유, 근원섬유, 근섬유분절로 구성되어 있고 근섬유는 골격근의 기본구조단위이다.

② Type S 근섬유는 **근섬유의 직경이 작아서 큰 힘을 발휘하지 못하지만 장시간 지속시키고 피로가 쉽게 발생하지 않는 골격근의 근섬유** ★

③ **근육의 수축이론** ★ : 근육은 자극을 받으면 수축하고 수축은 근육의 유일한 활동으로 근육의 길이가 단축된
   다. 근육이 수축할 때 짧아지는 것은 미오신 필라멘트 속으로 액틴 필라멘트가 미끄러져 들어간 결과이다.

④ **근육의 특징**

   ㉠ 액틴과 미오신 필라멘트의 길이는 변하지 않는다.

   ㉡ 근섬유가 수축하면 I대와 H대가 짧아진다.

(4) 인체의 생리적 활동 척도(산소소비량 측정) ★

산소소비량을 측정하기 위해서는 더글라스(Douglas)낭 등을 사용하여 우선 배기를 수집한다. 질소는 체내에서
대사되지 않고, 배기는 흡기보다 적으므로 배기 중의 질소비율은 커진다. 이런 질소의 변화로 흡기의 부피를
표와 같이 구할 수 있다.

성분	산소	이산화탄소	질소
흡기	21[%]	0	79[%]
배기	O_2[%]	CO_2[%]	–

$$V_1 = \frac{(100 - O_2[\%] - CO_2[\%])}{79} \times V_2$$

흡기부피 : V_1, 배기부피 : V_2(분당배기량)라 하면

산소소비량 $= (21[\%] \times V_1) - (O_2[\%] \times V_2)$

1 liter의 산소소비 $= 5$[kcal]

(5) 점멸 융합 주파수(CFF)

① 시각 혹은 청각의 계속되는 자극이 점멸하지 않고 연속적으로 느껴지는 주파수 → 피질의 기능으로 중추신경
   계의 피로, 즉 정신피로의 척도로 사용

② 잘 때나 멍하게 있을 때는 CFF가 낮고, 마음이 긴장되었을 때나 머리가 맑을 때는 높아진다.

(6) 정신작업 부하 평가

① **정신부하의 정의** : 임무에 의해 개인에 부과되는 하나의 특정 가능한 정보처리 요구량으로 한 사람이 사용할
   수 있는 인적능력과 작업에서 요구하는 능력의 차이라고 볼 수 있다.

② **정신부하 척도의 요건** : 예민도, 선택성, 간섭, 신뢰성, 수용성

③ **정신부하의 측정방법** ★★★★

   ㉠ 주작업 측정 : 이용가능한 시간에 대해서 실제로 이용한 시간을 비율로 정한 방법

   ㉡ 부수작업 측정 : 부수작업을 이용하여 여유능력을 측정하고자 하는 것

   ㉢ 생리적 측정 : 주로 단일 감각기관에 의존하는 경우에 작업에 대한 정신부하를 측정할 때 이용되는 방법
      으로 부정맥, 점멸융합주파수, 전기피부 반응, 눈깜박거림, 뇌파 등이 정신 작업부하 평가에 이용된다.

ㄹ 주관적 측정 : 정신부하를 평가하는 데 있어서 가장 정확한 방법이라고 주장하기도 하며, 측정 시 주관적인 상태를 표시하는 등급을 쉽게 조정할 수 있다는 장점이 있다.

4. 표시장치 및 제어장치

(1) 표시장치

① 정적 표시장치

간판, 도표, 그래프, 인쇄물, 필기물 등과 같이 시간에 따라 변하지 않는 표시장치

② 동적 표시장치

온도계, 속도계 등과 같이 어떤 변수나 상황을 나타내며 시간에 따라 변하는 표시장치

ㄱ CRT(음극선관) 표시장치 : 레이더

ㄴ 전파용 정보 표시장치 : 라디오, TV, 영화 등

ㄷ 어떤 변수를 조종하거나 맞추는 것을 돕기 위한 장치

③ 표시장치로 나타내는 정보의 유형

ㄱ 정량적 정보 : 변수의 정량적인 값

ㄴ 정성적 정보 : 가변변수의 대략적인 값, 경향 변화율, 변화방향 등

ㄷ 상태정보 : 체계의 상황 혹은 상태

ㄹ 경계 및 신호정보 : 비상 혹은 위험 상황 또는 어떤 물체나 상황의 존재 유무

ㅁ 묘사적 정보 : 사물, 지역, 구성 등을 사진, 그림 혹은 그래프로 묘사

ㅂ 식별정보 : 어떤 정적 상태, 상황 또는 사물의 식별용

ㅅ 문자, 숫자 및 부호정보 : 구두, 문자, 숫자 및 관련된 여러 형태의 암호화정보

ㅇ 펄스화되었거나 혹은 시차적인 신호, 신호의 지속시간, 간격 및 이들의 조합에 의해 결정되는 신호

(2) 제어장치

① 모드 기계에는 작동을 통제할 수 있는 장치를 해야 하며, 제어장치의 조작은 여러 형태의 정신운동 작용을 요하므로 그 기능을 효과적으로 설계해야 한다.

② 조정장치(조종장치)의 요소

ㄱ 본질적 궤환 : 움직인 양, 움직이는 데 필요한 힘 등 직접 감지할 수 있는 것

ㄴ 외래적 궤환 : 표시장치의 체계출력관찰, 음신호의 포착 등

③ 저항의 종류

ㄱ 탄성저항

ㄴ 점성저항

ㄷ 관성

ㄹ 정지 및 미끄럼 마찰

5. 제어장치의 기능과 유형

(1) 제어장치

① 제어장치의 기능과 유형

㉠ 이산적인 정보를 전달하는 장치 : 누름버튼, 발누름버튼, 2·3 position 똑딱 스위치, 회전전환 스위치

㉡ 연속적인 정보를 전달하는 장치 : 노브, 그랭크, 핸들, 조종간, 페달

㉢ Cursor positioning 정보제공장치 : 마우스, 트랙볼, 디지타이징타블렛, 라이트펜

② 조작에 의한 분류

개폐에 의한 조작기	누름버튼 : 손, 발 똑딱 스위치 회전선택 스위치
영의 조절에 의한 조절기	노브, 크랭크, 레버, 손핸들, 페달, 커서위치조정(마우스, 트랙볼 등)
반응에 의한 통제	계기신호 감각에 의한 통제

(2) 조종장치의 인간공학적 설계지침

① **부하의 분산** : 과부하가 걸리지 않도록 고루 분산

② **운동관계** : 운동방향과 일치되게 배열

③ **중력부하** : 간격멈춤, 가속부하효과를 고려

④ **다중회전 조종장치** : 다중회전 조종장치 사용

⑤ **이산 및 연속 조종장치** : 조종객체가 이산적 위치나 값으로 조절될 경우 이산 조종장치로 간격멈춤 조종장치나 누름버튼 장치를 사용

⑥ **정지점** : 조절범위 시의 시작점과 종착점에 정지점을 제공

⑦ **조종장치의 표준화** : 쉽게 식별할 수 있는 것을 선택, 위치의 표준화

⑧ **조종장치의 그룹화** : 기능적으로 관련된 조종장치의 결합

⑨ **조종장치의 선택** : 손, 발, 믹스스위치를 알맞게 선택

6. 제어장치의 식별

(1) 암호화의 목적

판별성(빠르고 신속하게 조정장치를 식별하는 용이성)을 향상시키기 위하여 암호화하며, 반드시 표준화하는 것이 필요하다.

(2) 암호화의 종류 ★

① 모양

② 표면촉감

③ 크기

④ 위치

⑤ 색

⑥ 표시

⑦ 조작법 등

(3) 암호체계 사용상의 일반적 지침 ★★

① 암호의 검출성

② 암호의 변별성

③ 부호의 양립성

④ 부호의 의미

⑤ 암호의 표준화

⑥ 다차원 암호의 사용

7. 통제표시비

(1) 조정

① 표시장치 이동비율(Control Response(Display) ratio), C/D비 또는 C/R비

② 조정장치의 움직인 거리(회전수)와 표시장치상의 지침이 움직인 거리의 비

(2) 종류

① 선형 조정장치가 선형 표시장치를 움직일 때는 각각 직선변위의 비(제어표시비)

② 회전 운동을 하는 조정장치가 선형 표시장치를 움직일 경우

$$C/R비 = \frac{(a/360) \times 2\pi L}{표시장치의\ 이동거리}$$

L : 반경(지레의 길이), a : 조정장치가 움직인 각도

(3) 최적 C/R비 ★

① 이동 동작과 조종 동작을 절충하는 동작이 수반

② 최적치는 두 곡선의 교점 부호

③ C/R비가 작을수록 이동시간은 짧고, 조종은 어려워서 민감한 조정장치이다.

(4) 조정 반응비율(통제 표시비) 설계 시 고려사항

① 계기의 크기

② 공차

③ 목시거리

④ 조작시간

⑤ 방향성

(5) Display가 형성하는 목시각

구분	최적조건	제한조건
수평	15[°] 좌우	95[°] 좌우
수직	0~30[°](하한)	75[°](상한)~85[°](하한)

* 정상적인 위치에서 모든 작업의 display를 보기 위한 작업자의 시계 : 60[°]~90[°]

8. 특수 제어장치

(1) 안전을 고려한 조종장치의 설계

① 상호 잠김 장치와 경고 : 위험한 운용을 포함하는 조종장치는 사용 전에 관련 조종장치나 잠김 조종장치를 이용하여 안전하게 한 다음 사용하거나, 시각적, 청각적 경계장치를 작동시켜야 한다.

② 우발작동의 방지

㉠ 오목한 곳에 두기

㉡ 위치와 방향

㉢ 덮개

㉣ 잠금장치

㉤ 저항

㉥ 내부 조종장치

㉦ 신속한 운용

(2) 체계제어와 자동제어

① 체계제어 계수

㉠ 0계(위치제어)

㉡ 1계(율 또는 속도 제어)

㉢ 2계(가속도제어) : 가장 긴 인간의 처리시간을 요한다.

② 자동제어 : 자동제어의 종류로는 Sequential control과 Feedback control이 있다.

(3) 추적작업과 촉진

추적작업은 체계의 목표를 달성하기 위하여 인간이 체계를 제어해 나가는 과정이고, 촉진은 제어체계를 궤환(feedback)보상해 주는 것으로 본질적으로 폐회로 체계를 수정하여 조작자 자신이 미분 기능을 수행할 필요성을 덜어 주는 절차이다.

① 보정적 추적 표시장치

② 추종 추적장치

9. 양립성

(1) 양립성의 종류 및 정의 ★

공간적 양립성	표시장치나 조정장치에서 물리적 형태 및 공간적 배치
운동 양립성	표시장치의 움직이는 방향과 조정장치의 방향이 사용자의 기대와 일치
개념적 양립성	이미 사람들이 학습을 통해 알고 있는 개념적 연상
양식 양립성	직무에 알맞은 자극과 응답의 양식의 존재에 대한 양립성 예 소리로 제시된 정보는 말로 반응하게 하고, 시각적으로 제시된 정보는 손으로 반응하는 것이 양립성이 높다고 한다.

(2) 양립성의 예

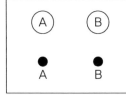

〈공간적 양립성〉

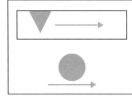

〈운동 양립성〉

〈개념적 양립성〉

(3) 운동양립성이 큰 경우

① 동목형 표시장치 ★

㉠ 눈금과 손잡이가 같은 방향회전

㉡ 눈금 수치는 우측으로 증가

㉢ 꼭지의 시계방향 회전 → 지시치 증가

② 오른나사가 움직이는 방향

10. 수공구

(1) 수공구로 인한 부상

① 부상을 가장 많이 유발하는 도구의 형태 : 칼, 렌치, 망치

② 누적 외상병(CTD)–(근골격계 질환)

㉠ 외부의 스트레스에 의해 장기간 동안 반복적인 작업이 누적되어 발생하는 부상 또는 질병

㉡ 종류

ⓐ 손목관 증후군

ⓑ 건염

ⓒ 건피염

ⓓ 테니스 팔꿈치

ⓔ 방아쇠 손가락 등

ⓒ CTDs(누적손상장애)의 원인 ★★

ⓐ 부적절한 자세

ⓑ 무리한 힘의 사용

ⓒ 과도한 반복작업

ⓓ 연속작업(비휴식)

ⓔ 낮은 온도 등

ⓔ CTDs(누적손상장애)의 예방

ⓐ 관리적인 면

ⓑ 공학적인 면

ⓒ 치료적인 면

③ 수공구 설계원칙

㉠ 손목을 곧게 펼 수 있도록 손목이 팔과 일직선일 때 가장 이상적

㉡ 손가락으로 지나친 반복동작을 하지 않도록 검지의 지나친 사용은 방아쇠 손가락 증세 유발

㉢ 손바닥면에 압력이 가해지지 않도록(접촉면을 크게) 신경과 혈관에 장애(무감각증, 떨림현상)

㉣ 기타

ⓐ 안전측면을 고려한 디자인

ⓑ 적절한 장갑의 사용

ⓒ 왼손잡이 및 장애인을 위한 배려

ⓓ 공구의 무게를 줄이고 균형유지 등

2 신체활동의 생리학적 측정법

1. 신체반응의 측정

(1) 피로측정 대상작업의 분류
① 동적 근력방법
② 정적 근력작업
③ 신경적 작업
④ 심적 작업

(2) 피로측정의 방법
① 스트레인(strain)의 측정하는 척도 ★
② 인지적 활동 – EEG
③ 정신 운동적 활동 – EOG
④ 국부적 근육 활동 – EMG
⑤ 정신적인 활동, 피부전기반사 – GSR

2. 신체역학

(1) 신체 부위의 운동
① 기본동작 ★

굴곡 – 관절에서의 각도가 감소 신전 – 관절에서의 각도가 증가
내전 – 몸 중심선으로 향하는 이동 외전 – 몸 중심선으로부터 멀어지는 이동
내선 – 몸 중심선으로 향하는 회전 외선 – 몸 중심선으로부터 회전
회내 – 몸 또는 손바닥을 아래로 향하는 회외 – 몸 또는 손바닥을 위로 향하는

② 힘과 염력
㉠ 부하염력은 골격근에 의한 반염력에 의해 균형
㉡ 물체의 정적 평형상태는 힘의 평형과 모멘트의 평형이 충족될 때 유지

③ 접촉력

책상 위에 나무토막이 놓여있을 경우, 윗방향 힘 F, 토막중량 W

> 접촉력(수직력) $F = -W$

(2) 마찰력

책상 위에 놓여있는 나무토막에 평행한 방향으로 힘 F_1을 가했는데 움직이지 않았다면 여기에 작용하는 또 다른 힘 F_2(마찰력)

> 마찰력$(F_2) = -F_1$

(3) 완력

① 밀고 당기는 힘의 측정

② 팔을 앞으로 뻗었을 때 최대(180[°])이며, 왼손은 오른손보다 10[%] 정도 적다.

3. 신체활동의 에너지 소비

(1) 에너지 소모량 산출

① 에너지 대사율(R.M.R : Relative Metabolic Rate) ★

㉠ 작업강도 단위로서 산소 호흡량을 측정하여 에너지의 소모량을 결정하는 방식이다.

㉡ 기초대사량(BMR, Basal Metabolic Rate) : 생명유지에 필요한 단위시간당 에너지량 ★

㉢ 작업대사량 : 운동이나 노동에 의해 소비되는 에너지량

$$R \cdot M \cdot R = \frac{\text{작업대사량}}{\text{기초대사량}} = \frac{\text{작업 시의 소비에너지} - \text{안정 시의 소비에너지}}{\text{기초대사량}}$$

(2) 에너지 대사율(R.M.R)에 따른 작업의 분류 ★★

RMR	0~1	1~2	2~4	4~7	7 이상
작업	초경작업	경작업	중(보통)작업	중(무거운)작업	초중(무거운)작업

(3) 에너지 소비량의 관리

① 노동에 따른 에너지

> 보통사람의 하루 동안 낼 수 있는 에너지 : 약 4,300[kcal/일]
> 기초대사와 여가에 필요한 에너지 : 2,300[kcal/일]
> 작업에 사용 가능한 에너지 : 4,300 − 2,300 = 2,000[kcal/일]
> 따라서 2,000/480[분] = 4.16[kcal/분](기초대사를 포함한 상한은 약 5[kcal/분])

② 휴식시간 ★ : 작업의 평균 에너지 값이 E[kcal/분]일 경우 60분간의 총 작업시간 내에 포함되어야 할 휴식시간 R[분]

$$R[분] = \frac{60(E-5)}{E-1.5}$$

1.5 : 휴식 중의 에너지 소비량
5[kcal/분] : 보통 작업에 대한 평균 에너지
60[분] : 작업시간
E[kcal/분] : 작업 시 필요한 에너지

4. 동작의 속도와 정확성

(1) 단순반응과 선택반응시간

① 반응시간 : 자극이 있은 후 동작을 개시할 때까지의 총 시간

② 단순반응시간 : 하나의 특정한 자극 발생 시 – 0.15~0.2초

③ 선택반응시간 : 자극의 수가 여러 개일 때(결정을 위한 중앙 처리시간 포함)

대안 수	1	2	3	4	5	6	7	8	9	10
반응시간[초]	0.20	0.35	0.40	0.45	0.50	0.55	0.60	0.60	0.65	0.65

(2) 예상

단순반응 및 선택반응시간은 자극을 예상하고 있는 경우의 실험실 자료이며 자극을 예상하고 있지 않을 경우의 반응시간은 0.1초 정도 증가

(3) 동작시간(동작을 실행하는 데 걸리는 시간)

① 동작의 종류와 거리에 따라 차이

② 조종 활동에서의 최소치는 약 0.3초

③ 총반응시간(정보처리능력의 한계) = 반응시간 + 동작시간 = 0.5초

(4) 위치 동작

① 맹목위치 동작

㉠ 근육 운동 지각으로부터의 궤환 정보에 의존

㉡ 정확도에 관한 실험

정확	정면방향	표적의 높이는 하단	오른손
부정확	측면방향	표적의 높이는 상단	왼손

㉢ 눈으로 보지 않고 조작하는 조정장치 및 기계장치의 배치 → 정면에 가깝고 어깨보다 낮은 수준

> ⊕ 사정효과(Range effect) ★
> • 보지 않고 손을 움직일 경우 짧은 거리는 지나치고 긴 거리는 못 미치는 경향
> • 작은 오차에는 과잉반응하고 큰 오차에는 과소반응

(5) 정적반응 : 정적인 자세에서 벗어나는 경우

① 진전 : 잔잔한 떨림

② drifting : 원자세에서 크게 움직임

(6) 진전을 감소시키는 방법

① 시각적 참조

② 몸과 작업에 관련되는 부위를 잘 받친다.

③ 손이 심장 높이에 있을 때 손떨림 현상이 적다.

④ 작업 대상물에 기계적인 마찰이 있을 경우

※ 진전의 특징은 떨지 않으려고 노력하면 할수록 더 심한 진전이 일어난다.

3 작업공간 및 작업자세

1. 부품배치의 원칙 ★

중요성의 원칙	목표달성에 긴요한 정도에 따른 우선순위	부품의 위치결정
사용빈도의 원칙	사용되는 빈도에 따른 우선순위	
기능별 배치의 원칙	기능적으로 관련된 부품을 모아서 배치	부품의 배치결정
사용 순서의 원칙	순서적으로 사용되는 장치들을 순서에 맞게 배치	

2. 활동분석

(1) 작업공간

① 작업공간 포락면(Work space envlope) : 한 장소에 앉아서 수행하는 작업활동에서 사람이 작업하는 데 사용하는 공간을 말한다. 포락면을 설계할 때에는 수행해야 하는 특정활동과 공간을 사용할 사람의 유형을 고려하여 상황에 맞추어 설계해야 한다.

② 파악한계(grasping reach) : 앉은 작업자가 특정한 수작업 기능을 편히 수행할 수 있는 공간의 외곽 한계이다.

③ 정상 작업역과 최대 작업역

㉠ 정상 작업역 : 전완을 자연스럽게 수직으로 늘어뜨린 채, 전완만으로 편하게 뻗어 파악할 수 있는 구역(34~45[cm])

㉡ 최대 작업역 : 전완과 상완을 곧게 펴서 파악할 수 있는 구역(55~65[cm])

④ 특수 작업역 : 특정한 공간에서 작업하는 구역으로 선 자세, 쪼그려 앉은 자세, 누운 자세, 의자에 앉은 자세, 구부린 자세, 엎드린 자세가 있다.

(2) 개별작업공간

표시장치와 조종장치를 포하하는 작업장을 설계할 때 따를 수 있는 지침

① 1순위 : 주된 시각적 임무

② 2순위 : 주시각 임무와 상호작용하는 주 조종장치

③ 3순위 : 조종장치와 표시장치 간의 관계

④ 4순위 : 순서적으로 사용되는 부품의 배치

⑤ 5순위 : 체계 내 혹은 다른 체계의 여타 배치와 일관성 있게 배치

⑥ 6순위 : 자주 사용되는 부품을 편리한 위치에 배치

3. 부품의 위치 및 배치

(1) 부품의 일반적 위치

① 시각적 표시장치 : 정상 시선 주위의 10~15[°] 반경을 갖는 원(정상시선은 수평하 15[°] 정도) ★

동침형	눈금이 고정되고 지침이 움직이는 형	원형 눈금 반원형 눈금 수직 눈금
동목형	지침이 고정되고 눈금이 움직이는 형	원형 눈금 계창형 수직 눈금
계수형	전력계나 택시요금 계기와 같이 기계, 전자적으로 숫자가 표시되는 형	59

(2) 수동 조정장치

① 힘을 요하는 조정장치 : 손을 뻗어 잡을 수 있는 최대거리(파악 한계)

② 앉은 사람이 손잡이(knob), 똑딱 스위치, 누름단추를 작동할 경우 중심으로부터 25[°] 위치일 때 → 작동시간이 가장 짧다.

(3) 족동 조정장치

발판의 각도가 수직으로부터 15~35[°]인 경우 → 답력이 가장 크다.

(4) 부품의 배치

배치의 원칙	• 사용순서에 따라 부품군 배치 • 기능에 따라 부품군 배치
조정장치 간격	• knob 사용 시 인접 knob와의 접촉 방지 • 반면적이 작을 경우 직경이 작은 knob가 적당 • 오른쪽 knob의 접촉 오차가 상대적으로 크다.
Lay out의 원칙	• 인간과 기계의 흐름을 라인화 • 집중화(이동거리 단축, 기계배치의 집중화) • 기계화(운반기계활용, 기계활용의 집중화) • 중복부분 제거(돌거나 되돌아 나오는 부분 제거)

4. 개별 작업 공간 설계지침

(1) 앉은 사람의 작업공간

① 작업공간 포락면 ★ : 한 장소에 앉아서 수행하는 작업활동에서 작업하는 데 사용하는 공간

② 파악 한계 : 앉은 작업자가 특정한 수작업 기능을 편히 수행할 수 있는 공간의 외곽 한계

(2) 작업대

① 수평작업대

정상 작업역(표준영역)	위팔을 자연스럽게 수직으로 늘어뜨리고, 아래팔만으로 편하게 뻗어 파악할 수 있는 영역 측정법/작업 공간 및 작업 자세
최대 작업역(최대영역)	아래팔과 위팔을 모두 곧게 펴서 파악할 수 있는 영역

② 작업대 높이

최적높이 설계지점	• 작업면의 높이는 상완이 자연스럽게 수직으로 늘어뜨려지고 전완은 수평 또는 약간 아래로 비스듬하여 작업면과 적절하고 편안한 관계를 유지할 수 있는 수준 • 작업대가 높은 경우 : 앞가슴을 위로 올리는 경향, 겨드랑이를 벌린 상태 등 • 작업대가 낮은 경우 : 가슴이 압박받음. 상체의 무게가 양팔꿈치에 걸림 등
착석식(의자식) 작업대 높이 ★	• 조절식으로 설계하여 개인에 맞추는 것이 가장 바람직 • 작업 높이가 팔꿈치 높이와 동일 • 섬세한 작업(미세부품조립 등)일수록 높아야 하며(팔꿈치 높이보다 5~15[cm]) 거친 작업에는 약간 낮은 편이 유리 • 작업면 하부 여유 공간이 가장 큰 사람의 대퇴부가 자유롭게 움직일 수 있도록 설계 • 작업대 높이 설계 시 고려 사항 : 의자의 높이, 작업대 두께, 대퇴 여유
입식 작업대 높이	• 경조립 또는 이와 유사한 조작작업 : 팔꿈치 높이보다 5~10[cm] 낮게 • 섬세한 작업일수록 높아야 하며, 거친 작업은 약간 낮게 설치 • 고정높이 작업면은 가장 큰 사용자에게 맞도록 설계(발판, 발 받침대 등 사용) • 높이 설계 시 고려 사항 : 근전도(EMG), 인체계측(신장 등), 무게중심 결정(물체의 무게 및 크기 등)

5. 계단

(1) 계단사고

① 계단 또는 사다리에서의 추락은 부상과 사망사고의 주원인

② 가정에서의 사고 중 1순위

(2) 안전한 계단의 설계

① 발판의 깊이 : 최소 28[cm]

② 챌판(riser) 높이 : 10~18[cm]

③ 적절한 곳에 손잡이 설치

④ 발판 표면 미끄럼 방지

⑤ 인접발판 간의 치수의 비 균일성 : 5[mm] 이하

⑥ 계단의 경사 : 30[°]~35[°]가 적당(최대범위 20[°]~50[°])

⑦ 챌판 높이는 이전 것보다 1/4[″](6.35[mm])만 높아도 전도위험(넘어질 위험)

⑧ 생리적 관점에서 경사로보다 계단이 효율적(단. 무릎각도, 발목각도가 중요한 경우 경사로가 유리)

6. 의자 설계 원칙

(1) 의자의 설계원칙 종류 ★★

체중분포	체중이 주로 좌골결절에 실려야 편안하다.
의자 좌판의 높이	① 대퇴부의 압박 방지를 위해 좌판 앞부분은 오금 높이보다 높지 않게 설계(치수는 5[%]치 사용) ② 좌판의 높이는 개인별로 조절할 수 있도록 하는 것이 바람직 ③ 사무실 의자의 좌판과 등판각도 　㉠ 좌판각도 : 3[°] 　㉡ 등판각도 : 100[°]
의자 좌판의 깊이와 안정	폭은 큰 사람에게 맞도록, 깊이는 대퇴를 압박하지 않도록 작은 사람에게 맞도록 설계
몸통의 안정	사무실 의자의 좌판각도는 3[°], 등판각도는 100[°]가 추천되고 휴식 및 독서를 위해서는 각도가 더 큰 것이 선호된다.

(2) Sanders와 McCormick의 의자 설계의 일반적인 원칙 ★

① 요부는 전반을 유지해야 한다.(요부는 허리, 전반은 앞으로 휘어졌다는 것임. 따라서 허리는 앞으로 활처럼 휘어야 함)

② 조정이 용이해야 한다.

③ 등근육의 정적부하를 줄인다.

④ 디스크가 받는 압력을 줄인다.

(3) 의자 설계 시 고려해야 할 사항 ★★★

① 등받이의 굴곡은 요추의 굴곡과 일치해야 한다.

② 좌면의 높이는 사람의 신장에 따라 조절 가능해야 한다.

③ 정적인 부하와 고정된 작업자세를 피해야 한다.

④ 의자의 높이는 오금의 높이보다 같거나 낮아야 한다.

4 인간의 특성과 안전

1. 인간 성능

(1) 연구에 사용되는 변수

독립변수	관찰하고자 하는 현상의 원인에 해당하는 변수(실험변수)
종속변수	평가 척도나 기준으로서 관심의 대상이 되는 변수(기준)
통제변수	종속변수에 영향을 미칠 수 있지만 독립변수에 포함되지 않는 변수

(2) 연구 방법

① 실험실 연구 : 변수의 통제가 용이하며 환경간섭 제거가 가능하고 안전확보가 가능하다. 하지만 사실성이나 현장감이 부족하다.

② 현장연구 : 사실성이나 현장감은 있지만 변수의 통제가 곤란하고, 환경간섭 제거가 곤란하고 사용시간과 비용이 많이 든다.

③ 모의실험 : 어느정도의 사실성 확보와 변수 통제가 용이하며, 안전도 확보가 되나, 비용이 많이 든다.

④ 평가연구 ★ : 실제의 제품이나 시스템이 추구하는 특성 및 수준이 달성되는지를 비교하고 분석

2. 성능 신뢰도

(1) 신뢰성

① 인간이 갖는 신뢰성

㉠ 주의력

㉡ 의식수준(경험 연수, 지식수준, 기술수준)

㉢ 긴장수준(일반적으로 에너지 대사율, 체내 수분 손실량 등 생리적 측정법으로 추정)

② 기계의 신뢰성 : 재질, 기능, 작동방법

(2) 신뢰도 계산 ★★★

① 인간-기계 체계의 신뢰도

> 시스템의 신뢰도(RS) = 인간의 신뢰도(RH) × 기계의 신뢰도(RB)

㉠ 직렬연결

$$R_s = r_1 \times r_2$$

㉡ 병렬연결

$$R_s = r_1 + r_2(1 - r_1)$$

② 시스템의 신뢰도 ★

㉠ 직렬

$$R = R_1 \times R_2 \times R_3 \times \cdots \cdots \times R_n = \prod_{i=1}^{n} R_i$$

㉡ 병렬

$$R = 1 - (1 - R_1)(1 - R_2) \cdots \cdots (1 - R_n) = 1 - \prod_{i=1}^{n} (1 - R_i)$$

3. 인간의 정보처리

(1) 정보입력과 처리

① 정보입력

㉠ 신경계

ⓐ 말초신경계(말초신경계, 척수)

ⓑ 자율신경계(원심성신경, 내장, 혈관, 선, 평활근 등 불수의적으로 작용하는 조직 및 기관 지배)

㉡ 중추신경계

ⓐ 중추신경계의 기능(반사, 통합)

ⓑ 뇌간-척수계

㉢ 대뇌피질 : 감각영역, 연합영역, 운동영역

② 정보의 처리

감각기관 → 인식 → 단기보관 → 인식을 행동으로 옮김(반응선택) → 반응의 제어 → 운동기관

(2) 웨버의 법칙(Weber's law) : 상대식별 ★

물리적 자극을 상대적으로 판단하는 데 있어 특정감각의 변화감지역은 기준자극의 크기에 비례한다. 웨버의 비가 작을수록 감각의 분별력이 뛰어나다.

$$\text{웨버의 비} = \frac{\text{변화감지역}}{\text{기준자극의 크기}}$$

(3) 정보의 측정단위

과학적 탐구	계량적 측정	정보의 척도 → bit(binary unit)의 합성어
	객관적 측정	

① bit란 : 실현 가능성이 같은 2개의 대안 중 하나가 명시되었을 때 얻을 수 있는 정보량

② 정보량 ★★ : 실현 가능성이 같은 n개의 대안이 있을 때 총 정보량 H는

$$H = \log_2 n$$

예제 동전을 던질 때 앞이 나올 확률이 0.9이고 뒤가 나올 확률이 0.1이라면 얻을 수 있는 정보량은?

⇒ 1. $H(\text{앞}) = \log_2\left(\dfrac{1}{0.9}\right) = 0.15[\text{bit}]$

2. $H(\text{뒤}) = \log_2\left(\dfrac{1}{0.1}\right) = 3.32[\text{bit}]$

3. $Havg = P(\text{앞}) \times H(\text{앞}) + P(\text{뒤}) \times H(\text{뒤}) = 0.9 \times 0.15 + 0.1 \times 3.32 = 0.47[\text{bit}]$

③ 각 대안의 실현 확률로 표현할 수도 있다.(실현 확률을 P라고 하면)

$$H = \log_2 \frac{1}{P}$$

④ Fitts의 법칙 ★

$$ID(\text{bits}) = \log_2 \frac{2A}{W}$$
$$MT = a + b \cdot ID$$

A는 표적중심선까지의 이동거리, W는 표적 폭
ID(index of difficulty)는 난이도, MT(movement time)

㉠ 표적이 작을수록, 이동거리가 길수록 작업의 난이도와 소요 이동시간이 증가한다.

ⓛ 사람들의 신체적 반응을 통하여 전송할 수 있는 정보량은 상황에 따라 다르지만 대체적으로 상한값은 약 10[bit/sec] 정도로 추정한다. 따라서 피츠의 법칙은 떨어진 영역을 클릭하는 데 걸리는 시간은 영역까지의 거리와 영역의 폭에 따라 달라지는데, 멀리 있을수록, 버튼이 작을수록 클릭하는 데 시간이 더 많이 걸린다는 이론으로 동작시간의 법칙이다.

(4) 인간의 정보처리

[표시장치를 이용한 정보사용 시 지각 및 인식 과정]

정보의 회수 및 처리	정보 보관
인지	장기기억
회상	단기기억
정보처리	감각보관
문제해결 및 의사결정	
신체반응의 선택	

(5) 지식과 기술의 습득

[기술의 분류]

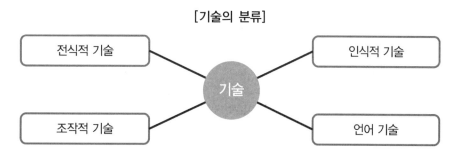

전식적 기술 · 조작적 기술 — 기술 — 인식적 기술 · 언어 기술

(6) 전달된 정보량

① 자극과 반응에 관련된 정보량

ⓐ 손실 : 입력 정보가 손실되어 출력에 반영

ⓛ 소음 : 불필요한 소음정보가 추가되어 반응으로 발생

자극 정보량 H(x)	전달된 정보량 T(x, y)	반응 정보량 H(y)
	결합된 정보량 H(x, y)	

② 수식

- 전달된 정보량 $T(x, y) = H(x) + H(y) - H(x, y)$
- 자극정보량(손실) $= H(x) - T(x, y)$
- 반응정보량(소음) $= H(y) - T(x, y)$

예제 자극과 반응의 실험에서 자극 A가 나타날 경우 1로 반응하고 자극 B가 나타날 경우 2로 반응하는 것으로 하고, 100회 반복하여 표와 같은 결과를 얻었다. 제대로 전달된 정보량을 계산하면 약 얼마인가?

반응 자극	1	2
A	50	–
B	10	40

⇒

	1	2	계
A	50	–	50
B	10	40	50

- 자극정보량

$$H(x) = 0.5\log_2\frac{1}{0.5} + 0.5\log_2\frac{1}{0.5} = 1.0$$

- 반응정보량

$$H(y) = 0.6\log_2\frac{1}{0.6} + 0.4\log_2\frac{1}{0.4} = 0.9709$$

$$H(x,y) = 0.5\log_2\frac{1}{0.5} + 0.1\log_2\frac{1}{0.1} + 0.4\log_2\frac{1}{0.4} = 1.3609$$

$$T(x,y) = H(x) + H(y) - H(x,y) = 0.610$$

4. 산업재해와 산업인간공학

(1) 산업재해

① 정의

근로에 종사하는 직원이 업무에 관계되는 건설물·설비·원재료·가스·증기·분진 등에 의하거나 작업 또는 그 밖의 업무로 인하여 사망 또는 부상을 당하거나 질병에 걸리는 것을 말한다.

② 중대재해의 범위

㉠ 사망자가 1명 이상 발생한 재해

㉡ 3개월 이상의 요양이 필요한 부상자가 동시에 2명 이상 발생한 재해

㉢ 부상자 또는 직업성 질병자가 동시에 10명 이상 발생한 재해

(2) 산업인간공학

① 정의 : 인간의 능력과 관련된 특성이나 한계점을 체계적으로 응용하여 작업체계의 개선에 활용하는 연구분야

② 산업인간공학의 가치

　㉠ 인력이용률의 향상

　㉡ 훈련비용의 절감

　㉢ 사고 및 오용으로부터의 손실 감소

　㉣ 생산성의 향상

　㉤ 사용자의 수용도 향상

　㉥ 생산 및 정비유지의 경제성 증대

5. 근골격계 질환

(1) 정의

반복적인 동작, 부적절한 작업 자세, 무리한 힘의 사용, 날카로운 면과의 신체 접촉, 진동 및 온도 등의 요인에 의하여 발생하는 건강장해로서 목, 어깨, 허리, 상·하지의 신경·근육 및 그 주변 신체 조직 등에 나타나는 질환

(2) 근골격계의 구성

① 인체의 골격계는 전신의 뼈, 연골, 관절, 인대로 구성된다.

② 뼈의 구성 : 뼈는 골질, 연골막, 골막, 골수로 구성된다.

③ 뼈의 기능 ★

　㉠ 인체의 지주역할을 한다.

　㉡ 가동성연결, 즉 관절을 만들고, 골격근의 수축에 의해 운동기로서 작용한다.

　㉢ 체강의 기초를 만들고 내부의 장기들을 보호한다.

　㉣ 골수는 조혈기능을 갖는다

　㉤ 칼슘, 인산의 중요한 저장고가 되며, 나트륨과 마그네슘 이온의 작은 저장고 역할을 한다.

(3) 근골격계 부담작업 ★

① 하루에 4시간 이상 집중적으로 자료입력 등을 위해 키보드 또는 마우스를 조작하는 작업

② 하루에 총 2시간 이상 목, 어깨, 팔꿈치, 손목 또는 손을 사용하여 같은 동작을 반복하는 작업

③ 하루에 총 2시간 이상 머리 위에 손이 있거나, 팔꿈치가 어깨 위에 있거나, 팔꿈치를 몸통으로부터 들거나, 팔꿈치를 몸통 뒤쪽에 위치하도록 하는 상태에서 이루어지는 작업

④ 지지되지 않은 상태이거나 임의로 자세를 바꿀 수 없는 조건에서, 하루에 총 2시간 이상 목이나 허리를 구부리거나 트는 상태에서 이루어지는 작업

⑤ 하루에 총 2시간 이상 쪼그리고 앉거나 무릎을 굽힌 자세에서 이루어지는 작업

⑥ 하루에 총 2시간 이상 지지되지 않은 상태에서 1[kg] 이상의 물건을 한손의 손가락으로 집어 옮기거나, 2[kg] 이상에 상응하는 힘을 가하여 한손의 손가락으로 물건을 쥐는 작업

⑦ 하루에 총 2시간 이상 지지되지 않은 상태에서 4.5[kg] 이상의 물건을 한 손으로 들거나 동일한 힘으로 쥐는 작업

⑧ 하루에 10회 이상 25[kg] 이상의 물체를 드는 작업

⑨ 하루에 25회 이상 10[kg] 이상의 물체를 무릎 아래에서 들거나, 어깨 위에서 들거나, 팔을 뻗은 상태에서 드는 작업

⑩ 하루에 총 2시간 이상, 분당 2회 이상 4.5[kg] 이상의 물체를 드는 작업

⑪ 하루에 총 2시간 이상 시간당 10회 이상 손 또는 무릎을 사용하여 반복적으로 충격을 가하는 작업

(4) 요인별 조사방법

① 근로자와의 면담

② 증상 설문조사

③ 인간공학적 측면을 고려한 조사

(5) 조치사항

① 주로 취급하는 물품에 대하여 근로자가 쉽게 알 수 있도록 물품의 중량과 무게중심에 대하여 작업장 주변에 안내표시할 것

② 취급하기 곤란한 물품에 대하여 손잡이를 붙이거나 갈고리, 진공 빨판 등 적절한 보조도구를 활용할 것

(6) 근골격계 질환의 원인

① 부적절한 작업 자세

② 무리한 반복작업

③ 과도한 힘

④ 부족한 휴식시간

⑤ 신체적 압박

⑥ 차가운 온도나 무더운 온도의 작업환경

(7) 작업위험평가

① 작업위험평가 기법의 종류

ㄱ NIOSH Lifting Equation(NLE)

ㄴ Ovako Working-Posture Analysing System(OWAS)

ㄷ Rapid Upper Limb Assessment(RULA)

ㄹ Rapid Entire Body Assessment(REBA)

ㅁ 기타(ANSI-Z 365, Snook's table, SI, 진동)

② NIOSH Lifting Equation(NLE) 들기지침 ★★

권장무게한계(RWL : Recommended Weight Limit)

$REW = LC \times HM \times VM \times DM \times AM \times FM \times CM$

LC(부하상수)=23[kg]

HM(수평계수)=25/H

VM(수직계수)=$1-(0.003 \times |V-75|)$

DM(거리계수)=$0.82+(4.5/D)$

AM(비대칭계수)=$1-(0.0032 \times A)$

FM(빈도계수)

CM(결합계수)

(8) 대표적인 작업 자세 평가 기업

기법	OWAS	RULA
개념	작업자의 부적절한 작업 자세를 정의하고 평가하기 위해 개발한 방법	어깨, 팔목, 손목, 목 등의 상지에 초점 두고 작업 자세로 인한 작업부하를 쉽고 빠르게 평가
특징	현장에 적용하기 쉬우나 몸통과 팔의 자세 분류가 부정확하고 팔목 등에 대한 정보 미반영	근육 피로, 정적 또는 반복적인 작업, 직업에 필요한 힘의 크기 등에 관한 평가 및 나쁜 작업 자세의 비율을 쉽고 빠르게 파악

작업환경관리

1 작업조건과 환경조건

1. 조명기계 및 조명수준

(1) 조명기계와 방법

① 시계

ㄱ 정상적인 시계 : 200[°]

ㄴ 색채식별 시계 : 70[°]

② 진동의 영향으로 제일 먼저 받는 감각기관 : 시각

③ 노화에 따라 제일 먼저 기능이 저하되는 감각기관 : 시각

④ 시각의 최소감지 범위 : $10^{-6}[\mathrm{mL}]$

(2) 추천조명수준의 설정

① 소요조명

$$소요조명[\mathrm{fC}] = \frac{소요광속발산도[\mathrm{fL}]}{반사율[\%]} \times 100$$

※ 광속 발산도 : 단위 면적당 표면에서 반사 또는 방출되는 빛의 양으로 단위는 Lambert[L], millilambert[mL], foot–Lambert[fL]

② 추천조명 수준

작업조건	foot-candle	특정한 임무
높은 정확도를 요구하는 세밀한 작업	1,000 500 300	수술대, 아주 세밀한 조립작업 아주 힘든 검사작업 세밀한 조립작업

(3) 인공조명 설계 시 고려사항

① 조도는 작업상 충분할 것

② 광색은 주광색에 가까울 것

③ 유해가스를 발생하지 않을 것

④ 폭발과 발화성이 없을 것

⑤ 취급이 간단하고 경제적일 것

2. 반사율과 휘광

(1) 반사율

① 반사율 공식

$$반사율[\%] = \frac{광도[fL]}{조도[fC]} \times 100$$

② 추천반사율 ★★

바닥	가구, 사무용기기, 책상	창문 발, 벽	천장
20~40[%]	25~45[%]	40~60[%]	80~90[%]

※ 암기 : 천장 → 벽 → 책상 → 바닥(위에서 아래로)

③ 실제로 얻을 수 있는 최대 반사율 : 약 95[%] 정도

(2) 휘광

① 눈이 순응된 밝기보다 훨씬 밝은 빛

② 영향 : 휘광은 성가신 느낌과 불편함을 주고 가시도와 시성능을 저하시킨다.

3. 조도와 광도

(1) 조도(illuminance) ★★

① 물체의 표면에 도달하는 빛의 밀도(표면밝기의 정도)로 단위는 [lux]를 사용하며, 거리가 멀수록 역자승 법칙에 의해 감소한다.

$$조도 = \frac{광량}{거리^2}$$

② 조도의 척도

foot-candle[fC]	lcd의 점광원으로부터 1[ft] 떨어진 구면에 비치는 빛의 양(밀도) 1[lumen/ft^2], 미국에서 사용하는 단위
lux	lcd의 점광원으로부터 1[m] 떨어진 구면에 비치는 빛의 양(밀도) 1[lumen/ft^2], 국제표준단위로 일반적으로 사용

(2) 광도

① 단위 면적당 표면에서 반사 또는 방출되는 광량을 말하며, 주관적 느낌으로서 휘도에 해당되나 휘도는 여러 가지 요소에 의해 영향을 받는다.

② 광도의 단위

Lambert[L]	완전 발산 또는 반사하는 표면이 1[cm] 거리에서 촛불로 조명될 때의 조도와 같은 광도
millilambert[mL]	1[L]의 1/1,000로서, 1foot-Lambert와 비슷한 값을 갖는다.
foot-Lambert[fL]	완전 발산 또는 반사하는 표면이 1[fC]로 조명될 때의 조도와 같은 광도
nit[cd/m²]	완전 발산 또는 반사하는 평면이 π[lux]로 조명될 때의 조도와 같은 광도

(3) 대비

① 표적과 배경의 차이를 말한다.

② 대비 공식 ★

$$대비\,[\%] = \frac{배경의\;광도\,(L_b) - 표적의\;광도\,(L_t)}{배경의\;광도\,(L_b)} \times 100$$

(4) 광도비

① 주어진 장소와 주위의 광도의 비

② 사무실 및 산업현장의 추천광도비는 3 : 1

③ VDT 작업화면과 인접주변 간에는 1 : 3, 화면과 화면에서 먼 주위 간에는 1 : 10

4. 소음과 청력손실

(1) 소음

① 소음작업 정의

"소음작업"이란 1일 8시간 작업을 기준으로 85[dB] 이상의 소음이 발생하는 작업

② 강렬한 소음작업

㉠ 90[dB] 이상의 소음이 1일 8시간 이상 발생하는 작업

㉡ 95[dB] 이상의 소음이 1일 4시간 이상 발생하는 작업

㉢ 100[dB] 이상의 소음이 1일 2시간 이상 발생하는 작업

㉣ 105[dB] 이상의 소음이 1일 1시간 이상 발생하는 작업

㉤ 110[dB] 이상의 소음이 1일 30분 이상 발생하는 작업

㉥ 115[dB] 이상의 소음이 1일 15분 이상 발생하는 작업

③ 충격소음작업

소음이 1초 이상의 간격으로 발생하는 작업

㉠ 120[dB]을 초과하는 소음이 1일 1만회 이상 발생하는 작업

㉡ 130[dB]을 초과하는 소음이 1일 1천회 이상 발생하는 작업

㉢ 140[dB]을 초과하는 소음이 1일 1백회 이상 발생하는 작업

(2) 청력손실

① 청력보존 프로그램

소음노출 평가, 소음노출 기준 초과에 따른 공학적 대책, 청력보호구의 지급과 착용, 소음의 유해성과 예방에 관한 교육, 정기적 청력검사, 기록·관리 사항 등이 포함된 소음성 난청을 예방·관리하기 위한 종합적인 계획

② 연속 소음 노출로 인한 청력손실

일시적인 노출은 수 시간 혹은 며칠 후 보통 회복되지만 노출이 계속됨에 따라 회복량이 줄어들어 영구손실로 진행

③ 청력손실의 성격

㉠ 청력손실의 정도는 노출되는 소음수준에 따라 증가한다.

㉡ 청력손실은 4,000[Hz]에서 가장 크게 나타난다.

㉢ 강한 소음은 노출 기간에 따라 청력손실을 증가시키지만 약한 소음의 경우에는 관계없다.

④ 강한 소음으로 인한 생리적 영향

㉠ 말초 순환계 혈관 수축

㉡ 동공팽창, 맥박강도, EEG 등에 변화

㉢ 부신 피질 기능 저하

㉣ 기타 : 혈압상승, 심장박동수 및 신진대사 증가, 발한촉진, 위액 및 위장운동 억제

5. 소음노출한계

(1) 손상 위험기준

① 강렬한 음에는 수초 동안밖에 견디지 못함(130[dB]은 10초간)

② 90[dB] 정도에 장기간 노출되면 청력장애 유발

(2) OSHA 표준

[OSHA 허용 소음노출]

음압수준[dB(A)]	85	90	95	100	105	110	115	120	125	130
허용시간	16	8	4	2	1	0.5	0.25	0.125	0.063	0.031

※ 암기 : $\frac{1}{2}$씩 증가

(3) 초음파 소음 ★

① 가청영역 위의 주파수를 갖는 소음(일반적으로 20,000[Hz] 이상)

② 노출한계 : 20,000[Hz] 이상에서 110[dB]로 노출한정

③ 소음의 측정방법

㉠ 소음측정에 사용되는 기기(이하 "소음계"라 한다)는 누적소음 노출량측정기, 적분형소음계 또는 이와 동

등 이상의 성능이 있는 것으로 하되 개인 시료채취 방법이 불가능한 경우에는 지시소음계를 사용할 수 있으며, 발생시간을 고려한 등가소음레벨 방법으로 측정할 것

(소음발생 간격이 1초 미만을 유지하면서 계속적으로 발생되는 연속음은 지시소음계 또는 이와 동등 이상의 성능이 있는 기기로 측정할 경우에는 예외)

ⓛ 소음계의 청감보정회로는 A특성으로 할 것

ⓒ 소음측정 시 주의사항

　ⓐ 소음계 지시침의 동작은 느린(Slow) 상태로 한다.

　ⓑ 소음계의 지시치가 변동하지 않는 경우에는 해당 지시치를 그 측정점에서의 소음수준으로 한다.

ⓔ 누적소음노출량 측정기로 소음을 측정하는 경우에는 Criteria는 90[dB], Exchange Rate는 5[dB], Threshold는 80[dB]로 기기를 설정할 것 ★

ⓜ 소음이 1초 이상의 간격을 유지하면서 최대음압수준이 120[dB(A)] 이상의 소음인 경우에는 소음수준에 따른 1분 동안의 발생횟수를 측정할 것

④ **소음수준의 평가**

ⓗ 1일 작업시간 동안 연속 측정하거나 작업시간을 1시간 간격으로 나누어 6회 이상 소음수준을 측정한 경우에는 이를 평균하여 8시간 작업 시의 평균소음수준으로 한다.

ⓛ 측정한 소음은 평균소음수준으로 하고 이를 1일 노출시간과 소음강도를 측정하여 등가소음레벨방법으로 평가한다.

ⓒ 지시소음계로 측정하여 등가소음레벨방법을 적용할 경우에는 다음 계산식에 따라 산출한 값을 기준으로 평가한다.

$$\text{leq[dB(A)]} = 16.61 \log \frac{n_1 \times 10^{\frac{LA_1}{16.61}} + n_2 \times 10^{\frac{LA_2}{16.61}} + \cdots + n_N \times 10^{\frac{LA_N}{16.61}}}{\text{각 소음레벨 측정치의 발생시간 합}}$$

LA : 각 소음레벨의 측정치[[dB(A)]
n : 각 소음레벨 측정치의 발생시간(분)

ⓔ 단위작업 장소에서 소음의 강도가 불규칙적으로 변동하는 소음 등을 누적소음 노출량측정을 시간가중평균 소음수준으로 환산하여야 하며, 시간가중평균 소음은 다음 계산식에 따라 산출한 값을 기준으로 평가할 수 있다. ★

$$\text{TWA} = 16.61 \log\left(\frac{D}{100}\right) + 90$$

TWA : 시간가중평균 소음수준[dB(A)]
D : 누적소음노출량[%]

ⓑ 1일 작업시간이 8시간을 초과하는 경우에는 다음 계산식에 따라 보정노출기준을 산출한 후 측정치와 비교하여 평가하여야 한다.

$$\text{소음의 보정노출기준 } [\text{dB(A)}] = 16.61\log\left(\frac{100}{12.5 \times h}\right) + 90$$

h : 노출시간/일

예제 자동차를 생산하는 공장의 어떤 근로자가 95[dB(A)]의 소음수준에서 하루 8시간 작업하며 매시간 조용한 휴게실에서 20분씩 휴식을 취한다고 가정하였을 때, 8시간 시간가중평균(TWA)은? (단, 소음은 누적소음노출량측정기로 측정하였으며, OSHA에서 정한 95[dB(A)]의 허용시간은 4시간이라 가정한다.)

⇒ 소음노출량 = 가동시간(95[dB])/기준시간[hr]
   = 8×(60−20)/60/4 = 133[%]
   시간가중평균치(TWA) = 16.61×log(133/100) + 90 = 92.06[dB(A)]

6. 열교환 과정과 열압박

(1) 열교환

① 열균형 방정식

$$S(\text{열축적}) = M(\text{대사율}) - W(\text{한 일}) \pm R(\text{복사}) \pm C(\text{대류}) - E(\text{증발})$$

② 열손실율 : 37[℃] 물 1[g] 증발 시 필요에너지 2410[J/g](575.5[cal/g])

$$R = \frac{Q}{t}$$

R : 열손실률, Q : 증발에너지, t : 증발시간[sec]

③ 열 교환에 영향을 주는 요소

㉠ 영향 요소 : 기온, 습도, 복사온도, 공기의 유동

㉡ 보온율(clo 단위) : 보온 효과는 clo 단위로 측정한다.

$$\text{clo 단위} = \frac{0.18\,°\text{C}}{\text{kcal/m}^2/\text{hr}} = \frac{°\text{F}}{\text{Btu/fr}^2/\text{hr}}$$

$$\text{열유동률}(R) = \frac{A \cdot \triangle T}{\text{clo}}$$

(2) 열압박

① 열압박 지수 – 열압박의 생리적 영향

ㄱ 직장온도는 가장 우수한 피로 지수이다.

ㄴ 직장온도는 38.8[℃]만 되면 기진하게 된다.

ㄷ 체심온도를 증가시키는 작업조건이 지속되면 저체온증 유발(정상적인 열방산 곤란)

② 불쾌지수

ㄱ 섭씨 = (건구온도 + 습구온도) × 0.72 + 40.6

ㄴ 화씨 = (건구온도 + 습구온도) × 0.4 + 15

ㄷ 70 이하일 때는 모든 사람이 불쾌감을 느끼지 않는다.

ㄹ 70 이상일 때에는 불쾌감을 느끼기 시작한다.

ㅁ 80 이상은 모든 사람이 불쾌감을 느낀다.

③ 온·습도

정신활동의 최적기온	15~17[℃]
갱내 작업장의 허용온도	37[℃] 이하
손가락에 영향을 주는 한계온도	13~15.5[℃]

7. 고열과 한랭

(1) 고열

① 고열작업

ㄱ 용광로, 평로(平爐), 전로 또는 전기로에 의하여 광물이나 금속을 제련하거나 정련하는 장소

ㄴ 용선로(鎔船爐) 등으로 광물·금속 또는 유리를 용해하는 장소

ㄷ 가열로(加熱爐) 등으로 광물·금속 또는 유리를 가열하는 장소

ㄹ 도자기나 기와 등을 소성(燒成)하는 장소

ㅁ 광물을 배소(焙燒) 또는 소결(燒結)하는 장소

ㅂ 가열된 금속을 운반·압연 또는 가공하는 장소

ㅅ 녹인 금속을 운반하거나 주입하는 장소

ㅇ 녹인 유리로 유리제품을 성형하는 장소

ㅈ 고무에 황을 넣어 열처리하는 장소

ㅊ 열원을 사용하여 물건 등을 건조시키는 장소

ㅋ 갱내에서 고열이 발생하는 장소

ㅌ 가열된 노(爐)를 수리하는 장소

ㅍ 그 밖에 고용노동부장관이 인정하는 장소

② **고열장해 예방 조치** : 열경련·열탈진 등의 건강장해를 예방하기 위한 조치

　　㉠ 근로자를 새로 배치할 경우에는 고열에 순응할 때까지 고열작업시간을 매일 단계적으로 증가시키는 등 필요한 조치를 할 것

　　㉡ 근로자가 온도·습도를 쉽게 알 수 있도록 온도계 등의 기기를 작업장소에 상시 갖추어 둘 것

③ **열중독 강도** ★ : 열발진 → 열경련 → 열소모 → 열사병

(2) 한랭

한랭장해 예방 조치로는

① 혈액순환을 원활히 하기 위한 운동지도를 할 것

② 적절한 지방과 비타민 섭취를 위한 영양지도를 할 것

③ 체온 유지를 위하여 더운물을 준비할 것

④ 젖은 작업복 등은 즉시 갈아입도록 할 것

8. 기압과 고도

(1) 기압

① **고압작업의 정의** : 고기압은 압력이 $[cm^2]$당 1[kg] 이상인 기압을 말하며, 잠함공법(潛函工法)이나 그 외의 압기공법(壓氣工法)으로 하는 작업을 말한다.

② **작업실 공기의 부피**

　　㉠ 작업실의 공기의 부피가 고압작업자 1명당 $4[m^3]$ 이상이 되도록 하여야 한다.

　　㉡ 기압조절실의 바닥면적과 공기의 부피를 그 기압조절실에서 가압이나 감압을 받는 근로자 1인당 각각 $0.3[m^2]$ 이상 및 $0.6[m^3]$ 이상이 되도록 하여야 한다.

　　㉢ 기압조절실 내의 탄산가스로 인한 건강장해를 방지하기 위하여 탄산가스의 분압이 $[cm^2]$당 0.005[kg]을 초과하지 않도록 환기 등 그 밖에 필요한 조치를 하여야 한다.

　　㉣ 사업주는 작업실이나 기압조절실에 전용 배기관을 각각 설치하여야 한다.

　　㉤ 고압작업자에게 기압을 낮추기 위한 기압조절실의 배기관은 내경(內徑)을 53[mm] 이하로 하여야 한다.

(2) 고도

① **기압/압력 고도**

　　㉠ 표준대기 상태의 해면(Sea Level)으로부터의 고도

　　　→ 표준기지면(Standard datum plane) 위의 높이

　　㉡ QNE → 29.92 set시 지시 고도, 기압고도 지시

　　㉢ 평균 기압고도의 정의 : 29.92 set시 고도와 현재 기압치를 set 했을 때 지시하는 고도의 평균고도

　　㉣ Flight Level에 적용

9. 운동과 방향감각

(1) 물체의 운동에 대해 크게 두 가지 견해
① 물체가 지속적으로 운동을 하기 위해서는 지속적으로 작용하는 힘이 필요하다.
② 물체는 항상 현재의 운동 상태를 유지하려는 성질을 가지고 있으므로 물체에 힘이 작용하지 않더라도 일정한 속력, 일정한 방향으로 계속 운동할 것이다.

(2) 운동의 관성 법칙
① 달리던 버스가 급정지하면 승객들의 몸은 앞으로 쏠린다.
② 뛰어가던 사람이 돌부리에 걸리면 앞으로 넘어진다.
③ 망치자루를 끝부분을 잡고 바닥에 내리치면 못이 더욱 깊이 박힌다.

(3) 작용-반작용과 두 힘의 평형 공통점과 차이점
① 공통점 : 작용하는 두 힘의 크기가 같고, 방향이 정반대이다. 두 힘의 작용선이 동일 작용선상에 놓인다.
② 차이점
ㄱ 작용-반작용 : 두 힘이 서로 엇갈리면서 서로에게 작용한다. 작용점이 각각 두 개가 존재하는 쌍힘이다.
　　예 만유인력, 로켓이나 포탄발사 시의 반동력
ㄴ 두 힘의 평형 : 두 힘이 어느 한 점이나 한 물체에 집중 작용한다. 두 힘의 작용점이 같기 때문에 작용점은 한 개만 존재한다. 예 줄에 매달린 진자에 작용하는 중력과 장력 등

10. 진동과 가속도

(1) 진동작업의 종류
① 착암기(鑿巖機)
② 동력을 이용한 해머
③ 체인톱
④ 엔진 커터(engine cutter)
⑤ 동력을 이용한 연삭기
⑥ 임팩트 렌치(impact wrench)
⑦ 그 밖에 진동으로 인하여 건강장해를 유발할 수 있는 기계·기구

(2) 진동작업 시 근로자 주시사항 ★
① 인체에 미치는 영향과 증상
② 보호구의 선정과 착용방법
③ 진동 기계·기구 관리방법
④ 진동 장해 예방방법

(3) 전신진동이 성능에 끼치는 영향

    ① 진동은 진폭에 비례하여 시력 손상(10~25[Hz]의 경우 가장 극심)

    ② 진동은 진폭에 비례하여 추적능력을 손상(5[Hz] 이하의 낮은 진동수에서 가장 극심)

    ③ 안정되고 정확한 근육 조절을 요하는 작업은 진동에 의해 기능저하

    ④ 반응시간, 감시, 형태 식별 등 주로 중앙 신경 처리에 달린 임무는 진동의 영향 미약

2 작업환경과 인간공학

1. 작업별 조도 및 소음기준

(1) 작업장의 조도기준 ★

    ① 작업별 조도기준 ★

초정밀작업	정밀작업	보통작업	그 밖의 작업
750[lux] 이상	300[lux] 이상	150[lux] 이상	75[lux] 이상

       예제 2[m]에서 조도가 120[lux]일 때 3[m]에서는 몇인가?

     ⇒ 조도계산식 : $\dfrac{광량}{거리^2}$ = 조도

        조도 = (4×120) / 9 = 53.33[lux]

    ② 주변환경의 조도기준

화면의 바탕색상	검정색 계통	흰색계통
조도기준	300~500[lux]	500~700[lux]

    ③ 국소조명 ★ : 작업면상의 필요한 장소만 높은 조도를 취하는 조명

(2) 소음관리(소음통제 방법) ★★

    ① 소음원의 제거 : 가장 적극적인 대책

    ② 소음원의 통제 : 안전설계, 정비 및 주유, 고무 받침대 부착, 소음기 사용 등

    ③ 소음의 격리 : 씌우개, 방이나 장벽을 이용(창문을 닫으면 10[dB] 감음 효과)

    ④ 차음 장치 및 흡음재 사용

    ⑤ 음향 처리제 사용

    ⑥ 적절한 배치(lay out)

> **참고**
> • 감음 효율이 가장 높은 보호 용구 : 글리세린 같은 액체를 채운 귀덮개
> • 소음 평가 방법 : 사람의 청감과 비슷한 3가지 보정회로(A, B, C)를 사용하여 쓰나 최근에는 A회로가 가장 간편하고 알맞은 것으로 확인

2. 열교환과 열압박

(1) 온도변화에 대한 신체의 조절작용 ★★★

적정온도에서 고온환경으로 변화	① 많은 양의 혈액이 피부를 경유하여 온도 상승 ② 직장 온도가 내려간다. ③ 발한이 된다.
적정온도에서 한랭환경으로 변화	① 피부를 경유하는 혈액의 순환량이 감소하고 많은 양의 혈액이 몸의 중심부를 순환 ② 피부 온도는 내려간다. ③ 직장 온도가 약간 올라간다. ④ 소름이 돋고 몸이 떨리는 오한을 느낀다.

(2) 전도에 의한 열유동률(R)

$$R = K\frac{A\Delta T}{L}$$

A : 단면적 [m²], L : 두께[m], ΔT : 온도차[℃], K : 열전도율(상수) [kcacl/mhr℃]

3. 실효온도(ET)와 Oxford 지수

(1) 실효온도(Effective Temperature)[체감온도, 감각온도] ★
실효온도는 실제로 느끼는 온도
① 영향인자 ★
  ㉠ 온도
  ㉡ 습도
  ㉢ 공기의 유동(기류)
② ET는 영향인자들이 인체에 미치는 열효과를 하나의 수치로 통합한 경험적 감각지수
③ 상대 습도 100[%]일 때 건구온도에서 느끼는 것과 동일한 온감

(2) Oxford 지수 ★★
① 습건(WD) 지수라고도 부르며, 습구온도(W)와 건구온도(D)의 가중 평균치로 정의

$$WD = 0.85W + 0.15D$$

② 내구한계가 같은 기후의 비교에 사용

(3) WBGT(곱구흑구 온도지수)

① 옥외일 때, 햇빛이 내리쬐는 장소

WBGT = 0.7×자연습구온도+0.2×흑구온도+0.1×건구온도

② 옥내일 때, 옥외지만 햇빛이 내리쬐지 않는 장소

WBGT = 0.7×자연습구온도+0.3×흑구온도

4. 이상환경 노출에 따른 사고와 부상

(1) 전리방사선의 특징

α선	투과력은 약하나 흡수가 되기 쉽다. 사진 감광작용, 인광작용이 세다.
β선	전자의 흐름에 가깝고, 속도가 매우 빠르다. 공기 중에서 멀리까지 움직이며, 얇은 금속판이나 플라스틱 조각으로 막을 수 있다.
γ선	인체에 강력한 투과력을 가진 일종의 전자파이다. 사진 감광작용, 인광작용이 가장 약하다.

* 투과력의 크기 : $\gamma > \beta > \alpha$, 전리작용의 크기 : $\alpha > \beta > \gamma$

(2) 단위

단위	약자
röntgen	R
curie	Ci
röntgen absorbed dose	rad
röntgen equivalent man	rem

(3) 비전리 방사선

구분	자외선	적외선	가시광선
특징	300[mm] 이하의 자외선과 4,000[mm] 이상의 적외선은 1[mm] 두께의 보통 유리로 차단가능		

(4) 분진

① 분진(dust)의 정의 : Drinker와 Hatch는 '분진이란 지상의 물체가 외력에 의해 부서져서 생긴 미립자로 1[u] 이하의 미세입자로부터 육안으로 볼 수 있는 100[u] 정도에 이르는 입자를 말한다.'라고 정의

② 폐에 침착되는 먼지

㉠ 폐에 침착된 먼지는 소화기 및 섬모운동 등에 의해 정화되지만 일부는 폐에 남아서 진폐증을 일으킨다.

㉡ 입경이 0.5[um] 이하인 먼지가 50[%] 정도 차지하고, 0.5~5.0[um] 사이의 먼지가 나머지 대부분을 차지한다.

③ 석면 해체·제거 작업 시 작업계획에 포함되어야 할 사항

㉠ 석면 해체·제거 작업의 절차와 방법

㉡ 석면 흩날림 방지 및 폐기방법

㉢ 근로자 보호조치

④ 총 분진의 노출기준

분진의 종류		노출 기준
제1종 분진	유리규산(SiO₂) 30[%] 이상의 분진 (활석, 알루미늄, 납석 등)	$2[mg/m^3]$
제2종 분진	유리규산 30[%] 미만의 광물성 분진 (산화철, 활성탄, 석탄 등)	$5[mg/m^3]$
제3종 분진	기타 분진(유리규산 1[%] 이하) (알루미늄 금속, 탄산칼슘, 석회석, 대리석 등)	$10[mg/m^3]$
석면 및 기타 분진	• 석면(길이 5[μm] 이상) 　– 아모사이트 　– 크리소타일 　– 크로시도라이트 　– 기타 형태 • 면분진 • 소우프 스톤	$0.5[개/cm^3]$ $2[개/cm^3]$ $0.2[개/cm^3]$ $2[개/cm^3]$ $0.2[mg/cm^3]$ $6[mg/cm^3]$

⑤ 국소배기 장치의 사용 전 점검사항

국소배기장치	공기정화장치
㉠ 닥트 및 배풍기의 분진상태 ㉡ 닥트 접속부의 이완 유무 ㉢ 흡기 및 배기능력 ㉣ 그 밖에 국소배기장치의 성능을 유지하기 위하여 필요한 사항	㉠ 공기정화장치 내부의 분진상태 ㉡ 여과제진장치에 있어서는 여과재의 파손 유무 ㉢ 공기정화장치의 분진 처리능력 ㉣ 그 밖에 공기정화장치의 성능 유지를 위하여 필요한 사항

(5) VDT(영상 표기 단말기) 작업의 안전

① 작업자세

　㉠ 시선은 화면상단과 눈높이가 일치할 정도로 하고 시야 범위는 수평선상으로부터 10 ~ 15[°] 밑에 오도록 하며 화면과 눈과의 거리는 40[cm] 이상 확보

　㉡ 윗팔은 자연스럽게 늘어뜨리고 어깨가 들리지 않아야 하며 팔꿈치 내각은 90[°] 이상

　㉢ 아래팔은 손등과 수평을 유지하여 키보드 조작

　㉣ 무릎의 내각은 90[°] 전후로 하며 종아리와 대퇴부에 무리한 압력이 없도록 할 것

(6) 작업환경의 관리의 기본원칙

① 대치

② 격리

③ 환기

④ 교육

CHAPTER 05 시스템 위험분석

1 시스템 위험분석 및 관리

1. 시스템 위험성의 분류

(1) 시스템

① 요소의 집합에 의해 구성되고

② System 상호간의 관계를 유지하면서

③ 정해진 조건 아래서

④ 어떤 목적을 위하여 작용하는 집합체

(2) 시스템의 안전성 확보책

① 위험 상태의 존재 최소화

② 안전장치의 채용

③ 경보 장치의 채택

④ 특수 수단 개발과 표식 등의 규격화

(3) 위험성의 분류 ★

[재해 심각도 분류(MIL-STD-882D)]

구분	분류	세부내용
범주 I	파국적(대재앙)	인원의 사망 또는 중상, 또는 완전한 시스템 손실
범주 II	위험(심각한)	인원의 상해 또는 중대한 시스템의 손상으로 인원이나 시스템 생존을 위해 즉시 시정 조치 필요
범주 III	한계적(경미한)	인원의 상해 또는 중대한 시스템의 손상 없이 배제 또는 제어 가능
범주 IV	무시(무시할만한)	인원의 손상이나 시스템의 손상은 초래하지 않는다.

(4) 발생빈도 ★

① 자주 발생(Frequent)

② 보통 발생(Probable)

③ 가끔 발생(Occasional)

④ 거의 발생하지 않음(Remote)

⑤ 극히 발생하지 않음(Improbable)으로 구분하고 있음

(5) 위험(RISK) 통제방법(조정기술) ★

① 회피(Avoidance)

② 경감, 감축(Reduction)

③ 보류(Retention)

④ 전가(Transfer)

2. 시스템 안전공학

(1) 시스템이란(체계의 특성)

① 여러 개의 요소, 또는 요소의 집합에 의해 구성되고(**집합성**)

② 그것이 서로 상호 관계를 가지면서(**관련성**)

③ 정해진 조건 하에서

④ 어떤 목적을 달성하기 위해 작용하는 집합체(**목적 추구성**)

(2) 시스템 안전이란

어떤 시스템에서 기능, 시간, 코스트 등의 제약조건하에서 설비나 인원 등이 받을 수 있는 상해나 손상을 최소화시키는 것

(3) 시스템의 수명주기 ★

① 시스템의 구상

② 시스템의 정의

③ 시스템의 개발

④ 시스템의 생산

⑤ 시스템의 배치 및 운용

⑥ 시스템의 폐기

3. 시스템 안전관리

(1) 시스템 안전관리

시스템 안전을 전체의 프로그램 요건과 모순 없이 달성하기 위해 시스템 안전 프로그램 여건을 설정하고 업무 및 활동의 계획 실행 및 완성을 확보하는 관리 업무의 한 요소

시스템 안전에 필요한 사항의 식별	안전활동의 계획 조직 및 구성	다른 시스템 프로그램과의 조정 및 협의	시스템 안전에 대한 프로그램의 해석 검토 및 평가

(2) 시스템 안전 프로그램(SSPP)에 포함해야 할 사항

① 계획의 개요

② 안전조직

③ 계약 조건

④ 관련 부문과의 조정

⑤ 안전기준

⑥ 안전 해석

⑦ 안전성의 평가

⑧ 안전 데이터의 수집과 갱신

⑨ 경과 및 결과의 보고

※ 암기법 : 계약된 조개의 평수는 기준대로 해결하도록 조정해봐라.

(3) 시스템 안전 달성(시스템 안전 설계 원칙) 단계

① 1단계 : 위험상태의 존재 최소화 – 페일 세이프나 용장성 등 도입

② 2단계 : 안전장치의 적용 – 1단계 적용이 불가능할 경우로 안전장치는 가급적 기계 속에 내장하여 일체화

③ 3단계 : 경보장치의 적용 – 1, 2단계 적용이 불가능할 경우 이상상태를 검출하여 정보 발생하는 장치 설치

(4) 시스템 안전 프로그램의 목표사항의 보증

① 사명 및 필요사항과 모순되지 않는 안전성의 시스템 설계에 의한 구체화

② 개별 시스템, 서브시스템 및 장비에 수반되는 사고의 식별, 평가 및 제어에 의한 허용 레벨 이하로의 저감

③ 제거할 수 없는 사고로부터 인원, 장비 및 특성을 보호하는 제어의 실시

④ 신재료 및 신제조, 시험기술의 채용 및 사용에 따른 위험의 최소화

⑤ 안전성을 높이기 위한 시스템 제조과정에서의 안전율의 적시 착수에 의한 후퇴 조치의 최소화

⑥ 우사한 시스템 프로그램에 의해 작성된 과거의 안전성 데이터의 고찰 및 사용

(5) 시스템 안전의 운용단계 ★

① 안전성 손상 없이 사용설명서의 변경과 수정을 평가

② 운용, 안전성 수준유지를 보증하기 위한 안전성 검사

③ 운용, 보전 및 위급 시 절차를 평가하여 설계 시 고려사항과 같은 타당성 여부 식별

(6) 안전성평가 6단계

① 제1단계 : 관계자료의 정비검토

② 제2단계 : 정성적 평가

③ 제3단계 : 정량적 평가

④ 제4단계 : 안전대책

⑤ 제5단계 : 재해정보에 의한 재평가

⑥ 제6단계 : FTA에 의한 재평가

(7) 안전성평가 4가지 기법

① Lay-out의 검토 위험의 예측평가법

② Check-list에 의한 평가법

③ FMEA에 의한 방법

④ FTA에 의한 방법

4. 위험분석과 위험관리

(1) 위험의 처리과정

위험 확인 ⟶ 위험분석 ⟶ 위험성관리

(2) 위험(Risk)의 3가지 기본요소 ★

사고 시나리오, 사고 발생확률, 파급효과 또는 손실

(3) 위험요소 및 운전성 검토(HAZOP)

① 용어정리

용어	의 미
의도	어떤 부분이나 어떻게 작동될 것으로 기대된 것을 의미
이상	의도에서 벗어난 것을 의미하며 유인어 적용으로 얻어진다.
원인	이상이 발생하게 된 원인 또는 이상이 발생하거나 현실적인 원인이 있을 경우 의미 있는 것으로 취급
결과	이상이 발생할 경우 그것으로 인한 결과
위험	손상이나 부상이 되는 손실을 초래할 수 있는 결과
유인어	이상 발견을 위해 의도를 한정하기 위해 사용하는 언어

② 기술적 접근방법의 성패 요인

㉠ 검토에 사용된 도면이나 자료들의 정확성

㉡ 팀의 기술 능력과 통찰력

㉢ 이상, 원인, 결과 등을 발견하기 위하여 상상력을 동원하는 데 보조 수단으로 사용할 수 있는 팀의 능력

㉣ 발견된 위험의 심각성을 평가할 때 그 팀의 균형감각을 유지할 수 있는 능력

(4) 목적

① 원하지 않는 결과를 초래할 수 있는 공정상의 문제 여부를 확인하기 위해 체계적인 방법으로 공정이나 운전 방법을 상세하게 검토해 보기 위함

② 위험요소를 예측하고 새로운 공정에 대한 가동 문제를 예측하는 데 사용

(5) 유인어

① 설계의 각 부분의 완전성을 검토하기 위해 만들어진 질문들이 설계 의도로부터 설계가 벗어날 수 있는 모든 경우를 검토해 볼 수 있도록 하기 위한 것

② HAZOP 기법에서 사용하는 유인어의 의미 ★★★

GUIDE WORD	의미
NO 혹은 NOT	설계 의도의 완전한 부정
MORE / LESS	양의 증가 혹은 감소(정량적)
AS WELL AS	성질상의 증가(정성적 증가)
PART OF	성질상의 감소(정성적 감소)
REVERSE	설계 의도의 논리적인 역(설계의도와 반대 현상)
OTHER THAN	완전한 대체의 필요

(6) 위험분석 및 작업표준

① 위험분석 ★

순서	• 분석목적의 결정 → • 분석대상의 결정 → • 분석범위의 결정 → • 분석의 실시 → • 분석결과의 처리 → • 개선안의 확정과 효과 측정
방법(E.C.R.S)	• 제거(Eliminate) • 결합(Combine) • 재조정(Rearrange) • 단순화(Simplify)

② 작업표준

작업개선의 4단계	• 제1단계 : 작업 분해 • 제2단계 : 요소작업의 세부내용 검토 • 제3단계 : 작업 분석 • 제4단계 : 새로운 방법 적용
작업표준 개정 시의 검토사항	• 작업목적이 충분히 달성되고 있는가? • 생산흐름에 애로가 없는가? • 직장의 정리정돈 상태는 좋은가? • 작업속도는 적당한가? • 위험물 등의 취급장소는 일정한가?

(7) 위험률 및 치명성 분석

① **위험률** : 현장에서 발생하는 여러 종류의 위험에 대하여 그 위험성의 정도를 정량적으로 표현하기 위해 사용하는 방법

위험률 = 사고발생빈도×손실(위험의 크기)

② **치명성 분석** : 주어진 시간에서 최정상 사건의 확률과 관련된 부정적 유틸리티의 기대치(작업손실일수)

치명성(C) = P(확률)×B(사건의 기대비용)

(8) 동작분석

① 동작분석의 개요 및 목적

㉠ 동작계열의 개선

㉡ 표준동작의 설계

㉢ Motion mind의 체질화

② 동작경제의 원칙 ★★★★

신체의 사용에 관한 원칙 ★	• 양손은 동시에 동작을 시작하고 또 끝마쳐야 한다. • 휴식시간 이외에 양손이 동시에 노는 시간이 있어서는 안 된다. • 양팔은 각기 반대방향에서 대칭적으로 동시에 움직여야 한다. • 손의 동작은 작업을 수행할 수 있는 최소동작 이상을 해서는 안 된다. • 작업자들을 돕기 위하여 동작의 관성을 이용하여 작업하는 것이 좋다. • 구속되거나 제한된 동작 또는 급격한 방향전환보다는 유연한 동작이 좋다. • 작업동작은 율동이 맞아야 한다. • 직선동작보다는 연속적인 곡선동작을 취하는 것이 좋다. • 탄도동작(ballistic movement)은 제한되거나 통제된 동작보다 더 신속, 정확, 용이하다. • 눈을 주시시키는 동작 또는 이동시키는 동작은 되도록 적게 하여야 한다.
작업장의 배치에 관한 원칙	• 모든 공구와 재료는 일정한 위치에 정돈되어야 한다. • 공구와 재료는 작업이 용이하도록 작업자의 주위에 있어야 한다. • 재료를 될 수 있는 대로 사용위치 가까이에 공급할 수 있도록 중력을 이용한 호퍼 및 용기를 사용하여야 한다. • 가능하면 낙하시키는 방법을 이용하여야 한다. • 공구 및 재료는 동작에 가장 편리한 순서로 배치하여야 한다. • 채광 및 조명장치를 잘 하여야 한다. • 의자와 작업대의 모양과 높이는 각 작업자에게 알맞도록 설계되어야 한다. • 작업자가 좋은 자세를 취할 수 있는 모양, 높이의 의자를 지급해야 한다.
공구 및 설비의 설계에 관한 원칙	• 치구, 고정 장치나 발을 사용함으로써 손의 작업을 보존하고 손은 다른 동작을 담당하도록 하면 편리하다. • 공구류는 될 수 있는 대로 두 가지 이상의 기능을 조합한 것을 사용하여야 한다. • 공구류 및 재료는 될 수 있는 대로 다음에 사용하기 쉽도록 놓아 두어야 한다. • 각 손가락이 사용되는 작업에서는 각 손가락의 힘이 같지 않음을 고려하여야 할 것이다. • 각종 손잡이는 손에 가장 알맞게 고안함으로써 피로를 감소시킬 수 있다. • 각종 레버나 핸들은 작업자가 최소의 움직임으로 사용할 수 있는 위치에 있어야 한다.

2 시스템 위험분석 기법

1. PHA(Preliminary Hazard Analysis : 예비 사고 분석) ★★

시스템 최초 개발 단계의 분석으로 위험 요소의 위험 상태를 정성적으로 평가

(1) 시스템 안전 분석의 종류

실시하는 프로그램의 단계에 따라	• 예비 사고 분석 • 시스템 사고 분석	• 서브시스템 사고 분석 • 운용 사고 분석
분석의 수리적 방법에 따라	• 정성적 분석	• 정량적 분석

(2) 예비 사고 분석

PHA는 모든 시스템 안전 프로그램의 최초단계의 분석. 시스템 내의 위험요소가 얼마나 위험한 상태에 있는가를 정성적으로 평가하는 것

(3) PHA의 목적

시스템 개발 단계에 있어서 시스템 고유의 위험상태를 식별하고 예상되는 재해의 위험 수준을 결정하는 것이다.

(4) PHA의 실시방법

시기	가급적 빠른 시기, 즉 시스템 개발 단계에 실시하는 것이 불필요한 설계변경 등을 회피하고 보다 효과적으로 경제적인 안전성을 확보할 수 있다.
기법	① 체크 리스트에 의한 방법 ② 경험에 따른 방법 ③ 기술적 판단에 기초하는 방법
목표설정	① 시스템에 관한 주요한 모든 사고식별 ② 사고를 초래하는 요인식별 ③ 사고가 생긴다는 가정 하에 시스템에 발생하는 결과를 식별하여 평가 ④ 식별된 사고를 4가지 범주로 분류 ★★ 　㉠ 파국적 　㉡ 중대 　㉢ 한계적 　㉣ 무시가능

(5) PHA의 서식

위험등급 : 각각의 동정된 위험상태가 갖는 잠재적 영향에 대한 다음의 기준에 기초하는 중요도의 정성적 척도

- 클라스 1 : 안전(무시)
- 클라스 2 : 한계
- 클라스 3 : 위험
- 클라스 4 : 파국

2. FHA(Fault Hazard Analysis : 결함 위험 분석) ★

(1) 정의

분업에 의해 여럿이 분담 설계한 서브시스템 간의 인터페이스를 조정하여 각각의 서브시스템 및 전체 시스템에 악영향을 미치지 않게 하기 위한 분석방법

(2) 내용적으로는 FMEA를 간소화한 것으로 생각할 수 있으나 FMEA와 비교하면 통상 대상으로 하는 요소는 그것이 고장 난 경우에 직접 재해 발생으로 연결되는 것밖에 없다.

3. FMEA(Failure Mode and Effect Analysis : 고장형태와 영향분석) ★★

정성적, 귀납적 분석방법으로 전체요소의 고장을 형별로 분석해서 그 영향을 검토하는 기법

(1) 고장형과 영향 분석의 개요

시스템 안전분석에 이용되는 전형적인 정성적 귀납적 분석방법으로 시스템에 영향을 미치는 전체 요소의 고장을 유형별로 분석하여 그 영향을 검토하는 것

(2) 시스템에 영향을 미치는 요소 고장의 분류

① 개로 또는 개방의 고장

② 폐로 또는 폐쇄의 고장

③ 기동의 고장

④ 정지의 고장

⑤ 운전계속의 고장

⑥ 오동작의 고장 등

(3) 고장평점법의 평가요소 5가지 ★★★

① 고장발생의 빈도

② 고장방지의 가능성

③ 기능적 고장 영향의 중요도

④ 영향을 미치는 시스템의 범위

⑤ 신규설계의 정도

(4) FMEA의 특징 ★★

① CA와 병행하는 일이 많다.

② FTA보다 서식이 간단하고 적은 노력으로 특별한 훈련 없이 분석이 가능하다.

③ 논리성이 부족하고 각 요소 간의 영향 분석이 어려워 동시에 두 가지 이상의 요소가 고장 날 경우 분석이 곤란하다.

④ 요소가 통상 물체로 한정되어 있어 인적원인의 규명이 어렵다.

⑤ 시스템 안전 해석 시에는 시스템에서 단계나 평가의 필요성 등에 의해 FTA 등을 병용해 가는 것이 실제적인 방법이다.

(5) FMEA의 실시절차

① 순서

㉠ 제1단계 : 대상시스템의 분석

㉡ 제2단계 : 고장형태와 그 영향의 분석

㉢ 제3단계 : 치명도 해석과 개선책의 검토

② FMEA 실시를 위한 기본방침의 결정

    ㉠ 시스템·기기의 임무의 기본적 및 이차적인 목적을 명시

    ㉡ 시스템·기기의 운용단계를 분명하게 함

    ㉢ 환경 스트레스나 동작 스트레스의 한계를 부여

    ㉣ 시스템의 하드웨어 구성요소의 고장원인을 분명하게 함

(6) 고장 등급의 결정방법

고장 등급	I	II	III	IV
고장구분	치명고장	중대고장	경미고장	미소고장

(7) 고장의 영향

고장이 상위의 조립품, 사명, 그리고 인원에 미치는 영향에 관한 짧은 기술, 고장의 영향은 다음과 같이 분류된다.

영향	실제의 손실	예상되는 손실	가능한 손실	영향 없음
발생확률(β)	$\beta=1.00$	$0.10 \leq \beta < 1.00$	$0 \leq \beta < 0.10$	$\beta=0$

(8) 위험성 분류의 표시

    ① 카테고리 1 : 생명 또는 가옥의 상실

    ② 카테고리 2 : 사명수행의 실패

    ③ 카테고리 3 : 활동의 지연

    ④ 카테고리 4 : 영향 없음

4. ETA(Event Tree Analysis : 사건수 분석) ★

정량적 귀납적 기법으로 DT에서 변천해 온 것으로 설비의 설계, 심사, 제작, 검사, 보전, 운전, 안전대책의 과정에서 그 대응조치가 성공인가 실패인가를 확대해 가는 과정을 검토

(1) 정의

사상의 안전도를 사용한 시스템의 안전도를 나타내는 시스템 모델의 하나로 귀납적이기는 하나 정량적인 해석 기법

(2) 이벤트 트리의 작성법

    ① 시스템 다이어그램에 의해 좌에서 우로 진행

    ② 각 요소를 나타내는 시점에 있어서 통상 성공사상은 상방에, 실패사상은 하방에 분기

    ③ 분기마다 그 발생확률을 표시

    ④ 최후에 각각의 곱의 합으로 해서 시스템의 신뢰도 계산

    ⑤ 분기된 각 사상의 확률의 합은 항상 1이다.

(3) ETA 7단계

   ① 설계

   ② 심사

   ③ 제작

   ④ 검사

   ⑤ 보전

   ⑥ 운전

   ⑦ 안전대책

   ※ 디시전 트리(DT)가 재해의 분석에 사용되는 경우에는 이벤트 트리라고 부를 때도 있다.

5. CA(Criticality Analysis : 중요도 분석) ★

고장이 직접 시스템의 손해와 인원의 사상에 연결되는 높은 위험도를 가지는 경우에 위험도를 가져오는 요소 또는 고장의 형태에 따른 분석

(1) 위험성이 높은 요소, 특히 고장이 직접 시스템의 손해나 인원의 사상에 연결되는 요소에 대해서는 특별한 주의와 해석이 필요하다.

(2) FMEA를 실시한 결과 고장 등급이 높은 고장모드가 시스템이나 기기의 고장에 어느 정도로 기여하는가를 정량적으로 계산하고, 고장모드가 시스템이나 기기에 미치는 영향을 정량적으로 평가하는 방법

(3) 고장형의 위험도 분류(SAE)

   ① 카테고리 1 : 생명의 상실로 이어질 염려가 있는 고장

   ② 카테고리 2 : 작업의 실패로 이어질 염려가 있는 고장

   ③ 카테고리 3 : 운용의 지연 또는 손실로 이어질 고장

   ④ 카테고리 4 : 극단적인 계획 외의 관리로 이어질 고장

(4) FMECA

FMECA에서는 위험도의 평가를 위해 크리티컬리티 넘버(치명적 지수) C_r을 사용

C_r : 치명적 지수
λ_G : 기준고장률

6. THERP(Technique for Human Error Rate Prediction : 휴먼 에러율 예측기법)

확률론적 안전기법으로서 인간의 과오에 기인된 사고원인을 분석하기 위하여 100만 운전시간당 과오도수를 기본 과오율로 하여 인간의 기본 과오율을 평가하는 기법

(1) 개요

① 시스템에 있어서 인간의 과오를 정량적으로 평가하기 위해 개발된 기법(Swain 등에 의해 개발된 인간실수 예측기법)

② 인간의 과오율의 추정법 등 5개의 스텝으로 구성

③ 기본적으로 ETA의 변형으로 루프, 바이패스를 가질 수 있고 맨머신 시스템의 국부적인 상세한 분석에 적합

(2) 구성 5단계

① 어떤 시스템 실패모드가 평가될 것인지를 결정

② 사람이 해야 하는 중요 작동을 파악하고 시스템

③ 가동과 시스템 출력 사이의 관계를 파악

④ 평가해야 하는 가동에 대한 인간의 실수를 계산

⑤ 시스템 출력에 대한 인간 실수의 영향을 결정

⑥ 시스템 입력이나 시스템 자체의 특성을 수정하여 실패율을 감소

7. MORT(Management Oversight and Risk Tree : 관리감독 위험나무분석) ★★

원자력 산업의 고도 안전달성을 위해 개발된 기법으로 1970년 이래 미국 에너지 연구개발청의 Johnson에 의해 개발

(1) 방법

① MORT란 이름을 붙인 해석 트리를 중심으로 하여 FTA와 동일한 논리 기법 사용

② 관리, 생산, 설계, 보전 등의 광범위하게 안전을 도모하는 것

(2) 목적

원자력 산업과 같은 대부분 상당히 높은 안전을 요하는 곳에서 보다 고도의 안전을 달성하는 것

(3) 의의

개발의 대상이 원자력 산업이지만 처음으로 산업안전을 목적으로 개발된 시스템 안전프로그램

8. OSHA(Operating and Support Hazard Analysis : 운용 및 지원위험분석)

시스템의 모든 사용단계에서 생산, 보전 등에 사용되는 인원, 순서, 설비에 관하여 위험을 동정하고 제어하며 그들의 안전 요건을 결정하기 위하여 실시하는 해석(운용 및 지원 위험 해석)

9. Decision Tree(귀납, 정량적 분석방법)

요소의 신뢰도를 이용하여 시스템의 신뢰도를 나타내는 시스템 모델의 하나로 귀납적이고 정량적인 분석방법

CHAPTER 06 결함수 분석법(FTA)

1 결함수 분석

1. 정의 및 특징

(1) FTA의 정의

① Fault Tree Analysis의 약자로서 결함수법, 결함관련 수법, 고장의 나무 해석법 등으로 번역

② 1962년 미국 벨 전화국 연구소의 H.A. Watson에 의해 개발되었으며 연역적인 방법으로 추론

③ 미사일의 발사 제어시스템의 연구에 관하여 처음 고안되었으며 미사일의 우발사고를 예측하는 문제 해결에 공헌

(2) FTA의 특징 ★★★★

① 분석에는 게이트, 이벤트, 부호 등의 그래픽 기호를 사용하여 결함 단계를 표현하며, 각각의 단계에 확률을 부여하여 어떤 상황의 실패 확률 계산 가능

② 연역적이고 정량적인 해석 방법(Top down 형식)

③ 정량적 해석기법(컴퓨터처리 가능)이다.

④ 논리기호를 사용한 특정사상에 대한 해석이다.

⑤ 서식이 간단해서 비전문가도 짧은 훈련으로 사용할 수 있다.

⑥ Human Error의 검출이 어렵다.

⑦ FTA수행 시 기본사상 간의 독립 여부는 공분산으로 판단

(3) FTA(결함수 분석법)의 활용 및 기대효과 ★

① 사고원인 규명의 간편화

② 사고원인 분석의 일반화

③ 사고원인 분석의 정량화

④ 노력, 시간의 절감

⑤ 시스템의 결함 진단

⑥ 안전점검표 작성

(4) FTA의 기본적인 가정

① 기본사상들의 발생은 독립적이다.

② 모든 기본사상은 정상사상과 관련되어 있다.

③ 기본사상의 조건부 발생확률은 이미 알고 있다.

2. 논리기호 및 사상기호

(1) 게이트 기호 ★

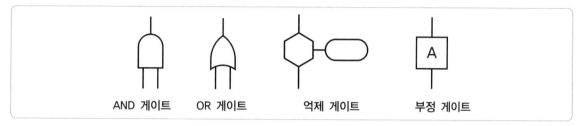

| AND 게이트 | OR 게이트 | 억제 게이트 | 부정 게이트 |

① AND 게이트에는 •를, OR 게이트에는 +를 표기하는 경우도 있다.

② 억제게이트 : 수정기호를 병용해서 게이트 역할, 입력이 게이트 조건에 만족 시 발생 ★

③ 부정게이트 : 입력사상의 반대사상이 출력 ★★

④ OR GATE : 하위의 사건 중 하나라도 만족하면 출력사상이 발생하는 논리 게이트 ★

⑤ AND GATE : 하위의 사건이 모두 만족하는 경우 출력사상이 발생하는 논리 게이트

(2) 사상기호 ★★★

통상사상	결함사상	기본사상	생략사상
전이기호(전입)	전이기호(전출)	기본사상(인간실수)	생략사상(인간실수)

(3) 수정기호

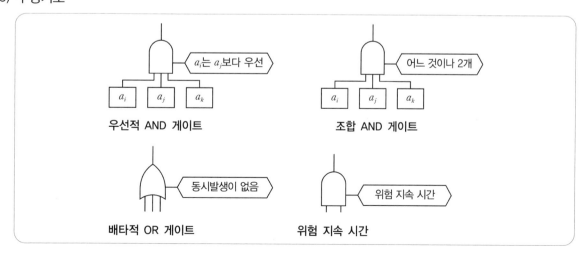

| 우선적 AND 게이트 (a_i는 a_j보다 우선) | 조합 AND 게이트 (어느 것이나 2개) |
| 배타적 OR 게이트 (동시발생이 없음) | 위험 지속 시간 (위험 지속 시간) |

① 우선적 AND 게이트 : 입력사상 중 어떤 사상이 다른 사상보다 앞에 일어났을 때 출력 사상이 발생한다.

② 조합 AND 게이트 : 3개의 입력 현상 중 임의의 시간에 2개가 발생하면 출력이 생긴다. ★★★

③ 배타적 OR 게이트 : OR 게이트인데 2개 또는 그 이상의 입력이 존재하는 경우에는 출력이 발생하지 않는다. ★

3. FTA의 순서 및 작성방법

(1) 작성순서

① 분석 대상이 되는 system의 범위를 결정한다.

② 대상시스템의 관계자료를 정비해 둔다.

③ 상상하고 결정하는 사고의 명제를 결정한다.

④ 원인 추구의 전제조건을 미리 생각해 둔다.

⑤ 정상에서 시작하여 순차적으로 생각되는 원인의 사상을 논리기호로 이어간다.

⑥ 먼저 골격이 될 수 있는 대충의 tree를 만든다.

⑦ 각각의 사상에 번호를 붙이면 정리하기 쉽다.

(2) 결함수분석의 정량화 절차

① 구성된 결함수로부터 정상사상을 유발하는 사상들의 조합을 불대수로 표현한다.

② 불대수를 풀어 정상사상을 유발하는 기본사상들의 조합인 최소 컷셋

③ 최소 컷셋에 포함된 기본사상의 확률 값을 대입하여 최소 컷셋에 대한 확률 값

④ 정상사상을 유발하는 모든 최소 컷셋에 대한 발생확률을 계산하여 정상사상에 대한 확률을 산출한다.

⑤ 기본사상이 정상사상에 미치는 중요도 분석을 하여 기본사상의 중요도를 계산한다.

(3) FTA 실시순서

① 대상으로 한 시스템의 파악

② 정상사상의 선정

③ FT도의 작성과 단순화

④ 정성적 평가

⑤ 정량적 평가

⑥ 종결(평가 및 개선권고)

(4) FTA에 의한 재해사례 연구순서 ★

1단계	톱사상의 선정	• 시스템의 안전보건 문제점 파악 • 사고, 재해의 모델화 • 문제점의 중요도 우선순위의 결정 • 해설할 톱사상의 결정
2단계	사상마다 재해원인·요인의 규명	• 톱사상의 재해 원인의 결정 • 중간사상의 재해 원인의 결정 • 말단사상까지의 전개
3단계	FT도의 작성	• 부분적 FT도를 다시 봄 • 중간사상의 발생 조건의 재검토 • 전체의 FT도의 완성
4단계	개선계획의 작성	• 안전성이 있는 개선안의 검토 • 제약의 검토와 타협 • 개선안의 결정 • 개선안의 실시 계획

4. Cut Set & Path Set ★★★

(1) 컷셋(Cut Set)

정상사상을 발생시키는 기본사상의 집합으로 그 안에 포함되는 모든 기본사상이 발생할 때 정상사상을 발생시킬 수 있는 기본사상의 집합

(2) 패스셋(Path Set)

그 안에 포함되는 모든 기본사상이 일어나지 않을 때 처음으로 정상사상이 일어나지 않는 기본사상의 집합 → 결함 ★

2 정성적, 정량적 분석

1. 확률사상의 계산

n개의 독립사상에 관해서	논리곱의 확률 $q(A \cdot B \cdot C \cdots N) = q_A \cdot q_B \cdot q_C \cdots q_n$ AND
	논리합의 확률 $q(A + B + C \cdots N) = 1 - (1 - q_A)(1 - q_B) \cdots (1 - q_n)$ OR

2. Minimal Cut Set & Path Set ★

(1) 미니멀 컷셋과 패스셋 정의 ★★

① 미니멀 컷셋

㉠ 컷셋의 집합 중에서 정상사상을 일으키기 위하여 필요한 최소한의 컷셋을 미니멀 컷셋이라 한다.(시스템의 위험성 또는 안전성을 나타냄)

㉡ 미니멀 컷셋은 시스템의 기능을 마비시키는 사고요인의 최소집합이다.

② 미니멀 패스셋 ★★ : 패스란 그 속에 포함되어 있는 기본사상이 일어나지 않을 때 처음으로 정상사상이 일어나지 않는 기본사상의 집합으로서 미니멀 패스셋은 그 필요한 최소한의 컷을 말한다.

(2) 미니멀 컷을 구하는 법

① AND 게이트 : 컷의 크기를 증가

② OR 게이트 : 컷의 수를 증가

③ 정상사상에서 차례로 하단의 사상으로 치환하면서 AND 게이트는 가로로, OR 게이트는 세로로 나열

(3) 미니멀 컷셋 FT의 작성 ★★

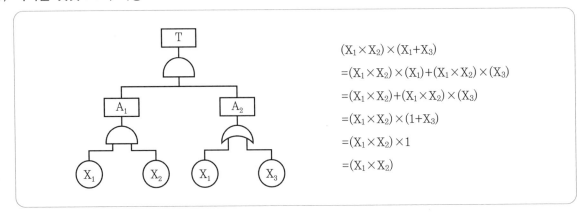

$(X_1 \times X_2) \times (X_1 + X_3)$

$= (X_1 \times X_2) \times (X_1) + (X_1 \times X_2) \times (X_3)$

$= (X_1 \times X_2) + (X_1 \times X_2) \times (X_3)$

$= (X_1 \times X_2) \times (1 + X_3)$

$= (X_1 \times X_2) \times 1$

$= (X_1 \times X_2)$

CHAPTER 07 위험성평가

1 위험성평가의 개요

1. 정의

Assessment : 설비나 제품의 설비, 제조, 사용으로 기술적 측면, 관리적 측면, 종합적인 안전성의 사전평가와 개선책 제시이다.

2. 위험성평가의 단계

(1) 위험성평가의 4가지 방법

체크리스트에 의한 평가, 위험의 예측 평가, 고장형과 영향분석, FTA법

(2) 위험성평가의 6단계 ★★

단계			주요 진단 항목 등－화학설비에 대한
1	안전대책 수립하기 위한 사전평가 및 준비	관계 자료의 정비 검토 (작성준비)	입지조건, (화학설비, 기계실, 전기실) 배치도, 제조공정의 개요, 공정계통도, 운전요령, 요원배치계획 등
2		정성적 평가 ★★★★	(설계 관계) 입지조건, 공장 내의 배치, 소방 설비, 공정기기, 수송/저장, (운전 관계) 원재료, 중간제, 제품
3		정량적 평가 ★★	화학설비의 취급물질, 용량, 온도, 압력, 조작 • A(10점) : 폭발성물질, 발화성물질금속, Li, Na, K, RB, … • B(5점) : 발화성물질, 산화성물질 중 염소산염류, 과산소산염, 무기과산화물 • C(2점) : 발화성물질 중 셀룰로이드류, 탄화칼슘, 인화석회, 마그네슘 분말, 알루미늄 분말, … • D(0점) : A, B, C 어느 것에도 속하지 않는 물질
4		안전대책 수립 ★	설비에 관한 대책, 관리적(인원배치, 보전, 교육훈련 등) 대책
5	안전대책 수립 후 평가, 재평가 및 후조치	재해정보(사례)평가	
6		FTA에 의한 재평가	결함수 분석법

3. 평가항목

(1) 화학설비 안전성평가에서 제2단계 정성적 평가 시 입지조건에 대한 주요 진단항목

① 지평은 적절한가, 지반은 연약하진 않은가, 배수는 적당한가

② 지진 태풍 등에 대한 준비는 충분한가

③ 물, 전기, 가스 등의 사용설비는 충분히 확보되어 있는가

④ 철도, 공항, 시가지, 공공시설에 관한 안전을 고려하고 있는가

⑤ 긴급시에 소방서, 병원 등의 방제 구급기관의 지원체제는 확보되어 있는가

(2) 화학설비 정량평가 ★

① 위험등급 I : 합산점수 16점 이상

② 위험등급 II : 합산점수 15점 이하

③ 위험등급 III : 합산점수 10점 이하

(3) 화학설비 정량평가 위험등급 I일 때의 인원배치

① 긴급시 동시에 다른 장소에서 작업을 행할 수 있는 충분한 인원을 배치

② 법정 자격자를 복수로 배치하고 관리 밀도가 높은 인원배치

(4) 위험성 분류상 카테고리

① Category 1 : 생명 또는 가옥의 손실

② Category 2 : 작업수행의 실패

③ Category 3 : 활동의 지연

④ Category 4 : 영향 없음

---

2 신뢰도 계산

1. 신뢰도 및 불신뢰도의 계산

(1) 신뢰도 ★★

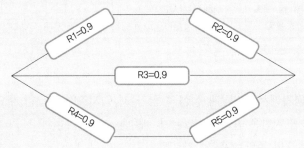

예제 체계 혹은 부품이 주어진 운용조건하에서 의도되는 사용기간 중에 의도한 목적에 만족스럽게 작동할
확률 보기를 통해 계산해보기

⇒ R = 1−[(1−0.9×0.9)×(1−0.9)×(1−0.9×0.9)]=0.99636=99.64[%]

(2) 기계의 신뢰도

① 1시간 가동 시 고장발생확률이 0.004일 경우의 신뢰도 계산

평균고장간격(MTBF) $= 1/\lambda = 1/0.004 = 250[hr]$

② 10시간 가동 시 신뢰도 : $R(t) = e^{-\lambda t} = e^{-0.004 \times 10} = e^{-0.04}$

③ 10시간 가동 시 고장발생확률 : $F(t) = 1 - R(t)$

(3) 인간과 기계의 직 · 병렬 작업

① 직렬 : $R_s = r_1 \times r_2$

② 병렬 : $R_p = r_1 + r_2(1 - r_1) = 1 - (1 - r_1)(1 - r_2)$

(4) 설비의 신뢰도

① 직렬연결

$$R_s = R_1 . R_2 . R_3 \cdots\cdots R_n = \prod_{i=1}^{n} R_i$$

② 병렬연결 ★

$$R_p = 1 - (1 - R_1)(1 - R_2)\cdots\cdots(1 - R_{n)} = 1 - \prod_{i=1}^{n}(1 - R_i)$$

예제 FT도의 신뢰도 구하기

⇒ **각각 부품의 발생확률은 0.1임.** ★

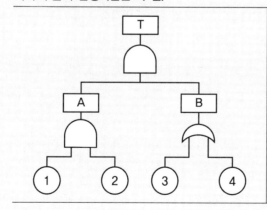

A(직렬) = 0.1×0.1 = 0.01

B(병렬) = 1-(1-0.1)×(1-0.1) = 0.19

T의 고장발생확률 = 0.01×0.19 = 0.0019

신뢰도 = 1-고장발생확률

따라서, 신뢰도는 1-0.0019

3 유해위험방지계획서

1. 유해위험방지계획서 제출 대상 ★

(1) 유해위험방지계획서 작성 및 제출

① 제출처 : 고용노동부장관

② 유해위험방지계획서 제출 대상(산업안전보건법 제42조)

    ㉠ 전기 계약용량이 300[kW] 이상인 규모에 해당하는 사업으로 다음의 하나에 해당하는 사업 ★★★

> 1. 금속가공제품 제조업 ; 기계 및 가구 제외
> 2. 비금속 광물제품 제조업
> 3. 기타 기계 및 장비 제조업
> 4. 자동차 및 트레일러 제조업
> 5. 식료품 제조업
> 6. 고무제품 및 플라스틱제품 제조업
> 7. 목재 및 나무제품 제조업
> 8. 기타 제품 제조업
> 9. 1차 금속 제조업
> 10. 가구 제조업
> 11. 화학물질 및 화학제품 제조업
> 12. 반도체 제조업
> 13. 전자부품 제조업

    ㉡ 기계·기구 및 설비를 설치·이전하거나 그 주요 구조부분을 변경하는 경우로 다음에 해당하는 기계·기구 및 설비의 구체적인 범위는 고용노동부장관이 정하여 고시한다. ★

> 1. 금속이나 그 밖의 광물의 용해로
> 2. 화학설비
> 3. 건조설비
> 4. 가스집합 용접장치
> 5. 근로자의 건강에 상당한 장해를 일으킬 우려가 있는 물질로서 고용노동부령으로 정하는 물질의 밀폐·환기·배기를 위한 설비

    ㉢ 다음의 어느 하나에 해당하는 건축물 또는 시설 등의 건설·개조 또는 해체(이하 "건설 등"이라 한다) 공사

> 가. 지상높이가 31[m] 이상인 건축물 또는 인공구조물
> 나. 연면적 3만[m²] 이상인 건축물

다. 연면적 5천[m²] 이상인 시설로서 다음의 어느 하나에 해당하는 시설
　　1) 문화 및 집회시설(전시장 및 동물원·식물원은 제외한다)
　　2) 판매시설, 운수시설(고속철도의 역사 및 집배송시설은 제외한다)
　　3) 종교시설
　　4) 의료시설 중 종합병원
　　5) 숙박시설 중 관광숙박시설
　　6) 지하도상가
　　7) 냉동·냉장 창고시설

　ㄹ 연면적 5천[m²] 이상인 냉동·냉장 창고시설의 설비공사 및 단열공사

　ㅁ 최대 지간(支間)길이(다리의 기둥과 기둥의 중심 사이의 거리)가 50[m] 이상인 다리의 건설 등 공사

　ㅂ 터널의 건설 등 공사

　ㅅ 다목적댐, 발전용 댐, 저수용량 2천만[t] 이상의 용수 전용 댐 및 지방상수도 전용 댐의 건설 등 공사

　ㅇ 깊이 10[m] 이상인 굴착공사

(2) 제출시 첨부서류 ★★

① 제출서류

1. 건축물 각 층의 평면도
2. 기계·설비의 개요를 나타내는 서류
3. 기계·설비의 배치도면
4. 원재료 및 제품의 취급, 제조 등의 작업방법의 개요
5. 그 밖에 고용노동부장관이 정하는 도면 및 서류

② 제출 기간 : 해당 작업 시작 15일 전까지 공단에 2부를 제출 ★★

1. 설치장소의 개요를 나타내는 서류
2. 설비의 도면
3. 그 밖에 고용노동부장관이 정하는 도면 및 서류

2. 유해위험방지계획서 심사 및 확인사항

(1) 유해위험방지계획서 이행

① 유해위험방지계획서에 대한 심사를 받은 사업주는 고용노동부령으로 정하는 바에 따라 유해위험방지계획서의 이행에 관하여 고용노동부장관의 확인을 받아야 한다.

② 유해위험방지계획서의 이행에 관하여 스스로 확인하여야 한다. 다만, 해당 건설공사 중에 근로자가 사망(교통사고 등 고용노동부령으로 정하는 경우는 제외한다)한 경우에는 고용노동부장관의 확인을 받아야 한다.

③ 확인 결과 유해위험방지계획서대로 유해·위험방지를 위한 조치가 되지 아니하는 경우에는 고용노동부령으로 정하는 바에 따라 시설 등의 개선, 사용중지 또는 작업중지 등 필요한 조치를 명할 수 있다.

④ 시설 등의 개선, 사용중지 또는 작업중지 등의 절차 및 방법, 그 밖에 필요한 사항은 고용노동부령으로 정한다.

(2) 확인사항

유해위험방지계획서를 제출한 사업주는 해당 건설물·기계·기구 및 설비의 시운전단계에서 건설공사 중 6개월 이내마다 공단의 확인을 받아야 한다. ★

① 유해위험방지계획서의 내용과 실제공사 내용이 부합하는지 여부

② 유해위험방지계획서 변경내용의 적정성

③ 추가적인 유해·위험요인의 존재 여부

(3) 자체심사 ★

자체심사는 임직원 및 외부 전문가 중 다음에 해당하는 사람 1명 이상이 참여하도록 해야 한다.

① 산업안전지도사(건설안전 분야만 해당한다)

② 건설안전기술사

③ 건설안전기사(산업안전기사 이상의 자격을 취득한 후 건설안전 실무경력이 3년 이상인 사람을 포함한다)로서 공단에서 실시하는 유해위험방지계획서 심사전문화 교육과정을 28시간 이상 이수한 사람

(4) 산업안전보건법령상 유해·위험방지계획서의 심사 결과에 따른 구분·판정의 종류

① 적정

② 조건부 적정

③ 부적정

CHAPTER 08 각종 설비의 유지관리

1 설비관리의 개요

1. 중요 설비의 분류

설비란 유형고정자산을 총칭하는 것으로 기업 전체의 효율성을 높이기 위해서는 설비를 유효하게 사용하는 것이 중요하다. 설비의 예로는 토지, 건물, 기계, 공구, 비품 등이 있다.

2. 설비의 점검 및 보수의 이력관리

(1) 설비의 점검 및 보전

설비는 사용횟수와 사용시간의 경과에 따라 피로, 마모, 노화, 부식 등의 열화 현상에 의해 신뢰성이 저하된다.

(2) 설비의 열화 현상에 대하여 항상 사용 가능한 상태로 유지 보전하기 위해 철저한 점검과 검사 및 이력 관리가 필요하다.

(3) 점검 결과의 기록 관리

점검을 한 경우에 다음의 사항을 기록하여 3년간 보존하여야 한다.

① 점검연월일
② 점검 방법
③ 점검 구분
④ 점검 결과
⑤ 점검자의 성명
⑥ 점검 결과에 따른 필요한 조치사항

3. 보수자재관리

(1) 자재관리

① 정의 : 필요한 자재를 적정한 가격으로, 이를 필요로 하는 부문에, 필요한 시점에 공급할 수 있도록 계획을 세워 구매하고 보관하는 일을 말한다.

② 자재관리의 3가지 기본 기능

㉠ 계획기능 : 도면 또는 시방서(示方書)에 의해 제품 1단위당의 소요자재 기준을 작성하여 생산계획에 따라 제품별로 소요시간과 소요량을 산출한다. 다음으로 이를 재료별로 집계하여 현재의 재고량과 발주잔량(發注殘量)을 고려해서 발주한다.

   ⓒ 구매기능 : 자재사용계획에 근거하여 필요한 원자재의 구매활동을 한다. 견적교섭, 지명·공개입찰 등 구매방법 결정, 구매처 선정, 납기·가격·지불조건·구매수량 등의 결정은 중요한 구매기능이다.

   ⓒ 보관기능 : 재고품의 입출고 사무, 재고량의 통제, 재고조사 사무는 보관업무의 중요기능이다. 보관업무에서는 필요한 자재를 필요한 때에 즉시 꺼낼 수 있도록 자재의 분류 코드, 보관장소의 위치를 명확히 하여 두는 것이 중요하다. 넓게는 외주관리(外注管理)·운반관리·창고관리도 포함한다.

(2) 보수

소모 부품의 교환, 주유, 오염 제거 등 기능 유지와 내구성 확보를 위해 실시하는 작업으로 고장, 파손을 회복하기 위해 실시하는 사후적인 수선을 말한다.

4. 윤활관리 – 윤활제의 작용

 ① 감마작용
 ② 냉각작용
 ③ 밀봉작용
 ④ 청정작용
 ⑤ 녹부식방지작용
 ⑥ 방진작용
 ⑦ 동력전달작용

2 설비의 운전 및 유지관리

1. 교체주기(설비의 교체방법)

수명교체	① 부품고장 시 즉시 교체하고, 고장이 발생하지 않을 경우 교체주기에 맞추어 대상부품을 교체하는 방법 ② 수명교체는 부품의 수명에 관한 정보를 사전에 확보하고 있어야 한다는 불편함이 있다.
일괄교체	① 부품에 고장이 발생하지 않더라도 교체주기에 맞추어 일괄적으로 새 부품을 교체하는 방법으로 고장 발생 시에는 언제든지 개별교체를 한다. ② 수명교체에 비해 교체비용이 증가하므로 가격이 낮은 다수의 부품을 보전할 때 주로 사용한다.

2. 청소 및 청결

(1) 청소의 실시

① 사업주는 작업을 하는 실내작업장에 대하여 매일 작업을 시작하기 전에 청소를 하여야 한다.

② 작업을 하는 실내작업장의 바닥·벽 및 설비와 휴게시설이 설치되어 있는 장소의 마루 등(실내만 해당한다)에 대해서는 쌓인 분진 등을 제거하기 위하여 매월 1회 이상 정기적으로 진공청소기나 물을 이용하여 분진 등이 흩날리지 않는 방법으로 청소하여야 한다. 다만, 분진이 흩날리지 않는 방법으로 청소하는 것이 곤란한 경우로서 그 청소작업에 종사하는 근로자에게 적절한 호흡용 보호구를 지급하여 착용하도록 한 경우에는 그러하지 아니하다.

(2) 미생물오염 관리

① 누수 등으로 미생물의 생장을 촉진할 수 있는 곳을 주기적으로 검사하고 보수할 것

② 미생물이 증식된 곳은 즉시 건조·제거 또는 청소할 것

③ 건물 표면 및 공기정화설비등에 오염되어 있는 미생물은 제거할 것

(3) 건물 개·보수 시 공기오염 관리

건물 개·보수 중 사무실의 공기질이 악화될 우려가 있을 경우에 그 작업내용을 근로자에게 알리고 공사장소를 격리하거나, 사무실오염물질의 억제 및 청소 등 적절한 조치를 하여야 한다.

(4) 사무실의 청결 관리

① 사무실을 항상 청결하게 유지·관리하여야 하며, 분진 발생을 최대한 억제할 수 있는 방법을 사용하여 청소하여야 한다.

② 미생물로 인한 오염과 해충 발생의 우려가 있는 목욕시설·화장실 등을 소독하는 등 적절한 조치를 하여야 한다.

(5) 작업장의 창문

① 작업장의 창문은 열었을 때 근로자가 작업하거나 통행하는 데에 방해가 되지 않도록 하여야 한다.

② 사업주는 근로자가 안전한 방법으로 창문을 여닫거나 청소할 수 있도록 보조도구를 사용하게 하는 등 필요한 조치를 하여야 한다.

(6) 청결

① 보호구의 관리 등

  ㉠ 사업주는 이 규칙에 따라 보호구를 지급하는 경우 상시 점검하여 이상이 있는 것은 수리하거나 다른 것으로 교환해 주는 등 늘 사용할 수 있도록 관리하여야 하며, 청결을 유지하도록 하여야 한다. 다만, 근로자가 청결을 유지하는 안전화, 안전모, 보안경의 경우에는 그러하지 아니하다.

  ㉡ 사업주는 방진마스크의 필터 등을 언제나 교환할 수 있도록 충분한 양을 갖추어 두어야 한다.

② 구급용구 관리의 청결 유지

  ㉠ 붕대재료ㆍ탈지면ㆍ핀셋 및 반창고

  ㉡ 외상(外傷)용 소독약

  ㉢ 지혈대ㆍ부목 및 들것

  ㉣ 화상약(고열물체를 취급하는 작업장이나 그 밖에 화상의 우려가 있는 작업장에만 해당한다.)

3. MTBF(Mean Time Between Failure : 평균고장간격)

(1) 정의

평균수명으로, 시스템을 수리해 가면서 사용하는 경우 MTBF라고 한다.

(2) 평균수명과 신뢰도와의 관계

① 평균수명은 평균고장률 λ와 역수 관계 ★★

$$\lambda = \frac{1}{MTBF}, \; 고장률(\lambda) = \frac{기간중의 총고장수(r)}{총동작시간(T)}$$

$$MTBF = \frac{1}{\lambda}$$

② 만약, 고장확률밀도 함수가 지수분포인 부품을 평균수명만큼 사용한다면 ★★

$$신뢰도 \; R(t = MTBF) = e^{\lambda t} = e^{-\frac{MTBF}{MTBT}} = e^{-1}$$

4. MTTF(Mean Time To Failure : 평균고장시간) ★★

(1) 정의

평균수명으로서 시스템 부품 등이 고장나기까지의 동작시간 평균치이다. MTBF와 다른 점은 시스템을 수리하여 사용할 수 없는 경우 MTTF라고 한다.

(2) 계의 수명

① 병렬계 ★

$$MTTF_0 = MTTF\left(1 + \frac{1}{2} + \frac{1}{3} + \cdots + \frac{1}{n}\right)$$

② 직렬계

$$MTTF_0 = \frac{MTTF}{n}$$

5. MTTR(Mean Time To Repair : 평균수리시간) ★★

총 수리 시간을 그 기간의 수리 횟수로 나눈 시간으로 사후 보전에 필요한 수리 시간의 평균치를 나타낸다.

$$MTTR = \frac{1}{U(평균수리율)} = \frac{수리시간합계}{수리횟수}[시간]$$

$$MDT(평균정지시간) = \frac{총\ 보전작업시간}{총\ 보전\ 작업건수}$$

3 보전성 공학

1. 예방보전

(1) 정의

설비의 성능을 유지하려면, 설비의 열화(劣化)를 방지하기 위한 예방조치가 필요하다. 이 때문에 윤활(潤滑), 조정, 점검, 교체 등의 일상적인 보전활동과 동시에 설비를 계획적으로 정기점검, 정기수리, 정기교체를 실시하는 활동이 필요하다.

(2) 정기교체 활동

① 일상보전 : 열화를 방지하는 활동
② 정기검사(진단) : 측정하는 활동
③ 상태감시 및 보수 : 회복하는 활동

2. 사후보전

(1) 정의

설비 장치·기기가 기능의 저하, 또는 기능 정지(고장정지)된 뒤에 보수, 교체를 실시하는 것이며, 예방보전(사전 처리)보다 사후 보전하는 편이 경제적인 기기에 대해서 계획적으로 사후보전을 하는 방법이다.(과거에는 경제성을 추구하지 않고 형편대로 하였던 계획적인 사후보전을 했다.)

(2) 종류

① 계획 사후보전(Planned Break-down Maintenance, PBM)
② 긴급 사후보전(Emergency Break-down Maintenance, EBM)

3. 보전예방

(1) 보전예방 ★

설비를 새로이 계획·설계하는 단계에서 보전 정보나 새로운 기술을 채용해서 신뢰성, 보전성, 경제성, 조작성, 안전성 등을 고려하여 보전비나 열화 손실을 적게 하는 활동을 말한다.

실시시기	• 계획·설계단계에서 하는 것이 필요 • 기계설비의 노후화가 진행되어 일반적인 보전으로 cost나 생산성에 있어 효율성이 없을 경우 • 부품 등의 공급에 지장이 있는 경우
실시방법	• 설비의 갱신 • 갱신의 경우 보전성, 안전성, 신뢰성 등의 보전실시 • 기존설비의 보전보다 설계, 제작단계까지 소급하여 보전이 필요 없을 정도의 안전한 설계 및 제작이 필요

(2) 보전성 설계 및 보전자의 자질

보전성 설계	• 고장이나 결함이 발생한 부분에의 접근성이 좋을 것 • 고장이나 결함의 징조를 용이하게 검출할 수 있을 것 • 고장, 결함부품 및 재료의 교환이 신속 용이할 것 • 수리와 회복이 신속 용이할 것
보전자의 자질	• 고장의 원인탐구능력이 우수할 것 • 경험이 풍부하고 수리에 숙련되어 능력이 충분할 것 • 보전규정, 정비 매뉴얼, 취급설명서 또는 체크리스트를 숙지하고, 내용을 이해하고 있을 것 • 교육훈련이 철저하게 되어 있고, 사기가 진작되어 있을 것

4. 개량보전

(1) 개량보전(CM)은 기설비의 신뢰성, 보전성, 안전성 등의 향상을 목적으로 현재 존재하고 있는 설비의 나쁜 곳을 계획적, 적극적으로 체질 개선(재질이나 형상 등)을 해서 열화·고장을 감소시키며, 보전이 불필요한 설비를 목표로 하는 보전방법이다.

(2) 보전의 분류
① 예방보전(PM) : 계획적으로 일정한 사용기간마다 실시하는 보전으로 PM에 대하여 항상 그대로 사용 가능한 상태로 유지
② 사후보전(BM) : 기계설비의 고장이나 결함 등이 발생했을 경우 이를 수리 또는 보수하여 회복시키는 보전활동
③ 개량보전(CM) : 설비를 안정적으로 가동하기 위해 고장이 발생한 후 설비 자체의 체질 개선을 실시하는 보전방식
④ 보전예방(MP) : 설비의 계획단계 및 설치 시부터 고장 예방을 위한 여러 가지 연구가 필요하다는 보전방식
⑤ 설비보전 정보와 신기술을 기초로 신뢰성, 조작성, 보전성, 안전성, 경제성 등이 우수한 설비의 선정, 조달, 또는 설계를 통하여 궁극적으로 설비의 설계, 제작단계에서 보전활동이 불필요한 체제를 목표로 한 설비의 보전방법 ★

5. 보전효과 평가

(1) 보전성 정의
주어진 조건에서 규정된 기간에 보전을 완료할 수 있는 성질 또는 능력을 보전성이라 하며, 이 성질을 확률로 나타낼 경우 보전도라고 한다.

(2) 보전효과의 지표
설비보전의 효과는 설비보전 활동의 결과로서 얻어지는 지표이다. 다시 말해, 생산 제조의 결과물로서 나오는 산출지표와, 산출지표의 결과에 직결하는 보전부문 자체의 활동 노력인 투입지표로 말할 수 있다.
이들 평가요소는 생산의 양과 질에 관련하는 요소로 제조 설비를 중심으로 한 안전·환경 지표, 보전능률에 관

련하는 지표, Cost에 관련하는 지표, 관리와 관련하는 지표로 구분할 수 있으며, 확장이나 증설에 대비하는 설비계획에 관련하는 지표도 포함하여 설정하고 운영되어야 한다.

(3) 보전효과 평가요소

① 가동률

② 고장률

③ 정비비율

④ 정비율

⑤ 계획공사율

⑥ 노동효율

⑦ 예비품 재고율

제 **3** 과목

기계위험방지기술

CHAPTER 01 기계안전의 개념

1 기계안전 개요

1. 기계의 개요

(1) 정의

① 기계는 저항 있는 물체로 조합되며 한정된 상대운동을 하고, 공급된 에너지를 유효한 일로 바꾸는 것을 말한다.

② 기계의 상대운동은 회전운동, 왕복운동 또는 미끄럼운동, 회전과 미끄럼운동의 조합, 진동 운동으로 나눌 수 있다.

(2) 기계의 특성

① 기계는 운동하고 있는 작업점을 가진다.

② 기계는 작업점이 힘을 가진다.

③ 기계는 동력 전달 부분이 있다.

④ 기계는 부품의 고장이 반드시 발생한다.

(3) 기계·기구 설비의 위험점

① 위험점의 분류 ★★★★★

㉠ 협착점(Squeeze point) : 왕복운동을 하는 동작부분과 움직임이 없는 고정 부분 사이에서 형성되는 위험점

　예 프레스기, 전단기, 성형기, 굽힘기계(bending machine) 등

㉡ 끼임점(Shear point) : 고정부분과 회전하는 동작부분이 함께 만드는 위험점

　예 연삭숫돌과 덮개, 교반기의 날개와 하우징, 프레임에서 암의 요동운동을 하는 기계부분 등

㉢ 절단점(Cutting point) : 회전하는 운동부 자체의 위험

　예 밀링의 커터, 띠톱이나 둥근톱의 톱날, 벨트의 이음 부분 등

㉣ 물림점(Nip point) : 회전하는 두 개의 회전체에는 물려 들어가는 위험성이 존재한다. 이때 위험점이 발생되는 조건은 회전체가 서로 반대방향으로 맞물려 회전되어야 한다.

　예 롤러와 롤러의 물림, 기어와 기어의 물림 등

㉤ 접선물림점(Tangential Nip point) : 회전하는 부분의 접선방향으로 물려 들어갈 위험이 존재하는 점이다. (물림위치 : 접선방향)

　예 벨트와 풀리, 체인과 스프로킷, 랙과 피니언 등

㉥ 회전말림점(Trapping point) : 회전하는 물체에 작업복, 머리카락 등이 말려드는 위험이 존재하는 점이다.

　예 회전하는 축, 커플링, 돌출된 키나 고정나사, 회전하는 공구 등

② 위험점의 5요소

ㄱ 1요소 : 함정(Trap)

기계 요소의 운동에 의해서 트랩점(trapping point)이 발생하지 않는가?

ⓐ 손과 발등이 끌려 들어가는 트랩("in-running nip" point)

ⓑ 닫힘운동(closing movement)이나 이송운동(passing movement)에 의해서 손과 발 등이 쉽게 트랩되는 곳

ㄴ 2요소 : 충격(impact)

움직이는 속도에 의해서 사람이 상해를 입을 수 있는 부분은 없는가?

ⓐ 고정된 물체에 사람이 이동충돌(人 → 物)

ⓑ 움직이는 물체가 사람에게 충돌(物 → 人)

ⓒ 사람과 물체가 쌍방 충돌(人 ⇄ 物)

ㄷ 3요소 : 접촉(contact)

날카로운 물체, 연마체, 뜨겁거나 차가운 물체 또는 흐르는 전류에 사람이 접촉함으로써 상해를 입을 수 있는 부분은 없는가? (접촉상태로 움직이거나 정지해 있는 기계 모두 포함)

ㄹ 4요소 : 말림, 얽힘(entanglement)

가공중인 기계로부터 기계요소나 가공물이 튀어나올 위험은 없는가?

ㅁ 5요소 : 튀어나옴(ejection)

기계요소와 피가공재가 튀어나올 위험이 있는가?

2. 산업안전기준, 기계안전

(1) 원동기·회전축 등의 위험 방지(안전보건규칙 제87조)

① 사업주는 기계의 원동기·회전축·기어·풀리·플라이휠·벨트 및 체인 등 근로자가 위험에 처할 우려가 있는 부위에 덮개·울·슬리브 및 건널다리 등을 설치하여야 한다. ★★

② 사업주는 회전축·기어·풀리 및 플라이휠 등에 부속되는 키·핀 등의 기계요소는 묻힘형으로 하거나 해당 부위에 덮개를 설치하여야 한다. ★

③ 사업주는 벨트의 이음 부분에 돌출된 고정구를 사용해서는 안 된다.

④ 사업주는 ①의 건널다리에는 안전난간 및 미끄러지지 아니하는 구조의 발판을 설치하여야 한다.

⑤ 사업주는 연삭기(研削機) 또는 평삭기(平削機)의 테이블, 형삭기(形削機) 램 등의 행정끝이 근로자에게 위험을 미칠 우려가 있는 경우에 해당 부위에 덮개 또는 울 등을 설치하여야 한다.

⑥ 사업주는 선반 등으로부터 돌출하여 회전하고 있는 가공물이 근로자에게 위험을 미칠 우려가 있는 경우에 덮개 또는 울 등을 설치하여야 한다.

⑦ 사업주는 원심기(원심력을 이용하여 물질을 분리하거나 추출하는 일련의 작업을 하는 기기를 말한다.)에는 덮개를 설치하여야 한다.

⑧ 사업주는 분쇄기·파쇄기·마쇄기·미분기·혼합기 및 혼화기 등(이하 "분쇄기등"이라 한다)을 가동하거나 원료가 흩날리거나 하여 근로자가 위험해질 우려가 있는 경우 해당 부위에 덮개를 설치하는 등 필요한 조치를 하여야 한다.

⑨ 사업주는 근로자가 분쇄기등의 개구부로부터 가동 부분에 접촉함으로써 위해(危害)를 입을 우려가 있는 경우 덮개 또는 울 등을 설치하여야 한다.

⑩ 사업주는 종이·천·비닐 및 와이어 로프 등의 감김통 등에 의하여 근로자가 위험해질 우려가 있는 부위에 덮개 또는 울 등을 설치하여야 한다.

⑪ 사업주는 압력용기 및 공기압축기 등(이하 "압력용기등"이라 한다)에 부속하는 원동기·축이음·벨트·풀리의 회전 부위 등 근로자가 위험에 처할 우려가 있는 부위에 덮개 또는 울 등을 설치하여야 한다.

(2) 기계의 동력차단장치(안전보건규칙 제88조)

① 사업주는 동력으로 작동되는 기계에 스위치·클러치(clutch) 및 벨트이동장치 등 동력차단장치를 설치하여야 한다. 다만, 연속하여 하나의 집단을 이루는 기계로서 공통의 동력차단장치가 있거나 공정 도중에 인력(人力)에 의한 원재료의 공급과 인출(引出) 등이 필요 없는 경우에는 그러하지 아니하다.

② 사업주는 ①에 따라 동력차단장치를 설치할 때에는 ①에 따른 기계 중 절단·인발(引拔)·압축·꼬임·타발(打拔) 또는 굽힘 등의 가공을 하는 기계에 설치하되, 근로자가 작업위치를 이동하지 아니하고 조작할 수 있는 위치에 설치하여야 한다.

③ 동력차단장치는 조작이 쉽고 접촉 또는 진동 등에 의하여 갑자기 기계가 움직일 우려가 없는 것이어야 한다.

④ 사업주는 사용 중인 기계·기구 등의 클러치·브레이크, 그 밖에 제어를 위하여 필요한 부위의 기능을 항상 유효한 상태로 유지하여야 한다.

(3) 운전 시작 전 조치(안전보건규칙 제89조)

① 사업주는 기계의 운전을 시작할 때에 근로자가 위험해질 우려가 있으면 근로자 배치 및 교육, 작업방법, 방호장치 등 필요한 사항을 미리 확인한 후 위험 방지를 위하여 필요한 조치를 하여야 한다.

② 사업주는 ①에 따라 기계의 운전을 시작하는 경우 일정한 신호방법과 해당 근로자에게 신호할 사람을 정하고, 신호방법에 따라 그 근로자에게 신호하도록 하여야 한다.

(4) 날아오는 가공물 등에 의한 위험의 방지(안전보건규칙 제90조)

사업주는 가공물 등이 절단되거나 절삭편(切削片)이 날아오는 등 근로자가 위험해질 우려가 있는 기계에 덮개 또는 울 등을 설치하여야 한다. 다만, 해당 작업의 성질상 덮개 또는 울 등을 설치하기가 매우 곤란하여 근로자에게 보호구를 사용하도록 한 경우에는 그러하지 아니하다.

(5) 정비 등의 작업 시의 운전정지(안전보건규칙 제92조)

　① 사업주는 공작기계·수송기계·건설기계 등의 정비·청소·급유·검사·수리·교체 또는 조정 작업 또는 그 밖에 이와 유사한 작업을 할 때에 근로자가 위험해질 우려가 있으면 해당 기계의 운전을 정지하여야 한다. 다만, 덮개가 설치되어 있는 등 기계의 구조상 근로자가 위험해질 우려가 없는 경우에는 그러하지 아니하다.

　② 사업주는 기계의 운전을 정지한 경우에 다른 사람이 그 기계를 운전하는 것을 방지하기 위하여 기계의 기동 장치에 잠금장치를 하고 그 열쇠를 별도 관리하거나 표지판을 설치하는 등 필요한 방호 조치를 하여야 한다.

　③ 사업주는 작업하는 과정에서 적절하지 아니한 작업방법으로 인하여 기계가 갑자기 가동될 우려가 있는 경우 작업지휘자를 배치하는 등 필요한 조치를 하여야 한다.

　④ 사업주는 기계·기구 및 설비 등의 내부에 압축된 기체 또는 액체 등이 방출되어 근로자가 위험해질 우려가 있는 경우에 ①부터 ③까지의 규정에 따른 조치 외에도 압축된 기체 또는 액체 등을 미리 방출시키는 등 위험 방지를 위하여 필요한 조치를 하여야 한다.

(6) 방호장치의 해체 금지(안전보건규칙 제93조)

　① 사업주는 기계·기구 또는 설비에 설치한 방호장치를 해체하거나 사용을 정지해서는 안 된다. 다만, 방호장치의 수리·조정 및 교체 등의 작업을 하는 경우에는 그러하지 아니하다.

　② 방호장치에 대하여 수리·조정 또는 교체 등의 작업을 완료한 후에는 즉시 방호장치가 정상적인 기능을 발휘할 수 있도록 하여야 한다.

　③ 방호장치 해체 시 안전조치 및 보건조치

　　㉠ 방호장치를 해체하려는 경우 사업주의 허가를 받아 해체할 것

　　㉡ 방호장치 해체사유가 소멸된 경우 방호장치를 지체 없이 원상으로 회복시킬 것

　　㉢ 방호장치의 기능이 상실된 것을 발견한 경우 지체 없이 사업주에게 신고할 것

(7) 작업모 등의 착용(안전보건규칙 제94조)

　사업주는 동력으로 작동되는 기계에 근로자의 머리카락 또는 의복이 말려들어갈 우려가 있는 경우에는 해당 근로자에게 작업에 알맞은 작업모 또는 작업복을 착용하도록 하여야 한다.

(8) 장갑의 사용 금지(안전보건규칙 제95조)

　사업주는 근로자가 날·공작물 또는 축이 회전하는 기계를 취급하는 경우 그 근로자의 손에 밀착이 잘되는 가죽장갑 등과 같이 손이 말려들어갈 위험이 없는 장갑을 사용하도록 하여야 한다.

(9) 작업도구 등의 목적 외 사용 금지(안전보건규칙 제96조)

　① 사업주는 기계·기구·설비 및 수공구 등을 제조 당시의 목적 외의 용도로 사용하도록 해서는 안 된다.

　② 사업주는 레버풀러(lever puller) 또는 체인블록(chain block)을 사용하는 경우 다음의 사항을 준수하여야 한다.

　　㉠ 정격하중을 초과하여 사용하지 말 것

ⓛ 레버풀러 작업 중 혹이 빠져 튕길 우려가 있을 경우에는 혹을 대상물에 직접 걸지 말고 피벗클램프(pivot clamp)나 러그(lug)를 연결하여 사용할 것

ⓒ 레버풀러의 레버에 파이프 등을 끼워서 사용하지 말 것

ⓔ 체인블록의 상부 혹(top hook)은 인양하중에 충분히 견디는 강도를 갖고, 정확히 지탱될 수 있는 곳에 걸어서 사용할 것

ⓜ 혹의 입구(hook mouth) 간격이 제조자가 제공하는 제품사양서 기준으로 10[%] 이상 벌어진 것은 폐기할 것 ★

ⓗ 체인블록은 체인의 꼬임과 헝클어지지 않도록 할 것

ⓢ 체인과 혹은 변형, 파손, 부식, 마모(磨耗)되거나 균열된 것을 사용하지 않도록 조치할 것

(10) 볼트·너트의 풀림 방지

사업주는 기계에 부속된 볼트·너트가 풀릴 위험을 방지하기 위하여 그 볼트·너트가 적정하게 조여져 있는지를 수시로 확인하는 등 필요한 조치를 하여야 한다.

3. 기계안전 조건

(1) 기계의 근원적 안전화

① 안전기능이 기계에 내장되어 있다.

② 기계의 조작이나 취급을 잘못하더라도 사고나 재해로 연결되지 않도록 Fool Proof 기능을 가지고 있다.

③ 기계나 그 부품이 파손 고장나더라도 안전하게 작동하도록 Fail Safe 기능을 가지고 있다.

(2) Fool Proof의 기구 ★

① 안전가드 : 인터록가드, 조정가드, 고정가드 등

② lock 기구

③ 밀어내기 기구

④ 트립기구

⑤ over-run 기구

⑥ 기동방지 기구

(3) 기계의 안전 조건

① **외관상의 안전화** : 기계의 외부돌출부 및 회전부의 위험방지 조치, 대응

② **기능적 안전화** : 기계의 근원적(본질적) 안전 및 적극적 대책 적용

③ **구조부분의 안전화** : 급정지장치, 방호장치 등

④ **작업의 안전화** : 인간공학적인 작업안전 설계를 통해서 작업자가 이용이 쉽고 위험발생시 신속한 조치 가능한 조건

⑤ 설비 보전성의 개선

2 기계의 방호조치

1. 안전장치의 설치

(1) 위험기계의 방호설치에 대한 근로자의 안전조치 및 보건조치

① 방호조치를 해체하고자 할 경우에는 사업주의 허가를 받아 해체할 것

② 방호조치를 해체한 후 그 사유가 소멸된 때에는 지체 없이 원상으로 회복

③ 방호조치의 기능이 상실된 것을 발견할 때에는 지체 없이 사업주에게 신고

(2) 종류

① 위험 제거형

② 위험의 차단형

③ 덮개

(3) 안전장치 설치

① 예초기 날접촉 예방장치는 사용 중 탈락 또는 이완되지 않도록 지름 6[mm] 이상의 볼트를 2개 이상 사용하여 샤프트 튜브에 견고하게 부착할 것

② 회전체 접촉 예방 장치는 다음의 요건에 적합하게 설치

  ㉠ 회전체 접촉 예방장치가 작동 중 열리지 않도록 잠금장치를 설치할 것

  ㉡ 작동 중 기계의 진동에 의한 이탈, 이완의 위험이 없도록 체결볼트에는 와셔 등을 이용하여 풀림방지조치를 할 것

  ㉢ 급정지로 인하여 기계에 파손위험이 있는 경우에는 순차정지회로를 구성하는 등의 조치를 할 것

③ 공기압축기

  ㉠ 언로드밸브는 작동상태를 확인하기 쉽고 응축수 등에 의한 부식의 위험이 없는 위치에 설치할 것

  ㉡ 안전밸브의 요건

    ⓐ 안전밸브의 조정너트는 임의로 조정할 수 없도록 봉인되어 있을 것

    ⓑ 설정압력은 설계압력을 초과하지 아니하고, 작동압력은 설정압력치의 ±5[%] 이내일 것

    ⓒ 설정압력 등이 포함된 표지를 식별이 쉬운 곳에 견고하게 부착할 것

④ 금속절단기 날접촉 예방장치는 다음의 요건에 적합하게 설치

  ㉠ 작업부분을 제외한 톱날 전체를 덮을 수 있을 것

  ㉡ 가드와 함께 움직이며 가공물을 절단하는 톱날에는 조정식 가이드를 설치할 것

  ㉢ 톱날, 가공물 등의 비산을 방지할 수 있는 충분한 강도를 가질 것

  ㉣ 둥근 톱날의 경우 회전날의 뒤, 옆, 밑 등을 통한 신체 일부의 접근을 차단할 수 있을 것

⑤ 지게차

   ㉠ 헤드가드

      ⓐ 상부틀의 각 개구의 폭 또는 길이는 16[cm] 미만일 것

      ⓑ 운전자가 앉아서 조작하거나 서서 조작하는 지게차는 한국산업표준에서 정하는 높이 기준 이상일 것

   ㉡ 백레스트

      ⓐ 진동 등에 의해 탈락 또는 파손되지 않도록 견고하게 부착할 것

      ⓑ 최외부충격이나 대하중을 적재한 상태에서 마스트가 뒤쪽으로 경사지더라도 변형 또는 파손이 없을 것

   ㉢ 전조등

      ⓐ 좌우에 1개씩 설치할 것

      ⓑ 등광색은 백색으로 할 것

      ⓒ 점등 시 차체의 다른 부분에 의하여 가려지지 아니할 것

   ㉣ 후미등

      ⓐ 지게차 뒷면 양쪽에 설치할 것

      ⓑ 등광색은 적색으로 할 것

      ⓒ 지게차 중심선에 대하여 좌우대칭이 되게 설치할 것

      ⓓ 등화의 중심점을 기준으로 외측의 수평각 45[°]에서 볼 때에 투영면적이 12.5[cm^2] 이상일 것

⑥ 포장기계의 구동부

   ㉠ 정해진 위치에 견고하게 고정될 것

   ㉡ 공구를 사용하여야 해체할 수 있을 것

   ㉢ 연동장치는 방호덮개 등을 닫은 후 자동으로 재기동되지 아니하고 별도의 조작에 의해서만 기동될 것

   ㉣ 구동부와 방호덮개 등의 연동장치가 상호 간섭되지 않도록 충분한 안전거리를 확보할 것

   ㉤ 패릿은 충분한 강도를 유지, 확보할 것

2. 작업점의 방호

(1) 방호장치의 종류 ★★

① 격리형 방호장치(위험장소)

   ㉠ 작업자가 작업점에 접촉되어 재해를 당하지 않도록 기계설비 외부에 차단벽이나 방호망을 설치하는 것

   ㉡ 가장 많이 사용하는 방식 : 덮개

      예 완전 차단형 방호장치, 덮개형 방호장치, 안정 방책

② 위치 제한형 방호장치(위험장소) ★ : 조작자의 신체부위가 위험한계 밖에 있도록 기계의 조작장치를 위험구역에서 일정거리 이상 떨어지게 한 방호장치

   예 양수조작식 안전장치

③ **접근거부형 방호장치(위험장소)** : 작업자의 신체부위가 위험한계 내로 접근하면 기계의 동작위치에 설치해
놓은 기구가 접근하는 신체부위를 안전한 위치로 되돌리는 것

　　예 손쳐내기식 안전장치

④ **접근반응형 방호장치(위험장소)** : 작업자의 신체부위가 위험한계로 들어오게 되면 이를 감지하여 작동 중인
기계를 즉시 정지시키거나 스위치가 꺼지도록 하는 기능

　　예 광전자식 안전장치

⑤ **포집형 방호장치(위험원)** ★ : 목재가공기의 반발예방장치와 같이 위험장소에 설치하여 위험원이 비산하거나
튀는 것을 방지하는 등 작업자로부터 위험원을 차단하는 방호장치

3. 작업점 가드

(1) 가드의 개구부 간격

ILO(국제노동기구)에서 정한 프레스 및 전단기의 작업점이나 롤러기의 맞물림 점에 설치하는 가드의 개구부
간격은 다음의 식에서 구한다. ★

> 개구부 간격(Y) = 6+0.15X (X : 가드와 위험점 간의 거리)

> 예제 롤러 맞물림 전방에 개구간격 12[mm]인 가드를 설치 시 안전거리를 ILO 기준으로 구하시오.
>
> ⇒　Y = 6+0.15X (X : 안전거리, Y : 개구간격)
>
> $$X = \frac{12-6}{0.15} = 40[mm]$$

(2) 고정형 가드의 구비조건

① 확실한 방호기능을 갖고 있을 것
② 운전 중 위험구역에 접근을 막을 것
③ 최소한의 손질로 장기간 사용할 것
④ 쉽게 효력을 잃지 않을 것
⑤ 기계 기구에 적합할 것
⑥ 작업에 방해가 되지 않을 것
⑦ 견고할 것

3 구조적 안전

1. 재료에 있어서의 결함 – 재료 선택의 안전화

① 연성재료(상온에서 정하중 작용)

② 취성재료(상온에서 정하중 작용)

③ 고온에서 적하중 작용

④ 반복응력 작용

2. 설계에 있어서의 결함 – 올바른 강도 적용(강도 계산)

① 극한강도 또는 항복점

② 극한강도

③ 크리프 강도

④ 피로한도

3. 가공에 있어서의 결함

응력으로 인한 피로파괴 방지를 위한 응력집중방지 안전설계

4. 안전율

(1) 안전율(S)

$$안전율 = \frac{극한강도}{최대설계응력} = \frac{파단하중}{안전하중} = \frac{파괴하중}{최대사용하중}$$

(2) 와이어로프의 안전율

$$와이어로프의\ 안전율 = \frac{전단하중 \times 로프가닥수}{정격하중 \times 훅블럭하중[t]}$$

4 기능적 안전

1. 소극적 대책

(1) 소극적(1차적) 대책

이상 발생 시 기계를 급정지시키거나 방호장치가 작동하도록 하는 조치

(2) 유해 위험한 기계·기구 등의 방호조치 ★★

① 유해 또는 위험한 작업을 필요로 하거나 동력에 의해 작동하는 기계기구 : 유해 위험 방지를 위한 방호조치를 할 것

② 방호조치를 하지 않고는 양도, 대여, 설치, 사용을 금지할 것. 또한 양도, 대여의 목적으로 진열금지할 것

2. 적극적 대책

(1) 페일 세이프(Fail Safe) 기능적 3단계 ★

① 1단계 Fail Passive : 부품이 고장나면 기계는 정지상태로 된다.

② 2단계 Fail Active : 부품이 고장나면 기계는 경보음을 내면서 짧은 시간의 운전이 가능하다.

③ 3단계 Fail Operational : 부품이 고장나더라도 기계는 다음 보수가 이루어질 때까지 가동 기능을 유지한다.

(2) 풀 프루프(Fool Proof) 본질적 안전

① 인간의 착오, 미스 등 휴먼에러가 발생하더라도 기계설비나 그 부품은 사고나 재해를 발생시키지 않고 작동하게 설계하는 안전설계의 기법 중 하나이다. ★★★★

② 인적 오류(Human Error)를 방지할 수 있도록 설계단계에서 기계안전화를 기본개념으로 적용한다.

(3) 연동장치(인터록 기능)

① 인터록(Interlock)은 2개의 메커니즘 또는 기능의 상태가 서로 의존하도록 만들어주는 기능이다.

② 단로기는 부하전류를 개폐할 수 없어 차단기가 열려 있어야 열고 닫을 수 있다.

[유해하거나 위험한 기계기구에 대한 방호조치]

	유해위험 방지를 위한 방호조치가 필요한 기계기구	방호조치
1	예초기	날접촉 예방장치
2	원심기	회전체 접촉 예방장치
3	공기압축기	압력방출장치
4	금속절단기	날접촉 예방장치
5	지게차	헤드 가드, 백레스트, 전조등, 후미등, 안전벨트
6	포장기계(진공포장기, 래핑기로 한정)	구동부 방호 연동장치

| 7 | 다음의 해당 기계기구
• 작동부분에 돌기 부분이 있는 것
• 동력전달부분 또는 속도조절부분이 있는 것
• 회전기계에 물체 등이 말려들어갈 부분이 있는 것 | • 고용노동부령으로 정하는 방호조치
• 작동 부분의 돌기부분은 묻힘형으로 하거나 덮개를 부착할 것
• 동력전달부분 및 속도조절 부분에는 덮개를 부착하거나 방호망을 설치할 것
• 회전기계의 물림점(롤러나 톱니바퀴 등 반대방향의 두 회전체에 물려 들어가는 위험점)에는 덮개 또는 울을 설치할 것 |

[방호장치]

프레스 및 전단기 방호장치	아세틸렌 용접장치용 또는 가스집합 용접장치용 안전기
양중기용 과부하 방지장치	교류 아크용접기용 자동전격방지기
보일러 압력방출용 안전밸브	롤러기 급정지장치
압력용기 압력방출용 안전밸브	연삭기 덮개
압력용기 압력방출용 파열판	목재 가공용 둥근톱 반발 예방장치와 날 접촉 예방장치
절연용 방호구 및 활선작업용 기구	동력식 수동대패용 칼날 접촉 방지장치
방폭구조 전기기계·기구 및 부품	
추락·낙하 및 붕괴 등의 위험 방지 및 보호에 필요한 가설기자재	추락·낙하 및 붕괴 등의 위험 방지 및 보호에 필요한 가설 기자재
충돌·협착 등의 위험 방지에 필요한 산업용 로봇 방호장치	

CHAPTER 02 공작기계의 안전

1 절삭가공기계의 종류 및 방호장치

1. 선반의 안전장치 및 작업 시 유의사항

(1) 선반의 종류

① 보통선반(engine lathe)

가장 일반적으로 사용되는 것으로 단차식과 기어식이 있다. 다종 소량생산과 수리에 사용한다. 슬라이딩(sliding), 단면절삭(surfacing), 나사깎기(screw cutting)를 할 수 있으므로 3S 선반이라고 한다.

② 정면선반(face lathe)

지름이 큰 것을 깎을 때 사용한다. 스윙이 크고 베드 길이가 짧으며, 심압대가 없는 것이 많다.

③ 탁상선반(bench lathe)

탁상 위에 설치하고 시계 등의 부속품을 절삭하는 데 사용한다.

④ 수직선반(vertical lathe)

테이블이 수평으로 회전하며 공작물을 절삭하는 것으로 무거운 공작물을 절삭할 때 사용한다.

⑤ 터릿선반(turret lathe)

반자동선반이며 공구대에 6~8개의 절삭공구를 설치하여 능률적으로 절삭할 수 있다.

⑥ 자동선반(automatic lathe)

공작물을 설치하면 자동으로 절삭하는 선반이다.

⑦ 그 밖의 선반

수치제어선반인 NC 선반은 다종소량생산에 좋으며, 한 가지만 대량생산할 수 있는 단능선반에는 차량선반, 차축선반, 크랭크축선반 등이 있다.

(2) 선반사고재해 방지대책 ★

① 기계 위에 공구나 재료를 올려놓지 않는다.

② 이송을 건 채 기계를 정지시키지 않는다.

③ 기계 타력 회전을 손이나 공구로 멈추지 않는다.

④ 가공물 절삭공구의 장착은 확실하게 한다.

⑤ 절삭공구의 장착은 짧게 하며 절삭성이 나쁘면 공구 교체주기를 짧게 한다.

⑥ 절삭분 비산 시 보호안경을 착용한다. 비산을 막는 차폐막을 설치한다.

⑦ 절삭분 제거 시는 브러시나 긁기봉을 사용한다.

⑧ 절삭 중이나 회전 중에 공작물을 측정하지 않으며, 장갑 낀 손을 사용하지 않는다.

(3) 선반작업 시 안전수칙 ★

① 가공물을 착탈 시에는 반드시 스위치를 끄고 행한다.

② 캐리어(공구대)는 적당한 크기의 것을 선택하고 심압대는 스핀들을 지나치게 돌출시키지 않는다.

③ 물건의 장착이 끝나면 척, 렌치류는 곧 벗겨놓는다.

④ 무게가 편중된 가공물의 장착에는 균형추를 부착한다. 장착물은 방진구에 사용 커버를 씌운다.

⑤ 긴 재료가 돌출되었을 때에는 빨간 천 등을 부착하여 위험표시를 하거나 커버를 씌운다.

⑥ 바이트 착탈은 기계를 정지시킨 다음에 한다.

⑦ 방진구는 일감의 길이가 직경의 12[배] 이상일 때 사용한다. ★

(4) 선반의 크기 표시 방법

구분	표시방법
보통선반, 탁상선반, 모방선반, 공구선반	• 베드 위의 스윙 • 양 센터 사이의 최대거리 및 왕복대 위의 스윙
자동선반, 차축선반	공작물의 최대지름 및 최대길이
정면선반	베드 위의 스윙 또는 면판의 지름 및 면판에서 왕복대까지의 최대거리

(5) 선반용어정의(위험기계·기구 자율안전확인 고시)

"선반"이란 회전하는 축(주축)에 공작물을 장착하고 고정되어 있는 절삭공구를 사용하여 원통형의 공작물을 회전운동으로 가공하는 공작기계를 말한다.

① 선반의 주요구조부

ㄱ 주축대

ㄴ 이송변속장치

ㄷ 공구대

ㄹ 자동 공구공급장치(터닝센터로 한정한다.)

ㅁ 베드

② 선반은 가공할 수 있는 공작물의 외경이 500[mm] 이하인 것은 소형, 500[mm]를 초과하는 것은 대형으로 구분한다.

ㄱ 범용 수동선반 : 기계의 모든 작동이 수치제어를 사용하지 않고 조작자에 의해서만 이루어지는 기계를 말한다.

ㄴ 반자동 선반 : 기계의 일부 작동이 전자 조작핸들 또는 수치제어 판넬을 이용하여 이루어지는 기계를 말한다. 다만, 자동공구 교환장치, 자동기동프로그램, 자동 송급장치 등의 자동화 설비를 갖춘 것은 제외한다.

ㄷ 수치제어 선반 및 터닝센터 : 수치제어를 통한 완전자동 기능이 내장된 기계를 말한다.

(6) 선반작업 시 칩의 비산을 방지할 수 있는 방호장치 ★

① 칩 브레이크

② 칩받이

③ 칩비산방지 투명판

④ 칸막이

2. 밀링작업 시 안전수칙

(1) 밀링머신(milling machine)의 개요 ★★

① 정의

밀링머신(milling machine)은 다인(多刃 : 많은 절삭날)의 회전절삭공구인 커터로서 공작물을 테이블에서 이송시키면서 절삭하는 절삭가공기계이다.

② 종류

사용 목적에 따른 분류	일반형, 생산형, 특수형
테이블지지 구조에 의한 분류	• 니형 – 칼럼의 앞면에 미끄럼면이 있으면 칼럼을 따라 상하로 니가 이동하며 니 위를 새들과 테이블이 서로 직각 방향으로 이동할 수 있는 구조로 수평형, 수직형, 만능형 밀링 머신이 있다. • 베드형 – 일명 생산형 밀링 머신이라고도 하며, 용도에 따라 수평식, 수직식, 수평수직 겸용식이 있다. 사용 범위가 제한되지만 대량 생산에 적합한 밀링 머신이다. • 플레이너형
주축방향에 의한 분류	• 수평형 – 주축이 칼럼에 수평으로 되어 있다. • 수직형 – 주축이 테이블에 대하여 수직이며 기타는 수평형과 거의 같다. • 만능형 – 수평형과 유사한 테이블 45° 이상 회전하며 주축 헤드가 임의의 각도로 경사가 가능하며 분할대를 갖춘 것이다.
용도별 분류	공구 밀링, 형조각 밀링, 나사 밀링
기타	모방 밀링, NC(수치제어) 밀링

③ 밀링머신의 크기 표시 방법

㉠ 테이블의 이동량(좌우×전후×상하)

㉡ 테이블의 크기(길이×폭)

㉢ 테이블 윗면에서 주축 중심까지의 최대거리

㉣ 테이블 윗면에서 주축 끝까지의 최대거리

(2) 절삭방향

① 절삭 방향 및 특징

㉠ 상향절삭 : 공작물의 이송과 절삭공구의 회전방향이 반대인 절삭형

㉡ 하향절삭 : 공작물의 이송과 절삭공구의 회전방향이 같은 방향의 절삭형

ⓒ 정면절삭(합성절삭) : 위의 상향절삭, 하향절삭이 동시에 일어나는 절삭형. 이것은 정면밀링커터, 엔드밀에 의한 평면절삭이 해당된다.

ⓔ 상향절삭과 하향절삭의 비교 : 상한절삭과 하향절삭에 대한 장단점은 각각 다르며 작업의 형태에 따라 적당한 방향을 택해야 한다.

[상향절삭과 하향절삭의 장·단점]

구분	상향절삭	하향절삭
장점	• 칩이 날을 방해하지 않는다. • 밀링커터의 진행방향과 테이블의 이송방향이 반대이므로 이송기구의 백래시가 제거된다. • 절삭동력이 적게 소비된다.	• 커터가 공작물을 아래로 누르는 것과 같은 작용을 하므로 공작물 고정이 간단하다. • 커터의 마모가 적고 또한 동력소비가 적다. • 가공면이 깨끗하다.
단점	• 커터가 공작물을 올리는 작용을 하므로 공작물을 견고히 고정해야 한다. • 커터의 수명이 짧다. • 동력 낭비가 크다. • 가공면이 깨끗하지 못하다.	• 칩이 커터와 공작물 사이에 끼어 절삭을 방해한다. • 떨림이 나타나 공작물과 커터를 손상시키며 백래시(back lash) 제거장치가 없으면 작업을 할 수 없다.

② 밀링작업 시 안전수칙 ★

ⓐ 절삭공구 설치 시 시동레버와 접촉하지 않도록 한다.

ⓑ 공작물 설치 시 절삭공구의 회전을 정지시킨다.

ⓒ 상하이송용 핸들은 사용 후 반드시 벗겨놓는다.

ⓓ 가공 중에는 얼굴을 기계에 가까이 대지 않도록 한다.

ⓔ 절삭공구에 절삭유를 줄 때는 커터 위에서부터 주유한다.

ⓕ 칩이 비산하는 재료는 커터부분에 커버를 하든가 보안경을 착용한다.

3. 플레이너와 세이퍼의 방호장치 및 안전수칙

(1) 플레이너(planer)

① 플레이너의 개념

플레이너는 평삭기라고도 하며 큰 공작물의 평면절삭에 주로 사용한다. 테이블은 직선왕복운동을 하고 바이트는 이송운동한다.

② 플레이너의 종류

플레이너에는 직주가 2개인 쌍주식 플레이너와 하나인 단주식 플레이너가 있다. 쌍주식 플레이너는 직주가 2개이므로 공작물의 폭에 제한을 받으며, 단주식 플레이너는 공작물의 폭에 제한을 받지 않으나 쌍주식보다는 강력 절삭을 할 수 없다.

③ 플레이너의 안전대책 ★

작업장에서는 이동테이블에 사람이나 운반기계가 부딪치지 않도록 플레이너의 운동 범위에 방책을 설치한다. 또 플레이너의 프레임 중앙부의 피트에는 덮개를 설치해서 물건이나 공구류를 두지 않도록 해야 하고 테이블과 고정벽 또는 다른 기계와의 최소거리가 40[cm] 이하가 될 때는 기계의 양쪽에 방책을 설치하여 통행을 차단하여야 한다.

④ 플레이너 작업 시 안전대책

㉠ 테이블의 행정에 따라서 미리 안전방책을 배치한다.

㉡ 테이블의 행정 내에 장해물이 없는가를 확인한 후 시동한다.

㉢ 작업 중 테이블에 발을 올려 놓지 않도록 한다.

(2) 셰이퍼(형삭기)

① 셰이퍼(shaper)

셰이퍼는 바이트를 왕복운동시켜 테이블에 고정한 공작물을 절삭하는 기계로 이송은 공작물을 고정한 테이블 쪽에서 한다. 주로 작은 평면, 홈, 각도 등을 절삭하는 데 사용하며, 형삭기라고도 한다.

② 절삭속도

㉠ 플레이너 절삭속도 V[m/mn]

$$V = CnL, \ n = \frac{V}{CL} \quad 단, \ C = 1 + \frac{T_r}{T_s} \ 또는 \ C = 1 + \frac{V_s}{V_r}$$

C : 플레이너의 절삭행정속도, n : 1분간의 테이블의 왕복횟수,
L : 행정길이[m], T_s : 절삭행정 시 소요시간[sec],
T_r : 귀환행정 시 소요시간[sec], V_r : 귀환행정속도[m/min],
V_s : 절삭행정속도[m/min]

㉡ 셰이퍼 절삭속도

셰이퍼의 절삭속도는 절삭행정 시의 바이트의 전진속도로서 절삭속도 V[m/min], 1분간 바이트의 왕복횟수 n, 행정길이 l[m], 바이트의 절삭행정시간과 1회 왕복하는 시간과의 비를 $a(a = 3/5 \sim 2/3$임)라고 하면

$$V = \frac{nl}{a}, \ n = \frac{aV}{l}$$

③ 셰이퍼 작업 시 안전대책

㉠ 운전 중 램의 운전방향에 있어서는 안 된다.

㉡ 램의 행정 내에 장애물이 있어서는 안 된다.

(3) 셰이퍼의 안전장치 ★

① 칩받이

② 칸막이

③ 울

4. 드릴(drill)링머신

(1) 드릴의 개요

① 드릴링(drilling)

드릴을 사용하여 구멍을 뚫는 작업이며, 이때 사용하는 기계를 드릴링머신이라고 한다. 드릴링머신은 절삭 공구인 드릴이 회전하며 상하로 움직인다. 공작물은 테이블 위에 고정하는 경우가 많다.

② 보링(boring)

이미 뚫린 구멍을 크게 하여 소정의 치수로 만드는 작업으로, 이때 사용하는 기계를 보링머신이라고 한다. 절삭공구(보링바이트)는 회전하며 상하로 움직인다. 공작물은 테이블 위에 고정한다.

(2) 드릴작업

① 드릴링머신의 종류와 구조

㉠ 탁상 드릴링머신(bench drilling machine) : 비교적 작은 물건에 구멍을 뚫을 때에 사용하며 보통 ∅ 13[mm] 이하의 드릴링 작업에 많이 쓰인다. 테이블은 좌우, 상하로 움직일 수 있으며 스핀들 끝 쪽에는 드릴척을 고정해서 사용하며 큰 구멍을 뚫을 때는 척 대신 슬리브나 소켓을 끼워 사용할 수 있도록 모스 테이퍼 구멍으로 되어 있다.

㉡ 직립식 드릴링머신(upright drilling machine) : 수직 드릴링머신이라고도 하며 비교적 큰 구멍을 뚫을 때에 쓰인다. 주축의 이송은 자동과 수동으로 할 수 있으며, 테이블은 옆으로 회전할 수 있다.

㉢ 래디얼 드릴링머신(radial drilling machine) : 제품이 대형이어서 이동하기 어려운 가공물의 구멍뚫기 에 사용하며 구조는 직주에 수평으로 된 레이디얼 암(arm)이 있다. 이 암은 직주의 상하 또는 주위로 회전 운동을 할 수 있도록 되어 있다.

② 드릴 작업(가공)의 종류

㉠ 보링(boring) : 조절할 수 있는 한 개의 절삭날을 갖고 있는 절삭공구를 사용하여 구멍을 키우는 작업이다.

㉡ 카운터보링(counter boring) : 구멍의 끝을 넓혀 턱지게 하는 작업으로 머리가 둥근 형으로 된 나사자리 등을 만들 때 이용한다.

㉢ 카운터싱킹(counter sinking) : 접시꼴나사 등의 자리를 만들기 위하여 구멍의 끝을 원추형으로 만드는 작업이다.

㉣ 스폿페이싱(spot facing) : 너트나 캡스크루(cap screw)의 자리를 판판하게 하기 위하여 구멍의 주위를 매끈하게 다듬는 작업이다.

㉤ 태핑(tapping) : 탭을 사용하여 암나사를 만드는 작업이다. 드릴링머신은 역회전이 곤란하므로, 태핑시 에는 역회전이 가능한 전동기나 태핑 어태치먼트(tapping attachment)를 사용해야 한다.

③ 드릴 작업 시 안전대책 ★★★★

㉠ 회전하고 있는 주축이나 드릴에 손이나 걸레를 대거나 머리를 가까이 하지 말 것

㉡ 드릴 사용 전에 점검하고 상처나 균열이 있는 것은 사용하지 않는다.

ⓒ 가공 중에 드릴의 절삭률이 불량해지고 이상음이 발생하면 중지하고 즉시 드릴을 바꾼다.

ⓔ 드릴의 착탈은 회전이 완전히 멈춘 다음 행한다.

ⓜ 작은 물건은 바이스나 클램프를 사용하여 장착하고 직접 손으로 지지하는 것을 피한다.

ⓑ 가공중 드릴이 깊이 먹어 들어가면 기계를 멈추고 손돌리기로 드릴을 뽑아낸다.

ⓢ 드릴이나 척을 뽑을 때는 공구를 사용하고 해머 등으로 두드려서는 안 된다.

ⓞ 드릴이나 척을 뽑을 때는 되도록 주축을 내려서 낙하거리를 적게 하고 테이블 등에 나뭇조각 등을 놓고 받는다.

ⓩ 레디얼드릴머신은 작업 중 컬럼(column)과 암(arm)을 확실하게 체결하여 암을 선회시킬 때 주위에 조심한다. 정지 시는 암을 베이스의 중심 위치에 놓는다.

ⓧ 공작물과 드릴이 함께 회전하는 경우 : 거의 구멍을 뚫었을 때

④ 방호장치 종류 및 일감 고정 방법

　　㉠ 방호장치

　　　ⓐ 방호울(가드)

　　　ⓑ 브러시

　　　ⓒ 재료의 회전방지장치

　　　ⓓ 투명 플라스틱 방호판 등

　　㉡ 공작물 고정 방법

　　　ⓐ 바이스 : 일감이 작을 때

　　　ⓑ 볼트와 고정구 : 일감이 크고 복잡할 때

　　　ⓒ 지그(jig) : 대량생산과 정밀도를 요구할 때

5. 연삭기

(1) 연삭기(grinding machine)의 개요 및 정의

① 개요 및 정의

연삭기는 고속회전을 하는 연삭숫돌로 표면을 절삭함으로써 표면 정밀도를 높이는 연삭가공을 하는 공작기계를 말하며, 연삭저항에 의하여 숫돌 표면의 입자가 결합제의 결합력보다 커지면 떨어져 나가면서 새로운 입자가 숫돌 표면에 나타나 연삭이 계속되는 자생작용 기능을 갖고 있다. 연삭기의 연삭용숫돌을 동력의 회전체에 부착하여 고속으로 회전시키면서 가공재료를 연마 또는 절삭(grinding)하는 기계를 말한다.

② 연삭기의 종류

㉠ 기계식 연삭기 : 제품 외부 및 내부를 정밀하게 연삭할 목적으로 제작된 대형기계로 만능연삭기, 원통연삭기, 평면연삭기, 만능공구연삭기 등을 말한다.

ⓛ 탁상용 연삭기 : 일반적으로 많이 사용되는 연삭기로 가공물을 손에 잡고 연삭숫돌에 접촉시켜 가공하는 것으로 양두연삭기 등을 말한다.

ⓒ 휴대용 연삭기 : 손으로 연삭기를 휴대하고 공작물 표면에 연삭숫돌을 접촉시켜 가공하는 연삭기를 말한다.

③ 연삭기 덮개의 각도 ★★

	⊙ 일반연삭작업 등에 사용하는 것을 목적으로 하는 탁상용 연삭기의 덮개 각도		ⓛ 연삭숫돌의 상부를 사용하는 것을 목적으로 하는 탁상용 연삭기의 덮개 각도
	ⓒ ⊙ 및 ⓛ 이외의 탁상용 연삭기, 그 밖에 이와 유사한 연삭기의 덮개 각도		② 원통 연삭기, 센터리스 연삭기, 공구 연삭기, 만능 연삭기, 그 밖에 이와 비슷한 연삭기의 덮개 각도
	⑩ 휴대용 연삭기, 스윙 연삭기, 스라브 연삭기, 그 밖에 이와 비슷한 연삭기의 덮개 각도		⑪ 평면 연삭기, 절단 연삭기, 그 밖에 이와 비슷한 연삭기의 덮개 각도

(2) 연삭가공의 특징

① 경화된 철과 같은 굳은 재료를 절삭하는 방법이며, 가열한 후 천천히 냉각시켜 희망하는 모양으로 매우 작은 여유를 두고 기계가공한 후 열처리하여 경화한 후 여분의 재료를 깎아낸다.

② 아주 매끈한 표면을 만들기 때문에 접촉면으로 적당하다.

③ 단시간에 정확한 치수로 가공된다. 매우 소량의 재료를 깎아내므로 연삭기는 연삭숫돌의 조절을 적당히 할 수 있어야 하며 또한 공작물도 정확히 설치되어야 한다.

④ 연삭압력 및 저항은 작게 작용하며 자석척을 사용하여 공작물을 고정할 수 있다.

(3) 연삭가공 시 관련 재해 및 잠재위험

① 숫돌에 직접 접촉되어 일어나는 것

② 연삭분이 눈에 튀어 들어가서 일어나는 것

③ 숫돌이 파괴되어 파편이 작업자에 맞아서 일어나는 치명적인 재해 등이 있다.

④ 특히 연삭기에 의한 재해는 작업 당사자만이 아니라 다른 데서 작업하는 근로자도 재해를 당할 수 있는 위험이 있어 각별한 안전관리가 요구되는 절삭기계이다.

(4) 연삭숫돌의 파괴원인 및 방지대책

① **숫돌의 파괴원인** ★★★★ : 숫돌의 강도 이상으로 큰 힘이 작용했기 때문이며

    ㉠ 숫돌의 속도가 너무 빠를 때

    ㉡ 숫돌에 균열이 있을 때

    ㉢ 플랜지가 현저히 작을 때

    ㉣ 숫돌의 치수(특히 구멍지름)가 부적당할 때

    ㉤ 숫돌에 과대한 충격을 줄 때

    ㉥ 작업에 부적당한 숫돌을 사용할 때

    ㉦ 숫돌의 불균형이나 베어링의 마모에 의한 진동이 있을 때

    ㉧ 숫돌의 측면을 사용할 때

    ㉨ 반지름방향의 온도변화가 심할 때

② **숫돌의 강도** ★★★★★★

    ㉠ 숫돌의 강도는 결합재, 숫돌의 입도, 조직, 형상 등에 의하여 정해지고 있으며 결합재가 인장과 굽힘에는 약하므로 이와 같은 힘이 작용되지 않도록 해야 한다.

    ㉡ 숫돌의 바른 고정 방법은 부적절한 힘이 숫돌에 걸리지 않도록 하는 것이므로 표준이 되는 평형숫돌은 좌우대칭의 표준플랜지를 사용하여 플랜지지름이 작게 되면 숫돌의 과대파괴속도가 저하하기 때문에 숫돌지름의 1/3 이상이어야 하는 것

(5) 연삭기덮개

① **덮개의 재료** : 연삭숫돌의 덮개 재료는 다음에 정하는 기계적 성질을 갖는 압연강판

    ㉠ 인장강도가 $28[kg/mm^2]$ 이상이고 동시에 신장도가 $14[\%]$ 이상일 것. 단, 가단주철은 인장강도의 값이 $32[kg/mm^2]$ 이상이고, 동시에 신장도가 $8[\%]$ 이상이어야 한다. 주강은 인장강도의 값이 $37[kg/mm^2]$ 이상, 신장도가 $15[\%]$ 이상이고, 인장강도값의 0.6배의 값에 신장도를 더한 값이 48 이상일 것

    ㉡ 휴대용 연삭반의 덮개 및 밴드형 덮개 이외의 덮개 재료

[재료의 안전계수]

재료의 종류	안전계수
주철	4.0
가단주철	2.0
주강	1.6

    ㉢ 절단숫돌(최고사용주속도가 매분 $4,800[m]$ 이하의 것에 한한다)에 사용되는 덮개의 재료는 인장강도의 값이 $18[kg/mm^2]$ 이하이며, 동시에 신장도가 $2[\%]$ 이상의 알루미늄 재료로도 할 수 있다.

[연삭숫돌의 사용속도]

재료	연삭숫돌의 최고사용주속도[m/분]
주철, 가단주철 또는 주장	2,000 이하
가단주철 또는 주강	3,000 이하
주강	3,000 이상

② 덮개의 두께

㉠ 압연강판을 재료로 사용하는 덮개의 두께는 고용노동부 고시 및 기술지침에 제시되고 있다.

㉡ 주철, 가단주철 또는 주강을 재료로 사용하는 덮개의 두께는 재료의 종류에 따라 표의 계수를 곱해서 얻은 값 이상이어야 한다.

[밴드타입 안전덮개의 두께]

숫돌의 외부 지름	밴드의 최소두께	리벳 최소 지름	숫돌의 두께(±)	최대 돌출량(C)
205 미만	1.6	4.8	13 25	6.4 13
205~615	3.2	6.4	50 75	19 25
635~760	6.4	9.5	100 125	38 50

③ 덮개의 설치방법

덮개의 노출각은 스핀들(spindie) 중심의 정점에서 측정하여 덮개 없이 노출된 각도를 말하며, 숫돌 파괴시 비산되는 파편으로부터 작업자를 보호하기 위한 것이기 때문에 잘못된 각도로 설치된 덮개는 설치하지 않는 것과 같으므로 덮개의 설치나 안전점검 시 각별히 유의해야 할 사항이다.

④ 연삭기 구조면에 있어서의 안전대책 ★

㉠ 구조 규격에 적당한 덮개를 설치할 것(숫돌지름 : 5[cm] 이상)

㉡ 플랜지의 직경은 숫돌직경의 1/3 이상인 것을 사용하며 양쪽을 모두 같은 크기로 할 것(플랜지 안쪽에 종이나 고무판을 부착하여 고정시, 종이나 고무판의 두께는 0.5~1[mm] 정도가 적합하며, 숫돌의 종이라벨은 제거하지 않고 고정)

㉢ 숫돌 결합시 축과는 0.05~0.15[mm] 정도의 틈새를 둘 것

㉣ 칩 비산 방지 투명판(shield) 및 국소배기장치를 설치할 것

㉤ 탁상용 연삭기는 워크레스트와 조정편을 설치할 것(워크레스트와 숫돌과의 간격은 3[mm] 이내) ★

㉥ 덮개의 조정편과 숫돌과의 간격은 10[mm] 이내

㉦ 작업 받침대의 높이는 숫돌의 중심과 거의 같은 높이로 고정

㉧ 숫돌의 검사 방법 : 외관 검사, 타음 검사, 시운전 검사

㉨ 최고 회전속도 이내에서 작업할 것

숫돌의 원주속도$[V]$[m/분] $= \pi Dn$ ★★★★

$$[mm/min] \cdot \frac{\pi Dn}{1000}$$

D : 숫돌의 직경[m], n : 회전수[rpm]

ⓩ 연삭숫돌의 표시 방법(구성인자)

GC	·	80	·	H	·	m	·	V	·	평(또는 1호)	·200×25×110
숫돌의 종류		입도		결합도		조직		결합제		형상	치수

ⓣ 작업 시작하기 전 1분 이상, 연삭숫돌을 교체한 후 3분 이상 시운전(숫돌파열이 가장 많이 발생하는 경우는 스위치를 넣는 순간)

⑤ 연삭기에 방호장치를 설치하는 경우 연삭숫돌의 노출 각도 ★★

구분	노출 각도
탁상용 연삭기	90[°]
휴대용 연삭기	180[°]
연삭숫돌의 상부를 사용하는 것을 목적으로 하는 연삭기	60[°]
절단 및 평면 연삭기	150[°]

2 소성가공 및 방호장치

1. 소성가공기계의 종류

(1) 종류

① 프레스

② 단조(볼트나 너트의 제조에 이용)

③ 압출(선재나 파이프 가공에 이용)

④ 와이어 드로잉

⑤ 인발

⑥ 드로잉(판재를 구면으로 만듦)

⑦ 구부림(판 스프링 등을 만듦)

⑧ 접합(리벳으로 가공물을 고정)

⑨ 전단(판재를 자름)

(2) 방법

구분	냉간가공	열간가공
정의	재결정온도 이하의 온도에서 하는 가공	고온가공, 재결정온도 이상의 온도에서 하는 가공
특징	• 가공면이 아름답고 정밀한 형상의 가공면 • 가공경화로 강도가 증가되며 연신율은 감소 • 냉간가공의 일종으로 상온도보다 약간 높은 온도에서 소성가공하는 것을 온간가공이라 하여 구분	• 거친 가공에 적당 • 재결정온도 이상으로 가열하므로 가공이 쉽다. • 산화로 인하여 정밀한 가공은 곤란

2. 소성가공기계의 방호장치

소성가공기계의 방호장치로는 프레스의 방호장치 등이 있다.

3. 수공구

(1) 해머 ★★★

① 수공구에 의한 재해 중 가장 많으며 해머의 두부는 열처리로 경화하여 사용한다.

② 작업 시 안전수칙

㉠ 해머에 쐐기가 없거나 자루가 빠지려고 하는 것, 부러질 위험이 있는 것은 사용을 금지한다.

㉡ 해머의 본래 사용목적 이외의 용도에는 절대로 사용을 금지한다.

㉢ 해머는 처음부터 힘을 주어 치지 않는다.

㉣ 녹이 발생한 것은 녹이 튀어 눈에 들어갈 수 있으므로 반드시 보호안경 착용한다.

㉤ 장갑을 착용하면 쥐는 힘이 적어지므로 장갑 착용을 금지한다. ★★★

(2) 앤빌 ★

단조나 판금작업에서 공작물을 올려놓고 작업하는 주철 또는 주강제의 성형용의 대로서 단강 제품을 보통으로 하고 강철도 사용된다.

(3) 정

① 재료를 절단 또는 깎는 데 사용하며, 타격하는 순간 5[°] 만큼 공작면에 뉘고 다시 세워서 타격한다.(칩으로 인한 눈의 상해 가능성)

② 안전수칙

㉠ 정 작업을 할 때에는 반드시 보안경을 착용해야 한다.

㉡ 정으로는 담금질된 재료를 절대로 가공할 수 없다.

㉢ 자르기 시작할 때와 끝날 무렵에는 되도록 세게 치지 않도록 한다.

㉣ 철강재를 정으로 절단할 때는 철편이 튀는 것에 주의한다.

CHAPTER 03 프레스 및 전단기의 안전

1 프레스 재해방지의 근본적인 대책

1. 프레스의 종류

(1) 프레스(press)
프레스란 금형을 사이에 두고 금속 또는 비금속 물질을 압축·전단 또는 조형하는 데 사용하는 기계로, 동력에 의하여 금형을 사이에 두고 금속 또는 비금속 물질을 압축, 전단 또는 조형한다.

(2) 전단기(shearing M/C)
전단기는 동력전달방식이 프레스와 유사한 구조의 것으로서 원재료를 재단하기 위하여 사용하는 기계이다. 원재료를 전단하기 위해 사용하는 기계로 회전전단기는 포함하지 않는다.

(3) 프레스의 종류 및 요약
① **기계프레스** : 기계적인 힘에 의해 슬라이드를 구동하는 프레스
② **핀클러치프레스** : 기계프레스 중 클러치가 슬라이딩핀 구조로 된 것
③ **키클러치프레스** : 기계프레스 중 클러치가 롤링키 구조로 된 것
④ **크랭크프레스** : 기계프레스 중 크랭크축 등의 편심 기구를 갖는 것
⑤ **액압프레스** : 동력을 액압에 의해 전달하여 슬라이드를 구동하는 프레스

2. 프레스의 작업점에 대한 방호방법

(1) 프레스 재해의 특징 ★
① 프레스는 대부분 동종 제품을 양산하는 데 소요되는 설비로서 하루 수천회 또는 그 이상, 1년간에는 수백만 번 단순동작을 반복하면서 제품을 가공하는 동안 수없이 위험구역 내에 신체의 일부가 드나드는 위험한 기계이다. 그 중에서는 단 한 번의 실수에 의해 평생 불구의 원인이 되는 등 대부분의 사고가 신체적 장해를 남기는 재해를 일으킨다.
② 프레스에 의한 재해는 위험구역 내에 사람의 신체 일부가 절대로 들어갈 수 없는 조치가 되어 있지 않으므로 인하여 작업 중 우연히 금형 사이에 손을 넣는 경우나 기계와 안전장치의 점검, 조정 등이 불충분한 경우 기계의 고장에 의해 슬라이드가 불의에 작동한 경우에 자주 발생한다.
③ 프레스 재해는 70[%] 이상이 크랭크프레스에 의한 재해로 이루어지고 있으며, 현재의 프레스 총 대수의 90[%] 이상이 기계프레스이다.

④ 표는 재해 발생 시의 행동별 비율로서 재료 공급 및 추출할 때의 재해 발생이 41[%]로 가장 많이 차지하고 있다. 또한 이것은 재료의 위치 수정 시와 시제품 작업을 포함하면 70[%] 이상이 된다. 작업조건을 보면 손을 직접 넣을 수 있는 작업의 범위가 70[%] 이상이 위험한 작업을 행할 수 있는 조건이다.

[재해 발생 시의 행동]

작업행동	구성비[%]
재료 공급 및 추출 시 행동	41
금형 시험제품 작업 중 행동	16
공급한 재료의 위치 수정중	14
금형 설치 시 금형 조정중	13
그 밖에 행동	16

(2) 방호방법

① 기계의 고장에 의한 재해와 안전장치의 사용 결함에 의한 재해를 충분히 검토해야 하며 먼저 작업점 이외의 부분인 플라이휠과 벨트, 이송장치 등의 부속장치의 위험부분에 충분한 덮개를 설치하여 말려들어가지 않도록 하여야 한다. 작업점에 대한 방호는 다음과 같이 하는 것이 좋다.

ㄱ 안전장치를 사용할 것

ㄴ 이송장치와 수송구를 사용할 것

ㄷ 금형을 개선할 것

ㄹ 방호장치의 조작용 회로전압은 150[V] 이하로 한다.

② 해머베드의 설치부가 균열되어 파손을 일으킬 것인가를 잘 살펴야 한다. 단조프레스의 안전장치는 금형 사이에 몸을 넣을 때 프레임에 설치된 안전블록(safety block)을 펀치부 아래에 끼워 넣어 펀치부가 돌연 낙하하지 않도록 하여야 한다. 안전블록 인출식도 있다. 금속전단기는 프레스와 같은 위험성을 가지고 있는 기계이므로 안전대책은 프레스의 경우와 같다.

[프레스 작업점에 대한 방호방법]

구분	종류	사용방법
이송장치	이송장치	• 1차 가공용 송급배출장치(로울피터, 그리퍼피드 등 사용) • 2차 가공용 송급배출장치(슈트, 다이얼피더, 푸셔피더, 트랜스퍼피더, 프레스용 로봇 등) • 에어분사장치 • 오토핸드 • 리프터 등
수공구	수공구	• 누름봉, 갈고리류 • 핀센류 • 플라이어류 • 마그넷 공구류 • 진공컵류

방호장치	일행정 일정지식	양수조작식
	슬라이드 작동중 정지가능	감응식, 안전블록
금형의 개선	안전금형 (안전울 사용)	• 상형울과 하형울 사이 12[mm] 정도 겹치게 • 상사점에서 상형과 하형, 가이드포스트와 가이드부시의 틈새는 8[mm] 이하
그 밖의 방호장치	급정지장치, 비상정지장치, 페달의 U자형 덮개 등	

(3) 프레스기의 작업시작 전 점검항목 ★★★★★★★

① 클러치 및 브레이크의 기능 확인

② 크랭크축·플라이휠·슬라이드·연결봉 및 연결 나사의 풀림 여부

③ 1행정 1정지기구·급정지장치 및 비상정지장치의 기능

④ 슬라이드 또는 칼날에 의한 위험방지 기구의 기능

⑤ 프레스의 금형 및 고정볼트 상태

⑥ 방호장치의 기능 점검

⑦ 전단기(剪斷機)의 칼날 및 테이블의 상태 확인

3. 방호장치 설치기준

(1) 게이트가드식 ★

① **가드식의 예** : 가드식은 interlock이 적용된 가드와 비슷하다. 기계를 작동하려면 우선 게이트(문)가 위험점을 폐쇄하여야 비로소 기계가 작동되도록 한 장치를 말한다. 가드식 안전장치는 게이트가 하강식, 상승식, 도입식, 횡슬라이드식 등이 있으며 작업조건에 따라서 게이트의 작동을 선정하여야 한다. ★

② **가드식의 특징**

㉠ 일반적으로 이차 가공에 적합하다.

㉡ 기계고장으로 인한 이상행정에도 안전하다.

㉢ 공구 파손 시에도 안전하다.

㉣ 상사점(上死點) 개방방식은 작업능률이 떨어진다.

(2) 수인식 ★★

작업자의 손과 기계의 운동부분을 케이블이나 로프로 연결하고 기계의 위험한 작동에 따라서 손을 위험구역 밖으로 끌어내는 장치를 말하며, 국내 금속가공업체에서 주로 사용되는 핀클러치 조의 크랭크프레스에 적합하다. 다만 이 장치를 효과적으로 사용하려면 케이블이나 로프의 길이를 작업자가 적극적으로 조정하고, 감독자에 의한 사용 상황의 관리가 중요하다. 이 수인식 안전장치는 손을 구속하게 되므로 작업간 손의 활동범위를 고려해서 선택, 적용하여야 한다.

슬라이드 행정수가 100[spm] 이하이거나, 행정길이가 50[mm] 이상의 프레스에 설치해야 함

① 끈의 수인량과 금형의 틈새, 수인끈의 수인량은 프레스 및 전단기의 안전기준에 관한 기술지침에 의해서 사용되는 기계의 정반 안길이의 1/2 이상이어야 한다.(끈은 직경 4[mm] 이상)

② 수인식의 장·단점

장점	단점
• 슬라이드의 연속낙하에도 재해방지가 가능하다. • 여분의 조작이 필요하지 않다. • 되돌림식에서는 끈의 길이가 적당하면 수공구를 사용할 필요도 없이 안전하다.	• 작업반경에 제한을 두기 때문에 행동에 제약을 받는다. • 작업자를 구속하므로 생산성의 저하 우려와 작업자의 거부감을 일으킨다. • 매 작업마다 조정이 필요하다. • 스트로크가 짧은 프레스의 경우 되돌리기가 불충분하다.

(3) 손쳐내기식 ★★★★

기계가 작동할 때 레버나 링크 혹은 캠으로 연결된 제수봉이 위험구역의 전면에 있는 작업자의 손을 우에서 좌, 좌에서 우로 쳐내는 것을 말한다.

① 손쳐내기식의 조건

  ㉠ 기계의 슬라이드 작동에 의해서 제수봉의 길이 및 진폭을 조절할 수 있는 구조로 되어야 하며, 손의 안전을 확보할 수 있는 방호판이 구비되어야 한다. 이 방호판의 폭은 금형폭의 1/2(금형의 폭이 200[mm] 이하에서 사용하는 방호판의 폭은 100[mm]) 이상이어야 하며, 또 높이가 행정길이(행정길이가 300[mm]를 넘는 것은 300[mm]의 방호판) 이상이 되어야 한다.

  ㉡ 사업장에서 손쳐내기식 안전장치를 설치한 후 사용에 실패하는 이유는 작업에 지장을 주는 것은 물론, 손쳐내기판이 스윙할 때 위험구역 밖에서도 강타당하게 되면 이때 방호판이 완충물로 되어 있지 않을 때 방호판에 맞아 손이 부어올라 작업자가 의도적으로 사용을 기피하는 경향 때문이다. 또 방호구역의 제한을 받으며, 작업자의 시야 및 정신집중의 혼란을 야기시키고, 손쳐내기봉이 변형되기 쉽고, 스트로크 끝에서 방호가 불충분하다.

② 손쳐내기식의 장·단점

장점	단점
• 가격이 저렴하다. • 설치가 용이하다. • 수리·보수가 용이하다. • 신뢰성이 높다.(이론적으로는 작업면에 재해가 일어날 이유가 없다)	• 양쪽 측면이 무방호 상태이다. • 대형프레스는 손의 구속이 안 된다.

슬라이드 행정수가 100[spm] 이하이거나, 행정길이가 40[mm] 이상의 프레스에 설치해야 함

(4) 양수조작식

기계를 가동할 때 위험한 작업점에 손이 놓이지 않도록 조작단추나 조작레버를 2개 준비하고 양손으로 동시에 단추나 레버를 작동시키도록 한 것이다.

단추와 레버의 거리는 300[mm] 이상 격리시켜야 한다. 누름단추는 조작이 용이하고 접촉, 진동으로 기계가 기동할 때 위험이 없는 것이어야 한다. 양수조작식 안전장치는 양수조작식과 양수기동식으로 구분한다. ★

① 양수조작식 : 양손으로 누름단추 등의 조작장치를 계속 누르고 있으면 기계는 계속 작동하지만 두 손 중 한 손만 조작장치에서 떼면 기계는 즉시 정지한다. 고용노동부 고시 중 안전에 관한 기술지침에 의무화되어 있는 양수조작식은 이런 종류의 것이다. 급정지기구를 따로 구비할 필요가 없는 기계에 적용할 때 양수조작식이라 한다. 예를 들면 마찰식 클러치가 있는 프레스기를 말한다. ★★

㉠ 양수조작장치의 안전확보 : 작업현장에서 자주 볼 수 있는 것은 1점 조작을 하는 행위이다. 이 불안전한 행위를 방지하지 못하고, 이 장치의 효과를 확보하려면 다음의 조건들을 만족시켜야 한다.

　ⓐ 일정 시간(예를 들면 1초 이내)에 누름단추를 동시에 조작하여야만 작동되는 것

　ⓑ 기계의 작동 후 위험점에 손이 도달하지 못하도록 안전거리를 확보하는 것. 누름단추나 조작레버는 위험한계에 안전거리 이상 떼어서 부착하여야 한다. 현재 일반기계나 장치에 사용되고 있는 사례에서 양수기동장치들은 재검토를 필요로 하는 많은 문제점이 있는 것으로 본다. 이러한 미비점을 만족시키려면 일반적으로 조작장치와 위험점 간에 충분한 안전거리를 취할 필요가 있다. 여기서 작용하는 인간의 손의 기준속도를 초속 1.6[m]로 해서 계산된다.

㉡ 양수조작식의 특징

　ⓐ 급정지 성능이 약화하지 않는 한 작업자를 슬라이드에 의한 위험거리에서 완전히 방호한다.

　ⓑ 굽힘가공 등 2차가공에 사용되며 급정지 성능이 양호하면 안전거리가 짧아 작업능률이 향상된다.

　ⓒ 클러치・브레이크의 기계적인 고장에 의한 이상 행정에는 효과가 없다.

② 양수기동식 : 양손으로 누름단추 등의 조작장치를 동시에 1회 누르면 기계가 작동을 개시하는 것을 말한다. 정지는 정지단추를 조작하거나 1행정(一行程)을 한 뒤 자동정지하는 경우가 많다. 프레스기는 슬라이드 핀 클러치가 적용된 기계에 양수조작식을 말하며, 반드시 1행정 1정지 기구가 구비되어야 한고, 위험한계에 손이 미칠 위험이 있으므로 급정지기구가 구비되어야만 한다. 이 방식은 리밋스위치에 의해 슬라이드 혹은 링크축의 움직임을 감지하는 방식, 콘덴서의 충방전에 의한 방식, 타이머 방식 등이 있다.

[조작식・기동식 비교]

구분	특징
양수 조작식	• 급정지기구를 갖춘 마찰식 프레스에 적합 • 누름버튼에서 손을 뗄 경우 급정지기구 작동, 손이 형틀의 위험한계에 도달할 때까지 슬라이드 정지
양수 기동식	• 급정지기구가 없는 확동식 클러치 프레스에 적합 • 누름버튼에서 손이 떠나 위험한계에 도달하기 전 슬라이드가 하사점에 도달 • SPM 120 이상인 프레스에 주로 사용

(5) **광전자식** ★

① 광전자식 안전장치는 작업자 신체의 일부가 위험구역 내에 접근할 경우 센서에 의해 감지되고 동력전달장치로 전달되어 작동하던 슬라이드를 급정지시키는 장치이다. 위험구역의 전면에 센서를 설치해 두고 프레스 작업자가 센서에 감지되면 이를 검출해서 위험구역에 손이 미치기 전에 슬라이드를 정지시키고 광선의 차단을 멈추어도 재동작해서는 안 되므로 재동작 조작이 필요하다. 또한 현장에서 빈번한 고장으로 근로자들이 회피하는 경향이 있으며, 설치상의 난점이 있는 단점도 있으나 시계가 차단되지 않고 작업에 지장을 주지 않는다는 장점이 있으므로 많이 사용하고 있다.

② 급정지장치가 없는 핀클러치 방식의 재래식 프레스에는 사용할 수 없다. 광전자식 안전장치에서는 검출에 의한 광축과 위험구역과의 거리는 최대정지소요 시간을 실측해서 $D = 1.6(T_l + T_s)$에 대입하여 계산해 낸다. 또한 이 장치 사용에 있어서는 프레스 방호높이(행정+슬라이드 조절량)에 따라 광축수를 결정한다. 광축의 위치는 위험단계에서 안전거리 이상 떨어져야 한다. 안전거리를 구하는 방법은 양수조작식과 동일하다. ★

③ **방호장치의 설치방법** ★★★★

$$D = 1.6(T_l + T_s)$$

D : 안전거리[m]

T_l : 방호장치의 작동시간(즉, 손이 광선을 차단했을 때부터 급정지기구가 작동을 개시할 때까지의 시간[초])

T_s : 프레스의 최대정지시간(즉, 급정지 기구가 작동을 개시할 때부터 슬라이드가 정지할 때까지의 시간[초])

예제 클러치 맞물림 개수 4개, 200SPM일 경우 동력 프레스기의 양수기동식 안전장치의 안전거리를 구하시오.

⇒ $D = 1.6T$

$T = \left(\dfrac{1}{\text{클러치 맞물림 개수}} + \dfrac{1}{2} \right) \times \left(\dfrac{60,000}{\text{매분 행정수}} \right)$

따라서 $D = 1.6 \times (1/4 + 1/2) \times (6,0000/200) = 360[\text{mm}]$

④ **광축의 수** : 프레스 및 전단기의 안전기준에 관한 기술지침을 만족시키려면 광전자식 검출기구의 투광기 및 수광기는 프레스의 스트로크 길이와 슬라이드 조절량을 합계한 길이의 전장에 걸쳐서 유효하게 작동하여야 하지만, 이 합계한 길이가 400[mm]를 초과하는 경우에 유효하게 작동하는 길이가 400[mm]로 되어 있다. 또 투광기 및 수광기의 광축수는 2개 이상으로 하고, 광축 상호 간의 간격은 50[mm] 이하이다.

단, 안전거리가 500[mm]를 초과하는 경우에는 광축간격은 70[mm] 이하로 하여도 된다.(200[mm] 이하의 위험한계거리 : 30[mm] 이하 방호장치 선택)

⑤ 광전자식의 특징

 ㉠ 연속운전작업 및 발스위치조작에 사용되며 급정지 성능이 열화하지 않는 한 작업자를 슬라이드에 의한 위험에서 방호한다.

 ㉡ 굽힘가공 등 2차가공 및 순차이송(progressive)가공 등에 사용되며, 급정지 성능이 양호하면 안전거리가 짧아 작업능률이 향상된다.

 ㉢ 클러치, 브레이크의 기계적인 고장에 의한 이상 행정에는 효과가 없다.

4. 방호장치의 설치방법

프레스의 양수조작식 방호장치 설치방법은 다음과 같다.

① 양손으로 조작하지 않으면 작동시킬 수 없는 구조의 것일 것

② 조작부의 간격은 300[mm] 이상으로 할 것

③ 조작부의 설치거리 = 160×프레스기 작동 후 작업점까지의 도달시간[초]

④ 양손의 동시 누름 시간차는 0.5초 이내에서만 작동할 것

⑤ 1행정마다 누름 버튼 등에서 양손을 떼지 않으면 재가동 조작할 수 없는 구조의 것일 것

2   금형의 안전화

1. 위험방지 방법

(1) 안전블록의 설치 ★★★★

프레스 등의 금형을 부착·해체 또는 조정작업을 하는 때에는 신체의 일부가 위험한계 내에 들어갈 때에 슬라이드가 불시에 하강함으로써 발생하는 위험을 방지하기 위하여 안전블록을 사용하여야 한다.

(2) 프레스의 금형 설치 시 안전조치

① 금형 사이에 신체의 일부가 들어가지 않도록 안전망을 설치할 것

② 다음 부분의 빈틈이 8[mm] 이하가 되도록 금형을 설치할 것

 ㉠ 상사점에 있어서 상형과 하형과의 간격

 ㉡ 가드포스트와 부시의 간격

[급정지 기구에 따른 방호장치]

구분	종류
급정지 기구가 부착되어 있어야만 유효한 방호장치	• 양수조작식 방호장치 • 감응식 방호장치
급정지 기구가 부착되어 있지 않아도 유효한 방호장치	• 양수기동식 방호장치 • 게이트가드 방호장치 • 수인식 방호장치 • 손쳐내기식 방호장치

③ 금형 사이에 손을 넣을 필요가 없도록 다음 조치를 강구할 것

ㄱ 재료를 자동적으로 또는 위험한계 밖으로 송급하기 위한 롤피드, 슬라이딩다이 등을 설치할 것

ㄴ 가공물과 스크랩이 금형에 부착되는 것을 방지하기 위한 스트리퍼, 녹아웃(knock out) 등을 설치할 것

ㄷ 가공물 등을 자동적으로 또한 위험한계 밖으로 반출하기 위한 공기분사장치 등을 설치할 것

2. 파손에 따른 위험방지방법

(1) 금형의 파손에 의한 위험방지

① 부품의 조립요령

ㄱ 맞춤 핀을 사용할 때에는 억지끼워맞춤으로 한다. 상형에 사용할 때에는 낙하방지의 대책을 세워둔다.

ㄴ 파일럿 핀, 직경이 작은 펀치, 핀 게이지 등 삽입부품은 빠질 위험이 있으므로 플랜지를 설치하거나 테이퍼로 하는 등 이탈 방지대책을 세워둔다.

ㄷ 쿠션 핀을 사용할 경우에는 상승시 누름판의 이탈방지를 위하여 단붙임한 나사로 견고히 조여야 한다.

ㄹ 가이드 포스트, 샹크는 확실하게 고정한다.

② 헐거움 방지 : 금형의 조립에 사용하는 볼트 및 너트는 헐거움 방지를 위해 분해, 조립을 고려하면서 스프링 와셔, 로크 너트, 키, 핀, 용접, 접착제 등을 적절히 사용한다.

③ 편하중 대책 : 금형의 하중중심은 편하중 방지를 위해 원칙적으로 프레스의 하중중심과 일치하도록 한다.

④ 운동범위 제한 : 금형 내의 가동부분은 모두 운동하는 범위를 제한하여야 한다. 또한 누름, 노크 아웃, 스트리퍼, 패드, 슬라이드 등과 같은 가동부분은 움직였을 때는 원칙적으로 확실하게 원점으로 되돌아가야 한다

⑤ 낙하 방지 등

ㄱ 상부금형 내에서 작동하는 패드가 무거운 경우에는 운동제한과는 별도로 낙하방지를 한다

ㄴ 금형에 사용하는 스프링은 압축형으로 한다.

ㄷ 스프링 등의 파손에 의해 부품이 비산될 우려가 있는 부분에는 덮개를 설치한다.

(2) 프레스 현장의 안전상 특징

① 공정마다 위험과 직결된다 : 장애

② 기계고장 발생빈도가 많다 : 마모, 파손, 이탈, 변형

③ 공정마다 방호방법, 안전장치, 작업표준이 다르다.

④ 공정마다 금형이 다르다 : 제품의 크기, 무게

⑤ 소음과 진동으로 고장예지가 어렵다 : 예지불가

⑥ 반복작업의 지루함 : 감각차단현상

⑦ 안전장치 및 수공구사용 기피성이 많다 : 귀찮음

⑧ 2인 1조 협조작업이 많다 : 신호불일치

⑨ 페달의 발을 떼지 않는다 : 살인페달

⑩ 수칙 준수가 안 된다 : 사고 후 눈물로

3. 탈착 및 운반에 따른 위험방지방법

(1) 금형운반의 안전

① 상부금형과 하부금형이 닿을 위험이 있을 때는 고정 패드를 이용한 스트랩, 금속재질이나 우레탄 고무의 블록 등을 사용한다.

② 금형을 안전하게 취급하기 위해 아이볼트를 사용할 때는 반드시 쇼울더형으로서 완전하게 고정되어 있어야 한다.

③ 관통 아이볼트가 사용될 때는 구멍 틈새가 최소화되도록 한다. 아이볼트 고정을 위한 탭(Tap)이 있는 구멍들은 볼트 크기가 섞이지 않도록 한다.

④ 운반하기 위해 꼭 들어 올려야 할 때는 다이를 최소한의 간격을 유지하기 위해 필요한 높이 이상으로 들어 올려서는 안 된다. 항상 작업자는 다이가 매달려 있는 위치 아래에 손, 발 또는 기타 신체의 어느 일부분도 놓여서는 안 된다.

⑤ 금형을 운반할 때 사고를 방지하기 위해서는 지게차 및 운반구를 사용하여 안전하게 운반하여 조립하여야 한다.

⑥ 설치·조정자들은 안전화, 안전장갑, 안전모 등을 사용하여야 하며, 소음이 많은 작업장에서는 귀마개 및 귀덮개를 사용하여야 한다.

(2) 금형 설치 시의 안전규칙

① 제작회사의 금형 설치 절차를 따른다.

② 프레스 톤수 및 스트로크 요건, 상금형의 무게, 카운터밸런스 압력, 완충압력, 그리고 장비요건을 다루기 위한 총 다이 무게 및 크기, 다이설치 등 필요한 정보에 관해 다이정보판 또는 조립 설명서를 점검한다.

③ 프레스 주변의 지역에서 부품 저장통, 스크랩 용기, 공구 등 다이설치에 방해가 될 수 있는 위험 요소들이 치워져 있는지를 확인한다.

④ 작업자가 프레스의 위험지역에 신체의 일부가 놓여야 할 필요가 있을 때는 항상 안전블록과 소속 회사의 차단/표지(Lockout/Tagout)절차를 따른다.

⑤ 미세한 조정(설정) 작업은 두 손을 사용하거나, 작업자가 작동 지역 및 기타 위험 요소로부터 보호될 수 있는 위치에서 이루어져야 한다.

⑥ 프레스를 미세하게 조정하는 작업 이전과 작업하는 동안에 아무도 위험지역에 들어가 있거나 혹은 들어가지 못하도록 확인한다.

⑦ 프레스에 공압식 카운터 밸런스가 설치되었다면, 이 장치가 다이 무게에 적합하게 조정되었는지를 확인한다. 적절히 조정되어 있지 않으면 프레스의 정지 시간에 불리하게 작용할 수 있다.

⑧ 프레스에 공압식 다이쿠션이 설치되었다면, 각 조립 설명서에 따라 조정이 적절히 되었는지를 점검한다.

⑨ 다이, 받침대, 또는 기타 프레스의 돌출된 부분으로부터 모든 공구와 장비를 치운다.

⑩ 다이가 프레스에 안전하게 조립되도록 모든 볼트와 클램프가 단단히 조여있는지를 점검한다.

⑪ 금형의 조립이 완료된 후 작동 부분에 안전장치를 설치하고 적절히 조절되고 작동되고 있는지를 점검한다.

⑫ 운전자에게 작업상의 안전운전절차와 설치된 장치의 적절한 사용법 및 기능에 대해 설명한다.

(3) 금형 해체시의 안전규칙

금형 설치시의 안전규칙에 추가해서 금형 해체 시 다음 안전규칙을 준수한다.

① 모든 다이 쿠션 공기가 배출되었으며 내림(Down) 위치에 있는지를 확인한다.

② 금형이 분리된 이후 프레스가 스트로크의 상부로 조금씩 접근함에 따라 상부금형 끼움쇠가 램(슬라이드)에 매달려 있지 않도록 주의한다.

③ 프레스에 QDC(신속 다이 교체)장치가 설치되어 있다면, 금형을 제거하기 전에 전원을 끄고 주차단 스위치를 잠근다.

(4) 프레스기계의 안전대책 ★

① 크랭크기구의 프레스에서는 슬라이드 스트로크의 조정을 확실하게 하고 과부하가 되지 않도록 한다.

② 마찰프레스는 공전타를 해서는 안 된다.

③ 유압프레스는 프레스 본체에서 기름이 누설되어서는 안 된다. 작업 전에 클러치가 들어가는 모양, 페달의 되돌림, 브레이크효과를 조사한다. 운전 중 램 밑에 손을 넣지 않도록 하고 형틀에 막혀 있는 조각들은 브러시로 제거한다. 형틀을 설치할 때는 형맞춤은 수동으로 하여 확실하게 맞추어 고정한다. 폭이 좁은 재료의 송급에는 클램프를 사용하고 판대 등의 긴 재료를 가공하는 경우에는 손 위치에 주의하고 마지막 구멍은 바꿔서 든다.

④ 페달로 작업하는 프레스는 연속작업 이외는 반드시 1회마다 페달에서 발을 뗀다. 클러치페달 위에는 견고하게 덮개를 설치하여 공구 등이 떨어져도 안전유지가 되도록 한다. 가공물은 슬라이드 중심에 놓고 기계능력을 초과하는 두께나 크기의 것은 가공하지 않는다. 강판의 칩을 지정장소에 보관하고 통로에 방치하지 않는다. 프레스작업에는 손가락 절단이 많으므로 이에 적합한 안전장치를 설치하여야 한다.

ㄱ 손이 위험장소에 들어가지 않도록 안전방책을 부착한다.

ㄴ 손이 위험장소에 있을 때에 프레스를 정지시키는 게이트가드식이나 광전자식 안전장치를 한다.

ⓒ 손이 위험장소에 있으면 기능적으로 손을 위험장소에서 뿌리치게 하는 풀아웃(pull-out)장치, 스위프가드(sweep uard)식 조작 시 반드시 두 손을 사용하는 양수조작장치, 자동송급장치, 운동장치를 계속 눌러도 프레스는 1왕복밖에 하지 않는 2왕복장치, 금형 교환중 잘못 운전해도 슬라이드가 하강하지 않는 인터록장치, 클러치가 들어가 기계가 시동할 때 경보가 울리는 경보장치 등의 안전장치가 부착되어야 한다.

[프레스기 안전장치]

금형 안에 손이 들어가지 않는 구조 (No Hand in Die Type : 본질적 안전화)	금형 안에 손이 들어가는 구조 (Hand in Die Type)

• 안전울이 부착된 프레스
• 안전금형을 부착한 프레스
• 전용 프레스
• 자동송급, 배출기구가 있는 프레스
• 자동송급, 배출장치를 부착한 프레스
	• 프레스기의 종류, 압력능력 S.P.M, 행정길이·작업방법에 상응하는 방호장치
	  – 가드식
	  – 수인식
	  – 손쳐내기식
	• 정지 기능에 상응하는 방호장치
	  – 양수조작식
	  – 감응식 광전자식(비접촉), Interlock(접촉)

전환스위치(Switch)에 의한 [행정조작 방호장치 등]의 전환조치	

(5) 프레스기의 행정길이에 따른 방호장치 ★

구분	방호 장치
• 1행정 1정지식(크랭크프레스) • 행정길이(stroke)가 40[mm] 이상의 프레스 • 슬라이드 작동중 정지 가능한 구조(마찰프레스)	• 양수조작식, 게이트가드식 • 손쳐내기식, 수인식 • 감응식(광전자식)

일반적으로 자동송급장치가 구비되어 있는 프레스기 또는 전단기는 방호장치가 설치된 것으로 간주한다.

CHAPTER 04 기타 산업용 기계, 기구

1 롤러기

1. 롤러기의 정의 및 안전

(1) 롤러기의 개요 및 정의

① 롤러기는 롤러를 이용하여 금속 또는 비금속재료를 가공하는 기계이다.

② 금속재료를 상온 또는 고온에서 롤 사이에 연속적으로 통과시켜 금속의 소성을 이용하여 판재, 대판, 형재 등을 성형하는 기계를 압연롤러기라 한다.

③ 고무, 고무화합물 또는 플라스틱 등과 같은 점성이 있는 비금속재료를 가공하는 롤러기를 고무롤러기라 부르고 있다.

④ 이외에도 섬유공업, 제지공업, 인쇄 등에서도 여러 형태의 롤러기가 사용되고 있는 등 여러 업종에서 널리 사용되고 있다.

⑤ 롤러기란 2개 이상의 원통형을 1조로 해서 각각 반대방향으로 회전하면서 가공재료를 롤러 사이로 통과시키고, 롤러의 압력에 의하여 소성·변형시키거나 연화하는 기계·기구로서 고무, 고무화합물 또는 합성수지를 연화하는 것에 한한다.

(2) 롤러기의 안전

① 종류

㉠ 밀(mill)기 : 수평으로 설치되어 서로 반대방향으로 회전하는 두 개의 인접한 금속 롤로 구성되어 있는 기기로서 고무 및 플라스틱 화합물의 기계적 작용에 사용된다.

㉡ 캘린더(calender)기 : 반대방향으로 회전하는 두 개 또는 그 이상의 금속 롤이 장치된 기계로서 고무나 플라스틱 화합물을 연속적으로 판가공하거나 고무 및 플라스틱 화합물로서 재료를 두 바퀴의 상대적 압력을 이용하거나 코팅하는 데 사용되는 기계이다.

② 관련 재해 : 고무 및 플라스틱 화합물의 반죽은 점성이 있는 재료이므로 작업자가 롤러기에서 작업을 할 때 재료(고무, 플라스틱)를 롤이 서로 맞물리는 점, 즉 바이트(bite)에 밀어넣는 과정이나 청소 작업 중에 신체 일부(손) 또는 옷이 말려들어가서 발생되는 재해가 가장 많다고 하겠으며, 기타 회전풀리, 전동벨트 등과 신체의 일부가 접촉되어 발생되는 재해가 있을 수 있다.

③ 재해방지대책

㉠ 작업자가 정상작업 또는 수리 등의 작업을 할 때 움직이는 기계 부위에 접촉되지 않도록 덮어야 한다. : 고정가드

㉡ 조작을 위하여 작업점에 접근되지 않도록 통제하여야 한다. : 양수조작식, 전자식 원격조작

ⓒ 근로자의 신체의 어느 부분이라도 위험점에 머물러 있는 한 작동되지 않도록 한다. : 전자감응식

ⓔ 손이나 발 등을 위험점이나 범위 내에 넣을 필요가 없도록 설계를 개선하여 위험에 노출되는 기회를 근본적으로 배제한다. : 재료의 자동이송장치, 특수공구 사용

2. 방호장치 설치방법 및 성능조건

(1) 방호장치

롤의 작업점에 대한 방호로서는 물림점에 손이 들어가지 못하고 재료만 들어갈 수 있는 고정덮개를 사용해야 하는데 특히 캘린더용으로 사용되는 것이며, 이것이 불가능할 때에는 롤 전체를 커버로 덮어씌우고 그것을 열게 되면 전원이 끊어지는 장치를 마련하는 것이 안전상으로 필요하게 된다.

(2) 가드

① 롤의 물림점에 재료를 이송할 때는 이들 가드가 작업에 지장을 주게 되는 경우가 많다.

ㄱ 따라서 로프피드(rope feed)라고 해서 두 줄의 로프 사이에 재료를 끼워서 재료의 일부를 먼저 물리면서 이송하는 방법에서부터 공기노즐을 사용해서 이송한다든가 이송용 수공구를 사용하는 등 여러 가지 방법이 고안되고 또 일부는 사용단계에 있는 것도 있다.

ㄴ 물림부에서 손이 끼이게 되는 위험성에 대해서는 현재로서는 완전히 제거한다는 것은 사실상 어려운 것이다. 따라서 손이 끼일 경우를 생각해서 레버 또는 끈의 조작으로 가동 중에 있는 기계에 대한 급정지장치를 마련해 두지 않으면 안 된다.

ㄷ 그런데 이 경우의 급정지장치는 단순히 동력을 차단한다거나 클러치를 푸는 것만으로는 기계의 관성력운동으로 말미암아 재해를 일으키게 되므로 크게 주의하여야 한다. 또 조작레버의 위치도 피해자가 있을 경우에는 그것을 손쉽게 움직일 수 있는 위치에 마련되어야 한다.

② 수평형 조작레버를 마련한 경우이고 수직형 롤에 조작레버를 마련한 경우를 예시한 것인데 어느 경우도 밀거나 끌어당겨도 급정지장치가 즉시 작동할 수 있도록 되어 있다.

③ 위험성이 높은 고무재 롤인 경우와 같이 강력한 점착성 재료를 취급하는 롤에서는 표에서 볼 수 있는 것과 같은 급정지의 성능에 대한 표준이 있다. 이 표준에는 주로 속도에서부터 정지까지의 최대거리가 마련되고 있다.

[롤의 급정지거리 ★★★★]

앞면 롤의 표면속도[m/min]	급정지거리	표면속도 산출공식
30 미만 30 이상	앞면 롤 원주의 1/3 앞면 롤 원주의 1/2.5	$V = \dfrac{\pi DN}{1,000}$ [m/min]

예제 롤러기의 회전수가 60[RPM]이고, 직경이 400[mm]일 때 표면속도와 급정지거리를 구하시오. ★

⇒ ① 표면속도[V] = πDN = 1,000

② 급정지거리 = $\pi D \times 1/2.5$ = 3.14×400×1/2.5 = 502.4[mm]

※ 롤러의 표면속도 30 미만 – 롤러 원주의 1/3

※ 롤러의 표면속도 30 이상 – 롤러 원주의 1/2.5

(3) 방호장치명 : 급정지장치

(4) 급정지장치의 종류 ★

① 손조작로프식 : 바닥면으로부터 1.8[m] 이내

② 복부조작식 : 바닥면으로부터 0.8~1.1[m] 이내

③ 무릎조작식 : 바닥면으로부터 0.4~0.6[m] 이내

[롤러기 급정지장치 위치]

급정지장치 조작부의 종류	위치	비고
손으로 조작하는 것	밑면에서 1.8[m] 이내	위치는 급정지장치의 조작부의 중심점을 기준으로 함
작업자의 복부로 조작하는 것	밑면에서 0.8[m] 이상, 1.1[m] 이내	
작업자의 무릎으로 조작하는 것	밑면에서 0.4[m] 이상, 0.6[m] 이내	

2 원심기

1. 원심기(centrifugal machine)의 사용방법

① 원심기에는 덮개를 설치하고 내용물을 꺼낼 때 기계의 운전이 정지되어 있어야 한다.

② 원심기의 최고사용회전수를 초과하여 사용하여서는 안 된다.

2. 방호장치

① 덮개의 설치 : 원심기에는 덮개를 설치하여야 한다.

② 운전의 정지 : 원심기로부터 내용물을 꺼낼 때는 운전을 정지하여야 한다.

③ 최고 사용회전수의 초과사용 금지 : 원심기의 회전수를 초과사용하여서는 안 된다.

3. 안전검사 내용(원심기계 자체검사 항목)

① 회전체의 이상 유무
② 주축의 축수부 이상 유무
③ 브레이크의 이상 유무
④ 외함의 이상 유무
⑤ 방호장치의 이상 유무

---

3 아세틸렌 용접장치 및 가스집합 용접장치

1. 용접장치의 구조

(1) 구조 및 내용

발생기는 카바이드와 물을 반응시켜 아세틸렌 용접장치에서 사용되는 아세틸렌을 발생시키는 장치로 투입식, 주입식, 침지식 등이 있다. 도관은 발생기로부터 작업 현장으로 가스를 공급하기 위한 배관을 말하고, 취관이란 그 선단에 붙인 팁(노즐)으로부터 가스의 유출을 조절하는 기구로 아세틸렌의 사용압력에 따라 저압식과 중압식으로 나누어진다.

(2) 압력의 제한 ★

사업주는 아세틸렌 용접장치를 사용하여 금속의 용접·용단 또는 가열작업을 하는 경우에는 게이지 압력이 127[kPa]을 초과하는 압력의 아세틸렌을 발생시켜 사용해서는 안 된다. ★

(3) 발생기실의 설치장소

① 사업주는 아세틸렌 용접장치의 아세틸렌 발생기(이하 "발생기"라 한다)를 설치하는 경우에는 전용의 발생기실에 설치하여야 한다.
② 발생기실은 건물의 최상층에 위치하여야 하며, 화기를 사용하는 설비로부터 3[m]를 초과하는 장소에 설치하여야 한다. ★★
③ 발생기실을 옥외에 설치한 경우에는 그 개구부를 다른 건축물로부터 1.5[m] 이상 떨어지도록 하여야 한다. ★

2. 방호장치의 종류 및 설치방법

(1) 방호장치 및 관리

① 금속의 용접·용단(溶斷) 또는 가열작업 시 아세틸렌 용접장치의 관리 ★★

ㄱ 발생기(이동식 아세틸렌 용접장치의 발생기는 제외한다)의 종류, 형식, 제작업체명, 매 시 평균 가스발생량 및 1회 카바이드 공급량을 발생기실 내의 보기 쉬운 장소에 게시할 것 ★

ㄴ 발생기실에는 관계 근로자가 아닌 사람이 출입하는 것을 금지할 것

ㄷ 발생기에서 5[m] 이내 또는 발생기실에서 3[m] 이내의 장소에서는 흡연, 화기의 사용 또는 불꽃이 발생할 위험한 행위를 금지시킬 것 ★★

ㄹ 도관에는 산소용과 아세틸렌용의 혼동을 방지하기 위한 조치를 할 것

ㅁ 아세틸렌 용접장치의 설치장소에는 적당한 소화설비를 갖출 것

ㅂ 이동식 아세틸렌 용접장치의 발생기는 고온의 장소, 통풍이나 환기가 불충분한 장소 또는 진동이 많은 장소 등에 설치하지 않도록 할 것

② 가스집합장치의 위험 방지

ㄱ 사업주는 가스집합장치에 대해서는 화기를 사용하는 설비로부터 5[m] 이상 떨어진 장소에 설치하여야 한다. ★★★

ㄴ 사업주는 ㄱ의 가스집합장치를 설치하는 경우에는 전용의 방(이하 "가스장치실"이라 한다)에 설치하여야 한다. 다만, 이동하면서 사용하는 가스집합장치의 경우에는 그러하지 아니하다.

ㄷ 사업주는 가스장치실에서 가스집합장치의 가스용기를 교환하는 작업을 할 때 가스장치실의 부속설비 또는 다른 가스용기에 충격을 줄 우려가 있는 경우에는 고무판 등을 설치하는 등 충격방지 조치를 하여야 한다.

③ 가스장치실의 구조 ★★

ㄱ 가스가 누출된 경우에는 그 가스가 정체되지 않도록 할 것

ㄴ 지붕과 천장에는 가벼운 불연성 재료를 사용할 것

ㄷ 벽에는 불연성 재료를 사용할 것

3. 가스용접 작업의 안전

(1) 연소성에 따른 분류

구분	성질
가연성 (인화성) 가스	• 산소와 결합하여 빛과 열을 내면 연소하는 가스 • 공기 중에 연소하는 가스로 폭발 한계 하한이 10[%] 이하인 가스와 폭발 한계의 상/하한의 차가 20[%] 이상인 가스 • 고압가스안전관리법 시행규칙 제2조 제1항 제1호에 명시된 가스(가연성 가스 : 매탄·에탄·프로판·부탄·산소 등)

불연성 가스	스스로 연소하지도 못하고 다른 물질을 연소시키는 성질도 갖지 않는 가스(질소·이산화탄소, 아르곤 등)
조연성 가스	• 가연성 가스가 연소되는 데 필요한 가스 • 지연성 가스라고도 함(공기, 산소, 염소 등)

(2) 가스상태에 따른 분류

구분	성질
압축가스	상온에서 압축하여도 액화하기 어려운 가스로 임계(기체가 액체로 되기 위한 최고온도)가 상온보다 낮아 상온에서 압축시켜도 액화되지 않고 단지 기체로 압축된 가스(수소, 산소, 질소, 메탄 등)
액화가스	상온에서 가압 또는 냉각에 의해 비교적 쉽게 액화되는 가스로 임계온도가 상온보다 높아 상온에서 압축시키면 비교적 쉽게 액화되어 액체상태로 용기에 충전하는 가스(액화암모니아, 염소, 프로판, 산화에틸렌 등)
용해가스	• 가스의 독특한 특성 때문에 용매를 추진시킨 다공 물질에 용해시켜 사용되는 가스(아세틸렌) • 아세틸렌가스는 압축하거나 액화시키면 분해 폭발을 일으키므로 용기에 다공 물질과 가스를 잘 녹이는 용제(아세톤, 디메틸포름아미드 등)를 넣어 용해시켜 충전

4 보일러 및 압력용기

1. 보일러의 정의와 구조

(1) 보일러의 정의

보일러란 강철제 용기 내의 물에 연료의 연소열을 전하여 소요증기를 발생시키는 장치를 말한다.

(2) 보일러의 구조

보일러는 일반적으로 연료를 연소시켜 얻어진 열을 이용해서 보일러 내의 물을 가열하여 필요한 증기 또는 온수를 얻는 장치로서 연소로(燃燒爐), 보일러 본체, 부속 장치 및 부속품으로 되어 있다.

2. 보일러의 사고형태 및 원인

[보일러 이상현상의 종류] ★

구분	현상
프라이밍 (priming) ★	보일러의 과부하로 보일러수가 극심하게 끓어서 수면에서 계속하여 물방울이 비산하고 증기가 물방울로 충만하여 수위가 불안정하게 되는 현상
포밍 (forming)	보일러수에 불순물이 많이 포함되었을 경우 보일러수의 비등과 함께 수면부위에 거품층을 형상하여 수위가 불안정하게 되는 현상
캐리오버 (carry over)	• 보일러에서 증기관 쪽에 보내는 증기에 대량의 물방울이 포함되는 경우로 프라이밍이나 포밍이 생기면 필연적으로 발생 • 캐리오버는 과열기 또는 터빈 날개에 불순물을 퇴적시켜 부식 또는 과열의 원인이 된다. • 워터해머의 원인이 된다.

워터해머 (water hammer)	• 증기관 내에서 증기를 보내기 시작할 때 해머로 치는 듯한 소리를 내며 관이 진동하는 현상 • 워터해머는 캐리오버에 기인한다.

3. 보일러의 취급 시 이상현상

[보일러 이상연소 현상]

구분	현상
불완전 연소	공기의 부족, 연료 분무 상태의 불량 등의 원인으로 발생
이상 소화	버너 연소 중 돌연히 불이 꺼지는 현상
2차 연소	불완전 연소에 의해 발생한 미연소가스가 연소실 외, 연관내 또는 연도에서 연소하는 현상
역화	화염이 버너 쪽에서 분출하는 현상으로 점화 시에 주로 발생

4. 보일러 안전장치의 종류 ★★★★★

[방호장치의 종류]

종류	설치방법
고저수위 조절장치	① 고저수위 지점을 알리는 경보등·경보음 장치 등을 설치 – 동작상태 쉽게 감시 ② 자동으로 급수 또는 단수되도록 설치 ③ 플로트식, 전극식, 차압식 등
압력방출 장치 ★★★	① 보일러 규격에 적합한 압력방출장치를 최고사용압력 이하에서 작동되도록 1개 또는 2개 이상 설치 ② 2개 이상 설치된 경우 최고사용압력 이하에서 1개가 작동되고, 다른 압력방출장치는 최고사용압력 1.05배 이하에서 작동되도록 부착 ★★ ③ 1년에 1회 이상 토출압력시험 후 납으로 봉인(공정안전관리 이행수준 평가결과가 우수한 사업장은 4년에 1회 이상 토출압력시험 실시) ★ ④ 스프링식, 중추식, 지렛대식(일반적으로 스프링식 안전밸브가 많이 사용)
압력제한 스위치 ★★★	① 보일러의 과열방지를 위해 최고사용압력과 상용압력 사이에서 버너연소를 차단할 수 있도록 압력제한스위치 부착 사용 ② 압력계가 설치된 배관상에 설치
화염검출기	연소상태를 항상 감시하고 그 신호를 프레임 릴레이가 받아서 연소차단밸브 개폐

5. 압력용기의 정의

(1) 압력용기의 정의 ★★

압력용기란 화학공장의 탑류, 반응기, 열교환기, 저장용기 및 공기압축기의 공기 저장탱크로서 상용압력이 0.2[kg/cm²] 이상이 되고 사용압력(단위 : [kg/cm²])과 용기내 용적(단위 : [m³])의 곱이 1 이상인 것을 말한다.
압력용기에는 안전인증된 파열판에는 안전인증 표시 외에 추가로 호칭지름, 용도, 유체의 흐름방향지시가 있어야 한다.

(2) 용어의 정의

① **최고사용온도** : 장치(용기)의 운전을 정상상태로 할 때, 그 기능을 정상적으로 발휘하는 범위 내에서 사용될 수 있는 최상한의 온도를 말한다.

② **최저사용온도** : 정상운전 중 또는 운전개시 및 운전정지 때와 같은 경우에도 장치(용기)내의 온도가 이보다 절대로 내려가지 않는다는 최하한의 온도를 말한다.

③ **최고사용압력** : 장치(용기)의 운전을 정상상태로 할 때, 그 기능을 정상적으로 발휘하는 범위 내에서 사용될 수 있는 최고의 압력을 말한다.

④ **최저사용압력** : 정상운전 중 또는 운전개시 및 운전정지 때와 같은 경우에도 장치(용기) 내의 압력이 이보다 절대로 내려가지 않는다는 최하한의 압력을 말한다.

⑤ **최대허용압력** : 압력용기의 제작에 사용된 재질의 두께를 기준으로 하여 산출된 최대허용압력을 말한다.

⑥ **설계압력** : 최소허용두께 또는 용기의 여러 부분의 물리 특성을 결정하는 목적으로 용기 설계에서 사용되는 압력을 말한다. 다만, 설계에 있어서 용기의 특정 부분의 두께를 정하기 위하여 정적수두를 설계압력에 더하여야 한다.

(3) 압력용기의 응력 및 두께

① 원주방향의 응력(Circumferential stress) 계산식

$$\sigma_t = \frac{P}{A} = \frac{pdl}{2tl} = \frac{pd}{2t}\,[\text{kg/cm}^2]$$

p : 단위면적당 압력(최대허용 내부압)

② 축방향의 응력(Longitudinal stress) 계산식

㉠ 세로방향응력(σ_2) $= \dfrac{\frac{\pi}{4}d^2 p}{\pi dt} = \dfrac{pd}{4t}\,[\text{kg/cm}^2]$

㉡ 압력용기의 원주방향응력은 축방향(세로방향)응력의 2배이다.

③ 동판의 두께 계산식

$\sigma_a \eta = \dfrac{pd}{2t}$, $t = \dfrac{pd}{2\eta\sigma_t}$ (σ_t : 허용응력, η : 용접효율)

[압력용기의 종류]

종류	특징
갑종 압력용기	• 설계압력이 게이지압력으로 1.2[MPa](2[kgf/cm²]) 이상인 화학공정 유체취급 용기 • 설계압력이 게이지압력으로 1[MPa](10[kgf/cm²])를 초과하는 공기 및 질소저장탱크
을종 압력용기	갑종 압력용기 이외의 용기

6. 압력용기의 방호장치

(1) 압력용기의 안전기준

① 압력방출장치의 설치기준

㉠ 다단형 압축기 또는 직렬로 접속된 공기압축기에는 과압방지 압력방출 장치를 각 단마다 설치할 것

㉡ 압력방출장치가 압력용기의 최고사용압력 이전에 작동되도록 설정할 것

㉢ 압력방출장치를 설치한 후에는 1일 1회 이상 작동시험을 하는 등 성능이 유지될 수 있도록 항상 점검·보수할 것

㉣ 압력방출장치는 1년에 1회 이상 표준압력계를 이용하여 토출압력을 시험한 후 납으로 봉인하여 사용할 것 ★

㉤ 운전자가 토출압력을 임의로 조정하기 위하여 납으로 봉인된 압력방출 장치를 해제하거나 조정할 수 없도록 조치할 것

② 압력계의 설치기준

㉠ 압력계는 부르동관 압력계에 적합한 것 또는 이와 동등 이상의 성능을 가진 것일 것

㉡ 압력계에 콕을 사용할 때는 사이펀관의 수직인 부분에 부착하고, 또한 그 핸들을 관축과 동일 방향으로 놓았을 때 열려 있는 것일 것

㉢ 압력계 눈금판의 최대지시도는 최고허용압력의 1.5~3배의 압력을 지시하는 것일 것

(2) 안전밸브 등의 설치 ★

① 사업주는 다음의 어느 하나에 해당하는 설비에 대해서는 과압에 따른 폭발을 방지하기 위하여 폭발 방지 성능과 규격을 갖춘 안전밸브 또는 파열판(이하 "안전밸브 등"이라 한다.)을 설치하여야 한다. 다만, 안전밸브 등에 상응하는 방호장치를 설치한 경우에는 그러하지 아니하다.

㉠ 압력용기(안지름이 150[mm] 이하인 압력용기는 제외하며, 압력용기 중 관형 열교환기의 경우에는 관의 파열로 인하여 상승한 압력이 압력용기의 최고사용압력을 초과할 우려가 있는 경우만 해당한다.)

㉡ 정변위 압축기

㉢ 정변위 펌프(토출축에 차단밸브가 설치된 것만 해당한다.)

㉣ 배관(2개 이상의 밸브에 의하여 차단되어 대기온도에서 액체의 열팽창에 의하여 파열될 우려가 있는 것으로 한정한다.)

㉤ 그 밖의 화학설비 및 그 부속설비로서 해당 설비의 최고사용압력을 초과할 우려가 있는 것

② 안전밸브등을 설치하는 경우에는 다단형 압축기 또는 직렬로 접속된 공기압축기에 대해서는 각 단 또는 각 공기압축기별로 안전밸브등을 설치하여야 한다.

③ 설치된 안전밸브에 대해서는 다음의 구분에 따른 검사주기마다 국가교정기관에서 교정을 받은 **압력계를 이용하여 설정압력에서 안전밸브가 적정하게 작동하는지를 검사한 후 납으로 봉인하여 사용하여야 한다.** 다만, 공기나 질소취급용기 등에 설치된 안전밸브 중 안전밸브 자체에 부착된 레버 또는 고리를 통하여 수시로

안전밸브가 적정하게 작동하는지를 확인할 수 있는 경우에는 검사하지 아니할 수 있고 납으로 봉인하지 아니할 수 있다. ★

 ㉠ 화학공정 유체와 안전밸브의 디스크 또는 시트가 직접 접촉될 수 있도록 설치된 경우 : 매년 1회 이상

 ㉡ 안전밸브 전단에 파열판이 설치된 경우 : 2년마다 1회 이상

 ㉢ 공정안전보고서 제출 대상으로서 고용노동부장관이 실시하는 공정안전보고서 이행상태 평가결과가 우수한 사업장의 안전밸브의 경우 : 4년마다 1회 이상

④ ③에 따른 검사주기에도 불구하고 안전밸브가 설치된 압력용기에 대하여「고압가스 안전관리법」제17조 제2항에 따라 시장·군수 또는 구청장의 재검사를 받는 경우로서 압력용기의 재검사주기에 대하여 같은 법 시행규칙 별표22 제2호에 따라 산업통상자원부장관이 정하여 고시하는 기법에 따라 산정하여 그 적합성을 인정받은 경우에는 해당 안전밸브의 검사주기는 그 압력용기의 재검사주기에 따른다.

⑤ 사업주는 ③에 따라 납으로 봉인된 안전밸브를 해체하거나 조정할 수 없도록 조치하여야 한다.

(3) 공기압축기의 작업시작 전 점검사항 ★

① 공기저장 압력용기의 외관상태

② 드레인밸브의 조작 및 배수

③ 압력방출장치의 기능

④ 언로드밸브의 기능

⑤ 윤활유의 상태

⑥ 회전부의 덮개 또는 울

⑦ 그 밖의 연결부위의 이상 유무

5 산업용 로봇

1. 산업용 로봇의 종류

(1) 산업용 로봇의 정의
퓰레이트 및 기억장치를 가지고 기억장치정보에 의해 매니퓰레이트의 굴신, 신축, 상하이동, 좌우이동, 선회동작 및 이들의 복합동작을 자동적으로 행할 수 있는 장치를 말한다.

(2) 조립용 로봇의 용도별 분류

용도	종류
arc 용접	수직다관절(5축, 6축)
spot 용접	수직다관절(6축), 직교좌표형(4축)
조립	수직다관절, 원통좌표, 직각좌표
도장	수직다관절(전기식, 유압식)
handling	수직다관절, gantry
사출기 취출	취출 로봇
transfer	전용기
pelletizing	robot type pelletizer

(3) 기능수준에 따른 분류

구분	특징
매니퓰레이터형	인간의 팔이나 손의 기능과 유사한 기능을 가지고 대상물을 공간적으로 이동시킬 수 있는 로봇
수동 매니퓰레이터형	사람이 직접 조작하는 매니퓰레이터
시퀀스 로봇	미리 설정된 순서와 조건 및 위치에 따라 동작의 각 단계를 점차 진행해 가는 로봇
플레이백 로봇	미리 사람이 작업의 순서, 위치 등의 정보를 기억시켜 그것을 필요에 따라 읽어내어 작업을 할 수 있는 로봇
수치제어(NC) 로봇	로봇을 움직이지 않고 순서, 조건, 위치 및 기타 정보를 수치, 언어 등에 의해 교시하고, 그 정보에 따라 작업을 할 수 있는 로봇
지능 로봇	감상기능 및 인식기능에 의해 행동 결정을 할 수 있는 로봇

2. 산업용 로봇의 안전관리

(1) 산업용 로봇의 사용지침 작성 시 내용 ★★

① 로봇의 조작방법 및 순서
② 작업 중의 매니퓰레이트의 속도
③ 2인 이상 근로자에게 작업을 시킬 때의 신호방법
④ 이상 발견 시 조치
⑤ 이상 발견 시 로봇을 정지시킨 후 이를 재가동시킬 때의 조치

(2) 운전 중 위험 방지 ★★

사업주는 로봇의 운전으로 인하여 근로자에게 발생할 수 있는 부상 등의 위험을 방지하기 위하여 높이 1.8[m] 이상의 울타리(로봇의 가동범위 등을 고려하여 높이로 인한 위험성이 없는 경우에는 높이를 그 이하로 조절할 수 있다)를 설치하여야 하며, 컨베이어 시스템의 설치 등으로 울타리를 설치할 수 없는 일부 구간에 대해서는 안전매트 또는 광전자식 방호장치 등 감응형(感應形) 방호장치를 설치하여야 한다. ★

6 목재 가공용 기계

1. 구조와 종류 및 방호장치 ★★

(1) 종류 및 정의

① **둥근톱**(circular saw)**기계** : 고정된 한 개의 둥근톱 날을 이용하여 목재를 절단가공을 하는 기계를 말하며, 주요구조부는 다음과 같다.
ㄱ) 톱날구동축
ㄴ) 테이블
ㄷ) 칼럼

② **기계대패** : 공작물을 수동 또는 자동으로 직선 이송시켜 회전하는 대팻날로 평면 깎기, 홈 깎기 또는 모떼기 등의 가공을 하는 목재가공기계를 말하며, 주요구조부는 다음과 같다.
ㄱ) 톱날구동축
ㄴ) 테이블

③ **칩 브레이커** : 공작물이 튀어 오르지 않도록 대패 몸통 바로 앞에서 공작물을 누름과 동시에 절삭 부스러기를 외부로 유도하는 장치를 말한다. ★★★

④ **압력바** : 공작물이 튀어 오르지 않도록 대패 몸통 바로 뒤에서 공작물을 누르는 장치를 말한다.

⑤ **루타기** : 고속 회전하는 공구를 이용하여 공작물에 조각, 모떼기, 잘라내기 등의 가공을 하는 목공 밀링기계를 말하며, 주요구조부는 다음과 같다.
ㄱ) 칼럼(기둥)
ㄴ) 테이블
ㄷ) 크로스 레일
ㄹ) 자동 공구공급장치(수치제어식으로 한정한다.)

⑥ **띠톱기계** : 프레임에 부착된 상하 또는 좌우 2개의 톱바퀴에 엔드레스형 띠톱을 걸고 팽팽하게 한 상태에서 한쪽 구동 톱바퀴를 회전시켜 목재를 가공하는 기계를 말하며, 구요구조부는 다음과 같다.

　　㉠ 테이블

　　㉡ 구동풀리

　　㉢ 프레임

⑦ **억제 장치** : 띠톱의 가로 방향 흔들림을 억제하는 장치로서 억제 봉, 억제 봉 지지기, 억제 암 등으로 구성된다.

⑧ **모떼기 기계** : 목재의 측면을 원하는 형상으로 가공하는 데 사용되는 기계로서 곡면절삭, 곡선절삭, 홈붙이 작업 등에 사용되는 것을 말하며, 주요구조부는 다음과 같다.

　　㉠ 공구구동축

　　㉡ 테이블

(2) **방호장치** ★

① **둥근톱기계의 반발예방장치** : 사업주는 목재가공용 둥근톱기계[가로 절단용 둥근톱기계 및 반발(反撥)에 의하여 근로자에게 위험을 미칠 우려가 없는 것은 제외한다.]에 분할날 등 반발예방장치를 설치하여야 한다.

② **둥근톱기계의 톱날접촉예방장치** : 사업주는 목재가공용 둥근톱기계(휴대용 둥근톱을 포함하되, 원목제재용 둥근톱기계 및 자동이송장치를 부착한 둥근톱기계를 제외한다.)에는 톱날접촉예방장치를 설치하여야 한다.

③ **띠톱기계의 덮개** : 사업주는 목재가공용 띠톱기계의 절단에 필요한 톱날 부위 외의 위험한 톱날 부위에 덮개 또는 울 등을 설치하여야 한다.

④ **띠톱기계의 날접촉예방장치** : 사업주는 목재가공용 띠톱기계에서 스파이크가 붙어 있는 이송롤러 또는 요철형 이송롤러에 날접촉예방장치 또는 덮개를 설치하여야 한다. 다만, 스파이크가 붙어 있는 이송롤러 또는 요철형 이송롤러에 급정지장치가 설치되어 있는 경우에는 그러하지 아니하다.

⑤ **대패기계의 날접촉예방장치** ★ : 사업주는 작업대상물이 수동으로 공급되는 동력식 수동대패기계에 날접촉예방장치를 설치하여야 한다.

⑥ **모떼기기계의 날접촉예방장치** : 사업주는 모떼기기계(자동이송장치를 부착한 것은 제외한다.)에 날접촉예방장치를 설치하여야 한다. 다만, 작업의 성질상 날접촉예방장치를 설치하는 것이 곤란하여 해당 근로자에게 적절한 작업공구 등을 사용하도록 한 경우에는 그러하지 아니하다.

(3) **설치기준**

① **테이블 아래 톱날의 덮개** : 가장 큰 톱날에 대해 충분한 여유가 있도록 설계하여야 하며 덮개는 박판금속이 적당하고, 톱날을 갈아 끼울 수 있도록 분리 가능하게 설치한다.

② 톱날접촉예방장치(보호덮개)

    ㉠ 설치조건 : 보호덮개는 분할날에 대면하고 있는 부분과 가공재를 절단하는 부분 이외의 톱날을 덮을 수 있는 구조이어야 하며 작업자가 톱날의 절삭부분을 볼 수 있어야 한다.

    ㉡ 톱날접촉예방장치의 성능기준

        ⓐ 작업을 하지 않을 때는 톱날을 완전히 덮어야 한다.

        ⓑ 가공 목재의 높이에 따라 즉시 조정 가능해야 한다.

        ⓒ 가공 목재를 보는 작업자의 시야를 방해하지 않을 정도로 충분히 좁아야 한다.

        ⓓ 덮개가 이완된 상태로 작업하거나 아래로 내려 눌려지면서 톱날과 접촉해서는 안 된다.

        ⓔ 톱밥이나 나무조각이 축적되어도 기능을 잃지 않도록 튼튼히 설계되어야 한다.

    ㉢ 종류

        ⓐ 가동식 : 본체덮개 또는 보조덮개가 항상 가공재에 자동적으로 접촉되어 톱니를 덮을 수 있도록 되어 있는 것이다. 일반적으로 사용되는 것이 이 방법이다.

        ⓑ 고정식 : 박판가공의 경우에만 사용할 수 있는 것이다.

③ 반발예방장치(분할날 : spreader) ★

    ㉠ 설치조건

        ⓐ 반발예방장치는 경강(硬鋼)이나 반경강을 사용하며, 톱날로부터 2/3 이상에 걸쳐 12[mm] 이상 떨어지지 않게 톱날의 곡선에 따라 만든다.

        ⓑ 반발 예방 장치의 끝부분은 둥글게 하며 톱날에 인접한 끝은 저항이 적도록 비스듬히 깎아야 한다.

        ⓒ 탄화(炭化) 잇날로 된 세트(set) 없는 톱날이 경우에는 반발예방장치의 두께는 톱날과 같이 하여야 한다.

        ⓓ 반발예방장치의 분할날(dividing knife)이 대면하는 둥근톱날의 원주 면과의 거리는 12[mm] 이내가 되도록 하여야 한다. ★

    ㉡ 성능기준 ★

        ⓐ 반발예방장치는 수평 또는 수직으로 조정 가능할 수 있어야 한다.

        ⓑ 반발예방장치가 충분한 역할을 하기 위해서는 분할날의 두께는 톱 두께의 1.1배 이상이며 톱의 치진폭 이하로 해야 한다. 톱의 지름이 610[mm]를 초과하는 경우 현수식 분할날을 사용한다.

        ⓒ 분할날(spreader)의 두께 : 분할날의 두께는 톱날 1.1배 이상이고 톱날의 치진폭 미만으로 할 것 ★

$$1.1t_1 \leq t_2 < b$$

        ⓓ 분할날의 길이 공식

$$l = \frac{\pi D}{4} \times \frac{2}{3} = \frac{\pi D}{6}$$

(4) 안전작업방법

① **둥근톱기계** : 외관상으로 단순해 보이며 조작이 쉽게 보여 무자격자들에 의해서도 쉽게 사용되고 있는 경향이 있으나 원래 둥근톱기계는 위험한 기계이다. 둥근톱을 취급하는 작업자는 둥근톱을 제어하는 지식과 보호장비의 옳은 취급과 안전한 작업방법이 요구된다. 목공작업의 기본안전규칙을 열거하면 다음과 같다.

ⓐ 둥근톱 취급에 있어서는 전문가에 의해서 교육훈련된 유자격자만 취급할 수 있도록 해야 한다.

ⓑ 보호장비의 적절한 사용은 주어진 안전장비의 설명서에 따라 사용한다.

ⓒ 둥근톱의 취급자격은 안전장비를 사용하지 못하는 사람이나 불안전하게 사용하는 사람에 대해서는 주지 않는다.

ⓓ 안전작업방법의 교육은 안전작업 기술교육에 역점을 두어야 한다.

ⓔ 제재 목재가 작아진 것은 작업자의 손이 톱날에 접근되는 것을 방지하기 위해서는 슈바(suva)핸들이 부착된 밀기막대(push stick)의 사용이 필요하다. 슈바핸들은 어떤 나무에도 2~3초 내에 견고하게 부착할 수 있다.

ⓕ 큰 가공 물체를 제재할 때는 밀기막대는 중요하지 않지만 손이 옳은 위치에 놓였는가를 확인한다.

② **기계대패와 수동대패**

ⓐ 개요 및 정의 : 회전축에 너비가 넓은 대팻날을 2장 또는 4장 고정시켜 이것을 고속으로 회전시키면서 평면, 홈, 측면, 경사면 등을 깎는 기계를 기계대패(wood planer)라 하며, 목재의 표면을 초벌절삭하거나 중간 정도까지 대패질하는 데 사용한다. 기계대패를 사용하면 나뭇결, 재료의 경도 및 두께에 관계없이 능률적으로 대패질할 수 있다. 기계대패에는 목재를 먹이는 방법(이송방법)에 따라 수동식 기계대패(hand planer)와 자동식 기계대패(automatic planer)가 있다. 보통 조인터(jointer)라고 하는 수동식 기계대패는 한쪽면을 대패질할 수 있으며 소량가공에 많이 사용하고 자동식 기계대패는 1면 절삭형(single planer), 2면 절삭형(double planer) 및 4면 절삭형(four side planer)등이 있으며 정밀하고 대량가공에 많이 사용된다. 휴대용 전기기계대패는 간단한 가공물의 초벌절삭에 주로 사용한다. 기계대패의 크기는 가공 재료의 최대너비로 나타낸다.

동력식 수동대패란 회전축에 대팻날을 고정시켜 이것을 동력에 의해 고속으로 회전시키면서 작업자가 가공재를 수동으로 송급시켜 평면, 측면, 경사면 등을 깎는 기계를 말한다.

ⓑ 방호조치

ⓐ 테이블 아래 대팻날의 방호 : 테이블 아래의 대팻날과 동력전달부를 방호하는 장치

ⓑ 날접촉예방장치 : 대팻날과의 접촉사고의 예방을 위해 설치하는 장치로 날부분을 완전히 덮어야 한다. 또한 필요에 따라서는 가공 목재의 높이에 따라 즉시 조정되어야 한다.

ⓒ 밀기막대 : 손으로 가공 목재(특히 짧은 목재)를 가공하는 기계대패에 있어서 작업자의 손이 대팻날에 쉽게 접촉할 수 있으므로 이를 방지하기 위해 사용하는 보조기구

ⓒ 날접촉예방장치

ⓐ 가동식 : 가공재의 절삭에 필요하지 않은 부분은 항상 자동적으로 덮고 있는 구조를 말한다. 그 대표적이 것이지만 복귀용 스프링이 강하면 치수를 중시하는 목재업에서는 정규를 미동시켜 치수를 조정한다. 그러나 항상 위험범위를 덮고 있으므로 작업자의 교육이나 점검정비가 철저하다면 안전장치의 효과를 향상시킬 수 있다.

ⓑ 고정식 : 가공재의 폭에 따라서 그때마다 덮개의 위치를 조절하여 절삭에 필요한 대팻날만을 남기고 덮는 구조를 말한다. 따라서 덮개를 부착하는 조절이 용이하게 되도록 조절나사를 설치하여야 한다. 또 가공재를 송급하지 않을 때는 대팻날 전부를 덮도록 덮개의 길이는 분할날의 두께 이상이어야 한다.

7 고속회전체

1. 고속회전체의 정의

고속회전체는 터빈로터·원심분리기의 버킷 등의 회전체로서 원주속도(圓周速度)가 초당 25[m]를 초과하는 것으로 한정한다.

2. 방호장치

(1) 시험

회전시험을 하는 경우 고속회전체의 파괴로 인한 위험을 방지하기 위하여 전용의 견고한 시설물의 내부 또는 견고한 장벽 등으로 격리된 장소에서 해야 한다. 다만, 비파괴검사의 회전시험으로서 시험설비에 견고한 덮개를 설치하는 등 그 고속회전체의 파괴에 의한 위험을 방지하기 위하여 필요한 조치를 한 경우에는 그러하지 아니하다.

(2) 비파괴검사의 실시 ★

고속회전체(회전축의 중량이 1[t]을 초과하고 원주속도가 초당 120[m] 이상인 것으로 한정한다)의 회전시험을 하는 경우 미리 회전축의 재질 및 형상 등에 상응하는 종류의 비파괴검사를 해서 결함 유무(有無)를 확인하여야 한다.

8 사출성형기

1. 종류와 방호장치

(1) 사출성형기 등의 방호장치 ★

① 사업주는 사출성형기(射出成形機)·주형조형기(鑄型造形機) 및 형단조기(프레스 등은 제외한다.) 등에 근로자의 신체 일부가 말려들어갈 우려가 있는 경우 게이트가드(gate guard) 또는 양수조작식 등에 의한 방호장치, 그 밖에 필요한 방호조치를 하여야 한다.

② ①의 게이트가드는 닫지 아니하면 기계가 작동되지 아니하는 연동구조(連動構造)여야 한다.

③ 사업주는 ①에 따른 기계의 히터 등의 가열 부위 또는 감전 우려가 있는 부위에는 방호덮개를 설치하는 등 필요한 안전 조치를 하여야 한다.

(2) 연삭숫돌의 덮개 등 ★

① 사업주는 회전 중인 연삭숫돌(지름이 5[cm] 이상인 것으로 한정한다.)이 근로자에게 위험을 미칠 우려가 있는 경우에 그 부위에 덮개를 설치하여야 한다. ★★

② 사업주는 연삭숫돌을 사용하는 작업의 경우 작업을 시작하기 전에는 1분 이상, 연삭숫돌을 교체한 후에는 3분 이상 시험운전을 하고 해당 기계에 이상이 있는지를 확인하여야 한다.

③ 시험운전에 사용하는 연삭숫돌은 작업시작 전에 결함이 있는지를 확인한 후 사용하여야 한다.

④ 사업주는 연삭숫돌의 최고 사용회전속도를 초과하여 사용하도록 해서는 안 된다.

⑤ 사업주는 측면을 사용하는 것을 목적으로 하지 않는 연삭숫돌을 사용하는 경우 측면을 사용하도록 해서는 안 된다.

(3) 롤러기의 울 등 설치

사업주는 합판·종이·천 및 금속박 등을 통과시키는 롤러기로서 근로자가 위험해질 우려가 있는 부위에는 울 또는 가이드롤러(guide roller) 등을 설치하여야 한다.

(4) 포장기계의 덮개

사업주는 종이상자·자루 등의 포장기 또는 충진기 등의 작동 부분이 근로자를 위험하게 할 우려가 있는 경우 덮개 설치 등 필요한 조치를 해야 한다.

CHAPTER 05 운반기계 및 양중기

1 지게차

1. 취급 시 안전대책

(1) 지게차의 정의
지게차라 함은 포크에 의해서 하물을 하역하여 비교적 좁은 장소에서 중량물을 운반하는 것으로 일명 포크리프트라고도 한다.

(2) 운전위치 이탈 시의 조치
① 사업주는 차량계 하역운반기계등, 차량계 건설기계의 운전자가 운전위치를 이탈하는 경우 해당 운전자에게 다음의 사항을 준수하도록 하여야 한다.
  ㉠ 포크, 버킷, 디퍼 등의 장치를 가장 낮은 위치 또는 지면에 내려 둘 것
  ㉡ 원동기를 정지시키고 브레이크를 확실히 거는 등 갑작스러운 주행이나 이탈을 방지하기 위한 조치를 할 것
  ㉢ 운전석을 이탈하는 경우에는 시동키를 운전대에서 분리시킬 것. 다만, 운전석에 잠금장치를 하는 등 운전자가 아닌 사람이 운전하지 못하도록 조치한 경우에는 그러하지 아니하다.
② 차량계 하역운반기계등, 차량계 건설기계의 운전자는 운전위치에서 이탈하는 경우 위의 조치를 하여야 한다.

(3) 차량용 하역운반기계 작업계획서의 포함사항
① 당해 작업장소의 넓이 및 지형
② 당해 차량계 하역운반기계 등의 종류 및 능력
③ 화물의 종류 및 형상
④ 차량계 하역운반기계 등의 운행경로 및 작업방법

(4) 지게차의 작업시작 전 점검사항 ★★
① 제동장치 및 조종장치 기능의 이상 유무
② 하역장치 및 유압장치기능의 이상 유무
③ 바퀴의 이상 유무, 전조등
④ 전조등, 후미등, 방향지시기 및 경보장치 기능의 이상 유무

2. 안정도

(1) 지게차의 안전조건

지게차가 안정성을 유지하기 위해서는 다음의 조건이 만족되어야 한다. ★

> $W \cdot a < G \cdot b$
>
> W : 화물중량
> G : 지게차 자체 중량
> a : 앞바퀴부터 하물의 중심까지의 거리
> b : 앞바퀴부터 차의 중심까지의 거리

(2) 지게차의 안정도 ★★

① 하역작업 시의 전·후 안정도 : 4[%] 이내

② 주행 시의 전·후 안정도 : 18[%] 이내

③ 하역작업 시의 좌·우 안정도 : 6[%] 이내

④ 주행 시의 좌·우 안정도 : 15+1.1[V][%] 이내

(3) 포크리프트의 재해분석

① 포크리프트와의 접촉 : 37[%]

② 하물의 낙하 : 27[%]

③ 포크리프트의 전도전락 : 14[%]

④ 추락 : 15~16[%]

⑤ 기타 : 5~6[%]

(4) 포크리프트 운전 중의 주의사항

① 정해진 하중이나 높이를 초과하는 적재는 하지 말 것

② 운전자 이외의 사람은 승차시키지 말 것

③ 급격한 후퇴는 피할 것

④ 정해진 구역 밖에서 운전을 하지 말 것

⑤ 난폭운전, 과속을 하지 말 것

⑥ 견인 시는 반드시 견인봉을 사용할 것

⑦ 물건의 낙하는 위험을 방지하기 위해 견고한 헤드가드를 설치할 것

⑧ 포크리프트는 방향지시기, 경보장치를 갖추고 안전하게 사용할 것

3. 헤드가드(head guard) ★

(1) 헤드가드 조건

① 강도는 지게차의 최대하중의 2배 값(4[t]을 넘는 값에 대해서는 4[t]으로 한다)의 등분포정하중(等分布靜荷重)에 견딜 수 있을 것 ★★

② 상부틀의 각 개구의 폭 또는 길이가 16[cm] 미만일 것

③ 운전자가 앉아서 조작하거나 서서 조작하는 지게차의 헤드가드는 한국산업표준에서 정하는 높이 기준 이상일 것

(2) 백레스트

사업주는 백레스트(backrest)를 갖추지 아니한 지게차를 사용해서는 안 된다. 다만, 마스트의 후방에서 화물이 낙하함으로써 근로자가 위험해질 우려가 없는 경우에는 그러하지 아니하다. ★★

(3) 팔레트

사업주는 지게차에 의한 하역운반작업에 사용하는 팔레트(pallet) 또는 스키드(skid)는 다음에 해당하는 것을 사용하여야 한다.

① 적재하는 화물의 중량에 따른 충분한 강도를 가질 것

② 심한 손상·변형 또는 부식이 없을 것

2 컨베이어

1. 종류 및 용도

(1) 정의

컨베이어는 물품을 연속적으로 옮기기 때문에 효율적인 운전방법으로서 각 방면에 널리 쓰이고 있으나, 때로는 작업자에게 스트레스도 크고, 또 위험한 기계이기도 하기 때문에, 노무관리나 안전관리 측면에서 특별한 주의가 요망된다.

(2) 컨베이어의 종류 및 구조

종류	구조	각종 공사의 응용분야	비고
롤러컨베이어 (roller conveyer)	롤러 또는 휠(wheel)을 많이 배열하여 그것으로 하물을 운반하는 컨베이어	시멘트 포장품의 이동	
스크루컨베이어 (screw conveyer)	도랑 속의 하물을 스크루에 의하여 운반하는 컨베이어	시멘트의 운반	

| 벨트컨베이어
(belt conveyer) | 프레임의 양 끝에 설치한 풀리어 벨트를 엔드리스(endless)로 감아걸고 그 위에 하물을 싣고 운반하는 컨베이어 | 댐이나 대형토공에서 시멘트, 골재, 토사의 운반 및 소규모 공사의 생력운반 | 포터블
컨베이어 |
| 체인컨베이어
(chain conveyer) | 엔드리스로 감아걸은 체인에 의하여, 또는 체인에 슬랫(slat), 버킷(bucket) 등을 부착하여 하물을 운반하는 컨베이어 | 시멘트, 골재, 토사의 운반 | |

2. 안전조치사항

(1) 컨베이어의 일반적인 주의사항

① 인력으로 적하하는 컨베이어 적하장에는 하중, 무게의 제한표시를 하여야 한다.

② 기어, 사슬, 활차 또는 그 밖에 이동부에는 상해 예방용 가드나 덮개가 장치되어 있어야 한다.

③ 컨베이어의 모든 기계부분을 정기적으로 점검하여 과도하게 파손된 곳이 발견될 때에는 즉시 교체하여야 한다.

④ 지면으로부터 2[m] 이상 높이에 설치된 컨베이어는 승강계단을 설치하여야 한다.

⑤ 지하도나 피트(pit) 내에 이동하는 컨베이어는 점검, 급유, 보수작업을 안전하게 할 수 있는 도장, 조명, 배기 또는 대피구가 마련되어 있어야 한다.

(2) 컨베이어의 사용기준

① 조작스위치는 전체 컨베이어를 주지하기 쉬운 곳에 설치하여야 한다.

② 계층을 달리하거나 벽으로 가려진 장소를 통과하도록 설계되어 있는 컨베이어는 칸막이 장소별로 시동 또는 정지장치가 되어 있어야 한다.

③ 쉽게 조작이 가능한 장소에 비상정지장치를 설치하여야 한다.

④ 정전 시나 고장 발생 시에 대비하여 통행이동방지장치가 되어 있어야 한다.

⑤ 시계를 방해할 정도로 심한 가루나 먼지를 발생시키는 컨베이어 상부에는 배기후드를 설치하는 한편 작업에 지장이 없을 정도의 충분한 조명장치를 하여야 한다.

⑥ 인화성 물질을 운반하는 컨베이어 부근에는 발화 내지 폭발하는 온도 이하의 온도가 유지되도록 하고 모든 전기시설은 방폭형으로 하여야 한다. 먼지나 분압의 폭발을 대비하여 발화원 또는 발열원을 엄금하여야 한다.

⑦ 컨베이어 시설에는 정전 시 발생위험예방을 위한 접지 및 결합장치를 하여야 한다.

⑧ 컨베이어 부근에서 조업하는 종사원의 복장은 몸에 알맞은 것으로 착용시키고 말려들거나 이동하는 기계부분에 접촉될 우려가 있는 물품을 휴대시켜서는 안 되며 가급적 안전화를 착용시켜야 한다.

⑨ 컨베이어 부근에서 발생되는 사고 중 컨베이어가 가동 중에 떨어지는 물체로 인하여 상해를 당하는 사례가 가장 많음을 감안하여 물체를 안전하게 올려 놓도록 하여야 한다.

(3) 보수상의 주의사항 ★

① 보수작업 시에는 전원스위치를 내리고 개폐기 자물쇠장치를 하여야 한다. 여러 명이 동시에 작업에 임할 때에는 감독자가 열쇠를 보관하여야 한다.

② 가동 중에는 일체의 보수나 급유를 엄금하여야 한다.

③ 기점과 종점에는 "보수작업중" 표시를 게시하여야 한다.

④ 정전기가 발생할 우려가 있는 개소에는 정전기 제거기를 설치하고 접지시켜야 한다.

3. 안전작업 수칙

(1) 가장 많이 사용되는 벨트 컨베이어의 특징

① 연속적인 작업 가능

② 무인화 작업 가능

③ 운반과 동시에 물건을 승·하역 가능

(2) 컨베이어 작업시작 전 점검사항 ★★

① 원동기 및 풀리 기능의 이상 유무

② 이탈 등 방지장치 기능의 이상 유무

③ 비상정지장치 기능의 이상 유무

④ 덮개, 울 등의 이상 유무

4. 방호장치의 종류

(1) 이탈 등의 방지장치

사업주는 컨베이어, 이송용 롤러 등(이하 "컨베이어 등"이라 한다)을 사용하는 경우에는 정전·전압강하 등에 따른 화물 또는 운반구의 이탈 및 역주행을 방지하는 장치를 갖추어야 한다. 다만, 무동력상태 또는 수평상태로만 사용하여 근로자가 위험해질 우려가 없는 경우에는 그러하지 아니하다.

(2) 비상정지장치 ★

사업주는 컨베이어 등에 해당 근로자의 신체의 일부가 말려드는 등 근로자가 위험해질 우려가 있는 경우 및 비상시에는 즉시 컨베이어 등의 운전을 정지시킬 수 있는 장치를 설치하여야 한다. 다만, 무동력상태로만 사용하여 근로자가 위험해질 우려가 없는 경우에는 그러하지 아니하다.

(3) 낙하물에 의한 위험 방지

사업주는 컨베이어 등으로부터 화물이 떨어져 근로자가 위험해질 우려가 있는 경우에는 해당 컨베이어 등에 덮개 또는 울을 설치하는 등 낙하 방지를 위한 조치를 하여야 한다.

(4) 트롤리 컨베이어

사업주는 트롤리 컨베이어(trolley conveyor)를 사용하는 경우에는 트롤리와 체인·행거(hanger)가 쉽게 벗겨지지 않도록 서로 확실하게 연결하여 사용하도록 하여야 한다.

① 사업주는 운전 중인 컨베이어 등의 위로 근로자를 넘어가도록 하는 경우에는 위험을 방지하기 위하여 건널다리를 설치하는 등 필요한 조치를 하여야 한다. ★

② 사업주는 동일선상에 구간별 설치된 컨베이어에 중량물을 운반하는 경우에는 중량물 충돌에 대비한 스토퍼를 설치하거나 작업자 출입을 금지하여야 한다.

3 크레인 등 양중기(건설용은 제외)

1. 양중기

(1) 양중기의 정의 및 종류 ★

① 양중기 : 작업장에서 화물 또는 사람을 올리고 내리는 데 사용하는 기계이다.

② 양중기의 종류

ㄱ 크레인[호이스트(hoist)를 포함한다]

ㄴ 이동식 크레인

ㄷ 리프트(이삿짐운반용 리프트의 경우에는 적재하중이 0.1[t] 이상인 것으로 한정한다)

ㄹ 곤돌라

ㅁ 승강기(최대하중이 0.25[t] 이상인 것으로 한정한다)

(2) 양중기에 대하여 표시할 사항 ★

정격하중, 운전속도, 경고표시

(3) 크레인의 안전

① 크레인의 정의

ㄱ "크레인"이란 동력을 사용하여 중량물을 매달아 상하 및 좌우[수평 또는 선회(旋回)를 말한다]로 운반하는 것을 목적으로 하는 기계 또는 기계장치를 말하며, "호이스트"란 훅이나 그 밖의 달기구 등을 사용하여 화물을 권상 및 횡행 또는 권상동작만을 하여 양중하는 것을 말한다.

ㄴ 크레인, 이동식크레인, 데릭, 엘리베이터, 건설용리프트 등(이하 "크레인 등"이라 한다)의 운반기계는 건설공사나 공장에서 자재, 제품 등의 중량물을 운반하기 위해서 이용되고 있으며 건설물과 기계설비의 대형화에 따라서 점차 그 사용이 증가하고 있다. 그러나 크레인 등의 운반기계 사용의 확대와 더불어 그들

에 의한 재해가 많이 발생되고 있으며 크레인 등의 능력의 증대나 구조의 복잡화에 따라 재해가 대형화될
수 있다.

ⓒ 크레인 등에 의한 재해는 주로 기계의 구조부분의 결함에 의한 것과 중량물의 취급 및 운전기능의 미숙에
의해서 발생하고 있다.

② 용어의 정의 ★

㉠ 권상하중 : 크레인의 구조와 재료에 따라 부하하는 것이 가능한 최대하중의 것으로, 이 가운데에는 훅,
크레인버킷 등의 달아올리는 기구의 중량이 포함된다.

㉡ 정격하중 : 크레인으로서 지브가 없는 것은 매다는 하중에서, 지브가 있는 크레인에서는 지브경사각 및
길이와 지브 위의 도르래 위치에 따라 부하할 수 있는 최대의 하중에서 각각 훅, 크레인버킷 등의 달기구
의 중량에 상당하는 하중을 뺀 하중을 말한다. ★

㉢ 적재하중 : 짐을 싣고 상승할 수 있는 최대의 하중을 말한다.

㉣ 정격속도 : 크레인에 정격하중에 상당하는 짐을 싣고 주행, 선회, 승강 또는 트롤리의 수평이동 최고속도
를 말한다.

③ 양중기의 위험성

㉠ 크레인 등의 위험성 : 크레인 등에 의한 재해로서는 매단 물건의 낙하에 의한 것, 매단 물건 또는 기체의
일부에 부딪히거나 협착되는 것, 기체의 전도에 의한 것, 기체의 파괴에 의한 것이 대부분을 차지하고 다
른 일반기계에 비하여 크레인 등은 다음과 같은 위험성을 가지고 있다.

ⓐ 공중으로 달아올리는 물건의 낙하 : 크레인 등은 걸이(와이어로프, 체인 등의 걸이용구를 사용하여 화
물을 걸거나 벗기는 것을 말함) 불량이나 난폭한 운동에 따른 충격 등에 의해서 화물이 달기기구로부
터 이탈되기도 하고 와이어로프, 체인 등의 걸이용구의 절단, 기체의 파손에 의해 공중에 매달아 올리
고 있는 화물이 낙하하는 위험성이 있다.

ⓑ 매단 화물이나 기체에 충돌 또는 협착 : 걸이가 불안정하거나 운전기능이 미숙한 자가 크레인 등을 조
작 하여 화물을 이동시키면 부근의 작업자가 화물이나 크레인 등의 기체의 일부에 충돌하거나 협착될
위험이 있다.

ⓒ 기체의 전도 : 크레인 등에서는 정격하중 이상의 물건을 달거나 지반이 불안정한 장소에 크레인 등을
설치하거나 또 난폭한 운전조작을 하면 기체가 안정성을 잃고 전도될 위험이 있다.

ⓓ 기체의 파괴 : 크레인 등의 설계, 재료, 공작이 불량한 경우, 충격적으로 운전을 하는 경우, 과부하를
기체에 가하는 경우 등은 기체가 파괴될 위험성이 있다. 크레인 등에는 이들의 위험성이 있고 구조상
의 안전을 확보하기 위해서 일정 규모 이상의 큰 크레인 등에는 설계검사와 완성검사를 받아야 한다.
또 운전자 및 걸이 작업자는 일정한 자격을 가진 자로 하여야 한다.

ⓛ 크레인의 구조 : 크레인은 각종 원료나 제품을 간헐적으로 운반하는 기계장치이며 직접적인 생산수단,
즉 재료의 형상이나 성질을 바꾸는 작업의 중간 공정이나 전후 공정에 널리 쓰이고 있다. 크레인은 권상,
주행 및 선회 등의 3차원 이동 기능을 가지는 편리한 기계로서 그의 구조·형상에 따라 천장크레인, 겐트
리크레인, 지브크레인, 케이블크레인 등으로 분류되고 있다.

크레인은 본체인 구조부분과 물건을 달아올려서 운반하기 위한 작동부분이 있다. 구조부분은 일반적으
로 강판, 형강, 강관 등을 부재로 하여 이들을 용접 또는 볼트로써 체결한다. 작동부분은 권상장치, 주행
장치, 횡행장치, 선회장치, 기복장치 등이고 주로 전동기에 의해서 기어, 와이어프로 등으로 작동된다.

ⓒ 크레인 관련 재해 : 크레인에 의한 재해는 매단 물건의 낙하 또는 협착에 의한 것이 많고 지브 등의 파손,
기체의 도괴, 전도, 크레인에서의 추락의 순서로 되어 있다.

ⓐ 매단 물건의 낙하에 의한 재해 : 매단 물건의 낙하에 의한 재해의 대표적인 예로서 다음과 같은 재해가
있다.

• 매단 물건의 중량에 비하여 가는 지름이나 마모된 걸이용 와이어로프를 사용했기 때문에 와이어프
로가 절단된다.

• 매단 물건에 대하여 걸이 방법의 잘못, 즉 물건의 형상, 중심의 위치를 충분히 고려하지 않음으로써
물건이 로프에서 이탈한다.

• 크레인의 운전조작이 난폭하거나 조작하는 크레인에 익숙하지 않기 때문에 물건을 낙하시킨다.

• 크레인의 권과방지장치 등 안전장치의 점검이 불충분하게 이루어졌기 때문에 안전장치가 작동되지
않아 권상용 와이어프로가 절단되어 매단 물건이 낙하한다.

ⓑ 협착에 의한 재해 : 크레인에 의해서 협착되는 재해의 대표적인 예로서 다음과 같은 재해가 있다.

• 크레인의 보수점검 중에 운전자가 부주의하여 크레인을 작동시킴으로써 점검자가 크레인과 건물의
기둥 사이에 협착

• 운전자의 위치에서 사각에 있는 장소에 걸이 작업자 등 다른 작업자가 있는 것을 알지 못하고 운전했
기 때문에 매단 물건과 다른 물건, 공작기계들 사이에서 협착

• 크레인의 운전, 걸이방법 등이 나빠서 바닥에 내리는 물건이 전도되어 협착

ⓒ 구조부분의 절손, 기체의 도괴에 의한 재해 : 다음과 같은 원인으로서 지브레인의 도괴, 천장크레인
거더(girder)절손 등의 재해가 발생하고 있다.

• 정격하중을 초과한 중량물을 들어올림

• 구조상의 설계불량

• 점검이 충분히 행하여지지 않았기 때문에 부재의 균열 등의 결함을 발견하지 못함

• 용접, 시공, 그 밖에 공작이 사용 부재에 대하여 부적절함

ⓓ 추락에 의한 재해 : 추락에 의한 재해로서 크레인을 조립하여 설치공사중 또는 크레인의 각 부분의 점
검정비 중에 높은 곳에서 추락하는 재해가 발생하고 있다.

(4) 재해방지대책

크레인에 대해서는 소정의 구조요건을 갖추고 검사에 합격한 안전한 것을 사용할 것, 일상의 취급에서는 다음 사항을 유의하여야 한다.

① 본체는 권상용 와이어로프, 달기기구 등의 정기적 점검의 실행과 필요한 경우에 수리, 교환을 실시

② 권과방지장치 등의 점검정비의 이행

③ 정격하중의 준수

④ 매단 물건의 이동 범위내의 안전을 확인

⑤ 매단 물건의 내릴 장소, 놓을 장소의 안전확인

⑥ 출입금지구역의 설정

⑦ 운전자의 사각에 사람이 들어올 위험이 있는 경우에 접촉방지조치

⑧ 소정의 자격을 가진 운전자 및 걸이 작업자의 채용

(5) 이동식 크레인

① 정의

"이동식 크레인"이란 원동기를 내장하고 있는 것으로서 불특정 장소에 스스로 이동할 수 있는 크레인으로 동력을 사용하여 중량물을 매달아 상하 및 좌우(수평 또는 선회를 말한다)로 운반하는 설비로서 「건설기계관리법」을 적용받는 기중기 또는 「자동차관리법」 제3조에 따른 화물·특수자동차의 작업부에 탑재하여 화물운반등에 사용하는 기계 또는 기계장치를 말한다.

② 구조

㉠ 이동식 크레인에는 트럭크레인, 크로럴크레인, 플로팅크레인(floating crane) 등이 있다.

㉡ 이동식 크레인은 구조부분과 작동부분 외에 크레인 자체를 불특정 장소에 이동시키기 위한 대차(臺車), 크롤러, 배 등을 가진다. 동력으로는 내연기관이 이용되고 유압도 같이 사용되는 것이 많다.

③ 관련 재해

이동식 크레인에 관한 재해의 주된 것은 지브의 절손, 기체의 도괴, 전도에 의한 것이 가장 많고 매단 물건의 낙하, 협착에 의한 재해가 그 다음이다. 재해의 내용은 크레인과 거의 같은 형태이지만, 이동식 크레인의 전도가 특히 두드러진다. 이것들은 아웃트리거(outrigger)를 사용하지 않거나, 연약한 지반, 경사지에서 적절한 깔판을 사용하지 않거나, 과부하 상태에서 사용한 경우 또는 운전자가 기능이 미숙한 경우에 재해가 발생하고 있다. 그 밖에 이동식 크레인의 카운터웨이터와 대차 사이에 협착되는 경우도 많다. 운전자가 그 사각에 다른 작업자가 있는 것을 모르고 이동식 크레인을 주행, 선회를 하여 재해가 발생하고 있다.

④ 재해방지대책

크레인의 재해방지대책과 공통적인 사항이 많지만 그 밖에 사항으로서는 특히 전도재해를 방지하기 위해서 다음 사항을 준수하는 것이 절대적으로 필요하다.

㉠ 아우트리거의 사용

㉡ 크레인의 설치위치 선정(연약지반, 경사지를 피하고 부득이한 경우 깔판을 사용할 것)

㉢ 과부하의 금지

㉣ 운전자의 안전교육실시 및 운전자의 사각을 보충하기 위하여 감시자를 배치할 것

(6) 크레인의 안전기준

① 와이어로프의 안전율 ★

와이어로프의 안전율 산출 공식은 다음과 같다.

$$S = \frac{NP}{Q}, \quad Q = \frac{NP}{S}$$

S : 안전율
N : 로프 가닥수
P : 로프의 파단강도[kg]
Q : 허용응력[kg]

[와이어로프의 안전율] ★

와이어로프의 종류	안전율
권상용 와이어로프	5.0
지브의 기복용 와이어로프 및 케이블	
크레인의 주행용 와이어로프	
지브의 지지용 와이어로프	4.0
가이로프 및 고정용 와이어로프	
케이블크레인의 메인 로프	2.7
레일로프	

② 크레인 작업 시 간격을 0.3[m] 이하로 해야 할 곳

㉠ 크레인의 운전실 또는 운전대를 통하는 끝과 건설물 등이 벽체와의 간격

㉡ 크레인거더의 통로의 끝과 크레인거더와의 간격

㉢ 크레인거더의 통로로 통하는 통로의 끝과 건설물 등의 벽체와의 간격

③ 와이어로프에 걸리는 하중 계산 ★

㉠ 와이어로프에 걸리는 총하중

㉡ 슬링와이어로프(sling wire rope)의 한 가닥에 걸리는 하중

$$하중 = \frac{화물의\ 무게(W_1)}{2} \div \cos\frac{\theta}{2}$$

> **예제** 크레인의 로프에 1[t]의 중량을 걸어 10[m/sec]의 가속도로 들어올릴 때 로프에 걸리는 하중 ★★

⇒ 총하중 = 정하중(W_1)+동하중(W_2)

정하중(W_1) = 1,000[kg]

동하중(W_2) = $\dfrac{W_1 \times a}{9.8}$ = $\dfrac{1,000 \times a}{9.8}$ = 1,020.41[kg]

따라서 총하중 = 1,000+1,020.41 = 2,020.41[kg]

④ 크레인의 손에 의한 공통적인 표준신호
⑤ 붐이 있는 크레인 작업 시의 신호방법
⑥ 마그네틱크레인 사용 작업 시의 신호방법

2. 양중기의 방호장치

(1) 양중기의 방호장치의 종류 ★

양중기의 종류	방호장치의 종류	
크레인	• 과부하방지장치 • 비상방지장치 • 안전밸브	• 권과방지장치 • 제동장치
이동식 크레인	• 과부하방지장치 • 비상방지장치	• 권과방지장치 • 제동장치
리프트	• 과부하방지장치 • 비상방지장치	• 권과방지장치 • 제동장치
간이리프트 제외 리프트	• 과부하방지장치 • 비상방지장치	• 권과방지장치 • 조작반 잠금장치
곤돌라	• 과부하방지장치 • 비상방지장치	• 권과방지장치 • 제동장치
승강기	• 과부하방지장치 • 비상방지장치 • 파이널 리밋스위치 • 조속기	• 권과방지장치 • 제동장치 • 출입문 인터록

(2) 양중기의 자체검사 대상기간

① 승강기 : 매월 1회
② 화학설비 및 그 부속설비 : 2년 1회
③ 프레스 및 전단기, 원심기, 건조설비 및 그 부속설비, 아세틸렌 용접장치 및 가스집합 용접장치, 국소배기장치
　: 1년 1회
④ 양중기(크레인, 리프트, 곤돌라) : 6개월 1회
⑤ 보일러, 압력용기, 공기압축기 : 6개월 1회

4　구내운반기계

1. 구조와 종류 ★

(1) 구내운반기계 종류

지게차
구내운반차
고소작업대
화물자동차
컨베이어

(2) 연결장치

사업주는 구내운반차에 피견인차를 연결하는 경우에는 적합한 연결장치를 사용하여야 한다.

(3) 구내운반차를 사용하여 작업을 하기 전 점검사항 ★

① 제동장치 및 조종장치 기능의 이상 유무

② 하역장치 및 유압장치 기능의 이상 유무

③ 바퀴의 이상 유무

④ 전조등·후미등·방향지시기 및 경음기 기능의 이상 유무

⑤ 충전장치를 포함한 홀더 등의 결합상태의 이상 유무

2. 방호장치

(1) 구내운반차의 준수사항

① 주행을 제동하거나 정지상태를 유지하기 위하여 유효한 제동장치를 갖출 것

② 경음기를 갖출 것

③ 핸들의 중심에서 차체 바깥 측까지의 거리가 65[cm] 이상일 것 ★

④ 운전석이 차 실내에 있는 것은 좌우에 한개씩 방향지시기를 갖출 것

⑤ 전조등과 후미등을 갖출 것. 다만, 작업을 안전하게 하기 위하여 필요한 조명이 있는 장소에서 사용하는 구내운반차에 대해서는 그러하지 아니하다.

CHAPTER 06 설비진단

1 비파괴검사(NDT검사)의 종류 및 특징 ★

1. 육안검사

(1) 용어정의

① 가공경화(working hardening)

금속이 가공에 의하여 변형될 때에, 보다 단단해지고 부서지기 쉬워지는 성질

② 응력집중(stress concentration)

응력이 국부적으로 증대하는 현상으로, 재료에 구멍이 있거나 노치 등이 있을 때, 이에 외력이 작용하면 국부적으로 응력이 커져 재료가 파괴됨

③ 피로(fatigue) ★

재료에 반복하여 하중을 가하면, 반복하는 횟수가 많아짐에 따라 재료의 강도가 저하되는 현상

2. 누설검사

(1) 목적

탱크, 용기 등의 기밀(airtight), 수밀(watertight), 유밀(oiltight)을 검사

(2) 검사방법

① 가장 보편적인 것은 정수압(hydrostatic pressure), 공기압에 의한 방법이며, 내압시험과 동일한 방법이다. 통상 내압검사를 할 때 소정의 수압으로 일정한 시간을 두고, 외부누설 또는 압력저하의 상태를 조사해 누설검사를 끝내고, 그 뒤에 내압검사압력으로 올리는 순서가 보통이다. 또 외압보다 높은 공기압에 의해서 내압을 걸어 시험하는 용기를, 물 또는 기름 속에 넣어서 발생하는 기포에 의해 새는 개소를 발견하는 방법이다. 그러나 미세하고 복잡한 균열 등은 수압으로 하는 시험유지시간 중에 새지 않는 경우가 많아, 이러한 경우에는 내압검사와 누설검사는 별개로 해야 한다.

② 내압검사를 하기 전에 누설검사를 끝내 주는 것이 중요하다. 이때의 누설검사는 수압에 의해 감도가 좋은 검사방법으로 하지 않으면 의미가 없다. 이 이상으로 감도를 향상시키는 방법에는 형광액체, 침투액, 방사능가스 또는 액체 프레온, 암모니아, 할로겐, 헬륨 등의 가스를 이용하는 방법이 있다.

3. 침투검사(P.T) ★

(1) 정의

① 시험물체를 침투액 속에 넣었다가 다시 집어내어 결함을 육안으로 판별하는 방법

② 침투액에 형광물질을 첨가하여 더욱 정확하게 검출할 수도 있다.(형광시험법)

(2) 적용대상

철강이나 비철을 포함한 모든 재료의 비금속재료의 표면에 열려 있는 결함이 존재할 경우

(3) 침투검사 시험방법

① 균열부에 침투할 수 있는 형광물질을 함유한 용액 중에 검사할 부품을 침지

② 과잉액을 표면에서 제거하고 건조한 후에 자외선으로 시험

③ 균열부는 형광으로 인해 광이 있는 빛이 나타남

(4) 염색 침투 탐상제

① 특징

㉠ 많이 사용하는 방법으로 특수한 장치 불필요

㉡ 실내 및 야외에서 사용할 수 있어 미숙련자도 사용가능

㉢ 육안으로 보기 힘든 미세한 결함도 선명한 적색으로 관찰가능

㉣ 검사물의 재질이나 형상에 무관하여 원터치에어로졸 형식

㉤ 사용이 간단하고 휴대하기에 편리

[사용방법] ★

전처리	→	침투	→	세척	→	현상
↑		↑		↑		↑
유분이나 불순물 등 세척제로 제거		건조 후 적색 침투액 도포		마른걸레나 세척제로 침투액 제거		백색현상에 도포

② 염색 침투 탐상제의 구성

㉠ 세척액(450[cc] 3개)

㉡ 침투액(450[cc] 1개)

㉢ 현상액(4560[cc] 2개)

4. 초음파검사(U.T : Ultrasonography Test) ★★

높은 주파수(보통 1~5[MHz] : 100만[Hz]~50만[Hz]의 음파, 즉 초음파의 펄스(pulse)를 탐촉자로부터 시험체에 투입시켜 내부 결함을 반사에 의해 탐촉자에 수신되는 현상을 이용하여, 결함의 소재나 결함의 위치 및 크기를 비파괴적으로 알아내는 방법으로 결함 탐상 이외에 기계가공에서 초음파 구멍 뚫기, 초음파 절단, 초음파 용접 작업등에 사용되고 있다.

[초음파검사 종류] ★

구분	특징
반사식	검사할 물체에 극히 짧은 시간에 충격적으로 초음파를 발사하여 결함부에서 반사되는 신호를 받아 그 사이의 시간지연으로 결함까지의 거리 측정
투과식	검사할 물체의 한쪽면의 발진장치에서 연속으로 초음파를 보내고 반대편의 수신장치에서 신호를 받을 때 결함이 있을 경우 초음파의 도착에 이상이 생기는 것으로 결함의 위치와 크기들을 판정(50[mm] 정도까지 적용)
공진식	발진장치의 파장을 순차로 변화하여 공진이 생기는 파장을 구하면, 결함이 존재할 경우 결함까지 거리가 파장의 1/2의 정수배가 될 때에 공진이 생기므로 결함위치를 파악(보통 결함의 깊이 측정에 사용, 결함이 옆으로 있을 때 적합)

[탐촉자의 개수에 따른 분류]

구분	특징
1탐촉자 방식	한 개의 검출기가 송신용과 수신용으로 겸용(일반적인 방법)
2탐촉자 방식	두 개의 검출기 사용, 한쪽을 송신용, 다른 쪽을 수신용으로 사용 (용접부의 옆으로 갈라진 곳 검출)
다탐촉자 방식	4개 이상의 탐촉자 사용(원자로, 압력용기 등)

5. 자기탐상검사(M.T : Magnetic particle Test)

강자성체(Fe, Ni, Co 및 그 합금)에 발생한 표면 크랙을 찾아내는 것으로, 결함을 가지고 있는 시험에 적절한 자장을 가해 자속(磁束)을 흐르게 하여, 결함부에 의해 누설된 누설자속에 의해 생긴 자장에 자분을 흡착시켜 큰 자분 모양으로 나타내어 육안으로 결함을 검출하는 방법(시험물체가 강자성체가 아니면 적용할 수 없지만 시험물체의 표면에 존재하는 균열과 같은 결함의 검출에 가장 우수한 비파괴 시험방법)

[자분탐상 방법] ★

구분	특징
직각 통전법	시험품의 축에 대해 직각인 방향에 직접 전류를 흘려서 전류 주위에 생기는 자장을 이용하여 자화시키는 방법
극간법	시험품의 일부분 또는 전체를 전자석 또는 영구자석의 자극 간에 놓고 자화시키는 방법
축 통전법	시험품의 축 방향의 끝단에 전류를 흘려, 전류 둘레에 생기는 원형 자장을 이용하여 자화시키는 방법
자속 관통법	시험품의 구멍 등에 철심을 놓고 교류 자속을 흘림으로써 시험품 구멍 주변에 유도 전류를 발생시켜, 그 전류가 만드는 자장에 의해서 시험품을 자화시키는 방법

6. 음향검사

(1) 정의

재료가 변형될 때에 외부응력이나 내부의 변형과정에서 방출하게 되는 낮은 응력파를 감지하여 공학적인 방법으로 재료 또는 구조물이 우는(cry) 것을 탐지하는 기술방법 ★

  (2) 음향검사의 측정범위

    ① 응력측정

    ② 스트레인 변화 측정

    ③ 피로, 크랙, 재료 내의 결함 탐지 및 위치파악

    ④ 응력부식의 영향 측정

  (3) 음향검사의 특징

    ① 작용하중을 증가시키면서 서브크리티칼 크랙(Subcritical crack) 성장의 탐지

    ② 일정 하중하에서의 크랙 성장의 탐지

    ③ 연속적인 음향검사의 모니터링을 통하여 교반하중으로 인한 성장의 탐지

    ④ 간헐적인 과도응력을 이용하여 교반하중으로 인한 크랙 성장의 탐지 및 응력, 부식, 연구에 음향검사를 이용

7. 방사선 투과검사(R.T : Radiographic Test) ★★

(1) X선이나 γ선 등의 방사선은 물질을 잘 투과하기 쉬우나 투과 도중에 흡수 또는 산란을 받게 되어, 투과 후의 세기는 투과 전의 세기에 비해 약해지며 이 약해진 정도는 물체의 두께, 물체의 재질 및 방사선의 종류에 따라 달라진다.

(2) 검사하고자 하는 물체에 균일한 세기의 방사선을 조사시켜 투과한 다음 사진 필름에 감광시켜 현상하면, 결함과 내부 구조에 대응하는 진하고 엷은 모양의 투과사진이 생긴다.

(3) 투과사진을 관찰하여 결함의 종류, 크기 및 분포 상황 등을 알아내는 시험이 방사선 투과시험이다.

[방사선 투과시험 방법]

구분	특징
직접촬영	X선, γ선의 투과상을 직접 X선 필름에 촬영하는 방법
간접촬영	X선, γ선의 투과상을 형광판이나 가시상으로 바꾸어, 간접적으로 카메라의 필름에 촬영하는 방법
투과법	X선, γ선의 투과상을 형광판 또는 형광증배관에 의해 가시상으로 바꾸어 육안 또는 카메라 등으로 관찰하는 방법

8. 와류 탐상검사 ★★

전기가 비교적 잘 통하는 물체를 교번 자계(交番磁界 : 방향이 바뀌는 자계) 내에 두면 그 물체에 전류가 흐르는데, 만약 물체 내에 홈이나 결함이 있으면 전류의 흐름이 난조(亂調)를 보이며 변동한다. 그 변화하는 상태를 관찰함으로써 물체 내의 결함의 유무를 검사할 수 있는데, 이를 와류 탐상검사라 한다.

2 진동방지 기술

1. 진동방지 방법

(1) 진동의 정의

물체가 기준 위치에 대해 반복운동을 하는 흔들림 현상으로, 이러한 진동은 때로는 유용한 경우도 있지만 대부분 원하지 않는 공해진동으로 인간의 생리적 장해와 심리적 불쾌감을 유발하며, 기계 자체의 수명과 건축구조물 수명에 나쁜 영향을 준다. 공해진동의 진동수 범위는 1~90[Hz]이며 진동레벨로는 60~80[dB]까지가 많고 사람이 느끼는 최소 진동가속도 레벨은 55±5[dB] 정도이다.

[진동작업]

구분	기계 · 기구
진동작업에 쓰이는 기계 · 기구의 종류	• 착암기 • 동력을 이용한 해머 • 체인톱 • 엔진커터 • 동력을 이용한 연삭기 • 임팩트 렌치 • 그 밖에 진동으로 인하여 건강장해를 유발할 수 있는 기계 · 기구
보호구 착용	• 방진장갑 등 진동 보호구 착용
근로자에게 알려야 할 사항(유해성 등 주지)	• 인체에 미치는 영향 및 증상 • 보호구의 선정 및 착용방법 • 진동기계, 기구 관리방법 • 진동장해 예방방법

[진동대책]

구분	진동대책
국소 진동 (hand transmited vibration)	• 진동공구에서의 진동 발생을 감소 • 적절한 휴식 • 진동공구의 무게를 10[kg] 이상 초과하지 않게 할 것 • 손에 진동이 도달하는 것을 감소시키며, 진동의 감폭을 위하여 장갑(glove) 사용
전신 진동 대책 (근로자와 발진원 사이의 진동대책)	• 구조물의 진동을 최소화 • 발진원의 격리 • 전파 경로에 대한 수용자의 위치 • 수용자의 격리 • 측면 전파 방지 • 작업시간 단축(1일 2시간 초과 금지)

(2) 진동의 영향

① 생리적, 작업능률, 정신적인 영향

구분	증상
생리기능에 미치는 영향	• 심장 : 혈관계에 대한 영향 및 교감 신경계의 영향으로 인해 혈압 상승, 맥박 증가, 발한 등의 증상 • 소화기계 : 위장내압의 증가, 복합상승, 내장하수 등의 증상 • 기타 : 내분비계 반응 장애, 척수 장애, 청각 장애, 시각 장애 등의 증상
작업능률에 미치는 영향	• 시각 대상이 움직이므로 쉽게 피로해진다. • 평형감각에 영향을 줄 수 있다. • 촉각신경에 영향을 줄 수 있다.
정신적·일상생활에 미치는 영향	• 정신적 영향 : 불안정한 상태로 심할 경우 정신적 불안정 증상 유발 • 일상생활 방해 : 숙면을 취하지 못하고, 불면증이 나타나며 주위가 산만해진다. 강한 진동으로 인한 내·외벽의 균열이 발생하기도 한다.

② 신체 장해

㉠ 전신장해의 원인, 증상, 예방대책

구분	특징
원인	• 트랙터, 트럭, 버스, 기차, 흙파는 기계, 헬리콥터 및 각종 영농기계 탑승시
증상	• 진동수와 가속도가 클수록 장해 및 진동감각증대 • 압박감과 통증으로 공포심, 오한 • 만성적으로 반복될 경우 천장골좌상, 신장손상으로 혈뇨, 자각적 동요감, 불쾌감, 불안감, 동통 등
예방법	• 노출시간의 단축(1일 2시간 초과 금지) • 진동 완화 위한 기계설계
치료	• 특별한 치료법이 없으며, 심할 경우 노출 중단, 임상증상에 따른 대중요법

㉡ 부분장해의 원인 및 증상

구분		특징
원인		• 전기톱, 착암기, 압축해머, 병타해머, 분쇄기, 산림용 농업기기 등 • 손가락을 통해 작용, 팔꿈치관절 및 어깨관절 손상 및 혈관 신경계 장해 유발
증상	직접적 진동	• 뼈, 관절, 신경근육, 인대, 혈관 등 연부조직 이상 • 관절연골의 괴저, 천공 등 기형성 관절염, 가성 관절염 및 점액 낭염 등
	간접적 진동	• Raynaud's Phenomenon : 혈관신경계이상으로 혈액순환이 안 되어 Raynaud 현상 유발(손가락의 말초혈관 운동장해), 손가락이 창백해지고 동통, 추위 노출 시 더욱 악화되어 Dead Finger 또는 White Finger(백납병)라는 병이 된다. • Raynaud's Disease : Raynaud 현상이 혈관의 기질적 변화로 협착 또는 폐쇄될 경우 손가락 피부의 괴저가 일어나기도 하는데, 이것을 Raynaud병이라 한다.(기질적 변화가 있을 때)

(3) 진동법에 의한 설비진단의 종류

① 간이진단 방법의 특징

㉠ 다수의 설비를 간단한 방법으로 신속하게 진단

㉡ 휴대용 진동계나 진단기 등의 측정 및 기록기기 사용

㉢ 정상 및 이상의 판별과 문제점을 찾아 원인과 부위 파악

[간이진단(1차 진단)의 구분] ★

목적	방법	내용
정상, 비정상 악화 정도의 판단	상호 판단	같은 종류의 기계가 다수 있을 때 그 기체들 상호 간에 비교, 판단
	비교 판단	조기 측정치가 증가되는 정도가 주의 또는 위험의 판단으로 사용
	절대 판단	측정장치가 직접적으로 양호, 주의, 위험 수준으로 판단
실패의 원인과 발생한 장소의 탐지	직접 방법	진동의 주 방향이 비정상의 원인을 탐지하는 데 사용 (불평형, 중심을 잘못 맞춘 상태)
	평균 방법	최고치와 평균치 비의 증가가 비정상의 원인을 탐지하는 데 사용 (흠집, 마멸)
	주파수 방법	주파수 영역이 비정상의 원인을 탐지하는 데 사용(회전부와 롤러 베어링)

② 정밀진단 방법의 특징

㉠ 간이진단에서 파악된 이상 원인이나 진동측정이 불가능한 장소에서 분석하여 예측하는 방법

㉡ 진동수 조사 및 파형 처리나 각종의 처리기술 응용

3 소음방지 기술

1. 소음방지 방법

(1) 소음 감소 조치

사업주는 강렬한 소음작업이나 충격소음작업 장소에 대하여 기계·기구 등의 대체, 시설의 밀폐·흡음(吸音) 또는 격리 등 소음 감소를 위한 조치를 하여야 한다. 다만, 작업의 성질상 기술적·경제적으로 소음 감소를 위한 조치가 현저히 곤란하다는 관계 전문가의 의견이 있는 경우에는 그러하지 아니하다. ★

(2) 소음수준의 주지

① 해당 작업장소의 소음수준

② 인체에 미치는 영향과 증상

③ 보호구의 선정과 착용방법

④ 그 밖에 소음으로 인한 건강장해 방지에 필요한 사항

(3) 난청발생에 따른 조치

사업주는 소음으로 인하여 근로자에게 소음성 난청 등의 건강장해가 발생하였거나 발생할 우려가 있는 경우에
다음의 조치를 하여야 한다.

① 해당 작업장의 소음성 난청 발생 원인 조사

② 청력손실을 감소시키고 청력손실의 재발을 방지하기 위한 대책 마련

③ ②에 따른 대책의 이행 여부 확인

④ 작업전환 등 의사의 소견에 따른 조치

(4) 보호구

① 청력보호구의 지급

ⓐ 사업주는 근로자가 소음작업, 강렬한 소음작업 또는 충격소음작업에 종사하는 경우에 근로자에게 청력보
호구를 지급하고 착용하도록 하여야 한다.

ⓑ ㉠에 따른 청력보호구는 근로자 개인 전용의 것으로 지급하여야 한다.

ⓒ 근로자는 ㉠에 따라 지급된 보호구를 사업주의 지시에 따라 착용하여야 한다.

② 청력보존 프로그램 시행

사업주는 다음의 어느 하나에 해당하는 경우에 청력보존 프로그램을 수립하여 시행하여야 한다.

ⓐ 산업안전보건법 제125조에 따른 소음의 작업환경 측정 결과 소음수준이 90[dB]을 초과하는 사업장

ⓑ 소음으로 인하여 근로자에게 건강장해가 발생한 사업장

제 **4** 과목

전기위험방지기술

CHAPTER 01 전기 안전 일반

1 전기의 위험성

1. 감전재해

(1) 전기의 개요

자연계에 있어서 기본적인 물리량이며, 전자 및 양자에 의해 보유되어 있고, 전하(電荷)라고도 한다. 정지상태에 있어서는 전기장을 수반하여 잠재에너지를 가지고 있고, 힘을 미친다. 운동하고 있는 경우에는 전기장과 자기장의 양쪽을 수반하며, 잠재 및 운동의 두 에너지를 가지고 힘을 미친다. 즉, 전자계의 원천은 전하 및 운동하는 전하(전류)이다.

(2) 전기재해의 종류

① **감전(전격)** : 전기에너지에 의해서 인체에 전류가 통할 경우에 일어난다.

② **누전** : 누전에 의한 화재가 발생한다.

③ **폭발** : 가연성 가스, 분진, 증기가 존재하는 환경 구역 내에서는 전기의 스파크 또는 화학반응 등 열이 점화원이 되어 폭발을 일으킨다.

(3) 위험한계에너지 ★★★★★

인체의 전기저항을 500[Ω]이라 할 때 심실세동을 일으키는 위험한계에너지에 폭로된다.

$$Q = I^2 RT [\text{J/S}] = (\frac{165 \sim 185}{\sqrt{T}} \times 10^{-3})^2 \times 500 \times T$$

$$= \frac{165^2 \sim 185^2}{T} \times 10^{-6} \times 500 \times T$$

$$= 165^2 \times 10^{-6} \times 500 \sim 185^2 \times 10^{-6} \times 500$$

$$= 13.61 \sim 17.11 [\text{J}]$$

2. 감전의 위험요소

(1) 전격위험도 결정조건(1차적 감전위험요소) ★★★★

① 통전전류의 크기

② 통전시간

③ 통전경로

④ 전원의 종류(직류보다 상용주파수의 교류전원이 더 위험한 이유 : 극성변화)

⑤ 주파수 및 파형

⑥ 전격인가위상

(2) 2차적 감전위험요소

① 인체의 조건(저항)

② 전압

③ 계절

[각국의 안전전압[V]] ★★

국가명	안전전압[V]	국가명	안전전압[V]
체코	20	프랑스	24[AC], 50[DC]
독일	24	네덜란드	50
영국	24	한국	30
일본	24~30	오스트리아	60(0.5초) 110~130(0.2초)
벨기에	35		
스위스	36		

3. 통전전류의 세기 및 그에 따른 영향 ★★★★

(1) 통전에 따른 영향

분류	인체에 미치는 전류의 영향	통전전류
최소감지전류	전류의 흐름을 느낄 수 있는 최소전류	60[Hz]에서 성인남자 1[mA]
고통한계전류 (가수전류, 이탈가능)	고통을 참을 수 있는 한계 전류	60[Hz]에서 성인남자 7~8[mA]
마비한계전류 (불수전류, 이탈불능)	신경이 마비되고 신체를 움직일 수 없으며 말을 할 수 없는 상태	60[Hz]에서 성인남자 10~15[mA]
심실세동전류	심장의 맥동에 영향을 주어 심장마비 상태를 유발	$I = \dfrac{165 \sim 185}{\sqrt{T}}$[mA]

※ 에너지적 위험한계 : $W = I^2 RT = (\dfrac{165}{\sqrt{T}} \times 10^{-3})^2 \times 500 \times T = 13.6$[J] ★★

(2) 통전 시 인체의 저항

① 피부저항

㉠ 건조할 경우 2500[Ω]

㉡ 습기 많은 경우 1/10, 땀에 젖은 경우 1/12~1/20, 물에 젖은 경우 1/25로 저하

② 내부 조직 저항 : 약 300[Ω]

③ 발과 신발 사이 : 약 1500[Ω]

④ 신발과 대지 사이 : 약 700[Ω]

(3) 전격인가위상

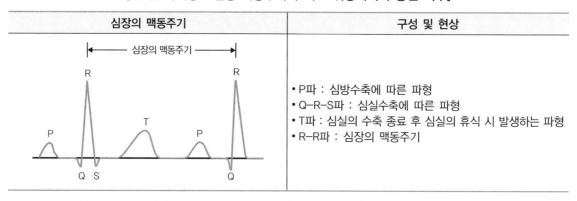

[전격인가위상 : 심장 맥동주기의 어느 위상에서의 통전 여부]

심장의 맥동주기	구성 및 현상
	• P파 : 심방수축에 따른 파형 • Q-R-S파 : 심실수축에 따른 파형 • T파 : 심실의 수축 종료 후 심실의 휴식 시 발생하는 파형 • R-R파 : 심장의 맥동주기

※ 전격인가 시 심실세동을 일으킬 확률이 가장 크고 위험한 파 : 심실이 수축 종료하는 T파

---

2 전기설비 및 기기

1. 배전반 및 분전반

(1) 퓨즈(fuse)

일정한 값 이상의 전류가 흐르면 용단되는 것으로 회로 및 기기를 보호하는 가장 간단한 전류자동차단기이다.

(2) 퓨즈의 재료

① 저압전로에 사용하는 범용의 퓨즈(gG : 일반적으로 사용하는 전 전류 범위의 차단용량)의 용단 특성

정격전류 구분	시 간	정격전류의 배수	
		불용단전류	용단전류
4[A] 이하	60분	1.5배	2.1배
4[A] 초과 ~ 16[A] 미만	60분	1.5배	1.9배
16[A] 이상 ~ 63[A] 이하	60분	1.25배	1.6배
63[A] 초과 ~ 160[A] 이하	120분	1.25배	1.6배
160[A] 초과 400[A] 이하	180분	1.25배	1.6배
400[A] 초과	240분	1.25배	1.6배

② 저압전로에 사용하는 배선차단기의 동작 특성

정격전류	시간(분)	용도별 정격전류 배수			
		주택용		산업용	
		부동작전류	동작전류	부동작전류	동작전류
63[A] 이하	60	1.13배	1.45배	1.05배	1.3배
63[A] 초과	120				

③ 고압용 퓨즈의 특성

구분	정격전류 배수		
	불용단전류	용단전류	용단시간
비포장퓨즈	1.3배	2배	2분
포장퓨즈	1.25배	2배	120분

2. 개폐기

(1) 주상유입개폐기(POS)

반드시 '개폐'의 표시가 되어 있는 고압개폐기로서 배전선로의 개폐 및 타 계통으로의 변환, 고장 구간의 부분, 부하전류의 차단 및 콘덴서의 개폐, 접지사고의 차단 등에 사용된다.

(2) 단로기(DS : Disconnecting Switch) ★

사업주는 부하전류를 차단할 수 없는 고압 또는 특고압의 단로기(斷路機) 또는 선로개폐기(이하 "단로기 등"이라 한다)를 개로(開路)·폐로(閉路)하는 경우에는 그 단로기 등의 오조작을 방지하기 위하여 근로자에게 해당 전로가 무부하(無負荷)임을 확인한 후에 조작하도록 주의 표지판 등을 설치하여야 한다. 다만, 그 단로기 등에 전로가 무부하로 되지 아니하면 개로·폐로할 수 없도록 하는 연동장치를 설치한 경우에는 그러하지 아니하다.
차단기의 전호 또는 차단기의 측로회로 및 회로접속의 변환에 사용하는 것으로 무부하 회로에서 개폐하는 것이다. ★
① 전원 개방 시 : 차단기를 개방한 후에 단로기를 개방한다.
② 전원 투입 시 : 단로기를 투입한 후에 차단기를 투입한다.

(3) 부하개폐기

부하상태에서 개폐할 수 있는 것으로 리클로저(recloser), 차단기 등이 있다. 리클로저는 자동차단, 자동재투입의 능력을 가진 개폐기이며 차단기는 부하상태에서 개폐할 수 있는 것으로 용량은 전원측의 상태에 의해서 결정된다.

(4) 자동개폐기

① 시한개폐기(times switch) : 옥외의 신호회로 등에 상용된다.

② 압력개폐기 : 압력변화에 따라 작동하는 것으로 옥내급수용, 배수용 등의 전동기 회로에 사용된다.

③ 전자개폐기 : 보통 전동기의 기동과 정지에 많이 사용되며, 과부하 보호용으로 적합한 것으로 단추를 눌러서 개폐하는 것이다.

④ 스냅개폐기(snap switch : tumbler switch, rotary switch, push−button switch, pull switch) : 전열기, 전등 점멸 또는 소형전동기의 기동과 정지 등에 사용된다.

(5) 저압개폐기

① 보통 스위치 내부에 퓨즈를 삽입한 개폐기이다.

② 전동기의 개폐순서 ★ : 메인 스위치 → 분전반 스위치 → 전동기용 개폐기

3. 과전류 차단기

(1) 과전류 차단기의 설치제외장소

① 접지공사의 접지선

② 다선식전로의 중성선

③ 고압전로 또는 특고압전로와 저압전로를 결합하는 변압기의 저압가공전선로의 접지측

④ 배선용차단기 : 정격전류의 1.0배까지 견디고 2배의 전류를 가할 때는 2~25분 이내에 용단될 것 ★

(2) 과전류에 의해 전선의 허용전류보다 큰 전류가 흐르는 경우 절연물이 화구가 없더라도 자연히 발화하고 심선이 용단되는 전선 전류밀도[A/mm^2] ★

① 인화단계 : 허용전류의 3배 정도가 흐르는 경우 발화원을 근접시키면 절연물이 인화하는 단계

② 착화단계 : 큰 전류가 흐르는 경우 절연물에 발화원이 없더라도 착화·연소하는 단계이며 절연물은 탄화하고 적열된 심선이 노출된다.

③ 발화단계 : 더 큰 전류가 흐르는 경우 절연물에 도화선이 없더라도 자연히 발화하고 심선이 용단된다.

④ 순간(순시)용단단계 : 대전류를 순간적으로 흘리면 심선이 용단되어 피복을 뚫고 나와 구리가 비산한다. (도선폭발)

[절연전선의 과대전류]

전선＼단계	인화단계	착화단계	발화단계		순간용단
			발화 후 용단	용단과 동시 발화	
전류밀도[A/mm^2]	40~43	43~60	60~70	75~120	120 이상

(3) 전기기기의 절연물의 종류와 온도 ★★

① 절연저항의 정의

㉠ 절연물의 절연성능을 나타내는 척도를 절연저항이라 하고, 그 수치가 클수록 양성의 절연물인 것을 나타낸다.

㉡ 절연저항은 전선 등의 저항에 비해 대단히 크므로 이것을 나타내는 단위로서 옴[Ω]을 그대로 사용하지 않고, 메가옴[MΩ]이 사용되고 있다.

㉢ 전기배선, 전기기기에서 전선 상호 간, 전선 대지 간, 권선 상호 간 등을 절연물로 절연하는 것이 전기절연이다.

[절연물의 내열구분]

종별	허용 최고 온도[℃]	절연물의 종류	용도별
Y종	90	유리화수지, 메타크릴수지, 폴리에틸렌, 폴리염화비닐, 폴리스티렌	저전압의 기기
A종	105	폴리에스테르수지, 셀룰로오스 유도체, 폴리아미드, 폴리비닐포르말	보통의 회전기변압기
E종	120	멜라민수지, 페놀수지의 유기질, 폴리에스테르수지	대용량 및 보통의 기기
B종	130	무기질기재의 각종 성형 적층물	고전압의 기기
F종	155	에폭시수지, 폴리우레탄수지, 변성실리콘수지	고전압의 기기
H종	180	유리, 실리콘, 고무	건식변압기
C종	180 이상	실리콘, 플루오르화에틸렌	특수한 기기

② 절연물의 절연불량요인

㉠ 높은 이상전압 등에 의한 전기적 요인

㉡ 진동, 충격 등에 의한 기계적 요인

㉢ 산화 등에 의한 화학적 요인

㉣ 온도상승에 의한 열적 요인

[절연내력(시험하였을 때에 시험전압 이상에 견뎌야 한다)] ★

종류·구분		시험전압	시험방법
ⅰ) 고압, 특고압의 전로	최대사용전압 7,000[V] 이하	최대사용전압의 1.5배 전압	• 전로와 대지 간 • 시험되는 권선과 다른 권선, 철심 및 외함 간 • 충전부분 대지 간 연속 10분간
ⅱ) 변압기	최대사용전압 7,000[V] 초과	최대사용전압의 0.92배의 전압	
ⅲ) 가구 등의 전로	25,000[V] 이하 중성점접지식		
ⅳ) 발전기, 전동기, 그 밖에 회전기	최대사용전압 7,000[V] 이하	최대사용전압의 1.5배의 전압(500[V] 미만인 경우는 500[V])	권선과 대지 간 연속 10분간
	최대사용전압 7,000[V] 초과	최대사용전압의 1.25배의 전압(10,500[V] 미만인 경우는 10,500[V])	

(주1) ⅱ), ⅲ)의 경우 : 500[V] 미만인 경우는 500[V] 시험전압으로 함 : 최대사용전압 7,000[V] 이하인 경우 "사용전압" – 보통의 사용상태에서 그 회로에 가해지는 선간전압의 최대치

(주2) "기구 등의 전로" – 개폐기·차단기·전력용콘덴서·유도전압조정기·계기용변성기, 그 밖에 기구의 전로 및 발·변전소 등에 시설하는 기계·기구의 접속선 및 모선

4. 보호계전기

(1) 보호계전기의 구비조건
① 고장상태를 식별하여 정도를 판단할 수 있을 것
② 고장개소를 정확히 선택할 수 있을 것
③ 동작이 예민하고 틀린 동작을 하지 않을 것

(2) 용도에 의한 분류
① **과전류계전기(OCR)** : 전류가 일정한 값 이상으로 흘렀을 때 동작하는 것으로 발전기, 변압기, 전선로 등의 단락보호용으로 사용한다.
② **과전압계전기(OVR)** : 전압이 일정한 값 이상으로 흘렀을 때 동작하는 것으로 배선계 또는 리액터(reactor) 계에서 접지사고의 검출 등에 사용된다.
③ **차동계전기(DFR)** : 두 점에서 전류가 같을 때에는 동작하지 않으나 고장시 전류의 차가 생기면 동작하는 계전기로 전압차동계전기, 전류차동계전기 등이 있다. 변압기의 내부고장 예방에 적용한다.

5. 누전차단기 ★★★

(1) 누전차단기의 종류[KSC4613 기준]
① **고속형** : 차단시간 100[ms](0.1[sec]) 이하 – 감전방지용(전기장치, 주택) 차압동작형
② **보통형** : 차단시간 200[ms](0.2[sec]) 이하 – 간선 또는 대용량의 전동기 보호용
③ **지연형(시연형)** : 차단시간 200[ms](0.2[sec]) 이상 – 모선보호용
④ **승압지구** : 200[V]에는 30[mA]의 누전에 30[ms](0.03[sec]) 이내에 작동하는 누전차단기 설치(감전보호용) ★
⑤ **누전차단기 설치대상전압** : 150[V] 이상

(2) 누전차단기 설치장소 ★★
① 대지전압이 150[V]를 초과하는 이동형 또는 휴대형 전기기계 · 기구
② 물 등 도전성이 높은 액체가 있는 습윤장소에서 사용하는 저압(750[V] 이하 직류전압이나 600[V] 이하의 교류전압을 말한다)용 전기기계 · 기구 ★★
③ 철판 · 철골 위 등 도전성이 높은 장소에서 사용하는 이동형 또는 휴대형 전기기계 · 기구
④ 임시배선의 전로가 설치되는 장소에서 사용하는 이동형 또는 휴대형 전기기계 · 기구

(3) 누전차단기 설치제외장소
① 「전기용품 및 생활용품 안전관리법」이 적용되는 이중절연 또는 이와 같은 수준 이상으로 보호되는 구조로 된 전기기계 · 기구
② 절연대 위 등과 같이 감전 위험이 없는 장소에서 사용하는 전기기계 · 기구
③ 비접지방식의 전로

(4) 누전차단기의 최소동작전류

① 정격감도전류의 50[%] 이상

② 누전차단기는 30[mA]에서 작동

③ 누전차단기의 구성요소는 영상변류기, 누전검출부, 트립코일, 차단장치 및 시험버튼 ★

(5) 누전차단기의 절연저항

5[MΩ] 이상

(6) 누전화재라는 것을 입증하기 위한 요건

① 누전점 : 전류의 유입점

② 발화점 : 발화된 장소

③ 접지점 : 확실한 접지점의 소재 및 적당한 접지저항치

(7) 누전전류(누설전류)

최대공급전류의 $\dfrac{1}{2000}$ [A]로 규정

(8) 누전차단기의 선정

① 저압용 전로누전차단기 : 전류동작형

② 감전방지용 누전차단기 : 고감도고속형

③ 인입구에 시설하는 누전차단기 : 충격파 부동작형

(9) 감전방지용 누전차단기를 설치 시 준수사항

① 전기기계·기구에 설치되어 있는 누전차단기는 정격감도전류가 30[mA] 이하이고 작동시간은 0.03초 이내일 것. 다만, 정격전부하전류가 50[A] 이상인 전기기계·기구에 접속되는 누전차단기는 오작동을 방지하기 위하여 정격감도전류는 200[mA] 이하로, 작동시간은 0.1초 이내로 할 수 있다. ★

② 분기회로 또는 전기기계·기구마다 누전차단기를 접속할 것. 다만, 평상시 누설전류가 매우 적은 소용량부하의 전로에는 분기회로에 일괄하여 접속할 수 있다. ★

③ 누전차단기는 배전반 또는 분전반 내에 접속하거나 꽂음접속기형 누전차단기를 콘센트에 접속하는 등 파손이나 감전사고를 방지할 수 있는 장소에 접속할 것

④ 지락보호전용 기능만 있는 누전차단기는 과전류를 차단하는 퓨즈나 차단기 등과 조합하여 접속할 것

⑤ 누전화재라는 것을 입증하기 위한 요건 ★

㉠ 누전점 : 전류의 유입점

㉡ 발화점 : 발화된 장소

㉢ 접지점 : 확실한 접지점의 소재 및 적당한 접지저항치

(10) 누전전류(누설전류)

최대공급전류의 $\dfrac{1}{2000}$[A]로 규정 ★★★★

(11) 누전차단기의 선정

① 저압용 전로누전차단기 : 전류동작형

② 감전방지용 누전차단기 : 고감도고속형

③ 인입구에 시설하는 누전차단기 : 충격파 부동작형

(12) 전기화재방지기(누전경보기)

50[mA] 누전 시 경보발생

(13) 발화에 이르는 누전전류의 최소한계치는 300~500[mA]

(14) 유입(OCB) 차단기의 투입 및 차단순서 ★★

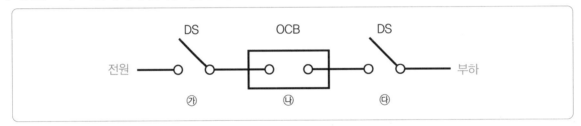

① 유입차단기의 작동순서

㉠ 투입순서 : ㉡ → ㉮ → ㉯

㉡ 차단순서 : ㉯ → ㉡ → ㉮

② By – pass 회로 사용 시 유입차단기의 작동순서

바이패스(우회로) 투입 후 ㉯→㉡→㉮ 순으로 차단

(15) 과전류 차단장치

사업주는 과전류[정격전류를 초과하는 전류로서 단락(短絡)사고전류, 지락사고전류를 포함하는 것을 말한다.]로 인한 재해를 방지하기 위하여 다음의 방법으로 과전류차단장치[차단기·퓨즈 또는 보호계전기 등과 이에 수반되는 변성기(變成器)를 말한다.]를 설치하여야 한다.

① 과전류차단장치는 반드시 접지선이 아닌 전로에 직렬로 연결하여 과전류 발생 시 전로를 자동으로 차단하도록 설치할 것 ★

② 차단기·퓨즈는 계통에서 발생하는 최대 과전류에 대하여 충분하게 차단할 수 있는 성능을 가질 것

③ 과전류차단장치가 전기계통상에서 상호 협조·보완되어 과전류를 효과적으로 차단하도록 할 것

3 전기작업안전

1. 감전사고에 대한 원인 및 사고대책

(1) 직접접촉에 의한 감전방지방법 ★★★

① 충전부 전체를 절연한다.

② 기기구조상 안전조치로서 노출형 배전설비 등은 폐쇄전반형으로 하고 전동기 등에는 적절한 방호구조의 형식을 사용하고 있는데 이들 기기들이 고가가 되는 단점이 있다.

③ 설치장소의 제한, 즉 별도의 실내 또는 울타리를 설치한 지역으로 평소에 열쇠가 잠겨 있어야 한다.

④ 교류아크용접기, 도금장치, 용해로 등의 충전부의 절연은 원리상 또는 작업상 불가능하므로 보호절연, 즉 작업장 주위의 바닥이나 그 밖에 도전성 물체를 절연물로 도포하고 작업자는 절연화, 절연도구 등 보호장구를 사용하는 방법을 이용하여야 한다.

⑤ 덮개, 방호망 등으로 충전부를 방호한다.

⑥ 안전전압 이하의 기기를 사용한다.

(2) 간접접촉에 의한 감전방지방법

① 보호절연물을 사용한다.

② 안전전압 이하의 기기를 사용한다.

③ 보호접지(기기접지)를 사용한다.

④ 사고회로의 신속한 차단을 한다.

⑤ 회로를 전기적 격리한다.

(3) 정전전로에서의 전기작업 ★

① 정전로에서의 전기 작업

㉠ 생명유지장치, 비상경보설비, 폭발위험장소의 환기설비, 비상조명설비 등의 장치·설비의 가동이 중지되어 사고의 위험이 증가되는 경우

㉡ 기기의 설계상 또는 작동상 제한으로 전로차단이 불가능한 경우

㉢ 감전, 아크 등으로 인한 화상, 화재·폭발의 위험이 없는 것으로 확인된 경우

② 전로 차단의 시행 절차 ★

㉠ 전기기기 등에 공급되는 모든 전원을 관련 도면, 배선도 등으로 확인할 것

㉡ 전원을 차단한 후 각 단로기 등을 개방하고 확인할 것

㉢ 차단장치나 단로기 등에 잠금장치 및 꼬리표를 부착할 것

㉣ 개로된 전로에서 유도전압 또는 전기에너지가 축적되어 근로자에게 전기위험을 끼칠 수 있는 전기기기 등은 접촉하기 전에 잔류전하를 완전히 방전시킬 것

◌ 검전기를 이용하여 작업 대상 기기가 충전되었는지를 확인할 것

◌ 전기기기 등이 다른 노출 충전부와의 접촉, 유도 또는 예비동력원의 역송전 등으로 전압이 발생할 우려가 있는 경우에는 충분한 용량을 가진 단락 접지기구를 이용하여 접지할 것

③ 정전로에서 작업 시 근로자에게 감전의 위험이 없게 하기 위한 준수사항 ★

　ㄱ 작업기구, 단락 접지기구 등을 제거하고 전기기기 등이 안전하게 통전될 수 있는지를 확인할 것

　ㄴ 모든 작업자가 작업이 완료된 전기기기 등에서 떨어져 있는지를 확인할 것

　ㄷ 잠금장치와 꼬리표는 설치한 근로자가 직접 철거할 것

　ㄹ 모든 이상 유무를 확인한 후 전기기기 등의 전원을 투입할 것

(4) 충전전로에서의 전기작업 ★

① 충전전로를 취급하거나 그 인근에서 작업하는 경우의 조치

　ㄱ 충전전로를 정전시키는 경우에는 산업안전보건기준에 관한 규칙 제319조에 따른 조치를 할 것

　ㄴ 충전전로를 방호, 차폐하거나 절연 등의 조치를 하는 경우에는 근로자의 신체가 전로와 직접 접촉하거나 도전재료, 공구 또는 기기를 통하여 간접 접촉되지 않도록 할 것

　ㄷ 충전전로를 취급하는 근로자에게 그 작업에 적합한 절연용 보호구를 착용시킬 것

　ㄹ 충전전로에 근접한 장소에서 전기작업을 하는 경우에는 해당 전압에 적합한 절연용 방호구를 설치할 것. 다만, 저압인 경우에는 해당 전기작업자가 절연용 보호구를 착용하되, 충전전로에 접촉할 우려가 없는 경우에는 절연용 방호구를 설치하지 아니할 수 있다.

　ㅁ 고압 및 특고압의 전로에서 전기작업을 하는 근로자에게 활선작업용 기구 및 장치를 사용하도록 할 것

　ㅂ 근로자가 절연용 방호구의 설치・해체작업을 하는 경우에는 절연용 보호구를 착용하거나 활선작업용 기구 및 장치를 사용하도록 할 것

　ㅅ 유자격자가 아닌 근로자가 충전전로 인근의 높은 곳에서 작업할 때에 근로자의 몸 또는 긴 도전성 물체가 방호되지 않은 충전전로에서 대지전압이 50[kV] 이하인 경우에는 300[cm] 이내로, 대지전압이 50[kV]를 넘는 경우에는 10[kV]당 10[cm]씩 더한 거리 이내로 각각 접근할 수 없도록 할 것 ★

　ㅇ 유자격자가 충전전로 인근에서 작업하는 경우에는 다음의 경우를 제외하고는 노출 충전부에 다음 표에 제시된 접근한계거리 이내로 접근하거나 절연 손잡이가 없는 도전체에 접근할 수 없도록 할 것

　　ⓐ 근로자가 노출 충전부로부터 절연된 경우 또는 해당 전압에 적합한 절연장갑을 착용한 경우

　　ⓑ 노출 충전부가 다른 전위를 갖는 도전체 또는 근로자와 절연된 경우

　　ⓒ 근로자가 다른 전위를 갖는 모든 도전체로부터 절연된 경우

충전전로의 선간전압(단위 : [kV])	충전전로에 대한 접근 한계거리(단위 : [cm])
0.3 이하	접촉금지
0.3 초과 0.75 이하	30
0.75 초과 2 이하	45
2 초과 15 이하	60
15 초과 37 이하	90
37 초과 88 이하	110
88 초과 121 이하	130
121 초과 145 이하	150
145 초과 169 이하	170
169 초과 242 이하	230
242 초과 362 이하	380
362 초과 550 이하	550
550 초과 800 이하	790

② 사업주는 절연이 되지 않은 충전부나 그 인근에 근로자가 접근하는 것을 막거나 제한할 필요가 있는 경우에는 울타리를 설치하고 근로자가 쉽게 알아볼 수 있도록 하여야 한다.

③ 사업주는 ②의 조치가 곤란한 경우에는 근로자를 감전위험에서 보호하기 위하여 사전에 위험을 경고하는 감시인을 배치하여야 한다.

(5) 충전전로 인근에서의 차량·기계장치 작업

① 사업주는 충전전로 인근에서 차량, 기계장치 등(이하 "차량등"이라 한다)의 작업이 있는 경우에는 차량등을 충전전로의 충전부로부터 300[cm] 이상 이격시켜 유지시키되, 대지전압이 50[kV]를 넘는 경우 이격시켜 유지하여야 하는 거리(이하 "이격거리"라 한다)는 10[kV] 증가할 때마다 10[cm]씩 증가시켜야 한다. 다만, 차량등의 높이를 낮춘 상태에서 이동하는 경우에는 이격거리를 120[cm] 이상(대지전압이 50[kV]를 넘는 경우에는 10[kV] 증가할 때마다 이격거리를 10[cm]씩 증가)으로 할 수 있다.

② 충전전로의 전압에 적합한 절연용 방호구 등을 설치한 경우에는 이격거리를 절연용 방호구 앞면까지로 할 수 있으며, 차량 등의 가공 붐대의 버킷이나 끝부분 등이 충전전로의 전압에 적합하게 절연되어 있고 유자격자가 작업을 수행하는 경우에는 붐대의 절연되지 않은 부분과 충전전로 간의 이격거리는 (4)①의 표에 따른 접근 한계거리까지로 할 수 있다.

③ 울타리를 설치하거나 감시인 배치 등의 조치를 취하지 않아도 되는 경우
　　㉠ 근로자가 해당 전압에 적합한 절연용 보호구등을 착용하거나 사용하는 경우
　　㉡ 차량등의 절연되지 않은 부분이 (4)①의 표에 따른 접근 한계거리 이내로 접근하지 않도록 하는 경우

(6) 정전작업 시 조치(주의)사항

① 작업 전 ★

㉠ 작업지휘자 임명·작업지휘자에 의한 정전범위·조작순서·개폐기 위치·정전 시작시 각·단락접지개
    소 및 송전시의 안전 확인 등 작업 내용을 주지한다.

㉡ 개로(開路) 개폐기의 개방보증을 받는다.

㉢ 전력케이블·전력콘덴서 등의 잔류전하를 방전한다.

㉣ 검전기를 사용하여 정전을 확인한다.

㉤ 단락접지기구를 사용하여 단락접지를 한다.

㉥ 일부 정전작업 시 정전구역을 표시한다.

㉦ 근접활선에 대한 절연방호를 실시한다.

㉧ 활선경보기 등 보호구를 착용한다.

② 작업 중 ★

㉠ 작업지휘자에 의해 작업한다.

㉡ 개폐기를 관리한다.

㉢ 단락접지 상태를 확인·관리한다.

㉣ 근접활선에 대한 방호상태를 관리한다.

③ 작업종료 시

㉠ 단락접지기구를 철거한다.

㉡ 표지를 철거한다.

㉢ 작업자에 대한 위험이 없는 것을 확인한다.

㉣ 개폐기를 투입하여 송전을 재개한다.

2. 감전사고 시의 응급조치

(1) 인공호흡법 ★

1분당 12~15회(4초 간격)의 속도로 30분 이상 반복 실시하는 것이 바람직하며, 인체의 호흡이 멎고 심장이 정
지되었더라도 계속하여 인공호흡을 실시하는 것이 현명하다.

(2) 소생률 ★

① 1분 이내 : 95~97[%]

② 2분 이내 : 85~90[%]

③ 3분 이내 : 75[%]

④ 4분 이내 : 50[%]

⑤ 5분 경과 : 25[%]

(3) 심장마사지의 방법(심폐소생 방법)

① 우선 감전자를 평평하고 딱딱한 바닥에 눕힌다.

② 한 손의 엄지손가락을 갈비뼈의 하단으로부터 3수지 윗부분에 놓고 다른 손을 그 위에 걸쳐 놓는다.

③ 구호자의 체중을 이용하여 4[cm] 정도 엄지손가락이 들어가도록 강하게 누른 다음 힘을 빼되 가슴에서 손을 떼지 않아야 한다.

④ 심장마사지(심폐소생) 15회, 인공호흡 2회 정도를 교대로 반복적으로 동시에 실시한다.

⑤ 2명이 분담하여 심장마사지(심폐소생)와 인공호흡을 5 : 1의 비율로 실시한다.

(4) 정격현상의 메커니즘(사망경로) ★★★

① 흉부수축에 의한 질식
② 심장의 심실세동에 의한 혈액순환 기능의 상실
③ 뇌의 호흡중추신경 마비에 따른 호흡중지

(5) 중요 관찰사항

① 의식의 상태

② 호흡의 상태

③ 맥박의 상태

④ 출혈의 상태

⑤ 골절의 이상 유무 등을 확인하고, 관찰 결과 의식이 없거나 호흡 및 심장이 정지해 있거나 출혈을 많이 하였을 경우에는 관찰을 중지하고 곧 필요한 응급조치를 하여야 한다.

1[mA]	5[mA]	10[mA]	15[mA]	50~100[mA]
약간 느낄 정도	경련을 일으킨다.	불편해진다. (통증)	격렬한 경련을 일으킨다.	심실세동으로 사망위험

3. 전기작업용 안전용구

(1) 절연용 보호구

7,000[V] 이하 전로의 활선(근접)작업 시 감전사고예방을 위해 작업자 몸에 착용하는 것(감전방지용 보호구)

① **전기용 안전모** : AE종(낙하·비래, 감전위험방지용), ABE종(낙하·비래, 추락, 감전위험방지용)

② **안전화** : 정전기 대전방지용, 절연화

③ **절연장화** : A종(저압용), B종(저압 이상 3,500[V] 이하 작업용), C종(3,500[V] 초과 7,000[V] 이하 작업용)

④ **전기용 고무장갑(절연장갑)** : A종, B종, C종 – 사용전압은 절연장화와 동일

[내전압용 절연장갑의 등급에 따른 최대 사용전압] ★★

등급	교류전압[V]	직류전압(교류×1.5)[V]
00	500	750
0	1,000	1,500
1	7,500	11,250
2	17,000	25,500
3	26,500	39,750
4	36,000	54,000

⑤ 보호용 가죽장갑, 절연소매, 절연복 등

(2) 절연용 방호구

활선(근접)작업 시 감전사고예방을 위해 전로의 충전부, 지지물 주변의 전기배선 등에 설치하는 것

① 고무판 : 충전부 작업 중 접지면을 절연시켜 인체가 통전경로가 되지 않도록 하기 위한 것

② 방호판(절연판) : 고·저압전로의 충전부를 방호하여 작업자의 감전보호

③ 선로커버, 애자커버(절연커버) : 고·저압선로 및 애자방호용

④ 완금커버, COS커버, 고무블랭킷, 점퍼호스 등

(3) 검출용구

① 검전기 : 저압용, 고압용, 특고압용 – 충전 유무 확인 ★

② 활선접근경보기 : 작업자의 착오, 오인, 오판 등으로 충전된 기기전로에 근접하는 경우에 경고음 발생 – 팔목, 안전모에 착용(사용 전 시험버튼을 눌러 작동 여부 확인)

(4) 활선작업용 장치

대지절연을 실시한 활선작업용 차량, 활선작업용 절연대

(5) 활선작업용 기구

① 사용 시 손으로 잡을 수 있는 부분을 포함하여 절연재료로 만들어진 봉상의 절연공구

② 절연봉(핫스틱), 다용도집게봉, 조작용 훅봉(디스콘봉), 수동식절단기, 활차

(6) 저압옥내배선에 사용하는 600[V](비닐, 폴리에틸렌, 불소수지, 고무질 등) 절연전선의 허용전류

① 도체별 허용전류

도체별 허용전류			
연선[mm²]	단선[mm²]	경동선 연동선	경알루미늄선 연알루미늄선
1.25 이상 2 미만	1.2 이상 1.6 미만	19	15
2 이상 3.5 미만	1.6 이상 2.0 미만	27	21
	2.0 이상 2.6 미만	35	27
3.5 이상 5.5 미만		37	29

② 절연체 재료의 종류별 주위온도(θ)에 따른 전류보정계수

재료의 종류	30[℃] 이하인 경우 허용전류 보정계수	30[℃]를 넘는 경우 전류감소계수 계산식
비닐 혼합물 (내열성이 없는 것)	1.00	$\sqrt{\dfrac{60-\theta}{30}}$
비닐 혼합물 (내열성이 있는 것)	1.22	$\sqrt{\dfrac{75-\theta}{30}}$
폴리에틸렌 혼합물 규소고무 혼합물	1.41	$\sqrt{\dfrac{90-\theta}{30}}$

③ 절연전선을 합성수지몰드, 금속몰드, 금속관, 가요전선관에 넣어 사용하는 경우에는 위에서 구한 허용전류 값에 다음의 전류감소계수를 곱한 값

동일관내의 전선수	전류감소계수	동일관내의 전선수	전류감소계수
3 이하	0.7	16~40	0.43
4	0.63	41~60	0.39
5~6	0.56	61 이상	0.34
7~15	0.49		

CHAPTER 02 감전재해 및 방지대책

1 감전재해 예방 및 조치

1. 안전전압

(1) 옴(Ohm)의 법칙

$$E = IR$$

I : 전류

E : 전압

R : 저항$(I = \dfrac{E}{R})$

(2) 줄(Joule)의 법칙

$$Q = I^2 RT$$

Q : 전류발생열[J]

I : 전류[A]

R : 전기저항[Ω]

T : 통전시간[S]

① Q를 kcal로 환산하면 다음과 같다.

1[kcal] = 4186[J]

1[kJ] = 0.2388[kcal] ≒ 0.24[kcal]

$Q = 0.24I^2 RT \times 10^{-3}$[kcal]

② t초를 시간[h]으로 환산하면 다음과 같다.

$Q = 0.860I^2 Rt$[kcal]

2. 허용접촉 및 보폭 전압

(1) 허용접촉전압 ★

인체를 통과하는 전류와 인체저항의 곱이 인체에 가해지는 전압이 되며 이를 허용접촉전압이라 한다.

[종별허용접촉전압] ★★★★★

종별	접촉상태	허용접촉전압[V]
제1종	• 인체의 대부분이 수중에 있는 상태	2.5[V] 이하
제2종	• 인체가 많이 젖어 있는 상태 • 금속제 전기기계장치나 구조물에 인체의 일부가 상시 접촉되어 있는 상태	25[V] 이하
제3종	• 제1, 제2종 이외의 경우로서 통상적인 인체 상태에 있어서 접촉전압이 가해지면 위험성이 높은 상태	50[V]
제4종	• 제1, 제2종 이외의 경우로서 통상적인 인체 상태에 있어서 접촉전압이 가해져도 위험성이 낮은 상태 • 접촉전압이 가해질 우려가 없는 경우	무제한

3. 인체의 저항

(1) 인체의 전기저항 위험성 표시척도 ★

① 남녀별

② 개인차

③ 연령

④ 건강상태

(2) 인체의 전기저항

① 피부의 전기저항 : 2,500[Ω](내부조직저항 : 500[Ω])

② 피부가 땀이 나 있을 경우 : 1/25 정도로 감소

③ 피부가 물에 젖어 있을 경우 : 1/25 정도로 감소 ★

④ 습기가 많을 경우 : 1/10 정도로 감소

⑤ 발과 신발 사이의 저항 : 1,500[Ω]

⑥ 신발과 대지 사이의 저항 : 700[Ω]

⑦ 1[Ω] : 1[V]의 전압이 가해졌을 때 1[A]의 전류가 흐르는 저항

2 감전재해의 요인

1. 감전요소

(1) 1차적 감전요소 – 전격위험도 결정조건

① 통전전류의 크기

② 통전시간

③ 통전경로

④ 전원의 종류(직류보다 상용주파수의 교류전원이 더 위험한 이유 : 극성변화)

⑤ 주파수 및 파형

⑥ 전격인가위상

(2) 2차적 감전위험요소

① 인체의 조건(저항)

② 전압

③ 계절

2. 감전사고의 형태

충전 도체, 누전 기기, 전기회로, 전선로, 낙뢰 등에 의한 감전

3. 전압의 구분

(1) 저압

직류에서는 1,500[V] 이하의 전압을 말하고, 교류에서는 1,000[V] 이하의 전압을 말한다.

(2) 고압

직류에서는 1,500[V]를 초과하고 7,000[V] 이하인 전압을 말하고, 교류에서는 1,000[V]를 초과하고 7,000[V] 이하인 전압을 말한다.

(3) 특고압

7,000[V]를 초과하는 전압을 말한다.

3 누전차단기 감전예방

1. 누전차단기의 종류

[누전차단기의 종류 및 정격감도전류] ★

구분		정격감도전류 [mA]	동작시간
고감도형	고속형	5, 10, 15, 30	정격감도전류에서 0.1초 이내 인체감전보호형은 0.03초 이내 ★
	시연형		정격감도전류에서 0.1초를 초과하고 2초 이내
	반한시형		정격감도전류에서 0.2초를 초과하고 1초 이내 정격감도전류에서 1.4배의 전류에서 0.1초를 초과하고 0.5초 이내 정격감도전류에서 4.4배의 전류에서 0.05초 이내
중감도형	고속형	50, 100, 200, 500, 1,000	정격감도전류에서 0.1초 이내
	시연형		정격감도전류에서 0.1초를 초과하고 2초 이내
저감도형	고속형	3,000, 5,000, 10,000, 20,000	정격감도전류에서 0.1초 이내
	시연형		정격감도전류에서 0.1초를 초과하고 2초 이내

2. 누전차단기의 점검

정도	환경	구체적인 예	점검주기	비고
일상 사용 상태	공기의 청결과 건조한 상태	방진, 공조시설이 갖추어진 전기실	2~3년, 1회	표준사양의 차단기 사용
	옥내의 먼지나 부식성 가스 등이 없는 장소	방진, 공조시설이 없는 전기실의 배전반 및 외함 속에 취부된 것	1년, 1회	상황에 따른 점검주기 조정
악조건 상태	아황산, 황화수소, 염분 등의 가스가 함유되어 있는 장소	지역발전소, 오수처리장, 제철, 제지, 펄프공장	6개월, 1회	가스농도 0.1[ppm] 이상, 적당한 처리를 고려
	부식성 가스, 먼지 등이 특히 많은 장소	화학약품공장, 채석장, 광산 등	1개월, 1회	외함취부 등 적당한 처리를 필요

3. 누전차단기 선정 시 주의사항

누전차단기는 전로의 전기방식에 따른 차단기의 극수를 보유해야 하고 그 해당전로의 전압, 전류 및 주파수에 적합할 것

4. 누전차단기의 적용범위(누전차단기의 성능)

① 부하에 적합한 정격전류를 갖출 것

② 전로에 적합한 차단용량을 갖출 것

③ 당해 전로의 정격전압이 공칭전압의 85~110[%](-15~+10[%]) 이내일 것

④ 누전차단기와 접속된 각각의 기계·기구에 대하여 정격감도전류 30[mA] 이하이며, 동작시간은 0.03초 이내일 것. 다만 정격전부하전류가 50[A] 이상인 기계·기구에 설치되는 누전차단기에 오동작을 방지하기 위해 정격 감도전류 200[mA] 이하인 경우 동작시간은 0.1초 이내일 것 ★★★

⑤ 절연저항이 5[MΩ] 이상일 것

5. 누전차단기의 설치 환경조건 ★

① 주위 온도 -10~40[℃] 범위 내로 유지할 것

② 표고 1,000[m] 이하의 장소로 할 것

③ 비나 이슬에 젖지 않는 장소로 할 것

④ 먼지가 적은 장소로 할 것

⑤ 이상한 진동 또는 충격을 받지 않는 장소로 할 것

⑥ 습도가 적은 장소로 할 것

⑦ 전원전압의 변동(정격전압의 85~110[%] 사이) 유지

⑧ 배선상태 건전하게 유지

⑨ 불꽃, 아크 등 폭발위험이 없는 장소로 할 것

4 아크용접장치

1. 용접장치의 구조 및 특성

(1) 교류 아크용접기

사업주는 아크용접 등(자동용접은 제외한다)의 작업에 사용하는 용접봉의 홀더에 대하여 한국산업표준에 적합하거나 그 이상의 절연내력 및 내열성을 갖춘 것을 사용하여야 한다.

(2) 교류 아크용접기에 자동전격방지기를 설치하여야 하는 곳

① 선박의 이중 선체 내부, 밸러스트 탱크(ballast tank, 평형수 탱크), 보일러 내부 등 도전체에 둘러싸인 장소

② 추락할 위험이 있는 높이 2[m] 이상의 장소로 철골 등 도전성이 높은 물체에 근로자가 접촉할 우려가 있는 장소

③ 근로자가 물·땀 등으로 인하여 도전성이 높은 습윤 상태에서 작업하는 장소

(3) 아크용접 시 발생되는 위험 요인

① 용접봉 및 케이블에 신체 접촉

② 자외선에 의한 전기적 안염

③ 전기 스위치 개폐 시 감전재해

④ 유해가스, 흄 등의 가스중독

(4) 교류 아크용접 작업 시 감전 방지 조치 사항

① 전원코드는 손상된 부분이 있는 경우 즉시 교체한다.

② 전원플러그가 손상되어 충전부가 노출된 것은 즉시 교체한다.

③ 금속제 외함이 있는 경우에는 반드시 접지를 실시한다.

④ 자동전격방지장치가 부착된 용접기를 사용한다.

⑤ 작업이 끝나면 반드시 플러그를 뽑아서 전원을 차단시킨다.

(5) 아크용접기 전선 연결 시 주의사항

① 적정 용량의 전선을 사용한다.

② 스위치 off상태를 확인한다.

③ 아크용접기에 결합 시 조임상태를 확인한다.

(6) 교류 아크용접장치의 용접시작 전 필요사항

① 일반적으로 안정된 아크를 발생시키기 위해서는 일정 값 이상의 무부하 전압이 필요하다.

　용접장치의 무부하 전압은 보통 60~90[V] ★

② 재해를 방지하기 위한 장치는 '자동전격방지장치'

　㉠ 자동전격방지장치를 사용하게 되면 25[V] 이하로 저하시켜 용접기 무부하 시에 작업자가 용접봉과 모재 사이에 접촉하여 발생하는 감전 위험을 방지 ★★★

　㉡ 전격방지장치의 구성으로는 감지부, 신호증폭부, 제어부 및 주제어장치로 크게 4가지 부분으로 구성

　㉢ 시동시간은 0.06초 이내, 지동시간은 1±0.3초, 무접점방식은 1초 이내

2. 감전방지기

(1) 감전사고의 방지대책 ★

① 자동전격방지장치 사용

② 절연 용접봉 홀더의 사용

③ 적정한 케이블 사용(용접용 케이블, 캡타이어 케이블, 클로로프렌 캡타이어 케이블), 또는 아크 전류의 크기에 다른 굵기의 케이블 사용

④ 2차측 공통선의 연결

⑤ 절연장갑의 사용

⑥ 기타

　㉠ 케이블 커넥터

　㉡ 용접기 단자와 케이블의 접속단자 부분 완전절연

ⓒ 접지 : 용접기 외함 및 피용접 모재에는 보호접지 실시

(2) 저압 전기기기의 누전으로 인한 감전재해 방지대책 ★★

① 보호접지 실시

② 감전방지용 누전차단기 사용

③ 이중절연기구 사용

④ 절연열화의 방지

(3) 전격방지기의 설치상 주의사항

① 연직(불가피한 경우는 연직에서 20[°] 이내)으로 설치할 것

② 용접기의 이동, 전자접촉기의 작동 등으로 인한 진동, 충격에 견딜 수 있도록 할 것

③ 표시등(외부에서 전격방지기의 작동상태를 판별할 수 있는 램프를 말한다)이 보기 쉽고, 점검용 스위치(전격방지기의 작동상태를 점검하기 위한 스위치를 말한다)의 조작이 용이하도록 설치할 것

④ 용접기의 전원측에 접속하는 선과 출력측에 접속하는 선을 혼동하지 않도록 할 것

⑤ 접속부분은 확실하게 접속하여 이완되지 않도록 할 것

⑥ 접속부분은 절연테이프, 절연커버 등으로 절연시킬 것

⑦ 전격방지기의 외함은 접지시킬 것

⑧ 용접기단자의 극성이 정해져 있는 경우에는 접속시 극성이 맞도록 할 것

⑨ 정격방지기의 용접기 사이의 배선 및 접속부분에 외부의 힘이 가해지지 않도록 할 것

ⓐ 정격사용률 $= \dfrac{\text{아크발생시간}}{\text{아크발생시간} + \text{무부하시간}}$

ⓑ 허용사용률 $= \dfrac{(\text{정격2차전류})^2}{(\text{실제용접전류})^2} \times \text{정격사용}$ ★

(4) 용어의 정의 및 설치장소, 주의사항

① 정의

ⓐ 시동시간 : 용접봉을 피용접물에 접촉시켜 전격방지기의 주접점이 폐로될 때까지의 시간(시동시간은 0.06[초] 이내에서 또한 전격방지기를 시동시키는 데 필요한 용접봉의 접촉소요시간은 0.03[초] 이내일 것)

ⓑ 지동시간 : 용접봉 홀더에 용접기 출력측의 무부하전압이 발생한 후 주접점이 개방될 때까지의 시간

② 전격방지기의 종류

ⓐ 자동시동형

ⓑ 저저항시동형(L형)

ⓒ 수동시동형

ⓓ 고저항시동형(H형)

③ 전격방지기의 사용상 주의사항

  ㉠ 주위온도 −20[℃] 이상 40[℃] 이하의 범위에 있을 것

  ㉡ 습기, 분진, 유증(油蒸), 부식성 가스, 다량의 염분이 포함된 공기 등을 피할 수 있도록 할 것

  ㉢ 비바람에 노출되지 않을 것

  ㉣ 전격방지기의 설치면이 연직에 대하여 20[°]를 넘는 경사가 되지 않도록 할 것

  ㉤ 폭발성 가스가 존재하지 않는 장소일 것

  ㉥ 진동 또는 충격이 가해질 우려가 없을 것

(5) 점검기준

① 전격방지기의 사용전 점검사항

  ㉠ 전격방지기 외함의 접지상태

  ㉡ 전격방지기 외함의 뚜껑상태

  ㉢ 전격방지기와 용접기와의 배선 및 이에 부속된 접속기구 피복 또는 외장의 손상 유무

  ㉣ 전자접촉기의 작동상태

  ㉤ 이상소음, 이상냄새 발생 유무

② 전격방지기의 정기점검(6월에 1회 이상)항목

  ㉠ 용접기 외함에 전격방지기의 부착상태

  ㉡ 전격방지기 및 용접기의 배선상태

  ㉢ 외함의 변형, 파손 여부 및 개스킷의 노화상태

  ㉣ 표시등의 손상 유무

  ㉤ 표시 이상 유무

  ㉥ 전자접촉기 주접점 및 그 밖에 보존접점의 마모상태

  ㉦ 점검용 스위치의 작동 및 파손 유무

  ㉧ 이상소음, 이상냄새 발생 유무

  ㉨ 정밀점검(검사)(1년에 1회 이상)

    ⓐ 절연저항(1[MΩ] 이상일 것) ★

    ⓑ 전자 접촉기 및 표시등의 작동

    ⓒ 자동시간(1[초] 이하일 것)

    ⓓ 전격방지 출력 무부하전압(25[V] 이하일 것)

    ⓔ 전격방지기의 전원전압(전격방지기 입력전압의 85~110[%] 범위 이내일 것)

③ 성능검증에 합격한 자동전격방지장치 명판에 표시해야 할 사항

  ㉠ 정격전원전압[V]

  ㉡ 정격주파수 또는 적용주파수의 범위[Hz]

ⓒ 출력측 무부하전압(실효치)[V]

ⓔ 정격사용률[%]

ⓜ 적용용접기의 정격용량[kVA, V]

ⓗ 정격전류[A]

ⓢ 적용용접기의 콘덴서 용량의 범위 및 콘덴서 회로의 전압[kVA, V]

ⓞ 표준시동 감도(전원이 용접기 출력측의 경우에는 무부하전압의 상한치, 하한치의 어느 것에 대하여도 포시할 것)[Ω]

ⓩ 제조회사명

ⓩ 제조번호

ⓚ 제조연월

5 절연용 안전장구

1. 절연용 안전보호구

(1) 절연용 보호구

7,000[V] 이하 전로의 활선(근접)작업 시 감전사고예방을 위해 작업자 몸에 착용하는 것(감전방지용 보호구)

① **전기용 안전모** : AE종(낙하 · 비래, 감전위험방지용), ABE종(낙하 · 비래, 추락, 감전위험방지용)

② **안전화** : 정전기 대전방지용, 절연화

③ **절연장화** : A종(저압용), B종(저압 이상 3,500[V] 이하 작업용), C종(3,500[V] 초과 7,000[V] 이하 작업용)

④ **전기용 고무장갑(절연장갑)** : A종, B종, C종 − 사용전압은 절연장화와 동일

⑤ 보호용 가죽장갑, 절연소매, 절연복 등

(2) 절연용 보호구 사용 전 점검

① 고무장갑이나 고무장화에 대해서는 공기점검을 실시할 것

② 고무소매 또는 절연의 등은 육안으로 점검을 실시할 것

③ 활선 접근 경보기는 시험 단추를 눌러 소리가 나는지 점검을 실시할 것

(3) 고무장갑과 가죽장갑 착용 순서

고무장갑을 먼저 착용하고 고무장갑의 보호를 위해 가죽장갑을 착용

2. 절연용 안전방호구

(1) 절연용 방호구

활선(근접)작업 시 감전사고예방을 위해 전로의 충전부, 지지물 주변의 전기배선 등에 설치하는 것

① **고무판** : 충전부 작업 중 접지면을 절연시켜 인체가 통전경로가 되지 않도록 하기 위한 것

② **방호판(절연판)** : 고·저압전로의 충전부를 방호하여 작업자의 감전보호

③ **선로커버, 애자커버(절연커버)** : 고·저압선로 및 애자방호용

④ **완금커버, COS커버, 고무블랭킷, 점퍼호스 등**

(2) 작업에 따른 절연용 방호구

① 활선작업, 활선 근접작업 시 충전부 지지물에 장착하는 것
  ㉠ 절연관
  ㉡ 절연시트
  ㉢ 절연커버
  ㉣ 점퍼호스
  ㉤ 고무블랭킷
  ㉥ 애자후드
  ㉦ 완금커버
  ㉧ 컷아웃스위치

② 건설 작업 시 충전부, 지지물에 장착하는 것
  ㉠ 건설용 방호관
  ㉡ 건설용 시트
  ㉢ 건설용 절연커버

(3) 검출용구

① **검전기** : 저압용, 고압용, 특고압용 – 충전 유무 확인

② **활선접근경보기** : 작업자의 착오, 오인, 오판 등으로 충전된 기기전로에 근접하는 경우에 경고음 발생 – 팔목, 안전모에 착용(사용 전 시험버튼을 눌러 작동 여부 확인)

(4) 활선작업용 장치

대지절연을 실시한 활선작업용 차량, 활선작업용 절연대

(5) 활선작업용 기구

① 사용 시 손으로 잡을 수 있는 부분을 포함하여 절연재료로 만들어진 봉상의 절연공구

② 절연봉(핫스틱), 다용도집게봉, 조작용 훅봉(디스콘봉), 수동식절단기, 활차

CHAPTER 03 전기화재 및 예방대책

1 전기화재의 원인 ★

1. 단락(합선) ★

① 단락으로 인한 전기화재도 심심치 않게 발생하고 있어 주의가 필요하다.

② 단락이란 전선의 두 부분이 어떠한 이유 때문에 저항이 적거나 없는 상태에서 접촉하는 것으로, 즉 합선으로 이해하면 된다.

③ 이때 저항이 거의 0이 되기 때문에 옴의 법칙에 의해 순간적으로 엄청난 전류가 흐르게 된다.

④ 일반적으로 사용하는 가전제품은 모두 자체적으로 저항을 가지고 있는데, 이를 거치지 않고 허용 용량 이상의 전류가 전선에 흘러 순간적인 폭발과 발열로 전선이 녹고 주변 물질에 불이 옮겨 붙어 화재가 발생하는 것이다.

2. 누전

① 누전이란 절연이 불완전해 전기의 일부가 전선 밖으로 새어 나와 주변의 도체에 흐르는 현상으로, 전기장치나 오래된 전선의 절연 불량, 전선 피복의 손상 또는 습기의 침입 등이 주된 원인이다.

② 누전이 되어 전류가 흐르는 부분에 신체의 일부가 닿으면 감전 사고를 야기할 수 있으며, 전류에 의한 열이 인화 물질에 공급될 경우에는 대형화재가 발생할 수 있다.

3. 과전류

과전류란 전압이나 전류의 급격하고 순간적인 증대로 일어나게 된다. 전선에 전류가 흐르면 Joule의 법칙에 의해 열이 발생하게 되는데, 과전류에 의해 발열과 방열의 평형이 깨지게 되면 발화의 원인이 된다. 예를 들어 낙뢰가 있으면 전력선에 과전류가 흘러 전기제품이 파손될 염려가 있다.

4. 정전기 스파크

① 전하가 정지 상태에 있어 흐르지 않고 머물러 있는 전기를 정전기라고 하는데, 정전기 화재는 정전기 스파크에 의해 가연성 가스 및 증기 등에 인화할 위험이 크다.

② 스웨터를 입을 때 순간 느껴지는 정전기나 머리카락 정전기처럼 일상생활 중 안전한 장소에서 일어나는 정전기는 안심해도 좋다.

5. 접촉부과열

① 전선과 기기 간 접촉 상태가 헐거울 때 저항열이 증가하여 발열(아산화동 발열현상)에 의한 원인으로 화재가 발생하게 되는데, 집이나 공장 등의 건물뿐만 아니라 자동차에서도 접속불량으로 인한 화재가 발생할 수 있다.

② 2016년 프랑스에서 발생한 테슬라의 세단 타입 전기 자동차 '모델 S 90D'의 전소 원인도 전기 계통의 접속 마비 때문이었다고 한다.

6. 절연열화에 의한 발열

전선의 피복이 경년변화에 의해 탄화되면 누전(도전성)에 의한 원인으로 화재가 발생하게 되는데, 이러한 현상을 트래킹 현상이라고 한다. 절연과 관련해 주의할 사항이 있는데, 활선작업이나 활선 근접작업에서 작업자가 맨손으로 충전부에 접촉하면 전기가 인체에 흘러 감전재해를 일으키기 때문에 고무나 비닐로 되어 있는 보호구를 사용해 작업자의 손이나 발을 보호할 필요가 있다. 이를 전기절연이라고 하는데, 전기절연은 안전상 대단히 중요하다.

7. 지락

지락이란 단락전류가 대지로 통하는 것을 말하는데, 전선이 끊어져 땅의 지면이나 지면에 심어진 나무 등과 만나면 화재의 원인이 되는 것이다. 만약 이 전선이 금속체 등에 지락되는 경우에는 스파크에 의해 발화되기도 한다.

8. 낙뢰

낙뢰는 일종의 정전기로서 구름과 대지간의 방전현상이며, 낙뢰가 발생하면 전기회로에 이상 전압이 유기되어 절연을 파괴시킬 뿐만 아니라 이때 흐르는 전류가 화재의 원인이 되기도 한다. 낙뢰에 의한 대전류가 땅에 이르는 사이 순간적으로 방대한 열이 발생해 이것이 가연물을 발화시켜 폭발하거나 화재를 일으키는 것이다.

9. 예방대책

(1) 법적인 예방대책
① 전기공작물의 공사유지 및 운용을 위한 전기사업법
② 전기공작물의 공사에 따른 안전확보를 위한 전기공사법
③ 전기공작물에 사용되는 전기용품의 안전을 위한 전기용품 및 생활용품 안전관리법
④ 「산업안전보건법」, 「건축법」, 「소방법」 등으로 전기로 인한 화재를 예방할 수 있도록 전기설비적 측면과 인적 측면으로 구분하여 강력히 규제하고 있다.

(2) 일반적 예방대책
① 절연이나 노화의 방지, 과열·습기부식의 방지, 충전부와 절연체가 되는 금속 조영제, 수도관, 가스관 등과 떨어져 있어야 한다. 그러나 절연저항측정, 절연내력을 하고 있으나 절대적인 방법은 안 되므로 접지공사를 할 것
② 퓨즈, 누전차단기를 설치하는 것이 유효하나 동작이 안될 것을 고려하여 경보설비를 설치할 것

(3) 단락과 혼촉방지대책
① 단락은 퓨즈누전차단기를 설치하여 전원을 차단한다.
② 혼촉은 전기설비기술기준에 합격한 변압기의 저압측 중성점에 변압기 중성점 접지를 시행해야 한다.

　　　예 변압기 1,2차측 전선 간에 금속제의 혼촉방지판을 두고 변압기 중성점 접지를 실시할 것 ★

(4) 전열기의 재해방지대책

　　① 열판 밑에는 차열판이 있는 것을 사용할 것

　　② 파일럿(pilot)등이 부착된 것을 사용하여 점멸을 확실히 할 것

　　③ 인조석, 석면, 벽돌 등 단열성 불연재로 받침대를 만들 것

　　④ 주위 30~50[cm], 위로 1~1.5[cm] 이내에 가연성 물질을 접근시키지 말 것

　　⑤ 배선 및 코드의 용량은 충분한 것을 사용할 것

2 접지공사 및 전로의 절연저항

1. 접지공사의 목적

　　① 전로의 대지전압 저하에 의한 감전 사고의 방지

　　② 이상전압의 억제에 의한 기기류의 손상 방지 및 절연 보호

　　③ 지락 사고 시 보호 계전기 등의 확실한 동작 확보

2. 접지공사의 구분 및 종류★★★

(1) 계통 접지

　　전력 계통과 대지 간의 접지를 말하는 것으로, 변압기에서는 고·저압 혼촉에 의한 재해 예방을 위하여 혼촉방지판이나 변압기 2차 측 중성점을 접지

　　① TN계통 접지 : 전원 한 점을 직접 접지하고 설비의 노출 도전성 부분을 보호선(PE)을 이용하여 전원의 한 점에 접속하는 접지 계통

　　② TT 계통의 접지 : 전원의 한 점을 직접접지하고 설비의 노출 도전성 부분을 전기적으로 독립한 접지극에 접지

　　③ IT 계통의 접지 : 충전부 전체를 대지로부터 절연시키거나, 한 점을 임피던스를 통해 대지에 접속시키고, 전기설비의 노출 도전부를 계통에 접속

　　④ 계통접지 문자의 의미

제1문자 : 전력계통과 대지와의 관계	제2문자 : 설비의 노출 도전성 부분과 대지와의 관계
• T : 한 점을 대지에 직접 접속 • I : 모든 충전부를 대지(접지)로부터 절연시키거나 임피던스를 삽입하여 한 점을 대지에 직접 접속	• T : 노출 도전성 부분을 대지로 직접 접속 • N : 노출 도전성 부분을 전력계통의 접지점(중성점 또는 중성점이 없을 경우 단상 선도체)에 직접 접속

(2) 보호 접지

　　기기 절연이 파괴되어 누전 사고가 발생한 경우 감전사고 방지를 위해 전기기기 외함 등에 접지

(3) 단독접지

특고압 및 고압, 저압 전기설비 또는 피뢰설비, 통신설비 등을 개별적으로 접지하는 것

(5) 공통 접지

특고압 및 고압, 저압 전기설비를 모두 묶어서 접지하는 것

(6) 통합 접지

특고압 및 고압, 저압 전기 설비 또는 피뢰설비, 통신설비 등을 모두 묶어서 접지하는 것

[접지방식의 변경]

접지대상	KEC접지방식	개정 전 접지방식
(특)고압설비	• 계통접지 : TN, TT, IT	1종 : 접지저항 10[Ω]
600[V] 이하 설비	• 보호접지 : 등전위본딩 등	특3종 : 접지저항 10[Ω]
400[V] 이하 설비	• 피뢰시스템접지	3종 : 접지저항 100[Ω]
변압기	변압기 중성점 접지	2종 : 계산 필요

3. 접지도체의 최소 단면적

(1) 큰 고장전류가 접지도체를 통하여 흐르지 않을 경우

도체	피뢰시스템 접속되지 않은 경우	피뢰시스템 접속
구리 소재	6[mm^2]	16[mm^2]
철제	50[mm^2]	

(2) 고장시 흐르는 전류를 안전하게 통할 수 있는 경우

구분	최소 단면적
• 고압, 특고압 전기설비 • 25[kV] 이하인 중성선(다중접지식으로 지락시 2초 이내에 자동차단장치 시설된 경우)	6[mm^2]
그 외 중성점 접지용	16[mm^2]

(3) 이동 사용하는 전기기계기구의 금속제 외함

구분	단면적
고압, 특고압 전기설비용 중성점 접지	10[mm^2](클로로프렌 캡타이어케이블 3종 및 4종의 1개도체 또는 다심 캡타이어케이블의 차폐 또는 기타의 금속체)
저압전기설비	0.75[mm^2](다심 코드 또는 다심 캡타이어케이블 1개 도체)

4. 접지저항과 접지극

(1) 변압기 중성점 접지저항

① $R = \dfrac{150}{I_g}$[Ω] : 자동 차단장치가 없는 경우 (I_g[A] : 1선 지락전류)

② $R = \dfrac{300}{I_g}[\Omega]$: 자동 차단장치가 1초 넘고 2초 이내 동작하는 경우

③ $R = \dfrac{600}{I_g}$: 자동 차단장치가 1초 이내 동작하는 경우

(2) 접지극 시설원칙

① 사용규격

　　㉠ 동판 : 두께 0.7[mm] 이상, 단면적 900[cm^2]

　　㉡ 동봉, 동피복강봉 : 지름 8[mm] 이상, 길이 0.9[m] 이상

② 시설 규정

매설깊이	75[cm](동결깊이 감안)
금속제 지지물 이격거리	1[m]
병렬시공 접지극 이격거리	2[m]
합성수지관으로 접지도체보호	지하 75[cm]~지상 2[m]
접지극대용 전기저항값	수도관 3[Ω], 건물 철골 2[Ω]

③ 접지저항 저감 대책

　　㉠ 접지봉 연결개수를 증가시킨다.

　　㉡ 접지극의 길이를 증가시킨다.

　　㉢ 접지판의 면적을 증가시킨다.

　　㉣ 접지극을 깊게 매설한다.

　　㉤ 토양의 고유저항을 화학적으로 저감시킨다.

5. 접지공사 생략가능한 설비 ★★

전로에 시설하는 기계기구의 철대 및 금속제 외함(외함이 없는 변압기 또는 계기용 변성기는 철심)의 접지공사 생략 가능 항목

① 사용 전압이 직류 300[V], 교류 대지 전압 150[V] 이하인 전기 기계기구를 건조한 장소에 설치한 경우

② 저압, 고압, 22.9[kV-Y] 계통 전로에 접속한 기계기구를 목주 위 등에 시설한 경우

③ 저압용 기계기구를 목주나 마루 위 등에 설치한 경우

④ 「전기용품 안전관리법」에 의한 2중 절연 기계기구

⑤ 외함이 없는 계기용 변성기 등을 고무 절연물 등으로 덮은 경우

⑥ 철대 또는 외함이 주위의 적당한 절연대를 이용하여 시설한 경우

⑦ 2차 전압 300[V] 이하, 정격 용량 3[kVA] 이하인 절연 변압기를 사용하고 2차측을 비접지 방식으로 하는 경우

⑧ 동작 전류 30[mA] 이하, 동작 시간 0.03[sec] 이하인 인체 감전 보호 누전 차단기를 설치한 경우

⑨ **보호도체 최소 단면적** : 구리 25[mm^2], 알루미늄 35[mm^2]

6. 전로의 절연저항

모든 전로는 접지공사 접지점이나 절연을 하는 것이 기술적으로 어려워 절연할 수 없는 부분을 제외하고는 절연하여야 한다.

(1) 저압 전로의 절연저항 계산식

$$절연저항 = \frac{정격전압}{누설전류} \quad \bullet \, \textbf{누설전류} : 최대 \, 공급전류의 \, \frac{1}{2000} 이하일 \, 것$$

(2) 저압전로의 절연저항[MΩ]

전로사용전압[V]	DC시험전압[V]	절연저항
SELV 및 PELV	250	0.5
FELV, 500[V] 이하	500	1.0
500[V] 초과	1,000	1.0

※ ELV : 특별저압(2차 전압이 AC 50[V], DC 120[V] 이하)
 • SELV(비접지), PELV(접지)
 • FELV는 1, 2차가 전기적으로 절연되지 않은 회로

(3) 저압용 기기에 인체가 접촉한 경우

① 지락전류 $I_g = \dfrac{V}{R_1 + \dfrac{R_2 \times R_3}{R_2 + R_3}}[\mathrm{A}]$

② 인체에 흐르는 전류 $I = \dfrac{R_2}{R_2 + R_3} \times I_g [\mathrm{A}]$

3 피뢰설비

1. 뇌해의 종류

① **계뢰(전선낙뢰)** : 한랭전선이 발달한 곳에서 적란운이 발생하여 일어나는 낙뢰
② **열계뢰** : 열적 원인과 전선의 작용에 의한 원인이 겹쳐서 발생하는 낙뢰
③ **자연뢰** : 화산의 폭발 등으로 발생하는 낙뢰
④ **전도뢰** : 단순히 강한 차가운 공기가 흘러들어 대기의 상태가 불안정해져서 일어나는 낙뢰
⑤ **유도뢰** : 통신시설로부터 떨어진 장소에 벼락이 떨어져 그때 발생하는 강전 자계에 의해 통신선에 상당히 큰 전압이 유기되는 현상

2. 피뢰기의 설치장소 ★

(1) 피뢰기의 설치

낙뢰의 우려가 있는 건축물, 높이 20[m] 이상의 건축물 또는 공작물로서 높이 20[m] 이상의 공작물(건축물에 공작물을 설치하여 그 전체 높이가 20[m] 이상인 것을 포함)

(2) 피뢰기의 설치장소(고압 및 특고압의 전로 중) ★★

① 발전소, 변전소 또는 이에 준하는 장소의 가공전선 인입구 및 인출구

② 가공전선로에 접속하는 배전용 변압기의 고압측 및 특고압측

③ 고압 또는 특고압의 가공전선로로부터 공급을 받는 수용장소의 인입구

④ 가공전선로와 지중전선로가 접속되는 곳

3. 피뢰기의 종류

(1) 피뢰기의 성능 ★★★

① 충격방전 개시전압이 낮을 것

② 제한전압이 낮을 것

③ 반복동작이 가능할 것

④ 구조가 견고하고 특성이 변화하지 않을 것

⑤ 점검, 보수가 간단할 것

⑥ 뇌전류에 대한 방전능력이 클 것

⑦ 속류의 차단이 확실할 것

(2) 보호범위와 여유도

① 피뢰침의 보호범위 : 뇌격의 직격위험으로부터 보호받을 수 있는 범위

② 접지측과 대지 간의 접지저항 : 10[Ω] 이하

③ 보호여유도[%] : $\dfrac{충격전열강도 - 제한전압}{제한전압} \times 100$ ★★★★

④ 꼭지각 기준 : 90[°]~120[°]

⑤ 피뢰침의 돌출길이 : 25[cm] 이상

(3) 피뢰기의 종류

① **저항형 피뢰기** : 각형 피뢰기, 밴드만 피뢰기 및 멀티캡 피뢰기 등이 있다.

② **밸브형 피뢰기** : 알루미늄셀 피뢰기 및 산화막 피뢰기, 벨트형 산화막 피뢰기, 오토밸브 피뢰기 등이 있는데 벨트형 산화막 피뢰기는 구조가 간단하며 값이 싸므로 배전선로용에 사용

③ **밸브저항형 피뢰기** : 레지스트밸브 피뢰기, 드라이밸브 피뢰기, 사이라이트 피뢰기

④ **방출통형 피뢰기** : 밸브형 또는 밸브저항형 피뢰기보다 가격이 싸므로 선로에 많이 분포하여 설치하며 애자의 섬락방지용에 적당

⑤ 종이(P-valve) 피뢰기 : 동작의 기록, 뇌의 대소의 판정을 할 수 있으며 비밀폐형이므로 현장에서 간단히 점검할 수 있는 장점이 있다. 발전소나 변전소에서 현재 주로 사용되는 피뢰기는 레지스터 밸브, 드라이 밸브 및 오토밸브, 종이 등이 있다.

(4) 피뢰기의 구성요소 ★★

① **직렬 갭** : 이상 전압 내습 시 뇌전압을 방전하고 그 속류를 차단, 상시에는 누설전류 방지 ★

② **특성요소** : 뇌전류 방전 시 피뢰기 자신의 전위상승을 억제하여 자신의 절연파괴를 방지

4. 피뢰침의 종류

(1) 피뢰침의 종류

피뢰침은 낙뢰로부터 건물을 보호하는 장치

① **돌침** : 피뢰침의 최상단부분으로 뇌격을 잡기 위한 금속체

② **가공지선** : 피뢰를 목적으로 피보호물 위쪽에 규정치 이상의 거리를 두고 가설한 도선

③ **피뢰도선** : 뇌전류를 통하기 위하여 접지극과 연결되는 도선으로 돌침을 상호 연결하는 도선, 돌침으로부터 접지극으로 인하하는 데 사용되는 인하도선, 본딩접속에 사용되는 도선, 피뢰침 접지극과 인접한 수도관이나 전기설비 또는 전화통신설비의 접지극, 금속제 가스파이프 등 상호 접속시키는 데 사용되는 도선

④ **인하도선** : 피뢰도선의 일부로 피보호물의 상부에서 접지극까지의 연직인 부분

5. 피뢰침의 보호각도

보호각은 보호범위에서 가정한 원추의 중심축과 측면과의 사이의 각

6. 피뢰침의 보호레벨

보호범위는 피뢰침의 선단을 통하는 연직선을 축으로 하여 원추형을 가정하여 그 원추형의 경사표면 이하의 공간

7. 피뢰시스템 접지

피뢰시스템 : 구조물 뇌격으로 인한 물리적 손상을 줄이기 위해 사용되는 전체 시스템

(1) 피뢰시스템 설치장소

① 전기전자설비가 설치된 건축물 · 구조물로서 낙뢰로부터 보호가 필요한 것

② 지상으로부터 높이가 20[m] 이상인 것

③ 전기설비 및 전자설비 중 낙뢰로부터 보호가 필요한 설비

(2) 피뢰시스템의 종류

① **외부 피뢰 시스템** : 직격뢰로부터 대상물을 보호, 수뢰부, 인하도선, 접지극 시스템으로 구성

　㉠ 수뢰부 시스템 : 낙뢰를 포착할 목적으로 돌침, 수평도체, 메시도체의 요소 중 한 가지 또는 이를 조합한 형식

    ⓛ 인하도선 시스템 : 수뢰부 시스템과 접지시스템을 전기적으로 연결(복수로 병렬 접속)하여 뇌전류를 수
     뢰시스템에서 접지극으로 흘리기 위한 도선

  ② 내부 피뢰 시스템 : 전기전자설비의 뇌서지에 대한 보호 접지, 피뢰등전위 본딩, 서지보호 장치시설

    ㉠ 등전위본딩 : 금속제 설비, 구조물에 접속된 외부 도전성 부분, 내부 시스템 등을 서로 접속함으로써 등전
     위화 한다. (등전위 본딩망 메시 폭 : 5[m]이내로 시설)

    ⓛ 서지보호장치 : 본딩도체로 직접 접속할 수 없는 장소에 시설

(3) 피뢰침의 충격방전 개시전압 = 공칭전압 × 4.5

(4) 피뢰침의 검사 및 보수관리안전

  ① 연 1회 이상 뇌우기 전에 검사하여 이상 발견 시 즉시 보수조치

  ② 점검항목

    ㉠ 접지저항측정

    ⓛ 지상각 접속부의 검사

    ⓒ 지상에서 단선, 용융, 그 밖에 손상부분의 유무 점검

(5) 저압·고압 가공선의 높이 안전기준

  ① 도로를 횡단하는 경우 : 지표상 6[m] 이상

  ② 철도 또는 궤도를 횡단하는 경우 : 레일면상 6.5[m] 이상

  ③ 횡단보도교 위에 시설하는 경우 : 노면상 3.5[m] 이상

  ④ 그 밖의 장소 : 지표상 5[m] 이상(단, 저압선을 도로 이외의 곳에 시설하는 경우 4[m])

(6) 특고압 가공전선

  ① 35[kV] 이하 : 지표상 5[m]

    ㉠ 철도 또는 궤도를 횡단하는 경우 : 6.5[m]

    ⓛ 도로를 횡단하는 경우 : 6[m]

    ⓒ 횡단보도교 위의 케이블인 경우 : 4[m]

  ② 35[kV] 초과 160[kV] 이하 : 지표상 6[m]

    ㉠ 철도 또는 궤도를 횡단하는 경우 : 6.5[m]

    ⓛ 산지 등에 설치 시 : 5[m]

    ⓒ 횡단보도교 위의 케이블인 경우 : 5[m]

  ③ 160[kV] 초과 : 지표상 6[m](단, 철도 또는 궤도를 횡단하는 경우 6.5[m] 또는 산지에 시설하는 경우 5[m]에
   160[kV]를 초과하는 10[kV] 또는 그 단수마다 0.12[m]를 더한 값)

4 화재경보기

1. 화재경보기의 구성

(1) 누전경보기의 구성요소

- 수신기
- 변류기
- 차단 릴레이
- 표시등 및 음향장치

① **자동화재경보설비** : 감지기 + 수신기 + 경보장치
② **연동장치** : 비상방송, 방화문, 방화댐퍼, 옥내소화전

(2) 화재감지기의 종류 ★

① **열감지기** : 8[m] 미만의 장소에 차동식 혹은 정온식 감지기 설치, 1개당 감지범위는 감지기 종류, 감도, 설치 높이에 따라 결정
   ㉠ 차동식 : 온도 차이에 의해 작동
   ㉡ 정온식 : 기준온도 70[℃] 이상에서 작동
   ㉢ 보상식
② **연기감지기** : 스폿형, 분포형
   ㉠ 천장고 8[m] 이상의 천장에 설치
   ㉡ 열감지기 설치가 적용되지 않은 장소에 설치(계단, 경사로, 복도, 통로, 엘리베이터 등)
③ **수신기**
   ㉠ 감지기에 연결되어 화재 발생 시 화재등이 켜지고 경보음이 울리도록 하는 장치
   ㉡ 연락전화, 소화펌프 기동장치 등과 연결되어 피난과 소화활동을 지원
④ **비상경보기**
   ㉠ 화재 발생 시 음향 또는 음성에 의해 경보하며 동시에 전화회선으로 소방기관에 통보하는 장치
   ㉡ 구성 : 기동장치, 음향장치, 표식설비, 스피커, 스피커조작부 등

2. 화재경보기의 설치 및 장소

(1) 누전경보기 설치기준

① 경계전로의 정격전류 이상의 전류를 가진 것을 설치할 것
② 경계전로의 정격전류가 60[A]를 초과하면 1급 누전경보기를 설치할 것
③ 경계전로의 정격전류가 60[A] 이하이면 2급 누전경보기를 설치할 것

(2) 누전경보기의 수신기를 설치해야 될 장소

　① 습도가 높은 장소

　② 가연성 증기, 가스, 먼지 등이나 부식성 증기, 가스 등이 다량으로 체류하는 장소

　③ 화약류를 제조하거나 취급하는 장소

3. 작동원리

누설전류가 흐르지 않은 상태에서 누전경보기가 경보를 발하는 원인은 다음과 같다.

① 전기적인 유도가 많을 경우

② 변류기의 2차측 배선이 단락되어 지락이 되었을 경우

③ 변류기의 2차측 배선의 절연상태가 불량할 경우

4. 회로 결선방법

① 누전경보기(전기화재경보기)는 건축물에 전기를 공급하는 옥외전로 또는 제2종 접지장소에 부착해야 한다.

② 누전경보(전기화재경보기)는 50[mA] 정도의 누전에서 경보를 발할 수 있어야 한다.

5. 시험방법

① 누전경보기의 검출누설 전류치 : 최소 200[mA]~최대 1[A] 이하

② 누전경보기는 경계전로에서 정격전류의 130[%]의 전류를 30분간 통하는 시험에서 오동작을 하지 않아야 한다.

5 화재대책

1. 예방대책

(1) 화재의 분류

화재구분	화재등급/색상	가연물질	소화방법	주의사항
일반화재	A급/백색	종이, 나무, 섬유류, 고무, 플라스틱	냉각소화/물	물소화 효과적
유류화재	B급/황색	휘발유, 석유, 알코올 등의 가연성 액체	질식소화/포	확대위험 큼
전기화재	C급/청색	과전류, 단락, 합선, 지락, 누전, 스파크, 저전기 등	질식소화/가스계	물소화 시 감전 위험
금속화재	D급/무색	가연성 금속(Na, K, Al, Mg, Zn)	질식소화/건조사	물소화 시 폭발 위험
가스화재	E급/황색	LNG, LPG, 수소 등 가연성 가스	제거소화/밸브차단	BLBBE현상 주의

(2) 예방대책

① 안전수칙 준수

② 작업 전후의 사전준비와 마무리

③ 작업과정에서 다루는 물질과 작업방식에 대한 이해로 절차에 따른 안전한 작업

④ 발화를 근원적으로 방지(감지기, TBI, RBI)

⑤ 배선 및 기구의 품질향상, 안전관리 및 누전에 대한 경보체제 활용

⑥ 환풍기, 배풍기 등 환기장치를 적절하게 설치

⑦ 용접, 용잔 작업의 경우 화재 감시자를 지정하여 해당 장소에 배치

⑧ 화기 사용의 금지

2. 국소대책

(1) 국소적 대책

① 화재의 전파를 방지하고 피해를 최소화(불연성재료, 방화벽, 방유제 등)

② 모터 및 전기제진장치 등의 충전 부분에 접근하는 경우, 전원을 차단한다.

③ 작업개시 전에 송·배기 설비로 국소배기장치 내부에 남아있는 가스, 증기 및 분진을 제거한다.

④ 송·배기 설비가 설치되어 있지 않거나 고장난 경우에는 이동식 배기장치를 이용한다.

⑤ 가스, 증기, 분진 등이 계속 발생할 우려가 있을 경우 작업 중 환기를 계속한다.

⑥ 제진장치, 덕트, 맨홀 및 피트 등의 장치내부에서 작업을 하는 경우에는 감시인을 배치한다.

⑦ 장치 내에 퇴적된 분진은 제거한다.

⑧ 소화기 등 소화설비를 작업 장소에 배치한다.

3. 소화대책

(1) 초기소화

① 출화 직후의 응급조치

② 연소가 확대되기 전 효과적인 방법

③ 적응화재 및 가연물의 성질에 맞는 소화기의 사용

④ 스프링클러 등의 소화설비 설치

(2) 본격 소화

① 화재 확대 시 소방대에 의한 소화 활동

② 소방용수의 공급과정 파악 및 별도의 저수조 설치

4. 피난대책

(1) 일반원칙

① 2개 방향의 피난로를 상시 확보한다.

② 건물 내 임의의 지점에서 피난 시 한 방향이 화재로 사용불가이면 다른 방향이 사용되도록 한다.

③ 피난경로는 간단 명료할 것

④ 복잡하게 굴곡하고 길이가 긴 것은 부적당하다.

⑤ 피난의 수단은 원시적 방법에 따르는 것을 원칙으로 한다.

⑥ 비상사태에서는 복잡한 조작을 필요로 하는 장치는 부적당하며 가장 원시적인 보행에 의한 것을 첫째로 하여야 한다.

⑦ 피난설비는 고정적인 시설을 기본으로 한다.

⑧ 가반식의 기구와 장치 등은 도피하는 소수의 인원을 위한 것으로서 보조수단으로 생각해야 한다.

⑨ 피난대책은 Fool Proof와 Fail Safe의 원칙을 중시할 것

ㄱ "Fool Proof"라고 하는 것은 비상상태에서 정신이 혼란하여 동물과 같은 지능 상태로 되므로 누구나 알아보기 쉬운 방법을 취해야 한다. 예를 들어 문자보다는 형태와 색을 사용하여 직감적으로 알아볼 수 있도록 하는 것이 바람직하다.

ⓐ 소화설비, 경보기기의 위치, 유도표시 판별이 쉬운 색체를 사용한다

ⓑ 피난방향으로 문이 열릴 수 있게 한다.

ⓒ 도어의 노브는 회전식이 아닌 레버식으로 한다.

ⓓ 정전 시에도 피난구를 알 수 있도록 외광이 들어오는 위치에 도어를 설치한다.

ㄴ "Fail Safe"는 하나의 수단이 고장 등으로 실패하여도 다음의 수단에 의하여 구제할 수 있도록 고려하는 것을 의미하며 2방향 피난원칙이 이에 해당한다.

ⓐ 재해 초기부터 서브시스템 일부가 적극적으로 붕괴되도록 해 둔다.(이상사태의 전체 파급방지)

ⓑ 시스템의 여분 또는 병렬화

ⓒ 화재의 발생이나 확대방지를 위한 안전율을 높인 설계

ⓓ 피난유도와 배연설비 등 전력을 이용하는 설비에는 반드시 예비전원을 갖추어야 할 필요가 있다. 또한 피난로에는 정전 시에도 피난방향을 명백히 할 수 있는 표시를 한다.

ⓔ 피난경로에 따라서 일정한 구획을 한정하여 Zone을 설정하고 최종적으로 안전성을 높이는 것이 합리적이다.

ⓕ 피난구는 상시 사용할 수 있도록 하고 관리상의 이유로 자물쇠를 채워두는 것은 큰 위험을 초래하므로 유의하여야 한다.

ⓖ 비연설비, 정전등, 비상구 및 비상토로 활강대 등의 이용

5. 발화원의 관리

(1) 전기화재폭발의 원인(발화원, 경로, 착화물)

① 발화원(기기별)

ㄱ 이동이 가능한 전열기 : 35[%]

ㄴ 전등, 전화 등의 배선 : 27[%]

ㄷ 전기기기 : 14[%]

ㄹ 전기장치 : 9[%]

ㅁ 배선기구 : 5[%]

ㅂ 고정된 전열기 : 5[%]

◉ 발화원별 화재발생비율

이동 가능한 전열기, 전등 전화 등의 배선, 전기기기, 전기장치, 배선기구, 고정된 전열기의 순

② 경로별 발생(원인별)

ㄱ 단락(합선) : 25[%]

ㄴ 전기스파크 : 24[%]

ㄷ 누전 : 15[%]

ㄹ 접촉부의 과열 : 12[%]

ㅁ 접촉불량

ㅂ 정전기

(2) 발화에너지

① 착화에너지

$$E = \frac{1}{2}CV^2$$

C : 극간 용량[F], V : 방전 전압[V]

② 전기에너지에 의한 발열

Joule의 법칙 ☆

$$Q = I^2 R T[\text{J}] \ [Q[\text{J}], \ I(\text{A}), \ R(\Omega), \ T[\text{sec}]]$$

$Q[\text{J}]$를 kcal로 환산 : $Q = 0.24 I^2 R T \times 10^{-3}[\text{kcal}]$ [1 [kcal] = 4.186[J]]

$T[\text{sec}]$를 시간[hour]로 환산 : $Q = 0.860 I^2 R T[\text{kcal}]$

CHAPTER 04 정전기의 재해방지대책

1 정전기의 발생 및 영향

1. 정전기 발생원리

(1) 정전기 물질의 특성 ★★★

① 두 물질이 접촉, 분리 상호작용

② 대전서열에서 두 물질이 가까운 위치에 있으면 정전기의 발생량이 적고 먼 위치에 있으면 정전기의 발생량이 커진다. ★

(2) 정전기 물질의 이력 ★

① 정전기의 발생은 처음 접촉, 분리가 일어날 때 최대가 된다.

② 점차 분리, 접촉이 반복됨에 따라 적어진다. ★

(3) 정전기 물질의 표면

① 물질의 표면이 원활하면 정전기 발생이 적다.

② 수분, 기름 등에 오염된 표면일 경우 정전기 발생이 커진다.

(4) 정전기 분리속도

① 분리속도가 빠르면 정전기의 발생량이 커진다.

② 전하의 완화시간이 길면 전하분리 에너지(Energy)도 커져서 발생량이 증가한다.

(5) 접촉면적 및 압력 ★

접촉면적이 크고 접촉압력이 증가할수록 정전기의 발생량이 크다.

(6) 정전에너지 ★★★

정전용량 C[F]인 물체에 전압 V[V]가 가해져서 Q[C]의 전하가 축적되어 있을 때 에너지 W는

$W = \dfrac{1}{2}QV = \dfrac{1}{2}CV^2$[J]이 된다.

$$W = \frac{1}{2}QV = \frac{1}{2}CV^2\text{[J]}$$

C : 도체의 용량, Q : 대전 전하량, V : 대전전위($Q = CV$)

2. 정전기의 발생현상

(1) 대전의 종류 ★★★

① **충돌대전** : 분체류와 같은 입자 상호 간이나 입자와 고체와의 충돌에 의해 빠른 접촉 또는 분리가 행하여짐으로써 정전기가 발생되는 현상

② **유동대전** : 액체류가 파이프 등 내부에서 유동할 때 액체와 관 벽 사이에서 정전기가 발생되는 현상 ★

③ **박리대전** : 고체나 분체류와 같은 물체가 파괴되었을 때 전하분리에 의해 정전기가 발생되는 현상이다. 밀착되었던 두 물체가 떨어질 때 자유전자의 이동으로 발생하는 것으로 테이프, 필름, 셔츠를 벗을 때 나타난다.

④ **분출대전** : 분체류, 액체류, 기체류가 단면적이 작은 분출구를 통해 공기 중으로 분출될 때 분출하는 물질과 분출구의 마찰로 인해 정전기가 발생되는 현상

  ㉠ 마찰대전

  ㉡ 박리대전

  ㉢ 유도대전 ★

  ㉣ 분출대전

  ㉤ 충돌대전

  ㉥ 파괴대전

  ㉦ 비중차에 의한 대전

  ㉧ 근처의 전자 또는 전리 이온에 의한 대전

[고분자 물질의 대전서열]

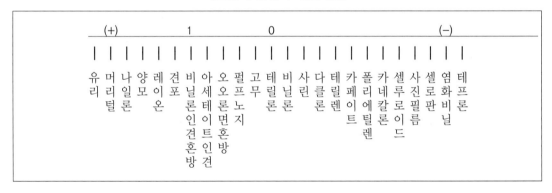

(2) 완화시간

① 일반적으로 절연체에 발생한 정전기는 일정장소에 축적되었다가 점차 소멸되는데 처음값의 36.8[%]로 감소되는 시간을 그 물체에 대한 시정수 또는 완화시간이라고 한다. 이 값은 대전체의 저항 $R[\Omega]$과 정전용량 C[F] 혹은 고유저항 $\rho[\Omega m]$와 유전율 $\varepsilon[F/m]$의 곱($RC = \varepsilon\rho$)으로 정해진다. 고유저항 또는 유전율이 큰 물질일수록 대전상태가 오래 지속된다. 일반적으로 완화시간은 영전위 소요시간의 1/4~1/15 정도이다. ★

② 영전위 소요시간 : 액체에 생성된 정전기는 반대극성의 전하가 있을 경우 상호 상쇄작용에 의하여 소멸되는 데, 전하가 완전소멸될 때까지의 소요시간(T)은 액체의 전도도에 따라 다음과 같은 식으로 나타낼 수 있다.

$$T[\text{sec}] = \frac{18}{\text{전도도}}$$

전도도 = picosimens / meter

3. 방전의 형태 및 영향 ★★

(1) 방전

방전은 전위차가 있는 2개의 대전체가 특정거리에 접근하게 되면 등전위가 되기 위하여 전하가 절연공간을 깨고 순간적으로 빛과 열을 발생하며 이동하는 현상이다.

(2) 방전의 종류 및 영향

① 코로나방전(Corona Discharge) : 국부적으로 전계가 집중되기 쉬운 돌기상 부분에서는 발광방전에 도달하기 전에 먼저 자속방전이 발생하고, 다른 부분은 절연이 파괴되지 않은 상태의 방전이며 국부파괴(Paryial Breakdown) 상태이다.(공기 중 O_3 발생)

② 연면방전(Surface Discharge) ★ : 큰 출력의 도전용 벨트. 항공기의 플라스틱 창 등 주로 기계적 마찰에 의하여 큰 표면에 높은 전하밀도가 조성될 때 발생한다. 액체 혹은 고체절연제와 기계 사이의 경계에 따른 방전이다.

③ 불꽃방전 : 표면전하밀도가 아주 높게 축적되어 분극화된 절연판 표면 또는 도체가 대전되었을 때 접지된 도체 사이에서 발생하는 강한 발광과 파괴음을 수반하는 방전형태로 방전에너지가 아주 높다.

④ 스파크방전(Spark Discharge) : 직접 또는 정전기유도에 의하여 대전된 도체, 특히 금속으로 된 물체를 다른 접지되지 않은 절연도체에 근접시켰을 때 발생하는 것으로 두 개의 도체 간에는 단락이 생기면서 그 공간을 잇는 발광현상을 수반하게 되며, 스파크의 발생시 공기 중에 오존(O_3)이 생성, 전도성을 띠어 주위 인화물에 인화되거나 먼지로 인한 분진폭발을 일으킬 위험성이 있다.

4. 정전기의 장해

(1) 역학현상 및 방전현상

① 역학현상(정전기의 흡인, 반발력)에 의한 것

㉠ 가루(분진)에 의한 눈금의 막힘

㉡ 제사공장에서 실의 절단, 보풀일기, 분진부착에 의한 품질저하

㉢ 직포의 건조, 정리작업에서의 보풀일기, 접기 곤란

㉣ 인쇄 시 종이의 파손, 흐트러짐, 오손, 겹침 등

② 방전현상에 의한 것

    ㉠ 방전전류 : 반도체소자 등 전자부품의 파괴, 오동작 등

    ㉡ 전자파 : 전자기기, 장치 등의 잡음, 오동작

    ㉢ 발광 : 사진필름 등의 감광

(2) 액체 취급 공정 및 고체 취급 공정

  ① 액체 취급 공정

    ㉠ 파이프, 밸브, 필터 등에 흐를 경우 특히 2상일 때(액체/액체 또는 고체/액체)

    ㉡ 용기에서 쏟을 경우(Bucket 등)

    ㉢ 2상(가스/액체) 혼합물의 유출(습증기, 액상의 천연가스)

    ㉣ 액체 내에서의 액체 또는 고체의 침강

    ㉤ 2상 액체 또는 고체/액체에 혼합물의 교반

    ㉥ 도전성 물질의 분무(물세척, 분무도장 등)

  ② 고체 취급 공정

    ㉠ 절연성 물질의 표면마찰

    ㉡ 플라스틱막의 분리

    ㉢ 롤러 위의 컨베이어 벨트 통과

    ㉣ 합성섬유 옷의 탈의

    ㉤ 절연바닥 또는 카펫을 걸을 경우

    ㉥ 의자에서 일어날 때

    ㉦ 분쇄, 갈기작업 시

2 정전기재해의 방지대책

1. 접지

(1) 접지의 목적

접지는 누전 시에 인체에 가해지는 전압을 감소시킴으로써 감전을 방지하고 지락전류를 원활히 흐르게 함으로 써 차단기를 확실히 동작시켜 화재·폭발의 위험을 방지하기 위해서이다.

(2) 예방대책

① 정전기재해 기본적인 예방 3단계

㉠ 정전기 발생 억제가 되어야 한다.

㉡ 발생전하의 다량축적방지가 가능해야 한다.

㉢ 축적전하의 조건하에서의 방전방지가 가능해야 한다.

② 근본적인 예방조건

㉠ 발생전하량을 예속한다.

㉡ 대전물체의 전하축적의 가능성을 연구한다.

㉢ 위험성 방전을 생기게 하는 물리적 조건이 있는지 검토한다.

2. 유속의 제한

(1) 배관내 액체의 유속제한 ★

① 저항률이 $10^{10}[\Omega \cdot m]$ 미만인 도전성 위험물의 배관유속 : 7[m/s] 이하

② 에테르, 이황화탄소 등과 같이 유동성이 심하고 폭발 위험성이 높은 것 : 1[m/s] 이하

③ 물이나 기체를 혼합한 비 수용성 위험물 : 1[m/s]

④ 저항률이 $10^{10}[\Omega \cdot m]$ 이상인 위험물의 유관의 유속은 유입구가 액면 아래로 충분히 잠길 때까지 : 1[m/s] 이하

[배관내 유속제한 ★]

관내경(단위 : [m])	유속(단위 : [m/s])
0.01	8.0
0.025	4.9
0.05	3.5
0.1	2.5
0.2	1.8
0.4	1.3

비고 : 독일화학공업협회 기준 $v^2 d < 0.64$, 단 v : 제한유속[m/s], d : 관내경

3. 보호구의 착용

① 정전화 착용(바닥저항 $10^8 \sim 10^5 [\Omega]$ 정도되는 정전화)

② 정전작업의 착용

4. 대전방지제

(1) 외부용 일시성 대전방지제

① 음(陰)이온계

  ㉠ 저렴, 무독성, 섬유에의 균일 부착성과 열안정성 양호

  ㉡ 섬유의 원사 등에 사용

② 양(陽)이온계

  ㉠ 고가, 피부장애, 대전방지 성능우수, 섬유에 사용할 때는 염색이 곤란한 경우가 발생하기 때문에 주의를 요한다.

  ㉡ 내열성능은 음이온계보다 떨어지나 유연성이 우수하기 때문에 아크릴 섬유용으로 널리 사용한다.

  ㉢ 양이온계와 음이온계는 극성이 반대이므로 병용·혼용이 불가능하다.

③ 비(非)이온계

  단독 사용으로는 효과가 적지만 열안정성이 우수하며, 양이온계 또는 음이온계와 병용해서 사용할 때는 대전방지효과가 뛰어나다.

④ 양(兩)이온계

  ㉠ 대전방지성능은 양(陽)이온계와 비슷하며 그 성능이 매우 우수하다.

  ㉡ 특히 '베타인계'는 그 효과가 대단히 높으며 다른 이온계와 병용도 가능하다.

(2) 외부용 내구성 대전방지제

① 일시성 대전방지제는 세탁 등에 의해 그 효력이 상실되나 내구성 대전방지제는 이러한 단점을 보완한 것이다.

② 종류는 아크릴산, 폴리알킬렌, 폴리아민, 폴리에틸렌글리콜 등

5. 가습

수분 자체의 도전성으로 인하여 가습은 아주 용이하고 경제적인 정전기 발생 방지 및 제전 대책

6. 제전기

(1) 제전기의 종류

① 전압인가식 제전기 ★

  전극에 약 7,000[V]인 고압으로 코로나방전을 일으켜 발생된 이온으로 대전체의 전하를 재결합시켜 중화

② 자기방전식 제전기

  스테인리스, 카본, 도전성 섬유 등에 의해 작은 코로나방전을 일으켜 제전하는 것으로 대전체 자체를 이용하

여 방전시키는 방식이며, 2[kV] 내외의 대전이 남게 된다.

③ 이온식 제전기(Radio Isotope)

7,000[V]의 교류전압이 인가된 침을 배치하고 코로나방전에 의해 발생한 이온을 대전체에 내뿜는 방식이다. 분체의 제전에 효과가 있고 폭발위험이 있는 곳에 적당하나 제전효율이 낮다.

④ 이온스프레이식 제전기

코로나 방전에 의해 발생한 이온을 blower로 대전체에 내뿜는 방식

⑤ 방사선식 제전기

방사선 원소의 전리작용을 이용하여 제전

(2) 제전 대상에 따른 제전기의 선정

① 제전 대상인 대전물체가 가연성 물질이거나 가연성 물질을 포함하고 있으며, 전압인가식 제전기를 사용하고자 할 때 다음 표에 의하여 제전기를 선정한다.

[제전기의 선정]

대전물체 설치장소	대전물체의 예	제전기
표면 대전물체	필름, 종이, 포	전압인가식 제전기(표준형), 자기방전식 제전기
체적 대전물체	분체, 액체, 수지	전압인가식 제전기
이동 대전물체	인체, 제품	전압인가식 제전기(송풍기, 갱형)
고속이동 대전물체	인쇄 필름, 유동분체	전압인가식 제전기(표준형, 플랜지형) 자기방전식 제전기
가연성 물질 위험장소	가연성 액체, 분체	전압인가식 제전기(방폭형), 자기방전식 제전기, 방사선식 제전기

② 표면 대전물체(시트, 필름, 포, 종이 등)의 제전 : 제전능력만 충분히 있으면 어느 제전기로도 무방하다.

③ 부유・퇴적되어 있는 대전물체의 제전 : 송풍형 전압인가식 제전기가 유효하다.

④ 대전물체의 극성이 일정하고 대전량이 크거나 고속으로 이동하고 있는 대전물체의 제전 : 직류형 전압인가식 제전기를 선정함이 유효하다.

⑤ 이동하지 않고 있는 가연성 대전물체의 제전 : 방사선식 제전기를 사용함이 바람직하다.

7. 본딩

금속 물체 간, 예를 들면 배관의 플랜지나 레일의 접속부분 등에서 절연상태로 되어있는 경우에 이 사이를 동선 등으로 접속하는 것을 말한다.

CHAPTER 05 전기설비의 방폭

1 방폭구조의 종류

1. 내압방폭구조(d)

(1) **내압방폭구조** ★★★★★★★

① 전기설비에서 아크 또는 고열이 발생하여 폭발성 가스에 점화할 우려가 있는 부분을 전폐한 용기에 넣음으로써 폭발이 일어날 경우 이 용기가 압력에 견디고 외부의 폭발성 가스에 인화될 위험이 없도록 한 구조의 방폭구조이다.

② 폭발 후에는 협격을 통해서 고온의 가스를 서서히 방출시킴으로써 냉각되게 하는 구조로 방폭구조체의 내부압력은 표와 같다.

[내압방폭구조 내부압력]

내용적[cm^3]	내부압력[kg/cm^2]
100 이하	8 이상
100 초과	10 이상

(2) **내압방폭구조의 전기기기를 대상으로 하는 가스 또는 증기의 분류** ★★

가스 또는 증기의 최대안전틈새의 범위[mm]	가스 또는 증기의 분류	전기기기	최소이격거리[mm]
0.9 이상	A	IIA	10
0.5 초과 0.9 미만	B	IIB	30
0.5 이하	C	IIC	40

2. 압력방폭구조(p) ★

① 용기 내부에 불연성 가스인 공기나 질소를 압입시켜 내부압력을 유지함으로써 외부의 폭발성 가스가 용기 내부에 침투하지 못하도록 한 구조로 용기 안의 압력을 항상 용기 외부의 압력보다 높게 해 두어야 한다.

② **종류** : 통풍식, 봉입식, 밀봉식

③ **통풍식, 봉입식** : 대기압보다 수주 5[mm] 이상 높게 유지

④ **밀봉식** : 내부압력을 확실하게 지시하는 장치 시설

⑤ 대형기에 불꽃이나 아크가 발생하는 기기에 효과적

[폭발성 가스의 폭발등급 및 발화도]

발화도 폭발등급	G₁ 450[℃] 초과	G₂ 300~450[℃]	G₃ 200~300[℃]	G₄ 135~200[℃]	G₅ 100~135[℃]	G₆ 85~100[℃]
1등급	아세톤 암모니아 일산화탄소 에탄 초산 초산에틸 톨루엔 벤젠 메탄올 프로판 메탄	에탄올 초산이소펜탈 1-부탄올 무수초산 부탄 클로로벤젠 초산비닐 프로필렌	가솔린 헥산 2-부탄올 이소프렌 헵탄 염화부틸	아세트알데히드 디에틸에테르 옥탄		아질산에틸
2등급	석탄가스	에틸렌 부타디엔 에틸렌옥시드	황화수소			
3등급	수성가스 수소	아세틸렌			이황화탄소	질산에틸

3. 유입방폭구조(o)

① 유입방폭구조는 아크 또는 고열을 발생하는 전기설비를 용기에 넣고 그 용기 안에 다시 기름을 채워서 외부의 폭발성 가스와 점화원이 접촉하여 인화할 위험이 없도록 하는 구조로 유입 개폐부분에는 가스를 빼내는 배기공을 설치하여야 한다.

② 보통 10[mm] 이상의 유면으로 위험 부위를 커버하고 유면온도가 60[℃] 이상 되면 사용을 금한다.

4. 안전증방폭구조(e) ★

안전증방폭구조란 정상운전 중에 폭발성 가스 또는 증기에 점화원이 될 전기불꽃, 아크 또는 고온이 되어서는 안될 부분에 이런 것의 발생을 방지하기 위하여 기계적, 전기적 구조상 또는 온도상승에 대해서 특히 안전도를 증강시킨 구조이다.

5. 특수방폭구조(s)

① 구조 이외의 방폭구조로서, 폭발성 가스 또는 증기에 점화 또는 위험분위기로 인화를 방지할 수 있는 것이 시험, 그 밖에 의하여 확인된 구조를 말한다.

② 방폭구조는 용기 내부에 모래 등의 입자를 채우는 사입방폭구조, 협격방폭구조 등이 있다.

6. 본질안전방폭구조 ★

(1) 본질안전방폭구조

정상 시 및 사고 시(단선, 단락, 지락 등)에 발생하는 전기불꽃, 아크 또는 고온에 의하여 폭발성 가스 또는 증기에 점화되지 않는 것이 점화시험, 그 밖의 방법에 의하여 확인된 구조를 말한다.

(2) 본질안전방폭구조의 전기기기를 대상으로 하는 가스 또는 증기의 분류

가스 또는 증기의 최대안전틈새의 범위[mm]	가스 또는 증기의 분류	전기기기
0.8 이상	A	IIA
0.45 초과 0.8 미만	B	IIB
0.45 이하	C	IIC

(3) 방폭구조의 표시

방폭구조의 표시 예 : $d-E-2-G_4$

① d : 본체의 방폭구조 – 내압방폭구조

② E : 단자함의 방폭구조 – 안전증방폭구조(표시하지 아니할 수도 있다.)

③ 2 : 대상가스의 폭발등급 – 2등급

④ G_4 : 대상가스의 발화도 – 135~200[℃]

7. 분진방폭의 종류

전기기기에 분진 침투를 방지하는 용기 및 표면 온도를 제한하는 수단을 제공하여 폭발성 분진 분위기에 사용되는 방폭구조

① 분진 제거 : 건축물의 바닥에 분진이 누적, 비산되지 않도록 제때에 제거

② 분진 발생 설비의 구조 개선 : 분진이 외부로 비산되지 않도록 조치(뚜껑 또는 밀폐구조로 설치)

③ 금속 분리 장치 설치 : 분쇄기의 입구에 스파크 발생 방지를 위한 금속 분리 장치 설치

④ 제진설비

　㉠ 모든 분진 발생 설비를 제진설비 장치에 연결(제진설비 비가동 시 분진 발생 설비도 가동되지 않도록 연동조치 실시)

　㉡ 여과포를 사용하는 제진설비에 차압계 설치(여과포는 전도성 소재로 구성)

　㉢ 내부 고착물에 의한 열축적 등의 우려가 있는 경우 온도계 설치

⑤ 점화원 관리 : 분진발생 또는 분진취급 지역에서 흡연 등 불꽃을 발생시키는 기기 사용 금지

⑥ 접지 : 공기로 분진물질을 수송하는 설비 및 수송덕트의 접속부위에 접지 실시

⑦ 불활성 가스 봉입 : 질소 등의 불활성 가스 봉입을 통해 산소를 폭발 최소 농도 이하로 낮춤

⑧ 폭발 방호장치 설치 : 고속 작동 밸브, 폭발 압력 방산구, 폭발 억제장치 등 설치

2 전기설비의 방폭 및 대책

1. 폭발등급

[폭발의 등급 및 간극]

폭발등급	간극 25[mm]의 점화 파급이 발생하는 틈의 최솟값[mm]
1등급	0.6 이상
2등급	0.4~0.6
3등급	0.4 이하

2. 발화도

발화도는 폭발성가스의 발화점에 따라 분류하며 국내의 KS에 의한 분류와 방폭형 전기기계 성능검정 규격에 의한 분류 및 각 등급에 따른 전기설비의 최고허용표면온도를 나타낸다.

(1) 방폭전기기기의 최고표면온도에 따른 분류 ★★★

발화도 등급		가스발화점 [℃]	설비의 허용최고 표면온도[℃]	
KSC 0906	노동부 고시		KSC	노동부 고시
G1	T1	450 초과	360(320)	300 초과 450 이하
G2	T2	300~450	240(200)	200 초과 300 이하
G3	T3	200~300	160(120)	135 초과 200 이하
G4	T4	135~200	100(70)	100 초과 135 이하
G5	T5	100~135	80(40)	85 초과 100 이하
–	T6	85~100	–	85 이하

※ ( ) 안의 값은 기준 주위온도를 40[℃]로 한 온도상승한도 값임

(2) 최대안전틈새 및 최소점화에너지

① 내압방폭구조 대상으로 하는 가스 또는 증기의 분류

KSC	폭발등급	1	2	3
	틈의 폭[mm]	W>0.6	0.6≥W≤0.4	W<0.4
IEC	폭발등급	ⅡA	ⅡB	ⅡC
	틈의 폭[mm]	W≥0.9	0.9>W>0.5	W≤0.5

② 본질안전 방폭구조에서의 최소점화비

본질안전방폭구조의 대상가스 또는 증기는 메탄가스의 최소점화전류에 의한 각각의 최소점화전류의 비율로서 다음 표와 같이 분류한 것이다.

[본질안전방폭구조를 대상으로 하는 가스 또는 증기의 분류]

가스 또는 증기의 최소점화전류비의 범위	가스 또는 증기의 분류
0.8 초과	IIA
0.45 이상 0.8 이하	IIB
0.45 미만	IIC

※ 최소 점화전류비는 메탄(Methane)가스의 최소점화전류를 기준으로 나타낸다.

(3) 표기방법

① EX : Explosion Protection(방폭구조)

② IP : Type of Protection(보호등급)

③ IIA : Gas Group(가스 증기 및 분진의 그룹)

④ T5 : Temperatre(표면최고 온도 등급)

⑤ G1, G2 : (발화도 등급)

3. 위험장소 선정

(1) 위험장소의 등급

① 1급 지역(Class I) : 가연성 가스 혹은 증발기체의 존재 장소로 Group A, B, C, D로 구분

② 2급 지역(Class II) : 폭발성 분진(Dust)의 존재 장소로 Group E, F, G로 구분

③ 3급 지역(Class III) : 인화성 섬유분진(Fibre)의 존재 장소로 Group 미규정

(2) 방폭전기설비 선정 시 고려사항

① 발화도

② 위험장소의 종류

③ 폭발성 가스의 폭발등급

(3) 위험장소의 구분 ★★★★★★★

① 0종 장소 : 장치 및 기기들이 정상 가동되는 경우에 폭발성 가스가 항상 존재하는 장소이다.

② 1종 장소 : 장치 및 기기들이 정상 가동 상태에서 폭발성 가스가 가끔 누출되어 위험 분위기가 존재하는 장소이다.

③ 2종 장소 : 작업자의 조작상 실수나 이상운전으로 폭발성 가스가 누출되거나 유출된 가스가 체류하여 폭발을 일으킬 우려가 있는 장소이다.

(4) 위험장소의 판정기준

① 위험 가스의 현존 가능성

② 위험 증기의 양

③ 통풍의 정도

④ gas의 특성(공기와의 비중차)

⑤ 작업자에 의한 영향

(5) 위험장소 방폭구조

[위험장소 및 방폭구조]

위험장소	각부의 구조	방폭구조		
		제전전극	고압전선	고압전원
가스, 증기	0종	내압방폭구조	고압전선	내압방폭구조
	1종	내압방폭구조	특수고압전선	내압방폭구조
	2종	내압방폭구조	특수고압전선	내압방폭구조
분진		분진특수방폭구조	특수고압전선	분진방폭구조

4. 방폭화 이론

(1) 방폭구조의 구비조건

① 시건장치를 할 것

② 도선의 인입방식을 정확히 채택할 것

③ 접지를 할 것

④ 퓨즈를 사용할 것

(2) 전기설비의 기본개념(방폭화 방법)

① 점화원의 방폭적 격리 : 내압(耐壓), 압력(壓力), 유입(油入)방폭구조의 전기설비가 해당된다.

② 전기설비의 안전도 증감 : 안전증방폭구조가 해당된다.

③ 점화능력의 본질적 억제 : 본질안전방폭구조의 전기설비가 해당된다.

(3) 방폭전기설비의 공사 및 보수

① 방폭지역에서의 전기기기의 설치위치 선정 시 고려사항

㉠ 운전·조작·조정 등이 편리한 위치에 설치하여야 한다.

㉡ 보수가 용이한 위치에 설치하고 점검 또는 정비에 필요한 공간을 확보하여야 한다.

㉢ 가능하면 수분이나 습기에 노출되지 않는 위치를 선정하고, 상시 습기가 많은 장소에 설치하는 것을 피하여야 한다.

㉣ 부식성 가스 발산구의 주변 및 부식성 액체가 비산하는 위치에 설치하는 것은 피하여야 한다.

㉤ 열유관, 증기관 등의 고온발열체에 근접한 위치에는 가능하면 설치를 피하여야 한다.

㉥ 기계장치 등으로부터 현저한 영향을 받을 수 있는 위치에 설치하는 것은 피하여야 한다.

② 방폭전기설비 보수 시 전원 및 환경 등의 영향에 대한 유의사항

㉠ 전원전압 및 주파수

㉡ 주변온도 및 습도

ⓒ 수분 및 먼지

ⓔ 부식성 가스 및 액체

ⓜ 설치장소의 진동

③ 내압방폭구조의 전기기기 보수 시 방폭성능의 복원을 위하여 확인하여야 할 사항

    ㉠ 용기의 접합면에 손상이 없을 것

    ㉡ 접합면의 틈새 및 접합면의 안쪽길이는 방폭구조상 필요한 수치가 확보되어 있을 것

    ㉢ 용기 내면 및 투광성 부품 등에 손상 또는 균열이 없을 것

    ㉣ 조임나사류는 균일하고 적절하게 조여져 있을 것

    ㉤ 녹이 발생하지 않도록 방식처리가 충분히 실시되어 있을 것

5. 방폭구조 선정 및 유의사항

(1) 방폭구조의 표시

① 방폭구조의 종류를 나타내는 기호, 대상으로 하는 폭발성 가스·분진의 명칭, 폭발등급, 발화도의 기호를 표시한다.

② 2종 이상의 방폭구조가 결합된 전기기기는 각각의 폭발등급·기호를 이어서 표시하되, 주체부분의 방폭구조를 처음에 표시한다. 단, 본질안전방폭구조를 포함하는 경우만은 주체부분에 관계없이 본질안전방폭구조의 기호를 처음에 표시한다.

③ 방폭전기기기의 선정요건

    ㉠ 방폭전기기기가 설치된 지역의 방폭지역 등급 구분

    ㉡ 가스 등의 발화온도

    ㉢ 내압방폭구조의 경우 최대안전틈새

    ㉣ 본질안전방폭구조의 경우 최소점화전류

    ㉤ 압력·유입·안전증방폭구조의 경우 최고표면온도

    ㉥ 방폭전기기기가 설치된 장소의 주변온도, 표고 또는 상대습도, 먼지, 부식성 가스 또는 습기 등 환경조건

    ㉦ 선정 시 공통적으로 만족하여야 할 사항

        ⓐ 가스 등의 발화온도의 분류와 적절히 대응하는 온도등급의 것을 선정

        ⓑ 사용장소에 가스 등이 2종류 이상 존재할 경우에는 가장 위험도가 높은 물질의 위험 특성과 적절히 대응하는 것을 선정

        ⓒ 사용 중에 전기적 이상상태에 의하여 방폭성능에 영향을 줄 우려가 있는 전기기기는 사전에 적절한 전기적 보호장치를 설치

    ㉧ 전기설비의 표준환경조건

        ⓐ 주변온도 : −20~40[℃]

        ⓑ 표고 : 1,000[m] 이하

ⓒ 상대습도 : 45~85[%]

ⓓ 전기설비에 특별한 고려를 필요로 하는 정도의 공해, 부식성 가스, 진동 등이 존재하지 않는 환경

(2) 방폭전기기계·기구 선정 시 유의사항

① 분위기의 위험도에의 적응

② 환경조건에의 적응성

③ 방폭구조 득실의 고려

④ 보수의 난이성

⑤ 경제성

(3) 전기설비의 방폭

① 방폭용 전기기계·기구의 종류

㉠ 전동기

㉡ 제어기

㉢ 차단기 및 개폐기류

㉣ 조명기구류

㉤ 계측기류

㉥ 전열기

㉦ 접속기류(접속함도 포함한다.)

㉧ 배선용 기구 및 부속품

㉨ 전자밸브용 전자석

㉩ 차량용 축전지

㉪ 신호기

㉫ 불꽃 또는 높은 열을 수반하는 전기기계·기구

② 전기설비별 방폭구조의 선택

㉠ 변압기 : 변압기의 방폭구조는 내압(耐壓), 압력(壓力), 유입(油入), 안전증(安全增) 등을 선택한다.

㉡ 회전기 : 회전기의 방폭구조는 내압(耐壓), 압력(壓力), 안전증(安全增) 등을 선택한다.

㉢ 개폐기 : 개폐기의 방폭구조는 내압(耐壓), 압력(壓力), 유입(油入) 등을 선택한다. 진공개폐기는 특수방
폭구조를, 차단기 및 직류회로개폐기는 유입방폭구조를 선택한다.

㉣ 전등 : 백열등 및 형광등은 내압(耐壓), 안전증(安全增)방폭구조를 선택한다.

③ 전기설비의 기본개념(방폭화 방법)

㉠ 점화원의 방폭적 격리 : 내압(耐壓), 압력(壓力), 유입(油入)방폭구조의 전기설비가 해당된다.

㉡ 전기설비의 안전도 증감 : 안전증방폭구조가 해당된다.

㉢ 점화능력의 본질적 억제 : 본질안전방폭구조의 전기설비가 해당된다.

Engineer Industrial Safety

제5과목

화학설비 위험방지기술

CHAPTER 01 위험물 및 유해화학물질 안전

1 위험물, 유해화학물질의 종류

1. 위험물의 기초화학

(1) 위험물의 특징

① 자연계에 흔히 존재하는 물 또는 산소와의 반응이 용이하다.

② 반응속도가 급격히 진행한다.

③ 반응 시 수반되는 발열량이 크다.

④ 수소와 같은 가연성 가스를 발생한다.

⑤ 화학적 구조 및 결합력이 대단히 불안정하다.

(2) 화학식

① 실험식(조성식)

㉠ 화학물 중에 포함되어 있는 원소의 종류와 원자 수를 가장 간단한 정수비로 나타낸 식

㉡ H_2O_2의 실험식은 HO이며, C_2H_2, C_6H_6의 실험식은 CH이다.

② 분자식

㉠ 한 개의 분자 중에 들어 있는 원자의 종류와 그 수를 원소기호로 표시한 식

㉡ $C_6H_{12}O_6$(포도당), H_2O(물) 등

2. 위험물의 정의

(1) 정의

위험물은 일반적으로 상온 20[℃] 상압(1기압)에서 대기 중의 산소 또는 수분 등과 쉽게 격렬히 반응하면서 수초 이내에 방출되는 막대한 Energy로 인해 화재 및 폭발을 유발시키는 물질을 말한다.

(2) 위험물 분류

① 위험물안전관리법상 분류

㉠ 제1류 : 산화성 고체

㉡ 제2류 : 가연성 고체

㉢ 제3류 : 자연발화성 및 금수성 물질

㉣ 제4류 : 인화성 액체

ⓜ 제5류 : 자기반응성 물질

ⓗ 제6류 : 산화성 액체

② 화학적 성질에 따른 분류

   ⓖ 가연성 기체

   ⓛ 가연성 액체

   ⓔ 이연성 물질

   ⓡ 가연성 물질

   ⓜ 폭발성 물질

   ⓗ 자연발화성 물질

   ⓢ 금수성 물질

   ⓞ 혼합 위험성 물질

③ 산업안전보건법상 분류

   ⓖ 폭발성 물질

   ⓛ 발화성 물질

   ⓔ 인화성 물질

   ⓡ 산화성 물질

   ⓜ 가연성 물질

   ⓗ 부식성 물질

3. 위험물의 종류

(1) 위험물의 분류에 따른 종류 ★★★★

구분		종류
1. 폭발성 물질 및 유기과산화물 ★		① 질산에스테르류 : 니트로셀룰로오스, 니트로글리세린, 질산메틸, 질산에틸 등 ② 니트로화합물 : 피크린산(트리니트로페놀), 트리니트로톨루엔(TNT) 등 ③ 니트로소화합물 : 파라니트로소벤젠, 디니트로소레조르신 등 ④ 아조화합물 및 디아조화합물 ⑤ 하이드라진 유도체 ⑥ 유기과산화물 : 메틸에틸케톤 과산화물, 과산화벤조일, 과산화아세틸 등
2. 물반응성 물질 및 인화성 고체 ★	인화성 고체 ★	① 황화인 ② 황 ③ 적린 ④ 금속 분말 ⑤ 마그네슘 분말
	물반응성 물질	① 리튬 ② 칼륨 ③ 나트륨 ④ 알킬알루미늄

	⑤ 알킬리튬 ⑥ 황린 ⑦ 알칼리금속(리튬, 칼륨 및 나트륨 제외) ⑧ 유기금속화합물(알킬알루미늄 및 알킬리튬 제외) ⑨ 금속의 수소화물 ⑩ 금속의 인화물 ⑪ 칼슘 또는 알루미늄의 탄화물
3. 산화성 액체 및 산화성 고체	① 차아염소산 및 그 염류 : 차아염소산, 차아염소산칼륨, 그 밖의 차아염소산염류 ② 염소산 및 그 염류 : 염소산, 염소산칼륨, 염소산나트륨, 염소산암모늄, 그 밖의 염소산염류 ③ 과염소산 및 그 염류 : 과염소산, 과염소산칼륨, 과염소산나트륨, 과염소산암모늄, 그 밖의 과염소산 　　염류 ④ 과산화수소 및 무기과산화물 : 과산화수소, 과산화칼륨, 과산화나트륨, 과산화마그네슘, 그 밖의 　　무기과산화물 ⑤ 아염소산 및 그 염류 : 아염소산칼륨, 그 밖의 아염소산염류 ⑥ 브롬산 및 그 염류 : 브롬산염류 ⑦ 질산 및 그 염류 : 질산칼륨, 질산나트륨, 질산암모늄, 그 밖의 질산염류 ⑧ 요오드산 및 그 염류 : 요오드산염류 ⑨ 과망간산 및 그 염류 ⑩ 중크롬산 및 그 염류
4. 인화성 액체	① 에틸에테르・가솔린・아세트알데히드・산화프로필렌, 그 밖에 인화점이 23[℃] 미만이고 초기 　　끓는점이 35[℃] 이하인 물질 ② 노말헥산・아세톤・메틸에틸케톤・메틸알코올・에틸알코올・이황화탄소, 그 밖에 인화점이 23 　　[℃] 미만이고 초기 끓는점이 35[℃]를 초과하는 물질 ③ 크실렌・아세트산아밀・등유・경유・테레핀유・이소아밀알코올・아세트산・하이드라진, 그 밖 　　에 인화점이 23[℃] 이상 60[℃] 이하인 물질
5. 인화성 가스 ★	① 수소　② 아세틸렌　③ 에틸렌 ④ 메탄　⑤ 에탄　　⑥ 프로판 ⑦ 부탄　⑧ 산업안전보건법 시행령 별표 13에 따른 인화성 가스
6. 급성 독성 물질	① 쥐에 대한 경구투입실험에 의하여 실험동물의 50[%]를 사망시킬 수 있는 물질의 양, 즉 LD50(경구, 　　쥐)이 킬로그램(체중)당 300[mg] 이하인 화학물질 ② 쥐 또는 토끼에 대한 경피흡수실험에 의하여 실험동물의 50[%]를 사망시킬 수 있는 물질의 양, 　　즉 LD50(경피, 토끼 또는 쥐)이 킬로그램(체중)당 1,000[mg] 이하인 화학물질 ③ 쥐에 대한 4시간 동안의 흡입실험에 의하여 실험동물의 50[%]를 사망시킬 수 있는 물질의 농도, 　　즉 LC50(쥐, 4시간 흡입)이 2,500[ppm] 이하인 화학물질
7. 부식성 물질	① 부식성 산류 　　㉠ 농도가 20[%] 이상인 염산, 황산, 질산, 그 밖에 이와 같은 정도 이상의 부식성을 지니는 물질 　　㉡ 농도가 60[%] 이상인 인산, 아세트산, 불산, 그 밖에 이와 같은 정도 이상의 부식성을 가지는 　　　물질 ② 부식성 염기류 : 농도가 40[%] 이상인 수산화나트륨, 수산화칼슘, 그 밖에 이와 같은 정도 이상의 　　부식성을 가지는 염기류

(2) 유해인자의 분류기준

구분	종류
화학물질	• 물리적 위험성 : 폭발성 물질, 인화성 가스, 인화성 액체, 인화성 고체, 인화성 에어로졸, 물반응성 물질, 산화성 가스, 산화성 액체, 산화성 고체, 고압가스 등 • 건강 및 환경유해성 : 급성 독성 물질, 피부 부식성 또는 자극성 물질, 호흡기 과민성 물질, 피부 과민성 물질 등
물리적 인자	소음, 진동, 방사선, 이상기압, 이상기온
생물학적 인자	혈액매개 감염인자, 공기매개감염인자, 곤충 및 동물매개감염인자

4. 노출기준

(1) 유해물질의 유해요인

① 유해물질의 농도와 접촉시간 : Haber의 법칙

- 유해지수(K) = 유해물질의 농도×노출시간

② 근로자의 감수성

③ 작업강도

④ 기상조건

(2) 유해물질의 허용농도

① 시간가중 평균농도(TWA) : 1일 8시간 작업을 기준으로 하여 유해요인의 측정농도에 발생시간을 곱하여 8시간을 나눈 농도

$$TWA = \frac{C_1 \times T_1 + C_2 \times T_2 + \cdots + C_n \times T_n}{8}$$

C : 유해요인의 측정농도(단위 : [ppm] 또는 [mg/m^3])

T : 유해요인의 발생시간(단위 : 시간)

② 단시간 노출한계(STEL) : 근로자의 1회 15분간 유해요인에 노출되는 경우의 허용농도

③ 최고허용농도(Ceiling 농도) : 근로자가 1일 작업시간 동안 잠시라도 노출되어서는 안 되는 최고허용온도(허용온도 앞에 "C"를 붙여 표시)

④ 혼합물질의 허용농도 : 위험물질이 2종 이상 혼재하는 경우 혼합물의 허용농도

$$혼합물의 허용농도(R) = \frac{C_1}{T_1} + \frac{C_2}{T_2} + \cdots + \frac{C_n}{T_n}$$

C_n : 위험물질 각각의 제도 또는 취급량

T_n : 위험물질 각각의 기준량

㉠ TLV(Threshold Limit Value) : 미국산업위생 전문가회의(ACGIH)에서 채택한 허용농도기준

ⓛ ppm을 mg/m³으로 바꾸는 공식

$$mg/m^3 = \frac{ppm \times 분자량[g]}{24.45(25\,^\circ C \cdot 1기압)}$$

(3) 분진의 침착률과 유해조건

① 분진의 침착률 : 크기가 0.3~0.4[μm]부터 5[μm]까지의 분진이 침착률이 높아서 유해하며, 1.2[μm] 정도의 분진이 가장 유해한 것으로 침착률 60[%]를 상회한다.

② 분진의 유해성을 결정하는 조건 : 작업강도가 클수록 호흡량이 많아져서 분진의 흡입량이 많아진다.

(4) TLV-TWA

1일 8시간 또는 주 40시간 노동에서 근로자의 폭로량을 반영하는 것으로 유해물질의 폭로량의 지표

(5) 위험물질의 기준량

[위험물질의 기준량(안전보건규칙 별표 9)]

위험물질	기준량
1. 폭발성 물질 및 유기과산화물 ★★★	
가. 질산에스테르류	10[kg]
니트로글리콜 · 니트로글리세린 · 니트로셀룰로오스 등	
나. 니트로화합물	200[kg]
트리니트로벤젠 · 트리니트로톨루엔 · 피크린산 등	
다. 니트로소화합물	200[kg]
라. 아조화합물	200[kg]
마. 디아조화합물	200[kg]
바. 하이드라진 유도체	200[kg]
사. 유기과산화물	50[kg]
과초산, 메틸에틸케톤 과산화물, 과산화벤조일 등 ★	
2. 물반응성 물질 및 인화성 고체 ★★★★	
가. 리튬	5[kg]
나. 칼륨 · 나트륨	10[kg]
다. 황	100[kg]
라. 황린	20[kg]
마. 황화인 · 적린	50[kg]
바. 셀룰로이드류	150[kg]
사. 알킬알루미늄 · 알킬리튬	10[kg]
아. 마그네슘 분말	500[kg]
자. 금속 분말(마그네슘 분말은 제외한다)	1,000[kg]
차. 알칼리금속(리튬 · 칼륨 및 나트륨은 제외한다)	50[kg]
카. 유기금속화합물(알킬알루미늄 및 알킬리튬은 제외한다)	50[kg]
타. 금속의 수소화물	300[kg]
파. 금속의 인화물	300[kg]
하. 칼슘 탄화물, 알루미늄 탄화물	300[kg]

3. 산화성 액체 및 산화성 고체 ★★★
   가. 차아염소산 및 그 염류
   　　(1) 차아염소산 .... 300[kg]
   　　(2) 차아염소산칼륨, 그 밖의 차아염소산염류 .... 50[kg]
   나. 아염소산 및 그 염류
   　　(1) 아염소산 .... 300[kg]
   　　(2) 아염소산칼륨, 그 밖의 아염소산염류 .... 50[kg]
   다. 염소산 및 그 염류
   　　(1) 염소산 .... 300[kg]
   　　(2) 염소산칼륨, 염소산나트륨, 염소산암모늄, 그 밖의 염소산염류 .... 50[kg]
   라. 과염소산 및 그 염류
   　　(1) 과염소산 .... 300[kg]
   　　(2) 과염소산칼륨, 과염소산나트륨, 과염소산암모늄, 그 밖의 과염소산염류 ... 50[kg]
   마. 브롬산 및 그 염류
   　　브롬산염류 .... 100[kg]
   바. 요오드산 및 그 염류
   　　요오드산염류 .... 300[kg]
   사. 과산화수소 및 무기과산화물
   　　(1) 과산화수소 .... 300[kg]
   　　(2) 과산화칼륨, 과산화나트륨, 과산화바륨, 그 밖의 무기과산화물 .... 50[kg]
   아. 질산 및 그 염류
   　　질산칼륨, 질산나트륨, 질산암모늄, 그 밖의 질산염류 .... 1,000[kg]
   자. 과망간산 및 그 염류 .... 1,000[kg]
   차. 중크롬산 및 그 염류 .... 3,000[kg]

4. 인화성 액체
   가. 에틸에테르 · 가솔린 · 아세트알데히드 · 산화프로필렌, 그 밖에 인화점이 23[℃] 미만이고 초기 끓는점이 35[℃] 이하인 물질 .... 200[L]
   나. 노말헥산 · 아세톤 · 메틸에틸케톤 · 메틸알코올 · 에틸알코올 · 이황화탄소, 그 밖에 인화점이 23[℃] 미만이고 초기 끓는점이 35[℃]를 초과하는 물질 ... 400[L]
   다. 크실렌 · 아세트산아밀 · 등유 · 경유 · 테레핀유 · 이소아밀알코올 · 아세트산 · 하이드라진, 그 밖에 인화점이 23[℃] 이상 60[℃] 이하인 물질 ... 1,000[L]

5. 인화성 가스 ★ .... 50[m³]
   가. 수소
   나. 아세틸렌
   다. 에틸렌
   라. 메탄
   마. 에탄
   바. 프로판
   사. 부탄
   아. 영 별표 13에 따른 인화성 가스

6. 부식성 물질로서 다음 각 목의 어느 하나에 해당하는 물질
   가. 부식성 산류 ★★★
   　　(1) 농도가 20[%] 이상인 염산 · 황산 · 질산, 그 밖에 이와 동등 이상의 부식성을 가지는 물질 ... 300[kg]

(2) 농도가 60[%] 이상인 인산·아세트산·불산, 그 밖에 이와 동등 이상의 부식성을 가지는 물질	300[kg]

나. 부식성 염기류 ★
    농도가 40[%] 이상인 수산화나트륨·수산화칼륨, 그 밖에 이와 동등 이상의 부식성을 가지는 염기류   300[kg]

7. 급성 독성 물질

가. 시안화수소·플루오르아세트산 및 소디움염·디옥신 등 LD50(경구, 쥐)이 킬로그램당 5밀리그램 이하인 독성물질	5[kg]
나. LD50(경피, 토끼 또는 쥐)이 킬로그램당 50밀리그램(체중) 이하인 독성물질	5[kg]
다. 데카보란·디보란·포스핀·이산화질소·메틸이소시아네이트·디클로로아세틸렌·플루오로아세트아마이드·케텐·1,4-디클로로-2-부텐·메틸비닐케톤·벤조트라이클로라이드·산화카드뮴·규산메틸·디페닐메탄디이소시아네이트·디페닐설페이트 등 가스 LC50(쥐, 4시간 흡입)이 100[ppm] 이하인 화학물질, 증기 LC50(쥐, 4시간 흡입)이 0.5[mg/L] 이하인 화학물질, 분진 또는 미스트 0.05[mg/L] 이하인 독성물질	5[kg]
라. 산화제2수은·시안화나트륨·시안화칼륨·폴리비닐알코올·2-클로로아세트알데히드·염화제2수은 등 LD50(경구, 쥐)이 킬로그램당 5[mg](체중) 이상 50[mg](체중) 이하인 독성물질	20[kg]
마. LD50(경피, 토끼 또는 쥐)이 킬로그램당 50[mg](체중) 이상 200[mg](체중) 이하인 독성물질	20[kg]
바. 황화수소·황산·질산·테트라메틸납·디에틸렌트리아민·플루오린화 카보닐·헥사플루오로아세톤·트리플루오르화염소·푸르푸릴알코올·아닐린·불소·카보닐플루오라이드·발연황산·메틸에틸케톤 과산화물·디메틸에테르·페놀·벤질클로라이드·포스포러스펜톡사이드·벤질디메틸아민·피롤리딘 등 가스 LC50(쥐, 4시간 흡입)이 100[ppm] 이상 500[ppm] 이하인 화학물질, 증기 LC50(쥐, 4시간 흡입)이 0.5[mg/L] 이상 2.0[mg/L] 이하인 화학물질, 분진 또는 미스트 0.05[mg/L] 이상 0.5[mg/L] 이하인 독성물질	20[kg]
사. 이소프로필아민·염화카드뮴·산화제2코발트·사이클로헥실아민·2-아미노피리딘·아조디이소부티로니트릴 등 LD50(경구, 쥐)이 킬로그램당 50[mg](체중) 이상 300[mg](체중) 이하인 독성물질	100[kg]
아. 에틸렌디아민 등 LD50(경피, 토끼 또는 쥐)이 킬로그램당 200[mg](체중) 이상 1,000[mg](체중) 이하인 독성물질	100[kg]
자. 불화수소·산화에틸렌·트리에틸아민·에틸아크릴산·브롬화수소·무수아세트산·황화불소·메틸프로필케톤·사이클로헥실아민 등 가스 LC50(쥐, 4시간 흡입)이 500[ppm] 이상 2,500[ppm] 이하인 독성물질, 증기 LC50(쥐, 4시간 흡입)이 2.0[mg/L] 이상 10[mg/L] 이하인 독성물질, 분진 또는 미스트 0.5[mg/L] 이상 1.0[mg/L] 이하인 독성물질	100[kg]

비고
1. 기준량은 제조 또는 취급하는 설비에서 하루 동안 최대로 제조하거나 취급할 수 있는 수량을 말한다.
2. 기준량 항목의 수치는 순도 100[%]를 기준으로 산출한다.
3. 2종 이상의 위험물질을 제조하거나 취급하는 경우에는 각 위험물질의 제조 또는 취급량을 구한 후 다음 공식에 따라 산출한 값 R이 1 이상인 경우 기준량을 초과한 것으로 본다.

$$R = \frac{C_1}{T_1} + \frac{C_2}{T_2} + \cdots + \frac{C_n}{T_n}$$

    C_n : 위험물질 각각의 제조 또는 취급량

    T_n : 위험물질 각각의 기준량

4. 위험물질이 둘 이상의 위험물질로 분류되어 서로 다른 기준량을 가지게 될 경우에는 가장 작은 값의 기준량을 해당 위험물질의 기준량으로 한다.
5. 인화성 가스의 기준량은 운전온도 및 운전압력 상태에서의 값으로 한다.

5. 유해화학물질의 유해요인

(1) 위험물의 적재방법

① 위험물은 운반용기에 정하는 바에 따라 수납하여 적재하여야 한다. 다만, 생석회 또는 덩어리로 된 황을 운반하기 위하여 적재하는 경우 또는 위험물을 동일한 대지 안에 있는 제조소 등의 상호 간에 운반하기 위하여 적재하는 경우에는 그러하지 아니하다.

② 위험물을 수납한 운반용기는 정하는 바에 따라 포장하여 적재하여야 한다. 다만, 위험물을 동일한 대지 안에 있는 제조소 등의 상호 간에 운반하기 위하여 적재하는 경우에는 그러하지 아니하다.

③ 위험물을 수납한 운반용기와 이를 포장한 외부에는 정하는 바에 따라 위험물의 품평·수량 등을 표시하여 적재하여야 한다.

(2) 카바이드 취급 시 안전한 취급방법

① 드럼통은 신중히 취급할 것

② 화약류, 인화성, 가연성 물질과 혼합하여 적재하지 말 것

③ 습기 있는 곳은 피할 것

④ 높은 곳에서 내릴 때는 사면판을 이용할 것

⑤ 드럼통은 지면에 놓지 말고 벽돌 등으로 고여 둘 것

⑥ 저장실은 통풍이 양호하게 할 것

⑦ 전기설비는 방폭구조로 하고 스위치는 옥외의 안전한 곳에 설치할 것

⑧ 저장실은 타인의 출입을 금하고, 화기 및 주수(注水) 금지를 명시할 것

⑨ 드럼통을 열 때는 정이나 끌 등으로 타격을 가하지 말고, 작두식 기계로 떼어 낼 것

⑩ 드럼통을 열 때는 내부의 아세틸렌(C_2H_2) 가스를 발산시키면서 신중히 떼어 낼 것

---

2 위험물, 유해화학물질의 취급 및 안전 수칙

1. 위험물의 성질 및 위험성

(1) 성질 및 위험성

① 유해물질에 대한 대책

㉠ 유해물질의 제조 및 사용의 중지, 유해성이 적은 물질로의 전환

㉡ 생산공정 및 작업방법의 개선

㉢ 설비의 밀폐화와 자동화

㉣ 유해한 생산공정의 격리와 원격조작의 채용

ⓜ 국소배기에 의한 오염물질의 확산 방지

ⓗ 전체환기에 의한 오염물질의 희석 배출

② 유독성 물질관리와 관련된 중요사항

　㉠ 과산화수소가 분해되어 생성되는 물질 : 물과 산소

　㉡ 적린·염소산칼륨 : 혼합 폭발 우려가 있다.

　㉢ 아산화질소(N_2O) : 가연성 마취제

　㉣ 황린은 공기나 산소와 접촉 : 발화하는 위험이 있다.

　㉤ 유리를 부식시킬 때 발생하는 유독성 기체 : 플루오르화수소(HF)

　㉥ 고기압 작업 시에 발생하기 쉬운 잠수병, 잠함병의 원인이 되는 물질 : 질소(N_2) ★

　㉦ 액체의 비점 : 액체의 증기압이 대기압과 같아지는 점

　㉧ 어떤 물질의 잠재위험도 결정요인 : 독성과 사용조건

　㉨ 발화성 물질의 저장법

　　ⓐ 나트륨·칼륨 : 석유 속에 저장

　　ⓑ 황린 : 물 속에 저장

　　ⓒ 적린·마그네슘·칼륨 : 격리 저장

　　ⓓ 질산은($AgNO_3$)용액 : 햇빛을 피하여 저장(갈색병에 저장)

　㉩ 환원성 물질 : 황린, 적린, 황화인, 황, 금속

　㉪ 온도가 증가하면 열전도도가 감소하는 물질 : 메틸알코올

③ 금수성(禁水性) 물질 : 탄화칼슘(카바이드), 금속나트륨, 금속칼륨

④ 피부에 침투하면 암을 유발하는 발암성 물질 : 베타나프틸아민, 타르, 크롬 등

⑤ 아스베스트(석면) 분진 흡입으로 인한 작업병 : 진폐증을 유발

⑥ 진동이 심한 작업장에서 발생하는 직업병 : 레이노씨병 유발

⑦ 안티몬 화합물 : 인체 내 혈색소를 용해하여 결합력이 강한 헤모글로빈 결합체를 만들어 산소의 공급을 방해하는 중금속

(2) 인화성 물질 취급방법

① 화기 기타 점화원이 될 우려가 있는 것에 주입, 가열, 증발 금지

② 탱크롤리, 드럼 등에 주입 시 배관 등을 확실히 체결

③ 탱크나 드럼에 경유나 등유 주입 시 내부를 세정하고 불활성 가스로 바꿀 것

④ 통풍, 환기, 제진 조치 실시

(3) 폭발성 인화성 물질의 안전 조치 사항

① 자동경보장치 설치

② 통풍장치 설치

③ 환기장치 설치

④ 제진장치 설치

2. 위험물의 저장 및 취급방법

[위험물의 저장 및 취급방법]

구분	저장 및 취급방법
제1류 위험물	• 조해성이 있으므로 습기에 주의하며, 용기는 밀폐하여 저장 • 산화되기 쉬운 물질과 열원, 산 또는 화재 위험의 장소로부터 격리
제2류 위험물	• 용기파손으로 인한 누설에 주의하고, 산화제와의 접촉 금지 • 점화원으로부터 격리시킬 것 • 마그네슘, 금속분류 산 또는 물과의 접촉 금지
제3류 위험물	• 공기 또는 수분의 접촉을 방지하고 용기의 파손 및 부식 방지 • 다량 저장 시 희석제 혼합 및 수분 침입방지
제4류 위험물	• 용기는 밀봉하고 통풍이 잘되는 곳에 저장하고, 증기는 높은 곳으로 배출 • 증기 및 액체의 누설을 방지하고 화나 점화원으로부터 격리
제5류 위험물	• 점화원 또는 분해를 촉진시키는 물질로부터 격리 • 포장외부에 충격주의, 화기엄금 등 표시
제6류 위험물	• 내산성 용기를 사용하고, 밀봉하여 누설 방지 • 가연물, 물, 유기물 및 고체 산화제와의 접촉 금지

3. 인화성 가스 취급 시 주의사항

(1) 인화성 가스의 정의

① 인화한계 농도의 최저한도가 13[%] 이하 또는 최고한도와 최저한도의 차가 12[%] 이상인 것으로서

② 표준압력(101.3[kPa])하의 20[℃]에서 가스상태인 물질

(2) 인화성 가스의 누출에 대한 안전조치

[가스누출감지경보기의 설치기준]

성능	• 가스누출감지경보기의 가스 감지에서 경보발신까지 걸리는 시간은 경보농도의 1.6배 시 보통 30초 이내일 것, 다만 암모니아, 일산화탄소 또는 이와 유사한 가스 등을 감지하는 가스누출감지경보기는 1분 이내로 한다. • 경보정밀도는 전원의 전압 등의 변동률이 ±10[%]까지 저하되지 않아야 한다. • 경보를 발신한 후에는 가스농도가 변화하여도 계속 경보를 울려야 하며, 그 확인 또는 대책을 조치할 때에는 경보가 정지되어야 한다.

(3) 인화성 가스(고압가스) 압력용기

① 용접 용기

ㄱ 동판 및 경판을 각각 성형하고 용접으로 접합하여 제조한 용기

ㄴ C_3H_3, C_2H_2 등 비교적 저압가스용으로 사용

ⓒ 장점

ⓐ 강판이 저가이므로 제작비가 저렴하다.

ⓑ 두께의 공차가 적다.(±20[%] 이하)

ⓒ 판재를 사용하므로 용기의 형태 수치를 자유롭게 선택

② 용기의 밸브 ★

㉠ 충전구의 나사방향

인화성 가스 : 왼나사

㉡ 밸브에 부착하는 안전밸브

ⓐ 산소용 : 파열판식

ⓑ 염소용 : 가용전식

ⓒ 프로판용 : 스프링식

③ 안전밸브의 종류 및 특징 ★★★

스프링식	• 일반적으로 가장 널리 사용 • 용기 내의 압력이 설정된 값을 초과하면 스프링을 밀어내어 가스를 분출시켜 폭발을 방지
파열판식	• 용기 내의 압력이 급격히 상승할 경우 용기 내의 가스 배출(한 번 작동 후 교체) • 스프링식보다 토출 용량이 많아 압력상승이 급격히 변하는 곳에 적당

④ 용기의 도색 및 표시

[가연성, 독성 및 그 밖의 가스용기의 도색(고압가스 안전관리법 시행규칙 별표 24)] ★★★★★

가스의 종류	도색 구분	가스의 종류	도색 구분
액화석유가스	밝은 회색	액화암모니아	백색
수소	주황색	액화염소	갈색
아세틸렌	황색	산소	녹색
액화탄산가스	청색	질소	회색
소방용 용기	소방법에 따른 도색	그 밖의 가스	회색

*청탄산록에 황아채 안주삼아 / 소주잔 기울이니 백암산 염소가 / 갈색으로 보이더라

⑤ 금속의 용접, 용단 또는 가열 작업에 사용하는 가스 등의 용기 취급 시 준수사항

㉠ 용기의 온도를 40[℃] 이하로 유지할 것 ★

㉡ 전도의 위험이 없도록 할 것

㉢ 충격을 가하지 아니하도록 할 것

㉣ 운반할 때에는 캡을 씌울 것

㉤ 사용할 때에는 용기의 마개에 부착되어 있는 유류 및 먼지를 제거할 것

㉥ 밸브의 개폐는 서서히 할 것

㉦ 사용 전 또는 사용 중인 용기와 그 외의 용기를 명확히 구별하여 보관할 것

ⓞ 용해 아세틸렌의 용기는 세워 둘 것

ⓩ 용기의 부식, 마모 또는 변형상태를 점검한 후 사용할 것

⑥ **안전밸브의 설치** ★★

ㄱ 압력용기(안지름이 150[mm] 이하인 압력용기는 제외하며, 압력용기 중 관형 열교환기의 경우에는 관의 파열로 인하여 상승한 압력이 압력용기의 최고사용압력을 초과할 우려가 있는 경우만 해당한다.)

ㄴ 정변위 압축기

ㄷ 정변위 펌프(토출축에 차단밸브가 설치된 것만 해당한다)

ㄹ 배관(2개 이상의 밸브에 의하여 차단되어 대기온도에서 액체의 열팽창에 의하여 파열될 우려가 있는 것으로 한정한다)

ㅁ 그 밖의 화학설비 및 그 부속설비로서 해당 설비의 최고사용압력을 초과할 우려가 있는 것

⑦ 설치된 안전밸브에 대해서는 다음의 구분에 따른 검사주기마다 국가교정기관에서 교정을 받은 압력계를 이용하여 설정압력에서 안전밸브가 적정하게 작동하는지를 검사한 후 납으로 봉인하여 사용하여야 한다. 다만, 공기나 질소취급용기 등에 설치된 안전밸브 중 안전밸브 자체에 부착된 레버 또는 고리를 통하여 수시로 안전밸브가 적정하게 작동하는지를 확인할 수 있는 경우에는 검사하지 아니할 수 있고 납으로 봉인하지 아니할 수 있다.

ㄱ 화학공정 유체와 안전밸브의 디스크 또는 시트가 직접 접촉될 수 있도록 설치된 경우 : 매년 1회 이상 ★

ㄴ 안전밸브 전단에 파열판이 설치된 경우 : 2년마다 1회 이상

ㄷ 공정안전보고서 제출 대상으로서 고용노동부장관이 실시하는 공정안전보고서 이행상태 평가결과가 우수한 사업장의 안전밸브의 경우 : 4년마다 1회 이상

⑧ **안전밸브의 작동** : 안전밸브 등을 통하여 보호하려는 설비의 최고사용압력 이하에서 작동되도록 하여야 한다. 다만, 안전밸브 등이 2개 이상 설치된 경우에 1개는 최고사용압력의 1.05배(외부화재를 대비한 경우에는 1.1배) 이하에서 작동되도록 설치할 수 있다.

⑨ **차단밸브의 설치** ★★

ㄱ 인접한 화학설비 및 그 부속설비에 안전밸브 등이 각각 설치되어 있고, 해당 화학설비 및 그 부속설비의 연결배관에 차단밸브가 없는 경우

ㄴ 안전밸브 등의 배출용량의 2분의 1 이상에 해당하는 용량의 자동압력조절밸브(구동용 동력원의 공급을 차단하는 경우 열리는 구조인 것으로 한정한다)와 안전밸브 등이 병렬로 연결된 경우

ㄷ 화학설비 및 그 부속설비에 안전밸브 등이 복수방식으로 설치되어 있는 경우

ㄹ 예비용 설비를 설치하고 각각의 설비에 안전밸브 등이 설치되어 있는 경우

ㅁ 열팽창에 의하여 상승된 압력을 낮추기 위한 목적으로 안전밸브가 설치된 경우

ㅂ 하나의 플레어 스택(flare stack)에 둘 이상의 단위공정의 플레어 헤더(flare header)를 연결하여 사용하는 경우로서 각각의 단위공정의 플레어 헤더에 설치된 차단밸브의 열림·닫힘 상태를 중앙제어실에서 알 수 있도록 조치한 경우

(4) 파열판의 설치 ★

① 반응 폭주 등 급격한 압력 상승 우려가 있는 경우

② 급성 독성물질의 누출로 인하여 주위의 작업환경을 오염시킬 우려가 있는 경우

③ 운전 중 안전밸브에 이상 물질이 누적되어 안전밸브가 작동되지 아니할 우려가 있는 경우

4. 유해화학물질 취급 시 주의사항

(1) 유해물 취급 안전

① 고체 및 액체 화합물의 치사량 기호

㉠ LD : 한 마리의 동물을 치사시키는 양

㉡ MLD : 실험 동물 한 무리(10마리 또는 그 이상)에서 한 마리를 치사시키는 최소의 양

㉢ LD50 : 실험 동물 한 무리(10마리 또는 그 이상)에서 50[%]를 치사시키는 양

> LD50-1회 투여로 7~10일 이내에 실험동물 한 무리에서 50[%]가 사망하는 독극물의 양으로 단위는 [mg/kg]을 사용
>
> ※ LC50의 경우는 독극물의 양 대신 독극물의 농도로 바꾸어 쓰면 된다.

㉣ LD100 : 실험 동물 한 무리(10마리 또는 그 이상)에서 100[%]를 치사시키는 양

② 가스 및 공기 중에서 증발하는 화합물의 치사 농도

㉠ LC : 한 마리의 동물을 치사시키는 양

㉡ MLC : 실험 동물 한 무리(10마리 또는 그 이상)에서 한 마리를 치사시키는 최소의 양

㉢ LC50 : 실험 동물 한 무리(10마리 또는 그 이상)에서 50[%]를 치사시키는 양

㉣ LC100 : 실험 동물 한 무리(10마리 또는 그 이상)에서 100[%]를 치사시키는 양

(2) 급성 독성물질의 누출방지조치

① 사업장 내 독성물질의 저장 및 취급량을 최소화할 것

② 독성물질을 취급저장하는 설비의 연결부분은 누출되지 아니하도록 밀착시키고 매월 1회 이상 연결부분의 이상 유무를 점검할 것

③ 독성물질을 폐기 또는 처리하여야 하는 경우에는 냉각, 분리, 흡수, 흡착, 소각 등의 처리공정을 통하여 독성물질이 외부로 방출되지 아니하도록 할 것

④ 독성물질 취급설비의 이상 운전으로 인하여 독성물질이 외부로 방출될 때에는 저장, 포집 또는 처리설비를 설치하여 안전하게 회수할 수 있도록 할 것

⑤ 독성물질을 폐기, 처리 또는 방출하는 설비를 설치하는 경우는 자동으로 작동될 수 있는 구조로 하거나 원격 조정이 가능한 수동조작 구조로 설치할 것

⑥ 독성물질을 취급하는 설비의 작동이 중지된 때에는 근로자가 쉽게 알 수 있도록 필요한 경보설비를 근로자로부터 가까운 장소에 설치할 것

⑦ 독성물질이 외부로 누출된 때에는 감지, 경보할 수 있는 설비를 갖출 것

[NFPA 반응 위험성 5단계]

구분	0	1	2	3	4
반응 위험성 (황색)	보통의 상태에서는 안정되며 화재에 노출된 상태하에서도 안정한 물질 등	보통의 상태에서는 안정되나 온도와 압력이 상승하면 불안정한 물질 등	상온하에서 불안정하게 격렬한 화학변화를 받으나 폭굉하지 않는 물질 등	폭굉 또는 폭발적 분해나 폭발반응을 일으키나 강한 기폭력을 필요로 하는 물질 등	용이하게 폭굉을 일으키든가, 상온 상압 하에서 폭발적 분해를 용이하게 일으키는 물질 등

(3) 유기용제 업무에 종사하는 근로자가 보기 쉬운 곳에 게시하여야 할 사항

① 유기용제 등이 인체에 미치는 영향

② 유기용제 등의 취급상의 주의사항

③ 유기용제에 의한 중독이 발생할 때의 응급처치방법

(4) 유해가스의 응급처치법

① 독가스중독 응급처치

순수한 에틸알코올을 깨끗한 헝겊 등에 적셔서 흡입시켜 중화시킨 후 신선한 공기를 흡입하게 한다. 단, 중증 중독인 경우 고압산소통에 넣는다.

② 유기용제 등의 중독 응급처치

㉠ 메틸알코올의 중독인 경우 : 중조 4[g]을 물 한 컵 정도에 녹여 마시게 한다.(15분 간격으로 4회)

㉡ 니트로벤젠, 아닐린 등의 중독인 경우 : 신선한 과일 주스 또는 커피를 마시게 한다.

③ 분진방지대책

㉠ 작업공정에서 분진발생억제 및 감소화

㉡ 분진비산 방지조치

㉢ 개인보호구 착용으로 분진흡입방지

㉣ 환기

㉤ 그 밖에 공정을 습식으로 하거나 밀폐 등의 조치

④ 방사선 위험성

㉠ 외부위험 방사능 물질 : X선, γ선, 중성자(납, 콘크리트차폐)

㉡ 내부위험 방사능물질 : α선, β선(가장 심각한 내적 위험물질 : α선)

㉢ 방사선 조사량 : 거리의 제곱에 반비례한다.

㉣ 200~300[rem] 조사 시 : 탈모 증상

㉤ 450~500[rem] 이상 조사 시 : 사망

ⓗ 투과력 : α선 < β선 < X선 < γ선

ⓢ 방사선 오염의 가장 실제적인 제거방법 : 흐르는 물로 씻어낸다.

⑤ 독극물을 부주의로 마셨을 때 토하는 방법

　ⓣ $CuSO_4$ 1[%] 용액을 25~50[mL] 정도 마시게 한다.

　ⓤ 약 16[g] 정도의 NaCl을 한 컵 정도의 따뜻한 물에 타서 마시게 한다.

　ⓥ $ZnSO_4$ 2[g] 정도를 더운 물에 녹여 마신다.

　ⓦ 겨자가루 한 숟가락을 한 컵 정도의 물에 녹여 마신다.

　ⓧ 아포모르핀($C_{17}H_{17}NO_2$)을 피하주사한다.

⑥ 독극물을 부주의로 마셨을 때의 구급법

　ⓣ 강산, 강알칼리 흡입 시 만능 해독제 : 타닌산 4[g]과 산화마그네슘 4[g]을 뜨거운 물에 녹여 마시게 한다.

　ⓤ 할로겐 가스(Cl_2, Br_2)를 흡입 시에는 티오황산나트륨을 물 한 컵 정도에 녹인 것과 다량의 우유나 난백수를 마시게 한다.

　ⓥ 황산이 입에 들어갔을 경우 : 깨끗한 물로 세척 후 묽은 황산나트륨 용액으로 즉시 양치질한다.

[독성물질(Toxic) 독성기준용어] ★

약어	원어	약어	원어
TLV-TWA (허용농도)	Threshold Limit Value Time Weighted Average(8시간 기준)	TDLo	Toxic Dose Low : 경구유입 최저중독물질
LD50	Lethal Dose Fifty : 경구유입 절반치사		
LDLo	Lethal Dose Low : 경구유입최저치사물질	LC50	Lethal Concentration Fifty : 4시간 흡입 시 50[%] 치사
TCLo	Toxic Concentration Low : 공기유입최저중독물질량	LCLo	Lethal Concentration Low : 공기유입최저치사량

[유기용제의 허용소비량]

소비하는 유기용제 등의 구분	허용소비량
제1종 유기용제	$W = \dfrac{1}{15} \times A$
제2종 유기용제	$W = \dfrac{2}{15} \times A$
제3종 유기용제	$W = \dfrac{3}{15} \times A$

여기서, W : 유기용제 등의 허용소비량[g]

　　　$A[m^3]$: 작업장의 기적(바닥에서 4[m]를 넘는 높이에 있는 공간을 제외한 [m^3] 단위로 하는 옥내 작업장의 공간체적, 다만, 기적이 150[m^3]를 초과할 때는 150[m^3]로 함)

예제 건물 높이 5[m], 가로 30[m], 세로 10[m] 작업장에서 제1종 유기용제를 8시간 사용하였을 때 허용소비량은?

⇒ 제1종 유기용제(W) $= \dfrac{1}{15} \times A = \dfrac{1}{15} \times 150 \times 8 = 80$[g]

※ A는 작업장의 기적으로 높이에 대하여는 아무리 높더라도 4[m]로 계산하며 최대 기적은 150[m³]

CHAPTER 02 공정안전

1 공정안전 일반

1. 공정안전의 개요

(1) 공정안전관리(PSM) 기초

① **공정안전관리(PSM : Process Safety Management)제도의 국내 적용 :** 산업안전보건법에 의하면 대통령령이 정한 유해·위험설비를 보유한 사업장의 사업주는 해당 설비로부터 위험물질의 누출·화재·폭발 등으로 인하여 사업장 내의 근로자에게 즉시 피해를 주거나 사업장 인근지역에 피해를 줄 수 있는 사고를 예방하기 위하여 대통령령이 정하는 바에 의하여 공정안전보고서를 작성하여 고용노동부장관에게 제출하도록 되어 있다. 사업주는 유해·위험 설비의 설치·이전 또는 주요 구조부분의 변경공사의 착공일 30일 전까지 공정안전보고서를 2부 작성하여 공단에 제출하고 송부받은 공정안전보고서를 송부받은 날부터 5년간 보존하여야 한다. ★

② **공정안전보고서의 내용 :** 공정안전보고서에는 공정안전자료, 공정위험성평가서, 안전운전계획, 비상조치계획 등의 사항이 포함되어야 하고, 이들 각각에는 여러 가지 세부적인 사항이 포함되어야 한다.

[공정안전보고서에 포함될 주요내용]

분야별	주요내용
공정안전자료 ★★★★	㉠ 취급·저장하고 있는 유해·위험물질의 종류와 수량 ㉡ 유해·위험물질에 대한 물질안전보건자료 ㉢ 유해·위험설비의 목록 및 사양 ㉣ 유해·위험설비의 운전방법을 알 수 있는 공정도면 ㉤ 각종 건물·설비의 배치도 ㉥ 폭발위험장소 구분도 및 전기단선도 ㉦ 위험설비의 안전설계·제작 및 설치 관련 지침서
공정위험평가서 및 잠재위험에 대한 사고예방·피해최소화 대책	공정위험성평가서는 공정의 특성 등을 고려하여 다음의 위험성평가 기법 중 한 가지 이상을 선정하여 위험성평가를 실시한 후 그 결과에 따라 작성하여야 하며, 사고예방·피해최소화 대책의 작성은 위험성평가 결과 잠재위험이 있다고 인정되는 경우에 한한다. ㉠ 체크리스트, ㉡ 상대위험순위 결정, ㉢ 작업자 실수분석, ㉣ 사고예상 질문분석, ㉤ 위험과 운전분석, ㉥ 이상위험도분석, ㉦ 결함수분석, ㉧ 사건수분석, ㉨ 원인결과분석
안전운전계획 ★	㉠ 안전운전지침서, ㉡ 설비점검·검사 및 보수계획, 유지계획 및 지침서, ㉢ 안전작업허가, ㉣ 도급업체 안전관리계획, ㉤ 근로자 등 교육계획, ㉥ 가동 전 점검지침, ㉦ 변경요소 관리계획, ㉧ 자체감사 및 사고조사계획, ㉨ 그 밖에 안전운전에 필요한 사항
비상조치계획	㉠ 비상조치를 위한 장비·인력 보유현황, ㉡ 사고 발생 시 각 부서·관련 기관과의 비상연락체계, ㉢ 사고 발생 시 비상조치를 위한 조직의 임무 및 수행절차, ㉣ 비상조치계획에 따른 교육계획, ㉤ 주민홍보계획, ㉥ 그 밖에 비상조치 관련 사항

③ 공정관리를 실시하여 얻을 수 있는 이점

    ㉠ 작업생산성 향상(가동정지시간 감소 등)

    ㉡ 사고 및 재산상의 손실 감소

    ㉢ 합리적인 경영정보 획득

    ㉣ 품질 향상

    ㉤ 유지보수비용의 감소

    ㉥ 합리적인 운전정보 획득

    ㉦ 기업의 신뢰도 및 이미지 향상

    ㉧ 신입사원의 선호도 향상 및 이직률 감소

    ㉨ 노사관계 향상

(2) 공정설비의 안전성 평가의 분류

① 과학기술(공정과정)의 평가(Technology Assessment)

② 안전성의 평가(Safety Assessment)

③ 위험성의 평가(Risk Assessment)

④ 인간(인적요소)의 평가(Human Assessment)

2. 중대산업사고

(1) 중대재해의 정의

① 중대재해

"중대산업재해"와 "중대시민재해"로 구분한다.

② 중대산업재해

    ㉠ 사망자가 1명 이상 발생

    ㉡ 동일한 사고로 6개월 이상 치료가 필요한 부상자가 2명 이상 발생

    ㉢ 동일한 유해요인으로 급성중독 등 대통령령으로 정하는 직업성 질병자가 1년 이내에 3명 이상 발생

③ 중대시민재해

특정 원료 또는 제조물, 공중이용시설 또는 공중교통수단의 설계, 제조, 설치, 관리상의 결함을 원인으로 하여 발생한 재해로서 다음의 어느 하나에 해당하는 결과를 야기한 재해를 말한다. 다만, 중대산업재해에 해당하는 재해는 제외한다.

    ㉠ 사망자가 1명 이상 발생

    ㉡ 동일한 사고로 2개월 이상 치료가 필요한 부상자가 10명 이상 발생

    ㉢ 동일한 원인으로 3개월 이상 치료가 필요한 질병자가 10명 이상 발생

(2) 업주와 경영책임자 등의 안전 및 보건 확보의무

① 사업주 또는 경영책임자 등은 사업주나 법인 또는 기관이 실질적으로 지배·운영·관리하는 사업 또는 사업장에서 종사자의 안전·보건상 유해 또는 위험을 방지하기 위하여 그 사업 또는 사업장의 특성 및 규모 등을 고려하여 다음에 따른 조치를 하여야 한다.

　㉠ 재해예방에 필요한 인력 및 예산 등 안전보건관리체계의 구축 및 그 이행에 관한 조치

　㉡ 재해 발생 시 재발방지 대책의 수립 및 그 이행에 관한 조치

　㉢ 중앙행정기관·지방자치단체가 관계 법령에 따라 개선, 시정 등을 명한 사항의 이행에 관한 조치

　㉣ 안전·보건 관계 법령에 따른 의무이행에 필요한 관리상의 조치

② ①의 ㉠·㉣의 조치에 관한 구체적인 사항은 대통령령으로 정한다.

[산업안전보건법에서 사용되는 용어]

사고	불안전한 행동과 불안전한 상태가 원인이 되어 재산상의 손실을 가져오는 사건을 말한다.
재해	사고의 결과로서 생긴 인명의 상해를 말한다. 때론 재해가 사고를 포함하여 인명의 상해와 재산상의 손실을 함께 가져오는 경우도 있다.
아차사고	무 인명상해(인적 피해)·무 재산손실(물적 피해)의 사고를 말한다.
중대재해	산업재해 중 사망 등 재해의 정도가 심한 것으로서 다음의 정하는 재해 중 하나 이상에 해당되는 재해를 말한다. • 사망자가 1인 이상 발생한 재해 • 3월 이상의 요양을 요하는 부상자가 동시에 2인 이상 발생한 재해 • 부상자 또는 직업성 질병자가 동시에 10인 이상 발생한 재해

3. 공정안전리더십

(1) 공정안전리더십의 정의

① 공정안전리더십은 공정안전관리 사업장의 안전수준 향상과 효율적인 안전관리를 위한 필수 요소

② 공정안전리더는 각 기업의 최고경영자

(2) 공정안전리더의 역할

① 공정안전리더는 공정안전관리 수준을 높이기 위하여 근로자를 안전관리 활동에 적극적으로 참여시킨다.

② 공정안전리더는 조직전반의 공정안전관리 수준을 높이기 위한 재원확보에 노력한다.

③ 공정안전리더는 공정안전 이행수준을 파악하기 위하여 공정안전보고서 이행상태를 정기적으로 평가한다.

④ 사업장의 이사·임원 등 관리자는 공정안전리더십의 구체적 수행을 책임진다.

　㉠ PSLG(공정안전리더십그룹)와 공정안전리더는 적극적으로 공정안전리더십 향상과 확산을 선도한다.

　㉡ PSLG와 공정안전리더는 공정안전관리 우수이행사례와 사고사례 등 관련 정보를 적극적으로 공유한다.

　㉢ PSLG는 상기 원칙을 공정안전관리 사업장의 사고예방을 위한 근본으로 간주하며 이를 위해 모든 이해당사자와 협력한다.

(3) 리더십 그룹 구성·운영을 위한 정책적 지원

① 리더십 활동에 참여하고 선언서의 적극적인 실천 등 공정안전관리에 모범이 되는 사업장에 대해서는 사업장의 자율적인 이행상태평가 실시, 평가주기 완화 또는 평가 시 가점 부여방안 등 다양한 방안 검토

② 필요시 인센티브 부여조항 신설 등 법령개정 추진

2 공정안전보고서 작성·심사·확인

1. 공정안전 자료

(1) 공정관리 3가지 원칙

① 공정안전관리는 위험설비가 정해진 기준에 따라 설계, 제작, 설치, 운전 및 유지·관리되도록 전 과정을 대상으로 한다.

② 공정안전관리는 최고 경영자의 방침으로 정해야 하며 공장장의 공정안전관리에 대한 완벽한 숙지, 그리고 실행·확인이 수반되어야 한다.

③ 공정안전관리는 정기적인 검사를 통해 실제 이행되고 있는지, 문제점 및 개선사항은 무엇인지, 실행 후 효과는 나타나고 있는지 등을 확인하고 개선해야 한다.

④ 공정안전보고서 제출대상

㉠ 원유 정제처리업

㉡ 기타 석유정제물 재처리업

㉢ 석유화학계 기초화학물질 제조업 또는 합성수지 및 기타 플라스틱물질 제조업

㉣ 질소, 인산 및 칼리질 비료 제조업(인산 및 칼리질 비료 제조업에 해당하는 경우는 제외한다.)

㉤ 복합비료 제조업(단순혼합 또는 배합에 의한 경우는 제외한다.)

㉥ 농약 제조업(원제 제조만 해당한다.)

㉦ 화약 및 불꽃제품 제조업

[법상 사업주가 제출해야 하는 서류]

산업안전보건법	고압가스안전관리법
• 공정안전보고서 • 유해·위험방지계획서	• 안전관리규정 • 안전성 향상 계획 • 허가신청 시 기술검토서

(2) 평가기법 선정

① 위험성평가는

㉠ 위험의 소재(공정·설비·인간 실수 등)

㉡ 위험이 있다면 사고 발생 가능성

㉢ 사고 발생 시 피해규모

㉣ 위험을 제거하거나 발생확률을 감소시킬 수 있는 방안

㉤ 사고 발생 시 피해를 최소화할 수 있는 대책들을 규명하기 위해 시행되어야 한다.

② 위험성평가기법은 「산업안전보건법」(시행규칙 제50조)에 규정된 여러 가지 방법 중에서 공정 특성에 맞게 선정해야 한다.

③ 평가기법 선정은 다양한 공정 특성별 평가기법을 사업장 스스로 결정하며 준용할 수 있다.

④ 하나의 공정에 여러 개의 단위 공정이 있을 경우 각 단위 공정별로 다른 위험성평가기법을 선정할 수 있다.

⑤ 단위공정이 간단하거나 장치·설비의 규모도 적고 위험물 취급량이 소량일 경우에는 공정설비를 대상으로 체크리스트, 사고예방 질문분석 기법에 의해 위험성을 평가할 수 있다.

(3) 기존 제조공정(반응, 증류 등 분리, 이송시스템, 전기, 계장 시스템 등)

① 위험과 운전분석(HAZOP)

② 공정위험 분석(Process Hazard Review)

③ 이상위험도 분석(FMECA)

④ 원인결과 분석(CCA)

⑤ 결함수 분석(FTA)

⑥ 위와 동등 이상의 기법 중 1개 이상 선정

(4) 기존 저장탱크, 유틸리티, 고체 건조·분쇄 설비 등

① 체크리스트(Check List)

② 작업자 실수분석(HEA)

③ 사고예상 질문분석(What-if)

④ 위험과 운전분석(HAZOP)

⑤ 상대 위험순위 결정법(DOW/MOND INDICES)

⑥ 위와 동등 이상의 기법 중 1개 이상 선정

(5) 공정, 원료, 제품, 설비 등의 변경

① 예비위험 분석(PHA)

② 사고예상 질문분석(What-if)

③ 위험과 운전분석(HAZOP)

④ 이상위험도 분석(FMECA)

⑤ 이와 동등 이상의 기법 중 1개 이상 선정

(6) 신규 설치, 이전 사업장

① 운전과 위험분석(HAZOP)

② 이상위험도 분석(FMECA)

③ 원인결과 분석(CCA)

④ 사건수 분석(ETA)

⑤ 결함수 분석(FTA)

⑥ 이와 동등 이상의 기법 중 1개 이상 선정

2. 위험성평가

(1) 위험성평가의 목적

화학물질의 제조·저장, 취급하는 화학설비(건조설비 포함)를 신설·변경·이전하는 경우, 설계단계에서 화학
설비의 안전성을 확보하기 위하여 안전성 평가를 실시함으로써 화학설비의 사용 시 발생할 위험을 근원적으로
예방하고자 하는 데 안전성 평가의 목적이 있다.

(2) 테크놀로지 어세스먼트의 체크 포인트

① 효율성의 체크

ㄱ 재해사고의 감소(공해, 산업재해, 보건향상)

ㄴ 생활화의 고도화

ㄷ 생산성 향상

ㄹ 자원의 확대

ㅁ 상품의 국제화

ㅂ 기술수준의 향상

② 비합리성(안전성)의 체크

ㄱ 인체에 대한 영향(보건상 장해, 정신적 장해, 재해사고 위험성)

ㄴ 자연환경에 대한 영향

ㄷ 사회기능에 대한 영향

ㄹ 자원낭비의 증대 여부

ㅁ 산업, 직업, 문화적 측면에 대한 영향

(3) 부식 재해사고의 분류

① 부식에 대한 파괴사고

ㄱ 정적 파괴

ⓐ 유효면적의 감소에 의한 용기, 배관의 파열

ⓑ 나사 접합부가 빠짐

ⓒ 취성파괴

    ⓐ 절결효과에 의한 피로파괴

    ⓑ 부식취화에 의한 취성파괴

ⓒ 피로파괴

    ⓐ 절결효과에 의한 피로파괴

    ⓑ 부식(Corrosion)

    ⓒ 부식피로

ⓔ 부식환경에 있어서 파괴강도 저하에 의한 Creep 파괴

ⓜ 부식에 기인하는 초기부정의 증대에 의한 좌굴 파괴

② 부식에 의한 누설사고

    ㉠ Seal 부분의 부식에 의한 누설

    ㉡ Seal 부분 Scale에 의한 누설

    ㉢ 부식에 의한 파괴, 균열

    ㉣ 용기배관의 부식파괴에 의함

③ 녹에 기인하는 재해

    ㉠ 녹청에 의한 기능장해

        예 안전밸브 나사 접합부

    ㉡ 마찰계수의 증대에 의함

    ㉢ 녹에 기인하는 물리화학적 2차 재해

(4) 작동유체와 구조물과의 이상반응에 의함

(5) 부식생성물에 의해 발생하는 폐쇄사고

(6) 부식에 의해 발생한 가스압력에 의한 사고

(7) 부식에 의해 불균형이 되어 발생한 사고

3. 안전운전계획

(1) 관리적 대책 : 적정한 인원배치

화학설비의 인원배치에 있어서는 운전자의 기능, 경험, 지식 등을 기초로 한 팀 편성을 할 필요가 있으며, 그 인원배치 등에 대해서는 위험 등급에 따라 다음 표와 같다.

[위험등급]

구분	위험등급 Ⅰ	위험등급 Ⅱ	위험등급 Ⅲ
인원	긴급할 때 동시에 다른 장소에서 작업을 행하는 데 충분한 인원배치	긴급할 때 동시에 다른 장소에서 작업을 행하는 데 가능한 인원배치	긴급할 때 주작업을 행하고 즉시 충원이 확보될 수 있는 체제의 인원배치
자격	법정 자격자가 복수로 배치되어 관리밀도가 높은 인원배치	법정 자격자가 복수로 배치되어 있는 인원배치	법정 자격자가 충분한 인원배치

[유해화학물질의 종류]

구분	종류 및 특징
기체	• 가스(gas) : 상온상압에서 기체상태의 오염물질 • 증기(vapor) : 액체가 기화된 상태의 오염물질
액체	• 미스트(mist) : 물리적으로 생성된 액체 미립자 • 포그(fog) : 기화된 후 응축되어 생성된 액체 미립자
고체	• 먼지(dust) : 물리적으로 생성된 고형의 미립자 • 흄(fume) : 기화된 후 응결되어 생성된 고형 미립자

(2) 고압가스 압력용기

① 압력용기

압력용기는 고압가스 등을 충전하여 운반, 이동, 저장할 수 있는 용기를 말한다.

② 법적인 압력용기의 적용범위

㉠ 1종 압력용기 : 최고사용압력[kg/cm²]과 내용적[m³]을 곱한 수치가 0.04[m³]를 초과하는 다음 용기를 말한다.

  ⓐ 증기 또는 그 밖에 열매를 받아들이거나 또는 증기를 발생시켜 고체 또는 액체를 가열하는 기기로서 용기 내의 압력이 대기압을 넘을 것

  ⓑ 용기 내의 화학반응에 의하여 증기를 발생(단, 원자 핵반응은 제외한다)하는 용기로서 용기 내의 압력이 대기압을 넘을 것

  ⓒ 용기 내의 액체의 성분을 분리하기 위하여 해당 액체를 가열하거나 증기를 발생시키는 용기로서 용기 내의 압력이 대기압을 넘을 것

  ⓓ 대기압에서 비점을 넘는 온도의 액체를 그 내부에 보유하는 용기

㉡ 2종 압력용기 : 최고사용압력이 2[kg/cm²]를 초과하는 기계를 내부에 보유하는 용기로서 다음의 것을 말한다.

  ⓐ 내용적이 0.04[m³] 이상의 용기

  ⓑ 동체의 안지름이 200[mm] 이상이고, 그 길이가 1,000[mm] 이상인 것

   단, 증기헤더는 안지름이 300[mm]를 초과하는 것으로 한다.

ⓒ 용어의 정의

ⓐ 압력 : 대기압 이상의 압력, 즉 압력계에 나타나는 압력

ⓑ 최고 사용압력 : 강도상 허용되는 최고의 사용압력

ⓒ 용기의 최고사용압력 : 용기의 각 부분에 대해서 적용 계산식에 의하여 산출한 최고사용압력이 최고치 이하로, 안전하게 사용된다고 정해진 압력을 말하며, 용기 상부의 압력을 나타낸다. 용기가 2개 이상의 부분으로 되어 각각의 부분에 적용하는 압력이 다를 때에는 최고사용압력은 각각의 부분에 대해서 나타낸다.

예 진공의 경우에는 음(−)의 압력을 받는 것으로 취급한다.

ⓓ 강재 : 달리 지정이 없을 때에는 탄소강 강재를 뜻한다.

[점검주기]

점검주기	점검내용
1주 1회의 점검 (지정 요일)	밸브를 1/3 죄는 작동시험, 밸브 및 콕의 스핀들의 청소, 그리스 주유, 배관의 진동측정(진동계에 의해 지정장소를 측정함)
1개월 1회의 점검 (지정 날짜)	• 플랜지, 밸브 등의 볼트의 이완 여부를 점검, 보온·보냉상태의 파손 유무를 점검 • 카운터웨이트, 스프링행거의 상태점검과 급유배관 지지대의 상태점검 • 라이닝 재료의 상태점검, 필요에 따라 배관의 표면온도 측정
6개월에 1회의 점검	부식계통에 의한 배관의 해머링시험 부식계통도에 의한 배관의 두께측정

[폭발위험장소의 분류]

분류		적요	예
가스 폭발 위험 장소	0종 장소	인화성 액체의 증기 또는 인화성 가스에 의한 폭발위험이 지속적으로 또는 장기간 존재하는 장소	용기·장치·배관 등의 내부 등
	1종 장소	정상작동상태에서 인화성 액체의 증기 또는 인화성 가스에 의한 폭발위험분위기가 존재하기 쉬운 장소	맨홀·벤트·피트 등의 주위
	2종 장소	정상작동상태에서 인화성 액체의 증기 또는 인화성 가스에 의한 폭발위험분위기가 존재할 우려가 없으나, 존재할 경우 그 빈도가 아주 적고 단기간만 존재할 수 있는 장소	개스킷·패킹 등의 주위

분류		방폭구조의 전기기계·기구
분진 폭발 위험 장소	20종 장소	• 밀폐방진방폭구조(DIP A20 또는 B20) • 그 밖에 관련 공인 인증기관이 20종 장소에서 사용이 가능한 방폭구조로 인증한 방폭구조
	21종 장소 ★	• 밀폐방진방폭구조(DIP A20 또는 A21, DIP B20 또는 B21) • 밀폐방전방폭구조(SDP) • 그 밖에 관련 공인 인증기간이 21종 장소에서 사용이 가능한 방폭구조로 인증한 방폭구조
	22종 장소	• 20종 장소 및 21종 장소에 사용 가능한 방폭구조 • 일반방진방폭구조(DIP A22 또는 B22) • 그 밖에 22종 장소에서 사용하도록 특별히 고안된 비방폭형 구조

(3) 가스의 폭발한계

[공기 중의 폭발한계(1[atm], 상온, 화염 상방전파)]

가스의 종류	하한계	상한계	가스의 종류	하한계	상한계
아세틸렌	2.5	81.0	이황화탄소	1.2	44.0
벤젠	1.4	7.1	황화수소	4.3	45.0
톨루엔	1.4	6.7	수소	4.0	75.0
시클로프로판	2.4	10.4	일산화탄소(습)	12.5	74.0
시클로헥산	1.3	8.0	메탄	5.0	15.0
메틸알코올	7.3	36.0	에탄	3.0	12.4
에틸알코올	4.3	19.0	프로판	2.1	9.5
이소프로필알코올	2.0	12.0	부탄	1.8	8.4
아세트알데히드	4.1	57.0	펜탄	1.4	7.8
에테르(제틸)	1.9	48.0	헥산	1.2	7.4
아세톤	3.0	13.0	에틸렌	2.7	36.0
산화에틸렌	3.0	80.0	프로필렌	2.4	11.0
산화프로필렌	2.0	22.0	부텐-1	1.7	9.7
염화비닐(모노마)	4.0	22.0	이소부틸렌	1.8	9.6
암모니아	15.0	28.0	1, 3 부타디엔	2.0	12.0

[산소 중의 폭발한계]

가스의 종류	하한계	상한계	가스의 종류	하한계	상한계
수소	4.0	94	시클로프로판	2.5	60
일산화탄소(습)	12.5	94	에테르(제틸)	2.0	82
메탄	5.1	59	디비닐에테르	1.8	85
에탄	3.0	66	암모니아	15.0	79
에틸렌	2.7	80	아세틸렌	2.5	93
프로필렌	2.1	53			

㈜ 아세틸렌이나 산화에틸렌, 히드라진 등은 조건에 따라서는 100[%]일 때 폭발한다.

4. 비상조치계획

(1) 비상조치계획에 포함되어야 할 사항

① 목적

② 비상사태의 구분

③ 위험성 및 재해의 파악 분석

④ 유해위험물질의 성상 조사

⑤ 비상조치계획의 수립(최악 및 대안의 사고 시나리오의 피해예측 결과를 구체적으로 반영한 대응계획을 포함한다.)

⑥ 비상조치 계획의 검토

⑦ 비상대피 계획

⑧ 비상사태의 발령(중대산업사고의 보고를 포함한다)

⑨ 비상경보의 사업장 내·외부 사고 대응기관 및 피해범위 내 주민 등에 대한 비상경보의 전파

⑩ 비상사태의 종결

⑪ 사고조사

⑫ 비상조치 위원회의 구성

⑬ 비상토제 조직의 기능 및 책무

⑭ 장비보유현황 및 비상통제소의 설치

⑮ 운전정지 절차

⑯ 비상훈련의 실시 및 조정

⑰ 주민 홍보계획 등

(2) 비상조치계획에 최소한 포함되어야 할 사항

① 비상시 대피절차와 비상대피로의 지정

② 대피 전에 주요 공정설비에 대한 안전조치를 취해야 할 대상과 절차

③ 비상대피 후의 전 직원이 취해야 할 임무와 대책

④ 피해자에 대한 구조·응급조치 절차

⑤ 중대산업사고 발생 시의 내·외부의 연락 및 통신체계

⑥ 비상사태 발생 시 통제조직 및 업무분장

⑦ 사고 발생 시 및 비상대피시의 보호구 착용지침

⑧ 비상사태 종료 후 오염물질 제거 등 수습절차계획에 최소한 다음 사항 포함

⑨ 주민 홍보 계획

CHAPTER 03 폭발방지 및 안전대책

1 폭발의 원리 및 특성

1. 연소파와 폭굉파

(1) 연소·폭발의 정의

① 연소의 정의

㉠ 물질이 연소한다는 것은 화학반응의 일종으로 발열과 발광을 수반하는 산화 반응을 뜻한다.

㉡ 물질이 다른 데서 점화(點火) 에너지를 받고 산소와 화합하여 산화반응을 일으켜 점화에너지 이상의 열에너지를 발생하여 다른 물질로 변화하는 것이다.

㉢ 열에너지의 발생이 발열이다.

㉣ 발열로 온도가 상승하면 그 온도에 대응하는 열복사선을 방출하는데 다시 온도가 고온으로 되었을 때의 열복사선이 가시광선대역(可視光線帶域)으로 들어오는 파장으로 되어 돌아오는 것이 발광(發光)이다.

㉤ 연소가 일어나기 위해서는 가연성 물질, 산소, 점화에너지의 세 가지 요소가 필요하며, 일반적으로 이들을 연소의 3요소라 한다.

② 연소의 3요소

㉠ 가연물 : 불에 탈 수 있는 인화성 물질이 존재하여야 한다.

㉡ 열 또는 점화원 : 인화성 물질을 발화시킬 수 있는 점화원이 필요하다.

㉢ 산소(공기) : 충분한 산소의 공급이 요구된다.

(2) 폭발

① 폭발의 정의

㉠ 분해, 중합, 축합, 연소 등 화학변화에 의해 폭발하는 것은 화학적 폭발이라 한다.

㉡ 압력용기의 파열에 의한 물리적인 폭발이 있으며 연소속도는 0.1~10[m/sec]이다.

② 폭발발생의 필수인자

㉠ 인화성 물질 온도

㉡ 조성(인화성 물질의 농도범위)

㉢ 압력의 방향

㉣ 용기의 크기와 형태(모양)

(3) 폭발에너지

① 밀폐된 용기 내에서 최대폭발압력 ★

　　㉠ 기체 몰수 및 온도와의 관계 : 최대폭발압력(Pm)은 처음 압력(P_1), 기체 몰수의 변화량($n_1 \rightarrow n_2$), 온도 변화($T_1 \rightarrow T_2$)에 비례하여 높아진다.

$$\therefore \ Pm = P_1 \times \frac{n_2}{n_1} \times \frac{T_2}{T_1}$$

　　㉡ 폭발압력과 인화성 가스의 농도와의 관계

② 밀폐된 용기 내에서 폭발압력에 영향을 주는 요인

　　㉠ 온도

　　　　ⓐ 온도의 증가에 따라 최대폭발압력은 감소한다.

　　　　ⓑ 처음 온도상승에 따라 최대폭발압력 상승속도(rm)는 증가한다.

　　㉡ 최초압력(초기압력)

　　　　ⓐ 피크폭발압력은 최초압력의 8배가 된다.

　　　　ⓑ 최초압력이 증가하면 최대폭발압력 상승속도도 증가한다.

(4) 용기

① 용기의 형태

　　㉠ 용기의 지름에 대한 길이의 비가 큰 용기는 최대폭발압력이 낮아진다.

　　㉡ 용기부피나 모양에는 영향을 받지 않는다.

　　㉢ 최대폭발압력 상승속도는 용기의 부피(V)에 큰 영향을 받으며, 그 관계식은 다음과 같다.

$$rm = V^{\frac{1}{3}} = \text{const.}$$

② 발화원의 강도

　　㉠ 발화원의 강도가 클수록 최대폭발압력은 약간 증가한다.

　　㉡ 발화원의 강도가 클수록 최대폭발압력 상승속도는 크게 높아진다.

③ 폭발성 물질의 종류

　　㉠ 화학적 폭발 : 화학적 변화에 의해 폭발되는 형태를 말하며 종류는 다음과 같다.

　　　　ⓐ 분해폭발 : C_2H_2(아세틸렌)는 흡연 화합물로 가압 시 분해하여 폭발한다.

　　　　ⓑ 화합폭발 : C_2H_2, Ag, Hg, Mg, Cu[폭발성 화합물인 아세틸라이드(Cu_2C_2 : 구리아세틸라이드, Ag_2C_2 : 은아세틸라이드, Mg_2C_2 : 마그네슘 아세틸라이드, Hg_2C_2 : 수은아세틸라이드)] 등이 화합되어 폭발한다.

　　　　ⓒ 중합폭발 : 시안화수소(HCN) 등의 중합에 의해서 폭발한다.

　　　　ⓓ 연소폭발(산화폭발) : 인화성 + 산소, $C_3H_8 + 5O_2 \rightarrow 3CO_2 + 4H_2O$ 등의 산화에 의해서 폭발한다.

　　㉡ 기계적 폭발 : 고압가스 용기, 보일러 등의 폭발을 말하며 용기의 내압력이 부족하거나 또는 용기 내부의 압력이 순간적으로 급상승하여 폭발한다.

④ 인화성 가스의 폭발범위

　㉠ 폭발한계(연소범위)란 인화성 물질이 기체상태에서 공기와 혼합하여 일정 농도범위 내에서 연소가 일어나는 범위를 말한다(인화성 가스와 공기혼합비)

　㉡ 폭발한계는 하한계(하한값)와 상한계(상한값)로 표시한다.

　㉢ 상한계란 용량으로 연소가 계속되는 최대의 용량비를 말한다.

　㉣ 하한계란 용량으로 연소가 계속되는 최저용량비를 말한다.

　㉤ 위험성의 하한계가 낮으면 낮을수록 연소범위가 넓으면 넓을수록 위험하다.

　㉥ 압력상승시 하한계는 불변, 상한계만 상승한다.

2. 폭발의 분류

(1) 이상기체 상태방정식

$$PV = nRT$$

P : 압력[atm]

R : 기체상수(0.08205)[atmL/molK]

V : 부피(체적[L])

n : mol 수(무게/분자량)

T : 절대온도(−273[℃])

이상기체 상태방정식에서 정수(R), 체적(V)이 일정하면 압력은 몰 수(n) 및 절대온도(T)에 비례한다. $PV = nRT$에서 V, R이 일정하면 $P = n \cdot T$이다.

(2) 폭굉유도거리(DID)

완만한 연소가 격렬한 폭굉으로 발전된 거리를 DID라 한다.

(3) DID가 짧아지는 요인

① 점화에너지가 강할수록 짧다.(고압일 때 짧다)

② 연소속도가 큰 가스일수록 짧다.(정상 연소속도가 큰 혼합일수록)

③ 관경이 가늘거나 관 속에 이물질이 있을 경우 짧다.

④ 압력이 높을수록 짧다.(고압일수록 짧다)

(4) 폭발에너지 종류

① 화학에너지

② 유체팽창 에너지

③ 용기변형 에너지

(5) 폭발에너지의 형태 3가지

① 물리적 에너지

② 화학적 에너지

③ 원자 에너지

(6) 증기폭발·분진폭발·분해폭발

폭발분류	대상물질 분류	특징	비고
증기 폭발	저비등점의 액화가스, 용융금속	액체가 과열상태로 되면 액체가 급격히 증발하여 순간적으로 증기로 변화하여 장치가 파괴되는 등의 폭발현상	물이 있는 곳에 카바이드나 철이 낙하하는 경우 종합열, 증기압이 상승하여 증기폭발
분진 폭발 ★★	탄닌, 금속분진, 곡물가루	가연성 고체는 미분상태로 부유되어 있다가 점화에너지를 가하면 가스와 유사한 폭발형태를 가지며, 착화에너지 $10^{-2}\sim10^{-5}[J]$, 범위 : 25~45[mg/L]~80[mg/L]의 폭발형태	• 금속 : Al, Mg, Fe, Mn, Si, Sn • 분말 : 티탄, 바나듐, 아연, Dow합금 • 농산물 : 밀가루, 녹말, 솜, 쌀, 콩, 코코아, 커리
분해 폭발	아세틸렌(C_2H_2), 금속질화물, 유기과산화물	불안정한 화합물 중에서 폭발적인 분해반응을 일으키는 현상 예 $C_2H_2 \rightarrow 2C+H_2+54.19[kcal/mol]$	화학적인 방법에 의한 폭발

(7) 증기운(UVCE) 폭발

① 다량의 가연성 가스 또는 기화하기 쉬운 가연성 액체가 지표면의 개방된 공간에 유출되어 다량의 가연성 혼합기체가 형성되어 폭발이 일어나는 가스폭발의 한 형태이다.

② 폐쇄공간과 달리 폭굉으로 발전할 수도 있다.

③ 폭발단계

　　㉠ 다량의 가연성 증기의 급격한 방출. 일반적으로 이러한 현상은 과열로 압축된 액체의 용기가 파열할 때 일어난다.

　　㉡ 플랜트에서 증기가 분산되어 공기와 혼합

　　㉢ 증기운의 점화

(8) 비등액팽창증기 폭발(BLEVE) ★★

비점이 낮은 액체 저장탱크 주위에 화재가 발생했을 때 저장탱크 내부의 비등 현상으로 인한 압력 상승으로 탱크가 파열되어 그 내용물이 증발, 팽창하면서 발생되는 폭발현상

(9) 분진폭발

① 분진폭발의 특징 ★★★★★★

구분	특징
연소속도 및 폭발압력	• 가스폭발과 비교하여 작지만 연소시간이 길다. • 발생에너지가 크기 때문에 파괴력과 타는 정도가 크다. • 그러나 발화에너지는 상대적으로 훨씬 크다.
화염의 파급속도	• 폭발압력 후 1/10~2/10[초] 후에 화염이 전파되며 속도는 초기에 2~3[m/s] 정도이다. • 압력상승으로 가속도적으로 빨라진다.

압력의 속도	• 압력속도는 300[m/s] 정도이다. • 화염속도보다는 압력속도가 훨씬 빠르다.
화상의 위험	가연물의 탄화로 인하여 인체에 닿을 경우 심한 화상을 입는다.
연속폭발	폭발에 의한 폭풍이 주위분진을 날려 2차, 3차 폭발로 인한 피해가 확산된다.
불완전연소	가스에 비해 불완전연소의 가능성이 커서 일산화탄소의 존재로 인한 가스중독의 위험이 있다.
불균일한 상태의 반응	• 가스폭발처럼 균일한 상태의 반응이 아니라 불균일한 상태의 반응이다. • 가스폭발과 화약폭발의 중간상태에 해당하는 폭발이다.

② 분진 폭발에 영향을 주는 인자

　㉠ 분진 입도 및 입도분포

　㉡ 입자의 형상과 표면상태

　㉢ 분진의 부유성

　㉣ 분진의 화학적 성질과 조성

3. 가스폭발의 원리

(1) 가스폭발

혼합가스가 연소범위에서 점화되었을 때 고온과 빠른 연소속도로 인해 체적이 급격히 팽창함으로써 음향 그리고 주위에 기계적 파괴력을 미치는 현상이다.

(2) 폭연과 폭굉

폭발의 일종으로 폭풍압의 속도가 음속 이하의 경우를 폭연이라 하며, 음속 이상으로 충격파를 수반하고 파괴작용이 생기는 경우를 폭굉이라 한다.

(3) 혼합기체의 연소속도

대체적으로 01.~10[m/sec]이나 밀폐된 상태에서 착화되면 순각적으로 연소하고 연소가스는 팽창해서 약 $7 \sim 8[kg/cm^2]$의 고압을 발생하여 파괴력을 가지게 된다.

(4) 연소한계(폭발한계)에 영향을 주는 요인

① 온도 : 폭발하한은 100[℃] 증가할 때마다 25[℃]에서의 값이 8[%]가 감소하며, 폭발상한은 8[%]가 증가한다.

② 압력 : 가스압력이 높아질수록 폭발범위는 넓어진다. (상한값이 증가함)

③ 산소 : 폭발하한값은 변함이 없으나 상한값은 산소의 농도가 증가하면 현저히 상승한다.

(5) 폭굉(Detonation)

① 폭발 중에서도 격렬한 폭발로서 화염전파속도가 음속보다 빠른 경우이며 파면 선단에 충격파라고 하는 압력파가 솟구치는 현상이다.

② 관내의 혼합가스의 한 점에서 착화되었을 때 연소파가 어떤 거리를 진행한 후 돌연히 연소전파속도가 증가하고 마침내 그 속도가 1,000~3,500[m/sec]까지 도달할 때가 있는데, 이때의 경우를 폭굉이라고 한다.

③ 폭굉파의 전파속도는 음속을 초과하고 이때 파면선단에 충격파가 형성되며 심한 파괴작용을 동반한 현상을 폭굉이라 한다.

[주요 고압가스의 분류] ★★

구분	가스명	화학기호	사용압력(35[℃])	용기시험압력	상태	비고
가연성 가스	아세틸렌	C_2H_2	15.5	46.5	압축	가압하에서 자기분해
	프로판	C_3H_8	7.7(15[℃])	26	액화	
	에틸렌	C_2H_4	83	225	액화	마취성
	메탄	CH_4	150	250	압축	무취
	수소	H_2	150	250	압축	무취
조연성 가스	산소	O_2	150	250	압축	무취
	아산화질소	N_2O	118	200	액화	
	압축공기	Air	150	250	압축	
	염소	Cl_2	8.9	22	액화	독성, 자극성
독성 가스	일산화탄소	CO	150	250(48[℃])	압축	질식성, 50[ppm]
	산화에틸렌	C_2H_4O	1.5	10(48[℃])	액화	마취성, 50[ppm]
	염화메틸	CH_3Cl	6.6	15(48[℃])	액화	자극성, 100[ppm]
	암모니아	NH_3	13	30(48[℃])	액화	자극성, 25[ppm]
	시안화수소	HCN	0.5	6	액화	질식성, 10[ppm]
	포스겐	$COCl_2$	1.7	6	액화	자극성, 0.1[ppm]
	아황산가스 (이산화유황)	SO_2	4.4	12	액화	자극성, 10[ppm]
	염소	Cl_2	8.9	22	액화	조연성, 1[ppm]
	아르곤	Ar	150	250	압축	무취
불연성 가스	질소	N_2	150	250	압축	무취
	탄산가스	CO_2	80	200	액화	무취
	프레온 12	CCl_2F_2	5	15	액화	미방향취

㈜ 상기 독성 가스 비고란의 [ppm]은 허용농도(part per millien)로서 200[ppm] 이하의 것을 독성 가스로 분류한다.

(6) 폭발 성립 조건

① 밀폐된 공간이 존재하여야 한다.

② 가연성 가스, 증기 또는 분진이 폭발범위 내에 있어야 한다.

③ 점화원(에너지)이 있어야 한다.

4. 폭발등급

(1) 폭발등급 및 안전간격

[폭발등급 및 구분가스]

등급 \ 구분	안전간격	대상가스의 종류
폭발 1등급	0.6[mm] 이상	메탄, 에탄, 일산화탄소, 암모니아, 아세톤
폭발 2등급	0.4~0.6[mm]	에틸렌(C_2H_4), 석탄가스
폭발 3등급	0.4[mm] 이하	아세틸렌, 아황산가스, 수성가스, 수소

(2) 안전간격 정의 ★

8[L]의 구형 용기 안에 폭발성의 혼합 가스를 채우고 점화시켜 발생된 화염이 용기 외부의 같은 폭발성 혼합 가스까지 전달되는가의 여부를 보았을 때 전달시킬 수 없는 한계의 틈구형 용기 내에 가스를 점화시킬 때 불꽃이 틈새 사이를 통과하여 화염이 전파된다. 이때 틈새를 조절하면서 불꽃이 전달되지 않는 한계의 틈새를 말한다. 간격에 따라 0.6[mm] 이상은 폭발 1등급, 0.6~0.4[mm]는 2등급, 0.4[mm] 이하는 3등급으로 구분한다.

2 폭발방지대책

1. 폭발방지대책

(1) 폭발범위 ★

① 압력이 고압이 되면 폭발할 수 있는 조성의 범위는 커진다.

② 압력이 1[atm]보다 낮을 때에는 큰 변화가 없다.

　　예 메탄 : 공기혼합가스의 상한계농도는 1[atm]에서 14[%]이나, 40[atm]에서는 46[%]가 된다.

③ 발화온도는 압력에 가장 큰 영향을 준다.

④ 연쇄반응이 일어나면 상압보다 낮은 곳에서도 폭발은 일어난다.

⑤ 폭발은 압력, 온도, 조성의 관계에서 발생한다.

(2) 폭발 방지 대책

① 가스누설의 위험 장소에는 밀폐공간을 없앤다.

② 가스누설을 밀폐하는 설비를 설치한다.

③ 국소배기장치 등 환기장치 설치

④ 점화원 제거

⑤ 용기인 경우 안전밸브, 비상배기장치 등의 안전 장치 기능 확보

⑥ 정기적인 가스농도 측정

2. 폭발하한계 및 폭발상한계의 계산

[혼합가스의 폭발·폭굉 범위]

가연성 가스	공기 또는 산소	폭발연소하한계[%]	폭발연소상한계[%]	폭굉하한계[%]	폭굉상한계[%]
수소	공기	4.0	75.0	18.3	59.0
	산소	4.7	93.9	15.0	90.0
일산화탄소	공기	12.5	74.0	15.0	70.0
	산소	15.5	94.0	38.0	90.0
암모니아	공기	15	28.0	–	–
	산소	13.5	79.0	25.4	75.0
아세틸렌	공기	2.5	81.0	4.2	50.0
	산소	2.5	–	3.5	92.0
프로판	공기	2.1	9.5	–	–
	산소	2.3	55.0	3.2	37.0

위험도 $= \dfrac{\text{상한계} - \text{하한계}}{\text{하한계}}$ ★

CHAPTER 04 화학설비 안전

1 화학설비의 종류 및 안전기준

1. 반응기

(1) 반응기의 개요

① 반응기는 화학반응을 일으키기 위한 기구이며, 화학반응은 최적조건에서 최대 효율이 발생되도록 해야 한다.

② 화학반응은 반응물질의 농도, 온도, 압력, 시간, 촉매 등에 영향을 받고, 반응 장치에 있어서는 물질이동 및 열이동에 큰 영향을 받기 때문에 이들을 만족하도록 하는 구조형식에 적합한 반응기를 선정하는 것이 중요하다.

③ 반응기의 위험요인(hazard) : 반응폭주, 과압 등 ★

(2) 반응기의 구비조건

① 고온, 고압에 견딜 것

② 원료 물질의 균일한 혼합이 가능할 것

③ 촉매의 활성에 영향을 주지 않을 것

④ 적당한 체류시간이 있을 것

⑤ 냉각장치(발열반응인 경우 발생열 제거) 및 가열장치(흡열반응에서 반응온도유지)를 가질 것

(3) 반응기의 종류

① 교반식 반응기

② 관상로

③ 요형 반응기

④ 이동형 반응기

⑤ 고정층 반응기

⑥ 유동층 반응기

⑦ 고온연소식 반응기(버너식 반응기)

(4) 반응기의 분류 ★★

① 조작(운전)방식에 의한 분류 : 회분식, 연속식, 반회분식

② 구조에 의한 분류 : 관형, 탑형, 교반기형, 유동층형

(5) 화학설비 및 부속설비 ★★★★

　① 화학설비

　　㉠ 반응기 · 혼합조 등 화학물질 반응 또는 혼합장치

　　㉡ 증류탑 · 흡수탑 · 추출탑 · 감압탑 등 화학물질 분리장치

　　㉢ 저장탱크 · 계량탱크 · 호퍼 · 사일로 등 화학물질 저장설비 또는 계량설비

　　㉣ 응축기 · 냉각기 · 가열기 · 증발기 등 열교환기류

　　㉤ 고로 등 점화기를 직접 사용하는 열교환기류

　　㉥ 캘린더(calender) · 혼합기 · 발포기 · 인쇄기 · 압출기 등 화학제품 가공설비

　　㉦ 분쇄기 · 분체분리기 · 용융기 등 분체화학물질 취급장치 ★

　　㉧ 결정조 · 유동탑 · 탈습기 · 건조기 등 분체화학물질 분리장치 ★

　　㉨ 펌프류 · 압축기 · 이젝터(ejector) 등의 화학물질 이송 또는 압축설비

　② 화학설비의 부속설비 ★★

　　㉠ 배관 · 밸브 · 관 · 부속류 등 화학물질 이송 관련 설비

　　㉡ 온도 · 압력 · 유량 등을 지시 · 기록 등을 하는 자동제어 관련 설비

　　㉢ 안전밸브 · 안전판 · 긴급차단 또는 방출밸브 등 비상조치 관련 설비

　　㉣ 가스누출감지 및 경보 관련 설비

　　㉤ 세정기, 응축기, 벤트스택(bent stack), 플레어스택(flare stack) 등 폐가스처리설비

　　㉥ 사이클론, 백필터(bag filter), 전기집진기 등 분진처리설비

　　㉦ 가목부터 바목까지의 설비를 운전하기 위하여 부속된 전기 관련 설비

　　㉧ 정전기 제거장치, 긴급 샤워설비 등 안전 관련 설비

2. 정류탑

　(1) 정의

　　증발하기 쉬운 차이(비점의 차이)를 이용하여 액체혼합물의 성분을 분리하기 위한 장치이다.

　(2) 운전상의 주의사항

　　① 원액의 농도와 공급단

　　② 환류량의 증감

　　③ 온도구배

　　④ 압력구배

　　⑤ 증류탑의 적정운전 부하

　(3) 정류탑의 종류

　　① 충전탑

　　　탑 내에 고형 충전물을 넣고 증기와 액체와의 접촉면적을 증가시키는 것으로 탑 지름이 작거나 부식성이 큰

물질의 증류 등에 이용된다. 충전물 중에 가장 일반적으로 사용되는 것으로 Raschig ring이 있는데, 이것은 직경 1/2~3[inch], 높이 1~1/2[inch] 정도의 원통형 물질이며 자성제, 카본제, 철제 등이 있다.

② 단탑

특정구조의 수개 또는 수십개의 단이 세워져 있고 각각의 단을 단위로 해서 증기와 액체를 접촉시킨다.

③ 포종탑 ★

포종을 단위로 배열하여 증기를 상승시키고 포종의 내측에서 하향포종 내의 액면을 슬롯의 높이 이하로 밀어내림으로써 슬롯으로부터 분출된 기체가 혼합된다. 액체는 상단으로부터 강하관에 흘러들어가 하단에서 배출된다. 액체가 강하관에 유입하는 장소에 일류제가 설치되어 있으므로 일류제 높이 이상으로 액체가 체류한다.

④ 증류탑 설계인자

ㄱ 액 및 가스비율

ㄴ 고체의 유무

ㄷ 부식성 등 화학적 특성

ㄹ 연속식 및 회분식

ㅁ 운전압력

ㅂ 운전온도

(4) 증류탑의 점검사항

① 일상점검항목(운전 중에 점검)

ㄱ 보온재 및 보냉재의 파손상황

ㄴ 도장의 열화상태

ㄷ 플랜지(flange)부, 맨홀(manhole)부, 용접부에서 외부누출 여부

ㄹ 기초볼트의 헐거움 여부

ㅁ 증기배관에 열팽창에 의한 무리한 힘이 가해지고 있는지의 여부와 부식 등에 의해 두께가 얇아지고 있는지의 여부

② 개방 시 점검해야 할 항목(운전정지시 점검)

ㄱ 트레이(tray)의 부식상태, 정도, 범위

ㄴ 폴리머(polymer) 등의 생성물, 녹 등으로 인하여 포종(泡鐘)의 막힘 여부와 다공판의 beding은 없는지, 밸러스트 유닛(ballast unit)은 고정되어 있는지의 여부

ㄷ 넘쳐흐르는 둑의 높이가 설계와 같은지의 여부

ㄹ 용접선의 상황과 포종이 단(선반)에 고정되어 있는지의 여부

ㅁ 누출의 원인이 되는 균열, 손상 여부

ㅂ 라이닝(lining), 코팅상황

[증류방식]

증류방식	회분식	연속식	취급방법
단증류	회분단류	평형증류	• 감압증류 • 상압증류 • 고압증류
정류 (rectification)	회분정류	연속증류	• 추출증류 • 공비증류 • 수증기 증류

3. 열교환기

(1) 사용목적

① 열교환기(heat exchanger) : 폐열의 회수를 목적으로 한다.(열원 : 다우텀섬)

② 냉각기(cooler) : 고온측 유체의 냉각을 목적으로 한다.

③ 가열기(heater) : 저온측 유체의 가열을 목적으로 한다.

④ 응축기(condenser) : 증기의 응축을 목적으로 한다.

⑤ 증발기(evaporator) : 저온측 유체의 증발을 목적으로 한다.

[열교환기의 주요용도]

사용개소	사용목적	사용되는 열교환기의 형식
가열기 또는 기화기	액화가스의 가열기화	이중관식, 고정관판식
증류탑 예열기	공급물의 예열	이중관식, 고정관판식
증류탑 탑상응축기	탑상부 증기의 응축	부동두식, 고정관판식, U자관식
증류탑 탑저냉각기	탑저결축액의 냉각	이중관식, 고정관판식
증류탑 재비기	탑저액의 재증발(리보일러)	고정관판식, U자식
압축기 중간 또는 출구냉각	압축가스냉각	이중관식, 고정관판식, 부동두식
폐열회수 보일러	폐열회수	고정관판식

(2) 보수 및 점검사항

① 일상점검 항목 ★

㉠ 보온재 및 보냉재의 파손상황

㉡ 도장의 노후 상황

㉢ 플랜지(flange)부, 용접부 등의 누설 여부

㉣ 기초볼트의 조임 상태

② 정기점검 항목

㉠ 부식 및 고분자 등 생성물의 상황, 또는 부착물에 의한 오염의 상황

ⓛ 부식의 형태, 정도, 범위

ⓒ 누출의 원인이 되는 비율, 결점

ⓡ 칠의 두께 감소정도

ⓜ 용접선의 상황

ⓗ Lining 또는 코팅의 상태

③ 화학설비 및 그 부속설비의 자체검사내용

ⓐ 당해 설비 내부에 폭발 또는 화재의 우려가 있는 물질의 유무

ⓑ 내면 및 외면의 현저한 손상, 변형 및 부식의 유무

ⓒ 뚜껑, 플랜지, 밸브, 콕 접합상태의 이상 유무

ⓡ 안전밸브, 긴급차단장치 기타 안전방호장치의 이상 유무

ⓜ 냉각장치, 가열장치, 교반장치, 압축장치, 계측 및 제어장치 기능의 이상 유무

ⓗ 예비동력원 기능의 이상 유무

2 건조설비의 종류 및 재해형태

1. 건조설비의 종류

(1) 정의

① 증기가 있는 재료를 처리하여 수분을 제거하고 조작하는 기구를 말한다.

② 건조설비는 본체, 가열장치, 부속장치로 구성되어 있다.

(2) 위험물 건조설비를 설치하는 건축물의 구조 ★

① 위험물 또는 위험물이 발생하는 물질을 가열·건조하는 경우 내용적이 $1[m^3]$ 이상인 건조설비 ★

② 위험물이 아닌 물질을 가열·건조하는 경우로서 다음의 어느 하나의 용량에 해당하는 건조설비

ⓐ 고체 또는 액체연료의 최대사용량이 시간당 10[kg] 이상

ⓑ 기체연료의 최대사용량이 시간당 $1[m^3]$ 이상

ⓒ 전기사용 정격용량이 10[kW] 이상

(3) 건조설비의 구조 조건 ★

① 건조설비의 바깥 면은 불연성 재료로 만들 것

② 건조설비(유기과산화물을 가열 건조하는 것은 제외한다)의 내면과 내부의 선반이나 틀은 불연성 재료로 만들 것

③ 위험물 건조설비의 측벽이나 바닥은 견고한 구조로 할 것

④ 위험물 건조설비는 그 상부를 가벼운 재료로 만들고 주위상황을 고려하여 폭발구를 설치할 것

⑤ 위험물 건조설비는 건조하는 경우에 발생하는 가스·증기 또는 분진을 안전한 장소로 배출시킬 수 있는 구조로 할 것

⑥ 액체연료 또는 인화성 가스를 열원의 연료로 사용하는 건조설비는 점화하는 경우에는 폭발이나 화재를 예방하기 위하여 연소실이나 그 밖에 점화하는 부분을 환기시킬 수 있는 구조로 할 것

⑦ 건조설비의 내부는 청소하기 쉬운 구조로 할 것

⑧ 건조설비의 감시창·출입구 및 배기구 등과 같은 개구부는 발화 시에 불이 다른 곳으로 번지지 아니하는 위치에 설치하고 필요한 경우에는 즉시 밀폐할 수 있는 구조로 할 것

⑨ 건조설비는 내부의 온도가 부분적으로 상승하지 아니하는 구조로 설치할 것

⑩ 위험물 건조설비의 열원으로서 직화를 사용하지 아니할 것

⑪ 위험물 건조설비가 아닌 건조설비의 열원으로서 직화를 사용하는 경우에는 불꽃 등에 의한 화재를 예방하기 위하여 덮개를 설치하거나 격벽을 설치할 것

⑫ 건조설비에 부속된 전열기·전동기 및 전등 등에 접속된 배선 및 개폐기를 사용하는 경우에는 그 건조설비 전용의 것을 사용하여야 한다.

⑬ 위험물 건조설비의 내부에서 전기불꽃의 발생으로 위험물의 점화원이 될 우려가 있는 전기기계·기구 또는 배선을 설치해서는 안 된다.

(4) 형태 및 구조에 의한 분류

① 용액이나 슬러리건조기

　㉠ 드럼건조기 : Roller 사이에서 용액인 슬러리를 증발시킨다.

　㉡ 교반건조기 : 접착성이 큰 것에 사용된다.

　㉢ 분무건조기 : 슬러리나 용액을 미세한 입자의 형태로 가열하여 기체 중에 분산시켜서 건조시킨다.

② 고체건조기

　㉠ 상자건조기 : 괴상, 입상의 고체를 회분식으로 건조하여 곡물, 점토제품, 비누, 양모 등에 사용된다.

　㉡ 터널건조기 : 다량을 연속적으로 건조한다.

　㉢ 회전건조기 : 다량의 입상 또는결정상 물질을 건조한다.

③ 특수건조기

　㉠ 적외선 복사건조기

　㉡ 고주파 가열건조기(합판건조 사용)

2. 건조설비 취급 시 주의사항

(1) 건조설비 취급 시 안전대책

① 건조물은 열원 위에 떨어지지 않게 주의하여 넣을 것

② 건조장치의 내부를 정기적으로 청소하고 분진의 누적을 방지할 것

③ 기계에 불티가 나는 부분은 덮개장치를 할 것

④ 건조기 내의 온도가 100[℃] 이상 되는 때에는 건조기의 몸통, 건조기 내의 선반이나 틀 용기는 모두 불연성 재료로 할 것

⑤ 열원과 건조물 사이에는 안전한 격리상태를 확보할 것

⑥ 내부의 상태를 정기적으로 점검하고 이상이 있을 때에는 신속히 보고하여 적당한 조치를 받을 것

⑦ 소정의 열원 또는 건조시간을 넘지 않도록 유의할 것

⑧ 소정의 온도와 건조시간을 넘지 않도록 할 것

(2) 건조설비의 사용 시 준수사항 ★★★

① 위험물 건조설비를 사용하는 경우에는 미리 내부를 청소하거나 환기할 것

② 위험물 건조설비를 사용하는 경우에는 건조로 인하여 발생하는 가스·증기 또는 분진에 의하여 폭발·화재의 위험이 있는 물질을 안전한 장소로 배출시킬 것

③ 위험물 건조설비를 사용하여 가열건조하는 건조물은 쉽게 이탈되지 않도록 할 것

④ 고온으로 가열건조한 인화성 액체는 발화의 위험이 없는 온도로 냉각한 후에 격납시킬 것

⑤ 건조설비(바깥 면이 현저히 고온이 되는 설비만 해당한다.)에 가까운 장소에는 인화성 액체를 두지 않도록 할 것

⑥ 내부온도가 자동으로 조정되는 건조설비의 온도 측정 장치 설치

---

3 공정 안전기술

1. 제어장치

(1) 구성요소

① 검출부

공정의 온도, 압력, 유량등을 계기에서 검출하고 이것을 공기압, 전기 등으로 전환한 신호를 조절계로 전달하는 부분이다.

② 조절부(계)

검출부로부터 신호를 받아서 설정치를 적절히 조절하고 이것을 조작부(조절밸브)에 전하는 부분이다.

③ 조작부(계)

조절부(계)로부터의 신호(공기압 또는 전기신호)에 의해 개폐동작을 하는 조절밸브가 있고 예를 들어 공기압에 의해 열리는 조절밸브를 Air to Open(Spring Close)이라 하고 닫히는 조절밸브를 Air to close(Spring Open)이라 한다.

(2) 제어동작

① 위치동작(불연속제어동작)

2위치 동작과 다위치 동작이 있으며, 2위치 동작은 단계적인 2종의 조작기호를 보내는 동작이라 한다. 다위치 동작은 단계적인 각종의 조작기호를 보내는 동작을 말한다.

② 비례동작(연속제어동작)

설정치에 비례하는 조작신호의 차이를 보내는 동작이며 비례대를 좁게 하면 차이는 동일해지나 조작신호변화가 많게 되면 밸브의 개도는 민감하게 변한대.

③ 적분동작(연속제어동작)

비례동작만으로는 Offset이라는 현상이 일어나고 제어치가 목표치에 완전히 일치하지 않으므로 이것을 일치시키기 위해 설정치로부터 차이가 생기면 차이에 비례한 속도에서 조작신호가 변화하는 동작을 말한다. 이 동작에서는 Reset 시간을 짧게 하면 같은 차이라도 밸브의 개도변화가 빠르게 된다.

④ 미분동작(연속제어동작)

설정치로부터 검출치가 차이나는 속도(예를 들어 100[℃]에 설정되어 있을 때 2분간에 95[℃]로 내려가면 5[℃]÷2[분]=2.5[℃/분])에 비례한 조작신호를 보내는 동작을 말한다. 이 시간을 길게 하면 설정치로부터 어느 것의 속도가 같아도 밸브개도의 변화는 크게 된다.

2. 안전장치의 종류

(1) 안전장치

① 종류

    ㉠ 안전밸브(스프링식, 가용전식, 중추식, 파열판식)

    ㉡ 통기밸브

    ㉢ 파열판

    ㉣ 화염방지기

    ㉤ 긴급차단장치

② 안전장치 구분 ★

    ㉠ 파열판의 구조 형식 : 평판, 돔형 등이 있으며, 밀폐장치 등이 압력과잉 예방장치

    ㉡ 체크밸브 : 유체의 역류를 방지하는 밸브

    ㉢ 블로밸브 : 과잉압력을 방출하는 밸브

    ㉣ 대기밸브(breather valve) : 통기밸브라고도 하며 항상 탱크 내의 압력을 대기압과 평형한 압력으로 해서 탱크를 보호하는 방법

    ㉤ Flame Arrester : 화염의 차단을 목적으로 한 장치 ★

    ㉥ Vent Stack : 탱크 내의 압력을 정상인 상태로 유지하기 위한 가스방출장치

  Ⓐ 글로브밸브 : 스톱밸브의 일종으로 외형이 구형(球形)인 밸브

    ⓐ 장점 : 밸브의 개폐를 빠르게 할 수 있고, 밸브 본체와 밸브 시트의 조합도 쉽다.

    ⓑ 단점 : 밸브 내에서는 흐르는 방향이 바뀌는 외에 밸브가 전부 열려도 밸브 본체가 유체 중에 있기 때문에 유체의 에너지 손실이 크다.

  Ⓑ 게이트밸브 : 게이트밸브는 밸브 디스크가 유체의 통로를 수직으로 막아서 개폐하고 유체의 흐름이 일직선으로 유지되는 밸브이다.

(2) 종류별 특성

 ① 긴급차단장치의 설치

  특수화학설비를 설치하는 경우에는 이상 상태의 발생에 따른 폭발·화재 또는 위험물의 누출을 방지하기 위하여 원재료 공급의 긴급차단, 제품 등의 방출, 불활성 가스의 주입이나 냉각용수 등의 공급을 위하여 필요한 장치 등을 설치하여야 한다.

 ② 종류

  ㉠ 공기압식

  ㉡ 유압식

  ㉢ 전기식

 ③ Flarestack : 가스나 고휘발성 액체의 증기를 연소해서 대기 중으로 방출하는 장치(가연성, 독성, 냄새를 거의 없앤 후 대기 중에 방산 예 Molecular seal)

 ④ Blow-down : 응축성 증기, 열유(熱油), 열액(熱液) 등 공정액체를 빼내고 이것을 안전하게 유지 또는 처리하기 위한 설비

 ⑤ Steam-draft : 증기배관 내에 생기는 응축수를 자동적으로 배출하기 위한 장치(종류 : 디스크식, 바이메탈식, 버킷식) ★

 ⑥ 화염방지기의 설치 ★★

  사업주는 인화성 액체 및 인화성 가스를 저장·취급하는 화학설비에서 증기나 가스를 대기로 방출하는 경우에는 외부로부터의 화염을 방지하기 위하여 화염방지기를 그 설비 상단에 설치해야 한다. 다만, 대기로 연결된 통기관에 화염방지 기능이 있는 통기밸브가 설치되어 있거나, 인화점이 섭씨 38[℃]도 이상 60[℃] 이하인 인화성 액체를 저장·취급할 때에 화염방지 기능을 가지는 인화방지망을 설치한 경우에는 그렇지 않다.

 ⑦ 내화기준 ★★★★

  사업주는 「산업안전보건기준에 관한 규칙」 제230조 제1항에 따른 가스폭발 위험장소 또는 분진폭발 위험장소에 설치되는 건축물 등에 대해서는 다음에 해당하는 부분을 내화구조로 하여야 하며, 그 성능이 항상 유지될 수 있도록 점검·보수 등 적절한 조치를 하여야 한다. 다만, 건축물 등의 주변에 화재에 대비하여 물 분무시설 또는 폼 헤드(foam head)설비 등의 자동소화설비를 설치하여 건축물 등이 화재시에 2시간 이상 그 안전성을 유지할 수 있도록 한 경우에는 내화구조로 하지 아니할 수 있다.

       ㉠ 건축물의 기둥 및 보 : 지상 1층(지상 1층의 높이가 6[m]를 초과하는 경우에는 6[m])까지

       ㉡ 위험물 저장·취급용기의 지지대(높이가 30[cm] 이하인 것은 제외한다) : 지상으로부터 지지대의 끝부분까지

       ㉢ 배관·전선관 등의 지지대 : 지상으로부터 1단(1단의 높이가 6[m]를 초과하는 경우에는 6[m])까지

   ⑧ 안전거리

       사업주는 위험물을 저장·취급하는 화학설비 및 그 부속설비를 설치하는 경우에는 폭발이나 화재에 따른 피해를 줄일 수 있도록 다음 표에 따라 설비 및 시설 간에 충분한 안전거리를 유지하여야 한다. 다만, 다른 법령에 따라 안전거리 또는 보유공지를 유지하거나,「산업안전보건법」제44조에 따른 공정안전보고서를 제출하여 피해최소화를 위한 위험성평가를 통하여 그 안전성을 확인받은 경우에는 그러하지 아니하다.

[안전거리] ★★★

구분	안전거리
1. 단위공정시설 및 설비로부터 다른 단위공정시설 및 설비의 사이	설비의 바깥 면으로부터 10[m] 이상 ★
2. 플레어스택으로부터 단위공정시설 및 설비, 위험물질 저장탱크 또는 위험물질 하역설비의 사이	플레어스택으로부터 반경 20[m] 이상. 다만, 단위공정시설 등이 불연재로 시공된 지붕 아래에 설치된 경우에는 그러하지 아니하다.
3. 위험물질 저장탱크로부터 단위공정시설 및 설비, 보일러 또는 가열로의 사이	저장탱크의 바깥 면으로부터 20[m] 이상. 다만, 저장탱크의 방호벽, 원격조종화설비 또는 살수설비를 설치한 경우에는 그러하지 아니하다.
4. 사무실·연구실·실험실·정비실 또는 식당으로부터 단위공정시설 및 설비, 위험물질 저장탱크, 위험물질 하역설비, 보일러 또는 가열로의 사이	사무실 등의 바깥 면으로부터 20[m] 이상. 다만, 난방용 보일러인 경우 또는 사무실 등의 벽을 방호구조로 설치한 경우에는 그러하지 아니하다.

(3) 안전설계 및 운전

   ① 설비의 안전기준

       ㉠ 밸브, 콕 등의 조작기준(개폐시기, 순서, 송급시간 등의 사항)

       ㉡ 냉각장치, 교반장치 및 압축장치의 조작기준(조작의 시기, 순서, 그 밖에 운전 상태의 적정유지에 필요한 사항)

       ㉢ 온도계, 압력계, 그 밖에 계측장치의 감시기준(감시시기, 회수, 기록방법 등의 사항)

       ㉣ 안전장치의 조정기준(조정의 시기, 회수, 작동테스트 절차 등의 사항)

       ㉤ 위험물의 누설점검기준(점검개소, 시기, 회수, 기록요령 등의 사항)

       ㉥ 시료의 채취요령(시기, 회수, 채취방법 등의 사항)

       ㉦ 이상 시의 조치요령(조작장소, 순서, 긴급연락요원 배치 등의 사항)

       ㉧ 그 밖에 필요한 조치요령(운전의 개시시, 정지시에 있어서의 상호 간 연락조정, 긴급 시의 연락조정, 긴급 시의 피난 등의 사항)

② 설비의 정비점검

화학설비 또는 그 부속설비의 개조, 수리, 청소 등의 작업에 대해서는 작업지휘자를 정해 작업방법 등의 주지, 위험물 등의 누설에 의한 위험방지를 이행할 것

㉠ 이 작업을 청부인에게 행하게 하는 경우에는 화학설비 소유자 측의 관계기술자의 입회 아래 행하도록 지도할 것

㉡ 화학설비 및 그 부속설비에 대해서는 정기검사 및 사용개시점검을 행하도록 할 것. '정기검사'는 기간을 정하여 실시하는 정기 검사를 말하며, '사용개시의 점검'으로는 신설, 개조, 수리, 1개월 이상의 휴지 및 용도변경의 경우의 검사를 말한다. 이것들의 경우 실시 사항은 다음과 같다.

ⓐ 설비 내부에 대해서 폭발화재의 원인이 되는 녹, 슬러지 등의 유무

ⓑ 설비의 외표면, 내표면에 대해 현저한 손상, 변형부식의 유무(용도변경의 경우에는 행하지 않아도 지장이 없다.)

ⓒ 설비접합부에 대한 끼워맞춤 불량, 마모, 변형, 헐거움, 패킹 탈락, 조임볼트 결손 등의 유무, 밸브 콕의 작동 양부(용도변경의 경우에는 행하지 않아도 지장이 없다.)

ⓓ 안전장치의 자동 양부

ⓔ 냉각, 교반, 압축, 계측 또는 제어를 위한 장치기능의 양부

ⓕ 예비전원장치, 스팀터빈, 내연기관 등 동력발생장치의 출력, 교체상태의 양부(용도변경의 경우는 하지 않아도 지장이 없다.)

ⓖ 긴급 시 원료, 재료, 불활성 가스 등의 공급장치, 역화·역류 등의 방화장치, 긴급경보장치 및 표시등, 운전지시장치 기능의 양부

③ 화학설비의 구조물 조건

㉠ 설비의 주변의 벽이나 기둥, 바닥, 창, 지붕, 계단 등의 부분은 불연성 재료로 해야 한다.

㉡ 화학설비의 근접한 위치에 있는 바닥, 벽, 기둥, 창, 지붕, 계단 등의 건축부분은 위험물에 의한 오손, 화학설비에서의 방사열 등에 의한 화재를 발생할 위험성이 있다.

㉢ '불연성 재료'로는 콘크리트, 벽돌, 기와, 알루미늄, 유리, 콜타르, 회반죽 그 밖에 이것에 유하는 불연성의 건축재료를 말한다.

④ 화학설비의 오조작방지

㉠ 화학설비에 원료 또는 재료의 공급을 잘못하면 이상반응, 돌비, 폐색 등을 발생해 폭발화재를 일으킬 위험이 있다.

㉡ 밸브, 콕의 개폐방향, 개폐도, 조작순서 및 공급하는 원료, 재료의 종류, 양, 공급대상을 조작자가 보기 쉬운 위치에 표시시킬 필요가 있다.

⑤ 사용 전의 점검

㉠ 처음으로 사용하는 경우

㉡ 분해하거나 개조 또는 수리를 한 경우

ⓒ 계속하여 1개월 이상 사용하지 아니한 후 다시 사용하는 경우

⑥ 용도를 변경하는 경우의 사용 전 점검

ⓐ 그 설비 내부에 폭발이나 화재의 우려가 있는 물질이 있는지 여부

ⓑ 안전밸브·긴급차단장치 및 그 밖의 방호장치 기능의 이상 유무

ⓒ 냉각장치·가열장치·교반장치·압축장치·계측장치 및 제어장치 기능의 이상 유무

3. 송풍기

- **송풍기**(blower) : 압력상승이 $1[kg/cm^2]$ 미만
① 송풍기는 가능하면 해당 분진 등의 발산원에 가까운 위치에 설치한다.
② 직접 외부로 향하도록 개방하여 실외에 설치하는 등 배출되는 요인이 작업장으로 재유입되지 않는 구조로 한다.
③ 송풍기 등의 회전 날개에 의하여 근로자가 위험해질 우려가 있는 경우 해당 부위에 망 또는 울을 설치한다.

4. 압축기

(1) **압축기**(compressor) : 압력상승이 $1[kg/cm^2]$ 이상

토출량(유량)	$Q' = Q \times (\frac{N'}{N})$
양정	$H' = H \times (\frac{N'}{N})^2$
동력	$P' = P \times (\frac{N'}{N})^3$

(2) 원심식 또는 축류식 압축기와 왕복기의 차이점

① 원심식 또는 축류식의 압축기는 고속회전을 하지 않으면 임펠러(impeller)를 통하는 기체에 속도와 압력을 줄 수 없다(압력에 한도가 있음).

② 왕복식 압축기는 밸브의 개폐에 다소 시간적 여유가 필요하며, 그 회전수는 비교적 낮아야 한다(토출량이 적음).

③ 왕복운전부의 탄력(momentum)에 의해서 진동이 일어나기 때문에 견고한 기초가 필요하며, 그 위에 맥류 (脈流)가 되므로 저장탱크가 필요하다.

(3) 압축기의 정비

① 왕복식 압축기

ⓐ 밸브를 검사하고 이상이 있는 것을 교체한다.

ⓑ 실린더(cylinder) 내면의 검사와 치수측정 및 피스톤(piston), 피스톤링(piston ring)의 마모도 검사를 하고, 이상 유무를 확인한다.

ⓒ 주베어링(bearing), 연접봉베어링의 틈새를 측정하고 필요에 따라 조정한다.

ⓔ packing 상자의 packing을 검사하고 필요에 따라 교체한다.

ⓜ 압축기 부품 조임볼트와 너트의 헐거움을 점검하고 조정한다.

ⓗ 베어링(bearing)유를 교체한다.

ⓢ 압축기 부품을 청소한다.

ⓞ 압축기 부속의 냉각기, 보조 펌프류, 구동기 등도 점검해서 언제나 압축기 운전에 지장을 초래하지 않도록 한다.

② 원심기 압축기

ⓖ 날개바퀴(impeller), 안내날개, 케이싱(casing) 등에 손상이 없나 점검한다. 특히 회전부와 정지부(靜止部) 등이 접촉하여 마찰하지 않는가에 주의한다.

ⓛ 축에 굽힘이 발생하거나 손상이 생기지 않았나 점검한다.

ⓒ 베어링이 급유 부적합, 기름의 더러움에 의한 발열 때문에 손상되지 않았는가를 점검한다.

ⓔ 베어링을 수리한 경우에는 축심(軸心)과 케이싱(casing)의 중심이 일치하고 있는가를 충분히 조사한다.

ⓜ Labyrinth를 사용하고 있는 개소에 Labyrinth 선단부의 마모를 점검한다.

ⓗ 기름계통의 스트레이너(strainer) 청소를 한다.

ⓢ 압축기 부속의 냉각기, 보조 펌프류, 구동기 등의 부속설비에 대해서도 충분히 점검을 한다.

③ 축류 공기압축기 ★

ⓖ 축류 공기압축기에는 회전식 및 고정식 블레이드를 통해 공기압축기 샤프트를 따라 공기 또는 기체가 통과하는 축류가 이 방식에서는 고정식 블레이드를 통해 운동 에너지가 압력으로 전환되는 동시에 공기의 속도가 점차적으로 증가

ⓛ 일반적으로 축 스러스트에 대응할 수 있도록 밸런싱 드럼이 공기압축기에 내장

ⓒ 축류 공기압축기는 일반적으로 동급 원심 공기압축기보다 더 작고 가벼우며 더 높은 속도로 작동

ⓔ 예를 들어, 통풍 시스템에서 상대적으로 적절한 압력의 일정하고 높은 용량의 흐름에 사용되고, 회전 속도가 높다면 발전 및 항공기 추진용 가스 터빈에 완벽하게 어울림

5. 배관 및 피팅류

(1) 관의 종류

재료	주요용도	재료	주요용도
주철관	수도관	동관	급유관, 증류기의 전열부분관
강관	증기관, 압축기체용관	황동관	복수관, 증류기의 관
가스관	접관	연관	상수, 산액, 오수관

(2) 부속품

① **접합부** : 접합부에는 영구적 연결과 일시적 연결 등 2종류가 있다. 일반적으로 고압 또는 독성물질 배관에서는 누설을 방지하기 위해 배관을 용접하고 부착장소나 보수 및 수리를 위해서는 플랜지와 같은 접합부를 사

용한다. 관이 길고, 온도변화에 따른 관의 신축을 고려하여 신축이음을 사용한다.

② 밸브 및 밸브의 종류 : 밸브는 배관 내 유체의 흐름을 정지시키거나 조절하기 위한 기구이며 그 종류는 크게
분류하여 정지밸브 및 조절밸브가 있다.

[밸브의 종류와 기능]

종류	기능
글로브(glove) 밸브(스톱밸브)	• 유체의 흐름방향과 평행하게 밸브가 개폐 • 마찰저항이 크고 섬세한 유량 조절에 사용
슬루스(sluice) 밸브	• 밸브가 유체의 흐름에 직각으로 개폐 • 마찰저항이 작고 개폐용을 사용
체크(check) 밸브	• 역류방지를 목적으로 사용 • 스윙형(수직, 수평, 저항이 작다) 리프트(수평배관)
콕(coke)	90[°] 회전하면서 가스의 흐름을 조절
볼(ball) 밸브	밸브디스크가 공모양이고 콕과 유사한 밸브
버터플라이(butter fly) 밸브	밸브 몸통 속에서 밸브대를 축으로 하여 원판모양의 밸브디스크가 회전하는 밸브

ⓐ 정지밸브 : 정지밸브는 밸브의 조절에 의해 유체흐름에 직각방향으로 작동하는 밸브의 총칭이며 일반 배
관용 차단장치로 이용되고 있다. 폐쇄가 확실히 가능하고 비교적 저가이므로 넓게 이용되는 밸브이며 앵
글밸브와 볼형밸브의 2종류가 있다.

ⓑ 조절밸브 : 조절밸브는 흐름에 직각방향으로 공급하여 유량의 가감 및 차단에 이용되는 밸브의 총칭이다.
밸브를 통과하는 유체의 흐름방향이 변하지 않고 부착접합부의 간격이 짧은 것이 특징이다.

(3) 배관의 점검보수

① 정기검사 항목

　　ⓐ 부식·마모에 의한 이상 유무

　　ⓑ 내부에 이물질의 축적상태

　　ⓒ 용접부의 균열, 조직변화 등

② 운전 중에 배관점검방법

　　ⓐ 화학설비의 운전 중에는 열팽창, 진동 등에 의한 접합부 그 밖에 여러 부분의 접합상태가 이완되어 누설
되거나 밸브, 콕 등의 작동불량이 발생한다.

　　ⓑ 이것을 사전에 예방함과 동시에 이를 조기에 발견하기 위하여 부착물을 포함한 배관계통의 운전중의 점
검, 보수를 하는 것이 필요하며, 그 예는 다음과 같다.

[점검항목]

문제점	원인	대책
밸브, 접속부분의 누설	• 볼트의 이완 • 볼트의 파손(절단 등)	• 테스트해머에 의한 이완상태점검, 누설시 토크렌치에 의한 보수법
밸브커버, 글랜드부의 누설	• 나사의 이완 • 글랜드패킹의 파손	• 보충힘 • 엑스트라패킹의 부착
배관의 굴곡	• 팽창, 수축 • 이상압력상승	• 원인제거 • 지지대교체

6. 계측장치 ★★★★

(1) 계측장치의 종류

① 온도계

② 유량계

③ 압력계

(2) 특수화학설비를 설치할 때 계측장치를 설치해야 하는 경우

① 발열반응이 일어나는 반응장치

② 증류・정류・증발・추출 등 분리를 하는 장치

③ 가열시켜 주는 물질의 온도가 가열되는 위험물질의 분해온도 또는 발화점보다 높은 상태에서 운전되는 설비

④ 반응폭주 등 이상 화학반응에 의하여 위험물질이 발생할 우려가 있는 설비

⑤ 온도가 섭씨 350[℃] 이상이거나 게이지 압력이 980[kPa] 이상인 상태에서 운전되는 설비

⑥ 가열로 또는 가열기

CHAPTER 05 화재예방 및 소화

1 연소

1. 연소의 정의

(1) 연소의 정의

① 연소는 발열반응이어야 한다.

② 반응열에 의해 연소물과 연소생성물은 온도가 상승되어야 한다.

③ 발생하는 열복사의 파장과 강도가 가시범위에 달하면 빛을 발생할 수 있어야 한다.

(2) 연소형태의 정의

① 연소형태는 연소의 상황에 따라 크게 정상연소와 비정상연소로 나눌 수 있다.

② 정상연소란 열의 발생과 발산하는 열이 균형을 유지하면서 정상적으로 연소하는 것이다.

③ 비정상연소는 인화성 기체와 공기와의 혼합기체가 밀폐된 상태에서 점화되었을 때 연소속도가 급격히 증가하여 폭발적으로 연소하는 것을 말한다.

(3) 가연물이 될 수 있는 조건

① 산소와 화합 시 발열량이 클 것

② 산소와 화합 시 열전도율이 작을 것

③ 산소와 화합 시 필요한 활성화 에너지가 작을 것

2. 연소의 3요소

① 가연물   ② 산소 공급원   ③ 점화원

3. 인화점 ★

(1) 정의

액체의 표면에 발생한 증기농도가 공기 중에서 연소하한 농도가 될 수 있는 가장 낮은 온도로 기체 또는 휘발성 액체에서 발생하는 증기가 공기와 섞여 가연성 또는 완폭발성 혼합기체를 형성하고 여기에 불꽃을 가까이 댔을 때 순간적으로 섬광을 내면서 연소, 인화되는 최저의 온도를 말한다.

가연성 물질(주로 액체)을 일정 승온으로 가열하고, 이에 화염을 가까이 했을 때, 순간적으로 인화하는 데 필요한 농도의 증기를 발생하는 최저 온도를 인화점이라고 한다.

(2) 물질에 따른 인화점 ★

물질명	인화점[℃]	물질명	인화점[℃]
디에틸엔텔	−45	키실렌	27
에틸엔텔	−41~−20	등유	40~60
가솔린	−43 이하	경유	50~70
이황화탄소	−30	중유	60~100
이세톤	−20	아닐린	70
신나류	−9	나프타린	79
벤젠	−11	니트로벤젠	88
메틸알코올	11	기계유	106~270
에틸알코올	13	오리브유	225
옥탄	17	모터유	232 이하
석유벤젠	28 이하	유채기름	313~320
톨루엔	4	석유벤진	−40 이하
에탄올	16		

4. 발화점

(1) 발화점의 정의

물질을 공기 중에서 가열할 때, 화원이 없더라도 발화하는 최저 온도를 발화점이라고 한다.
다음에 나타내는 값은 시료의 형상, 측정법에 따라 크게 다르다.

(2) 물질에 따른 발화점

물질명	발화점[℃]	물질명	발화점[℃]
수소	500	고무	350
메탄	537	코르크	470
에탄	520~630	목재	250~260
프로판	432	디젤연료유	225
에틸렌	450	모조지	450
아세틸렌	305	표백목면	495
일산화탄소	609	목탄	250~300
황화수소	260	이황화탄소	90
이황화수소	346~379	이탄	225~280
벤젠	498	아닐린	615
콘프레셔유	250~280	아세톤	469

황린	30	메라민	380
아카린	260	무연탄	440~500
이오	232	코크스	440~600
철분	315~320	코코아	180
마그네슘분말	520~600	커피	398
알루미늄분말	550~640	전분	381
에폭시	530~540	쌀	440
테프론	492	설탕	350
나이론	500	비누	430
폴리스틸렌	282	나프탈렌	526
폴리프로핀렌	201	중고타이어	150~200
폴리울로핀렌	420	신문지	291

5. 연소의 분류

(1) 가연물의 연소형태

① **고체 연소** : 표면연소, 분해연소, 자기연소, 증발연소 ★★

② **액체 연소** : 증발연소

③ **기체 연소** : 혼합연소, 비혼합연소, 폭발연소

6. 연소범위

(1) 연소의 범위

① **기체의 연소(발염연소, 불꽃연소)**

불꽃은 있으나 불티가 없는 연소로서 인화성 기체에 산소가 점화원을 주게 되면 산소와 접하고 있는 부분의 인화성 기체만이 화염을 내면서 타게 되는데, 이 현상을 기체의 연소라 한다.

② **고체의 연소** ★★★

㉠ 표면연소 : 열분해에 의하여 인화성 가스를 발생하지 않고 물질 그 자체가 연소하는 형태를 말한다.

　예 코크스, 목탄, 금속분, 석탄 등 ★

㉡ 분해연소 : 충분한 열에너지 공급시 가열분해에 의해 발생된 인화성 가스가 공기와 혼합되어 연소하는 형태를 말한다.

　예 목재, 종이, 플라스틱, 알루미늄

㉢ 증발연소 : 황, 나프탈렌과 같은 고체위험물을 가열하면 열분해를 일으켜 액체가 된 후 어떤 일정온도에서 발생된 인화성 증기가 연소되는데, 이를 증발연소라고 한다.

　예 황, 나프탈렌, 파라핀

ⓔ 자기연소 : 제5류 위험물은 인화성이면서 자체 내에 산소를 함유하고 있어 공기 중의 산소를 필요로 하지
않고 연소되는데 이를 자기연소라 한다.

[예] 니트로 화합물

③ 액체의 연소(증발연소, 불꽃연소)

ⓖ 액체 가연물이 연소할 때는 액체 자체가 연소하는 것이 아니라 액체 표면에서 발생되는 증기가 연소하는
것으로서 액체 표면에서 발생된 인화성 증기가 공기와 혼합되어 연소범위 내에 있을 때 어떤 열원(점화
원)에 의해 연소되므로 증발연소라고도 한다.

ⓛ 액체의 연소에는 액적 연소가 있는데, 이는 점도가 높고 비휘발성인 액체를 점도를 낮추어 분무기(버너)
를 사용하여 액체의 입자를 안개상으로 분출하여 연소하는 방법으로 액체의 표면적을 넓게 하여 공기와
의 접촉을 많게 하는 방법이다. 보통 액체의 연소는 증발연소가 대부분이다.

[예] 양초 및 휘발유 연소

(2) 자연발화

① 자연발화 구분 ★★

ⓖ 산화열에 의한 발화 : 석탄, 건성유 등

ⓛ 분해열에 의한 발화 : 셀룰로이드, 니트로셀룰로오스 등

ⓒ 흡착열에 의한 발화 : 활성탄, 목탄 등

ⓔ 미생물에 의한 발화 : 퇴비, 먼지 등

② 자연발화조건 ★★★

ⓖ 발열량이 클 것

ⓛ 열전도율이 작을 것

ⓒ 주위의 온도가 높을 것

ⓔ 표면적이 넓을 것

ⓜ 수분이 적당량 존재할 것

③ 연소의 조건(타기 쉬운 조건)

ⓖ 열전도율이 작은 것일수록

ⓛ 건조도가 좋은 것일수록

ⓒ 산소와의 접촉면이 클수록

ⓔ 발열량이 큰 것일수록

ⓜ 산화되기 쉬운 것일수록

④ 자연발화의 형태 및 조건

구분	특징
자연발화 형태	• 산화열에 의한 발열(석탄, 건성유) • 분해열에 의한 발열(셀룰로이드, 니트로셀룰로오스) • 흡착열에 의한 발열(활성탄, 목탄분말) • 미생물에 의한 발열(퇴비, 먼지)
자연발화 발생 조건 ★★	• 표면적이 넓을 것 • 열전도율이 작을 것 • 발열량이 클 것 • 주위의 온도가 높을 것(분자운동 활발)
자연발화 인자	• 열의 축적 • 발열량 • 열전도율 • 수분 • 퇴적방법 • 공기의 유동
자연발화 방지대책 ★★	• 통풍이 잘되게 할 것 • 저장실 온도를 낮출 것 • 열이 축적되지 않는 퇴적방법을 선택할 것 • 습도가 높지 않도록 할 것

7. 위험도

(1) 위험도 ★★★★

$$위험도(H) = \frac{U_2 - U_1}{U_1}$$

U_1 : 폭발하한계
U_2 : 폭발상한계

※ 위험은 범위가 넓은 것이 위험하다.

(2) 아세틸렌의 위험도

$$위험도(H) = \frac{U_2 - U_1}{U_1}$$

$$= \frac{81 - 2.5}{2.5} = 31.4$$

U_1 : 폭발하한계
U_2 : 폭발상한계

예제 어느 작업장에 아세틸렌 70[%], 수소 30[%]로 혼합된 혼합가스가 존재하고 있다. 아세틸렌의 위험도와 혼합 시 혼합가스의 폭발하한계를 구하시오. (단, 폭발범위는 아세틸렌 2.5~81.0[vol%], 수소 4.0~75[vol%])

$\Rightarrow$ ① 아세틸렌의 위험도 $= \dfrac{\text{폭발상한계} - \text{폭발하한계}}{\text{폭발하한계}} = \dfrac{81 - 2.5}{2.5} = 31.4$

② 혼합가스의 폭발하한계$(L) = \dfrac{100}{\dfrac{V_1}{L_1} + \dfrac{V_2}{L_2}} = \dfrac{100}{\dfrac{70}{2.5} + \dfrac{30}{4}} = 2.82[\text{vol}\%]$

(3) 위험물에 따른 연소

구분	특징
제1류 위험물 (산화성 고체)	① 상온에서 고체상태, 마찰 충격 등으로 많은 산소를 방출 ② 가연물의 연소를 돕는 조연성 물질이며, 강산화성 물질이다.
제2류 위험물 (가연성 고체)	① 비교적 낮은 온도에서 착화하기 쉬운 가연물로서 연소 속도가 매우 빠른 고체의 환원성 물질 ② 철분, 마그네슘, 금속류는 물과 산의 접촉으로 발열
제3류 위험물 (자연발화성 및 금수성 물질)	① 고체 및 액체이며 공기 중에서 발열·발화 또는 물과의 접촉으로 가연성 가스를 발생하거나 급격히 발화하는 경우도 있다. ② 점화원 또는 공기와의 접촉을 피하고 금수성 물질은 물과의 접촉을 피해야 한다.
제4류 위험물 (인화성 액체)	① 가연성 물질로 인화성 증기를 발생하는 액체위험물, 인화되기 매우 쉽고 착화온도가 낮은 것은 위험(증기는 공기와 약간만 혼합해도 연소의 우려) ② 점화원이나 고온체의 접근을 피하고, 증기발생을 억제해야 한다. ③ 증기는 공기보다 무겁고, 물보다 가벼우며, 물에 녹기 어렵다. ④ 표준압력(101.3[kPa])하에서 인화점이 60[℃] 이하이거나 고온, 고압의 공정운전조건으로 인하여 화재 폭발위험이 있는 상태에서 취급되는 가연성 물질이다. ★
제5류 위험물 (자기반응성 물질)	① 자기연소성 물질이라 하며, 가연성인 동시에 산소공급원을 함께 가지고 있어 위험 ② 연소의 속도가 매우 빨라 폭발적이며 화약의 원료로 많이 사용
제6류 위험물 (산화성 액체)	① 부식성 및 유독성이 강한 강산화제로서 산소를 많이 함유하고 있어 조연성 물질 ② 가연물과의 접촉이나 분해를 촉진하는 물품과의 접근금지

8. 완전연소 조성농도

(1) 완전연소 조성농도(화약양론농도)

발열량이 최대이고 폭발 파괴력이 가장 강한 농도를 말하며, 공기 중에서는 다음 식으로 구한다.

$$C_{st} = \dfrac{100}{1 + 4.773\left(n + \dfrac{m - f - 2\lambda}{4}\right)}$$

n : 탄소, m : 수소, f : 할로겐원소, λ : 산소의 원자수

(2) 혼합가스의 폭발범위 ★★★★

르 샤틀리에(Le Chatelier)의 공식 : 경험에 의한 실험식

$$L = \frac{100}{\dfrac{V_1}{L_1} + \dfrac{V_2}{L_2} + \cdots + \dfrac{V_n}{L_n}}$$

L : 혼합가스의 폭발한계
$L_1, L_2, \cdots, L_n$: 각 성분 가스의 폭발한계[vol%]
$V_1, V_2, \cdots, V_n$: 각 성분 가스의 혼합비[vol%]

이 공식은 보통 4성분 혼합계까지 적용하는데, 상한계보다 하한계가 비교적 잘 적용되며 Burgess-wheeler의 법칙에 따르는 물질이 이 식에 잘 적용된다.

9. 화재의 종류 및 예방대책

(1) 예방대책

① 화재의 예방대책 : 예방대책, 국한대책, 소화대책, 피난대책

② 폭발화재의 근본대책 : 폭발봉쇄, 폭발억제, 폭발방산

③ 분진폭발의 대책

  ㉠ 분진의 생성방지

  ㉡ 발화원의 제거

  ㉢ 불활성 물질의 첨가

④ 퍼지 종류 ★

종류	특징
진공퍼지 (저압퍼지)	• 용기에 대한 가장 일반화된 인너팅 장치(대형용기 사용불가) • 용기를 진공으로 한 후 불활성 가스 주입
압력퍼지	• 가압하에서 인너트가스를 주입하여 퍼지 • 주입한 가스 용기 내에 충분히 확산된 후 대기중으로 방출 • 진공퍼지보다 시간이 크게 감소하나 대량의 인너트가스 소모
스위프 퍼지 (Sweep-Through Purging)	• 용기의 한쪽 개구부로 퍼지가스를 가하고 다른 개구부로 혼합가스 축출 • 용기나 장치에 가압하거나 진공으로 할 수 없는 경우 사용

(2) 화재가 확대되지 않도록 하는 국한대책

　① 가연성 물질의 집적(集積) 방지

　② 건물 및 설비의 불연성화(不燃性化)

　③ 일정한 공지의 확보

　④ 방화벽 및 문, 방유제, 방액제 등의 정비

　⑤ 위험물 시설 등의 지하 매설

(3) 화재의 종류 ★

　① A급 화재

　　㉠ 일반화재, 다량의 물 또는 물을 다량 함유한 용액으로 소화한다.

　　㉡ 냉각효과가 효과적인 화재이며 목재, 종이, 유지류 등 보통화재를 말한다.

　② B급 화재

　　기름화재, 가연성 액체(에테르, 가솔린, 등유, 경유, 벤젠, 콜타르, 식물유 등), 고체유지류(그리스, 피치, 아스팔트 등) 화재가 있다.

　③ C급 화재 ★

　　전기화재, 전기절연성을 갖는 소화제를 사용해야만 하는 전기기계·기구 등의 화재를 말한다.

　④ D급 화재

　　금속화재를 말한다.

[화재의 급별 명칭의 종류] ★

급별	명칭	특징
A급 화재(백색)	일반화재	일반가연물(목재, 섬유, 종이류, 고무, 플라스틱 등)
B급 화재(황색)	유류화재	가연성 액체, 유류, 타르(tars), 유성페인트, 래커, 가연성 가스, 그리스
C급 화재(청색)	전기화재	전류가 흐르는 상태하의 전기기구화재 (전류차단 시 A급 또는 B급 화재로 된다.)
D급 화재(무색)	금속화재	가연성 금속 – 마그네슘, 티타늄, 지르코늄, 세슘, 리튬, 칼륨

2 소화

1. 소화의 정의

(1) 소화

소화란 물질이 연소할 때 연소구역에서 연소의 3요소 중 일부 또는 전부를 없애줌으로써 연소를 중단시키는 것을 말한다.

(2) 화재등급별 소화방법 ★★★

구분	A급 화재	B급 화재	C급 화재	D급 화재
명칭	보통화재	유류, 가스화재	전기화재	금속화재(Al분, Mg분)
주된 소화효과	냉각	질식	냉각, 질식	질식
적응 소화재	• 물 소화기 • 강화액 소화기	• 포말 소화기 • CO₂ 소화기 • 분말 소화기 • 증발성 액체 소화기	• 유기성 소화액 • CO₂ 소화기 • 분말 소화기	• 건조사 • 팽창 질석 • 팽창 진주암
구분색	백색	황색	청색	

※ 강화액 소화액제는 0[℃]에서 얼어버리는 물에 탄산칼륨 등을 첨가하여 어는점을 낮추어 겨울철이나 한랭지역에 사용 가능하도록 한 소화약제를 말한다. ★

2. 소화의 종류 ★

(1) 소화의 종류

① 제거소화 : 가연물(연료)을 제거하거나 가연성 액체의 농도를 희석시켜 연소를 저지하는 것을 말한다. 가연물을 제거하여 소화, 기체, 액체의 대화재의 경우 유일한 소화법

　㉠ 촛불 : 고체파라핀의 액체상태 표면에서 발생한 증기가 연소하는 것으로 입김으로 가연성 증기를 날려 보냄으로써 소화한다.

　㉡ 유전화재 : 발생증기의 연소이므로 폭약을 사용하여 순간적으로 폭풍을 일으켜 발생증기를 날려 보냄으로써 소화한다.

　㉢ 산불 : 화재진행방향의 나무를 잘라 제거한다.

　㉣ 가스화재 : 밸브를 잠그고 가스공급을 차단한다.

　㉤ 전기화재 : 전원을 차단한다.

② 산소질식소화 ★

　㉠ 가연물이 연소할 때 공기 중의 산소농도(약 21[%])를 10~15[%]로 떨어뜨려 연소를 중단시키는 방법으로 대부분의 액체는 공기 중의 산소함량이 15[%] 이하로 되면 소화되고, 고체는 6[%], 아세틸렌은 4[%] 이하가 되면 소화된다. 이의 대표적인 소화제가 이산화탄소(CO_2)이다.

ⓒ 산소의 공급을 차단하는 소화방법, 산소농도 저하로 인한 소화

　　사람은 산소의 농도가 16[%] 이하가 되면 질식하여 생명을 잃게 된다.

③ 가연물 냉각소화

　액체 또는 고체소화제를 사용하여 가연물을 냉각시켜 인화점 및 발화점 이하로 떨어뜨려 소화하는 방법으로 이의 대표적인 소화제는 물이다. 냉각에 의한 온도 저하 소화방법, 액체의 증발잠열을 이용하고 열용량이 큰 고체를 이용한다.

④ 연쇄반응 억제소화 : 연속적 관계의 차단 소화방법, 할로겐, 알칼리 금속 첨가로 불활성화

◉ 억제작용

• 할로겐 : 불소＜염소＜브롬＜요오드(안정성은 억제작용 순서의 반대)
• 알칼리 : 리튬＜나트륨＜칼륨＜루비듐＜세슘

(2) 소화약제

① 소화약제의 물리적 성질

항목 \ 소화제명칭	이산화탄소	할론 1301	할론 1211	할론 2402
화학식	CO_2	CF_3Br	CF_2ClBr	$C_2F_4Br_2$
분자량	44.01	148.91	165.4	259.8
녹는점[℃]	−56.6(5.2[atm])	168.0	160.5	−110.5
끓는점[℃]	−78.5(승화)	57.75	3.4	47.3
액체비중([g/cm^3] at 25[℃])	−	1.538	1.808	2.162
액체밀도(공기 1)	1.529	5.1	5.7	9.0
임계압력[℃]	31.35	67.0	153.8	214.5
임계온도[atm]	73.0	39.1	40.4	34.0
임계밀도[g/cm^3]	0.46	0.745	0.713	0.790
증발잠열[cal/g, 끓는점]	137.8	28.38	32.3	25(추정)

② 분말소화약제의 종류 ★★

종류	주성분		분말색	적용화재
	품명	화학식		
제1종	탄산수소나트륨	$NaHCO_3$	백색	B, C급 화재
제2종	탄산수소칼륨	$KHCO_3$	담청색	B, C급 화재
제3종	인산암모늄	$NH_4H_2PO_4$	담홍색	A, B, C급 화재
제4종	탄산수소칼륨과 요소와의 반응물	$KC_2N_2H_3O_3$	쥐색	B, C급 화재

※ 인산암모늄의 열분해로 생성된 메타인산의 소화효과에 이용

3. 소화기의 종류

(1) 포소화기

① 특징 : 외통의 A액(탄산수소나트륨을 주성분으로 한 사포닌, 젤라틴 등을 첨가한 수용액)과 더불어 내통의 B액(황산알루미늄 수용액)과의 혼합에 의한 화학반응에 의해 발생하는 탄산가스를 소화에 이용하는 소화기이다.

예 적응화재 : A화재, B화재

② 포말 소화기 사용법

㉠ 노즐의 끝을 손으로 막고 통을 옆으로 눕힌다.

㉡ 밑의 손잡이를 잡고 소화약액이 혼합되도록 흔든다.

㉢ 노점을 화점에 향하고 손을 놓는다.

㉣ 소화기를 거꾸로 세우는 동시에 방출구를 막고 상하로 흔든다.

㉤ 밑바닥 손잡이 구멍을 쥐고 소화기 방출구를 화재방향으로 댄다.

㉥ 포가 기름이나 타고 있는 부위에 골고루 덮어지도록 한다.

③ 포소화설비의 방출방식

㉠ 펌프 프로퍼셔너 방식

㉡ 라인 프로퍼셔너 방식

㉢ 프레셔 프로퍼셔너 방식

㉣ 프레셔사이드 프로퍼셔너 방식

(2) 분말 소화기 ★

ABC분말을 이용한 것과 BC분말을 이용한 것의 2가지 종류가 있다.

ABC분말은 제1인산암모늄을 주성분으로 한 것이므로 이것을 실리콘계수지에 의해 코팅하여 흡습을 방지하도록 한다. BC분말은 중탄산소다를 주성분으로 한 것이다.

예 적응화재 : • ABC 분말은 A화재, B화재, C화재

• BC분말은 B화재, C화재

① 분말 소화기(BC급)의 종류

㉠ 소형 소화기

㉡ 대형 소화기

② 소화약제 및 화학반응식

㉠ $NaHCO_3$: 백색으로 착색　　$2NaHCO_3 \rightarrow Na_2CO_3 + CO_2 + H_2O$

㉡ $KHCO_3$: 보라색으로 착색　　$2KHCO_3 \rightarrow K_2CO_3 + CO_2 + H_2O$

③ 분말 소화기 사용법

㉠ 안전핀을 뽑는다.

ⓛ 호스를 불꽃에 향하게 한다.

ⓒ 레버를 힘껏 누른다.

ⓔ 화점 부위에 접근하여 방사한다.

(3) 탄산가스소화기

내부압력 200[kg/cm^2] 이상의 고압가스용기에 소화제로서 액화탄산가스(20[℃])에서 약 60[kg/cm^2]를 충전한 것이다.

예 적응화재 : B화재, C화재

(4) 사염화탄소소화기

용기에 소화제로서 사염화탄소(무색의 액체)를 2/3 정도 넣고 나머지 1/3 정도는 7[kg/cm^2]의 압축공기를 충전한 것이다. 전기화재에 효과가 크며 사용시 발생하는 사염화탄소 증기는 유독하다. 또한 고온의 철, 알루미늄에 접촉하면 염소 및 포스켄을 발생하기 때문에 밀폐된 실내에서 사용은 특히 중독의 위험이 있으므로 주의할 필요가 있다.

예 적응화재 : B화재, C화재

(5) 일염화메탄, 일브롬화메탄소화기

일염화메탄, 일브롬화메탄을 소화제로 사용하는 소화기이며 이것은 사염화탄소에 비교시 약 3배의 소화능력이 있고 8[kg/cm^2]의 압력공기에 의한 레버조작으로 노즐로부터 분사한다.

예 적응화재 : B화재, C화재

(6) 산알칼리소화기

주약제는 탄산수소나트륨의 수용액과 진한황산이며 일반화재에 유효하고, 기름화재·전기화재에는 부적당하다. 방사액 중에 미반응의 황산이 함유되어 있는 것이 있으며 유지제품 등에 손상을 주기 때문에 주의할 필요가 있다.

(7) 할로겐화물 소화기 : B, C급에 적당

① 소화효과 : 부촉매효과(억제소화)

② 부촉매효과 순서 : F > Cl > Br > I로 안정성은 반대이다.

③ 할론소화기의 종류

ⓐ CCl_4 : 1040

ⓑ CH_2ClBr : 1011

ⓒ $C_2F_4Br_2$: 2402

ⓓ CF_2ClBr : 1211

ⓔ CF_3Br : 1301

④ 소화효과의 크기 : 1040 < 1011 < 2402 < 1211 < 1301

[A급, B급 화재 소화약재 & 소화기 종류] ★

구분			소화약제	적응성		
				A급	B급	C급
수계 소화기	물 소화기		H_2O + 침윤제 첨가	O		
	산·알칼리 소화기		A급 : $NaHCO_3$ B급 : H_2SO_4	O		
	강화액 소화기		K_2CO_3	O		
	포소화기 (포말 소화기)	화학포	A급 : $NaHCO_3$ B급 : $Al_2(SO_4)_3$	O	O	
		기계포	AFFF(수성막포), FFFP(막형성 불화단백포)	O	O	
가스계 소화기	CO_2 소화기		CO_2		O	O
	Halon 소화기	1211	CF_2ClBr	O	O	O
		1301	CF_3Br		O	O
분말계 소화기	ABC급 소화기		$NH_4H_2PO_4$	O	O	O
	BC급 소화기		$NaHCO_3$, $KHCO_3$		O	O

※ • 위에서 언급한 것은 수동식 소화기이고 이외의 소화기로 자동식 소화기와 간이 소화용구가 있다.
　• 간이 소화용구에는 팽창암, 팽창진주암, 마른모래 등으로 D급 화재에 적응성을 가지는 것을 말한다.
　• 이외에 수동식 소화기의 구분방법으로 소화약제에 의한 분류, 가압 방식에 의한 분류, 용량에 의한 분류, 방출방식에 의한 분류 등으로도 되지만 생략

제 **6** 과목

건설안전기술

CHAPTER
01 건설공사 안전개요

1 공정계획 및 안전성 심사

1. 안전관리계획

(1) 안전관리계획 작성내용

① 목적 : 착공 전에 건설사업자 등이 시공과정의 위험요소를 발굴하고, 건설현장에 적합한 안전관리계획을 수립·유도함으로써 건설공사 중의 안전사고를 예방하기 위함

② 안전관리계획의 작성 및 제출기한

구분	작성 기준	제출 기한
총괄 안전관리계획	건설공사 전반에 대하여 작성	건설공사 착공 전까지
공종별 세부 안전관리계획	해당하는 공종별로 작성	공종별로 구분하여 해당 공종의 착공 전까지

안전관리계획서의 본문에는 반드시 필요한 내용만 작성하며, 해당 사항이 없는 내용에 대해서는 "해당 사항 없음"으로 작성

(2) 총괄 안전관리계획의 수립기준

① 건설공사의 개요 : 공사 전반에 대한 개략을 파악하기 위한 위치도, 공사개요, 전체 공정표 및 설계도서

② 현장 특성 분석

　㉠ 현장 여건 분석 : 주변 지장물(支障物) 여건(지하 매설물, 인접 시설물 제원 등을 포함한다.), 지반 조건[지질 특성, 지하수위(地下水位), 시추주상도(試錐柱狀圖) 등을 말한다], 현장시공 조건, 주변 교통 여건 및 환경요소 등

　㉡ 시공단계의 위험 요소, 위험성 및 그에 대한 저감대책

　　ⓐ 핵심관리가 필요한 공정으로 선정된 공정의 위험 요소, 위험성 및 그에 대한 저감대책

　　ⓑ 시공단계에서 반드시 고려해야 하는 위험 요소, 위험성 및 그에 대한 저감대책

　㉢ 공사장 주변 안전관리대책 : 공사 중 지하매설물의 방호, 인접 시설물 및 지반의 보호 등 공사장 및 공사현장 주변에 대한 안전관리에 관한 사항(주변 시설물에 대한 안전 관련 협의서류 및 지반침하 등에 대한 계측계획을 포함한다.)

　㉣ 통행안전시설의 설치 및 교통소통계획 : 공사장 주변의 교통소통대책, 교통안전시설물, 교통사고예방대책 등 교통안전관리에 관한 사항(현장차량 운행계획, 교통 안내원 배치계획, 교통안전시설물 점검계획 및 손상·유실·작동이상 등에 대한 보수 관리계획을 포함한다.)

ⓝ 현장운영계획

Ⓐ 안전관리조직 : 공사관리조직 및 임무에 관한 사항으로서 시설물의 시공안전 및 공사장 주변안전에 대한 점검·확인 등을 위한 관리조직표

Ⓑ 공정별 안전점검계획 : 자체안전점검, 정기안전점검의 시기·내용, 안전점검 공정표, 안전점검 체크리스트 등 실시계획 등에 관한 사항(계측장비 및 폐쇄회로 텔레비전 등 안전 모니터링 장비의 설치 및 운용계획을 포함한다.)

Ⓒ 안전관리비 집행계획 : 안전관리비의 계상, 산출·집행계획, 사용계획 등에 관한 사항

Ⓓ 안전교육계획 : 안전교육계획표, 교육의 종류·내용 및 교육관리에 관한 사항

Ⓔ 안전관리계획 이행보고 계획 : 위험한 공정으로 감독관의 작업허가가 필요한 공정과 그 시기, 안전관리계획 승인권자에게 안전관리계획 이행 여부 등에 대한 정기적 보고계획 등

ⓜ 비상시 긴급조치계획 : 공사현장에서의 사고, 재난, 기상이변 등 비상사태에 대비한 내부·외부 비상연락망, 비상동원조직, 경보체제, 응급조치 및 복구 등에 관한 사항

(3) 공종별 세부 안전관리계획

가설공사	• 가설구조물의 설치개요 및 시공 상세도면 • 안전시공 절차 및 주의사항 • 안전점검계획표 및 안전점검표 • 가설물 안전성 계산서
굴착공사 및 발파공사	• 굴착, 흙막이, 발파, 항타 등의 개요 및 시공상세도면 • 안전시공 절차 및 주의사항(지하매설물, 지하수위 변동 및 흐름, 되메우기 다짐 등에 관한 사항을 포함한다.) • 안전점검계획표 및 안전점검표 • 굴착 비탈면, 흙막이 등 안전성 계산서
콘크리트공사	• 거푸집, 동바리, 철근, 콘크리트 등 공사개요 및 시공상세도면 • 안전시공 절차 및 주의사항 • 안전점검계획표 및 안전점검표 • 동바리 등 안전성 계산서
강구조물공사	• 자재·장비 등의 개요 및 시공상세도면 • 안전시공 절차 및 주의사항 • 안전점검계획표 및 안전점검표 • 강구조물의 안전성 계산서
성토 및 절토 공사 (흙댐공사 포함)	• 자재·장비 등의 개요 및 시공상세도면 • 안전시공 절차 및 주의사항 • 안전점검계획표 및 안전점검표 • 안전성 계산서

해체공사	• 구조물해체의 대상·공법 등의 개요 및 시공상세도면
	• 해체순서, 안전시설 및 안전조치 등에 대한 계획
	• 해체공사 시 사용되는 가설계획 시 고려사항
	   – 가설건물
	   – 가설물의 범위
	   – 출입구
	   – 살수방화설비
	   – 조명설비
	   – 연락설비
	   – 환기설비
	   – 안전통로 및 출입금지 구역설정

건축설비공사	• 자재·장비 등의 개요 및 시공상세도면 • 안전시공 절차 및 주의사항 • 안전점검계획표 및 안전점검표 • 안전성 계산서

(4) 제출

① 제출처 : 건설공사 안전관리 종합정보망(www.csi.go.kr)

② 계획서 작성 주체 : 건설사업자 및 주택건설등록업자

③ 제출주체 : 발주청 및 인·허가기관의 장

④ 제출시기 : 건설사업자 등에게 통보한 날부터 7일 이내

(5) 안전관리계획의 수립기준

① 건설공사의 개요 및 안전관리조직

② 공정별 안전점검계획(계측장비 및 폐쇄회로 텔레비전 등 안전 모니터링 장비의 설치 및 운용계획이 포함되어야 한다.)

③ 공사장 주변의 안전관리대책(건설공사 중 발파·진동·소음이나 지하수 차단 등으로 인한 주변지역의 피해방지대책과 굴착공사로 인한 위험징후 감지를 위한 계측계획을 포함한다.)

④ 통행안전시설의 설치 및 교통 소통에 관한 계획

⑤ 안전관리비 집행계획

⑥ 안전교육 및 비상시 긴급조치계획

⑦ 공종별 안전관리계획(대상 시설물별 건설공법 및 시공절차를 포함한다.)

2. 건설재해 예방대책

(1) 경영자의 안전의식 및 안전리더십

① 경영자는 재해예방 활동에 노력한다.

② 경영자는 ESG경영 등 기업의 사회적 가치를 확보하기 위한 재해예방 활동에 노력한다.

③ 안전관리를 위한 투자가 생산성 증가임을 경영자는 인식한다.

④ 재해 예방이 원만한 노사관계를 유지할 수 있다는 것을 인식한다.

(2) 재해예방을 위한 적절한 공사기간의 확보

(3) 근로자의 안전교육 철저

(4) 유해 위험 방지 사항에 관한 계획서의 내용
① 사업 주요내용
② 위치 및 부지
③ 추진 일정
④ 타 법령의 인허가 필요 여부

3. 건설공사의 안전관리

(1) 안전점검
① 자체안전점검
② 정기안전점검
③ 정밀안전점검
④ 초기점검
⑤ 공사재개 전 안전점검

(2) 안전점검의 계획수립
① 시공자는 「건설기술 진흥법 시행규칙」 별표 7에 따른 "안전관리계획의 수립기준"에 따라 자체안전점검 및 정기안전점검 계획을 수립한다.
② 자체안전점검 및 정기안전점검 계획을 수립하는 경우에는 안전점검을 효과적이고 안전하게 수행하기 위해서 다음의 사항을 고려하여야 한다.
　㉠ 이미 발생된 결함의 확인을 위한 기존 점검자료의 검토
　㉡ 점검 수행에 필요한 인원, 장비 및 기기의 결정
　㉢ 작업시간
　㉣ 현장기록 양식
　㉤ 비파괴 시험을 포함한 각종시험의 실시목록
　㉥ 붕괴우려 등 특별한 주의를 필요로 하는 부재의 조치사항
　㉦ 수중조사 등 그 밖의 특기사항

(3) 안전점검의 실시시기
① 시공자는 자체안전점검 및 정기안전점검의 실시시기 및 횟수를 다음의 기준에 따라 안전점검계획에 반영하고 그에 따라 안전점검을 실시하여야 한다.

㉠ 자체안전점검 : 건설공사의 공사기간 동안 매일 공종별 실시

㉡ 정기안전점검 : 정기안전점검 실시시기를 기준으로 실시. 다만, 발주청 또는 인·허가기관의 장은 안전관리계획의 내용을 검토할 때 건설공사의 규모, 기간, 현장여건에 따라 점검시기 및 횟수를 조정할 수 있다.

② 정밀안전점검은 정기안전점검결과 건설공사의 물리적·기능적 결함 등이 발견되어 보수·보강 등의 조치를 취하기 위하여 필요한 경우에 실시한다.

③ 초기점검은 건설공사를 준공하기 전에 실시한다.

④ 공사재개 전 안전점검은 건설공사를 시행하는 도중 그 공사의 중단으로 1년 이상 방치된 시설물이 있는 경우 그 공사를 재개하기 전에 실시한다.

(4) 자체안전점검의 실시

① 안전관리담당자와 수급인 및 하수급인으로 구성된 협의체는 건설공사의 공사기간 동안 해당 공사 안전총괄책임자의 총괄하에 분야별 안전관리책임자의 지휘에 따라 해당 공종의 시공상태를 점검하고 안전성 여부를 확인하기 위하여 해당 건설공사 안전관리계획의 자체안전점검표에 따라 자체안전점검을 실시하여야 한다.

② 점검자는 점검시 해당 공종의 전반적인 시공 상태를 관찰하여 사고 및 위험의 가능성을 조사하고, 지적사항을 안전점검일지에 기록하며, 지적사항에 대한 조치 결과를 다음날 자체안전점검에서 확인해야 한다.

(5) 정기안전점검의 실시

① 시공자가 정기안전점검을 실시하고자 할 때는 발주자(발주자가 발주청이 아닌 경우에는 인·허가기관의 장을 말한다)가 지정한 건설안전점검기관에 의뢰하여야 한다.

② 정기안전점검은 해당 건설공사를 발주·설계·시공 또는 건설사업관리용역업자와 그 계열회사(「독점규제 및 공정거래에 관한 법률」 제2조 제12호에 따른 계열회사를 말한다)인 건설안전점검기관에 의뢰하여서는 아니된다. 다만, 발주청이 「시설물안전법」 제28조에 따라 안전진단전문기관으로 등록된 경우에는 정기안전점검을 실시할 수 있다.

③ 정기안전점검 대상 건설공사가 「산업안전보건법 시행령」에 따른 유해·위험방지계획서 작성대상인 경우에는 시공자는 정기안전점검 실시시기를 사전에 한국산업안전보건공단에 통보하여 정기안전점검과 동시에 실시할 수 있다.

④ 정기안전점검을 실시하는 경우 다음의 사항을 점검하여야 한다.

㉠ 공사 목적물의 안전시공을 위한 임시시설 및 가설공법의 안전성

㉡ 공사목적물의 품질, 시공상태 등의 적정성

㉢ 인접건축물 또는 구조물 등 공사장주변 안전조치의 적정성

㉣ 건설기계의 설치(타워크레인 인상을 포함한다)·해체 등 작업절차 및 작업 중 건설기계의 전도·붕괴 등을 예방하기 위한 안전조치의 적절성

㉤ 이전 점검에서 지적된 사항에 대한 조치사항

⑤ 건설공사의 공종별 세부점검사항은 해당 공사시방서 및 관련시방서를 참조하여 현장의 상황 및 시공조건에

따라 점검목적을 달성할 수 있는 사항으로 정하고 정해진 점검항목으로 세부 안전점검표를 작성한다.

⑥ 안전점검을 실시한 건설안전점검기관은 안전점검실시결과를 발주자, 해당 건설공사의 허가·인가·승인 등을 한 행정기관의 장(발주자가 발주청이 아닌 경우에 한정한다), 시공자에게 통보하여야 하며, 점검결과를 통보 받은 발주자 또는 행정기관의 장은 시공자에게 보수·보강 등 필요한 조치를 요청할 수 있다.

(6) 정밀안전점검의 실시

① 시공자는 정기안전점검 결과 건설공사의 물리적·기능적 결함 등이 있는 경우에는 보수·보강 등의 필요한 조치를 취하기 위하여 건설안전점검기관에 의뢰하여 정밀안전점검을 실시하여야 한다.

② 정밀안전점검은 정기안전점검에서 지적된 점검대상물에 대한 문제점을 파악할 수 있도록 수행되어야 하며, 육안검사 결과는 도면에 기록하고, 부재에 대한 조사결과를 분석하고 상태평가를 하며, 구조물 및 가설물의 안전성 평가를 위해 구조계산 또는 내하력 시험을 실시하여야 한다.

③ 점검과정에서 필요한 경우에는 구조물의 종류에 따라 점검대상물 하부 점검용 장비, 비계, 작업선과 같은 특수장비 및 잠수부와 같은 특수기술자를 활용하여야 한다.

④ 정밀안전점검 완료 보고서에는 다음의 사항이 포함되어야 한다.

　ㄱ 물리적·기능적 결함 현황

　ㄴ 결함원인 분석

　ㄷ 구조안전성 분석결과

　ㄹ 보수·보강 또는 재시공 등 조치대책

(7) 초기점검의 실시

① 시공자는 「건설기술 진흥법 시행령」 제98조 제1항 제1호에 따른 건설공사를 준공(임시사용을 포함한다)하기 전에 문제점 발생부위 및 붕괴유발부재 또는 문제점 발생 가능성이 높은 부위 등의 중점유지관리사항을 파악하고 향후 점검·진단시 구조물에 대한 안전성평가의 기준이 되는 초기치를 확보하기 위하여 「시설물의 안전점검 및 정밀안전진단 실시 등에 관한 지침」에 따른 정밀점검 수준의 초기점검을 실시하여야 한다.

② 초기점검에는 「건설공사 안전관리 업무수행지침」 별표 3에 따른 기본조사 이외에 공사목적물의 외관을 자세히 조사하는 구조물 전체에 대한 외관조사망도 작성과 초기치를 구하기 위하여 필요한 별표 3의 추가조사 항목이 포함되어야 한다.

③ 초기점검은 준공 전에 완료되어야 한다. 다만, 준공 전에 점검을 완료하기 곤란한 공사의 경우에는 발주자의 승인을 얻어 준공 후 3개월 이내에 실시할 수 있다.

(8) 공사재개 전 안전점검의 실시

① 시공자는 건설공사의 중단으로 1년 이상 방치된 시설물의 공사를 재개하는 경우 건설공사를 재개하기 전에 영 따라 해당 시설물에 대한 안전점검을 실시하여야 한다.

② 안전점검은 정기안전점검의 수준으로 실시하여야 하며, 점검결과에 따라 적절한 조치를 취한 후 공사를 재개하여야 한다.

(9) 안전점검에서의 현장조사 및 실내분석

① 현장조사는 다음과 같이 육안검사, 기본조사, 추가조사로 구분하며, 해당 조사항목 및 시험 세부사항은 별표 3과 같다.

㉠ 육안검사 : 구조물의 균열, 재료분리 여부, 콜드조인트 등의 발생 여부를 육안으로 면밀히 확인하는 것

㉡ 기본조사 : 비파괴시험장비로 실시하는 콘크리트 강도시험 및 철근배근 탐사 등

㉢ 추가조사 : 구조안전성 평가 및 보수·보강 판단에 필요한 지질·지반조사, 강재조사, 지하공동탐사, 콘크리트 제체시추조사, 수중조사, 콘크리트 물성시험 등

② 안전점검을 실시하는 자는 다음에 따라 현장조사를 실시하여야 한다.

㉠ 정기안전점검 시에는 육안검사, 기본조사를 실시하고 필요할 경우 추가조사를 수행한다.

㉡ 정밀안전점검 및 초기점검 시에는 육안검사, 기본조사를 수행하며, 추가조사항목은 시공자가 건설안전점검기관과 협의하여 정하도록 한다. 다만, 초기점검 시에는 향후의 유지관리 및 점검·진단에 필요한 구조물 전체에 대한 외관 조사망도 작성 및 교량의 실응답, 터널의 배면공동상태, 댐의 기준점 및 변위측량, 건축물의 주요외부기둥의 기울기 및 주요바닥부재의 처짐 등의 초기치를 얻기 위한 추가조사를 실시하여야 한다.

③ 안전점검을 실시하는 자는 다음에 따라 실내분석을 실시하여야 한다.

㉠ 정기안전점검 시에는 육안검사 자료를 도면으로 작성하고, 기본조사 자료를 평가한다.

㉡ 정밀안전점검 시에는 육안검사, 기본조사 및 추가조사 실시결과를 분석하고 필요한 구조계산을 실시한 후 보수·보강방안을 제시한다.

(10) 건설업의 중대재해 종류

① 추락

② 낙하·비래

③ 붕괴·도괴

④ 화재·밀폐공사 질식

2 | 지반의 안정성

1. 지반의 조사

(1) 지반 조사

① 지반은 안전한 경사로 하고 낙하의 위험이 있는 토석을 제거하거나 옹벽, 흙막이 지보공 등을 설치할 것

② 지반의 붕괴 또는 토석의 낙하 원인이 되는 빗물이나 지하수 등을 배제할 것

③ 갱내의 낙반·측벽(側壁) 붕괴의 위험이 있는 경우에는 지보공을 설치하고 부석을 제거하는 등 필요한 조치를 할 것

(2) 지반조사의 목적 ★

① 토질의 성질 파악

② 지층의 분포 파악

③ 지하수위 및 피압수 파악

2. 토질시험방법

(1) 토질의 공학적 개량공법

① 샌드드레인

② 샌드드레인비큠

③ 생석회공법

④ 지수법(주입공법, 동결공법)

(2) 토질시험의 종류

입도, 함수비, 애터버그 한계(Atterberg's Limit), 투수, 다짐, 압밀, 압축시험 등

(3) 토질시험(soil test)방법

① 전단시험정의 및 종류

시험장치를 이용하여 수직력을 변화시켜 이에 대응하는 전단력을 측정하는 것

㉠ 직접전단시험

㉡ 간접전단시험

㉢ 흙의 전단저항 측정

② 표준관입시험(Standard Penetration Test) ★

표준 관입 시험용 샘플러를 중량 63.5[kg]의 추로 75[cm] 높이에서 자유 낙하시켜 충격에 의해 30[cm] 관입시키는 데 필요한 타격 횟수 N값을 구하는 것

> **예제** 표준관입시험용 샘플러(레이먼드 샘플러)를 중량 63.5[kg]의 추를 75[cm] 높이에서 낙하시켜 충격에 의해 30[cm] 관입시키는 데 필요한 타격 횟수 N값은?
>
> ⇒ 사질 지반의 다짐 상태를 판정하는 데 적합하며(N값은 10 전후), N값 30 이상의 자갈층의 성질을 알기 위해 이용한다.

③ 베인 테스트(vane test)

보링의 구멍을 이용하여 십자 날개형의 베인 테스터를 지반에 박고 이것을 회전시켜 그 회전력에 의하여 점토(진흙)의 점착력을 판별하는 것

(4) 연약한 지반 위에 성토를 하거나 직접기초를 하고자 할 때 지층 점토층의 압밀을 촉진하기 위한 탈수공법의 종류

① 샌드드레인 공법

② 웰포인트 공법

③ 생석회 공법

④ 페이퍼드레인 공법

⑤ 치환공법

(5) 절토법면의 토석붕괴를 방지하기 위한 예방 점검을 하여야 할 경우

① 발파작업 직후

② 비온 후

③ 작업 전후

3. 토공계획

(1) 압성토공법 ★

연약 지반 위에 흙쌓기를 할 때 흙쌓기 본체가 그 자체 중량으로 인해 지반으로 눌려 박혀 침하함으로써 비탈끝 근처의 지반이 올라온다. 이것을 방지하기 위해 흙쌓기 본체의 양측에 흙쌓기하는 공법을 압성토 공법이라 한다.

(2) 점성토지반 개량공법

① 치환

② 여성토공법

③ 압성토공법

④ 샌드드레인

⑤ 전기침투 공법 및 전기화학적 고결공법

⑥ 침투압공법

⑦ 생석회 말뚝공법

(3) 사질토지반 개량공법 ★
　① 다짐말뚝공법
　② 다짐모래말뚝공법
　③ 전기충격공법
　④ 바이브로플로테이션공법
　⑤ 약액주입공법

(4) 지반을 굴착하기 전에 미리 굴착장소 및 주변의 지반에 대하여 조사하여야 할 사항
　① 형상, 지질 및 지층의 상태
　② 균열, 함수, 용수 및 동결의 유무 또는 상태
　③ 지반의 지하수위 상태
　④ 매설물 등의 유무 또는 상태

4. 지반의 이상현상 및 안전대책

(1) 히빙(Heaving)의 정의 및 방지 대책 ★★★★
　① 정의 : 연약한 점토지반을 굴착할 때 흙막이벽 배면 흙의 중량이 굴착저면 이하의 흙보다 중량이 클 경우 굴착저면 이하의 지지력보다 크게 되어 흙막이 배면에 있는 흙이 안으로 밀려들어 굴착저면이 솟아오르는 현상
　② 방지대책
　　㉠ 흙막이판은 강성이 높은 것을 사용한다.
　　㉡ 지반을 개량한다.
　　㉢ 흙막이벽의 전면 굴착을 남겨두어 흙의 중량에 대항하게 한다.
　　㉣ 흙막이벽의 근입 깊이를 깊게 한다.
　　㉤ 굴착 예정 부분 굴착하여 기초 콘크리트로 고정시킨다.
　　㉥ 흙막이벽의 뒷면 지반에 약액을 주입하거나 탈수 공법으로 지반 개량을 실시하여 흙의 전단 강도를 높인다.

(2) 보일링 현상의 정의 및 방지대책
　① 정의 : 투수성이 좋은 사질토 지반을 굴착할 때 흙막이벽 배면의 지하수위가 굴착저면보다 높을 때 굴착저면 위로 모래와 지하수가 솟아오르는 현상
　② 방지대책 ★
　　㉠ 지하수위를 낮게 저하시킨다.
　　㉡ 흙막이벽을 깊게 설치하여 지하수의 흐름을 막는다.
　　㉢ 작업을 중지시킨다.

3 건설업 산업안전보건관리비

1. 건설업 산업안전보건관리비의 계상 및 사용

(1) 산업안전보건관리비의 효율적인 사용기준

① 사업의 규모별·종류별 계상기준

② 건설공사의 진척 정도에 따른 사용비율 등 기준

③ 그 밖에 산업안전보건관리비의 사용에 필요한 사항

(2) 건설공사의 안전관리비로 포함되는 비용 및 공사금액 계상기준(건설기술 진흥법 시행규칙 제60조 제1·2항)

① **안전관리계획의 작성 및 검토 비용 또는 소규모안전관리계획의 작성 비용** : 작성 대상과 공사의 난이도 등을 고려하여 엔지니어링사업 대가기준을 적용하여 계상

② **안전점검 비용** : 시행령 제100조 제8항에 따른 안전점검 대가의 세부 산출기준을 적용하여 계상

③ **발파·굴착 등의 건설공사로 인한 주변 건축물 등의 피해방지대책 비용** : 건설공사로 인하여 불가피하게 발생할 수 있는 공사장 주변 건축물 등의 피해를 최소화하기 위한 사전보강, 보수, 임시이전 등에 필요한 비용을 계상

④ **공사장 주변의 통행안전관리대책 비용** : 공사시행 중의 통행안전 및 교통소통을 위한 시설의 설치비용 및 신호수(信號手)의 배치비용에 관해서는 토목·건축 등 관련 분야의 설계기준 및 인건비기준을 적용하여 계상

⑤ **계측장비, 폐쇄회로 텔레비전 등 안전 모니터링 장치의 설치·운용 비용** : 시행령 제99조 제1항 제2호의 공정별 안전점검계획에 따라 계측장비, 폐쇄회로 텔레비전 등 안전 모니터링 장치의 설치 및 운용에 필요한 비용을 계상

⑥ **가설구조물의 구조적 안전성 확인에 필요한 비용** : 법 제62조 제11항에 따라 가설구조물의 구조적 안전성을 확보하기 위하여 같은 항에 따른 관계전문가의 확인에 필요한 비용을 계상

⑦ **무선설비 및 무선통신을 이용한 건설공사 현장의 안전관리체계 구축·운용 비용** : 건설공사 현장의 안전관리 체계 구축·운용에 사용되는 무선설비의 구입·대여·유지 등에 필요한 비용과 무선통신의 구축·사용 등에 필요한 비용을 계상

(3) 건설공사의 추가 발생하는 안전관리비 계상기준

① 공사기간의 연장

② 설계변경 등으로 인한 건설공사 내용의 추가

③ 안전점검의 추가편성 등 안전관리계획의 변경

④ 그 밖에 발주자가 안전관리비의 증액이 필요하다고 인정하는 사유

2. 건설업 산업안전보건관리비의 사용기준

(1) 산업안전보건관리비의 사용 ★★★

① 건설공사도급인은 도급금액 또는 사업비에 계상(計上)된 산업안전보건관리비의 범위에서 그의 관계수급인에게 해당 사업의 위험도를 고려하여 적정하게 산업안전보건관리비를 지급하여 사용하게 할 수 있다.

② 건설공사도급인은 산업안전보건관리비를 사용하는 해당 건설공사의 금액(고용노동부장관이 정하여 고시하는 방법에 따라 산정한 금액을 말한다.)이 4천만원 이상인 때에는 고용노동부장관이 정하는 바에 따라 매월(건설공사가 1개월 이내에 종료되는 사업의 경우에는 해당 건설공사가 끝나는 날이 속하는 달을 말한다.) 사용명세서를 작성하고, 건설공사 종료 후 1년 동안 보존해야 한다.

(2) 공사종류 및 규모별 안전관리비 계상기준표 ★★★

구분 \ 공사종류	대상액 5억원 미만인 경우 적용비율[%]	대상액 5억원 이상 50억원 미만인 경우		대상액 50억원 이상인 경우 적용비율[%]	영 별표 5에 따른 보건관리자 선임 대상 건설공사의 적용비율[%]
		적용비율[%]	기초액		
일반건설공사(갑)	2.93[%]	1.86[%]	5,349,000원	1.97[%]	2.15[%]
일반건설공사(을)	3.09[%]	1.99[%]	5,499,000원	2.10[%]	2.29[%]
중 건 설 공 사	3.43[%]	2.35[%]	5,400,000원	2.44[%]	2.66[%]
철도 · 궤도신설공사	2.45[%]	1.57[%]	4,411,000원	1.66[%]	1.81[%]
특수및기타건설공사	1.85[%]	1.20[%]	3,250,000원	1.27[%]	1.38[%]

3. 건설업 산업안전보건관리비의 항목별 사용내역 및 기준

(1) 안전관리비의 계상기준

① 대상액이 5억원 미만 또는 50억원 이상일 경우에는 대상액에 안전관리비 계상기준표에서 정한 비율을 곱한 금액

② 대상액이 5억원 이상 50억원 미만일 때에는 대상액에 안전관리비 계상기준표 비율을 곱한 금액에 기초액을 합한 금액

> **예제** 일반건설공사(갑)에서 재료비가 500,000,000원이고, 직접노무비가 300,000,000원일 때 안전관리비를 계산하시오.
>
> ⇒ 안전관리비 산출 = 대상액(재료비 + 직접노무비) × 1.86[%] + 기초액(C)
> = 800,000,000 × 0.0186 + 5,349,000 = 20,229,000원

※ 발주자가 재료를 제공하거나 물품이 완제품의 형태로 제작 또는 납품되어 설치되는 경우에 해당 재료비 또는 완제품의 가액을 대상액에 포함시킬 경우의 안전보건관리비는 해당 재료비 또는 완제품의 가액을 포함시키지 않은 대상액을 기준으로 계상한 안전보건관리비의 1.2배를 초과할 수 없다.

(2) 설계변경 시 안전관리비 조정·계상 방법

① 설계변경에 따른 안전관리비는 다음 계산식에 따라 산정한다.

- 설계변경에 따른 안전관리비 = 설계변경 전의 안전관리비 + 설계변경으로 인한 안전관리비 증감액

② ①의 계산식에서 설계변경으로 인한 안전관리비 증감액은 다음 계산식에 따라 산정한다.

- 설계변경으로 인한 안전관리비 증감액 = 설계변경 전의 안전관리비 × 대상액의 증감 비율

③ ②의 계산식에서 대상액의 증감 비율은 다음 계산식에 따라 산정한다. 이 경우, 대상액은 예정가격 작성시의 대상액이 아닌 설계변경 전·후의 도급계약서상의 대상액을 말한다.

- 대상액의 증감 비율 = [(설계변경 후 대상액 − 설계변경 전 대상액) / 설계변경 전 대상액] × 100[%]

(3) 공사진척에 따른 안전관리비 사용기준 ★★

공정률	50[%] 이상 70[%] 미만	70[%] 이상 90[%] 미만	90[%] 이상
사용기준	50[%] 이상	70[%] 이상	90[%] 이상

※ 공정률은 기성공정률을 기준으로 한다.

(4) 산업안전보건관리비 사용가능 항목 ★★★

① 안전관리자 등 인건비 및 각종 업무수당

② 안전시설비 등

③ 개인보호구 및 안전장구 구입비 등

④ 안전진단비 등

⑤ 안전보건교육비 및 행사비 등

⑥ 근로자 건강관리비

⑦ 건설재해예방 기술지도비

4 사전안전성검토(유해위험방지 계획서), 위험성평가

1. 위험성평가

(1) 위험성평가의 정의

유해·위험요인을 파악하고 해당 유해·위험요인에 의한 부상 또는 질병의 발생 가능성(빈도)과 중대성(강도)을 추정·결정하고 감소대책을 수립하여 실행하는 일련의 과정을 말한다.

(2) 위험성평가 실시주체

① 사업주는 스스로 사업장의 유해·위험요인을 파악하기 위해 근로자를 참여시켜 실태를 파악하고 이를 평가하여 관리 개선하는 등 위험성평가를 실시하여야 한다.

② 「산업안전보건법」 제63조에 따른 작업의 일부 또는 전부를 도급에 의하여 행하는 사업의 경우는 도급을 준 도급인(이하 "도급사업주"라 한다)과 도급을 받은 수급인(이하 "수급사업주"라 한다)은 각각 ①에 따른 위험성평가를 실시하여야 한다.

③ ②에 따른 도급사업주는 수급사업주가 실시한 위험성평가 결과를 검토하여 도급사업주가 개선할 사항이 있는 경우 이를 개선하여야 한다.

(3) 작업에 종사하는 근로자의 참여기준

① 관리감독자가 해당 작업의 유해·위험요인을 파악하는 경우

② 사업주가 위험성 감소대책을 수립하는 경우

③ 위험성평가 결과 위험성 감소대책 이행 여부를 확인하는 경우

(4) 위험성평가의 절차

① 평가대상의 선정 등 사전준비

② 근로자의 작업과 관계되는 유해·위험요인의 파악

③ 파악된 유해·위험요인별 위험성의 추정[상시근로자수 20명 미만 사업장(총 공사금액 20억원 미만의 건설공사시) 생략 가능]

④ 추정한 위험성이 허용 가능한 위험성인지 여부의 결정

⑤ 위험성 감소대책의 수립 및 실행

⑥ 위험성평가 실시내용 및 결과에 관한 기록

(5) 사전준비

① 위험성평가 시 작성 실시규정 및 관리내용

  ㉠ 평가의 목적 및 방법

  ㉡ 평가담당자 및 책임자의 역할

  ㉢ 평가시기 및 절차

② 주지방법 및 유의사항

⑩ 결과의 기록·보존

② 위험성평가에 활용하기 위한 사업장 안전정보 사전조사내용

㉠ 작업표준, 작업절차 등에 관한 정보

㉡ 기계·기구, 설비 등의 사양서, 물질안전보건자료(MSDS) 등의 유해·위험요인에 관한 정보

㉢ 기계·기구, 설비 등의 공정 흐름과 작업 주변의 환경에 관한 정보

㉣ 「산업안전보건법」 제63조에 따른 작업을 하는 경우로서 같은 장소에서 사업의 일부 또는 전부를 도급을 주어 행하는 작업이 있는 경우 혼재 작업의 위험성 및 작업 상황 등에 관한 정보

㉤ 재해사례, 재해통계 등에 관한 정보

㉥ 작업환경측정결과, 근로자 건강진단결과에 관한 정보

㉦ 그 밖에 위험성평가에 참고가 되는 자료 등

(6) 위험성평가 실시내용 및 결과의 기록·보존 시 보존기간 등 포함사항

① 위험성평가 대상의 유해·위험요인

② 위험성 결정의 내용

③ 위험성 결정에 따른 조치의 내용

④ 그 밖에 위험성평가의 실시내용을 확인하기 위하여 필요한 사항으로서 고용노동부장관이 정하여 고시하는 사항

⑤ 사업주는 위험성평가 기록물을 3년간 보존해야 한다. ★

2. 유해위험방지계획서를 제출해야 될 건설공사 ★★★★★★

(1) 건설공사의 종류

① 지상높이가 31[m] 이상인 건축물 또는 인공구조물

② 연면적 3만[m²] 이상인 건축물

③ 연면적 5천[m²] 이상인 시설로서 다음의 어느 하나에 해당하는 시설

㉠ 문화 및 집회시설(전시장 및 동물원·식물원은 제외한다)

㉡ 판매시설, 운수시설(고속철도의 역사 및 집배송시설은 제외한다)

㉢ 종교시설

㉣ 의료시설 중 종합병원

㉤ 숙박시설 중 관광숙박시설

㉥ 지하도상가

㉦ 냉동·냉장 창고시설

④ 연면적 5천[m²] 이상인 냉동·냉장 창고시설의 설비공사 및 단열공사

⑤ 최대 지간(支間)길이(다리의 기둥과 기둥의 중심 사이의 거리)가 50[m] 이상인 다리의 건설등 공사 ★

⑥ 터널의 건설등 공사

⑦ 다목적댐, 발전용댐, 저수용량 2천만[t] 이상의 용수 전용 댐 및 지방상수도 전용 댐의 건설등 공사

⑧ 깊이 10[m] 이상인 굴착공사

3. 유해위험방지계획서의 확인사항

(1) 유해위험방지계획서의 제출 후 건설공사 중 6개월 이내마다 안전보건공단의 확인을 받아야 할 내용

① 유해위험방지 계획서의 내용과 실제공사 내용이 부합하는지 여부

② 유해위험방지 계획서 변경 내용의 적정성

③ 추가적인 유해·위험요인의 존재 여부

(2) 공단은 유해위험방지계획서의 심사 결과구분·판정 ★

① 적정 : 근로자의 안전과 보건을 위하여 필요한 조치가 구체적으로 확보되었다고 인정되는 경우

② 조건부 적정 : 근로자의 안전과 보건을 확보하기 위하여 일부 개선이 필요하다고 인정되는 경우

③ 부적정 : 건설물·기계·기구 및 설비 또는 건설공사가 심사기준에 위반되어 공사착공 시 중대한 위험이 발생할 우려가 있거나 해당 계획에 근본적 결함이 있다고 인정되는 경우

(3) 결과에 따른 행동

① 적정 또는 조건부 적정 : 유해위험방지계획서 심사 결과 통지서에 보완사항을 포함(조건부 적정판정을 한 경우만 해당한다)하여 해당 사업주에게 발급하고 지방고용노동관서의 장에게 보고해야 한다.

② 부적정 판정 : 지체 없이 별지 유해위험방지계획서 심사 결과(부적정) 통지서에 그 이유를 기재하여 지방고용노동관서의 장에게 통보하고 사업장 소재지 특별자치시장·특별자치도지사·시장·군수·구청장(구청장은 자치구의 구청장을 말한다)에게 그 사실을 통보해야 한다.

이 경우 지방고용노동관서의 장은 사실 여부를 확인한 후 공사착공중지명령, 계획변경명령 등 필요한 조치를 해야 한다.

4. 유해위험방지계획서 제출 시 첨부서류

(1) 제출기간 및 제출서류

① 제출기간

사업주가 유해위험방지계획서를 제출할 때에는 사업장별로 유해위험방지계획서에 다음의 서류를 첨부하여 해당 작업 시작 15일 전까지 공단에 2부를 제출해야 한다.

② 첨부서류

㉠ 건축물 각 층의 평면도

㉡ 기계·설비의 개요를 나타내는 서류

      ⓒ 기계·설비의 배치도면

      ⓔ 원재료 및 제품의 취급, 제조 등의 작업방법의 개요

      ⓜ 그 밖에 고용노동부장관이 정하는 도면 및 서류

(2) 유해위험방지계획서 첨부서류 ★★

    ① 공사 개요 및 안전보건관리계획 ★

      ㉠ 공사 개요서

      ㉡ 공사현장의 주변 현황 및 주변과의 관계를 나타내는 도면(매설물 현황을 포함한다.)

      ㉢ 전체 공정표

      ㉣ 산업안전보건관리비 사용계획서(별지 제102호 서식)

      ㉤ 안전관리 조직표

      ㉥ 재해 발생 위험 시 연락 및 대피방법

② 작업 공사 종류별 유해위험방지계획

대상 공사	작업 공사 종류	주요 작성대상	첨부 서류
건축물 또는 시설 등의 건설·개조 또는 해체 (이하 "건설 등"이라 한다) 공사	1. 가설공사 2. 구조물공사 3. 마감공사 4. 기계 설비공사 5. 해체공사	가. 비계 조립 및 해체 작업(외부비계 및 높이 3[m] 이상 내부비계만 해당한다) 나. 높이 4[m]를 초과하는 거푸집동바리[동바리가 없는 공법(무지주공법으로 데크플레이트, 호리빔 등)과 옹벽 등 벽체를 포함한다] 조립 및 해체작업 또는 비탈면 슬래브(판 형상의 구조부재로서 구조물의 바닥이나 천장)의 거푸집동바리 조립 및 해체 작업 다. 작업발판 일체형 거푸집 조립 및 해체 작업 라. 철골 및 PC(Precast Concrete) 조립 작업 마. 양중기 설치·연장·해체 작업 및 천공·항타 작업 바. 밀폐공간 내 작업 사. 해체 작업 아. 우레탄폼 등 단열재 작업[취급장소와 인접한 장소에서 이루어지는 화기(火器) 작업을 포함한다] 자. 같은 장소(출입구를 공동으로 이용하는 장소를 말한다)에서 둘 이상의 공정이 동시에 진행되는 작업	1. 해당 작업공사 종류별 작업 개요 및 재해예방 계획 2. 위험물질의 종류별 사용량과 저장·보관 및 사용 시의 안전작업계획 비고 1. 바목의 작업에 대한 유해위험방지계획에는 질식·화재 및 폭발 예방 계획이 포함되어야 한다. 2. 각 목의 작업과정에서 통풍이나 환기가 충분하지 않거나 가연성 물질이 있는 건축물 내부나 설비 내부에서 단열재 취급·용접·용단 등과 같은 화기작업이 포함되어 있는 경우에는 세부계획이 포함되어야 한다.
냉동·냉장창고시설의 설비공사 및 단열공사	1. 가설공사 2. 단열공사 3. 기계 설비공사	가. 밀폐공간 내 작업 나. 우레탄폼 등 단열재 작업(취급장소와 인접한 곳에서 이루어지는 화기 작업을 포함한다) 다. 설비 작업 라. 같은 장소(출입구를 공동으로 이용하는 장소를 말한다)에서 둘 이상의 공정이 동시에 진행되는 작업	1. 해당 작업공사 종류별 작업 개요 및 재해예방 계획 2. 위험물질의 종류별 사용량과 저장·보관 및 사용 시의 안전작업계획 비고 1. 가목의 작업에 대한 유해위험방지계획에는 질식·화재 및 폭발 예방계획이 포함되어야 한다. 2. 각 목의 작업과정에서 통풍이나 환기가 충분하지 않거나 가연성 물질이 있는 건축물 내부나 설비 내부에서 단열재 취급·용접·용단 등과 같은 화기작업이 포함되어 있는 경우에는 세부계획이 포함되어야 한다.

다리 건설 등의 공사	1. 가설공사
	 2. 다리 하부(하부공) 공사
	 3. 다리 상부(상부공) 공사
		가. 하부공 작업
		   1) 작업발판 일체형 거푸집 조립 및 해체 작업
		   2) 양중기 설치·연장·해체 작업 및 천공·항타 작업
		   3) 교대·교각 기초 및 벽체 철근조립 작업
		   4) 해상·하상 굴착 및 기초 작업
			1. 해당 작업공사 종류별 작업 개요 및 재해예방 계획
			 2. 위험물질의 종류별 사용량과 저장·보관 및 사용 시의 안전작업계획

		나. 상부공 작업 　1) 상부공 가설작업[압출공법(ILM), 캔틸레버공법(FCM), 동바리설치공법(FSM), 이동지보공법(MSS), 프리캐스트 세그먼트 가설공법(PSM) 등을 포함한다] 　2) 양중기 설치·연장·해체 작업 　3) 상부슬래브 거푸집동바리 조립 및 해체(특수작업대를 포함한다) 작업	
터널 건설등의 공사	1. 가설공사 2. 굴착 및 발파 　공사 3. 구조물공사	가. 터널굴진(掘進)공법(NATM) 　1) 굴진(갱구부, 본선, 수직갱, 수직구 등을 말한다) 및 막장내 붕괴·낙석방지 계획 　2) 화약 취급 및 발파 작업 　3) 환기 작업 　4) 작업대(굴진, 방수, 철근, 콘크리트 타설을 포함한다) 사용 작업 나. 기타 터널공법[(TBM)공법, 쉴드(Shield)공법, 추진(Front Jacking)공법, 침매공법 등을 포함한다] 　1) 환기 작업 　2) 막장내 기계·설비 유지·보수 작업	1. 해당 작업공사 종류별 작업 개요 및 재해예방 계획 2. 위험물질의 종류별 사용량과 저장·보관 및 사용 시의 안전작업계획 비고 1. 나목의 작업에 대한 유해위험방지계획에는 굴진(갱구부, 본선, 수직갱, 수직구 등을 말한다) 및 막장 내 붕괴·낙석 방지 계획이 포함되어야 한다.
댐 건설등의 공사	1. 가설공사 2. 굴착 및 발파 　공사 3. 댐 축조공사	가. 굴착 및 발파 작업 나. 댐 축조[가(假)체절 작업을 포함한다] 작업 　1) 기초처리 작업 　2) 둑 비탈면 처리 작업 　3) 본체 축조 관련 장비 작업(흙쌓기 및 다짐만 해당한다) 　4) 작업발판 일체형 거푸집 조립 및 해체 작업(콘크리트 댐만 해당한다)	1. 해당 작업공사 종류별 작업 개요 및 재해예방 계획 2. 위험물질의 종류별 사용량과 저장·보관 및 사용 시의 안전작업계획
굴착공사	1. 가설공사 2. 굴착 및 발파 　공사 3. 흙막이 지보공 　(支保工) 공사	가. 흙막이 가시설 조립 및 해체 작업(복공작업을 포함한다) 나. 굴착 및 발파 작업 다. 양중기 설치·연장·해체 작업 및 천공·항타 작업	1. 해당 작업공사 종류별 작업 개요 및 재해예방 계획 2. 위험물질의 종류별 사용량과 저장·보관 및 사용 시의 안전작업계획

비고 : 작업 공사 종류란의 공사에서 이루어지는 작업으로서 주요 작성대상란에 포함되지 않은 작업에 대해서도 유해위험방지계획서를 작성하고, 첨부서류란의 해당 서류를 첨부해야 한다.

CHAPTER 02 건설공구 및 장비

1 건설공구

1. 석재가공 공구

(1) 채석 및 할석

① 채석 : 산이나 바위에서 석재로 쓸 돌을 캐거나 떼어내는 작업

② 할석 : 채석한 돌을 사용할 크기에 맞추는 작업

(2) 석재 가공업

① 혹두기 : 석재의 표면을 정, 쇠메로 혹모양으로 다듬는 작업 방법

② 정다듬 : 석재의 면을 정으로 쪼아 평탄한 거친 면으로 만드는 작업

③ 도드락다듬 : 정다듬면 위를 도드락 망치를 사용하여 더욱 평평하게 두드려서 다듬는 표면 마무리법

④ 잔다듬 : 자귀형의 날 망치를 활용하여 일정한 방향으로 찍어 다듬는 방법

⑤ 물갈기 : 석재의 표면을 매끄럽게 하기 위해 물을 써서 갈아내는 방법

⑥ 버너마감 : 버너로 표면을 거칠게 만드는 방법

2. 철근가공 공구 등

(1) 철근가공 방법

① 철근은 설계도에 따라 작성된 가공 조립도에 표시된 형상과 치수에 일치하도록 재질을 해치지 않는 방법으로 가공하여야 한다.

② 철근 조립도에 철근의 구부리는 반지름이 명시되어 있지 않는 경우 도로교 설계 기준의 관련 규정에 의하여 철근을 가공하여야 한다.

③ 철근은 재질을 손상하지 않도록 상온에서 가공하여야 하며, 한번 구부린 철근은 다시 가공해서 사용해서는 안 된다.

(2) 철근가공 공구

① 철근 절곡기

② 철근 절단기

③ 철선절단 가위

2 건설장비

1. 굴착장비

(1) 쇼벨(Shovel)계 굴삭기계 : 작업장치에 따른 분류

종류	용도
파워쇼벨	• 굳은 점토 등 지반면보다 높은 곳의 땅파기에 적합하다. • 앞으로 흙을 긁어서 굴착하는 방식 • 셔블계 굴착기 중에서 가장 기본적인 것으로 산의 절삭에 적합하고 붐(boom)이 단단하여 굳은 지반의 굴착에도 사용됨
드래그쇼벨/백호 (back hoe)	• 토목공사 중 수중굴착에 많이 사용됨 • 지하층이나 기초의 굴착에 사용 • 지면보다 낮은 장소의 굴착에 적당하고 수중굴착 가능 • 굳은 지반의 토질에서 정확한 굴착 가능
드레그라인 (drag line)	• 작업범위가 광범위하고 수중굴착 및 연약한 지반의 굴착에 적합 • 기체가 높은 위치에서 깊은 곳을 굴착하는 데 적합 • 기계가 서 있는 위치보다 낮은 장소의 굴착에 적당하고 백호만큼 굳은 토질에서의 굴착은 되지 않지만 굴착 반지름이 크다.
클램셀	• 연약지반이나 수중굴착 및 자갈 등을 싣는 데 적합 • 깊은 땅파기 공사와 흙막이 버팀대를 설치하는 데 사용 • 수중굴착 및 수조물의 기초바닥 등과 같은 협소하고 상당히 깊은 범위의 굴착과 호퍼(hopper)에 적합
항타기 (pile driver)	• 붐(boom)에 항타용 부속장치를 부착하여 낙마 해머 또는 디젤해머에 의하여 강관말뚝, 콘크리트말뚝, 널말뚝 등의 항타 작업에 사용
어스드릴 (earth drill)	• 붐에 어스드릴용 장치를 부착하여 땅속에 규모가 큰 구멍을 파서 기초 공사 작업에 사용 • 상부선 회체를 대선과 고정하여 준설과 허퍼 작업, 크레인 작업 등에도 사용 • 셔블계 굴착기에서는 디퍼(dipper) 또는 버킷을 들어올리기, 밀어내기, 끌어당기기, 붐의 기도, 선회, 주행 등의 동작을 하기 위하여 원동기로부터 동력이 전달된다.

(2) 트랙터계 기계

종류	용도
셔블불도저	• 토사의 굴착 및 단거리 운반, 깔기, 고르기, 메우기 등에 사용 • 특수 블레이드(blade)를 부착하고 스크레이퍼의 푸셔로 사용 • 트랙터로서 스크레이퍼, 롤러류, 플라우, 해로우 • 유압리퍼에 의한 연암 굴삭에 사용
버킷도저	
휠불도저	
모터스크레이퍼	
피견인식 스크레이퍼	

(3) 안전기준

① 셔블계 굴착기계의 안전장치

㉠ 붐 전도 방지장치 : 붐이 굴곡면 주행 중에 흔들려 후방으로 전도되는 것을 막기 위한 장치

㉡ 붐 기복 방지장치 : 드래그라인, 기계식 클램셀 등을 사용시 설치하여야 하고 설치되어 있어도 붐 강도를

80[°] 가까이 하여 사용시 주의 요함

ⓒ 붐 권상 드럼의 역회전 방지장치 : 붐 호이스트 드럼이 기어에 훅을 걸고 드럼의 하중으로 인해 와이어로프의 권하방향으로 회전하는 것을 막기 위한 장치

2. 운반장비

(1) 지게차(Fork lift)

① 앞바퀴 구동에 뒷바퀴로 환향하고 최소회전반경이 적으며, 전면에 적재용 포크와 안내 레일의 역할을 하는 승강용 마스터를 갖추고 있다.

② 마스터의 경사각은 전경각 5~6[°], 후경각 10~12[°] 범위

③ 경화물의 적재, 운반에 이용하고 원동기식과 전동식이 있다.

④ 포크 리프트의 안정도값

시험번호	시험의 종류	바퀴의 상태	밑바닥 기울기[%]
1	전후안정도	기준 하중 상태에서 포크 리프트를 최고로 올린 상태	4(최대하중 5[t] 미만) 3.5(최대하중 5[t] 이상)
2	전후안정도	주행시의 기준 부하 상태	18
3	좌우안정도	기준부하 상태에서 포크를 최고로 올리고, 마스트를 최대 후경한 상태	6
4	좌우안정도	주행시의 기준부하상태	15+1.1[V]

⑤ 지게차의 헤드가드구비요건

㉠ 상부 프레임의 각 개구의 폭 또는 길이는 16[cm] 미만일 것

㉡ 강도는 포크 리프트의 최대하중의 2배값의 등분포 하중에 견딜 수 있을 것

㉢ 운전자가 서서 조작하는 방식의 포크 리프트에서는 운전자의 마루면에서 헤드 가드의 상부 프레임 아래까지의 높이는 2[m] 이상일 것

㉣ 운전자가 앉아서 조작하는 방식의 포크 리프트에서는 운전자의 좌석 상면에서 헤드 가드의 상부 프레임 하면까지의 높이는 1[m] 이상일 것

(2) 컨베이어

자재 및 콘크리트 등의 수송에 주로 사용하며, 설비가 용이하고 경제적이므로 많이 사용된다.

종류	용도
포터블(portable) 컨베이어	모래, 자갈의 운반과 채취에 사용
스크루(screw) 컨베이어	모래, 시멘트, 콘크리트 운반에 사용
벨트(belt) 컨베이어	흙, 쇄석, 골재 운반에 가장 많이 사용
대형 컨베이어	흙, 모래, 자갈, 쇄석 등의 수송에 사용

(3) 차량용 건설기계 작업계획 작성 시 포함되어야 할 사항 ★

   ① 차량계 건설기계의 종류 및 성능 ★★

   ② 차량계 건설기계의 운행경로

   ③ 차량계 건설기계에 의한 작업방법 및 조작자 주지내용

      ㉠ 작업의 내용

      ㉡ 지휘계통

      ㉢ 연락·신호 등의 방법

      ㉣ 운행경로, 제한속도, 그 밖에 해당 기계등의 운행에 관한 사항

      ㉤ 그 밖에 해당 기계 등의 조작에 따른 산업재해를 방지하기 위하여 필요한 사항

3. 다짐장비 등

(1) 전동식 다짐기계

   ① 진동롤러

   ② 진동타이어롤러

   ③ 진동 콤팩트

(2) 충격식 다짐기계

   ① Rammer

   ② Frog Ranner

   ③ Tamper

(3) 전압식 다짐기계

   ① 도로용 롤러

   ② 타이어 롤러

   ③ 탬핑롤러

3 안전수칙

(1) 셔블계 굴착기계의 안전대책

① 버킷이나 다른 부수장치, 혹은 뒷부분에 사람을 태우지 말아야 한다.

② 유압계를 분리 시에는 반드시 붐을 지면에 놓고 엔진을 정지시킨 다음 유압을 제거한 후 행해야 한다.

③ 장비의 주차시는 경사지나 굴착 작업장으로부터 충분히 이격시켜 주차하고 버킷은 반드시 지면에 놓아야 한다.

④ 운전반경 내에 사람이 있을 때엔 회전하여서는 안 된다.

⑤ 전선(고압선) 밑에서는 주의하여 작업해야 하고 전선과 장치의 안전 간격을 반드시 유지해야 한다.

(2) 지게차의 안전대책

① 주행시 포크는 반드시 내리고 운전

② 지면 또는 상판 등 지반이 포크 중량에 견딜 수 있는가 확인한 후 운행

③ 운전원 외에 어떤 자도 승차금지

④ 오버헤드가드를 설치, 운전원 자신을 보호

⑤ 경사진 위험한곳에 장비를 주차 금지

⑥ 짐을 인양한 밑으로 사람이 들어가거나 통과시키는 것 금지

⑦ 포크 다리 이에 사람을 태워 올리거나 전후진 금지

⑧ 철판 또는 각목을 다리 대용으로 해서 통과할 때는 반드시 강도 확인

⑨ 주차 시 반드시 포크를 내려놓고, 후진할 때는 반드시 정차 후 뒤를 확인

⑩ 마스트 이상 짐을 높이 실어 작업 금지

⑪ 짐을 싣고 내리막길을 내려갈 시는 후진으로 해야 함

⑫ 과적 운반은 절대로 피하고 짐을 높이 든 채 앞으로 기울이지 말아야 함

⑬ 작업은 서두르지 말고 안전을 확인한 후 정확하게 수행

⑭ 작업장 부근에는 사람이 접근하지 않게 해야 함

⑮ 그 밖에 모든 규칙을 잘 수행해야 함

(3) 불도저를 이용한 작업 중 안전조치사항

① 작업종료와 동시에 삽날을 지면으로 내리고 주차 제동장치를 건다.

② 모든 조종간은 엔진 시동전에 중립 위치에 놓는다.

③ 장비의 승차 및 하차 시 뛰어내리거나 오르지 말고 안전하게 잡고 오르내린다.

④ 야간작업 시 자주 장비에서 내려와 장비 주위를 살피며 점검하여야 한다.

(4) 헤드가드를 설치해야 할 차량계건설기계

불도저, 트랙터, 로더, 파워셔블, 드래그 셔블, 셔블

CHAPTER 03 양중기 및 해체용 기계, 기구의 안전

1 해체용 기구의 종류 및 취급안전

1. 해체용 기구의 종류

(1) 압쇄기

① 유압잭으로 파쇄 해체하는 공법이며 셔블에 압쇄기를 부착하여 사용하는 기계

② 벽체의 해체에 용이하며 능률이 우수함

③ 해체 높이에 제한이 없고, 취급 및 조작이 용이하고 인력의 절감

④ 20[m] 높이까지 작업이 가능하고, 철골 및 철근 절단도 가능

⑤ 분진이 발생하므로 살수 조치가 필요한 단점을 가지고 있다.

(2) 잭(jack)

들어올려 파쇄하는 공법으로 보나 바닥 해체에 적당하고 해체물이 많으면 기동성이 떨어지고 낙하물 보호조치가 필요한 단점이 있다.

(3) 철해머

① 이동식 크레인에 철해머를 부착하는 기계

② 타격으로 주로 파쇄에 사용되며 기둥, 보, 바닥, 벽체 해체에 적합하고 능률이 좋다.

③ 소음 진동이 매우 크고 비산물이 많아 매설물 보호가 필요하고 지하 콘크리트 파쇄에는 적절하지 않다.

2. 해체용 기구의 취급안전

(1) 압쇄기의 취급상 안전기준

① 압쇄기의 중량 등을 고려하여 자체에 무리를 초래하는 중량의 압쇄기 부착을 금지한다.

② 압쇄기 부착과 해체는 경험이 많은 사람이 하도록 한다.

③ 그리스 주유를 빈번히 실시하고 보수 점검을 수시로 하여야 한다.

④ 기름이 새는지 확인하고 배관부분의 접속부가 안전한지 점검한다.

⑤ 절단칼은 마모가 심하기 때문에 적절히 교환하여야 한다.

(2) 잭의 취급 시 안전기준

① 잭을 설치하거나 해체할 때는 경험이 많은 사람이 하도록 한다.

② 유압호스 부분에 기름이 새는지, 접속부는 이상이 없는지를 확인한다.

③ 장시간 작업의 경우에는 호스의 커플링과 고무가 연결한 곳에 균열 발생우려로 적절한 교환 요함

④ 수시로 보수점검

(3) 철해머의 안전기준

① 해체 대상물에 적합한 형상과 중량의 것을 선정

② 중량과 작업반경을 고려해서 차체의 붐, 프레임 및 차체에 무리가 없는 것의 부착

③ 해머를 매단 와이어로프의 종류와 직경 등은 적절한 것을 사용

④ 해머와 와이어로프의 결속은 경험이 많은 사람으로 하여금 실시토록 한다.

⑤ 와이어로프와 결속부는 사용 전후 항상 점검

(4) 해체공사 시 작업용 기계기구의 취급 안전기준 ★

① 철제 햄머와 와이어로프의 결속은 경험이 많은 사람으로서 선임된 자에 한하여 실시하도록 하여야 한다.

② 팽창제 천공간격은 콘크리트 강도에 의하여 결정되나 30~70[cm] 정도를 유지하도록 한다.

③ 쐐기타입으로 해체 시 천공구멍은 타입기 삽입부분의 직경과 거의 같아야 한다.

④ 화염방사기로 해체작업 시 용기 내 압력은 온도에 의해 상승하기 때문에 항상 40[℃] 이하로 보존해야 한다.

(5) 건물 등의 해체 작업 시 계획에 포함되어야 할 사항

① 해체 작업용 기계·기구 등의 작업계획서

② 해체 작업용 화약류 등의 사용계획서

③ 해체의 방법 및 해체 순서 도면

④ 가설 설비, 방호 설비, 환기설비 및 살수, 방화 설비 등의 방법

⑤ 사업장 내 연락방법

⑥ 해체물의 처분 계획

⑦ 기타 안전 보건에 관련된 사항

2 양중기의 종류 및 안전 수칙

1. 양중기의 종류와 기능 ★

(1) 양중기의 종류

① 크레인[호이스트(hoist) 포함]

② 이동식 크레인

③ 리프트(이삿짐운반용 리프트의 경우에는 적재하중이 0.1[t] 이상인 것으로 한정)

④ 곤돌라

⑤ 승강기

(2) 종류에 따른 양중기의 기능

① "크레인"이란 동력을 사용하여 중량물을 매달아 상하 및 좌우(수평 또는 선회를 말한다)로 운반하는 것을 목적으로 하는 기계 또는 기계장치를 말하며, "호이스트"란 혹이나 그 밖의 달기구 등을 사용하여 화물을 권상 및 횡행 또는 권상동작만을 하여 양중하는 것을 말한다.

② "이동식 크레인"이란 원동기를 내장하고 있는 것으로서 불특정 장소에 스스로 이동할 수 있는 크레인으로 동력을 사용하여 중량물을 매달아 상하 및 좌우(수평 또는 선회를 말한다)로 운반하는 설비로서 「건설기계관리법」을 적용받는 기중기 또는 「자동차관리법」 제3조에 따른 화물·특수자동차의 작업부에 탑재하여 화물 운반 등에 사용하는 기계 또는 기계장치를 말한다.

③ "리프트"란 동력을 사용하여 사람이나 화물을 운반하는 것을 목적으로 하는 기계설비로서 다음의 것을 말한다.

　㉠ 건설용 리프트 : 동력을 사용하여 가이드레일(운반구를 지지하여 상승 및 하강동작을 안내하는 레일)을 따라 상하로 움직이는 운반구를 매달아 사람이나 화물을 운반할 수 있는 설비 또는 이와 유사한 구조 및 성능을 가진 것으로 건설현장에서 사용하는 것

　㉡ 산업용 리프트 : 동력을 사용하여 가이드레일을 따라 상하로 움직이는 운반구를 매달아 화물을 운반할 수 있는 설비 또는 이와 유사한 구조 및 성능을 가진 것으로 건설현장 외의 장소에서 사용하는 것

　㉢ 자동차정비용 리프트 : 동력을 사용하여 가이드레일을 따라 움직이는 지지대로 자동차 등을 일정한 높이로 올리거나 내리는 구조의 리프트로서 자동차 정비에 사용하는 것

　㉣ 이삿짐운반용 리프트 : 연장 및 축소가 가능하고 끝단을 건축물 등에 지지하는 구조의 사다리형 붐에 따라 동력을 사용하여 움직이는 운반구를 매달아 화물을 운반하는 설비로서 화물자동차 등 차량 위에 탑재하여 이삿짐 운반 등에 사용하는 것

④ "곤돌라"란 달기발판 또는 운반구, 승강장치, 그 밖의 장치 및 이들에 부속된 기계부품에 의하여 구성되고, 와이어로프 또는 달기강선에 의하여 달기발판 또는 운반구가 전용 승강장치에 의하여 오르내리는 설비를 말한다.

⑤ "승강기"란 건축물이나 고정된 시설물에 설치되어 일정한 경로에 따라 사람이나 화물을 승강장으로 옮기는 데에 사용되는 설비로서 다음의 것을 말한다.

　㉠ 승객용 엘리베이터 : 사람의 운송에 적합하게 제조·설치된 엘리베이터

　㉡ 승객화물용 엘리베이터 : 사람의 운송과 화물 운반을 겸용하는 데 적합하게 제조·설치된 엘리베이터

　㉢ 화물용 엘리베이터 : 화물 운반에 적합하게 제조·설치된 엘리베이터로서 조작자 또는 화물취급자 1명은 탑승할 수 있는 것(적재용량이 300[kg] 미만인 것은 제외한다)

　㉣ 소형화물용 엘리베이터 : 음식물이나 서적 등 소형 화물의 운반에 적합하게 제조·설치된 엘리베이터로서 사람의 탑승이 금지된 것

ⓑ 에스컬레이터 : 일정한 경사로 또는 수평로를 따라 위·아래 또는 옆으로 움직이는 디딤판을 통해 사람이
나 화물을 승강장으로 운송시키는 설비

(3) 승강설비 설치

높이 또는 깊이가 2[m]를 초과하는 장소에서 작업하는 경우 해당 작업에 종사하는 근로자가 안전하게 승강하기
위한 건설용 리프트 등의 설비를 설치해야 한다. 다만, 승강설비를 설치하는 것이 작업의 성질상 곤란한 경우에
는 그렇지 않다. ★

(4) 정격하중 등의 표시

양중기(승강기는 제외한다) 및 달기구를 사용하여 작업하는 운전자 또는 작업자가 보기 쉬운 곳에 해당 기계의
정격하중, 운전속도, 경고표시 등을 부착하여야 한다. 다만, 달기구는 정격하중만 표시한다.

(5) 방호장치의 조정

① 양중기에 과부하방지장치, 권과방지장치(捲過防止裝置), 비상정지장치 및 제동장치, 그 밖의 방호장치[[승
강기의 파이널 리미트 스위치(final limit switch), 속도조절기, 출입문 인터 록(inter lock) 등을 말한다]가
정상적으로 작동될 수 있도록 미리 조정해 두어야 한다.

② 양중기에 대한 권과방지장치는 훅·버킷 등 달기구의 윗면(그 달기구에 권상용 도르래가 설치된 경우에는
권상용 도르래의 윗면)이 드럼, 상부 도르래, 트롤리프레임 등 권상장치의 아랫면과 접촉할 우려가 있는 경
우에 그 간격이 0.25[m] 이상[(직동식(直動式) 권과방지장치는 0.05[m] 이상으로 한다)]이 되도록 조정하여
야 한다.

③ 권과방지장치를 설치하지 않은 크레인에 대해서는 권상용 와이어로프에 위험표시를 하고 경보장치를 설치하는
등 권상용 와이어로프가 지나치게 감겨서 근로자가 위험해질 상황을 방지하기 위한 조치를 하여야 한다.

2. 양중기의 안전수칙

(1) 양중기 안전수칙

① 와이어로프 등 달기구의 안전계수 ★ : 양중기의 와이어로프 등 달기구의 안전계수(달기구 절단하중의 값을
그 달기구에 걸리는 하중의 최댓값으로 나눈 값을 말한다)가 다음의 구분에 따른 기준에 맞지 아니한 경우에
는 이를 사용해서는 안 된다.

$$안전계수 = \frac{절단하중}{최대하중}$$

㉠ 근로자가 탑승하는 운반구를 지지하는 달기와이어로프 또는 달기체인의 경우 : 10 이상

㉡ 화물의 하중을 직접 지지하는 달기와이어로프 또는 달기체인의 경우 : 5 이상 ★

㉢ 훅, 샤클, 클램프, 리프팅 빔의 경우 : 3 이상

㉣ 그 밖의 경우 : 4 이상

> **예제** 크레인 작업 시 와이어 로프에 90[kg]의 중량을 걸어 25[m/s²] 가속도를 감아올릴 때 와이어 로프에 걸리는 총하중을 계산하시오.
>
> ⇒ • 총하중(W) = 정하중(W_1) + 동하중(W_2)
>
> • 동하중(W_2) = $\dfrac{정하중(W_1)}{9.8[\text{m/sec}^2]} \times 가속도[\text{m/s}^2] = \dfrac{980[\text{kg}]}{9.8[\text{m/sec}^2]} \times 25[\text{m/s}^2] = 2500[\text{kg}]$
>
> • 총하중(W) = $W_1 + W_2$ = 980+2500=3480[kg]

② 와이어로프의 절단방법

　㉠ 사업주는 와이어로프를 절단하여 양중(揚重)작업용구를 제작하는 경우 반드시 기계적인 방법으로 절단하여야 하며, 가스용단(溶斷) 등 열에 의한 방법으로 절단해서는 안 된다.

　㉡ 사업주는 아크(arc), 화염, 고온부 접촉 등으로 인하여 열영향을 받은 와이어로프를 사용해서는 안 된다.

③ 사용금지 와이어로프 등

　㉠ 이음매가 있는 와이어로프 ★

　㉡ 와이어로프의 한 가닥에서 소선의 수가 10[%] 이상 절단된 것

　㉢ 지름의 감소가 공칭지름의 7[%]를 초과하는 것

　㉣ 꼬임이 끊어진 섬유로프 등

　㉤ 심하게 변형 또는 부식된 것

④ 달기체인의 사용금지사항

　㉠ 달기체인의 길이가 제조 당시보다 5[%] 이상 늘어난 것

　㉡ 고리의 단면 직경이 제조 당시보다 10[%] 이상 감소된 것

　㉢ 균열이 있거나 심하게 변형된 것

⑤ 와이어로프 및 달기체인의 검사방법

　㉠ 육안검사

　㉡ 기능검사

　㉢ 규격검사

　㉣ 형식검사

⑥ 양중기를 사용하여 작업을 하는 경우에 운전자 또는 작업자가 보기 쉬운 곳에 반드시 부착하여야 할 것 정격하중, 운전속도, 경고표시

(2) 크레인

① 안전밸브의 조정 : 유압을 동력으로 사용하는 크레인의 과도한 압력상승을 방지하기 위한 안전밸브에 대하여 정격하중(지브 크레인은 최대의 정격하중으로 한다)을 건 때의 압력 이하로 작동되도록 조정하여야 한다. 다만, 하중시험 또는 안전도시험을 하는 경우 그러하지 아니하다.

② **해지장치의 사용** ★ : 훅걸이용 와이어로프 등이 훅으로부터 벗겨지는 것을 방지하기 위한 장치(이하 "해지장치"라 한다)를 구비한 크레인을 사용하여야 하며, 그 크레인을 사용하여 짐을 운반하는 경우에는 해지장치를 사용하여야 한다.

③ **경사각의 제한** : 크레인 명세서에 적혀 있는 지브의 경사각(인양하중이 3[t] 미만인 지브 크레인의 경우에는 제조한 자가 지정한 지브의 경사각)의 범위에서 사용하도록 하여야 한다.

④ **크레인의 수리 등의 작업**

    ㉠ 같은 주행로에 병렬로 설치되어 있는 주행 크레인의 수리·조정 및 점검 등의 작업을 하는 경우, 주행로 상이나 그 밖에 주행 크레인이 근로자와 접촉할 우려가 있는 장소에서 작업을 하는 경우 등에 주행 크레인끼리 충돌하거나 주행 크레인이 근로자와 접촉할 위험을 방지하기 위하여 감시인을 두고 주행로 상에 스토퍼(stopper)를 설치하는 등 위험 방지 조치를 하여야 한다.

    ㉡ 사업주는 갠트리 크레인 등과 같이 작업장 바닥에 고정된 레일을 따라 주행하는 크레인의 새들(saddle) 돌출부와 주변 구조물 사이의 안전공간이 40[cm] 이상 되도록 바닥에 표시를 하는 등 안전공간을 확보하여야 한다.

⑤ **폭풍에 의한 이탈 방지** ★ : 순간풍속이 초당 30[m]를 초과하는 바람이 불어올 우려가 있는 경우 옥외에 설치되어 있는 주행 크레인에 대하여 이탈방지장치를 작동시키는 등 이탈 방지를 위한 조치를 하여야 한다.

⑥ **크레인의 설치·조립·수리·점검 또는 해체 작업 시 조치**

    ㉠ 작업순서를 정하고 그 순서에 따라 작업을 할 것

    ㉡ 작업을 할 구역에 관계 근로자가 아닌 사람의 출입을 금지하고 그 취지를 보기 쉬운 곳에 표시할 것

    ㉢ 비, 눈, 그 밖에 기상상태의 불안정으로 날씨가 몹시 나쁜 경우에는 그 작업을 중지시킬 것

    ㉣ 작업 장소는 안전한 작업이 이루어질 수 있도록 충분한 공간을 확보하고 장애물이 없도록 할 것

    ㉤ 들어 올리거나 내리는 기자재는 균형을 유지하면서 작업을 하도록 할 것

    ㉥ 크레인의 성능, 사용조건 등에 따라 충분한 응력(應力)을 갖는 구조로 기초를 설치하고 침하 등이 일어나지 않도록 할 것

    ㉦ 규격품인 조립용 볼트를 사용하고 대칭되는 곳을 차례로 결합하고 분해할 것

⑦ **악천후 및 강풍 시 작업 중지** ★

    ㉠ 비·눈·바람 또는 그 밖의 기상상태의 불안정으로 인하여 근로자가 위험해질 우려가 있는 경우 작업을 중지하여야 한다. 다만, 태풍 등으로 위험이 예상되거나 발생되어 긴급 복구작업을 필요로 하는 경우에는 그러하지 아니하다.

    ㉡ 사업주는 순간풍속이 초당 10[m]를 초과하는 경우 타워크레인의 설치·수리·점검 또는 해체 작업을 중지하여야 하며, 순간풍속이 초당 15[m]를 초과하는 경우에는 타워크레인의 운전작업을 중지하여야 한다.

⑧ **크레인의 작업시작 전 점검사항 3가지와 자체 검사항목 3가지** ★★

    ㉠ 작업시작 전 점검사항

        ⓐ 권과방지장치, 브레이크, 클러치 및 운전장치의 기능

ⓑ 주행로의 상측 및 트롤리가 횡횡하는 레일의 상태

ⓒ 와이어로프가 통하고 있는 곳의 상태

ⓛ 자체검사 항목

ⓐ 과부하방지장치, 권과방지장치, 기타 방호장치의 이상 유무

ⓑ 브레이크 및 클러치의 이상 유무

ⓒ 와이어로프 및 달기체인의 이상 유무

ⓓ 훅 등 달기기구의 손상 유무

⑨ 타워크레인을 벽체에 지지하는 경우 준수사항

㉠ 서면심사에 관한 서류(형식승인서류를 포함한다) 또는 제조사의 설치작업설명서 등에 따라 설치할 것

㉡ 서면심사 서류 등이 없거나 명확하지 아니한 경우에는 「국가기술자격법」에 따른 건축구조・건설기계・기계안전・건설안전기술사 또는 건설안전분야 산업안전지도사의 확인을 받아 설치하거나 기종별・모델별 공인된 표준방법으로 설치할 것

㉢ 콘크리트구조물에 고정시키는 경우에는 매립이나 관통 또는 이와 같은 수준 이상의 방법으로 충분히 지지되도록 할 것

㉣ 건축 중인 시설물에 지지하는 경우에는 그 시설물의 구조적 안정성에 영향이 없도록 할 것

⑩ 타워크레인을 와이어로프로 지지하는 경우 준수사항 ★★

㉠ 제조사의 설명서에 따라 설치할 것

㉡ 와이어로프를 고정하기 위한 전용 지지프레임을 사용할 것

㉢ 와이어로프 설치각도는 수평면에서 60[°] 이내로 하되, 지지점은 4개소 이상으로 하고, 같은 각도로 설치할 것

㉣ 와이어로프와 그 고정부위는 충분한 강도와 장력을 갖도록 설치하고, 와이어로프를 클립・샤클(shackle, 연결고리) 등의 고정기구를 사용하여 견고하게 고정시켜 풀리지 않도록 하며, 사용 중에는 충분한 강도와 장력을 유지하도록 할 것 ★

㉤ 와이어로프가 가공전선(架空電線)에 근접하지 않도록 할 것 ★

⑪ 와이어로프의 안전율

와이어로프의 종류	안전율
권상용 와이어로프 지브 기복용 와이어로프 횡행용 와이어로프	5.0
지브 지지용 와이어로프 보조 로프 및 고정용 와이어로프	4.0

⑫ 폭풍 등으로 인한 이상 유무 점검 ★ : 사업주는 순간풍속이 초당 30[m]를 초과하는 바람이 불거나 중진(中震) 이상 진도의 지진이 있은 후에 옥외에 설치되어 있는 양중기를 사용하여 작업을 하는 경우에는 미리 기계 각 부위에 이상이 있는지를 점검하여야 한다.

⑬ 건설물 등과의 사이 통로

㉠ 사업주는 주행 크레인 또는 선회 크레인과 건설물 또는 설비와의 사이에 통로를 설치하는 경우 그 폭을 0.6[m] 이상으로 하여야 한다. 다만, 그 통로 중 건설물의 기둥에 접촉하는 부분에 대해서는 0.4[m] 이상으로 할 수 있다.

㉡ 사업주는 ㉠에 따른 통로 또는 주행궤도 상에서 정비·보수·점검 등의 작업을 하는 경우 그 작업에 종사하는 근로자가 주행하는 크레인에 접촉될 우려가 없도록 크레인의 운전을 정지시키는 등 필요한 안전 조치를 하여야 한다.

⑭ 건설물 등의 벽체와 통로의 간격 등 ★★

사업주는 다음의 간격을 0.3[m] 이하로 하여야 한다. 다만, 근로자가 추락할 위험이 없는 경우에는 그 간격을 0.3[m] 이하로 유지하지 아니할 수 있다.

㉠ 크레인의 운전실 또는 운전대를 통하는 통로의 끝과 건설물 등의 벽체의 간격

㉡ 크레인 거더(girder)의 통로 끝과 크레인 거더의 간격

㉢ 크레인 거더의 통로로 통하는 통로의 끝과 건설물 등의 벽체의 간격

⑮ 크레인을 사용하여 작업을 하는 관계 근로자 조치사항

㉠ 인양할 하물(荷物)을 바닥에서 끌어당기거나 밀어내는 작업을 하지 아니할 것

㉡ 유류드럼이나 가스통 등 운반 도중에 떨어져 폭발하거나 누출될 가능성이 있는 위험물 용기는 보관함(또는 보관고)에 담아 안전하게 매달아 운반할 것

㉢ 고정된 물체를 직접 분리·제거하는 작업을 하지 아니할 것

㉣ 미리 근로자의 출입을 통제하여 인양 중인 하물이 작업자의 머리 위로 통과하지 않도록 할 것

㉤ 인양할 하물이 보이지 아니하는 경우에는 어떠한 동작도 하지 아니할 것(신호하는 사람에 의하여 작업을 하는 경우는 제외한다)

⑯ 조종석이 설치되지 아니한 크레인에 대한 조치사항

㉠ 고용노동부장관이 고시하는 크레인의 제작기준과 안전기준에 맞는 무선원격제어기 또는 펜던트 스위치를 설치·사용할 것

㉡ 무선원격제어기 또는 펜던트 스위치를 취급하는 근로자에게는 작동요령 등 안전조작에 관한 사항을 충분히 주지시킬 것

⑰ 사업주는 타워크레인을 사용하여 작업을 하는 경우 타워크레인마다 근로자와 조종 작업을 하는 사람 간에 신호업무를 담당하는 사람을 각각 두어야 한다.

⑱ 타워 크레인(Tower Crane)을 선정하기 위한 사전 검토사항 ★ : 인양능력, 작업반경, 붐의 높이

(3) 이동식크레인

① 설계기준 준수 : 이동식 크레인을 사용하는 경우에 그 이동식 크레인의 구조 부분을 구성하는 강재 등이 변형되거나 부러지는 일 등을 방지하기 위하여 해당 이동식 크레인의 설계기준(제조자가 제공하는 사용설명서)을 준수하여야 한다.

② **안전밸브의 조정** : 유압을 동력으로 사용하는 이동식 크레인의 과도한 압력상승을 방지하기 위한 안전밸브에 대하여 최대의 정격하중을 건 때의 압력 이하로 작동되도록 조정하여야 한다. 다만, 하중시험 또는 안전도시험을 실시할 때에 시험하중에 맞는 압력으로 작동될 수 있도록 조정한 경우에는 그러하지 아니하다.

③ **해지장치의 사용** : 이동식 크레인을 사용하여 하물을 운반하는 경우에는 해지장치를 사용하여야 한다.

④ **경사각의 제한** : 이동식 크레인을 사용하여 작업을 하는 경우 이동식 크레인 명세서에 적혀 있는 지브의 경사각(인양하중이 3[t] 미만인 이동식 크레인의 경우에는 제조한 자가 지정한 지브의 경사각)의 범위에서 사용하도록 하여야 한다.

(4) 리프트

① **운반구 이탈 등의 위험을 방지하기 위한 장치** : 권과방지장치, 과부하방지장치, 비상정지장치 등을 설치하는 등 필요한 조치

② **무인 금지 행위**

　㉠ 운반구의 내부에만 탑승조작장치가 설치되어 있는 리프트를 사람이 탑승하지 아니한 상태로 작동하게 해서는 안 된다.

　㉡ 조작반(盤)에 잠금장치를 설치하는 등 관계 근로자가 아닌 사람이 리프트를 임의로 조작함으로써 발생하는 위험을 방지하기 위하여 필요한 조치를 하여야 한다.

③ **리프트의 피트 등의 바닥을 청소하는 경우 운반구의 낙하위에 대한 조치**

　㉠ 승강로에 각재 또는 원목 등을 걸칠 것

　㉡ 걸친 각재(角材) 또는 원목 위에 운반구를 놓고 역회전방지기가 붙은 브레이크를 사용하여 구동모터 또는 윈치(winch)를 확실하게 제동해 둘 것

④ **붕괴 등의 방지 조치**

　㉠ 지반침하, 불량한 자재사용 또는 헐거운 결선(結線) 등으로 리프트가 붕괴되거나 넘어지지 않도록 필요한 조치를 하여야 한다.

　㉡ 순간풍속이 초당 35[m]를 초과하는 바람이 불어올 우려가 있는 경우 건설용 리프트(지하에 설치되어 있는 것은 제외한다)에 대하여 받침의 수를 증가시키는 등 그 붕괴 등을 방지하기 위한 조치를 하여야 한다.

⑤ 운반구를 주행로 위에 달아 올린 상태로 정지시켜 두어서는 안 된다.

⑥ **리프트의 설치·조립·수리·점검 또는 해체 작업 시 조치사항**

　㉠ 작업을 지휘하는 사람을 선임하여 그 사람의 지휘 하에 작업을 실시할 것

　㉡ 작업을 할 구역에 관계 근로자가 아닌 사람의 출입을 금지하고 그 취지를 보기 쉬운 장소에 표시할 것

　㉢ 비, 눈, 그 밖에 기상상태의 불안정으로 날씨가 몹시 나쁜 경우에는 그 작업을 중지시킬 것

⑦ **이삿짐 운반용 리프트 전도의 방지 조치**

　㉠ 아웃트리거가 정해진 작동위치 또는 최대전개위치에 있지 않는 경우(아웃트리거 발이 닿지 않는 경우를 포함한다)에는 사다리 붐 조립체를 펼친 상태에서 화물 운반작업을 하지 않을 것

ⓛ 사다리 붐 조립체를 펼친 상태에서 이삿짐 운반용 리프트를 이동시키지 않을 것

ⓒ 지반의 부동침하 방지 조치를 할 것

⑧ 화물의 낙하 방지 조치

㉠ 화물을 적재 시 하중이 한쪽으로 치우치지 않도록 할 것

ⓛ 적재화물이 떨어질 우려가 있는 경우에는 화물에 로프를 거는 등 낙하 방지 조치를 할 것

(5) 곤돌라

곤돌라의 운전방법 또는 고장이 났을 때의 처치방법을 그 곤돌라를 사용하는 근로자에게 주지시켜야 한다.

(6) 승강기

① **폭풍에 의한 무너짐 방지** : 사업주는 순간풍속이 초당 35[m]를 초과하는 바람이 불어 올 우려가 있는 경우 옥외에 설치되어 있는 승강기에 대하여 받침의 수를 증가시키는 등 승강기가 무너지는 것을 방지하기 위한 조치를 하여야 한다.

② 조립 등의 작업

㉠ 작업을 지휘하는 사람을 선임하여 그 사람의 지휘하에 작업을 실할 것

ⓛ 작업을 할 구역에 관계 근로자가 아닌 사람의 출입을 금지하고 그 취지를 보기 쉬운 장소에 표시할 것

ⓒ 비, 눈, 그 밖에 기상상태의 불안정으로 날씨가 몹시 나쁜 경우에는 그 작업을 중지시킬 것

③ 작업지휘자의 이행사항

㉠ 작업방법과 근로자의 배치를 결정하고 해당 작업을 지휘하는 일

ⓛ 재료의 결함 유무 또는 기구 및 공구의 기능을 점검하고 불량품을 제거하는 일

ⓒ 작업 중 안전대 등 보호구의 착용 상황을 감시하는 일

④ 화물용 승강기 자체검사항목

㉠ 비상정지장치, 과부하방지장치, 기타 방호장치의 이상 유무

ⓛ 브레이크 및 제어장치의 이상 유무

ⓒ 와이어로프의 손상 유무

ⓔ 가이드레일의 상태

ⓜ 옥외에 설치된 승강기의 가이드레일의 연결부위의 상태

(7) 타워크레인 설치 및 해체작업

① 안전점검

㉠ 붕괴·추락 및 재해 방지에 관한 사항을 확인한다.

ⓛ 설치·해체 순서 및 안전작업방법에 관한 사항을 확인한다.

ⓒ 부재의 구조·재질 및 특성에 관한 사항을 확인한다.

ⓔ 신호방법 및 요령에 관한 사항을 확인한다.

ⓜ 이상 발생 시 응급조치에 관한 사항을 확인한다.

② 안전교육

㉠ 붕괴·추락 및 재해 방지에 관한 사항을 교육자료에 반영한다.

㉡ 설치·해체 순서 및 안전작업방법에 관한 사항을 교육자료에 반영한다.

㉢ 부재의 구조·재질 및 특성에 관한 사항을 교육자료에 반영한다.

㉣ 신호방법 및 요령에 관한 사항을 교육자료에 반영한다.

㉤ 이상 발생 시 응급조치에 관한 사항을 교육자료에 반영한다.

(8) 콘크리트 인공구조물(그 높이가 2[m] 이상인 것만 해당한다)의 해체 또는 파괴작업

① 안전점검

㉠ 콘크리트 해체기계의 점검에 관한 사항을 확인한다.

㉡ 파괴 시의 안전거리 및 대피 요령에 관한 사항을 확인한다.

㉢ 작업방법·순서 및 신호 방법 등에 관한 사항을 확인한다.

㉣ 해체·파괴 시의 작업안전기준 및 보호구에 관한 사항을 확인한다.

② 안전교육

㉠ 콘크리트 해체기계의 점검에 관한 사항을 교육자료에 반영한다.

㉡ 파괴 시의 안전거리 및 대피 요령에 관한 사항을 교육자료에 반영한다.

㉢ 작업방법·순서 및 신호 방법 등에 관한 사항을 교육자료에 반영한다.

㉣ 해체·파괴 시의 작업안전기준 및 보호구에 관한 사항을 교육자료에 반영한다.

CHAPTER 04 건설재해 및 대책

1 떨어짐(추락)재해 및 대책

1. 분석 및 발생원인 ★

(1) 추락의 개요 및 형태

① 개요 : 추락은 사람이나 물체가 중간 단계의 접촉 없이 낙하하는 것이고 전락은 계단이나 경사면에서 굴러 떨어지는 것을 말하며, 동일하게 떨어지는 것이라 구분을 하고 있다.

② 추락의 형태

　㉠ 고소에 의한 추락

　㉡ 개구부 및 작업대 끝에서의 추락

　㉢ 비계로부터의 추락

　㉣ 사다리 및 작업대에서의 추락

　㉤ 철골 등의 조립작업 시의 추락

　㉥ 해체작업 중의 추락

(2) 추락의 방지 대책

① 근로자가 추락하거나 넘어질 위험이 있는 장소[작업발판의 끝·개구부(開口部) 등을 제외한다] 또는 기계·설비·선박블록 등에서 작업을 할 때에 근로자가 위험해질 우려가 있는 경우 비계(飛階)를 조립하는 등의 방법으로 작업발판을 설치하여야 한다.

② 작업발판을 설치하기 곤란한 경우 기준에 맞는 추락방호망을 설치해야 한다. 다만, 추락방호망을 설치하기 곤란한 경우에는 근로자에게 안전대를 착용하도록 하는 등 추락위험을 방지하기 위해 필요한 조치를 해야 한다. ★

　㉠ 추락방호망의 설치위치는 가능하면 작업면으로부터 가까운 지점에 설치하여야 하며, 작업면으로부터 망의 설치지점까지의 수직거리는 10[m]를 초과하지 아니할 것

　㉡ 추락방호망은 수평으로 설치하고, 망의 처짐은 짧은 변 길이의 12[%] 이상이 되도록 할 것

　㉢ 건축물 등의 바깥쪽으로 설치하는 경우 추락방호망의 내민 길이는 벽면으로부터 3[m] 이상 되도록 할 것. 다만, 그물코가 20[mm] 이하인 추락방호망을 사용한 경우에는 낙하물 방지망을 설치한 것으로 본다.

> • 높이 10[m] 이내마다 설치하고, 내민 길이는 벽면으로부터 2[m] 이상으로 할 것
> • 수평면과의 각도는 20[°] 이상 30[°] 이하를 유지할 것

③ 추락방호망의 인장강도 ★★★★

그물코의 크기 (단위 : [cm])	방망의 종류(단위 : [kg])			
	매듭 없는 방망		매듭 방망	
	신품에 대한	폐기 시	신품에 대한	폐기 시
10	240	150	200	135
5	–		110	60

(3) 지붕 위에서의 위험 방지

① 근로자가 지붕 위에서 작업을 할 때에 추락하거나 넘어질 위험이 있는 경우에는 다음의 조치를 해야 한다.

  ㉠ 지붕의 가장자리에 안전난간을 설치할 것

  ㉡ 채광창(skylight)에는 견고한 구조의 덮개를 설치할 것

  ㉢ 슬레이트 등 강도가 약한 재료로 덮은 지붕에는 폭 30[cm] 이상의 발판을 설치할 것

② 사업주는 작업 환경 등을 고려할 때 위 ㉠에 따른 조치를 하기 곤란한 경우에는 추락방호망을 설치해야 한다. 다만, 사업주는 작업 환경 등을 고려할 때 추락방호망을 설치하기 곤란한 경우에는 근로자에게 안전대를 착용하도록 하는 등 추락 위험을 방지하기 위하여 필요한 조치를 해야 한다.

(4) 슬레이트 지붕 위의 작업 시 안전대책

① 폭 30[cm] 이상의 발판 설치

② 방망 설치

③ 안전대 착용

④ 표준안전난간 설치

⑤ 적당한 조명 유지

(5) 승강설비의 설치

높이 또는 깊이가 2[m]를 초과하는 장소에서 작업하는 경우 해당 작업에 종사하는 근로자가 안전하게 승강하기 위한 건설용 리프트 등의 설비를 설치해야 한다. 다만, 승강설비를 설치하는 것이 작업의 성질상 곤란한 경우에는 그렇지 않다.

(6) 울타리의 설치 ★

근로자에게 작업 중 또는 통행 시 굴러 떨어짐으로 인하여 근로자가 화상·질식 등의 위험에 처할 우려가 있는 케틀(kettle, 가열 용기), 호퍼(hopper, 깔때기 모양의 출입구가 있는 큰 통), 피트(pit, 구덩이) 등이 있는 경우에 그 위험을 방지하기 위하여 필요한 장소에 높이 90[cm] 이상의 울타리를 설치하여야 한다.

(7) 조명의 유지

근로자가 높이 2[m] 이상에서 작업을 하는 경우 그 작업을 안전하게 하는 데에 필요한 조명 75[lux] 이상을 유지하여야 한다.

2. 방호 및 방지설비 ★

(1) 개구부 등의 방호 조치

① 작업발판 및 통로의 끝이나 개구부로서 근로자가 추락할 위험이 있는 장소에는 안전난간, 울타리, 수직형 추락방망 또는 덮개 등(이하 "난간 등"이라 한다)의 방호 조치를 충분한 강도를 가진 구조로 튼튼하게 설치하여야 하며, 덮개를 설치하는 경우에는 뒤집히거나 떨어지지 않도록 설치하여야 한다. 이 경우 어두운 장소에서도 알아볼 수 있도록 개구부임을 표시해야 하며, 수직형 추락방망은 한국산업표준에서 정하는 성능기준에 적합한 것을 사용해야 한다.

② 난간 등을 설치하는 것이 매우 곤란하거나 작업의 필요상 임시로 난간 등을 해체하여야 하는 경우 기준에 맞는 추락방호망을 설치하여야 한다. 다만, 추락방호망을 설치하기 곤란한 경우에는 근로자에게 안전대를 착용하도록 하는 등 추락할 위험을 방지하기 위하여 필요한 조치를 하여야 한다. ★★

(2) 안전난간의 구조 및 설치요건 ★★

① 상부 난간대, 중간 난간대, 발끝막이판 및 난간기둥으로 구성할 것. 다만, 중간 난간대, 발끝막이판 및 난간기둥은 이와 비슷한 구조와 성능을 가진 것으로 대체할 수 있다. ★

② 상부 난간대는 바닥면·발판 또는 경사로의 표면(이하 "바닥면 등"이라 한다)으로부터 90[cm] 이상 지점에 설치하고, 상부 난간대를 120[cm] 이하에 설치하는 경우에는 중간 난간대는 상부 난간대와 바닥면 등의 중간에 설치하여야 하며, 120[cm] 이상 지점에 설치하는 경우에는 중간 난간대를 2단 이상으로 균등하게 설치하고 난간의 상하 간격은 60[cm] 이하가 되도록 할 것. 다만, 계단의 개방된 측면에 설치된 난간기둥 간의 간격이 25[cm] 이하인 경우에는 중간 난간대를 설치하지 아니할 수 있다. ★

③ 발끝막이판은 바닥면 등으로부터 10[cm] 이상의 높이를 유지할 것. 다만, 물체가 떨어지거나 날아올 위험이 없거나 그 위험을 방지할 수 있는 망을 설치하는 등 필요한 예방 조치를 한 장소는 제외한다.

④ 난간기둥은 상부 난간대와 중간 난간대를 견고하게 떠받칠 수 있도록 적정한 간격을 유지할 것

⑤ 상부 난간대와 중간 난간대는 난간 길이 전체에 걸쳐 바닥면등과 평행을 유지할 것

⑥ 난간대는 지름 2.7[cm] 이상의 금속제 파이프나 그 이상의 강도가 있는 재료일 것

⑦ 안전난간은 구조적으로 가장 취약한 지점에서 가장 취약한 방향으로 작용하는 100[kg] 이상의 하중에 견딜 수 있는 튼튼한 구조일 것

(3) 추락위험이 있는 구간에 대하여 조치할 사항 ★

① 작업발판 설치

② 추락방지망 설치

③ 안전난간, 울 및 손잡이 설치

④ 안전대 등 보호구 착용

3. 개인 보호구

(1) 안전대

① 안전대의 부착설비

추락할 위험이 있는 높이 2[m] 이상의 장소에서 근로자에게 안전대를 착용시킨 경우 안전대를 안전하게 걸어 사용할 수 있는 설비 등을 설치하여야 한다. 이러한 안전대 부착설비로 지지로프 등을 설치하는 경우에는 처지거나 풀리는 것을 방지하기 위하여 필요한 조치를 하여야 한다.

② 안전대의 종류 및 사용구분

종류	사용구분
벨트식 안전그네식	U자 걸이용
	1개 걸이용
안전그네식	안전블록
	추락방지대

(2) 구명줄

수직구명줄은 로프 또는 레일 등과 같은 유연하거나 단단한 고정줄로써 추락 발생 시 추락을 저지시키는 추락방지대를 지탱해주는 줄 모양의 부품이다. ★

(3) 구명구

수상 또는 선박건조 작업에 종사하는 근로자가 물에 빠지는 등 위험의 우려가 있는 경우 그 작업을 하는 장소에 구명을 위한 배 또는 구명장구(救命裝具)의 비치 등 구명을 위하여 필요한 조치를 하여야 한다.

2 무너짐(붕괴)재해 및 대책

1. 토석 및 토사 붕괴 위험성

(1) 토석 붕괴의 원인 ★

① 외적 원인

㉠ 사면, 법면의 경사 및 구배의 증가

㉡ 절토 및 성토 높이의 증가

㉢ 공사에 의한 진동 및 반복하중의 증가

㉣ 지표수 및 지하수의 침투에 의한 토사 중량의 증가

㉤ 지진, 차량, 구조물의 하중

② 내적 원인

㉠ 절토사면의 토질, 암질

㉡ 사면의 토질

㉢ 토석의 강도 저하

(2) 붕괴의 형태

① 미끄러져 내림

② 점토면의 붕괴

③ 얕은 표층의 붕괴

④ 성토법면의 붕괴

2. 토석 및 토사 붕괴 시 조치사항

(1) 토석 붕괴 시 조치사항

① 동시작업의 금지

② 대피 통로 및 공간의 확보

③ 2차 재해의 방지

(2) 토사 붕괴 시 조치사항

① 지반은 안전한 경사로 하고 낙하의 위험이 있는 토석을 제거하거나 옹벽, 흙막이 지보공 등을 설치할 것

② 지반의 붕괴 또는 토석의 낙하 원인이 되는 빗물이나 지하수 등을 배제할 것

③ 갱내의 낙반·측벽(側壁) 붕괴의 위험이 있는 경우에는 지보공을 설치하고 부석을 제거하는 등 필요한 조치를 할 것

(3) 굴착작업에 있어서 지반의 붕괴 및 토석의 낙하에 의하여 근로자에게 위험을 미칠 우려가 있는 때에 조치
하여야 할 사항
  ① 흙막이 지보공을 설치한다.
  ② 방호망을 설치한다.
  ③ 근로자의 출입을 금지시킨다.

3. 붕괴의 예측과 점검

(1) 예방대책

① 지반 등을 굴착하는 경우에는 굴착면의 기울기를 기준에 맞도록 하여야 한다. 다만, 흙막이 등 기울기면의
붕괴 방지를 위하여 적절한 조치를 한 경우에는 그러하지 아니하다.

② 굴착면의 경사가 달라서 기울기를 계산하기가 곤란한 경우에는 해당 굴착면에 대하여 기준에 따라 붕괴의
위험이 증가하지 않도록 해당 각 부분의 경사를 유지하여야 한다.

③ 굴착면의 기울기 기준 ★★★★★

구분	지반의 종류	기울기
보통흙	습지	1 : 1 ~ 1 : 1.5
	건지	1 : 0.5 ~ 1 : 1
암반	풍화암	1 : 1.0
	연암	1 : 1.0
	경암	1 : 0.5

④ 굴착작업을 하는 경우 지반의 붕괴 또는 토석의 낙하에 의한 근로자의 위험을 방지하기 위하여 관리감독자에
게 작업 시작 전에 작업 장소 및 그 주변의 부석·균열의 유무, 함수(含水)·용수(湧水) 및 동결상태의 변화
를 점검하도록 하여야 한다.

⑤ 굴착작업에 있어서 지반의 붕괴 또는 토석의 낙하에 의하여 근로자에게 위험을 미칠 우려가 있는 경우에는
미리 흙막이 지보공의 설치, 방호망의 설치 및 근로자의 출입 금지 등 그 위험을 방지하기 위하여 필요한 조
치를 하여야 한다.

⑥ 비가 올 경우를 대비하여 측구(側溝)를 설치하거나 굴착경사면에 비닐을 덮는 등 빗물 등의 침투에 의한 붕괴
재해를 예방하기 위하여 필요한 조치를 하여야 한다. ★

4. 비탈면 보호공법

(1) 비탈면 보호공법 ★★★

① 식생공 : 건설재해대책의 사면보호공법 중 식물을 생육시켜 그 뿌리로 사면의 표층토를 고정하여 빗물에 의
한 침식, 동상, 이완 등을 방지하고, 녹화에 의한 경관조성이 목적이다.

② 뿜어붙이기공 : 콘크리트 또는 시멘트모터로 뿜어 붙임

③ 돌쌓기공 : 견치석 또는 콘크리트 블록을 쌓아 보호

④ 배수공 : 지반의 강도를 저하시키는 물을 배제

⑤ 표층안정공 : 약액 또는 시멘트를 지반에 그라우팅

(2) 굴착공사에 있어서 비탈면붕괴를 방지하기 위하여 실시하는 대책

① 지표수의 침투를 막기 위해 표면배수공을 한다.

② 지하수위를 내리기 위해 수평배수공을 설치한다.

③ 비탈면 하단을 성토한다.

④ 비탈면 하부에 토사를 적재한다.

(3) 비탈면 굴착시 안전 점검 사항

① 지질조사

② 토질시험

③ 사면 붕괴의 이론적 분석

④ 과거 붕괴된 사례유무

⑤ 토층의 방향과 경사면의 상호 연관성

⑥ 단층, 파쇄대의 방향 및 폭

⑦ 풍화의 정도

⑧ 용수의 확인

5. 흙막이 공법

(1) 흙막이 지보공

① 흙막이 지보공의 재료

㉠ 흙막이 지보공의 재료로 변형·부식되거나 심하게 손상된 것을 사용해서는 안 된다.

㉡ 흙막이 지보공을 조립하는 경우 미리 조립도를 작성하여 그 조립도에 따라 조립하도록 하여야 한다.

② 흙막이 지보공의 조립도

흙막이판·말뚝·버팀대 및 띠장 등 부재의 배치·치수·재질 및 설치방법과 순서가 명시되어야 한다. ★★

③ 흙막이 지보공의 붕괴 등의 방지를 위한 점검 사항 ★★★

㉠ 부재의 손상·변형·부식·변위 및 탈락의 유무와 상태

㉡ 버팀대의 긴압(緊壓)의 정도

㉢ 부재의 접속부·부착부 및 교차부의 상태

㉣ 침하의 정도

(2) 지지방식에 따른 흙막이 공법의 분류 ★

① 자립식 공법 : 흙막이 벽 벽체의 근입깊이에 의해 흙막이벽을 지지한다.

② 버팀대식 공법 : 띠장, 버팀대, 지지말뚝을 설치하여 토압, 수압에 저항한다.

③ 어스앵커 공법(Earth Anchor) : 흙막이벽을 천공 후 앵커체를 삽입하여 인장력을 가하여 흙막이벽을 잡아당기는 공법이다.

④ 타이로드 공법(Tie Rod Method) : 흙막이벽의 상부를 당김줄로 당겨 흙막이벽을 지지한다.

(3) 전단응력 ★

자연 경사면 또는 굴착면으로 되어 있는 흙덩어리는 중력에 의해 언제나 아래쪽으로 미끄러지려고 한다. 그래서 경사면이 안정되려면 흙덩어리 내부에 발생한 전단응력보다 전단강도가 커야 한다. 전단응력이란 흙이 흘러내리려고 하는 힘을 말하고, 전단강도란 흙이 흘러내리는 것을 방지해 주는 전단저항을 말한다. 이러한 흙 속의 전단응력을 증대시키는 원인으로는 흙에 건물 등의 외력이 작용하거나, 굴착으로 흙의 일부가 제거되었을 때, 함수비의 증가에 따른 흙의 단위체적 중량의 증가, 지진·폭파에 의한 진동, 그리고 균열 내에 작용하는 수압 등이 있다. 또한 흙의 전단강도를 증가시키는 원인으로는 흡수에 의한 점토의 팽창, 공극 수압의 작용, 흙의 다짐 불충분, 수축, 팽창 등으로 인한 미세한 균열의 발생, 느슨한 사질토의 진동 등에 의해 일어난다.

6. 콘크리트구조물 붕괴안전대책

(1) 콘크리트의 타설작업 시의 준수사항 ★★

① 당일의 작업을 시작하기 전에 해당 작업에 관한 거푸집동바리등의 변형·변위 및 지반의 침하 유무 등을 점검하고 이상이 있으면 보수할 것

② 작업 중에는 거푸집동바리등의 변형·변위 및 침하 유무 등을 감시할 수 있는 감시자를 배치하여 이상이 있으면 작업을 중지하고 근로자를 대피시킬 것

③ 콘크리트 타설작업 시 거푸집 붕괴의 위험이 발생할 우려가 있으면 충분한 보강조치를 할 것

④ 설계도서상의 콘크리트 양생기간을 준수하여 거푸집동바리등을 해체할 것

⑤ 콘크리트를 타설하는 경우에는 편심이 발생하지 않도록 골고루 분산하여 타설할 것

(2) 구축물 또는 이와 유사한 시설물 등의 안전 유지 ★

한 시설물에 대하여 자중(自重), 적재하중, 적설, 풍압(風壓), 지진이나 진동 및 충격 등에 의하여 전도·폭발하거나 무너지는 등의 위험을 예방하기 위하여 다음의 조치를 하여야 한다.

① 설계도서에 따라 시공했는지 확인

② 건설공사 시방서(示方書)에 따라 시공했는지 확인

③ 「건축물의 구조기준 등에 관한 규칙」에 따른 구조기준을 준수했는지 확인

(3) 구축물 또는 이와 유사한 시설물의 안전성 평가

구축물 또는 이와 유사한 시설물이 다음의 어느 하나에 해당하는 경우 안전진단 등 안전성 평가를 하여 근로자에게 미칠 위험성을 미리 제거하여야 한다. ★

① 구축물 또는 이와 유사한 시설물의 인근에서 굴착·항타작업 등으로 침하·균열 등이 발생하여 붕괴의 위험이 예상될 경우

② 구축물 또는 이와 유사한 시설물에 지진, 동해(凍害), 부동침하(不同沈下) 등으로 균열·비틀림 등이 발생하였을 경우

③ 구조물, 건축물, 그 밖의 시설물이 그 자체의 무게·적설·풍압 또는 그 밖에 부가되는 하중 등으로 붕괴 등의 위험이 있을 경우

④ 화재 등으로 구축물 또는 이와 유사한 시설물의 내력(耐力)이 심하게 저하되었을 경우

⑤ 오랜 기간 사용하지 아니하던 구축물 또는 이와 유사한 시설물을 재사용하게 되어 안전성을 검토하여야 하는 경우

⑥ 그 밖의 잠재위험이 예상될 경우 : 사업주는 터널 등의 건설작업을 할 때에 붕괴 등에 의하여 근로자가 위험해질 우려가 있는 경우 또는 법 제42조 제1항 제3호에 따른 경우에 작성하는 유해위험방지계획서 심사 시 계측시공을 지시받은 경우에는 그에 필요한 계측장치 등을 설치하여 위험을 방지하기 위한 조치를 하여야 한다.

7. 터널굴착

(1) 터널굴착 시 사고종류

① 토석의 붕괴 또는 낙반

② 유해 가스에 의한 중독

③ 가스 및 분진의 폭발

(2) 안전대책

① 토석의 붕괴 또는 낙반

  ㉠ 터널 지보공 및 록볼트의 설치, 부석(浮石)의 제거

  ㉡ 흙막이 지보공이나 방호망을 설치

② 유해 가스에 의한 중독

  ㉠ 인화성 가스의 농도측정 : 터널공사 등의 건설작업을 할 때에 인화성 가스가 발생할 위험이 있는 경우에는 폭발이나 화재를 예방하기 위하여 인화성 가스의 농도를 측정할 담당자를 지명하고, 그 작업을 시작하기 전에 가스가 발생할 위험이 있는 장소에 대하여 그 인화성 가스의 농도를 측정하여야 한다.

  ㉡ 자동경보장치의 설치

  ㉢ 정기적 순회 점검

ⓔ 이상을 발견하면 즉시 보수하여야 한다. ★
- 계기의 이상 유무
- 검지부의 이상 유무
- 경보장치의 작동상태

③ **가스 및 분진의 폭발**

㉠ 환기를 하거나 물을 뿌리는 등 시계를 유지하기 위하여 필요한 조치

㉡ 보링(boring)에 의한 가스 제거 및 그 밖에 인화성 가스의 분출을 방지하는 등 필요한 조치

④ **용접 등 작업 시의 조치**

㉠ 부근에 있는 넝마, 나무부스러기, 종이부스러기, 그 밖의 인화성 액체를 제거하거나, 그 인화성 액체에 불연성 물질의 덮개를 하거나, 그 작업에 수반하는 불티 등이 날아 흩어지는 것을 방지하기 위한 격벽을 설치할 것

㉡ 해당 작업에 종사하는 근로자에게 소화설비의 설치장소 및 사용방법을 주지시킬 것

㉢ 해당 작업 종료 후 불티 등에 의하여 화재가 발생할 위험이 있는지를 확인할 것

(3) 발파의 작업기준

① 얼어붙은 다이너마이트는 화기에 접근시키거나 그 밖의 고열물에 직접 접촉시키는 등 위험한 방법으로 융해되지 않도록 할 것

② 화약이나 폭약을 장전하는 경우에는 그 부근에서 화기를 사용하거나 흡연을 하지 않도록 할 것

③ 장전구(裝塡具)는 마찰·충격·정전기 등에 의한 폭발의 위험이 없는 안전한 것을 사용할 것

④ 발파공의 충진재료는 점토·모래 등 발화성 또는 인화성의 위험이 없는 재료를 사용할 것

⑤ 전기뇌관에 의한 발파의 경우 점화하기 전에 화약류를 장전한 장소로부터 30[m] 이상 떨어진 안전한 장소에서 전선에 대하여 저항측정 및 도통(導通)시험을 할 것

(4) 화약 발파 작업 시 안전기준

① 화약류의 취급·수송·저장·사용 등은 유자격자가 행하도록 한다.

② 발파기는 취급·사용시 유자격자가 행하도록 한다.

③ 발파현장 부근에는 충분한 경고판과 신호자를 배치하여야 한다.

④ 발파후 불발 화약 유무를 철저히 점검하여 조치하여야 한다.

⑤ 화약과 뇌관은 분리하여 보관한다.

⑥ 점화성 불질은 화약저장고에서 격리시켜야 한다.

⑦ 발파시 작업원이 충분한 이격거리에 대피하였는가 확인한다.

⑧ 착암공이 마스크와 보안경, 작업 안전화 등의 보호구를 착용했는지 확인한다.

⑨ 부석이나 낙석을 제거한 후 작업한다.

(5) 점화 후 장전된 화약류가 폭발하지 아니한 경우

① 전기뇌관에 의한 경우에는 발파모선을 점화기에서 떼어 그 끝을 단락시켜 놓는 등 재점화되지 않도록 조치하고 그 때부터 5분 이상 경과한 후가 아니면 화약류의 장전장소에 접근시키지 않도록 할 것

② 전기뇌관 외의 것에 의한 경우에는 점화한 때부터 15분 이상 경과한 후가 아니면 화약류의 장전장소에 접근시키지 않도록 할 것

(6) 터널굴착 작업을 할 때 시공계획에 포함시켜야 할 사항 ★

① 굴착의 방법

② 터널지보공 및 복공의 시공 방법과 용수의 처리방법

③ 환기 또는 조명시설을 하는 때에는 그 방법

(7) 붕괴 등의 방지를 위한 터널 지보공 설치 시 점검사항 ★★★★

① 부재의 손상·변형·부식·변위 탈락의 유무 및 상태

② 부재의 긴압 정도

③ 부재의 접속부 및 교차부의 상태

④ 기둥침하의 유무 및 상태

(8) 터널 지보공을 조립하거나 변경 시의 조치 ★

① 주재(主材)를 구성하는 1세트의 부재는 동일 평면 내에 배치할 것

② 목재의 터널 지보공은 그 터널 지보공의 각 부재의 긴압 정도가 균등하게 되도록 할 것

③ 기둥에는 침하를 방지하기 위하여 받침목을 사용하는 등의 조치를 할 것

④ 강(鋼)아치 지보공의 아래 조립사항을 따를 것

　㉠ 강아치 지보공 조립사항

　　ⓐ 조립간격은 조립도에 따를 것

　　ⓑ 주재가 아치작용을 충분히 할 수 있도록 쐐기를 박는 등 필요한 조치를 할 것

　　ⓒ 연결볼트 및 띠장 등을 사용하여 주재 상호 간을 튼튼하게 연결할 것

　　ⓓ 터널 등의 출입구 부분에는 받침대를 설치할 것

　　ⓔ 낙하물이 근로자에게 위험을 미칠 우려가 있는 경우에는 널판 등을 설치할 것

　㉡ 목재 지주식 지보공 조립사항

　　ⓐ 주기둥은 변위를 방지하기 위하여 쐐기 등을 사용하여 지반에 고정시킬 것

　　ⓑ 양끝에는 받침대를 설치할 것

　　ⓒ 터널 등의 목재 지주식 지보공에 세로방향의 하중이 걸림으로써 넘어지거나 비틀어질 우려가 있는 경우에는 양끝 외의 부분에도 받침대를 설치할 것

　　ⓓ 부재의 접속부는 꺾쇠 등으로 고정시킬 것

ⓒ 강아치 지보공 및 목재지주식 지보공 외의 터널 지보공에 대해서는 터널 등의 출입구 부분에 받침대를 설치할 것

(9) 터널 지보공 부재의 해체 시

① 하중이 걸려 있는 터널 지보공의 부재를 해체하는 경우에는 해당 부재에 걸려있는 하중을 터널 거푸집동바리가 받도록 조치를 한 후에 그 부재를 해체하여야 한다.

② 터널 지보공의 재료는 변형·부식 또는 심하게 손상된 것을 사용해서는 안 된다.

(10) 매설물 등 파손에 의한 위험방지

① 매설물·조적벽·콘크리트벽 또는 옹벽 등의 건설물에 근접한 장소에서 굴착작업을 할 때에 해당 가설물의 파손 등에 의하여 근로자가 위험해질 우려가 있는 경우에는 해당 건설물을 보강하거나 이설하는 등 해당 위험을 방지하기 위한 조치를 하여야 한다.

② 사업주는 굴착작업에 의하여 노출된 매설물 등이 파손됨으로써 근로자가 위험해질 우려가 있는 경우에는 해당 매설물 등에 대한 방호조치를 하거나 이설하는 등 필요한 조치를 하여야 한다.

③ 매설물 등의 방호작업에 대하여 관리감독자에게 해당 작업을 지휘하도록 하여야 한다.

(11) 굴착기계 등의 사용금지

사업주는 굴착기계·적재기계 및 운반기계 등의 사용으로 가스도관, 지중전선로, 그 밖에 지하에 위치한 공작물이 파손되어 그 결과 근로자가 위험해질 우려가 있는 경우에는 그 기계를 사용하여 굴착작업을 해서는 안 된다.

(12) 운반기계등의 유도

① 굴착작업을 할 때에 운반기계등이 근로자의 작업장소로 후진하여 근로자에게 접근하거나 굴러 떨어질 우려가 있는 경우에는 유도자를 배치하여 운반기계등을 유도하도록 하여야 한다.

② 운반기계등의 운전자는 유도자의 유도에 따라야 한다.

(13) 잠함, 우물통, 수직갱 등 굴착작업을 하는 때에 준수사항 ★

① 산소결핍의 우려가 있는 때에는 산소의 농도를 측정하는 자를 지명하여 측정한다.

② 근로자가 안전하게 승강하기 위한 설비를 설치한다.

③ 굴착깊이가 20[m]를 초과하는 때에는 당해 작업장소와 외부와의 연락을 위한 통신설비 등을 설치한다.

④ 측정 결과 산소의 결핍이 인정될 경우에는 송기를 위한 설비를 설치하여 필요한 양의 공기를 공급하여야 한다.

3 떨어짐(낙하), 날아옴(비래) 재해대책

1. 발생원인

① 자재류의 낙하 비래재해

② 크레인 등을 이용 자재 인양 중 낙하 비래

③ 터널내부, 굴착사면 토사석 낙하 비래

2. 예방대책 ★

(1) 물체의 낙하·비래에 대한 방호선반의 점검사항 ★

① 작업발판(폭 40[cm] 이상 간격 3[mm] 이하) 점검

② 가새설치(기둥 간격 10[m]마다 45[°]방향 설치) 확인

③ 난간대 설치(상부난간 90[cm], 중간대 45[cm])의 견고성 확인 ★

④ 표지판(최대적재 하중 표시 400[kg] 이하, 위험표시) 설치확인

(2) 위험의 방지를 위한 조치사항 ★★

① 낙하물 방지망

② 수직보호망 또는 방호선반의 설치

③ 출입금지구역의 설정

④ 보호구의 착용

(3) 물체의 낙하·비래 및 비산에 대한 방호조치

① 방호울타리 설치

② 방호선반

③ 양생철망 또는 양생시트 설치

(4) 낙하물 방지망 또는 방호선반 설치 시 준수사항

① 높이 10[m] 이내마다 설치하고, 내민 길이는 벽면으로부터 2[m] 이상으로 할 것

② 수평면과의 각도는 20[°] 이상 30[°] 이하를 유지할 것

③ 울타리를 설치하는 등 관계 근로자가 아닌 사람의 출입을 금지

(5) 출입 금지장소

다음의 작업 또는 장소에 울타리를 설치하는 등 관계 근로자가 아닌 사람의 출입을 금지하여야 한다. 다만, ② 및 ⑦의 장소에서 수리 또는 점검 등을 위하여 그 암(arm) 등의 움직임에 의한 하중을 충분히 견딜 수 있는 안전지지대 또는 안전블록 등을 사용하도록 한 경우에는 그러하지 아니하다.

① 추락에 의하여 근로자에게 위험을 미칠 우려가 있는 장소

② 유압(流壓), 체인 또는 로프 등에 의하여 지탱되어 있는 기계·기구의 덤프, 램(ram), 리프트, 포크(fork) 및 암 등이 갑자기 작동함으로써 근로자에게 위험을 미칠 우려가 있는 장소

③ 케이블 크레인을 사용하여 작업을 하는 경우에는 권상용(卷上用) 와이어로프 또는 횡행용(橫行用) 와이어로 프가 통하고 있는 도르래 또는 그 부착부의 파손에 의하여 위험을 발생시킬 우려가 있는 그 와이어로프의 내 각측(內角側)에 속하는 장소

④ 인양전자석(引揚電磁石) 부착 크레인을 사용하여 작업을 하는 경우에는 달아 올려진 화물의 아래쪽 장소

⑤ 인양전자석 부착 이동식 크레인을 사용하여 작업을 하는 경우에는 달아 올려진 화물의 아래쪽 장소

⑥ 리프트를 사용하여 작업을 하는 장소

⑦ 지게차·구내운반차·화물자동차 등의 차량계 하역운반기계 및 고소(高所)작업대(이하 "차량계 하역운반기 계 등"이라 한다)의 포크·버킷(bucket)·암 또는 이들에 의하여 지탱되어 있는 화물의 밑에 있는 장소

⑧ 운전 중인 항타기(杭打機) 또는 항발기(杭拔機)의 권상용 와이어로프 등의 부착 부분의 파손에 의하여 와이 어로프가 벗겨지거나 드럼(drum), 도르래 뭉치 등이 떨어져 근로자에게 위험을 미칠 우려가 있는 장소

⑨ 화재 또는 폭발의 위험이 있는 장소

⑩ 낙반(落磐) 등의 위험이 있는 터널 지보공의 보강작업, 또는 보수작업을 하고 있는 장소

⑪ 토석(土石)이 떨어져 근로자에게 위험을 미칠 우려가 있는 채석작업을 하는 굴착작업장의 아래 장소

⑫ 암석 채취를 위한 굴착작업, 채석에서 암석을 분할가공하거나 운반하는 작업, 그 밖에 이러한 작업에 수반 (隨伴)한 작업(이하 "채석작업"이라 한다)을 하는 경우에는 운전 중인 굴착기계·분할기계·적재기계 또는 운반기계(이하 "굴착기계 등"이라 한다)에 접촉함으로써 근로자에게 위험을 미칠 우려가 있는 장소

⑬ 해체작업을 하는 장소

⑭ 하역작업을 하는 경우에는 쌓아놓은 화물이 무너지거나 화물이 떨어져 근로자에게 위험을 미칠 우려가 있는 장소

⑮ 항만하역작업 장소

    ㉠ 해치커버[(해치보드(hatch board) 및 해치빔(hatch beam)을 포함한다)]의 개폐·설치 또는 해체작업을 하고 있어 해치 보드 또는 해치빔 등이 떨어져 근로자에게 위험을 미칠 우려가 있는 장소

    ㉡ 양화장치(揚貨裝置) 붐(boom)이 넘어짐으로써 근로자에게 위험을 미칠 우려가 있는 장소

    ㉢ 양화장치, 데릭(derrick), 크레인, 이동식 크레인(이하 "양화장치 등"이라 한다)에 매달린 화물이 떨어져 근로자에게 위험을 미칠 우려가 있는 장소

⑯ 벌목, 목재의 집하 또는 운반 등의 작업을 하는 경우에는 벌목한 목재 등이 아래 방향으로 굴러 떨어지는 등 의 위험이 발생할 우려가 있는 장소

⑰ 양화장치 등을 사용하여 화물의 적하[부두 위의 화물에 훅(hook)을 걸어 선(船) 내에 적재하기까지의 작업을 말한다] 또는 양하(선 내의 화물을 부두 위에 내려 놓고 훅을 풀기까지의 작업을 말한다)를 하는 경우에는 통행하는 근로자에게 화물이 떨어지거나 충돌할 우려가 있는 장소

⑱ 굴착기 붐·암·버킷 등의 선회(旋回)에 의하여 근로자에게 위험을 미칠 우려가 있는 장소

(6) 권상용 와이어로프의 안전계수 및 길이

항타기 또는 항발기의 권상용 와이어로프의 안전계수가 5 이상이 아니면 이를 사용해서는 안 된다.

① 권상용 와이어로프는 추 또는 해머가 최저의 위치에 있을 때 또는 널말뚝을 빼내기 시작할 때를 기준으로 권상장치의 드럼에 적어도 2회 감기고 남을 수 있는 충분한 길이일 것

② 권상용 와이어로프는 권상장치의 드럼에 클램프·클립 등을 사용하여 견고하게 고정할 것

③ 권상용 와이어로프에서 추·해머 등과의 연결은 클램프·클립 등을 사용하여 견고하게 할 것

④ ② 및 ③의 클램프·클립 등은 한국산업표준 제품이거나 한국산업표준이 없는 제품의 경우에는 이에 준하는 규격을 갖춘 제품을 사용할 것

⑤ 와이어로프의 종류에 따른 안전율

와이어로프의 종류	안전율
권상용(와이어로프를 말아 올려 물건을 들어 올리는 용도를 말한다) 와이어로프, 지비의 기복용(높낮이와 각도 등을 조절하는 용도를 말한다) 와이어로프 및 호스트로프	4.5
봉 신축용 또는 지지로프, 지브의 지지용 와이어로프, 보조 로프 및 고정용 와이어로프	3.35

(7) 코너비드

벽·기둥의 모서리를 보호하기 위하여 미장 바름할 때 붙이는 보호용 철물

CHAPTER 05 건설 가시설물 설치기준

1 비계

1. 비계의 종류 및 기준

(1) 비계의 기준 및 요건

① 비계의 재료로 변형·부식 또는 심하게 손상된 것을 사용해서는 안 된다.

② 강관비계(鋼管飛階)의 재료로 한국산업표준에서 정하는 기준 이상의 것을 사용

③ 비계의 요건

    ㉠ 안전성

    ㉡ 작업성

    ㉢ 경제성

(2) 비계의 종류

① 달비계(곤돌라의 달비계 제외)의 안전계수 ★★★

> 1. 달기 와이어로프 및 달기 강선의 안전계수 : 10 이상
> 2. 달기 체인 및 달기 훅의 안전계수 : 5 이상
> 3. 달기 강대와 달비계의 하부 및 상부 지점의 안전계수 : 강재(鋼材)의 경우 2.5 이상, 목재의 경우 5 이상
> ※ 안전계수는 와이어로프 등의 절단하중 값을 그 와이어로프 등에 걸리는 하중의 최댓값으로 나눈 값을 말한다.

② 곤돌라형 달비계

    ㉠ 달비계에 사용금지 와이어로프 ★★

        ⓐ 이음매가 있는 것

        ⓑ 와이어로프의 한 꼬임[스트랜드(strand)를 말한다]에서 끊어진 소선(素線)[필러(pillar)선은 제외한다]의 수가 10[%] 이상(비자전로프의 경우에는 끊어진 소선의 수가 와이어로프 호칭지름의 6배 길이 이내에서 4개 이상이거나 호칭지름 30배 길이 이내에서 8개 이상)인 것

        ⓒ 지름의 감소가 공칭지름의 7[%]를 초과하는 것

        ⓓ 꼬인 것

        ⓔ 심하게 변형되거나 부식된 것

        ⓕ 열과 전기충격에 의해 손상된 것

    ㉡ 달비계의 사용금지 달기 체인

        ⓐ 달기 체인의 길이가 달기 체인이 제조된 때의 길이의 5[%]를 초과한 것

ⓑ 링의 단면지름이 달기 체인이 제조된 때의 해당 링의 지름의 10[%]를 초과하여 감소한 것

ⓒ 균열이 있거나 심하게 변형된 것

ⓒ 달기 강선 및 달기 강대는 심하게 손상·변형 또는 부식된 것을 사용하지 않도록 할 것

ⓔ 달기 와이어로프, 달기 체인, 달기 강선, 달기 강대는 한쪽 끝을 비계의 보 등에, 다른 쪽 끝을 내민 보, 앵커볼트 또는 건축물의 보 등에 각각 풀리지 않도록 설치할 것

ⓜ 작업발판은 폭을 40[cm] 이상으로 하고 틈새가 없도록 할 것 ★★

ⓗ 작업발판의 재료는 뒤집히거나 떨어지지 않도록 비계의 보 등에 연결하거나 고정시킬 것

ⓢ 비계가 흔들리거나 뒤집히는 것을 방지하기 위하여 비계의 보·작업발판 등에 버팀을 설치하는 등 필요한 조치를 할 것

ⓞ 선반 비계에서는 보의 접속부 및 교차부를 철선·이음철물 등을 사용하여 확실하게 접속시키거나 단단하게 연결시킬 것

ⓩ 근로자의 추락 위험을 방지하기 위하여, 달비계에 구명줄을 설치하고, 근로자에게 안전대를 착용하도록 하고 근로자가 착용한 안전줄을 달비계의 구명줄에 체결(締結)하도록 할 것, 안전난간을 설치할 수 있는 구조인 경우에는 달비계에 안전난간을 설치할 것

③ 작업의자형 달비계

㉠ 달비계의 작업대는 나무 등 근로자의 하중을 견딜 수 있는 강도의 재료를 사용하여 견고한 구조로 제작할 것

㉡ 작업대의 4개 모서리에 로프를 매달아 작업대가 뒤집히거나 떨어지지 않도록 연결할 것

㉢ 작업용 섬유로프는 콘크리트에 매립된 고리, 건축물의 콘크리트 또는 철재 구조물 등 2개 이상의 견고한 고정점에 풀리지 않도록 결속할 것

㉣ 작업용 섬유로프와 구명줄은 다른 고정점에 결속되도록 할 것

㉤ 작업하는 근로자의 하중을 견딜 수 있을 정도의 강도를 가진 작업용 섬유로프, 구명줄 및 고정점을 사용할 것

㉥ 근로자가 작업용 섬유로프에 작업대를 연결하여 하강하는 방법으로 작업을 하는 경우 근로자의 조종 없이는 작업대가 하강하지 않도록 할 것

㉦ 작업용 섬유로프 또는 구명줄이 결속된 고정점의 로프는 다른 사람이 풀지 못하게 하고 작업 중임을 알리는 경고표지를 부착할 것

㉧ 작업용 섬유로프와 구명줄이 건물이나 구조물의 끝부분, 날카로운 물체 등에 의하여 절단되거나 마모될 우려가 있는 경우에는 로프에 이를 방지할 수 있는 보호 덮개를 씌우는 등의 조치를 할 것

㉨ 달비계에 다음의 작업용 섬유로프 또는 안전대의 섬유벨트를 사용하지 않을 것

ⓐ 꼬임이 끊어진 것

ⓑ 심하게 손상되거나 부식된 것

ⓒ 2개 이상의 작업용 섬유로프 또는 섬유벨트를 연결한 것

ⓓ 작업높이보다 길이가 짧은 것

ⓒ 근로자의 추락 위험을 방지하기 위하여 다음의 조치를 할 것

ⓐ 달비계에 구명줄을 설치할 것

ⓑ 근로자에게 안전대를 착용하도록 하고 근로자가 착용한 안전줄을 달비계의 구명줄에 체결하도록 할 것

④ 달대비계

㉠ 달대비계를 조립하여 사용하는 경우 하중에 충분히 견딜 수 있도록 조치하여야 한다.

㉡ 달비계 또는 달대비계 위에서 높은 디딤판, 사다리 등을 사용하여 근로자에게 작업을 시켜서는 안 된다.

⑤ 걸침비계

㉠ 지지점이 되는 매달림부재의 고정부는 구조물로부터 이탈되지 않도록 견고히 고정할 것

㉡ 비계재료 간에는 서로 움직임, 뒤집힘 등이 없어야 하고, 재료가 분리되지 않도록 철물 또는 철선으로 충분히 결속할 것. 다만, 작업발판 밑 부분에 띠장 및 장선으로 사용되는 수평부재 간의 결속은 철선을 사용하지 않을 것

㉢ 매달림부재의 안전율은 4 이상일 것

㉣ 작업발판에는 구조검토에 따라 설계한 최대적재하중을 초과하여 적재하여서는 안 되며, 그 작업에 종사하는 근로자에게 최대적재하중을 충분히 알릴 것

⑥ 말비계 및 이동식비계

㉠ 말비계를 조립하여 사용하는 경우에 준수사항

ⓐ 지주부재(支柱部材)의 하단에는 미끄럼 방지장치를 하고, 근로자가 양측 끝부분에 올라서서 작업하지 않도록 할 것

ⓑ 지주부재와 수평면의 기울기를 75[°] 이하로 하고, 지주부재와 지주부재 사이를 고정시키는 보조부재를 설치할 것 ★★★

ⓒ 말비계의 높이가 2[m]를 초과하는 경우에는 작업발판의 폭을 40[cm] 이상으로 할 것

㉡ 이동식비계를 조립하여 작업을 하는 경우에 준수사항 ★★

ⓐ 이동식비계의 바퀴에는 뜻밖의 갑작스러운 이동 또는 전도를 방지하기 위하여 브레이크·쐐기 등으로 바퀴를 고정시킨 다음 비계의 일부를 견고한 시설물에 고정하거나 아웃트리거(outrigger, 전도방지용 지지대)를 설치하는 등 필요한 조치를 할 것

ⓑ 승강용사다리는 견고하게 설치할 것

ⓒ 비계의 최상부에서 작업을 하는 경우에는 안전난간을 설치할 것

ⓓ 작업발판은 항상 수평을 유지하고 작업발판 위에서 안전난간을 딛고 작업을 하거나 받침대 또는 사다리를 사용하여 작업하지 않도록 할 것 ★

ⓔ 작업발판의 최대적재하중은 250[kg]을 초과하지 않도록 할 것 ★

⑦ 시스템 비계

㉠ 시스템 비계를 구성하는 경우 준수사항

1. 수직재·수평재·가새재를 견고하게 연결하는 구조가 되도록 할 것
2. 비계 밑단의 수직재와 받침철물은 밀착되도록 설치하고, 수직재와 받침철물의 연결부의 겹침길이는 받침철물 전체길이의 3분의 1 이상이 되도록 할 것
3. 수평재는 수직재와 직각으로 설치하여야 하며, 체결 후 흔들림이 없도록 견고하게 설치할 것
4. 수직재와 수직재의 연결철물은 이탈되지 않도록 견고한 구조로 할 것
5. 벽 연결재의 설치간격은 제조사가 정한 기준에 따라 설치할 것

㉡ 시스템 비계의 조립 작업 시 준수사항

1. 비계 기둥의 밑둥에는 밑받침 철물을 사용하여야 하며, 밑받침에 고저차가 있는 경우에는 조절형 밑받침 철물을 사용하여 시스템 비계가 항상 수평 및 수직을 유지하도록 할 것
2. 경사진 바닥에 설치하는 경우에는 피벗형 받침 철물 또는 쐐기 등을 사용하여 밑받침 철물의 바닥면이 수평을 유지하도록 할 것
3. 가공전로에 근접하여 비계를 설치하는 경우에는 가공전로를 이설하거나 가공전로에 절연용 방호구를 설치하는 등 가공전로와의 접촉을 방지하기 위하여 필요한 조치를 할 것
4. 비계 내에서 근로자가 상하 또는 좌우로 이동하는 경우에는 반드시 지정된 통로를 이용하도록 주지시킬 것
5. 비계 작업 근로자는 같은 수직면상의 위와 아래 동시 작업을 금지할 것
6. 작업발판에는 제조사가 정한 최대적재하중을 초과하여 적재해서는 아니 되며, 최대적재하중이 표기된 표지판을 부착하고 근로자에게 주지시키도록 할 것

⑧ 통나무 비계

㉠ 통나무 비계의 조립 시 준수사항

1. 비계 기둥의 간격은 2.5[m] 이하로 하고 지상으로부터 첫 번째 띠장은 3[m] 이하의 위치에 설치할 것. 다만, 작업의 성질상 이를 준수하기 곤란하여 쌍기둥 등에 의하여 해당 부분을 보강한 경우에는 그러하지 아니하다.
2. 비계 기둥이 미끄러지거나 침하하는 것을 방지하기 위하여 비계기둥의 하단부를 묻고, 밑둥잡이를 설치하거나 깔판을 사용하는 등의 조치를 할 것
3. 비계 기둥의 이음이 겹침 이음인 경우에는 이음 부분에서 1[m] 이상을 서로 겹쳐서 두 군데 이상을 묶고, 비계 기둥의 이음이 맞댄이음인 경우에는 비계 기둥을 쌍기둥틀로 하거나 1.8[m] 이상의 덧댐목을 사용하여 네 군데 이상을 묶을 것
4. 비계 기둥·띠장·장선 등의 접속부 및 교차부는 철선이나 그 밖의 튼튼한 재료로 견고하게 묶을 것
5. 교차 가새로 보강할 것
6. 외줄비계·쌍줄비계 또는 돌출비계에 대해서는 다음 각 목에 따른 벽이음 및 버팀을 설치할 것. 다만, 창틀의 부착 또는 벽면의 완성 등의 작업을 위하여 벽이음 또는 버팀을 제거하는 경우, 그 밖에 작업의 필요상 부득이한 경우로서 해당 벽이음 또는 버팀 대신 비계기둥 또는 띠장에 사재를 설치하는 등 비계가 무너지는 것을 방지하기 위한 조치를 한 경우에는 그러하지 아니하다.
   가. 간격은 수직 방향에서 5.5[m] 이하, 수평 방향에서는 7.5[m] 이하로 할 것
   나. 강관·통나무 등의 재료를 사용하여 견고한 것으로 할 것
   다. 인장재와 압축재로 구성되어 있는 경우에는 인장재와 압축재의 간격은 1[m] 이내로 할 것

ⓒ 통나무 비계의 사용 : 지상높이 4층 이하 또는 12[m] 이하인 건축물·공작물 등의 건조·해체 및 조립 등의 작업에만 사용할 수 있다.

⑨ 강관비계

㉠ 강관비계 조립 시의 준수사항 ★★

1. 비계기둥에는 미끄러지거나 침하하는 것을 방지하기 위하여 밑받침철물을 사용하거나 깔판·깔목 등을 사용하여 밑둥잡이를 설치하는 등의 조치를 할 것
2. 강관의 접속부 또는 교차부(交叉部)는 적합한 부속철물을 사용하여 접속하거나 단단히 묶을 것
3. 교차 가새로 보강할 것
4. 외줄비계·쌍줄비계 또는 돌출비계에 대해서는 다음 각 목에서 정하는 바에 따라 벽이음 및 버팀을 설치할 것. 다만, 창틀의 부착 또는 벽면의 완성 등의 작업을 위하여 벽이음 또는 버팀을 제거하는 경우, 그 밖에 작업의 필요상 부득이한 경우로서 해당 벽이음 또는 버팀 대신 비계기둥 또는 띠장에 사재(斜材)를 설치하는 등 비계가 넘어지는 것을 방지하기 위한 조치를 한 경우에는 그러하지 아니하다.
   가. 강관비계의 조립 간격은 단관비계의 경우, 수직방향 5[m], 수평 방향 6[m]로, 틀비계는 수직방향 6[m], 수평방향 8[m]로 할 것 ★★
   나. 강관·통나무 등의 재료를 사용하여 견고한 것으로 할 것
   다. 인장재(引張材)와 압축재로 구성된 경우에는 인장재와 압축재의 간격을 1[m] 이내로 할 것
5. 가공전로(架空電路)에 근접하여 비계를 설치하는 경우에는 가공전로를 이설(移設)하거나 가공전로에 절연용 방호구를 장착하는 등 가공전로와의 접촉을 방지하기 위한 조치를 할 것

ⓛ 강관비계의 조립간격

강관비계의 종류	조립간격(단위 : [m])	
	수직방향	수평방향
단관비계 ★	5	5
틀비계(높이가 5[m] 미만인 것은 제외한다)	6	8

ⓒ 강관비계의 구조 및 강도 식별 ★★★★

1. 비계기둥의 간격은 띠장 방향에서는 1.85[m] 이하, 장선(長線) 방향에서는 1.5[m] 이하로 할 것. 다만, 선박 및 보트 건조작업의 경우 안전성에 대한 구조검토를 실시하고 조립도를 작성하면 띠장 방향 및 장선 방향으로 각각 2.7[m] 이하로 할 수 있다.
2. 띠장 간격은 2.0[m] 이하로 할 것. 다만, 작업의 성질상 이를 준수하기가 곤란하여 쌍기둥틀 등에 의하여 해당 부분을 보강한 경우에는 그러하지 아니하다.
3. 비계기둥의 제일 윗부분으로부터 31[m]되는 지점 밑부분의 비계기둥은 2개의 강관으로 묶어 세울 것. 다만, 브라켓 (bracket, 까치발) 등으로 보강하여 2개의 강관으로 묶을 경우 이상의 강도가 유지되는 경우에는 그러하지 아니하다.
4. 비계기둥 간의 적재하중은 400[kg]을 초과하지 않도록 할 것
5. 바깥지름 및 두께가 같거나 유사하면서 강도가 다른 강관을 같은 사업장에서 사용하는 경우 강관에 색 또는 기호를 표시하는 등 강관의 강도를 알아볼 수 있는 조치를 하여야 한다.

⑩ 강관틀비계

㉠ 강관틀비계 조립 사용 시 준수기준 ★★★★

1. 수직방향으로 6[m], 수평방향으로 8[m] 이내마다 벽이음을 할 것
2. 주틀 간에 교차 가새를 설치하고 최상층 및 5층 이내마다 수평재를 설치할 것 ★
3. 길이가 띠장 방향으로 4[m] 이하이고 높이가 10[m]를 초과하는 경우에는 10[m] 이내마다 띠장 방향으로 버팀기둥을 설치할 것 ★
4. 비계기둥의 밑둥에는 밑받침 철물을 사용하여야 하며 밑받침에 고저차(高低差)가 있는 경우에는 조절형 밑받침철물을 사용하여 각각의 강관틀비계가 항상 수평 및 수직을 유지하도록 할 것
5. 높이가 20[m]를 초과하거나 중량물의 적재를 수반하는 작업을 할 경우에는 주틀 간의 간격을 1.8[m] 이하로 할 것

㉡ 벽이음 설치 간격

종류	수직방향	수평방향
단관비계	5[m] 이하	5[m] 이하
틀비계(5[m] 이하)	6[m] 이하	8[m] 이하
통나무비계	5.5[m] 이하	7.5[m] 이하
브래킷외줄비계	3.6[m] 이하	3.6[m] 이하
방호시트	3.6[m] 이하	3.6[m] 이하

2. 비계 작업 시 안전조치 사항

(1) 비계의 점검 및 보수

비, 눈, 그 밖의 기상상태의 악화로 작업을 중지시킨 후 또는 비계를 조립·해체하거나 변경한 후에 그 비계에서 작업을 하는 경우에는 해당 작업을 시작하기 전에 다음의 사항을 점검하고, 이상을 발견하면 즉시 보수하여야 한다.

① 발판 재료의 손상 여부 및 부착 또는 걸림 상태
② 해당 비계의 연결부 또는 접속부의 풀림 상태
③ 연결 재료 및 연결 철물의 손상 또는 부식 상태
④ 손잡이의 탈락 여부
⑤ 기둥의 침하, 변형, 변위(變位) 또는 흔들림 상태
⑥ 로프의 부착 상태 및 매단 장치의 흔들림 상태

(2) 비계기둥 이음요령

① 겹침이음 : 이음부분에서 1[m] 이상으로 하고 서로 겹쳐서 2개소 이상을 묶는다.
② 맞댄이음 : 비계기둥을 쌍기둥틀로 하거나 1.8[m] 이상의 덧댐목을 사용하여 4개소 이상을 묶는다.

(3) 비계로부터의 추락 방지대책

　① 작업발판

　② 방망 설치

　③ 안전대 착용

　※ [기출] 작업발판의 설치 높이는 몇 [m] 이상의 작업? : 2[m]

(4) 가설구조물의 조건

구분	상세
비계	• 높이 31[m] 이상 • 브라켓(bracket) 비계
거푸집 및 동바리	작업발판 일체형 거푸집(갱폼 등) • 높이가 5[m] 이상인 거푸집 • 높이가 5[m] 이상인 동바리
지보공	터널 지보공 • 높이 2[m] 이상 흙막이 지보공
가설구조물 ★	높이 10[m] 이상에서 외부작업을 하기 위하여 작업발판 및 안전시설물을 일체화하여 설치하는 가설구조물(SWC, RCS, ACS, WORKFLAT FORM 등) • 공사현장에서 제작하여 조립·설치하는 복합형 가설구조물(가설벤트, 작업대차, 라이닝폼, 합벽지지대 등) • 동력을 이용하여 움직이는 가설구조물(FCM, ILM, MSS 등) • 발주자 또는 인·허가기관의 장이 필요하다고 인정하는 가설 구조물

(5) 가설구조물의 특징 ★

　① 연결재가 부실한 구조로 되기 쉽다.

　② 불안전한 부재 결함 부분이 많다.

　③ 구조물이라는 통상 개념이 확고하지 않아 조립의 정밀도가 낮다.

　④ 부재는 과소 단면이거나 부실한 재료가 되기 쉽다.

2 작업통로 및 발판

1. 작업통로의 종류 및 설치기준

(1) 작업통로의 종류

① 가설통로의 종류

> ㉠ 경사로   ㉡ 통로발판   ㉢ 고정사다리   ㉣ 옥외용 사다리   ㉤ 목재사다리
> ㉥ 이동식 사다리   ㉦ 미끄럼방지 장치   ㉧ 기계사다리   ㉨ 연장사다리

② 가설통로의 설치기준 ★★★★★★

㉠ 견고한 구조로 할 것

㉡ 경사는 30[°] 이하로 할 것. 다만, 계단을 설치하거나 높이 2[m] 미만의 가설통로로서 튼튼한 손잡이를 설치한 경우에는 그러하지 아니하다.

㉢ 경사가 15[°]를 초과하는 경우에는 미끄러지지 아니하는 구조로 할 것 ★

㉣ 추락할 위험이 있는 장소에는 안전난간을 설치할 것. 다만, 작업상 부득이한 경우에는 필요한 부분만 임시로 해체할 수 있다.

㉤ 수직갱에 가설된 통로의 길이가 15[m] 이상인 경우에는 10[m] 이내마다 계단참을 설치할 것

㉥ 건설공사에 사용하는 높이 8[m] 이상인 비계다리에는 7[m] 이내마다 계단참을 설치할 것

2. 작업통로 설치 시 준수사항

(1) 작업통로의 설치기준

① 통로의 설치

㉠ 작업장으로 통하는 장소 또는 작업장 내에 근로자가 사용할 안전한 통로를 설치하고 항상 사용할 수 있는 상태로 유지하여야 한다.

㉡ 통로의 주요 부분에 통로표시를 하고, 근로자가 안전하게 통행할 수 있도록 하여야 한다.

㉢ 통로 면으로부터 높이 2[m] 이내에는 장애물이 없도록 하여야 한다. 다만, 부득이하게 통로 면으로부터 높이 2[m] 이내에 장애물을 설치할 수밖에 없거나 통로 면으로부터 높이 2[m] 이내의 장애물을 제거하는 것이 곤란하다고 고용노동부장관이 인정하는 경우에는 근로자에게 발생할 수 있는 부상 등의 위험을 방지하기 위한 안전 조치를 하여야 한다.

(2) 통로의 조명 ★

근로자가 안전하게 통행할 수 있도록 통로에 75[lux] 이상의 채광 또는 조명시설을 하여야 한다. 다만, 갱도 또는 상시 통행을 하지 아니하는 지하실 등을 통행하는 근로자에게 휴대용 조명기구를 사용하도록 한 경우에는 그러하지 아니하다.

(3) 사다리식 통로 등의 구조 ★★★★★

① 견고한 구조로 할 것

② 심한 손상·부식 등이 없는 재료를 사용할 것

③ 발판의 간격은 일정하게 할 것

④ 발판과 벽과의 사이는 15[cm] 이상의 간격을 유지할 것

⑤ 폭은 30[cm] 이상으로 할 것

⑥ 사다리가 넘어지거나 미끄러지는 것을 방지하기 위한 조치를 할 것

⑦ 사다리의 상단은 걸쳐놓은 지점으로부터 60[cm] 이상 올라가도록 할 것

⑧ 통로의 길이가 10[m] 이상인 경우에는 5[m] 이내마다 계단참을 설치할 것 ★

⑨ 통로의 기울기는 75[°] 이하로 할 것. 다만, 고정식 사다리식 통로의 기울기는 90[°] 이하로 하고, 그 높이가 7[m] 이상인 경우에는 바닥으로부터 높이가 2.5[m] 되는 지점부터 등받이 울을 설치할 것 ★

⑩ 접이식 사다리 기둥은 사용 시 접혀지거나 펼쳐지지 않도록 철물 등을 사용하여 견고하게 조치할 것

(4) 이동식 사다리 조립, 제작 시 준수사항

① 견고한 구조로 할 것

② 재료는 심한 손상, 부식 등이 없는 것으로 할 것

③ 폭은 30[cm] 이상으로 할 것

④ 각부에는 미끄럼방지장치를 부착하는 등 전위방지조치를 할 것

⑤ 갱내에 설치한 통로 또는 사다리식 통로에 권상장치(卷上裝置)가 설치된 경우 권상장치와 근로자의 접촉에 의한 위험이 있는 장소에 판자벽이나 그 밖에 위험 방지를 위한 격벽(隔壁)을 설치하여야 한다.

(5) 계단의 설치 기준 ★★

① 계단 및 계단참을 설치하는 경우 매[m²]당 500[kg] 이상의 하중에 견딜 수 있는 강도를 가진 구조로 설치하여야 하며, 안전율[안전의 정도를 표시하는 것으로서 재료의 파괴응력도(破壞應力度)와 허용응력도(許容應力度)의 비율을 말한다)]은 4 이상으로 하여야 한다.

② 계단 및 승강구 바닥을 구멍이 있는 재료로 만드는 경우 렌치나 그 밖의 공구 등이 낙하할 위험이 없는 구조로 하여야 한다.

③ 계단을 설치하는 경우 그 폭을 1[m] 이상으로 하여야 한다. 다만, 급유용·보수용·비상용 계단 및 나선형 계단이거나 높이 1[m] 미만의 이동식 계단인 경우에는 그러하지 아니하다.

④ 계단에 손잡이 외의 다른 물건 등을 설치하거나 쌓아 두어서는 안 된다.
높이가 3[m]를 초과하는 계단에 높이 3[m] 이내마다 너비 1.2[m] 이상의 계단참을 설치하여야 한다. ★

⑤ 계단을 설치하는 경우 바닥면으로부터 높이 2[m] 이내의 공간에 장애물이 없도록 하여야 한다. 다만, 급유용·보수용·비상용 계단 및 나선형 계단인 경우에는 그러하지 아니하다.

⑥ 높이 1[m] 이상인 계단의 개방된 측면에 안전난간을 설치하여야 한다.

3. 작업발판 설치기준 및 준수사항

(1) 작업발판의 구조 ★★★★

① 비계(달비계, 달대비계 및 말비계는 제외한다)의 높이가 2[m] 이상인 작업장소에 다음의 기준에 맞는 작업발판을 설치하여야 한다.
　㉠ 발판재료는 작업 시의 하중을 견딜 수 있도록 견고한 것으로 할 것
　㉡ 작업발판의 폭은 40[cm] 이상으로 하고, 발판재료 간의 틈은 3[cm] 이하로 할 것. 다만, 외줄비계의 경우에는 고용노동부장관이 별도로 정하는 기준에 따른다.
　㉢ 추락의 위험이 있는 장소에는 안전난간을 설치할 것
　㉣ 작업발판의 지지물은 하중에 의하여 파괴될 우려가 없는 것을 사용할 것
　㉤ 작업발판 재료는 뒤집히거나 떨어지지 아니하도록 둘 이상의 지지물에 연결하거나 고정시킬 것 ★
　㉥ 작업발판을 작업에 따라 이동시킬 때에는 위험 방지에 필요한 조치를 할 것
② 선박 및 보트 건조작업의 경우 선박블록 또는 엔진실 등의 좁은 작업공간에 작업발판을 설치하기 위하여 필요하면 작업발판의 폭을 30[cm] 이상으로 할 수 있고, 걸침비계의 경우 강관기둥 때문에 발판재료 간의 틈을 3[cm] 이하로 유지하기 곤란하면 5[cm] 이하로 할 수 있다. 이 경우 그 틈 사이로 물체 등이 떨어질 우려가 있는 곳에는 출입금지 등의 조치를 하여야 한다.
③ 선반·롤러기 등 기계·설비의 작업 또는 조작 부분이 그 작업에 종사하는 근로자의 키 등 신체조건에 비하여 지나치게 높거나 낮은 경우 안전하고 적당한 높이의 작업발판을 설치하거나 그 기계·설비를 적정 작업 높이로 조절하여야 한다.

4. 가설발판의 지지력 계산

(1) 가설통로의 개요

가설통로는 작업장으로 통하는 장소 또는 작업장 내의 근로자가 사용하기 위한 통로로 통로의 주요한 부분에는 통로 표시를 하고 근로자가 안전하게 통행할 수 있도록 하여야 하며, 가설통로의 종류에는 경사로, 통로발판, 사다리, 가설계단, 승강로 등이 있다. 통로에 정상적인 통행을 방해하지 아니하는 정도의 채광 또는 조명시설을 하여야 한다.

(2) 가설발판의 지지력

- 근로자가 작업 및 이동하기에 충분한 넓이 확보
- 추락의 위험이 있는 곳에 안전난간 또는 철책 설치
- 발판을 겹쳐 이음하는 경우 장선 위에서 이음을 하고 겹침길이는 20[cm] 이상
- 발판 1개에 대한 지지물은 2개 이상
- 작업발판의 최대폭은 1.6[m] 이내
- 철골작업 시 가설통로의 최대 답단 간격 30[cm] 이내

- 작업발판 위에는 돌출된 못, 옹이, 철선 등이 없을 것
- 비계발판의 구조에 따라 최대 적재하중을 정하고 이를 초과 금지
- 지지력 계산

> **예제** 낙하물의 무게가 400[kg], 낙하고 2[m]에서 침하량이 2[cm]일 때 말뚝 한계의 지지력은?
> (단, $P = W_R \cdot h/8\sigma$)
>
> ⇒ 지지력 $= \dfrac{400 \times 200}{8 \times 2} = \dfrac{80,000}{16} = 5,000[kg]$

3 거푸집 및 동바리

1. 거푸집의 필요조건

(1) 거푸집동바리 등의 구조

거푸집동바리 및 거푸집(이하 "거푸집동바리 등"이라 한다)을 사용하는 경우에는 거푸집의 형상 및 콘크리트 타설(打設)방법 등에 따른 견고한 구조의 것을 사용하여야 한다.

(2) 거푸집동바리 등의 조립

① 거푸집동바리 등을 조립하는 경우에는 그 구조를 검토한 후 조립도를 작성하고, 그 조립도에 따라 조립하도록 하여야 한다.

② 조립도에는 동바리·멍에 등 부재의 재질·단면규격·설치간격 및 이음방법 등을 명시하여야 한다. ★

③ 거푸집동바리 등의 조립 시 안전조치 ★

  ㉠ 깔목의 사용, 콘크리트 타설, 말뚝박기 등 동바리의 침하를 방지하기 위한 조치를 할 것

  ㉡ 개구부 상부에 동바리를 설치하는 경우에는 상부하중을 견딜 수 있는 견고한 받침대를 설치할 것

  ㉢ 동바리의 상하 고정 및 미끄러짐 방지 조치를 하고, 하중의 지지상태를 유지할 것

  ㉣ 동바리의 이음은 맞댄이음이나 장부이음으로 하고 같은 품질의 재료를 사용할 것 ★

  ㉤ 강재와 강재의 접속부 및 교차부는 볼트·클램프 등 전용철물을 사용하여 단단히 연결할 것

  ㉥ 거푸집이 곡면인 경우에는 버팀대의 부착 등 그 거푸집의 부상(浮上)을 방지하기 위한 조치를 할 것

  ㉦ 동바리로 사용하는 강관에 대해서는 다음의 사항을 따를 것[파이프 서포트(pipe support)는 제외]

   ⓐ 높이 2[m] 이내마다 수평연결재를 2개 방향으로 만들고 수평연결재의 변위를 방지할 것

   ⓑ 멍에 등을 상단에 올릴 경우에는 해당 상단에 강재의 단판을 붙여 멍에 등을 고정시킬 것

ⓞ 동바리로 사용하는 파이프 서포트에 대해서는 다음의 사항을 따를 것 ★★★

　ⓐ 파이프 서포트를 3개 이상 이어서 사용하지 않도록 할 것 ★

　ⓑ 파이프 서포트를 이어서 사용하는 경우에는 4개 이상의 볼트 또는 전용철물을 사용하여 이을 것 ★★

　ⓒ 높이가 3.5[m]를 초과하는 경우에는 높이 2[m] 이내마다 수평연결재를 2개 방향으로 만들고 수평연결재의 변위를 방지할 것

ⓩ 동바리로 사용하는 강관틀에 대해서는 다음의 사항을 따를 것

　ⓐ 강관틀과 강관틀 사이에 교차가새를 설치할 것

　ⓑ 최상층 및 5층 이내마다 거푸집동바리의 측면과 틀면의 방향 및 교차가새의 방향에서 5개 이내마다 수평연결재를 설치하고 수평연결재의 변위를 방지할 것

　ⓒ 최상층 및 5층 이내마다 거푸집동바리의 틀면의 방향에서 양단 및 5개틀 이내마다 교차가새의 방향으로 띠장틀을 설치할 것

　ⓓ 멍에 등을 상단에 올릴 경우에는 해당 상단에 강재의 단판을 붙여 멍에 등을 고정시킬 것

ⓧ 동바리로 사용하는 조립강주에 대해서는 다음의 사항을 따를 것

　ⓐ 멍에 등을 상단에 올릴 경우에는 해당 상단에 강재의 단판을 붙여 멍에 등을 고정시킬 것

　ⓑ 높이가 4[m]를 초과하는 경우에는 높이 4[m] 이내마다 수평연결재를 2개 방향으로 설치하고 수평연결재의 변위를 방지할 것

ⓚ 시스템 동바리(규격화·부품화된 수직재, 수평재 및 가새재 등의 부재를 현장에서 조립하여 거푸집으로 지지하는 동바리 형식을 말한다)는 다음의 방법에 따라 설치할 것 ★★

　ⓐ 수평재는 수직재와 직각으로 설치하여야 하며, 흔들리지 않도록 견고하게 설치할 것

　ⓑ 연결철물을 사용하여 수직재를 견고하게 연결하고, 연결 부위가 탈락 또는 꺾어지지 않도록 할 것

　ⓒ 수직 및 수평하중에 의한 동바리 본체의 변위로부터 구조적 안전성이 확보되도록 조립도에 따라 수직재 및 수평재에는 가새재를 견고하게 설치하도록 할 것

　ⓓ 동바리 최상단과 최하단의 수직재와 받침철물은 서로 밀착되도록 설치하고 수직재와 받침철물의 연결부의 겹침길이는 받침철물 전체길이의 3분의 1 이상 되도록 할 것

ⓣ 동바리로 사용하는 목재에 대해서는 다음의 사항을 따를 것

　ⓐ 높이 2[m] 이내마다 수평연결재를 2개 방향으로 만들고 수평연결재의 변위를 방지할 것

　ⓑ 목재를 이어서 사용하는 경우에는 2개 이상의 덧댐목을 대고 네 군데 이상 견고하게 묶은 후 상단을 보나 멍에에 고정시킬 것

ⓟ 보로 구성된 것은 다음의 사항을 따를 것

　ⓐ 보의 양끝을 지지물로 고정시켜 보의 미끄러짐 및 탈락을 방지할 것

　ⓑ 보와 보 사이에 수평연결재를 설치하여 보가 옆으로 넘어지지 않도록 견고하게 할 것

ⓗ 거푸집을 조립하는 경우에는 거푸집이 콘크리트 하중이나 그 밖의 외력에 견딜 수 있거나, 넘어지지 않도록 견고한 구조의 긴결재, 버팀대 또는 지지대를 설치하는 등 필요한 조치를 할 것

(3) 깔판 및 깔목 등을 끼워서계단 형상으로 조립하는 거푸집동바리

① 거푸집의 형상에 따른 부득이한 경우를 제외하고는 깔판·깔목 등을 2단 이상 끼우지 않도록 할 것

② 깔판·깔목 등을 이어서 사용하는 경우에는 그 깔판·깔목 등을 단단히 연결할 것

③ 동바리는 상·하부의 동바리가 동일 수직선상에 위치하도록 하여 깔판·깔목 등에 고정시킬 것

(4) 거푸집동바리 등의 콘크리트의 타설작업 ★

① 당일의 작업을 시작하기 전에 해당 작업에 관한 거푸집동바리 등의 변형·변위 및 지반의 침하 유무 등을 점검하고 이상이 있으면 보수할 것

② 작업 중에는 거푸집동바리 등의 변형·변위 및 침하 유무 등을 감시할 수 있는 감시자를 배치하여 이상이 있으면 작업을 중지하고 근로자를 대피시킬 것

③ 콘크리트 타설작업 시 거푸집 붕괴의 위험이 발생할 우려가 있으면 충분한 보강조치를 할 것

④ 설계도서상의 콘크리트 양생기간을 준수하여 거푸집동바리 등을 해체할 것

⑤ 콘크리트를 타설하는 경우에는 편심이 발생하지 않도록 골고루 분산하여 타설할 것

2. 거푸집 재료의 선정방법

(1) 재료

거푸집동바리 및 거푸집의 재료로 변형·부식 또는 심하게 손상된 것을 사용해서는 안 된다.

(2) 거푸집 강재의 종류 및 사용기준

[강재의 사용기준]

강재의 종류	인장강도[kg/mm^2]	신장률[%]
강관	34 이상 41 미만	25 이상
	41 이상 50 미만	20 이상
	50 이상	10 이상
강판, 형강, 평강, 경량형강	34 이상 41 미만	21 이상
	41 이상 50 미만	16 이상
	50 이상 60 미만	12 이상
	60 이상	8 이상
봉강	34 이상 41 미만	25 이상
	41 이상 50 미만	20 이상
	50 이상	18 이상

(3) 거푸집에 사용되는 재료 중 금속재 패널의 장단점

장점	단점
• 수밀성 좋다. • 강도가 크다. • 운용도가 좋다. • 강성이 크고 정밀도가 높다. • 평면이 평활한 콘크리트가 된다.	• 외부 온도의 영향을 받기 쉽다. • 초기의 투자율이 높다. • 콘크리트가 녹물로 오염될 염려가 있다. • 중량이 무거워 취급이 어렵다. • 미장 마무리를 할 때에는 정으로 쪼아서 거칠게 하여야 한다.

3. 조립 등 작업 시 안전조치사항

(1) 거푸집동바리 등의 조립 등 작업 시의 준수사항 ★

기둥·보·벽체·슬래브 등의 거푸집동바리 등을 조립하거나 해체하는 작업을 하는 경우에는 다음의 사항을 준수하여야 한다.

① 해당 작업을 하는 구역에는 관계 근로자가 아닌 사람의 출입을 금지할 것

② 비, 눈, 그 밖의 기상상태의 불안정으로 날씨가 몹시 나쁜 경우에는 그 작업을 중지할 것

③ 재료, 기구 또는 공구 등을 올리거나 내리는 경우에는 근로자로 하여금 달줄·달포대 등을 사용하도록 할 것

④ 낙하·충격에 의한 돌발적 재해를 방지하기 위하여 버팀목을 설치하고 거푸집동바리 등을 인양장비에 매단 후에 작업을 하도록 하는 등 필요한 조치를 할 것

(2) 철근조립 등의 작업 시 준수사항

① 양중기로 철근을 운반할 경우에는 두 군데 이상 묶어서 수평으로 운반할 것

② 작업위치의 높이가 2[m] 이상일 경우에는 작업발판을 설치하거나 안전대를 착용하게 하는 등 위험 방지를 위하여 필요한 조치를 할 것

(3) 작업발판 일체형 거푸집의 안전조치

① 작업발판 일체형 거푸집 ★★

ㄱ 갱 폼(gang form)

ㄴ 슬립 폼(slip form)

ㄷ 클라이밍 폼(climbing form)

ㄹ 터널 라이닝 폼(tunnel lining form)

ㅁ 그 밖에 거푸집과 작업발판이 일체로 제작된 거푸집 등

② 갱 폼의 조립·이동·양중·해체 시 준수사항

ㄱ 조립 등의 범위 및 작업절차를 미리 그 작업에 종사하는 근로자에게 주지시킬 것

ㄴ 근로자가 안전하게 구조물 내부에서 갱 폼의 작업발판으로 출입할 수 있는 이동통로를 설치할 것

ㄷ 갱 폼의 지지 또는 고정철물의 이상 유무를 수시점검하고 이상이 발견된 경우에는 교체하도록 할 것

  ⓔ 갱 폼을 조립하거나 해체하는 경우에는 갱폼을 인양장비에 매단 후에 작업을 실시하도록 하고, 인양장비에 매달기 전에 지지 또는 고정철물을 미리 해체하지 않도록 할 것

  ⓜ 갱 폼 인양 시 작업발판용 케이지에 근로자가 탑승한 상태에서 갱폼의 인양작업을 하지 아니할 것

 ③ **작업발판 일체형 거푸집의 조립 시 준수사항(갱폼 제외)**

  ㉠ 조립 등 작업 시 거푸집 부재의 변형 여부와 연결 및 지지재의 이상 유무를 확인할 것

  ㉡ 조립 등 작업과 관련한 이동·양중·운반 장비의 고장·오조작 등으로 인해 근로자에게 위험을 미칠 우려가 있는 장소에는 근로자의 출입을 금지하는 등 위험 방지 조치를 할 것

  ㉢ 거푸집이 콘크리트 면에 지지될 때에 콘크리트의 굳기정도와 거푸집의 무게, 풍압 등의 영향으로 거푸집의 갑작스런 이탈 또는 낙하로 인해 근로자가 위험해질 우려가 있는 경우에는 설계도서에서 정한 콘크리트의 양생기간을 준수하거나 콘크리트 면에 견고하게 지지하는 등 필요한 조치를 할 것

  ㉣ 연결 또는 지지 형식으로 조립된 부재의 조립등 작업을 하는 경우에는 거푸집을 인양장비에 매단 후에 작업을 하도록 하는 등 낙하·붕괴·전도의 위험 방지를 위하여 필요한 조치를 할 것

(4) 계단 형상으로 조립하는 거푸집동바리 준수사항

 ① 거푸집의 형상에 따른 부득이한 경우를 제외하고는 깔판·깔목 등을 2단 이상 끼우지 않도록 할 것

 ② 깔판·깔목 등을 이어서 사용하는 경우에는 그 깔판·깔목 등을 단단히 연결할 것

 ③ 동바리는 상·하부의 동바리가 동일 수직선상에 위치하도록 하여 깔판·깔목 등에 고정시킬 것

(5) 작업위치의 높이가 2[m] 이상일 경우에는 작업발판을 설치하거나 안전대를 착용하게 하는 등 위험 방지를 위하여 필요한 조치를 할 것 ★

 ① 작업발판의 폭은 40[cm] 이상으로 한다.

 ② 작업발판재료는 뒤집히거나 떨어지지 않도록 둘 이상의 지지물에 연결하거나 고정시킨다.

 ③ 발판재료 간의 틈은 3[cm] 이하로 한다.

 ④ 작업발판의 지지물은 하중에 의하여 파괴될 우려가 없는 것을 사용한다.

(6) 콘크리트 타설 시 거푸집의 측압이 커지는 요소 ★★★

 ① 콘크리트 부어넣기 속도가 빠를수록 측압은 크다.

 ② 온도가 낮을수록 측압은 크다.

 ③ 콘크리트 시공연도가 클수록 측압은 크다.

 ④ 콘크리트 다지기가 충분할수록 측압은 크다.

 ⑤ 벽 두께가 두꺼울수록 측압은 커진다.

 ⑥ 철골 또는 철근량이 적을수록 측압은 크다.

예제 거푸집에 작용하는 하중 중 연직하중에 해당되는 것 5가지를 적으시오.

⇒ ① 고정하중 ② 적재하중 ③ 적설하중 ④ 충격하중 ⑤ 작업하중

4. 거푸집 존치기간

(1) 거푸집 해체작업 시 유의사항 ★★

① 일반적으로 연직부재의 거푸집은 수평부재의 거푸집보다 빨리 떼어낸다.

② 해체된 거푸집이나 각목 등에 박혀있는 못 또는 날카로운 돌출물은 즉시 제거하여야 한다.

③ 상하 동시 작업은 원칙적으로 금지하여 부득이한 경우에는 긴밀히 연락을 위하여 작업을 하여야 한다.

④ 거푸집 해체작업장 주위에는 관계자를 제외하고는 출입을 금지시켜야 한다.

(2) 거푸집의 존치기간의 최소치

거푸집의 종류		거푸집				지보공	
부위		기초옆, 보옆, 기둥, 벽		판밑, 보밑		판밑의 지주	
평균시험 유무	시멘트 종류 / 기온	보통포틀랜드 혼합A종	조강 포틀랜드	보통포틀랜드 혼합A종	조강 포틀랜드	보통포틀랜드 혼합A종	조강 포틀랜드
콘크리트 강도시험 무	15[℃] 이상	3일	2일	6일	4일	17일	8일
	15~5[℃]	5일	5일	10일	6일	25일	12일
	5[℃]	8일	8일	16일	10일	28일	15일
시험 완료 시		50[kg/cm²]		설계기준강도의 50[%] 이상		설계기준강도의 85[%] 이상	

① 보 밑 지주의 존치기간은 28일 이상으로 한다.(콘크리트 강도 시험을 한 결과 설계기준강도의 100[%] 이상인 경우는 그렇지 않다)

② 캔틸레버, 차양, 단면이 크고 지간이 긴 보는 위 표보다 큰 수치를 적용한다.

4 흙막이

1. 흙막이 지보공의 설치기준

① 사업주는 흙막이 지보공의 재료로 변형·부식되거나 심하게 손상된 것을 사용해서는 안 된다.

② 흙막이 지보공을 조립하는 경우 미리 조립도를 작성하여 그 조립도에 따라 조립하도록 하여야 한다.

③ 조립도는 흙막이판·말뚝·버팀대 및 띠장 등 부재의 배치·치수·재질 및 설치방법과 순서가 명시되어야 한다.

2. 계측기의 종류 및 사용목적

(1) 계측장치의 설치

터널 등의 건설작업을 할 때에 붕괴 등에 의하여 근로자가 위험해질 우려가 있는 경우 또는 「산업안전보건법」에 따른 경우에 작성하는 유해위험방지계획서 심사 시 계측시공을 지시받은 경우에는 그에 필요한 계측장치 등을 설치하여 위험을 방지하기 위한 조치를 하여야 한다.

(2) 계측기의 종류

① **지중경사계** : 흙막이벽 배면에 설치하여 토류벽의 기울어짐 측정

② **지표침하계** : 흙막이벽 배면에 설치하여 지표면 침하량 측정

③ **지하수위계** : 토류벽 배면에 설치하여 현장 주변 지하수위 변동 측정

④ **변형률계** : 스트러트, 띠장 등에 부착하여 굴착작업 시 구조물의 변형 측정

⑤ **균열측정기** : 인접구조물, 지반 등의 균열부위에 설치하여 균열의 크기와 변화 측정

⑥ **간극수압계** : 굴착, 성토에 의한 간극수압의 변화 측정

⑦ **하중계** : 스트러트, 어스 앵커에 설치하여 축하중 측정으로 부재의 안정성 여부 판단

CHAPTER 06 건설구조물공사 안전

1 콘크리트 구조물공사 안전(콘크리트 타설작업의 안전)「건축물구조기준규칙」

(1) 콘크리트 타설작업의 적용범위

① 철근콘크리트구조의 건축물이나 철근콘크리트구조와 조적식구조 그 밖의 구조를 병용하는 건축물의 경우 그 철근콘크리트구조인 부분에 이를 적용한다.

② 높이가 4[m] 이하이고 연면적이 30[m²] 이하인 건축물이나 높이가 3[m] 이하인 담에 대하여는 「건축물구조기준규칙」 제49조(콘크리트의 양생) 및 제51조(철근을 덮는 두께)의 규정에 한하여 이를 적용한다.

(2) 콘크리트의 배합

① 철근콘크리트구조에 사용하는 콘크리트의 4주(週) 압축강도는 15[MPa](경량골재를 사용하는 경우에는 11[MPa]) 이상이어야 한다.

② 콘크리트는 설계기준강도에 맞도록 골재 및 시멘트의 배합비와 물 및 시멘트의 배합비를 정하여 배합하여야 한다.

(3) 콘크리트의 양생

콘크리트는 시공중 및 시공후 콘크리트의 압축강도가 5[MPa] 이상일 때까지(콘크리트의 압축강도 시험을 실시하여 압축강도를 확인하지 아니할 경우 5일간) 콘크리트의 온도가 섭씨 2[℃] 이상이 유지되도록 하고, 콘크리트의 응고 및 경화가 건조나 진동 등으로 인하여 영향을 받지 아니하도록 양생하여야 한다.

(4) 거푸집 및 받침기둥의 제거

① 구조부재의 거푸집 및 받침기둥은 콘크리트의 자체중량 및 시공중에 받는 하중으로 인한 변형·균열 그 밖에 구조내력에 영향을 주지 않을 정도로 응고 또는 경화될 때까지는 이를 제거해서는 안 된다.

② 제거푸집 및 받침기둥을 존치시켜야 할 기간은 당해 건축물의 부분 또는 위치, 시멘트의 종류, 콘크리트 양생의 방법 및 환경 그 밖의 조건 등을 고려하여 정한다.

(5) 철근을 덮는 콘크리트의 두께의 기준

① 흙에 접하거나 옥외의 공기에 직접 노출되는 콘크리트의 경우

㉠ 직경 29[mm] 이상의 철근 : 60[mm] 이상

㉡ 직경 16[mm] 초과 29[mm] 미만의 철근 : 50[mm] 이상

㉢ 직경 16[mm] 이하의 철근 : 40[mm] 이상

② 옥외의 공기나 흙에 직접 접하지 않는 콘크리트의 경우

    ㉠ 슬래브, 벽체, 장선 : 20[mm] 이상

    ㉡ 보, 기둥 : 40[mm] 이상

③ 보의 구조

구조부재인 보는 복근(複筋)으로 배근하되, 주근(主筋)은 직경 12[mm] 이상의 것을 사용하여야 한다. 다만, 늑근(肋筋)은 직경 6[mm] 이상의 것을 사용하여야 하며, 그 배치간격은 보춤의 4분의 3 이하 또는 450[mm] 이하이어야 한다.

④ 구조부재인 콘크리트슬래브(기성콘크리트제품인 것을 제외한다)의 구조 기준

    ㉠ 콘크리트슬래브의 두께는 80[mm] 이상으로서 별표 9에 의하여 산정한 두께 이상이어야 한다.

    ㉡ 최대휨모멘트를 받는 부분에 있어서의 인장철근의 간격은 단변방향은 200[mm] 이하로 하고 장변방향은 300[mm] 이하로 하되, 슬래브의 두께의 3배 이하로 하여야 한다.

⑤ 내력벽의 구조부재인 콘크리트벽체의 기준

    ㉠ 내력벽의 최소두께는 벽의 최상단에서 4.5[m]까지는 150[mm] 이상이어야 하며, 각 3[m] 내려감에 따라 10[mm]씩의 비율로 증가시켜야 한다. 다만, 두께가 120[mm] 이상의 경우로서 구조계산에 의하여 안전하다고 확인된 경우에는 그러하지 아니하다.

    ㉡ 내력벽의 배근은 9[mm] 이상의 것을 450[mm] 이하의 간격으로 하고, 벽두께의 3배 이하이어야 한다. 이 경우 벽의 두께가 200[mm] 이상일 때에는 벽 양면에 복근으로 하여야 한다.

⑥ 무근콘크리트 구조

무근(無根)콘크리트로 된 구조의 건축물이나 무근(無根)콘크리트로 된 구조와 조적식구조 그 밖의 구조를 병용하는 건축물의 무근(無根)콘크리트로 된 구조부분에 대하여는 「건축물구조기준규칙」 제3절(제29조 제1항 및 제30조 제2항을 제외한다)의 규정과 제49조의 규정을 준용한다.

(6) 콘크리트 타설 시 측압이 커지는 경우

    ① 타설속도가 커질수록

    ② 비중이 커질수록

    ③ 표면이 평활할수록

    ④ 단면이 클수록

    ⑤ 강성이 클수록

    ⑥ 진동기 사용

    ⑦ 거푸집의 강성이 작을수록

    ⑧ 온도가 낮을수록

    ⑨ 투수성, 누수성이 작을수록

    ⑩ 응결시간이 빠를수록

    ⑪ 연한 콘크리트 일수록

(7) 거푸집 지보공에 있어서 지주의 침하방지를 위한 조치방안

　① 지주는 콘크리트 바닥판등 견고한 기초에 세운다.

　② 지면에 직접 세울 때에는 지반을 충분히 다지고 받침판 등을 설치하여야 하며, 빗물 등이 흘러들지 않도록 조치를 취한다.

　③ 받침판이 움직이지 않도록 쐐기 등으로 고정한다.

(8) 차폐용 콘크리트

　주로 생물체의 방호를 위하여 γ선 및 중성자선을 차폐할 목적으로 만들어진 콘크리트

2 철골공사 작업의 안전

(1) 철골공사 시 안전작업방법 및 준수사항 ★

　① 강풍, 폭우 등과 같은 악천우 시에는 작업을 중지하여야 하며 특히 강풍 시에는 높은 곳에 있는 부재나 공구류가 낙하비래하지 않도록 조치하여야 한다.

　② 철골부재 반입 시 시공순서가 빠른 부재는 상단부에 위치하도록 한다.

　③ 구명줄 설치 시 마닐라 로프 직경 16[mm]를 기준하여 설치하고 작업방법을 충분히 검토하여야 한다.

　④ 철골보의 두 곳을 매어 인양시킬 때 와이어로프의 내각은 60[°] 이하이어야 한다.

(2) 철골공사 해체 작업 중 유의해야 할 사항

　① 작업 구역 내에는 관계자 외의 자에 대해 출입을 통제한다.

　② 강풍, 폭우, 폭설 등 악천후 시에는 작업을 중지시킨다.

　③ 사용 기계 기구 등을 인양하거나 내릴 때에는 그물망이나 그물포대 등을 사용토록 하여야 한다.

　④ 외벽과 기둥 등을 전도시키는 작업을 할 경우에는 신호를 정하고 관계작업자에게 주지시킨다.

　⑤ 전도 작업을 수행할 때에는 작업자 이외의 다른 작업자는 대피시키도록 하고 완전대피상태를 확인한 다음 전도시키도록 하여야 한다.

(3) 철골공사의 철골 세우기 작업 시 작립도 검토기준 ★★

　① 특별한 하중에 의한 경우

　　㉠ 건립 시에 풍압의 영향을 크게 받는 경우

　　㉡ 철골부재에 가설자재를 임시 적재하는 경우

　　㉢ 양중기 등 중량물을 철골조 위에 설치한 경우

② 기둥의 단면 형상에 의한 경우

  ㉠ 타이플레이트(Tie Plate)형 기둥을 사용한 철골 구조물

  ㉡ 이음부가 현장 용접인 철골 구조물

③ 건물의 형상에 의한 경우

  ㉠ 높이 20[m] 이상인 철골구조물

  ㉡ 폭과 높이의 비가 1 : 4 이상인 철골 구조물

  ㉢ 철골 설치 구조가 비정형적인 구조물(캔틸레버 구조물 등)

④ 연면적당 철골량이 적은 철골구조물인 경우

  연면적당 철골량이 50[kg/m^2] 이하인 철골 구조물

⑤ 시공과정에서 설계조건과 상이한 경우

  ㉠ 철골 건립 시 시공오차, 임시볼트 체결 등으로 불안정 조건인 경우

  ㉡ 기둥 하부 주각부 그라우팅 전 앵커볼트의 인발 등에 따른 넘어짐 우려가 있는 경우

(4) 철근 인력 운반

① 긴 철근은 가급적 두 사람이 1조가 되어 어깨메기로 하여 운반하는 등 안전성을 도모해야 한다.

② 긴 철근을 부득이하게 한 사람이 운반할 때에는 한곳을 드는 것보다 한쪽을 어깨에 메고 한쪽 끝을 땅에 끌면서 운반토록 해야 한다.

③ 운반 시에는 항상 양끝을 묶어 운반토록 해야 한다.

④ 1회 운반 시 1인당 무게는 25[kg] 정도가 적절하며, 무리한 운반은 삼가도록 한다.

⑤ 내려놓을 때에는 천천히 내려놓고 던지지 않도록 해야 한다.

⑥ 공동 작업 시에는 신호에 따라 작업을 행해야 한다.

(5) 승강로의 설치 ★★

근로자가 수직방향으로 이동하는 철골부재(鐵骨部材)에는 답단(踏段) 간격이 30[cm] 이내인 고정된 승강로를 설치하여야 하며, 수평방향 철골과 수직방향 철골이 연결되는 부분에는 연결작업을 위하여 작업발판 등을 설치하여야 한다.

(6) 가설통로의 설치

철골작업을 하는 경우에 근로자의 주요 이동통로에 고정된 가설통로를 설치하여야 한다. 다만, 「안전보건규칙」 제44조에 따른 안전대의 부착설비 등을 갖춘 경우에는 그러하지 아니하다.

(7) 작업의 제한 ★★

① 풍속이 초당 10[m] 이상인 경우

② 강우량이 시간당 1[mm] 이상인 경우

③ 강설량이 시간당 1[cm] 이상인 경우

(8) 철골공사 용접결함의 원인

① 재료적 요인

㉠ 용접봉의 건조불량

㉡ 모재의 녹 기름 미제거

② 전류적 요인

㉠ 사전 예열 부족

㉡ 잔류전류에 따른 변형

㉢ 전류의 과다 및 부족

③ 시공적 요인

㉠ 용접공의 자세불량

㉡ 개선부의 불량

㉢ Back gouging 불량

㉣ 돌림용접부 불량

④ 기상적 요인

강풍 또는 우천에 대해 노출

(9) 용접결함의 방지대책

① 용접 전 관리

㉠ 시공계획서의 검토

• 시공지침서의 작성 검토

• 용접기기 전력 공급 검토

㉡ 용접공 기량시험

• 용접방법에 따른 유자격자 확인

• 실제 작업 가능자의 기량 확인

㉢ 용접재료

• 개선각도 및 Back Strip 확보

• 용접봉의 건조상태 유지

• 앤드탭 Scallop 가공 여부 확인

㉣ 용접기기 및 전류

• 용접환경에 적합한 용접기기 및 전력 구비

② 용접 중 관리

㉠ 용접순서 종류 용접봉 사용 구분

㉡ 전류 전압에 대한 수시 체크

  ⓒ 바람의 영향을 최소화
 ③ 용접 후 관리
  ㉠ 외관 검사
   • 용접의 길이, 비드 검사
   • 목두께의 규격 검사
  ㉡ 내부결함검사
   • 비파괴 검사를 주로 사용
   • 검사부위는 표면 확인
   • 불합격 처리된 부분은 재용접 및 보완 시공
  ㉢ Stud Bolt검사
   • 용접부의 균일성 외부 균열 여부 검사
   • 타격시험 실시
  ㉣ 비파괴검사방법의 종류
   • 방사선투과검사
   • 초음파탐상시험
   • 자기분말시험
   • 침투탐상시험

3   PC(Precast Concrete) 공사 안전

1. PC 운반 · 조립 · 설치의 안전

 ① 완전 정비된 공장에서 제조된 콘크리트 또는 콘크리트 제품으로 공기의 단축, 공사비의 절감, 품질 관리의 용이, 내구성 증대 등의 장점이 있다.

 ② 프리캐스트 콘크리트란 공장 또는 현장 근처에서 미리 제작한 콘크리트 제품이며, 현장으로 이동 운반된 뒤 가설되는 교각, 파일, 시트 파일 등 제품의 것을 말한다.

 ③ 프리스트레스트는 정하중, 동하중 등의 하중에 의한 응력을 부정하도록 미리 계획적으로 부재에 주어지는 응력을 말한다.

 ④ 프리스트레스트 콘크리트(prestressed concrete)는 PC강재에 따라서 프리스트레스트가 주어지고 있는 일종의 철근콘크리트를 말하며, 철근 콘크리트와 다른 점은 프리스트레스트로 해서 압축력을 주고 있기 때문에 외력이 작용해도 콘크리트의 전(全)단면을 유효하게 이용할 수 있고, 높은 강도의 콘크리트와 병용하면 단면의 치수도

적게 할 수 있기 때문에, 장대한 스팬의 교량 등에 이용된다. 또 균열이 발생하기 어렵고 복원성이 우수하다는 데서 침목, 파일, 탱크 등에도 이용되고 있다.

보도용 콘크리트 평판   철근 콘크리트 U형   원심력 철근 콘크리트 관(흄관)

철근 콘크리트 L형   공동 콘크리트 블록   슬래브교용 PC 교량 거더

철근 콘크리트 널말뚝

CHAPTER 07 운반, 하역작업

1 운반작업

1. 취급·운반의 원칙

(1) 취급·운반의 5원칙 ★★

① 연속운반을 할 것

② 생산을 최고로 하는 운반을 생각할 것

③ 운반작업을 집중하여 시킬 것

④ 직선운반을 할 것

⑤ 최대한 시간과 경비를 절약할 수 있는 운반방법을 고려할 것

2. 인력운반

(1) 인력운반 취급대상

취급물의 형상, 성질, 크기 등이 다양한 작업

(2) 운반작업을 기계운반작업으로 분류할 때 기계운반이 유리한 경우 ★

① 단순하고 반복적인 작업

② 표준화되어 있어 지속적이고 운반량이 많은 작업

③ 취급물이 중량인 작업

3. 중량물 취급운반

(1) 중량물 취급

중량물을 운반하거나 취급하는 경우에 하역운반기계·운반용구(이하 "하역운반기계 등"이라 한다)를 사용하여야 한다. 다만, 작업의 성질상 하역운반기계 등을 사용하기 곤란한 경우에는 그러하지 아니하다.

(2) 경사면에서의 중량물 취급 시 준수사항

① 구름멈춤대, 쐐기 등을 이용하여 중량물의 동요나 이동을 조절할 것

② 중량물이 구르는 방향인 경사면 아래로는 근로자의 출입을 제한할 것

(3) 중량물을 운반할 때의 바른 자세

길이가 긴 물건은 앞쪽을 높게 하여 운반한다.

4. 요통 방지대책

(1) 요통을 일으키게 하는 요인
① 들기작업 시의 물건의 중량

② 부적절한 작업의 자세

③ 긴 작업시간과 작업의 강도로 인한 피로누적 등

(2) 요통의 대책
① 작업량의 조절

② 자동화

③ 취급시간의 조절

④ 교육 및 훈련

⑤ 작업장 바닥 및 작업공간의 최적화

2 하역공사

1. 하역작업의 안전수칙

(1) 선박승강설비의 설치
① 사업주는 300[t]급 이상의 선박에서 하역작업을 하는 경우에 근로자들이 안전하게 오르내릴 수 있는 현문 (舷門) 사다리를 설치하여야 하며, 이 사다리 밑에 안전망을 설치하여야 한다.

② ①에 따른 현문 사다리는 견고한 재료로 제작된 것으로 너비는 55[cm] 이상이어야 하고, 양측에 82[cm] 이상의 높이로 울타리를 설치하여야 하며, 바닥은 미끄러지지 않도록 적합한 재질로 처리되어야 한다.

③ ①의 현문 사다리는 근로자의 통행에만 사용하여야 하며, 화물용 발판 또는 화물용 보판으로 사용하도록 해서는 안 된다.

(2) 차량계 하역운반기계 작업 시 운전석 이탈 시 안전조치사항
① 포크 및 버킷 등의 하역장치를 가장 낮은 위치에 둘 것

② 원동기를 정지시키고 브레이크를 확실히 거는 등 갑작스러운 주행을 방지하기 위한 조치를 할 것

(3) 차량계 하역운반기계(지게차) 사용 시 작업시작 전 점검사항
① 제동장치 및 조종장치 기능의 이상 유무

② 하역장치 및 유압장치 기능의 이상 유무

③ 바퀴의 이상 유무

④ 전조등, 후미등, 방향지시기 및 경보장치 기능의 이상 유무

(4) 제한속도의 지정

① 사차량계 하역운반기계, 차량계 건설기계(최대제한속도가 시속 10[km] 이하인 것은 제외한다)를 사용하여 작업을 하는 경우 미리 작업장소의 지형 및 지반 상태 등에 적합한 제한속도를 정하고, 운전자로 하여금 준수하도록 하여야 한다. ★

② 궤도작업차량을 사용하는 작업, 입환기로 입환작업을 하는 경우에 작업에 적합한 제한속도를 정하고, 운전자로 하여금 준수하도록 하여야 한다.

③ 운전자는 제한속도를 초과하여 운전해서는 안 된다.

(5) 운반위치 이탈 시의 조치

① 포크, 버킷, 디퍼 등의 장치를 가장 낮은 위치 또는 지면에 내려 둘 것

② 원동기를 정지시키고 브레이크를 확실히 거는 등 갑작스러운 주행이나 이탈을 방지하기 위한 조치를 할 것

③ 운전석을 이탈하는 경우에는 시동키를 운전대에서 분리시킬 것. 다만, 운전석에 잠금장치를 하는 등 운전자가 아닌 사람이 운전하지 못하도록 조치한 경우에는 그러하지 아니하다.

2. 기계화해야 될 인력작업

(1) 기계화해야 할 인력작업의 표준

① 3~4인이 상당한 시간에 계속되어야 하는 운반작업의 경우

② 발밑에서부터 머리 위까지 들어올리는 작업의 경우

③ 발밑에서 어깨까지 25[kg] 이상의 물건을 들어올리는 작업일 경우

④ 발밑에서 허리까지 50[kg] 이상의 물건을 들어올리는 작업일 경우

⑤ 발밑에서부터 무릎까지 75[kg] 이상의 물건을 들어올리는 작업일 경우

⑥ 두 걸음 이상 가로로 운반하는 작업이 연속되는 경우

⑦ 3[m] 이상 연속하여 운반작업을 하는 경우

⑧ 1시간에 10[t] 이상의 운반량이 있는 작업인 경우

(2) 인력운반과 기계운반 작업의 구분

인력운반	기계운반
• 두뇌적인 판단이 필요한 작업 – 분류, 판독, 검사	• 단순하고 반복적인 작업
• 단독적이고 소량 취급 작업	• 표준화되어 있어 지속적이고 운반량이 많은 작업
• 취급물의 형상, 성질, 크기 등이 다양한 작업	• 취급물의 형상, 성질, 크기 등이 일정한 작업
• 취급물이 경량물인 경우	• 취급물이 중량인 작업

3. 화물취급작업 안전수칙

(1) 화물취급작업의 안전기준

① 다음의 어느 하나에 해당하는 섬유로프 등을 화물운반용 또는 고정용으로 사용해서는 안 된다.

㉠ 꼬임이 끊어진 것

㉡ 심하게 손상되거나 부식된 것

② 섬유로프 등을 사용하여 화물취급작업을 하는 경우에 해당 섬유로프 등을 점검하고 이상을 발견한 섬유로프 등을 즉시 교체하여야 한다.

③ 차량 등에서 화물을 내리는 작업을 하는 경우에 해당 작업에 종사하는 근로자에게 쌓여 있는 화물 중간에서 화물을 빼내도록 해서는 안 된다. ★

(2) 하역작업장의 조치기준

① 작업장 및 통로의 위험한 부분에는 안전하게 작업할 수 있는 조명을 유지할 것

② 부두 또는 안벽의 선을 따라 통로를 설치하는 경우에는 폭을 90[cm] 이상으로 할 것 ★★

③ 육상에서의 통로 및 작업장소로서 다리 또는 선거(船渠) 갑문(閘門)을 넘는 보도(步道) 등의 위험한 부분에는 안전난간 또는 울타리 등을 설치할 것

(3) 하적단의 간격

바닥으로부터의 높이가 2[m] 이상 되는 하적단(포대·가마니 등으로 포장된 화물이 쌓여 있는 것만 해당한다.)과 인접 하적단 사이의 간격을 하적단의 밑부분을 기준하여 10[cm] 이상으로 하여야 한다.

(4) 하적단의 붕괴 등에 의한 위험방지

① 하적단의 붕괴 또는 화물의 낙하에 의하여 근로자가 위험해질 우려가 있는 경우에는 그 하적단을 로프로 묶거나 망을 치는 등 위험을 방지하기 위하여 필요한 조치를 하여야 한다.

② 하적단을 쌓는 경우에는 기본형을 조성하여 쌓아야 한다.

③ 하적단을 헐어내는 경우에는 위에서부터 순차적으로 층계를 만들면서 헐어내어야 하며, 중간에서 헐어내어서는 안 된다.

(5) 화물 적재 시 준수사항 ★★

① 침하 우려가 없는 튼튼한 기반 위에 적재할 것

② 건물의 칸막이나 벽 등이 화물의 압력에 견딜 만큼의 강도를 지니지 아니한 경우에는 칸막이나 벽에 기대어 적재하지 않도록 할 것

③ 불안정할 정도로 높이 쌓아 올리지 말 것

④ 하중이 한쪽으로 치우치지 않도록 쌓을 것

첨부 1. 건설기계의 종류(「안전보건규칙」 별표 6)

건설기계의 종류

1. 도저형 건설기계(불도저, 스트레이트도저, 틸트도저, 앵글도저, 버킷도저 등)
2. 모터그레이더(motor grader, 땅 고르는 기계) ★★
3. 로더(포크 등 부착물 종류에 따른 용도 변경 형식을 포함한다)
4. 스크레이퍼(scraper, 흙을 절삭·운반하거나 펴 고르는 등의 작업을 하는 토공기계)
5. 크레인형 굴착기계(크램쉘, 드래그라인 등)
6. 굴착기(브레이커, 크러셔, 드릴 등 부착물 종류에 따른 용도 변경 형식을 포함한다)
   백호우 : 굴착하는 데 적합(지면보다 낮은 장소) ★
7. 항타기 및 항발기
8. 천공용 건설기계(어스드릴, 어스오거, 크롤러드릴, 점보드릴 등)
9. 지반 압밀침하용 건설기계(샌드드레인머신, 페이퍼드레인머신, 팩드레인머신 등)
10. 지반 다짐용 건설기계(타이어롤러, 매커덤롤러, 탠덤롤러 등)
11. 준설용 건설기계(버킷준설선, 그래브준설선, 펌프준설선 등)
12. 콘크리트 펌프카
13. 덤프트럭
14. 콘크리트 믹서 트럭
15. 도로포장용 건설기계(아스팔트 살포기, 콘크리트 살포기, 아스팔트 피니셔, 콘크리트 피니셔 등)
16. 골재 채취 및 살포용 건설기계(쇄석기, 자갈채취기, 골재살포기 등)
17. 제1호부터 제16호까지와 유사한 구조 또는 기능을 갖는 건설기계로서 건설작업에 사용하는 것

첨부 2. 건설업의 사업장의 상시근로자수에 따른 안전관리자의 수(「산업안전보건법 시행령」 별표 3)

사업장의 상시근로자수	안전관리자의 수	안전관리자의 선임방법
공사금액 50억원 이상(관계수급인은 100억원 이상) 120억원 미만(「건설산업기본법 시행령」 별표 1 제1호 가목의 토목공사업의 경우에는 150억원 미만)	1명 이상	별표 4 제1호부터 제7호까지 및 제10호부터 제12호까지의 어느 하나에 해당하는 사람을 선임해야 한다.
공사금액 120억원 이상(「건설산업기본법 시행령」 별표 1제1호 가목의 토목공사업의 경우에는 150억원 이상) 800억원 미만		별표 4 제1호부터 제7호까지 및 제10호의 어느 하나에 해당하는 사람을 선임해야 한다.
공사금액 800억원 이상 1,500억원 미만	2명 이상. 다만, 전체 공사기간을 100으로 할 때 공사 시작에서 15에 해당하는 기간과 공사 종료 전의 15에 해당하는 기간(이하 "전체 공사기간 중 전·후 15에 해당하는 기간"이라 한다) 동안은 1명 이상으로 한다.	별표 4 제1호부터 제7호까지 및 제10호의 어느 하나에 해당하는 사람을 선임하되, 같은 표 제1호부터 제3호까지의 어느 하나에 해당하는 사람이 1명 이상 포함되어야 한다.

사업장의 상시근로자수	안전관리자의 수	안전관리자의 선임방법
공사금액 1,500억원 이상 2,200억원 미만	3명 이상. 다만, 전체 공사기간 중 전·후 15에 해당하는 기간은 2명 이상으로 한다.	별표 4 제1호부터 제7호까지 및 제12호의 어느 하나에 해당하는 사람을 선임하되, 같은 표 제12호에 해당하는 사람은 1명만 포함될 수 있고, 같은 표 제호 또는 「국가기술자격법」에 따른 건설안전기술사(건설안전기사 또는 산업안전기사의 자격을 취득한 후 7년 이상 건설안전 업무를 수행한 사람이거나 건설안전산업기사 또는 산업안전산업기사의 자격을 취득한 후 10년 이상 건설안전 업무를 수행한 사람을 포함한다)자격을 취득한 사람(이하 "산업안전지도사 등"이라 한다)이 1명 이상 포함되어야 한다.
공사금액 2,200억원 이상 3천억원 미만	4명 이상. 다만, 전체 공사기간 중 전·후 15에 해당하는 기간은 2명 이상으로 한다.	
공사금액 3천억원 이상 3,900억원 미만	5명 이상. 다만, 전체 공사기간 중 전·후 15에 해당하는 기간은 3명 이상으로 한다.	별표 4 제1호부터 제7호까지 및 제12호의 어느 하나에 해당하는 사람을 선임하되, 같은 표 제12호에 해당하는 사람은 1명만 포함될 수 있고, 산업안전지도사 등이 2명 이상 포함되어야 한다. 다만, 전체 공사기간 중 전·후 15에 해당하는 기간에는 산업안전지도사 등이 1명 이상 포함되어야 한다.
공사금액 3,900억원 이상 4,900억원 미만	6명 이상. 다만, 전체 공사기간 중 전·후 15에 해당하는 기간은 3명 이상으로 한다.	
공사금액 4,900억원 이상 6천억원 미만	7명 이상. 다만, 전체 공사기간 중 전·후 15에 해당하는 기간은 4명 이상으로 한다.	별표 4 제1호부터 제7호까지 및 제12호 어느 하나에 해당하는 사람을 선임하되, 같은 표 제12호에 해당하는 사람은 2명까지만 포함될 수 있고, 산업안전지도사 등이 2명 이상 포함되어야 한다. 다만, 전체 공사기간 중 전·후 15에 해당하는 기간에는 산업안전지도사 등이 2명 이상 포함되어야 한다.
공사금액 6천억원 이상 7,200억원 미만	8명 이상. 다만, 전체 공사기간 중 전·후 15에 해당하는 기간은 4명 이상으로 한다.	
공사금액 7,200억원 이상 8,500억원 미만	9명 이상. 다만, 전체 공사기간 중 전·후 15에 해당하는 기간은 5명 이상으로 한다.	별표 4 제1호부터 제7호까지 및 제12호의 어느 하나에 해당하는 사람을 선임하되, 같은 표 제12호에 해당하는 사람은 2명까지만 포함될 수 있고, 산업안전지도사 등이 3명 이상 포함되어야 한다. 다만, 전체 공사기간 중 전·후 15에 해당하는 기간에는 산업안전지도사 등이 3명 이상 포함되어야 한다.
공사금액 8,500억원 이상 1조원 미만	10명 이상. 다만, 전체 공사기간 중 전·후 15에 해당하는 기간은 5명 이상으로 한다.	
1조원 이상	11명 이상[매 2천억원(2조원 이상부터는 매 3천억원)마다 1명씩 추가한다]. 다만, 전체 공사기간 중 전·후 15에 해당하는 기간은 선임 대상 안전관리자 수의 2분의 1(소수점 이하는 올림한다) 이상으로 한다.	

첨부 3. 건설기계의 범위(「건설기계관리법 시행령」별표 1)

건설기계명	범위
1. 불도저	무한궤도 또는 타이어식인 것
2. 굴착기	무한궤도 또는 타이어식으로 굴착장치를 가진 자체중량 1[t] 이상인 것
3. 로더	무한궤도 또는 타이어식으로 적재장치를 가진 자체중량 2[t] 이상인 것. 다만, 차체굴절식 조향장치가 있는 자체중량 4[t] 미만인 것은 제외한다.
4. 지게차	타이어식으로 들어올림장치와 조종석을 가진 것. 다만, 전동식으로 솔리드타이어를 부착한 것 중 도로(「도로교통법」 제2조 제1호에 따른 도로를 말하며, 이하 같다)가 아닌 장소에서만 운행하는 것은 제외한다.
5. 스크레이퍼	흙·모래의 굴착 및 운반장치를 가진 자주식인 것
6. 덤프트럭	적재용량 12[t] 이상인 것. 다만, 적재용량 12[t] 이상 20[t] 미만의 것으로 화물운송에 사용하기 위하여 「자동차관리법」에 의한 자동차로 등록된 것을 제외한다.
7. 기중기	무한궤도 또는 타이어식으로 강재의 지주 및 선회장치를 가진 것. 다만, 궤도(레일)식인 것을 제외한다.
8. 모터그레이더	정지장치를 가진 자주식인 것
9. 롤러	1. 조종석과 전압장치를 가진 자주식인 것 2. 피견인 진동식인 것
10. 노상안정기	노상안정장치를 가진 자주식인 것
11. 콘크리트뱃칭플랜트	골재저장통·계량장치 및 혼합장치를 가진 것으로서 원동기를 가진 이동식인 것
12. 콘크리트피니셔	정리 및 사상장치를 가진 것으로 원동기를 가진 것
13. 콘크리트살포기	정리장치를 가진 것으로 원동기를 가진 것
14. 콘크리트믹서트럭	혼합장치를 가진 자주식인 것(재료의 투입·배출을 위한 보조장치가 부착된 것을 포함한다)
15. 콘크리트펌프	콘크리트배송능력이 매시간당 5[m³] 이상으로 원동기를 가진 이동식과 트럭적재식인 것
16. 아스팔트믹싱플랜트	골재공급장치·건조가열장치·혼합장치·아스팔트공급장치를 가진 것으로 원동기를 가진 이동식인 것
17. 아스팔트피니셔	정리 및 사상장치를 가진 것으로 원동기를 가진 것
18. 아스팔트살포기	아스팔트살포장치를 가진 자주식인 것
19. 골재살포기	골재살포장치를 가진 자주식인 것
20. 쇄석기	20[kW] 이상의 원동기를 가진 이동식인 것
21. 공기압축기	공기배출량이 매분당 2.83[m³](매[cm²]당 7[kg] 기준) 이상의 이동식인 것
22. 천공기	천공장치를 가진 자주식인 것
23. 항타 및 항발기	원동기를 가진 것으로 헤머 또는 뽑는 장치의 중량이 0.5[t] 이상인 것
24. 자갈채취기	자갈채취장치를 가진 것으로 원동기를 가진 것
25. 준설선	펌프식·바켓식·딧퍼식 또는 그래브식으로 비자항식인 것. 다만, 「선박법」에 따른 선박으로 등록된 것은 제외한다.
26. 특수건설기계	제1호부터 제25호까지의 규정 및 제27호에 따른 건설기계와 유사한 구조 및 기능을 가진 기계류로서 국토교통부장관이 따로 정하는 것
27. 타워크레인	수직타워의 상부에 위치한 지브(jib)를 선회시켜 중량물을 상하, 전후 또는 좌우로 이동시킬 수 있는 것으로서 원동기 또는 전동기를 가진 것. 다만, 「산업집적활성화 및 공장설립에 관한 법률」 제16조에 따라 공장등록대장에 등록된 것은 제외한다.

Engineer
Industrial
Safety

6개년
기출복원문제

2017~2022년
기출 복원문제

2023
산업
안전
기사
필기

Engineer Industrial Safety

산업안전기사
기출 복원문제

2017년 제 1 회 기출 복원문제

1과목 안전관리론

01 무재해운동에 관한 설명으로 틀린 것은?

① 제3자의 행위에 의한 업무상 재해는 무재해로 본다.

② 작업 시간 중 천재지변 또는 돌발적인 사고로 인한 구조행위 또는 긴급피난 중 발생한 사고는 무재해로 본다.

③ 무재해란 무재해운동 시행사업장에서 근로자가 업무에 기인하여 사망 또는 2일 이상의 요양을 요하는 부상 또는 질병에 이환되지 않는 것을 말한다.

④ 작업 시간 외에 천재지변 또는 돌발적인 사고 우려가 많은 장소에서 사회통념상 인정되는 업무 수행 중 발생한 사고는 무재해로 본다.

해설 ③ 2일 이상이 아니라 4일 이상이다.

> **무재해로 인정되는 경우**
- 출, 퇴근 도중에 발생한 재해
- 운동 경기 등 각종 행사 중 발생한 재해
- 작업 시간 중 천재지변 또는 돌발적인 사고로 인한 구조 행위 또는 긴급 피난 중 발생한 사고
- 작업 시간 외에 천재지변 또는 돌발적인 사고 우려가 많은 장소에서 사회 통념상 인정되는 업무 수행 중 발생한 사고
- 제3자의 행위에 의한 업무상 재해
- 업무상 재해인정 기준 중 뇌혈관 질환 또는 심장 질환에 의한 재해

02 맥그리거(Mcgregor)의 X, Y이론에서 X이론에 대한 관리 처방으로 볼 수 없는 것은?

① 직무의 확장

② 권위주의적 리더십의 확립

③ 경제적 보상체제의 강화

④ 면밀한 감독과 엄격한 통제

해설 ① 직무의 확장은 Y이론의 관리처방이다.

X이론의 관리적 처방 (독재적 리더십)	Y이론의 관리적 처방 (민주적 리더십)
• 권위주의적 리더십의 확보 • 경제적 보상체계의 강화 • 세밀한 감독과 엄격한 통제 • 상부책임제도의 강화(경영자의 간섭) • 설득, 보상, 처벌, 통제에 의한 관리	• 분권화와 권한의 위임 • 민주적 리더십의 확립 • 직무확장 • 비공식적 조직의 활용 • 목표에 의한 관리 • 자체 평가제도의 활성화 • 조직목표달성을 위한 자율적인 통제

03 산업안전보건법상 안전관리자가 수행해야 할 업무가 아닌 것은?

① 사업장 순회점검·지도 및 조치의 건의

② 산업재해에 관한 통계의 유지·관리·분석을 위한 보좌 및 조언·지도

③ 작업장 내에서 사용되는 전체 환기장치 및 국소배기장치 등에 관한 설비의 점검

④ 해당 사업장 안전교육계획의 수립 및 안전교육 실시에 관한 보좌 및 지도

해설 ▶ 안전관리자의 업무
- 안전보건관리규정 및 취업규칙에서 정한 업무
- 위험성 평가에 관한 보좌 및 지도·조언
- 안전인증대상기계 등과 자율안전확인대상기계 등 구입 시 적격품의 선정에 관한 보좌 및 지도·조언
- 해당 사업장 안전교육계획의 수립 및 안전교육 실시에 관한 보좌 및 지도·조언
- 사업장 순회점검, 지도 및 조치 건의
- 산업재해 발생의 원인 조사·분석 및 재발 방지를 위한 기술적 보좌 및 지도·조언
- 산업재해에 관한 통계의 유지·관리·분석을 위한 보좌 및 지도·조언
- 법 또는 법에 따른 명령으로 정한 안전에 관한 사항의 이행에 관한 보좌 및 지도·조언
- 업무 수행 내용의 기록·유지
- 그 밖에 안전에 관한 사항으로서 고용노동부장관이 정하는 사항

04 안전교육훈련의 진행 제3단계에 해당하는 것은?
① 적용　② 제시
③ 도입　④ 확인

해설 ▶ 안전교육훈련의 진행단계
- **제1단계** : 도입(준비) – 학습할 준비를 시킨다.
- **제2단계** : 제시(설명) – 작업을 설명한다.
- **제3단계** : 적용(응용) – 작업을 시켜본다.
- **제4단계** : 확인(총괄, 평가) – 가르친 뒤 살펴본다.

05 안전보건규칙에 따른 프레스기의 작업시작 전 점검사항이 아닌 것은?
① 클러치 및 브레이크의 기능
② 금형 및 고정볼트 상태
③ 방호장치의 기능
④ 언로드밸브의 기능

해설 ▶ 프레스기의 작업시작 전 점검사항
- 클러치 및 브레이크의 기능
- 크랭크축·플라이휠·슬라이드·연결봉 및 연결 나사의 풀림 여부
- 1행정 1정지기구·급정지장치 및 비상정지장치의 기능
- 슬라이드 또는 칼날에 의한 위험방지 기구의 기능
- 프레스의 금형 및 고정볼트 상태
- 방호장치의 기능
- 전단기(剪斷機)의 칼날 및 테이블의 상태

06 인간의 적응기제 중 방어기제로 볼 수 없는 것은?
① 승화　② 고립
③ 합리화　④ 보상

해설 방어기제는 긍정적 요소로 부정적 요소가 아니다.
▶ 방어기제
- **보상** : 결함과 무능에 의해 생긴 열등감이나 긴장을 장점 같은 것으로 그 결함을 보충하려는 행동
- **합리화** : 실패나 약점을 그럴듯한 이유로 비난받지 않도록 하거나 자위하는 행동(변명)
- **투사** : 불만이나 불안을 해소하기 위해 남에게 뒤집어 씌우는 식
- **동일시** : 실현할 수 없는 적응을 타인 또는 어떤 집단에 대해 자신과 동일한 것으로 여겨 욕구 만족
- **승화** : 억압당한 욕구를 다른 가치 있는 목적을 실현하도록 노력하여 욕구 충족

07 교육훈련 기법 중 off.J.T의 장점에 해당되지 않는 것은?
① 우수한 전문가를 강사로 활용할 수 있다.
② 특별 교재, 교구, 설비를 유효하게 활용할 수 있다.
③ 다수의 근로자에게 조직적 훈련이 가능하다.
④ 직장의 실정에 맞는 실제적인 교육이 가능하다.

해설 ① 전문분야의 우수한 강사진을 초빙할 수 있다.
② 교육기자재 및 특별 교재 또는 시설을 유효하게 활용할 수 있다.
③ 한 번에 다수의 대상을 일괄적, 조직적으로 교육할 수 있다.

04 ① 05 ④ 06 ② 07 ④ **정답**

08 산업안전보건법령상 안전보건표지의 색채와 사용 사례의 연결이 틀린 것은?

① 노란색 – 정지신호, 소화설비 및 그 장소 유해행위의 금지

② 파란색 – 특정 행위의 지시 및 사실의 고지

③ 빨간색 – 화학물질 취급장소에서의 유해·위험 경고

④ 녹색 – 비상구 및 피난소, 사람 또는 차량의 통행표지

해설 ① 노란색 – 경고신호 – 화학물질 취급장소에서의 유해·위험경고 이외의 위험경고, 주의표지 또는 기계방호물

09 버드(Bird)의 재해발생에 관한 연쇄이론 중 직접적인 원인은 몇 단계에 해당되는가?

① 1단계 ② 2단계

③ 3단계 ④ 4단계

해설 ▶ 버드(F. Bird)의 신도미노 이론
- **1단계** – 관리의 부족(관리의 부재, 통제부족)
- **2단계** – 기본원인(기원)
- **3단계** – 직접원인(징후) – 불안전한 행동, 불안전한 상태
- **4단계** – 사고
- **5단계** – 재해, 상해

10 근로자수 300명, 총 근로시간수 48시간×50주이고, 연재해건수는 200건일 때 이 사업장의 강도율은? (단, 연 근로손실일수는 800일로 한다.)

① 1.11 ② 0.90

③ 0.16 ④ 0.84

해설 강도율 $= \dfrac{총요양근로손실일수}{연근로시간수} \times 1{,}000$

$= \dfrac{800}{300 \times 48 \times 50} \times 1{,}000$

11 재해예방의 4원칙이 아닌 것은?

① 손실우연의 원칙

② 사실확인의 원칙

③ 원인계기의 원칙

④ 대책선정의 원칙

해설 ▶ 재해예방의 4원칙
- **예방 가능의 원칙** : 천재지변을 제외한 모든 인재는 예방이 가능하다.
- **손실 우연의 원칙** : 사고의 결과 손실의 유무 또는 대소는 사고 당시의 조건에 따라서 우연적으로 발생한다.
- **원인 연계의 원칙** : 사고에는 반드시 원인이 있고, 원인은 대부분 복합적 연계 원인이다.
- **대책 선정의 원칙** : 사고의 원인이나 불안전 요소가 발견되면 반드시 대책은 선정 실시되어야 하며, 대책 선정이 가능하다. 대책에는 재해 방지의 세 기둥이라 할 수 있는 3E, 즉 기술적 대책, 교육적 대책, 규제적 대책을 들 수 있다.

12 안전교육의 3요소에 해당되지 않는 것은?

① 강사 ② 교육방법

③ 수강자 ④ 교재

해설 ▶ 교육의 3요소
- **주체** – 강사
- **객체** – 수강자, 학생
- **매개체** – 교육내용, 교재

정답 08 ① 09 ③ 10 ① 11 ② 12 ②

13 산업현장에서 재해 발생 시 조치 순서로 옳은 것은?

① 긴급처리 → 재해조사 → 원인분석 → 대책수립
　→ 실시계획 → 실시 → 평가

② 긴급처리 → 원인분석 → 재해조사 → 대책수립
　→ 실시 → 평가

③ 긴급처리 → 재해조사 → 원인분석 → 실시계획
　→ 실시 → 대책수립 → 평가

④ 긴급처리 → 실시계획 → 재해조사 → 대책수립
　→ 평가 → 실시

해설 **❯ 재해 발생 시 조치 순서**
- **제1단계** : 긴급처리(기계정지 – 응급처치 – 통보 – 2차 재해방지 – 현장보존)
- **제2단계** : 재해조사(6하원칙에 의해서)
- **제3단계** : 원인강구(중점분석대상 : 사람 – 물체 – 관리)
- **제4단계** : 대책수립(이유 : 동종 및 유사재해의 예방)
- **제5단계** : 대책실시 계획
- **제6단계** : 대책실시
- **제7단계** : 평가

14 산업재해의 분석 및 평가를 위하여 재해발생 건수 등의 추이에 대해 한계선을 설정하여 목표 관리를 수행하는 재해통계 분석기법은?

① 폴리건(polygon)

② 관리도(control chart)

③ 파레토도(pareto diagram)

④ 특성 요인도(cause & effect diagram)

해설 관리도는 목표 관리를 행하기 위해 월별의 발생수를 그 래프화하여 관리선을 설정하여 관리하는 방법이다.

15 ABE종 안전모에 대하여 내수성 시험을 할 때 물에 담그기 전의 질량이 400[g]이고, 물에 담근 후의 질량이 410[g]이었다면 질량증가율과 합격 여부로 옳은 것은?

① 질량증가율 : 2.5[%], 합격 여부 : 불합격

② 질량증가율 : 2.5[%], 합격 여부 : 합격

③ 질량증가율 : 102.5[%], 합격 여부 : 불합격

④ 질량증가율 : 102.5[%], 합격 여부 : 합격

해설 $무게증가율 = \dfrac{담근\ 후 - 담그기\ 전의\ 무게}{담그기\ 전의\ 무게} \times 100$

$= \dfrac{410 - 400}{400} \times 100 = 2.5[\%]$

AE, ABE종 안전모는 질량증가율이 1[%] 미만이어야 한다.

16 산업안전보건법령상 근로자 안전보건교육 중 채용 시의 교육 및 작업내용 변경 시의 교육 내용에 포함되지 않는 것은?

① 물질안전보건자료에 관한 사항

② 작업 개시 전 점검에 관한 사항

③ 유해·위험 작업환경 관리에 관한 사항

④ 기계·기구의 위험성과 작업의 순서 및 동선에 관한 사항

해설 **❯ 채용 시 또는 작업내용 변경 시의 교육 내용**(안전보 건규칙 별표 5)
- 산업안전 및 사고 예방에 관한 사항
- 산업보건 및 직업병 예방에 관한 사항
- 산업안전보건법령 및 산업재해보상보험 제도에 관한 사항
- 직무스트레스 예방 및 관리에 관한 사항
- 직장 내 괴롭힘, 고객의 폭언 등으로 인한 건강장해 예 방 및 관리에 관한 사항
- 기계·기구의 위험성과 작업의 순서 및 동선에 관한 사항
- 작업 개시 전 점검에 관한 사항
- 정리정돈 및 청소에 관한 사항
- 사고 발생 시 긴급조치에 관한 사항
- 물질안전보건자료에 관한 사항

17 매슬로우(Maslow)의 욕구단계 이론 중 2단계에 해당되는 것은?

① 생리적 욕구

② 안전에 대한 욕구

③ 자아실현의 욕구

④ 존경과 긍지에 대한 욕구

해설 ▶ 매슬로우의 욕구 5단계

단계	이론	설명
5단계	자아실현의 욕구	잠재능력의 극대화, 성취의 욕구
4단계	인정받으려는 욕구	자존심, 성취감, 승진 등 자존의 욕구
3단계	사회적 욕구	소속감과 애정에 대한 욕구
2단계	안전의 욕구	자기존재에 대한 욕구, 보호받으려는 욕구
1단계	생리적 욕구	기본적 욕구로서 강도가 가장 높은 욕구

19 라인(Line)형 안전관리 조직의 특징으로 옳은 것은?

① 안전에 관한 기술의 축적이 용이하다.

② 안전에 관한 지시나 조치가 신속하다.

③ 조직원 전원을 자율적으로 안전활동에 참여시킬 수 있다.

④ 권한 다툼이나 조정 때문에 통제수속이 복잡해지며, 시간과 노력이 소모된다.

해설 ▶ 라인(Line)형 안전관리 조직

장점	• 안전에 대한 지시 및 전달이 신속·용이하다. • 명령계통이 간단·명료하다. • 참모식보다 경제적이다.
단점	• 안전에 관한 전문지식 부족 및 기술의 축적이 미흡하다. • 안전정보 및 신기술 개발이 어렵다. • 라인에 과중한 책임이 몰린다.

18 플리커 검사(flicker test)의 목적으로 가장 적절한 것은?

① 혈중 알코올농도 측정

② 체내 산소량 측정

③ 작업강도 측정

④ 피로의 정도 측정

해설 ▶ 플리커 값 : 사이가 벌어진 회전하는 원판으로 들어오는 광원의 빛을 단속시켜 연속광으로 보이는지 단속광으로 보이는지 경계에서의 빛의 단속 주기를 플리커 값이라고 하여 피로도 검사에 이용한다.

20 참가자에게 일정한 역할을 주어 실제적으로 연기를 시켜봄으로써 자기의 역할을 보다 확실히 인식할 수 있도록 체험학습을 시키는 교육방법은?

① Role playing

② Brain storming

③ Action playing

④ Fish Bowl plaing

해설 ① Role playing : 일상생활에서의 여러 역할을 모의로 실연(實演)하는 일. 개인이나 집단의 사회적 적응을 향상하기 위한 치료 및 훈련 방법의 하나이다.

정답 17 ② 18 ④ 19 ② 20 ①

2과목 인간공학 및 시스템안전공학

21 산업안전보건법령상 유해·위험방지계획서 제출 대상 사업은 기계 및 가구를 제외한 금속가공제품 제조업으로서 전기 계약용량이 얼마 이상인 사업을 말하는가?

① 50[kW]　　② 100[kW]
③ 200[kW]　　④ 300[kW]

해설 산업안전보건법 시행령에 정하는 사업으로 전기 계약용량이 300[kW] 이상인 경우는 유해위험방지계획서를 작성하여 고용노동부장관에게 제출하고 심사를 받아야 한다.

22 건구온도 30[℃], 습구온도 35[℃]일 때의 옥스퍼드(Oxford) 지수는 얼마인가?

① 27.75[℃]　　② 24.58[℃]
③ 32.78[℃]　　④ 34.25[℃]

해설 ▶ **옥스퍼드**(WD) : 습구온도(W)와 건구온도(D)의 가중 평균치이다.
$WD = 0.85W + 0.15D$
$= (0.85 \times 35) + (0.15 \times 30) = 34.25$[℃]

23 작업자가 용이하게 기계·기구를 식별하도록 암호화(Coding)를 한다. 암호화 방법이 아닌 것은?

① 강도　　② 형상
③ 크기　　④ 색채

해설 ▶ **조정장치의 암호화 종류** : 모양, 표면촉감, 크기, 위치, 색, 표시, 조작법 등

24 반사형 없이 모든 방향으로 빛을 발하는 점광원에서 5[m] 떨어진 곳의 조도가 120[lux]라면, 2[m] 떨어진 곳의 조도는?

① 150[lux]
② 192.2[lux]
③ 750[lux]
④ 3000[lux]

해설 조도 $= \dfrac{광량}{거리^2}$
광량 $=$ 조도 $\times$ 거리^2
120[lux] $\times 5^2 = 3000$[lumen]
2[m] 떨어진 곳에서의 조도 $= 3000/2^2 = 750$[lux]

25 육체작업의 생리학적 부하측정 척도가 아닌 것은?

① 맥박수
② 산소소비량
③ 근전도
④ 점멸융합주파수

해설 ④ 점멸융합주파수는 정신적 부하척도이다.

26 설비보전에서 평균수리시간의 의미로 맞는 것은?

① MTTR　　② MTBF
③ MTTF　　④ MTBP

해설 ① **MTTR**(Mean Time To Repair) : 평균수리시간
② **MTBF**(Mean Time Between Failure) : 평균고장간격
③ **MTTF**(Mean Time To Failure) : 평균동작시간

21 ④　22 ④　23 ①　24 ③　25 ④　26 ① 정답

27 통화이해도를 측정하는 지표로서, 각 옥타브(oc-tave)대의 음성과 잡음의 데시벨[dB]값에 가중치를 곱하여 합계를 구하는 것을 무엇이라 하는가?

① 명료도 지수
② 통화 간섭 수준
③ 이해도 점수
④ 소음 기준 곡선

> **해설** ▶ **명료도 지수**(articulation index, AI) : 소음 환경을 알고 있을 때의 이해도를 추정하기 위해 개발되었으며, 각 옥타브대의 음성과 잡음의 [dB]값에 가중치를 곱하여 합계를 구한다. 명료도 지수는 여러 종류의 송화자료의 이해도 추산치로 전환할 수 있다.

28 일반적으로 보통 작업자의 정상적인 시선으로 가장 적합한 것은?

① 수평선을 기준으로 위쪽 5[°] 정도
② 수평선을 기준으로 위쪽 15[°] 정도
③ 수평선을 기준으로 아래쪽 5[°] 정도
④ 수평선을 기준으로 아래쪽 15[°] 정도

> **해설** 정상시선은 수평하 15[°] 정도이다.

29 FT도에 사용되는 다음 기호의 명칭으로 옳은 것은?

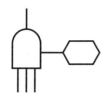

① 억제게이트
② 조합AND게이트
③ 부정게이트
④ 배타적OR게이트

> **해설** 3개 이상의 입력현상 중 2개가 일어나면 출력현상이 발생하는 것으로 조합AND게이트이다.

30 일반적으로 위험(Risk)은 3가지 기본요소로 표현되며 3요소(Triplets)로 정의된다. 3요소에 해당되지 않는 것은?

① 사고 시나리오(S_i)
② 사고 발생 확률(P_i)
③ 시스템 불이용도(Q_i)
④ 파급효과 또는 손실(X_i)

> **해설** ▶ **위험의 3가지 기본요소** : 사고 시나리오, 사고 발생 확률, 파급효과 또는 손실

31 다음 FT도에서 최소 컷셋을 올바르게 구한 것은?

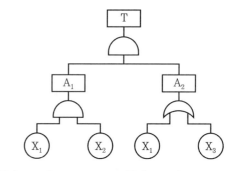

① (X_1, X_2)
② (X_1, X_3)
③ (X_2, X_3)
④ (X_1, X_2, X_3)

> **해설** $(X_1 \times X_2) \times (X_1 + X_3)$
> $= (X_1 \times X_2) \times (X_1) + (X_1 \times X_2) \times (X_3)$
> $= (X_1 \times X_2) + (X_1 \times X_2) \times (X_3)$
> $= (X_1 \times X_2) \times (1 + X_3)$
> $= (X_1 \times X_2) \times 1$
> $= (X_1 \times X_2)$
> $\therefore (X_1, X_2)$

정답 27 ① 28 ④ 29 ② 30 ③ 31 ①

32 시스템이 저장되어 이동되고 실행됨에 따라 발생하는 작동시스템의 기능이나 과업, 활동으로부터 발생되는 위험에 초점을 맞춘 위험분석 차트는?

① 결함수분석(FTA: Fault Tree Analysis)

② 사상수분석(ETA: Event Tree Analysis)

③ 결함위험분석(FHA: Fault Hazard Analysis)

④ 운용위험분석(OHA: Operating Hazard Analysis)

> **해설** ④ OHA는 시스템의 모든 사용 단계에서 생산, 보전, 시험, 운반, 저장, 운전 비상탈출, 구조, 훈련 및 폐기 등에 사용되는 인원, 순서, 설비에 관하여 위험을 통제하고 제어한다.

33 자동화 시스템에서 인간의 기능으로 적절하지 않은 것은?

① 설비보전

② 작업계획 수립

③ 조정 장치로 기계를 통제

④ 모니터로 작업 상황 감시

> **해설** ❯ **자동화 시스템**
> • 감지, 정보처리 및 의사결정 행동을 포함한 모든 임무 수행(기계동력원 및 운전, 프로그램 감시 또는 통제, 관리)
> • 대부분의 폐회로 체계이며, 설계, 설치, 감시, 프로그램 작성 및 수정 정비, 유지 등은 사람이 담당

34 시스템 분석 및 설계에 있어서 인간공학의 가치와 가장 거리가 먼 것은?

① 훈련비용의 절감

② 인력 이용률의 향상

③ 생산 및 보전의 경제성 감소

④ 사고 및 오용으로부터의 손실 감소

> **해설** ❯ 시스템 분석 및 설계에 있어서의 인간공학의 가치
> • 성능의 향상
> • 훈련비용의 절감
> • 인력 이용률의 향상
> • 사고 및 오용으로부터의 손실 감소
> • 생산 및 정비 유지의 경제성 증대
> • 사용자의 수용도의 향상

35 의자 설계에 대한 조건 중 틀린 것은?

① 좌판의 깊이는 작업자의 등이 등받이에 닿을 수 있도록 설계한다.

② 좌판은 엉덩이가 앞으로 미끄러지지 않는 재질과 구조로 설계한다.

③ 좌판의 넓이는 작은 사람에게 적합하도록, 깊이는 큰 사람에게 적합하도록 설계한다.

④ 등받이는 충분한 넓이를 가지고 요추 부위부터 어깨부위까지 편안하게 지지하도록 설계한다.

> **해설** ③ 폭은 큰 사람에게 맞도록, 깊이는 대퇴를 압박하지 않도록 작은 사람에게 맞도록 설계한다.

36 조종 장치의 우발작동을 방지하는 방법 중 틀린 것은?

① 오목한 곳에 둔다.

② 조종 장치를 덮거나 방호해서는 안 된다.

③ 작동을 위해서 힘이 요구되는 조종 장치에는 저항을 제공한다.

④ 순서적 작동이 요구되는 작업일 때 순서를 지나치지 않도록 잠김 장치를 설치한다.

> **해설** ② 조종 장치를 덮거나 방호해서 우발작동을 방지한다.

32 ④   33 ③   34 ③   35 ③   36 ②   **정답**

37 손이나 특정 신체부위에 발생하는 누적손상장애(CTDs)의 발생인자와 가장 거리가 먼 것은?

① 무리한 힘
② 다습한 환경
③ 장시간의 진동
④ 반복도가 높은 작업

> **해설** ◈ **누적손상장애(CTDs)의 원인**
> • 부적절한 자세
> • 무리한 힘의 사용
> • 과도한 반복작업
> • 연속작업(비휴식)
> • 낮은 온도 등

38 프레스에 설치된 안전장치의 수명은 지수분포를 따르면 평균수명은 100시간이다. 새로 구입한 안전장치가 50시간 동안 고장 없이 작동할 확률(A)과 이미 100시간을 사용한 안전장치가 앞으로 100시간 이상 견딜 확률(B)은 약 얼마인가?

① A : 0.368, B : 0.368
② A : 0.607, B : 0.368
③ A : 0.368, B : 0.607
④ A : 0.607, B : 0.607

> **해설** A : $R = e^{-\lambda t} = e^{-\frac{t}{t_0}} = e^{-\frac{50}{100}} = e^{-0.5} = 0.607$
>
> B : $R = e^{-\lambda t} = e^{-\frac{t}{t_0}} = e^{-\frac{100}{100}} = e^{-1} = 0.368$
>
> λ : 고장률
> t : 가동시간
> t_0 : 평균수명

39 화학설비의 안전성 평가의 5단계 중 제2단계에 속하는 것은?

① 작성준비
② 정량적 평가
③ 안전대책
④ 정성적 평가

> **해설** ◈ **안전성(위험성) 평가의 5단계**
> • 제1단계 : 관계자료의 정비검토
> • 제2단계 : 정성적 평가
> • 제3단계 : 정량적 평가
> • 제4단계 : 안전대책
> • 제5단계 : 재해정보에 의한 재평가

40 그림과 같이 FTA로 분석된 시스템에서 현재 모든 기본사상에 대한 부품이 고장난 상태이다. 부품 X_1부터 부품 X_5까지 순서대로 복구한다면 어느 부품을 수리 완료하는 순간부터 시스템은 정상가동이 되겠는가?

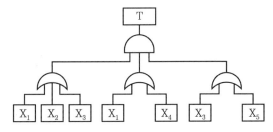

① 부품 X_2
② 부품 X_3
③ 부품 X_4
④ 부품 X_5

> **해설** ② OR게이트의 입력사상 중 어느 것이나 존재할 때 출력사상이 발생하므로 X_3가 복구되면 정상가동된다.

3과목 기계위험방지기술

41 다음 중 프레스의 방호장치에 관한 설명으로 틀린 것은?

① 양수조작식 방호장치는 1행정 1정지기구에 사용할 수 있어야 한다.

② 손쳐내기식 방호장치는 슬라이드 하행정거리의 3/4 위치에서 손을 완전히 밀어내야 한다.

③ 광전자식 방호장치의 정상동작 표기램프는 붉은색, 위험 표시램프는 녹색으로 하며, 쉽게 근로자가 볼 수 있는 곳에 설치해야 한다.

④ 게이트 가드 방호장치는 가드가 열린 상태에서 슬라이드를 동작시킬 수 없고 또한 슬라이드 작동 중에는 게이트 가드를 열 수 없어야 한다.

> **해설** ③ 정상동작 표기램프는 녹색, 위험표시램프는 붉은색이다.

42 다음 중 비파괴 시험의 종류에 해당하지 않는 것은?

① 와류 탐상시험   ② 초음파 탐상시험
③ 인장 시험   ④ 방사선 투과시험

> **해설** ③ 인장 시험은 파괴 시험이다.

43 두께 2[mm]이고 치진폭이 2.5[mm]인 목재가공용 둥근톱에서 반발예방장치 분할날의 두께(t)로 적절한 것은?

① $2.2[\text{mm}] \leq t < 2.5[\text{mm}]$

② $2.0[\text{mm}] \leq t < 3.5[\text{mm}]$

③ $1.5[\text{mm}] \leq t < 2.5[\text{mm}]$

④ $2.5[\text{mm}] \leq t < 3.5[\text{mm}]$

> **해설** **분할날의 두께** : 톱날 1.1배 이상이고 톱날의 치진폭 미만으로 해야 한다.
> $$1.1\, t_1 \leq t < b$$
> $$1.1 \times 2 \leq t < 2.5$$
> $$2.2 \leq t < 2.5$$

44 마찰 클러치가 부착된 프레스에 부적합한 방호장치는? (단, 방호장치는 한 가지 형식만 사용할 경우로 한정한다.)

① 양수조작식

② 광전자식

③ 가드식

④ 수인식

> **해설** ④ 기계의 위험한 작동에 따라서 손을 위험구역 밖으로 끌어내는 장치를 말하며, 국내 금속가공업체에서 주로 사용되는 핀클러치 조의 크랭크프레스에 적합하다. 다만 이 장치를 효과적으로 사용하려면 케이블이나 로프의 길이를 작업자가 적극적으로 조정하고, 감독자에 의한 사용 상황의 관리가 중요하다.

45 아세틸렌용접장치 및 가스집합용접장치에서 가스의 역류 및 역화를 방지하기 위한 안전기의 형식에 속하는 것은?

① 주수식

② 침지식

③ 투입식

④ 수봉식

> **해설** ④ 장치에 대한 잠재 위험으로는 취관의 팁이 막히면 산소 또는 불꽃이 아세틸렌 도관 내로 흘러들어가 수봉식 안전기에 유입된다.

41 ③   42 ③   43 ①   44 ④   45 ④   **정답**

46 산업안전보건법령에서 정하는 간이리프트의 정의에 대한 설명 중 ( ) 안에 들어갈 말로 옳은 것은?

간이리프트란 동력을 사용하여 가이드 레일을 따라 움직이는 운반구를 매달아 소형화물 운반을 주목적으로 하며 승강기와 유사한 구조로서 운반구의 바닥면적이 (㉠)이거나 천장높이가 (㉡)인 것을 말한다.

① ㉠ – 1[m²] 이상, ㉡ – 1.2[m] 이상
② ㉠ – 2[m²] 이상, ㉡ – 2.4[m] 이상
③ ㉠ – 1[m²] 이하, ㉡ – 1.2[m] 이하
④ ㉠ – 2[m²] 이하, ㉡ – 2.4[m] 이하

해설 출제 당시 정답은 ③이었으나, 현재는 법규개정으로 인하여 관련내용이 삭제되었다.

47 다음 ( ) 안에 들어갈 용어로 알맞은 것은?

사업주는 보일러의 과열을 방지하기 위하여 최고사용압력과 상용압력 사이에서 보일러의 버너연소를 차단할 수 있도록 ( )을/를 부착하여 사용하여야 한다.

① 고저수위 조절장치   ② 압력방출장치
③ 압력제한스위치   ④ 파열판

해설 보일러의 과열방지를 위해 최고사용압력과 상용압력 사이에서 버너연소를 차단할 수 있도록 압력제한스위치를 부착하여 사용하여야 한다.

48 다음 중 금속 등의 도체에 교류를 통한 코일을 접근시켰을 때, 결함이 존재하면 코일에 유기되는 전압이나 전류가 변하는 것을 이용한 검사방법은?

① 자분탐상검사   ② 초음파탐상검사
③ 와류탐상검사   ④ 침투형광탐상검사

해설 **와류탐상검사** : 전기가 비교적 잘 통하는 물체를 교번 자계(交番磁界 : 방향이 바뀌는 자계) 내에 두면 그 물체에 전류가 흐르는데, 만약 물체 내에 홈이나 결함이 있으면 전류의 흐름이 난조(亂調)를 보이며 변동한다. 그 변화하는 상태를 관찰함으로써 물체 내의 결함의 유무를 검사한다.

49 산업안전보건법령에서 정하는 압력용기에서 안전인증된 파열판에는 안전인증 표시 외에 추가로 나타내어야 하는 사항이 아닌 것은?

① 분출차[%]
② 호칭지름
③ 용도(요구성능)
④ 유체의 흐름방향 지시

해설 **압력용기** : 화학공장의 탑류, 반응기, 열교환기, 저장용기 및 공기압축기의 공기 저장탱크로서 상용압력이 0.2[kg/cm²] 이상이 되고 사용압력(단위 : [kg/cm²])과 용기내 용적(단위 : [m³])의 곱이 1 이상인 것을 말한다. 압력용기에는 안전인증된 파열판에는 안전인증 표시 외에 추가로 호칭지름, 용도, 유체의 흐름방향지시가 있어야 한다.

50 롤러기의 앞면 롤의 지름이 300[mm], 분당회전수가 30회일 경우 허용되는 급정지장치의 급정지거리는 약 몇 [mm] 이내이어야 하는가?

① 37.7   ② 31.4
③ 377   ④ 314

해설 • 표면속도 30[m/min] 이상 : 앞면 롤러 원주의 1/2.5
• 표면속도 30[m/min] 미만 : 앞면 롤러 원주의 1/3
표면속도(V) = πDN

$V = \dfrac{\pi DN}{1000}$ [m/min]

$= 3.14 \times 300 \times 30/1000 = 28.26$(30[m/min] 미만)
앞면 롤러 원주 = $D\pi = 300\pi$
$300 \times \pi/3 = 314$[mm]

정답 46 정답 없음 47 ③ 48 ③ 49 ① 50 ④

51 단면적이 1800[mm²]인 알루미늄 봉의 파괴강도는 70[MPa]이다. 안전율을 2로 하였을 때 봉에 가해질 수 있는 최대하중은 얼마인가?

① 6.3[kN]　　　　② 126[kN]

③ 63[kN]　　　　④ 12.6[kN]

해설 안전율(S) = $\dfrac{\text{파괴강도}}{\text{허용응력}}$, 허용응력 = $\dfrac{\text{최대강도}}{\text{단면적}}$

최대강도 = $\dfrac{\text{파괴강도} \times \text{단면적}}{\text{안전율}}$

$= \dfrac{70 \times 1800}{2} = 63[kN]$

52 원동기, 풀리, 기어 등 근로자에게 위험을 미칠 우려가 있는 부위에 설치하는 위험방지 장치가 아닌 것은?

① 덮개　　　　② 슬리브

③ 건널다리　　　④ 램

해설 원동기, 풀리, 기어 등 근로자에게 위험을 미칠 우려가 있는 부위에 설치하는 위험방지 장치로 덮개, 울, 슬리브, 건널다리 등을 설치해야 한다.

53 아세틸렌 용접장치에서 사용하는 발생기실의 구조에 대한 요구사항으로 틀린 것은?

① 벽의 재료는 불연성의 재료를 사용할 것

② 천장과 벽은 견고한 콘크리트 구조로 할 것

③ 출입구의 문은 두께 1.5[mm] 이상의 철판 또는 이와 동등 이상의 강도를 가진 구조로 할 것

④ 바닥 면적의 16분의 1 이상의 단면적을 가진 배기통을 옥상으로 돌출시킬 것

해설 ② 천장과 벽은 얇은 철판이나 가벼운 불연성재료로 할 것

54 롤러기의 급정지장치로 사용되는 정지봉 또는 로프의 설치에 관한 설명으로 틀린 것은?

① 복부 조작식은 밑면으로부터 1200~1400[mm] 이내의 높이로 설치한다.

② 손 조작식은 밑면으로부터 1800[mm] 이내의 높이로 설치한다.

③ 손 조작식은 앞면 롤 끝단으로부터 수평거리가 50[mm] 이내에 설치한다.

④ 무릎 조작식은 밑면으로부터 400~600[mm] 이내의 높이로 설치한다.

해설 ▶ **롤러기 급정지장치**
- **손조작로프식** : 바닥면으로부터 1.8[m] 이내
- **복부조작식** : 바닥면으로부터 0.8~1.1[m] 이내
- **무릎조작식** : 바닥면으로부터 0.4~0.6[m] 이내

55 산업안전보건법령상 용접장치의 안전에 관한 준수사항 설명으로 옳은 것은?

① 아세틸렌 용접장치의 발생기실을 옥외에 설치한 때에는 그 개구부를 다른 건축물로부터 1[m] 이상 떨어지도록 하여야 한다.

② 가스집합장치로부터 3[m] 이내의 장소에서는 화기의 사용을 금지시킨다.

③ 아세틸렌 발생기에서 10[m] 이내 또는 발생기실에서 4[m] 이내의 장소에서는 흡연행위를 금지시킨다.

④ 아세틸렌 용접장치를 사용하여 용접작업을 할 경우 게이지 압력이 127[kPa]을 초과하는 아세틸렌을 발생시켜 사용해서는 아니 된다.

해설 ② 가스집합장치에 대해서는 화기를 사용하는 설비로부터 5[m] 이상 떨어진 장소에 설치하여야 한다.
③ 발생기에서 5[m] 이내 또는 발생기실에서 3[m] 이내의 장소에서는 흡연, 화기의 사용 또는 불꽃이 발생할 위험한 행위를 금지시켜야 한다.

51 ③　52 ④　53 ②　54 ①　55 ④　정답

56 다음 중 드릴작업의 안전사항이 아닌 것은?

① 옷소매가 길거나 찢어진 옷은 입지 않는다.

② 작고, 길이가 긴 물건은 플라이어로 잡고 뚫는다.

③ 회전하는 드릴에 걸레 등을 가까이 하지 않는다.

④ 스핀들에서 드릴을 뽑아낼 때에는 드릴 아래에 손을 내밀지 않는다.

해설 ▶ 드릴작업 시 안전대책

- 회전하고 있는 주축이나 드릴에 손이나 걸레를 대거나 머리를 가까이 하지 말 것
- 드릴 사용 전에 점검하고 상처나 균열이 있는 것은 사용하지 않는다.
- 가공 중에 드릴의 절삭률이 불량해지고 이상음이 발생하면 중지하고 즉시 드릴을 바꾼다.
- 드릴의 착탈은 회전이 완전히 멈춘 다음 행한다.
- 작은 물건은 바이스나 클램프를 사용하여 장착하고 직접 손으로 지지하는 것을 피한다.
- 가공 중 드릴이 깊이 먹어 들어가면 기계를 멈추고 손돌리기로 드릴을 뽑아낸다.
- 드릴이나 척을 뽑을 때는 공구를 사용하고 해머 등으로 두드려서는 안 된다.
- 드릴이나 척을 뽑을 때는 되도록 주축을 내려서 낙하거리를 적게 하고 테이블 등에 나뭇조각 등을 놓고 받는다.
- 레디얼드릴머신은 작업 중 컬럼(column)과 암(arm)을 확실하게 체결하여 암을 선회시킬 때 주위에 조심한다. 정지 시는 암을 베이스의 중심 위치에 놓는다.
- 공작물과 드릴이 함께 회전하는 경우 : 거의 구멍을 뚫었을 때

57 슬라이드가 내려옴에 따라 손을 쳐내는 막대기 좌우로 왕복하면서 위험점으로부터 손을 보호하여 주는 프레스의 안전장치는?

① 손쳐내기식 방호장치

② 수인식 방호장치

③ 게이트 가드식 방호방치

④ 양손조작식 방호장치

해설 ▶ 프레스 작업점에 대한 방호방식

- **수인식** : 작업자의 손과 기계의 운동부분을 케이블이나 로프로 연결하고 기계의 위험한 작동에 따라서 손을 위험구역 밖으로 끌어내는 장치이다.
- **게이트가드식** : 기계를 작동하려면 우선 게이트(문)가 위험점을 폐쇄하여야 비로소 기계가 작동되도록 한 장치이다.
- **양손조작식** : 양손으로 누름단추 등의 조작장치를 계속 누르고 있으면 기계는 계속 작동하지만 두 손 중 한 손만 조작장치에서 떼면 기계는 즉시 정지한다.
- **손쳐내기식** : 기계가 작동할 때 레버나 링크 혹은 캠으로 연결된 제수봉이 위험구역의 전면에 있는 작업자의 손을 우에서 좌, 좌에서 우로 쳐내는 것을 말한다.

58 양중기(승강기 제외)를 사용하여 작업하는 운전자 또는 작업자가 보기 쉬운 곳에 해당 양중기에 대해 표시하여야 할 내용이 아닌 것은?

① 정격 하중

② 운전 속도

③ 경고 표시

④ 최대 인양 높이

해설 ④ 최대인양높이는 표시해야 할 내용이 아니다.

59 연삭기의 연삭숫돌을 교체했을 경우 시운전은 최소 몇 분 이상 실시해야 하는가?

① 1분

② 3분

③ 5분

④ 7분

해설 ② 연삭숫돌을 교체했을 때에는 3분 이상 시운전하여 이상 유무를 확인해야 한다.

▶ 연삭기 안전 대책

- 숫돌 속도 제한 장치를 개조하거나 최고 회전 속도를 초과하여 사용하지 않도록 한다.
- 워크레스트를 1~3[mm] 정도로 유지하고 숫돌의 결정된 사용면 이외에는 사용하지 않는다.
- 연삭숫돌의 파괴 시 작업자는 물론 근로자도 보호해야 하므로 안전덮개, 칸막이 또는 작업장을 격리시켜야 한다.
- 연삭숫돌의 교체 시에는 3분 이상 시운전하고, 정상 작업 전에는 최소한 1분 이상 시운전하여 이상 유무를 파악하도록 해야 한다.
- 투명 비산방지판을 설치한다.

60 크레인 로프에 2[t]의 중량을 걸어 20[m/s²] 가속도로 감아올릴 때 로프에 걸리는 총 하중은 약 몇 [kN]인가?

① 42.8   ② 59.6

③ 74.5   ④ 91.3

> **해설** 총하중 = 정하중 + 동하중
>
> $$동하중 = \frac{정하중}{중력가속도} \times 가속도$$
>
> $$= \frac{가속도}{중력가속도} \times 정하중$$
>
> $$= \frac{20}{9.8} \times 2000 = 4082[kg]$$
>
> 총하중 = 2000 + 4082 = 6082[kg]
> 6082 × 9.8 = 59.6[kN]

4과목	**전기위험방지기술**

61 방전의 분류에 속하지 않는 것은?

① 연면 방전   ② 불꽃 방전

③ 코로나 방전   ④ 스프레이 방전

> **해설** ▶ **방전의 분류** : 코로나 방전, 연면 방전, 불꽃 방전, 스파크 방전

62 정전용량 $C = 20[\mu F]$, 방전 시 전압 $V = [2kV]$일 때 정전에너지는 몇 [J]인가?

① 40   ② 80

③ 400   ④ 800

> **해설** 정전용량 $C[F]$인 물체에 전압 $V[V]$가 가해져서 $Q[C]$의 전하가 축적되어 있을 때 에너지 W는
> $$W = \frac{1}{2}QV = \frac{1}{2}CV^2[J]$$이 된다.

C : 도체의 용량
Q : 대전 전하량
V : 대전전위($Q = CV$)

$$W = \frac{1}{2}QV = \frac{1}{2}CV^2[J]$$

$$W = \frac{1}{2}CV^2 = \frac{1}{2} \times 20 \times 10^{-6} \times 2000^2 = 40[J]$$

63 접지 저항치를 결정하는 저항이 아닌 것은?

① 접지선, 접지극의 도체저항

② 접지전극과 주회로 사이의 낮은 절연저항

③ 접지전극 주위의 토양이 나타내는 저항

④ 접지전극의 표면과 접하는 토양 사이의 접촉저항

> **해설** ② 접지전극과 주회로 사이의 높은 절연저항

64 작업장소 중 제전복을 착용하지 않아도 되는 장소는?

① 상대 습도가 높은 장소

② 분진이 발생하기 쉬운 장소

③ LCD등 display 제조 작업 장소

④ 반도체 등 전기소자 취급 작업 장소

> **해설** ① 상대 습도가 높은 곳에서는 정전기가 발생하지 않아 제전복을 착용하지 않아도 된다.

65 방폭지역에서 저압케이블 공사 시 사용해서는 안 되는 케이블은?

① MI 케이블

② 연피 케이블

③ 0.6/1[kV] 고무캡타이어 케이블

④ 0.6/1[kV] 폴리에틸렌 외장케이블

> **해설** ③ 고무캡타이어는 주로 이동하는 장소에서 사용한다.

66 전기시설의 직접 접촉에 의한 감전방지 방법으로 적절하지 않은 것은?

① 충전부는 내구성이 있는 절연물로 완전히 덮어 감쌀 것

② 충전부가 노출되지 않도록 폐쇄형 외함이 있는 구조로 할 것

③ 충전부에 충분한 절연효과가 있는 방호망 또는 절연 덮개를 설치할 것

④ 충전부는 관계자 외 출입이 용이한 전개된 장소에 설치하고 위험표시 등의 방법으로 방호를 강화할 것

> 해설 ④ 충전부는 관계자 외 출입이 제한되도록 잠겨 있어야 한다.
>
> ❯ **직접접촉에 의한 감전방지 방법**(안전보건규칙 제301조 제1항)
> • 충전부가 노출되지 않도록 폐쇄형 외함(外函)이 있는 구조로 할 것
> • 충전부에 충분한 절연효과가 있는 방호망이나 절연덮개를 설치할 것
> • 충전부는 내구성이 있는 절연물로 완전히 덮어 감쌀 것
> • 발전소·변전소 및 개폐소 등 구획되어 있는 장소로서 관계 근로자가 아닌 사람의 출입이 금지되는 장소에 충전부를 설치하고, 위험표시 등의 방법으로 방호를 강화할 것
> • 전주 위 및 철탑 위 등 격리되어 있는 장소로서 관계 근로자가 아닌 사람이 접근할 우려가 없는 장소에 충전부를 설치할 것

67 누전화재가 발생하기 전에 나타나는 현상으로 거리가 가장 먼 것은?

① 인체 감전현상

② 전등 밝기의 변화현상

③ 빈번한 퓨즈 용단현상

④ 전기 사용 기계장치의 오동작 감소

> 해설 ④ 전기 사용 기계장치의 오동작이 증가한다.

68 인체의 최소감지전류에 대한 설명으로 알맞은 것은?

① 인체가 고통을 느끼는 전류이다.

② 성인 남자의 경우 상용주파수 60[Hz] 교류에서 약 1[mA]이다.

③ 직류를 기준으로 한 값이며, 성인남자의 경우 약 1[mA]에서 느낄 수 있는 전류이다.

④ 직류를 기준으로 여자의 경우 성인 남자의 70[%]인 0.7[mA]에서 느낄 수 있는 전류의 크기를 말한다.

> 해설 ❯ **최소감지전류**
> • 전류의 흐름을 느낄 수 있는 최소전류
> • 60[Hz]에서 성인남자 1[mA]

69 그림에서 인체의 허용접촉전압은 약 몇 [V]인가? (단, 심실세동전류는 $\frac{0.165}{\sqrt{T}}$[A]이며, 인체저항 R_k= 1000[Ω], 발의 저항 R_f= 300[Ω]이고, 접촉 시간은 1초로 한다.)

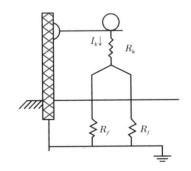

① 107 ② 132

③ 190 ④ 215

> 해설 $300 \times [300/(300+300)] = 150$
> 직렬로 인체가 붙어 있어 $150+1000 = 1150$
> 허용접촉전압 = $I \times R = 0.165/\sqrt{1} \times 1150 = 189.75 = 190$

70 교류아크 용접기에 전격 방지기를 설치하는 요령 중 틀린 것은?

① 이완 방지 조치를 한다.

② 직각으로만 부착해야 한다.

③ 동작 상태를 알기 쉬운 곳에 설치한다.

④ 테스트 스위치는 조작이 용이한 곳에 위치시킨다.

> **해설** ② 직각으로 부착하되 불가피한 경우에는 연직 또는 수평에 대해서 전격방지기의 부착편의 경사가 20[°]를 넘지 않는 상태로 부착한다.

71 피뢰침의 제한전압이 800[kV], 충격절연강도가 1000[kV]라 할 때, 보호여유도는 몇 [%]인가?

① 25
② 33
③ 47
④ 63

> **해설** 보호여유도[%] = $\dfrac{\text{충격전열강도} - \text{제한전압}}{\text{제한전압}} \times 100$
>
> $\dfrac{1000 - 800}{800} \times 100 = 25$

72 물질의 접촉과 분리에 따른 정전기 발생량의 정도를 나타낸 것으로 틀린 것은?

① 표면이 오염될수록 크다.

② 분리속도가 빠를수록 크다.

③ 대전서열이 서로 멀수록 크다.

④ 접촉과 분리가 반복될수록 크다.

> **해설** ④ 분리, 접촉이 반복됨에 따라 정전기 발생량은 적어진다.

73 감전 재해자가 발생하였을 때 취하여야 할 최우선 조치는? (단, 감전자가 질식상태라 가정함.)

① 부상 부위를 치료한다.

② 심폐소생술을 실시한다.

③ 의사의 왕진을 요청한다.

④ 우선 병원으로 이동시킨다.

> **해설** ② 질식 상태로 생명구조(심폐소생술)부터 먼저 실시한다.

74 방폭지역 0종 장소로 결정해야 할 곳으로 틀린 것은?

① 인화성 또는 가연성 가스가 장기간 체류하는 곳

② 인화성 또는 가연성 물질을 취급하는 설비의 내부

③ 인화성 또는 가연성 액체가 존재하는 피트등의 내부

④ 인화성 또는 가연성 증기의 순환통로를 설치한 내부

> **해설** ▶ **가스폭발 위험장소의 분류**
> - **0종 장소** : 인화성 액체의 증기 또는 인화성 가스에 의한 폭발위험이 지속적으로 또는 장기간 존재하는 장소 예 용기·장치·배관 등의 내부 등
> - **1종 장소** : 정상작동상태에서 인화성 액체의 증기 또는 인화성 가스에 의한 폭발위험분위기가 존재하기 쉬운 장소 예 맨홀·벤트·피트 등의 주위
> - **2종 장소** : 이상상태 하에서만 위험 분위기가 단기간 동안 존재하는 장소 예 0종 또는 1종 장소의 주변 영역, 용기나 장치의 연결부 주변영역, 펌프의 봉인부(sealing)주변 영역

75 인체에 미치는 전격 재해의 위험을 결정하는 주된 인자 중 가장 거리가 먼 것은?

① 통전전압의 크기
② 통전전류의 크기
③ 통전경로
④ 통전시간

> **해설** ▶ **전격위험도 결정요건**(1차적 감전위험요소)
> - 통전전류의 크기
> - 통전시간
> - 통전경로
> - 전원의 종류(직류보다 상용주파수의 교류전원이 더 위험한 이유 : 극성변화)
> - 주파수 및 파형
> - 전격인가위상

70 ②   71 ①   72 ④   73 ②   74 ④   75 ①   **정답**

76 정전기 발생에 영향을 주는 요인이 아닌 것은?

① 분리속도 ② 물체의 질량

③ 접촉면적 및 압력 ④ 물체의 표면상태

해설 ▶ **정전기 발생에 영향을 주는 요인** : 물질의 특성, 물질의 이력, 물질의 표면, 분리속도, 접촉면적 및 압력, 정전에너지 등

77 입욕자에게 전기적 자극을 주기 위한 전기욕기의 전원장치에 내장되어 있는 전원 변압기의 2차측 전로의 사용전압은 몇 [V] 이하로 하여야 하는가?

① 10 ② 15

③ 30 ④ 60

해설 ▶ **전기욕기**
• 대지전압 300[V] 이하
• 변압기 2차 전압 10[V] 이하
• 전극 간 거리 1[m] 이상

78 피뢰기의 설치장소가 아닌 것은? (단, 직접 접속하는 전선이 짧은 경우 및 피보호기기가 보호범위 내에 위치하는 경우가 아니다.)

① 전압을 공급받는 수용장소의 인입구

② 지중전선로와 가공전선로가 접속되는 곳

③ 가공전선로에 접속하는 배전용 변압기의 고압측

④ 발전소 또는 변전소의 가공전선 인입구 및 인출구

해설 ▶ **피뢰기의 설치장소**
• 발전소, 변전소 또는 이에 준하는 장소의 가공전선 인입구 및 인출구
• 가공전선로에 접속하는 배전용 변압기의 고압측 및 특고압측
• 고압 또는 특고압의 가공전선로로부터 공급을 받는 수용장소의 인입구
• 가공전선로와 지중전선로가 접속되는 곳

79 저압방폭구조 배선 중 노출 도전성 부분의 보호 접지선으로 알맞은 항목은?

① 전선관이 충분한 지락전류를 흐르게 할 시에도 결합부에 본딩(bonding)을 해야 한다.

② 전선관이 최대지락전류를 안전하게 흐르게 할 시 접지선으로 이용 가능하다.

③ 접지선의 전선 또는 선심은 그 절연피복을 흰색 또는 검은색을 사용한다.

④ 접지선은 1000[V] 비닐절연전선 이상 성능을 갖는 전선을 사용한다.

해설 ▶ ② 전선관이 최대지락전류를 안전하게 흐르게 할 시 접지선으로 이용 가능하다.

80 방폭전기설비의 용기 내부에서 폭발성 가스 또는 증기가 폭발하였을 때 용기가 그 압력에 견디고 접합면이나 개구부를 통해서 외부의 폭발성 가스나 증기에 인화되지 않도록 한 방폭구조는?

① 내압 방폭구조

② 압력 방폭구조

③ 유입 방폭구조

④ 본질안전 방폭구조

해설 ▶ ① **내압 방폭구조** : 전기설비에서 아크 또는 고열이 발생하여 폭발성 가스에 점화할 우려가 있는 부분을 전폐한 용기에 넣음으로써 폭발이 일어날 경우 이 용기가 압력에 견디고 외부의 폭발성 가스에 인화될 위험이 없도록 한 구조의 방폭구조이다.

② **압력 방폭구조** : 용기 내부에 불연성 가스인 공기나 질소를 압입시켜 내부압력을 유지함으로써 외부의 폭발성 가스가 용기 내부에 침투하지 못하도록 한 구조로 용기 안의 압력을 항상 용기 외부의 압력보다 높게 해 두어야 한다.

정답 76 ② 77 ① 78 ① 79 ② 80 ①

③ **유입 방폭구조** : 유입방폭구조는 아크 또는 고열을 발생하는 전기설비를 용기에 넣고 그 용기 안에 다시 기름을 채워서 외부의 폭발성 가스와 점화원이 접촉하여 인화할 위험이 없도록 하는 구조로 유입 개폐부분에는 가스를 빼내는 배기공을 설치하여야 한다.

④ **본질안전 방폭구조** : 정상시 및 사고시(단선, 단락, 지락 등)에 발생하는 전기 불꽃, 아크 또는 고온에 의하여 폭발성 가스 또는 증기에 점화되지 않는 것이 점화시험, 그 밖에 의하여 확인된 구조를 말한다.

5과목 화학설비위험방지기술

81 다음 가스 중 가장 독성이 큰 것은?

① CO
② $COCl_2$
③ NH_3
④ H_2

> **해설** ① CO(일산화탄소) : 50[ppm]
> ② $COCl_2$(포스겐) : 0.1[ppm]
> ③ NH_3(암모니아) : 25[ppm]
> ④ H_2(수소) : 가연성 가스로 무독성

82 가연성 기체의 분출 화재 시 주 공급밸브를 닫아서 연료공급을 차단하여 소화하는 방법은?

① 제거소화
② 냉각소화
③ 희석소화
④ 억제소화

> **해설** ① **제거소화** : 가연물(연료)을 제거하거나 가연성 액체의 농도를 희석시켜 연소를 저지하는 것을 말한다.
> ② **냉각소화** : 액체 또는 고체소화제를 사용하여 가연물을 냉각시켜 인화점 및 발화점 이하로 떨어뜨려 소화하는 방법으로 이의 대표적인 소화제는 물이다.
> ④ **억제소화** : 물이나 할로겐 소화

83 다음 중 산업안전보건법령상 물질안전보건자료(MSDS)의 작성 · 비치 제외 대상이 아닌 것은?

① 원자력법에 의한 방사성 물질
② 농약관리법에 의한 농약
③ 비료관리법에 의한 비료
④ 관세법에 의해 수입되는 공업용 유기용제

> **해설** ④ 관세법에 의해 수입되는 공업용 유기용제는 물질안전보건자료의 작성 · 비치 대상이다.

84 다음 중 산업안전보건법령상 화학설비의 부속설비로만 이루어진 것은?

① 사이클론, 백필터, 전기집진기 등 분진처리설비
② 응축기, 냉각기, 가열기, 증발기 등 열교환기류
③ 고로 등 점화기를 직접 사용하는 열교환기류
④ 혼합기, 발포기, 압출기 등 화학제품 가공설비

> **해설** ▶ **화학설비의 부속설비**(안전보건규칙 별표 7)
> • 배관 · 밸브 · 관 · 부속류 등 화학물질 이송 관련 설비
> • 온도 · 압력 · 유량 등을 지시 · 기록 등을 하는 자동제어 관련 설비
> • 안전밸브 · 안전판 · 긴급차단 또는 방출밸브 등 비상조치 관련 설비
> • 가스누출감지 및 경보 관련 설비
> • 세정기, 응축기, 벤트스택(bent stack), 플레어스택(flare stack) 등 폐가스처리설비
> • 사이클론, 백필터(bag filter), 전기집진기 등 분진처리설비
> • 위의 설비를 운전하기 위하여 부속된 전기 관련 설비
> • 정전기 제거장치, 긴급 샤워설비 등 안전 관련 설비

85 증류탑에서 포종탑 내에 설치되어 있는 포종의 주요 역할로 옳은 것은?

① 압력을 증가시켜주는 역할
② 탑내 액체를 이송하는 역할
③ 화학적 반응을 시켜주는 역할
④ 증기와 액체의 접촉을 용이하게 해주는 역할

해설 증류탑의 포종탑 내에 설치된 포종은 증기와 액체의 접촉을 용이하게 해주는 역할을 한다.

86 다음 중 누설 발화형 폭발재해의 예방대책으로 가장 거리가 먼 것은?

① 발화원 관리
② 밸브의 오동작 방지
③ 가연성 가스의 연소
④ 누설물질의 검지 경보

해설 ③ 가연성 가스의 연소는 예방대책과 거리가 멀다.

87 다음 중 최소발화에너지(E[J])를 구하는 식으로 옳은 것은? (단, I는 전류[A], R은 저항[Ω], V는 전압[V], C는 콘덴서용량[F], T는 시간[초]이라 한다.)

① $E = I^2 RT$
② $E = 0.24 I^2 RT$
③ $E = \frac{1}{2} CV^2$
④ $E = \frac{1}{2}\sqrt{CV}$

해설 최소발화에너지는 1/2에 콘덴서용량과 전압의 제곱을 곱한다.

88 다음 중 분진폭발을 일으킬 위험이 가장 높은 물질은?

① 염소
② 마그네슘
③ 산화칼슘
④ 에틸렌

해설 ② 마그네슘은 인화성 고체로 분진폭발을 일으킬 위험이 높다.

89 사업주는 특수화학설비를 설치할 때 내부의 이상 상태를 조기에 파악하기 위하여 필요한 계측장치를 설치하여야 한다. 다음 중 이에 해당하는 특수화학설비가 아닌 것은?

① 발열 반응이 일어나는 반응장치
② 증류, 증발 등 분리를 행하는 장치
③ 가열로 또는 가열기
④ 액체의 누설을 방지하는 방유장치

해설 ▶ **특수화학설비**(안전보건규칙 제273조)
- 발열반응이 일어나는 반응장치
- 증류·정류·증발·추출 등 분리를 하는 장치
- 가열시켜 주는 물질의 온도가 가열되는 위험물질의 분해온도 또는 발화점보다 높은 상태에서 운전되는 설비
- 반응폭주 등 이상 화학반응에 의하여 위험물질이 발생할 우려가 있는 설비
- 온도가 섭씨 350[℃] 이상이거나 게이지 압력이 980[kPa] 이상인 상태에서 운전되는 설비
- 가열로 또는 가열기

정답 85 ④ 86 ③ 87 ③ 88 ② 89 ④

90 가스 또는 분진폭발 위험장소에 설치되는 건축물의 내화구조로 설명한 것으로 틀린 것은?

① 건축물 기둥 및 보는 지상 층까지 내화구조로 한다.

② 위험물 저장·취급용기의 지지대는 지상으로부터 지지대의 끝부분까지 내화구조로 한다.

③ 건축물 주변에 자동소화설비를 설치한 경우 건축물 화재 시 1시간 이상 그 안전성을 유지한 경우는 내화구조로 하지 아니할 수 있다.

④ 배관·전선관 등의 지지대는 지상으로부터 1단까지 내화구조로 한다.

해설 ▶ **내화기준**(안전보건규칙 제270조)
- **건축물의 기둥 및 보** : 지상 1층(지상 1층의 높이가 6[m]를 초과하는 경우에는 6[m])까지
- **위험물 저장·취급용기의 지지대**(높이가 30[cm] 이하인 것은 제외한다) : 지상으로부터 지지대의 끝부분까지
- **배관·전선관 등의 지지대** : 지상으로부터 1단(1단의 높이가 6[m]를 초과하는 경우에는 6[m])까지
- 건축물 등의 주변에 화재에 대비하여 물 분무시설 또는 폼 헤드(foam head)설비 등의 자동소화설비를 설치하여 건축물 등이 화재시에 2시간 이상 그 안전성을 유지할 수 있도록 한 경우에는 내화구조로 하지 아니할 수 있다.

91 고압가스의 분류 중 압축가스에 해당되는 것은?

① 질소
② 프로판
③ 산화에틸렌
④ 염소

해설 ▶ **압축가스** : 상온에서 압축해도 액화되지 않고 기체로 압축된다. 압축가스에는 수소, 산소, 질소, 메탄 등이 있다.

92 건조설비를 사용하여 작업을 하는 경우에 폭발이나 화재를 예방하기 위하여 준수하여야 하는 사항으로 틀린 것은?

① 위험물 건조설비를 사용하는 경우에는 미리 내부를 청소하거나 환기할 것

② 위험물 건조설비를 사용하여 가열건조하는 건조물은 쉽게 이탈되도록 할 것

③ 고온으로 가열건조한 인화성 액체는 발화의 위험이 없는 온도로 냉각한 후에 격납시킬 것

④ 바깥 면이 현저히 고온이 되는 건조설비에 가까운 장소에는 인화성 액체를 두지 않도록 할 것

해설 ▶ **건조설비 사용 시 주의사항**
- 위험물 건조설비를 사용하는 경우에는 미리 내부를 청소하거나 환기할 것
- 위험물 건조설비를 사용하는 경우에는 건조로 인하여 발생하는 가스·증기 또는 분진에 의하여 폭발·화재의 위험이 있는 물질을 안전한 장소로 배출시킬 것
- 위험물 건조설비를 사용하여 가열건조하는 건조물은 쉽게 이탈되지 않도록 할 것
- 고온으로 가열건조한 인화성 액체는 발화의 위험이 없는 온도로 냉각한 후에 격납시킬 것
- 건조설비(바깥 면이 현저히 고온이 되는 설비만 해당한다)에 가까운 장소에는 인화성 액체를 두지 않도록 할 것

93 트리에틸알루미늄에 화재가 발생하였을 때 다음 중 가장 적합한 소화약제는?

① 팽창질석
② 할로겐화합물
③ 이산화탄소
④ 물

해설 ① D급화재(금속화재)에 대응할 때는 팽창질석이 가장 적합하다.

90 ③ 91 ① 92 ② 93 ① **정답**

94 액화 프로판 310[kg]을 내용적 50[L] 용기에 충전할 때 필요한 소요 용기의 수는 몇 개인가? (단, 액화 프로판의 가스정수는 2.35이다.)

① 15　　　　　　　② 17

③ 19　　　　　　　④ 21

해설 가스정수 = 부피/무게

2.35 = 필요부피/310

필요부피 = 2.35×310 = 728.5

필요한 개수 = $\dfrac{2.35 \times 310}{50}$ = 14.57 ⇒ 15개

95 산업안전보건법령상 위험물질의 종류와 해당물질의 연결이 옳은 것은?

① 폭발성 물질 : 마그네슘분말

② 인화성 고체 : 중크롬산

③ 산화성 물질 : 니트로소화합물

④ 인화성 가스 : 에탄

해설 ① 폭발성 물질 및 유기과산화물 : 니트로소화합물
② 물반응성 물질 및 인화성 고체 : 마그네슘분말
③ 산화성 액체 및 산화성 고체 : 중크롬산

96 화재 감지에 있어서 열감지 방식 중 차동식에 해당하지 않는 것은?

① 공기관식　　　　② 열전대식

③ 바이메탈식　　　④ 열반도체식

해설 ①·②·④는 차동식 감지장치
▶ **차동식** : 실내온도 상승속도가 한도 이상으로 빠른 경우 경보를 울린다. 가장 간단하고 저렴한 방식이며, 온도변화가 적은 사무실이나 거실, 방 등에 많이 사용한다.

97 각 물질(A~D)의 폭발상한계와 하한계가 다음 [표]와 같을 때 다음 중 위험도가 가장 큰 물질은?

구분	A	B	C	D
폭발 상한계	9.5	8.4	15	13
폭발 하한계	2.1	1.8	5	2.6

① A　　　　　　　② B

③ C　　　　　　　④ D

해설 위험도$(H) = \dfrac{U_2 - U_1}{U_1}$

(U_1 : 폭발하한계, U_2 : 폭발상한계)

위험은 범위가 넓은 것이 위험하다.

A = $\dfrac{9.5 - 2.1}{2.1}$ = 3.52　B = $\dfrac{8.4 - 1.8}{1.8}$ = 3.67

C = $\dfrac{15 - 5}{5}$ = 2.0　D = $\dfrac{13 - 2.6}{2.6}$ = 4.0

98 NH_4NO_3의 가열, 분해로부터 생성되는 무색의 가스로 일명 '웃음가스'라고도 하는 것은?

① N_2O　　　　　　② NO_2

③ N_2O_4　　　　　④ NO

해설 아산화질소는 상쾌하고 달콤한 냄새와 맛을 가진 무색의 기체로 흡입하면 약한 히스테리 증상이 나타나고 고통에 대해 무감각하기도 하다.

99 다음 중 분진폭발의 특징으로 옳은 것은?

① 가스폭발보다 연소시간이 짧고, 발생 에너지가 작다.

② 압력의 파급속도보다 화염의 파급속도가 빠르다.

③ 가스폭발에 비하여 불완전 연소가 적게 발생한다.

④ 주위의 분진에 의해 2차, 3차의 폭발로 파급될 수 있다.

해설 ▶ 분진폭발의 특징
• 가스폭발과 비교하여 작지만 연소시간이 길다.
• 발생에너지가 크기 때문에 파괴력과 타는 정도가 크다. 그러나 발화에너지는 상대적으로 훨씬 크다.
• 폭발에 의한 폭풍이 주위분진을 날려 2차, 3차 폭발로 인한 피해가 확산된다.
• 가스폭발에 비해 불완전 연소가 많이 발생하며, 화염의 파급속도가 압력의 파급속도보다 빠르다.

100 자연 발화성을 가진 물질이 자연발열을 일으키는 원인으로 거리가 먼 것은?

① 분해열 ② 증발열
③ 산화열 ④ 중합열

해설 ▶ 자연발화 형태
• 산화열에 의한 발화 : 석탄, 건성유 등
• 분해열에 의한 발화 : 셀룰로이드, 니트로셀룰로오스 등
• 흡착열에 의한 발화 : 활성탄, 목탄 등
• 미생물에 의한 발화 : 퇴비, 먼지 등
• 중합열에 의한 발화 : 시안화수소 등

6과목 건설안전기술

101 항타기 및 항발기에 관한 설명으로 옳지 않은 것은?

① 도괴방지를 위해 시설 또는 가설물 등에 설치하는 때에는 그 내력을 확인하고 내력이 부족하면 그 내력을 보강해야 한다.
② 와이어로프의 한 꼬임에서 끊어진 소선(필러선을 제외한다)의 수가 10[%] 이상인 것은 권상용 와이어로프로 사용을 금한다.
③ 지름 감소가 공칭지름의 7[%]를 초과하는 것은 권상용 와이어로프로 사용을 금한다.
④ 권상용 와이어로프의 안전계수가 4 이상이 아니면 이를 사용하여서는 아니 된다.

해설 ④ 권상용 와이어로프의 안전계수가 5 이상이 아니면 이를 사용하여서는 아니 된다.

102 굴착과 싣기를 동시에 할 수 있는 토공기계가 아닌 것은?

① Power shovel(파워쇼벨)
② Tractor shovel(트랙터쇼벨)
③ Back hoe(백호)
④ Motor grader(모터그레이더)

해설 ④ 모터그레이더(motor grader)는 땅 고르는 기계이다.

103 다음은 강관을 사용하여 비계를 구성하는 경우에 대한 내용이다. 다음 ( ) 안에 들어갈 내용으로 옳은 것은?

> 비계기둥의 간격은 띠장 방향에서는 ( ), 장선 방향에서는 1.5[m] 이하로 할 것

① 1.2[m] 이상 1.5[m] 이하
② 1.2[m] 이상 2.0[m] 이하
③ 1.5[m] 이상 1.8[m] 이하
④ 1.5[m] 이상 2.0[m] 이하

해설 당시 정답은 ③이었으나, 이후 관련규칙이 개정되었다. 현재 비계기둥의 간격은 띠장 방향에서 1.85[m] 이하, 장선 방향에서는 1.5[m] 이하로 한다.

104 콘크리트 타설 시 거푸집의 측압에 영향을 미치는 인자들에 관한 설명으로 옳지 않은 것은?

① 슬럼프가 클수록 작다.
② 타설속도가 빠를수록 크다.
③ 거푸집 속의 콘크리트 온도가 낮을수록 크다.
④ 콘크리트의 타설높이가 높을수록 크다.

해설 ① 슬럼프는 콘크리트 반죽의 질기로 클수록 측압도 크다.

❯ **거푸집의 측압**
- 콘크리트 부어넣기 속도가 빠를수록 측압은 크다.
- 온도가 낮을수록 측압은 크다.
- 콘크리트 시공연도가 클수록 측압은 크다.
- 콘크리트 다지기가 충분할수록 측압은 크다.
- 벽 두께가 두꺼울수록 측압은 커진다.
- 철골 또는 철근량이 적을수록 측압은 크다.

105 흙의 투수계수에 영향을 주는 인자에 관한 설명으로 옳지 않은 것은?

① 공극비 : 공극비가 클수록 투수계수는 작다.
② 포화도 : 포화도가 클수록 투수계수도 크다.
③ 유체의 점성계수 : 점성계수가 클수록 투수계수는 작다.
④ 유체의 밀도 : 유체의 밀도가 클수록 투수계수는 크다.

해설 ① 공극비가 클수록 투수계수는 크다.

106 산업안전보건관리비 계상 및 사용기준에 따른 공사 종류별 계상기준으로 옳은 것은? (단, 철도·궤도신설공사이고, 대상액이 5억원 미만인 경우)

① 1.85[%]　　　　② 2.45[%]
③ 3.09[%]　　　　④ 3.43[%]

해설

구 분\\공사종류	대상액 5억원 미만인 경우 적용비율 [%]	대상액 5억원 이상 50억원 미만인 경우		대상액 50억원 이상인 경우 적용비율 [%]	영 별표5에 따른 보건관리자 선임 대상 건설공사의 적용비율 [%]
		적용비율 [%]	기초액		
일반건설공사(갑)	2.93 [%]	1.86 [%]	5,349,000원	1.97[%]	2.15[%]
일반건설공사(을)	3.09 [%]	1.99 [%]	5,499,000원	2.10[%]	2.29[%]
중 건 설 공 사	3.43 [%]	2.35 [%]	5,400,000원	2.44[%]	2.66[%]
철도·궤도신설공사	2.45 [%]	1.57 [%]	4,411,000원	1.66[%]	1.81[%]
특수 및 기타 건설공사	1.85 [%]	1.20 [%]	3,250,000원	1.27[%]	1.38[%]

107 건설공사 시공단계에 있어서 안전관리의 문제점에 해당되는 것은?

① 발주자의 조사, 설계 발주능력 미흡
② 용역자의 조사, 설계능력 부실
③ 발주자의 감독 소홀
④ 사용자의 시설 운영관리 능력 부족

해설 ③ 건설공사 시공단계에서의 발주자의 감독 소홀은 안전관리의 문제가 될 수 있다.

108 유해위험방지 계획서를 제출하려고 할 때 그 첨부서류와 가장 거리가 먼 것은?

① 공사개요서
② 산업안전보건관리비 작성요령
③ 전체공정표
④ 재해 발생 위험 시 연락 및 대피방법

해설 ② 산업안전보건관리비 작성요령은 첨부서류가 아니다.

정답　105 ①　106 ②　107 ③　108 ②

109 흙막이 지보공을 설치하였을 때 정기적으로 점검하여 이상 발견 시 즉시 보수하여야 할 사항이 아닌 것은?

① 굴착 깊이의 정도
② 버팀대의 긴압의 정도
③ 부재의 접속부·부착부 및 교차부의 상태
④ 부재의 손상·변형·부식·변위 및 탈락의 유무와 상태

해설 ▶ **흙막이 지보공 설치 시 정기 점검사항**(안전보건규칙 제347조 제1항)
• 부재의 손상·변형·부식·변위 및 탈락의 유무와 상태
• 버팀대의 긴압(緊壓)의 정도
• 부재의 접속부·부착부 및 교차부의 상태
• 침하의 정도

110 크레인의 운전실 또는 운전대를 통하는 통로의 끝과 건설물 등의 벽체의 간격은 최대 얼마 이하로 하여야 하는가?

① 0.2[m]　② 0.3[m]
③ 0.4[m]　④ 0.5[m]

해설 건설물 등의 벽체와 통로의 간격은 아래 호에는 0.3[m] 이하로 한다(안전보건규칙 제145조).
• 크레인의 운전실 또는 운전대를 통하는 통로의 끝과 건설물 등의 벽체의 간격
• 크레인 거더(girder)의 통로 끝과 크레인 거더의 간격
• 크레인 거더의 통로로 통하는 통로의 끝과 건설물 등의 벽체의 간격

111 달비계를 설치할 때 작업발판의 폭은 최소 얼마 이상으로 하여야 하는가?

① 30[cm]　② 40[cm]
③ 50[cm]　④ 60[cm]

해설 작업발판의 폭을 40[cm] 이상으로 하고, 틈새가 없도록 할 것(안전보건규칙 제63조 제1항 제6호)

112 산소결핍이라 함은 공기 중 산소농도가 몇 퍼센트[%] 미만일 때를 의미하는가?

① 20[%]　② 18[%]
③ 15[%]　④ 10[%]

해설 산소의 결핍은 산소농도 18[%] 미만이다.

113 크레인을 사용하여 작업을 할 때 작업시작 전에 점검하여야 하는 사항에 해당하지 않는 것은?

① 권과방지장치·브레이크·클러치 및 운전장치의 기능
② 주행로의 상측 및 트롤리가 횡행하는 레일의 상태
③ 와이어로프가 통하고 있는 곳의 상태
④ 압력방출장치의 기능

해설 ▶ **크레인 작업시작 전 점검사항**
• 권과방지장치, 브레이크, 클러치 및 운전장치의 기능
• 주행로의 상측 및 트롤리가 횡행하는 레일의 상태
• 와이어로프가 통하고 있는 곳의 상태

114 흙막이 공법을 흙막이 지지방식에 의한 분류와 구조방식에 의한 분류로 나눌 때 다음 중 지지방식에 의한 분류에 해당하는 것은?

① 수평 버팀대식 흙막이 공법
② H-Pile 공법
③ 지하연속벽 공법
④ Top down method 공법

해설 흙막이 지지방식으로는 수평버팀대식 흙막이 공법이 있다.

115 그물코의 크기가 10[cm]인 매듭 없는 방망사 신품의 인장강도는 최소 얼마 이상이어야 하는가?

① 240[kg]   ② 320[kg]

③ 400[kg]   ④ 500[kg]

> **해설** 그물코 10[cm] 매듭 없는 방망사 신품의 인장강도는 240[kg] 이상이어야 한다.

116 작업발판 및 통로의 끝이나 개구부로서 근로자가 추락할 위험이 있는 장소에서 난간 등의 설치가 매우 곤란하거나 작업의 필요상 임시로 난간 등을 해체하여야 하는 경우에 설치하여야 하는 것은?

① 구명구   ② 수직보호망

③ 추락방호망   ④ 석면포

> **해설** 사업주는 난간 등을 설치하는 것이 매우 곤란하거나 작업의 필요상 임시로 난간 등을 해체하여야 하는 경우 안전보건규칙 제42조 제2항 각 호의 기준에 맞는 추락방호망을 설치하여야 한다.

117 지반조사의 목적에 해당되지 않는 것은?

① 토질의 성질 파악

② 지층의 분포 파악

③ 지하수위 및 피압수 파악

④ 구조물의 편심에 의한 적절한 침하 유도

> **해설** ▶ **지반조사의 목적**
> • 토질의 성질 파악
> • 지층의 분포 파악
> • 지하수위 및 피압수 파악

118 풍화암의 굴착면 붕괴에 따른 재해를 예방하기 위한 굴착면의 적정한 기울기 기준은? (기준 개정에 의한 문제 수정 반영)

① 1 : 1.5   ② 1 : 1.0

③ 1 : 0.5   ④ 1 : 0.3

> **해설**
>
> | 구분 | 지반의 종류 | 기울기 |
> |---|---|---|
> | 보통흙 | 습지 | 1 : 1 ~ 1 : 1.5 |
> | | 건지 | 1 : 0.5 ~ 1 : 1 |
> | 암반 | 풍화암 | 1 : 1.0 |
> | | 연암 | 1 : 1.0 |
> | | 경암 | 1 : 0.5 |
>
> (※ 안전기준 : 2021.11.19. 개정)

119 크레인 등 건설장비의 가공전선로 접근 시 안전대책으로 거리가 먼 것은?

① 안전 이격거리를 유지하고 작업한다.

② 장비의 조립, 준비시부터 가공전선로에 대한 감전 방지 수단을 강구한다.

③ 장비 사용 현장의 장애물, 위험물 등을 점검 후 작업계획을 수립한다.

④ 장비를 가공전선로 밑에 보관한다.

> **해설** ④ 와이어로프가 가공전선(架空電線)에 근접하지 않도록 할 것

120 다음 중 차량계 건설기계에 속하지 않는 것은?

① 불도저   ② 스크레이퍼

③ 타워크레인   ④ 항타기

> **해설** ③ 타워크레인은 양중기의 기종이다.

정답 115 ①   116 ③   117 ④   118 ②   119 ④   120 ③

2017년 제2회 기출 복원문제

1과목 안전관리론

01 레빈(Lewin)은 인간의 행동 특성을 다음과 같이 표현하였다. 변수 "E"가 의미하는 것은?

$$B = f(P \cdot E)$$

① 연령
② 성격
③ 작업환경
④ 지능

> **해설** • B : Behavior(인간의 행동)
> • f : function(함수관계) $P \cdot E$에 영향을 줄 수 있는 조건
> • P : Person(연령, 경험, 심신상태, 성격, 지능, 소질 등)
> • E : Environment(심리적 환경 – 인간관계, 작업환경, 설비적 결함 등)

02 산업안전보건법상 안전보건표지의 종류 중 보안경 착용이 표시된 안전보건표지는?

① 안내표지
② 금지표지
③ 경고표지
④ 지시표지

> **해설** ◈ **안전보건표지의 종류**
> • **안내표지** : 녹십자, 응급구호, 들것 등의 녹색표지
> • **금지표지** : 출입금지, 보행금지, 통행금지 등 원형모양에 대각선
> • **경고표지** : 주로 마름모나, 삼각형 표지
> • **지시표지** : 보안경 착용, 방독마스크 착용 등 보호구 착용표지

03 off.J.T 교육의 특징에 해당되는 것은?

① 많은 지식, 경험을 교류할 수 있다.
② 교육 효과가 업무에 신속히 반영된다.
③ 현장의 관리 감독자가 강사가 되어 교육을 한다.
④ 다수의 대상자를 일괄적으로 교육하기 어려운 점이 있다.

> **해설** ②, ③, ④는 OJT 교육의 특징이다.
> ◈ **OJT 교육의 특징**
> • 교육 효과가 업무에 신속히 반영된다.
> • 현장의 관리 감독자가 강사가 되어 교육을 한다.
> • 다수의 대상자를 일괄적으로 교육하기 어려운 점이 있다.
> • 직장의 현장 실정에 맞는 구체적이고 실질적인 교육이 가능하다.
> • 교육의 이해도가 빠르고 동기부여가 쉽다.

04 산업안전보건법상 안전보건관리책임자 등에 대한 교육시간 기준으로 틀린 것은?

① 보건관리자, 보건관리전문기관의 종사자 보수교육 : 24시간 이상
② 안전관리자, 안전관리전문기관의 종사자 신규교육 : 34시간 이상
③ 안전보건관리책임자의 보수교육 : 6시간 이상
④ 재해예방 전문지도기관의 종사자 신규교육 : 24시간 이상

해설

교육대상	교육시간	
	신규교육	보수교육
• 안전보건관리책임자	6시간 이상	6시간 이상
• 안전관리자, 안전관리전문기관의 종사자	34시간 이상	24시간 이상
• 보건관리자, 보건관리전문기관의 종사자	34시간 이상	24시간 이상
• 건설재해예방전문지도기관의 종사자	34시간 이상	24시간 이상
• 석면조사기관의 종사자	34시간 이상	24시간 이상
• 안전보건관리담당자	–	8시간 이상
• 안전검사기관, 자율안전검사기관의 종사자	34시간 이상	24시간 이상

05 안전점검표(check list)에 포함되어야 할 사항이 아닌 것은?

① 점검 대상
② 판정 기준
③ 점검 방법
④ 조치 결과

해설 ▶ 안전점검표 포함 내용
• 점검 부분(점검 대상)
• 점검 방법(육안, 기능, 기기, 정밀)
• 점검 항목
• 판정 기준
• 점검 시기
• 판정
• 조치

06 하인리히 사고예방대책의 기본원리 5단계로 옳은 것은?

① 조직 → 사실의 발견 → 분석 → 시정방법의 선정 → 시정책의 적용
② 조직 → 분석 → 사실의 발견 → 시정방법의 선정 → 시정책의 적용
③ 사실의 발견 → 조직 → 분석 → 시정방법의 선정 → 시정책의 적용
④ 사실의 발견 → 분석 → 조직 → 시정방법의 선정 → 시정책의 적용

해설 ▶ 하인리히 사고예방대책의 5단계
• 제1단계 : 안전 관리 조직
• 제2단계 : 사실의 발견(현상파악)
• 제3단계 : 분석평가(발견된 사실 및 불안전한 요소)
• 제4단계 : 시정 방법의 선정(분석을 통해 색출된 원인)
• 제5단계 : 시정책의 적용

07 교육훈련의 4단계를 올바르게 나열한 것은?

① 도입 → 적용 → 제시 → 확인
② 도입 → 확인 → 제시 → 적용
③ 적용 → 제시 → 도입 → 확인
④ 도입 → 제시 → 적용 → 확인

해설 ▶ 교육훈련의 4단계
• 제1단계 : 도입(준비) – 학습할 준비를 시킨다.
• 제2단계 : 제시(설명) – 작업을 설명한다.
• 제3단계 : 적용(응용) – 작업을 시켜본다.
• 제4단계 : 확인(총괄, 평가) – 가르친 뒤 살펴본다.

08 직무적성검사의 특징과 가장 거리가 먼 것은?

① 재현성
② 객관성
③ 타당성
④ 표준화

해설 ① 재현성은 직무적성검사와 거리가 멀다.

09 아담스(Edward Adams)의 사고연쇄 반응이론 중 관리자가 의사결정을 잘못하거나 감독자가 관리적 잘못을 하였을 때의 단계에 해당되는 것은?

① 사고
② 작전적 에러
③ 관리구조 결함
④ 전술적 에러

해설 • 작전적 에러 : 관리감독자의 오판, 누락 등
• 전술적 에러 : 작업자의 에러

10 재해조사의 목적에 해당되지 않는 것은?

① 재해발생 원인 및 결함 규명
② 재해관련 책임자 문책
③ 재해예방 자료수집
④ 동종 및 유사재해 재발방지

해설 ▶ **재해조사의 목적**
• 재해발생 상황의 진실 규명
• 재해발생의 원인 규명
• **예방대책의 수립** : 동종 및 유사재해 방지

11 주의의 특성에 관한 설명 중 틀린 것은?

① 한 지점에 주의를 집중하면 다른 곳에의 주의는 약해진다.
② 장시간 주의를 집중하려 해도 주기적으로 부주의의 리듬이 존재한다.
③ 의식이 과잉상태인 경우 최고의 주의집중이 가능해진다.
④ 여러 자극을 지각할 때 소수의 현란한 자극에 선택적 주의를 기울이는 경향이 있다.

해설 ▶ **주의의 특성**
• **변동성** : 주의는 장시간 지속될 수 없다.
• **선택성** : 주의는 한곳에만 집중할 수 있다.
• **방향성** : 주의 집중하는 곳 주변의 주의는 떨어진다.

12 무재해운동의 기본이념 3원칙 중 다음에서 설명하는 것은?

> 직장 내외 모든 잠재위험요인을 적극적으로 사전에 발견, 파악, 해결함으로써 뿌리에서부터 산업재해를 제거하는 것

① 무의 원칙
② 선취의 원칙
③ 참가의 원칙
④ 확인의 원칙

해설 ▶ **무재해운동의 기본이념 3원칙**
• **무(Zero)의 원칙** : 산업재해의 근원적인 요소들을 없앤다는 것
• **안전제일의 원칙**(선취의 원칙) : 행동하기 전, 잠재위험요인을 발견하고 파악, 해결하여 재해를 예방하는 것
• **참여의 원칙**(참가의 원칙) : 전원이 일치 협력하여 각자의 위치에서 적극적으로 문제를 해결하는 것

13 위험예지훈련 중 작업현장에서 그때 그 장소의 상황에 즉응하여 실시하는 것은?

① 자문자답 위험예지훈련
② T.B.M 위험예지훈련
③ 시나리오 역할연기훈련
④ 1인 위험예지훈련

해설 ▶ **T.B.M. 위험예지훈련** : T.B.M.(Tool Box Meeting)으로 실시하는 위험예지활동을 말한다. 이는 현장에서 그때 그 장소의 상황에 즉응하여 실시하는 위험예지활동으로서 즉시즉응법이라고도 한다.

14 도수율이 12.5인 사업장에서 근로자 1명에게 평생동안 약 몇 건의 재해가 발생하겠는가? (단, 평생근로년수는 40년, 평생근로시간은 잔업시간 4000시간을 포함하여 80000시간으로 가정한다.)

① 1건
② 2건
③ 4건
④ 12건

해설 ▶ **환산도수율** : 일평생 근로하는 동안 재해건수

> 환산도수율 = 도수율 ÷ 10

10 ② 11 ③ 12 ① 13 ② 14 ① 정답

15 토의법의 유형 중 다음에서 설명하는 것은?

> 새로운 자료나 교재를 제시하고, 문제점을 피교육자로 하여금 제기하도록 하거나 피교육자의 의견을 여러 가지 방법으로 발표하게 하고 청중과 토론자 간 활발한 의견개진 과정을 통하여 합의를 도출해내는 방법이다.

① 포럼
② 심포지엄
③ 자유토의
④ 패널 디스커션

해설 ① **포럼**(Forum) : 공개토의라고도 하며, 전문가의 발표 시간은 10~20분 정도 주어진다. 포럼은 전문가와 일반 참여자가 구분되는 비대칭적 토의이다. 각자 다른 입장의 전문가가 공개적으로 자신의 의견을 옹호하고 상대의 의견을 비판하면서 논박하는 데 비중을 둔다.

16 산업안전보건법상 안전관리자의 업무에 해당되지 않는 것은?

① 업무수행 내용의 기록·유지
② 산업재해에 관한 통계의 유지·관리·분석을 위한 보좌 및 조언·지도
③ 법 또는 법에 따른 명령으로 정한 안전에 관한 사항의 이행에 관한 보좌 및 조언·지도
④ 작업장 내에서 사용되는 전체 환기장치 및 국소배기장치 등에 관한 설비의 점검과 작업방법의 공학적 개선에 관한 보좌 및 조언·지도

해설 ▶ **안전관리자의 업무**(산업안전보건법 시행령 제18조)
• 안전보건관리규정 및 취업규칙에서 정한 업무
• 위험성 평가에 관한 보좌 및 지도·조언
• 안전인증대상기계 등과 자율안전확인대상기계 등 구입 시 적격품의 선정에 관한 보좌 및 지도·조언
• 해당 사업장 안전교육계획의 수립 및 안전교육 실시에 관한 보좌 및 지도·조언

• 사업장 순회점검, 지도 및 조치 건의
• 산업재해 발생의 원인 조사·분석 및 재발 방지를 위한 기술적 보좌 및 지도·조언
• 산업재해에 관한 통계의 유지·관리·분석을 위한 보좌 및 지도·조언
• 법 또는 법에 따른 명령으로 정한 안전에 관한 사항의 이행에 관한 보좌 및 지도·조언
• 업무 수행 내용의 기록·유지
• 그 밖에 안전에 관한 사항으로서 고용노동부장관이 정하는 사항

17 버드(Bird)의 재해분포에 따르면 20건의 경상(물적, 인적 상해)사고가 발생했을 때 무상해, 무사고(위험순간) 고장은 몇 건이 발생하겠는가?

① 600건   ② 800건
③ 1200건   ④ 1600건

해설 ▶ **1 : 10 : 30 : 600의 법칙**
• 중상 또는 폐질 1
• 경상(물적, 인적 상해) 10
• 무상해 사고(물적 손실) 30
• 무상해, 무사고 고장(위험한 순간) 600

18 산업안전보건법상 사업 내 안전보건교육 중 관리감독자 정기 안전보건교육의 교육내용이 아닌 것은?

① 유해·위험 작업환경 관리에 관한 사항
② 표준안전작업방법 및 지도 요령에 관한 사항
③ 작업공정의 유해·위험과 재해 예방대책에 관한 사항
④ 기계·기구의 위험성과 작업의 순서 및 동선에 관한 사항

정답 15 ① 16 ④ 17 ③ 18 ④

해설 ◉ 관리감독자 정기 안전보건교육
- 산업안전 및 사고 예방에 관한 사항
- 산업보건 및 직업병 예방에 관한 사항
- 유해·위험 작업환경 관리에 관한 사항
- 산업안전보건법령 및 산업재해보상보험 제도에 관한 사항
- 직무스트레스 예방 및 관리에 관한 사항
- 직장 내 괴롭힘, 고객의 폭언 등으로 인한 건강장해 예방 및 관리에 관한 사항
- 작업공정의 유해·위험과 재해 예방대책에 관한 사항
- 표준안전 작업방법 및 지도 요령에 관한 사항
- 관리감독자의 역할과 임무에 관한 사항
- 안전보건교육 능력 배양에 관한 사항 – 현장근로자와의 의사소통능력 향상, 강의능력 향상 및 그 밖에 안전보건교육 능력 배양 등에 관한 사항

2과목 인간공학 및 시스템안전공학

21 부품에 고장이 있더라도 플레이너 공작기계를 가장 안전하게 운전할 수 있는 방법은?

① fail – soft
② fail – active
③ fail – passive
④ fail – operational

해설
- **Fail Passive** : 기계가 고장이 나는 즉시 작동이 멈춤.
- **Fail Active** : 기계가 고장이 날 경우, 경보를 울리며 짧은 시간 작동이 가능함.
- **Fail Operational** : 기계가 고장이 날 경우, 다음 정기 점검까지 작동이 가능함.

19 산업안전보건법상 방독마스크 사용이 가능한 공기 중 최소 산소농도 기준은 몇 [%] 이상인가?

① 14[%]
② 16[%]
③ 18[%]
④ 20[%]

해설 방독마스크를 사용하는 산소 최소농도는 18[%] 이상이다.

22 산업안전보건법상 유해위험방지계획서를 제출한 사업주는 건설공사 중 얼마 이내마다 관련법에 따라 유해위험방지계획서의 내용과 실제공사 내용이 부합하는지의 여부 등을 확인받아야 하는가?

① 1개월
② 3개월
③ 6개월
④ 12개월

해설 사업주는 건설공사 중 6개월 이내마다 법에 따라 관련 사항에 관하여 공단의 확인을 받아야 한다(산업안전보건법 시행규칙 제46조).

20 시몬즈(Simonds)의 재해 손실비용 산정 방식에 있어 비보험 코스트에 포함되지 않는 것은?

① 영구 전노동불능 상해
② 영구 부분노동불능 상해
③ 일시 전노동불능 상해
④ 일시 부분노동불능 상해

해설
- **영구 전노동불능** : 신체 전체의 노동기능 완전상실 (1~3급)
- **영구 일부노동불능** : 신체 일부의 노동기능 완전상실 (4~14급)
- **일시 전노동불능** : 일정기간 노동 종사 불가(휴업상해)
- **일시 일부노동불능** : 일정기간 일부노동 종사 불가(통원상해)

23 다음 설명에 해당하는 설비보건방식의 유형은?

설비보전 정보와 신기술을 기초로 신뢰성, 조작성, 보전성, 안전성, 경제성 등이 우수한 설비의 선정, 조달 또는 설계를 통하여 궁극적으로 설비의 설계, 제작단계에서 보전활동이 불필요한 체제를 목표로 한 설비보전 방법을 말한다.

① 개량보전
② 보전예방
③ 사후보전
④ 일상보전

해설 ◉ 보전예방 : 설비의 계획단계 및 설치 시부터 고장 예방을 위한 여러 가지 연구가 필요하다는 보전방식

19 ③ 20 ① 21 ④ 22 ③ 23 ② **정답**

24 다음 설명 중 ( ) 안에 알맞은 용어가 올바르게 짝지어진 것은?

> (㉠) : FTA와 동일의 논리적 방법을 사용하여 관리, 설계, 생산, 보전 등에 대한 넓은 범위에 걸쳐 안전성을 확보하려는 시스템안전 프로그램
> (㉡) : 사고 시나리오에서 연속된 사건들의 발생 경로를 파악하고 평가하기 위한 귀납적이고 정량적인 시스템안전 프로그램

① ㉠ : PHA, ㉡ : ETA

② ㉠ : ETA, ㉡ : MORT

③ ㉠ : MORT, ㉡ : ETA

④ ㉠ : MORT, ㉡ : PHA

해설 • MORT : MORT란 이름을 붙인 해석 트리를 중심으로 하여 FTA와 동일한 논리 기법을 사용한다. 관리, 생산, 설계, 보전 등의 광범위하게 안전을 도모하는 것
• ETA : 정량적 귀납적 기법으로 DT에서 변천해 온 것으로 설비의 설계, 심사, 제작, 검사, 보전, 운전, 안전대책의 과정에서 그 대응조치가 성공인가 실패인가를 확대해 가는 과정을 검토

25 FTA에서 사용하는 다음 사상기호에 대한 설명으로 맞는 것은?

① 시스템 분석에서 좀 더 발전시켜야 하는 사상

② 시스템의 정상적인 가동상태에서 일어날 것이 기대되는 사상

③ 불충분한 자료로 결론을 내릴 수 없어 더 이상 전개할 수 없는 사상

④ 주어진 시스템의 기본사상으로 고장원인이 분석되었기 때문에 더 이상 분석할 필요가 없는 사상

해설 ▶ 생략사상 : 정보부족, 해석기술 불충분으로 더 이상 전개할 수 없는 사상

26 자극–반응 조합의 관계에서 인간의 기대와 모순되지 않는 성질을 무엇이라 하는가?

① 양립성   ② 적응성

③ 변별성   ④ 신뢰성

해설 ① 양립성은 자극과 반응의 관계가 인간의 기대와 모순되지 않는 성질이다.

27 인간–기계시스템에 관한 내용으로 틀린 것은?

① 인간 성능의 고려는 개발의 첫 단계에서부터 시작되어야 한다.

② 기능 할당 시에 인간 기능에 대한 초기의 주의가 필요하다.

③ 평가 초점은 인간 성능의 수용가능한 수준이 되도록 시스템을 개선하는 것이다.

④ 인간–컴퓨터 인터페이스 설계는 인간보다 기계의 효율이 우선적으로 고려되어야 한다.

해설 ④ 인간–컴퓨터 인터페이스 설계는 인간이 우선적으로 고려되어야 한다.

28 반사율이 85[%], 글자의 밝기가 400[cd/m²]인 VDT 화면에 350[lux]의 조명이 있다면 대비는 약 얼마인가?

① –2.8   ② –4.2

③ –5.0   ④ –6.0

정답 24 ③ 25 ③ 26 ① 27 ④ 28 ②

해설 대비[%] $= \dfrac{L_b - L_t}{L_b} \times 100$

반사율[%] $= \dfrac{\text{광도}}{\text{조도}} \times 100$

$L_b = (0.85 \times 350)/3.14 = 94.75$

$L_t = 400 + 94.75 = 494.75$

대비 $= (94.75 - 494.75)/94.75 = -4.2$

29 신호검출이론에 대한 설명으로 틀린 것은?

① 신호와 소음을 쉽게 식별할 수 없는 상황에 적용된다.

② 일반적인 상황에서 신호 검출을 간섭하는 소음이 있다.

③ 통제된 실험실에서 얻은 결과를 현장에 그대로 적용 가능하다.

④ 긍정(hit), 허위(false alarm), 누락(miss), 부정(correct rejection)의 네 가지 결과로 나눌 수 있다.

해설 ③ 통제된 실험실에서 얻은 결과를 현장에 그대로 적용하기가 어렵다.

30 근섬유의 직경이 작아서 큰 힘을 발휘하지 못하지만 장시간 지속시키고 피로가 쉽게 발생하지 않는 골격근의 근섬유는 무엇인가?

① Type S 근섬유

② Type Ⅱ 근섬유

③ Type F 근섬유

④ Type Ⅲ 근섬유

해설 Type S 근섬유에 대한 설명이다.

31 의자 설계의 인간공학적 원리로 틀린 것은?

① 쉽게 조절할 수 있도록 한다.

② 추간판의 압력을 줄일 수 있도록 한다.

③ 등근육의 정적 부하를 줄일 수 있도록 한다.

④ 고정된 자세로 장시간 유지할 수 있도록 한다.

해설 ④ 고정된 자세가 장시간 유지되지 않도록 설계한다.

❯ **의자 설계의 인간공학적 원리**

• 등받이의 굴곡은 요추의 굴곡과 일치해야 한다.

• 좌면의 높이는 사람의 신장에 따라 조절 가능해야 한다.

• 정적인 부하와 고정된 작업자세를 피해야 한다.

• 의자의 높이는 오금의 높이보다 같거나 낮아야 한다.

32 그림과 같은 시스템의 전체 신뢰도는 약 얼마인가? (단, 네모 안의 수치는 각 구성요소의 신뢰도이다.)

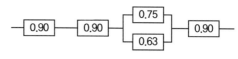

① 0.5275

② 0.6616

③ 0.7575

④ 0.8516

해설 $R = 0.9 \times 0.9 \times [1-(1-0.75) \times (1-0.63)] \times 0.9$

신뢰도의 직렬연결과 병렬연결

33 시각적 부호의 유형과 내용으로 틀린 것은?

① 임의적 부호 - 주의를 나타내는 삼각형

② 명시적 부호 - 위험표지판의 해골과 뼈

③ 묘사적 부호 - 보도 표지판의 걷는 사람

④ 추상적 부호 - 별자리를 나타내는 12궁도

29 ③ 30 ① 31 ④ 32 ② 33 ② 정답

해설 ▶ 시각적 부호의 유형

묘사적 부호	사물이나 행동을 단순하고 정확하게 묘사 (위험표지판의 걷는 사람, 해골과 뼈 등)
추상적 부호	전언의 기본요소를 도식적으로 압축한 부호(원개념과 약간의 유사성)
임의적 부호	이미 고안되어 있는 부호이므로 학습해야 하는 부호(표지판의 삼각형 : 주의표지, 사각형 : 안내표지 등)

34 병렬 시스템의 특성이 아닌 것은?

① 요소의 수가 많을수록 고장의 기회는 줄어든다.
② 요소의 중복도가 늘어날수록 시스템의 수명은 길어진다.
③ 요소의 어느 하나라도 정상이면 시스템은 정상이다.
④ 시스템의 수명은 요소 중에서 수명이 가장 짧은 것으로 정해진다.

해설 ④ 시스템의 수명은 요소 중에서 수명이 가장 긴 것으로 정해진다.

35 적절한 온도의 작업환경에서 추운 환경으로 변할 때, 우리의 신체가 수행하는 조절작용이 아닌 것은?

① 발한(發汗)이 시작된다.
② 피부의 온도가 내려간다.
③ 직장온도가 약간 올라간다.
④ 혈액의 많은 양이 몸의 중심부를 순환한다.

해설 ▶ 작업환경이 추운 환경으로 변할 때 몸의 반응
• 피부를 경유하는 혈액의 순환량이 감소하고 많은 양의 혈액이 몸의 중심부를 순환
• 피부 온도는 내려간다.
• 직장 온도가 약간 올라간다.
• 소름이 돋고 몸이 떨리는 오한을 느낀다.

36 A 제지회사의 유아용 화장지 생산 공정에서 작업자의 불안전한 행동을 유발하는 상황이 자주 발생하고 있다. 이를 해결하기 위한 개선의 ECRS에 해당하지 않는 것은?

① Combine
② Standard
③ Eliminate
④ Rearrange

해설 ▶ 개선의 ECRS
• 제거(Eliminate)
• 결합(Combine)
• 재조정(Rearrange)
• 단순화(Simplify)

37 결함수 분석법에서 path set에 관한 설명으로 맞는 것은?

① 시스템의 약점을 표현한 것이다.
② Top사상을 발생시키는 조합이다.
③ 시스템이 고장 나지 않도록 하는 사상의 조합이다.
④ 시스템고장을 유발시키는 필요불가결한 기본사상들의 집합이다.

해설 ▶ path set : 그 안에 포함되는 기본사상이 일어나지 않을 때 처음으로 정상사상이 일어나지 않는 기본사상의 집합 → 결함

38 고령자의 정보처리 과업을 설계할 경우 지켜야 할 지침으로 틀린 것은?

① 표시 신호를 더 크게 하거나 밝게 한다.
② 개념, 공간, 운동 양립성을 높은 수준으로 유지한다.
③ 정보처리 능력에 한계가 있으므로 시분할 요구량을 늘린다.
④ 제어표시장치를 설계할 때 불필요한 세부내용을 줄인다.

해설 ③ 시분할 요구량을 줄여야 한다.

정답 34 ④ 35 ① 36 ② 37 ③ 38 ③

39 자극과 반응의 실험에서 자극 A가 나타날 경우 1로 반응하고 자극 B가 나타날 경우 2로 반응하는 것으로 하고, 100회 반복하여 표와 같은 결과를 얻었다. 제대로 전달된 정보량을 계산하면 약 얼마인가?

자극 \ 반응	1	2
A	50	–
B	10	40

① 0.610 ② 0.871
③ 1.000 ④ 1.361

> **해설**

	1	2	계
A	50	–	50
B	10	40	50

• 자극 정보량
$$H(x) = 0.5\log_2\frac{1}{0.5} + 0.5\log_2\frac{1}{0.5} = 1.0$$

• 반응 정보량
$$H(y) = 0.6\log_2\frac{1}{0.6} + 0.4\log_2\frac{1}{0.4} = 0.9709$$

$$H(x,y) = 0.5\log_2\frac{1}{0.5} + 0.1\log_2\frac{1}{0.1} + 0.4\log_2\frac{1}{0.4}$$
$$= 1.3609$$

$$T(x,y) = H(x) + H(y) - H(x,y) = 0.610$$

40 결함수 분석법(FTA)에서의 미니멀 컷셋과 미니멀 패스셋에 관한 설명으로 맞는 것은?

① 미니멀 컷셋은 시스템의 신뢰성을 표시하는 것이다.
② 미니멀 패스셋은 시스템의 위험성을 표시하는 것이다.
③ 미니멀 패스셋은 시스템의 고장을 발생시키는 최소의 패스셋이다.
④ 미니멀 컷셋은 정상사상(top event)을 일으키기 위한 최소한의 컷셋이다.

> **해설**
> • **미니멀 컷셋** : 시스템의 기능을 마비시키는 사고요인의 최소집합이다.
> • **미니멀 패스셋** : 그 안에 포함되는 모든 기본사상이 일어나지 않을 때 처음으로 정상사상이 일어나지 않는 기본사상의 집합인 패스셋에서 필요 최소한의 것을 미니멀 패스셋이라 한다(시스템의 신뢰성을 나타냄).

3과목 **기계위험방지기술**

41 안전계수가 5인 체인의 최대설계하중이 1000[N]이라면 이 체인의 극한하중은 약 몇 [N]인가?

① 200[N] ② 2000[N]
③ 5000[N] ④ 12000[N]

> **해설** 극한하중/설계하중
> 5 = 극한하중/1000[N]

42 산업안전보건법령에 따른 아세틸렌 용접장치 발생기실의 구조에 관한 설명으로 옳지 않은 것은?

① 벽은 불연성 재료로 할 것
② 지붕과 천장에는 얇은 철판과 같은 가벼운 불연성 재료를 사용할 것
③ 벽과 발생기 사이에는 작업에 필요한 공간을 확보할 것
④ 배기통을 옥상으로 돌출시키고 그 개구부를 출입부로부터 1.5[m] 거리 이내에 설치할 것

> **해설** ▷ **아세틸렌 용접장치 발생기실 구조**
> • 가스가 누출된 경우에는 그 가스가 정체되지 않도록 할 것
> • 지붕과 천장에는 가벼운 불연성 재료를 사용할 것
> • 벽에는 불연성 재료를 사용할 것

39 ① 40 ④ 41 ③ 42 ④ **정답**

43 지름 5[cm] 이상을 갖는 회전 중인 연삭숫돌의 파괴에 대비하여 필요한 방호장치는?

① 받침대
② 과부하 방지장치
③ 덮개
④ 프레임

> **해설** 사업주는 회전 중인 연삭숫돌(지름이 5[cm] 이상인 것으로 한정한다)이 근로자에게 위험을 미칠 우려가 있는 경우에 그 부위에 덮개를 설치하여야 한다.

44 다음 중 와전류비파괴검사법의 특징과 가장 거리가 먼 것은?

① 관, 환봉 등의 제품에 대해 자동화 및 고속화된 검사가 가능하다.
② 검사 대상 이외의 재료적 인자(투자율, 열처리, 온도 등)에 대한 영향이 적다.
③ 가는 선, 얇은 판의 경우도 검사가 가능하다.
④ 표면 아래 깊은 위치에 있는 결함은 검출이 곤란하다.

> **해설** ② 검사 대상 이외의 재료적 인자(투자율, 열처리, 온도 등)에 대한 영향이 많다.

45 재료에 대한 시험 중 비파괴시험이 아닌 것은?

① 방사선투과시험
② 자분탐상시험
③ 초음파탐상시험
④ 피로시험

> **해설** ▶ **비파괴검사의 종류** : 육안검사, 침투탐상검사, 자분탐상검사, 와전류검사, 초음파검사, 방사선투과검사

46 지게차의 안정을 유지하기 위한 안정도 기준으로 틀린 것은?

① 5[t] 미만의 부하 상태에서 하역작업 시의 전후 안정도는 4[%] 이내이어야 한다.
② 부하 상태에서 하역작업 시의 좌우 안정도는 10[%] 이내이어야 한다.
③ 무부하 상태에서 주행 시의 좌우 안정도는 (15 + 1.1×V)[%] 이내이어야 한다.(단, V는 구내 최고속도[km/h])
④ 부하 상태에서 주행 시 전후 안정도는 18[%] 이내이어야 한다.

> **해설** ▶ **지게차의 안정도 기준**
> • **하역작업 시의 전·후 안정도** : 4[%] 이내
> • **주행 시의 전·후 안정도** : 18[%] 이내
> • **하역작업 시의 좌·우 안정도** : 6[%] 이내
> • **주행 시의 좌·우 안정도** : (15+1.1V)[%] 이내

47 산업용 로봇에서 근로자에게 발생할 수 있는 부상 등의 위험을 방지하기 위하여 방책을 세우고자 할 때 일반적으로 높이는 몇 [m] 이상으로 해야 하는가?

① 1.8[m]
② 2.1[m]
③ 2.4[m]
④ 2.7[m]

> **해설** 근로자에게 발생할 수 있는 부상 등의 위험을 방지하기 위하여 높이 1.8[m] 이상의 울타리(로봇의 가동범위 등을 고려하여 높이로 인한 위험성이 없는 경우에는 높이를 그 이하로 조절할 수 있다)를 설치하여야 한다.

48 프레스 방호장치에서 수인식 방호장치를 사용하기에 가장 적합한 기준은?

① 슬라이드 행정길이가 100[mm] 이상, 슬라이드 행정수가 100[spm] 이하

② 슬라이드 행정길이가 50[mm] 이상, 슬라이드 행정수가 100[spm] 이하

③ 슬라이드 행정길이가 100[mm] 이상, 슬라이드 행정수가 200[spm] 이하

④ 슬라이드 행정길이가 50[mm] 이상, 슬라이드 행정수가 200[spm] 이하

해설 슬라이드 행정길이가 50[mm] 이상, 슬라이드 행정수가 100[spm] 이하

49 숫돌 지름이 60[cm]인 경우 숫돌 고정 장치인 평형 플랜지 지름은 몇 [cm] 이상이어야 하는가?

① 10[cm]   ② 20[cm]
③ 30[cm]   ④ 60[cm]

해설 숫돌의 과대파괴속도가 저하하기 때문에 숫돌 지름의 1/3 이상이어야 하는 것이다.

50 다음 중 산업안전보건법령상 프레스 등을 사용하여 작업을 할 때에 작업시작 전 점검사항으로 볼 수 없는 것은?

① 압력방출장치의 기능
② 클러치 및 브레이크의 기능
③ 프레스의 금형 및 고정볼트 상태
④ 1행정 1정지기구·급정지장치 및 비상정지장치의 기능

해설 ▶ **프레스 작업 전 점검사항**
• 클러치 및 브레이크의 기능
• 방호장치의 기능
• 급정지장치 및 비상정지장치의 기능
• 슬라이드 또는 칼날에 의한 위험 방지기구의 기능
• 프레스기의 금형 및 고정볼트의 상태
• 크랭크축, 플라이휠, 슬라이드, 연결봉 및 연결 나사의 볼트 풀림 유무

51 산업안전보건법령에 따른 가스집합 용접장치의 안전에 관한 설명으로 옳지 않은 것은?

① 가스집합장치에 대해서는 화기를 사용하는 설비로부터 5[m] 이상 떨어진 장소에 설치해야 한다.

② 가스집합 용접장치의 배관에서 플랜지, 밸브 등의 접합부에는 개스킷을 사용하고 접합면을 상호 밀착시킨다.

③ 주관 및 분기관에 안전기를 설치해야 하며 이 경우 하나의 취관에 2개 이상의 안전기를 설치해야 한다.

④ 용해아세틸렌을 사용하는 가스집합 용접장치의 배관 및 부속기구는 구리나 구리 함유량이 60[%] 이상인 합금을 사용해서는 아니 된다.

해설 ④ 60[%] → 70[%]

52 다음 중 안전율을 구하는 산식으로 옳은 것은?

① 허용응력/기초강도
② 허용응력/인장강도
③ 인장강도/허용응력
④ 안전하중/파단하중

해설 안전율 = 인강장도/허용응력

53 다음 중 선반의 방호장치로 볼 수 없는 것은?

① 실드(shield)

② 슬라이딩(sliding)

③ 척커버(chuck cover)

④ 칩 브레이커(chip breaker)

> 해설 ② 슬라이딩은 선반에서 할 수 있는 작업의 종류에 해당
> 한다.
> ❯ **선반의 방호장치**
> • 칩 브레이커
> • 칩받이
> • 칩비산방지 투명판(실드)
> • 칸막이 등

54 다음 중 프레스기에 사용되는 방호장치에 있어 원칙적으로 급정지 기구가 부착되어야만 사용할 수 있는 방식은?

① 양수조작식

② 손쳐내기식

③ 가드식

④ 수인식

> 해설 급정지 기구가 부착되어야만 사용할 수 있는 방호장치
> 로는 양수조작식, 광전자식이 있다.

55 다음 중 보일러의 방호장치와 가장 거리가 먼 것은?

① 언로드밸브

② 압력방출장치

③ 압력제한스위치

④ 고저수위조절장치

> 해설 ❯ **보일러의 방호장치** : 압력방출장치, 압력제한스위치,
> 고저수위조절장치, 화염검출기

56 반복응력을 받게 되는 기계구조부분의 설계에서 허용응력을 결정하기 위한 기초강도로 가장 적합한 것은?

① 항복점(Yield point)

② 극한 강도(Ultimate strength)

③ 크리프 한도(Creep limit)

④ 피로 한도(Fatigue limit)

> 해설 ④ 피로는 재료에 반복하여 하중을 가하면, 반복하는 횟
> 수가 많아짐에 따라 재료의 강도가 저하되는 현상

57 그림과 같이 목재가공용 둥근톱 기계에서 분할날(t_2) 두께가 4.0[mm]일 때 톱날 두께 및 톱날 진폭과의 관계로 옳은 것은?

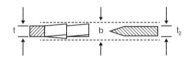

① $b > 4.0[mm]$, $t \leq 3.6[mm]$

② $b > 4.0[mm]$, $t \leq 4.0[mm]$

③ $b < 4.0[mm]$, $t \leq 4.4[mm]$

④ $b > 4.0[mm]$, $t \geq 3.6[mm]$

> 해설 ❯ **분할날(spreader)의 두께** : 분할날의 두께는 톱날 1.1
> 배 이상이고 톱날의 치진폭 미만으로 할 것
> $1.1\ t_1 \leq t_2 < b$

58 컨베이어, 이송용 롤러 등을 사용하는 때에 정전, 전압강하 등에 의한 위험을 방지하기 위하여 설치하는 안전장치는?

① 덮개 또는 울

② 비상정지장치

③ 과부하방지장치

④ 이탈 및 역주행 방지장치

해설 컨베이어, 이송용 롤러 등을 사용하는 경우에는 정전·전압강하 등에 따른 화물 또는 운반구의 이탈 및 역주행을 방지하는 장치를 갖추어야 한다.

59 드릴링 머신에서 드릴의 지름이 20[mm]이고 원주속도가 62.8[m/min]일 때 드릴의 회전수는 약 몇 [rpm]인가?

① 500[rpm]

② 1000[rpm]

③ 2000[rpm]

④ 3000[rpm]

해설 드릴의 원주속도(V)[m/분] = $\pi D n$

D : 드릴의 직경[m]

n : 회전수[rpm]

$3.14 \times 0.02[m] \times n = 62.8$

$n = 1000[rpm]$

60 롤러 작업 시 위험점에서 가드(guard) 개구부까지의 최단 거리를 60[mm]라고 할 때, 최대로 허용할 수 있는 가드 개구부 틈새는 약 몇 [mm]인가? (단, 위험점이 비전동체이다.)

① 6[mm]

② 10[mm]

③ 15[mm]

④ 18[mm]

해설 개구부 간격(Y) = 6+0.15X(X : 가드와 위험점 간의 거리)

Y = 6+0.15×60 = 15[mm]

4과목 전기위험방지기술

61 정전작업 시 조치사항으로 부적합한 것은?

① 작업 전 전기설비의 잔류 전하를 확실히 방전한다.

② 개로된 전로의 충전여부를 검전기구에 의하여 확인한다.

③ 개폐기에 시건장치를 하고 통전금지에 관한 표지판은 제거한다.

④ 예비 동력원의 역송전에 의한 감전의 위험을 방지하기 위해 단락접지 기구를 사용하여 단락 접지를 한다.

해설 ③ 개폐기에 시건장치를 하고 통전금지에 관한 표지판을 부착한다.

62 다음 중 1종 위험장소로 분류되지 않는 것은?

① Floating roof tank 상의 shell 내의 부분

② 인화성 액체의 용기 내부의 액면 상부의 공간부

③ 점검수리 작업에서 가연성 가스 또는 증기를 방출하는 경우의 밸브 부근

④ 탱크로리, 드럼관 등이 인화성 액체를 충전하고 있는 경우의 개구부 부근

해설 ② 인화성 액체의 용기 내부의 액면 상부의 공간부는 정상상태에서 지속적으로 가스가 존재하므로 0종 장소이다.

▶ **1종 장소** : 장치 및 기기들이 정상 가동 상태에서 폭발성 가스가 가끔 누출되어 위험 분위기가 존재하는 장소이다.

63 300[A]의 전류가 흐르는 저압 가공전선로의 1(한)선에서 허용 가능한 누설전류는 몇 [mA]인가?

① 600[mA]　　② 450[mA]

③ 300[mA]　　④ 150[mA]

> **해설** 최대공급전류의 $\frac{1}{2000}$[A]로 규정
> 전류×1/2000 = 300/2000 = 0.15[A] = 150[mA]

64 방폭전기기기의 성능을 나타내는 기호표시로 EX IP ⅡA T5를 나타내었을 때 관계가 없는 표시 내용은?

① 온도등급　　② 폭발성능

③ 방폭구조　　④ 폭발등급

> **해설** ② 폭발성능은 표시에 있지 않음.
> - **EX** : Explosion Protection
> - **IP** : Type of Protection
> - **ⅡA** : Gas Group
> - **T5** : Temperatre

65 저압 전기기기의 누전으로 인한 감전재해의 방지대책이 아닌 것은?

① 보호접지
② 안전전압의 사용
③ 비접지식 전로의 채용
④ 배선용차단기(MCCB)의 사용

> **해설** ④ 배선용차단기(MCCB)는 과부하 및 단락 보호용이다.
> **▶ 저압 전기기기의 누전으로 인한 감전재해 방지대책**
> - 보호접지 실시
> - 감전방지용 누전차단기 사용
> - 이중절연기구 사용
> - 절연열화의 방지

66 변압기의 중성점을 제2종 접지한 수전전압 22.9[kV], 사용전압 220[V]인 공장에서 외함을 제3종 접지공사를 한 전동기가 운전 중에 누전되었을 경우에 작업자가 접촉될 수 있는 최소전압은 약 몇 [V]인가? (단, 1선 지락전류 10[A], 제3종 접지저항 30[Ω], 인체저항 : 10000[Ω]이다.)

① 116.7[V]　　② 127.5[V]

③ 146.7[V]　　④ 165.6[V]

> **해설** 출제 당시에는 정답이 ③이었으나 2021년에 개정되어 정답 없음

67 전압은 저압, 고압 및 특고압으로 구분되고 있다. 다음 중 저압에 대한 설명으로 가장 알맞은 것은?

① 직류 1.5[kV] 미만, 교류 1.5[kV] 미만
② 직류 1.5[kV] 이하, 교류 1.5[kV] 이하
③ 직류 1.5[kV] 미만, 교류 1[kV] 미만
④ 직류 1.5[kV] 이하, 교류 1[kV] 이하

> **해설 ▶ 전압의 구분**
>
> | 전압 구분 | 직류 | 교류 |
> |---|---|---|
> | 저압 | 1.5[kV] 이하 | 1[kV] 이하 |
> | 고압 | 1.5[kV] 초과, 7[kV] 이하 | 1[kV] 초과, 7[kV] 이하 |
> | 특고압 | 7[kV] 초과 | |

68 대전의 완화를 나타내는 데 중요한 인자인 시정수(time constant)는 최초의 전하가 약 몇 [%]까지 완화되는 시간을 말하는가?

① 20[%]　　② 37[%]

③ 45[%]　　④ 50[%]

> **해설** 일반적으로 절연체에 발생한 정전기는 일정장소에 축적되었다가 점차 소멸되는데 처음값의 36.8[%]로 감소되는 시간을 그 물체에 대한 시정수 또는 완화시간이라고 한다.

69 정전기 대전현상의 설명으로 틀린 것은?

① 충돌대전 : 분체류와 같은 입자 상호 간이나 입자와 고체와의 충돌에 의해 빠른 접촉 또는 분리가 행하여짐으로써 정전기가 발생되는 현상

② 유동대전 : 액체류가 파이프 등 내부에서 유동할 때 액체와 관 벽 사이에서 정전기가 발생되는 현상

③ 박리대전 : 고체나 분체류와 같은 물체가 파괴되었을 때 전하분리에 의해 정전기가 발생되는 현상

④ 분출대전 : 분체류, 액체류, 기체류가 단면적이 작은 분출구를 통해 공기 중으로 분출될 때 분출하는 물질과 분출구의 마찰로 인해 정전기가 발생되는 현상

> **해설** ③ **박리대전** : 고체나 분체류와 같은 물체가 파괴되었을 때 전하분리에 의해 정전기가 발생되는 현상으로 밀착되었던 두 물체가 떨어질 때 자유전자의 이동으로 발생하는 것(테이프, 필름, 셔츠를 벗을 때 나타난다.)

70 금속성의 전기기계장치나 구조물에 인체의 일부가 상시 접촉되어 있는 상태의 허용접촉전압으로 옳은 것은?

① 2.5[V] 이하 ② 25[V] 이하
③ 50[V] 이하 ④ 제한없음

> **해설** ▶ **제2종 허용접촉전압**
> • 인체가 많이 젖어 있는 상태
> • 금속제 전기기계장치나 구조물에 인체의 일부가 상시 접촉되어 있는 상태
> • 25[V] 이하

71 상용주파수 60[Hz] 교류에서 성인 남자의 경우 고통한계 전류로 가장 알맞은 것은?

① 15~20[mA] ② 10~15[mA]
③ 7~8[mA] ④ 1[mA]

> **해설**

분류	인체에 미치는 전류의 영향	통전전류
최소감지전류	전류의 흐름을 느낄 수 있는 최소전류	60[Hz]에서 성인남자 1[mA]
고통한계전류 (가수전류, 이탈가능)	고통을 참을 수 있는 한계 전류	60[Hz]에서 성인남자 7~8[mA]
마비한계전류 (불수전류, 이탈불능)	신경이 마비되고 신체를 움직일 수 없으며 말을 할 수 없는 상태	60[Hz]에서 성인남자 10~15[mA]
심실세동전류	심장의 맥동에 영향을 주어 심장마비 상태를 유발	$I = \dfrac{165 \sim 185}{\sqrt{T}}$ [mA]

72 정상작동 상태에서 폭발 가능성이 없으나 이상상태에서 짧은 시간동안 폭발성 가스 또는 증기가 존재하는 지역에 사용 가능한 방폭용기를 나타내는 기호는?

① ib ② p
③ e ④ n

> **해설** 2종 장소에 관한 설명으로 비점화방폭구조(n)

73 정전기 발생에 영향을 주는 요인에 대한 설명으로 틀린 것은?

① 물체의 분리속도가 빠를수록 발생량은 적어진다.

② 접촉면적이 크고 접촉압력이 높을수록 발생량이 많아진다.

③ 물체 표면이 수분이나 기름으로 오염되면 산화 및 부식에 의해 발생량이 많아진다.

④ 정전기의 발생은 처음 접촉, 분리할 때가 최대로 되고 접촉, 분리가 반복됨에 따라 발생량은 감소한다.

해설 ① 물체의 분리속도가 빠를수록 발생량은 많아진다.

74 분진방폭 배선시설에 분진침투 방지재료로 가장 적합한 것은?

① 분진침투 케이블

② 컴파운드(compound)

③ 자기융착성 테이프

④ 씰링피팅(sealing fitting)

해설 ③ 자기융착성 테이프는 신축성이 우수(1000[%])하여 방습 및 전기절연력이 우수하다. 온도특성이 뛰어나며 절연저항과 열전도율이 좋아 절연효과를 상승시킨다.

75 인체의 저항을 1000[Ω]으로 볼 때 심실세동을 일으키는 전류에서의 전기에너지는 약 몇 [J]인가? (단, 심실세동전류는 $\dfrac{165}{\sqrt{T}}$[mA]이며, 통전시간 T는 1초, 전원은 정현파 교류이다.)

① 13.6[J]

② 27.2[J]

③ 136.6[J]

④ 272.2[J]

해설 전기에너지[J]$=I^2 \times R \times T$
(I=전류[A], R=저항[Ω], T=시간)

$$\left(\frac{1}{1000} \times \frac{165}{\sqrt{T}}\right)^2 \times 1000 \times T$$

전류의 단위는 [A]이나 $\dfrac{165}{\sqrt{T}}$는 [mA]이므로 [A]의 $\dfrac{1}{1000}$이다.

$$\left(\frac{1}{1000}\right)^2 \times \frac{165^2}{T} \times 1000 \times T$$

T는 1이므로

$$\frac{1}{1000^2} \times \frac{165^2}{1} \times 1000 \times 1 = \frac{165^2}{1000} = 27.225$$

76 전기설비에 작업자의 직접 접촉에 의한 감전방지 대책이 아닌 것은?

① 충전부에 절연 방호망을 설치할 것

② 충전부는 내구성이 있는 절연물로 완전히 덮어 감쌀 것

③ 충전부가 노출되지 않도록 폐쇄형 외함구조로 할 것

④ 관계자 외에도 쉽게 출입이 가능한 장소에 충전부를 설치할 것

해설 ④ 출입을 제한하고 충전부를 설치할 것

77 교류 아크용접기의 자동전격방지장치는 아크발생이 중단된 후 출력측 무부하 전압을 1초 이내 몇 [V] 이하로 저하시켜야 하는가?

① 25~30

② 35~50

③ 55~75

④ 80~100

해설 용접장치의 무부하 전압은 보통 60~90[V]이다. 자동전격방지장치를 사용하게 되면 25[V] 이하로 저하시켜 용접기 무부하 시에 작업자가 용접봉과 모재 사이에 접촉함으로써 발생하는 감전 위험을 방지한다.

정답 73 ① 74 ③ 75 ② 76 ④ 77 ①

78 그림과 같은 설비에 누전되었을 때 인체가 접촉하여도 안전하도록 ELV를 설치하려고 한다. 누전차단기 동작전류 및 시간으로 가장 적당한 것은?

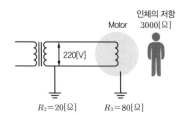

① 30[mA], 0.1초 ② 60[mA], 0.1초
③ 90[mA], 0.1초 ④ 120[mA], 0.1초

해설 누전차단기는 30[mA]에서 작동

79 고압 및 특고압의 전로에 시설하는 피뢰기의 접지저항은 몇 [Ω] 이하로 하여야 하는가?

① 10[Ω] 이하 ② 100[Ω] 이하
③ 10^6[Ω] 이하 ④ 1k[kΩ] 이하

해설 전로시설 공사 시 피뢰기의 접지저항은 10[Ω] 이하로 한다.

80 절연전선의 과전류에 의한 연소단계 중 착화단계의 전선 전류밀도[A/mm²]로 알맞은 것은?

① 40[A/mm²] ② 50[A/mm²]
③ 65[A/mm²] ④ 120[A/mm²]

해설 • 인화단계 : 40~43[A/mm²]
 • 착화단계 : 43~60[A/mm²]
 • 발화단계 : 60~120[A/mm²]
 • 순시용단단계 : 120[A/mm²] 이상

5과목 화학설비위험방지기술

81 5[%] NaOH 수용액과 10[%] NaOH 수용액을 반응기에 혼합하여 6[%] 100[kg]의 NaOH 수용액을 만들려면 각각 몇 [kg]의 NaOH 수용액이 필요한가?

① 5[%] NaOH 수용액 : 33.3, 10[%] NaOH 수용액 : 66.7

② 5[%] NaOH 수용액 : 50, 10[%] NaOH 수용액 : 50

③ 5[%] NaOH 수용액 : 66.7, 10[%] NaOH 수용액 : 33.3

④ 5[%] NaOH 수용액 : 80, 10[%] NaOH 수용액 : 20

해설 6[%]의 혼합 수용액이 100[kg]이므로, 5[%] 수용액의 무게를 x[kg]이라 하면, 10[%] 수용액의 무게는 $(100-x)$[kg]이 된다. 따라서 $0.06 \times 100 = 0.05x + 0.1(100-x)$
$6 = 0.05x + 10 - 0.1x$, $0.05x = 4$ ∴ $x = 80$
따라서 5[%] 수용액은 80[kg],
10[%] 수용액은 20(=100-80)[kg]이 된다.

82 다음 설명이 의미하는 것은?

> 온도, 압력 등 제어상태가 규정의 조건을 벗어나는 것에 의해 반응속도가 지수함수적으로 증대되고, 반응용기 내의 온도, 압력이 급격히 이상 상승되어 규정 조건을 벗어나고, 반응이 과격화되는 현상

① 비등 ② 과열·과압
③ 폭발 ④ 반응폭주

해설 규정의 조건을 벗어나는 것에 의해 반응속도가 지수함수적으로 증대되고, 반응용기 내의 온도, 압력이 급격히 이상 상승되어 규정 조건을 벗어나고, 반응이 과격화되는 현상은 반응폭주이다.

83 석탄분진폭발의 발생 순서로 옳은 것은?

① 비산 → 분산 → 퇴적분진 → 발화원 → 2차폭발
→ 전면폭발

② 비산 → 퇴적분진 → 분산 → 발화원 → 2차폭발
→ 전면폭발

③ 퇴적분진 → 발화원 → 분산 → 비산 → 전면폭
발 → 2차폭발

④ 퇴적분진 → 비산 → 분산 → 발화원 → 전면폭
발 → 2차폭발

해설 ▶ 분진의 폭발 발생순서 : 퇴적 분진 → 비산 → 분산
→ 발화원 → 전면폭발 → 2차 폭발

84 건축물 공사에 사용되고 있으나, 불에 타는 성질
이 있어서 화재 시 유독한 시안화수소 가스가 발
생되는 물질은?

① 염화비닐

② 염화에틸렌

③ 메타크릴산메틸

④ 우레탄

해설 ④ 건축물 공사에 사용하고 있고 불에 타는 성질이 있으
며, 화재 시 유독한 시안화수소 가스가 발생하는 물
질은 우레탄이다.

85 다음 중 밀폐 공간내 작업 시의 조치사항으로 가
장 거리가 먼 것은?

① 산소결핍이 우려되거나 유해가스 등의 농도가
높아서 폭발할 우려가 있는 경우는 진행 중인 작
업에 방해되지 않도록 주의하면서 환기를 강화
하여야 한다.

② 해당 작업장을 적정한 공기상태로 유지되도록
환기하여야 한다.

③ 해당 장소에 근로자를 입장시킬 때와 퇴장시킬
때에 각각 인원을 점검하여야 한다.

④ 해당 작업장과 외부의 감시인 사이에 상시연락
을 취할 수 있는 설비를 설치하여야 한다.

해설 ① 산소결핍이 우려되거나 유해가스 등의 농도가 높아
서 폭발할 우려가 있는 경우는 진행 중인 작업을 중
지하고 해당 근로자를 대피시켜야 한다.

86 아세톤에 대한 설명으로 틀린 것은?

① 증기는 유독하므로 흡입하지 않도록 주의해야
한다.

② 무색이고 휘발성이 강한 액체이다.

③ 비중이 0.79이므로 물보다 가볍다.

④ 인화점이 20[℃]이므로 여름철에 더 인화 위험
이 높다.

해설 ④ 인화점이 −18[℃]이므로 여름철에 더 인화 위험이 낮다.

87 다음 중 인화점이 가장 낮은 것은?

① 벤젠   ② 메탄올

③ 이황화탄소   ④ 경유

정답 83 ④ 84 ④ 85 ① 86 ④ 87 ③

해설 ① 벤젠 −11.1[℃]
② 메탄올 16[℃]
③ 이황화탄소 −30[℃]
④ 경유 50~70[℃]

88 다음 중 왕복펌프에 속하지 않는 것은?

① 피스톤 펌프
② 플런저 펌프
③ 기어 펌프
④ 격막 펌프

해설 ③ 기어펌프는 회전펌프이다.

89 다음 중 아세틸렌을 용해가스로 만들 때 사용되는 용제로 가장 적합한 것은?

① 아세톤
② 메탄
③ 부탄
④ 프로판

해설 아세틸렌을 용해가스로 만들 때 사용되는 용제는 아세톤이다.

90 다음 금속 중 산(acid)과 접촉하여 수소를 가장 잘 방출시키는 원소는?

① 칼륨
② 구리
③ 수은
④ 백금

해설 ① 칼륨이 금속 산과 접촉하면 수소를 방출시킨다.

91 비점이 낮은 액체 저장탱크 주위에 화재가 발생했을 때 저장탱크 내부의 비등 현상으로 인한 압력 상승으로 탱크가 파열되어 그 내용물이 증발, 팽창하면서 발생되는 폭발현상은?

① Back Draft
② BLEVE
③ Flash Over
④ UVCE

해설 비등액팽창증기 폭발현상(BLEVE)에 대한 설명이다.

92 가연성가스의 폭발범위에 관한 설명으로 틀린 것은?

① 압력 증가에 따라 폭발 상한계와 하한계가 모두 현저히 증가한다.
② 불활성가스를 주입하면 폭발범위는 좁아진다.
③ 온도의 상승과 함께 폭발범위는 넓어진다.
④ 산소 중에서의 폭발범위는 공기 중에서 보다 넓어진다.

해설 ① 압력 증가에 따라 폭발 상한계가 현저히 증가하지만, 하한계는 영향이 없다.

93 고체 가연물의 일반적인 4가지 연소방식에 해당하지 않는 것은?

① 분해연소
② 표면연소
③ 확산연소
④ 증발연소

해설 ▶ **고체의 연소형태**
• **표면연소** : 열분해에 의하여 인화성 가스를 발생하지 않고 물질 그 자체가 연소하는 형태를 말한다.(예 코크스, 목탄, 금속분, 석탄 등)
• **분해연소** : 충분한 열에너지 공급시 가열분해에 의해 발생된 인화성 가스가 공기와 혼합되어 연소하는 형태를 말한다.(예 목재, 종이, 플라스틱, 알루미늄)

- **증발연소** : 황, 나프탈렌과 같은 고체위험물을 가열하면 열분해를 일으켜 액체가 된 후 어떤 일정온도에서 발생된 인화성 증기가 연소되는데 이를 증발연소라고 한다.(예 알코올)
- **자기연소** : 제5류 위험물은 인화성이면서 자체 내에 산소를 함유하고 있어 공기 중의 산소를 필요로 하지 않고 연소되는데 이를 자기연소라 한다.(예 니트로 화합물, 수소)

94 산업안전보건법령에 따라 정변위 압축기 등에 대해서 과압에 따른 폭발을 방지하기 위하여 설치하여야 하는 것은?

① 역화방지기   ② 안전밸브
③ 감지기   ④ 체크밸브

해설 ◆ **안전밸브 등의 설치**
- 압력용기(안지름이 150[mm] 이하인 압력용기는 제외하며, 압력 용기 중 관형 열교환기의 경우에는 관의 파열로 인하여 상승한 압력이 압력용기의 최고사용압력을 초과할 우려가 있는 경우만 해당한다.)
- 정변위 압축기
- 정변위 펌프(토출축에 차단밸브가 설치된 것만 해당한다.)
- 배관(2개 이상의 밸브에 의하여 차단되어 대기온도에서 액체의 열팽창에 의하여 파열될 우려가 있는 것으로 한정한다.)
- 그 밖의 화학설비 및 그 부속설비로서 해당 설비의 최고사용압력을 초과할 우려가 있는 것

95 다음 중 응상폭발이 아닌 것은?

① 분해폭발
② 수증기폭발
③ 전선폭발
④ 고상간의 전이에 의한 폭발

해설 ① 분해폭발은 기상폭발이다.

96 다음 중 화학공장에서 주로 사용되는 불활성 가스는?

① 수소   ② 수증기
③ 질소   ④ 일산화탄소

해설 ③ 질소는 비금속 화학 원소로 대기의 78[%]를 차지한다.

97 위험물안전관리법령에서 정한 위험물의 유형 구분이 나머지 셋과 다른 하나는?

① 질산   ② 질산칼륨
③ 과염소산   ④ 과산화수소

해설 • **질산칼륨** : 산화성고체로 1류 위험물
• **질산, 과염소산, 과산화수소** : 산화성액체로 6류 위험물

98 다음 중 압축기 운전 시 토출압력이 갑자기 증가하는 이유로 가장 적절한 것은?

① 윤활유의 과다
② 피스톤 링의 가스 누설
③ 토출관 내에 저항 발생
④ 저장조 내 가스압의 감소

해설 ③ 토출관 내에 저항이 발생하면 압축기 운전 시 토출압력이 갑자기 증가하는 현상이 발생한다.

99 프로판(C_3H_8) 가스가 공기 중 연소할 때의 화학양론농도는 약 얼마인가? (단, 공기 중의 산소농도는 21[vol%]이다.)

① 2.5[vol%]   ② 4.0[vol%]
③ 5.6[vol%]   ④ 9.5[vol%]

해설 100/[1+4.77(3+8/4)] = 4.0

100 다음 중 CO_2 소화약제의 장점으로 볼 수 없는 것은?

① 기체 팽창률 및 기화 잠열이 작다.

② 액화하여 용기에 보관할 수 있다.

③ 전기에 대해 부도체이다.

④ 자체 증기압이 높기 때문에 자체 압력으로 방사가 가능하다.

해설 ① 기체 팽창률 및 기화 잠열이 크다.

6과목 **건설안전기술**

---

101 건설현장에 설치하는 사다리식 통로의 설치기준으로 옳지 않은 것은?

① 발판과 벽과의 사이는 15[cm] 이상의 간격을 유지할 것

② 발판의 간격은 일정하게 할 것

③ 사다리의 상단은 걸쳐놓은 지점으로부터 60[cm] 이상 올라가도록 할 것

④ 사다리식 통로의 길이가 10[m] 이상인 경우에는 3[m] 이내마다 계단참을 설치할 것

해설 ▷ **사다리식 통로 등의 구조**(안전보건규칙 제24조)
- 견고한 구조로 할 것
- 심한 손상 · 부식 등이 없는 재료를 사용할 것
- 발판의 간격은 일정하게 할 것
- 발판과 벽과의 사이는 15[cm] 이상의 간격을 유지할 것
- 폭은 30[cm] 이상으로 할 것
- 사다리가 넘어지거나 미끄러지는 것을 방지하기 위한 조치를 할 것
- 사다리의 상단은 걸쳐놓은 지점으로부터 60[cm] 이상 올라가도록 할 것

- 사다리식 통로의 길이가 10[m] 이상인 경우에는 5[m] 이내마다 계단참을 설치할 것
- 사다리식 통로의 기울기는 75[°] 이하로 할 것. 다만, 고정식 사다리식 통로의 기울기는 90[°] 이하로 하고, 그 높이가 7[m] 이상인 경우에는 바닥으로부터 높이가 2.5[m] 되는 지점부터 등받이울을 설치할 것
- 접이식 사다리 기둥은 사용 시 접혀지거나 펼쳐지지 않도록 철물 등을 사용하여 견고하게 조치할 것

---

102 흙막이 계측기의 종류 중 주변 지반의 변형을 측정하는 기계는?

① Tilt meter

② Inclino meter

③ Strain gauge

④ Load cell

해설 주변 지반의 변형을 측정하는 기계는 지중경사계(Inclino meter)이다.

---

103 차량계 하역운반기계등에 화물을 적재하는 경우에 준수해야 할 사항으로 옳지 않은 것은?

① 하중이 한쪽으로 치우치도록 하여 공간상 효율적으로 적재할 것

② 구내운반차 또는 화물자동차의 경우 화물의 붕괴 또는 낙하에 의한 위험을 방지하기 위하여 화물에 로프를 거는 등 필요한 조치를 할 것

③ 운전자의 시야를 가리지 않도록 화물을 적재할 것

④ 화물을 적재하는 경우 최대적재량을 초과하지 않을 것

해설 ① 하중이 한쪽으로 치우치지 않도록 하여 공간상 효율적으로 적재하여야 한다.

104 다음 설명에 해당하는 안전대와 관련된 용어로 옳은 것은? (단, 보호구 안전인증 고시 기준)

> 신체지지의 목적으로 전신에 착용하는 띠 모양의 것으로서 상체 등 신체 일부분만 지지하는 것은 제외한다.

① 안전그네
② 벨트
③ 죔줄
④ 버클

해설 안전그네에 관한 설명이다.

105 터널공사의 전기발파작업에 관한 설명으로 옳지 않은 것은?

① 전선은 점화하기 전에 화약류를 충진한 장소로부터 30[m] 이상 떨어진 안전한 장소에서 도통시험 및 저항시험을 하여야 한다.
② 점화는 충분한 허용량을 갖는 발파기를 사용하고 규정된 스위치를 반드시 사용하여야 한다.
③ 발파 후 발파기와 발파모선의 연결을 유지한 채 그 단부를 절연시킨다.
④ 점화는 선임된 발파책임자가 행하고 발파기의 핸들을 점화할 때 이외는 시건장치를 하거나 모선을 분리하여야 하며 발파책임자의 엄중한 관리하에 두어야 한다.

해설 ③ 발파 후 즉시 발파기와 발파모선을 분리하고 그 단부를 절연시킨다.

106 거푸집동바리 등을 조립 또는 해체하는 작업을 하는 경우 준수사항으로 옳지 않은 것은?

① 재료, 기구 또는 공구 등을 올리거나 내리는 경우에는 근로자로 하여금 달줄·달포대 등의 사용을 금하도록 할 것
② 낙하·충격에 의한 돌발적 재해를 방지하기 위하여 버팀목을 설치하고 거푸집동바리등을 인양장비에 매단 후에 작업을 하도록 하는 등 필요한 조치를 할 것
③ 비, 눈, 그 밖의 기상상태의 불안정으로 날씨가 몹시 나쁜 경우에는 그 작업을 중지할 것
④ 해당 작업을 하는 구역에는 관계 근로자가 아닌 사람의 출입을 금지할 것

해설 ① 재료, 기구 또는 공구 등을 올리거나 내리는 경우에는 근로자로 하여금 달줄·달포대 등을 사용하도록 하여야 한다.

107 로드(rod)·유압잭(jack) 등을 이용하여 거푸집을 연속적으로 이동시키면서 콘크리트를 타설할 때 사용되는 것으로 silo 공사 등에 적합한 거푸집은?

① 메탈폼
② 슬라이딩폼
③ 워플폼
④ 페코빔

해설 ② 슬라이딩폼은 요크(Yoke)로 거푸집을 수직으로 연속 이동시키면서 콘크리트를 타설하는 거푸집이다.

108 양중기에 사용하는 와이어로프에서 화물의 하중을 직접 지지하는 달기와이어로프 또는 달기체인의 안전계수 기준은?

① 3 이상
② 4 이상
③ 5 이상
④ 10 이상

> **해설 ▶ 달기와이어로프 또는 달기체인의 안전계수 기준**
> - 근로자가 탑승하는 운반구를 지지하는 달기와이어로프 또는 달기체인의 경우 : 10 이상
> - 화물의 하중을 직접 지지하는 달기와이어로프 또는 달기체인의 경우 : 5 이상
> - 훅, 샤클, 클램프, 리프팅 빔의 경우 : 3 이상

109 건설업의 산업안전보건관리비 사용항목에 해당되지 않는 것은?

① 안전시설비
② 근로자 건강관리비
③ 운반기계 수리비
④ 안전진단비

> **해설 ▶ 산업안전보건관리비 사용항목**
> - 안전관리자 등 인건비 및 각종 업무수당
> - 안전시설비 등
> - 개인보호구 및 안전장구 구입비 등
> - 안전진단비 등
> - 안전보건교육비 및 행사비등
> - 근로자 건강관리비
> - 건설재해예방 기술지도비

110 설치·이전하는 경우 안전인증을 받아야 하는 기계·기구에 해당되지 않는 것은?

① 크레인
② 리프트
③ 곤돌라
④ 고소작업대

> **해설 ▶ 설치·이전하는 경우 안전인증을 받아야 하는 기계**
> - 크레인
> - 리프트
> - 곤돌라

111 유해위험방지계획서 첨부서류에 해당되지 않는 것은?

① 안전관리를 위한 교육자료
② 안전관리 조직표
③ 전체 공정표
④ 재해 발생 위험 시 연락 및 대피방법

> **해설 ①** 안전관리를 위한 교육자료는 첨부서류가 아니다.
> **▶ 유해위험방지계획서 첨부서류**(산업안전보건법 시행규칙 별표 10)
> - 공사 개요서(별지 제101호 서식)
> - 공사현장의 주변 현황 및 주변과의 관계를 나타내는 도면(매설물 현황을 포함한다)
> - 전체 공정표
> - 산업안전보건관리비 사용계획서(별지 제102호 서식)
> - 안전관리 조직표
> - 재해 발생 위험 시 연락 및 대피방법

112 항타기 또는 항발기의 권상용 와이어로프의 사용금지기준에 해당하지 않는 것은?

① 이음매가 없는 것
② 지름의 감소가 공칭지름의 7[%]를 초과하는 것
③ 꼬인 것
④ 열과 전기충격에 의해 손상된 것

> **해설 ①** 이음매가 있는 것이 사용금지이다.

113 철골 작업 시 기상조건에 따라 안전상 작업을 중지하여야 하는 경우에 해당되는 기준으로 옳은 것은?

① 강우량이 시간당 5[mm] 이상인 경우
② 강우량이 시간당 10[mm] 이상인 경우
③ 풍속이 초당 10[m] 이상인 경우
④ 강설량이 시간당 20[mm] 이상인 경우

해설 ▶ **철골 작업 시 안전상 작업중지 사유**
- 풍속이 초당 10[m] 이상인 경우
- 강우량이 시간당 1[mm] 이상인 경우
- 강설량이 시간당 1[cm] 이상인 경우

해설
- 파이프 서포트를 3개 이상 이어서 사용하지 않도록 할 것
- 파이프 서포트를 이어서 사용하는 경우에는 4개 이상의 볼트 또는 전용철물을 사용하여 이을 것
- 높이가 3.5[m]를 초과하는 경우에는 높이 2[m] 이내마다 수평연결재를 2개 방향으로 만들고 수평연결재의 변위를 방지할 것

114 가설통로의 구조에 관한 기준으로 옳지 않은 것은?

① 경사가 15[°]를 초과하는 경우에는 미끄러지지 아니하는 구조로 할 것

② 경사는 20[°] 이하로 할 것

③ 추락의 위험이 있는 장소에는 안전난간을 설치할 것

④ 수직갱에 가설된 통로의 길이가 15[m] 이상인 경우에는 10[m] 이내마다 계단참을 설치할 것

해설 ▶ **가설통로의 설치 기준**(안전보건규칙 제23조)
- 견고한 구조로 할 것
- 경사는 30[°] 이하로 할 것. 다만, 계단을 설치하거나 높이 2[m] 미만의 가설통로로서 튼튼한 손잡이를 설치한 경우에는 그러하지 아니하다.
- 경사가 15[°]를 초과하는 경우에는 미끄러지지 아니하는 구조로 할 것
- 추락할 위험이 있는 장소에는 안전난간을 설치할 것. 다만, 작업상 부득이한 경우에는 필요한 부분만 임시로 해체할 수 있다.
- 수직갱에 가설된 통로의 길이가 15[m] 이상인 경우에는 10[m] 이내마다 계단참을 설치할 것
- 건설공사에 사용하는 높이 8[m] 이상인 비계다리에는 7[m] 이내마다 계단참을 설치할 것

116 공정률이 65[%]인 건설현장의 경우 공사 진척에 따른 산업안전보건관리비의 최소 사용기준으로 옳은 것은?

① 40[%] 이상 ② 50[%] 이상
③ 60[%] 이상 ④ 70[%] 이상

해설

공정률	50[%] 이상 70[%] 미만	70[%] 이상 90[%] 미만	90[%] 이상
사용기준	50[%] 이상	70[%] 이상	90[%] 이상

117 화물취급작업과 관련한 위험방지를 위해 조치하여야 할 사항으로 옳지 않은 것은?

① 작업장 및 통로의 위험한 부분에는 안전하게 작업할 수 있는 조명을 유지할 것

② 차량 등에서 화물을 내리는 작업을 하는 경우에 해당 작업에 종사하는 근로자에게 쌓여 있는 화물 중간에서 화물을 빼내도록 하지 말 것

③ 육상에서의 통로 및 작업장소로서 다리 또는 선거 갑문을 넘는 보도 등의 위험한 부분에는 안전난간 또는 울타리 등을 설치할 것

④ 부두 또는 안벽의 선을 따라 통로를 설치하는 경우에는 폭을 50[cm] 이상으로 할 것

115 동바리로 사용하는 파이프 서포트는 최대 몇 개 이상 이어서 사용하지 않아야 하는가?

① 2개 ② 3개
③ 4개 ④ 5개

정답 114 ② 115 ② 116 ② 117 ④

해설 ④ 부두 또는 안벽의 선을 따라 통로를 설치하는 경우에는 폭을 90[cm] 이상으로 할 것(안전보건규칙 제390조)

118 타워크레인을 자립고(自立高) 이상의 높이로 설치할 때 지지벽체가 없어 와이어로프로 지지하는 경우의 준수사항으로 옳지 않은 것은?

① 와이어로프를 고정하기 위한 전용지지프레임을 사용할 것

② 와이어로프 설치각도는 수평면에서 60[°] 이내로 하되, 지지점은 4개소 이상으로 하고, 같은 각도로 설치할 것

③ 와이어로프와 그 고정부위는 충분한 강도와 장력을 갖도록 설치하되, 와이어로프를 클립·샤클(shackle) 등의 기구를 사용하여 고정하지 않도록 유의할 것

④ 와이어로프가 가공전선(架空電線)에 근접하지 않도록 할 것

해설 ③ 와이어로프와 그 고정부위는 충분한 강도와 장력을 갖도록 설치하되, 와이어로프를 클립·샤클(shackle) 등의 기구를 사용하여 견고하게 고정시켜 풀리지 않도록 할 것(안전보건규칙 제142조 제2항 제4호)

119 말비계를 조립하여 사용할 때의 준수사항으로 옳지 않은 것은?

① 지주부재의 하단에는 미끄럼 방지장치를 한다.

② 지주부재와 수평면과의 기울기는 75[°] 이하로 한다.

③ 말비계의 높이가 2[m]를 초과할 경우에는 작업발판의 폭을 30[cm] 이상으로 한다.

④ 지주부재와 지주부재 사이를 고정시키는 보조부재를 설치한다.

해설 ③ 말비계의 높이가 2[m]를 초과할 경우에는 작업발판의 폭을 40[cm] 이상으로 한다.

120 흙막이 지보공의 안전조치로 옳지 않은 것은?

① 굴착배면에 배수로 미설치

② 지하매설물에 대한 조사 실시

③ 조립도의 작성 및 작업순서 준수

④ 흙막이 지보공에 대한 조사 및 점검 철저

해설 ① 굴착배면에 배수로 설치

2017년 제3회 기출 복원문제

1과목 안전관리론

01 안전교육의 단계에 있어 교육대상자가 스스로 행함으로써 습득하게 하는 교육은?

① 의식교육

② 기능교육

③ 지식교육

④ 태도교육

> **해설** ② **기능교육** : 교육자가 스스로 행함, 경험과 적응, 전문적 기술 기능, 작업능력 및 기술능력부여, 작업동작의 표준화, 교육기간의 장기화, 대규모 인원에 대한 교육 곤란
> ③ **지식교육** : 기초지식 주입, 광범위한 지식의 습득 및 전달
> ④ **태도교육** : 습관형성, 안전의식향상, 안전책임감 주입

02 부주의의 현상으로 볼 수 없는 것은?

① 의식의 단절

② 의식수준 지속

③ 의식의 과잉

④ 의식의 우회

> **해설** ▶ **부주의 현상**
> • **의식의 우회** : 근심걱정으로 집중 못함(애가 아픔)
> • **의식의 과잉** : 갑작스러운 사태 목격 시 멍해지는 현상(= 일점 집중현상)
> • **의식의 단절** : 수면상태 또는 의식을 잃어버리는 상태
> • **의식의 혼란** : 경미한 자극에 주의력이 흐트러지는 현상
> • **의식수준의 저하** : 단조로운 업무를 장시간 수행 시 몽롱해지는 현상(= 감각차단현상)

03 산업안전보건법상 근로시간 연장의 제한에 관한 기준에서 아래의 ( ) 안에 알맞은 것은?

> 사업주는 유해하거나 위험한 작업으로서 대통령령으로 정하는 작업에 종사하는 근로자에게는 1일 (㉠)시간, 1주 (㉡)시간을 초과하여 근로하게 하여서는 아니 된다.

① ㉠ 6, ㉡ 34

② ㉠ 7, ㉡ 36

③ ㉠ 8, ㉡ 40

④ ㉠ 8, ㉡ 44

> **해설** 사업주는 유해하거나 위험한 작업으로서 높은 기압에서 하는 작업 등 대통령령으로 정하는 작업에 종사하는 근로자에게는 1일 6시간, 1주 34시간을 초과하여 근로하게 해서는 안 된다.

04 일반적으로 시간의 변화에 따라 야간에 상승하는 생체리듬은?

① 맥박수

② 염분량

③ 혈압

④ 체중

> **해설** ▶ **생체리듬(바이오리듬)의 변화**
> • **주간 감소, 야간 증가** : 혈액의 수분, 염분량
> • **주간 상승, 야간 감소** : 체온, 혈압, 맥박수
> • 특히 야간에는 체중 감소, 소화불량, 말초신경기능 저하, 피로의 자각증상 증대 등의 현상이 나타난다.
> • **사고발생률이 가장 높은 시간대**
> – 24시간 업무 중 : 03~05시 사이
> – 주간업무 중 : 오전 10~11시, 오후 15~16시 사이

정답 01 ② 02 ② 03 ① 04 ②

05 성인학습의 원리에 해당되지 않는 것은?

① 간접경험의 원리

② 자발학습의 원리

③ 상호학습의 원리

④ 참여교육의 원리

해설 ▶ 성인학습의 원리

자발 학습의 원리	• 성인교육의 특징 : 자각적 자발성에 기초한 자기 성취추구, 자유로운 이성의지에 의한 자기교육 • 학습자 개인의 자발적 학습의지를 북돋워 주고 동기부여 • 적용–학습효과를 높이고 지속시키는 방법을 알려주고 조정
자기 주도의 원리	• 학습자 스스로 학습전략 선정에 주도적이고 능동적인 역할 독려 • 학습자의 자율적이고 자기주도적 학습 조력, 촉진
상호 학습의 원리	• 성인의 경우 이미 기본적 학교 교육을 마치고 풍부한 경험 소유 • 자신이 학습할 사항에 대한 기본 지식과 방향 사전 이해 • 교육자와 학습자, 학습자 상호 간의 경험을 공유할 수 있는 방향으로 성인교육 프로그램 마련 노력 • 가르친다는 의미보다 상호작용과 조정을 통해 교육효과 상승에 주력
참여 교육의 원리	• 학교교육은 주어진 교과내용을 교사가 학습자에게 전달하는 데 중점 • 성인교육은 학습자의 자율성에 바탕을 둠 : 교육자는 수업설계 시 학습자의 자율적 참여가 장려될 수 있는 방안 모색
다양 성의 원리	• 성인교육의 대상인 성인은 직업, 연령, 학력, 사회경제적 배경, 사회적 경험 등이 매우 이질적 • 교육자는 항상 학습자의 다양성을 고려하고 학습자의 경험과 지식, 의견을 같이 나누고 상승시킬 수 있는 환경을 조성

06 브레인스토밍(Brain–storming) 기법의 4원칙에 관한 설명으로 틀린 것은?

① 한 사람이 많은 의견을 제시할 수 있다.

② 타인의 의견을 수정하여 발언할 수 있다.

③ 타인의 의견에 대하여 비판, 비평하지 않는다.

④ 의견을 발언할 때에는 주어진 요건에 맞추어 발언한다.

해설 ④ 자유분방의 원칙에 위배된다.
① 대량 발언, ② 수정 발언, ③ 비평 금지

07 재해원인 분석방법의 통계적 원인분석 중 사고의 유형, 기인물 등 분류항목을 큰 순서대로 도표화한 것은?

① 파레토도

② 특성요인도

③ 크로스도

④ 관리도

해설 ▶ 파레토도

• 중요한 문제점을 발견하고자 하거나, 문제점의 원인을 조사하고자 하거나, 개선과 대책의 효과를 알고자 할 때 사용한다.

• **작성순서** : 조사 사항을 결정하고 분류 항목을 선정 → 선정된 항목에 대한 데이터를 수집하고 정리 → 수집된 데이터를 이용하여 막대그래프 작성 → 누적곡선을 그림

08 산업안전보건법령상 안전보건표지의 종류 중 안내표지에 해당하지 않은 것은?

① 들것

② 비상용기구

③ 출입구

④ 세안장치

해설 ▶ 안내표지 종류

401 녹십자 표지	402 응급구호 표지	403 들것	404 세안 장치	405 비상용 기구	406 비상구

09 산업안전보건법령상 근로자 안전보건교육 중 관리감독자 정기 안전보건교육의 교육내용이 아닌 것은?

① 작업 개시 전 점검에 관한 사항
② 산업보건 및 직업병 예방에 관한 사항
③ 유해·위험 작업환경 관리에 관한 사항
④ 작업공정의 유해·위험과 재해 예방대책에 관한 사항

해설 ❯ **관리감독자 정기 안전보건교육**
• 산업안전 및 사고 예방에 관한 사항
• 산업보건 및 직업병 예방에 관한 사항
• 유해·위험 작업환경 관리에 관한 사항
• 산업안전보건법령 및 산업재해보상보험 제도에 관한 사항
• 직무스트레스 예방 및 관리에 관한 사항
• 직장 내 괴롭힘, 고객의 폭언 등으로 인한 건강장해 예방 및 관리에 관한 사항
• 작업공정의 유해·위험과 재해 예방대책에 관한 사항
• 표준안전 작업방법 및 지도 요령에 관한 사항
• 관리감독자의 역할과 임무에 관한 사항
• 안전보건교육 능력 배양에 관한 사항

10 안전점검 보고서 작성내용 중 주요 사항에 해당되지 않는 것은?

① 작업현장의 현 배치 상태와 문제점
② 재해다발요인과 유형분석 및 비교 데이터 제시
③ 안전관리 스텝의 인적사항
④ 보호구, 방호장치 작업환경 실태와 개선제시

해설 ③ 스텝의 인적사항은 해당되지 않는다.

11 안전교육방법 중 구안법(Project Method)의 4단계의 순서로 옳은 것은?

① 목표결정 → 계획수립 → 활동 → 평가
② 계획수립 → 목표결정 → 활동 → 평가
③ 활동 → 계획수립 → 목표결정 → 평가
④ 평가 → 계획수립 → 목표결정 → 활동

해설 ❯ **구안법**
• 참가자 스스로가 계획을 수립하고 행동하는 실천적인 학습활동
• 목표결정 → 계획수립 → 실행 → 평가

12 보호구 안전인증 고시에 따른 방음용 귀마개 또는 귀덮개와 관련된 용어의 정의 중 다음 (　) 안에 알맞은 것은?

> 음압수준이란 음압을 다음 식에 따라 데시벨[dB]로 나타낸 것을 말하며 적분평균소음계(KSC1505) 또는 소음계(KSC1502)에 규정하는 소음계의 (　) 특성을 기준으로 한다.

① A
② B
③ C
④ D

해설 단일 숫자의 차음평가수 NRR(Noise Reduction Rating)을 명시하도록 하였다. 이것은 외부에서 각 주파수별로 측정하여 계산한 특성 [dB](C)의 총 음압수준에서 착용자의 고막에 도달한 각 주파수별 특성 [dB](A)의 총 음압수준을 뺀 다음 안전을 위하여 여기서 3[dB]를 더 뺀 값으로 NRR은 차음효과를 나타내 주는 값이다.

정답 　09 ①　10 ③　11 ①　12 ③

13 무재해운동 추진기법 중 위험예지훈련 4라운드 기법에 해당하지 않는 것은?

① 현상파악　　　　② 행동 목표설정
③ 대책수립　　　　④ 안전평가

해설 ◈ 위험예지훈련 4라운드
- **제1단계** : 현상파악 – 어떤 위험이 잠재되어 있는가?
- **제2단계** : 본질추구 – 이것이 위험의 point다.
- **제3단계** : 대책수립 – 당신이라면 어떻게 하는가?
- **제4단계** : 목표설정 – 우리들은 이렇게 한다.

14 다음 그림과 같은 안전관리 조직의 특징으로 틀린 것은?

① 1000명 이상의 대규모 사업장에 적합하다.
② 생산부분은 안전에 대한 책임과 권한이 없다.
③ 사업장의 특수성에 적합한 기술연구를 전문적으로 할 수 있다.
④ 권한다툼이나 조정 때문에 통제수속이 복잡해지며, 시간과 노력이 소모된다.

해설 ◈ 참모식(Staff) 조직의 장·단점

장점	• 안전에 관한 전문지식 및 기술의 축적이 용이하다. • 경영자의 조언 및 자문역할 • 안전정보 수집이 용이하고 신속하다.
단점	• 생산부서와 유기적인 협조 필요 • 생산부분의 안전에 대한 무책임·무권한 • 생산부서와 마찰이 일어나기 쉽다.
비고	중규모(100인~1,000인) 사업장에 적용

15 인간의 행동특성과 관련한 레빈(Lewin)의 법칙 중 P가 의미하는 것은?

$$B = f(P \cdot E)$$

① 사람의 경험, 성격 등
② 인간의 행동
③ 심리에 영향을 주는 인간관계
④ 심리에 영향을 미치는 작업환경

해설
- B : Behavior(인간의 행동)
- f : function(함수관계) $P \cdot E$에 영향을 줄 수 있는 조건
- P : Person(연령, 경험, 심신상태, 성격, 지능, 소질 등)
- E : Environment(심리적 환경 – 인간관계, 작업환경, 설비적 결함 등)

16 A 사업장의 강도율이 2.50이고, 연간 재해발생 건수가 12건, 연간 총 근로시간수가 120만 시간일 때 이 사업장의 종합재해지수는 약 얼마인가?

① 1.6　　　　　② 5.0
③ 27.6　　　　④ 230

해설 종합재해지수(FSI) $= \sqrt{빈도율(F.R) \times 강도율(S.R)}$

도수율 $= \dfrac{재해건수}{연근로시간수} \times 10^6$

17 재해발생 시 조치순서 중 재해조사 단계에서 실시하는 내용으로 옳은 것은?

① 현장보존
② 관계자에게 통보
③ 잠재재해 위험요인의 색출
④ 피해자의 응급조치

해설 ③ 6하원칙에 의한 재해조사를 통하여 잠재재해 위험요인을 색출한다.
①, ②, ④는 긴급처리 단계의 내용이다.

18 위치, 순서, 패턴, 형상, 기억오류 등 외부적 요인에 의해 나타나는 것은?

① 메트로놈
② 리스크테이킹
③ 부주의
④ 착오

> **해설** ◉ **착오의 메커니즘**
> - 위치의 착오
> - 순서의 착오
> - 패턴의 착오
> - 형태의 착오
> - 기억의 착오

19 학습지도 형태 중 다음 토의법 유형에 대한 설명으로 옳은 것은?

> 6-6회의라고도 하며, 6명씩 소집단으로 구분하고 집단별로 각각의 사회자를 선발하여 6분간씩 자유토의를 행하여 의견을 종합하는 방법

① 버즈세션(Buzz session)
② 포럼(Forum)
③ 심포지엄(Symposium)
④ 패널 디스커션(Panel discussion)

> **해설** • **포럼**(Forum) : 공개토의라고도 하며, 전문가의 발표 시간은 10~20분 정도 주어진다. 포럼은 전문가와 일반 참여자가 구분되는 비대칭적 토의이다.
> • **심포지엄**(Symposium) : 여러 사람의 강연자가 하나의 주제에 대해서 각각 다른 입장에서 짧은 강연을 하고, 그 뒤부터 청중으로부터 질문이나 의견을 내어 넓은 시야에서 문제를 생각하고, 많은 사람들에 관심을 가지고, 결론을 이끌어 내려고 하는 집단토론방식의 하나이다.
> • **패널 디스커션**(discussion method) : 토론집단을 패널 멤버와 청중으로 나누고 먼저 소정의 문제에 대해 패널 멤버인 각 분야의 전문가로 하여금 토론하게 한 다음 청중과 패널 멤버 사이에 질의응답을 하도록 하는 토론 형식

20 하인리히의 재해발생 이론은 다음과 같이 표현할 수 있다. 이때 α가 의미하는 것으로 옳은 것은?

> 재해의 발생
> = 물적 불안전상태 + 인적 불안전행위 + α
> = 설비적 결함 + 관리적 결함 + α

① 노출된 위험의 상태
② 재해의 직접원인
③ 재해의 간접원인
④ 잠재된 위험의 상태

> **해설** 하인리히의 재해발생 이론에서, α는 잠재된 위험의 상태, 즉 재해를 뜻한다.

2과목 | 인간공학 및 시스템안전공학

21 인간의 에러 중 불필요한 작업 또는 절차를 수행함으로써 기인한 에러를 무엇이라 하는가?

① Omission error
② Sequential error
③ Extraneous error
④ Commission error

> **해설** ◉ **심리적 오류**
> - **생략오류**(Omission error) : 절차를 생략해 발생하는 오류
> - **시간오류**(Time error) : 절차의 수행지연에 의한 오류
> - **작위오류**(Commission error) : 절차의 불확실한 수행에 의한 오류
> - **순서오류**(Sequential error) : 절차의 순서착오에 의한 오류
> - **과잉행동오류**(Extraneous error) : 불필요한 작업, 절차에 의한 오류

22 FTA(Fault tree analysis)의 기호 중 다음의 사상 기호에 적합한 각각의 명칭은?

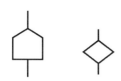

① 전이기호와 통상사상
② 통상사상과 생략사상
③ 통상사상과 전이기호
④ 생략사상과 전이기호

해설 통상사상, 생략사상

23 화학설비에 대한 안전성 평가에서 정성적 평가 항목이 아닌 것은?

① 건조물
② 취급물질
③ 공장내의 배치
④ 입지조건

해설 • **정성적 평가 항목** : (설계 관계)입지조건, 공장 내의 배치, 소방 설비, 공정기기, 수송/저장, (운전 관계)원재료, 중간제, 제품
• **정량적 평가 항목** : 화학설비의 취급물질, 용량, 온도, 압력, 조작

24 청각에 관한 설명으로 틀린 것은?

① 인간에게 음의 높고 낮은 감각을 주는 것은 음의 진폭이다.
② 1000[Hz] 순음의 가청최소음압을 음의 강도 표준치로 사용한다.
③ 일반적으로 음이 한 옥타브 높아지면 진동수는 2배 높아진다.
④ 복합음은 여러 주파수대의 강도를 표현한 주파수별 분포를 사용하여 나타낸다.

해설 ① 인간에게 음의 높고 낮은 감각을 주는 것은 음의 세기이다.

25 초음파 소음(ultrasonic noise)에 대한 설명으로 잘못된 것은?

① 전형적으로 20000[Hz] 이상이다.
② 가청영역 위의 주파수를 갖는 소음이다.
③ 소음이 3[dB] 증가하면 허용기간은 반감한다.
④ 20000[Hz] 이상에서 노출 제한은 110[dB]이다.

해설 ③ 소음이 2[dB] 증가하면 허용시간은 반감
① 일반적으로 20,000[Hz] 이상
② 가청영역 위의 주파수를 갖는 소음
④ **노출한계** : 20,000[Hz] 이상에서 110[dB]로 노출한정

26 다음 그림과 같은 시스템의 신뢰도는 약 얼마인가? (단, 각각의 네모 안의 수치는 각 공정의 신뢰도를 나타낸 것이다.)

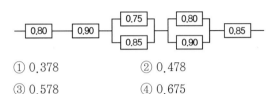

① 0.378
② 0.478
③ 0.578
④ 0.675

> **해설** 신뢰도 $= 0.80 \times 0.90 \times [1-(1-0.75) \times (1-0.85)]$
> $\times [1-(1-0.80) \times (1-0.90)] \times 0.85$

27 FTA 결과 다음과 같은 패스셋을 구하였다. X_4가 중복사상인 경우, 최소 패스셋(minimal path sets)으로 맞는 것은?

> $\{X_2,\ X_3,\ X_4\}$
>
> $\{X_1,\ X_3,\ X_4\}$
>
> $\{X_3,\ X_4\}$

① $\{X_3,\ X_4\}$
② $\{X_1,\ X_3,\ X_4\}$
③ $\{X_2,\ X_3,\ X_4\}$
④ $\{X_2,\ X_3,\ X_4\}$와 $\{X_3,\ X_4\}$

> **해설** 패스셋은 그 속에 포함되어 있는 기본사상이 일어나지 않을 때 처음으로 정상사상이 일어나지 않는 기본사상의 집합으로서 미니멀 패스셋은 필요한 최소한의 셋을 말한다.

28 인간–기계 통합 체계의 인간 또는 기계에 의해서 수행되는 기본기능의 유형에 해당하지 않는 것은?

① 감지
② 환경
③ 행동
④ 정보보관

> **해설** ▶ 인간–기계 시스템의 기본기능

> • 입력
> • 감지(정보수용)
> • 정보보관
> • 정보처리 및 의사결정
> • 행동기능
> • 출력

29 시스템의 운용단계에서 이루어져야 할 주요한 시스템안전 부문의 작업이 아닌 것은?

① 생산시스템 분석 및 효율성 검토
② 안전성 손상 없이 사용설명서의 변경과 수정을 평가
③ 운용, 안전성 수준유지를 보증하기 위한 안전성 검사
④ 운용, 보전 및 위급 시 절차를 평가하여 설계시 고려사항과 같은 타당성 여부 식별

> **해설** ① 생산시스템 분석 및 효율성 검토단계는 운용단계 전 검토되어야 한다.

30 인체측정치의 응용원리에 해당하지 않는 것은?

① 조절식 설계
② 극단치 설계
③ 평균치 설계
④ 다차원식 설계

> **해설** ▶ **인체측정의 응용원리** : 조절식 설계, 극단치 설계, 평균치 설계

31 산업안전보건법령상 유해·위험방지계획서의 심사 결과에 따른 구분·판정의 종류에 해당하지 않는 것은?

① 보류   ② 부적정

③ 적정   ④ 조건부 적정

> **해설** ▶ **판정의 종류** : 적정, 조건부 적정, 부적정

32 인간공학 연구조사에 사용되는 기준의 구비조건과 가장 거리가 먼 것은?

① 적절성   ② 다양성

③ 무오염성   ④ 기준 척도의 신뢰성

> **해설** ▶ **인간공학 연구체계 기준 조건**
> - **적절성** : 기준이 의도된 목적에 적합하다고 판단되는 정도
> - **무오염성** : 측정하고자 하는 변수 외의 영향이 없어야 함
> - **기준 척도의 신뢰성** : 반복성을 통한 척도의 신뢰성이 있어야 함
> - **민감도** : 피실험자 사이에서 볼 수 있는 예상 차이점에 비례하는 단위로 측정해야 함

33 FTA에 대한 설명으로 틀린 것은?

① 정성적 분석만 가능하다.

② 하향식(top-down) 방법이다.

③ 짧은 시간에 점검할 수 있다.

④ 비전문가라도 쉽게 할 수 있다.

> **해설** ▶ **FTA**
> - 연역적이고 정량적인 해석 방법(top down 형식)
> - 정량적 해석기법(컴퓨터처리 가능)
> - 논리기호를 사용한 특정사상에 대한 해석
> - 서식이 간단해서 비전문가도 짧은 훈련으로 사용
> - Human Error의 검출이 어려움
> - FTA수행 시 기본사상 간의 독립 여부는 공분산으로 판단

34 4[m] 또는 그보다 먼 물체만을 잘 볼 수 있는 원시 안경은 몇 [D]인가? (단, 명시거리는 25[cm]로 한다.)

① 1.75[D]   ② 2.75[D]

③ 3.75[D]   ④ 4.75[D]

> **해설** 렌즈의 굴절률 $diopter[D] = \dfrac{1}{m단위의\ 초점거리}$
> $1/0.25 = 4[D]$
> 원시 안경의 $diopter[D] = 4-0.25 = 3.75[D]$

35 작업공간 설계에 있어 "접근제한요건"에 대한 설명으로 맞는 것은?

① 조절식 의자와 같이 누구나 사용할 수 있도록 설계한다.

② 비상벨의 위치를 작업자의 신체조건에 맞추어 설계한다.

③ 트럭운전이나 수리작업을 위한 공간을 확보하여 설계한다.

④ 박물관의 미술품 전시와 같이, 장애물 뒤의 타겟과의 거리를 확보하여 설계한다.

> **해설** 작업공간에 있어 접근제한요건은 어떤 물건이나 장소에 접근하는 것을 제한하는 것이다.

36 설비보전을 평가하기 위한 식으로 틀린 것은?

① 성능가동률 = 속도가동률 × 정미가동률

② 시간가동률 = (부하시간 −정지시간) / 부하시간

③ 설비종합효율 = 시간가동률 × 성능가동률 × 양품률

④ 정미가동률 = (생산량 × 기준주기시간) / 가동시간

해설 ④ 정미가동률은 일정 스피드로 안정적으로 가동되고 있는가의 여부를 산출하는 것이다. 지속률 산출이다.

$$정미가동률 = \frac{생산량 \times 실제사이클타임}{부하시간 - 정지시간}$$

$$= \frac{생산량 \times 실제사이클타임}{가동시간}$$

37 "표시장치와 이에 대응하는 조종장치 간의 위치 또는 배열이 인간의 기대와 모순되지 않아야 한다."는 인간공학적 설계원리와 가장 관계가 깊은 것은?

① 개념양립성　　② 운동양립성
③ 문화양립성　　④ 공간양립성

해설 • **개념적 양립성** : 외부 자극에 대해 인간의 개념적 현상의 양립성
　예 빨간버튼 온수, 파란버튼 냉수
• **공간적 양립성** : 표시장치, 조종장치의 형태 및 공간적 배치의 양립성
　예 오른쪽 조리대는 오른쪽에 조절장치로, 왼쪽 조절장치는 왼쪽 조절장치로
• **운동의 양립성** : 표시장치, 조종장치 등의 운동 방향의 양립성
　예 조종장치를 오른쪽으로 돌리면 표시장치의 지침이 오른쪽으로 이동하는것
• **양식 양립성** : 직무에 맞는 자극과 응답 양식의 존재에 대한 양립성

38 격렬한 육체적 작업의 작업부담 평가 시 활용되는 주요 생리적 척도로만 이루어진 것은?

① 부정맥, 작업량
② 맥박수, 산소 소비량
③ 점멸융합주파수, 폐활량
④ 점멸융합주파수, 근전도

해설 점멸융합주파수, 부정맥은 정신부담 척도로 사용한다.

39 다음 그림은 THERP를 수행하는 예이다. 작업개시점 N_1에서부터 작업종점 N_4까지 도달할 확률은? (단, $P(B_i)$, i=1, 2, 3, 4는 해당 확률을 나타내며, 각 직무과오의 발생은 상호독립이라 가정한다.)

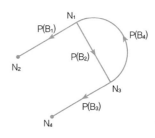

① $1 - P(B_1)$
② $P(B_2) \cdot P(B_3)$
③ $\dfrac{P(B_2) \cdot P(B_3)}{1 - P(B_4)}$
④ $\dfrac{P(B_2) \cdot P(B_3)}{1 - P(B_2) \cdot P(B_4)}$

해설 확률 $= P(B_2)P(B_3) + P(B_2)[P(B_4)P(B_2)]P(B_3)$
$+ P(B_2)[P(B_4)P(B_2)]^2 P(B_3)$
$+ P(B_2)[P(B_4)P(B_2)]^2 P(B_3) + \cdots\cdots$

40 안전보건규칙상 작업장의 작업면에 따른 적정 조명 수준은 초정밀 작업에서 (㉠)[lux] 이상이고, 보통작업에서는 (㉡)[lux] 이상이다. (　) 안에 들어갈 내용은?

① ㉠ : 650, ㉡ : 150
② ㉠ : 650, ㉡ : 250
③ ㉠ : 750, ㉡ : 150
④ ㉠ : 750, ㉡ : 250

해설 ▶ **작업별 조도기준**(안전보건규칙 제8조)
• **초정밀 작업** : 750[lux] 이상
• **정밀 작업** : 300[lux] 이상
• **보통 작업** : 150[lux] 이상
• **기타 작업** : 75[lux] 이상

3과목 기계위험방지기술

41 프레스의 작업 시작 전 점검사항이 아닌 것은?

① 권과방지장치 및 그 밖의 경보장치의 기능
② 슬라이드 또는 칼날에 의한 위험방지 기구의 기능
③ 프레스기의 금형 및 고정볼트 상태
④ 전단기의 칼날 및 테이블의 상태

> **해설** ⊙ **프레스 작업 전 점검사항**
> • 클러치 및 브레이크의 기능
> • 방호장치의 기능
> • 급정지장치 및 비상정지장치의 기능
> • 슬라이드 또는 칼날에 의한 위험 방지기구의 기능
> • 프레스기의 금형 및 고정볼트의 상태
> • 크랭크축, 플라이휠, 슬라이드, 연결봉 및 연결 나사의 볼트 풀림 유무

42 보일러에서 압력방출장치가 2개 설치된 경우 최고사용압력이 1[MPa]일 때 압력방출장치의 설정 방법으로 가장 옳은 것은?

① 2개 모두 1.1[MPa] 이하에서 작동되도록 설정하였다.
② 하나는 1[MPa] 이하에서 작동되고 나머지는 1.1[MPa] 이하에서 작동되도록 설정하였다.
③ 하나는 1[MPa] 이하에서 작동되고 나머지는 1.05[MPa] 이하에서 작동되도록 설정하였다.
④ 2개 모두 1.05[MPa] 이하에서 작동되도록 설정하였다.

> **해설** • 보일러 규격에 적합한 압력방출장치를 최고사용압력 이하에서 작동되도록 1개 또는 2개 이상 설치
> • 2개 이상 설치된 경우 최고사용압력 이하에서 1개가 작동되고, 다른 압력방출장치는 최고사용압력 1.05배 이하에서 작동되도록 부착

> • 1년에 1회 이상 토출압력시험 후 납으로 봉인(공정안전관리 이행수준 평가결과가 우수한 사업장은 4년에 1회 이상 토출압력시험 실시)
> • 스프링식, 중추식, 지렛대식(일반적으로 스프링식 안전밸브가 많이 사용)

43 다음 중 롤러기에 설치하여야 할 방호장치는?

① 반발예방장치
② 급정지장치
③ 접촉예방장치
④ 파열판장치

> **해설** 롤러기에 설치하여야 할 방호장치는 급정지장치로, 그 종류로는
> • **손조작로프식** : 바닥면으로부터 1.8[m] 이내
> • **복부조작식** : 바닥면으로부터 0.8~1.1[m] 이내
> • **무릎조작식** : 바닥면으로부터 0.4~0.6[m] 이내이다.

44 연삭기의 숫돌 지름이 300[mm]일 경우 평형 플랜지의 지름은 몇 [mm] 이상으로 해야 하는가?

① 50
② 100
③ 150
④ 200

> **해설** 숫돌의 바른 고정 방법은 부적절한 힘이 숫돌에 걸리지 않도록 하는 것이므로 표준이 되는 평형숫돌은 좌우대칭의 표준플랜지를 사용하여 플랜지 지름이 작게 되면 숫돌의 과대파괴속도가 저하하기 때문에 숫돌 지름의 1/3 이상이어야 하는 것이다.

41 ① 42 ③ 43 ② 44 ② **정답**

45 기계설비에 대한 본질적인 안전화 방안의 하나인 풀 프루프(Fool Proof)에 관한 설명으로 거리가 먼 것은?

① 계기나 표시를 보기 쉽게 하거나 이른바 인체공학적 설계도 넓은 의미의 풀 프루프에 해당된다.
② 설비 및 기계장치 일부가 고장이 난 경우 기능의 저하는 가져오나 전체기능은 정지하지 않는다.
③ 인간이 에러를 일으키기 어려운 구조나 기능을 가진다.
④ 조작순서가 잘못되어도 올바르게 작동한다.

해설 ② 설비 및 기계장치 일부가 고장이 난 경우 기능의 저하는 가져오나 전체기능이 정지하지 않는 것은 페일세이프 중 Fail Operational에 해당된다.

46 크레인에서 일반적인 권상용 와이어로프 및 권상용 체인의 안전율 기준은?

① 10 이상
② 2.7 이상
③ 4 이상
④ 5 이상

해설 와이어로프의 종류	안전율
• 권상용 와이어로프 • 지브의 기복용 와이어로프 및 케이블 • 크레인의 주행용 와이어로프	5.0
• 지브의 지지용 와이어로프 • 가이로프 및 고정용 와이어로프	4.0
• 케이블크레인의 메인 로프 • 레일로프	2.7

47 컨베이어에 사용되는 방호장치와 그 목적에 관한 설명이 옳지 않은 것은?

① 운전 중인 컨베이어 등의 위로 넘어가고자 할 때를 위하여 급정지장치를 설치한다.
② 근로자의 신체 일부가 말려들 위험이 있을 때 이를 즉시 정지시키기 위한 비상정지장치를 설치한다.
③ 정전, 전압강하 등에 따른 화물 이탈을 방지하기 위해 이탈 및 역주행 방지장치를 설치한다.
④ 낙하물에 의한 위험 방지를 위한 덮개 또는 울을 설치한다.

해설 ① 운전 중인 컨베이어 등의 위로 넘어가고자 할 때를 위하여 건널다리를 설치한다.

48 연삭숫돌의 지름이 20[cm]이고, 원주속도가 250 [m/min]일 때 연삭숫돌의 회전수는 약 몇 [rpm]인가?

① 398
② 433
③ 489
④ 552

해설 $V = 3.14 \times D \times n / 1000$
$n = 1000V / 3.14 \times D$
$D = 200$, $V = 250$, $n = 397.88$

49 범용 수동 선반의 방호조치에 관한 설명으로 옳지 않은 것은?

① 척 가드의 폭은 공작물의 가공작업에 방해가 되지 않는 범위 내에서 척 전체 길이를 방호할 수 있을 것
② 척 가드의 개방 시 스핀들의 작동이 정지되도록 연동회로를 구성할 것
③ 전면 칩 가드의 폭은 새들 폭 이하로 설치할 것
④ 전면 칩 가드는 심압대가 베드 끝단부에 위치하고 있고 공작물 고정 장치에서 심압대까지 가드를 연장시킬 수 없는 경우에는 부착위치를 조정할 수 있을 것

해설 ② 전면 칩 가드의 폭은 새들 폭 이상으로 설치할 것

50 다음 중 용접부에 발생한 미세균열, 용입부족, 융합불량의 검출에 가장 적합한 비파괴검사법은?

① 방사선투과 검사 　② 침투탐상 검사
③ 자분탐상 검사 　④ 초음파탐상 검사

해설 초음파의 펄스(pulse)를 탐촉자로부터 시험체에 투입시켜 내부 결함을 반사에 의해 탐촉자에 수신되는 현상을 이용하여, 결함의 소재나 결함의 위치 및 크기를 비파괴적으로 알아내는 방법

51 다음 설명에 해당하는 기계는?

- chip이 가늘고 예리하여 손을 잘 다치게 한다.
- 주로 평면공작물을 절삭 가공하나, 더브테일 가공이나 나사 등의 복잡한 가공도 가능하다.
- 장갑은 착용을 금하고, 보안경을 착용해야 한다.

① 선반 　② 호방 머신
③ 연삭기 　④ 밀링

해설 ④ 밀링머신(milling machine)은 다인(多刃 : 많은 절삭날)의 회전절삭공구인 커터로서 공작물을 테이블에서 이송시키면서 절삭하는 절삭가공기계이다.

52 취성재료의 극한강도가 128[MPa]이며, 허용응력이 64[MPa]일 경우 안전계수는?

① 1 　② 2
③ 4 　④ 1/2

해설 안전계수 = 극한강도/허용응력 = 128/64 = 2

53 프레스기에 금형 설치 및 조정 작업 시 준수하여야 할 안전수칙으로 틀린 것은?

① 금형을 부착하기 전에 하사점을 확인한다.
② 금형의 체결은 올바른 치공구를 사용하고 균등하게 체결한다.
③ 금형은 하형부터 잡고 무거운 금형의 받침은 인력으로 하지 않는다.
④ 슬라이드의 불시하강을 방지하기 위하여 안전블록을 제거한다.

해설 ④ 슬라이드의 불시하강을 방지하기 위하여 인터록장치를 설치한다.

54 컨베이어 작업시작 전 점검사항에 해당하지 않는 것은?

① 브레이크 및 클러치 기능의 이상 유무
② 비상정지장치 기능의 이상 유무
③ 이탈 등의 방지장치 기능의 이상 유무
④ 원동기 및 풀리 기능의 이상 유무

49 ③　50 ④　51 ④　52 ②　53 ④　54 ① 　정답

해설 **▶ 컨베이어 작업 전 점검사항**
- 원동기 및 풀리 기능의 이상 유무
- 이탈 등 방지장치 기능의 이상 유무
- 비상정지장치 기능의 이상 유무
- 덮개, 울 등의 이상 유무

해설 • **프라이밍**(priming) : 보일러의 과부하로 보일러수가 극심하게 끓어서 수면에서 계속하여 물방울이 비산하고 증기가 물방울로 충만하여 수위가 불안정하게 되는 현상
- **포밍**(forming) : 보일러수에 불순물이 많이 포함되었을 경우 보일러수의 비등과 함께 수면부위에 거품층을 형상하여 수위가 불안정하게 되는 현상

55 크레인의 방호장치에 대한 설명으로 틀린 것은?

① 권과방지장치를 설치하지 않은 크레인에 대해서는 권상용 와이어로프에 위험표시를 하고 경보장치를 설치하는 등 권상용 와이어로프가 지나치게 감겨서 근로자가 위험해질 상황을 방지하기 위한 조치를 하여야 한다.

② 운반물의 중량이 초과되지 않도록 과부하방지장치를 설치하여야 한다.

③ 크레인이 필요한 상황에서는 저속으로 중지시킬 수 있도록 브레이크장치와 충돌 시 충격을 완화시킬 수 있는 완충장치를 설치한다.

④ 작업 중에 이상발견 또는 긴급히 정지시켜야 할 경우에는 비상정지장치를 사용할 수 있도록 설치하여야 한다.

해설 ③ 크레인이 필요한 상황에서는 저속으로 중지시킬 수 있도록 브레이크장치와 충돌 시 충격을 완화시킬 수 있는 완충장치 설치는 해당하지 않는다.

57 허용응력이 1[kN/mm^2]이고, 단면적이 2[mm^2]인 강판의 극한하중이 4000[N]이라면 안전율은 얼마인가?

① 2 ② 4
③ 5 ④ 50

해설 안전율 = 극한하중/허용응력
= 4000/1000×2 = 2

56 보일러에서 프라이밍(Priming)과 포밍(Foaming)의 발생 원인으로 가장 거리가 먼 것은?

① 역화가 발생되었을 경우
② 기계적 결함이 있을 경우
③ 보일러가 과부하로 사용될 경우
④ 보일러 수에 불순물이 많이 포함되었을 경우

58 슬라이드 행정수가 100[spm] 이하이거나, 행정길이가 50[mm] 이상의 프레스에 설치해야 하는 방호장치 방식은?

① 양수조작식 ② 수인식
③ 가드식 ④ 광전자식

해설 **▶ 프레스 작업의 방호장치**

방호장치	설치 기준
양수조작식	일행정 일정지식
수인식, 손쳐내기식	행정길이 40[mm] 이상
감응식, 안전블록	슬라이드 작동 중 정지가능

정답 55 ③ 56 ① 57 ① 58 ②

59 "강렬한 소음작업"이라 함은 90[dB] 이상의 소음이 1일 몇 시간 이상 발생되는 작업을 말하는가?

① 2시간 ② 4시간
③ 8시간 ④ 10시간

> **해설 ◈ 강렬한 소음작업**
> • 90[dB] 이상의 소음이 1일 8시간 이상 발생하는 작업
> • 95[dB] 이상의 소음이 1일 4시간 이상 발생하는 작업
> • 100[dB] 이상의 소음이 1일 2시간 이상 발생하는 작업
> • 105[dB] 이상의 소음이 1일 1시간 이상 발생하는 작업
> • 110[dB] 이상의 소음이 1일 30분 이상 발생하는 작업
> • 115[dB] 이상의 소음이 1일 15분 이상 발생하는 작업

60 보일러에서 압력이 규정 압력 이상으로 상승하여 과열되는 원인으로 가장 관계가 적은 것은?

① 수관 및 본체의 청소 불량
② 관수가 부족할 때 보일러 가동
③ 절탄기의 미부착
④ 수면계의 고장으로 인한 드럼 내의 물의 감소

> **해설** ③ 절탄기의 미부착은 과열의 원인이 아니다.

4과목   전기위험방지기술

61 누전으로 인한 화재의 3요소에 대한 요건이 아닌 것은?

① 접속점 ② 출화점
③ 누전점 ④ 접지점

> **해설 ◈ 누전으로 인한 화재의 3요소**
> • **누전점** : 전류의 유입점
> • **발화점**(출발점) : 발화된 장소
> • **접지점** : 확실한 접지점의 소재 및 적당한 접지저항치

62 교류아크 용접기의 자동전격 방지장치란 용접기의 2차전압을 25[V] 이하로 자동조절하여 안전을 도모하려는 것이다. 다음 사항 중 어떤 시점에서 그 기능이 발휘되어야 하는가?

① 전체 작업시간 동안
② 아크를 발생시킬 때만
③ 용접작업을 진행하고 있는 동안만
④ 용접작업 중단 직후부터 다음 아크 발생 시까지

> **해설** 용접작업 중단 직후부터 다음 아크 발생 시까지 기능이 발휘되어야 한다.

63 누전차단기를 설치하여야 하는 곳은?

① 기계기구를 건조한 장소에 시설한 경우
② 대지전압이 220[V]에서 기계기구를 물기가 없는 장소에 시설한 경우
③ 전기용품안전 관리법의 적용을 받는 2중 절연구조의 기계기구
④ 전원측에 절연변압기(2차 전압이 300[V] 이하)를 시설한 경우

> **해설 ◈ 누전차단기 설치 장소**
> • 대지전압이 150[V]를 초과하는 이동형 또는 휴대형 전기기계·기구
> • 물 등 도전성이 높은 액체가 있는 습윤장소에서 사용하는 저압(750[V] 이하 직류전압이나 600[V] 이하의 교류전압을 말한다)용 전기기계·기구
> • 철판·철골 위 등 도전성이 높은 장소에서 사용하는 이동형 또는 휴대형 전기기계·기구
> • 임시배선의 전로가 설치되는 장소에서 사용하는 이동형 또는 휴대형 전기기계·기구

64 방폭구조와 기호의 연결이 틀린 것은?

① 압력방폭구조 : p

② 내압방폭구조 : d

③ 안전증방폭구조 : s

④ 본질안전방폭구조 : ia 또는 ib

> **해설** ③ 안전증방폭구조 : e

65 전격에 의해 심실세동이 일어날 확률이 가장 큰 심장 맥동주기 파형의 설명으로 옳은 것은? (단, 심장 맥동주기를 심전도에서 보았을 때의 파형이다.)

① 심실의 수축에 따른 파형이다.

② 심실의 팽창에 따른 파형이다.

③ 심실의 수축 종료 후 심실의 휴식 시 발생하는 파형이다.

④ 심실의 수축 시작 후 심실의 휴식 시 발생하는 파형이다.

> **해설** **P파** : 심방의 탈분극
> **QRS파** : 심실의 탈분극
> **T파** : 심실의 재분극

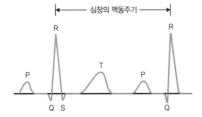

66 전격의 위험을 결정하는 주된 인자로 가장 거리가 먼 것은?

① 통전전류

② 통전시간

③ 통전경로

④ 통전전압

> **해설** ➤ **전격 위험도 결정 요인**(1차적 감전위험요소)
> • 통전전류의 크기
> • 통전시간
> • 통전경로
> • 전원의 종류(직류보다 상용주파수의 교류전원이 더 위험한 이유 : 극성변화)
> • 주파수 및 파형
> • 전격인가위상

67 감전되어 사망하는 주된 메커니즘으로 틀린 것은?

① 심장부에 전류가 흘러 심실세동이 발생하여 혈액순환기능이 상실되어 일어난 것

② 흉골에 전류가 흘러 혈압이 약해져 뇌에 산소 공급기능이 정지되어 일어난 것

③ 뇌의 호흡중추 신경에 전류가 흘러 호흡기능이 정지되어 일어난 것

④ 흉부에 전류가 흘러 흉부수축에 의한 질식으로 일어난 것

> **해설** ② 흉골에 전류가 흐르면 흉부수축으로 인한 질식으로 일어난다.

68 다음은 전기안전에 관한 일반적인 사항을 기술한 것이다. 옳게 설명된 것은?

① 200[V] 동력용 전동기의 외함에 특별 제3종 접지공사를 하였다.

② 배선에 사용할 전선의 굵기를 허용전류, 기계적 강도, 전압강하 등을 고려하여 결정하였다.

③ 누전을 방지하기 위해 피뢰침 설비를 설치하였다.

④ 전선 접속 시 전선의 세기가 30[%] 이상 감소되었다.

> **해설** ① 2021년 개정되어 옳지 않은 설명이다.
> ③ 누전을 방지하기 위해 누전차단기를 설치하였다.
> ④ 전선 접속 시 전선의 세기가 20[%] 이상 감소되었다.

정답 64 ③ 65 ③ 66 ④ 67 ② 68 ②

69 정격사용률이 30[%], 정격2차전류가 300[A]인 교류아크 용접기를 200[A]로 사용하는 경우의 허용사용률[%]은?

① 67.5 ② 91.6
③ 110.3 ④ 130.5

해설 (정격2차전류/실제용접전류)²×정격사용률
(300/200)²×30[%] = 67.5

70 어느 변전소에서 고장전류가 유입되었을 때 도전성 구조물과 그 부근 지표상의 점과의 사이(약 1[m])의 허용접촉전압은 약 몇 [V]인가? (단, 심실세동전류

: $I_k = \dfrac{0.165}{\sqrt{t}}$[A], 인체의 저항 : 1000[Ω], 지표면의

저항률 : 150[Ω·m], 통전시간을 1초로 한다.)

① 202 ② 186
③ 228 ④ 164

해설 허용접촉전압[V] = (인체저항+($\frac{3}{2}$×지표면 저항률))×
심실세동전류

심실세동전류 $I = \dfrac{0.165}{\sqrt{T}}$[A] (I : 통전시간A, T : 통전
전류)

$I = \dfrac{0.165}{\sqrt{1}} = 0.165$[A]

허용접촉전압 = $(1000 + \frac{3}{2} \times 150) \times 0.165$

= 202[V]

71 아크용접 작업 시 감전사고 방지대책으로 틀린 것은?
① 절연 장갑의 사용
② 절연 용접봉의 사용
③ 적정한 케이블의 사용
④ 절연 용접봉의 홀더의 사용

해설 아크용접 작업 시 감전사고 방지대책
• 자동전격방지장치 사용
• 절연 용접봉 홀더의 사용
• 적정한 케이블 사용(용접용 케이블, 캡타이어케이블, 클로로프렌 캡타이어 케이블)
  또는 아크 전류의 크기에 다른 굵기의 케이블 사용
• 2차측 공통선의 연결
• 절연장갑의 사용

72 인체저항에 대한 설명으로 옳지 않은 것은?
① 인체저항은 접촉면적에 따라 변한다.
② 피부저항은 물에 젖어 있는 경우 건조시의 약 1/12로 저하된다.
③ 인체저항은 한 개의 단일 저항체로 보아 최악의 상태를 적용한다.
④ 인체에 전압이 인가되면 체내로 전류가 흐르게 되어 전격의 정도를 결정한다.

해설 ② 피부가 물에 젖어 있을 경우 : 1/25 정도로 감소

73 저압방폭전기의 배관방법에 대한 설명으로 틀린 것은?
① 전선관용 부속품은 방폭구조에 정한 것을 사용한다.
② 전선관용 부속품은 유효 접속면의 깊이를 5[mm] 이상 되도록 한다.
③ 배선에서 케이블의 표면온도가 대상하는 발화 온도에 충분한 여유가 있도록 한다.
④ 가요성 피팅(Fitting)은 방폭 구조를 이용하되 내측 반경을 5배 이상으로 한다.

해설 ② 전선관용 부속품은 유효 접속면의 깊이를 5(나사산) 이상으로 한다.

74 Freiberger가 제시한 인체의 전기적 등가회로는 다음 중 어느 것인가? (단, 단위는 다음과 같다. 단위 : R[Ω], L[H], C[F])

①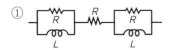

②

③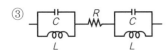

④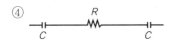

> **해설** 피부저항과 내부저항으로 나타낸다.
> 피부저항은 저항(R)과 용량(C)의 병렬회로와 같고, 내부저항은 저항성분(R)이다.

75 전동기용 퓨즈의 사용 목적으로 알맞은 것은?

① 과전압 차단
② 누설전류 차단
③ 지락과전류 차단
④ 회로에 흐르는 과전류 차단

> **해설** ④ 퓨즈는 일정한 값 이상의 전류가 흐르면 용단되는 것으로 회로 및 기기를 보호하는 가장 간단한 전류자동 차단기이다.

76 인체의 손과 발 사이에 과도전류를 인가한 경우에 파두장 700[μs]에 따른 전류파고치의 최댓값은 약 몇 [mA] 이하인가?

① 4
② 40
③ 400
④ 800

> **해설** 파두장 60[μs] = 90[mA]
> 325[μs] = 60[mA]
> 700[μs] = 40[mA]

77 고압 및 특고압의 전로에 시설하는 피뢰기에 접지공사를 할 때 접지저항의 최댓값은 몇 [Ω] 이하로 해야 하는가?

① 100
② 20
③ 10
④ 5

> **해설** 고압 및 특고압의 전로에 시설하는 피뢰기의 접지저항 값은 10[Ω] 이하로 하여야 한다.

78 욕실 등 물기가 많은 장소에서 인체감전보호형 누전차단기의 정격감도전류와 동작시간은?

① 정격감도전류 30[mA], 동작시간 0.01초 이내
② 정격감도전류 30[mA], 동작시간 0.03초 이내
③ 정격감도전류 15[mA], 동작시간 0.01초 이내
④ 정격감도전류 15[mA], 동작시간 0.03초 이내

> **해설** • 전기설비기술기준 판단기준으로 욕조나 샤워시설이 있는 욕실 또는 화장실에 콘센트가 시설되어 있는 곳은 인체감전보호용 누전차단기를 설치하여야 한다.
> • 정격감도전류 15[mA] 이하, 동작시간 0.03초 이하로 하여야 한다.

79 다음 중 전압을 구분한 것으로 알맞은 것은?

① 저압이란 교류 600[V] 이하, 직류는 교류의 배 이하인 전압을 말한다.

② 고압이란 교류 7000[V] 이하, 직류 7500[V] 이하의 전압을 말한다.

③ 특고압이란 교류, 직류 모두 7000[V]를 초과하는 전압을 말한다.

④ 고압이란 교류, 직류 모두 7500[V]를 넘지 않는 전압을 말한다.

해설 ❯ **전압의 구분**

구분	교류	직류
저압	1[kV] 이하	1.5[kV] 이하
고압	1[kV] 초과 7[kV] 이하	1.5[kV] 초과 7[kV] 이하
특고압	7[kV] 초과	

80 단로기를 사용하는 주된 목적은?

① 과부하 차단

② 변성기의 개폐

③ 이상전압의 차단

④ 무부하 선로의 개폐

해설 차단기의 전호 또는 차단기의 측로회로 및 회로접속의 변환에 사용하는 것으로 무부하 회로에서 개폐하는 것이다.

5과목 **화학설비위험방지기술**

81 반응성 화학물질의 위험성은 실험에 의한 평가 대신 문헌조사 등을 통해 계산에 의해 평가하는 방법을 사용할 수 있다. 이에 관한 설명으로 옳지 않은 것은?

① 위험성이 너무 커서 물성을 측정할 수 없는 경우 계산에 의한 평가 방법을 사용할 수도 있다.

② 연소열, 분해열, 폭발열 등의 크기에 의해 그 물질의 폭발 또는 발화의 위험예측이 가능하다.

③ 계산에 의한 평가를 하기 위해서는 폭발 또는 분해에 따른 생성물의 예측이 이루어져야 한다.

④ 계산에 의한 위험성 예측은 모든 물질에 대해 정확성이 있으므로 더 이상의 실험을 필요로 하지 않는다.

해설 ④ 계산에 의하더라도 위험성 예측은 모든 물질에 정확성이 있다고 보기가 어렵다.

82 메탄(CH_4) 70[vol%], 부탄(C_4H_{10}) 30[vol%] 혼합가스의 25[℃], 대기압에서의 공기 중 폭발하한계[vol%]는 약 얼마인가? (단, 각 물질의 폭발하한계는 다음 식을 이용하여 추정, 계산한다.)

$$C_{st} = \frac{1}{1 + 4.77 \times 산소량(O_2)} \times 100,$$
$$L_{25} \fallingdotseq 0.55\,C_{st}$$

① 1.2   ② 3.2

③ 5.7   ④ 7.7

해설 ❯ **폭발하한계** : 메탄 5, 부탄 1.8
$100/L = (70/5) + (30/1.8)$, $L = 3.24$
$C_{st} = 100/(1 + 4.77 \times 3.24) = 6.04$
$L_{25} = 0.55 \times C_{st} = 0.55 \times 6.04 = 3.32$

83 다음 중 완전연소 조성농도가 가장 낮은 것은?

① 메탄(CH_4) ② 프로판(C_3H_8)
③ 부탄(C_4H_{10}) ④ 아세틸렌(C_2H_2)

해설 완전연소 조성농도는 산소농도가 높을수록 낮으므로, 산소농도 공식을 통해 높은 수를 찾으면 된다. 산소농도 (O_2) $= a + \dfrac{(b-c-2d)}{4} + e$ (a : 탄소원자수, b : 수소원자수, c : 할로겐원자수, d : 산소원자수, e : 질소원자수)

• 메탄 산소농도 $= a + \dfrac{(b-c-2d)}{4} + e = 1 + \dfrac{4}{4} = 2$

• 프로판 산소농도 $= a + \dfrac{(b-c-2d)}{4} + e = 3 + \dfrac{8}{4} = 5$

• 부탄 산소농도 $= a + \dfrac{(b-c-2d)}{4} + e = 4 + \dfrac{10}{4} = 6.5$

• 아세틸렌 산소농도 $= a + \dfrac{(b-c-2d)}{4} + e = 2 + \dfrac{2}{4} = 2.5$

따라서 산소농도가 가장 높은 부탄이 완전연소 조성농도가 가장 낮다.

84 유체의 역류를 방지하기 위해 설치하는 밸브는?

① 체크밸브
② 게이트밸브
③ 대기밸브
④ 글로브밸브

해설 ① **체크밸브** : 유체의 역류를 방지하는 밸브
② **게이트밸브** : 게이트밸브는 밸브 디스크가 유체의 통로를 수직으로 막아서 개폐하고 유체의 흐름이 일직선으로 유지되는 밸브이다.
③ **브리더밸브**(breather valve) : 대기밸브, 통기밸브라고도 하며 항상 탱크 내의 압력을 대기압과 평형한 압력으로 해서 탱크를 보호하는 방법
④ **글로브밸브** : 스톱밸브의 일종으로 외형이 구형(球形)인 밸브

85 산업안전보건법령상 위험물질의 종류를 구분할 때 다음 물질들이 해당하는 것은?

> 리튬, 칼륨, 나트륨, 황, 황린, 황화인, 적린

① 폭발성 물질 및 유기과산화물
② 산화성 액체 및 산화성 고체
③ 물반응성 물질 및 인화성 고체
④ 급성 독성 물질

해설 ❯ **물반응성 물질 및 인화성 고체**
• 리튬 • 칼륨 · 나트륨
• 황 • 황린
• 황화인 · 적린 • 셀룰로이드류
• 알킬알루미늄 · 알킬리튬 • 마그네슘 분말
• 금속 분말(마그네슘 분말은 제외한다)
• 알칼리금속(리튬 · 칼륨 및 나트륨은 제외한다)
• 유기금속화합물(알킬알루미늄 및 알킬리튬은 제외한다)
• 금속의 수소화물
• 금속의 인화물
• 칼슘 탄화물, 알루미늄 탄화물

86 다음 중 산업안전보건법령상 위험물질의 종류와 해당 물질이 올바르게 연결된 것은?

① 부식성 산류 – 아세트산(농도 90[%])
② 부식성 염기류 – 아세톤(농도 90[%])
③ 인화성 가스 – 이황화탄소
④ 인화성 가스 – 수산화칼륨

해설 1. **부식성 산류**
• 농도가 20[%] 이상인 염산 · 황산 · 질산, 그 밖에 이와 동등 이상의 부식성을 가지는 물질
• 농도가 60[%] 이상인 인산 · 아세트산 · 불산, 그 밖에 이와 동등 이상의 부식성을 가지는 물질
2. **인화성가스**
• 수소 • 아세틸렌
• 에틸렌 • 메탄
• 에탄 • 프로판
• 부탄
• 시행령 별표 13에 따른 인화성 가스

87 다음 중 화재 시 주수에 의해 오히려 위험성이 증대되는 물질은?

① 황린
② 니트로셀룰로오스
③ 적린
④ 금속나트륨

> **해설** ④ 금속나트륨은 화재 시 주수에 의해 오히려 위험성이 증대된다.

88 물과 탄화칼슘이 반응하면 어떤 가스가 생성되는가?

① 염소가스
② 아황산가스
③ 수성가스
④ 아세틸렌가스

> **해설** CaC_2(탄화칼슘)+$2H_2O$(물)
> → $Ca(OH)_2$(수산화칼슘)+C_2H_2(아세틸렌)

89 다음 중 분진폭발에 관한 설명으로 틀린 것은?

① 가스폭발에 비교하여 연소시간이 짧고, 발생에너지가 작다.
② 최초의 부분적인 폭발이 분진의 비산으로 2차, 3차 폭발로 파급되어 피해가 커진다.
③ 가스에 비하여 불완전 연소를 일으키기 쉬우므로 연소 후 가스에 의한 중독 위험이 있다.
④ 폭발시 입자가 비산하므로 이것에 부딪치는 가연물로 국부적으로 탄화를 일으킬 수 있다.

> **해설** ① 가스폭발과 비교하여 작지만 연소시간이 길다. 발생에너지가 크기 때문에 파괴력과 타는 정도가 크다. 그러나 발화에너지는 상대적으로 훨씬 크다.

90 다음 물질 중 인화점이 가장 낮은 물질은?

① 이황화탄소
② 아세톤
③ 크실렌
④ 경유

> **해설** ① **이황화탄소** : −30[℃]
> ② **아세톤** : −18[℃]
> ③ **크실렌** : 17.2[℃]
> ④ **경유** : 50~70[℃]

91 다음의 2가지 물질을 혼합 또는 접촉하였을 때 발화 또는 폭발의 위험성이 가장 낮은 것은?

① 니트로셀룰로오스와 물
② 나트륨과 물
③ 염소산칼륨과 유황
④ 황화인과 무기과산화물

> **해설** ① 니트로셀룰로오스는 건조한 상태에서는 폭발하기 쉬우나 수분을 함유하면 폭발성이 없어져 저장이나 운반이 용이하다.

92 폭발을 기상폭발과 응상폭발로 분류할 때 다음 중 기상폭발에 해당되지 않는 것은?

① 분진폭발
② 혼합가스폭발
③ 분무폭발
④ 수증기폭발

> **해설** • **기상폭발** : 분진, 분무, 증기운, 가스분해폭발
> • **응상폭발** : 수증기, 증기폭발

---

93 다음 물질 중 공기에서 폭발상한계 값이 가장 큰 것은?

① 사이클로헥산

② 산화에틸렌

③ 수소

④ 이황화탄소

> **해설** ② **산화에틸렌** : 3~80
> ① **사이클로헥산** : 1.3~8
> ③ **수소** : 4~75
> ④ **이황화탄소** : 1.2~44

94 다음 중 관의 지름을 변경하고자 할 때 필요한 관 부속품은?

① reducer

② elbow

③ plug

④ valve

> **해설** • 관의 지름을 변경하고자 할 때는 reducer
> • 관의 방향을 변경하고자 할 때는 elbow, plug, valve

95 다음 중 자연발화에 대한 설명으로 틀린 것은?

① 분해열에 의해 자연발화가 발생할 수 있다.

② 입자의 표면적이 넓을수록 자연발화가 발생하기 쉽다.

③ 자연발화가 발생하지 않기 위해 습도를 가능한 한 높게 유지시킨다.

④ 열의 축적은 자연발화를 일으킬 수 있는 인자이다.

> **해설** ③ 자연발화가 발생하지 않기 위해 습도를 가능한 한 낮게 유지시킨다.

96 다음 중 마그네슘의 저장 및 취급에 관한 설명으로 틀린 것은?

① 산화제와 접촉을 피한다.

② 고온의 물이나 과열 수증기와 접촉하면 격렬히 반응하므로 주의한다.

③ 분말은 분진폭발성이 있으므로 누설되지 않도록 포장한다.

④ 화재발생 시 물의 사용을 금하고, 이산화탄소소화기를 사용하여야 한다.

> **해설** ④ 화재발생 시 물의 사용을 금하고, 마른모래나 분말소화약제를 사용한다.

97 다음 중 상온에서 물과 격렬히 반응하여 수소를 발생시키는 물질은?

① Au

② K

③ S

④ Ag

> **해설** $2K(칼륨)+2H_2O(물) \rightarrow 2KOH(수산화칼륨)+H_2(수소)$

> **정답** 93 ② 94 ① 95 ③ 96 ④ 97 ②

98 산업안전보건법령상 안전밸브 등의 전단·후단에는 차단밸브를 설치하여서는 안 되지만 다음 중 자물쇠형 또는 이에 준하는 형식의 차단밸브를 설치할 수 있는 경우로 틀린 것은?

① 인접한 화학설비 및 그 부속설비에 안전밸브 등이 각각 설치되어 있고, 해당 화학설비 및 그 부속설비의 연결배관에 차단밸브가 없는 경우

② 안전밸브 등의 배출용량의 4분의 1 이상에 해당하는 용량의 자동압력조절밸브와 안전밸브 등이 직렬로 연결된 경우

③ 화학설비 및 그 부속설비에 안전밸브 등이 복수방식으로 설치되어 있는 경우

④ 열팽창에 의하여 상승된 압력을 낮추기 위한 목적으로 안전밸브가 설치된 경우

> **해설 ▶ 차단밸브 설치 가능한 경우**
> • 인접한 화학설비 및 그 부속설비에 안전밸브 등이 각각 설치되어 있고, 해당 화학설비 및 그 부속설비의 연결배관에 차단밸브가 없는 경우
> • 안전밸브 등의 배출용량의 2분의 1 이상에 해당하는 용량의 자동압력조절밸브(구동용 동력원의 공급을 차단하는 경우 열리는 구조인 것으로 한정한다)와 안전밸브 등이 병렬로 연결된 경우
> • 화학설비 및 그 부속설비에 안전밸브 등이 복수방식으로 설치되어 있는 경우
> • 예비용 설비를 설치하고 각각의 설비에 안전밸브 등이 설치되어 있는 경우
> • 열팽창에 의하여 상승된 압력을 낮추기 위한 목적으로 안전밸브가 설치된 경우
> • 하나의 플레어 스택(flare stack)에 둘 이상의 단위공정의 플레어 헤더(flare header)를 연결하여 사용하는 경우로서 각각의 단위공정의 플레어헤더에 설치된 차단밸브의 열림·닫힘 상태를 중앙제어실에서 알 수 있도록 조치한 경우

99 압축기와 송풍의 관로에 심한 공기의 맥동과 진동을 발생하면서 불안정한 운전이 되는 서징(surging) 현상의 방지법으로 옳지 않은 것은?

① 풍량을 감소시킨다.

② 배관의 경사를 완만하게 한다.

③ 교축밸브를 기계에서 멀리 설치한다.

④ 토출가스를 흡입측에 바이패스 시키거나 방출밸브에 의해 대기로 방출시킨다.

> **해설** ③ 교축밸브를 기계에서 가까이 설치한다.
> • 교축(throttling)은 외부에 대해 일을 처리하지 않으면서 압력을 내려 팽창하는 현상이다.
> • **교축밸브** : 작동압력이 거의 일정하고 작동압력의 변화에 따라 약간의 유량 변동이 허용되는 회로에서 액추에이터의 유량 제어에 사용된다.

100 다음의 물질을 폭발 범위가 넓은 것부터 좁은 순서로 바르게 배열한 것은?

H_2	C_3H_8	CH_4	CO

① $CO > H_2 > C_3H_8 > CH_4$

② $H_2 > CO > CH_4 > C_3H_8$

③ $C_3H_8 > CO > CH_4 > H_2$

④ $CH_4 > H_2 > CO > C_3H_8$

> **해설** 가벼울수록 폭발 범위가 넓다.

6과목 | 건설안전기술

101 이동식 비계를 조립하여 작업을 하는 경우에 작업 발판의 최대적재하중은 몇 [kg]을 초과하지 않도록 해야 하는가?

① 150[kg]　　　② 200[kg]
③ 250[kg]　　　④ 300[kg]

> **해설** 작업발판의 최대적재하중은 250[kg]을 초과하지 않도록 할 것(안전보건규칙 제68조 제5호)

102 취급·운반의 원칙으로 옳지 않은 것은?

① 연속운반을 할 것
② 생산을 최고로 하는 운반을 생각할 것
③ 운반작업을 집중하여 시킬 것
④ 곡선운반을 할 것

> **해설** ④ 직선운반을 할 것

103 건설현장에서 작업 중 물체가 떨어지거나 날아올 우려가 있는 경우에 대한 안전조치에 해당하지 않는 것은?

① 수직보호망 설치
② 방호선반 설치
③ 울타리 설치
④ 낙하물 방지망 설치

> **해설** 사업주는 작업으로 인하여 물체가 떨어지거나 날아올 위험이 있는 경우 낙하물 방지망, 수직보호망 또는 방호선반의 설치, 출입금지구역의 설정, 보호구의 착용 등 위험을 방지하기 위하여 필요한 조치를 하여야 한다.

104 유해위험방지계획서를 제출해야 할 건설공사 대상 사업장 기준으로 옳지 않은 것은?

① 최대 지간길이가 40[m] 이상인 교량건설 등의 공사
② 지상높이가 31[m] 이상인 건축물
③ 터널 건설등의 공사
④ 깊이 10[m] 이상인 굴착공사

> **해설** ▶ **유해위험방지계획서 제출 대상**(건설공사)
> ㉠ 지상높이가 31[m] 이상인 건축물 또는 인공구조물
> ㉡ 연면적 3만[m²] 이상인 건축물
> ㉢ 연면적 5천[m²] 이상인 시설로서 다음의 어느 하나에 해당하는 시설
> • 문화 및 집회시설(전시장 및 동물원·식물원은 제외한다)
> • 판매시설, 운수시설(고속철도의 역사 및 집배송시설은 제외한다)
> • 종교시설
> • 의료시설 중 종합병원
> • 숙박시설 중 관광숙박시설
> • 지하도상가
> • 냉동·냉장 창고시설
> ㉣ 연면적 5천[m²] 이상인 냉동·냉장 창고시설의 설비공사 및 단열공사
> ㉤ 최대 지간(支間)길이(다리의 기둥과 기둥의 중심 사이의 거리)가 50[m] 이상인 다리의 건설 등 공사
> ㉥ 터널의 건설 등 공사
> ㉦ 다목적댐, 발전용댐, 저수용량 2천만[t] 이상의 용수전용 댐 및 지방상수도 전용 댐의 건설 등 공사
> ㉧ 깊이 10[m] 이상인 굴착공사

105 콘크리트 타설을 위한 거푸집동바리의 구조검토 시 가장 선행되어야 할 작업은?

① 각 부재에 생기는 응력에 대하여 안전한 단면을 산정한다.
② 가설물에 작용하는 하중 및 외력의 종류, 크기를 산정한다.
③ 하중·외력에 의하여 각 부재에 생기는 응력을 구한다.
④ 사용할 거푸집 동바리의 설치간격을 결정한다.

정답 101 ③　102 ④　103 ③　104 ①　105 ②

해설 거푸집동바리의 구조검토 시 가설물에 작용하는 하중 및 외력의 종류 크기를 우선적으로 선행한다.

106 강관비계를 조립할 때 준수하여야 할 사항으로 옳지 않은 것은?

① 띠장 간격은 2.5[m] 이하로 설치하되, 첫 번째 띠장은 지상으로부터 3[m] 이하의 위치에 설치할 것

② 비계기둥의 간격은 띠장 방향에서 1.85[m] 이하로 할 것

③ 비계기둥의 제일 윗부분으로부터 31[m] 되는 지점 밑부분의 비계기둥은 2개의 강관으로 묶어 세울 것

④ 비계기둥 간의 적재하중은 400[kg]을 초과하지 않도록 할 것

해설 ▶ **강관비계의 구조**(안전보건규칙 제60조)
• 비계기둥의 간격은 띠장 방향에서는 1.85[m] 이하, 장선(長線) 방향에서는 1.5[m] 이하로 할 것. 다만, 선박 및 보트 건조작업의 경우 안전성에 대한 구조검토를 실시하고 조립도를 작성하면 띠장 방향 및 장선 방향으로 각각 2.7[m] 이하로 할 수 있다.
• 띠장 간격은 2.0[m] 이하로 할 것. 다만, 작업의 성질상 이를 준수하기가 곤란하여 쌍기둥틀 등에 의하여 해당 부분을 보강한 경우에는 그러하지 아니하다.
• 비계기둥의 제일 윗부분으로부터 31[m] 되는 지점 밑부분의 비계기둥은 2개의 강관으로 묶어 세울 것. 다만, 브라켓(bracket, 까치발) 등으로 보강하여 2개의 강관으로 묶을 경우 이상의 강도가 유지되는 경우에는 그러하지 아니하다.
• 비계기둥 간의 적재하중은 400[kg]을 초과하지 않도록 할 것

107 작업장소의 지형 및 지반 상태 등에 적합한 제한속도를 미리 정하지 않아도 되는 차량계 건설기계는 최대 제한속도가 최대 시속 얼마 이하인 것을 의미하는가?

① 5[km/hr] 이하　　② 10[km/hr] 이하
③ 15[km/hr] 이하　　④ 20[km/hr] 이하

해설 최대제한 속도가 시속 10[km] 이하인 것을 제외하고 적합한 제한속도를 정하고 운전자로 하여금 이를 준수하도록 한다.

108 산업안전보건법령에 다른 유해하거나 위험한 기계·기구에 설치하여야 할 방호장치를 연결한 것으로 옳지 않은 것은?

① 포장기계 - 헤드 가드
② 예초기 - 날접촉 예방장치
③ 원심기 - 회전체 접촉 예방장치
④ 금속절단기 - 날접촉 예방장치

해설 ▶ 유해·위험 방지를 위한 방호조치가 필요한 기구와 방호조치
• 예초기 - 날접촉 예방장치
• 원심기 - 회전체 접촉 예방장치
• 공기압축기 - 압력방출장치
• 금속절단기 - 날접촉 예방장치
• 지게차 - 헤드 가드, 백레스트(backrest), 전조등, 후미등, 안전벨트
• 포장기계 - 구동부 방호 연동장치

109 지반조사의 간격 및 깊이에 대한 내용으로 옳지 않은 것은?

① 조사간격은 지층상태, 구조물 규모에 따라 정한다.

② 절토, 개착, 터널구간은 기반암의 심도 5~6[m]까지 확인한다.

③ 지층이 복잡한 경우에는 기 조사한 간격 사이에 보완조사를 실시한다.

④ 조사깊이는 액상화문제가 있는 경우에는 모래층하단에 있는 단단한 지지층까지 조사한다.

해설 ② 절토, 개착, 터널구간은 기반암의 심도 2[m]까지 확인한다.

110 보일링(Boiling) 현상에 관한 설명으로 옳지 않은 것은?

① 지하수위가 높은 모래 지반을 굴착할 때 발생하는 현상이다.

② 보일링 현상에 대한 대책의 일환으로 공사기간 중 지하수위를 일정하게 유지시켜야 한다.

③ 보일링 현상이 발생하는 경우 흙막이 보는 지지력이 저하된다.

④ 아랫 부분의 토사가 수압을 받아 굴착한 곳으로 밀려나와 굴착부분을 다시 메우는 현상이다.

> **해설** ▶ **보일링 현상** : 지하수위가 높은 사질토에서 발생하며 지면의 액상화 현상, 굴착면과 배면토의 수두차에 의해 삼투압현상이 발생하는 것이며, 굴착저면 아래까지 지하수위를 낮추고, 흙막이벽을 깊게 설치하여 지하수의 흐름을 막는다.

111 철골구조의 앵커볼트매립과 관련된 준수사항 중 옳지 않은 것은?

① 기둥중심은 기준선 및 인접기둥의 중심에서 3[mm] 이상 벗어나지 않을 것

② 앵커 볼트는 매립 후에 수정하지 않도록 설치할 것

③ 베이스플레이트의 하단은 기준 높이 및 인접기둥의 높이에서 3[mm] 이상 벗어나지 않을 것

④ 앵커 볼트는 기둥중심에서 2[mm] 이상 벗어나지 않을 것

> **해설** ① 기둥중심은 기준선 및 인접기둥의 중심에서 5[mm] 이상 벗어나지 않을 것

112 토사붕괴 재해를 방지하기 위한 흙막기 지보공설비를 구성하는 부재와 거리가 먼 것은?

① 말뚝   ② 버팀대

③ 띠장   ④ 턴버클

> **해설** ▶ **흙막이 지보공 부재** : 흙막이판・말뚝・버팀대 및 띠장

113 옥외에 설치되어 있는 주행크레인에 대하여 이탈방지장치를 작동시키는 등 이탈 방지를 위한 조치를 하여야 하는 풍속기준으로 옳은 것은?

① 순간풍속이 20[m/sec]를 초과할 때

② 순간풍속이 25[m/sec]를 초과할 때

③ 순간풍속이 30[m/sec]를 초과할 때

④ 순간풍속이 35[m/sec]를 초과할 때

> **해설** 순간풍속이 30[m/sec]를 초과하는 바람이 불어올 우려가 있는 경우 옥외에 설치되어 있는 주행 크레인에 대하여 이탈방지장치를 작동시키는 등 이탈 방지를 위한 조치를 하여야 한다(안전보건규칙 제140조).

114 비계(달비계, 달대비계 및 말비계는 제외)의 높이가 2[m] 이상인 작업장소에 설치하는 작업발판의 구조 및 설비에 관한 기준으로 옳지 않은 것은?

① 작업발판의 폭이 40[cm] 이상이 되도록 한다.

② 발판재료 간의 틈은 3[cm] 이하로 한다.

③ 작업발판을 작업에 따라 이동시킬 경우에는 위험 방지에 필요한 조치를 한다.

④ 작업발판재료는 뒤집히거나 떨어지지 않도록 하나 이상의 지지물에 연결하거나 고정시킨다.

> **해설** ④ 작업발판재료는 뒤집히거나 떨어지지 않도록 둘 이상의 지지물에 연결하거나 고정시킨다.

115 차량계 하역운반기계 등에 화물을 적재하는 경우의 준수사항이 아닌 것은?

① 하중이 한쪽으로 치우치지 않도록 적재할 것
② 구내운반차 또는 화물자동차의 경우 화물의 붕괴 또는 낙하에 의한 위험을 방지하기 위하여 화물에 로프를 거는 등 필요한 조치를 할 것
③ 운전자의 시야를 가리지 않도록 화물을 적재할 것
④ 차륜의 이상 유무를 점검할 것

해설 ④ 차륜의 이상 유무 점검은 지게차에서 적용

116 산업안전보건관리비계상기준에 따른 일반건설공사(갑), 대상액 '5억원 이상~50억원 미만'의 비율 및 기초액으로 옳은 것은?

① 비율 : 1.86[%], 기초액 : 5,349,000원
② 비율 : 1.99[%], 기초액 : 5,499,000원
③ 비율 : 2.35[%], 기초액 : 5,400,000원
④ 비율 : 1.57[%], 기초액 : 4,411,000원

해설

구 분 공사 종류	대상액 5억원 미만인 경우 적용 비율 [%]	대상액 5억원 이상 50억원 미만인 경우		대상액 50억원 이상인 경우 적용 비율 [%]	영 별표5에 따른 보건 관리자 선임 대상 건설 공사의 적용비율 [%]
		적용 비율 [%]	기초액		
일반건설 공사(갑)	2.93 [%]	1.86 [%]	5,349,000원	1.97[%]	2.15[%]
일반건설 공사(을)	3.09 [%]	1.99 [%]	5,499,000원	2.10[%]	2.29[%]
중 건 설 공 사	3.43 [%]	2.35 [%]	5,400,000원	2.44[%]	2.66[%]
철도· 궤도 신설공사	2.45 [%]	1.57 [%]	4,411,000원	1.66[%]	1.81[%]
특수 및 기타 건설공사	1.85 [%]	1.20 [%]	3,250,000원	1.27[%]	1.38[%]

117 이동식비계를 조립하여 작업을 하는 경우에 대한 준수사항으로 옳지 않은 것은?

① 승강용사다리는 견고하게 설치할 것
② 비계의 최상부에서 작업을 하는 경우에는 안전난간을 설치할 것
③ 작업발판의 최대 적재하중은 400[kg]을 초과하지 않도록 할 것
④ 작업발판은 항상 수평을 유지하고 작업발판 위에서 안전난간을 딛고 작업을 하거나 받침대 또는 사다리를 사용하여 작업하지 않도록 할 것

해설 ③ 이동식 비계 작업발판의 최대적재하중은 250[kg]이다.

118 항타기 또는 항발기의 권상용 와이어로프의 절단하중이 100[t]일 때 와이어로프에 걸리는 최대하중을 얼마까지 할 수 있는가?

① 20[t]
② 33.3[t]
③ 40[t]
④ 50[t]

해설 안전계수 $= \dfrac{\text{절단하중}}{\text{최대하중}}$, 항타기 또는 항발기의 권상용 와이어로프의 안전계수는 5 이상

$\text{최대하중} = \dfrac{\text{절단하중}}{\text{안전계수}} = \dfrac{100}{5} = 20[t]$

119 공사현장에서 가설계단을 설치하는 경우 높이가 3[m]를 초과하는 계단에는 높이 3[m] 이내마다 최소 얼마 이상의 너비를 가진 계단참을 설치하여야 하는가?

① 3.5[m]   ② 2.5[m]

③ 1.2[m]   ④ 1.0[m]

해설 높이가 3[m]를 초과하는 계단에 높이 3[m] 이내마다 너비 1.2[m] 이상의 계단참을 설치하여야 한다.

120 터널 지보공을 조립하는 경우에는 미리 그 구조를 검토한 후 조립도를 작성하고, 그 조립도에 따라 조립하도록 하여야 하는데 이 조립도에 명시하여야 할 사항과 가장 거리가 먼 것은?

① 이음방법   ② 단면규격

③ 재료의 재질   ④ 재료의 구입처

해설 조립도에는 동바리·멍에 등 부재의 재질·단면규격·설치간격 및 이음방법 등을 명시하여야 한다.

정답 119 ③   120 ④

2018년 제1회 기출 복원문제

1과목 안전관리론

01 강도율에 관한 설명 중 틀린 것은?

① 사망 및 영구 전노동불능(신체장해등급 1~3급)의 근로손실일수는 7500일로 환산한다.

② 신체장해등급 중 제14급은 근로손실일수를 50일로 환산한다.

③ 영구 일부 노동불능은 신체장해등급에 따른 근로손실일수에 300/365을 곱하여 환산한다.

④ 일시 전노동불능은 휴업일수에 300/365을 곱하여 근로손실일수를 환산한다.

해설 • 1000명의 근로시간당 근로손실일수 비율

$$강도율 = \frac{총요양근로손실일수}{연근로시간수} \times 1000$$

$$환산강도율 = 강도율 \times 100$$

• 근로손실일수 계산 시 주의 사항

휴업일수는 300/365×휴업일수로 손실일수 계산

신체장해등급	사망 1,2,3급	4급	5급	6급	7급	8급
근로손실일수	7,500	5,500	4,000	3,000	2,200	1,500

신체장해등급	9급	10급	11급	12급	13급	14급
근로손실일수	1,000	600	400	200	100	50

02 산업안전보건법령상 안전보건표지의 종류 중 경고표지의 기본모형(형태)이 다른 것은?

① 폭발성물질 경고 ② 방사성물질 경고
③ 매달린 물체 경고 ④ 고압전기 경고

해설

폭발성물질 경고	방사성물질 경고	매달린 물체 경고	고압전기 경고

03 석면 취급장소에서 사용하는 방진마스크의 등급으로 옳은 것은?

① 특급 ② 1급
③ 2급 ④ 3급

해설 ① 특급은 99.5[%] 이상(중독성 분진, 흄, 방사성 물질분진의 비산하는 장소)
② 1급은 95[%] 이상(갱내, 암석의 파쇄, 분쇄하는 장소, 아크용접, 용단작업, 현저하게 분진이 많이 발생하는 작업, 석면을 사용하는 작업, 주물공장 등)
③ 2급은 85[%] 이상

04 적응기제 중 도피기제의 유형이 아닌 것은?

① 합리화 ② 고립
③ 퇴행 ④ 억압

해설 ▶ 적응기제 중 도피기제
• **고립** : 곤란한 상황과의 접촉을 피함.
• **퇴행** : 발달단계로 역행함으로써 욕구를 충족하려는 행동
• **억압** : 불쾌한 생각, 감정을 눌러 떠오르지 않도록 함
• **백일몽** : 공상의 세계 속에서 만족을 얻으려는 행동
※ 단어들이 다 부정적인 의미임.

01 ③ 02 ① 03 ① 04 ① **정답**

05 생체 리듬(Bio Rhythm) 중 일반적으로 33일을 주기로 반복되며, 상상력, 사고력, 기억력 또는 의지, 판단 및 비판력 등과 깊은 관련성을 갖는 리듬은?

① 육체적 리듬
② 지성적 리듬
③ 감성적 리듬
④ 생활 리듬

해설 ② **지성적 리듬**(녹색) : 33일을 주기로 뇌세포 활동을 지배하여 정신력, 냉철함, 판단력, 이해력 등에 영향을 주는 리듬이다.
① **육체적 리듬**(청색) : 23일을 주기로 근육세포와 근섬유계를 지배하여 건강상태를 결정한다.
③ **감성적 리듬**(적색) : 28일을 주기로 교감신경계를 지배하여 정서와 감정의 에너지를 지배한다.

06 산업안전보건법령상 지방고용노동관서의 장이 사업주에게 안전관리자·보건관리자 또는 안전보건관리담당자를 정수 이상으로 증원하게 하거나 교체하여 임명할 것을 명할 수 있는 경우의 기준 중 다음 ( ) 안에 알맞은 것은? (관련 규정 개정 반영)

- 중대재해가 연간 (㉠)건 이상 발생한 경우
- 해당 사업장의 연간재해율이 같은 업종의 평균재해율의 (㉡)배 이상인 경우

① ㉠ 3, ㉡ 2
② ㉠ 2, ㉡ 3
③ ㉠ 2, ㉡ 2
④ ㉠ 3, ㉡ 3

해설 ▶ **안전관리자 등의 증원·교체임명 명령**(산업안전보건법 시행규칙 제12조)
- 연간재해율이 같은 업종 평균재해율의 2배 이상 사업장
- 중대재해 연간 2건 이상 발생(다만, 해당 사업장의 전년도 사망만인율이 같은 업종 평균 이하인 경우 제외)
- 안전관리자가 3개월 이상 직무를 수행할 수 없는 사업장
- 직업성 질병자가 연간 3명 이상 발생한 사업장
※ 평균의 2배 이상, 중대재해 2건, 직업성 질병 3건 이상, 관리자 3개월 이상 업무 수행 불가

07 하인리히(Heinrich)의 재해구성비율에 따른 58건의 경상이 발생한 경우 무상해 사고는 몇 건이 발생하겠는가?

① 58건
② 116건
③ 600건
④ 900건

해설 1(사망) : 29(경상) : 300(무상해 사고)의 법칙

08 상해 정도별 분류 중 의사의 진단으로 일정 기간 정규 노동에 종사할 수 없는 상해에 해당하는 것은?

① 영구 일부노동불능 상해
② 일시 전노동불능 상해
③ 영구 전노동불능 상해
④ 구급처치 상해

해설 • **영구 전노동불능** : 신체 전체의 노동기능 완전상실 (1~3급)
• **영구 일부노동불능** : 신체 일부의 노동기능 완전상실 (4~14급)
• **일시 전노동불능** : 일정기간 노동 종사 불가(휴업상해)
• **일시 일부노동불능** : 일정기간 일부노동 종사 불가(통원상해)

09 데이비스(Davis)의 동기부여이론 중 동기유발의 식으로 옳은 것은?

① 지식 × 기능
② 지식 × 태도
③ 상황 × 기능
④ 상황 × 태도

해설 ▶ **데이비스(Davis)의 동기부여이론**
• 경영의 성과＝인간의 성과×물적인 성과
• 능력(ability)＝지식(knowledge)×기능(skill)
• 동기유발(motivation)＝상황(situation)×태도(attitude)
• 인간의 성과(human performance)＝능력(ability)×동기유발(motivation)

정답 05 ② 06 ③ 07 ③ 08 ② 09 ④

10 안전보건관리조직의 유형 중 스태프(Staff)형 조직의 특징이 아닌 것은?

① 생산부문은 안전에 대한 책임과 권한이 없다.

② 권한 다툼이나 조정 때문에 통제수속이 복잡해지며 시간과 노력이 소모된다.

③ 생산부분에 협력하여 안전명령을 전달, 실시하므로 안전지시가 용이하지 않으며 안전과 생산을 별개로 취급하기 쉽다.

④ 명령 계통과 조언 권고적 참여가 혼동되기 쉽다.

해설 ▶ **스태프형 조직의 장·단점**

장점	• 안전에 관한 전문지식 및 기술의 축적 용이 • 경영자의 조언 및 자문역할 • 안전정보 수집이 용이하고 신속하다.
단점	• 생산부서와 유기적인 협조 필요 • 생산부분의 안전에 대한 무책임·무권한 • 생산부서와 마찰이 일어나기 쉽다.

11 자율검사프로그램을 인정받기 위해 보유하여야 할 검사장비의 이력카드 작성, 교정주기와 방법 설정 및 관리 등의 관리 주체는?

① 사업주   ② 제조사

③ 안전관리전문기관   ④ 안전보건관리책임자

해설 사업주는 근로자의 재해 예방책임 및 의무 등이 있다.

12 다음의 방진마스크 형태로 옳은 것은?

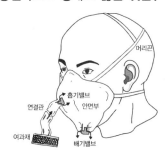

① 직결식 전면형   ② 직결식 반면형

③ 격리식 전면형   ④ 격리식 반면형

해설

13 작업자 적성의 요인이 아닌 것은?

① 성격(인간성)   ② 지능

③ 인간의 연령   ④ 흥미

해설 ▶ **작업자 적성 요인**
• 성격검사   • 지능검사
• 학력검사   • 흥미검사
• 적성검사

14 산업안전보건법령상 근로자 안전보건교육 기준 중 관리감독자 정기 안전보건교육의 교육내용으로 옳은 것은? (단, 산업안전보건법 및 일반관리에 관한 사항은 제외한다.)

① 산업안전 및 사고 예방에 관한 사항

② 사고 발생 시 긴급조치에 관한 사항

③ 건강증진 및 질병 예방에 관한 사항

④ 산업보건 및 직업병 예방에 관한 사항

10 ④ 11 ① 12 ④ 13 ③ 14 ④ 정답

해설 ▶ **관리감독자 정기 안전보건교육**
- 산업안전 및 사고 예방에 관한 사항
- 산업보건 및 직업병 예방에 관한 사항
- 유해·위험 작업환경 관리에 관한 사항
- 산업안전보건법령 및 산업재해보상보험 제도에 관한 사항
- 직무스트레스 예방 및 관리에 관한 사항
- 직장 내 괴롭힘, 고객의 폭언 등으로 인한 건강장해 예방 및 관리에 관한 사항
- 작업공정의 유해·위험과 재해 예방대책에 관한 사항
- 표준안전 작업방법 및 지도 요령에 관한 사항
- 관리감독자의 역할과 임무에 관한 사항
- 안전보건교육 능력 배양에 관한 사항

15 산업안전보건법령상 안전보건표지의 색채와 색도 기준의 연결이 틀린 것은? (단, 색도기준은 한국산업표준(KS)에 따른 색의 3속성에 의한 표시방법에 따른다.)

① 빨간색 – 7.5R 4/14
② 노란색 – 5Y 8.5/12
③ 파란색 – 2.5PB 4/10
④ 흰색 – N0.5

해설 흰색의 색도는 N9.5로 한다[색도기준은 한국산업표준(KS)에 따른 색의 3속성에 의한 표시방법(KS A 0062)에 따른다].

16 기업 내 정형교육 중 TWI(Training Within Industry)의 교육내용이 아닌 것은?

① Job Method Training
② Job Relation Training
③ Job Instruction Training
④ Job Standardization Training

해설
- Job Method Training(J. M. T) : 작업방법훈련
- Job Instruction Training(J. I. T) : 작업지도훈련
- Job Relations Training(J. R. T) : 인간관계훈련
- Job Safety Training(J. S. T) : 작업안전훈련

17 재해사례연구의 진행단계 중 다음 ( ) 안에 알맞은 것은?

재해 상황의 파악 → (㉠) → (㉡) → 근본적 문제점의 결정 → (㉢)

① ㉠ 사실의 확인, ㉡ 문제점의 발견, ㉢ 대책수립
② ㉠ 문제점의 발견, ㉡ 사실의 확인, ㉢ 대책수립
③ ㉠ 사실의 확인, ㉡ 대책수립, ㉢ 문제점의 발견
④ ㉠ 문제점의 발견, ㉡ 대책수립, ㉢ 사실의 확인

해설 ▶ **재해사례연구 단계**
- **제0단계** : 재해상황 파악
- **제1단계** : 사실의 확인
- **제2단계** : 문제점 발견(작업표준 등을 근거)
- **제3단계** : 근본적인 문제점 결정
- **제4단계** : 대책수립

18 교육심리학의 학습이론에 관한 설명 중 옳은 것은?

① 파블로프(Pavlov)의 조건반사설은 맹목적 시행을 반복하는 가운데 자극과 반응이 결합하여 행동하는 것이다.
② 레빈(Lewin)의 장설은 후천적으로 얻게 되는 반사작용으로 행동을 발생시킨다는 것이다.
③ 톨만(Tolman)의 기호형태설은 학습자의 머리 속에 인지적 지도 같은 인지구조를 바탕으로 학습하려는 것이다.
④ 손다이크(Thorndike)의 시행착오설은 내적, 외적의 전체구조를 새로운 시점에서 파악하여 행동하는 것이다.

해설 ① **파블로프** : 조건반사설은 강도 일관성 시간, 계속성에 의한다.
② **레빈** : 인간의 행동은 인간의 자질과 환경에 의해 형성된 심리학적 생활공간의 구조에 따라 결정
④ **손다이크** : 학습의 법칙으로 준비하고 연습/반복해야 효과가 있다.

19 레빈(Lewin)의 법칙 $B = f(P \cdot E)$ 중 B가 의미하는 것은?

① 인간관계
② 행동
③ 환경
④ 함수

> **해설** 인간의 행동(B)은 인간이 가진 능력과 자질, 즉 개체(P)와 주변의 심리적 환경(E)과의 상호함수
>
> $$B = f(P \cdot E)$$
>
> • B : Behavior(인간의 행동)
> • f : function(함수관계) $P \cdot E$에 영향을 줄 수 있는 조건
> • P : Person(연령, 경험, 심신상태, 성격, 지능, 소질 등)
> • E : Environment(심리적 환경 – 인간관계, 작업환경, 설비적 결함 등)

20 학습지도의 형태 중 몇 사람의 전문가에 의해 과정에 관한 견해를 발표하고 참가자로 하여금 의견이나 질문을 하게 하는 토의방식은?

① 포럼(Forum)
② 심포지엄(Symposium)
③ 버즈세션(Buzz session)
④ 자유토의법(Free discussion method)

> **해설** ① **포럼**(Forum) : 공개토의라고도 하며, 전문가의 발표시간은 10~20분 정도 주어진다. 포럼은 전문가와 일반 참여자가 구분되는 비대칭적 토의이다.
> ③ **버즈세션**(Buzz session) : 많은 사람이 시간이 별로 걸리지 않는 회의나 토론을 할 때 효과적으로 사용하는 방법이다. 전체구성원을 4~6명의 소그룹으로 나누고 각각의 소그룹이 개별적인 토의를 벌인 뒤 각 그룹의 결론을 패널형식으로 토론하고 최후의 리더가 전체적인 결론을 내리는 토의법이다.

2과목 **인간공학 및 시스템안전공학**

21 FTA(Fault Tree Analysis)에 사용되는 논리 기호와 명칭이 올바르게 연결된 것은?

① : 전이기호
② : 기본사상
③ : 통상사상
④ : 결함사상

> **해설**
>
> | 생략사상 | 결함사상 | 기본사상 |
> |---|---|---|

22 HAZOP 기법에서 사용하는 가이드워드와 그 의미가 잘못 연결된 것은?

① Other than : 기타 환경적인 요인
② No/Not : 디자인 의도의 완전한 부정
③ Reverse : 디자인 의도의 논리적 반대
④ More/Less : 정량적인 증가 또는 감소

19 ② 20 ② 21 ③ 22 ① **정답**

해설 ▶ **가이드워드**(Guide words)
- **NO 혹은 NOT** : 설계 의도의 완전한 부정
- **MORE LESS** : 양의 증가 혹은 감소(정량적)
- **AS WELL AS** : 성질상의 증가(정성적 증가)
- **PART OF** : 성질상의 감소(정성적 감소)
- **REVERSE** : 설계 의도의 논리적인 역(설계의도와 반대 현상)
- **OTHER THAN** : 완전한 대체의 필요

23 경계 및 경보신호의 설계지침으로 틀린 것은?

① 주의를 환기시키기 위하여 변조된 신호를 사용한다.
② 배경소음의 진동수와 다른 진동수의 신호를 사용한다.
③ 귀는 중음역에 민감하므로 500~3000[Hz]의 진동수를 사용한다.
④ 300[m] 이상의 장거리용으로는 1000[Hz]를 초과하는 진동수를 사용한다.

해설 ▶ **경계 및 경보신호의 설계지침**
- 귀는 중음역에 가장 민감하므로 500~3,000[Hz]의 진동수를 사용
- 고음은 멀리 가지 못하므로 300[m] 이상 장거리용으로는 1,000[Hz] 이하의 진동수 사용
- 신호가 장애물을 돌아가거나 칸막이를 통과해야 할 때는 500[Hz] 이하의 진동수 사용
- 주의를 끌기 위해서는 변조된 신호를 사용
- 배경소음의 진동수와 다른 신호를 사용하고 신호는 최소한 0.5~1초 동안 지속
- 경보 효과를 높이기 위해서 개시 시간이 짧은 고강도 신호 사용
- 주변 소음에 대한 은폐효과를 막기 위해 500~1,000[Hz] 신호를 사용하여, 적어도 30[dB] 이상 차이가 나야 함.

24 동작의 합리화를 위한 물리적 조건으로 적절하지 않은 것은?

① 고유 진동을 이용한다.
② 접촉 면적을 크게 한다.
③ 대체로 마찰력을 감소시킨다.
④ 인체표면에 가해지는 힘을 적게 한다.

해설 ② 접촉 면적을 작게 한다.

25 정량적 표시장치에 관한 설명으로 맞는 것은?

① 정확한 값을 읽어야 하는 경우 일반적으로 디지털보다 아날로그 표시장치가 유리하다.
② 동목(moving scale)형 아날로그 표시장치는 표시장치의 면적을 최소화할 수 있는 장점이 있다.
③ 연속적으로 변화하는 양을 나타내는 데에는 일반적으로 아날로그보다 디지털 표시장치가 유리하다.
④ 동침(moving pointer)형 아날로그 표시장치는 바늘의 진행 방향과 증감 속도에 대한 인식적인 암시 신호를 얻는 것이 불가능한 단점이 있다.

해설 ▶ **정량적 표시장치**

아날로그	정목 동침형	정량적인 눈금이 정성적으로 사용되어 원하는 값으로부터의 대략적인 편차나, 고도를 읽을 때 그 변화방향과 변화율 등을 알고자 할 때
	정침 동목형	나타내고자 하는 값의 범위가 클 때, 비교적 작은 눈금판에 모두 나타내고자 할 때
디지털	계수형	• 수치를 정확하게 충분히 읽어야 할 경우 • 원형 표시 장치보다 판독 오차가 작고 판독 시간도 짧다.(원형 : 3.54초, 계수형 : 0.94초)

정답 23 ④ 24 ② 25 ②

26 일반적으로 작업장에서 구성요소를 배치할 때, 공간의 배치 원칙에 속하지 않는 것은?

① 사용빈도의 원칙   ② 중요도의 원칙

③ 공정개선의 원칙   ④ 기능성의 원칙

> **해설** ▶ **공간 배치 원칙**
> - 중요성의 원칙
> - 사용빈도의 원칙
> - 기능별 배치의 원칙
> - 사용순서의 원칙

27 반사율이 60[%]인 작업 대상물에 대하여 근로자가 검사작업을 수행할 때 휘도(luminance)가 90[fL]이라면 이 작업에서의 소요조명(fC)은 얼마인가?

① 75   ② 150

③ 200   ④ 300

> **해설** 소요조명$[fC] = \dfrac{\text{소요광속발산도}[fL]}{\text{반사율}[\%]} \times 100$
> $= (90/60) \times 100$

28 산업안전보건법령상 유해하거나 위험한 장소에서 사용하는 기계·기구 및 설비를 설치·이전하는 경우 유해위험방지계획서를 작성, 제출하여야 하는 대상이 아닌 것은?

① 화학설비
② 금속 용해로
③ 건조설비
④ 전기용접장치

> **해설** ▶ **유해위험방지계획서 제출 대상**(산업안전보건법 시행령 제42조 제2항)
> - 금속이나 그 밖의 광물의 용해로
> - 화학설비
> - 건조설비
> - 가스집합 용접장치
> - 근로자의 건강에 상당한 장해를 일으킬 우려가 있는 물질로서 고용노동부령으로 정하는 물질의 밀폐·환기·배기를 위한 설비

29 동작경제의 원칙에 해당하지 않는 것은?

① 공구의 기능을 각각 분리하여 사용하도록 한다.
② 두 팔의 동작은 동시에 서로 반대방향으로 대칭적으로 움직이도록 한다.
③ 공구나 재료는 작업동작이 원활하게 수행되도록 그 위치를 정해준다.
④ 가능하다면 쉽고도 자연스러운 리듬이 작업동작에 생기도록 작업을 배치한다.

> **해설** ① 공구류는 될 수 있는 대로 두 가지 이상의 기능을 조합한 것을 사용하여야 한다.

30 휴먼 에러 예방 대책 중 인적 요인에 대한 대책이 아닌 것은?

① 설비 및 환경 개선
② 소집단 활동의 활성화
③ 작업에 대한 교육 및 훈련
④ 전문인력의 적재적소 배치

> **해설** ① 설비 및 환경개선은 인적 요인 대책이 아니다.

26 ③   27 ②   28 ④   29 ①   30 ①   **정답**

31 다음 시스템에 대하여 톱사상(top event)에 도달할 수 있는 최소 컷셋(minimal cut sets)을 구할 때 올바른 집합은? (단, X_1, X_2, X_3, X_4는 각 부품의 고장확률을 의미하며 집합$\{X_1, X_2\}$는 X_1부품과 X_2부품이 동시에 고장 나는 경우를 의미한다.)

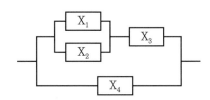

① $\{X_1, X_2\}$, $\{X_3, X_4\}$

② $\{X_1, X_3\}$, $\{X_2, X_4\}$

③ $\{X_1, X_2, X_4\}$, $\{X_3, X_4\}$

④ $\{X_1, X_3, X_4\}$, $\{X_2, X_3, X_4\}$

해설 정상사상은 T로 가정하고 FT를 작성하여 병렬연결은 AND 게이트, 직렬 연결은 OR게이트로 표시한다
따라서 최소 컷셋은 $\{X_1, X_2, X_4\}$ 또는 $\{X_3, X_4\}$가 된다.

32 운동관계의 양립성을 고려하여 동목(moving scale)형 표시장치를 바람직하게 설계한 것은?

① 눈금과 손잡이가 같은 방향으로 회전하도록 설계한다.

② 눈금의 숫자는 우측으로 감소하도록 설계한다.

③ 꼭지의 시계방향 회전이 지시치를 감소시키도록 설계한다.

④ 위의 세 가지 요건을 동시에 만족시키도록 설계한다.

해설 ② 눈금 수치는 우측으로 증가하도록 설계한다.
③ 꼭지의 시계방향 회전이 지시치를 증가시키도록 설계한다.

33 신뢰성과 보전성 개선을 목적으로 한 효과적인 보전기록자료에 해당하는 것은?

① 자재관리표　　　　② 주유지시서

③ 재고관리표　　　　④ MTBF 분석표

해설 신뢰성과 보전성 개선의 목적으로 한 효과적인 보전기록자료는 평균고장간격으로 고장 간의 동작시간 평균치이다.

34 보기의 실내면에서 빛의 반사율이 낮은 곳에서부터 높은 순서대로 나열한 것은?

A : 바닥　　　B : 천장　　　C : 가구　　　D : 벽

① A<B<C<D

② A<C<B<D

③ A<C<D<B

④ A<D<C<B

해설

바닥	가구, 사무용기기, 책상	창문 발, 벽	천장
20~40[%]	25~45[%]	40~60[%]	80~90[%]

35 다음 시스템의 신뢰도는 얼마인가? (단, 각 요소의 신뢰도는 a, b가 각 0.8, c, d가 각 0.60이다.)

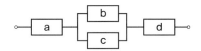

① 0.2245　　　　② 0.3754

③ 0.4416　　　　④ 0.5756

해설 $0.8 \times [1-(1-0.8) \times (1-0.6)] \times 0.6$

36 에너지 대사율[RMR]에 대한 설명으로 틀린 것은?

① $RMR = \dfrac{운동 대사량}{기초 대사량}$

② 보통작업 시 RMR은 4~7임

③ 가벼운 작업 시 RMR은 0~2임

④ $RMR = \dfrac{운동 시 \, 산소소모량 - 안정 시 \, 산소소모량}{기초대사량(산소소비량)}$

해설	RMR	0~1	1~2	2~4	4~7	7 이상
	작업	초경 작업	경작업	중 (보통 작업)	중 (무거운) 작업	초중 (무거운) 작업

37 FMEA의 특징에 대한 설명으로 틀린 것은?

① 서브시스템 분석 시 FTA보다 효과적이다.

② 시스템 해석기법은 정성적 · 귀납적 분석법 등에 사용된다.

③ 각 요소간 영향 해석이 어려워 2가지 이상 동시고장은 해석이 곤란하다.

④ 양식이 비교적 간단하고 적은 노력으로 특별한 훈련 없이 해석이 가능하다.

해설 ① 세부분석 시 FTA가 더 효과적이다.

38 A사의 안전관리자는 자사 화학 설비의 안전성 평가를 위해 제2단계인 정성적 평가를 진행하기 위하여 평가 항목 대상을 분류하였다. 주요 평가 항목 중에서 설계관계항목이 아닌 것은?

① 건조물　　　　② 공장 내 배치

③ 입지조건　　　　④ 원재료, 중간제품

해설 ▶ 정성적 평가
- **설계관계** : 입지조건, 공장 내의 배치, 소방 설비, 공정기기, 수송/저장,
- **운전관계** : 원재료, 중간제, 제품

39 기계설비 고장 유형 중 기계의 초기결함을 찾아내 고장률을 안정시키는 기간은?

① 마모고장 기간

② 우발고장 기간

③ 에이징(aging) 기간

④ 디버깅(debugging) 기간

해설
- **초기고장** : 감소형(debugging 기간, burning 기간)
  ※ debugging 기간 : 인간시스템의 신뢰도에서 결함을 찾아내 고장률을 안정시키는 기간
- **우발고장** : 일정형
- **마모고장** : 증가형

40 들기 작업 시 요통재해예방을 위하여 고려할 요소와 가장 거리가 먼 것은?

① 들기 빈도

② 작업자 신장

③ 손잡이 형상

④ 허리 비대칭 각도

해설 LC(부하상수) = 23[kg]
HM(수평계수) = 25/H
VM(수직계수) = 1-(0.003×|V-75|)
DM(거리계수) = 0.82+(4.5/D)
AM(비대칭계수) = 1-(0.0032×A)
FM(빈도계수)
CM(결합계수)

36 ② 37 ① 38 ④ 39 ④ 40 ② 정답

3과목 기계위험방지기술

41 그림과 같이 50[kN]의 중량물을 와이어 로프를 이용하여 상부에 60[°]의 각도가 되도록 들어 올릴 때, 로프 하나에 걸리는 하중(T)은 약 몇 [kN]인가?

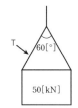

① 16.8
② 24.5
③ 28.9
④ 37.9

해설 $\dfrac{\dfrac{50}{2}}{\cos\left(\dfrac{60[°]}{2}\right)} = \dfrac{25}{\cos 30[°]} = \dfrac{25}{0.866} = 28.868$

42 다음 중 휴대용 동력 드릴 작업 시 안전사항에 관한 설명으로 틀린 것은?

① 드릴의 손잡이를 견고하게 잡고 작업하여 드릴 손잡이 부위가 회전하지 않고 확실하게 제어 가능하도록 한다.

② 절삭하기 위하여 구멍에 드릴날을 넣거나 뺄 때 반발에 의하여 손잡이 부분이 튀거나 회전하여 위험을 초래하지 않도록 팔을 드릴과 직선으로 유지한다.

③ 그릴이나 리머를 고정시키거나 제거하고자 할 때 금속성 망치 등을 사용하여 확실히 고정 또는 제거한다.

④ 드릴을 구멍에 맞추거나 스핀들의 속도를 낮추기 위해서 드릴날을 손으로 잡아서는 안 된다.

해설 ③ 그릴이나 리머를 고정시키거나 제거하고자 할 때 목재 망치 등을 사용하여 확실히 고정 또는 제거한다.

43 보일러에서 폭발사고를 미연에 방지하기 위해 화염 상태를 검출할 수 있는 장치가 필요하다. 이 중 바이메탈을 이용하여 화염을 검출하는 것은?

① 프레임 아이
② 스택 스위치
③ 전자 개폐기
④ 프레임 로드

해설 ② **스택 스위치** : 화염의 발열체를 이용, 바이메탈의 신축성을 이용하여 측정, 버너의 용량이 가장 큰 곳에 사용

① **프레임 아이** : 화염의 발광체(방사선, 적외선, 자외선)를 이용하여 검출, 불꽃의 중심을 향하도록 설치

④ **프레임 로드** : 가스의 이온화를 이용하여 검출, 주로 가스 점화버너에 이용

44 밀링작업 시 안전 수칙에 관한 설명으로 옳지 않은 것은?

① 칩은 기계를 정지시킨 다음에 브러시 등으로 제거한다.

② 일감 또는 부속장치 등을 설치하거나 제거할 때는 반드시 기계를 정지시키고 작업한다.

③ 커터는 될 수 있는 한 컬럼에서 멀게 설치한다.

④ 강력 절삭을 할 때는 일감을 바이스에 깊게 물린다.

해설 ③ 커터는 될 수 있는 한 컬럼에서 가깝게 설치한다.

45 다음 중 방호장치의 기본목적과 가장 관계가 먼 것은?

① 작업자의 보호
② 기계기능의 향상
③ 인적·물적 손실의 방지
④ 기계위험 부위의 접촉방지

해설 ② 방호장치의 기본목적은 기계성능과는 관계가 없다.

46 산업안전보건법령상 프레스 작업시작 전 점검해야 할 사항에 해당하는 것은?

① 언로드 밸브의 기능
② 하역장치 및 유압장치 기능
③ 권과방지장치 및 그 밖의 경보장치의 기능
④ 1행정 1정지기구·급정지장치 및 비상정지 장치의 기능

> **해설** **프레스 작업시작 전 점검사항**
> • 클러치 및 브레이크의 기능
> • 크랭크축·플라이휠·슬라이드·연결봉 및 연결 나사의 풀림 여부
> • 1행정 1정지기구·급정지장치 및 비상정지장치의 기능
> • 슬라이드 또는 칼날에 의한 위험방지 기구의 기능
> • 프레스의 금형 및 고정볼트 상태
> • 방호장치의 기능
> • 전단기(剪斷機)의 칼날 및 테이블의 상태

47 화물중량이 200[kgf], 지게차의 중량이 400[kgf], 앞바퀴에서 화물의 무게중심까지의 최단거리가 1[m]일 때 지게차의 무게중심까지 최단거리는 최소 몇 [m]를 초과해야 하는가?

① 0.2[m]   ② 0.5[m]
③ 1[m]   ④ 2[m]

> **해설** 화물이 가하는 모멘트와 지게차 자중의 모멘트를 비교해서 지게차의 모멘트가 커야 한다.
> 화물무게 × 앞바퀴 ~ 화물중심까지의 거리
> = 지게차의 무게 × 앞바퀴 ~ 지게차 중심까지의 거리
> 200 × 1 = 400 × X
> ∴ X = 0.5

48 다음 중 셰이퍼에서 근로자의 보호를 위한 방호장치가 아닌 것은?

① 방책   ② 칩받이
③ 칸막이   ④ 급속귀환장치

> **해설** 셰이퍼의 방호장치는 방책, 칩받이, 칸막이, 울 등이다.

49 지게차 및 구내운반차의 작업시작 전 점검사항이 아닌 것은?

① 버킷, 디퍼 등의 이상 유무
② 제동장치 및 조종장치 기능의 이상 유무
③ 하역장치 및 유압장치 기능의 이상 유무
④ 전조등, 후미등, 경보장치 기능의 이상 유무

> **해설** 1. **지게차 작업시작 전 점검사항**
> • 제동장치 및 조종장치 기능의 이상 유무
> • 하역장치 및 유압장치 기능의 이상 유무
> • 바퀴의 이상 유무
> • 전조등·후미등·방향지시기 및 경음기 기능의 이상 유무
> 2. **구내운반차 작업시작 전 점검사항**
> • 제동장치 및 조종장치 기능의 이상 유무
> • 하역장치 및 유압장치 기능의 이상 유무
> • 바퀴의 이상 유무
> • 전조등·후미등·방향지시기 및 경음기 기능의 이상 유무
> • 충전장치를 포함한 홀더 등의 결합상태의 이상 유무

50 다음 중 선반에서 절삭가공 시 발생하는 칩을 짧게 끊어지도록 공구에 설치되어 있는 방호장치의 일종인 칩 제거기구를 무엇이라 하는가?

① 칩 브레이커   ② 칩 받침
③ 칩 쉴드   ④ 칩 커터

> **해설** **칩 브레이커** : 칩을 짧게 끊어주는 선반전용 안전장치

51 아세틸렌 용접장치에 사용하는 역화방지기에서 요구되는 일반적인 구조로 옳지 않은 것은?

① 재사용 시 안전에 우려가 있으므로 역화방지 후 바로 폐기하도록 해야 한다.

② 다듬질 면이 매끈하고 사용상 지장이 있는 부식, 흠, 균열 등이 없어야 한다.

③ 가스의 흐름방향은 지워지지 않도록 돌출 또는 각인하여 표시하여야 한다.

④ 소염소자는 금망, 소결금속, 스틸울(steelwool), 다공성 금속물 또는 이와 동등 이상의 소염성능을 갖는 것이어야 한다.

해설 ① 재사용 시 안전에 우려가 있으므로 역화방지 후 바로 폐기하지 않는다.

52 초음파 탐상법의 종류에 해당하지 않는 것은?

① 반사식　　　② 투과식
③ 공진식　　　④ 침투식

해설 ▶ **초음파 탐상법의 종류**

구분	특징
반사식	검사할 물체에 극히 짧은 시간에 충격적으로 초음파를 발사하여 결함부에서 반사되는 신호를 받아 그 사이의 시간지연으로 결함까지의 거리 측정
투과식	검사할 물체의 한쪽면의 발진장치에서 연속으로 초음파를 보내고 반대편의 수신장치에서 신호를 받을 때 결함이 있을 경우 초음파의 도착에 이상이 생기는 것으로 결함의 위치와 크기들을 판정(50[mm] 정도까지 적용)
공진식	발진장치의 파장을 순차로 변화하여 공진이 생기는 파장을 구하면, 결함이 존재할 경우 결함까지 거리가 파장의 1/2의 정수배가 될 때에 공진이 생기므로 결함위치를 파악(보통 결함의 깊이 측정에 사용, 결함이 옆으로 있을 때 적합)

53 다음 목재가공용 기계에 사용되는 방호장치의 연결이 옳지 않은 것은?

① 둥근톱기계 : 톱날접촉예방장치
② 띠톱기계 : 날접촉예방장치
③ 모떼기기계 : 날접촉예방장치
④ 동력식 수동대패기계 : 반발예방장치

해설 ④ 반발예방장치는 둥근톱기계

54 급정지기구가 부착되어 있지 않아도 유효한 프레스의 방호장치로 옳지 않은 것은?

① 양수기동식
② 가드식
③ 손쳐내기식
④ 양수조작식

해설 ▶ **양수조작식** : 양손으로 누름단추 등의 조작장치를 계속 누르고 있으면 기계는 계속 작동하지만 두 손 중 한 손만 조작장치에서 떼면 기계는 즉시 정지한다. 고용노동부 고시 중 안전에 관한 기술지침에 의무화되어 있는 양수조작식은 이런 종류의 것이다. 급정지기구를 따로 구비할 필요가 없는 기계에 적용할 때 양수조작식이라 한다. 예를 들면 마찰식 클러치가 있는 프레스기를 말한다.

55 인장강도가 350[MPa]인 강판의 안전율이 4라면 허용응력은 몇 [N/mm²]인가?

① 76.4　　　② 87.5
③ 98.7　　　④ 102.3

해설 350[MPa] = 350000000[N]/(1000[mm])² = 350[N/mm²]
350/4 = 87.5

56 로봇의 작동범위 내에서 그 로봇에 관하여 교시 등(로봇의 동력원을 차단하고 행하는 것을 제외한다.)의 작업을 행하는 때 작업시작 전 점검사항으로 옳은 것은?

① 과부하방지장치의 이상 유무
② 압력제한 스위치 등의 기능의 이상 유무
③ 외부전선의 피복 또는 외장의 손상 유무
④ 권과방지장치의 이상 유무

> **해설** ▶ **로봇의 작동범위에서 교시 등의 작업 전 점검사항**
> • 외부 전선의 피복 또는 외장의 손상 유무
> • 매니퓰레이터(manipulator) 작동의 이상 유무
> • 제동장치 및 비상정지장치의 기능

57 방사선 투과검사에서 투과사진에 영향을 미치는 인자는 크게 콘트라스트(명암도)와 명료도로 나누어 검토할 수 있다. 다음 중 투과사진의 콘트라스트(명암도)에 영향을 미치는 인자에 속하지 않는 것은?

① 방사선의 성질
② 필름의 종류
③ 현상액의 강도
④ 초점-필름 간 거리

> **해설** • X선이나 γ선 등의 방사선은 물질을 잘 투과하기 쉬우나 투과 도중에 흡수 또는 산란을 받게 되어, 투과 후의 세기는 투과 전의 세기에 비해 약해지며 이 약해진 정도는 물체의 두께, 물체의 재질 및 방사선의 종류에 따라 달라진다.
> • 검사하고자 하는 물체에 균일한 세기의 방사선을 조사시켜 투과한 다음 사진 필름에 감광시켜 현상하면, 결함과 내부 구조에 대응하는 진하고 엷은 모양의 투과사진이 생긴다.
> • 투과 사진을 관찰하여 결함의 종류, 크기 및 분포 상황 등을 알아내는 시험이 방사선 투과시험이다.

58 보기와 같은 기계요소가 단독으로 발생시키는 위험점은?

밀링커터	둥근톱날
① 협착점	② 끼임점
③ 절단점	④ 물림점

> **해설** ▶ **기계·기구 설비의 위험점**
> • **협착점**(Squeeze-point) : 왕복운동을 하는 동작부분과 움직임이 없는 고정 부분 사이에서 형성되는 위험점으로 사업장의 기계설비에서 많이 볼 수 있다.
>   예 프레스기, 전단기, 성형기, 굽힘기계(bending machine) 등
> • **끼임점**(Shear-point) : 고정부분과 회전하는 동작부분이 함께 만드는 위험점이다.
>   예 연삭숫돌과 덮개, 교반기의 날개와 하우징, 프레임에서 암의 요동운동을 하는 기계부분 등
> • **절단점**(Cutting-point) : 고정부분과 운동부분이 만드는 위험점이 아니고 회전하는 운동부 자체의 위험이나 운동하는 기계 부분 자체의 위험에서 초래되는 위험점이다.
>   예 밀링의 커터, 띠톱이나 둥근톱의 톱날, 벨트의 이음부분 등
> • **물림점**(Nip-point) : 회전하는 두 개의 회전체에는 물려 들어가는 위험성이 존재한다. 이때 위험점이 발생되는 조건은 회전체가 서로 반대방향으로 맞물려 회전되어야 한다.
>   예 롤러와 롤러의 물림, 기어와 기어의 물림 등
> • **접선물림점**(Tangential Nip-point) : 회전하는 부분의 접선방향으로 물려 들어갈 위험이 존재하는 점이다.
>   예 벨트와 풀리, 체인과 스프로킷, 랙과 피니언 등
> • **회전말림점**(Trapping-point) : 회전하는 물체에 작업복, 머리카락 등이 말려드는 위험이 존재하는 점이다.
>   예 회전하는 축, 커플링, 돌출된 키나 고정나사, 회전하는 공구 등

59 프레스 및 전단기에서 위험한계 내에서 작업하는 작업자의 안전을 위하여 안전블록의 사용 등 필요한 조치를 취해야 한다. 다음 중 안전블록을 사용해야 하는 직업으로 가장 거리가 먼 것은?

① 금형 가공작업
② 금형 해체작업
③ 금형 부착작업
④ 금형 조정작업

해설 프레스 등의 금형을 부착·해체 또는 조정작업을 하는 때에는 신체의 일부가 위험한계 내에 들어갈 때에 슬라이드가 불시에 하강함으로써 발생하는 위험을 방지하기 위하여 안전블록을 사용하여야 한다.

60 아세틸렌 용접장치를 사용하여 금속의 용접·용단 또는 가열작업을 하는 경우 아세틸렌을 발생시키는 게이지 압력은 최대 몇 [kPa] 이하이어야 하는가?

① 17   ② 88

③ 127   ④ 210

해설 아세틸렌 용접장치를 사용하여 금속의 용접·용단 또는 가열작업을 하는 경우에는 게이지 압력이 127[kPa]을 초과하는 압력의 아세틸렌을 발생시켜 사용해서는 안 된다.

4과목 전기위험방지기술

61 우리나라의 안전전압으로 볼 수 있는 것은 약 몇 [V]인가?

① 30[V]

② 50[V]

③ 60[V]

④ 70[V]

해설 ● 국가별 안전전압

국가명	안전전압[V]	국가명	안전전압[V]
체코	20	프랑스	24[AC], 50[DC]
독일	24	네덜란드	50
영국	24	한국	30
일본	24~30	오스트리아	60(0.5초)
벨기에	35		110~130(0.2초)
스위스	36		

62 22.9[kV] 충전전로에 대해 필수적으로 작업자와 이격시켜야 하는 접근한계거리는?

① 45[cm]   ② 60[cm]

③ 90[cm]   ④ 110[cm]

해설 ● 충전로에 대한 접근한계거리
- 380[V] – 30[cm]
- 1.5[kV] – 45[cm]
- 6.6[kV] – 60[cm]
- 22.9[kV] – 90[cm]

63 개폐조작 시 안전절차에 따른 차단 순서와 투입 순서로 가장 올바른 것은?

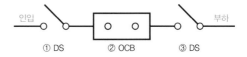

① DS   ② OCB   ③ DS

① 차단 ② → ① → ③, 투입 ① → ② → ③

② 차단 ② → ③ → ①, 투입 ① → ② → ③

③ 차단 ② → ① → ③, 투입 ③ → ② → ①

④ 차단 ② → ③ → ①, 투입 ③ → ① → ②

해설 차단은 OCB부터, 투입은 DS부터 시계반대방향으로

64 정전기에 대한 설명으로 가장 옳은 것은?

① 전하의 공간적 이동이 크고, 자계의 효과가 전계의 효과에 비해 매우 큰 전기

② 전하의 공간적 이동이 크고, 자계의 효과와 전계의 효과를 서로 비교할 수 없는 전기

③ 전하의 공간적 이동이 적고, 전계의 효과와 자계의 효과가 서로 비슷한 전기

④ 전하의 공간적 이동이 적고, 자계의 효과가 전계에 비해 무시할 정도의 적은 전기

정답 60 ③   61 ①   62 ③   63 ④   64 ④

해설 ▶ 두 물질의 접촉, 분리 상호작용 : 대전서열에서 두 물질이 가까운 위치에 있으면 정전기의 발생량이 적고, 먼 위치에 있으면 정전기의 발생량이 커진다.

65 인체저항을 500[Ω]이라 한다면, 심실세동을 일으키는 위험 한계 에너지는 약 몇 [J]인가? (단, 심실세동전류값 $I = \dfrac{165}{\sqrt{T}}$[mA]의 Dalziel의 식을 이용하며, 통전시간은 1초로 한다.)

① 11.5
② 13.6
③ 15.3
④ 16.2

해설 $Q = I^2 RT(\text{J/S}) = \left(\dfrac{165 \sim 185}{\sqrt{T}} \times 10^{-3}\right)^2 \times 500 \times T$

$= \dfrac{165^2 \sim 185^2}{T} \times 10^{-6} \times 500 \times T$

$= 165^2 \times 10^{-6} \times 500 \sim 185^2 \times 10^{-6} \times 500$

$= 13.61 \sim 17.11[\text{J}]$

66 방폭전기기기의 온도등급에서 기호 T2의 의미로 맞는 것은?

① 최고표면온도의 허용치가 135[℃] 이하인 것
② 최고표면온도의 허용치가 200[℃] 이하인 것
③ 최고표면온도의 허용치가 300[℃] 이하인 것
④ 최고표면온도의 허용치가 450[℃] 이하인 것

해설

최고표면온도의 범위[℃]	온도 등급
300 초과 450 이하	T1
200 초과 300 이하	T2
135 초과 200 이하	T3
100 초과 135 이하	T4
85 초과 100 이하	T5
85 이하	T6

67 사업장에서 많이 사용되고 있는 이동식 전기기계·기구의 안전대책으로 가장 거리가 먼 것은?

① 충전부 전체를 절연한다.
② 절연이 불량인 경우 접지저항을 측정한다.
③ 금속제 외함이 있는 경우 접지를 한다.
④ 습기가 많은 장소는 누전차단기를 설치한다.

해설 ② 절연이 불량인 경우 누설전류를 측정한다.

68 감전사고를 방지하기 위해 허용보폭전압에 대한 수식으로 맞는 것은?

E : 허용보폭전압
R_b : 인체의 저항
ρ_s : 지표상층 저항률
I_k : 심실세동전류

① $E = (R_b + 3\rho_s)I_k$
② $E = (R_b + 4\rho_s)I_k$
③ $E = (R_b + 5\rho_s)I_k$
④ $E = (R_b + 6\rho_s)I_k$

해설 허용보폭전압 = (인체의 저항 + 6×지표상층 저항률)× 심실세동전류

69 인체저항이 5000[Ω]이고, 전류가 3[mA]가 흘렀다. 인제의 정전용량이 0.1[μF]라면 인체에 대전된 정전하는 몇 [μC]인가?

① 0.5
② 1.0
③ 1.5
④ 2.0

해설 만능식 대전전하 $Q[C] = C[F] \times V$(정전용량×전압)
$V = IR = 3 \times 10^{-3} \times 5000$
$C = 0.1 \times 10^{-6}$

70 저압전로의 절연성능 시험에서 전로의 사용전압이 380[V]인 경우 전로의 전선 상호 간 및 전로와 대지 사이의 절연저항은 최소 몇 [MΩ] 이상이어야 하는가?

① 0.4[MΩ]

② 0.3[MΩ]

③ 0.2[MΩ]

④ 0.1[MΩ]

해설 출제 당시에는 정답이 ②였으나, 2021년 개정되어 정답 없음

71 방폭전기기기의 등급에서 위험장소의 등급분류에 해당되지 않는 것은?

① 3종 장소

② 2종 장소

③ 1종 장소

④ 0종 장소

해설 ▶ **위험장소의 구분**
• **0종 장소** : 장치 및 기기들이 정상 가동되는 경우에 폭발성 가스가 항상 존재하는 장소이다.
• **1종 장소** : 장치 및 기기들이 정상 가동 상태에서 폭발성 가스가 가끔 누출되어 위험 분위기가 존재하는 장소이다.
• **2종 장소** : 작업자의 조작상 실수나 이상운전으로 폭발성 가스가 누출되거나 유출된 가스가 체류하여 폭발을 일으킬 우려가 있는 장소이다.

72 다음은 무슨 현상을 설명한 것인가?

> 전위차가 있는 2개의 대전체가 특정거리에 접근하게 되면 등전위가 되기 위하여 전하가 절연공간을 깨고 순간적으로 빛과 열을 발생하며 이동하는 현상

① 대전

② 충전

③ 방전

④ 열전

해설 방전에 대한 설명이다.

73 다음 그림은 심장맥동주기를 나타낸 것이다. T파는 어떤 경우인가?

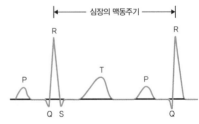

① 심방의 수축에 따른 파형

② 심실의 수축에 따른 파형

③ 심실의 휴식 시 발생하는 파형

④ 심방의 휴식 시 발생하는 파형

해설 • **P파** : 심방의 탈분극
• **QRS파** : 심실의 탈분극
• **T파** : 심실의 재분극

정답 70 정답 없음 71 ① 72 ③ 73 ③

74 교류 아크 용접기의 자동전격장치는 전격의 위험을 방지하기 위하여 아크 발생이 중단된 후 약 1초 이내에 출력측 무부하 전압을 자동적으로 몇 [V] 이하로 저하시켜야 하는가?

① 85

② 70

③ 50

④ 25

> **해설** 자동전격방지장치를 사용하게 되면 25[V] 이하로 저하시켜 용접기 무부하시에 작업자가 용접봉과 모재 사이에 접촉함으로 발생하는 감전 위험을 방지한다.

75 인체의 대부분이 수중에 있는 상태에서 허용접촉전압은 몇 [V] 이하인가?

① 2.5[V]

② 25[V]

③ 30[V]

④ 50[V]

> **해설**

제1종	인체의 대부분이 수중에 있는 상태	2.5[V] 이하

76 화재·폭발 위험분위기의 생성방지 방법으로 옳지 않은 것은?

① 폭발성 가스의 누설 방지

② 가연성 가스의 방출 방지

③ 폭발성 가스의 체류 방지

④ 폭발성 가스의 옥내 체류

> **해설** ④ 폭발성 가스의 옥내 체류는 위험분위기 생성이다.

77 우리나라에서 사용하고 있는 전압(교류와 직류)을 크기에 따라 구분한 것으로 알맞은 것은?

① 저압 : 직류는 700[V] 이하

② 저압 : 교류는 1000[V] 이하

③ 고압 : 직류는 800[V]를 초과하고, 6[kV] 이하

④ 고압 : 교류는 700[V]를 초과하고, 6[kV] 이하

> **해설** ▶ **전압의 구분**

전압 구분	직류	교류
저압	1.5[kV] 이하	1[kV] 이하
고압	1.5[kV] 초과, 7[kV] 이하	1[kV] 초과, 7[kV] 이하
특고압	7[kV] 초과	

78 내압방폭구조의 주요 시험항목이 아닌 것은?

① 폭발강도

② 인화시험

③ 절연시험

④ 기계적 강도시험

> **해설** 전기설비에서 아크 또는 고열이 발생하여 폭발성 가스에 점화할 우려가 있는 부분을 전폐한 용기에 넣음으로써 폭발이 일어날 경우 이 용기가 압력에 견디고 외부의 폭발성 가스에 인화될 위험이 없도록 한 구조의 방폭구조이다.

79 교류아크 용접기의 접점방식(Magnet식)의 전격방지장치에서 지동시간과 용접기 2차측 무부하전압[V]을 바르게 표현한 것은?

① 0.06초 이내, 25[V] 이하

② 1±0.3초 이내, 25[V] 이하

③ 2±0.3초 이내, 50[V] 이하

④ 1.5±0.06초 이내, 50[V] 이하

74 ④ 75 ① 76 ④ 77 ② 78 ③ 79 ② **정답**

해설 • 자동전격방지장치를 사용하게 되면 25[V] 이하로 저하시켜 용접기 무부하시에 작업자가 용접봉과 모재 사이에 접촉함으로 발생하는 감전 위험을 방지한다.
• 전격방지장치의 구성으로는 감지부, 신호증폭부, 제어부 및 주제어장치로 크게 4가지 부분으로 구성된다.
• 시동시간은 0.06초 이내, 지동시간은 1±0.3초, 무접점방식은 1초 이내

80 누전차단기의 시설방법 중 옳지 않은 것은?

① 시설장소는 배전반 또는 분전반 내에 설치한다.
② 정격전류용량은 해당 전로의 부하전류값 이상이어야 한다.
③ 정격감도전류는 정상의 사용상태에서 불필요하게 동작하지 않도록 한다.
④ 인체감전보호형은 0.05초 이내에 동작하는 고감도고속형이어야 한다.

해설 ④ 인체감전보호형은 0.03초 이내에 동작하는 고감도고속형이어야 한다.

5과목 │ 화학설비위험방지기술

81 연소이론에 대한 설명으로 틀린 것은?

① 착화온도가 낮을수록 연소위험이 크다.
② 인화점이 낮은 물질은 반드시 착화점도 낮다.
③ 인화점이 낮을수록 일반적으로 연소위험이 크다.
④ 연소범위가 넓을수록 연소위험이 크다.

해설 ② 인화점이 낮은 물질이 반드시 착화점도 낮지는 않다.

82 디에틸에테르의 연소범위에 가장 가까운 값은?

① 2~10.4[%]
② 1.9~48[%]
③ 2.5~15[%]
④ 1.5~7.8[%]

해설 디에틸에테르의 연소범위는 1.9~48[%], 인화점은 −45[℃], 발화점 180[℃]

83 송풍기의 회전차 속도가 1300[rpm]일 때 송풍량이 분당 300[m³]였다. 송풍량을 분당 400[m³]으로 증가시키고자 한다면 송풍기의 회전차 속도는 약 몇 [rpm]으로 하여야 하는가?

① 1533
② 1733
③ 1967
④ 2167

해설 $1300 : 300 = X : 400$

단순비례 $1300 \times \dfrac{400}{300} = 1733[rpm]$

84 다음 중 물과 반응하였을 때 흡열반응을 나타내는 것은?

① 질산암모늄
② 탄화칼슘
③ 나트륨
④ 과산화칼륨

해설 물과 반응하였을 때 흡열반응을 나타내는 것은 질산암모늄이다. 질산의 암모늄염으로 공기 중에서 안정돼 있으나 고온 또는 밀폐용기에 가연성 물질과 닿으면 쉽게 폭발하는 성질이 있다.

85 다음 중 노출기준(TWA)이 가장 낮은 물질은?

① 염소
② 암모니아
③ 에탄올
④ 메탄올

정답 80 ④ 81 ② 82 ② 83 ② 84 ① 85 ①

88 위험물 또는 위험물이 발생하는 물질을 가열·건 조하는 경우 내용적이 몇 [m³] 이상인 건조설비인 경우 건조실을 설치하는 건축물의 구조를 독립된 단층건물로 하여야 하는가? (단, 건조실을 건축물 의 최상층에 설치하거나 건축물이 내화구조인 경 우는 제외한다.)

① 1

② 10

③ 100

④ 1000

해설 위험물 또는 위험물이 발생하는 물질을 가열·건조하는 경우 내용이 1[m³] 이상인 건조설비인 경우가 해당된다.

86 화학설비 가운데 분체화학물질 분리장치에 해당 하지 않는 것은?

① 건조기

② 분쇄기

③ 유동탑

④ 결정조

해설 • **분체화학물질 분리장치** : 결정조·유동탑·탈습기·건 조기 등이 있다.
• **분체화학물질 취급장치** : 분쇄기·분체분리기·용융 기 등이 있다.

89 공기 중에서 폭발범위가 12.5~74[vol%]인 일산 화탄소의 위험도는 얼마인가?

① 4.92

② 5.26

③ 6.26

④ 7.05

해설 위험도$(H) = \dfrac{U_2 - U_1}{U_1}$

(U_1 : 폭발하한계, U_2 : 폭발상한계)

(74-12.5)/12.5 = 4.92

87 특수화학설비를 설치할 때 내부의 이상상태를 조 기에 파악하기 위하여 필요한 계측장치로 가장 거 리가 먼 것은?

① 압력계

② 유량계

③ 온도계

④ 비중계

해설 특수화학설비를 설치하는 경우에는 내부의 이상 상태를 조기에 파악하기 위하여 필요한 온도계·유량계·압력 계 등의 계측장치를 설치하여야 한다.

90 숯, 코크스, 목탄의 대표적인 연소 형태는?

① 혼합연소

② 증발연소

③ 표면연소

④ 비혼합연소

해설 ▶ **표면연소** : 열분해에 의하여 인화성 가스를 발생하지 않고 물질 그 자체가 연소하는 형태를 말한다.
예 코크스, 목탄, 금속분, 석탄 등

91 다음 중 자연발화가 가장 쉽게 일어나기 위한 조건에 해당하는 것은?

① 큰 열전도율

② 고온, 다습한 환경

③ 표면적이 작은 물질

④ 공기의 이동이 많은 장소

> 해설 **⊙ 자연발화 조건**
> • 표면적이 넓을 것
> • 열전도율이 작을 것
> • 발열량이 클 것
> • 주위의 온도가 높을 것(분자운동 활발)

92 위험물에 관한 설명으로 틀린 것은?

① 이황화탄소의 인화점은 0[℃]보다 낮다.

② 과염소산은 쉽게 연소되는 가연성 물질이다.

③ 황린은 물속에 저장한다.

④ 알킬알루미늄은 물과 격렬하게 반응한다.

> 해설 ② 과염소산은 산소를 과다하게 가지고 있는 것으로 산소가 떨어져나가면서 다른 물질을 산화시키는 산화제이며 조연성 물질이다.

93 물과 반응하여 가연성 기체를 발생하는 것은?

① 피크린산

② 이황화탄소

③ 칼륨

④ 과산화칼륨

> 해설 칼륨(K)+물(H_2O) = $KOH + H_2$(가연성)

94 프로판(C_3H_8)의 연소하한계가 2.2[vol%]일 때 연소를 위한 최소산소농도(MOC)는 몇 [vol%]인가?

① 5.0　　② 7.0

③ 9.0　　④ 11.0

> 해설 최소산소농도 = 5×2.2[vol%] = 11[vol%]

95 다음 중 유기과산화물로 분류되는 것은?

① 메틸에틸케톤　　② 과망간산칼륨

③ 과산화마그네슘　　④ 과산화벤조일

> 해설 **⊙ 유기과산화물** : 과초산, 메틸에틸케톤 과산화물, 과산화벤조일 등이 있다.

96 다음 물질 중 물에 가장 잘 용해되는 것은?

① 아세톤　　② 벤젠

③ 톨루엔　　④ 휘발유

> 해설 아세톤이 물에 가장 잘 용해된다.

97 다음 중 최소발화에너지가 가장 작은 가연성 가스는?

① 수소　　② 메탄

③ 에탄　　④ 프로판

> 해설 • **수소**(H_2) : 0.019[mJ]
> • **메탄**(CH_4) : 0.28[mJ]
> • **에탄**(C_2H_6) : 0.24[mJ]
> • **프로판**(C_3H_8) : 0.26[mJ]

정답　91 ②　92 ②　93 ③　94 ④　95 ④　96 ①　97 ①

98 안전설계의 기초에 있어 기상폭발대책을 예방대책, 긴급대책, 방호대책으로 나눌 때, 다음 중 방호대책과 가장 관계가 깊은 것은?

① 경보
② 발화의 저지
③ 방폭벽과 안전거리
④ 가연조건의 성립저지

> **해설** 안전설계의 기초에 있어 기상폭발대책 중 방호대책으로는 문제에서 방폭벽과 안전거리가 가장 관계가 깊다.

99 공정안전보고서 중 공정안전자료에 포함하여야 할 세부내용에 해당하는 것은?

① 비상조치계획에 따른 교육계획
② 안전운전지침서
③ 각종 건물·설비의 배치도
④ 도급업체 안전관리계획

> **해설** ▶ **공정안전보고서 중 공정안전자료의 세부내용**(산업안전보건법 시행규칙 제50조)
> • 취급·저장하고 있는 유해·위험물질의 종류와 수량
> • 유해·위험물질에 대한 물질안전보건자료
> • 유해·위험설비의 목록 및 사양
> • 유해·위험설비의 운전방법을 알 수 있는 공정도면
> • 각종 건물·설비의 배치도
> • 폭발위험장소구분도 및 전기단선도
> • 위험설비의 안전설계·제작 및 설치관련지침서

100 다음 중 물질에 대한 저장방법으로 잘못된 것은?

① 나트륨 – 유동 파라핀 속에 저장
② 니트로글리세린 – 강산화제 속에 저장
③ 적린 – 냉암소에 격리 저장
④ 칼륨 – 등유 속에 저장

> **해설** ② 니트로글리세린 – 통풍이 양호한 냉암소에 보관

6과목 | 건설안전기술

101 선박에서 하역작업 시 근로자들이 안전하게 오르내릴 수 있는 현문 사다리 및 안전망을 설치하여야 하는 것은 선박이 최소 몇 톤급 이상일 경우인가?

① 500톤급
② 300톤급
③ 200톤급
④ 100톤급

> **해설** 300톤급 이상의 선박에서 하역작업을 하는 경우에 근로자들이 안전하게 오르내릴 수 있는 현문(舷門) 사다리를 설치하여야 하며, 이 사다리 밑에 안전망을 설치하여야 한다.(안전보건규칙 제397조 제1항)

102 타워크레인을 와이어로프로 지지하는 경우에 준수해야 할 사항으로 옳지 않은 것은?

① 와이어로프를 고정하기 위한 전용 지지프레임을 사용할 것
② 와이어로프 설치각도는 수평면에서 60[°] 이상으로 하되, 지지점은 4개소 미만으로 할 것
③ 와이어로프와 그 고정부위는 충분한 강도와 장력을 갖도록 설치할 것
④ 와이어로프가 가공전선에 근접하지 않도록 할 것

> **해설** ▶ **타워크레인을 와이어로프로 지지하는 경우의 준수사항**
> (안전보건규칙 제142조)
> • 제조사의 설명서에 따라 설치할 것
> • 와이어로프를 고정하기 위한 전용 지지프레임을 사용할 것
> • 와이어로프 설치각도는 수평면에서 60[°] 이내로 하되, 지지점은 4개소 이상으로 하고, 같은 각도로 설치할 것
> • 와이어로프가 가공전선(架空電線)에 근접하지 않도록 할 것
> ※ 현재 현장에서 사용하지 않고 있으며, 출제될 확률이 거의 희박하다.

103 터널붕괴를 방지하기 위한 지보공에 대한 점검사항과 가장 거리가 먼 것은?

① 부재의 긴압 정도

② 부재의 손상·변형·부식·변위 탈락의 유무 및 상태

③ 기둥침하의 유무 및 상태

④ 경보장치의 작동상태

> **해설** ▶ **터널 지보공 설치 시 점검사항**(안전보건규칙 제366조)
> • 부재의 손상·변형·부식·변위 탈락의 유무 및 상태
> • 부재의 긴압 정도
> • 부재의 접속부 및 교차부의 상태
> • 기둥침하의 유무 및 상태

104 작업 중이던 미장공이 상부에서 떨어지는 공구에 의해 상해를 입었다면 어느 부분에 대한 결함이 있었겠는가?

① 작업대 설치

② 작업방법

③ 낙하물 방지시설 설치

④ 비계설치

> **해설** 떨어지는 공구에 의한 상해는 낙하 재해예방, 낙하물 방지시설 설치 불량이 원인이다.

105 이동식 크레인을 사용하여 작업을 할 때 작업시작 전 점검사항이 아닌 것은?

① 주행로의 상측 및 트롤리(trolley)가 횡행하는 레일의 상태

② 권과방지장치 그 밖의 경보장치의 기능

③ 브레이크·클러치 및 조정장치의 기능

④ 와이어로프가 통하고 있는 곳 및 작업장소의 지반상태

> **해설** • 권과방지장치, 그 밖의 경보장치, 브레이크, 클러치 및 조정장치의 기능
> • 와이어로프가 통하고 있는 곳 및 작업장소의 지반상태
> ※ 주행로의 상측 및 트롤리가 횡행하는 레일의 상태 - 크레인을 사용할 때의 점검사항

106 다음 보기의 ( ) 안에 알맞은 내용은?

> 동바리로 사용하는 파이프 서포트의 높이가 ( )[m]를 초과하는 경우에는 높이 2[m] 이내마다 수평연결재를 2개 방향으로 만들고 수평연결재의 변위를 방지할 것

① 3

② 3.5

③ 4

④ 4.5

> **해설** 동바리로 사용하는 파이프 서포트의 높이가 3.5[m]를 초과하는 경우에는 높이 2[m] 이내마다 수평연결재를 2개 방향으로 만들고 수평연결재의 변위를 방지할 것(안전보건규칙 제332조)

107 건립 중 강풍에 의한 풍압 등 외압에 대한 내력이 설계에 고려되었는지 확인하여야 하는 철골 구조물이 아닌 것은?

① 단면이 일정한 구조물

② 기둥이 타이플레이트형인 구조물

③ 이음부가 현장용접인 구조물

④ 구조물의 폭과 높이의 비가 1 : 4 이상인 구조물

> **해설** ① 철골 설치 구조가 비정형적인 구조물이다.

> **정답** 103 ④ 104 ③ 105 ① 106 ② 107 ①

108 건설업 산업안전보건관리비 중 안전시설비로 사용할 수 없는 것은?

① 안전통로
② 비계에 추가 설치하는 추락방지용 안전난간
③ 사다리 전도방지장치
④ 통로의 낙하물 방호선반

해설 안전발판, 안전통로, 안전계단 등과 같이 명칭에 관계없이 공사 수행에 필요한 가시설들은 사용 불가하다.

109 터널 등의 건설작업을 하는 경우에 낙반 등에 의하여 근로자가 위험해질 우려가 있는 경우에 필요한 조치와 가장 거리가 먼 것은?

① 터널 지보공을 설치한다.
② 록볼트를 설치한다.
③ 환기, 조명시설을 설치한다.
④ 부석을 제거한다.

해설 사업주는 터널 등의 건설작업을 하는 경우에 낙반 등에 의하여 근로자가 위험해질 우려가 있는 경우에 터널 지보공 및 록볼트의 설치, 부석(浮石)의 제거 등 위험을 방지하기 위하여 필요한 조치를 하여야 한다.(안전보건규칙 제351조)

110 강관을 사용하여 비계를 구성하는 경우 준수해야 할 사항으로 옳지 않은 것은?

① 비계기둥의 간격은 띠장 방향에서는 1.85[m] 이하, 장선 방향에서는 1.5[m] 이하로 할 것
② 띠장 간격은 2[m] 이하로 설치할 것
③ 비계기둥의 제일 윗부분으로부터 31[m] 되는 지점 밑부분의 비계기둥은 3개의 강관으로 묶어 세울 것
④ 비계기둥 간의 적재하중은 400[kg]을 초과하지 않도록 할 것

해설 ⦿ **강관비계의 구조**(안전보건규칙 제60조)
• 비계기둥의 간격은 띠장 방향에서는 1.85[m] 이하, 장선(長線) 방향에서는 1.5[m] 이하로 할 것. 다만, 선박 및 보트 건조작업의 경우 안전성에 대한 구조검토를 실시하고 조립도를 작성하면 띠장 방향 및 장선 방향으로 각각 2.7[m] 이하로 할 수 있다.
• 띠장 간격은 2.0[m] 이하로 할 것. 다만, 작업의 성질상 이를 준수하기가 곤란하여 쌍기둥틀 등에 의하여 해당 부분을 보강한 경우에는 그러하지 아니하다.
• 비계기둥의 제일 윗부분으로부터 31[m] 되는 지점 밑부분의 비계기둥은 2개의 강관으로 묶어 세울 것. 다만, 브라켓(bracket, 까치발) 등으로 보강하여 2개의 강관으로 묶을 경우 이상의 강도가 유지되는 경우에는 그러하지 아니하다.
• 비계기둥 간의 적재하중은 400[kg]을 초과하지 않도록 할 것

111 이동식비계 조립 및 사용 시 준수사항으로 옳지 않은 것은?

① 비계의 최상부에서 작업을 하는 경우에는 안전난간을 설치할 것
② 승가용사다리는 견고하게 설치할 것
③ 작업발판은 항상 수평을 유지하고 작업발판 위에서 작업을 위한 거리가 부족할 경우에는 받침대 또는 사다리를 사용할 것
④ 작업발판의 최대적재하중은 250[kg]을 초과하지 않도록 할 것

해설 ③ 작업발판은 항상 수평을 유지하고 작업발판 위에서 안전난간을 딛고 작업을 하거나 받침대 또는 사다리를 사용하여 작업하지 않도록 할 것

112 유해·위험 방지를 위한 방호조치를 하지 아니하고는 양도, 대여, 설치 또는 사용에 제동하거나, 양도·대여를 목적으로 진열해서는 아니 되는 기계·기구에 해당하지 않는 것은?

① 지게차

② 공기압축기

③ 원심기

④ 덤프트럭

> **해설** ▶ **유해·위험 방지를 위한 방호조치가 필요한 기계· 기구**
> • 예초기
> • 원심기
> • 공기압축기
> • 금속절단기
> • 지게차
> • 포장기계(진공포장기, 래핑기로 한정한다)

113 화물운반하역 작업 중 걸이작업에 관한 설명으로 옳지 않은 것은?

① 와이어로프 등은 크레인의 훅 중심에 걸어야 한다.

② 인양 물체의 안정을 위하여 2줄 걸이 이상을 사용하여야 한다.

③ 매다는 각도는 60[°] 이상으로 하여야 한다.

④ 근로자를 매달린 물체위에 탑승시키지 않아야 한다.

> **해설** ③ 매다는 각도는 60[°] 이내로 하여야 한다.

114 거푸집동바리 등을 조립하는 경우에 준수하여야 할 사항으로 옳지 않은 것은?

① 깔목의 사용, 콘크리트 타설, 말뚝박기 등 동바리의 침하를 방지하기 위한 조치를 할 것

② 개구부 상부에 동바리를 설치하는 경우에는 상부하중을 견딜 수 있는 견고한 받침대를 설치할 것

③ 거푸집이 곡면인 경우에는 버팀대의 부착 등 그 거푸집의 부상을 방지하기 위한 조치를 할 것

④ 동바리의 이음은 맞댄이음이나 장부이음을 피할 것

> **해설** ▶ **거푸집동바리 등의 안전조치**(안전보건규칙 제332조)
> • 깔목의 사용, 콘크리트 타설, 말뚝박기 등 동바리의 침하를 방지하기 위한 조치를 할 것
> • 개구부 상부에 동바리를 설치하는 경우에는 상부하중을 견딜 수 있는 견고한 받침대를 설치할 것
> • 동바리의 상하 고정 및 미끄러짐 방지 조치를 하고, 하중의 지지상태를 유지할 것
> • 동바리의 이음은 맞댄이음이나 장부이음으로 하고 같은 품질의 재료를 사용할 것
> • 강재와 강재의 접속부 및 교차부는 볼트·클램프 등 전용철물을 사용하여 단단히 연결할 것
> • 거푸집이 곡면인 경우에는 버팀대의 부착 등 그 거푸집의 부상(浮上)을 방지하기 위한 조치를 할 것

115 사업의 종류가 건설업이고, 공사금액이 850억원일 경우 산업안전보건법령에 따른 안전관리자를 최소 몇 명 이상 두어야 하는가? (단, 상시근로자는 600명으로 가정)

① 1명 이상

② 2명 이상

③ 3명 이상

④ 4명 이상

> **해설** ▶ **안전관리자의 선임**(산업안전보건법 시행령 제16조 별표 3)
> • **공사금액 50억원 이상**(관계 수급인은 100억원 이상) **120억원 미만** : 1명 이상
> • **공사금액 120억원 이상 800억원 미만** : 1명 이상
> • **공사금액 800억원 이상 1500억원 미만** : 2명 이상

정답 112 ④　113 ③　114 ④　115 ②

116 보통 흙의 건지를 다음 그림과 같이 굴착하고자 한다. 굴착면의 기울기를 1 : 0.5로 하고자 할 경우 L의 길이로 옳은 것은?

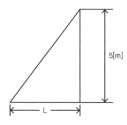

① 2[m]
② 2.5[m]
③ 5[m]
④ 10[m]

> **해설** • 기울기 = 높이(5)/밑변(L),
> 기울기를 1 : 0.5 비율로 나타낼 경우 높이 : 밑변이므로 5 : 2.5(=5×0.5)가 된다. 따라서 L의 길이는 2.5[m]가 된다.

117 흙막이 지보공을 조립하는 경우 미리 조립도를 작성하여야 하는데 이 조립도에 명시되어야 할 사항과 가장 거리가 먼 것은?

① 부재의 배치
② 부재의 치수
③ 부재의 긴압정도
④ 설치방법과 순서

> **해설** 부재의 배치·치수·재질 및 설치방법과 순서가 명시되어야 한다.

118 미리 작업장소의 지형 및 지반상태 등에 적합한 제한속도를 정하지 않아도 되는 차량계 건설기계의 속도 기준은?

① 최대제한속도가 10[km/h] 이하
② 최대제한속도가 20[km/h] 이하
③ 최대제한속도가 30[km/h] 이하
④ 최대제한속도가 40[km/h] 이하

> **해설** 사업주는 차량계 하역운반기계, 차량계 건설기계를 사용하여 작업을 하는 경우 제한속도를 정하고(최대제한속도가 10[km/h] 이하인 것은 제외) 운전자로 하여금 준수토록 해야 한다.(안전보건규칙 제98조 제1항)

119 터널공사에서 발파작업 시 안전대책으로 옳지 않은 것은?

① 발파전 도화선 연결상태, 저항시 조사 등의 목적으로 도통시험 실시 및 발파기의 작동상태에 대한 사전점검 실시
② 모든 동력선은 발원점으로부터 최소한 15[m] 이상 후방으로 옮길 것
③ 지질, 암의 절리 등에 따라 화약량에 대한 검토 및 시방기준과 대비하여 안전조치 실시
④ 발파용 점화회선은 타동력선 및 조명회선과 한 곳으로 통합하여 관리

> **해설** ④ 발파용 점화회선은 타동력선 및 조명회선으로부터 분리되어야 한다.

120 달비계의 최대 적재하중을 정함에 있어서 활용하는 안전계수의 기준으로 옳은 것은? (단, 곤돌라의 달비계를 제외한다.)

① 달기 와이어로프 : 5 이상
② 달기 강선 : 5 이상
③ 달기 체인 : 3 이상
④ 달기 훅 : 5 이상

> **해설** ▶ **달비계 안전계수**(안전보건규칙 제55조)
> • 달기 와이어로프 및 달기 강선의 안전계수 : 10 이상
> • 달기 체인 및 달기 훅의 안전계수 : 5 이상
> • 달기 강대와 달비계의 하부 및 상부 지점의 안전계수 : 강재(鋼材)의 경우 2.5 이상, 목재의 경우 5 이상
> ※ 안전계수는 와이어로프 등의 절단하중 값을 그 와이어로프 등에 걸리는 하중의 최댓값으로 나눈 값을 말한다.

---

116 ② 117 ③ 118 ① 119 ④ 120 ④ **정답**

2018년 제2회 기출 복원문제

안전관리론

01 교육심리학의 기본이론 중 학습지도의 원리가 아닌 것은?

① 직관의 원리　　② 개별화의 원리

③ 계속성의 원리　　④ 사회화의 원리

> 해설 ▶ **학습지도의 원리**
> - **개별화의 원리** : 학습자를 개별적 존재로 인정하며 요구와 능력에 알맞은 기회 제공
> - **자발성의 원리** : 학습자 스스로 능동적으로, 즉 내적 동기가 유발된 학습 활동을 할 수 있도록 장려
> - **직관의 원리** : 언어 위주의 설명보다는 구체적 사물 제시, 직접 경험 교육
> - **사회화의 원리** : 집단 과정을 통한 협력적이고 우호적인 공동학습을 통한 사회화
> - **통합화의 원리** : 특정 부분 발전이 아니라 종합적으로 지도하는 원리, 교재적 통합과 인격적 통합으로 구분
> - **목적의 원리** : 학습 목표를 분명하게 인식시켜 적극적인 학습 활동에 참여 유발
> - **과학성의 원리** : 자연, 사회 기초지식 등을 지도하여 논리적 사고력을 발달시키는 것이 목표
> - **자연성의 원리** : 자유로운 분위기를 존중하며 압박감이나 구속감을 주지 않는다.

02 안전보건교육 계획에 포함하여야 할 사항이 아닌 것은?

① 교육의 종류 및 대상

② 교육의 과목 및 내용

③ 교육장소 및 방법

④ 교육지도안

> 해설 ▶ **안전보건교육 계획**
> - 교육목표
> - 교육의 종류 및 교육대상
> - 교육과목 및 교육내용
> - 교육장소 및 교육방법
> - 교육기간 및 시간
> - 교육담당자 및 강사

03 인간관계의 메커니즘 중 다른 사람의 행동양식이나 태도를 투입시키거나 다른 사람 가운데서 자기와 비슷한 것을 발견하는 것은?

① 동일화　　② 일체화

③ 투사　　④ 공감

> 해설 ▶ **인간관계 메커니즘**
> - **투사**(Projection) : 자기 속에 억압된 것을 다른 사람의 것으로 생각하는 것
> - **암시**(Suggestion) : 다른 사람의 판단이나 행동을 그대로 수용하는 것
> - **커뮤니케이션**(Communication) : 갖가지 행동 양식이나 기호를 매개로 하여 어떤 사람으로부터 다른 사람에게 전달되는 과정
> - **모방**(Initation) : 남의 행동이나 판단을 기준으로 그에 가까운 행동을 함.
> - **동일화**(Identification) : 다른 사람의 행동 양식이나 태도를 투입시키거나, 다른 사람 가운데서 자기와 비슷한 것을 발견하는 것

04 유기화합물용 방독마스크 시험가스의 종류가 아닌 것은?

① 염소가스 또는 증기

② 시클로헥산

③ 디메틸에테르

④ 이소부탄

해설 ▶ 방독마스크 시험가스
- **유기화합물용 시험가스** : 시클로헥산, 디메틸에테르, 이소부탄
- **할로겐용** : 염화가스 또는 증기
- **황화수소용** : 시안화수소가스
- **아황산용** : 아황산가스
- **암모니아용** : 암모니아가스

05 Line-Staff형 안전보건관리조직에 관한 특징이 아닌 것은?

① 조직원 전원을 자율적으로 안전활동에 참여시킬 수 있다.
② 스태프의 월권행위의 경우가 있으며 라인스태프에 의존 또는 활용치 않는 경우가 있다.
③ 생산부문은 안전에 대한 책임과 권한이 없다.
④ 명령계통과 조언 권고적 참여가 혼동되기 쉽다.

해설 Line-Staff형 조직의 장·단점

장점	• 안전지식 및 기술 축적 가능 • 안전지시 및 전달이 신속·정확하다. • 안전에 대한 신기술의 개발 및 보급이 용이하다. • 안전활동이 생산과 분리되지 않으므로 운용이 쉽다.
단점	• 명령계통과 지도·조언 및 권고적 참여가 혼동되기 쉽다. • 스태프의 힘이 커지면 라인이 무력해진다.

06 Off JT(Off the Job Training)의 특징으로 옳은 것은?

① 훈련에만 전념할 수 있다.
② 상호신뢰 및 이해도가 높아진다.
③ 개개인에게 적절한 지도훈련이 가능하다.
④ 직장의 실정에 맞게 실제적 훈련이 가능하다.

해설 ▶ Off.J.T 교육훈련
1. **개념** : 계층별 또는 직능별로 공통된 교육목적을 가진 근로자를 현장 이외의 일정한 장소에 집결시켜 실시하는 집체 교육으로 집단 교육에 적합한 교육 형태이다.
2. **특징**
   - 한 번에 다수의 대상을 일괄적, 조직적으로 교육할 수 있다.
   - 전문분야의 우수한 강사진을 초빙할 수 있다.
   - 교육기자재 및 특별 교재 또는 시설을 유효하게 활용할 수 있다.
   - 다른 분야 및 타 직장의 사람들과 지식이나 경험의 교환이 가능하다.
   - 업무와 분리되어 면학에 전념하는 것이 가능하다.
   - 교육목표를 위하여 집단적으로 협조와 협력이 가능하다.
   - 법규, 원리, 원칙, 개념, 이론 등의 교육에 적합하다.

07 산업안전보건법령상 안전보건표지의 종류 중 다음 안전보건표지의 명칭은?

① 화물적재금지 ② 차량통행금지
③ 물체이동금지 ④ 화물출입금지

해설

차량통행금지	물체이동금지

08 AE형 안전모에 있어 내전압성이란 최대 몇 [V] 이하의 전압에 견디는 것을 말하는가?

① 750 ② 1000
③ 3000 ④ 7000

해설 AE형 안전모의 내전압성이란 7,000[V] 이하의 전압에 견디는 것을 말한다.

09 안전점검의 종류 중 태풍, 폭우 등에 의한 침수, 지진 등의 천재지변이 발생한 경우나 이상사태 발생 시 관리자나 감독자가 기계·기구, 설비 등의 기능상 이상 유무에 대하여 점검하는 것은?

① 일상점검   ② 정기점검

③ 특별점검   ④ 수시점검

해설 ➤ **안전점검의 종류**
- **정기점검** : 일정기간마다 정기적으로 실시(법적기준, 사내규정을 따름)
- **수시점검**(일상점검) : 매일 작업 전, 중, 후에 실시
- **특별점검** : 기계, 기구, 설비의 신설·변경 또는 고장 수리시
- **임시점검** : 기계, 기구, 설비 이상 발견시 임시로 점검

10 재해발생의 직접원인 중 불안전한 상태가 아닌 것은?

① 불안전한 인양

② 부적절한 보호구

③ 결함 있는 기계설비

④ 불안전한 방호장치

해설 ➤ **재해발생의 직접원인**
- **불안전한 행동**(인적) : 위험장소 접근, 안전장치의 기능 제거, 기계기구의 잘못 사용, 운전중인 기계장치의 손질, 위험물 취급 부주의, 방호장치의 무단탈거 등
- **불안전한 상태**(물적) : 물 자체의 결함, 안전방호장치의 결함, 복장·보호구의 결함, 물의 배치 및 작업장소 결함, 생산공정의 결함

11 매슬로우(Maslow)의 욕구단계 이론 중 제2단계 욕구에 해당하는 것은?

① 자아실현의 욕구   ② 안전에 대한 욕구

③ 사회적 욕구   ④ 생리적 욕구

해설 ➤ **매슬로우 욕구 5단계**

제1단계	생리적 욕구
제2단계	안전의 욕구
제3단계	사회적 욕구
제4단계	인정받으려는 욕구
제5단계	자아실현의 욕구

12 대뇌의 human error로 인한 착오요인이 아닌 것은?

① 인지과정 착오   ② 조치과정 착오

③ 판단과정 착오   ④ 행동과정 착오

해설 ➤ **착오의 요인** : 인지과정 착오, 판단과정 착오, 조작과정(조치과정) 착오

13 주의의 수준이 Phase 0인 상태에서의 의식상태로 옳은 것은?

① 무의식 상태   ② 의식의 이완 상태

③ 명료한 상태   ④ 과긴장 상태

해설 ➤ **인간 의식단계 및 의식수준**

단계 (phase)	뇌파 패턴	의식상태 (mode)	주의의 작용	생리적 상태
0	δ파	무의식, 실신	제로	수면, 뇌발작
I	θ파	의식이 둔한 상태	활발하지 않음	피로 단조, 졸림, 취중
II	α파	편안한 상태	수동적임	안정적 상태, 휴식시, 정상 작업시
III	β파	명석한 상태	활발함, 적극적임	적극적 활동시
IV	β파 긴장 과대	흥분상태 (과진장)	일점에 응집, 판단정지	긴급방위 반응, 당황, 패닉

정답   09 ③   10 ①   11 ②   12 ④   13 ①

14 생체리듬의 변화에 대한 설명으로 틀린 것은?

① 야간에는 체중이 감소한다.

② 야간에는 말초운동 기능 저하된다.

③ 체온, 혈압, 맥박수는 주간에 상승하고 야간에 감소한다.

④ 혈액의 수분과 염분량은 주간에 증가하고 야간에 감소한다.

해설 ▶ 생체리듬의 변화
- **주간 감소, 야간 증가** : 혈액의 수분, 염분량
- **주간 상승, 야간 감소** : 체온, 혈압, 맥박수
- 특히 야간에는 체중 감소, 소화불량, 말초신경기능 저하, 피로의 자각증상 증대 등의 현상이 나타난다.
- **사고발생률이 가장 높은 시간대**
  - 24시간 업무 중 : 03~05시 사이
  - 주간업무 중 : 오전 10~11시, 오후 15~16시 사이

15 어떤 사업장의 상시근로자 1000명이 작업 중 2명 사망자와 의사진단에 의한 휴업일수 90일 손실을 가져온 경우의 강도율은? (단, 1일 8시간, 연 300일 근무)

① 7.32 ② 6.28

③ 8.12 ④ 5.92

해설 ▶ 1000명의 근로시간당 근로손실일수 비율

$$강도율 = \frac{총요양근로손실일수}{연근로시간수} \times 1000$$
$$= [(7500 \times 2) + 90]/(1000 \times 8 \times 300) \times 1000$$

신체장해 등급	사망 1,2,3급	4급	5급	6급	7급	8급
근로 손실일수	7,500	5,500	4,000	3,000	2,200	1,500
신체장해 등급	9급	10급	11급	12급	13급	14급
근로 손실일수	1,000	600	400	200	100	50

16 6~12명의 구성원으로 타인의 비판 없이 자유로운 토론을 통하여 다량의 독창적인 아이디어를 이끌어내고, 대안적 해결안을 찾기 위한 집단적 사고 기법은?

① Role playing

② Brain storming

③ Action playing

④ Fish Bowl playing

해설 ▶ **집단적 사고기법**(브레인스토밍) : 핵심은 아이디어의 발상 및 창작 과정에서 '좋다' 혹은 '나쁘다' 같은 아이디어의 수준을 판단하지 않고 최대한 많은 아이디어를 얻는 것으로, 어떤 생각이라도 자유롭게 말하는 '두뇌 폭풍'을 통해 창의적인 아이디어를 창출하는 것이 목표이다. 대략 6~12명의 구성원으로 진행되며 집단적 사고기법이라고 한다.
4가지의 원칙은 비판금지, 대량발언, 수정발언, 자유발언이다.

17 재해의 발생형태 중 다음 그림이 나타내는 것은?

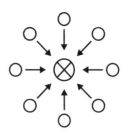

① 단순연쇄형 ② 복합연쇄형

③ 단순자극형 ④ 복합형

해설 ▶ 재해 발생형태
- **단순자극형** : 순간적으로 재해가 발생하는 유형으로 재해발생 장소나 시점 등 일시적으로 요인이 집중되는 형태
- **연쇄형** : 원인들이 연쇄적 작용을 일으켜 결국 재해를 발생케 하는 형태
- **복합형** : 단순자극형과 연쇄형의 혼합형으로 대부분의 재해가 이 형태를 따른다.

14 ④ 15 ② 16 ② 17 ③ 정답

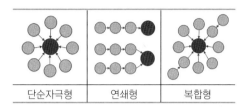

단순자극형	연쇄형	복합형

18 산업안전보건법령상 근로자에 대한 일반건강진단의 실시시기 기준으로 옳은 것은?

① 사무직에 종사하는 근로자 : 1년에 1회 이상

② 사무직에 종사하는 근로자 : 2년에 1회 이상

③ 사무직 외의 업무에 종사하는 근로자 : 6월에 1회 이상

④ 사무직 외의 업무에 종사하는 근로자 : 2년에 1회 이상

해설 ▶ 건강진단 실시시기

근로자	주기
사무직에 종사하는 근로자(공장 또는 공사 현장과 같은 구역에 있지 않은 사무실에서 서무·인사·경리·판매·설계 등의 사무 업무에 종사하는 근로자를 말하며, 판매업무 등에 직접 종사하는 근로자는 제외한다)	2년에 1회 이상
그 밖의 근로자	1년에 1회 이상

19 재해통계에 있어 강도율이 2.0인 경우에 대한 설명으로 옳은 것은?

① 한 건의 재해로 인해 전제 작업비용의 2.0[%]에 해당하는 손실이 발생하였다.

② 근로자 1000명당 2.0건의 재해가 발생하였다.

③ 근로시간 1000시간당 2.0건의 재해가 발생하였다.

④ 근로시간 1000시간당 2.0일의 근로손실이 발생하였다.

해설

$$강도율 = \frac{총요양근로손실일수}{연근로시간수} \times 1000$$

$$환산강도율 = 강도율 \times 100$$

- 근로손실일수 계산 시 주의 사항
  : 휴업일수는 300/365×휴업일수로 손실일수 계산
  ※ '강도율이 2.0이다'의 의미 : 연간 1000시간당 작업 시 근로손실일수가 2.0일

20 산업안전보건법령상 교육대상별 교육내용 중 관리감독자의 정기 안전보건교육 내용이 아닌 것은? (단, 산업안전보건법 및 일반관리에 관한 사항은 제외한다.)

① 산업재해보상보험 제도에 관한 사항

② 산업보건 및 직업병 예방에 관한 사항

③ 유해·위험 작업환경 관리에 관한 사항

④ 표준안전작업방법 및 지도 요령에 관한 사항

해설 ▶ 관리감독자의 정기 안전보건교육
- 산업안전 및 사고 예방에 관한 사항
- 산업보건 및 직업병 예방에 관한 사항
- 유해·위험 작업환경 관리에 관한 사항
- 산업안전보건법령 및 산업재해보상보험 제도에 관한 사항
- 직무스트레스 예방 및 관리에 관한 사항
- 직장 내 괴롭힘, 고객의 폭언 등으로 인한 건강장해 예방 및 관리에 관한 사항
- 작업공정의 유해·위험과 재해 예방대책에 관한 사항
- 표준안전 작업방법 및 지도 요령에 관한 사항
- 관리감독자의 역할과 임무에 관한 사항
- 안전보건교육 능력 배양에 관한 사항

정답 18 ② 19 ④ 20 ①

2과목 인간공학 및 시스템안전공학

21 시스템의 수명 및 신뢰성에 관한 설명으로 틀린 것은?

① 병렬설계 및 디레이팅 기술로 시스템의 신뢰성을 증가시킬 수 있다.

② 직렬시스템에서는 부품들 중 최소 수명을 갖는 부품에 의해 시스템 수명이 정해진다.

③ 수리가 가능한 시스템의 평균수명(MTBF)은 평균 고장률(λ)과 정비례관계가 성립한다.

④ 수리가 불가능한 구성요소로 병렬구조를 갖는 설비는 중복도가 늘어날수록 시스템 수명이 길어진다.

> 해설 ③ 평균고장간격(MTBF)은 평균고장률과 반비례한다.
> $$MTBF = \frac{1}{\lambda}$$

22 스트레스에 반응하는 신체의 변화로 맞는 것은?

① 혈소판이나 혈액응고 인자가 증가한다.

② 더 많은 산소를 얻기 위해 호흡이 느려진다.

③ 중요한 장기인 뇌·심장·근육으로 가는 혈류가 감소한다.

④ 상황 판단과 빠른 행동 대응을 위해 감각기관은 매우 둔감해진다.

> 해설 ① 혈소판이나 혈액응고 인자가 증가한다.
> ② 더 많은 산소를 얻기 위해 호흡이 빨라진다.
> ③ 뇌·심장·근육으로 가는 혈류가 증가한다.
> ④ 감각기관은 매우 민감해진다.

23 산업안전보건법령에 따라 제조업 등 유해·위험방지계획서를 작성하고자 할 때 관련 규정에 따라 1명 이상 포함시켜야 하는 사람의 자격으로 적합하지 않은 것은?

① 한국산업안전보건공단이 실시하는 관련교육을 8시간 이수한 사람

② 기계, 재료, 화학, 전기, 전자, 안전관리 또는 환경분야 기술사 자격을 취득한 사람

③ 관련분야 기사 자격을 취득한 사람으로서 해당분야에서 3년 이상 근무한 경력이 있는 사람

④ 기계안전, 전기안전, 화공안전분야의 산업안전지도사 또는 산업보건지도사 자격을 취득한 사람

> 해설 ① 건설안전기사로서 공단에서 실시하는 유해위험방지계획서 심사전문화 교육과정을 28시간 이상 이수한 사람

24 다음 그림과 같은 직·병렬 시스템의 신뢰도는? (단, 병렬 각 구성요소의 신뢰도는 R이고, 직렬 구성요소의 신뢰도는 M이다.)

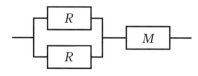

① MR^3

② $R^2(1-MR)$

③ $M(R^2+R)-1$

④ $M(2R-R^2)$

> 해설 신뢰도 $= [1-(1-R)\times(1-R)]\times M$

25 현재 시험문제와 같이 4지택일형 문제의 정보량은 얼마인가?

① 2[bit] ② 4[bit]
③ 2[byte] ④ 4[byte]

해설 ▶ **정보량**
$H = \log_2 n$, 정보량$(H) = \log_2 4$

26 인간실수확률에 대한 추정기법으로 가장 적절하지 않은 것은?

① CIT(Critical Incident Technique) : 위급사건 기법
② FMEA(Failure Mode and Effect Analysis) : 고장형태 영향분석
③ TCRAM(Task Criticality Rating Analysis Method) : 직무위급도 분석법
④ THERP(Technique for Human Error Rate Prediction) : 인간실수율 예측기법

해설 ② **FMEA** : 기계고장 영향분석

27 음성통신에 있어 소음환경과 관련하여 성격이 다른 지수는?

① AI(Articulation Index) : 명료도 지수
② MAA(Minimum Audible Angle) : 최소가청 각도
③ PSIL(Preferred-Octave Speech Interference Level) : 음성간섭수준
④ PNC(Preferred Noise Criteria Curves) : 선호 소음판단 기준곡선

해설 ② **MAA**(Minimum Audible Angle) : 동적 음향 이벤트 측정하는 데 사용되는 인덱스로 소음환경보다는 소리의 방위각과 관련이 있다. AI, PSIL, PNC는 음성, 소음 등을 평가하고 추정하는 척도이다.

28 A 회사에서는 새로운 기계를 설계하면서 레버를 위로 올리면 압력이 올라가도록 하고, 오른쪽 스위치를 눌렀을 때 오른쪽 전등이 켜지도록 하였다면, 이것은 각각 어떤 유형의 양립성을 고려한 것인가?

① 레버 – 공간양립성, 스위치 – 개념양립성
② 레버 – 운동양립성, 스위치 – 개념양립성
③ 레버 – 개념양립성, 스위치 – 운동양립성
④ 레버 – 운동양립성, 스위치 – 공간양립성

해설	
공간적 양립성	표시장치나 조정장치에서 물리적 형태 및 공간적 배치
운동 양립성	표시장치의 움직이는 방향과 조정장치의 방향이 사용자의 기대와 일치
개념적 양립성	이미 사람들이 학습을 통해 알고 있는 개념적 연상

29 압력 B_1과 B_2의 어느 한쪽이 일어나면 출력 A가 생기는 경우를 논리합의 관계라 한다. 이때 입력과 출력 사이에는 무슨 게이트로 연결되는가?

① OR 게이트 ② 억제 게이트
③ AND 게이트 ④ 부정 게이트

해설 ①・③ AND게이트에는 ・를, OR게이트에는 +를 표기하는 경우도 있다.
② **억제게이트** : 수정기호를 병용해서 게이트 역할, 입력이 게이트 조건에 만족 시 발생
④ **부정게이트** : 입력사상의 반대사상이 출력

정답 25 ① 26 ② 27 ② 28 ④ 29 ①

30 다음의 FT도에서 사상 A의 발생 확률 값은?

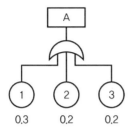

① 게이트 기호가 OR이므로 0.012

② 게이트 기호가 AND이므로 0.012

③ 게이트 기호가 OR이므로 0.552

④ 게이트 기호가 AND이므로 0.552

> 해설 ③ 게이트 기호가 OR
> T = 1−(1−0.3)×(1−0.2)×(1−0.2)

31 안전교육을 받지 못한 신입직원이 작업 중 전극을 반대로 끼우려고 시도했으나, 플러그의 모양이 반대로 끼울 수 없도록 설계되어 있어서 사고를 예방할 수 있었다. 작업자가 범한 오류와 이와 같은 사고 예방을 위해 적용된 안전설계 원칙으로 가장 적합한 것은?

① 누락(omission) 오류, fail safe 설계원칙

② 누락(omission) 오류, fool proof 설계원칙

③ 작위(commission) 오류, fail safe 설계원칙

④ 작위(commission) 오류, fool proof 설계원칙

> 해설 • **작위오류**(commission error) : 절차의 불확실한 수행에 의한 오류
> • **풀 프루프**(Fool Proof) : 사람의 실수가 있더라도 안전사고가 발생하지 않도록 2중, 3중 통제를 가함.

32 작업공간의 포락면(包絡面)에 대한 설명으로 맞는 것은?

① 개인이 그 안에서 일하는 일차원 공간이다.

② 작업복 등은 포락면에 영향을 미치지 않는다.

③ 가장 작은 포락면은 몸통을 움직이는 공간이다.

④ 작업의 성질에 따라 포락면의 경계가 달라진다.

> 해설 포락면은 한 장소에 앉아서 수행하는 작업활동에서 사람이 작업하는 데 사용하는 공간이다.

33 FMEA에서 고장 평점을 결정하는 5가지 평가요소에 해당하지 않는 것은?

① 생산능력의 범위

② 고장발생의 빈도

③ 고장방지의 가능성

④ 영향을 미치는 시스템의 범위

> 해설 ▶ **고장평점법의 5가지 평가요소**(FMEA)
> • 고장발생의 빈도
> • 고장방지의 가능성
> • 기능적 고장 영향의 중요도
> • 영향을 미치는 시스템의 범위
> • 신규설계의 정도

34 어떤 소리가 1000[Hz], 60[dB]인 음과 같은 높이임에도 4배 더 크게 들린다면, 이 소리의 음압수준은 얼마인가?

① 70[dB] ② 80[dB]

③ 90[dB] ④ 100[dB]

> 해설 Sone치 = $2^{(phon치-40)/10}$
> 소음 10[dB] 증가 시 소음은 2배 증가
> 소음 20[dB] 증가 시 소음은 4배 증가

35 사업장에서 인간공학의 적용분야로 가장 거리가 먼 것은?

① 제품설계

② 설비의 고장률

③ 재해 · 질병 예방

④ 장비 · 공구 · 설비의 배치

> 해설 ▶ **사업장에서 인간공학의 적용분야**
> • 작업관련성 유해 · 위험작업 분석(작업환경분석)
> • 제품설계에 있어 인간에 대한 안전성 평가(장비, 공구 설계)
> • 작업공간의 설계
> • 인간–기계 인터페이스 디자인
> • 재해 및 질병 예방

37 작업장 배치 시 유의사항으로 적절하지 않은 것은?

① 작업의 흐름에 따라 기계를 배치한다.

② 생산효율 증대를 위해 기계설비 주위에 재료나 반제품을 충분히 놓아둔다.

③ 공장 내외는 안전한 통로를 두어야 하며, 통로는 선을 그어 작업장과 명확히 구별하도록 한다.

④ 비상시에 쉽게 대비할 수 있는 통로를 마련하고 사고 진압을 위한 활동통로가 반드시 마련되어야 한다.

> 해설 ② 기계설비(작업장) Layout 시의 검토사항으로 기계설비의 주위에는 충분한 공간을 두어야 한다.

36 결함수분석법(FTA)의 특징으로 볼 수 없는 것은?

① Top Down 형식

② 특정사상에 대한 해석

③ 정량적 해석의 불가능

④ 논리기호를 사용한 해석

> 해설 ▶ **결함수분석법(FTA) 특징**
> • 분석에는 게이트, 이벤트, 부호 등의 그래픽 기호를 사용하여 결함 단계를 표현하며, 각각의 단계에 확률을 부여하여 어떤 상황의 실패 확률 계산 가능
> • 연역적이고 정량적인 해석 방법(Top down 형식)
> • 정량적 해석기법(컴퓨터처리 가능)이다.
> • 논리기호를 사용한 특정사상에 대한 해석이다.
> • 서식이 간단해서 비전문가도 짧은 훈련으로 사용할 수 있다.
> • Human Error의 검출이 어렵다.

38 음향기기 부품 생산공장에서 안전업무를 담당하는 OOO 대리는 공장 내부에 경보등을 설치하는 과정에서 도움이 될 만한 몇 가지 지식을 적용하고자 한다. 적용 지식 중 맞는 것은?

① 신호 대 배경의 휘도대비가 작을 때는 백색신호가 효과적이다.

② 광원의 노출시간이 1초보다 작으면 광속발산도는 작아야 한다.

③ 표적의 크기가 커짐에 따라 광도의 역치가 안정되는 노출시간은 증가한다.

④ 배경광 중 점멸 잡음광의 비율이 10[%] 이상이면 점멸등은 사용하지 않는 것이 좋다.

> 해설 ① 신호 대 배경의 휘도대비가 클 때 백색신호가 효과적이고, 휘도대비가 작을 때는 적색신호가 효과적이다.
> ② 광원의 노출시간이 1초보다 작으면 광속발산도는 커야 한다.
> ③ 표적의 크기가 커짐에 따라 광도의 역치가 안정되는 노출시간은 감소한다.

정답 35 ② 36 ③ 37 ② 38 ④

39 인간이 기계와 비교하여 정보처리 및 결정의 측면에서 상대적으로 우수한 것은? (단, 인공지능은 제외한다.)

① 연역적 추리
② 정량적 정보처리
③ 관찰을 통한 일반화
④ 정보의 신속한 보관

> **해설 ▶ 정보처리 및 결정에 있어 인간의 우수성**
> • 관찰을 통한 일반화
> • 귀납적 추리
> • 원칙 적용
> • 다양한 문제해결(정상적)

40 제한된 실내 공간에서 소음문제의 음원에 관한 대책이 아닌 것은?

① 저소음 기계로 대체한다.
② 소음 발생원을 밀폐한다.
③ 방음 보호구를 착용한다.
④ 소음 발생원을 제거한다.

> **해설 ▶ 소음 통제 방법**
> • 소음원의 제거 – 가장 적극적인 대책
> • 소음원의 통제 – 안전설계, 정비 및 주유, 고무 받침대 부착, 소음기 사용 등
> • 소음의 격리 – 씌우개, 방이나 장벽을 이용(창문을 닫으면 10[dB] 감음 효과)
> • 차음 장치 및 흡음재 사용
> • 음향 처리제 사용
> • 적절한 배치(lay out)

3과목 기계위험방지기술

41 숫돌 바깥지름이 150[mm]일 경우 평형 플랜지의 지름은 최소 몇 [mm] 이상이어야 하는가?

① 25[mm]
② 50[mm]
③ 75[mm]
④ 100[mm]

> **해설** 숫돌의 강도는 결합재, 숫돌의 입도, 조직, 형상 등에 의하여 정해지고 있으며 결합재가 인장과 굽힘에는 약하므로 이와 같은 힘이 작용되지 않도록 해야 한다. 숫돌의 바른 고정 방법은 부적절한 힘이 숫돌에 걸리지 않도록 하는 것이므로 표준이 되는 평형숫돌은 좌우대칭의 표준플랜지를 사용하여 플랜지 지름이 작게 되면 숫돌의 과대파괴속도가 저하하기 때문에 숫돌 지름의 1/3 이상이어야 하는 것이다.

42 다음 중 아세틸렌 용접장치에서 역화의 원인으로 가장 거리가 먼 것은?

① 아세틸렌의 공급 과다
② 토치 성능의 부실
③ 압력조정기의 고장
④ 토치 팁에 이물질이 묻은 경우

> **해설** ① 아세틸렌의 공급 부족 시 역화된다.

43 설비의 고장형태를 크게 초기고장, 우발고장, 마모고장으로 구분할 때 다음 중 마모고장과 가장 거리가 먼 것은?

① 부품, 부재의 마모
② 열화에 생기는 고장
③ 부품, 부재의 반복피로
④ 순간적 외력에 의한 파손

> **해설** ④ 순간적 외력에 의한 파손은 우발고장을 일으킨다.

44 와이어로프 호칭이 '6×19'라고 할 때 숫자 '6'이 의미하는 것은?

① 소선의 지름[mm]

② 소선의 수량[wire수]

③ 꼬임의 수량[strand수]

④ 로프의 최대인장강도[MPa]

해설 • **6** : 스트랜드 수
• **19** : 19개의 소선으로 꼬임(스트랜드)으로 이루어진다.

45 목재가공용 둥근톱에서 안전을 위해 요구되는 구조로 옳지 않은 것은?

① 톱날은 어떤 경우에도 외부에 노출되지 않고 덮개가 덮여 있어야 한다.

② 작업 중 근로자의 부주의에도 신체의 일부가 날에 접촉할 염려가 없도록 설계되어야 한다.

③ 덮개 및 지지부는 경량이면서 충분한 강도를 가져야 하며, 외부에서 힘을 가했을 때 쉽게 회전될 수 있는 구조로 설계되어야 한다.

④ 덮개의 가동부는 원활하게 상하로 움직일 수 있고 좌우로 움직일 수 없는 구조로 설계되어야 한다.

해설 ③ 덮개 및 지지부는 경량이면서 충분한 강도를 가져야 하며, 외부에서 힘을 가했을 때 쉽게 회전될 수 없는 구조로 설계되어야 한다.

46 광전자식 방호장치의 광선에 신체의 일부가 감지된 후로부터 급정지기구가 작동을 개시하기까지의 시간이 40[ms]이고, 광축의 최소설치거리(안전거리)가 200[mm]일 때 급정지기구가 작동을 개시한 때로부터 프레스기의 슬라이드가 정지될 때까지의 시간은 약 몇 [ms]인가?

① 60[ms]

② 85[ms]

③ 105[ms]

④ 130[ms]

해설 $D = 1.6(T_l + T_s)$
$200 = 1.6 \times (40 + T_s)$
$T_s = (200/1.6) - 40$
D : 안전거리[m]
T_l : 방호장치의 작동시간[즉, 손이 광선을 차단했을 때부터 급정지기구가 작동을 개시할 때까지의 시간(초)]
T_s : 프레스의 최대정지시간[즉, 급정지기구가 작동을 개시할 때부터 슬라이드가 정지할 때까지의 시간(초)]

47 방사선 투과검사에서 투과사진의 상질을 점검할 때 확인해야 할 항목으로 거리가 먼 것은?

① 투과도계의 식별도

② 시험부의 사진농도 범위

③ 계조계의 값

④ 주파수의 크기

해설 초음파 검사에 해당하는 내용이다.

48 양중기의 과부하장치에서 요구하는 일반적인 성능기준으로 틀린 것은?

① 과부하방지장치 작동 시 경보음과 경보램프가 작동되어야 하며 양중기는 작동이 되지 않아야 한다.

② 외함의 전선 접촉부분은 고무 등으로 밀폐되어 물과 먼지 등이 들어가지 않도록 한다.

③ 과부하방지장치와 타 방호장치는 기능에 서로 장애를 주지 않도록 부착할 수 있는 구조이어야 한다.

④ 방호장치의 기능을 제거하더라도 양중기는 원활하게 작동시킬 수 있는 구조이어야 한다.

해설 ④ 방호장치 기능을 제거하고 양중기가 원활하게 가동시킬 수 있다면 과부하 장치가 필요가 없고 안전을 확보하지 못한다.

49 프레스 작업에서 제품 및 스크랩을 자동적으로 위험한계 밖으로 배출하기 위한 장치로 볼 수 없는 것은?

① 피더

② 키커

③ 이젝터

④ 공기 분사 장치

해설 피더 = 공급기(feeder)

50 용접장치에서 안전기의 설치 기준에 관한 설명으로 옳지 않은 것은?

① 아세틸렌 용접장치에 대하여는 일반적으로 각 취관마다 안전기를 설치하여야 한다.

② 아세틸렌 용접장치의 안전기는 가스용기와 발생기가 분리되어 있는 경우 발생기와 가스용기 사이에 설치한다.

③ 가스집합 용접장치에서는 주관 및 분기관에 안전기를 설치하며, 이 경우 하나의 취관에 2개 이상의 안전기를 설치한다.

④ 가스집합 용접장치의 안전기 설치는 화기사용설비로부터 3[m] 이상 떨어진 곳에 설치한다.

해설 ④ 가스집합 용접장치의 안전기 설치는 화기사용설비로부터 5[m] 이상 떨어진 곳에 설치한다.

51 산업안전보건법상 보일러의 안전한 가동을 위하여 보일러 규격에 맞는 압력방출장치가 2개 이상 설치된 경우에 최고사용압력 이하에서 1개가 작동되고, 다른 압력방출장치는 최고 사용압력의 몇 배 이하에서 작동되도록 부착하여야 하는가?

① 1.03배

② 1.05배

③ 1.2배

④ 1.5배

해설 2개 이상 설치된 경우 최고사용압력 이하에서 1개가 작동되고, 다른 압력방출장치는 최고사용압력 1.05배 이하에서 작동되도록 부착하여야 한다.

48 ④ 49 ① 50 ④ 51 ② 정답

52 밀링작업에서 주의해야 할 사항으로 옳지 않은 것은?

① 보안경을 쓴다.

② 일감 절삭 중 치수를 측정한다.

③ 커터에 옷이 감기지 않게 한다.

④ 커터는 될 수 있는 한 컬럼에 가깝게 설치한다.

해설 ② 정지 후 치수를 측정한다.

53 작업자의 신체부위가 위험한계 내로 접근하였을 때 기계적인 작용에 의하여 접근을 못하도록 하는 방호장치는?

① 위치제한형 방호장치

② 접근거부형 방호장치

③ 접근반응형 방호장치

④ 감지형 방호장치

해설 • **위치제한형 방호장치**(위험장소) : 조작작의 신체부위가 위험한계 밖에 있도록 기계의 조작장치를 위험구역에서 일정거리 이상 떨어지게 한 방호장치
예 양수조작식 안전장치

• **접근반응형 방호장치**(위험장소) : 작업자의 신체부위가 위험한계로 들어오게 되면 이를 감지하여 작동 중인 기계를 즉시 정지시키거나 스위치가 꺼지도록 하는 기능
예 광전자식 안전장치

54 사업주가 보일러의 폭발사고예방을 위하여 기능이 정상적으로 작동될 수 있도록 유지, 관리할 대상이 아닌 것은?

① 과부하방지장치   ② 압력방출장치

③ 압력제한스위치   ④ 고저수위조절장치

해설 ① 과부하방지장치는 크레인이다.
▶ **보일러의 안전장치** : 압력방출장치, 압력제한스위치, 고저수위조절장치, 화염검출기 등이다.

55 산업안전보건법령에 따라 프레스 등을 사용하여 작업을 하는 경우 작업시작 전 점검사항과 거리가 먼 것은?

① 전단기의 칼날 및 테이블의 상태

② 프레스의 금형 및 고정 볼트 상태

③ 슬라이드 또는 칼날에 의한 위험방지 기구의 기능

④ 전자밸브, 압력조정밸브 기타 공압 계통의 이상 유무

해설 ▶ **프레스 등의 작업 전 점검사항**
• 클러치 및 브레이크의 기능
• 크랭크축·플라이휠·슬라이드·연결봉 및 연결 나사의 풀림 여부
• 1행정 1정지기구·급정지장치 및 비상정지장치의 기능
• 슬라이드 또는 칼날에 의한 위험방지 기구의 기능
• 프레스의 금형 및 고정볼트 상태
• 방호장치의 기능
• 전단기(剪斷機)의 칼날 및 테이블의 상태

56 연삭숫돌의 상부를 사용하는 것을 목적으로 하는 탁상용 연삭기에서 안전덮개의 노출부위 각도는 몇 [°] 이내이어야 하는가?

① 90[°] 이내

② 75[°] 이내

③ 60[°] 이내

④ 105[°] 이내

해설 ▶ **탁상용 연삭기, 만능 목공선반** : 노출각도는 90[°] 이내로 하되 숫돌의 주축에서 수평면 위로 이루는 원주각도는 65[°] 이상 되지 않도록 탁상용 연삭기의 경우 수평면 이하의 부문에서 연삭하여야 할 경우 노출각도 125[°]까지 증가 가능하다.

정답 52 ② 53 ② 54 ① 55 ④ 56 ③

57 다음 중 산업안전보건법령상 아세틸렌 가스용접장치에 관한 기준으로 틀린 것은?

① 전용의 발생기실은 건물의 최상층에 위치하여야 하며, 화기를 사용하는 설비로부터 1[m]를 초과하는 장소에 설치하여야 한다.

② 전용의 발생기실을 옥외에 설치한 경우에는 그 개구부를 다른 건축물로부터 1.5[m] 이상 떨어지도록 하여야 한다.

③ 아세틸렌 용접장치를 사용하여 금속의 용접·용단 또는 가열작업을 하는 경우에는 게이지 압력이 127[kPa]을 초과하는 압력의 아세틸렌을 발생시켜 사용해서는 아니 된다.

④ 전용의 발생기실을 설치하는 경우 벽은 불연성 재료로 하고 철근 콘크리트 또는 그 밖에 이와 동등 하거나 그 이상의 강도를 가진 구조로 하여야 한다.

> **해설** ① 발생기실은 건물의 최상층에 위치하여야 하며, 화기를 사용하는 설비로부터 3[m]를 초과하는 장소에 설치하여야 한다.

58 다음 중 포터블 벨트 컨베이어(potable belt conveyor)의 안전 사항과 관련한 설명으로 옳지 않은 것은?

① 포터블 벨트 컨베이어의 차륜간의 거리는 전도위험이 최소가 되도록 하여야 한다.

② 기복장치는 포터블 벨트 컨베이어의 옆면에서만 조작하도록 한다.

③ 포터블 벨트 컨베이어를 사용하는 경우는 차륜을 고정하여야 한다.

④ 전동식 포터블 벨트 컨베이어를 이동하는 경우는 먼저 전원을 내린 후 컨베이어를 이동시킨 다음 컨베이어를 최저의 위치로 내린다.

> **해설** ④ 최저위치로 내린 이후 전원을 차단하여야 한다. 전원을 먼저 내리면 최저위치로 이동을 시킬 수가 없다.

59 사람이 작업하는 기계장치에서 작업자가 실수를 하거나 오조작을 하여도 안전하게 유지되게 하는 안전설계방법은?

① Fail Safe
② 다중계화
③ Fool proof
④ Back up

> **해설** ▷ **Fool Proof** : 작업자의 착오, 미스 등 이른바 휴먼에러가 발생하더라도 기계설비나 그 부품은 안전쪽으로 작동하게 설계하는 안전설계의 기법 중 하나이다.

60 질량 100[kg]의 화물이 와이어로프에 매달려 2[m/s²]의 가속도로 권상되고 있다. 이때 와이어로프에 작용하는 장력의 크기는 몇 [N]인가? (단, 여기서 중력가속도는 10[m/s²]로 한다.)

① 200[N]
② 300[N]
③ 1200[N]
④ 2000[N]

> **해설** $100 \times (10+2) = 1200$
> - 힘 = 질량×가속도
> - 질량×(끌어올리는 가속도+중력가속도)

4과목 전기위험방지기술

61 금속제 외함을 가지는 기계기구에 전기를 공급하는 전로에 지락이 발생했을 때에 자동적으로 전로를 차단하는 누전차단기 등을 설치하여야 한다. 누전차단기를 설치해야 되는 경우로 옳은 것은?

① 기계기구가 고무, 합성수지 기타 절연물로 피복된 것일 경우
② 기계기구가 유도전동기의 2차측 전로에 접속된 저항기일 경우
③ 대지전압이 150[V]를 초과하는 전동기계·기구를 시설하는 경우
④ 전기용품안전관리법의 적용을 받는 2중절연구조의 기계기구를 시설하는 경우

> **해설** ▶ **누전차단기를 설치해야 하는 경우**
> • 전기기계·기구 중 대지전압이 150[V]를 초과하는 이동형 또는 휴대형의 것
> • 물 등 도전성이 높은 액체에 의한 습윤한 장소
> • 철판, 철골 위 등 도전성이 높은 장소
> • 임시배선의 전로가 설치되는 장소

62 전기화재의 경로별 원인으로 거리가 먼 것은?

① 단락
② 누전
③ 저전압
④ 접촉부의 과열

> **해설** ③ 고전압 시 전기화재의 원인이 된다.

63 내압 방폭구조는 다음 중 어느 경우에 가장 가까운가?

① 점화 능력의 본질적 억제
② 점화원의 방폭적 격리
③ 전기설비의 안전도 증강
④ 전기 설비의 밀폐화

> **해설** 전기설비에서 아크 또는 고열이 발생하여 폭발성 가스에 점화할 우려가 있는 부분을 전폐한 용기에 넣음으로써 폭발이 일어날 경우 이 용기가 압력에 견디고 외부의 폭발성 가스에 인화될 위험이 없도록 한 구조의 방폭구조이다.

64 인입개폐기를 개방하지 않고 전등용 변압기 1차측 COS만 개방 후 전등용 변압기 접속용 볼트 작업 중 동력용 COS에 접촉, 사망한 사고에 대한 원인으로 가장 거리가 먼 것은?

① 안전장구 미사용
② 동력용 변압기 COS 미개방
③ 전등용 변압기 2차측 COS 미개방
④ 인입구 개폐기 미개방한 상태에서 작업

> **해설** ③ 전등용 변압기의 COS 미개방은 사망사고 원인으로 보기 어렵다.

65 인체통전으로 인한 전격(electric shock)의 정도를 정함에 있어 그 인자로서 가장 거리가 먼 것은?

① 전압의 크기　② 통전시간
③ 전류의 크기　④ 통전경로

정답 61 ③　62 ③　63 ②　64 ③　65 ①

해설 ▶ **전격위험도 결정조건**(1차적 감전위험요소)
- 통전전류의 크기
- 통전시간
- 통전경로
- 전원의 종류(직류보다 상용주파수의 교류전원이 더 위험한 이유 : 극성변화)
- 주파수 및 파형
- 전격인가위상

66 조명기구를 사용함에 따라 작업면의 조도가 점차적으로 감소되어가는 원인으로 가장 거리가 먼 것은?

① 점등 광원의 노화로 인한 광속의 감소
② 조명기구에 붙은 먼지, 오물, 반사면의 변질에 의한 광속 흡수율 감소
③ 실내 반사면에 붙은 먼지, 오물, 반사면의 화학적 변질에 의한 광속 반사율 감소
④ 공급전압과 광원의 정격전압의 차이에서 오는 광속의 감소

해설 ② 조명기구에 붙은 먼지, 오물, 반사면의 변질에 의하여 광속 흡수율이 증가한다.

67 정전작업 시 정전시킨 전로에 잔류전하를 방전할 필요가 있다. 전원차단 이후에도 잔류전하가 남아 있을 가능성이 가장 낮은 것은?

① 방전 코일
② 전력 케이블
③ 전력용 콘덴서
④ 용량이 큰 부하기기

해설 ① 방전 코일은 단기간에 잔류전하를 방전시킬 필요가 있을 때 설치하므로, 잔류전하가 남아 있을 가능성이 가장 낮다.

68 이동식 전기기기의 감전사고를 방지하기 위한 가장 적정한 시설은?

① 접지설비
② 폭발방지설비
③ 시건장치
④ 피뢰기설비

해설 ▶ **저압 전기기기 감전재해 방지대책**
- 보호접지 실시
- 감전방지용 누전차단기 사용
- 이중절연기구 사용
- 절연열화의 방지

69 인체의 피부 전기저항은 여러 가지의 제반조건에 의해서 변화를 일으키는데 제반조건으로서 가장 가까운 것은?

① 피부의 청결
② 피부의 노화
③ 인가전압의 크기
④ 통전경로

해설 ③ 인가전압의 크기가 커질수록 피부 전기저항 역시 커진다.

70 자동차가 통행하는 도로에서 고압의 지중전선로를 직접 매설식으로 시설할 때 사용되는 전선으로 가장 적합한 것은?

① 비닐 외장 케이블
② 폴리에틸렌 외장 케이블
③ 클로로프렌 외장 케이블
④ 콤바인 덕트 케이블(combine duct cable)

해설 가장 튼튼한 것을 선택해야 한다.

66 ② 67 ① 68 ① 69 ③ 70 ④ **정답**

71 산업안전보건법에는 보호구를 사용 시 안전인증을 받은 제품을 사용토록 하고 있다. 다음 중 안전인증 대상이 아닌 것은?

① 안전화
② 고무장화
③ 안전장갑
④ 감전위험방지용 안전모

> **해설** ② 고무장화는 안전인증과 관련이 없다.

72 감전사고로 인한 호흡 정지 시 구강대 구강법에 의한 인공호흡의 매분 회수와 시간은 어느 정도 하는 것이 가장 바람직한가?

① 매분 5~10회, 30분 이하
② 매분 12~15회, 30분 이상
③ 매분 20~30회, 30분 이하
④ 매분 30회 이상, 20분~30분 정도

> **해설** 1분당 12~15회(4초 간격)의 속도로 30분 이상 반복 실시하는 것이 바람직하며, 인체의 호흡이 멎고 심장이 정지되었더라도 계속하여 인공호흡을 실시하는 것이 현명하다.

73 누전차단기의 구성요소가 아닌 것은?

① 누전검출부
② 영상변류기
③ 차단장치
④ 전력퓨즈

> **해설** ④ 전력퓨즈는 누전차단기의 구성요소가 아니다.

74 1[C]을 갖는 2개의 전하가 공기 중에서 1[m]의 거리에 있을 때 이들 사이에 작용하는 정전력은?

① 8.854×10^{-12}[N]
② 1.0[N]
③ 3×10^{3}[N]
④ 9×10^{9}[N]

> **해설** F = 서로 작용하는 힘, 전하 1 = Q_1, 전하 2 = Q_2일 때,
> $$F = 9 \times 10^9 \times \frac{Q_1 \times Q_2}{거리^2} = 9 \times 10^9 \frac{1 \times 1}{1^2} = 9 \times 10^9 [N]$$

75 고장전류와 같은 대전류를 차단할 수 있는 것은?

① 차단기(CB)
② 유입 개폐기(OS)
③ 단로기(DS)
④ 선로 개폐기(LS)

> **해설** ① 대전류를 차단할 수 있는 것은 차단기이다.
> ③ 단로기도 개폐기이다.

76 전기기기의 충격 전압시험 시 사용하는 표준충격파형(T_f, T_t)은?

① $1.2 \times 50[\mu s]$
② $1.2 \times 100[\mu s]$
③ $2.4 \times 50[\mu s]$
④ $2.4 \times 100[\mu s]$

> **해설** ▶ **표준네임펄스** : $T_f \times T_t = 1.2 \times 50[\mu s]$

77 심실세동전류란?

① 최소 감지전류
② 치사적 전류
③ 고통 한계전류
④ 마비 한계전류

정답 71 ② 72 ② 73 ④ 74 ④ 75 ① 76 ① 77 ②

분류	인체에 미치는 전류의 영향	통전전류
최소감지전류	전류의 흐름을 느낄 수 있는 최소전류	60[Hz]에서 성인남자 1[mA]
고통한계전류 (가수전류, 이탈가능)	고통을 참을 수 있는 한계 전류	60[Hz]에서 성인남자 7~8[mA]
마비한계전류 (불수전류, 이탈불능)	신경이 마비되고 신체를 움직일 수 없으며 말을 할 수 없는 상태	60[Hz]에서 성인남자 10~15[mA]
심실세동전류	심장의 맥동에 영향을 주어 심장마비 상태를 유발	$I = \dfrac{165 \sim 185}{\sqrt{T}}$ [mA]

78 인체의 전기저항을 0.5[kΩ]이라고 하면 심실세동을 일으키는 위험한계 에너지는 몇 [J]인가? (단, 심실세동전류값 $I = \dfrac{165}{\sqrt{T}}$[mA]의 Dalziel의 식을 이용하며, 통전시간은 1초로 한다.)

① 13.6 ② 12.6
③ 11.6 ④ 10.6

해설 $W = I^2 RT = \left(\dfrac{165}{\sqrt{T}} \times 10^{-3}\right)^2 \times 500 \times T = 13.6$[J]

79 지구를 고립된 지구도체라 생각하고 1[C]의 전하가 대전되었다면 지구 표면의 전위는 대략 몇[V]인가? (단, 지구의 반경은 6367[km]이다.)

① 1414[V] ② 2828[V]
③ 9×10^4[V] ④ 9×10^9[V]

해설 • 전계
  E(volts/meter) $= Q/(4 \times \pi \times e \times d^2)$
• 전위차
  $V = E \times d = Q/(4 \times \pi \times e \times d)$
  $= 1/(4 \times \pi \times 8.85) \times 10^{-12} \times 6367 \times 1000 = 1414$

80 감전사고로 인한 전격사의 메커니즘으로 가장 거리가 먼 것은?

① 흉부수축에 의한 질식
② 심실세동에 의한 혈액순환기능의 상실
③ 내장파열에 의한 소화기계통의 기능상실
④ 호흡중추신경 마비에 따른 호흡기능 상실

해설 ③ 감전사고는 내장파열에 이르지 않는다.

5과목 화학설비위험방지기술

81 다음 중 폭발 또는 화재가 발생할 우려가 있는 건조설비의 구조로 적절하지 않은 것은?

① 건조설비의 바깥 면은 불연성 재료로 만들 것
② 위험물 건조설비의 열원으로서 직화를 사용하지 아니할 것
③ 위험물 건조설비의 측벽이나 바닥은 견고한 구조로 할 것
④ 위험물 건조설비는 상부를 무거운 재료로 만들고 폭발구를 설치할 것

해설 ▶ **건조설비의 구조**(안전보건규칙 제281조)
• 건조설비의 바깥 면은 불연성 재료로 만들 것
• 건조설비(유기과산화물을 가열 건조하는 것은 제외한다)의 내면과 내부의 선반이나 틀은 불연성 재료로 만들 것
• 위험물 건조설비의 측벽이나 바닥은 견고한 구조로 할 것
• 위험물 건조설비는 그 상부를 가벼운 재료로 만들고 주위상황을 고려하여 폭발구를 설치할 것
• 위험물 건조설비는 건조하는 경우에 발생하는 가스·증기 또는 분진을 안전한 장소로 배출시킬 수 있는 구조로 할 것
• 액체연료 또는 인화성 가스를 열원의 연료로 사용하는 건조설비는 점화하는 경우에는 폭발이나 화재를 예방하기 위하여 연소실이나 그 밖에 점화하는 부분을 환기시킬 수 있는 구조로 할 것
• 건조설비의 내부는 청소하기 쉬운 구조로 할 것

- 건조설비의 감시창·출입구 및 배기구 등과 같은 개구부는 발화 시에 불이 다른 곳으로 번지지 아니하는 위치에 설치하고 필요한 경우에는 즉시 밀폐할 수 있는 구조로 할 것
- 건조설비는 내부의 온도가 부분적으로 상승하지 아니하는 구조로 설치할 것
- 위험물 건조설비의 열원으로서 직화를 사용하지 아니할 것
- 위험물 건조설비가 아닌 건조설비의 열원으로서 직화를 사용하는 경우에는 불꽃 등에 의한 화재를 예방하기 위하여 덮개를 설치하거나 격벽을 설치할 것

83 산업안전보건법령상 위험물질의 종류에서 "폭발성 물질 및 유기과산화물"에 해당하는 것은?

① 리튬
② 아조화합물
③ 아세틸렌
④ 셀룰로이드류

해설 ❯ **폭발성 물질 및 유기과산화물**
- **질산에스테르류** : 니트로글리콜·니트로글리세린·니트로셀룰로오스 등
- **니트로 화합물** : 트리니트로벤젠·트리니트로톨루엔·피크린산 등
- **니트로소 화합물**
- **아조 화합물**
- **디아조 화합물**
- **하이드라진 유도체**
- **유기과산화물** : 과초산, 메틸에틸케톤 과산화물, 과산화벤조일 등

82 위험물안전관리법령에 의한 위험물의 분류 중 제1류 위험물에 속하는 것은?

① 염소산염류
② 황린
③ 금속칼륨
④ 질산에스테르

해설 ❯ **제1류 위험물** : 산화성고체
- 아염소산염류
- 염소산염류
- 과염소산염류
- 무기과산화물
- 브롬산염류
- 질산염류
- 요오드산염류
- 과망간산염류
- 중크롬산염류
- 그 밖에 행정안전부령으로 정하는 것
- 위에 해당하는 어느 하나 이상을 함유한 것

84 다음 중 축류식 압축기에 대한 설명으로 옳은 것은?

① Casing 내에 1개 또는 수 개의 회전체를 설치하여 이것을 회전시킬 때 Casing과 피스톤 사이의 체적이 감소해서 기체를 압축하는 방식이다.
② 실린더 내에서 피스톤을 왕복시켜 이것에 따라 개폐하는 흡입밸브 및 배기밸브의 작용에 의해 기체를 압축하는 방식이다.
③ Casing 내에 넣어진 날개바퀴를 회전시켜 기체에 작용하는 원심력에 의해서 기체를 압송하는 방식이다.
④ 프로펠러의 회전에 의한 추진력에 의해 기체를 압송하는 방식이다.

해설 축류식 압축기는 프로펠러의 회전에 의한 추진력에 의해 기체를 압송하는 방식으로, 통풍 시스템에서 상대적으로 적절한 압력의 일정하고 높은 용량의 흐름에 사용된다.

정답 82 ① 83 ② 84 ④

85 메탄 50[vol%], 에탄 30[vol%], 프로판 20[vol%] 혼합가스의 공기 중 폭발하한계는? (단, 메탄, 에탄, 프로판의 폭발하한계는 각각 5.0[vol%], 3.0[vol%], 2.1[vol%]이다.)

① 1.6[vol%]　　　② 2.1[vol%]

③ 3.4[vol%]　　　④ 4.8[vol%]

해설 $L = \dfrac{V_1 + V_2 + V_3}{\dfrac{L_1}{V_1} + \dfrac{L_2}{V_2} + \dfrac{L_3}{V_3}}$

$= \dfrac{50 + 30 + 20}{\dfrac{50}{5.0} + \dfrac{30}{3.0} + \dfrac{20}{2.1}} = 3.39$

86 폭발에 관한 용어 중 "BLEVE"가 의미하는 것은?

① 고농도의 분진폭발

② 저농도의 분해폭발

③ 개방계 증기운 폭발

④ 비등액 팽창증기폭발

해설 ④ 비등액 팽창증기폭발(Boiling Liquid Expanding Vapor Explosion)

87 다음 중 인화점이 가장 낮은 물질은?

① CS_2

② C_2H_5OH

③ CH_3COCH_3

④ $CH_3COOC_2H_5$

해설 ① **이황화탄소**(CS_2) : $-30[℃]$
② **에탄올**(C_2H_5OH) : $13[℃]$
③ **아세톤**(CH_3COCH_3) : $-20[℃]$
④ **아세트산에틸**($CH_3COOC_2H_5$) : $-4.4[℃]$

88 아세틸렌 압축 시 사용되는 희석제로 적당하지 않은 것은?

① 메탄　　　　　② 질소

③ 산소　　　　　④ 에틸렌

해설 아세틸렌 압축 시 사용되는 희석제로는 메탄, 질소, 에틸렌이다.

89 수분을 함유하는 에탄올에서 순수한 에탄올을 얻기 위해 벤젠과 같은 물질을 첨가하여 수분을 제거하는 증류 방법은?

① 공비증류　　　② 추출증류

③ 가압증류　　　④ 감압증류

해설 액체의 혼합물이 비등할 때에 액상과 기상이 같이 조성이 되는 현상이 공비증류이다.

90 다음 중 벤젠(C_6H_6)의 공기 중 폭발하한계 값[vol%]에 가장 가까운 것은?

① 1.0　　　　　② 1.5

③ 2.0　　　　　④ 2.5

해설 ▶ **벤젠의 폭발범위** : 1.4~6.7이 폭발하한계 값이므로 문제의 주어진 값 중에서는 1.50이다.

91 다음 중 퍼지의 종류에 해당하지 않는 것은?

① 압력퍼지

② 진공퍼지

③ 스위프퍼지

④ 가열퍼지

85 ③　86 ④　87 ①　88 ③　89 ①　90 ②　91 ④　정답

해설 ▶ 퍼지의 종류

종류	특징
진공퍼지 (저압퍼지)	• 용기에 대한 가장 일반화된 인너팅 장치(대형용기 사용불가) • 용기를 진공으로 한 후 불활성가스 주입
압력퍼지	• 가압하에서 인너트가스를 주입하여 퍼지 • 주입한 가스 용기 내에 충분히 확산된 후 대기중으로 방출 • 진공퍼지보다 시간이 크게 감소하나 대량의 인너트가스 소모
스위프 퍼지 (Sweep -Through Purging)	• 용기의 한쪽 개구부로 퍼지가스를 가하고 다른 개구부로 혼합가스 축출 • 용기나 장치에 가압하거나 진공으로 할 수 없는 경우 사용

92 공업용 용기의 몸체 도색으로 가스명과 도색명의 연결이 옳은 것은?

① 산소 – 청색   ② 질소 – 백색

③ 수소 – 주황색   ④ 아세틸렌 – 회색

해설 ▶ 가스의 도색명
- 산소 – 녹색
- 수소 – 주황색
- 액화 탄산가스 – 청색
- 액화 암모니아 – 백색
- 액화 염소 – 갈색
- 아세틸렌 – 황색
- 기타 가스 – 회색

93 다음 중 분말 소화약제로 가장 적절한 것은?

① 사염화탄소   ② 브롬화메탄

③ 수산화암모늄   ④ 제1인산암모늄

해설 ABC분말은 제1인산암모늄을 주성분으로 한 것이므로 이것을 실리콘계수지에 의해 코팅하여 흡습을 방지하도록 한다.
BC분말은 중탄산소다를 주성분으로 한 것이다.

94 비중이 1.5이고, 직경이 74[μm]인 분체가 종말속도 0.2[m/s]로 직경 6[m]의 사일로(silo)에서 질량유속 400[kg/h]로 흐를 때 평균 농도는 약 얼마인가?

① 10.8[mg/L]   ② 14.8[mg/L]

③ 19.8[mg/L]   ④ 25.8[mg/L]

해설 평균 농도 $= \dfrac{\text{질량유속}}{\text{사일로로 흐르는 유량}} = \dfrac{400}{\dfrac{\pi}{4} \times 6^2 \times 0.2}$

$$= \frac{400 \times \dfrac{10^6}{3600}[\text{mg/s}]}{\dfrac{\pi}{4} \times 6^2 \times 0.2 \times 1000[\text{L/s}]} = 19.6[\text{mg/L}]$$

95 다음 중 분진폭발이 발생하기 쉬운 조건으로 적절하지 않은 것은?

① 발열량이 클 때

② 입자의 표면적이 작을 때

③ 입자의 형상이 복잡할 때

④ 분진의 초기 온도가 높을 때

해설 ② 입자의 표면적이 클 때

96 다음 중 가연성 물질과 산화성 고체가 혼합하고 있을 때 연소에 미치는 현상으로 옳은 것은?

① 착화온도(발화점)가 높아진다.

② 최소점화에너지가 감소하며, 폭발의 위험성이 증가한다.

③ 가스나 가연성 증기의 경우 공기혼합보다 연소범위가 축소된다.

④ 공기 중에서보다 산화작용이 약하게 발생하여 화염온도가 감소하며 연소속도가 늦어진다.

해설 산화성 고체가 가연성 물질과 혼합하면 최소점화에너지가 감소하며, 폭발의 위험성이 증가한다.

정답 92 ③ 93 ④ 94 ③ 95 ② 96 ②

97 다음 중 전기화재의 종류에 해당하는 것은?

① A급   ② B급

③ C급   ④ D급

해설 ▶ 전기화재의 종류

구분	A급 화재	B급 화재	C급 화재	D급 화재
명칭	보통화재	유류, 가스화재	전기화재	금속화재 (Al분, Mg분)
주된 소화 효과	냉각	질식	냉각, 질식	질식

98 사업주는 산업안전보건법령에서 정한 설비에 대해서는 과압에 따른 폭발을 방지하기 위하여 안전밸브 등을 설치하여야 한다. 다음 중 이에 해당하는 설비가 아닌 것은?

① 원심펌프

② 정변위 압축기

③ 정변위 펌프(토출축에 차단밸브가 설치된 것만 해당한다)

④ 배관(2개 이상의 밸브에 의하여 차단되어 대기온도에서 액체의 열팽창에 의하여 파열될 우려가 있는 것으로 한정한다)

해설 ▶ 안전밸브의 설치
- 압력용기(안지름이 150[mm] 이하인 압력용기는 제외하며, 압력 용기 중 관형 열교환기의 경우에는 관의 파열로 인하여 상승한 압력이 압력용기의 최고사용압력을 초과할 우려가 있는 경우만 해당한다)
- 정변위 압축기
- 정변위 펌프(토출축에 차단밸브가 설치된 것만 해당한다)
- 배관(2개 이상의 밸브에 의하여 차단되어 대기온도에서 액체의 열팽창에 의하여 파열될 우려가 있는 것으로 한정한다)
- 그 밖의 화학설비 및 그 부속설비로서 해당 설비의 최고사용압력을 초과할 우려가 있는 것

99 니트로셀룰로오스의 취급 및 저장방법에 관한 설명으로 틀린 것은?

① 저장 중 충격과 마찰 등을 방지하여야 한다.

② 물과 격렬히 반응하여 폭발함으로 습기를 제거하고, 건조 상태를 유지한다.

③ 자연발화 방지를 위하여 안전용제를 사용한다.

④ 화재 시 질식소화는 적응성이 없으므로 냉각소화를 한다.

해설 ② 제4류 위험물로 물에 녹지 않고 직사일광 및 산의 존재 시 자연발화하며 저장이나 수송 시 함수 알코올로 습면시켜야 한다.

100 위험물을 산업안전보건법령에서 정한 기준량 이상으로 제조하거나 취급하는 설비로서 특수화학설비에 해당되는 것은?

① 가열시켜 주는 물질의 온도가 가열되는 위험물질의 분해온도보다 높은 상태에서 운전되는 설비

② 상온에서 게이지 압력으로 200[kPa]의 압력으로 운전되는 설비

③ 대기압 하에서 섭씨 300[℃]로 운전되는 설비

④ 흡열반응이 행하여지는 반응설비

해설 ▶ 특수화학설비(안전보건규칙 제273조)
- 발열반응이 일어나는 반응장치
- 증류·정류·증발·추출 등 분리를 하는 장치
- 가열시켜 주는 물질의 온도가 가열되는 위험물질의 분해온도 또는 발화점보다 높은 상태에서 운전되는 설비
- 반응폭주 등 이상 화학반응에 의하여 위험물질이 발생할 우려가 있는 설비
- 온도가 섭씨 350[℃] 이상이거나 게이지 압력이 980[kPa] 이상인 상태에서 운전되는 설비
- 가열로 또는 가열기

6과목 건설안전기술

101 압쇄기를 사용하여 건물해체 시 그 순서로 가장 타당한 것은?

| A : 보 | B : 기둥 |
| C : 슬래브 | D : 벽체 |

① A → B → C → D

② A → C → B → D

③ C → A → D → B

④ D → C → B → A

> **해설** 압쇄기의 해체작업순서는 슬래브 → 보 → 벽체 → 기둥의 순이다.

102 흙의 간극비를 나타낸 식으로 옳은 것은?

① (공기+물의 체적)/(흙+물의 체적)

② (공기+물의 체적)/흙의 체적

③ 물의 체적/(물+흙의 체적)

④ (공기+물의 체적)/(공기+흙+물의 체적)

> **해설** 흙의 간극비는 공기와 물의 체적의 합을 흙의 체적으로 나눈 값이다.

103 부두·안벽 등 하역작업을 하는 장소에서 부두 또는 안벽의 선을 따라 통로를 설치하는 경우에는 그 폭을 최소 얼마 이상으로 하여야 하는가?

① 80[cm]

② 90[cm]

③ 100[cm]

④ 120[cm]

> **해설** 부두 또는 안벽의 선을 따라 통로를 설치하는 경우에는 폭을 90[cm] 이상으로 할 것

104 취급·운반의 원칙으로 옳지 않은 것은?

① 곡선 운반을 할 것

② 운반 작업을 집중하여 시킬 것

③ 생산을 최고로 하는 운반을 생각할 것

④ 연속 운반을 할 것

> **해설 ▷ 취급·운반의 원칙**
> • 연속운반을 할 것
> • 생산을 최고로 하는 운반을 생각할 것
> • 운반작업을 집중하여 시킬 것
> • 직선운반을 한다.
> • 최대한 시간과 경비를 절약할 수 있는 운반방법을 고려할 것

105 사면 보호 공법 중 구조물에 의한 보호 공법에 해당되지 않는 것은?

① 식생구멍공

② 블록공

③ 돌쌓기공

④ 현장타설 콘크리트 격자공

> **해설** ① 식생공은 비탈면에 식물을 심어서 사면을 보호하는 공법이다.

106 말비계를 조립하여 사용하는 경우에 지주부재와 수평면의 기울기는 최대 몇 [°] 이하로 하여야 하는가?

① 30[°]

② 45[°]

③ 60[°]

④ 75[°]

> **해설** 지주부재와 수평면의 기울기를 75[°] 이하로 하고, 지주부재와 지주부재 사이를 고정시키는 보조부재를 설치할 것

정답 101 ③ 102 ② 103 ② 104 ① 105 ① 106 ④

107 추락의 위험이 있는 개구부에 대한 방호조치와 거리가 먼 것은?

① 안전난간, 울타리, 수직형 추락방망 등으로 방호조치를 한다.
② 충분한 강도를 가진 구조의 덮개를 뒤집히거나 떨어지지 않도록 설치한다.
③ 어두운 장소에서도 식별이 가능한 개구부 주의 표지를 부착한다.
④ 폭 30[cm] 이상의 발판을 설치한다.

해설 **개구부 등의 방호 조치**(안전보건규칙 제43조 제1항) : 사업주는 작업발판 및 통로의 끝이나 개구부로서 근로자가 추락할 위험이 있는 장소에는 안전난간, 울타리, 수직형 추락방망 또는 덮개 등의 방호 조치를 충분한 강도를 가진 구조로 튼튼하게 설치하여야 하며, 덮개를 설치하는 경우에는 뒤집히거나 떨어지지 않도록 설치하여야 한다. 이 경우 어두운 장소에서도 알아볼 수 있도록 개구부임을 표시해야 하며, 수직형 추락방망은 한국산업표준에서 정하는 성능기준에 적합한 것을 사용해야 한다.

108 로프길이 2[m]의 안전대를 착용한 근로자가 추락으로 인한 부상을 당하지 않기 위한 지면으로부터 안전대 고정점가지의 높이[H]의 기준으로 옳은 것은? (단, 로프의 신율 30[%], 근로자의 신장 180[cm])

① H > 1.5[m]
② H > 2.5[m]
③ H > 3.5[m]
④ H > 4.5[m]

해설 ③ 지면에서 안전대 고정점까지의 높이(H)는 3.5[m] 이하하여야 한다.
최하시점 = 로프길이+(로프길이×신율)+(작업자의 키/2)
= 2+(2×0.3)+(1.8/2) = 3.5

109 가설통로의 설치기준으로 옳지 않은 것은?

① 추락할 위험이 있는 장소에는 안전난간을 설치할 것
② 경사가 10[°]를 초과하는 경우에는 미끄러지지 아니하는 구조로 할 것
③ 경사는 30[°] 이하로 할 것
④ 건설공사에 사용하는 높이 8[m] 이상인 비계다리에는 7[m] 이내마다 계단참을 설치할 것

해설 **가설통로의 설치기준**(안전보건규칙 제23조)
• 견고한 구조로 할 것
• 경사는 30[°] 이하로 할 것
• 경사는 15[°]를 초과하는 때에는 미끄러지지 아니하는 구조로 할 것
• 추락의 위험이 있는 장소에는 안전난간을 설치할 것
• 수직갱에 가설된 통로의 길이가 15[m] 이상인 때에는 10[m] 이내마다 계단참을 설치할 것
• 건설공사에 사용하는 높이 8[m] 이상인 비계다리에는 7[m] 이내마다 계단참을 설치할 것

110 터널 지보공을 조립하거나 변경하는 경우에 조치하여야 하는 사항으로 옳지 않은 것은?

① 목재의 터널 지보공은 그 터널 지보공의 각 부재에 작용하는 긴압정도를 체크하여 그 정도가 최대한 차이 나도록 한다.
② 강(鋼)아치 지보공의 조립은 연결볼트 및 띠장 등을 사용하여 주재 상호 간을 튼튼하게 연결할 것
③ 기둥에는 침하를 방지하기 위하여 받침목을 사용하는 등의 조치를 할 것
④ 주재(主材)를 구성하는 1세트의 부재는 동일 평면 내에 배치할 것

해설 ① 목재의 터널 지보공은 그 터널 지보공의 각 부재에 작용하는 긴압정도를 체크하여 그 정도가 균등하게 되도록 한다.

107 ④ 108 ③ 109 ② 110 ① **정답**

111 콘크리트 타설작업 시 안전에 대한 유의사항으로 옳지 않은 것은?

① 콘크리트를 치는 도중에는 지보공·거푸집 등의 이상 유무를 확인한다.
② 높은 곳으로부터 콘크리트를 타설할 때는 호퍼로 받아 거푸집 내에 꽂아 넣는 슈트를 통해서 부어 넣어야 한다.
③ 진동기를 가능한 한 많이 사용할수록 거푸집에 작용하는 측압상 안전하다.
④ 콘크리트를 한 곳에만 치우쳐서 타설하지 않도록 주의한다.

해설 ③ 진동기를 넣고 나서 뺄 때까지 시간은 보통 5~15초가 적당하며 많이 사용할수록 거푸집에 측압이 상승하여 도괴의 원인이 된다.

112 다음은 산업안전보건법령에 따른 달비계를 설치하는 경우에 준수해야 할 사항이다. (   )에 들어갈 내용으로 옳은 것은?

> 작업발판은 폭을 (   ) 이상으로 하고 틈새가 없도록 할 것

① 15[cm]
② 20[cm]
③ 40[cm]
④ 60[cm]

해설 작업발판은 폭을 40[cm] 이상으로 하고 틈새가 없도록 할 것

113 개착식 흙막이벽의 계측 내용에 해당되지 않는 것은?

① 경사측정
② 지하수위 측정
③ 변형률 측정
④ 내공변위 측정

해설 ④ 내공변위 측정은 터널의 개착관리에 해당한다.

114 강관틀비계를 조립하여 사용하는 경우 준수해야 하는 사항으로 옳지 않은 것은?

① 길이가 띠장 방향으로 4[m] 이하이고 높이가 10[m]를 초과하는 경우에는 10[m] 이내마다 띠장 방향으로 버팀기둥을 설치할 것
② 높이가 20[m]를 초과하거나 중량물의 적재를 수반하는 작업을 할 경우에는 주틀 간의 간격을 1.8[m] 이하로 할 것
③ 주틀 간에 교차 가새를 설치하고 최상층 및 10층 이내마다 수평재를 설치할 것
④ 수직방향으로 6[m], 수평방향으로 8[m] 이내마다 벽이음을 할 것

해설 ▶ 강관틀비계 조립·사용 시 준수사항(안전보건규칙 제62조)
• 비계기둥의 밑둥에는 밑받침 철물을 사용하여야 하며 밑받침에 고저차(高低差)가 있는 경우에는 조절형 밑받침철물을 사용하여 각각의 강관틀비계가 항상 수평 및 수직을 유지하도록 할 것
• 높이가 20[m]를 초과하거나 중량물의 적재를 수반하는 작업을 할 경우에는 주틀 간의 간격을 1.8[m] 이하로 할 것
• 주틀 간에 교차 가새를 설치하고 최상층 및 5층 이내마다 수평재를 설치할 것
• 수직방향으로 6[m], 수평방향으로 8[m] 이내마다 벽이음을 할 것
• 길이가 띠장 방향으로 4[m] 이하이고 높이가 10[m]를 초과하는 경우에는 10[m] 이내마다 띠장 방향으로 버팀기둥을 설치할 것

정답 111 ③ 112 ③ 113 ④ 114 ③

115 철골기둥, 빔 및 트러스 등의 철골구조물을 일체화 또는 지상에서 조립하는 이유로 가장 타당한 것은?

① 고소작업의 감소
② 화기사용의 감소
③ 구조체 강성 증가
④ 운반물량의 감소

해설 지상에서 조립하는 이유는 고소작업의 최소화를 위해서이다.

116 차량계 건설기계를 사용하여 작업할 때에 그 기계가 넘어지거나 굴러떨어짐으로써 근로자가 위험해질 우려가 있는 경우에 조치하여야 할 사항과 거리가 먼 것은?

① 갓길의 붕괴 방지
② 작업반경 유지
③ 지반의 부동침하 방지
④ 도로 폭의 유지

해설 ② 위험할 우려가 있기 때문에 작업반경 유지는 해당사항이 아니다.

117 유해위험방지계획서 제출 대상 공사로 볼 수 없는 것은?

① 지상높이가 31[m] 이상인 건축물의 건설공사
② 터널건설공사
③ 깊이 10[m] 이상인 굴착공사
④ 교량의 전체길이가 40[m] 이상인 교량공사

해설 ④ 최대 지간(支間)길이(다리의 기둥과 기둥의 중심 사이의 거리)가 50[m] 이상인 다리의 건설 등 공사(산업안전보건법 시행령 제42조 제3항)

118 건설업 산업안전보건관리비 계상 및 사용기준에 따른 안전관리비의 개인보호구 및 안전장구 구입비 항목에서 안전관리비로 사용이 가능한 경우는?

① 안전보건관리자가 선임되지 않은 현장에서 안전·보건업무를 담당하는 현장관계자용 무전기, 카메라, 컴퓨터, 프린터 등 업무용 기기
② 혹한·혹서에 장기간 노출로 인해 건강장해를 일으킬 우려가 있는 경우 특정 근로자에게 지급되는 기능성 보호 장구
③ 근로자에게 일률적으로 지급하는 보냉·보온 장구
④ 감리원이나 외부에서 방문하는 인사에게 지급하는 보호구

해설 ② 혹한·혹서에 장기간 노출로 인해 건강장해를 일으킬 우려가 있는 경우 특정 근로자에게 지급되는 기능성 보호 장구는 안전관리비로 사용이 가능하다.

119 지반에서 나타나는 보일링(boiling) 현상의 직접적인 원인으로 볼 수 있는 것은?

① 굴착부와 배면부의 지하수위의 수두차
② 굴착부와 배면부의 흙의 중량차
③ 굴착부와 배면부의 흙의 함수비차
④ 굴착부와 배면부의 흙의 토압차

해설 보일링은 지하수위가 높은 사질토에서 발생하며 지면의 액상화 현상, 굴착면과 배면토의 수두차에 의해 삼투압 현상이 발생하는 것

---

115 ①   116 ②   117 ④   118 ②   119 ①   **정답**

120 강풍이 불어올 때 타워크레인의 운전작업을 중지 하여야 하는 순간풍속의 기준으로 옳은 것은?

① 순간풍속이 초당 10[m] 초과

② 순간풍속이 초당 15[m] 초과

③ 순간풍속이 초당 25[m] 초과

④ 순간풍속이 초당 30[m] 초과

> **해설** 순간풍속이 초당 10[m]를 초과하는 경우 타워크레인의 설치·수리·점검 또는 해체 작업을 중지하여야 하며, 순간풍속이 초당 15[m]를 초과하는 경우에는 타워크레 인의 운전작업을 중지하여야 한다(안전보건규칙 제37조 제2항).

2018년 제 3 회 기출 복원문제

1과목 안전관리론

01 OJT(On Job Training)의 특징에 대한 설명으로 옳은 것은?

① 특별한 교재·교구·설비 등을 이용하는 것이 가능하다.

② 외부의 전문가를 위촉하여 전문교육을 실시할 수 있다.

③ 직장의 실정에 맞는 구체적이고 실제적인 지도 교육이 가능하다.

④ 다수의 근로자들에게 조직적 훈련이 가능하다.

> **해설** ▶ **OJT의 특징**
> • 직장의 현장 실정에 맞는 구체적이고 실질적인 교육이 가능하다.
> • 교육의 효과가 업무에 신속하게 반영된다.
> • 교육의 이해도가 빠르고 동기부여가 쉽다.

02 연간근로자수가 1000명인 공장의 도수율이 10인 경우 이 공장에서 연간 발생한 재해건수는 몇 건인가?

① 20건　　　　　② 22건

③ 24건　　　　　④ 26건

> **해설** ▶ **도수율** : 100만 근로시간당 재해발생 건수
>
> $$도수율 = \frac{재해건수}{연근로시간수} \times 1,000,000$$
>
> $$환산도수율 = 도수율 \div 10$$
>
> • 근로자 1인의 1년간 총 근로시간수 :
>   8시간 × 300일 = 2400시간

03 산업안전보건법령상 안전검사 대상 유해·위험 기계 등에 해당하는 것은?

① 정격 하중이 2[t] 미만인 크레인

② 이동식 국소 배기장치

③ 밀폐형 구조 롤러기

④ 산업용 원심기

> **해설** ▶ **안전검사 대상 기계·기구**
> 프레스, 전단기, 크레인(정격 하중이 2[t] 미만인 것 제외), 리프트, 압력용기, 곤돌라, 국소 배기장치(이동식 제외), 원심기(산업용), 롤러기(밀폐형 구조 제외), 사출 성형기, 고소작업대, 컨베이어, 산업용 로봇

04 안전교육 방법의 4단계의 순서로 옳은 것은?

① 도입 → 확인 → 적용 → 제시

② 도입 → 제시 → 적용 → 확인

③ 제시 → 도입 → 적용 → 확인

④ 제시 → 확인 → 도입 → 적용

> **해설** ▶ **안전교육 방법**
> • 제1단계 : 도입(준비) – 학습할 준비를 시킨다.
> • 제2단계 : 제시(설명) – 작업을 설명한다.
> • 제3단계 : 적용(응용) – 작업을 시켜본다.
> • 제4단계 : 확인(총괄, 평가) – 가르친 뒤 살펴본다.

05 관리 그리드 이론에서 인간관계 유지에는 낮은 관심을 보이지만 과업에 대해서는 높은 관심을 가지는 리더십의 유형은?

① 1,1형　　　　　② 1,9형

③ 9,1형　　　　　④ 9,9형

> **해설** 무관심(1,1)형, 인기(1,9)형, 과업(9,1)형, 타협(5,5)형

01 ③　02 ③　03 ④　04 ②　05 ③ **정답**

06 산업재해 기록 · 분류에 관한 지침에 따른 분류기준 중 다음의 ( ) 안에 알맞은 것은?

> 재해자가 넘어짐으로 인하여 기계의 동력 전달 부위 등에 끼이는 사고가 발생하여 신체부위가 절단되는 경우는 ( )으로 분류한다.

① 넘어짐   ② 끼임
③ 깔림   ④ 절단

해설 재해의 분류 시 기인물로 분류한다.

07 산업안전보건법령에 따라 사업주가 사업장에서 중대재해가 발생한 사실을 알게 된 경우 관할지방고용노동관서의 장에게 보고하여야 하는 시기로 옳은 것은? (단, 천재지변 등 부득이한 사유가 발생한 경우는 제외한다.)

① 지체 없이
② 12시간 이내
③ 24시간 이내
④ 48시간 이내

해설 산업재해가 발생한 날부터 1개월 이내에 지방고용노동관서에 산업재해 조사표를 제출하거나, 근로복지공단에 요양신청하여야 하며, 중대재해는 지체 없이 관할 지방고용노동관서에 보고토록 의무화하고 있다.

08 유기화합물용 방독마스크의 시험가스가 아닌 것은?

① 염소가스(Cl_2)
② 디메틸에테르(CH_3OCH_3)
③ 시클로헥산(C_6H_{12})
④ 이소부탄(C_4H_{10})

해설 ▶ 방독마스크의 시험가스
- **유기화합물용 시험가스** : 시클로헥산, 디메틸에테르, 이소부탄
- **할로겐용** : 염화가스 또는 증기
- **황하수소용** : 시안화수소가스
- **아황산용** : 아황산가스
- **암모니아용** : 암모니아가스

09 안전교육의 학습경험선정 원리에 해당되지 않는 것은?

① 계속성의 원리
② 가능성의 원리
③ 동기유발의 원리
④ 다목적 달성의 원리

해설 ▶ **학습경험선정의 원리** : 기회, 만족, 가능성, 다(多)경험, 다(多)성과, 행동의 원리
① 계속성의 원리는 학습경험 조직원리의 특성이다.

10 재해사례연구의 진행순서로 옳은 것은?

① 재해 상황 파악 → 사실의 확인 → 문제점 발견 → 근본적 문제점 결정 → 대책 수립
② 사실의 확인 → 재해 상황 파악 → 문제점 발견 → 근본적 문제점 결정 → 대책 수립
③ 재해 상황 파악 → 사실의 확인 → 근본적 문제점 결정 → 문제점 발견 → 대책 수립
④ 사실의 확인 → 재해 상황 파악 → 근본적 문제점 결정 → 문제점 발견 → 대책 수립

해설 ▶ **재해사례연구의 순서**
- **제0단계** : 재해상황 파악
- **제1단계** : 사실의 확인
- **제2단계** : 문제점 발견(작업표준 등을 근거)
- **제3단계** : 근본적인 문제점 결정(각 문제점마다 재해 요인의 인적 · 물적 · 관리적 원인 결정)
- **제4단계** : 대책수립

정답   06 ②   07 ①   08 ①   09 ①   10 ①

11 산업안전보건법령에 따른 특정행위의 지시 및 사실의 고지에 사용되는 안전보건표지의 색도기준으로 옳은 것은?

① 2.5G 4/10
② 2.5PB 4/10
③ 5Y 8.5/12
④ 7.5R 4/14

해설 ▶ 안전보건표지의 색도기준 및 용도

용도	색채	색도기준	사용례
금지	빨간색	7.5R 4/14	정지신호, 소화설비 및 그 장소, 유해행위의 금지
경고			화학물질 취급장소에서의 유해·위험 경고
경고	노란색	5Y 8.5/12	화학물질 취급장소에서의 유해·위험경고 이외의 위험경고, 주의표지 또는 기계방호물
지시	파란색	2.5PB 4/10	특정 행위의 지시 및 사실의 고지
안내	녹색	2.5G 4/10	비상구 및 피난소, 사람 또는 차량의 통행표지
	흰색	N9.5	파란색 또는 녹색에 대한 보조색
	검은색	N0.5	문자 및 빨간색 또는 노란색에 대한 보조색

12 부주의에 대한 사고방지대책 중 기능 및 작업측면의 대책이 아닌 것은?

① 작업표준의 습관화
② 적성배치
③ 안전의식의 제고
④ 작업조건의 개선

해설 ▶ 기능 및 작업측면의 사고방지대책

구분	원인	대책
외적 원인	• 작업, 환경조건 불량 • 작업순서 부적당 • 작업강도 • 기상조건	• 환경정비 • 작업순서 조절 • 작업량, 시간, 속도 등의 조절 • 온도, 습도 등의 조절
내적 원인	• 소질적 요인 • 의식의 우회 • 경험 부족 및 미숙련 • 피로도 • 정서불안정 등	• 적성배치 • 상담 • 교육 • 충분한 휴식 • 심리적 안정 및 치료

13 버드(Bird)의 신연쇄성 이론 중 재해발생의 근원적 원인에 해당하는 것은?

① 상해 발생
② 징후 발생
③ 접촉 발생
④ 관리의 부족

해설 ▶ 버드(Bird)의 재해발생의 근원적 원인
• 1단계 – 관리의 부족(관리의 부재, 통제부족)
• 2단계 – 기본원인(기원)
• 3단계 – 직업원인(징후) – 불안전한 행동, 불안전한 상태
• 4단계 – 사고
• 5단계 – 상해

14 브레인스토밍(Brain-storming) 기법의 4원칙에 관한 설명으로 옳은 것은?

① 주제와 관련이 없는 내용은 발표할 수 없다.
② 동료의 의견에 대하여 좋고 나쁨을 평가한다.
③ 발표 순서를 정하고, 동일한 발표기회를 부여한다.
④ 타인의 의견에 대하여는 수정하여 발표할 수 있다.

해설 ▶ 브레인스토밍 기법 4원칙
• 비평 금지
• 자유 분방
• 대량 발언
• 수정 발언

15 주의의 특성에 해당되지 않는 것은?

① 선택성
② 변동성
③ 가능성
④ 방향성

해설 ▶ 주의의 특성
• 변동성 : 주의는 장시간 지속될 수 없다.
• 선택성 : 주의는 한곳에만 집중할 수 있다.
• 방향성 : 주의 집중하는 곳 주변의 주의는 떨어진다.

11 ② 12 ③ 13 ④ 14 ④ 15 ③ 정답

16 집단에서의 인간관계 메커니즘(Mechanism)과 가장 거리가 먼 것은?

① 모방, 암시

② 분열, 강박

③ 동일화, 일체화

④ 커뮤니케이션, 공감

> **해설 ▶ 인간관계 메커니즘**
> - **투사**(Projection) : 자기 속에 억압된 것을 다른 사람의 것으로 생각하는 것
> - **암시**(Suggestion) : 다른 사람의 판단이나 행동을 그대로 수용하는 것
> - **커뮤니케이션**(Communication) : 갖가지 행동 양식이나 기호를 매개로 하여 어떤 사람으로부터 다른 사람에게 전달되는 과정
> - **모방**(Initation) : 남의 행동이나 판단을 기준으로 그에 가까운 행동을 함
> - **동일화**(Identification) : 다른 사람의 행동 양식이나 태도를 투입시키거나, 다른 사람 가운데서 자기와 비슷한 것을 발견하는 것

17 산업안전보건법령에 따른 안전보건관리규정에 포함되어야 할 세부 내용이 아닌 것은?

① 위험성 감소대책 수립 및 시행에 관한 사항

② 하도급 사업장에 대한 안전보건관리에 관한 사항

③ 질병자의 근로 금지 및 취업 제한 등에 관한 사항

④ 물질안전보건자료에 관한 사항

> **해설 ▶ 안전보건관리규정 세부 내용**
> - 안전보건관리규정 작성의 목적 및 적용 범위에 관한 사항
> - 사업주 및 근로자의 재해 예방 책임 및 의무 등에 관한 사항
> - 하도급 사업장에 대한 안전보건관리에 관한 사항

18 안전교육 중 프로그램 학습법의 장점이 아닌 것은?

① 학습자의 학습과정을 쉽게 알 수 있다.

② 여러 가지 수업 매체를 동시에 다양하게 활용할 수 있다.

③ 지능, 학습속도 등 개인차를 충분히 고려할 수 있다.

④ 매 반응마다 피드백이 주어지기 때문에 학습자가 흥미를 가질 수 있다.

> **해설** 프로그램이라고 하는 것은 일련의 경험을 통하여 학습자를 프로그램 작성자가 의도하고 있는 목적, 즉 학습자가 달성해야 할 학습목표를 점진적으로 접근하게 하는 하나의 교육방안이라고 할 수 있다. 자극-반응-강화의 순환은 모든 프로그램이 완전히 끝날 때까지 반복된다. 소단계(small step), 외재적 반응, 결과에 대한 즉각적인 지식 및 자신의 속도(self-pace)로 진행할 수 있는 점은 프로그램 학습의 주요 특징들이라고 할 수 있다.

19 산업안전보건법령에 따른 근로자 안전보건교육 중 근로자 정기 안전보건교육의 교육내용에 해당하지 않는 것은? (단, 산업안전보건법 및 일반관리에 관한 사항은 제외한다.)

① 건강증진 및 질병 예방에 관한 사항

② 산업보건 및 직업병 예방에 관한 사항

③ 유해·위험 작업환경 관리에 관한 사항

④ 작업공정의 유해·위험과 재해 예방대책에 관한 사항

> **해설 ▶ 근로자 정기 안전보건교육**
> - 산업안전 및 사고 예방에 관한 사항
> - 산업보건 및 직업병 예방에 관한 사항
> - 건강증진 및 질병 예방에 관한 사항
> - 유해·위험 작업환경 관리에 관한 사항
> - 산업안전보건법령 및 산업재해보상보험 제도에 관한 사항
> - 직무스트레스 예방 및 관리에 관한 사항
> - 직장 내 괴롭힘, 고객의 폭언 등으로 인한 건강장해 예방 및 관리에 관한 사항

20 최대사용전압이 교류(실횻값) 500[V] 또는 직류 750[V]인 내전압용 절연장갑의 등급은?

① 00

② 0

③ 1

④ 2

해설

등급	최대사용전압		색상
	교류[V], 실횻값	직류([V])	
00등급	500	750	갈색
0등급	1000	1500	빨간색
1등급	7500	11250	흰색
2등급	17000	25500	노란색
3등급	26500	39750	녹색
4등급	36000	54000	등색

2과목 인간공학 및 시스템안전공학

21 소음 발생에 있어 음원에 대한 대책으로 볼 수 없는 것은?

① 설비의 격리

② 적절한 재배치

③ 저소음 설비 사용

④ 귀마개 및 귀덮개 사용

해설 ④ 귀마개 및 귀덮개 사용은 소음발생 시 근로자에 대한 대책이다.

22 인간공학적 의자 설계의 원리로 가장 적합하지 않은 것은?

① 자세고정을 줄인다.

② 요부측만을 촉진한다.

③ 디스크 압력을 줄인다.

④ 등근육의 정적 부하를 줄인다.

해설 ◉ 인간공학적 의자 설계 원리
- 등받이의 굴곡은 요추의 굴곡과 일치해야 한다.
- 좌면의 높이는 사람의 신장에 따라 조절 가능해야 한다.
- 정적인 부하와 고정된 작업자세를 피해야 한다.
- 의자의 높이는 오금의 높이보다 같거나 낮아야 한다.

23 FTA에서 사용되는 논리게이트 중 입력과 반대되는 현상으로 출력되는 것은?

① 부정 게이트

② 억제 게이트

③ 배타적 OR 게이트

④ 우선적 AND 게이트

해설 ② **억제게이트** : 수정기호를 병용해서 게이트 역할, 입력이 게이트 조건에 만족 시 발생한다.
③ **배타적 OR게이트** : OR게이트인데 2개 또는 그 이상의 입력이 존재하는 경우에는 출력이 발생하지 않는다.
④ **우선적 AND게이트** : 입력사상 중 어떤 사상이 다른 사상보다 앞에 일어났을 때 출력 사상이 발생한다.

24 다음 그림에서 시스템 위험분석 기법 중 PHA(예비위험분석)가 실행되는 사이클의 영역으로 맞는 것은?

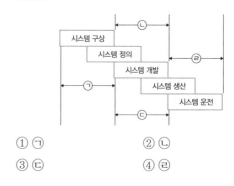

① ㉠

② ㉡

③ ㉢

④ ㉣

해설 ㉠ PHA : 예비위험분석

25 인간과 기계의 신뢰도가 인간 0.40, 기계 0.95인 경우, 병렬작업 시 전체 신뢰도는?

① 0.89

② 0.92

③ 0.95

④ 0.97

해설 신뢰도 $= 1-(1-0.40)\times(1-0.95)$
$= 0.97$

21 ④ 22 ② 23 ① 24 ① 25 ④ 정답

26 인간의 귀의 구조에 대한 설명으로 틀린 것은?

① 외이는 귓바퀴와 외이도로 구성된다.

② 고막은 중이와 내이의 경계부위에 위치해 있으며 음파를 진동으로 바꾼다.

③ 중이에는 인두와 교통하여 고실 내압을 조절하는 유스타키오관이 존재한다.

④ 내이는 신체의 평형감각수용기인 반규관과 청각을 담당하는 전정기관 및 와우로 구성되어 있다.

해설 ② 고막은 외이와 중이의 경계에 위치하는 얇고 투명한 두께 0.1[mm]의 막이며, 외이로부터 전달된 음파에 진동이 되어 내이로 전달시키는 역할을 한다.

27 FTA를 수행함에 있어 기본사상들의 발생이 서로 독립인가 아닌가의 여부를 파악하기 위해서는 어느 값을 계산해 보는 것이 가장 적합한가?

① 공분산

② 분산

③ 고장률

④ 발생확률

해설 FTA 수행 시 기본사상 간의 독립 여부는 공분산으로 판단

28 산업안전보건법령에 따라 제출된 유해·위험방지계획서의 심사 결과에 따른 구분·판정결과에 해당하지 않는 것은?

① 적정

② 일부 적정

③ 부적정

④ 조건부 적정

해설 적정, 부적정, 조건부 적정으로 평가

29 일반적으로 기계가 인간보다 우월한 기능에 해당되는 것은? (단, 인공지능은 제외한다.)

① 귀납적으로 추리한다.

② 원칙을 적용하여 다양한 문제를 해결한다.

③ 다양한 경험을 토대로 하여 의사 결정을 한다.

④ 명시된 절차에 따라 신속하고, 정량적인 정보처리를 한다.

해설 ▶ 인간·기계의 기능 비교

구분	인간이 기계보다 우수한 기능	기계가 인간보다 우수한 기능
감지 기능	• 저에너지 자극감시 • 복잡 다양한 자극형태 식별 • 예기치 못한 사건 감지	• 인간의 정상적 감지 범위 밖의 자극감지 • 인간 및 기계에 대한 모니터 기능 • 드물게 발생하는 사상 감지
정보 저장	• 많은 양의 정보를 장시간 보관	• 암호화된 정보를 신속하게 대량보관
정보 처리 및 결심	• 관찰을 통해 일반화 • 귀납적 추리 • 원칙 적용 • 다양한 문제해결 (정상적)	• 연역적 추리 • 정량적 정보처리
행동 기능	• 과부하 상태에서는 중요한 일에 전념	• 과부하 상태에서도 효율적 작용 • 장시간 중량 작업 • 반복작업, 동시에 여러 가지 작업 가능

30 섬유유연제 생산 공정이 복잡하게 연결되어 있어 작업자의 불안전한 행동을 유발하는 상황이 발생하고 있다. 이것을 해결하기 위한 위험처리 기술에 해당하지 않는 것은?

① Transfer(위험전가)

② Retention(위험보류)

③ Reduction(위험감축)

④ Rearrange(작업순서의 변경 및 재배열)

정답 26 ② 27 ① 28 ② 29 ④ 30 ④

해설 ▶ **위험(RISK) 통제방법**(조정기술)
- 회피(Avoidance)
- 경감, 감축(Reduction)
- 보류(Retention)
- 전가(Transfer)

31 다음 그림의 결함수에서 최소 패스셋(minmal path sets)과 그 신뢰도 $R[t]$는? (단, 각각의 부품 신뢰도 는 0.9이다.)

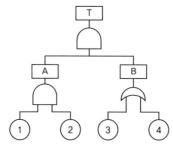

① 최소 패스셋 : {1}, {2}, {3, 4}
$R(t) = 0.9081$
② 최소 패스셋 : {1}, {2}, {3, 4}
$R(t) = 0.9981$
③ 최소 패스셋 : {1, 2, 3}, {1, 2, 4}
$R(t) = 0.9081$
④ 최소 패스셋 : {1, 2, 3}, {1, 2, 4}
$R(t) = 0.9981$

해설
$$A = \begin{matrix}(1)\\(2)\\(AND)\end{matrix} \quad B = \begin{matrix}(3, 4)\\(OR)\end{matrix}$$
$T = A \cdot B = (1), (2), (3, 4) = $ 최소 패스셋
고장확률 $= 0.1 \times 0.1 \times [1-(1-0.1) \times (1-0.1)]$
신뢰도 $R(t) = 1 - $ 고장확률
$1 - 1.9 \times 10^{-3} = 0.9981$

32 3개 공정의 소음수준 측정 결과 1공정은 100[dB] 에서 1시간, 2공정은 95[dB]에서 1시간, 3공정은 90[dB]에서 1시간이 소요될 때 총 소음량(TND) 과 소음설계의 적합성을 맞게 나열한 것은? (단, 90[dB]에 8시간 노출될 때를 허용기준으로 하며, 5[dB] 증가할 때 허용시간은 1/2로 감소되는 법칙 을 적용한다.)

① TND = 0.785, 적합
② TND = 0.875, 적합
③ TND = 0.985, 적합
④ TND = 1.085, 부적합

해설 90[dB]에 8시간 노출될 때를 허용기준으로 하고 5[dB] 증가할 때마다 허용시간은 1/2로 감소한다.
$$소음량 = \frac{실제노출시간}{최대허용시간}$$
$$총소음량 = \frac{1}{2} + \frac{1}{4} + \frac{1}{8} = 0.875,$$
1보다 작아야 적합하다.

33 인간공학에 있어 기본적인 가정에 관한 설명으로 틀린 것은?

① 인간 기능의 효율은 인간 – 기계 시스템의 효율 과 연계된다.
② 인간에게 적절한 동기부여가 된다면 좀 더 나은 성과를 얻게 된다.
③ 개인이 시스템에서 효과적으로 기능을 하지 못 하여도 시스템의 수행도는 변함없다.
④ 장비, 물건, 환경 특성이 인간의 수행도와 인간 – 기계 시스템의 성과에 영향을 준다.

해설 ③ 인간의 신체적 심리적 능력 한계를 고려하여 인간에 게 적절한 형태로 작업을 맞추는 것으로 개인이 시스 템에서 효과적으로 기능을 하지 못하면 시스템의 수 행도는 낮아진다.

34 안전성 평가의 기본원칙 6단계에 해당되지 않는 것은?

① 안전대책
② 정성적 평가
③ 작업환경 평가
④ 관계 자료의 정비검토

> **해설** ▶ **안전성 평가의 기본원칙 6단계** : 관계자료의 정비 검토 → 정성적 평가 → 정량적 평가 → 안전대책 수립 → 재해정보평가 → FTA에 의한 재평가

35 다음 내용의 (　　) 안에 들어갈 내용을 순서대로 정리한 것은?

> 근섬유의 수축단위는 (A)(이)라 하는데, 이것은 두 가지 기본형의 단백질 필라멘트로 구성되어 있으며, (B)이(가) (C) 사이로 미끄러져 들어가는 현상으로 근육의 수축을 설명하기도 한다.

① A : 근막, B : 마이오신, C : 액틴
② A : 근막, B : 액틴, C : 마이오신
③ A : 근원섬유, B : 근막, C : 근섬유
④ A : 근원섬유, B : 액틴, C : 마이오신

> **해설** 근육은 자극을 받으면 수축하고 수축은 근육의 유일한 활동으로 근육의 길이가 단축된다. 근육이 수축할 때 짧아지는 것은 미오신 필라멘트 속으로 액틴 필라멘트가 미끄러져 들어간 결과이다. 근섬유의 수축단위는 근원섬유이다.

36 고용노동부 고시의 근골격계부담작업의 범위에서 근골격계부담작업에 대한 설명으로 틀린 것은?

① 하루에 10회 이상 25[kg] 이상의 물체를 드는 작업
② 하루에 총 2시간 이상 쪼그리고 앉거나 무릎을 굽힌 자세에서 이루어지는 작업
③ 하루에 총 2시간 이상 집중적으로 자료입력 등을 위해 키보드 또는 마우스를 조작하는 작업
④ 하루에 총 2시간 이상 지지되지 않은 상태에서 4.5[kg] 이상의 물건을 한 손으로 들거나 동일한 힘으로 쥐는 작업

> **해설** ▶ **근골격계부담작업**
> • 하루에 4시간 이상 집중적으로 자료입력 등을 위해 키보드 또는 마우스를 조작하는 작업
> • 하루에 총 2시간 이상 목, 어깨, 팔꿈치, 손목 또는 손을 사용하여 같은 동작을 반복하는 작업
> • 하루에 총 2시간 이상 머리 위에 손이 있거나, 팔꿈치가 어깨 위에 있거나, 팔꿈치를 몸통으로부터 들거나, 팔꿈치를 몸통 뒤쪽에 위치하도록 하는 상태에서 이루어지는 작업
> • 지지되지 않은 상태이거나 임의로 자세를 바꿀 수 없는 조건에서, 하루에 총 2시간 이상 목이나 허리를 구부리거나 트는 상태에서 이루어지는 작업
> • 하루에 총 2시간 이상 쪼그리고 앉거나 무릎을 굽힌 자세에서 이루어지는 작업
> • 하루에 총 2시간 이상 지지되지 않은 상태에서 1[kg] 이상의 물건을 한 손의 손가락으로 집어 옮기거나, 2[kg] 이상에 상응하는 힘을 가하여 한 손의 손가락으로 물건을 쥐는 작업
> • 하루에 총 2시간 이상 지지되지 않은 상태에서 4.5[kg] 이상의 물건을 한 손으로 들거나 동일한 힘으로 쥐는 작업
> • 하루에 10회 이상 25[kg] 이상의 물체를 드는 작업
> • 하루에 25회 이상 10[kg] 이상의 물체를 무릎 아래에서 들거나, 어깨 위에서 들거나, 팔을 뻗은 상태에서 드는 작업
> • 하루에 총 2시간 이상 분당 2회 이상 4.5[kg] 이상의 물체를 드는 작업
> • 하루에 총 2시간 이상 시간당 10회 이상 손 또는 무릎을 사용하여 반복적으로 충격을 가하는 작업

37 양립성(compatibility)에 대한 설명 중 틀린 것은?

① 개념양립성, 운동양립성, 공간양립성 등이 있다.

② 인간의 기대에 맞는 자극과 반응의 관계를 의미한다.

③ 양립성의 효과가 크면 클수록, 코딩의 시간이나 반응의 시간은 길어진다.

④ 양립성이 인간의 예상과 어느 정도 일치하는 것을 의미한다.

해설 자극과 반응의 관계가 인간의 기대와 모순되지 않는 성질로 개념양립성, 운동양립성, 공간양립성 등이 있다.

38 정보처리과정에서 부적절한 분석이나 의사결정의 오류에 의하여 발생하는 행동은?

① 규칙에 기초한 행동(rule-based behavior)

② 기능에 기초한 행동(skill-based behavior)

③ 지식에 기초한 행동(knowledge-based behavior)

④ 무의식에 기초한 행동(unconsciousness-based behavior)

해설 ③ 지식에 기초한 행동오류는 정보처리과정에서 부적절한 분석이나 의사결정이 원인이다.

39 욕조곡선의 설명으로 맞는 것은?

① 마모고장 기간의 고장 형태는 감소형이다.

② 디버깅(Debugging) 기간은 마모고장에 나타난다.

③ 부식 또는 산화로 인하여 초기고장이 일어난다.

④ 우발고장기간은 고장률이 비교적 낮고 일정한 현상이 나타난다.

해설
• **초기고장** : 감소형(debugging 기간, burning 기간)
  ※ debugging 기간 : 인간시스템의 신뢰도에서 결함을 찾아내 고장률을 안정시키는 기간
• **우발고장** : 일정형
  우발고장의 기간은 고장률이 비교적 낮고 일정한 현상이 나타나는데 이것을 욕조곡선이라 한다.
• **마모고장** : 증가형

40 시력에 대한 설명으로 맞는 것은?

① 배열시력(vernier acuity) – 배경과 구별하여 탐지할 수 있는 최소의 점

② 동적시력(dynamic visual acuity) – 비슷한 두 물체가 다른 거리에 있다고 느껴지는 시차각의 최소차로 측정되는 시력

③ 입체시력(stereoscopic acuity) – 거리가 있는 한 물체에 대한 약간 다른 상이 두 눈의 망막에 맺힐 때 이것을 구별하는 능력

④ 최소지각시력(minimum perceptible acuity) – 하나의 수직선이 중간에서 끊겨 아래 부분이 옆으로 옮겨진 경우에 탐지할 수 있는 최소 측변 방위

해설
③ **입체시력** : 거리가 있는 한 물체와 거리가 약간 다른 상에 대해 원근을 파악하는 능력으로 거리가 다른 두 상의 거리 차이를 구별하는 능력
① **배열시력** : 둘 혹은 그 이상의 물체들을 평면에 배열하여 놓고 그것이 일렬로 서 있는지 판별하는 시력
② **동적시력** : 움직이는 물체를 정확하고 빠르게 인지하는 능력
④ **최소지각시력** : 한 점을 분간하는 능력

3과목 기계위험방지기술

41 롤러의 가드 설치방법 중 안전한 작업공간에서 사고를 일으키는 공간함정(trap)을 막기 위해 확보해야 할 신체 부위별 최소 틈새가 바르게 짝지어진 것은?

① 다리 : 240[mm]　　② 발 : 180[mm]

③ 손목 : 150[mm]　　④ 손가락 : 25[mm]

> **해설** 몸 : 500[mm]
> 다리 : 180[mm]
> 발, 팔 : 120[mm]
> 손목 : 100[mm]
> 손가락 : 25[mm]

42 지게차가 부하상태에서 수평거리가 12[m]이고, 수직높이가 1.5[m]인 오르막길을 주행할 때 이 지게차의 전후 안정도와 지게차 안정도 기준의 전후 안정도와 지게차 안정도 기준의 만족 여부로 옳은 것은?

① 지게차 전후 안정도는 12.5[%]이고 안정도 기준을 만족하지 못한다.

② 지게차 전후 안정도는 12.5[%]이고 안정도 기준을 만족한다.

③ 지게차 전후 안정도는 25[%]이고 안정도 기준을 만족하지 못한다.

④ 지게차 전후 안정도는 25[%]이고 안정도 기준을 만족한다.

> **해설** 경사도 $= \dfrac{\text{수직높이}}{\text{수평거리}} \times 100[\%]$
>
> 경사도 $= \dfrac{1.5}{12} \times 100 = 12.5[\%]$
>
> 주행 시의 전후 안정도는 18[%] 이내이므로 만족

43 사출성형기에서 동력작동 시 금형고정장치의 안전사항에 대한 설명으로 옳지 않은 것은?

① 금형 또는 부품의 낙하를 방지하기 위해 기계적 억제장치를 추가하거나 자체 고정장치(self retain clamping unit) 등을 설치해야 한다.

② 자석식 금형 고정장치는 상·하(좌·우) 금형의 정확한 위치가 자동적으로 모니터(monitor)되어야 한다.

③ 상·하(좌·우)의 두 금형 중 어느 하나가 위치를 이탈하는 경우 플레이트를 작동시켜야 한다.

④ 전자석 금형 고정장치를 사용하는 경우에는 전자기파에 의한 영향을 받지 않도록 전자파 내성 대책을 고려해야 한다.

> **해설** ③ 상·하(좌·우)의 두 금형 중 어느 하나가 위치를 이탈하는 경우 플레이트를 작동시키면 안 된다.

44 인장강도가 250[N/mm²]인 강판의 안전율이 4라면 이 강판의 허용응력[N/mm²]은 얼마인가?

① 42.5　　　　　② 62.5

③ 82.5　　　　　④ 102.5

> **해설** 안전율 $= \dfrac{\text{인장강도}}{\text{허용응력}}$
>
> $\dfrac{250}{4} = 62.5$

정답 **41** ④　**42** ②　**43** ③　**44** ②

45 다음 설명 중 ( ) 안에 알맞은 내용은?

> 롤러기의 급정지장치는 롤러를 무부하로 회전시
> 킨 상태에서 앞면 롤러의 표면속도가 30[m/min]
> 미만일 때에는 급정지거리가 앞면 롤러 원주의
> ( ) 이내에서 롤러를 정지시킬 수 있는 성능
> 을 보유하여야 한다.

① 1/2   ② 1/4
③ 1/3   ④ 1/2.5

해설   앞면 롤러의 표면속도가 30[m/min] 미만 : 원주의 1/3
앞면 롤러의 표면속도가 30[m/min] 이상 : 원주의 1/2.5

46 크레인의 로프에 질량 100[kg]인 물체를 5[m/s²]의 가속도로 감아올릴 때, 로프에 걸리는 하중은 약 몇 [N]인가?

① 500[N]   ② 1480[N]
③ 2540[N]   ④ 4900[N]

해설   힘 = 질량×가속도
= 질량×(끌어올리는 가속도+중력가속도)
= 100×(5+9.81) = 1480[N]

47 침투탐상검사에서 일반적인 작업 순서로 옳은 것은?

① 전처리 → 침투처리 → 세척처리 → 현상처리 →
 관찰 → 후처리
② 전처리 → 세척처리 → 침투처리 → 현상처리 →
 관찰 → 후처리
③ 전처리 → 현상처리 → 침투처리 → 세척처리 →
 관찰 → 후처리
④ 전처리 → 침투처리 → 현상처리 → 세척처리 →
 관찰 → 후처리

해설

전처리	→	침투	→	세척	→	현상
↑		↑		↑		↑
유분이나 불순물 등 세척제로 제거		건조 후 적색 침투액 도포		마른걸레나 세척제로 침투액 제거		백색현상에 도포

48 연삭기 덮개의 개구부 각도가 그림과 같이 150[°] 이하여야 하는 연삭기의 종류로 옳은 것은?

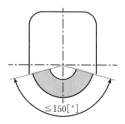

① 센터리스 연삭기
② 탁상용 연삭기
③ 내면 연삭기
④ 평면 연삭기

해설

구분	노출 각도
탁상용 연삭기	90[°]
휴대용 연삭기, 스윙연삭기, 스라브연삭기	180[°]
연삭숫돌의 상부를 사용하는 것을 목적으로 하는 연삭기	60[°]
절단 및 평면 연삭기	150[°]

49 다음 중 선반에서 사용하는 바이트와 관련된 방호장치는?

① 심압대   ② 터릿
③ 칩 브레이커   ④ 주축대

해설 ▶ **칩 브레이커** : 공작물이 튀어 오르지 않도록 대패 몸통 바로 앞에서 공작물을 누름과 동시에 절삭 부스러기를 외부로 유도하는 장치를 말한다. 바이트 경사면에 붙여 사용하며, 선반 작업 시 길어진 칩의 절단이 쉽게 하는 것이다.

해설 ▶ **초음파 탐상검사** : 높은 주파수(보통 1~5[MHz] = 100만[Hz]~50만[Hz])의 음파, 즉 초음파의 펄스(pulse)를 탐촉자로부터 시험체에 투입시켜 내부 결함을 반사에 의해 탐촉자에 수신되는 현상을 이용하여, 결함의 소재나 결함의 위치 및 크기를 비파괴적으로 알아내는 방법으로써 결함 탐상 이외에 기계가공에서 초음파 구멍 뚫기, 초음파 절단, 초음파 용접 작업 등에 사용되고 있다.

50 프레스기를 사용하여 작업을 할 때 작업시작 전 점검사항으로 틀린 것은?

① 클러치 및 브레이크의 기능
② 압력방출장치의 기능
③ 크랭크축·플라이휠·슬라이드·연결봉 및 연결나사의 풀림유무
④ 금형 및 고정 볼트의 상태

해설 ▶ **프레스 작업 전 점검사항**
- 클러치 및 브레이크의 기능
- 크랭크축·플라이휠·슬라이드·연결봉 및 연결 나사의 풀림 여부
- 1행정 1정지기구·급정지장치 및 비상정지장치의 기능
- 슬라이드 또는 칼날에 의한 위험방지 기구의 기능
- 프레스의 금형 및 고정볼트 상태
- 방호장치의 기능
- 전단기(剪斷機)의 칼날 및 테이블의 상태

52 다음은 프레스 제작 및 안전기준에 따라 높이 2[m] 이상인 작업용 발판의 설치기준을 설명한 것이다. ( ) 안에 알맞은 말은?

> [안전난간 설치기준]
> • 상부 난간대는 바닥면으로부터 (가) 이상 120[cm] 이하에 설치하고, 중간 난간대는 상부 난간대와 바닥면 등의 중간에 설치할 것
> • 발끝막이판은 바닥면 등으로부터 (나) 이상의 높이를 유지할 것

① 가 : 90[cm], 나 : 10[cm]
② 가 : 60[cm], 나 : 10[cm]
③ 가 : 90[cm], 나 : 20[cm]
④ 가 : 60[cm], 나 : 20[cm]

해설 • 상부 난간대는 바닥면 발판 또는 경사로의 표면으로부터 90[cm] 이상 지점에 설치하고, 상부 난간대를 120[cm] 이하에 설치하는 경우에 중간 난간대는 상부 난간대와 바닥면 등의 중간에 설치한다.
• 발끝막이판은 바닥면 등으로부터 10[cm] 이상의 높이를 유지할 것

51 다음 중 기계 설비에서 재료 내부의 균열결함을 확인할 수 있는 가장 적절한 검사 방법은?

① 육안검사
② 초음파탐상검사
③ 피로검사
④ 액체침투탐상검사

정답 50 ② 51 ② 52 ①

53 다음 중 산업안전보건법령상 보일러 및 압력용기에 관한 사항으로 틀린 것은?

① 공정안전보고서 제출 대상으로서 이행상태 평가결과가 우수한 사업장의 경우 보일러의 압력방출장치에 대하여 8년에 1회 이상으로 설정압력에서 압력방출장치가 적정하게 작동하는지를 검사할 수 있다.

② 보일러의 안전한 가동을 위하여 보일러 규격에 맞는 압력방출장치를 1개 이상 설치하고 최고사용압력 이하에서 작동되도록 하여야 한다.

③ 보일러의 과열을 방지하기 위하여 최고사용압력과 상용 압력 사이에서 보일러의 버너 연소를 차단할 수 있도록 압력제한스위치를 부착하여 사용하여야 한다.

④ 압력용기에서는 이를 식별할 수 있도록 하기 위하여 그 압력용기의 최고사용압력, 제조연월일, 제조회사명이 지워지지 않도록 각인(刻印) 표시된 것을 사용하여야 한다.

해설 ① 압력방출장치는 1년에 1회 이상(공정안전관리 이행수준 평가결과가 우수한 사업장은 4년에 1회 이상) 토출압력 시험 후 납으로 봉인(안전보건규칙 제116조 제2항)
② 보일러 규격에 적합한 압력방출장치를 최고사용압력 이하에서 작동되도록 1개 또는 2개 이상 설치, 2개 이상 설치된 경우 최고사용압력 이하에서 1개가 작동되고, 다른 압력방출장치는 최고사용압력 1.05배 이하에서 작동되도록 부착(안전보건규칙 제116조 제1항)
③ 보일러의 과열을 방지하기 위하여 압력제한스위치를 부착하여 사용(안전보건규칙 제117조)
④ 압력용기 등을 식별할 수 있도록 하기 위하여 최고사용압력, 제조연월일, 제조회사명 등이 지워지지 않도록 각인 표시된 것을 사용(안전보건규칙 제120조)

54 목재가공용 둥근톱 기계에서 가동식 접촉예방장치에 대한 요건으로 옳지 않은 것은?

① 덮개의 하단이 송급되는 가공재의 상면에 항상 접하는 방식의 것이고 절단작업을 하고 있지 않을 때에는 톱날에 접촉되는 것을 방지할 수 있어야 한다.

② 절단작업 중 가공재의 절단에 필요한 날 이외의 부분을 항상 자동적으로 덮을 수 있는 구조여야 한다.

③ 지지부는 덮개의 위치를 조정할 수 있고 체결볼트에는 이완방지조치를 해야 한다.

④ 톱날이 보이지 않게 완전히 가려진 구조이어야 한다.

해설 ④ 톱날이 가려진 부분적으로 보이는 구조이어야 한다.

55 다음 중 기계설비에서 반대로 회전하는 두 개의 회전체가 맞닿는 사이에 발생하는 위험점을 무엇이라 하는가?

① 물림점(nip point)
② 협착점(squeeze pint)
③ 접선물림점(tangential point)
④ 회전말림점(trapping point)

해설 ② **협착점**(Squeeze point) : 왕복운동을 하는 동작부분과 움직임이 없는 고정 부분 사이에서 형성되는 위험점으로 사업장의 기계설비에서 많이 볼 수 있다.
예 프레스기, 전단기, 성형기, 굽힘기계(bending machine) 등
③ **접선물림점**(Tangential Nip point) : 회전하는 부분의 접선방향으로 물려 들어갈 위험이 존재하는 점이다.
예 벨트와 풀리, 체인과 스프로킷, 랙과 피니언 등
④ **회전말림점**(Trapping point) : 회전하는 물체에 작업복, 머리카락 등이 말려드는 위험이 존재하는 점이다.
예 회전하는 축, 커플링, 돌출된 키나 고정나사, 회전하는 공구 등

56 어떤 양중기에서 3000[kg]의 질량을 가진 물체를 한쪽이 45[°]인 각도로 그림과 같이 2개의 와이어로프로 직접 들어올릴 때, 안전율이 고려된 가장 적절한 와이어로프 지름을 표에서 구하면? (단, 안전율은 산업안전보건법령을 따르고, 두 와이어로프의 지름은 동일하며, 기준을 만족하는 가장 작은 지름을 선정한다.)

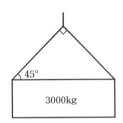

[와이어로프 지름 및 절단강도]

와이어로프 지름[mm]	절단강도[kN]
10	56[kN]
12	88[kN]
14	110[kN]
16	144[kN]

① 10[mm]

② 12[mm]

③ 14[mm]

④ 16[mm]

해설 ◑ 2줄걸이 장력

$$\frac{3000 \times 9.81}{2 \times \cos\left(\dfrac{90°}{2}\right)} = 2121[N]$$

권상용 와이어로프의 안전율 5를 곱하면
$2121[N] \times 5 = 10605[N] = 106[kN]$
절단강도 106[kN]는 110과 제일 가까워 110[kN]으로 함.

57 다음 중 금형 설치·해체작업의 일반적인 안전사항으로 틀린 것은?

① 금형을 설치하는 프레스의 T홈 안길이는 설치볼트 직경 이하로 한다.

② 금형의 설치용구는 프레스의 구조에 적합한 형태로 한다.

③ 고정볼트는 고정 후 가능하면 나사산이 3~4개 정도 짧게 남겨 슬라이드 면과의 사이에 협착이 발생하지 않도록 해야 한다.

④ 금형 고정용 브래킷(물림판)을 고정시킬 때 고정용 브래킷은 수평이 되게 하고, 고정볼트는 수직이 되게 고정하여야 한다.

해설 ① 금형을 설치하는 프레스의 T홈 안길이는 설치 볼트 직경의 2배 이상으로 한다.

58 휴대용 동력드릴의 사용 시 주의해야 할 사항에 대한 설명으로 옳지 않은 것은?

① 드릴 작업 시 과도한 진동을 일으키면 즉시 작업을 중단한다.

② 드릴이나 리머를 고정하거나 제거할 때는 금속성 망치 등을 사용한다.

③ 절삭하기 위하여 구멍에 드릴날을 넣거나 뺄 때는 팔을 드릴과 직선이 되도록 한다.

④ 작업 중에는 드릴을 구멍에 맞추거나 하기 위해서 드릴 날을 손으로 잡아서는 안 된다.

해설 ② 드릴이나 리머를 고정하거나 제거할 때는 고무 망치 등을 사용한다.

정답 56 ③　57 ①　58 ②

59 방호장치를 분류할 때는 크게 위험장소에 대한 방호장치와 위험원에 대한 방호장치로 구분할 수 있는데, 다음 중 위험장소에 대한 방호장치가 아닌 것은?

① 격리형 방호장치

② 접근거부형 방호장치

③ 접근반응형 방호장치

④ 포집형 방호장치

해설 ④ 포집형 방호장치는 위험원에 대한 방호장치이다.

60 다음 ( ) 안의 A와 B의 내용을 옳게 나타낸 것은?

> 아세틸렌용접장치의 관리상 발생기에서 (A)[m] 이내 또는 발생기실에서 (B)[m] 이내의 장소에서는 흡연, 화기의 사용 또는 불꽃이 발생할 위험한 행위를 금지해야 한다.

① A : 7, B : 5

② A : 3, B : 1

③ A : 5, B : 5

④ A : 5, B : 3

해설 발생기에서 5[m] 이내 또는 발생기실에서 3[m] 이내의 장소에서는 흡연, 화기의 사용 또는 불꽃이 발생할 위험한 행위를 금지시킬 것

4과목 **전기위험방지기술**

61 감전쇼크에 의해 호흡이 정지되었을 경우 일반적으로 약 몇 분 이내에 응급처치를 개시하면 95[%] 정도를 소생시킬 수 있는가?

① 1분 이내

② 3분 이내

③ 5분 이내

④ 7분 이내

해설 • 1분 이내 : 95~97[%]
• 2분 이내 : 85~90[%]
• 3분 이내 : 75[%]
• 4분 이내 : 50[%]
• 5분 경과 : 25[%]

62 다음 중 방폭구조의 종류가 아닌 것은?

① 본질안전 방폭구조

② 고압 방폭구조

③ 압력 방폭구조

④ 내압 방폭구조

해설 ② 고압방폭구조는 없다.

63 전선의 절연 피복이 손상되어 동선이 서로 직접 접촉한 경우를 무엇이라 하는가?

① 절연

② 누전

③ 접지

④ 단락

해설 ▶ **단락** : 전선의 두 부분이 어떠한 이유 때문에 저항이 적거나 없는 상태에서 접촉하는 것으로, 즉 합선이다.

64 이상적인 피뢰기가 가져야 할 성능으로 틀린 것은?

① 제한전압이 낮을 것

② 방전개시전압이 낮을 것

③ 뇌전류 방전능력이 적을 것

④ 속류차단을 확실하게 할 수 있을 것

해설 ▶ **피뢰기의 성능**
• 충격방전 개시전압이 낮을 것
• 제한전압이 낮을 것
• 반복동작이 가능할 것
• 구조가 견고하고 특성이 변화하지 않은 것
• 점검, 보수가 간단할 것
• 뇌전류에 대한 방전능력이 클 것
• 속류의 차단이 확실할 것

---

59 ④ 60 ④ 61 ① 62 ② 63 ④ 64 ③   **정답**

65 인체의 전기저항이 5000[Ω]이고, 세동전류와 통전시간과의 관계를 $I = \dfrac{165}{\sqrt{T}}$ [mA]라 할 경우, 심실세동을 일으키는 위험 에너지는 약 몇 [J]인가? (단, 통전시간은 1초로 한다.)

① 5 　　　　　　② 30
③ 136 　　　　　④ 825

해설 $W = I^2 \times R \times T$
$W = (165 \times 10^{-3})^2 \times 5000 \times 1 = 136[J]$

66 정전유도를 받고 있는 접지되어 있지 않는 도전성 물체에 접촉한 경우 전격을 당하게 되는데 이때 물체에 유도된 전압 V[V]를 옳게 나타낸 것은? (단, E는 송전선의 대지전압, C_1은 송전선과 물체 사이의 정전용량, C_2는 물체와 대지 사이의 정전용량이며, 물체와 대지 사이의 저항은 무시한다.)

① $V = \dfrac{C_1}{C_1 + C_2} \cdot E$

② $V = \dfrac{C_1 + C_2}{C_1} \cdot E$

③ $V = \dfrac{C_1}{C_1 \times C_2} \cdot E$

④ $V = \dfrac{C_1 \times C_2}{C_1} \cdot E$

해설 송전선–물체–대지에서
송전선–물체 = C_1,
물체–대지 = C_2이다. 따라서
(송전선–물체 정전용량)/전체정전용량×송전선의 대지전압(E)

67 화염일주한계에 대해 가장 잘 설명한 것은?

① 화염이 발화온도로 전파될 가능성의 한계값이다.
② 화염이 전파되는 것을 저지할 수 있는 틈새의 최대 간격치이다.
③ 폭발성 가스와 공기가 혼합되어 폭발한계 내에 있는 상태를 유지하는 한계값이다.
④ 폭발성 분위기가 전기 불꽃에 의하여 화염을 일으킬 수 있는 최소의 전류값이다.

해설 안전간격 = 최대안전틈새 = 화염일주한계

68 정전기 발생의 일반적인 종류가 아닌 것은?

① 마찰 　　　　　② 중화
③ 박리 　　　　　④ 유동

해설 ▶ 정전기 발생의 종류
• 마찰대전
• 박리대전
• 유도대전
• 분출대전
• 충돌대전
• 파괴대전
• 비중차에 의한 대전
• 근처의 전자 또는 전리 이온에 의한 대전

69 전기기계·기구의 조작 시 안전조치로서 사업주는 근로자가 안전하게 작업할 수 있도록 전기기계·기구로부터 폭 얼마 이상의 작업공간을 확보하여야 하는가?

① 30[cm] 　　　　② 50[cm]
③ 70[cm] 　　　　④ 100[cm]

해설 폭 70[cm] 이상의 공간을 확보한다.

정답 65 ③　66 ①　67 ②　68 ②　69 ③

70 가수전류(Let-go Current)에 대한 설명으로 옳은 것은?

① 마이크 사용 중 전격으로 사망에 이른 전류

② 전격을 일으킨 전류가 교류인지 직류인지 구별할 수 없는 전류

③ 충전부로부터 인체가 자력으로 이탈할 수 있는 전류

④ 몸이 물에 젖어 전압이 낮은데도 전격을 일으킨 전류

해설

분류	인체에 미치는 전류의 영향
최소감지전류	전류의 흐름을 느낄 수 있는 최소전류
고통한계전류 (가수전류, 이탈가능)	고통을 참을 수 있는 한계 전류
마비한계전류 (불수전류, 이탈불능)	신경이 마비되고 신체를 움직일 수 없으며 말을 할 수 없는 상태
심실세동전류	심장의 맥동에 영향을 주어 심장마비 상태를 유발

71 감전사고의 방지 대책으로 가장 거리가 먼 것은?

① 전기 위험부의 위험 표시

② 충전부가 노출된 부분에 절연방호구 사용

③ 충전부에 접근하여 작업하는 작업자 보호구착용

④ 사고발생 시 처리프로세스 작성 및 조치

해설 ④ 사고발생 시 인명구조 후 다음 프로세스대로 진행된다.

72 정전 작업 시 작업 전 안전조치사항으로 가장 거리가 먼 것은?

① 단락 접지

② 잔류 전하 방전

③ 절연 보호구 수리

④ 검전기에 의한 정전확인

해설 ▶ **정전 작업 전 안전조치사항**
- 전기기기 등에 공급되는 모든 전원을 관련 도면, 배선도 등으로 확인할 것
- 전원을 차단한 후 각 단로기 등을 개방하고 확인할 것
- 차단장치나 단로기 등에 잠금장치 및 꼬리표를 부착할 것
- 개로된 전로에서 유도전압 또는 전기에너지가 축적되어 근로자에게 전기위험을 끼칠 수 있는 전기기기 등은 접촉하기 전에 잔류전하를 완전히 방전시킬 것
- 검전기를 이용하여 작업 대상 기기가 충전되었는지를 확인할 것
- 전기기기 등이 다른 노출 충전부와의 접촉, 유도 또는 예비동력원의 역송전 등으로 전압이 발생할 우려가 있는 경우에는 충분한 용량을 가진 단락 접지기구를 이용하여 접지할 것

73 위험방지를 위한 전기기계·기구의 설치 시 고려할 사항으로 거리가 먼 것은?

① 전기기계·기구의 충분한 전기적 용량 및 기계적 강도

② 전기기계·기구의 안전효율을 높이기 위한 시간 가동율

③ 습기·분진 등 사용장소의 주위 환경

④ 전기적·기계적 방호수단의 적정성

해설 ▶ **전기기계·기구의 설치 시 위험방지 고려사항**
- 전기기계·기구의 충분한 전기적 용량 및 기계적 강도
- 습기·분진 등 사용장소의 주위 환경
- 전기적·기계적 방호수단의 적정성

74 200[A]의 전류가 흐르는 단상 전로의 한 선에서 누전되는 최소 전류[mA]의 기준은?

① 100　　　　　　② 200

③ 10　　　　　　　④ 20

> **해설** 누전전류 = 최대공급전류의 $\frac{1}{2000}$[A]로 규정
>
> 200A×1000×(1/2000) = 100

75 정전기 방전에 의한 폭발로 추정되는 사고를 조사함에 있어서 필요한 조치로서 가장 거리가 먼 것은?

① 가연성 분위기 규명
② 사고현장의 방전흔적 조사
③ 방전에 따른 점화 가능성 평가
④ 전하발생 부위 및 축적 기구 규명

> **해설** ② 조사 후 정전기에 의한 폭발로 규명된 뒤에 방전흔적 조사를 한다.

76 심장의 맥동주기 중 어느 때에 전격이 인가되면 심실세동을 일으킬 확률이 크고, 위험한가?

① 심방의 수축이 있을 때
② 심실의 수축이 있을 때
③ 심실의 수축 종료 후 심실의 휴식이 있을 때
④ 심실의 수축이 있고 심방의 휴식이 있을 때

> **해설** 심실의 수축 종료 후 심실의 휴식이 있을 때 심실세동으로 인해 심정지가 올 수 있어 위험하다.

77 교류 아크 용접기의 전격방지장치에서 시동감도를 바르게 정의한 것은?

① 용접봉을 모재에 접촉시켜 아크를 발생시킬 때 전격방지 장치가 동작할 수 있는 용접기의 2차측 최대저항을 말한다.
② 안전전압(24[V] 이하)이 2차측 전압(85~95[V])으로 얼마나 빨리 전환되는가 하는 것을 말한다.
③ 용접봉을 모재로부터 분리시킨 후 주접점이 개로 되어 용접기의 2차측 전압이 무부하 전압(25[V] 이하)으로 될 때까지의 시간을 말한다.
④ 용접봉에서 아크를 발생시키고 있을 때 누설전류가 발생하면 전격방지 장치를 작동시켜야 할지 운전을 계속해야 할지를 결정해야 하는 민감도를 말한다.

> **해설** 시동감도는 높을수록 좋으나 극한상황하에서 전격을 방지하기 위해 500[Ω] 이하로 제한하는 것이 바람직하다.

78 다음 (　) 안에 들어갈 내용으로 옳은 것은?

> A. 감전 시 인체에 흐르는 전류는 인가전압에 (　㉠　)하고 인체저항에 (　㉡　)한다.
> B. 인체는 전류의 열작용이 (　㉢　)×(　㉣　)이 어느 정도 이상이 되면 발생한다.

① ㉠ 비례, ㉡ 반비례, ㉢ 전류의 세기, ㉣ 시간
② ㉠ 반비례, ㉡ 비례, ㉢ 전류의 세기, ㉣ 시간
③ ㉠ 비례, ㉡ 반비례, ㉢ 전압, ㉣ 시간
④ ㉠ 반비례, ㉡ 비례, ㉢ 전압, ㉣ 시간

> **해설** 감전 시 인체에 흐르는 전류는 인가전압에 비례하고 인체저항에 반비례한다. 인체는 전류의 열작용이 전류의 세기×시간이 어느 정도 이상이 되면 발생한다.

정답　74 ①　75 ②　76 ③　77 ①　78 ①

79 폭발 위험장소 분류 시 분진폭발위험장소의 종류에 해당하지 않는 것은?

① 20종 장소
② 21종 장소
③ 22종 장소
④ 23종 장소

해설 ▶ **분진폭발위험장소의 종류**
- **20종** : 불이 붙을 수 있는 먼지가 지속적으로 존재하는 장소
- **21종** : 분진이 24시간 동안 3[mm] 이상 축적되는 장소, 정상 운전 시 불이 붙을 수 있는 분진이 퇴적되는 장소
- **22종** : 21종 주변장소로 고장으로 인한 불이 붙을 수 있는 분진이 간헐적 발생, 드물게 짧은 순간에 존재 가능성이 있는 장소

80 분진폭발 방지대책으로 가장 거리가 먼 것은?

① 작업장 등은 분진이 퇴적하지 않는 형상으로 한다.
② 분진 취급 장치에는 유효한 집진 장치를 설치한다.
③ 분체 프로세스 장치는 밀폐화하고 누설이 없도록 한다.
④ 분진폭발의 우려가 있는 작업장에는 감독자를 상주시킨다.

해설 ④ 감독자도 위험해지므로 상주시키지 않는다.

5과목 | 화학설비위험방지기술

81 위험물안전관리법령에서 정한 제3류 위험물에 해당하지 않는 것은?

① 나트륨
② 알킬알루미늄
③ 황린
④ 니트로글리세린

해설 ④ 니트로글리세린은 제5류 위험물(자기반응성 물질)

82 다음 [표]를 참조하여 메탄 70[vol%], 프로판 21[vol%], 부탄 9[vol%]인 혼합가스의 폭발범위를 구하면 약 몇 [vol%]인가?

가스	폭발하한계 [vol%]	폭발상한계 [vol%]
C_4H_{10}	1.8	8.4
C_3H_8	2.1	9.5
C_2H_6	3.0	12.4
CH_4	5.0	15.0

① 3.45~9.11
② 3.45~12.58
③ 3.85~9.11
④ 3.85~12.58

해설 폭발하한계 = 100/[(70/5)+(21/2.1)+(19/1.8)] = 3.45
폭발상한계 = 100/[(70/15)+(21/9.5)+(19/8.4)] = 12.58

83 ABC급 분말 소화약제의 주성분에 해당하는 것은?

① $NH_4H_2PO_4$
② Na_2CO_3
③ Na_2SO_3
④ K_2CO_3

구 분			소화약제	적 응 성		
				A급	B급	C급
수계 소화기	물 소화기		H_2O +침윤제 첨가	○		
	산·알칼리 소화기		A급 : $NaHCO_3$ B급 : H_2SO_4	○		
	강화액 소화기		K_2CO_3	○		
	포소 화기 (포말 소화기)	화학포	A급 : $NaHCO_3$ B급 : $Al_2(SO_4)_3$	○	○	
		기계포	AFFF (수성막포), FFFP(막형성 불화단백포)	○	○	
가스계 소화기	CO_2 소화기		CO_2		○	○
	Halon 소화기	1211	CF_2ClBr	○	○	○
		1301	CF_3Br	○	○	○
분말계 소화기	ABC급 소화기		$NH_4H_2PO_4$	○	○	○
	BC급 소화기		$NaHCO_3$, $KHCO_3$		○	○

84 공기 중 아세톤의 농도가 200[ppm](TLV 500 [ppm]), 메틸에틸케톤(MEK)의 농도가 100[ppm] (TLV 200[ppm])일 때 혼합물질의 허용농도는 약 몇 [ppm]인가? (단, 두 물질은 서로 상가작용을 하는 것으로 가정한다.)

① 150 ② 200

③ 270 ④ 333

혼합물의 허용농도

$$= \frac{C_1 + C_2}{R} = \frac{200 + 100}{\dfrac{C_1}{T_1} + \dfrac{C_2}{T_2}} = \frac{300}{\dfrac{200}{500} + \dfrac{100}{200}} = \frac{300}{\dfrac{9}{10}}$$

$$= \frac{3000}{9} = 333[ppm]$$

85 다음의 설명에 해당하는 안전장치는?

대형의 반응기, 탑, 탱크 등에서 이상상태가 발생할 때 밸브를 정지시켜 원료공급을 차단하기 위한 안전장치로, 공기압식, 유압식, 전기식 등이 있다.

① 파열판 ② 안전밸브

③ 스팀트랩 ④ 긴급차단장치

위험물의 누출을 방지하기 위하여 원재료 공급의 긴급차단, 제품 등의 방출, 불활성가스의 주입이나 냉각용수 등의 공급을 위하여 긴급차단장치 등을 설치하여야 한다.

86 다음 중 유류화재에 해당하는 화재의 급수는?

① A급 ② B급

③ C급 ④ D급

급 별	명칭
A급 화재(백색)	일반화재
B급 화재(황색)	유류화재
C급 화재(청색)	전기화재
D급 화재(무색)	금속화재

87 할론 소화약제 중 Halon 2402의 화학식으로 옳은 것은?

① $C_2F_4Br_2$ ② $C_2H_4Br_2$

③ $C_2Br_4H_2$ ④ $C_2Br_4F_2$

▶ **Halon 2402** : 탄소(C) 2개, 불소(F) 4개, 염소(Cl) 0개, 브롬(Br) 2개로 화학식은 $C_2F_4Br_2$이다.

88 위험물의 저장방법으로 적절하지 않은 것은?

① 탄화칼슘은 물속에 저장한다.

② 벤젠은 산화성 물질과 격리시킨다.

③ 금속나트륨은 석유 속에 저장한다.

④ 질산은 갈색병에 넣어 냉암소에 보관한다.

> **해설** ① 탄화칼슘(CaC_2)은 물(H_2O)을 만나면 가연성 C_2H_2(아세틸렌)을 발생시키기 때문에 습기없는 밀폐용기에 불연성가스에 넣어서 보관한다.

89 다음 중 산업안전보건법령상 공정안전보고서의 안전운전계획에 포함되지 않는 항목은?

① 안전작업허가

② 안전운전지침서

③ 가동 전 점검지침

④ 비상조치계획에 따른 교육계획

> **해설** ❯ **안전운전계획에 포함되는 항목**(산업안전보건법 시행규칙 제50조)
> • 안전운전지침서
> • 설비점검·검사 및 보수계획, 유지계획 및 지침서
> • 안전작업허가
> • 도급업체 안전관리계획
> • 근로자 등 교육계획
> • 가동 전 점검지침
> • 변경요소 관리계획
> • 자체감사 및 사고조사 계획
> • 그 밖에 안전운전에 필요한 사항
> ※ 비상조치계획에 따른 교육계획은 비상조치계획 분야에 포함됨

90 마그네슘의 저장 및 취급에 관한 설명으로 틀린 것은?

① 화기를 엄금하고, 가열, 충격, 마찰을 피한다.

② 분말이 비산하지 않도록 밀봉하여 저장한다.

③ 제6류 위험물과 같은 산화제와 혼합되지 않도록 격리, 저장한다.

④ 일단 연소하면 소화가 곤란하지만 초기 소화 또는 소규모 화재 시 물, CO_2 소화설비를 이용하여 소화한다.

> **해설** 마그네슘은 제3류 위험물로 물과 반응해 수소가스를 발생한다.

91 다음 중 분진이 발화 폭발하기 위한 조건으로 거리가 먼 것은?

① 불연성질

② 미분상태

③ 점화원의 존재

④ 지연성가스 중에서의 교반과 운동

> **해설** 불연성질은 불에 타지 않는 성질로 폭발하기 나쁜 조건이다. 가연성질이 발화 폭발하기 위한 조건이다.

92 다음 중 산업안전보건법령상 산화성 액체 또는 산화성 고체에 해당하지 않는 것은?

① 질산　　　　　　② 중크롬산

③ 과산화수소　　　④ 질산에스테르

> **해설** ④ 질산에스테르는 폭발성 물질 및 유기과산화물
> ❯ **산화성 액체 또는 산화성 고체**
> • 차아염소산 및 그 염류
> • 아염소산 및 그 염류

88 ① 　89 ④ 　90 ④ 　91 ① 　92 ④ 　**정답**

- 염소산, 염소산칼륨, 염소산나트륨, 염소산암모늄, 그 밖의 염소산염류
- 과염소산 및 과염소산칼륨, 과염소산나트륨, 과염소산암모늄, 그 밖의 과염소산염류
- 브롬산 및 그 염류
- 요오드산 및 그 염류
- 과산화수소 및 과산화칼륨, 과산화나트륨, 과산화바륨, 그 밖의 무기 과산화물
- 질산 및 질산칼륨, 질산나트륨, 질산암모늄, 그 밖의 질산염류
- 과망간산 및 그 염류
- 중크롬산 및 그 염류

93 열교환기의 열 교환 능률을 향상시키기 위한 방법이 아닌 것은?

① 유체의 유속을 적절하게 조절한다.
② 유체의 흐르는 방향을 병류로 한다.
③ 열교환하는 유체의 온도차를 크게 한다.
④ 열전도율이 높은 재료를 사용한다.

> **해설** ② 유체의 흐르는 방향을 향류로 한다.(열교환이 잘 되도록 반대로 흐르게)

94 다음 중 고체의 연소방식에 관한 설명으로 옳은 것은?

① 분해연소란 고체가 표면의 고온을 유지하며 타는 것을 말한다.
② 표면연소란 고체가 가열되어 열분해가 일어나고 가연성 가스가 공기 중의 산소와 타는 것을 말한다.
③ 자기연소란 공기 중 산소를 필요로 하지 않고 자신이 분해되며 타는 것을 말한다.
④ 분무연소란 고체가 가열되어 가연성가스를 발생시키며 타는 것을 말한다.

> **해설** **▶ 고체의 연소형태**
> - **표면연소** : 열분해에 의하여 인화성 가스를 발생하지 않고 물질 그 자체가 연소하는 형태를 말한다.
>   예 코크스, 목탄, 금속분, 석탄 등
> - **분해연소** : 충분한 열에너지 공급시 가열분해에 의해 발생된 인화성 가스가 공기와 혼합되어 연소하는 형태를 말한다. 예 목재, 종이, 플라스틱, 알루미늄
> - **증발연소** : 황, 나프탈렌과 같은 고체위험물을 가열하면 열분해를 일으켜 액체가 된 후 어떤 일정온도에서 발생된 인화성 증기가 연소되는데 이를 증발연소라고 한다. 예 알코올
> - **자기연소** : 제5류 위험물은 인화성이면서 자체 내에 산소를 함유하고 있어 공기 중의 산소를 필요로 하지 않고 연소되는데 이를 자기연소라고 한다.
>   예 니트로 화합물, 수소

95 사업주는 안전밸브등의 전단·후단에 차단밸브를 설치해서는 아니 된다. 다만, 별도로 정한 경우에 해당할 때는 자물쇠형 또는 이에 준하는 형식의 차단밸브를 설치할 수 있다. 이에 해당하는 경우가 아닌 것은?

① 화학설비 및 그 부속설비에 안전밸브등이 복수방식으로 설치되어 있는 경우
② 예비용 설비를 설치하고 각각의 설비에 안전밸브등이 설치되어 있는 경우
③ 파열판과 안전밸브를 직렬로 설치한 경우
④ 열팽창에 의하여 상승된 압력을 낮추기 위한 목적으로 안전밸브가 설치된 경우

> **해설** **▶ 차단밸브의 설치**(안전보건규칙 제266조)
> - 인접한 화학설비 및 그 부속설비에 안전밸브 등이 각각 설치되어 있고, 해당 화학설비 및 그 부속설비의 연결배관에 차단밸브가 없는 경우
> - 안전밸브 등의 배출용량의 2분의 1 이상에 해당하는 용량의 자동압력조절밸브(구동용 동력원의 공급을 차단하는 경우 열리는 구조인 것으로 한정한다)와 안전밸브 등이 병렬로 연결된 경우
> - 화학설비 및 그 부속설비에 안전밸브 등이 복수방식으로 설치되어 있는 경우

- 예비용 설비를 설치하고 각각의 설비에 안전밸브 등이 설치되어 있는 경우
- 열팽창에 의하여 상승된 압력을 낮추기 위한 목적으로 안전밸브가 설치된 경우
- 하나의 플레어 스택(flare stack)에 둘 이상의 단위공정의 플레어 헤더(flare header)를 연결하여 사용하는 경우로서 각각의 단위공정의 플레어헤더에 설치된 차단밸브의 열림·닫힘 상태를 중앙제어실에서 알 수 있도록 조치한 경우

96 사업주는 인화성 액체 및 인화성 가스를 저장 취급하는 화학설비에서 증기나 가스를 대기로 방출하는 경우에는 외부로부터의 화염을 방지하기 위하여 화염방지기를 설치하여야 한다. 다음 중 화염방지기의 설치 위치로 옳은 것은?

① 설비의 상단   ② 설비의 하단
③ 설비의 측면   ④ 설비의 조작부

해설 사업주는 인화성 액체 및 인화성 가스를 저장·취급하는 화학설비에서 증기나 가스를 대기로 방출하는 경우에는 외부로부터의 화염을 방지하기 위하여 화염방지기를 그 설비 상단에 설치해야 한다. 다만, 대기로 연결된 통기관에 화염방지기능이 있는 통기밸브가 설치되어 있거나, 인화점이 섭씨 38[℃] 이상 60[℃] 이하인 인화성 액체를 저장·취급할 때에 화염방지 기능을 가지는 인화방지망을 설치한 경우에는 그렇지 않다.

97 다음 중 자연발화가 쉽게 일어나는 조건으로 틀린 것은?

① 주위온도가 높을수록
② 열 축적이 클수록
③ 적당량의 수분이 존재할 때
④ 표면적이 작을수록

해설 ▶ 자연발화 조건
- 표면적이 넓을 것
- 열전도율이 작을 것
- 발열량이 클 것
- 주위의 온도가 높을 것(분자운동 활발)

98 8[%] NaOH 수용액과 5[%] NaOH 수용액을 반응기에 혼합하여 6[%] 100[kg]의 NaOH 수용액을 만들려면 각각 약 몇 [kg]의 NaOH 수용액이 필요한가?

① 5[%] NaOH 수용액 : 33.3[kg],
    8[%] NaOH 수용액 : 66.7[kg]
② 5[%] NaOH 수용액 : 56.8[kg],
    8[%] NaOH 수용액 : 43.2[kg]
③ 5[%] NaOH 수용액 : 66.7[kg],
    8[%] NaOH 수용액 : 33.3[kg]
④ 5[%] NaOH 수용액 : 43.2[kg],
    8[%] NaOH 수용액 : 56.8[kg]

해설 6[%] 혼합 수용액이 100[kg]이므로, 8[%] 수용액을 x[kg]이라고 하면, 5[%] 수용액은 $(100-x)$[kg]이 된다. 따라서 $0.06 \times 100 = 0.08x + 0.05 \times (100-x)$
$6 = 0.08x + 5 - 0.05x$,
$0.03x = 1$이므로 $x = 33.3$[kg]이다.
따라서 8[%] 수용액은 33.3[kg], 5[%] 수용액은 66.7[kg]이 된다.

99 사업주는 안전보건규칙에서 정한 위험물을 기준량 이상으로 제조하거나 취급하는 특수화학설비를 설치하는 경우에는 내부의 이상 상태를 조기에 파악하기 위하여 필요한 온도계·유량계·압력계 등의 계측장치를 설치하여야 한다. 이때 위험물질별 기준량으로 옳은 것은?

① 부탄 – 25[m³]
② 부탄 – 150[m³]
③ 시안화수소 – 5[kg]
④ 시안화수소 – 200[kg]

해설 부탄 : 50[m³], 시안화수소 : 5[kg]

96 ①   97 ④   98 ③   99 ③   **정답**

100 폭발의 위험성을 고려하기 위해 정전에너지 값을 구하고자 한다. 다음 중 정전에너지를 구하는 식은? (단, E는 정전에너지, C는 정전 용량, V는 전압을 의미한다)

① $E = \dfrac{1}{2}CV^2$ ② $E = \dfrac{1}{2}VC^2$

③ $E = VC^2$ ④ $E = \dfrac{1}{4}VC$

해설 정전에너지$(E) = \dfrac{1}{2}CV^2$

6과목 **건설안전기술**

---

101 장비가 위치한 지면보다 낮은 장소를 굴착하는 데 적합한 장비는?

① 트럭크레인 ② 파워쇼벨
③ 백호우 ④ 진폴

해설 백호우 추가로 수중굴착도 가능함.

102 추락방지용 방망 중 그물코의 크기가 5[cm]인 매듭 방망 신품의 인장강도는 최소 몇 [kg] 이상이어야 하는가?

① 60 ② 110
③ 150 ④ 200

해설 ▶ 안장강도

그물코의 크기 (단위 : [cm])	방망의 종류(단위 : [kg])	
	매듭 없는 방망	매듭 방망
10	240	200
5	–	110

103 잠함 또는 우물통의 내부에서 굴착작업을 할 때의 준수사항으로 옳지 않은 것은?

① 굴착 깊이가 10[m]를 초과하는 경우에는 해당 작업장소와 외부와의 연락을 위한 통신설비 등을 설치하여야 한다.
② 산소 결핍의 우려가 있는 경우에는 산소의 농도를 측정하는 자를 지명하여 측정하도록 한다.
③ 근로자가 안전하게 승강하기 위한 설비를 설치한다.
④ 측정 결과 산소의 결핍이 인정될 경우에는 송기를 위한 설비를 설치하여 필요한 양의 공기를 공급하여야 한다.

해설 ① 굴착 깊이가 20[m]를 초과하는 때에는 당해 작업장소와 외부와의 연락을 위한 통신설비 등을 설치한다.

104 항타기 또는 항발기의 권상장치 드럼축과 권상장치로부터 첫 번째 도르래의 축 간의 거리는 권상장치 드럼폭의 몇 배 이상으로 하여야 하는가?

① 5배 ② 8배
③ 10배 ④ 15배

해설 항타기 또는 항발기의 권상장치 드럼축과 권상장치로부터 첫 번째 도르래의 축 간의 거리는 권상장치 드럼폭의 15배 이상으로 하여야 한다(안전보건규칙 제216조 제2항).

정답 100 ① 101 ③ 102 ② 103 ① 104 ④

105 이동식비계를 조립하여 작업을 하는 경우의 준수 사항으로 옳지 않은 것은?

① 비계의 최상부에서 작업을 하는 경우에는 안전 난간을 설치할 것
② 작업발판은 항상 수평을 유지하고 작업발판 위에서 안전난간을 딛고 작업을 하거나 받침대 또는 사다리를 사용하여 작업하지 않도록 할 것
③ 작업발판의 최대적재하중은 150[kg]을 초과하지 않도록 할 것
④ 이동식비계의 바퀴에는 뜻밖의 갑작스러운 이동 또는 전도를 방지하기 위하여 브레이크·쐐기 등으로 바퀴를 고정시킨 다음 비계의 일부를 견고한 시설물에 고정하거나 아웃트리거(out-rigger)를 설치하는 등 필요한 조치를 할 것

> **해설** ③ 작업발판의 최대적재하중은 250[kg]을 초과하지 않도록 할 것

106 건설공사 위험성평가에 관한 내용으로 옳지 않은 것은?

① 건설물, 기계·기구, 설비 등에 의한 유해·위험요인을 찾아내어 위험성을 결정하고 그 결과에 따른 조치를 하는 것을 말한다.
② 사업주는 위험성평가의 실시내용 및 결과를 기록·보존하여야 한다.
③ 위험성평가 기록물의 보존기간은 2년이다.
④ 위험성평가 기록물에는 평가대상의 유해·위험요인, 위험성결정의 내용 등이 포함된다.

> **해설** ③ 사업주는 위험성평가 기록물을 3년간 보존해야 한다.

107 철골작업에서의 승강로 설치기준 중 (   ) 안에 알맞은 것은?

> 사업주는 근로자가 수직 방향으로 이동하는 철골부재에는 답단 간격이 (   ) 이내인 고정된 승강로를 설치하여야 한다.

① 20[cm]
② 30[cm]
③ 40[cm]
④ 50[cm]

> **해설** 사업주는 근로자가 수직방향으로 이동하는 철골부재(鐵骨部材)에는 답단(踏段) 간격이 30[cm] 이내인 고정된 승강로를 설치하여야 하며, 수평방향 철골과 수직방향 철골이 연결되는 부분에는 연결작업을 위하여 작업발판 등을 설치하여야 한다(안전보건규칙 제381조).

108 사다리식 통로 등을 설치하는 경우 폭은 최소 얼마 이상으로 하여야 하는가?

① 30[cm]
② 40[cm]
③ 50[cm]
④ 60[cm]

> **해설** 폭은 30[cm] 이상으로 할 것

109 추락재해에 대한 예방차원에서 고소작업의 감소를 위한 근본적인 대책으로 옳은 것은?

① 방망 설치
② 지붕트러스의 일체화 또는 지상에서 조립
③ 안전대 사용
④ 비계 등에 의한 작업대 설치

> **해설** 추락재해의 예방의 근본 대책은 고소작업의 최소화이다.

---

105 ③　106 ③　107 ②　108 ①　109 ②　**정답**

110 다음 중 건설공사 유해·위험방지계획서 제출대상 공사가 아닌 것은?

① 지상높이가 50[m]인 건축물 또는 인공구조물 건설공사

② 연면적이 3,000[m²]인 냉동·냉장 창고시설의 설비공사

③ 최대 지간길이가 60[m]인 교량건설공사

④ 터널건설공사

> **해설** ▶ **유해위험방지계획서 제출 대상**
> • 지상높이가 31[m] 이상인 건축물 또는 인공구조물
> • 연면적 3만[m²] 이상인 건축물
> • 연면적 5천[m²] 이상인 냉동·냉장 창고시설의 설비공사 및 단열공사
> • 터널의 건설 등 공사
> • 최대 지간(支間)길이(다리의 기둥과 기둥의 중심 사이의 거리)가 50[m] 이상인 다리의 건설 등 공사

111 겨울철 공사 중인 건축물의 벽체 콘크리트 타설 시 거푸집이 터져서 콘크리트 쏟아지는 사고가 발생하였다. 이 사고의 발생 원인으로 추정 가능한 사안 중 가장 타당한 것은?

① 콘크리트의 타설속도가 빨랐다.

② 진동기를 사용하지 않았다.

③ 철근 사용량이 많았다.

④ 콘크리트의 슬럼프가 작았다.

> **해설** 콘크리트 타설속도가 빠를수록 측압이 커진다.

112 다음 중 운반작업 시 주의사항으로 옳지 않은 것은?

① 운반 시의 시선은 진행방향을 향하고 뒷걸음 운반을 하여서는 안 된다.

② 무거운 물건을 운반할 때 무게 중심이 높은 화물은 인력으로 운반하지 않는다.

③ 어깨높이보다 높은 위치에서 화물을 들고 운반하여서는 안 된다.

④ 단독으로 긴 물건을 어깨에 메고 운반할 때에는 뒤쪽을 위로 올린 상태로 운반한다.

> **해설** ④ 단독으로 긴 물건을 어깨에 메고 운반할 때에는 앞쪽을 어깨에 메고 뒤쪽을 아래로 내린 상태로 운반한다.

113 다음 중 직접기초의 터파기 공법이 아닌 것은?

① 개착 공법

② 시트 파일 공법

③ 트렌치 컷 공법

④ 아일랜드 컷 공법

> **해설** ② 시트 파일 공법은 흙막이 공법의 한 종류이다.

114 건설재해대책의 사면보호공법 중 식물을 생육시켜 그 뿌리로 사면의 표층토를 고정하여 빗물에 의한 침식, 동상, 이완 등을 방지하고, 녹화에 의한 경관조성을 목적으로 시공하는 것은?

① 식생공   ② 쉴드공

③ 뿜어 붙이기공   ④ 블록공

> **해설** ② **쉴드공법** : 강제의 외각에 의해서 지반(Natural ground)의 붕괴를 방지하고, 거기에 의해서 보호된 공간 내의 앞면에서 굴착작업을 하면서 뒤 부분에는 복공(覆工)작업을 반복하면서 쉴드를 전진시켜서 터널을 파는 공법이다.

정답 110 ② 111 ① 112 ④ 113 ② 114 ①

③ **뿜어 붙이기공** : 비탈면에 거푸집을 설치하지 않고, 시멘트 모르타르나 콘크리트를 압축공기압으로 비탈면에 직접 뿜어 붙이는 공법

④ **블록공법** : 콘크리트블록 쌓기공법으로 비탈흙막이 기능과 수경을 동시에 발휘할 수 있는 특징이 있음

117 건설업 산업안전보건관리비 내역 중 계상비용에 해당되지 않는 것은?

① 근로자 건강관리비

② 건설재해예방 기술지도비

③ 개인보호구 및 안전장구 구입비

④ 외부비계, 작업발판 등의 가설구조물 설치 소요비

> **해설** ▶ **산업안전보건관리비 사용 항목**
> • 안전관리자 등 인건비 및 각종 업무수당
> • 안전시설비 등
> • 개인보호구 및 안전장구 구입비 등
> • 안전진단비 등
> • 안전보건교육비 및 행사비등
> • 근로자 건강관리비
> • 건설재해예방 기술지도비

115 훅걸이용 와이어로프 등이 훅으로부터 벗겨지는 것을 방지하기 위한 장치는?

① 해지장치

② 권과방지장치

③ 과부하방지장치

④ 턴버클

> **해설** 훅걸이용 와이어로프 등이 훅으로부터 벗겨지는 것을 방지하기 위한 장치를 구비한 크레인을 사용하여야 하며, 그 크레인을 사용하여 짐을 운반하는 경우에는 해지장치를 사용하여야 한다.

118 다음은 산업안전보건법령에 따른 동바리로 사용하는 파이프 서포트에 관한 사항이다. ( ) 안에 들어갈 내용을 순서대로 옳게 나타낸 것은?

> 가. 파이프 서포트를 (A) 이상 이어서 사용하지 않도록 할 것
> 나. 파이프 서포트를 이어서 사용하는 경우에는 (B) 이상의 볼트 또는 전용철물을 사용하여 이을 것

① A : 2개, B : 2개

② A : 3개, B : 4개

③ A : 4개, B : 3개

④ A : 4개, B : 4개

> **해설** 가. 파이프 서포트를 3개 이상 이어서 사용하지 않도록 할 것
> 나. 파이프 서포트를 이어서 사용하는 경우에는 4개 이상의 볼트 또는 전용철물을 사용하여 이을 것
> ※ 높이가 3.5[m]를 초과하는 경우에는 높이 2[m] 이내마다 수평연결재를 2개 방향으로 만들고 수평연결재의 변위를 방지할 것

116 단관비계의 도괴 또는 전도를 방지하기 위하여 사용하는 벽이음의 간격기준으로 옳은 것은?

① 수직방향 5[m] 이하, 수평방향 5[m] 이하

② 수직방향 6[m] 이하, 수평방향 6[m] 이하

③ 수직방향 7[m] 이하, 수평방향 7[m] 이하

④ 수직방향 8[m] 이하, 수평방향 8[m] 이하

> **해설** 수직방향 5[m] 이하, 수평방향 5[m] 이하이다.

119 화물취급 작업 시 준수사항으로 옳지 않은 것은?

① 꼬임이 끊어지거나 심하게 부식된 섬유로프는 화물운반용으로 사용해서는 아니 된다.

② 섬유로프 등을 사용하여 화물취급작업을 하는 경우에 해당 섬유로프 등을 점검하고 이상을 발견한 섬유로프 등을 즉시 교체하여야 한다.

③ 차량 등에서 화물을 내리는 작업을 하는 경우에 해당 작업에 종사하는 근로자에게 쌓여 있는 화물의 중간에서 필요한 화물을 빼낼 수 있도록 허용한다.

④ 하역작업을 하는 장소에서 작업장 및 통로의 위험한 부분에는 안전하게 작업할 수 있는 조명을 유지한다.

> **해설** ③ 차량 등에서 화물을 내리는 작업을 하는 경우에 해당 작업에 종사하는 근로자에게 쌓여 있는 화물의 중간에서 필요한 화물을 빼낼 수 없도록 한다.

120 시스템 비계를 사용하여 비계를 구성하는 경우의 준수사항으로 옳지 않은 것은?

① 수직재·수평재·가새재를 견고하게 연결하는 구조가 되도록 할 것

② 수평재는 수직재와 직각으로 설치하여야 하며, 체결 후 흔들림이 없도록 견고하게 설치할 것

③ 비계 밑단의 수직재와 받침철물은 밀착되도록 설치하고, 수직재와 받침철물의 연결부의 겹침길이는 받침철물 전체길이의 3분의 1 이상이 되도록 할 것

④ 벽 연결재의 설치간격은 시공자가 안전을 고려하여 임의대로 결정한 후 설치할 것

> **해설 ▶ 시스템 비계 구성 시 준수사항**
> • 수평재는 수직재와 직각으로 설치하여야 하며, 흔들리지 않도록 견고하게 설치할 것
> • 연결철물을 사용하여 수직재를 견고하게 연결하고, 연결 부위가 탈락 또는 꺾어지지 않도록 할 것
> • 수직 및 수평하중에 의한 동바리 본체의 변위로부터 구조적 안전성이 확보되도록 조립도에 따라 수직재 및 수평재에는 가새재를 견고하게 설치하도록 할 것
> • 동바리 최상단과 최하단의 수직재와 받침철물은 서로 밀착되도록 설치하고 수직재와 받침철물의 연결부의 겹침길이는 받침철물 전체길이의 3분의 1 이상 되도록 할 것

2019년
제1회
기출 복원문제

1과목 | 안전관리론

01 안전교육방법 중 학습자가 이미 설명을 듣거나 시범을 보고 알게 된 지식이나 기능을 강사의 감독 아래 직접적으로 연습하여 적용할 수 있도록 하는 교육방법은?

① 모의법　　　　　② 토의법

③ 실연법　　　　　④ 반복법

> **해설 ▸ 실연법** : 이미 설명을 듣고 시범을 보아서 알게 된 지식이나 기능을 교사의 지도 아래 직접 연습을 통해 적용해 보는 방법

02 산업안전보건법상의 안전보건표지 종류 중 관계자외출입금지표지에 해당되는 것은?

① 안전모 착용

② 폭발성물질 경고

③ 방사성물질 경고

④ 석면취급 및 해체·제거

> **해설**
> | 501
허가대상물질
작업장 | 502
석면취급/해체
작업장 | 503
금지대상물질의
취급 실험실 등 |
> | --- | --- | --- |
> | 관계자외
출입금지
(허가물질 명칭)
제조/사용/
보관 중 | 관계자외
출입금지
석면
취급/해체 중 | 관계자외
출입금지
발암물질
취급 중 |
> | 보호구/보호복
착용
흡연 및 음식물
섭취 금지 | 보호구/보호복
착용
흡연 및 음식물
섭취 금지 | 보호구/보호복
착용
흡연 및 음식물
섭취 금지 |

03 국제노동기구(ILO)의 산업재해 정도구분에서 부상 결과 근로자가 신체장해등급 제12급 판정을 받았다면 이는 어느 정도의 부상을 의미하는가?

① 영구 전노동불능

② 영구 일부노동불능

③ 일시 전노동불능

④ 일시 일부노동불능

> **해설 ▸ 산업재해 정도구분**
> • 사망
> • **영구 전노동불능** : 신체 전체의 노동기능 완전상실 (1~3급)
> • **영구 일부노동불능** : 신체 일부의 노동기능 완전상실 (4~14급)
> • **일시 전노동불능** : 일정기간 노동 종사 불가(휴업상해)
> • **일시 일부노동불능** : 일정기간 일부노동 종사 불가(통원상해)
> • 구급조치상해

04 특정과업에서 에너지 소비수준에 영향을 미치는 인자가 아닌 것은?

① 작업방법　　　　② 작업속도

③ 작업관리　　　　④ 도구

> **해설 ▸ 특정과업에서의 에너지 소비수준**
> • **작업강도** : RMR 차이가 나 초중작업, 중작업, 경작업
> • **작업자세** : 좋은 자세는 힘이 덜 듦.
> • **작업방법** : 에너지가 덜 드는 작업방법을 찾는다.
> • **작업속도** : 속도가 빠르면 심박수도 빨라져 생리학적 부담 증가
> • **도구설계** : 에너지가 덜 드는 도구를 설계한다.

05 사고예방대책의 기본원리 5단계 중 틀린 것은?

① 1단계 : 안전관리계획

② 2단계 : 현상파악

③ 3단계 : 분석평가

④ 4단계 : 대책의 선정

> **해설** ▶ **사고예방대책의 기본원리 5단계**(하인리히)
> - **1단계** : 안전 관리 조직
> - **2단계** : 사실의 발견(현상파악)
> - **3단계** : 분석평가(발견된 사실 및 불안전한 요소)
> - **4단계** : 시정 방법의 선정(분석을 통해 색출된 원인)
> - **5단계** : 시정 방법의 적용

06 주의의 수준이 Phase 0인 상태에서의 의식상태는?

① 무의식상태   ② 의식의 이완상태

③ 명료한상태   ④ 과긴장상태

단계 (phase)	뇌파 패턴	의식상태 (mode)	주의의 작용	생리적 상태	신뢰성
0	δ파	무의식, 실신	제로	수면, 뇌발작	0
I	θ파	의식이 둔한 상태	활발하지 않음	피로 단조, 졸림, 취중	0.9
II	α파	편안한 상태	수동적임	안정적 상태, 휴식시, 정상 작업시	0.99~0.9999
III	β파	명석한 상태	활발함, 적극적임	적극적 활동시	0.9999 이상
IV	β파	흥분상태 (과긴장)	일점에 응집, 판단정지	긴급 방위 반응, 당황, 패닉	0.9 이하

07 한 사람, 한 사람의 위험에 대한 감수성 향상을 도모하기 위하여 삼각 및 원 포인트 위험예지훈련을 통합한 활용기법은?

① 1인 위험예지훈련

② TBM 위험예지훈련

③ 자문자답 위험예지훈련

④ 시나리오 역할연기훈련

> **해설** ① **1인 위험예지훈련** : 각자가 위험에 대한 감수성 향상을 도모하기 위하여 삼각 및 원 포인트 위험예지훈련을 하는 것이다.

08 재해예방의 4원칙에 관한 설명으로 틀린 것은?

① 재해의 발생에는 반드시 원인이 존재한다.

② 재해의 발생과 손실의 발생은 우연적이다.

③ 재해를 예방할 수 있는 안전대책은 반드시 존재한다.

④ 재해는 원인 제거가 불가능하므로 예방만이 최선이다.

> **해설** ▶ **재해예방의 4원칙**
> - **예방 가능의 원칙** : 천재지변을 제외한 모든 인재는 예방이 가능하다.
> - **손실 우연의 원칙** : 사고의 결과 손실의 유무 또는 대소는 사고 당시의 조건에 따라서 우연적으로 발생한다.
> - **원인 연계의 원칙** : 사고에는 반드시 원인이 있고 원인은 대부분 연계 원인이다.
> - **대책 선정의 원칙** : 사고의 원인이나 불안전 요소가 발견되면 반드시 대책은 실시되어야 하며, 대책 선정이 가능하다. 대책에는 재해 방지의 세 기둥이라 할 수 있는 3E, 즉 기술적 대책, 교육적 대책, 규제적 대책을 들 수 있다.

09 적응기제(適應機制, Adjustment Mechanism)의 종류 중 도피적 기제(행동)에 해당하지 않는 것은?

① 고립　　　　　② 퇴행
③ 억압　　　　　④ 합리화

해설 ▶ 도피기제
- **고립** : 곤란한 상황과의 접촉을 피함
- **퇴행** : 발달단계로 역행함으로써 욕구를 충족하려는 행동
- **억압** : 불쾌한 생각, 감정을 눌러 떠오르지 않도록 함
- **백일몽** : 공상의 세계 속에서 만족을 얻으려는 행동
(※ 단어들이 다 부정적인 의미임)

10 인간오류에 관한 분류 중 독립행동에 의한 분류가 아닌 것은?

① 생략오류
② 실행오류
③ 명령오류
④ 시간오류

해설 ▶ Swain의 인간의 독립행동에 관한 오류
- Omission : 생략오류, 누설오류, 부작위오류
- Time error : 시간오류
- Commission error : 작위오류
- Sequential error : 순서오류
- Extraneous error : 과잉행동오류

11 다음 중 안전보건교육계획을 수립할 때 고려할 사항으로 가장 거리가 먼 것은?

① 현장의 의견을 충분히 반영한다.
② 대상자의 필요한 정보를 수집한다.
③ 안전교육시행체계와의 연관성을 고려한다.
④ 정부 규정에 의한 교육에 한정하여 실시한다.

해설 ▶ 안전보건교육계획 수립 시 고려사항
- 교육목표
- 교육의 종류 및 교육대상
- 교육과목 및 교육내용
- 교육장소 및 교육방법
- 교육기간 및 시간
- 교육담당자 및 강사

12 사고의 원인분석방법에 해당하지 않는 것은?

① 통계적 원인분석
② 종합적 원인분석
③ 클로즈(close)분석
④ 관리도

해설
- 재해원인 분석방법에는 개별적 기법과 통계적 기법이 있다.
- 통계적 기법에는 특성요인도, 파레토도, 관리도, 크로스도, 클로즈분석이 있다.

13 하인리히의 재해 코스트 평가방식 중 직접비에 해당하지 않는 것은?

① 산재보상비　　　② 치료비
③ 간호비　　　　　④ 생산손실

해설 ▶ 하인리히방식
총재해비용 = 직접비 + 간접비(1 : 4)

직접비	간접비
치료비, 휴업, 요양, 유족, 장해, 간병, 직업재활급여, 상병 보상연금, 장례비	인적·물적손실비, 생산손실비, 기계·기구손실비

09 ④　10 ③　11 ④　12 ②　13 ④　정답

14 안전관리조직의 참모식(staff형)에 대한 장점이 아닌 것은?

① 경영자의 조언과 자문역할을 한다.

② 안전정보 수집이 용이하고 빠르다.

③ 안전에 관한 명령과 지시는 생산라인을 통해 신속하게 전달한다.

④ 안전전문가가 안전계획을 세워 문제해결 방안을 모색하고 조치한다.

해설 ▶ **참모식(staff) 조직**

장점	• 안전에 관한 전문지식 및 기술의 축적이 용이하다. • 경영자의 조언 및 자문역할 • 안전정보 수집이 용이하고 신속하다.
단점	• 생산부서와 유기적인 협조 필요 • 생산부분의 안전에 대한 무책임 · 무권한 • 생산부서와 마찰이 일어나기 쉽다.

15 산업안전보건법령상 의무안전인증대상 기계 · 기구 및 설비가 아닌 것은?

① 연삭기

② 롤러기

③ 압력용기

④ 고소(高所) 작업대

해설 ▶ **안전인증 대상**

• 크레인, 리프트, 고소작업대, 프레스, 전단기, 사출성형기, 롤러기, 절곡기, 곤돌라
• 압력용기
• 방폭구조 전기기계 · 기구 및 부품
• 가설기자재

16 제일선의 감독자를 교육대상으로 하고, 작업을 지도하는 방법, 작업개선방법 등의 주요 내용을 다루는 기업내 교육방법은?

① TWI   ② MTP

③ ATT   ④ CCS

해설 ▶ **TWI**(Training with industry, 기업내, 산업내 훈련)

• **교육대상자** : 관리감독자
• **교육시간** : 10시간(1일 2시간씩 5일분) 한 그룹에 10명 내외
• **진행방법** : 토의식과 실연법 중심으로

17 안전검사기관 및 자율검사프로그램 인정기관은 고용노동부장관에게 그 실적을 보고하도록 관련 법에 명시되어 있는데 그 주기로 옳은 것은?

① 매월   ② 격월

③ 분기   ④ 반기

해설 3개월 이내에 보고하도록 하고 있다.

18 다음 재해사례에서 기인물에 해당하는 것은?

> 기계작업에 배치된 작업자가 반장의 지시를 받기 전에 정지된 선반을 운전시키면서 변속치차의 덮개를 벗겨내고 치차를 저속으로 운전하면서 급유하려고 할 때 오른손이 변속치차에 맞물려 손가락이 절단되었다.

① 덮개   ② 급유

③ 선반   ④ 변속치차

해설 ▶ **기인물** : 직접적으로 재해를 유발하거나 영향을 끼친 에너지원을 지닌 기계장치 · 구조물 · 물체 · 물질 · 사람 또는 환경을 말한다.

정답 14 ③ 15 ① 16 ① 17 ③ 18 ③

19 보호구 안전인증 고시에 따른 분리식 방진마스크의 성능기준에서 포집효율이 특급인 경우, 염화나트륨(NaCl) 및 파라핀 오일(Paraffin oil)시험에서의 포집효율은?

① 99.95[%] 이상

② 99.9[%] 이상

③ 99.5[%] 이상

④ 99.0[%] 이상

> **해설** • **분리식** : 특급(99.95[%] 이상), 1급(94[%] 이상), 2급(80[%] 이상)
> • **안면부** : 특급(99[%] 이상), 1급(94[%] 이상), 2급(80[%] 이상)

20 산업안전보건법상 특별안전보건교육에서 방사선 업무에 관계되는 작업을 할 때 교육내용으로 거리가 먼 것은?

① 방사선의 유해·위험 및 인체에 미치는 영향

② 방사선 측정기기 기능의 점검에 관한 사항

③ 비상시 응급처리 및 보호구 착용에 관한 사항

④ 산소농도측정 및 작업환경에 관한 사항

> **해설** ❯ **방사선 업무 관련 작업 교육**
> • 방사선의 유해·위험 및 인체에 미치는 영향
> • 방사선의 측정기기 기능의 점검에 관한 사항
> • 방호거리·방호벽 및 방사선물질의 취급 요령에 관한 사항
> • 응급처치 및 보호구 착용에 관한 사항
> • 그 밖에 안전보건관리에 필요한 사항

2과목 인간공학 및 시스템안전공학

21 수리가 가능한 어떤 기계의 가용도(availability)는 0.9이고, 평균수리시간(MTTR)이 2시간일 때, 이 기계의 평균수명(MTBF)은?

① 15시간

② 16시간

③ 17시간

④ 18시간

> **해설** $\lambda = \dfrac{1}{MTBF}$, 고장률$(\lambda) = \dfrac{\text{기간 중의 총 고장수}(r)}{\text{총 동작시간}(T)}$
> 가동률 $= MTBF/(MTBF+MTTR)$
> $0.9 = MTBF/(MTBF+2)$
> $0.9 \times (MTBF+2) = MTBF$
> $0.9 \times 2 = MTBF(1-0.9)$
> $MTBF = 0.9 \times 2/(1-0.9)$
> (가동률 ≒ 가용도)

22 산업안전보건법령에 따라 제조업 중 유해·위험방지계획서 제출대상 사업의 사업주가 유해·위험방지계획서를 제출하고자 할 때 첨부하여야 하는 서류에 해당하지 않는 것은? (단, 기타 고용노동부장관이 정하는 도면 및 서류 등은 제외한다.)

① 공사개요서

② 기계·설비의 배치도면

③ 기계·설비의 개요를 나타내는 서류

④ 원재료 및 제품의 취급, 제조 등의 작업방법의 개요

> **해설** ❯ **유해·위험방지계획서 제출 시 첨부서류**
> • 건축물 각 층의 평면도
> • 기계·설비의 개요를 나타내는 서류
> • 기계·설비의 배치도면
> • 원재료 및 제품의 취급, 제조 등의 작업방법의 개요
> • 그 밖에 고용노동부장관이 정하는 도면 및 서류
> − 사업의 개요
> − 제조 공정 및 기계·설비에 관한 자료

23 생명유지에 필요한 단위시간당 에너지량을 무엇이라 하는가?

① 기초 대사량
② 산소 소비율
③ 작업 대사량
④ 에너지 소비율

> **해설** ▶ **기초대사량**(BMR, Basal Metabolic rate) : 생명유지에 필요한 단위시간당 에너지량

24 다음의 각 단계를 결함수분석법(FTA)에 의한 재해사례의 연구 순서대로 나열한 것은?

> ㉠ 정상사상의 선정
> ㉡ FT도 작성 및 분석
> ㉢ 개선 계획의 작성
> ㉣ 각 사상의 재해원인 규명

① ㉠ → ㉡ → ㉢ → ㉣
② ㉠ → ㉣ → ㉢ → ㉡
③ ㉠ → ㉢ → ㉡ → ㉣
④ ㉠ → ㉣ → ㉡ → ㉢

> **해설** ㉠ Top사상의 선정 → ㉣ 사상마다 재해원인의 규명 → ㉡ F.T도 작성 → ㉢ 계선계획의 작성

25 인간–기계시스템의 연구 목적으로 가장 적절한 것은?

① 정보 저장의 극대화
② 운전시 피로의 평준화
③ 시스템의 신뢰성 극대화
④ 안전의 극대화 및 생산능률의 향상

> **해설** ▶ 인간 – 기계시스템의 연구 목적
> • 안전성 향상 및 사고예방
> • 직업능률 및 생산성 증대
> • 작업환경의 쾌적성

26 염산을 취급하는 A 업체에서는 신설 설비에 관한 안전성 평가를 실시해야 한다. 정성적 평가단계의 주요 진단 항목에 해당하는 것은?

① 공장 내의 배치
② 제조공정의 개요
③ 재평가 방법 및 계획
④ 안전보건교육 훈련계획

> **해설** ▶ **정성적 평가단계의 주요 진단 항목** : 입지조건, 공장 내의 배치, 소방 설비, 공정기기, 수송/저장, 원재료, 중간제, 제품

27 인간–기계시스템의 설계를 6단계로 구분할 때, 첫 번째 단계에서 시행하는 것은?

① 기본설계
② 시스템의 정의
③ 인터페이스 설계
④ 시스템의 목표와 성능명세 결정

> **해설** ▶ 인간 – 기계시스템의 설계
> • **제1단계** : 목표 및 성능명세 결정 – 시스템 설계 전 그 목적이나 존재 이유가 있어야 함(인간 요소적인 면, 신체의 역학적 특성 및 인체특정학적 요소 고려)
> • **제2단계** : 시스템(체계)의 정의 – 목적을 달성하기 위한 특정한 기본기능들이 수행되어야 함
> • **제3단계** : 기본설계 – 시스템의 형태를 갖추기 시작하는 단계(직무분석, 작업설계, 기능할당)
> • **제4단계** : 계면(인터페이스) 설계 – 사용자 편의와 시스템 성능
> • **제5단계** : 촉진물(보조물) 설계 – 인간의 성능을 촉진시킬 보조물 설계
> • **제6단계** : 시험 및 평가 – 시스템 개발과 관련된 평가와 인간적인 요소 평가 실시

정답 23 ① 24 ④ 25 ④ 26 ① 27 ④

28 점광원으로부터 0.3[m] 떨어진 구면에 비추는 광량이 5[Lumen]일 때, 조도는 약 몇 [lux]인가?

① 0.06
② 16.7
③ 55.6
④ 83.4

해설 조도 $= \dfrac{\text{광량}}{(\text{거리})^2} = \dfrac{5}{0.3^2}$

29 음량수준을 측정할 수 있는 3가지 척도에 해당되지 않는 것은?

① sone
② 럭스
③ phon
④ 인식소음 수준

해설 ② 럭스 : 빛의 조명도를 나타내는 단위

30 실린더 블록에 사용하는 가스켓의 수명은 평균 10,000시간이며, 표준편차는 200시간으로 정규분포를 따른다. 사용시간이 9,600시간일 경우에 신뢰도는 약 얼마인가? (단, 표준정규분포표에서 $u_{0.8413} = 1$, $u_{0.9772} = 2$이다.)

① 84.13[%]
② 88.73[%]
③ 92.72[%]
④ 97.72[%]

해설 (사용 − 평균)/표준편차 $= Z$
(9600 − 10000)/200 $= -2$
$Z \le 2 = 0.9772$
∴ 97.72[%]

31 음압수준이 70[dB]인 경우, 1000[Hz]에서 순음의 phon치는?

① 50[phon]
② 70[phon]
③ 90[phon]
④ 100[phon]

해설 1000[Hz]에서 순음의 [dB]를 phon이라고 한다.

32 인체계측자료의 응용원칙 중 조절 범위에서 수용하는 통상의 범위는 얼마인가?

① 5~95[%tile]
② 20~80[%tile]
③ 30~70[%tile]
④ 40~60[%tile]

해설 통상 5[%] 치에서 95[%] 치까지의 범위를 수용 대상으로 설계

33 동작 경제 원칙에 해당되지 않는 것은?

① 신체사용에 관한 원칙
② 작업장 배치에 관한 원칙
③ 사용자 요구 조건에 관한 원칙
④ 공구 및 설비 디자인에 관한 원칙

해설 ❯ 동작 경제의 원칙
• 신체사용에 관한 원칙
• 작업장 배치에 관한 원칙
• 공구 및 설비 디자인에 관한 원칙

34 정신적 작업 부하에 관한 생리적 척도에 해당하지 않는 것은?

① 부정맥 지수
② 근전도
③ 점멸융합주파수
④ 뇌파도

해설 ▶ **생리적 척도** : 주로 단일 감각기관에 의존하는 경우에 작업에 대한 정신부하를 측정할 때 이용되는 방법으로 부정맥, 점멸융합주파수, 전기피부 반응, 눈 깜빡임, 뇌파 등이 정신 작업부하 평가에 이용된다.

35 FMEA의 장점이라 할 수 있는 것은?

① 분석방법에 대한 논리적 배경이 강하다.
② 물적, 인적요소 모두가 분석대상이 된다.
③ 서식이 간단하고 비교적 적은 노력으로 분석이 가능하다.
④ 두 가지 이상의 요소가 동시에 고장 나는 경우에도 분석이 용이하다.

해설 ▶ **FMEA의 특징**
- CA와 병행하는 일이 많다.
- FTA보다 서식이 간단하고 적은 노력으로 특별한 훈련 없이 분석이 가능하다.
- 논리성이 부족하고 각 요소 간의 영향 분석이 어려워 동시에 두 가지 이상의 요소가 고장 날 경우 분석이 곤란하다.
- 요소가 통상 물체로 한정되어 있어 인적원인의 규명이 어렵다.
- 시스템 안전 해석 시에는 시스템에서 단계나 평가의 필요성 등에 의해 FTA 등을 병용해 가는 것이 실제적인 방법이다.

36 의도는 올바른 것이었지만, 행동이 의도한 것과는 다르게 나타나는 오류를 무엇이라 하는가?

① Slip
② Mistake
③ Lapse
④ Violation

해설 ▶ **오류의 유형**
- **Slip**(실수) : 의도는 잘 했지만 행동은 의도한 것과 다르게 나타남.
- **Mistake**(착오) : 의도부터 잘못된 실수
- **Lapse**(건망증) : 기억도 안 난 건망증
- **Violation**(위반) : 일부러 범죄함

37 시스템 수명주기 단계 중 마지막 단계인 것은?

① 구상단계
② 개발단계
③ 운전단계
④ 생산단계

해설 ▶ **시스템 수명주기**
구상 → 정의 → 개발 → 생산 → 배치 및 운용(운전)

38 FT도에 사용되는 다음 게이트의 명칭은?

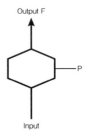

① 부정 게이트
② 억제 게이트
③ 배타적 OR 게이트
④ 우선적 AND 게이트

해설 수정기호를 병용해서 게이트 역할

39 FTA에서 시스템의 기능을 살리는 데 필요한 최소 요인의 집합을 무엇이라 하는가?

① critical set
② minimal gate
③ minimal path
④ Boolean indicated cut set

해설 모든 기본사상이 일어나지 않을 때 처음으로 정상사상이 일어나지 않는 기본사상의 집합인 패스셋에서 필요 최소한의 것

정답 35 ③ 36 ① 37 ③ 38 ② 39 ③

40 쾌적 환경에서 추운 환경으로 변화 시 신체의 조절작용이 아닌 것은?

① 피부온도가 내려간다.

② 직장온도가 약간 내려간다.

③ 몸이 떨리고 소름이 돋는다.

④ 피부를 경유하는 혈액 순환량이 감소한다.

> **해설** ❯ 추운 환경으로 변화 시 신체 작용
> - 피부를 경유하는 혈액의 순환량이 감소하고 많은 양의 혈액이 몸의 중심부를 순환
> - 피부 온도는 내려간다.
> - 직장 온도가 약간 올라간다.
> - 소름이 돋고 몸이 떨리는 오한을 느낀다.

3과목 | **기계위험방지기술**

41 다음 중 프레스를 제외한 사출성형기 · 주형조형기 및 형단조기 등에 관한 안전조치 사항으로 틀린 것은?

① 근로자의 신체 일부가 말려들어갈 우려가 있는 경우에는 양수조작식 방호장치를 설치하여 사용한다.

② 게이트가드식 방호장치를 설치할 경우에는 연동구조를 적용하여 문을 닫지 않아도 동작할 수 있도록 한다.

③ 사출성형기의 전면에 작업용 발판을 설치할 경우 근로자가 쉽게 미끄러지지 않는 구조여야 한다.

④ 기계의 히터 등의 가열부위, 감전우려가 있는 부위에는 방호덮개를 설치하여 사용한다.

> **해설** ② 가드식은 interlock이 적용된 가드와 비슷하다. 기계를 작동하려면 우선 게이트(문)가 위험점을 폐쇄하여야 비로소 기계가 작동되도록 한 장치를 말한다.

42 자분탐사검사에서 사용하는 자화방법이 아닌 것은?

① 축통전법

② 전류 관통법

③ 극간법

④ 임피던스법

> **해설** ❯ 자분탐사 방법

구분	특징
직각통전법	시험품의 축에 대해 직각인 방향에 직접 전류를 흘려서 전류 주위에 생기는 자장을 이용하여 자화시키는 방법
극간법	시험품의 일부분 또는 전체를 전자석 또는 영구자석의 자극 간에 놓고 자화시키는 방법
축통전법	시험품의 축 방향의 끝단에 전류를 흘려, 전류 둘레에 생기는 원형 자장을 이용하여 자화시키는 방법
자속관통법	시험품의 구멍 등에 철심을 놓고 교류 자속을 흘림으로써 시험품 구멍 주변에 유도 전료를 발생시켜, 그 전류가 만드는 자장에 의해서 시험품을 자화시키는 방법

43 다음 중 소성가공을 열간가공과 냉간가공으로 분류하는 가공온도의 기준은?

① 융해점 온도

② 공석점 온도

③ 공정점 온도

④ 재결정 온도

> **해설** 응력에 의해 변형된 결정입자가 원시 복원력에 의해 몇 개인가의 작은 결정입자로 변화하는 것을 재결정이라고 하며 그때의 온도를 재결정온도라고 한다. 일반적으로 가공도가 높아지면 재결정온도는 낮아지는데 어느 일정한 가공도가 되면 대개 일정한 온도로 된다.

44 컨베이어 설치 시 주의사항에 관한 설명으로 옳지 않은 것은?

① 컨베이어에 설치된 보도 및 운전실 상면은 가능한 수평이어야 한다.

② 근로자가 컨베이어를 횡단하는 곳에는 바닥면 등으로부터 90[cm] 이상 120[cm] 이하에 상부 난간대를 설치하고, 바닥면과의 중간에 중간난간대가 설치된 건널다리를 설치한다.

③ 폭발의 위험이 있는 가연성 분진 등을 운반하는 컨베이어 또는 폭발의 위험이 있는 장소에 사용되는 컨베이어의 전기기계 및 기구는 방폭구조이어야 한다.

④ 보도, 난간, 계단, 사다리의 설치 시 컨베이어를 가동시킨 후에 설치하면서 설치상황을 확인한다.

> **해설** ④ 보도, 난간, 계단, 사다리의 설치 시 컨베이어를 중지시킨 후에 설치하면서 설치상황을 확인한다.

45 다음 중 용접 결함의 종류에 해당하지 않는 것은?

① 비드(bead)

② 기공(blow hole)

③ 언더컷(under cut)

④ 용입 불량(incomplt penetration)

> **해설** ① 비드는 모재와 용접봉이 녹아서 생긴 띠 모양의 길쭉한 파형의 용착자국이다.

46 프레스 및 전단기에 사용되는 손쳐내기식 방호장치의 성능기준에 대한 설명 중 옳지 않은 것은?

① 진동각도·진폭시험 : 행정길이가 최소일 때 진동각도는 60~90[°]이다.

② 진동각도·진폭시험 : 행정길이가 최대일 때 진동각도는 30~60[°]이다.

③ 완충시험 : 손쳐내기봉에 의한 과도한 충격이 없어야 한다.

④ 무부하 동작시험 : 1회의 오동작도 없어야 한다.

> **해설** • 행정길이가 최소일 때 60~90[°] 진동각도
> • 행정길이가 최대일 때 45~90[°] 진동각도

47 다음 중 산업안전보건법령상 연삭숫돌을 사용하는 작업의 안전수칙으로 틀린 것은?

① 연삭숫돌을 사용하는 경우 작업시작 전과 연삭숫돌을 교체한 후에는 1분 정도 시운전을 통해 이상 유무를 확인한다.

② 회전 중인 연삭숫돌이 근로자에 위험을 미칠 우려가 있는 경우에 그 부위에 덮개를 설치하여야 한다.

③ 연삭숫돌의 최고 사용회전속도를 초과하여 사용하여서는 안 된다.

④ 측면을 사용하는 목적으로 하는 연삭숫돌 이외에는 측면을 사용해서는 안 된다.

> **해설** • 숫돌 속도 제한 장치를 개조하거나 최고 회전 속도를 초과하여 사용하지 않도록 한다.
> • 워크레스트를 1~3[mm] 정도로 유지하고 숫돌의 결정된 사용면 이외에는 사용하지 않는다.
> • 연삭숫돌의 파괴 시 작업자는 물론 근로자도 보호해야 하므로 안전덮개, 칸막이 또는 작업장을 격리시켜야 한다.

정답 44 ④ 45 ① 46 ② 47 ①

- 연삭숫돌의 교체 시에는 3분 이상 시운전하고 정상 작업 전에는 최소한 1분 이상 시운전하여 이상 유무를 파악하도록 해야 한다.
- 투명 비산방지판을 설치한다.

48 다음 중 산업용 로봇에 의한 작업 시 안전조치 사항으로 적절하지 않은 것은?

① 로봇이 운전으로 인해 근로자가 로봇에 부딪칠 위험이 있을 때에는 1.8[m] 이상의 울타리를 설치하여야 한다.

② 작업을 하고 있는 동안 로봇의 기동스위치 등은 작업에 종사하고 있는 근로자가 아닌 사람이 그 스위치 등을 조작할 수 없도록 필요한 조치를 한다.

③ 로봇의 조작방법 및 순서, 작업 중의 매니퓰레이터의 속도 등에 관한 지침에 따라 작업을 하여야 한다.

④ 작업에 종사하는 근로자가 이상을 발견하면, 관리 감독자에게 우선 보고하고, 지시에 따라 로봇의 운전을 정지시킨다.

해설 ④ 작업에 종사하는 근로자가 이상을 발견하면, 로봇의 운전을 정지시키고 관리 감독자에게 보고하고 지시에 따른다.

49 프레스 작업 시작 전 점검해야 할 사항으로 거리가 먼 것은?

① 매니퓰레이터 작동의 이상 유무
② 클러치 및 브레이크 기능
③ 슬라이드, 연결봉 및 연결 나사의 풀림 여부
④ 프레스 금형 및 고정볼트 상태

해설 ▶ 프레스 작업 시작 전 점검사항
- 클러치 및 브레이크의 기능
- 크랭크축·플라이휠·슬라이드·연결봉 및 연결 나사의 풀림 여부
- 1행정 1정지기구·급정지장치 및 비상정지장치의 기능
- 슬라이드 또는 칼날에 의한 위험방지 기구의 기능
- 프레스의 금형 및 고정볼트 상태
- 방호장치의 기능
- 전단기(剪斷機)의 칼날 및 테이블의 상태

50 압력용기 등에 설치하는 안전밸브에 관련한 설명으로 옳지 않은 것은?

① 안지름이 150[mm]를 초과하는 압력용기에 대해서는 과압에 따른 폭발을 방지하기 위하여 규정에 맞는 안전밸브를 설치해야 한다.

② 급성 독성물질이 지속적으로 외부에 유출될 수 있는 화학설비 및 그 부속설비에는 파열판과 안전밸브를 병렬로 설치한다.

③ 안전밸브는 보호하려는 설비의 최고사용압력 이하에서 작동되도록 하여야 한다.

④ 안전밸브의 배출용량은 그 작동원인에 따라 각각의 소요분출량을 계산하여 가장 큰 수치를 해당 안전밸브의 배출용량으로 하여야 한다.

해설 ② 급성 독성물질이 지속적으로 외부에 유출될 수 있는 화학설비 및 그 부속설비에는 파열판과 안전밸브를 직렬로 설치한다.

51 유해·위험기계·기구 중에서 진동과 소음을 동시에 수반하는 기계설비로 가장 거리가 먼 것은?

① 컨베이어　　　② 사출 성형기
③ 가스 용접기　　④ 공기 압축기

해설 ③ 가스용접기는 소음을 수반한다.

52 기능의 안전화 방안을 소극적 대책과 적극적 대책으로 구분할 때 다음 중 적극적 대책에 해당하는 것은?

① 기계의 이상을 확인하고 급정지시켰다.
② 원활한 작동을 위해 급유를 하였다.
③ 회로를 개선하여 오동작을 방지하도록 하였다.
④ 기계를 볼트 및 너트가 이완되지 않도록 다시 조립하였다.

해설 회로의 개선 등은 적극적 대책으로 분류한다.

53 프레스기의 비상정지스위치 작동 후 슬라이드가 하사점까지 도달시간이 0.15초 걸렸다면 양수기동식 방호장치의 안전거리는 최소 몇 [cm] 이상이어야 하는가?

① 24
② 240
③ 15
④ 150

해설 $1.6 \times Tm$[ms]
$= 1.6 \times 150$[ms] $= 240$[mm] $= 24$[cm]

54 컨베이어(conveyor) 역전방지장치의 형식을 기계식과 전기식으로 구분할 때 기계식에 해당하지 않는 것은?

① 라쳇식
② 밴드식
③ 스러스트식
④ 롤러식

해설 • **기계식** : 라쳇식, 롤러식, 밴드식, 웜기어 등
• **전기식** : 전기브레이크, 스러스트브레이크 등

55 재료의 강도시험 중 항복점을 알 수 있는 시험의 종류는?

① 비파괴시험
② 충격시험
③ 인장시험
④ 피로시험

해설 인장시험을 통해 항복점을 알 수 있다.

56 휴대용 연삭기 덮개의 개방부 각도는 몇 도[°] 이내여야 하는가?

① 60[°]
② 90[°]
③ 125[°]
④ 180[°]

해설

구분	노출 각도
• 탁상용 연삭기	90[°]
• 휴대용 연삭기	180[°]
• 연삭숫돌의 상부를 사용하는 것을 목적으로 하는 연삭기	60[°]
• 절단 및 평면 연삭기	150[°]

57 롤러기 급정지장치 조작부에 사용하는 로프의 성능 기준으로 적합한 것은? (단, 로프의 재질은 관련 규정에 적합한 것으로 본다.)

① 지름 1[mm] 이상의 와이어로프
② 지름 2[mm] 이상의 합성섬유로프
③ 지름 3[mm] 이상의 합성섬유로프
④ 지름 4[mm] 이상의 와이어로프

해설 조작부에 와이어로프를 사용할 경우는 한국산업규격에 정한 적합한 규격이 4[mm] 이상의 와이어로프 또는 직경이 6[mm] 이상이고 절단하중이 2.94[kN] 이상의 합성섬유로프를 사용하여야 한다.

정답 52 ③ 53 ① 54 ③ 55 ③ 56 ④ 57 ④

58 다음 중 공장 소음에 대한 방지계획에 있어 소음원에 대한 대책에 해당하지 않는 것은?

① 해당 설비의 밀폐
② 설비실의 차음벽 시공
③ 작업자의 보호구 착용
④ 소음기 및 흡음장치 설치

> **해설** 강렬한 소음작업이나 충격소음작업 장소에 대하여 기계·기구 등의 대체, 시설의 밀폐·흡음(吸音) 또는 격리 등 소음 감소를 위한 조치를 하여야 한다.

59 와이어로프의 꼬임은 일반적으로 특수로프를 제외하고는 보통 꼬임(Ordinary Lay)과 랭 꼬임(Lang's Lay)으로 분류할 수 있다. 다음 중 랭 꼬임과 비교하여 보통 꼬임의 특징에 관한 설명으로 틀린 것은?

① 킹크가 잘 생기지 않는다.
② 내마모성, 유연성, 저항성이 우수하다.
③ 로프의 변형이나 하중을 걸었을 때 저항성이 크다.
④ 스트랜드의 꼬임 방향과 로프의 꼬임 방향이 반대이다.

> **해설** ② 내마모성, 유연성, 저항성이 우수하다. → 랭 꼬임의 특징

랭 꼬임 　　 보통 꼬임

60 보일러 등에 사용하는 압력방출장치의 봉인은 무엇으로 실시해야 하는가?

① 구리 테이프
② 납
③ 봉인용 철사
④ 알루미늄 실(seal)

> **해설** 압력계를 이용하여 설정압력에서 안전밸브가 적정하게 작동하는지를 검사한 후 납으로 봉인하여 사용하여야 한다.

4과목　전기위험방지기술

61 정격감도전류에서 동작시간이 가장 짧은 누전차단기는?

① 시연형 누전차단기
② 반한시형 누전차단기
③ 고속형 누전차단기
④ 감전보호용 누전차단기

> **해설** 누전에 30[ms](0.03[sec]) 이내에 작동하는 누전차단기 설치(감전보호용)

62 방폭지역 구분 중 폭발성 가스 분위기가 정상상태에서 조성되지 않거나 조성된다 하더라도 짧은 기간에만 존재할 수 있는 장소는?

① 0종 장소
② 1종 장소
③ 2종 장소
④ 비방폭지역

> **해설**
> • **0종 장소** : 장치 및 기기들이 정상 가동되는 경우에 폭발성 가스가 항상 존재하는 장소이다.
> • **1종 장소** : 장치 및 기기들이 정상 가동 상태에서 폭발성 가스가 가끔 누출되어 위험 분위기가 존재하는 장소이다.
> • **2종 장소** : 작업자의 조작상 실수나 이상운전으로 폭발성 가스가 누출되거나 유출된 가스가 체류하여 폭발을 일으킬 우려가 있는 장소이다.

58 ③　59 ②　60 ②　61 ④　62 ③　**정답**

63 전기설비기술기준에서 정의하는 전압의 구분으로 틀린 것은?

① 교류 저압 : 1000[V] 이하

② 직류 저압 : 1500[V] 이하

③ 직류 고압 : 1500[V] 초과 7000[V] 이하

④ 특고압 : 7000[V] 이상

해설 ④ 특고압은 7000[V]를 초과하는 직교류전압이다.
▶ 전압의 구분

전압 구분	직류	교류
저압	1.5[kV] 이하	1[kV] 이하
고압	1.5[kV] 초과, 7[kV] 이하	1[kV] 초과, 7[kV] 이하
특고압	7[kV] 초과	

64 피뢰기의 구성요소로 옳은 것은?

① 직렬 갭, 특성요소

② 병렬 갭, 특성요소

③ 직렬 갭, 충격요소

④ 병렬 갭, 충격요소

해설 ▶ 피뢰기의 구성요소
• **직렬 갭** : 이상 전압 내습 시 뇌전압을 방전하고 그 속류를 차단, 상시에는 누설전류 방지
• **특성요소** : 뇌전류 방전 시 피뢰기 자신의 전위상승을 억제하여 자신의 절연파괴를 방지

65 내압방폭구조의 필요충분조건에 대한 사항으로 틀린 것은?

① 폭발화염이 외부로 유출되지 않을 것

② 습기침투에 대한 보호를 충분히 할 것

③ 내부에서 폭발한 경우 그 압력에 견딜 것

④ 외함의 표면온도가 외부의 폭발성 가스를 점화하지 않을 것

해설 ▶ 내압방폭구조
• 전기설비에서 아크 또는 고열이 발생하여 폭발성 가스에 점화할 우려가 있는 부분을 전폐한 용기에 넣음으로써 폭발이 일어날 경우 이 용기가 압력에 견디고 외부의 폭발성 가스에 인화될 위험이 없도록 한 구조의 방폭구조이다.
• 폭발 후에는 협격을 통해서 고온의 가스를 서서히 방출시킴으로써 냉각되게 하는 구조로 방폭구조체

66 역률개선용 커패시터(capacitor)가 접속되어 있는 전로에서 정전작업을 할 경우 다른 정전작업과는 달리 주의 깊게 취해야 할 조치사항으로 옳은 것은?

① 안전표지 부착

② 개폐기 전원투입 금지

③ 잔류전하 방전

④ 활선 근접작업에 대한 방호

해설 역률개선용 커패시터(capacitor)가 전하를 모으고 있어 잔류방전의 전하에 주의

67 감전사고를 방지하기 위한 방법으로 틀린 것은?

① 전기기기 및 설비의 위험부에 위험표지

② 전기설비에 대한 누전차단기 설치

③ 전기기기에 대한 정격표시

④ 무자격자는 전기기계 및 기구에 전기적인 접촉 금지

해설 ③ 전기기기에 대한 정격표시 방법은 틀린 방법이다.

정답 63 ④ 64 ① 65 ② 66 ③ 67 ③

68 전기기기 방폭의 기본 개념이 아닌 것은?

① 점화원의 방폭적 격리

② 전기기기의 안전도 증강

③ 점화능력의 본질적 억제

④ 전기설비 주위 공기의 절연능력 향상

> **해설** ④ 공기는 절연능력이 없다.

69 대전물체의 표면전위를 검출전극에 의한 용량분할을 통해 측정할 수 있다. 대전물체의 표면전위 V_s는? (단, 대전물체와 검출전극 간의 정전용량은 C_1, 검출전극과 대지 간의 정전용량은 C_2, 검출전극의 전위는 V_e이다.)

① $V_s = \left(\dfrac{C_1 + C_2}{C_1} + 1\right) V_e$

② $V_s = \dfrac{C_1 + C_2}{C_1} V_e$

③ $V_s = \dfrac{C_2}{C_1 + C_2} V_e$

④ $V_s = \left(\dfrac{C_1}{C_1 + C_2} + 1\right) V_e$

> **해설** CV = 일정
> 대전물체 : 검출전극과 상호작용
> 검출전극 : 대전물체와 대지와 상호작용
> $V_s \times C_1 = V_e \times (C_1 + C_2)$
> $V_s = V_e \times (C_1 + C_2)/C_1$

70 다음 중 불꽃(spark)방전의 발생 시 공기 중에 생성되는 물질은?

① O_2 ② O_3

③ H_2 ④ C

> **해설** 오존이 생성된다.

71 감전사고가 발생했을 때 피해자를 구출하는 방법으로 틀린 것은?

① 피해자가 계속하여 전기설비에 접촉되어 있다면 우선 그 설비의 전원을 신속히 차단한다.

② 감전 사항을 빠르게 판단하고 피해자의 몸과 충전부가 접촉되어 있는지를 확인한다.

③ 충전부에 감전되어 있으면 몸이나 손을 잡고 피해자를 곧바로 이탈시켜야 한다.

④ 절연 고무장갑, 고무장화 등을 착용한 후에 구원해 준다.

> **해설** ③ 충전부에 감전되어 있으면 몸이나 손을 잡지 않고 피해자를 곧바로 이탈시켜야 한다.

72 샤워시설이 있는 욕실에 콘센트를 시설하고자 한다. 이때 설치되는 인체감전보호용 누전차단기의 정격감도전류는 몇 [mA] 이하인가?

① 5   ② 15

③ 30   ④ 60

> **해설** 물이 있는 곳은 인체감전보호용 누전차단기를 설치(정격감도전류 15[mA] 이하, 동작시간은 0.03초 이하의 전류동작형으로 한다.)

73 인체의 저항을 500[Ω]이라 할 때 단상 440[V]의 회로에서 누전으로 인한 감전재해를 방지할 목적으로 설치하는 누전 차단기의 규격은?

① 30[mA], 0.1초   ② 30[mA], 0.03초

③ 50[mA], 0.1초   ④ 50[mA], 0.3초

> **해설** 누전차단기와 접속된 각각의 기계기구에 대하여 정격 감도전류 30[mA] 이하이며 동작시간은 0.03초 이내일 것

74 접지의 종류와 목적이 바르게 짝지어지지 않은 것은?

① 계통접지 – 고압전로와 저압전로가 혼촉되었을 때의 감전이나 화재 방지를 위하여

② 지락검출용 접지 – 차단기의 동작을 확실하게 하기 위하여

③ 기능용 접지 – 피뢰기 등의 기능손상을 방지하기 위하여

④ 등전위 접지 – 병원에 있어서 의료기기 사용시 안전을 위하여

> **해설** ③ **기능용 접지** : 건축물 내 설치된 전자기기의 안정적 가동을 확보

75 방폭기기-일반요구사항(KS C IEC 60079-0) 규정에서 제시하고 있는 방폭기기 설치 시 표준환경 조건이 아닌 것은?

① 압력 : 80~110[kpa]

② 상대습도 : 40~80[%]

③ 주위온도 : −20~40[℃]

④ 산소 함유율 21[%v/v]의 공기

> **해설** ② 상대습도는 45~85[%]

76 정전작업 시 작업 중의 조치사항으로 옳은 것은?

① 검전기에 의한 정전확인

② 개폐기의 관리

③ 잔류전하의 방전

④ 단락접지 실시

> **해설** ▶ **정전작업 시 조치사항**
> • 작업지휘자에 의해 작업한다.
> • 개폐기를 관리한다.
> • 단락접지 상태를 확인·관리한다.
> • 근접활선에 대한 방호상태를 관리한다.

77 자동전격방지장치에 대한 설명으로 틀린 것은?

① 무부하 시 전력손실을 줄인다.

② 무부하 전압을 안전전압 이하로 저하시킨다.

③ 용접을 할 때에만 용접기의 주회로를 개로(OFF)시킨다.

④ 교류 아크용접기의 안전장치로서 용접기의 1차 또는 2차측에 부착한다.

> **해설** ③ 용접을 할 때에만 용접기의 주회로를 개로(OFF)시키면 작업 불가

78 인체의 전기저항 R을 1000[Ω]이라고 할 때 위험 한계 에너지의 최저는 약 몇 [J]인가? (단, 통전시간은 1초이고, 심실세동전류 $I = \dfrac{165}{\sqrt{T}}$[mA]이다.)

① 17.23   ② 27.23

③ 37.23   ④ 47.23

> **해설** $W = I^2 \times R$
> $W = I^2 \times R = 165^2 \times 1000$
> [mA]를 [A]로 계산

정답   73 ②   74 ③   75 ②   76 ②   77 ③   78 ②

79 다음 그림과 같이 완전 누전되고 있는 전기기기의 외함에 사람이 접촉하였을 경우 인체에 흐르는 전류[I_m]는? (단, E[V]는 전원의 대지전압, R_2[Ω]는 변압기 1선 접지, 제2종 접지저항, R_3[Ω]은 전기기기 외함 접지, 제3종 접지저항, R_m[Ω]은 인체저항이다.)

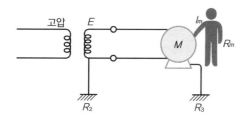

① $\dfrac{E}{R_2 + \dfrac{R_3 \times R_m}{R_3 + R_m}} \times \dfrac{R_3}{R_3 + R_m}$

② $\dfrac{E}{R_2 + \dfrac{R_3 + R_m}{R_3 \times R_m}} \times \dfrac{R_3}{R_3 + R_m}$

③ $\dfrac{E}{R_2 + \dfrac{R_3 \times R_m}{R_3 + R_m}} \times \dfrac{R_m}{R_3 + R_m}$

④ $\dfrac{E}{R_3 + \dfrac{R_2 \times R_m}{R_2 + R_m}} \times \dfrac{R_3}{R_3 + R_m}$

해설 계산식은 동일하나, 2021년 개정되어 종별 접지는 폐지되었다.

80 전기화재가 발생되는 비중이 가장 큰 발화원은?

① 주방기기
② 이동식 전열기구
③ 회전체 전기기계 및 기구
④ 전기배선 및 배선기구

해설 전기화재는 전기배선 및 배선기구가 가장 비중이 크다.

5과목 **화학설비위험방지기술**

81 다음 중 가연성가스가 밀폐된 용기 안에서 폭발할 때 최대폭발압력에 영향을 주는 인자로 가장 거리가 먼 것은?

① 가연성가스의 농도(몰수)
② 가연성가스의 초기온도
③ 가연성가스의 유속
④ 가연성가스의 초기압력

해설 ◎ 밀폐된 용기 안에서 폭발압력에 영향을 주는 요인
  • **기체 몰수 및 온도와의 관계** : 최대폭발압력(P_m)은 처음 압력(P_1), 기체 몰수의 변화량($n_1 \rightarrow n_2$), 온도변화($T_1 \rightarrow T_2$)에 비례하여 높아진다.
  $$\therefore P_m = P_1 \times \frac{n_2}{n_1} \times \frac{T_2}{T_1}$$
  • 폭발압력과 인화성 가스의 농도와의 관계

82 물이 관 속을 흐를 때 유동하는 물속의 어느 부분의 정압이 그 때의 물의 증기압보다 낮을 경우 물이 증발하여 부분적으로 증기가 발생되어 배관의 부식을 초래하는 경우가 있다. 이러한 현상을 무엇이라 하는가?

① 서어징(surging)
② 공동현상(cavitation)
③ 비말동반(entrainment)
④ 수격작용(water hammering)

해설 ① **서어징**(surging) : 압력 유량 변동으로 진동, 소음이 발생
③ **비말동반**(entrainment) : 작은 액체 방울이 섞여 증기와 함께 증발관 밖으로 함께 배출
④ **수격작용**(water hammering) : 관속에 가득 차 흐르는 물을 갑자기 멈추게 하거나 움직이게 했을 때의 충격파

83 메탄이 공기 중에서 연소될 때의 이론혼합비(화학양론조성)는 약 몇 [vol%]인가?

① 2.21
② 4.03
③ 5.76
④ 9.50

해설 $C_{st} = \dfrac{100}{1 + 4.773\left(n + \dfrac{m-f-2\lambda}{4}\right)}$

$= \dfrac{100}{1 + 4.773\left(1 + \dfrac{4}{4}\right)} = 9.5$

(n : 탄소, m : 수소, f : 할로겐원소, λ : 산소의 원자수)

84 고압의 환경에서 장시간 작업하는 경우에 발생할 수 있는 잠함병(潛函病) 또는 잠수병(潛水病)은 다음 중 어떤 물질에 의하여 중독현상이 일어나는가?

① 질소
② 황화수소
③ 일산화탄소
④ 이산화탄소

해설 ▶ **질소** : 급격한 감압 시에 혈액 속의 질소가 혈액과 조직에 기포를 형성하여 혈액순환 장해와 조직손상을 일으킨다.

85 공기 중에서 A 가스의 폭발하한계는 2.2[vol%]이다. 이 폭발하한계 값을 기준으로 하여 표준 상태에서 A 가스와 공기의 혼합기체 1[m³]에 함유되어 있는 A 가스의 질량을 구하면 약 몇 [g]인가? (단, A가스의 분자량은 26이다.)

① 19.02
② 25.54
③ 29.02
④ 35.54

해설 STP상태에서 기체 1[mol]은 22.4L이고 0.0224[m³]
A가스 1[mol]의 분자량이 26[g]이므로,
26[g]/0.0224[m³] = 1160.7143[g/m³]
A 가스의 폭발하한계는 2.2[vol%]이므로
1160.7143[g/m³]×0.022 = 25.5357

86 다음 중 열교환기의 보수에 있어 일상점검항목과 정기적 개방점검항목으로 구분할 때 일상점검항목으로 가장 거리가 먼 것은?

① 도장의 노후상황
② 부착물에 의한 오염의 상황
③ 보온재, 보냉재의 파손 여부
④ 기초볼트의 체결정도

정답 82 ② 83 ④ 84 ① 85 ② 86 ②

해설 ② 생성물, 부착물에 의한 오염은 내부에서 일어나는 현상이므로 개방점검에 해당한다.

❯ **일상점검항목**
- 보온재 및 보냉재의 파손상황
- 도장의 노후 상황
- 플랜지(Flange)부, 용접부 등의 누설 여부
- 기초볼트의 조임 상태

87 헥산 1[vol%], 메탄 2[vol%], 에틸렌 2[vol%], 공기 95[vol%]로 된 혼합가스의 폭발하한계 값[vol%]은 약 얼마인가? (단, 헥산, 메탄, 에틸렌의 폭발하한계 값은 각각 1.1, 5.0, 2.7[vol%]이다.)

① 2.44 　　　　　　② 12.89
③ 21.78 　　　　　　④ 48.78

해설 르 샤틀리에 공식 적용
(1+2+2)/[(1/1.1)+(2/5.0)+(2/2.7)] = 2.439

88 산업안전보건기준에 관한 규칙 중 급성 독성물질에 관한 기준 중 일부이다. (A)와 (B)에 알맞은 수치를 옳게 나타낸 것은?

- 쥐에 대한 경구투입실험에 의하여 실험동물의 50[%]를 사망시킬 수 있는 물질의 양, 즉 LD50(경구, 쥐)이 [kg]당 (A)[mg]–(체중) 이하인 화학물질
- 쥐 또는 토끼에 대한 경피흡수실험에 의하여 실험동물의 50[%]를 사망시킬 수 있는 물질의 양, 즉 LD50(경피, 토끼 또는 쥐)이 [kg]당 (B)[mg]–(체중) 이하인 화학물질

① A : 1000, B : 300 　　② A : 1000, B : 1000
③ A : 300, B : 300 　　　④ A : 300, B : 1000

해설 LD50(경구, 쥐)이 [kg]당 300[mg]
LD50(경피, 토끼 또는 쥐)이 [kg]당 1000[mg]

89 이산화탄소소화약제의 특징으로 가장 거리가 먼 것은?

① 전기절연성이 우수하다.
② 액체로 저장할 경우 자체 압력으로 방사할 수 있다.
③ 기화상태에서 부식성이 매우 강하다.
④ 저장에 의한 변질이 없어 장기간 저장이 용이한 편이다.

해설 ③ 기화상태에서 부식이 되지 않는다.

90 분진폭발을 방지하기 위하여 첨가하는 불활성첨가물로 적합하지 않는 것은?

① 탄산칼슘 　　　　　② 모래
③ 석분 　　　　　　　④ 마그네슘

해설 ④ 마그네슘은 분진의 폭발 물질

91 다음 중 가연성 가스이며 독성 가스에 해당하는 것은?

① 수소 　　　　　　　② 프로판
③ 산소 　　　　　　　④ 일산화탄소

해설 일산화탄소는 폭발등급 G1 가연성 가스이며, 독성 가스(연탄가스)이다.

92 위험물질을 저장하는 방법으로 틀린 것은?

① 황린은 물속에 저장
② 나트륨은 석유 속에 저장
③ 칼륨은 석유 속에 저장
④ 리튬은 물속에 저장

해설 ④ 리튬은 석유 속에 저장하며, 리튬은 금수성 물질로 물과 접촉할 경우 화재나 폭발의 위험성이 증가한다.

87 ① 　88 ④ 　89 ③ 　90 ④ 　91 ④ 　92 ④ 　**정답**

93 다음 중 인화성 가스가 아닌 것은?

① 부탄 　　　　　 ② 메탄
③ 수소 　　　　　 ④ 산소

해설 ④ 산소는 연소를 도와주는 조연성 가스이다.

94 다음 중 자연 발화의 방지법으로 가장 거리가 먼 것은?

① 직접 인화할 수 있는 불꽃과 같은 점화원만 제거하면 된다.
② 저장소 등의 주위 온도를 낮게 한다.
③ 습기가 많은 곳에는 저장하지 않는다.
④ 통풍이나 저장법을 고려하여 열의 축적을 방지한다.

해설 ❯ **자연 발화 방지법**
• 통풍이 잘되게 할 것
• 저장실 온도를 낮출 것
• 열이 축적되지 않는 퇴적방법을 선택할 것
• 습도가 높지 않도록 할 것

95 인화성 가스가 발생할 우려가 있는 지하작업장에서 작업을 할 경우 폭발이나 화재를 방지하기 위한 조치사항 중 가스의 농도를 측정하는 기준으로 적절하지 않은 것은?

① 매일 작업을 시작하기 전에 측정한다.
② 가스의 누출이 의심되는 경우 측정한다.
③ 장시간 작업할 때에는 매 8시간마다 측정한다.
④ 가스가 발생하거나 정체할 위험이 있는 장소에 대하여 측정한다.

해설 ③ 장시간 작업할 때에는 매 4시간마다 측정한다.

96 위험물 또는 가스에 의한 화재를 경보하는 기구에 필요한 설비가 아닌 것은?

① 간이완강기 　　　 ② 자동화재감지기
③ 축전지설비 　　　 ④ 자동화재수신기

해설 ① 간이완강기는 피난기구이다.
❯ **위험물·가스화재 경보설비** : 자동화재감지기, 축전지설비, 가스누출감지기, 경보기, 자동화재수신기, 자동경보장치 등

97 산업안전보건기준에 관한 규칙에서 지정한 '화학설비 및 그 부속설비의 종류' 중 화학설비의 부속설비에 해당하는 것은?

① 응축기·냉각기·가열기 등의 열교환기류
② 반응기·혼합조 등의 화학물질 반응 또는 혼합장치
③ 펌프류·압축기 등의 화학물질 이송 또는 압축설비
④ 온도·압력·유량 등을 지시·기록하는 자동제어 관련 설비

해설 ❯ **화학설비의 부속설비**(안전보건규칙 별표 7)
• 배관·밸브·관·부속류 등 화학물질 이송 관련 설비
• 온도·압력·유량 등을 지시·기록 등을 하는 자동제어 관련 설비
• 안전밸브·안전판·긴급차단 또는 방출밸브 등 비상조치 관련 설비
• 가스누출감지 및 경보 관련 설비
• 세정기, 응축기, 벤트스택(bent stack), 플레어스택(flare stack) 등 폐가스처리설비
• 사이클론, 백필터(bag filter), 전기집진기 등 분진처리설비
• 위의 설비를 운전하기 위하여 부속된 전기 관련 설비
• 정전기 제거장치, 긴급 사워설비 등 안전 관련 설비

정답 　93 ④ 　94 ① 　95 ③ 　96 ① 　97 ④

98 다음 중 반응기를 조작방식에 따라 분류할 때 이에 해당하지 않는 것은?

① 회분식 반응기
② 반회분식 반응기
③ 연속식 반응기
④ 관형식 반응기

> 해설
> • **조작(운전)방식에 의한 분류** : 회분식, 반회분식, 연속식
> • **구조에 의한 분류** : 관형반응기, 탑형반응기, 교반기형 반응기, 유동층형반응기

---

99 다음 중 물과 반응하여 수소가스를 발생할 위험이 가장 낮은 물질은?

① Mg
② Zn
③ Cu
④ Na

> 해설
> ③ Cu(구리)는 물과 반응하지 않는다.
> ①·②·④ 마그네슘, 아연, 나트륨은 제3류 위험물로 물과 반응해 수소가스를 발생시킨다.

---

100 다음 중 가연성 물질이 연소하기 쉬운 조건으로 옳지 않은 것은?

① 연소 발열량이 클 것
② 점화에너지가 작을 것
③ 산소와 친화력이 클 것
④ 입자의 표면적이 작을 것

> 해설
> ④ 입자의 표면적이 클 것

6과목 | **건설안전기술**

101 부두·안벽 등 하역작업을 하는 장소에서 부두 또는 안벽의 선을 따라 통로를 설치하는 경우에는 폭을 최소 얼마 이상으로 해야 하는가?

① 70[cm]
② 80[cm]
③ 90[cm]
④ 100[cm]

> 해설
> 부두 또는 안벽의 선을 따라 통로를 설치하는 경우에는 폭을 90[cm] 이상으로 할 것(안전보건규칙 제390조 제2호)

---

102 건설작업장에서 근로자가 상시 작업하는 장소의 작업면 조도기준으로 옳지 않은 것은? (단, 갱내 작업장과 감광재료를 취급하는 작업장의 경우는 제외)

① 초정밀작업 : 600[lux] 이상
② 정밀작업 : 300[lux] 이상
③ 보통작업 : 150[lux] 이상
④ 초정밀, 정밀, 보통작업을 제외한 기타 작업 : 75[lux] 이상

> 해설 ◈ **작업장별 조도기준**(안전보건규칙 제8조)
> • **초정밀작업** : 750[lux] 이상
> • **정밀작업** : 300[lux] 이상
> • **보통작업** : 150[lux] 이상
> • **그 밖의 작업** : 75[lux] 이상

---

98 ④　99 ③　100 ④　101 ③　102 ① 　정답

103 승강기 강선의 과다감기를 방지하는 장치는?

① 비상정지장치　　② 권과방지장치

③ 해지장치　　　　④ 과부하방지장치

해설 ▶ **권과방지장치** : 와이어 로프가 일정한 정도 이상으로 감기는 것을 방지하는 장치

104 흙막이 지보공을 설치하였을 때 정기적으로 점검하여야 할 사항과 거리가 먼 것은?

① 경보장치의 작동상태

② 부재의 손상·변형·부식·변위 및 탈락의 유무와 상태

③ 버팀대의 긴압(緊壓)의 정도

④ 부재의 접속부·부착부 및 교차부의 상태

해설 ▶ **흙막이 지보공 설치 시 정기적 점검사항**(안전보건규칙 제347조 제1항)
• 부재의 손상·변형·부식·변위 및 탈락의 유무와 상태
• 버팀대의 긴압(緊壓)의 정도
• 부재의 접속부·부착부 및 교차부의 상태
• 침하의 정도

105 사질지반 굴착 시, 굴착부와 지하수위차가 있을 때 수두차에 의하여 삼투압이 생겨 흙막이벽 근입부분을 침식하는 동시에 모래가 액상화되어 솟아오르는 현상은?

① 동상현상　　　　② 연화현상

③ 보일링현상　　　④ 히빙현상

해설 ▶ **보일링현상** : 지하 수위가 높은 사질토에서 발생하며 지면의 액상화 현상, 굴착면과 배면토의 수두차에 의해 삼투압현상이 발생하는 것

106 건설업 중 교량건설 공사의 유해위험방지계획서를 제출하여야 하는 기준으로 옳은 것은?

① 최대 지간길이가 40[m] 이상인 교량건설 등 공사

② 최대 지간길이가 50[m] 이상인 교량건설 등 공사

③ 최대 지간길이가 60[m] 이상인 교량건설 등 공사

④ 최대 지간길이가 70[m] 이상인 교량건설 등 공사

해설 최대 지간길이가 50[m] 이상인 교량건설 등 공사(산업안전보건법 시행령 제42조 제3항)

107 구축물이 풍압·지진 등에 의하여 붕괴 또는 전도하는 위험을 예방하기 위한 조치와 가장 거리가 먼 것은?

① 설계도서에 따라 시공했는지 확인

② 건설공사 시방서에 따라 시공했는지 확인

③ 「건축물의 구조기준 등에 관한 규칙」에 따른 구조기준을 준수했는지 확인

④ 보호구 및 방호장치의 성능검정 합격품을 사용했는지 확인

해설 사업주는 구축물 또는 이와 유사한 시설물에 대하여 자중(自重), 적재하중, 적설, 풍압(風壓), 지진이나 진동 및 충격 등에 의하여 전도·폭발하거나 무너지는 등의 위험을 예방하기 위하여 다음 각 호의 조치를 하여야 한다 (안전보건규칙 제51조).
• 설계도서에 따라 시공했는지 확인
• 건설공사 시방서(示方書)에 따라 시공했는지 확인
• 「건축물의 구조기준 등에 관한 규칙」에 따른 구조기준을 준수했는지 확인

정답 **103** ② **104** ① **105** ③ **106** ② **107** ④

108 철골건립준비를 할 때 준수하여야 할 사항과 가장 거리가 먼 것은?

① 지상 작업장에서 건립준비 및 기계기구를 배치할 경우에는 낙하물의 위험이 없는 평탄한 장소를 선정하여 정비하고 경사지에는 작업대나 임시발판 등을 설치하는 등 안전조치를 한 후 작업하여야 한다.

② 건립작업에 다소 지장이 있다하더라도 수목은 제거하여서는 안 된다.

③ 사용 전에 기계기구에 대한 정비 및 보수를 철저히 실시하여야 한다.

④ 기계에 부착된 앵커 등 고정장치와 기초구조 등을 확인하여야 한다.

> 해설 ② 건립작업에 다소 지장이 있다면 수목은 제거하여 안전작업을 실시하여야 한다.

109 건설현장에서 높이 5[m] 이상인 콘크리트 교량의 설치작업을 하는 경우 재해예방을 위해 준수해야 할 사항으로 옳지 않은 것은?

① 작업을 하는 구역에는 관계 근로자가 아닌 사람의 출입을 금지할 것

② 재료, 기구 또는 공구 등을 올리거나 내릴 경우에는 근로자로 하여금 크레인을 이용하도록 하고, 달줄, 달포대 등의 사용을 금하도록 할 것

③ 중량물 부재를 크레인 등으로 인양하는 경우에는 부재에 인양용 고리를 견고하게 설치하고, 인양용 로프는 부재에 두 군데 이상 결속하여 인양하여야 하며, 중량물이 안전하게 거치되기 전까지는 걸이로프를 해제시키지 아니할 것

④ 자재나 부재의 낙하·전도 또는 붕괴 등에 의하여 근로자에게 위험을 미칠 우려가 있을 경우에는 출입금지구역의 설정, 자재 또는 가설시설의 좌굴(挫屈) 또는 변형 방지를 위한 보강재 부착 등의 조치를 할 것

> 해설 ② 재료, 기구 또는 공구 등을 올리거나 내릴 경우에는 근로자로 하여금 달줄, 달포대 등을 사용하게 해야 한다.

110 일반건설공사(갑)로서 대상액이 5억원 이상 50억원 미만인 경우에 산업안전보건관리비의 비율(가) 및 기초액(나)으로 옳은 것은?

① (가) 1.86[%], (나) 5,349,000원
② (가) 1.99[%], (나) 5,499,000원
③ (가) 2.35[%], (나) 5,400,000원
④ (가) 1.57[%], (나) 4,411,000원

> 해설

구분 공사 종류	대상액 5억원 미만인 경우 적용 비율 [%]	대상액 5억원 이상 50억원 미만인 경우		대상액 50억원 이상인 경우 적용 비율 [%]	영 별표5에 따른 보건 관리자 선임 대상 건설 공사의 적용비율 [%]
		적용 비율 [%]	기초액		
일반건설 공사(갑)	2.93 [%]	1.86 [%]	5,349,000원	1.97[%]	2.15[%]
일반건설 공사(을)	3.09 [%]	1.99 [%]	5,499,000원	2.10[%]	2.29[%]
중건설 공사	3.43 [%]	2.35 [%]	5,400,000원	2.44[%]	2.66[%]
철도· 궤도 신설공사	2.45 [%]	1.57 [%]	4,411,000원	1.66[%]	1.81[%]
특수 및 기타 건설공사	1.85 [%]	1.20 [%]	3,250,000원	1.27[%]	1.38[%]

111 중량물을 운반할 때의 바른 자세로 옳은 것은?

① 허리를 구부리고 양손으로 들어올린다.
② 중량은 보통 체중의 60[%]가 적당하다.
③ 물건은 최대한 몸에서 멀리 떼어서 들어올린다.
④ 길이가 긴 물건은 앞쪽을 높게 하여 운반한다.

> **해설** ④ 중량물을 운반할 때 길이가 긴 물건은 앞쪽을 높게 하여 운반한다.

112 추락방지용 방망의 그물코의 크기가 10[cm]인 신품 매듭 방망사의 인장강도는 몇 [kg] 이상이어야 하는가?

① 80
② 110
③ 150
④ 200

> **해설**
>
> | 그물코의 크기 | 방망의 종류(단위 : [kg]) | |
> |---|---|---|
> | (단위 : [cm]) | 매듭 없는 방망 | 매듭 방망 |
> | 10 | 240 | 200 |
> | 5 | – | 110 |

113 다음 중 방망에 표시해야 할 사항이 아닌 것은?

① 방망의 신축성
② 제조자명
③ 제조년월
④ 재봉 치수

> **해설** ▶ **방망에 표시해야 할 사항** : 제조자명, 제조연월, 재봉 치수, 그물코, 신품일 경우 방망의 강도

114 강관비계 조립 시의 준수사항으로 옳지 않은 것은?

① 비계기둥에는 미끄러지거나 침하하는 것을 방지하기 위하여 밑받침철물을 사용한다.
② 지상높이 4층 이하 또는 12[m] 이하인 건축물의 해체 및 조립 등의 작업에서만 사용한다.
③ 교차가새로 보강한다.
④ 외줄비계·쌍줄비계 또는 돌출비계에 대해서는 벽이음 및 버팀을 설치한다.

> **해설** ▶ **강관비계 조립 시 준수사항**(안전보건규칙 제59조)
> • 비계기둥에는 미끄러지거나 침하하는 것을 방지하기 위하여 밑받침철물을 사용하거나 깔판·깔목 등을 사용하여 밑둥잡이를 설치하는 등의 조치를 할 것
> • 강관의 접속부 또는 교차부(交叉部)는 적합한 부속철물을 사용하여 접속하거나 단단히 묶을 것
> • 교차가새로 보강할 것
> • 외줄비계·쌍줄비계 또는 돌출비계에 대해서는 벽이음 및 버팀을 설치할 것. 다만, 창틀의 부착 또는 벽면의 완성 등의 작업을 위하여 벽이음 또는 버팀을 제거하는 경우, 그 밖에 작업의 필요상 부득이한 경우로서 해당 벽이음 또는 버팀 대신 비계기둥 또는 띠장에 사재(斜材)를 설치하는 등 비계가 넘어지는 것을 방지하기 위한 조치를 한 경우에는 그러하지 아니하다.

115 사다리식 통로 등을 설치하는 경우 고정식 사다리식 통로의 기울기는 최대 몇 [°] 이하로 하여야 하는가?

① 60[°]
② 75[°]
③ 80[°]
④ 90[°]

> **해설** 사다리식 통로의 기울기는 75[°] 이하로 할 것. 다만, 고정식 사다리식 통로의 기울기는 90[°] 이하로 하고, 그 높이가 7[m] 이상인 경우에는 바닥으로부터 높이가 2.5[m] 되는 지점부터 등받이 울을 설치할 것(안전보건규칙 제24조 제1항 제9호)

정답 111 ④ 112 ④ 113 ① 114 ② 115 ④

116 산업안전보건법령에 따른 거푸집동바리를 조립하는 경우의 준수사항으로 옳지 않은 것은?

① 개구부 상부에 동바리를 설치하는 경우에는 상부하중을 견딜 수 있는 견고한 받침대를 설치할 것

② 동바리의 이음은 맞댄이음이나 장부이음으로 하고 같은 품질의 제품을 사용할 것

③ 강재와 강재의 접속부 및 교차부는 철선을 사용하여 단단히 연결할 것

④ 거푸집이 곡면인 경우에는 버팀대의 부착 등 그 거푸집의 부상(浮上)을 방지하기 위한 조치를 할 것

> **해설** **거푸집동바리 등의 안전조치**(안전보건규칙 제332조)
> • 깔목의 사용, 콘크리트 타설, 말뚝박기 등 동바리의 침하를 방지하기 위한 조치를 할 것
> • 개구부 상부에 동바리를 설치하는 경우에는 상부하중을 견딜 수 있는 견고한 받침대를 설치할 것
> • 동바리의 상하 고정 및 미끄러짐 방지 조치를 하고, 하중의 지지상태를 유지할 것
> • 동바리의 이음은 맞댄이음이나 장부이음으로 하고 같은 품질의 재료를 사용할 것
> • 강재와 강재의 접속부 및 교차부는 볼트·클램프 등 전용철물을 사용하여 단단히 연결할 것
> • 거푸집이 곡면인 경우에는 버팀대의 부착 등 그 거푸집의 부상(浮上)을 방지하기 위한 조치를 할 것

117 타워 크레인(Tower Crane)을 선정하기 위한 사전 검토사항으로서 가장 거리가 먼 것은?

① 붐의 모양　　　　② 인양능력

③ 작업반경　　　　④ 붐의 높이

> **해설** 타워크레인을 선정하기 위해서는 인양능력, 작업반경, 붐의 높이를 사전검토해야 한다.

118 건설현장에서 근로자의 추락재해를 예방하기 위한 안전난간을 설치하는 경우 그 구성요소와 거리가 먼 것은?

① 상부난간대　　　　② 중간난간대

③ 사다리　　　　④ 발끝막이판

> **해설** **안전난간의 구성요소**(안전보건규칙 제13조) : 상부난간대, 중간난간대, 발끝막이판, 난간기둥

119 달비계(곤돌라의 달비계는 제외)의 최대적재하중을 정하는 경우에 사용하는 안전계수의 기준으로 옳은 것은?

① 달기체인의 안전계수 : 10 이상

② 달기강대와 달비계의 하부 및 상부지점의 안전계수(목재의 경우) : 2.5 이상

③ 달기와이어로프의 안전계수 : 5 이상

④ 달기강선의 안전계수 : 10 이상

> **해설** • 달기 와이어로프 및 달기 강선의 안전계수 : 10 이상
> • 달기 체인 및 달기 훅의 안전계수 : 5 이상
> • 달기 강대와 달비계의 하부 및 상부 지점의 안전계수 : 강재(鋼材)의 경우 2.5 이상, 목재의 경우 5 이상
> ※ 안전계수는 와이어로프 등의 절단하중 값을 그 와이어로프 등에 걸리는 하중의 최댓값으로 나눈 값을 말한다.

120 달비계의 구조에서 달비계 작업발판의 폭은 최소 얼마 이상이어야 하는가?

① 30[cm]　　　　② 40[cm]

③ 50[cm]　　　　④ 60[cm]

> **해설** 작업발판의 폭을 40[cm] 이상으로 하고, 틈새가 없도록 할 것(안전보건규칙 제63조 제1항 제6호)

116 ③　117 ①　118 ③　119 ④　120 ② **정답**

2019년 제2회 기출 복원문제

1과목 안전관리론

01 허츠버그(Herzberg)의 일을 통한 동기부여 원칙으로 틀린 것은?

① 새롭고 어려운 업무의 부여
② 교육을 통한 간접적 정보제공
③ 자기과업을 위한 작업자의 책임감 증대
④ 작업자에게 불필요한 통제를 배제

해설 ▶ **동기요인**(직무내용, 고차원적 요구)
- 성취감
- 책임감
- 인정감
- 성장과 발전
- 도전감
- 일 그 자체

02 산업안전보건법상 환기가 극히 불량한 좁고 밀폐된 장소에서 용접작업을 하는 근로자 대상의 특별안전보건교육 교육내용에 해당하지 않는 것은? (단, 기타 안전보건관리에 필요한 사항은 제외한다.)

① 환기설비에 관한 사항
② 작업환경 점검에 관한 사항
③ 질식 시 응급조치에 관한 사항
④ 화재예방 및 초기대응에 관한 사항

해설 ▶ **특별교육 대상 작업별 교육**(밀폐된 장소에서의 용접작업 또는 습한 장소에서 하는 전기용접 작업)
- 작업순서, 안전작업방법 및 수칙에 관한 사항
- 환기설비에 관한 사항
- 전격 방지 및 보호구 착용에 관한 사항
- 질식 시 응급조치에 관한 사항
- 작업환경 점검에 관한 사항
- 그 밖에 안전보건관리에 필요한 사항

03 다음의 무재해운동의 이념 중 "선취의 원칙"에 대한 설명으로 가장 적절한 것은?

① 사고의 잠재요인을 사후에 파악하는 것
② 근로자 전원이 일체감을 조성하여 참여하는 것
③ 위험요소를 사전에 발견, 파악하여 재해를 예방 또는 방지하는 것
④ 관리감독자 또는 경영층에서의 자발적 참여로 안전 활동을 촉진하는 것

해설 ▶ **안전제일의 원칙**(선취의 원칙) : 행동하기 전, 잠재 위험요인을 발견하고 파악, 해결하여 재해를 예방하는 것

04 산업안전보건법령상 유기화합물용 방독마스크의 시험가스로 옳지 않은 것은?

① 이소부탄
② 시클로헥산
③ 디메틸에테르
④ 염소가스 또는 증기

해설 ▶ **방독마스크의 시험가스**
- **유기화합물용 시험가스** : 시클로헥산, 디메틸에테르, 이소부탄
- **할로겐용** : 염화가스 또는 증기
- **황화수소용** : 시안화수소가스
- **아황산용** : 아황산가스
- **암모니아용** : 암모니아가스

05 산업안전보건법령상 근로자 안전보건교육 중 작업내용 변경 시의 교육을 할 때 일용근로자를 제외한 근로자의 교육시간으로 옳은 것은?

① 1시간 이상　　　② 2시간 이상
③ 4시간 이상　　　④ 8시간 이상

해설 ▶ 근로자 안전보건교육

교육과정	교육대상		교육시간
정기교육	사무직 종사 근로자		매분기 3시간 이상
	사무직 종사 근로자 외의 근로자	판매업무에 직접 종사하는 근로자	매분기 3시간 이상
		판매업무에 직접 종사하는 근로자 외의 근로자	매분기 6시간 이상
	관리감독의 지위에 있는 사람		연간 16시간 이상
채용 시 교육	일용근로자		1시간 이상
	일용근로자를 제외한 근로자		8시간 이상
작업내용 변경 시 교육	일용근로자		1시간 이상
	일용근로자를 제외한 근로자		2시간 이상
특별교육	타워크레인 신호작업을 제외한 특별교육 대상에 해당하는 작업에 종사하는 일용근로자		2시간 이상
	타워크레인 신호작업에 종사하는 일용근로자		8시간 이상
	특별교육 대상에 해당하는 작업에 종사하는 일용근로자를 제외한 근로자		• 16시간 이상(최초 작업에 종사하기 전 4시간 이상 실시하고 12시간은 3개월 이내에서 분할하여 실시 가능) • 단기간 작업 또는 간헐적 작업인 경우에는 2시간 이상
건설업 기초안전보건교육	건설 일용근로자		4시간 이상

06 매슬로우의 욕구단계이론 중 자기의 잠재력을 최대한 살리고 자기가 하고 싶었던 일을 실현하려는 인간의 욕구에 해당하는 것은?

① 생리적 욕구
② 사회적 욕구
③ 자아실현의 욕구
④ 학생의 학습과 과정의 평가를 과학적으로 할 수 있다.

해설 ▶ **매슬로우 욕구단계이론** : 하위 단계가 충족되어야 상위 단계로 진행
- **자아실현의 욕구** : 잠재능력의 극대화, 성취의 욕구
- **인정받으려는 욕구** : 자존심, 성취감, 승진 등 자존의 욕구
- **사회적 욕구** : 소속감과 애정에 대한 욕구
- **안전의 욕구** : 자기존재에 대한 욕구, 보호받으려는 욕구
- **생리적 욕구** : 기본적 욕구로서 강도가 가장 높은 욕구

07 수업매채별 장·단점 중 '컴퓨터 수업(computer assisted instruction)'의 장점으로 옳지 않은 것은?

① 개인차를 최대한 고려할 수 있다.
② 학습자가 능동적으로 참여하고, 실패율이 낮다.
③ 교사와 학습자가 시간을 효과적으로 이용할 수 없다.
④ 학생의 학습과 과정의 평가를 과학적으로 할 수 있다.

해설 ▶ **컴퓨터 수업의 장점**
- 개인차를 최대한 고려할 수 있다.
- 학습자가 능동적으로 참여하고, 실패율이 낮다.
- 교사와 학습자가 시간을 효과적으로 이용할 수 있다.
- 학생의 학습과 과정의 평가를 과학적으로 할 수 있다.

05 ② 06 ③ 07 ③ **정답**

08 산업안전보건법령상 산업안전보건위원회의 구성에서 사용자위원 구성원이 아닌 것은? (단, 해당 위원이 사업장에 선임이 되어 있는 경우에 한한다.)

① 안전관리자

② 보건관리자

③ 산업보건의

④ 명예산업안전감독관

> **해설** ▷ **산업안전보건위원회의 사용자위원**
> - 해당 사업의 대표자(같은 사업으로서 다른 지역에 사업장이 있는 경우에는 그 사업장의 안전보건관리책임자)
> - 안전관리자(안전관리자를 두어야 하는 사업장으로 한정하되, 안전관리자의 업무를 안전관리전문기관에 위탁한 사업장의 경우에는 그 안전관리전문기관의 해당 사업장 담당자) 1명
> - 보건관리자(보건관리자를 두어야 하는 사업장으로 한정하되, 보건관리자의 업무를 보건관리전문기관에 위탁한 사업장의 경우에는 그 보건관리전문기관의 해당 사업장 담당자) 1명
> - 산업보건의(해당 사업장에 선임되어 있는 경우로 한정)
> - 해당 사업의 대표자가 지명하는 9명 이내의 해당 사업장 부서의 장

09 다음 중 상황성 누발자의 재해유발원인으로 옳지 않은 것은?

① 작업의 난이성

② 기계설비의 결함

③ 도덕성의 결여

④ 심신의 근심

> **해설** ▷ **상황성 누발자 재해유발원인**
> - 작업 자체가 어렵기 때문
> - 기계설비의 결함존재
> - 주위 환경상 주의력 집중 곤란
> - 심신에 근심 걱정이 있기 때문

10 다음 중 안전보건교육의 단계별 교육과정 순서로 옳은 것은?

① 안전 태도교육 → 안전 지식교육 → 안전 기능교육

② 안전 지식교육 → 안전 기능교육 → 안전 태도교육

③ 안전 기능교육 → 안전 지식교육 → 안전 태도교육

④ 안전 자세교육 → 안전 지식교육 → 안전 기능교육

> **해설** ▷ **안전보건교육의 단계별 교육과정**
> - **지식교육** : 기초지식주입, 광범위한 지식의 습득 및 전달
> - **기능교육** : 교육자가 스스로 행함, 경험과 적응, 전문적 기술 기능, 작업능력 및 기술능력부여, 작업동작의 표준화, 교육기간의 장기화, 대규모 인원에 대한 교육 관란
> - **태도교육** : 습관형성, 안전의식향상, 안전책임감 주입

11 산업안전보건법령상 안전모의 시험성능기준 항목으로 옳지 않은 것은?

① 내열성   ② 턱끈풀림

③ 내관통성   ④ 충격흡수성

> **해설** ▷ **안전모의 시험 성능기준**
> - 내관통성시험
> - 충격흡수성시험
> - 내전압성시험
> - 내수성시험
> - 난연성시험
> - 턱끈풀림

12 재해통계에 있어 강도율이 2.0인 경우에 대한 설명으로 옳은 것은?

① 재해로 인해 전체 작업비용의 2.0[%]에 해당하는 손실이 발생하였다.
② 근로자 100명당 2.0건의 재해가 발생하였다.
③ 근로시간 1000시간당 2.0건의 재해가 발생하였다.
④ 근로시간 1000시간당 2.0일의 근로손실일수가 발생하였다.

해설 ▶ **근로시간 합계 1000시간당 재해로 인한 근로손실일수**

$$강도율 = \frac{총요양근로손실일수}{연근로시간수} \times 1000$$

$$환산강도율 = 강도율 \times 100$$

• **근로손실일수 계산 시 주의 사항**
휴업일수는 300/365 × 휴업일수로 손실일수 계산
※ 강도율이 2.0이라는 뜻 : 연간 1000시간당 작업 시 근로손실일수가 2.0일

13 다음 중 산업안전심리의 5대 요소에 포함되지 않는 것은?

① 습관
② 동기
③ 감정
④ 지능

해설 ▶ **산업안전심리의 5대 요소**
• 습관
• 동기
• 감정
• 습성
• 기질

14 교육훈련 방법 중 OJT(On the Job Training)의 특징으로 옳지 않은 것은?

① 동시에 다수의 근로자들을 조직적으로 훈련이 가능하다.
② 개개인에게 적절한 지도 훈련이 가능하다.
③ 훈련효과에 의해 상호 신뢰 및 이해도가 높아진다.
④ 직장의 실정에 맞게 실제적 훈련이 가능하다.

해설 ▶ **OJT(On the Job Training)의 특징**
• 직장의 현장 실정에 맞는 구체적이고 실질적인 교육이 가능하다.
• 교육의 효과가 업무에 신속하게 반영된다.
• 교육의 이해도가 빠르고 동기부여가 쉽다.
• 개인의 능력과 적성에 알맞은 맞춤교육이 가능하다.

15 기술교육의 형태 중 존 듀이(J. Dewey)의 사고과정 5단계에 해당하지 않는 것은?

① 추론한다.
② 시사를 받는다.
③ 가설을 설정한다.
④ 가슴으로 생각한다.

해설 ▶ **듀이(J. Dewey)의 사고과정 5단계**
• **제1단계** : 시사(Suggestion)를 받는다.
• **제2단계** : 지식화(Intellectualization)한다.
• **제3단계** : 가설(Hypothesis)을 설정한다.
• **제4단계** : 추론(Reasoning)한다.
• **제5단계** : 행동에 의하여 가설을 검토한다.

16 연천인율 45인 사업장의 도수율은 얼마인가?

① 10.8
② 18.75
③ 108
④ 187.5

해설 연천인율 = 도수율×2.4
= 45/2.4

12 ④ 13 ④ 14 ① 15 ④ 16 ② 정답

17 다음 중 산업안전보건법상 안전인증대상 기계·기구 등의 안전인증 표시로 옳은 것은?

①   ②

③   ④

해설 유해·위험기계 등의 안전인증의 표시 및 표시방법

18 불안전 상태와 불안전 행동을 제거하는 안전관리의 시책에는 적극적인 대책과 소극적인 대책이 있다. 다음 중 소극적인 대책에 해당하는 것은?

① 보호구의 사용
② 위험공정의 배제
③ 위험물질의 격리 및 대체
④ 위험성평가를 통한 작업환경 개선

구분	원인	대책
외적 원인	•작업, 환경조건 불량 •작업순서 부적당 •작업강도 •기상조건	•환경정비 •작업순서 조절 •작업량, 시간, 속도 등의 조절 •온도, 습도 등의 조절
내적 원인	•소질적 요인 •의식의 우회 •경험 부족 및 미숙련 •피로도 •정서불안정 등	•적성배치 •상담 •교육 •충분한 휴식 •심리적 안정 및 치료

19 안전조직 중에서 라인-스태프(Line-Staff) 조직의 특징으로 옳지 않은 것은?

① 라인형과 스태프형의 장점을 취한 절충식 조직형태이다.
② 중규모 사업장(100명 이상~500명 미만)에 적합하다.
③ 라인의 관리, 감독자에게도 안전에 관한 책임과 권한이 부여된다.
④ 안전 활동과 생산업무가 분리될 가능성이 낮기 때문에 균형을 유지할 수 있다.

해설 라인-스태프형 조직(직계참모조직)

장점	•안전지식 및 기술 축적 가능 •안전지시 및 전달이 신속·정확하다. •안전에 대한 신기술의 개발 및 보급이 용이하다. •안전활동이 생산과 분리되지 않으므로 운용이 쉽다.
단점	•명령계통과 지도·조언 및 권고적 참여가 혼동되기 쉽다. •스태프의 힘이 커지면 라인이 무력해진다.
비고	대규모(1,000인 이상) 사업장에 적용

20 다음 중 브레인스토밍(Brain Storming)의 4원칙을 올바르게 나열한 것은?

① 자유분방, 비판금지, 대량발언, 수정발언
② 비판자유, 소량발언, 자유분방, 수정발언
③ 대량발언, 비판자유, 자유분방, 수정발언
④ 소량발언, 자유분방, 비판금지, 수정발언

해설 브레인스토밍의 원칙 : 비판금지, 대량발언, 수정발언, 자유발언이다.

정답 17 ① 18 ① 19 ② 20 ①

2과목 인간공학 및 시스템안전공학

21 정성적 표시장치의 설명으로 틀린 것은?

① 정성적 표시장치의 근본 자료 자체는 정량적인 것이다.

② 전력계에서와 같이 기계적 혹은 전자적으로 숫자가 표시된다.

③ 색채 부호가 부적합한 경우에는 계기판 표시 구간을 형상 부호화하여 나타낸다.

④ 연속적으로 변하는 변수의 대략적인 값이나 변화추세, 변화율 등을 알고자 할 때 사용된다.

해설 ▶ **정성적 표시장치**
• 온도, 압력, 속도처럼 연속적으로 변하는 변수의 대략적인 값이나 또는 변화 추세율 등을 알고자 할 때
• 정량적 자료를 정성적 판독의 근거로 사용할 경우

22 FT도에 사용하는 기호에서 3개의 입력현상 중 임의의 시간에 2개가 발생하면 출력이 생기는 기호의 명칭은?

① 억제 게이트
② 조합 AND 게이트
③ 배타적 OR 게이트
④ 우선적 AND 게이트

해설 ① **억제 게이트** : 수정기호를 병용해서 게이트 역할, 입력이 게이트 조건에 만족 시 발생
③ **배타적 OR 게이트** : OR 게이트인데 2개 또는 그 이상의 입력이 존재하는 경우에는 출력이 발생하지 않는다.
④ **우선적 AND 게이트** : 입력사상 중 어떤 사상이 다른 사상보다 앞에 일어났을 때 출력사상이 발생한다.

23 공정안전관리(process safety management : PSM)의 적용대상 사업장이 아닌 것은?

① 복합비료 제조업
② 농약 원제 제조업
③ 차량 등의 운송설비업
④ 합성수지 및 기타 플라스틱물질 제조업

해설 ▶ **유해하거나 위험한 설비로 보지 않는 사업장**
• 원자력 설비
• 군사시설
• 사업주가 해당 사업장 내에서 직접 사용하기 위한 난방용 연료의 저장설비 및 사용설비
• 도매·소매시설
• 차량 등의 운송설비
• 「액화석유가스의 안전관리 및 사업법」에 따른 액화석유가스의 충전·저장시설
• 「도시가스사업법」에 따른 가스공급시설
• 그 밖에 고용노동부장관이 누출·화재·폭발 등의 사고가 있더라도 그에 따른 피해의 정도가 크지 않다고 인정하여 고시하는 설비

24 아령을 사용하여 30분간 훈련한 후, 이두근의 근육 수축작용에 대한 전기적인 신호 데이터를 모았다. 이 데이터들을 이용하여 분석할 수 있는 것은 무엇인가?

① 근육의 질량과 밀도
② 근육의 활성도와 밀도
③ 근육의 피로도와 크기
④ 근육의 피로도와 활성도

해설 근육의 피로도와 활성도(근전도)

21 ② 22 ② 23 ③ 24 ④ **정답**

25 착석식 작업대의 높이 설계를 할 경우 고려해야 할 사항과 가장 관계가 먼 것은?

① 의자의 높이
② 대퇴 여유
③ 작업의 성격
④ 작업대의 형태

해설 ❯ **착석식 작업대의 높이 설계 시 고려 사항**
- 조절식으로 설계하여 개인에 맞추는 것이 가장 바람직
- 작업 높이가 팔꿈치 높이와 동일
- 섬세한 작업(미세부품조립 등)일수록 높아야 하며(팔꿈치 높이보다 5~15[cm]), 거친 작업에는 약간 낮은 편이 유리
- 작업 면 하부 여유 공간이 가장 큰 사람의 대퇴부가 자유롭게 움직일 수 있도록 설계
- 의자의 높이, 작업대 두께, 대퇴 여유 등

26 결함수분석의 기대효과와 가장 관계가 먼 것은?

① 시스템의 결함 진단
② 시간에 따른 원인 분석
③ 사고원인 규명의 간편화
④ 사고원인 분석의 정량화

해설 ❯ **결함수분석의 기대효과**
- 사고원인 규명의 간편화
- 사고원인 분석의 일반화
- 사고원인 분석의 정량화
- 노력, 시간의 절감
- 시스템의 결함 진단
- 안전점검표 작성

27 인간공학에 대한 설명으로 틀린 것은?

① 인간이 사용하는 물건, 설비, 환경의 설계에 적용된다.
② 인간을 작업과 기계에 맞추는 설계 철학이 바탕이 된다.
③ 인간 – 기계 시스템의 안전성과 편리성, 효율성을 높인다.
④ 인간의 생리적, 심리적인 면에서의 특성이나 한계점을 고려한다.

해설 ② 인간이 편리하게 사용할 수 있도록 기계 설비 및 환경을 설계하는 과정을 인간공학이라 한다.

28 빨강, 노랑, 파랑의 3가지 색으로 구성된 교통 신호등이 있다. 신호등은 항상 3가지 색 중 하나가 켜지도록 되어 있다. 1시간 동안 조사한 결과, 파란등은 총 30분 동안, 빨간등과 노란등은 각각 총 15분 동안 켜진 것으로 나타났다. 이 신호등의 총 정보량은 몇 [bit]인가?

① 0.5
② 0.75
③ 1.0
④ 1.5

해설 ❯ **정보량** : 실현 가능성이 같은 n개의 대안이 있을 때 총 정보량
- **시간**
  파랑 : 30/60 = 0.5
  빨강 : 15/60 = 0.25
  노랑 : 15/60 = 0.25
- **정보량**
  파랑 : $\log(\frac{1}{0.5})/\log(2) = 1$

  빨강, 노랑 : $\log(\frac{1}{0.25})/\log(2) = 2$
- **총정보량** = $(0.5 \times 1) + (0.25 \times 2) + (0.25 \times 2) = 1.5$

정답 25 ④ 26 ② 27 ② 28 ④

29 다음과 같은 실내 표면에서 일반적으로 추천반사율의 크기를 맞게 나열한 것은?

| ㉠ 바닥   ㉡ 천장   ㉢ 가구   ㉣ 벽 |

① ㉠<㉣<㉢<㉡
② ㉣<㉠<㉡<㉢
③ ㉠<㉢<㉣<㉡
④ ㉣<㉡<㉠<㉢

해설 실내 표면에서의 추천반사율의 크기는 바닥<가구<벽<천장의 순서이다.

바닥	가구, 사무용기기, 책상	창문 발, 벽	천장
20~40[%]	25~45[%]	40~60[%]	80~90[%]

30 어떤 결함수를 분석하여 minimal cut set을 구한 결과 다음과 같았다. 각 기본사상의 발생확률을 q_i, i = 1, 2, 3이라 할 때, 정상사상의 발생확률함수로 맞는 것은?

| $k_1 = [1, 2]$ $k_2 = [1, 3]$ $k_3 = [2, 3]$ |

① $q_1q_2 + q_1q_2 - q_2q_3$

② $q_1q_2 + q_1q_3 - q_1q_2$

③ $q_1q_2 + q_1q_3 + q_2q_3 - q_1q_2q_3$

④ $q_1q_2 + q_1q_3 + q_2q_3 - 2q_1q_2q_3$

해설 $q_1q_2 + q_1q_3 + q_2q_3 - 2q_1q_2q_3$

31 산업안전보건법령에 따라 유해위험방지 계획서의 제출대상 사업은 해당 사업으로서 전기 계약용량이 얼마 이상의 사업인가?

① 150[kW]
② 200[kW]
③ 300[kW]
④ 500[kW]

해설 전기 계약용량이 300[kW] 이상인 경우를 말한다.

32 음량수준을 평가하는 척도와 관계없는 것은?

① HSI
② phon
③ [dB]
④ sone

해설 ① HSI(human-system interface) : 인간 - 시스템 인터페이스

33 인간의 오류모형에서 "알고 있음에도 의도적으로 따르지 않거나 무시한 경우"를 무엇이라 하는가?

① 실수(Slip)
② 착오(Mistake)
③ 건망증(Lapse)
④ 위반(Violation)

해설 ❯ 오류 유형
• Slip(실수) : 의도는 잘 했지만 행동은 의도한 것과 다르게 나타남.
• Mistake(착오) : 의도부터 잘못된 실수
• Lapse(건망증) : 기억도 안 난 건망증
• Violation(위반) : 일부러 범죄함

34 그림과 같이 7개의 부품으로 구성된 시스템의 신뢰도는 약 얼마인가? (단, 네모 안의 숫자는 각 부품의 신뢰도이다.)

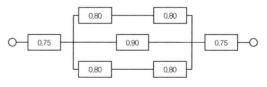

① 0.5552
② 0.5427
③ 0.6234
④ 0.9740

해설 $0.75 \times [1-(1-0.80 \times 0.80) \times (1-0.90) \times (1-0.80 \times 0.80)] \times 0.75 = 0.55521$

35 소음방지 대책에 있어 가장 효과적인 방법은?

① 음원에 대한 대책

② 수음자에 대한 대책

③ 전파경로에 대한 대책

④ 거리감쇠와 지향성에 대한 대책

> **해설** 적극적인 방법이 가장 효과적이다.

36 화학설비에 대한 안정성 평가(safety assessment)에서 정량적 평가 항목이 아닌 것은?

① 습도　　　　　② 온도

③ 압력　　　　　④ 용량

> **해설** ❷ **정량적 평가 항목** : 화학설비의 취급물질, 용량, 온도, 압력, 조작

37 신체 부위의 운동에 대한 설명으로 틀린 것은?

① 굴곡(flexion)은 부위 간의 각도가 증가하는 신체의 움직임을 의미한다.

② 외전(abduction)은 신체 중심선으로부터 이동하는 신체의 움직임을 의미한다.

③ 내전(adduction)은 신체의 외부에서 중심선으로 이동하는 신체의 움직임을 의미한다.

④ 외선(lateral rotation)은 신체의 중심선으로부터 회전하는 신체의 움직임을 의미한다.

> **해설** ① **굴곡** : 관절에서의 각도가 감소

38 n개의 요소를 가진 병렬 시스템에 있어 요소의 수명(MTTF)이 지수분포를 따를 경우 이 시스템의 수명을 구하는 식으로 맞는 것은?

① $MTTF \times n$

② $MTTF \times \dfrac{1}{n}$

③ $MTTF\left(1 + \dfrac{1}{2} + \cdots + \dfrac{1}{n}\right)$

④ $MTTF\left(1 \times \dfrac{1}{2} \times \cdots \times \dfrac{1}{n}\right)$

> **해설** 평균수명으로서 시스템 부품 등이 고장 나기까지의 동작시간 평균치이다. MTBF와 다른 점은 시스템을 수리하여 사용할 수 없는 경우 MTTF라고 한다.
>
> $$MTTF_s = MTTF\left(1 + \frac{1}{2} + \frac{1}{3} + \cdots + \frac{1}{n}\right)$$

39 인간 전달 함수(Human Transfer Function)의 결점이 아닌 것은?

① 입력의 협소성

② 시점적 제약성

③ 정신운동의 묘사성

④ 불충분한 직무 묘사

> **해설** ❷ **인간 전달 함수의 단점**
> • 입력의 협소성(= 한계성)
> • 불충분한 직무묘사
> • 시점적 제약성

정답　35 ①　36 ①　37 ①　38 ③　39 ③

40 고장형태와 영향분석(FMEA)에서 평가요소로 틀린 것은?

① 고장발생의 빈도

② 고장의 영향크기

③ 고장방지의 가능성

④ 기능적 고장 영향의 중요도

해설 ▶ **FMEA**(고장형태와 영향분석) **평가요소**
- 고장발생의 빈도
- 고장방지의 가능성
- 기능적 고장 영향의 중요도
- 영향을 미치는 시스템의 범위
- 신규설계의 정도

3과목 **기계위험방지기술**

---

41 프레스기에 설치하는 방호장치에 관한 사항으로 틀린 것은?

① 수인식 방호장치의 수인끈 재료는 합성섬유로 직경이 4[mm] 이상이어야 한다.

② 양수조작식 방호장치는 1행정마다 누름버튼에서 양손을 떼지 않으면 다음 작업의 동작을 할 수 없는 구조이어야 한다.

③ 광전자식 방호장치는 정상동작표시램프는 적색, 위험표시램프는 녹색으로 하며, 쉽게 근로자가 볼 수 있는 곳에 설치해야 한다.

④ 손쳐내기식 방호장치는 슬라이드 하행정거리의 3/4위치에서 손을 완전히 밀어내야 한다.

해설 ③ 광전자식 방호장치는 정상동작표시램프는 녹색, 위험표시램프는 적색으로 하며, 쉽게 근로자가 볼 수 있는 곳에 설치해야 한다.

42 프레스 금형부착, 수리 작업 등의 경우 슬라이드의 낙하를 방지하기 위하여 설치하는 것은?

① 슈트   ② 키이록

③ 안전블록   ④ 스트리퍼

해설 프레스 등의 금형을 부착·해체 또는 조정작업을 하는 때에는 신체의 일부가 위험한계 내에 들어갈 때에 슬라이드가 불시에 하강함으로써 발생하는 위험을 방지하기 위하여 안전블록을 사용하여야 한다.

43 회전 중인 연삭숫돌이 근로자에게 위험을 미칠 우려가 있을 시 덮개를 설치하여야 할 연삭숫돌의 최소 지름은?

① 지름이 5[cm] 이상인 것

② 지름이 10[cm] 이상인 것

③ 지름이 15[cm] 이상인 것

④ 지름이 20[cm] 이상인 것

해설 회전 중인 연삭숫돌(지름이 5[cm] 이상인 것으로 한정한다)이 근로자에게 위험을 미칠 우려가 있는 경우에 그 부위에 덮개를 설치하여야 한다.

44 다음 중 기계설비의 정비·청소·급유·검사·수리 등의 작업 시 근로자가 위험해질 우려가 있는 경우 필요한 조치와 거리가 먼 것은?

① 근로자의 위험방지를 위하여 해당 기계를 정지시킨다.

② 작업지휘자를 배치하여 갑작스러운 기계가동에 대비한다.

③ 기계 내부에 압출된 기체나 액체가 불시에 방출될 수 있는 경우에는 사전에 방출조치를 실시한다.

④ 기계 운전을 정지한 경우에는 기동장치에 잠금장치를 하고 다른 작업자가 그 기계를 임의 조작할 수 있도록 열쇠를 찾기 쉬운 곳에 보관한다.

해설 ④ 기계 운전을 정지한 경우에는 기동장치에 잠금장치를 하고 다른 작업자가 그 기계를 임의 조작할 수 없도록 열쇠를 감독자가 관리한다.

45 아세틸렌 용접 시 역류를 방지하기 위하여 설치하여야 하는 것은?

① 안전기   ② 청정기
③ 발생기   ④ 유량기

해설 안전기는 가스가 역류하고 역화 폭발을 할 때 위험을 확실히 방호할 수 있는 구조이어야 한다.

46 와이어 로프의 꼬임에 관한 설명으로 틀린 것은?

① 보통꼬임에는 S꼬임이나 Z꼬임이 있다.
② 보통꼬임은 스트랜드의 꼬임방향과 로프의 꼬임방향이 반대로 된 것을 말한다.
③ 랭꼬임은 로프의 끝이 자유로이 회전하는 경우나 킹크가 생기기 쉬운 곳에 적당하다.
④ 랭꼬임은 보통꼬임에 비하여 마모에 대한 저항성이 우수하다.

해설 ③ 보통꼬임은 로프의 끝이 자유로이 회전하는 경우나 킹크가 생기기 쉬운 곳에 적당하다.

47 구내운반차의 제동장치 준수사항에 대한 설명으로 틀린 것은?

① 조명이 없는 장소에서 작업 시 전조등과 후미등을 갖출 것
② 운전석이 차 실내에 있는 것은 좌우에 한 개씩 방향지시기를 갖출 것
③ 핸들의 중심에서 차체 바깥 측까지의 거리가 70[cm] 이상일 것
④ 주행을 제동하거나 정지상태를 유지하기 위하여 유효한 제동장치를 갖출 것

해설 출제당시는 ③ 70[cm]가 아니라 65[cm]여서 ③이 답이었으나, 이 규정은 2021년 삭제되었다.

▶ **구내운반차의 제동장치 준수사항**(안전보건규칙 제184조)
• 주행을 제동하거나 정지상태를 유지하기 위하여 유효한 제동장치를 갖출 것
• 경음기를 갖출 것
• 운전석이 차 실내에 있는 것은 좌우에 한개씩 방향지시기를 갖출 것
• 전조등과 후미등을 갖출 것. 다만, 작업을 안전하게 하기 위하여 필요한 조명이 있는 장소에서 사용하는 구내운반차에 대해서는 그러하지 아니하다.

48 프레스의 방호장치 중 광전자식 방호장치에 관한 설명으로 틀린 것은?

① 연속 운전작업에 사용할 수 있다.
② 핀클러치 구조의 프레스에 사용할 수 있다.
③ 기계적 고장에 의한 2차 낙하에는 효과가 없다.
④ 시계를 차단하지 않기 때문에 작업에 지장을 주지 않는다.

해설 ② 급정지장치가 없는 핀클러치 방식의 재래식 프레스에는 사용할 수 없다.

49 다음 용접 중 불꽃 온도가 가장 높은 것은?

① 산소 – 메탄 용접
② 산소 – 수소 용접
③ 산소 – 프로판 용접
④ 산소 – 아세틸렌 용접

정답   45 ①   46 ③   47 ③   48 ②   49 ④

해설
- 아세틸렌 용접 : 3460[℃]
- 프로판 용접 : 2820[℃]
- 메탄 용접 : 2700[℃]
- 수소 용접 : 2900[℃]

52 회전수가 300[rpm], 연삭숫돌의 지름이 200[mm]일 때 숫돌의 원주속도는 약 몇 [m/min]인가?

① 60.0 　　　　② 94.2
③ 150.0 　　　　④ 188.5

해설 $\pi \times D \times N/1000$($D$: 직경[mm], N : 회전수[rpm])
$\pi \times 200 \times 300/1000 = 188.5$

50 다음 중 선반 작업 시 지켜야 할 안전수칙으로 거리가 먼 것은?

① 작업 중 절삭칩이 눈에 들어가지 않도록 보안경을 착용한다.
② 공작물 세팅에 필요한 공구는 세팅이 끝난 후 바로 제거한다.
③ 상의의 옷자락은 안으로 넣고, 끈을 이용하여 소맷자락을 묶어 작업을 준비한다.
④ 공작물은 전원스위치를 끄고 바이트를 충분히 멀리 위치시킨 후 고정한다.

해설 ③ 상의의 옷자락은 안으로 넣고, 끈을 이용하지 않는다.

53 일반적으로 장갑을 착용해야 하는 작업은?

① 드릴작업
② 밀링작업
③ 선반작업
④ 전기용접작업

해설 드릴, 밀링, 선반 작업은 말려들어갈 위험이 있어서 사용을 금지한다.

51 기계설비 구조의 안전화 중 가공결함 방지를 위해 고려할 사항이 아닌 것은?

① 안전율
② 열처리
③ 가공경화
④ 응력집중

해설 기계설비 구조의 안전화 중 가공결함 방지를 위해 고려할 사항은 열처리, 가공경화, 응력의 집중이다.

54 산업용 로봇에 사용되는 안전 매트의 종류 및 일반구조에 관한 설명으로 틀린 것은?

① 단선 경보장치가 부착되어 있어야 한다.
② 감응시간을 조절하는 장치가 부착되어 있어야 한다.
③ 감응도 조절장치가 있는 경우 봉인되어 있어야 한다.
④ 안전 매트의 종류는 연결사용 가능여부에 따라 단일 감지기와 복합 감지기가 있다.

해설 ② 감응시간을 조절하는 장치가 봉인되어 있어야 한다.

50 ③　51 ①　52 ④　53 ④　54 ② 정답

55 지게차의 방호장치인 헤드가드에 대한 설명으로 맞는 것은?

① 상부틀의 각 개구의 폭 또는 길이는 16[cm] 미만 일 것

② 운전자가 앉아서 조작하는 방식의 지게차의 경우에는 운전자의 좌석 윗면에서 헤드가드의 상부틀 아랫면까지의 높이는 1.5[m] 이상일 것

③ 지게차에는 최대하중의 2배(5[t]을 넘는 값에 대해서는 5[t]으로 한다.)에 해당하는 등분포정하중에 견딜 수 있는 강도의 헤드가드를 설치하여야 한다.

④ 운전자가 서서 조작하는 방식의 지게차의 경우에는 운전석의 바닥면에서 헤드가드의 상부틀 하면까지의 높이는 1.8[m] 이상일 것

해설 • 강도는 지게차의 최대하중의 2배 값(4[t]을 넘는 값에 대해서는 4[t]으로 한다)의 등분포정하중(等分布靜荷重)에 견딜 수 있을 것
• 상부틀의 각 개구의 폭 또는 길이가 16[cm] 미만일 것
• 운전자가 앉아서 조작하거나 서서 조작하는 지게차의 헤드가드는 한국산업표준에서 정하는 높이 기준 이상일 것(좌식 0.903[m] 이상, 입식 1.88[m] 이상)

56 컨베이어 방호장치에 대한 설명으로 맞는 것은?

① 역전방지장치에 롤러식, 라쳇식, 권과방지식, 전기브레이크식 등이 있다.

② 작업자가 임의로 작업을 중단할 수 없도록 비상정지장치를 부착하지 않는다.

③ 구동부 측면에 롤러 안내가이드 등의 이탈방지장치를 설치한다.

④ 롤러컨베이어의 롤 사이에 방호판을 설치할 때 롤과의 최대간격은 8[mm]이다.

해설 ◈ 컨베이어 방호장치
1. **역전방지장치**
   • 기계식(라쳇식, 롤러식, 밴드식)
   • 전기식(전기브레이크, 스러스트브레이크)
2. **비상정지장치** : 근로자의 신체의 일부가 말려드는 등 근로자가 위험해질 우려가 있는 경우 및 비상시에는 즉시 컨베이어 등의 운전을 정지시킬 수 있는 장치를 설치하여야 한다.

57 가스 용접에 이용되는 아세틸렌가스 용기의 색상으로 옳은 것은?

① 녹색   ② 회색
③ 황색   ④ 청색

해설 ① 녹색 : 산소
② 회색 : 알곤, 질소
④ 청색 : 탄산가스

58 롤러가 맞물림점의 전방에 개구부의 간격을 30[mm]로 하여 가드를 설치하고자 한다. 가드의 설치 위치는 맞물림점에서 적어도 얼마의 간격을 유지하여야 하는가?

① 154[mm]   ② 160[mm]
③ 166[mm]   ④ 172[mm]

해설 개구부 간격 = 6+0.15X
30 = 6+0.15X
X = 160[mm]

59 비파괴시험의 종류가 아닌 것은?

① 자분 탐상시험   ② 침투 탐상시험
③ 와류 탐상시험   ④ 샤르피 충격시험

정답 55 ①   56 ③   57 ③   58 ②   59 ④

해설 비파괴 검사에는 육안검사, 누설검사, 침투검사, 초음파 검사, 자기탐상, 음향, 방사선투과 등이 있다.

60 소음에 관한 사항으로 틀린 것은?

① 소음에는 익숙해지기 쉽다.

② 소음계는 소음에 한하여 계측할 수 있다.

③ 소음의 피해는 정신적, 심리적인 것이 주가 된다.

④ 소음이란 귀에 불쾌한 음이나 생활을 방해하는 음을 통틀어 말한다.

해설 ② 소음계는 소음이나 소음이 아닌 음의 레벨을 정해진 방법으로 계측하는 장비이다.

4과목 | **전기위험방지기술**

61 전기기기, 설비 및 전선로 등의 충전 유무 등을 확인하기 위한 장비는?

① 위상검출기

② 디스콘 스위치

③ COS

④ 저압 및 고압용 검전기

해설 ▶ **검전기** : 저압용, 고압용, 특고압용 – 충전 유무 확인

---

62 다음 ( ) 안에 들어갈 내용으로 알맞은 것은?

> 과전류차단장치는 반드시 접지선이 아닌 전로에 ( )로 연결하여 과전류 발생 시 전로를 자동으로 차단하도록 설치할 것

① 직렬

② 병렬

③ 임시

④ 직병렬

해설 과전류차단장치는 반드시 접지선이 아닌 전로에 직렬로 연결하여 과전류 발생 시 전로를 자동으로 차단하도록 설치할 것

---

63 일반 허용접촉전압과 그 종별을 짝지은 것으로 틀린 것은?

① 제1종 : 0.5[V] 이하   ② 제2종 : 25[V] 이하

③ 제3종 : 50[V] 이하   ④ 제4종 : 제한 없음

해설

종별	허용접촉전압[V]
제1종	2.5[V] 이하
제2종	25[V] 이하
제3종	50[V]
제4종	무제한

---

64 누전된 전동기에 인체가 접촉하여 500[mA]의 누전전류가 흘렀고 정격감도전류 500[mA]인 누전차단기가 동작하였다. 이때 인체전류를 약 10[mA]로 제한하기 위해서는 전동기 외함에 설치할 접지저항의 크기는 약 몇 [Ω]인가? (단, 인체저항은 500[Ω]이며, 다른 저항은 무시한다.)

① 5

② 10

③ 50

④ 100

해설 ▶ **종합접지** : 10[Ω] 이하

---

65 내부에서 폭발하더라도 틈의 냉각 효과로 인하여 외부의 폭발성 가스에 착화될 우려가 없는 방폭구조는?

① 내압 방폭구조

② 유입 방폭구조

③ 안전증 방폭구조

④ 본질안전 방폭구조

해설 ② **유입방폭구조(o)** : 유입방폭구조는 아크 또는 고열을 발생하는 전기설비를 용기에 넣고 그 용기 안에 다시 기름을 채워서 외부의 폭발성 가스와 점화원이 접촉하여 인화할 위험이 없도록 하는 구조로 유입 개폐부분에는 가스를 빼내는 배기공을 설치하여야 한다

③ **안전증방폭구조(e)** : 안전증방폭구조란 정상운전 중에 폭발성 가스 또는 증기에 점화원이 될 전기불꽃, 아크 또는 고온이 되어서는 안 될 부분에 이런 것의 발생을 방지하기 위하여 기계적, 전기적구조상 또는 온도상승에 대해서 특히 안전도를 증강 시킨 구조이다.

④ **본질안전방폭구조** : 정상시 및 사고시(단선, 단락, 지락 등)에 발생하는 전기 불꽃, 아크 또는 고온에 의하여 폭발성 가스 또는 증기에 점화되지 않는 것이 점화시험, 그 밖에 의하여 확인된 구조를 말한다.

66 내압 방폭구조에서 안전간극(safe gap)을 적게 하는 이유로 옳은 것은?

① 최소점화에너지를 높게 하기 위해
② 폭발화염이 외부로 전파되지 않도록 하기 위해
③ 폭발압력에 견디고 파손되지 않도록 하기 위해
④ 설치류가 전선 등을 훼손하지 않도록 하기 위해

해설 ▶ **안전간극(화염일주한계)을 적게 하는 이유**
• 최소점화에너지 이하로 열을 식히기 위해
• 폭발화염이 외부로 전파되지 않도록 하기 위해

67 정전작업 시 작업 전 조치하여야 할 실무사항으로 틀린 것은?

① 잔류전하의 방전
② 단락 접지기구의 철거
③ 검전기에 의한 정전확인
④ 개로개폐기의 잠금 또는 표시

해설 ▶ **정전작업 시 작업 전 조치사항**
• 잔류전하의 방전
• 검전기에 의한 정전확인
• 개로개폐기의 잠금 또는 표시
• 전기기기 등에 공급되는 모든 전원을 관련 도면, 배선도 등으로 확인할 것
• 전원을 차단한 후 각 단로기 등을 개방하고 확인할 것
• 차단장치나 단로기 등에 잠금장치 및 꼬리표를 부착할 것
• 개로된 전로에서 유도전압 또는 전기에너지가 축적되어 근로자에게 전기위험을 끼칠 수 있는 전기기기 등은 접촉하기 전에 잔류전하를 완전히 방전시킬 것
• 검전기를 이용하여 작업 대상 기기가 충전되었는지를 확인할 것
• 전기기기 등이 다른 노출 충전부와의 접촉, 유도 또는 예비동력원의 역송전 등으로 전압이 발생할 우려가 있는 경우에는 충분한 용량을 가진 단락 접지기구를 이용하여 접지할 것

68 인체감전보호용 누전차단기의 정격감도전류[mA]와 동작시간(초)의 최댓값은?

① 10[mA], 0.03초
② 20[mA], 0.01초
③ 30[mA], 0.03초
④ 50[mA], 0.1초

해설 정격감도전류 30[mA] 이하이며 동작시간은 0.03초 이내일 것

69 방폭전기기기의 온도등급의 기호는?

① E
② S
③ T
④ N

해설

온도등급	최고표면온도의 범위[℃]
T1	300 < t ≤ 450
T2	200 < t ≤ 300
T3	135 < t ≤ 200
T4	100 < t ≤ 135
T5	85 < t ≤ 100
T6	t ≤ 85

정답 66 ② 67 ② 68 ③ 69 ③

70 산업안전보건기준에 관한 규칙에서 일반 작업장에 전기위험 방지 조치를 취하지 않아도 되는 전압은 몇 [V] 이하인가?

① 24　　　　　　② 30

③ 50　　　　　　④ 100

> **해설** 일반 작업장 전기위험 방지조치를 하지 않아도 되는 안전전압은 30[V]이다.

71 폭발위험장소에서의 본질안전 방폭구조에 대한 설명으로 틀린 것은?

① 본질안전 방폭구조의 기본적 개념은 점화능력의 본질적 억제이다.

② 본질안전 방폭구조는 Exib는 fault에 대한 2중 안전보장으로 0종~2종 장소에 사용할 수 있다.

③ 이론적으로는 모든 전기기기를 본질안전 방폭구조를 적용할 수 있으나, 동력을 직접 사용하는 기기는 실제적으로 적용이 곤란하다.

④ 온도, 압력, 액면유량 등의 검출용 측정기는 대표적인 본질안전 방폭구조의 예이다.

> **해설** 본질안전 방폭구조란 정상시 및 사고시(단선, 단락, 지락 등)에 발생하는 전기 불꽃, 아크 또는 고온에 의하여 폭발성 가스 또는 증기에 점화되지 않는 것이 점화시험, 그 밖에 의하여 확인된 구조를 말한다.

72 감전사고를 방지하기 위한 대책으로 틀린 것은?

① 전기설비에 대한 보호 접지

② 전기기기에 대한 정격 표시

③ 전기설비에 대한 누전차단기 설치

④ 충전부가 노출된 부분에는 절연 방호구 사용

> **해설** • 충전부 전체를 절연한다.
> • 기기구조상 안전조치로서 노출형 배전설비 등은 폐쇄 전반형으로 하고 전동기 등에는 적절한 방호구조의 형식을 사용하고 있는데 이들 기기들이 고가가 되는 단점이 있다.
> • 설치장소의 제한, 즉 별도의 실내 또는 울타리를 설치한 지역으로 평소에 열쇠가 잠겨 있어야 한다.
> • 교류아크용접기, 도금장치, 용해로 등의 충전부의 절연은 원리상 또는 작업상 불가능하므로 보호절연, 즉 작업장 주위의 바닥이나 그 밖에 도전성 물체를 절연물로 도포하고 작업자는 절연화, 절연도구 등 보호장구를 사용하는 방법을 이용하여야 한다.
> • 덮개, 방호망 등으로 충전부를 방호한다.
> • 안전전압 이하의 기기를 사용한다.

73 인체 피부의 전기저항에 영향을 주는 주요인자와 가장 거리가 먼 것은?

① 접촉면적

② 인가전압의 크기

③ 통전경로

④ 인가시간

> **해설** ③ 통전경로는 인체 피부의 전기저항에 영향을 주는 주요인자와 가장 거리가 멀다.

74 다음 중 전동기를 운전하고자 할 때 개폐기의 조작순서로 옳은 것은?

① 메인 스위치 → 분전반 스위치 → 전동기용 개폐기

② 분전반 스위치 → 메인 스위치 → 전동기용 개폐기

③ 전동기용 개폐기 → 분전반 스위치 → 메인 스위치

④ 분전반 스위치 → 전동기용 스위치 → 메인 스위치

> **해설** ● **전동기를 운전하고자 할 때 개폐기의 조작순서**
> 메인 스위치 → 분전반 스위치 → 전동기용 개폐기

75 정전기 발생현상의 분류에 해당되지 않는 것은?

① 유체대전   ② 마찰대전

③ 박리대전   ④ 교반대전

> **해설** ▶ 정전기 발생현상의 분류
> ㉠ 마찰대전, ㉡ 박리대전, ㉢ 유도대전,
> ㉣ 분출대전, ㉤ 충돌대전, ㉥ 파괴대전,
> ㉦ 교반대전

76 교류 아크용접기의 허용사용률[%]은? (단, 정격사용률은 10[%], 2차 정격전류는 500[A], 교류 아크 용접기의 사용전류는 250[A]이다.)

① 30   ② 40

③ 50   ④ 60

> **해설** 허용사용률 = (정격2차전류^2/실제사용 용접전류^2)×정격사용률[%]
>
> $$= \frac{500^2}{250^2} \times 10[\%] = 40$$

77 피뢰기의 여유도가 33[%]이고, 충격절연강도가 1000[kV]라고 할 때 피뢰기의 제한전압은 약 몇 [kV]인가?

① 852   ② 752

③ 652   ④ 552

> **해설** 여유도 $= \dfrac{\text{충격절연강도} - \text{제한전압}}{\text{제한전압}} \times 100$
>
> $\dfrac{\text{큰 값} - \text{작은 값}}{\text{작은 값}} \times 100$
>
> $33[\%] = \dfrac{(1000 - \text{제한전압})}{\text{제한전압}} \times 100$
>
> $\dfrac{33 \times \text{제한전압}}{100} = (1000 - \text{제한전압})$
>
> $\dfrac{133}{100} \times \text{제한전압} = 1000$
>
> 제한전압 $= 1000 \times \dfrac{100}{133} = 751.87[kV]$

78 전력용 피뢰기에서 직렬 갭의 주된 사용 목적은?

① 방전내량을 크게 하고 장시간 사용 시 열화를 적게 하기 위하여

② 충격방전 개시전압을 높게 하기 위하여

③ 이상전압 발생 시 신속히 대지로 방류함과 동시에 속류를 즉시 차단하기 위하여

④ 충격파 침입 시에 대지로 흐르는 방전전류를 크게 하여 제한전압을 낮게 하기 위하여

> **해설** ▶ **직렬 갭** : 이상 전압 내습 시 뇌전압을 방전하고 그 속류를 차단하며, 상시에는 누설전류를 방지한다.

79 방전전극에 약 7000[V]의 전압을 인가하면 공기가 전리되어 코로나 방전을 일으킴으로써 발생한 이온으로 대전체의 전하를 중화시키는 방법을 이용한 제전기는?

① 전압인가식 제전기

② 자기방전식 제전기

③ 이온스프레이식 제전기

④ 이온식 제전기

> **해설** • **자기방전식 제전기** : 스테인리스, 카본, 도전성 섬유 등에 의해 작은 코로나방전을 일으켜 제전하는 것으로 대전체 자체를 이용하여 방전시키는 방식이며, 2[kV] 내외의 대전이 남게 된다.
> • **이온식 제전기** : 7,000[V]의 교류전압이 인가된 침을 배치하고 코로나방전에 의해 발생한 이온을 대전체에 내뿜는 방식이다. 분체의 제전에 효과가 있고 폭발위험이 있는 곳에 적당하나 제전효율이 낮다.
> • **이온스프레이식 제전기** : 코로나 방전에 의해 발생한 이온을 blower로 대전체에 내뿜는 방식
> • **방사선식 제전기** : 방사선 원소의 전리작용을 이용하여 제전

---

80 전류가 흐르는 상태에서 단로기를 끊었을 때 여러 가지 파괴작용을 일으킨다. 다음 그림에서 유입차단기의 차단순위와 투입순위가 안전수칙에 가장 적합한 것은?

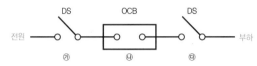

① 차단: ㉮ → ㉯ → ㉰, 투입: ㉮ → ㉯ → ㉰
② 차단: ㉯ → ㉰ → ㉮, 투입: ㉯ → ㉰ → ㉮
③ 차단: ㉰ → ㉯ → ㉮, 투입: ㉰ → ㉮ → ㉯
④ 차단: ㉯ → ㉰ → ㉮, 투입: ㉰ → ㉮ → ㉯

> **해설** 차단은 OCB(유입차단기)부터 시계반대방향으로, 투입은 부하쪽 DS(단로기)부터 시계반대방향으로 한다.

5과목 | 화학설비위험방지기술

81 산업안전보건법령상 사업주가 인화성액체 위험물을 액체상태로 저장하는 저장탱크를 설치하는 경우에는 위험물질이 누출되어 확산되는 것을 방지하기 위하여 무엇을 설치하여야 하는가?

① Flame arrester
② Ventstack
③ 긴급방출장치
④ 방유제

> **해설** 탱크 내의 내용물이 흘러나와 재해를 확산시키는 것을 방지하기 위해 철근 콘크리트, 철골철근 콘크리트 등으로 방유제를 설치한다.

82 다음 가스 중 가장 독성이 큰 것은?

① CO
② $COCl_2$
③ NH_3
④ H_2

> **해설** ② $COCl_2$(포스겐) : 0.1[ppm]
> ① CO(일산화탄소) : 50[ppm]
> ③ NH_3(암모니아) : 25[ppm]
> ④ H_2(수소) : 무독성
> ※ 수치가 낮을수록 독성이 강함

83 건조설비를 사용하여 작업을 하는 경우에 폭발이나 화재를 예방하기 위하여 준수하여야 하는 사항으로 틀린 것은?

① 위험물 건조설비를 사용하는 경우에는 미리 내부를 청소하거나 환기 할 것
② 위험물 건조설비를 사용하여 가열건조하는 건조물은 쉽게 이탈되도록 할 것
③ 고온으로 가열건조한 인화성 액체는 발화의 위험이 없는 온도로 냉각한 후에 격납시킬 것
④ 바깥 면이 현저히 고온이 되는 건조설비에 가까운 장소에는 인화성 액체를 두지 않도록 할 것

> **해설 ▶ 건조설비 사용 시 준수사항**
> • 위험물 건조설비를 사용하는 경우에는 미리 내부를 청소하거나 환기할 것
> • 위험물 건조설비를 사용하는 경우에는 건조로 인하여 발생하는 가스·증기 또는 분진에 의하여 폭발·화재의 위험이 있는 물질을 안전한 장소로 배출시킬 것
> • 위험물 건조설비를 사용하여 가열건조하는 건조물은 쉽게 이탈되지 않도록 할 것
> • 고온으로 가열건조한 인화성 액체는 발화의 위험이 없는 온도로 냉각한 후에 격납시킬 것
> • 건조설비(바깥 면이 현저히 고온이 되는 설비만 해당한다)에 가까운 장소에는 인화성 액체를 두지 않도록 할 것

84 가솔린(휘발유)의 일반적인 연소범위에 가장 가까운 값은?

① 2.7~27.8[vol%]
② 3.4~11.8[vol%]
③ 1.4~7.6[vol%]
④ 5.1~18.2[vol%]

해설 가솔린의 연소범위는 1.4~7.6[vol%]

85 가스 또는 분진폭발 위험장소에 설치되는 건축물의 내화구조를 설명한 것으로 틀린 것은?

① 건축물 기둥 및 보는 지상 1층까지 내화구조로 한다.
② 위험물 저장·취급용기의 지지대는 지상으로부터 지지대의 끝부분까지 내화구조로 한다.
③ 건축물 주변에 자동소화설비를 설치한 경우 건축물 화재 시 1시간 이상 그 안전성을 유지한 경우는 내화구조로 하지 아니할 수 있다.
④ 배관·전선관 등의 지지대는 지상으로부터 1단까지 내화구조로 한다.

해설 ▶ 내화기준(안전보건규칙 제270조)
- 건축물의 기둥 및 보 : 지상 1층(지상 1층의 높이가 6[m]를 초과하는 경우에는 6[m])까지
- 위험물 저장·취급용기의 지지대(높이가 30[cm] 이하인 것은 제외한다) : 지상으로부터 지지대의 끝부분까지
- 배관·전선관 등의 지지대 : 지상으로부터 1단(1단의 높이가 6[m]를 초과하는 경우에는 6[m])까지
- 건축물 주변에 자동소화설비를 설치한 경우 건축물 화재 시 2시간 이상 그 안전성을 유지한 경우는 내화구조로 하지 아니할 수 있다.

86 다음 물질이 물과 접촉하였을 때 위험성이 가장 낮은 것은?

① 과산화칼륨   ② 나트륨
③ 메틸리튬   ④ 이황화탄소

해설 이황화탄소는 물속에 보관한다.

87 폭발원인물질의 물리적 상태에 따라 구분할 때 기상폭발(gas explosion)에 해당되지 않는 것은?

① 분진폭발
② 응상폭발
③ 분무폭발
④ 가스폭발

해설
- **기상폭발** : 기체상태의 폭발(분진, 분무, 가스폭발)
- **응상폭발** : 고체와 액세상태의 폭발(수증기, 증기, 전선폭발)

88 화염방지기의 설치에 관한 사항으로 (   )에 알맞은 것은?

사업주는 인화성 액체 및 인화성 가스를 저장 취급하는 화학설비에서 증기나 가스를 대기로 방출하는 경우에는 외부로부터의 화염을 방지하기 위하여 화염방지기를 그 설비 (   )에 설치하여야 한다.

① 상단
② 하단
③ 중앙
④ 무게중심

해설 화염방지기는 flame arrester로 굴뚝 같은 통기관에 끼워서 상단에 설치해야 한다.
인화성 액체 및 인화성 가스를 저장·취급하는 화학설비에서 증기나 가스를 대기로 방출하는 경우에는 외부로부터의 화염을 방지하기 위하여 화염방지기를 그 설비 상단에 설치해야 한다. 다만, 대기로 연결된 통기관에 화염방지 기능이 있는 통기밸브가 설치되어 있거나, 인화점이 섭씨 38[℃] 이상 60[℃] 이하인 인화성 액체를 저장·취급할 때에 화염방지 기능을 가지는 인화방지망을 설치한 경우에는 그렇지 않다(안전보건규칙 제269조 제1항).

정답 85 ③ 86 ④ 87 ② 88 ①

89 공정안전보고서에 포함하여야 할 세부 내용 중 공정안전자료의 세부내용이 아닌 것은?

① 유해·위험설비의 목록 및 사양
② 폭발위험장소 구분도 및 전기단선도
③ 유해·위험물질에 대한 물질안전보건자료
④ 설비점검·검사 및 보수계획, 유지계획 및 지침서

해설 ▶ **공정안전보고서에 포함될 공정안전자료**(산업안전보건법 시행규칙 제50조)
• 취급·저장하고 있는 유해·위험물질의 종류와 수량
• 유해·위험물질에 대한 물질안전보건자료
• 유해·위험설비의 목록 및 사양
• 유해·위험설비의 운전방법을 알 수 있는 공정도면
• 각종 건물·설비의 배치도
• 폭발위험장소구분도 및 전기단선도
• 위험설비의 안전설계·제작 및 설치관련지침서

90 산업안전보건법령상 화학설비와 화학설비의 부속설비를 구분할 때 화학설비에 해당하는 것은?

① 응축기·냉각기·가열기·증발기 등 열 교환기류
② 사이클론·백필터·전기집진기 등 분진처리설비
③ 온도·압력·유량 등을 지시·기록 등을 하는 자동제어 관련설비
④ 안전밸브·안전판·긴급차단 또는 방출밸브 등 비상조치 관련설비

해설 ① 응축기·냉각기·가열기·증발기 등 열 교환기류 – 화학설비
② 사이클론·백필터·전기집진기 등 분진처리설비 – 부속설비
③ 온도·압력·유량 등을 지시·기록 등을 하는 자동제어 관련설비 – 부속설비
④ 안전밸브·안전판·긴급차단 또는 방출밸브 등 비상조치 관련설비 – 부속설비

91 산업안전보건법령에 따라 사업주가 특수화학설비를 설치하는 때에 그 내부의 이상상태를 조기에 파악하기 위하여 설치하여야 하는 장치는?

① 자동경보장치
② 긴급차단장치
③ 자동문개폐장치
④ 스크러버개방장치

해설 특수화학설비를 설치하는 경우에는 그 내부의 이상 상태를 조기에 파악하기 위하여 필요한 자동경보장치를 설치하여야 한다.

92 다음 중 위험물과 그 소화방법이 잘못 연결된 것은?

① 염소산칼륨 – 다량의 물로 냉각소화
② 마그네슘 – 건조사 등에 의한 질식소화
③ 칼륨 – 이산화탄소에 의한 질식소화
④ 아세트알데히드 – 다량의 물에 의한 희석소화

해설 ③ 칼륨 – 3류 위험물 금속으로 건조사(모래), 팽창 질석, 팽창 진주암에 의한 질식소화

93 부탄(C_4H_{10})의 연소에 필요한 최소산소농도(MOC)를 추정하여 계산하면 약 몇 [vol%]인가? (단, 부탄의 폭발하한계는 공기 중에서 1.6[vol%]이다.)

① 5.6
② 7.8
③ 10.4
④ 14.1

해설 $C_4H_{10} + 6.5/O_2 \rightarrow 4CO_2 + 5H_2O$
부탄 1[mol]당 O_2는 6.5[mol]
$MOC = LEL \times O_2 = 1.6 \times 6.5 = 10.4$

94 다음 중 산화성 물질이 아닌 것은?

① KNO_3　　　　② NH_4ClO_3

③ HNO_3　　　　④ P_4S_3

> 해설　④ P_4S_3(삼황화인) – 인화성고체
> ① KNO_3(질산칼륨)
> ② NH_4ClO_3(염소산암모늄)
> ③ HNO_3(질산)

95 위험물안전관리법령상 제4류 위험물 중 제2석유류로 분류되는 물질은?

① 실린더유　　　　② 휘발유

③ 등유　　　　④ 중유

> 해설　• 제1석유류 : 아세톤, 휘발유 그 밖에 1기압에서 인화점이 섭씨 21[℃] 미만인 것
> • 제2석유류 : 등유, 경유, 그 밖에 1기압에서 인화점이 섭씨 21[℃] 이상 70[℃] 미만인 것
> • 제3석유류 : 중유, 클레오소트유 그 밖에 1기압에서 인화점이 섭씨 70[℃] 이상 섭씨 200[℃] 미만인 것
> • 제4석유류 : 기어유, 실린더유 그 밖에 1기압에서 인화점이 섭씨 200[℃] 이상 섭씨 250[℃] 미만인 것

96 가연성 가스 혼합물을 구성하는 각 성분의 조성과 연소범위가 다음 [표]와 같을 때 혼합 가스의 연소하한값은 약 몇 [vol%]인가?

성분	조성 [vol%]	연소하한값 [vol%]	연소상한값 [vol%]
헥산	1	1.1	7.4
메탄	2.5	5.0	15.0
에틸렌	0.5	2.7	36.0
공기	96	–	–

① 2.51　　　　② 7.51

③ 12.07　　　　④ 15.01

> 해설　$(1+2.5+0.5)/[(1/1.1)+(2.5/5.0)+(0.5/2.7)] = 2.508[vol\%]$

97 다음 중 자연발화의 방지법으로 적절하지 않은 것은?

① 통풍을 잘 시킬 것

② 습도가 높은 곳에 저장할 것

③ 저장실의 온도 상승을 피할 것

④ 공기가 접촉되지 않도록 불활성물질 중에 저장할 것

> 해설　▶ 자연발화 방지법
> • 통풍을 잘한다.
> • 퇴적방법이나 수납방법을 생각하여 열이 쌓이지 않게 한다.
> • 저장실의 온도를 낮춘다.
> • 습도가 높은 곳을 피한다.

98 알루미늄분이 고온의 물과 반응하였을 때 생성되는 가스는?

① 산소　　　　② 수소

③ 메탄　　　　④ 에탄

> 해설　알루미늄이 고온의 물과 반응하면 수소를 생성한다.

99 20[℃], 1기압의 공기를 5기압으로 단열압축하면 공기의 온도는 약 몇 [℃]가 되겠는가? (단, 공기의 비열비는 1.40이다.)

① 32　　　　② 191

③ 305　　　　④ 464

정답　94 ④　95 ③　96 ①　97 ②　98 ②　99 ②

해설 $T_2 = T_1 \times \left(\dfrac{P_2}{P_1}\right)^{\frac{K-1}{K}}$

$= (273+20) \times (5/1)^{\frac{1.4-1}{1.4}} = 464[k]$

$464 - 273 = 191[℃]$

- T_2 = 단열압축 후 절대온도
- T_1 = 단열압축 전 절대온도
- P_1 = 압축 전 압력
- P_2 = 압축 후 압력
- K = 압축비(비열비)

100 가연성물질을 취급하는 장치를 퍼지하고자 할 때 잘못된 것은?

① 대상물질의 물성을 파악한다.

② 사용하는 불활성가스의 물성을 파악한다.

③ 퍼지용 가스를 가능한 한 빠른 속도로 단시간에 다량 송입한다.

④ 장치 내부를 세정한 후 퍼지용 가스를 송입한다.

해설 ③ 퍼지하고자 하는 가스는 장시간에 걸쳐 천천히 주의하여 주입하여야 한다.

6과목 | 건설안전기술

101 다음은 달비계 또는 높이 5[m] 이상의 비계를 조립·해체하거나 변경하는 작업을 하는 경우에 대한 내용이다. (   )에 알맞은 숫자는?

> 비계재료의 연결·해체작업을 하는 경우에는 폭 (   )[cm] 이상의 발판을 설치하고 근로자로 하여금 안전대를 사용하도록 하는 등 추락을 방지하기 위한 조치를 할 것

① 15   ② 20

③ 25   ④ 30

해설 비계재료의 연결·해체 작업을 하는 경우에는 폭 20[cm] 이상의 발판을 설치하고 근로자로 하여금 안전대를 사용하도록 하는 등 추락을 방지하기 위한 조치를 할 것 (안전보건규칙 제57조 제1항 제5호)

102 다음은 사다리식 통로 등을 설치하는 경우의 준수사항이다. (   ) 안에 들어갈 숫자로 옳은 것은?

> 사다리의 상단은 걸쳐놓은 지점으로부터 (   ) [cm] 이상 올라가도록 할 것

① 30   ② 40

③ 50   ④ 60

해설 ▶ **사다리식 통로 등의 구조**(안전보건규칙 제24조)
- 견고한 구조로 할 것
- 심한 손상·부식 등이 없는 재료를 사용할 것
- 발판의 간격은 일정하게 할 것
- 발판과 벽과의 사이는 15[cm] 이상의 간격을 유지할 것
- 폭은 30[cm] 이상으로 할 것
- 사다리가 넘어지거나 미끄러지는 것을 방지하기 위한 조치를 할 것
- 사다리의 상단은 걸쳐놓은 지점으로부터 60[cm] 이상 올라가도록 할 것

- 사다리식 통로의 길이가 10[m] 이상인 경우에는 5[m] 이내마다 계단참을 설치할 것
- 사다리식 통로의 기울기는 75[°] 이하로 할 것. 다만, 고정식 사다리식 통로의 기울기는 90[°] 이하로 하고, 그 높이가 7[m] 이상인 경우에는 바닥으로부터 높이가 2.5[m] 되는 지점부터 등받이 울을 설치할 것
- 접이식 사다리 기둥은 사용 시 접혀지거나 펼쳐지지 않도록 철물 등을 사용하여 견고하게 조치할 것

103 다음은 가설통로를 설치하는 경우의 준수사항이다. ( )안에 들어갈 숫자로 옳은 것은?

> 건설공사에 사용하는 높이 8[m] 이상인 비계다리에는 ( )[m] 이내마다 계단참을 설치할 것

① 7 ② 6
③ 5 ④ 4

해설 건설공사에서 사용하는 높이 8[m] 이상인 비계다리에는 7[m] 이내마다 계단참을 설치할 것(안전보건규칙 제23조)

104 건설업 산업안전 보건관리비의 사용내역에 대하여 수급인 또는 자기공사자는 공사 시작 후 몇 개월마다 1회 이상 발주자 또는 감리원의 확인을 받아야 하는가?

① 3개월 ② 4개월
③ 5개월 ④ 6개월

해설 건설업 산업안전 보건관리비의 사용내역에 대하여 수급인 또는 자기공사자는 공사 시작 후 6개월마다 1회 이상 발주자 또는 감리원의 확인을 받아야 하며, 6개월 이내에 공사가 종료되는 경우에는 종료 시 확인을 받아야 한다.

105 터널 지보공을 설치한 경우에 수시로 점검하여 이상을 발견 시 즉시 보강하거나 보수해야 할 사항이 아닌 것은?

① 부재의 손상·변형·부식·변위·탈락의 유무 및 상태
② 부재의 긴압의 정도
③ 부재의 접속부 및 교차부의 상태
④ 계측기 설치상태

해설 **터널 지보공 설치 시 점검사항**(안전보건규칙 제366조)
- 부재의 손상·변형·부식·변위 탈락의 유무 및 상태
- 부재의 긴압 정도
- 부재의 접속부 및 교차부의 상태
- 기둥침하의 유무 및 상태

106 강관비계의 설치 기준으로 옳은 것은?

① 비계기둥의 간격은 띠장 방향에서는 1.5[m] 이상 1.8[m] 이하로 하고, 장선방향에서는 2.0[m] 이하로 한다.
② 띠장 간격은 1.8[m] 이하로 설치하되, 첫 번째 띠장은 지상으로부터 2[m] 이하의 위치에 설치한다.
③ 비계기둥 간의 적재하중은 400[kg]을 초과하지 않도록 한다.
④ 비계기둥의 제일 윗부분으로부터 21[m] 되는 지점 밑부분의 비계기둥은 2개의 강관으로 묶어 세운다.

해설 **강관비계의 구조**(안전보건규칙 제60조)
- 비계기둥의 간격은 띠장 방향에서는 1.85[m] 이하, 장선(長線) 방향에서는 1.5[m] 이하로 할 것. 다만, 선박 및 보트 건조작업의 경우 안전성에 대한 구조검토를 실시하고 조립도를 작성하면 띠장 방향 및 장선 방향으로 각각 2.7[m] 이하로 할 수 있다.
- 띠장 간격은 2.0[m] 이하로 할 것. 다만, 작업의 성질상 이를 준수하기가 곤란하여 쌍기둥틀 등에 의하여 해당 부분을 보강한 경우에는 그러하지 아니하다.

정답 103 ① 104 ④ 105 ④ 106 ③

- 비계기둥의 제일 윗부분으로부터 31[m] 되는 지점 밑부분의 비계기둥은 2개의 강관으로 묶어 세울 것. 다만, 브라켓(bracket, 까치발) 등으로 보강하여 2개의 강관으로 묶을 경우 이상의 강도가 유지되는 경우에는 그러하지 아니하다.
- 비계기둥 간의 적재하중은 400[kg]을 초과하지 않도록 할 것

107 다음 중 유해·위험방지계획서를 작성 및 제출하여야 하는 공사에 해당되지 않는 것은?

① 지상높이가 31[m]인 건축물의 건설·개조 또는 해체
② 최대 지간길이가 50[m]인 교량건설 등 공사
③ 깊이가 9[m]인 굴착공사
④ 터널 건설 등의 공사

해설 ③ 깊이 10[m] 이상인 굴착공사

108 건립 중 강풍에 의한 풍압 등 외압에 대한 내력이 설계에 고려되었는지 확인하여야 하는 철골구조물의 기준으로 옳지 않은 것은?

① 높이 20[m] 이상의 구조물
② 구조물의 폭과 높이의 비가 1 : 4 이상인 구조물
③ 이음부가 공장 제작인 구조물
④ 연면적당 철골량이 50[kg/m²] 이하인 구조물

해설 ▷ 외압 내력설계 철골구조물의 기준
- 높이 20[m] 이상인 철골구조물
- 폭과 높이의 비가 1 : 4 이상인 철골 구조물
- 철골 설치 구조가 비정형적인 구조물(캔틸레버 구조물 등)
- 타이플레이트(Tie Plate)형 기둥을 사용한 철골 구조물
- 이음부가 현장 용접인 철골 구조물

109 흙막이 가시설 공사 시 사용되는 각 계측기 설치 목적으로 옳지 않은 것은?

① 지표침하계 – 지표면 침하량 측정
② 수위계 – 지반 내 지하수위의 변화 측정
③ 하중계 – 상부 적재하중 변화 측정
④ 지중경사계 – 지중의 수평 변위량 측정

해설 ③ 하중계 : 버팀보, 어스앵커 등의 실제 축하중 변화를 측정하는 계측기기

110 건설현장의 가설계단 및 계단참을 설치하는 경우 얼마 이상의 하중에 견딜 수 있는 강도를 가진 구조로 설치하여야 하는가?

① 200[kg/m²]   ② 300[kg/m²]
③ 400[kg/m²]   ④ 500[kg/m²]

해설 계단 및 계단참을 설치하는 경우 500[kg/m²] 이상의 하중에 견딜 수 있는 강도를 가진 구조로 설치하여야 하며, 안전율[안전의 정도를 표시하는 것으로서 재료의 파괴응력도(破壞應力度)와 허용응력도(許容應力度)의 비율을 말한다]은 4 이상으로 하여야 한다(안전보건규칙 제26조 제1항).

111 터널굴착작업을 하는 때 미리 작성하여야 하는 작업계획서에 포함되어야 할 사항이 아닌 것은?

① 굴착의 방법
② 암석의 분할방법
③ 환기 또는 조명시설을 설치할 때에는 그 방법
④ 터널지보공 및 복공의 시공방법과 용수의 처리방법

해설 ▷ 터널굴착 시 사전 작성 작업계획서의 포함사항
- 굴착의 방법
- 터널지보공 및 복공의 시공 방법과 용수의 처리방법
- 환기 또는 조명시설을 하는 때에는 그 방법

112 근로자에게 작업 중 또는 통행 시 전락(轉落)으로 인하여 근로자가 화상·질식 등의 위험에 처할 우려가 있는 케틀(kettle), 호퍼(hopper), 피트(pit) 등이 있는 경우에 그 위험을 방지하기 위하여 최소 높이 얼마 이상의 울타리를 설치하여야 하는가?

① 80[cm] 이상

② 85[cm] 이상

③ 90[cm] 이상

④ 95[cm] 이상

해설 근로자가 화상·질식 등의 위험에 처할 우려가 있는 케틀(kettle, 가열 용기), 호퍼(hopper, 깔때기 모양의 출입구가 있는 큰 통), 피트(pit, 구덩이) 등이 있는 경우에 그 위험을 방지하기 위하여 필요한 장소에 높이 90[cm] 이상의 울타리를 설치하여야 한다(안전보건규칙 제48조).

113 거푸집 해체작업 시 유의사항으로 옳지 않은 것은?

① 일반적으로 수평부재의 거푸집은 연직부재의 거푸집보다 빨리 떼어낸다.

② 해체된 거푸집이나 각목 등에 박혀있는 못 또는 날카로운 돌출물은 즉시 제거하여야 한다.

③ 상하 동시 작업은 원칙적으로 금지하며 부득이한 경우에는 긴밀히 연락을 취하며 작업을 하여야 한다.

④ 거푸집 해체작업장 주위에는 관계자를 제외하고는 출입을 금지시켜야 한다.

해설 ① 일반적으로 연직부재의 거푸집은 수평부재의 거푸집보다 빨리 떼어낸다.

114 비계(달비계, 달대비계 및 말비계는 제외한다.)의 높이가 2[m] 이상인 작업장소에 설치하여야 하는 작업발판의 기준으로 옳지 않은 것은?

① 작업발판의 폭은 40[cm] 이상으로 하고, 발판재료 간의 틈은 3[cm] 이하로 할 것

② 추락의 위험이 있는 장소에는 안전난간을 설치할 것

③ 작업발판의 지지물은 하중에 의하여 파괴될 우려가 없는 것을 사용할 것

④ 작업발판재료는 뒤집히거나 떨어지지 않도록 1개 이상의 지지물에 연결하거나 고정시킬 것

해설 ④ 작업발판재료는 뒤집히거나 떨어지지 않도록 2개 이상의 지지물에 연결하거나 고정시킬 것(안전보건규칙 제56조)

115 안전대의 종류는 사용구분에 따라 벨트식과 안전그네식으로 구분되는데 이 중 안전그네식에만 적용하는 것은?

① 추락방지대, 안전블록

② 1개 걸이용, U자 걸이용

③ 1개 걸이용, 추락방지대

④ U자 걸이용, 안전블록

해설

종류	사용구분
벨트식	U자 걸이용
	1개 걸이용
안전그네식	안전블록
	추락방지대

116 그물코의 크기가 5[cm]인 매듭 방망사의 폐기 시 인장강도 기준으로 옳은 것은?

① 200[kg]　　　② 100[kg]
③ 60[kg]　　　④ 30[kg]

해설

그물코의 크기 (단위 : [cm])	방망의 종류(단위 : [kg])			
	매듭 없는 방망		매듭 방망	
	신품에 대한	폐기 시	신품에 대한	폐기 시
10	240	150	200	135
5	–		110	60

117 크레인 또는 데릭에서 붐각도 및 작업반경별로 작용시킬 수 있는 최대하중에서 훅(Hook), 와이어로프 등 달기구의 중량을 공제한 하중은?

① 작업하중　　　② 정격하중
③ 이동하중　　　④ 적재하중

해설 ② 정격하중은 크레인의 권상하중에서 훅, 그래브 또는 버킷 등 달기구의 중량에 상당하는 하중을 뺀 중량을 말한다.

118 차량계 하역운반기계를 사용하는 작업을 할 때 그 기계가 넘어지거나 굴러떨어짐으로써 근로자에게 위험을 미칠 우려가 있는 경우에 우선적으로 조치하여야 할 사항과 가장 거리가 먼 것은?

① 해당 기계에 대한 유도자 배치
② 지반의 부동침하 방지 조치
③ 갓길 붕괴 방지 조치
④ 경보장치 설치

해설 ④ 경보장치의 설치는 우선적 조치사항이 아니다.

119 보통흙의 건조된 지반을 흙막이 지보공 없이 굴착하려 할 때 굴착면의 기울기 기준으로 옳은 것은?

① 1 : 1 ~ 1 : 1.5　　　② 1 : 0.5 ~ 1 : 1
③ 1 : 1.8　　　④ 1 : 2

해설

구분	지반의 종류	기울기
보통흙	습지	1 : 1~1 : 1.5
	건지	1 : 0.5~1 : 1
암반	풍화암	1 : 1.0
	연암	1 : 1.0
	경암	1 : 0.5

(※ 안전기준 : 2021.11.19. 개정)

120 차량계 하역운반기계 등에 화물을 적재하는 경우에 준수하여야 할 사항으로 옳지 않은 것은?

① 하중이 한쪽으로 치우쳐서 효율적으로 적재되도록 할 것
② 구내운반차 또는 화물자동차의 경우 화물의 붕괴 또는 낙하에 의한 위험을 방지하기 위하여 화물에 로프를 거는 등 필요한 조치를 할 것
③ 운전자의 시야를 가리지 않도록 화물을 적재할 것
④ 최대적재량을 초과하지 않도록 할 것

해설 ▶ **차량계 하역운반기계에 화물 적재 시 준수사항**(안전보건규칙 제173조)
• 하중이 한쪽으로 치우치지 않도록 적재할 것
• 구내운반차 또는 화물자동차의 경우 화물의 붕괴 또는 낙하에 의한 위험을 방지하기 위하여 화물에 로프를 거는 등 필요한 조치를 할 것
• 운전자의 시야를 가리지 않도록 화물을 적재할 것
• 최대적재량을 초과하지 않도록 할 것

116 ③　117 ②　118 ④　119 ②　120 ① **정답**

2019년 제3회 기출 복원문제

1과목 안전관리론

01 하인리히 방식의 재해코스트 산정에서 직접비에 해당되지 않은 것은?

① 휴업보상비

② 병상위문금

③ 장해특별보상비

④ 상병보상연금

해설 ▶ 하인리히 재해코스트 산정

총재해비용 = 직접비 + 간접비(1 : 4)

직접비	간접비
치료비, 휴업, 요양, 유족, 장해, 간병, 직업재활급여, 상병 보상연금, 장례비	인적·물적손실비, 생산손실비, 기계·기구손실비

02 산업안전보건법령상 관리감독자 대상 정기 안전보건교육의 교육내용으로 옳은 것은?

① 작업 개시 전 점검에 관한 사항

② 정리정돈 및 청소에 관한 사항

③ 작업공정의 유해·위험과 재해 예방대책에 관한 사항

④ 기계·기구의 위험성과 작업의 순서 및 동선에 관한 사항

해설 ▶ 관리감독자 정기 안전보건교육

• 산업안전 및 사고 예방에 관한 사항
• 산업보건 및 직업병 예방에 관한 사항
• 유해·위험 작업환경 관리에 관한 사항
• 산업안전보건법령 및 산업재해보상보험 제도에 관한 사항
• 직무스트레스 예방 및 관리에 관한 사항
• 직장 내 괴롭힘, 고객의 폭언 등으로 인한 건강장해 예방 및 관리에 관한 사항
• 작업공정의 유해·위험과 재해 예방대책에 관한 사항
• 표준안전 작업방법 및 지도 요령에 관한 사항
• 관리감독자의 역할과 임무에 관한 사항
• 안전보건교육 능력 배양에 관한 사항

03 산업안전보건법령상 ( )에 알맞은 기준은?

> 안전·보건표지의 제작에 있어 안전보건표지 속의 그림 또는 부호의 크기는 안전보건표지의 크기와 비례하여야 하며, 안전보건표지 전체 규격의 ( ) 이상이 되어야 한다.

① 20[%]

② 30[%]

③ 40[%]

④ 50[%]

해설 규격의 30[%] 이상이 되어야 한다.

04 산업안전보건법령상 주로 고음을 차음하고, 저음은 차음하지 않는 방음보호구의 기호로 옳은 것은?

① NRR

② EM

③ EP-1

④ EP-2

해설 ▶ 방음보호구

종류	구분	기호	성능
귀마개	1종	EP-1	저음부터 고음까지 차음
	2종	EP-2	주로 고음을 차음하고, 저음(회화음 영역)은 차음하지 않음
귀덮개	–	EM	–

정답 01 ② 02 ③ 03 ② 04 ④

05 산업재해의 기본원인 중 "작업정보, 작업방법 및 작업환경" 등이 분류되는 항목은?

① Man
② Machine
③ Media
④ Management

해설 • **사람**(man) : 인간으로부터 비롯되는 재해의 발생원인 (착오, 실수, 불안전행동, 오조작 등)
• **기계, 설비**(machine) : 기계로부터 비롯되는 재해발생 원(설계착오, 제작착오, 배치착오, 고장 등)
• **물질, 환경**(media) : 작업매체로부터 비롯되는 재해 발생원(작업정보 부족, 작업환경 불량 등)
• **관리**(management) : 관리로부터 비롯되는 재해 발생 원(교육 부족, 안전조직미비, 계획불량 등)

06 1년간 80건의 재해가 발생한 A사업장은 1000명의 근로자가 1주일당 48시간, 1년간 52주를 근무하고 있다. A사업장의 도수율은? (단, 근로자들은 재해와 관련 없는 사유로 연간 노동시간의 3[%]를 결근하였다.)

① 31.06
② 32.05
③ 33.04
④ 34.03

해설 ▶ **도수율**(빈도율) : 100만 근로시간당 재해발생 건수

$$도수율 = \frac{재해건수}{연근로시간수} \times 1,000,000$$

$$환산도수율 = 도수율 \div 10$$

$$\frac{80}{(1,000 \times 48 \times 52) \times 97[\%]} \times 1,000,000 = 33.04$$

07 안전보건교육의 단계에 해당하지 않는 것은?

① 지식교육
② 기초교육
③ 태도교육
④ 기능교육

해설 지식-기능-태도

08 위험예지훈련의 문제해결 4라운드에 속하지 않는 것은?

① 현상파악
② 본질추구
③ 원인결정
④ 대책수립

해설 ▶ **위험예지훈련의 4단계**
• **제1단계** : 현상파악 – 어떤 위험이 잠재되어 있는가?
• **제2단계** : 본질추구 – 이것이 위험의 point다.
• **제3단계** : 대책수립 – 당신이라면 어떻게 하는가?
• **제4단계** : 목표설정 – 우리들은 이렇게 한다.

09 산소결핍이 예상되는 맨홀 내에서 작업을 실시할 때의 사고 방지 대책으로 적절하지 않은 것은?

① 작업 시작 전 및 작업 중 충분한 환기 실시
② 작업 장소의 입장 및 퇴장 시 인원점검
③ 방진마스크의 보급과 착용 철저
④ 작업장과 외부와의 상시 연락을 위한 설비 설치

해설 ③ 송기마스크의 보급과 착용 철저

10 안전교육방법 중 강의법에 대한 설명으로 옳지 않은 것은?

① 단기간의 교육 시간 내에 비교적 많은 내용을 전달할 수 있다.
② 다수의 수강자를 대상으로 동시에 교육할 수 있다.
③ 다른 교육방법에 비해 수강자의 참여가 제약된다.
④ 수강자 개개인의 학습진도를 조절할 수 있다.

해설 ▶ **강의법** : 안전지식을 강의식으로 전달하는 방법(초보적 단계에서 효과적)이다.
• 강사의 입장에서 시간의 조정이 가능하다.
• 전체적인 교육내용을 제시하는 데 유리하다.
• 비교적 많은 인원을 대상으로 단시간에 지식을 부여할 수 있다.

05 ③ 06 ③ 07 ② 08 ③ 09 ③ 10 ④ **정답**

11 적응기제(適應機制)의 형태 중 방어적 기제에 해당하지 않는 것은?

① 고립　　　　　　② 보상
③ 승화　　　　　　④ 합리화

해설 ▶ 방어기제
- **보상** : 결함과 무능에 의해 생긴 열등감이나 긴장을 장점 같은 것으로 그 결함을 보충하려는 행동
- **합리화** : 실패나 약점을 그럴듯한 이유로 비난받지 않도록 하거나 자위하는 행동(변명)
- **투사** : 불만이나 불안을 해소하기 위해 남에게 뒤집어씌우는 식
- **동일시** : 실현할 수 없는 적응을 타인 또는 어떤 집단에 자신과 동일한 것으로 여겨 욕구를 만족
- **승화** : 억압당한 욕구를 다른 가치 있는 목적을 실현하도록 노력하여 욕구 충족

12 부주의의 발생원인에 포함되지 않는 것은?

① 의식의 단절　　　② 의식의 우회
③ 의식수준의 저하　④ 의식의 지배

해설 ▶ 부주의 발생원인
- **의식의 우회** : 근심걱정으로 집중 못함(애가 아픔)
- **의식의 과잉** : 갑작스러운 사태 목격 시 멍해지는 현상 (= 일점 집중현상)
- **의식의 단절** : 수면상태 또는 의식을 잃어버리는 상태
- **의식의 혼란** : 경미한 자극에 주의력이 흐트러지는 현상
- **의식수준의 저하** : 단조로운 업무를 장시간 수행 시 몽롱해지는 현상(= 감각차단현상)

13 안전교육 훈련에 있어 동기부여 방법에 대한 설명으로 가장 거리가 먼 것은?

① 안전 목표를 명확히 설정한다.
② 안전활동의 결과를 평가, 검토하도록 한다.
③ 경쟁과 협동을 유발시킨다.
④ 동기유발 수준을 과도하게 높인다.

해설 ▶ 동기부여
- 안전의 근본이념을 인식시킨다.
- 안전 목표를 명확히 설정한다.
- 결과의 가치를 알려준다.
- 상과 벌을 준다.
- 경쟁과 협동을 유도한다.
- 동기유발의 최적수준을 유지하도록 한다.

14 산업안전보건법령상 유해위험방지계획서 제출대상 공사에 해당하는 것은?

① 깊이가 5[m] 이상인 굴착공사
② 최대 지간거리 30[m] 이상인 교량건설 공사
③ 지상 높이 21[m] 이상인 건출물 공사
④ 터널 건설 공사

해설 ▶ 유해위험방지계획서 제출대상 공사
- 지상높이가 31[m] 이상인 건축물 또는 인공구조물, 연면적 30,000[m²] 이상인 건축물, 연면적 5,000[m²] 이상의 문화 및 집회시설(전시장 및 동물원·식물원 제외), 판매시설, 운수시설(고속철도의 역사 및 집배송시설 제외), 종교시설, 의료시설 중 종합병원, 숙박시설 중 관광숙박시설, 지하도 상가, 냉동·냉장 창고시설의 건설·개조 또는 해체(이하 "건설등")
- 연면적 5,000[m²] 이상의 냉동·냉장 창고시설의 설비공사 및 단열공사
- 최대 지간길이가 50[m] 이상인 다리의 건설 등 공사
- 터널의 건설 등 공사
- 다목적댐, 발전용댐, 저수용량 2천만[t] 이상의 용수 전용댐, 지방상수도 전용 댐의 건설 등 공사
- 깊이 10[m] 이상인 굴착공사

15 스트레스의 요인 중 외부적 자극 요인에 해당하지 않는 것은?

① 자존심의 손상　　② 대인관계 갈등
③ 가족의 죽음, 질병　④ 경제적 어려움

해설 ① 자존심의 자극 요인은 내부적 요인이다.

16 적성요인에 있어 직업적성을 검사하는 항목이 아닌 것은?

① 지능

② 촉각 적응력

③ 형태식별능력

④ 운동속도

> **해설** ➤ **직업적성검사 항목**
> • 지능(IQ)
> • 수리 능력
> • 사무 능력
> • 언어 능력
> • 공간 판단 능력
> • 형태 지각 능력
> • 운동 조절 능력
> • 수지 조작 능력
> • 수동작 능력

17 라인(Line)형 안전관리조직에 대한 설명으로 옳은 것은?

① 명령계통과 조언이나 권고적 참여가 혼동되기 쉽다.

② 생산부서와의 마찰이 일어나기 쉽다.

③ 명령계통이 간단명료하다.

④ 생산부분에는 안전에 대한 책임과 권한이 없다.

> **해설** ➤ **라인(Line)형 조직**
>
> | 장점 | • 안전에 대한 지시 및 전달이 신속·용이하다.
• 명령계통이 간단·명료하다.
• 참모식보다 경제적이다. |
> |---|---|
> | 단점 | • 안전에 관한 전문지식 부족 및 기술의 축적이 미흡하다.
• 안전정보 및 신기술 개발이 어렵다
• 라인에 과중한 책임이 물린다. |
> | 비고 | • 소규모(100인 미만) 사업장에 적용
• 모든 명령은 생산계통을 따라 이루어진다. |

18 새로 손을 얹고 팀의 행동구호를 외치는 무재해 운동 추진 기법의 하나로, 스킨십(Skinship)에 바탕을 두고 팀 전원의 일체감, 연대감을 느끼게 하며, 대뇌피질에 안전태도 형성에 좋은 이미지를 심어주는 기법은?

① Touch and call

② Brain Storming

③ Error cause removal

④ Safety training observation program

> **해설** ➤ **터치 앤드 콜** : 피부를 맞대고 같이 소리치는 것으로 전원의 스킨십(Skinship)이라 할 수 있다. 이는 팀의 일체감, 연대감을 조성할 수 있고 동시에 대뇌 구피질에 좋은 이미지를 불어 넣어 안전행동을 하도록 하는 것이다. 작업현장에서 같이 호흡하는 동료끼리 서로의 피부를 맞대고 느낌을 교류하면 동료애가 저절로 우러나온다.

19 안전점검의 종류 중 태풍이나 폭우 등의 천재지변이 발생한 후에 실시하는 기계·기구 및 설비 등에 대한 점검의 명칭은?

① 정기점검   ② 수시점검

③ 특별점검   ④ 임시점검

> **해설** 안전강조기간 등에 시행하는 특별점검에 대한 내용이다.

20 하인리히 안전론에서 (   ) 안에 들어갈 단어로 적합한 것은?

> • 안전은 사고예방
> • 사고예방은 (   )와/과 인간 및 기계의 관계를 통제하는 과학이자 기술이다.

① 물리적 환경   ② 화학적 요소

③ 위험요인   ④ 사고 및 재해

16 ② 17 ③ 18 ① 19 ③ 20 ① **정답**

해설 전 목표를 설정하여 안전 관리를 함에 있어 맨 먼저 안전 관리 조직을 구성하여 안전 활동 방침 및 계획을 수립하고자 전문적 기술을 가진 조직을 통한 안전 활동을 전개하고 물리적 환경과 인간 및 기계를 통제하는 과학이자 기술이다.

2과목 인간공학 및 시스템안전공학

21 FTA에서 사용하는 수정게이트의 종류 중 3개의 입력현상 중 2개가 발생한 경우에 출력이 생기는 것은?

① 위험지속기호
② 조합 AND 게이트
③ 배타적 OR 게이트
④ 억제 게이트

해설 ▶ 조합 AND 게이트

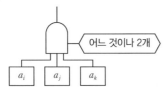

3개의 입력 현상 중 임의의 시간에 2개가 발생하면 출력이 생긴다.

22 인간의 신뢰도가 0.6, 기계의 신뢰도가 0.9이다. 인간과 기계가 직렬체제로 작업할 때의 신뢰도는?

① 0.32
② 0.54
③ 0.75
④ 0.96

해설 시스템의 신뢰도(RS) = 인간의 신뢰도(RH)×기계의 신뢰도(RB)
$R_s = r_1 \times r_2 = 0.6 \times 0.9$

23 8시간 근무를 기준으로 남성작업자 A의 대사량을 측정한 결과, 산소소비량이 1.3[L/min]으로 측정되었다. Murrell 방법으로 계산 시, 8시간의 총 근로시간에 포함되어야 할 휴식시간은?

① 124분
② 134분
③ 144분
④ 154분

해설 작업자의 평균 에너지 소비량 = 산소소비량×에너지소비량
$1.3 \times 5 = 6.5$
$\dfrac{60(6.5-5)}{6.5-1.5} = 18$분/hr
8시간에 포함되어야 할 휴식시간은
18분×8시간 = 144(분)

24 국소진동에 지속적으로 노출된 근로자에게 발생할 수 있으며, 말초혈관 장해로 손가락이 창백해지고 동통을 느끼는 질환의 명칭은?

① 레이노병(Raynaud's phenomenon)
② 파킨슨병(Parkinson's disease)
③ 규폐증
④ C5-dip 현상

해설 ① **레이노병** : 국소진동에 지속적으로노출된 근로자에게 발생할 수 있으며, 말초혈관 장해로 손가락이 창백해지고 동통을 느낌
② **파킨슨병** : 신경세포 손실로 발생되는 대표적 퇴행성 신경질환
③ **규폐증** : 유리규산 분진을 흡입함에 따라 발생되는 폐의 섬유화질환
④ **C5-dip 현상** : 소음성 난청의 초기단계로 4000[Hz]에서 청력장애가 현저히 커지는 현상

25 암호체계의 사용상에 있어서, 일반적인 지침에 포함되지 않는 것은?

① 암호의 검출성
② 부호의 양립성
③ 암호의 표준화
④ 암호의 단일 차원화

해설 ➡ **암호체계 사용의 일반적인 지침** : 암호의 검출성, 암호의 변별성, 부호의 양립성, 부호의 의미, 암호의 표준화, 다차원 암호의 사용

26 온도와 습도 및 공기 유동이 인체에 미치는 열효과를 하나의 수치로 통합한 경험적 감각지수로, 상대습도 100[%]일 때의 건구온도에서 느끼는 것과 동일한 온감을 의미하는 온열조건의 용어는?

① Oxford 지수

② 발한율

③ 실효온도

④ 열압박지수

해설 ➡ **실효온도**(체감온도, 감각온도)
- 실효온도의 영향인자
  - 온도
  - 습도
  - 공기의 유동(기류)
- ET는 영향인자들이 인체에 미치는 열효과를 하나의 수치로 통합한 경험적 감각지수
- 상대습도 100[%]일 때 건구온도에서 느끼는 것과 동일한 온감

27 화학설비의 안전성 평가 5단계 중 4단계에 해당하는 것은?

① 안전대책

② 정성적 평가

③ 정량적 평가

④ 재평가

해설 ➡ **화학설비의 안전성 평가**

1단계	관계 자료의 정비 검토(작성준비)
2단계	정성적 평가
3단계	정량적 평가
4단계	안전대책수립
5단계	재해정보(사례) 평가

28 양립성의 종류에 포함되지 않는 것은?

① 공간 양립성

② 형태 양립성

③ 개념 양립성

④ 운동 양립성

해설 ➡ **양립성** : 자극과 반응의 관계가 인간의 기대와 모순되지 않는 성질
- **개념적 양립성** : 외부 자극에 대해 인간의 개념적 현상의 양립성
  - 예 빨간 버튼＝온수, 파란 버튼＝냉수
- **공간적 양립성** : 표시장치, 조종장치의 형태 및 공간적 배치의 양립성
  - 예 오른쪽 조리대는 오른쪽에 조절장치로, 왼쪽 조절장치는 왼쪽 조절장치로
- **운동의 양립성** : 표시장치, 조종장치 등의 운동 방향의 양립성
  - 예 조종장치를 오른쪽으로 돌리면 표시장치의 지침이 오른쪽으로 이동하는 것
- **양식 양립성** : 직무에 맞는 자극과 응답 양식의 존재에 대한 양립

29 다음 설명에 해당하는 설비보전방식의 유형은?

> 설비보전 정보와 신기술을 기초로 신뢰성, 조작성, 보전성, 안전성, 경제성 등이 우수한 설비의 선정, 조달 또는 설계를 통하여 궁극적으로 설비의 설계, 제작 단계에서 보전활동이 불필요한 체제를 목표로 한 설비보전 방법을 말한다.

① 개량보전

② 보전예방

③ 사후보전

④ 일상보전

해설 ➡ **보전예방의 실시방법**
- 설비의 갱신
- 갱신의 경우 보전성, 안전성, 신뢰성 등의 보전실시
- 기존설비의 보전보다 설계, 제작단계까지 소급하여 보전이 필요 없을 정도의 안전한 설계 및 제작이 필요

26 ③ 27 ① 28 ② 29 ② **정답**

30 원자력 산업과 같이 상당한 안전이 확보되어 있는 장소에서 추가적인 고도의 안전 달성을 목적으로 하고 있으며, 관리, 설계, 생산, 보전 등 광범위한 안전을 도모하기 위하여 개발된 분석기법은?

① DT   ② FTA

③ THERP   ④ MORT

> **해설** ◎ **MORT** : 원자력 산업의 고도 안전달성을 위해 개발된 기법
> - 1970년 이래 미국 에너지 연구개발청의 Johnson에 의해 개발
> - 방법
>   - MORT란 이름을 붙인 해석 트리를 중심으로 하여 FTA와 동일한 논리 기법 사용
>   - 관리, 생산, 설계, 보전 등의 광범위하게 안전을 도모하는 것

31 결함수분석(FTA)에 관한 설명으로 틀린 것은?

① 연역적 방법이다.

② 버텀-업(Bottom-Up)방식이다.

③ 기능적 결함의 원인을 분석하는 데 용이하다.

④ 정량적 분석이 가능하다.

> **해설** ◎ **연역적이고 정량적인 해석 방법**(Top down 형식)
> - 정량적 해석기법(컴퓨터처리 가능)이다.
> - 논리기호를 사용한 특정사상에 대한 해석이다.
> - 서식이 간단해서 비전문가도 짧은 훈련으로 사용할 수 있다.
> - Human Error의 검출이 어렵다.

32 조종-반응비(Control-Response Ratio, C/R비)에 대한 설명 중 틀린 것은?

① 조종장치와 표시장치의 이동 거리 비율을 의미한다.

② C/R비가 클수록 조종장치는 민감하다.

③ 최적 C/R비는 조정시간과 이동시간의 교점이다.

④ 이동시간과 조정시간을 감안하여 최적 C/R비를 구할 수 있다

> **해설** ② C/R비가 작을수록 이동시간은 짧고, 조종은 어려워서 민감한 조정장치이다.

33 다음 FT도에서 최소컷셋(Minimal cut set)으로만 올바르게 나열한 것은?

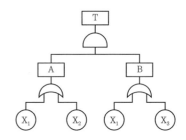

① [X₁]

② [X₁], [X₂]

③ [X₁, X₂, X₃]

④ [X₁, X₂], [X₁, X₃]

> **해설** 정상사상에서 차례로 하단의 사상으로 치환하면서 AND 게이트는 가로로, OR 게이트는 세로로 나열한 후 중복 사상을 제거한다.
> $$T = A \cdot B = \frac{X_1}{X_2} \frac{X_1}{X_3}$$
> $$= (X_1), (X_1, X_3), (X_1, X_2), (X_2, X_3)$$
> 즉 미니멀 컷셋은 $(X_1), (X_2, X_3)$ 중 하나이다.

34 인간의 정보처리 과정 3단계에 포함되지 않는 것은?

① 인지 및 정보처리단계

② 반응단계

③ 행동단계

④ 인식 및 감지단계

> **해설** ◎ **인간의 정보처리 과정** : 감지(정보수용), 정보보관, 정보처리 및 의사결정, 행동기능

35 시각 표시장치보다 청각 표시장치의 사용이 바람직한 경우는?

① 전언이 복잡한 경우

② 전언이 재참조되는 경우

③ 전언이 즉각적인 행동을 요구하는 경우

④ 직무상 수신자가 한 곳에 머무는 경우

> **해설 ❯ 청각 장치를 사용하는 경우**
> - 전언이 간단하다.
> - 전언이 짧다.
> - 전언이 후에 재참조되지 않는다.
> - 전언이 시간적 사상을 다룬다.
> - 전언이 즉각적인 행동을 요구한다(긴급할 때).
> - 수신장소가 너무 밝거나 암조응유지가 필요시
> - 직무상 수신자가 자주 움직일 때
> - 수신자가 시각계통이 과부하 상태일 때

36 작업의 강도는 에너지 대사율[RMR]에 따라 분류된다. 분류 기간 중, 중(中)작업(보통작업)의 에너지 대사율은?

① 0~1[RMR]

② 2~4[RMR]

③ 4~7[RMR]

④ 7~9[RMR]

> **해설**
>
> | RMR | 0~1 | 1~2 | 2~4 | 4~7 | 7 이상 |
> |---|---|---|---|---|---|
> | 작업 | 초경
작업 | 경작업 | 중
(보통
작업) | 중
(무거운)
작업 | 초중
(무거운)
작업 |

37 산업안전보건법령상 유해위험방지계획서의 제출 시 첨부하는 서류에 포함되지 않는 것은?

① 설비 점검 및 유지계획

② 기계·설비의 배치도면

③ 건축물 각 층의 평면도

④ 원재료 및 제품의 취급, 제조 등의 작업방법의 개요

> **해설 ❯ 유해위험방지계획서 제출 시 첨부서류**
> - 건축물 각 층의 평면도
> - 기계·설비의 개요를 나타내는 서류
> - 기계·설비의 배치도면
> - 원재료 및 제품의 취급, 제조 등의 작업방법의 개요
> - 그 밖에 고용노동부장관이 정하는 도면 및 서류
>   - 사업의 개요
>   - 제조공정 및 기계·설비에 관한 자료

38 인간의 실수 중 수행해야 할 작업 및 단계를 생략하여 발생하는 오류는?

① omission error

② commission error

③ sequence error

④ timing error

> **해설 ❯ 휴먼에러의 심리적 분류**
> - **생략오류**(omission error) : 절차를 생략해 발생하는 오류
> - **시간오류**(time error) : 절차의 수행지연에 의한 오류
> - **작위오류**(commission error) : 절차의 불확실한 수행에 의한 오류
> - **순서오류**(sequential error) : 절차의 순서착오에 의한 오류
> - **과잉행동오류**(extraneous error) : 불필요한 작업, 절차에 의한 오류

39 초기고장과 마모고장 각각의 고장형태와 그 예방대책에 관한 연결로 틀린 것은?

① 초기고장 - 감소형 - 번인(Burn in)

② 마모고장 - 증가형 - 예방보전(PM)

③ 초기고장 - 감소형 - 디버깅(debugging)

④ 마모고장 - 증가형 - 스크리닝(screening)

> **해설**
> - **초기고장** : 감소형(debugging 기간, burning 기간)
>   ※ debugging 기간 : 인간시스템의 신뢰도에서 결함을 찾아내 고장률을 안정시키는 기간
> - **우발고장** : 일정형
> - **마모고장** : 증가형

40 작업개선을 위하여 도입되는 원리인 ECRS에 포함되지 않는 것은?

① Combine

② Standard

③ Eliminate

④ Rearrange

해설 ▶ ECRS
- **E** : 제거(Eliminate)
- **C** : 결합(Combine)
- **R** : 재조정(Rearrange)
- **S** : 단순화(Simplify)

3과목　기계위험방지기술

41 산업안전보건법령에 따라 아세틸렌 용접장치의 아세틸렌 발생기를 설치하는 경우, 발생기실의 설치장소에 대한 설명 중 A, B에 들어갈 내용으로 옳은 것은?

- 발생기실은 건물의 최상층에 위치하여야 하며, 화기를 사용하는 설비로부터 (A)를 초과하는 장소에 설치하여야 한다.
- 발생기실을 옥외에 설치한 경우에는 그 개구부를 다른 건축물로부터 (B) 이상 떨어지도록 하여야 한다.

① A : 1.5[m], B : 3[m]

② A : 2[m], B : 4[m]

③ A : 3[m], B : 1.5[m]

④ A : 4[m], B : 2[m]

해설 • 발생기실은 건물의 최상층에 위치하여야 하며, 화기를 사용하는 설비로부터 3[m]를 초과하는 장소에 설치하여야 한다.
- 발생기실을 옥외에 설치한 경우에는 그 개구부를 다른 건축물로부터 1.5[m] 이상 떨어지도록 하여야 한다.

42 프레스기의 방호장치 중 위치제한형 방호장치에 해당되는 것은?

① 수인식 방호장치

② 광전자식 방호장치

③ 손쳐내기식 방호장치

④ 양수조작식 방호장치

해설 • **위치제한형 방호장치**(위험장소) : 조작자의 신체부위가 위험한계 밖에 있도록 기계의 조작장치를 위험구역에서 일정거리 이상 떨어지게 한 방호장치
　예 양수조작식 안전장치
- **접근거부형 방호장치**(위험장소) : 작업자의 신체부위가 위험한계 내로 접근하면 기계의 동작위치에 설치해놓은 기구가 접근하는 신체부위를 안전한 위치로 되돌리는 것
　예 손쳐내기식 안전장치, 수인식
- **접근반응형 방호장치**(위험장소) : 작업자의 신체부위가 위험한계로 들어오게 되면 이를 감지하여 작동 중인 기계를 즉시 정지시키거나 스위치가 꺼지도록 하는 기능
　예 광전자식 안전장치

43 프레스 방호장치 중 수인식 방호장치의 일반구조에 대한 사항으로 틀린 것은?

① 수인끈의 재료는 합성섬유로 지름이 4[mm] 이상이어야 한다.

② 수인끈의 길이는 작업자에 따라 임의로 조정할 수 없도록 해야 한다.

③ 수인끈의 안내통은 끈의 마모와 손상을 방지할 수 있는 조치를 해야 한다.

④ 손목밴드(wrist band)의 재료는 유연한 내유성 피혁 또는 이와 동등한 재료를 사용해야 한다.

해설 수인식 안전장치는 손을 구속하게 되므로 작업간 손의 활동범위를 고려해서 선택, 적용하여야 한다.

정답　40 ②　41 ③　42 ④　43 ②

44 산업안전보건법령에 따라 원동기 · 회전축 등의 위험 방지를 위한 설명 중 괄호 안에 들어갈 내용은?

> 사업주는 회전축 · 기어 · 풀리 및 플라이휠 등에 부속되는 키 · 핀 등의 기계요소는 ( )으로 하거나 해당 부위에 덮개를 설치하여야 한다.

① 개방형　　　　② 돌출형
③ 묻힘형　　　　④ 고정형

해설 안전을 위해 덮개는 묻힘형으로 한다.

45 공기압축기의 방호장치가 아닌 것은?

① 언로드 밸브
② 압력방출장치
③ 수봉식 안전기
④ 회전부의 덮개

해설 ③ 수봉식 안전기는 아세틸렌 용접장치 및 가스 집합 용접장치의 방호장치이다.

46 재료가 변형 시에 외부응력이나 내부의 변형과정에서 방출되는 낮은 응력파(stress wave)를 감지하여 측정하는 비파괴시험은?

① 와류탐상 시험
② 침투탐상 시험
③ 음향탐상 시험
④ 방사선투과 시험

해설 음향탐상 시험은 재료가 변형될 때에 외부응력이나 내부의 변형과정에서 방출하게 되는 낮은 응력파를 감지하여 공학적인 방법으로 재료 또는 구조물이 우는(cry) 것을 탐지하는 기술방법이다.

47 산업안전보건법령에 따라 다음 괄호 안에 들어갈 내용으로 옳은 것은?

> 사업주는 바닥으로부터 짐 윗면까지의 높이가 ( )[m] 이상인 화물자동차에 짐을 싣는 작업 또는 내리는 작업을 하는 경우에는 근로자의 추가 위험을 방지하기 위하여 해당 작업에 종사하는 근로자가 바닥과 적재함의 짐 윗면간을 안전하게 오르내리기 위한 설비를 설치하여야 한다.

① 1.5　　　　② 2
③ 2.5　　　　④ 3

해설 2[m] 이상인 화물자동차에 짐을 싣는 작업 또는 내리기 작업을 하는 경우에는 근로자의 추가 위험을 방지하기 위하여 해당 작업에 종사하는 근로자가 바닥과 적재함의 짐 윗면간을 안전하게 오르내리기 위한 설비를 설치하여야 한다.

48 진동에 의한 1차 설비진단법 중 정상, 비정상, 악화의 정도를 판단하기 위한 방법에 해당하지 않는 것은?

① 상호 판단　　　　② 비교 판단
③ 절대 판단　　　　④ 평균 판단

해설

목적	방법	내용
정상, 비정상 악화 정도의 판단	상호 판단	같은 종류의 기계가 다수 있을 때 그 기체들 상호 간에 비교, 판단
	비교 판단	조기치가 증가되는 정도가 주의 또는 위험의 판단으로 사용
	절대 판단	측정장치가 직접적으로 양호, 주의, 위험 수준으로 판단
실패의 원인과 발생한 장소의 탐지	직접 방법	진동의 주 방향이 비정상의 원인을 탐지하는 데 사용(불평형, 중심을 잘못 맞춘 상태)
	평균 방법	최고치와 평균치 비의 증가가 비정상의 원인을 탐지하는 데 사용(흠집, 마멸)
	주파수 방법	주파수 영역이 비정상의 원인을 탐지하는 데 사용(회전부와 롤러 베어링)

49 둥근톱 기계의 방호장치에서 분할날과 톱날 원주면과의 거리는 몇 [mm] 이내로 조정, 유지할 수 있어야 하는가?

① 12　　　　　　② 14

③ 16　　　　　　④ 18

> **해설** 반발예방장치는 경강(硬鋼)이나 반경강을 사용하며, 톱날로부터 2/3 이상에 걸쳐 12[mm] 이상 떨어지지 않게 톱날의 곡선에 따라 만든다.

50 산업안전보건법령에 따라 사업주가 보일러의 폭발 사고를 예방하기 위하여 유지·관리하여야 할 안전장치가 아닌 것은?

① 압력방호판　　　② 화염 검출기

③ 압력방출장치　　④ 고저수위 조절장치

> **해설** • 고저수위 조절장치
> • 압력방출장치
> • 압력제한 스위치
> • 화염 검출기

51 질량이 100[kg]인 물체를 그림과 같이 길이가 같은 2개의 와이어로프로 매달아 옮기고자 할 때 와이어로프 Ta에 걸리는 장력은 약 몇 [N]인가?

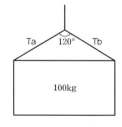

① 200　　　　　　② 400

③ 490　　　　　　④ 980

> **해설** 와이어로프 Ta의 장력만이므로 Tb는 제외된다.
> 두 장력의 합력이 $100[kg] \times 9.8 = 980[N]$
> $Ta = (980/\cos 60[°])/2 = (980/(1/2))/2 = (980 \times 2)/2$
> $= 980$

52 다음 중 드릴 작업의 안전수칙으로 가장 적합한 것은?

① 손을 보호하기 위하여 장갑을 착용한다.

② 작은 일감은 양손으로 견고히 잡고 작업한다.

③ 정확한 작업을 위하여 구멍에 손을 넣어 확인한다.

④ 작업시작 전 척 렌치(chuck wrench)를 반드시 제거하고 작업한다.

> **해설** ❖ 드릴 작업의 안전수칙
> • 회전하고 있는 주축이나 드릴에 손이나 걸레를 대거나 머리를 가까이 하지 말 것
> • 드릴 사용 전에 점검하고 상처나 균열이 있는 것은 사용하지 않는다.
> • 가공 중에 드릴의 절삭률이 불량해지고 이상음이 발생하면 중지하고 즉시 드릴을 바꾼다.
> • 드릴의 착탈은 회전이 완전히 멈춘 다음 행한다.
> • 작은 물건은 바이스나 클램프를 사용하여 장착하고 직접 손으로 지지하는 것을 피한다.
> • 가공 중 드릴이 깊이 먹어 들어가면 기계를 멈추고 손돌리기로 드릴을 뽑아낸다.
> • 드릴이나 척을 뽑을 때는 공구를 사용하고 해머 등으로 두드려서는 안 된다.
> • 드릴이나 척을 뽑을 때는 되도록 주축을 내려서 낙하거리를 적게 하고 테이블 등에 나뭇조각 등을 놓고 받는다.
> • 레디얼드릴머신은 작업 중 컬럼(column)과 암(arm)을 확실하게 체결하여 암을 선회시킬 때 주위에 조심한다. 정지시는 암을 베이스의 중심 위치에 놓는다.
> • 공작물과 드릴이 함께 회전하는 경우 : 거의 구멍을 뚫었을 때

정답 49 ①　50 ①　51 ④　52 ④

53 산업안전보건법령에 따라 레버풀러(lever puller) 또는 체인블록(chain block)을 사용하는 경우 훅의 입구(hook mouth) 간격이 제조자가 제공하는 제품사양서 기준으로 몇 [%] 이상 벌어진 것은 폐기하여야 하는가?

① 3
② 5
③ 7
④ 10

> **해설** 레버풀러(lever puller) 또는 체인블록(chain block)을 사용하는 경우 훅의 입구(hook mouth) 간격이 제조자가 제공하는 제품사양서 기준으로 10[%] 이상 벌어진 것은 폐기하도록 정하고 있다.

54 금형의 설치, 해체, 운반 시 안전사항에 관한 설명으로 틀린 것은?

① 운반을 위하여 관통 아이볼트가 사용될 때는 구멍 틈새가 최소화되도록 한다.
② 금형을 설치하는 프레스의 T홈 안길이는 설치볼트 지름의 1/2배 이하로 한다.
③ 고정볼트는 고정 후 가능하면 나사산이 3~4개 정도 짧게 남겨 설치 또는 해체 시 슬라이드 면과의 사이에 협착이 발생하지 않도록 해야 한다.
④ 운반 시 상부금형과 하부금형이 닿을 위험이 있을 때는 고정 패드를 이용한 스트랩, 금속재질이나 우레탄 고무의 블록 등을 사용한다.

> **해설** ② 금형을 설치하는 프레스의 T홈 안길이는 설치 볼트 지름의 2배 이상으로 한다.

55 밀링작업의 안전조치에 대한 설명으로 적절하지 않은 것은?

① 절삭 중의 칩 제거는 칩 브레이커로 한다.
② 공작물을 고정할 때에는 기계를 정지시킨 후 작업한다.
③ 강력절삭을 할 경우에는 공작물을 바이스에 깊게 물려 작업한다.
④ 가공 중 공작물의 치수를 측정할 때에는 기계를 정지시킨 후 측정한다.

> **해설** ① 절삭 중의 칩 제거는 운전을 정지하고 브러시를 사용한다.

56 연삭기에서 숫돌의 바깥지름이 180[mm]일 경우 숫돌 고정용 평형플랜지의 지름으로 적합한 것은?

① 30[mm] 이상　② 40[mm] 이상
③ 50[mm] 이상　④ 60[mm] 이상

> **해설** 평형플랜지의 지름은 숫돌 지름의 1/3 이상이어야 한다.

57 산업안전보건법령에 따라 산업용 로봇의 작동범위에서 교시 등의 작업을 하는 경우에 로봇에 의한 위험을 방지하기 위한 조치사항으로 틀린 것은?

① 2명 이상의 근로자에게 작업을 시킬 경우의 신호방법을 정한다.
② 작업 중의 매니퓰레이터 속도에 관한 지침을 정하고 그 지침에 따라 작업한다.
③ 작업을 하는 동안 다른 작업자가 작동시킬 수 없도록 기동스위치에 작업 중 표시를 한다.
④ 작업에 종사하고 있는 근로자가 이상을 발견하면 즉시 안전담당자에게 보고하고 계속해서 로봇을 운전한다.

53 ④　54 ②　55 ①　56 ④　57 ④　**정답**

해설 ④ 작업에 종사하고 있는 근로자가 이상을 발견하면 즉시 로봇을 정지하고 안전담당자에게 보고한다.

58 기준무부하 상태에서 지게차 주행 시의 좌우 안정도 기준은? (단, V는 구내최고속도[km/h]이다.)

① (15+1.1×V)[%] 이내
② (15+1.5×V)[%] 이내
③ (20+1.1×V)[%] 이내
④ (20+1.5×V)[%] 이내

해설 ▶ 지게차의 안정도 기준
• 하역작업 시의 전·후 안정도 : 4[%] 이내
• 주행 시의 전·후 안정도 : 18[%] 이내
• 하역작업 시의 좌·우 안정도 : 6[%] 이내
• 주행 시의 좌·우 안정도 : (15+1.1V)[%] 이내

59 산업안전보건법령에 따라 사다리식 통로를 설치하는 경우 준수해야 할 기준으로 틀린 것은?

① 사다리식 통로의 기울기는 60[°] 이하로 할 것
② 발판과 벽과의 사이는 15[cm] 이상의 간격을 유지할 것
③ 사다리의 상단은 걸쳐놓은 지점으로부터 60[cm] 이상 올라가도록 할 것
④ 사다리식 통로의 길이가 10[m] 이상인 경우에는 5[m] 이내마다 계단참을 설치할 것

해설 ① 사다리식 통로의 기울기는 75[°] 이하로 할 것. 다만, 고정식 사다리 통로의 기울기는 90[°] 이하로 하고 그 높이가 7[m] 이상인 경우에는 바닥으로부터 높이가 2.5[m] 되는 지점부터 등받이울을 설치할 것

60 산업안전보건법령에 따른 승강기의 종류에 해당하지 않는 것은?

① 리프트
② 승용 승강기
③ 에스컬레이터
④ 화물용 승강기

해설 건축물이나 고정된 시설물에 설치되어 일정한 경로에 따라 사람이나 화물을 승강장으로 옮기는 데 사용하는 설비로 화물용 엘리베이터, 승객용 엘리베이터, 에스컬레이터가 있다.

4과목 전기위험방지기술

61 1종 위험장소로 분류되지 않는 것은?

① 탱크류의 벤트(Vent) 개구부 부근
② 인화성 액체 탱크 내의 액면 상부의 공간부
③ 점검수리 작업에서 가연성 가스 또는 증기를 방출하는 경우의 밸브 부근
④ 탱크롤리, 드럼관 등이 인화성 액체를 충전하고 있는 경우의 개구부 부근

해설 • 0종 장소 : 장치 및 기기들이 정상 가동되는 경우에 폭발성 가스가 항상 존재하는 장소이다.
• 1종 장소 : 장치 및 기기들이 정상 가동 상태에서 폭발성 가스가 가끔 누출되어 위험 분위기가 존재하는 장소이다.
• 2종 장소 : 작업자의 조작상 실수나 이상운전으로 폭발성 가스가 누출되거나 유출된 가스가 체류하여 폭발을 일으킬 우려가 있는 장소이다.

62 기중차단기의 기호로 옳은 것은?

① VCB
② MCCB
③ OCB
④ ACB

정답 58 ① 59 ① 60 ① 61 ② 62 ④

해설 ④ ACB : 기중차단기(기중은 공기중을 말함)
  ① VCB : 진공차단기
  ② MCCB : 배선용차단기
  ③ OCB : 유입차단기

63 누전사고가 발생될 수 있는 취약 개소가 아닌 것은?

① 나선으로 접속된 분기회로의 접속점

② 전선의 열화가 발생한 곳

③ 부도체를 사용하여 이중절연이 되어 있는 곳

④ 리드선과 단자와의 접속이 불량한 곳

해설 ③ 부도체는 전기가 안 통하는 물체로 누전사고가 발생될 수 없다.

64 지락전류가 거의 0에 가까워서 안정도가 양호하고 무정전의 송전이 가능한 접지방식은?

① 직접접지방식

② 리액터접지방식

③ 저항접지방식

④ 소호리액터접지방식

해설 소호리액터접지방식은 병렬공진에 의해 지락전류 소멸이 가능하고 안정도가 높으며, 지락전류가 없어 유도장해가 없다.

65 피뢰기가 갖추어야 할 특성으로 알맞은 것은?

① 충격방전 개시전압이 높을 것

② 제한 전압이 높을 것

③ 뇌전류의 방전 능력이 클 것

④ 속류를 차단하지 않을 것

해설 ▶ 피뢰기가 갖추어야 할 특성
  • 충격방전 개시전압이 낮을 것
  • 제한전압이 낮을 것
  • 반복동작이 가능할 것
  • 구조가 견고하고 특성이 변화하지 않은 것
  • 점검, 보수가 간단할 것
  • 뇌전류에 대한 방전능력이 클 것
  • 속류의 차단이 확실할 것

66 동작 시 아크를 발생하는 고압용 개폐기·차단기·피뢰기 등은 목재의 벽 또는 천장 기타의 가연성 물체로부터 몇 [m] 이상 떼어 놓아야 하는가?

① 0.3

② 0.5

③ 1.0

④ 1.5

해설 전극간 거리는 1[m] 이상 떼어 놓아야 한다.

67 6600/100[V], 15[kVA]의 변압기에서 공급하는 저압 전선로의 허용 누설전류는 몇 [A]를 넘지 않아야 하는가?

① 0.025

② 0.045

③ 0.075

④ 0.085

해설 최대공급전류의 $\dfrac{1}{2000}$[A]로 규정

공급전류는 15[kVA]/1000[V] = 15000[VA]/100[V] = 150[A]
150/2000 = 0.075[A]

68 이동하여 사용하는 전기기계·기구의 금속제 외함 등에 제1종 접지공사를 하는 경우, 접지선 중 가요성을 요하는 부분의 접지선 종류와 단면적의 기준으로 옳은 것은?

① 다심코드, 0.75[mm^2] 이상

② 다심캡타이어 케이블, 2.5[mm^2] 이상

③ 3종 클로로프렌캡타이어 케이블, 4[mm^2] 이상

④ 3종 클로로프렌캡타이어 케이블, 10[mm^2] 이상

해설 출제 당시에는 정답이 ④였으나, 2021년 개정되어 정답 없음

69 정전기 발생에 대한 방지대책의 설명으로 틀린 것은?

① 가스용기, 탱크 등의 도체부는 전부 접지한다.

② 배관 내 액체의 유속을 제한한다.

③ 화학섬유의 작업복을 착용한다.

④ 대전 방지제 또는 제전기를 사용한다.

해설 ③ 일반 작업복 대신 제전복을 착용한다.

70 정전기의 유동대전에 가장 크게 영향을 미치는 요인은?

① 액체의 밀도

② 액체의 유동속도

③ 액체의 접촉면적

④ 액체의 분출온도

해설 ◉ **유동대전** : 액체류가 파이프 등 내부에서 유동할 때 액체와 관 벽 사이에서 정전기가 발생되는 현상

71 과전류에 의해 전선의 허용전류보다 큰 전류가 흐르는 경우 절연물이 화구가 없더라도 자연히 발화하고 심선이 용단되는 발화단계의 전선 전류밀도[A/mm^2]는?

① 10~20   ② 30~50

③ 60~120   ④ 130~200

해설 • **인화단계** : 40~43[A/mm^2]
• **착화단계** : 43~60[A/mm^2]
• **발화단계** : 60~120[A/mm^2]
• **순간용단단계** : 120[A/mm^2] 이상

72 방폭구조에 관계있는 위험 특성이 아닌 것은?

① 발화 온도   ② 증기 밀도

③ 화염 일주한계   ④ 최소 점화전류

해설 • **방폭구조에 관계있는 특성** : 발화온도, 화염일주한계, 최소점화전류
• **폭발성분위기 생성조건 관련** : 증기밀도, 인화점, 폭발한계

73 금속관의 방폭형 부속품에 대한 설명으로 틀린 것은?

① 재료는 아연도금을 하거나 녹이 스는 것을 방지하도록 한 강 또는 가단주철일 것

② 안쪽 면 및 끝부분은 전선의 피복을 손상하지 않도록 매끈한 것일 것

③ 전선관과의 접속부분의 나사는 5턱 이상 완전히 나사결합이 될 수 있는 길이일 것

④ 완성품은 유입방폭구조의 폭발압력시험에 적합할 것

해설 ④ 유입방폭구조까지 적합하지 않아도 된다.

정답 68 정답 없음   69 ③   70 ②   71 ③   72 ②   73 ④

74 접지의 목적과 효과로 볼 수 없는 것은?

① 낙뢰에 의한 피해방지

② 송배전선에서 지락사고의 발생 시 보호계전기를 신속하게 작동시킴

③ 설비의 절연물이 손상되었을 때 흐르는 누설전류에 의한 감전방지

④ 송배전선로의 지락사고 시 대지전위의 상승을 억제하고 절연강도를 저하시킴

해설 ④ 송배전선로의 지락사고 시 대지전위의 상승을 억제하고 절연강도를 상승시킴

75 방폭전기설비의 용기 내부에 보호가스를 압입하여 내부압력을 외부 대기 이상의 압력으로 유지함으로써 용기 내부에 폭발성 가스 분위기가 형성되는 것을 방지하는 방폭구조는?

① 내압 방폭구조

② 압력 방폭구조

③ 안전증 방폭구조

④ 유입 방폭구조

해설 ① **내압 방폭구조** : 전기설비에서 아크 또는 고열이 발생하여 폭발성 가스에 점화할 우려가 있는 부분을 전폐한 용기에 넣음으로써 폭발이 일어날 경우 이 용기가 압력에 견디고 외부의 폭발성 가스에 인화될 위험이 없도록 한 구조의 방폭구조이다.

③ **안전증 방폭구조** : 안전증 방폭구조란 정상운전 중에 폭발성 가스 또는 증기에 점화원이 될 전기불꽃, 아크 또는 고온이 되어서는 안 될 부분에 이런 것의 발생을 방지하기 위하여 기계적, 전기적 구조상 또는 온도 상승에 대해서 특히 안전도를 증강시킨 구조이다.

④ **유입 방폭구조** : 유입 방폭구조는 아크 또는 고열을 발생하는 전기설비를 용기에 넣고 그 용기 안에 다시 기름을 채워서 외부의 폭발성 가스와 점화원이 접촉하여 인화할 위험이 없도록 하는 구조로 유입 개폐부분에는 가스를 빼내는 배기공을 설치하여야 한다.

76 아래 그림과 같이 인체가 전기설비의 외함에 접촉하였을 때 누전사고가 발생하였다. 인체통과전류[mA]는 약 얼마인가?

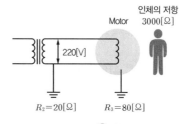

① 35

② 47

③ 58

④ 66

해설 전체저항 = 직렬R_2+병렬(R_3, 3000)

병렬(R_3, 3000)은

$1/R = 1/80 + 1/3000$

$R = (80 \times 3000)/(80+3000) = 77.9[\Omega]$

전체저항 $R = 20 + 77.9 = 97.9[\Omega]$

전체전류 $= 220/97.9 = 2.247[A]$

병렬저항 내부에서 각 저항별로 통과전류는 저항에 반비례

$2.247 \times 80/(80+3000) = 0.058 = 58[mA]$

77 전기화재 발생 원인으로 틀린 것은?

① 발화원

② 내화물

③ 착화물

④ 출화의 경과

해설 ② 내화물은 불에 견디는 물질이다.

78 사용전압이 380[V]인 전동기 전로에서 절연저항은 몇 [MΩ] 이상이어야 하는가?

① 0.1

② 0.2

③ 0.3

④ 0.4

해설 출제 당시에는 정답이 ③이었으나, 2021년 개정되어 정답 없음

79 정전에너지를 나타내는 식으로 알맞은 것은? (단, Q는 대전 전하량, C는 정전용량이다.)

① $\dfrac{Q}{2C}$

② $\dfrac{Q}{2C^2}$

③ $\dfrac{Q^2}{2C}$

④ $\dfrac{Q^2}{2C^2}$

해설 정전에너지 $= \dfrac{1}{2} \times C \times V^2$

$Q = C \times V (V = Q/C$로)

정전에너지는 $\dfrac{1}{2} \times C \times \left(\dfrac{Q}{C}\right)^2 = \dfrac{Q^2}{2C}$

80 누전차단기의 설치가 필요한 것은?

① 이중절연 구조의 전기기계·기구

② 비접지식 전로의 전기기계·기구

③ 절연대 위에서 사용하는 전기기계·기구

④ 도전성이 높은 장소의 전기기계·기구

해설 • 대지전압이 150[V]를 초과하는 이동형 또는 휴대형 전기기계·기구
• 물 등 도전성이 높은 액체가 있는 습윤장소에서 사용하는 저압(750[V] 이하 직류전압이나 600[V] 이하의 교류전압을 말한다)용 전기기계·기구
• 철판·철골 위 등 도전성이 높은 장소에서 사용하는 이동형 또는 휴대형 전기기계·기구
• 임시배선의 전로가 설치되는 장소에서 사용하는 이동형 또는 휴대형 전기기계·기구

5과목 화학설비위험방지기술

81 펌프의 사용 시 공동현상(cavitation)을 방지하고자 할 때의 조치사항으로 틀린 것은?

① 펌프의 회전수를 높인다.

② 흡입비 속도를 작게 한다.

③ 펌프의 흡입관의 두(head) 손실을 줄인다.

④ 펌프의 설치높이를 낮추어 흡입양정을 짧게 한다.

해설 ① 펌프의 회전수를 낮추고 속도를 느리게 한다.

82 다음 중 연소속도에 영향을 주는 요인으로 가장 거리가 먼 것은?

① 가연물의 색상   ② 촉매

③ 산소와의 혼합비   ④ 반응계의 온도

해설 ▶ 연소속도에 영향을 주는 요인 : 촉매, 산소와의 혼합비, 반응계의 온도, 농도, 활성화 에너지, 가연물질의 표면적 등

83 기체의 자연발화온도 측정법에 해당하는 것은?

① 중량법   ② 접촉법

③ 예열법   ④ 발열법

해설 자연발화온도는 열을 서서히 가하는 예열법을 사용한다.

84 디에틸에테르와 에틸알코올이 3:1로 혼합증기의 몰비가 각각 0.75, 0.25이고, 디에틸에테르와 에틸알코올의 폭발하한값이 각각 1.9[vol%], 4.3[vol%]일 때 혼합가스의 폭발하한값은 약 몇 [vol%]인가?

① 2.2   ② 3.5

③ 22.0   ④ 34.7

해설 $(75+25)/L = 75/1.9+25/4.3$
또는
$(3+1)/L = 3/1.9+1/4.3$
$L = 2.2$

85 프로판가스 1[m³]를 완전 연소시키는 데 필요한 이론 공기량은 몇 [m³]인가? (단, 공기 중의 산소농도는 20[vol%]이다.)

① 20   ② 25

③ 30   ④ 35

해설 프로판 1[mol] 연소 시 산소 5[mol] 소요
프로판 1[m³] 연소 시 산소 5[m³] 소요
공기 중 산소농도가 20[vol%]이므로 1/20[%] = 5배하여
이론 공기량은 25[m³]
$(100/20) \times 5 = 25$

86 분진폭발의 특징으로 옳은 것은?

① 연소속도가 가스폭발보다 크다.
② 완전연소로 가스중독의 위험이 작다.
③ 화염의 파급속도보다 압력의 파급속도가 크다.
④ 가스 폭발보다 연소시간은 짧고 발생에너지는 작다.

해설 ◇ 분진폭발의 특징
• 가스폭발과 비교하여 작지만 연소시간이 길다.
• 발생에너지가 크기 때문에 파괴력과 타는 정도가 크다.
• 그러나 발화에너지는 상대적으로 훨씬 크다.
• 압력속도는 300[m/s] 정도이다.
• 화염속도보다는 압력속도가 훨씬 빠르다.

87 독성가스에 속하지 않은 것은?

① 암모니아
② 황화수소
③ 포스겐
④ 질소

해설

	일산화탄소	CO
	산화에틸렌	C_2H_4O
	염화메틸	CH_3Cl
	암모니아	NH_3
독성 가스	시안화수소	HCN
	포스겐	$COCl_2$
	아황산가스 (이산화유황)	SO_2
	염소	Cl_2
	아르곤	Ar

※ 공기의 79[%]가 질소로 구성

88 Burgess-Wheeler의 법칙에 따르면 서로 유사한 탄화수소계의 가스에서 폭발하한계의 농도 [vol%]와 연소열[kcal/mol]의 곱의 값은 약 얼마 정도인가?

① 1100   ② 2800

③ 3200   ④ 3800

해설 포화탄화수소계의 가스에서는 폭발하한계의 농도와 그 연소열의 곱은 약 1100으로 일정하다.

89 위험물안전관리법령상 제3류 위험물 중 금수성 물질에 대하여 적응성이 있는 소화기는?

① 포소화기

② 이산화탄소소화기

③ 할로겐화합물소화기

④ 탄산수소염류분말소화기

> **해설** 제3류 위험물 중 금수성 물질에 대한 소화는 탄산수소염류분말소화기를 사용한다.

90 공기 중에서 이황화탄소(CS_2)의 폭발한계는 하한 값이 1.25[vol%], 상한값이 44[vol%]이다. 이를 20[℃] 대기압하에서 [mg/L]의 단위로 환산하면 하한값과 상한값은 각각 약 얼마인가? (단, 이황화탄소의 분자량은 76.1이다.)

① 하한값 : 61, 상한값 : 640

② 하한값 : 39.6, 상한값 : 1393

③ 하한값 : 146, 상한값 : 860

④ 하한값 : 55.4, 상한값 : 1642

> **해설** • 0도씨 1기압에서 1[mol]은 22.4[L]
> • 이상기체 방정식 $PV = nRT$에서 부피 V는 절대온도 T에 비례(0도는 약 273[°k])
> • 20[℃]로 환산하면
> $22.4 \times (273+20)/273 = 24.04$[L]
> 이황화탄소밀도 $76.1/24.04 = 3.165$[g/L] = 3165[mg/L]
> • 하한값 : 3165×1.25[%] = 39.56
> • 상한값 : 3165×44[%] = 1392.6

91 일산화탄소에 대한 설명으로 틀린 것은?

① 무색·무취의 기체이다.

② 염소와 촉매 존재 하에 반응하여 포스겐이 된다.

③ 인체 내의 헤모글로빈과 결합하여 산소운반기능을 저하시킨다.

④ 불연성가스로서, 허용농도가 10[ppm]이다.

> **해설** ④ 불연성가스로서, 허용농도가 50[ppm]이다.

92 금속의 용접·용단 또는 가열에 사용되는 가스 등의 용기를 취급할 때의 준수사항으로 틀린 것은?

① 전도의 위험이 없도록 한다.

② 밸브를 서서히 개폐한다.

③ 용해아세틸렌의 용기는 세워서 보관한다.

④ 용기의 온도를 섭씨 65[℃] 이하로 유지한다.

> **해설** ④ 용기의 온도를 40[℃] 이하로 유지할 것

93 산업안전보건법령상 건조설비를 사용하여 작업을 하는 경우 폭발 또는 화재를 예방하기 위하여 준수하여야 하는 사항으로 적절하지 않은 것은?

① 위험물 건조설비를 사용하는 때에는 미리 내부를 청소하거나 환기할 것

② 위험물 건조설비를 사용하는 때에는 건조로 인하여 발생하는 가스·증기 또는 분진에 의하여 폭발·화재의 위험이 있는 물질을 안전한 장소로 배출시킬 것

③ 위험물 건조설비를 사용하여 가열건조하는 건조물은 쉽게 이탈되도록 할 것

④ 고온으로 가열건조한 가연성 물질은 발화의 위험이 없는 온도로 냉각한 후에 격납시킬 것

정답 89 ④ 90 ② 91 ④ 92 ④ 93 ③

해설 ▶ 건조설비 사용 시 준수사항
- 위험물 건조설비를 사용하는 경우에는 미리 내부를 청소하거나 환기할 것
- 위험물 건조설비를 사용하는 경우에는 건조로 인하여 발생하는 가스·증기 또는 분진에 의하여 폭발·화재의 위험이 있는 물질을 안전한 장소로 배출시킬 것
- 위험물 건조설비를 사용하여 가열건조하는 건조물은 쉽게 이탈되지 않도록 할 것
- 고온으로 가열건조한 인화성 액체는 발화의 위험이 없는 온도로 냉각한 후에 격납시킬 것
- 건조설비(바깥 면이 현저히 고온이 되는 설비만 해당한다)에 가까운 장소에는 인화성 액체를 두지 않도록 할 것

94 유류저장탱크에서 화염의 차단을 목적으로 외부에 증기를 방출하기도 하고 탱크 내 외기를 흡입하기도 하는 부분에 설치하는 안전장치는?

① vent stack　　② safety valve
③ gate valve　　④ flame arrester

해설
- **flame arrester** : 화염의 차단을 목적으로 한 장치(화염방지기)
- **vent stack** : 탱크 내의 압력을 정상인 상태로 유지하기 위한 가스방출장치

95 다음 중 공기와 혼합 시 최소착화에너지 값이 가장 작은 것은?

① CH_4　　② C_3H_8
③ C_6H_6　　④ H_2

해설 수소가 착화에너지 값이 가장 작다.

96 고체의 연소형태 중 증발연소에 속하는 것은?

① 나프탈렌
② 목재
③ TNT
④ 목탄

해설 ▶ 고체연소의 종류
- **표면연소** : 열분해에 의하여 인화성 가스를 발생하지 않고 물질 그 자체가 연소하는 형태를 말한다. 예 코크스, 목탄, 금속분, 석탄 등
- **분해연소** : 충분한 열에너지 공급시 가열분해에 의해 발생된 인화성 가스가 공기와 혼합되어 연소하는 형태를 말한다. 예 목재, 종이, 플라스틱, 알루미늄
- **증발연소** : 황, 나프탈렌과 같은 고체위험물을 가열하면 열분해를 일으켜 액체가 된 후 어떤 일정온도에서 발생된 인화성 증기가 연소되는데 이를 증발연소라고 한다. 예 알코올
- **자기연소** : 제5류 위험물은 인화성이면서 자체 내에 산소를 함유하고 있어 공기 중의 산소를 필요로 하지 않고 연소되는데 이를 자기연소라 한다. 예 니트로 화합물, 수소

97 산업안전보건법령상 "부식성 산류"에 해당하지 않는 것은?

① 농도 20[%]인 염산
② 농도 40[%]인 인산
③ 농도 50[%]인 질산
④ 농도 60[%]인 아세트산

해설 ▶ 부식성 산류
- 농도가 20[%] 이상인 염산·황산·질산, 그 밖에 이와 동등 이상의 부식성을 가지는 물질
- 농도가 60[%] 이상인 인산·아세트산·불산, 그 밖에 이와 동등 이상의 부식성을 가지는 물질

94 ④　95 ④　96 ①　97 ②　**정답**

98 뜨거운 금속에 물이 닿으면 튀는 현상과 같이 핵비등 (nucleate boiling) 상태에서 막비등(film boiling) 으로 이행하는 온도를 무엇이라 하는가?

① Burn-out point

② Leidenfrost point

③ Entrainment point

④ Sub-cooling boiling point

> **해설** ▶ **Leidenfrost point**(라이덴프로스트 점) : 요리에서 팬을 충분히 달구면 물방울이 떠있는 액체가 끓는점 보다 더 뜨거운 부분과 접촉할 때 증기로 이루어진 단열층이 만들어지는 현상이 발생하는 온도이다.

99 위험물의 취급에 관한 설명으로 틀린 것은?

① 모든 폭발성 물질은 석유류에 침지시켜 보관해 야 한다.

② 산화성 물질의 경우 가연물과의 접촉을 피해야 한다.

③ 가스 누설의 우려가 있는 장소에서는 점화원의 철저한 관리가 필요하다.

④ 도전성이 나쁜 액체는 정전기 발생을 방지하기 위한 조치를 취한다.

> **해설** ① 금속나트륨(Na), 금속칼륨(K) 정도만 석유(등유) 속에 저장하고, 발화성 물질인 황린(P₄)은 녹지 않으므로 pH 9 정도의 물속에 저장한다.

100 이상반응 또는 폭발로 인하여 발생되는 압력의 방출장치가 아닌 것은?

① 과열판　　　　② 폭압방산구

③ 화염방지기　　④ 가용합금안전밸브

> **해설** ③ 화염방지기, 즉 플레임 어레스터는 철망이라 압력의 방출장치가 될 수 없다.

6과목　건설안전기술

101 건설현장에 달비계를 설치하여 작업 시 달비계에 사용가능한 와이어로프로 볼 수 있는 것은?

① 이음매가 있는 것

② 와이어로프의 한 꼬임에서 끊어진 소선의 수가 5[%]인 것

③ 지름의 감소가 공칭지름의 10[%]인 것

④ 열과 전기충격에 의해 손상된 것

> **해설** ▶ **와이어로프의 사용금지 기준**(안전보건규칙 제63조 제1항 제1호)
> • 이음매가 있는 것
> • 와이어로프의 한 꼬임[스트랜드(strand)를 말한다.]에 서 끊어진 소선(素線)[필러(pillar)선은 제외한다.]의 수 가 10[%] 이상(비자전로프의 경우에는 끊어진 소선의 수가 와이어로프 호칭지름의 6배 길이 이내에서 4개 이상이거나 호칭지름 30배 길이 이내에서 8개 이상) 인 것
> • 지름의 감소가 공칭지름의 7[%]를 초과하는 것
> • 꼬인 것
> • 심하게 변형되거나 부식된 것
> • 열과 전기충격에 의해 손상된 것

102 토질시험(soil test)방법 중 전단시험에 해당하지 않는 것은?

① 1면 전단 시험　　② 베인 테스트

③ 일축 압축 시험　　④ 투수시험

> **해설** ④ 투수시험은 투수계수를 측정하기 위한 역학적 시험 의 종류이다.

---

103 철골 건립기계 선정 시 사전 검토사항과 가장 거리가 먼 것은?

① 건립기계의 소음영향
② 건립기계로 인한 일조권 침해
③ 건물형태
④ 작업반경

해설 ② 건립기계로 인한 일조권 침해는 철골 건립기계 선정 시 사전 검토사항이 아니다.

104 감전재해의 직접적인 요인으로 가장 거리가 먼 것은?

① 통전전압의 크기
② 통전전류의 크기
③ 통전시간
④ 통전경로

해설 • **1차 감전요소** : 통전류의 크기, 통전경로, 통전시간, 전원의 종류
• **2차 감전요소** : 인체의 조건(인체의 저항, 전압의 크기, 계절 등의 주위 환경이다.

105 클램셸(Clam shell)의 용도로 옳지 않은 것은?

① 잠함안의 굴착에 사용된다.
② 수면 아래의 자갈, 모래를 굴착하고 준설선에 많이 사용된다.
③ 건축구조물의 기초 등 정해진 범위의 깊은 굴착에 적합하다.
④ 단단한 지반의 작업도 가능하며 작업속도가 빠르고 특히 암반굴착에 적합하다.

해설 ⊙ **클램셸의 용도**
• 좁은 장소의 깊은 굴착에 효과적이다.
• 정확한 굴착과 단단한 지반작업은 어렵지만 수중굴착, 교량기초, 건축물 지하실 공사 등에 쓰인다.

106 굴착기계의 운행 시 안전대책으로 옳지 않은 것은?

① 버킷에 사람의 탑승을 허용해서는 안 된다.
② 운전반경 내에 사람이 있을 때 회전은 10[rpm] 정도의 느린 속도로 하여야 한다.
③ 장비의 주차 시 경사지나 굴착작업장으로부터 충분히 이격시켜 주차한다.
④ 전선이나 구조물 등에 인접하여 붐을 선회해야 할 작업에는 사전에 회전반경, 높이제한 등 방호조치를 강구한다.

해설 ② 운전반경 내 사람이 있어서는 안 된다.

107 폭우 시 옹벽배면의 배수시설이 취약하면 옹벽 저면을 통하여 침투수(seepage)의 수위가 올라간다. 이 침투수가 옹벽의 안정에 미치는 영향으로 옳지 않은 것은?

① 옹벽 배면토의 단위수량 감소로 인한 수직 저항력 증가
② 옹벽 바닥면에서의 양압력 증가
③ 수평 저항력(수동토압)의 감소
④ 포화 또는 부분 포화에 따른 뒷채움용 흙무게의 증가

해설 ① 옹벽 배면토의 단위수량이 증가하여 수직 저항력이 감소한다.

103 ② 104 ① 105 ④ 106 ② 107 ① 정답

108 그물코의 크기가 5[cm]인 매듭방망일 경우 방망사의 인장강도는 최소 얼마 이상이어야 하는가? (단, 방망사는 신품인 경우이다.)

① 50[kg]
② 100[kg]
③ 110[kg]
④ 150[kg]

해설

그물코의 크기 (단위 : [cm])	방망의 종류(단위 : [kg])			
	매듭 없는 방망		매듭 방망	
	신품에 대한	폐기 시	신품에 대한	폐기 시
10	240	150	200	135
5	–		110	60

109 부두 등의 하역작업장에서 부두 또는 안벽의 선에 따라 통로를 설치하는 경우, 최소 폭 기준은?

① 90[cm] 이상
② 75[cm] 이상
③ 60[cm] 이상
④ 45[cm] 이상

해설 부두 등의 하역작업장에서 부두 또는 안벽의 선에 따라 통로를 설치하는 경우, 최소 폭은 90[cm] 이상으로 해야 한다(안전보건규칙 제390조 제2호).

110 건설업 산업안전보건관리비 계상 및 사용기준(고용노동부 고시)은 산업재해보상보험법의 적용을 받는 공사 중 총 공사금액이 얼마 이상인 공사에 적용하는가?

① 4천만원
② 3천만원
③ 2천만원
④ 1천만원

해설 ▶ **건설업 산업안전보건관리비 계상 및 사용기준 제3조**
이 고시는 산업안전보건법 제2조 제11호의 건설공사 중 총 공사금액 2천만원 이상인 공사에 적용한다. 다만, 다음 각 호의 어느 하나에 해당되는 공사 중 단가계약에 의하여 행하는 공사에 대하여는 총계약금액을 기준으로 적용한다.
- 전기공사업법 제2조에 따른 전기공사로서 저압·고압 또는 특별고압 작업으로 이루어지는 공사
- 정보통신공사업법 제2조에 따른 정보통신공사
※ 출제 당시에는 답이 4천만원 이상이었으나, 고시 개정으로 2천만원 이상으로 수정되었다.

111 가설통로를 설치하는 경우 준수하여야 할 기준으로 옳지 않은 것은?

① 경사는 30[°] 이하로 할 것
② 경사가 15[°]를 초과하는 경우에는 미끄러지지 아니하는 구조로 할 것
③ 수직갱에 가설된 통로의 길이가 15[m] 이상인 때에는 15[m] 이내마다 계단참을 설치할 것
④ 건설공사에 사용하는 높이 8[m] 이상의 비계다리에는 7[m] 이내마다 계단참을 설치할 것

해설 ▶ **가설통로 설치 기준**(안전보건규칙 제23조)
- 견고한 구조로 할 것
- 경사는 30[°] 이하로 할 것. 다만, 계단을 설치하거나 높이 2[m] 미만의 가설통로로서 튼튼한 손잡이를 설치한 경우에는 그러하지 아니하다.
- 경사가 15[°]를 초과하는 경우에는 미끄러지지 아니하는 구조로 할 것
- 추락할 위험이 있는 장소에는 안전난간을 설치할 것. 다만, 작업상 부득이한 경우에는 필요한 부분만 임시로 해체할 수 있다.
- 수직갱에 가설된 통로의 길이가 15[m] 이상인 경우에는 10[m] 이내마다 계단참을 설치할 것
- 건설공사에 사용하는 높이 8[m] 이상인 비계다리에는 7[m] 이내마다 계단참을 설치할 것

정답 108 ③ 109 ① 110 ③ 111 ③

112 온도가 하강함에 따라 토층수가 얼어 부피가 약 9[%] 정도 증대하게 됨으로써 지표면이 부풀어오르는 현상은?

① 동상현상
② 연화현상
③ 리칭현상
④ 액상화현상

해설 동상현상은 지반내 토층수가 동결하여 부피가 증가하면서 지표면이 부풀어 오르는 현상이다.

113 강관틀비계를 조립하여 사용하는 경우 준수해야 할 기준으로 옳지 않은 것은?

① 높이가 20[m]를 초과하거나 중량물의 적재를 수반하는 작업을 할 경우에는 주틀 간의 간격을 2.4[m] 이하로 할 것
② 수직방향으로 6[m], 수평방향으로 8[m] 이내마다 벽이음을 할 것
③ 길이가 띠장 방향으로 4[m] 이하이고 높이가 10[m]를 초과하는 경우에는 10[m] 이내마다 띠장 방향으로 버팀기둥을 설치할 것
④ 주틀 간에 교차 가새를 설치하고 최상층 및 5층 이내마다 수평재를 설치할 것

해설 ▶ **강관틀비계 조립 · 사용 시 준수사항**(안전보건규칙 제62조)
• 비계기둥의 밑둥에는 밑받침 철물을 사용하여야 하며 밑받침에 고저차(高低差)가 있는 경우에는 조절형 밑받침철물을 사용하여 각각의 강관틀비계가 항상 수평 및 수직을 유지하도록 할 것
• 높이가 20[m]를 초과하거나 중량물의 적재를 수반하는 작업을 할 경우에는 주틀 간의 간격을 1.8[m] 이하로 할 것
• 주틀 간에 교차 가새를 설치하고 최상층 및 5층 이내마다 수평재를 설치할 것
• 수직방향으로 6[m], 수평방향으로 8[m] 이내마다 벽이음을 할 것

• 길이가 띠장 방향으로 4[m] 이하이고 높이가 10[m]를 초과하는 경우에는 10[m] 이내마다 띠장 방향으로 버팀기둥을 설치할 것

114 근로자의 추락 등의 위험을 방지하기 위한 안전난간의 구조 및 설치요건에 관한 기준으로 옳지 않은 것은?

① 상부난간대는 바닥면 · 발판 또는 경사로의 표면으로부터 90[cm] 이상 지점에 설치할 것
② 발끝막이판은 바닥면 등으로부터 10[cm] 이상의 높이를 유지할 것
③ 난간대는 지름 1.5[cm] 이상의 금속제 파이프나 그 이상의 강도를 가진 재료일 것
④ 안전난간은 구조적으로 가장 취약한 지점에서 가장 취약한 방향으로 작용하는 100[kg] 이상의 하중에 견딜 수 있는 튼튼한 구조일 것

해설 ③ 난간대는 지름 2.7[cm] 이상의 금속제 파이프나 그 이상의 강도가 있는 재료일 것(안전보건규칙 제13조 제6호)

115 건설공사 유해 · 위험방지계획서를 제출해야 할 대상공사에 해당하지 않는 것은?

① 깊이 10[m]인 굴착공사
② 다목적댐 건설공사
③ 최대 지간길이가 40[m]인 교량건설 공사
④ 연면적 5000[m²]인 냉동 · 냉장 창고시설의 설비공사

해설 ③ 최대 지간(支間)길이(다리의 기둥과 기둥의 중심 사이의 거리)가 50[m] 이상인 다리의 건설 등 공사

112 ① 113 ① 114 ③ 115 ③ **정답**

116 다음은 동바리로 사용하는 파이프 서포트의 설치 기준이다. ( ) 안에 들어갈 내용으로 옳은 것은?

파이프 서포트를 ( ) 이상 이어서 사용하지 않도록 할 것

① 2개 　　　　　　② 3개
③ 4개 　　　　　　④ 5개

> **해설** 파이프 서포트를 3개 이상 이어서 사용하지 않도록 할 것 (안전보건규칙 제332조 제8호 가목)

117 콘크리트 타설 시 거푸집 측압에 관한 설명으로 옳지 않은 것은?

① 타설속도가 빠를수록 측압이 커진다.
② 거푸집의 투수성이 낮을수록 측압은 커진다.
③ 타설높이가 높을수록 측압이 커진다.
④ 콘크리트의 온도가 높을수록 측압이 커진다.

> **해설** ▶ **거푸집의 측압**
> • 콘크리트 부어넣기 속도가 빠를수록 측압은 크다.
> • 온도가 낮을수록 측압은 크다.
> • 콘크리트 시공연도가 클수록 측압은 크다.
> • 콘크리트 다지기가 충분할수록 측압은 크다.
> • 벽 두께가 두꺼울수록 측압은 커진다.
> • 철골 또는 철근량이 적을수록 측압은 크다.

118 권상용 와이어로프의 절단하중이 200[t]일 때 와 이어로프에 걸리는 최대하중은? (단, 안전계수는 5임)

① 1000[t] 　　　　② 400[t]
③ 100[t] 　　　　　④ 40[t]

> **해설** 안전계수 = 절대하중/최대하중
> $$5 = \frac{200}{최대\ 하중},\ 최대\ 하중 = \frac{200}{5} = 40$$

119 터널 지보공을 설치한 경우에 수시로 점검하고, 이상을 발견한 경우에는 즉시 보강하거나 보수해야 할 사항이 아닌 것은?

① 부재의 긴압 정도
② 기둥침하의 유무 및 상태
③ 부재의 접속부 및 교차부 상태
④ 부재를 구성하는 재질의 종류 확인

> **해설** ▶ 터널 지보공 설치 시 점검사항(안전보건규칙 제366조)
> • 부재의 손상·변형·부식·변위 탈락의 유무 및 상태
> • 부재의 긴압 정도
> • 부재의 접속부 및 교차부의 상태
> • 기둥침하의 유무 및 상태

120 선창의 내부에서 화물취급작업을 하는 근로자가 안전하게 통행할 수 있는 설비를 설치하여야 하는 기준은 갑판의 윗면에서 선창 밑바닥까지의 깊이가 최소 얼마를 초과할 때인가?

① 1.3[m] 　　　　② 1.5[m]
③ 1.8[m] 　　　　④ 2.0[m]

> **해설** 선창의 내부에서 화물취급작업을 하는 근로자가 안전하게 통행할 수 있는 설비를 설치하여야 하는 기준은 갑판의 윗면에서 선창 밑바닥까지의 깊이가 최소 1.5[m]를 초과할 때이다(안전보건규칙 제394조).

정답 116 ② 　 117 ④ 　 118 ④ 　 119 ④ 　 120 ②

2020년 제1·2회 기출 복원문제

1과목 안전관리론

01 재해예방의 4원칙에 해당하지 않는 것은?

① 예방가능의 원칙 ② 손실가능의 원칙
③ 원인연계의 원칙 ④ 대책선정의 원칙

해설 ▶ 재해예방의 4원칙
- **예방가능의 원칙** : 천재지변을 제외한 모든 인재는 예방이 가능하다.
- **손실우연의 원칙** : 사고의 결과 손실의 유무 또는 대소는 사고 당시의 조건에 따라서 우연적으로 발생한다.
- **원인연계의 원칙** : 사고에는 반드시 원인이 있고 원인은 대부분 연계 원인이다.
- **대책선정의 원칙** : 사고의 원인이나 불안전 요소가 발견되면 반드시 대책은 실시되어야 하며, 대책 선정이 가능하다. 대책에는 재해 방지의 세 기둥이라 할 수 있는 3E, 즉 기술적 대책, 교육적 대책, 규제적 대책을 들 수 있다.

02 관리감독자를 대상으로 교육하는 TWI의 교육내용이 아닌 것은?

① 문제해결훈련 ② 작업지도훈련
③ 인간관계훈련 ④ 작업방법훈련

해설 ▶ TWI
- **Job Method Training**(J.M.T, 작업방법훈련) : 작업의 개선방법에 대한 훈련
- **Job Instruction Training**(J.I.T, 작업지도훈련) : 작업을 가르치는 기법 훈련
- **Job Relations Training**(J.R.T, 인간관계훈련) : 사람을 다루는 기법 훈련
- **Job Safety Training**(J.S.T, 작업안전훈련) : 작업안전에 대한 훈련기법

03 위험예지훈련 4R(라운드) 기법의 진행방법에서 3R에 해당하는 것은?

① 목표설정 ② 대책수립
③ 본질추구 ④ 현상파악

해설 ▶ 위험예지훈련 4R
- **제1단계** : 현상파악 – 어떤 위험이 잠재되어 있는가?
- **제2단계** : 본질추구 – 이것이 위험의 point다.
- **제3단계** : 대책수립 – 당신이라면 어떻게 하는가?
- **제4단계** : 목표설정 – 우리들은 이렇게 한다.

04 무재해운동의 기본이념 3원칙 중 다음에서 설명하는 것은?

> 직장 내의 모든 잠재위험요인을 적극적으로 사전에 발견, 파악, 해결함으로써 뿌리에서부터 산업재해를 제거하는 것

① 무의 원칙 ② 선취의 원칙
③ 참가의 원칙 ④ 확인의 원칙

해설 ▶ 무재해운동의 기본이념
- **무(Zero)의 원칙** : 산업재해의 근원적인 요소들을 없앤다는 것
- **안전제일의 원칙** : 행동하기 전, 잠재위험요인을 발견하고 파악, 해결하여 재해를 예방하는 것
- **참여의 원칙** : 전원이 일치 협력하여 각자의 위치에서 적극적으로 문제를 해결하는 것

05 방진마스크의 사용 조건 중 산소농도의 최소기준으로 옳은 것은?

① 16[%] ② 18[%]
③ 21[%] ④ 23.5[%]

해설 산소 농도가 18[%]

해설 ▶ 1 : 10 : 30 : 600의 법칙
- 중상 또는 폐질 1
- 경상(물적, 인적 상해) 10
- 무상해 사고(물적 손실) 30
- 무상해, 무사고 고장(위험한 순간) 600

06 산업안전보건법상 안전관리자의 업무는?

① 직업성질환 발생의 원인조사 및 대책수립
② 해당 사업장 안전교육계획의 수립 및 안전교육 실시에 관한 보좌 조언·지도
③ 근로자의 건강장해의 원인조사와 재발방지를 위한 의학적 조치
④ 당해 작업에서 발생한 산업재해에 관한 보고 및 이에 대한 응급조치

해설 ▶ 안전관리자의 업무
- 안전보건관리규정 및 취업규칙에서 정한 업무
- 위험성 평가에 관한 보좌 및 지도·조언
- 안전인증대상기계 등과 자율안전확인대상기계 등 구입 시 적격품의 선정에 관한 보좌 및 지도·조언
- 해당 사업장 안전교육계획의 수립 및 안전교육 실시에 관한 보좌 및 지도·조언
- 사업장 순회점검, 지도 및 조치 건의
- 산업재해 발생의 원인 조사·분석 및 재발 방지를 위한 기술적 보좌 및 지도·조언
- 산업재해에 관한 통계의 유지·관리·분석을 위한 보좌 및 지도·조언
- 법 또는 법에 따른 명령으로 정한 안전에 관한 사항의 이행에 관한 보좌 및 지도·조언
- 업무 수행 내용의 기록·유지
- 그 밖에 안전에 관한 사항으로서 고용노동부장관이 정하는 사항

08 안전보건교육 계획에 포함해야 할 사항이 아닌 것은?

① 교육지도안
② 교육장소 및 교육방법
③ 교육의 종류 및 대상
④ 교육의 과목 및 교육내용

해설 ① 교육지도안은 교육지도단계에 필요하다.

09 Y·G 성격검사에서 "안정, 적응, 적극형"에 해당하는 형의 종류는?

① A형
② B형
③ C형
④ D형

해설 ▶ Y·G 성격검사
- **A형**(평균형) : 조화적, 적응적
- **B형**(우편형) : 정서 불안정, 활동적, 외향적(불안정, 적극형, 부적응)
- **C형**(좌편형) : 안정, 소극형(온순, 소극적, 안정, 내향적, 비활동)
- **D형**(우하형) : 안정, 적응, 적극형(정서 안정, 활동적, 사회 적응, 대인 관계 양호)
- **E형**(좌하형) : 불안정, 부적응, 수동형(D형과 반대)

07 어느 사업장에서 물적손실이 수반된 무상해 사고가 180건 발생하였다면 중상은 몇 건이나 발생할 수 있는가? (단, 버드의 재해구성 비율법칙에 따른다.)

① 6건
② 18건
③ 20건
④ 29건

10 안전교육에 대한 설명으로 옳은 것은?

① 사례 중심과 실연을 통하여 기능적 이해를 돕는다.

② 사무직과 기능직은 그 업무가 판이하게 다르므로 분리하여 교육한다.

③ 현장 작업자는 이해력이 낮으므로 단순반복 및 암기를 시킨다.

④ 안전교육에 건성으로 참여하는 것을 방지하기 위하여 인사고과에 필히 반영한다.

> **해설 ⊘ 안전교육의 기본방향**
> • 사고 사례 중심의 안전교육
> • 안전 작업(표준작업)을 위한 안전교육
> • 안전 의식 향상을 위한 안전교육

11 산업안전보건법령에 따라 환기가 극히 불량한 좁은 밀폐된 장소에서 용접작업을 하는 근로자를 대상으로 한 특별안전보건교육 내용에 포함되지 않는 것은? (단, 일반적인 안전·보건에 필요한 사항은 제외한다.)

① 환기설비에 관한 사항

② 질식 시 응급조치에 관한 사항

③ 작업순서, 안전작업방법 및 수칙에 관한 사항

④ 폭발 한계점, 발화점 및 인화점 등에 관한 사항

> **해설 ⊘ 특별교육 대상** : 밀폐된 장소에서 하는 용접작업 또는 습한 장소에서 하는 전기용접 작업
> • 작업순서, 안전작업방법 및 수칙에 관한 사항
> • 환기설비에 관한 사항
> • 전격 방지 및 보호구 착용에 관한 사항
> • 질식 시 응급조치에 관한 사항
> • 작업환경 점검에 관한 사항
> • 그 밖에 안전보건관리에 필요한 사항

12 크레인, 리프트 및 곤돌라는 사업장에 설치가 끝난 날부터 몇 년 이내에 최초의 안전검사를 실시해야 하는가? (단, 이동식 크레인, 이삿짐운반용 리프트는 제외한다.)

① 1년　　　　② 2년

③ 3년　　　　④ 4년

> **해설 ⊘ 안전검사** : 프레스, 전단기, 압력용기, 국소 배기장치, 원심기, 롤러기, 사출성형기, 컨베이어 및 산업용 로봇
> • 설치 끝난 후 3년 이내
> • 그 후 2년마다

13 재해코스트 산정에 있어 시몬즈(R. H. Simonds) 방식에 의한 재해코스트 산정법으로 옳은 것은?

① 직접비+간접비

② 간접비+비보험코스트

③ 보험코스트+비보험코스트

④ 보험코스트+사업부보상금 지급액

> **해설 ⊘ 시몬즈의 재해코스트 산정법**
> 총재해코스트 = 보험코스트+비보험코스트
> = 산재보험료+(A×휴업상해건수)+(B×통원상해건수)+(C×구급조치상해건수)+(D×무상해사고건수)

14 다음 중 맥그리거(McGregor)의 Y이론과 가장 거리가 먼 것은?

① 성선설　　　② 상호신뢰

③ 선진국형　　④ 권위주의적 리더십

해설

| McGregor의 X, Y이론 ||
X이론	Y이론
• 인간 불신감	• 상호 신뢰감
• 성악설	• 성선설
• 인간은 원래 게으르고 태만하여 남의 지배 받기를 즐긴다.	• 인간은 부지런하고, 근면, 적극적이며, 자주적이다.
• 물질욕구(저차적 욕구)	• 정신욕구(고차적 욕구)
• 명령 통제에 의한 관리	• 목표통합과 자기통제에 의한 자율 관리
• 저개발국형	• 선진국형

해설 ▶ **경고표시**

201 인화성물질 경고	202 산화성물질 경고	203 폭발성물질 경고	204 급성독성물질 경고
205 부식성물질 경고	206 방사성물질 경고	207 고압전기 경고	208 매달린 물체 경고
209 낙하물 경고	210 고온 경고	211 저온 경고	212 몸균형 상실 경고
213 레이저광선 경고	214 발암성·변이원성·생식독성·전신독성·호흡기 과민성 물질 경고	215 위험장소 경고	

15 생체 리듬(Bio Rhythm) 중 일반적으로 28일을 주기로 반복되며, 주의력·창조력·예감 및 통찰력 등을 좌우하는 리듬은?

① 육체적 리듬　　② 지성적 리듬
③ 감성적 리듬　　④ 정신적 리듬

해설 ③ **감성적 리듬**(적색) : 28일을 주기로 교감신경계를 지배하여 정서와 감정의 에너지를 지배한다.
① **육체적 리듬**(청색) : 23일을 주기로 근육세포와 근섬유계를 지배하여 건강상태를 결정한다.
② **지성적 리듬**(녹색) : 33일을 주기로 뇌세포 활동을 지배하여 정신력, 냉철함, 판단력, 이해력 등에 영향을 주는 리듬이다.

16 산업안전보건법령상 안전보건표지의 종류 중 경고표지에 해당하지 않는 것은?

① 레이저광선 경고
② 급성독성물질 경고
③ 매달린 물체 경고
④ 차량통행 경고

17 몇 사람의 전문가에 의하여 과제에 관한 견해를 발표한 뒤에 참가자로 하여금 의견이나 질문을 하게 하여 토의하는 방법을 무엇이라 하는가?

① 심포지엄(symposium)
② 버즈 세션(buzz session)
③ 케이스 메소드(case method)
④ 패널 디스커션(panel discussion)

해설 ② **버즈 세션** : 전체 구성원을 4~6명의 소그룹으로 나누고 각각의 소그룹이 개별적인 토의를 벌인 뒤 각 그룹의 결론을 패널형식으로 토론하고 최후의 리더가 전체적인 결론을 내리는 '토의법', 6-6회의라고도 한다.
③ **케이스 메소드** : 교육훈련의 주제에 관한 실제의 사례를 작성하여 배부하고 여기에 관한 토론을 실시하는 교육훈련방법
④ **패널 디스커션** : 토론집단을 패널 멤버와 청중으로 나누고 먼저 소정의 문제에 대해 패널 멤버인 각 분야의 전문가로 하여금 토론하게 한 다음 청중과 패널 멤버 사이에 질의응답을 하도록 하는 토론 형식. 많은 사람이 토론에 참여할 수 있으며 비교적 성과가 큰 것이 특징이다.

정답　15 ③　16 ④　17 ①

18 작업을 하고 있을 때 긴급 이상상태 또는 돌발 사태가 되면 순간적으로 긴장하게 되어 판단능력의 둔화 또는 정지상태가 되는 것은?

① 의식의 우회

② 의식의 과잉

③ 의식의 단절

④ 의식의 수준저하

> **해설** ① **의식의 우회** : 근심걱정으로 집중 못함(애가 아픔)
> ③ **의식의 단절** : 수면상태 또는 의식을 잃어버리는 상태
> ④ **의식수준의 저하** : 단조로운 업무를 장시간 수행시 몽롱해지는 현상(= 감각차단현상)

19 A사업장의 2019년 도수율이 10이라 할 때 연천인율은 얼마인가?

① 2.4

② 5

③ 12

④ 24

> **해설** 연천인율 = 도수율×2.4

20 산업안전보건법령상 산업안전보건위원회의 사용자위원에 해당되지 않는 사람은? (단, 각 사업장은 해당하는 사람을 선임하여야 하는 대상 사업장으로 한다.)

① 안전관리자

② 산업보건의

③ 명예산업안전감독관

④ 해당 사업장 부서의 장

> **해설** ◉ **사용자위원** : 해당사업의 대표, 안전관리자 1명, 보건관리자 1명, 산업보건의, 해당 사업의 대표자가 지명하는 9명 이내의 해당 사업장 부서의 장

2과목 인간공학 및 시스템안전공학

21 FT도에서 사용하는 기호 중 다음 그림과 같이 OR 게이트이지만 2개 또는 그 이상의 입력이 동시에 존재할 때 출력이 생기지 않는 경우 사용하는 것은?

동시발생이 없음

① 부정 OR 게이트

② 배타적 OR 게이트

③ 억제 게이트

④ 조합 OR 게이트

> **해설** 최초에는 ②번이 정답으로 발표되었으나, 문제 오류로 모두 정답 처리되었다. 이에, 문제 속 기호는 배타적 OR 게이트를 적용하였다.
> • **배타적 OR 게이트** : OR 게이트인데 2개 또는 그 이상의 입력이 존재하는 경우에는 출력이 발생하지 않는다.

22 휴먼 에러(Human Error)의 요인을 심리적 요인과 물리적 요인으로 구분할 때, 심리적 요인에 해당하는 것은?

① 일이 너무 복잡한 경우

② 일의 생산성이 너무 강조될 경우

③ 동일 형상의 것이 나란히 있을 경우

④ 서두르거나 절박한 상황에 놓여있을 경우

> **해설** ①·②·③의 경우 물리적 요인, ④는 심리적 요인이다.

23 적절한 온도의 작업환경에서 추운 환경으로 온도가 변할 때 우리의 신체가 수행하는 조절작용이 아닌 것은?

① 발한(發汗)이 시작된다.

② 피부의 온도가 내려간다.

③ 직장(直腸)온도가 약간 올라간다.

④ 혈액의 많은 양이 몸의 중심부를 위주로 순환한다.

> **해설** ◎ **추운 환경으로 변할 때 신체의 조절작용**
> • 피부를 경유하는 혈액의 순환량이 감소하고 많은 양의 혈액이 몸의 중심부를 순환
> • 피부 온도는 내려간다.
> • 직장 온도가 약간 올라간다.
> • 소름이 돋고 몸이 떨리는 오한을 느낀다.

24 시스템안전 MIL-STD-882B 분류기준의 위험성 평가 매트릭스에서 발생빈도에 속하지 않는 것은?

① 거의 발생하지 않는(remote)

② 전혀 발생하지 않는(impossible)

③ 보통 발생하는(reasonably probable)

④ 극히 발생하지 않을 것 같은(extremely impro-bable)

> **해설** • 자주 발생(Frequent)
> • 보통 발생(Probable)
> • 가끔 발생(Occasional)
> • 거의 발생하지 않음(Remote)
> • 극히 발생하지 않음(Improbable)

25 FTA에 의한 재해사례 연구순서 중 2단계에 해당하는 것은?

① FT도의 작성

② 톱 사상의 선정

③ 개선계획의 작성

④ 사상의 재해원인을 규명

> **해설** Top 사상의 선정 → 사상마다 재해원인의 규명 → F.T도 작성 → 개선계획의 작성

26 의자 설계 시 고려해야 할 일반적인 원리와 가장 거리가 먼 것은?

① 자세고정을 줄인다.

② 조정이 용이해야 한다.

③ 디스크가 받는 압력을 줄인다.

④ 요추 부위의 후만곡선을 유지한다.

> **해설** ◎ **의자 설계 시 고려해야 할 사항**
> • 등받이의 굴곡은 요추의 굴곡과 일치해야 한다.
> • 좌면의 높이는 사람의 신장에 따라 조절 가능해야 한다.
> • 정적인 부하와 고정된 작업자세를 피해야 한다.
> • 의자의 높이는 오금의 높이보다 같거나 낮아야 한다.

27 다음 FT도에서 시스템에 고장이 발생할 확률은 약 얼마인가? (단, X_1과 X_2의 발생확률은 각각 0.05, 0.030이다.)

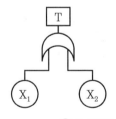

① 0.0015

② 0.0785

③ 0.9215

④ 0.9985

> **해설** $R_p = 1-(1-R_1)(1-R_2)\cdots\cdots(1-R_n)$
> $= 1-\sum_{i=1}^{n}(1-R_i)$
> $1-(1-0.05)\times(1-0.030)$

28 반사율이 85[%], 글자의 밝기가 400[cd/m²]인 VDT화면에 350[lux]의 조명이 있다면 대비는 약 얼마인가?

① -6.0 ② -5.0
③ -4.2 ④ -2.8

해설 대비[%] $= \dfrac{L_b - L_t}{L_b} \times 100$

반사율[%] $= \dfrac{광도}{조도} \times 100$

$L_b = (0.85 \times 350)/3.14 = 94.75$
$L_t = 400 + 94.75 = 494.75$
대비 $= (94.75 - 494.75)/94.75 = -4.2$

29 화학설비에 대한 안전성 평가 중 정량적 평가항목에 해당되지 않는 것은?

① 공정 ② 취급물질
③ 압력 ④ 화학설비용량

해설 ▶ **정량적 평가항목** : 취급물질, 온도, 압력, 용량, 조작

30 시각 장치와 비교하여 청각 장치 사용이 유리한 경우는?

① 메시지가 길 때
② 메시지가 복잡할 때
③ 정보 전달 장소가 너무 소란할 때
④ 메시지에 대한 즉각적인 반응이 필요할 때

해설 ▶ **청각장치를 사용하는 경우**
• 전언이 간단하다.
• 전언이 짧다.
• 전언이 후에 재참조되지 않는다.
• 전언이 시간적 사상을 다룬다.
• 전언이 즉각적인 행동을 요구한다(긴급할 때).
• 수신장소가 너무 밝거나 암조응유지가 필요시
• 직무상 수신자가 자주 움직일 때
• 수신자가 시각계통이 과부하 상태일 때

31 산업안전보건법령상 사업주가 유해위험방지 계획서를 제출할 때에는 사업장 별로 관련 서류를 첨부하여 해당 작업 시작 며칠 전까지 해당 기관에 제출하여야 하는가?

① 7일 ② 15일
③ 30일 ④ 60일

해설 제조업 등 유해위험방지계획서에 관련 서류를 첨부하여 해당 작업 시작 15일 전까지 공단에 2부를 제출해야 한다.

32 인간-기계 시스템을 설계할 때에는 특정기능을 기계에 할당하거나 인간에게 할당하게 된다. 이러한 기능할당과 관련된 사항으로 옳지 않은 것은? (단, 인공지능과 관련된 사항은 제외한다.)

① 인간은 원칙을 적용하여 다양한 문제를 해결하는 능력이 기계에 비해 우월하다.
② 일반적으로 기계는 장시간 일관성이 있는 작업을 수행하는 능력이 인간에 비해 우월하다.
③ 인간은 소음, 이상온도 등의 환경에서 작업을 수행하는 능력이 기계에 비해 우월하다.
④ 일반적으로 인간은 주위가 이상하거나 예기치 못한 사건을 감지하여 대처하는 능력이 기계에 비해 우월하다.

해설

인간이 우수한 기능	기계가 우수한 기능
귀납적 추리	연역적 추리
과부하 상태에서 선택	과부하 상태에서도 효율적

33 모든 시스템 안전분석에서 제일 첫 번째 단계의 분석으로, 실행되고 있는 시스템을 포함한 모든 것의 상태를 인식하고 시스템의 개발단계에서 시스템 고유의 위험상태를 식별하여 예상되고 있는 재해의 위험수준을 결정하는 것을 목적으로 하는 위험분석 기법은?

① 결함위험분석(FHA: Fault Hazard Analysis)

② 시스템위험분석(SHA: System Hazard Analysis)

③ 예비위험분석(PHA: Preliminary Hazard Analysis)

④ 운용위험분석(OHA: Operating Hazard Analysis)

해설 ▶ PHA(Preliminary Hazard Analysis : 예비사고 분석)
시스템 최초 개발 단계의 분석으로 위험 요소의 위험 상태를 정성적으로 평가

34 컷셋(cut set)과 패스셋(pass set)에 관한 설명으로 옳은 것은?

① 동일한 시스템에서 패스셋의 개수와 컷셋의 개수는 같다.

② 패스셋은 동시에 발생했을 때 정상사상을 유발하는 사상들의 집합이다.

③ 일반적으로 시스템에서 최소 컷셋의 개수가 늘어나면 위험 수준이 높아진다.

④ 최소 컷셋은 어떤 고장이나 실수를 일으키지 않으면 재해는 일어나지 않는다고 하는 것이다.

해설 • 컷셋 : 정상사상을 발생시키는 기본사상의 집합으로 그 안에 포함되는 모든 기본사상이 발생할 때 정상사상을 발생시킬 수 있는 기본사상의 집합
• 패스셋 : 그 안에 포함되는 모든 기본사상이 일어나지 않을 때 처음으로 정상사상이 일어나지 않는 기본사상의 집합 → 결함

35 조종장치를 촉각적으로 식별하기 위하여 사용되는 촉각적 코드화의 방법으로 옳지 않은 것은?

① 색감을 활용한 코드화

② 크기를 이용한 코드화

③ 조종장치의 형상 코드화

④ 표면 촉감을 이용한 코드화

해설 • 형상을 구별하여 사용하는 경우
• 표면 촉감을 사용하는 경우
• 크기를 구별하여 사용하는 경우

36 인체 계측 자료의 응용 원칙이 아닌 것은?

① 기존 동일 제품을 기준으로 한 설계

② 최대치수와 최소치수를 기준으로 한 설계

③ 조절범위를 기준으로 한 설계

④ 평균치를 기준으로 한 설계

해설 ▶ 인체계측자료의 응용 원칙
• 최대치수와 최소치수를 기준으로 설계
• 조절범위를 기준으로 한 설계
• 평균치를 기준으로 한 설계

37 인체에서 뼈의 주요 기능이 아닌 것은?

① 인체의 지주　　② 장기의 보호

③ 골수의 조혈　　④ 근육의 대사

해설 ▶ 뼈의 기능
• 인체의 지주역할을 한다.
• 가동성연결, 즉 관절을 만들고, 골격근의 수축에 의해 운동기로서 작용한다.
• 체강의 기초를 만들고 내부의 장기들을 보호한다.
• 골수는 조혈기능을 갖는다.
• 칼슘, 인산의 중요한 저장고가 되며, 나트륨과 마그네슘 이온의 작은 저장고 역할을 한다.

정답　33 ③　34 ③　35 ①　36 ①　37 ④

38 각 부품의 신뢰도가 다음과 같을 때 시스템의 전체 신뢰도는 약 얼마인가?

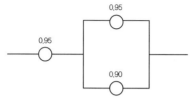

① 0.8123   ② 0.9453
③ 0.9553   ④ 0.9953

해설 • 직렬 : $R_s = r_1 \times r_2$
• 병렬 : $R_p = r_1 + r_2(1-r_1)$
        $= 1-(1-r_1)(1-r_2)$
신뢰도 $= 0.95 \times [1-(1-0.95) \times (1-0.90)]$

39 손이나 특정 신체부위에 발생하는 누적손상장애(CTD)의 발생인자와 가장 거리가 먼 것은?

① 무리한 힘
② 다습한 환경
③ 장시간의 진동
④ 반복도가 높은 작업

해설 ▶ CTD의 원인
• 부적절한 자세
• 무리한 힘의 사용
• 과도한 반복작업
• 연속작업(비휴식)
• 낮은 온도 등

40 인간공학 연구조사에 사용되는 기준의 구비조건과 가장 거리가 먼 것은?

① 다양성   ② 적절성
③ 무오염성   ④ 기준 척도의 신뢰성

해설 ▶ 체계기준의 요건

요건	내용
적절성	기준이 의도된 목적에 적합하다고 판단되는 정도
무오염성	측정하고자 하는 변수 외의 영향이 없어야 한다.
기준척도의 신뢰성	반복성을 통한 척도의 신뢰성이 있어야 한다.
민감도	피실험자 사이에서 볼 수 있는 예상 차이점에 비례하는 단위로 측정해야 한다.

3과목　기계위험방지기술

41 다음 중 설비의 진단방법에 있어 비파괴 시험이나 검사에 해당하지 않는 것은?

① 피로시험   ② 음향탐상검사
③ 방사선투과시험   ④ 초음파탐상검사

해설 ① 피로시험은 파괴검사로 분류된다.
▶ **비파괴검사** : 육안검사, 누설검사, 침투검사, 초음파검사, 자기탐사검사, 음향검사, 방사선투과검사

42 지름 5[cm] 이상을 갖는 회전 중인 연삭숫돌이 근로자들에게 위험을 미칠 우려가 있는 경우에 필요한 방호장치는?

① 받침대   ② 과부하 방지장치
③ 덮개   ④ 프레임

해설 칩비산 방지대책으로 덮개를 설치한다.

43 프레스 금형의 파손에 의한 위험방지 방법이 아닌 것은?

① 금형에 사용하는 스프링은 반드시 인장형으로 할 것

② 작업 중 진동 및 충격에 의해 볼트 및 너트의 헐거워짐이 없도록 할 것

③ 금형의 하중 중심은 원칙적으로 프레스 기계의 하중 중심과 일치하도록 할 것

④ 캠, 기타 충격이 반복해서 가해지는 부분에는 완충장치를 설치할 것

해설 ① 금형에 사용하는 스프링은 반드시 압축형으로 할 것

44 기계설비의 작업능률과 안전을 위해 공장의 설비 배치 3단계를 올바른 순서대로 나열한 것은?

① 지역배치 → 건물배치 → 기계배치

② 건물배치 → 지역배치 → 기계배치

③ 기계배치 → 건물배치 → 지역배치

④ 지역배치 → 기계배치 → 건물배치

해설 큰 순서대로 한다. 지역 → 건물 → 기계의 순이다.

45 다음 중 연삭숫돌의 파괴원인으로 거리가 먼 것은?

① 플랜지가 현저히 클 때

② 숫돌에 균열이 있을 때

③ 숫돌의 측면을 사용할 때

④ 숫돌의 치수 특히 내경의 크기가 적당하지 않을 때

해설 • 최고 사용 원주 속도를 초과하였다.
• 제조사의 결함으로 숫돌에 균열이 발생하였다.
• 플랜지의 과소, 지름의 불균일이 발생하였다.
• 부적당한 연삭숫돌을 사용하였다.
• 작업 방법이 불량하였다.

46 밀링작업 시 안전수칙으로 틀린 것은?

① 보안경을 착용한다.

② 칩은 기계를 정지시킨 다음에 브러시로 제거한다.

③ 가공 중에는 손으로 가공면을 점검하지 않는다.

④ 면장갑을 착용하여 작업한다.

해설 ④ 밀링작업 시는 면장갑을 착용하지 않는다.

47 크레인의 방호장치에 해당되지 않은 것은?

① 권과방지장치　　② 과부하방지장치

③ 비상정지장치　　④ 자동보수장치

해설 과부하방지장치, 권과방지장치(捲過防止裝置), 비상정지장치 및 제동장치, 그 밖의 방호장치[승강기의 파이널 리미트 스위치(final limit switch), 속도조절기, 출입문 인터 록(inter lock) 등을 말한다]가 정상적으로 작동될 수 있도록 미리 조정해 두어야 한다.

48 무부하 상태에서 지게차로 20[km/h]의 속도로 주행할 때, 좌우 안정도는 몇 [%] 이내이어야 하는가?

① 37[%]　　② 39[%]

③ 41[%]　　④ 43[%]

해설 주행 시 좌우 안정도는 15+1.1V[%] 이내
15+1.1×20 = 37[%]

49 선반가공 시 연속적으로 발생되는 칩으로 인해 작업자가 다치는 것을 방지하기 위하여 칩을 짧게 절단시켜 주는 안전장치는?

① 커버　　　　　　② 브레이크
③ 보안경　　　　　　④ 칩 브레이커

> 해설 ▶ **칩 브레이커** : 칩을 짧게 끊어주는 선반전용 안전장치

50 아세틸렌 용접장치에 관한 설명 중 틀린 것은?

① 아세틸렌발생기로부터 5[m] 이내, 발생기실로부터 3[m] 이내에는 흡연 및 화기사용을 금지한다.
② 발생기실에는 관계 근로자가 아닌 사람이 출입하는 것을 금지한다.
③ 아세틸렌 용기는 뉘어서 사용한다.
④ 건식안전기의 형식으로 소결금속식과 우회로식이 있다.

> 해설 ③ 아세틸렌 용기는 세워서 사용한다.

51 산업안전보건법령상 프레스의 작업시작 전 점검사항이 아닌 것은?

① 금형 및 고정볼트 상태
② 방호장치의 기능
③ 전단기의 칼날 및 테이블의 상태
④ 트롤리(trolley)가 횡행하는 레일의 상태

> 해설 ▶ **프레스의 작업시작 전 점검사항**
> • 클러치 및 브레이크의 기능
> • 크랭크축 · 플라이휠 · 슬라이드 · 연결봉 및 연결 나사의 풀림 여부
> • 1행정 1정지기구 · 급정지장치 및 비상정지장치의 기능
> • 슬라이드 또는 칼날에 의한 위험방지 기구의 기능
> • 프레스의 금형 및 고정볼트 상태
> • 방호장치의 기능
> • 전단기(剪斷機)의 칼날 및 테이블의 상태

52 프레스 양수조작식 방호장치 누름버튼의 상호 간 내측거리는 몇 [mm] 이상인가?

① 50　　　　　　② 100
③ 200　　　　　　④ 300

> 해설 단추와 레버의 거리는 300[mm] 이상 격리시켜야 한다.

53 산업안전보건법령상 승강기의 종류에 해당하지 않는 것은?

① 리프트
② 에스컬레이터
③ 화물용 엘리베이터
④ 승객용 엘리베이터

> 해설 ① 리프트는 승강기 종류가 아니다.

54 롤러기의 앞면 롤의 지름이 300[mm], 분당회전수가 30회일 경우 허용되는 급정지장치의 급정지 거리는 약 몇 [mm] 이내이어야 하는가?

① 37.7　　　　　　② 31.4
③ 377　　　　　　④ 314

> 해설 30[m/min] 미만 – 앞면 롤러 원주의 1/3에서 300×π/3

55 어떤 로프의 최대하중이 700[N]이고, 정격하중은 100[N]이다. 이때 안전계수는 얼마인가?

① 5　　　　　　② 6
③ 7　　　　　　④ 8

> 해설 안전계수 = 700/100

56 산업안전보건법령상 로봇에 설치되는 제어장치의 조건에 적합하지 않은 것은?

① 누름버튼은 오작동 방지를 위한 가드를 설치하는 등 불시기동을 방지할 수 있는 구조로 제작·설치되어야 한다.

② 로봇에는 외부 보호 장치와 연결하기 위해 하나 이상의 보호정지회로를 구비해야 한다.

③ 전원공급램프, 자동운전, 결함검출 등 작동제어의 상태를 확인할 수 있는 표시장치를 설치해야 한다.

④ 조작버튼 및 선택스위치 등 제어장치에는 해당 기능을 명확하게 구분할 수 있도록 표시해야 한다.

> **해설** ② 로봇에는 외부 보호 장치와 연결하기 위해 하나 이상의 보호정지회로를 구비해야 한다. → 보호장치의 조건이다.

57 컨베이어의 제작 및 안전기준상 작업구역 및 통행구역에 덮개, 울 등을 설치해야 하는 부위에 해당하지 않는 것은?

① 컨베이어의 동력전달 부분
② 컨베이어의 제동장치 부분
③ 호퍼, 슈트의 개구부 및 장력 유지장치
④ 컨베이어 벨트, 풀리, 롤러, 체인, 스프라켓, 스크류 등

> **해설** 기계의 원동기·회전축·기어·풀리·플라이휠·벨트 및 체인 등 근로자가 위험에 처할 우려가 있는 부위에 덮개·울·슬리브 및 건널다리 등을 설치하여야 한다. 제동장치 부분은 이 부위에 해당하지 않는다.

58 산업안전보건법령상 탁상용 연삭기의 덮개에는 작업 받침대와 연삭숫돌과의 간격을 몇 [mm] 이하로 조정할 수 있어야 하는가?

① 3 　　　　　　② 4
③ 5 　　　　　　④ 10

> **해설** 탁상용 연삭기는 워크레스트와 조정편을 설치할 것(워크레스트와 숫돌과의 간격은 3[mm] 이내)

59 다음 중 회전축, 커플링 등 회전하는 물체에 작업복 등이 말려드는 위험을 초래하는 위험점은?

① 협착점
② 접선물림점
③ 절단점
④ 회전말림점

> **해설** ④ **회전말림점**(Trapping-point) : 회전하는 물체에 작업복, 머리카락 등이 말려드는 위험이 존재하는 점이다.
> 　**예** 회전하는 축, 커플링, 돌출된 키나 고정나사, 회전하는 공구 등
> ① **협착점**(Squeeze-point) : 왕복운동을 하는 동작부분과 움직임이 없는 고정부분 사이에서 형성되는 위험점으로 사업장의 기계설비에서 많이 볼 수 있다.
> 　**예** 프레스기, 전단기, 성형기, 굽힘기계(bending machine) 등
> ② **접선물림점**(Tangential Nip-point) : 회전하는 부분의 접선방향으로 물려 들어갈 위험이 존재하는 점이다.
> 　**예** 벨트와 풀리, 체인과 스프로킷, 랙과 피니언 등
> ③ **절단점**(Cutting-point) : 고정부분과 운동부분이 만드는 위험점이 아니고 회전하는 운동부 자체의 위험이나 운동하는 기계 부분 자체의 위험에서 초래되는 위험점이다.
> 　**예** 밀링의 커터, 띠톱이나 둥근톱의 톱날, 벨트의 이음 부분 등

정답 56 ②　57 ②　58 ①　59 ④

60 가공기계에 쓰이는 주된 풀 프루프(Fool Proof)에서 가드(Guard)의 형식으로 틀린 것은?

① 인터록 가드(Interlock Guard)
② 안내 가드(Guide Guard)
③ 조정 가드(Adjustable Guard)
④ 고정 가드(Fixed Guard)

해설 ▶ **풀 프루프의 가드 형식** : 인터록 가드, 조정 가드, 고정 가드

4과목 전기위험방지기술

61 인체의 표면적이 0.5[m²]이고 정전용량은 0.02 [pF/cm²]이다. 3300[V]의 전압이 인가되어 있는 전선에 접근하여 작업을 할 때 인체에 축적되는 정전기 에너지[J]는?

① 5.445×10^{-2}　　② 5.445×10^{-4}
③ 2.723×10^{-2}　　④ 2.723×10^{-4}

해설 정전용량 $C = 0.02 \times 10^{-12}[\text{F/cm}^2] \times 0.5 \times 10^4[\text{cm}^2]$
$\qquad = 10^{-10}[\text{F}]$
인체에 축적되는 에너지
$W = \dfrac{1}{2}CV^2 = \dfrac{1}{2} \times 10^{-10} \times (3300)^2$
$\qquad = 5.445 \times 10^{-4}[\text{J}]$

62 제3종 접지공사를 시설하여야 하는 장소가 아닌 것은?

① 금속몰드 배선에 사용하는 몰드
② 고압계기용 변압기의 2차측 전로
③ 고압용 금속제 케이블트레이 계통의 금속트레이
④ 400[V] 미만의 저압용 기계기구의 철대 및 금속제 외함

해설 출제 당시에는 정답이 ③이었으나 2021년 개정되어 정답 없음

63 전자파 중에서 광량자 에너지가 가장 큰 것은?

① 극저주파　　② 마이크로파
③ 가시광선　　④ 적외선

해설 자외선>가시광선>적외선>마이크로파>극저주파

64 다음 중 폭발위험장소에 전기설비를 설치할 때 전기적인 방호조치로 적절하지 않은 것은?

① 다상 전기기기는 결상운전으로 인한 과열방지 조치를 한다.
② 배선은 단락·지락 사고시의 영향과 과부하로부터 보호한다.
③ 자동차단이 점화의 위험보다 클 때는 경보장치를 사용한다.
④ 단락보호장치는 고장상태에서 자동복구 되도록 한다.

해설 ④ 단락보호장치가 자동복구 되면 방호에 위험이 있다.

65 감전사고 방지대책으로 틀린 것은?

① 설비의 필요한 부분에 보호접지 실시
② 노출된 충전부에 통전망 설치
③ 안전전압 이하의 전기기기 사용
④ 전기기기 및 설비의 정비

해설 ② 통전망은 전기가 흐르는 망으로 절연용 방호구를 설치해야 한다.

66 감전사고를 일으키는 주된 형태가 아닌 것은?

① 충전전로에 인체가 접촉되는 경우

② 이중절연 구조로 된 전기기계·기구를 사용하는 경우

③ 고전압의 전선로에 인체가 근접하여 섬락이 발생된 경우

④ 충전 전기회로에 인체가 단락회로의 일부를 형성하는 경우

해설 ② 이중절연 구조로 된 전기기계·기구를 사용하는 경우는 감전사고를 일으킬 가능성이 낮다.

67 화재가 발생하였을 때 조사해야 하는 내용으로 가장 관계가 먼 것은?

① 발화원
② 착화물
③ 출화의 경과
④ 응고물

해설 화재발생 시 발화원, 착화물, 출화의 경과를 조사한다.

68 정전기에 관한 설명으로 옳은 것은?

① 정전기는 발생에서부터 억제 – 축적방지 – 안전한 방전이 재해를 방지할 수 있다.

② 정전기발생은 고체의 분쇄공정에서 가장 많이 발생한다.

③ 액체의 이송 시는 그 속도(유속)를 7[m/s] 이상 빠르게 하여 정전기의 발생을 억제한다.

④ 접지 값은 10[Ω] 이하로 하되 플라스틱 같은 절연도가 높은 부도체를 사용한다.

해설 ② 정전기발생은 고체의 분쇄공정에서 가장 많이 발생하지 않는다.
③ 액체의 이송 시는 그 속도(유속)를 7[m/s] 이상 느리게 하여 정전기의 발생을 억제한다.
④ 접지 값은 10[Ω] 이하로 하되 플라스틱 같은 절연도가 낮은 도체를 사용한다.

69 전기설비의 필요한 부분에 반드시 보호접지를 실시하여야 한다. 접지공사의 종류에 따른 접지저항과 접지선의 굵기가 틀린 것은?

① 제1종 : 10[Ω] 이하, 공칭단면적 6[mm^2] 이상의 연동선

② 제2종 : $\dfrac{150}{1선지락전류}$[Ω] 이하, 공칭단면적 2.5[mm^2] 이상의 연동선

③ 제3종 : 100[Ω] 이하, 공칭단면적 2.5[mm^2] 이상의 연동선

④ 특별 제3종 : 10[Ω] 이하, 공칭단면적 2.5[mm^2] 이상의 연동선

해설 출제 당시에는 정답이 ②였으나 2021년 개정되어 정답 없음

70 교류아크 용접기에 전격 방지기를 설치하는 요령 중 틀린 것은?

① 이완 방지 조치를 한다.

② 직각으로만 부착해야 한다.

③ 동작 상태를 알기 쉬운 곳에 설치한다.

④ 테스트 스위치는 조작이 용이한 곳에 위치시킨다.

해설 ② 직각에서 20[°] 내로 부착 가능하다.

정답 66 ② 67 ④ 68 ① 69 정답 없음 70 ②

71 전기기기의 Y종 절연물의 최고 허용온도는?

① 80[℃]

② 85[℃]

③ 90[℃]

④ 105[℃]

> 해설 ◈ 절연물의 종류와 온도
> • Y종 절연 : 90[℃]
> • A종 절연 : 105[℃]
> • E종 절연 : 120[℃]
> • B종 절연 : 130[℃]
> • F종 절연 : 155[℃]
> • H종 절연 : 180[℃]
> • C종 절연 : 180[℃] 초과

72 내압방폭구조의 기본적 성능에 관한 사항으로 틀린 것은?

① 내부에서 폭발할 경우 그 압력에 견딜 것

② 폭발화염이 외부로 유출되지 않을 것

③ 습기침투에 대한 보호가 될 것

④ 외함 표면온도가 주위의 가연성 가스에 점화하지 않을 것

> 해설 전기설비에서 아크 또는 고열이 발생하여 폭발성 가스에 점화할 우려가 있는 부분을 전폐한 용기에 넣음으로써 폭발이 일어날 경우 이 용기가 압력에 견디고 외부의 폭발성 가스에 인화될 위험이 없도록 한 구조의 방폭구조이다.

73 온도조절용 바이메탈과 온도 퓨즈가 회로에 조합되어 있는 다리미를 사용한 가정에서 화재가 발생했다. 다리미에 부착되어 있던 바이메탈과 온도퓨즈를 대상으로 화재사고를 분석하려 하는데 논리기호를 사용하여 표현하고자 한다. 어느 기호가 적당한가? (단, 바이메탈의 작동과 온도 퓨즈가 끊어졌을 경우를 0, 그렇지 않을 경우를 1이라 한다.)

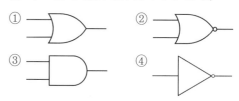

> 해설 바이메탈이 작동하지 않고, 온도 퓨즈가 끊어지지 않을 시 동시에 발생하면 1이므로 AND Gate가 적당하다.

74 화염일주한계에 대한 설명으로 옳은 것은?

① 폭발성 가스와 공기의 혼합기에 온도를 높인 경우 화염이 발생 할 때까지의 시간 한계치

② 폭발성 분위기에 있는 용기의 접합면 틈새를 통해 화염이 내부에서 외부로 전파되는 것을 저지할 수 있는 틈새의 최대간격치

③ 폭발성 분위기 속에서 전기불꽃에 의하여 폭발을 일으킬 수 있는 화염을 발생시키기에 충분한 교류파형의 1주기치

④ 방폭설비에서 이상이 발생하여 불꽃이 생성된 경우에 그것이 점화원으로 작용하지 않도록 화염의 에너지를 억제하여 폭발하한계로 되도록 화염 크기를 조정하는 한계치

> 해설 화염일주한계와 안전간격과 최대안전틈새는 같으며, 좁은 한계라는 뜻이다.

71 ③   72 ③   73 ③   74 ②   정답

75 폭발위험이 있는 장소의 설정 및 관리와 가장 관계가 먼 것은?

① 인화성 액체의 증기 사용
② 가연성 가스의 제조
③ 가연성 분진 제조
④ 종이 등 가연성 물질 취급

해설 ④ 가연성 물질이 있다고 폭발위험이 있지 않다.

76 충격전압시험시의 표준충격파형을 1.2×50[μs]로 나타내는 경우 1.2와 50이 뜻하는 것은?

① 파두장 – 파미장
② 최초섬락시간 – 최종섬락시간
③ 라이징타임 – 스테이블타임
④ 라이징타임 – 충격전압인가시간

해설 표준충격파형 1.2×50[μs]에서,
×는 충격파를 표현하는 방법이고, 1.2는 파두장, 50은 파미장이다.

77 폭발위험장소의 분류 중 인화성 액체의 증기 또는 가연성 가스에 의한 폭발위험이 지속적으로 또는 장기간 존재하는 장소는 몇 종 장소로 분류되는가?

① 0종 장소   ② 1종 장소
③ 2종 장소   ④ 3종 장소

해설 ① **0종 장소** : 장치 및 기기들이 정상 가동되는 경우에 폭발성 가스가 항상 존재하는 장소이다.
② **1종 장소** : 장치 및 기기들이 정상 가동 상태에서 폭발성 가스가 가끔 누출되어 위험 분위기가 존재하는 장소이다.
③ **2종 장소** : 작업자의 조작상 실수나 이상운전으로 폭발성 가스가 누출되거나 유출된 가스가 체류하여 폭발을 일으킬 우려가 있는 장소이다.

78 활선 작업 시 사용할 수 없는 전기작업용 안전장구는?

① 전기안전모
② 절연장갑
③ 검전기
④ 승주용 가제

해설 ④ 승주용 가제는 기둥에 오르기 위한 도기를 일컫는 말이다.

79 인체의 전기저항을 500[Ω]이라 한다면 심실세동을 일으키는 위험에너지[J]는? (단, 심실세동전류 $I = \dfrac{165}{\sqrt{T}}$ [mA], 통전시간은 1초이다.)

① 13.61   ② 23.21
③ 33.42   ④ 44.63

해설 전기에너지
$Q = I^2RT[\text{J}]\,[Q[\text{J}],\ I[\text{A}],\ R[\Omega],\ T[\text{sec}]]$
$= (165/\sqrt{T} \times 10^{-3})^2 \times 500 \times T$
$= 165^2 \times 10^{-6} \times 500 = 13.6$

80 피뢰침의 제한전압이 800[kV], 충격절연강도가 1000[kV]라 할 때, 보호여유도는 몇 [%]인가?

① 25   ② 33
③ 47   ④ 63

해설 보호여유도[%] $= \dfrac{충격전열강도 - 제한전압}{제한전압} \times 100$

정답 75 ④ 76 ① 77 ① 78 ④ 79 ① 80 ①

5과목 화학설비위험방지기술

81 소화약제 IG-100의 구성성분은?

① 질소
② 산소
③ 이산화탄소
④ 수소

> **해설** • 소화약제 IG-100에서 IG는 Inert Gas로 불에 타지 않는 불활성 가스이면서 독성이 없어야 한다.
> • IG-100의 구성성분은 질소이다.

82 프로판(C_3H_8)의 연소에 필요한 최소 산소농도의 값은 약 얼마인가? (단, 프로판의 폭발하한은 Jone식에 의해 추산한다.)

① 8.1[%v/v]
② 11.1[%v/v]
③ 15.1[%v/v]
④ 20.1[%v/v]

> **해설** ▶ **Jone식** : 연료몰수와 완전연소에 필요한 공기몰수를 이용하여 화학양론적 계수(Cst)를 계산한 후 이를 이용하여 폭발하한계와 상한계를 추산하는 식이다.
> X1(LEL : 폭발하한계) = 0.55Cst
> X2(UEL : 폭발상한계) = 3.50Cst
> (C_3H_8) + 5O_2 = 3CO_2 + 4H_2O, 1 : 5가 최적 산소농도로 산소는 공기중 21[%]만 있으므로,
> 1/(1 + 5/0.21) × 0.55 = 0.022, 2.2[vol%]
> 최소산소농도는 5 × 2.2[vol%] = 11[vol%]

83 다음 중 물과 반응하여 아세틸렌을 발생시키는 물질은?

① Zn
② Mg
③ Al
④ CaC₂

> **해설** CaC_2(탄산칼슘)+H_2O(물) → C_2H_2(아세틸렌)

84 메탄 1[vol%], 헥산 2[vol%], 에틸렌 2[vol%], 공기 95[vol%]로 된 혼합가스의 폭발하한계 값[vol%]은 약 얼마인가? (단, 메탄, 헥산, 에틸렌의 폭발하한계 값은 각각 5.0, 1.1, 2.7[vol%]이다.)

① 1.8
② 3.5
③ 12.8
④ 21.7

> **해설** 르 샤틀리에 공식
> 5/폭발하한계 = 1/5+2/1.1+2/2.7 = 2.76
> 폭발하한계 = 5/2.76
> = 1.812

85 가열·마찰·충격 또는 다른 화학물질과의 접촉 등으로 인하여 산소나 산화제의 공급이 없더라도 폭발 등 격렬한 반응을 일으킬 수 있는 물질은?

① 에틸알코올
② 인화성 고체
③ 니트로화합물
④ 테레핀유

> **해설** ▶ **폭발성 물질 및 유기과산화물**
> • **질산에스테르류** : 니트로셀룰로오스, 니트로글리세린, 질산메틸, 질산에틸 등
> • **니트로화합물** : 피크린산(트리니트로페놀), 트리니트로톨루엔(TNT) 등
> • **니트로소화합물** : 파라니트로소벤젠, 디니트로소레조르신 등
> • 아조화합물 및 디아조화합물
> • 하이드라진 유도체
> • **유기과산화물** : 메틸에틸케톤, 과산화물, 과산화벤조일, 과산화아세틸 등

86 다음 중 독성이 가장 강한 가스는?

① NH₃
② COCl₂
③ C₆H₅CH₃
④ H₂S

---

81 ① 82 ② 83 ④ 84 ① 85 ③ 86 ② **정답**

해설 ② COCl₂(포스겐) : 0.1[ppm]
③ C₆H₅CH₃(톨루엔) : 50[ppm]
① NH₃(암모니아) : 25[ppm]
④ H₂S(황화수소) : 10[ppm]

87 다음 중 분해 폭발의 위험성이 있는 아세틸렌의 용제로 가장 적절한 것은?

① 에테르
② 에틸알코올
③ 아세톤
④ 아세트알데히드

해설 아세틸렌가스는 압축하거나 액화시키면 분해 폭발을 일으키므로 용기에 다공 물질과 가스를 잘 녹이는 용제(아세톤, 디메틸포름아미드 등)를 넣어 용해시켜 충전한다.

88 분진폭발의 발생 순서로 옳은 것은?

① 비산 → 분산 → 퇴적분진 → 발화원 → 2차폭발 → 전면폭발
② 비산 → 퇴적분진 → 분산 → 발화원 → 2차폭발 → 전면폭발
③ 퇴적분진 → 발화원 → 분산 → 비산 → 전면폭발 → 2차폭발
④ 퇴적분진 → 비산 → 분산 → 발화원 → 전면폭발 → 2차폭발

해설 ▶ **분진폭발의 발생 순서** : 퇴적분진 → 비산 → 분산 → 발화원 → 전면폭발 → 2차 폭발

89 폭발방호대책 중 이상 또는 과잉압력에 대한 안전장치로 볼 수 없는 것은?

① 안전 밸브(safety valve)
② 릴리프 밸브(relief valve)
③ 파열판(bursting disk)
④ 플레임 어레스터(flame arrester)

해설 플레임 어레스터(flame arrester)는 철망으로 40mesh 이상의 가는 철망을 여러 장 겹쳐서 화염을 차단한다.

90 다음 인화성 가스 중 가장 가벼운 물질은?

① 아세틸렌
② 수소
③ 부탄
④ 에틸렌

해설 수소는 H₂로 분자량이 2이며, 가장 가벼운 물질이다.

91 가연성 가스 및 증기의 위험도에 따른 방폭전기기기의 분류로 폭발등급을 사용하는데, 이러한 폭발등급을 결정하는 것은?

① 발화도
② 화염일주한계
③ 폭발한계
④ 최소발화에너지

해설 폭발등급은 화염일주한계(= 안전간격 = 최대안전틈새)로 결정되며, 다음과 같다.

구분	안전간격	대상가스의 종류
폭발 1등급	0.6[mm] 이상	메탄, 에탄, 일산화탄소, 암모니아, 아세톤
폭발 2등급	0.4~0.6[mm]	에틸렌(C₂H₄), 석탄가스
폭발 3등급	0.4[mm] 이하	아세틸렌, 아황산가스, 수성가스, 수소

정답 87 ③ 88 ④ 89 ④ 90 ② 91 ②

92 다음 중 메타인산(HPO_3)에 의한 소화효과를 가진 분말소화약제의 종류는?

① 제1종 분말소화약제

② 제2종 분말소화약제

③ 제3종 분말소화약제

④ 제4종 분말소화약제

해설

종류	주성분		분말색	적용 화재
	품명	화학식		
제1종	탄산수소나트륨	$NaHCO_3$	백색	B, C급 화재
제2종	탄산수소칼륨	$KHCO_3$	담청색	B, C급 화재
제3종	인산암모늄	$NH_4H_2PO_4$	담홍색	A, B, C급 화재
제4종	탄산수소칼륨과 요소와의 반응물	$KC_2N_2H_3O_3$	쥐색	B, C급 화재

※ 인산암모늄의 열분해로 생성된 메타인산을 소화효과에 이용

93 다음 중 파열판에 관한 설명으로 틀린 것은?

① 압력 방출속도가 빠르다.

② 한번 파열되면 재사용 할 수 없다.

③ 한번 부착한 후에는 교환할 필요가 없다.

④ 높은 점성의 슬러리나 부식성 유체에 적용할 수 있다.

해설 ③ 파열판은 찢어지기도 해서 교체해야 한다.

94 공기 중에서 폭발범위가 12.5~74[vol%]인 일산화탄소의 위험도는 얼마인가?

① 4.92   ② 5.26

③ 6.26   ④ 7.05

해설 위험도$(H) = \dfrac{U_2 - U_1}{U_1}$

(U_1 : 폭발하한계, U_2 : 폭발상한계)

$\dfrac{74 - 12.5}{12.5} = 4.92$

95 산업안전보건법령에 따라 유해하거나 위험한 설비의 설치 · 이전 또는 주요 구조부분의 변경공사 시 공정안전보고서의 제출시기는 착공일 며칠 전까지 관련기관에 제출하여야 하는가?

① 15일   ② 30일

③ 60일   ④ 90일

해설 유해 · 위험 설비의 설치 · 이전 또는 주요 구조부분의 변경공사의 착공일 30일 전까지 공정안전보고서를 2부 작성하여 공단에 제출하여야 한다(산업안전보건법 시행규칙 제51조).

96 다음 관(pipe) 부속품 중 관로의 방향을 변경하기 위하여 사용하는 부속품은?

① 니플(nipple)   ② 유니온(union)

③ 플랜지(flange)   ④ 엘보우(elbow)

해설 ④ 엘보우(elbow) : 방향변경에 사용

① 니플(nipple) : 2개의 관을 연결

② 유니온(union) : 2개의 관을 연결

③ 플랜지(flange) : 2개의 관을 연결

92 ③   93 ③   94 ①   95 ②   96 ④   정답

97 산업안전보건기준에 관한 규칙상 국소배기장치의 후드 설치 기준이 아닌 것은?

① 유해물질이 발생하는 곳마다 설치할 것

② 후드의 개구부 면적은 가능한 한 크게 할 것

③ 외부식 또는 리시버식 후드는 해당 분진 등의 발산원에 가장 가까운 위치에 설치할 것

④ 후드 형식은 가능하면 포위식 또는 부스식 후드를 설치할 것

> **해설** ◈ **후드 설치 기준**(안전보건규칙 제72조)
> • 유해물질이 발생하는 곳마다 설치할 것
> • 유해인자의 발생형태와 비중, 작업방법 등을 고려하여 해당 분진 등의 발산원(發散源)을 제어할 수 있는 구조로 설치할 것
> • 후드(hood) 형식은 가능하면 포위식 또는 부스식 후드를 설치할 것
> • 외부식 또는 리시버식 후드는 해당 분진 등의 발산원에 가장 가까운 위치에 설치할 것

98 산업안전보건기준에 관한 규칙에 따르면 쥐에 대한 경구투입실험에 의하여 실험동물의 50[%]를 사망시킬 수 있는 물질의 양, 즉 LD50(경구, 쥐)이 [kg]당 몇 [mg]−(체중) 이하인 화학물질이 급성 독성 물질에 해당하는가?

① 25 ② 100

③ 300 ④ 500

> **해설** ◈ **급성독성물질**(안전보건규칙 별표 1)
> • **경구** : 300[mg/kg]
> • **경피** : 1000[mg/kg]
> • **가스** : 2500[ppm]
> • **증기** : 10[mg/L]
> • **분진미스트** : 1[mg/L]

99 반응성 화학물질의 위험성은 실험에 의한 평가 대신 문헌조사 등을 통해 계산에 의해 평가하는 방법을 사용할 수 있다. 이에 관한 설명으로 옳지 않은 것은?

① 위험성이 너무 커서 물성을 측정할 수 없는 경우 계산에 의한 평가 방법을 사용할 수 도 있다.

② 연소열, 분해열, 폭발열 등의 크기에 의해 그 물질의 폭발 또는 발화의 위험예측이 가능하다.

③ 계산에 의한 평가를 하기 위해서는 폭발 또는 분해에 따른 생성물의 예측이 이루어져야 한다.

④ 계산에 의한 위험성 예측은 모든 물질에 대해 정확성이 있으므로 더 이상의 실험을 필요로 하지 않는다.

> **해설** ④ 계산에 의한 위험성 예측은 모든 물질에 대해 정확성이 있다고 보기 어려워 실험이 필요하다.

100 압축기와 송풍의 관로에 심한 공기의 맥동과 진동을 발생하면서 불안정한 운전이 되는 서징(surging) 현상의 방지법으로 옳지 않은 것은?

① 풍량을 감소시킨다.

② 배관의 경사를 완만하게 한다.

③ 교축밸브를 기계에서 멀리 설치한다.

④ 토출가스를 흡입측에 바이패스 시키거나 방출밸브에 의해 대기로 방출시킨다.

> **해설** ③ 교축밸브를 기계에서 가까이 설치한다.

6과목 건설안전기술

101 다음은 안전대와 관련된 설명이다. 아래 내용에 해당되는 용어로 옳은 것은?

> 로프 또는 레일 등과 같은 유연하거나 단단한 고정줄로서 추락발생 시 추락을 저지시키는 추락방지대를 지탱해 주는 줄 모양의 부품

① 안전블록 ② 수직구명줄
③ 죔줄 ④ 보조죔줄

해설 수직구명줄은 추락방지대를 지탱해 주는 줄 모양의 부품이다.

102 크레인의 운전실 또는 운전대를 통하는 통로의 끝과 건설물 등의 벽체의 간격은 최대 얼마 이하로 하여야 하는가?

① 0.2[m] ② 0.3[m]
③ 0.4[m] ④ 0.5[m]

해설 ❯ **건설물 등의 벽체와 통로의 간격 등**(안전보건규칙 제145조)
사업주는 다음 각 호의 간격을 0.3[m] 이하로 하여야 한다. 다만, 근로자가 추락할 위험이 없는 경우에는 그 간격을 0.3[m] 이하로 유지하지 아니할 수 있다.
• 크레인의 운전실 또는 운전대를 통하는 통로의 끝과 건설물 등의 벽체의 간격
• 크레인 거더(girder)의 통로 끝과 크레인 거더의 간격
• 크레인 거더의 통로로 통하는 통로의 끝과 건설물 등의 벽체의 간격

103 달비계의 최대 적재하중을 정하는 경우 그 안전계수 기준으로 옳지 않은 것은?

① 달기와이어로프 및 달기강선의 안전계수 : 10 이상
② 달기체인 및 달기 훅의 안전계수 : 5 이상
③ 달기강대와 달비계의 하부 및 상부지점의 안전계수 : 강재의 경우 3 이상
④ 달기강대와 달비계의 하부 및 상부지점의 안전계수 : 목재의 경우 5 이상

해설 • 달기 와이어로프 및 달기 강선의 안전계수 : 10 이상
• 달기 체인 및 달기 훅의 안전계수 : 5 이상
• 달기 강대와 달비계의 하부 및 상부 지점의 안전계수 : 강재(鋼材)의 경우 2.5 이상, 목재의 경우 5 이상
※ 안전계수는 와이어로프 등의 절단하중값을 그 와이어로프 등에 걸리는 하중의 최댓값으로 나눈 값을 말한다.

104 달비계에 사용이 불가한 와이어로프의 기준으로 옳지 않은 것은?

① 이음매가 있는 것
② 와이어로프의 한 꼬임에서 끊어진 소선의 수가 7[%] 이상인 것
③ 지름의 감소가 공칭지름의 7[%]를 초과하는 것
④ 심하게 변형되거나 부식된 것

해설 ❯ **와이어로프의 사용금지 기준**(안전보건규칙 제63조 제1항 제1호)
• 이음매가 있는 것
• 와이어로프의 한 꼬임[스트랜드(strand)를 말한다.]에서 끊어진 소선(素線)[필러(pillar)선은 제외한다]의 수가 10[%] 이상(비자전로프의 경우에는 끊어진 소선의 수가 와이어로프 호칭지름의 6배 길이 이내에서 4개 이상이거나 호칭지름 30배 길이 이내에서 8개 이상)인 것
• 지름의 감소가 공칭지름의 7[%]를 초과하는 것
• 꼬인 것
• 심하게 변형되거나 부식된 것
• 열과 전기충격에 의해 손상된 것

101 ② 102 ② 103 ③ 104 ② **정답**

105 흙막이 지보공을 설치하였을 때 정기적으로 점검하여 이상 발견 시 즉시 보수하여야 할 사항이 아닌 것은?

① 굴착 깊이의 정도
② 버팀대의 긴압의 정도
③ 부재의 접속부·부착부 및 교차부의 상태
④ 부재의 손상·변형·부식·변위 및 탈락의 유무와 상태

해설 ▶ **흙막이 지보공 설치 시 정기 점검사항**(안전보건규칙 제347조 제1항)
- 부재의 손상·변형·부식·변위 및 탈락의 유무와 상태
- 버팀대의 긴압(緊壓)의 정도
- 부재의 접속부·부착부 및 교차부의 상태
- 침하의 정도

106 강관비계의 수직방향 벽이음 조립간격[m]으로 옳은 것은? (단, 틀비계이며 높이가 5[m] 이상일 경우)

① 2[m]   ② 4[m]
③ 6[m]   ④ 9[m]

해설 **강관비계의 조립간격**(안전보건규칙 별표 5)

강관비계의 종류	조립간격(단위 : [m])	
	수직방향	수평방향
단관비계	5	5
틀비계(높이가 5[m] 미만인 것은 제외한다)	6	8

107 굴착과 싣기를 동시에 할 수 있는 토공기계가 아닌 것은?

① Pover shovel   ② Tractor shovel
③ Back hoe   ④ Motor grader

해설 ④ **모터그레이더**(motor grader) : 땅 고르는 기계

108 구축물에 안전진단 등 안전성 평가를 실시하여 근로자에게 미칠 위험성을 미리 제거하여야 하는 경우가 아닌 것은?

① 구축물 또는 이와 유사한 시설물의 인근에서 굴착·항타작업 등으로 침하·균열 등이 발생하여 붕괴의 위험이 예상될 경우
② 구조물, 건축물, 그 밖의 시설물이 그 자체의 무게·적설·풍압 또는 그 밖에 부가되는 하중 등으로 붕괴 등의 위험이 있을 경우
③ 화재 등으로 구축물 또는 이와 유사한 시설물의 내력(耐力)이 심하게 저하되었을 경우
④ 구축물의 구조체가 안전측으로 과도하게 설계가 되었을 경우

해설 ▶ **구축물 또는 이와 유사한 시설물의 안전성 평가**(안전보건규칙 제52조)
- 구축물 또는 이와 유사한 시설물의 인근에서 굴착·항타작업 등으로 침하·균열 등이 발생하여 붕괴의 위험이 예상될 경우
- 구축물 또는 이와 유사한 시설물에 지진, 동해(凍害), 부동침하(不同沈下) 등으로 균열·비틀림 등이 발생하였을 경우
- 구조물, 건축물, 그 밖의 시설물이 그 자체의 무게·적설·풍압 또는 그 밖에 부가되는 하중 등으로 붕괴 등의 위험이 있을 경우
- 화재 등으로 구축물 또는 이와 유사한 시설물의 내력(耐力)이 심하게 저하되었을 경우
- 오랜 기간 사용하지 아니하던 구축물 또는 이와 유사한 시설물을 재사용하게 되어 안전성을 검토하여야 하는 경우
- 그 밖의 잠재위험이 예상될 경우

109 다음 중 방망사의 폐기 시 인장강도에 해당하는 것은? (단, 그물코의 크기는 10[cm]이며 매듭 없는 방망의 경우임)

① 50[kg]   ② 100[kg]
③ 150[kg]   ④ 200[kg]

정답   105 ①   106 ③   107 ④   108 ④   109 ③

해설

그물코의 크기 (단위 : [cm])	방망의 종류(단위 : [kg])			
	매듭 없는 방망		매듭 방망	
	신품에 대한	폐기 시	신품에 대한	폐기 시
10	240	150	200	135
5	–		110	60

110 작업장에 계단 및 계단참을 설치하는 경우 매제곱미터당 최소 몇 [kg] 이상의 하중에 견딜 수 있는 강도를 가진 구조로 설치하여야 하는가?

① 300[kg]　　　② 400[kg]
③ 500[kg]　　　④ 600[kg]

해설 계단 및 계단참을 설치하는 경우 500[kg/m²] 이상의 하중에 견딜 수 있는 강도를 가진 구조로 설치하여야 하며, 안전율[안전의 정도를 표시하는 것으로서 재료의 파괴응력도(破壞應力度)와 허용응력도(許容應力度)의 비율을 말한다]은 4 이상으로 하여야 한다(안전보건규칙 제26조 제1항).

111 굴착공사에서 비탈면 또는 비탈면 하단을 성토하여 붕괴를 방지하는 공법은?

① 배수공
② 배토공
③ 공작물에 의한 방지공
④ 압성토공

해설 ● **압성토공법** : 연약 지반 위에 흙쌓기를 할 때 흙쌓기 본체가 그 자체 중량으로 인해 지반으로 눌려 박혀 침하함으로써 비탈끝 근처의 지반이 올라온다. 이것을 방지하기 위해 흙쌓기 본체의 양측에 흙쌓기하는 공법을 압성토 공법이라 한다.

112 공정률이 65[%]인 건설현장의 경우 공사 진척에 따른 산업안전보건관리비의 최소 사용기준으로 옳은 것은? (단, 공정률은 기성공정률을 기준으로 함)

① 40[%] 이상
② 50[%] 이상
③ 60[%] 이상
④ 70[%] 이상

해설

공정률	50[%] 이상 70[%] 미만	70[%] 이상 90[%] 미만	90[%] 이상
사용기준	50[%] 이상	70[%] 이상	90[%] 이상

113 해체공사 시 작업용 기계기구의 취급 안전기준에 관한 설명으로 옳지 않은 것은?

① 철제해머와 와이어로프의 결속은 경험이 많은 사람으로서 선임된 자에 한하여 실시하도록 하여야 한다.
② 팽창제 천공간격은 콘크리트 강도에 의하여 결정되나 70~120[cm] 정도를 유지하도록 한다.
③ 쐐기타입으로 해체 시 천공구멍은 타입기 삽입 부분의 직경과 거의 같아야 한다.
④ 화염방사기로 해체작업 시 용기 내 압력은 온도에 의해 상승하기 때문에 항상 40[℃] 이하로 보존해야 한다.

해설 ② 팽창제 천공간격은 콘크리트 강도에 의하여 결정되나 30~70[cm] 정도를 유지하도록 한다.

110 ③　111 ④　112 ②　113 ②　**정답**

114 가설통로의 설치에 관한 기준으로 옳지 않은 것은?

① 경사는 30[°] 이하로 한다.

② 건설공사에 사용하는 높이 8[m] 이상인 비계다리에는 7[m] 이내마다 계단참을 설치한다.

③ 작업상 부득이한 경우에는 필요한 부분에 한하여 안전난간을 임시로 해체할 수 있다.

④ 수직갱에 가설된 통로의 길이가 10[m] 이상인 경우에는 5[m] 이내마다 계단참을 설치한다.

> **해설** **가설통로의 설치 기준**(안전보건규칙 제23조)
> • 견고한 구조로 할 것
> • 경사는 30[°] 이하로 할 것
> • 경사는 15[°]를 초과하는 때에는 미끄러지지 아니하는 구조로 할 것
> • 추락의 위험이 있는 장소에는 안전난간을 설치할 것. 다만, 작업상 부득이한 경우에는 필요한 부분만 임시로 해체할 수 있다.
> • 수직갱에 가설된 통로의 길이가 15[m] 이상인 때에는 10[m] 이내마다 계단참을 설치할 것
> • 건설공사에 사용하는 높이 8[m] 이상인 비계다리에는 7[m] 이내마다 계단참을 설치할 것

115 작업으로 인하여 물체가 떨어지거나 날아올 위험이 있는 경우 필요한 조치와 가장 거리가 먼 것은?

① 투하설비 설치

② 낙하물 방지망 설치

③ 수직보호망 설치

④ 출입금지구역 설정

> **해설** 작업으로 인하여 물체가 떨어지거나 날아올 위험이 있는 경우 낙하물 방지망, 수직보호망 또는 방호선반의 설치, 출입금지구역의 설정, 보호구의 착용 등 위험을 방지하기 위하여 필요한 조치를 하여야 한다(안전보건규칙 제14조 제2항).

116 사업주가 유해위험방지 계획서 제출 후 건설공사 중 6개월 이내마다 안전보건공단의 확인을 받아야 할 내용이 아닌 것은?

① 유해위험방지 계획서의 내용과 실제공사 내용이 부합하는지 여부

② 유해위험방지 계획서 변경 내용의 적정성

③ 자율안전관리 업체 유해・위험방지 계획서 제출・심사 면제

④ 추가적인 유해・위험요인의 존재 여부

> **해설** 유해위험방지 계획서를 제출한 사업주는 해당 건설물・기계・기구 및 설비의 시운전단계에서, 건설공사 중 6개월 이내마다 다음 각 호의 사항에 관하여 공단의 확인을 받아야 한다(산업안전보건법 시행규칙 제46조 제1항).
> • 유해위험방지 계획서의 내용과 실제공사 내용이 부합하는지 여부
> • 유해위험방지 계획서 변경 내용의 적정성
> • 추가적인 유해・위험요인의 존재 여부

117 철골공사 시 안전작업방법 및 준수사항으로 옳지 않은 것은?

① 강풍, 폭우 등과 같은 악천우시에는 작업을 중지하여야 하며 특히 강풍시에는 높은 곳에 있는 부재나 공구류가 낙하비래하지 않도록 조치하여야 한다.

② 철골부재 반입 시 시공순서가 빠른 부재는 상단부에 위치하도록 한다.

③ 구명줄 설치 시 마닐라 로프 직경 10[mm]를 기준하여 설치하고 작업방법을 충분히 검토하여야 한다.

④ 철골보의 두 곳을 매어 인양시킬 때 와이어로프의 내각은 60[°] 이하이어야 한다.

> **해설** ③ 구명줄 설치 시 마닐라 로프 직경 16[mm]를 기준하여 설치하고 작업방법을 충분히 검토하여야 한다.

정답 **114** ④ **115** ① **116** ③ **117** ③

118 지면보다 낮은 땅을 파는 데 적합하고 수중굴착도 가능한 굴착기계는?

① 백호우
② 파워쇼벨
③ 가이데릭
④ 파일드라이버

해설 ▶ **백호우** : 굴착하는 데 적합(지면보다 낮은 장소)

119 산업안전보건법령에 따른 지반의 종류별 굴착면의 기울기 기준으로 옳지 않은 것은? (기준 개정에 의한 문제 수정 반영)

① 보통흙 습지 – 1 : 1 ~ 1 : 1.5
② 보통흙 건지 – 1 : 0.3 ~ 1 : 1
③ 풍화암 – 1 : 1.0
④ 연암 – 1 : 1.0

해설 ▶ **굴착면의 기울기 기준**(안전보건규칙 별표 11)

구분	지반의 종류	기울기
보통흙	습지	1 : 1 ~ 1 : 1.5
	건지	1 : 0.5 ~ 1 : 1
암반	풍화암	1 : 1.0
	연암	1 : 1.0
	경암	1 : 0.5

(※ 안전기준 : 2021.11.19. 개정)

120 콘크리트 타설 시 거푸집 측압에 관한 설명으로 옳지 않은 것은?

① 기온이 높을수록 측압은 크다.
② 타설속도가 클수록 측압은 크다.
③ 슬럼프가 클수록 측압은 크다.
④ 다짐이 과할수록 측압은 크다.

해설 ▶ **거푸집의 측압**
- 콘크리트 부어넣기 속도가 빠를수록 측압은 크다.
- 온도가 낮을수록 측압은 크다.
- 콘크리트 시공연도가 클수록 측압은 크다.
- 콘크리트 다지기가 충분할수록 측압은 크다.
- 벽 두께가 두꺼울수록 측압은 커진다.
- 철골 또는 철근량이 적을수록 측압은 크다.

2020년 제3회 기출 복원문제

1과목 안전관리론

01 재해분석도구 중 재해발생의 유형을 어골상(魚骨像)으로 분류하여 분석하는 것은?

① 파레토도 ② 특성요인도
③ 관리도 ④ 클로즈분석

> **해설** 결과에 원인이 어떻게 관계되며 영향을 미치고 있는가를 나타낸 그림으로 어골도(Fish-Bone Diagram), 어골상(魚骨像)이라고 한다.
> 특성요인도의 작성은 사업장 분임조, 안전관리팀 전원이 참여하며 개인보다는 단체가 참여하는 브레인스토밍의 원칙을 적용한다.

02 다음 중 안전모의 성능시험에 있어서 AE, ABE종에만 한하여 실시하는 시험은?

① 내관통성시험, 충격흡수성시험
② 난연성시험, 내수성시험
③ 난연성시험, 내전압성시험
④ 내전압성시험, 내수성시험

> **해설 ◈ 안전모의 성능시험**
> • **내관통성시험** : A, AB, AE, ABE 안전모의 시험방법 0.45[kg]의 철제추를 낙하시켜 관통거리 측정
> • **충격흡수성시험** : A, AB, ABE 안전모 시험방법 무게 3.6[kg]의 철제추의 충격, 전달충격력을 측정
> • **내전압성시험** : AE, ABE 안전모 시험방법, 주파수 60[Hz], 20[kV]의 전압을 가하여 측정, 이때의 충격전류는 10[mA] 이하이어야 한다.
> • **내수성시험** : AE, ABE 안전모 시험방법, 20~25[℃]의 물에 24시간 담가 무게증가율[%] 산출
> $$무게증가율 = \frac{담근\ 후 - 담그기\ 전의\ 무게}{담그기\ 전의\ 무게} \times 100$$
> • **난연성시험** : AE, ABE의 시험방법

03 플리커 검사(flicker test)의 목적으로 가장 적절한 것은?

① 혈중 알코올농도 측정
② 체내 산소량 측정
③ 작업강도 측정
④ 피로의 정도 측정

> **해설** 사이가 벌어진 회전하는 원판으로 들어오는 광원의 빛의 단속시켜 연속광으로 보이는지 단속광으로 보이는지 경계에서의 빛의 단속 주기를 플리커 치라고 하여 피로도 검사에 이용한다.

04 강도율에 관한 설명 중 틀린 것은?

① 사망 및 영구 전노동불능(신체장해등급 1~3급)의 근로손실일수는 7500일로 환산한다.
② 신체장해등급 중 제14급은 근로손실일수를 50일로 환산한다.
③ 영구 일부 노동불능은 신체장해등급에 따른 근로손실일수에 300/365를 곱하여 환산한다.
④ 일시 전노동불능은 휴업일수에 300/365를 곱하여 근로손실일수를 환산한다.

> **해설 ◈ 근로시간 합계 1000시간당 재해로 인한 근로손실일수**
> $$강도율 = \frac{총요양근로손실일수}{연근로시간수} \times 1000$$
> $$환산강도율 = 강도율 \times 100$$
> • **근로손실일수 계산 시 주의 사항**
> 휴업일수는 300/365 × 휴업일수로 손실일수 계산
> ※ 강도율이 1.5라는 뜻 : 연간 1000시간당 작업 시 근로손실일수가 1.5일
> • **사망 및 1,2,3급의 근로손실일수**
> 25년×365일 = 7500일

정답 01 ② 02 ④ 03 ④ 04 ③

05 다음 중 브레인 스토밍의 4원칙과 가장 거리가 먼 것은?

① 자유로운 비평
② 자유분방한 발언
③ 대량적인 발언
④ 타인 의견의 수정 발언

해설 ▶ **브레인스토밍의 4원칙**
- 비평 금지
- 자유 분방
- 대량 발언
- 수정 발언

06 다음 중 산업재해의 원인으로 간접적 원인에 해당되지 않는 것은?

① 기술적 원인　　② 물적 원인
③ 관리적 원인　　④ 교육적 원인

해설 ▶ **간접원인**
- **기술적 원인** : 건물, 기계장치의 설계불량, 구조, 재료의 부적합, 생산방법의 부적합, 점검, 정비, 보존불량
- **교육적 원인** : 안전지식의 부족, 안전수칙의 오해, 경험·훈련의 미숙, 작업방법의 교육 불충분, 유해·위험작업의 교육 불충분
- **작업관리상의 원인** : 안전관리조직 결함, 안전수칙 미제정, 작업준비 불충분, 인원배치 부적당, 작업지시 부적당

07 산업안전보건법령상 안전보건관리책임자 등에 대한 교육시간 기준으로 틀린 것은?

① 보건관리자, 보건관리전문기관의 종사자 보수교육 : 24시간 이상
② 안전관리자, 안전관리전문기관의 종사자 신규교육 : 34시간 이상
③ 안전보건관리책임자 보수교육 : 6시간 이상
④ 건설재해예방전문지도기관의 종사자 신규교육 : 24시간 이상

해설

교육 대상	교육 시간	
	신규	보수
• 안전보건관리책임자	6시간 이상	6시간 이상
• 안전관리자, 안전관리전문기관의 종사자	34시간 이상	24시간 이상
• 보건관리자, 보건관리전문기관의 종사자	34시간 이상	24시간 이상
• 건설재해예방전문지도기관의 종사자	34시간 이상	24시간 이상
• 석면조사기관의 종사자	34시간 이상	24시간 이상
• 안전보건관리담당자	–	8시간 이상
• 안전검사기관, 자율안전검사기관의 종사자	34시간 이상	24시간 이상

08 매슬로우(Maslow)의 욕구단계 이론 중 제2단계 욕구에 해당하는 것은?

① 자아실현의 욕구　　② 안전에 대한 욕구
③ 사회적 욕구　　　　④ 생리적 욕구

해설 ▶ **매슬로우 욕구단계**
- **제1단계** : 생리적 욕구
- **제2단계** : 안전 욕구
- **제3단계** : 사회적 욕구
- **제4단계** : 인정받으려는 욕구
- **제5단계** : 자아실현의 욕구

09 다음 중 재해예방의 4원칙과 관련이 가장 적은 것은?

① 모든 재해의 발생 원인은 우연적인 상황에서 발생한다.
② 재해손실은 사고가 발생할 때 사고 대상의 조건에 따라 달라진다.
③ 재해예방을 위한 가능한 안전대책은 반드시 존재한다.
④ 재해는 원칙적으로 원인만 제거되면 예방이 가능하다.

해설 ▶ **재해예방의 4원칙**
- **예방 가능의 원칙** : 천재지변을 제외한 모든 인재는 예방이 가능하다.
- **손실 우연의 원칙** : 사고의 결과 손실의 유무 또는 대소는 사고 당시의 조건에 따라서 우연적으로 발생한다.
- **원인 연계의 원칙** : 사고에는 반드시 원인이 있고 원인은 대부분 연계 원인이다.
- **대책 선정의 원칙** : 사고의 원인이나 불안전 요소가 발견되면 반드시 대책은 실시되어야 하고, 대책 선정이 가능하다. 대책에는 재해 방지의 세 기둥이라 할 수 있는 3E, 즉 기술적 대책, 교육적 대책, 규제적 대책을 들 수 있다.

10 파블로프(Pavlov)의 조건반사설에 의한 학습이론의 원리가 아닌 것은?

① 일관성의 원리
② 계속성의 원리
③ 준비성의 원리
④ 강도의 원리

해설 ▶ **파블로프의 조건반사설에 의한 학습이론** : 강도의 원리, 일관성의 원리, 시간의 원리, 계속성의 원리

11 인간의 동작특성 중 판단과정의 착오요인이 아닌 것은?

① 합리화
② 정서불안정
③ 작업조건불량
④ 정보부족

해설 ▶ **판단과정의 착오** : 합리화, 능력부족, 정보부족, 환경조건불비

12 산업안전보건법령상 안전보건표지의 색채와 사용사례의 연결로 틀린 것은?

① 노란색 – 정지신호, 소화설비 및 그 장소, 유해행위의 금지
② 파란색 – 특정 행위의 지시 및 사실의 고지
③ 빨간색 – 화학물질 취급장소에서의 유해/위험 경고
④ 녹색 – 비상구 및 피난소, 사람 또는 차량의 통행표지

분류	기호	색채
금지표지	⊘	바탕은 흰색, 기본모형은 빨간색, 관련 부호 및 그림은 검은색
경고표지	△	바탕은 노란색, 기본모형, 관련 부호 및 그림은 검은색 다만, 인화성물질 경고, 산화성물질 경고, 폭발성물질 경고, 급성독성물질 경고, 부식성물질 경고 및 발암성·변이원성·생식독성·전신독성·호흡기과민성 물질 경고의 경우 바탕은 무색, 기본모형은 빨간색(검은색도 가능)
지시표지	○	바탕은 파란색, 관련 그림은 흰색
안내표지	□	바탕은 흰색, 기본모형 및 관련 부호는 녹색, 바탕은 녹색, 관련 부호 및 그림은 흰색
출입금지표지	⊘	글자는 흰색 바탕에 흑색 다음 글자는 적색 • ○○○제조/사용/보관 중 • 석면취급/해체 중 • 발암물질 취급 중

13 산업안전보건법령상 안전/보건표지의 종류 중 다음 표지의 명칭은? (단, 마름모 테두리는 빨간색이며, 안의 내용은 검은색이다.)

① 폭발성물질 경고   ② 산화성물질 경고

③ 부식성물질 경고   ④ 급성독성물질 경고

> **해설** 제시된 표지는 급성독성물질 경고 표지이며, 안전보건 표지는 전체적인 암기가 필요하다.

14 하인리히의 재해발생 이론이 다음과 같이 표현될 때, α가 의미하는 것으로 옳은 것은?

> 재해의 발생=설비적 결함+관리적 결함+α

① 노출된 위험의 상태

② 재해의 직접적인 원인

③ 물적 불안전 상태

④ 잠재된 위험의 상태

> **해설** 재해의 발생 = 물적 불안전상태 + 인적 불안전행위 + α
> = 설비적 결함 + 관리적 결함 + α
> 따라서 α = 300/1+29+300(하인리히 법칙)
> α : 잠재된 위험의 상태 = 재해

15 허즈버그(Herzberg)의 위생-동기 이론에서 동기요인에 해당하는 것은?

① 감독   ② 안전

③ 책임감   ④ 작업조건

해설

Herzberg의 위생-동기 2요인 이론	
위생요인(직무환경, 저차원적 요구)	**동기요인**(직무내용, 고차원적 요구)
• 회사정책과 관리 • 개인상호 간의 관계 • 감독 • 임금 • 보수 • 작업조건 • 지위 • 안전	• 성취감 • 책임감 • 인정감 • 성장과 발전 • 도전감 • 일 그 자체

16 레빈(Lewin)의 인간 행동 특성을 다음과 같이 표현하였다. 변수 'E'가 의미하는 것은?

$$B = f(P \cdot E)$$

① 연령   ② 성격

③ 환경   ④ 지능

> **해설** • B : Behavior(인간의 행동)
> • f : function(함수관계) $P \cdot E$에 영향을 줄 수 있는 조건
> • P : Person(연령, 경험, 심신상태, 성격, 지능, 소질 등)
> • E : Environment(심리적 환경 – 인간관계, 작업환경, 설비적 결함 등)

17 다음 중 안전교육의 형태 중 OJT(On The Job of training) 교육에 대한 설명과 거리가 먼 것은?

① 다수의 근로자에게 조직적 훈련이 가능하다.

② 직장의 실정에 맞게 실제적인 훈련이 가능하다.

③ 훈련에 필요한 업무의 지속성이 유지된다.

④ 직장의 직속상사에 의한 교육이 가능하다.

해설 ▶ **OJT 교육의 특징**
- 직장의 현장 실정에 맞는 구체적이고 실질적인 교육이 가능하다.
- 교육의 효과가 업무에 신속하게 반영된다.
- 교육의 이해도가 빠르고 동기부여가 쉽다.
- 개인의 능력과 적성에 알맞은 맞춤교육이 가능하다.
- 교육으로 인해 업무가 중단되는 업무 손실이 적다.
- 교육경비의 절감 효과가 있다.
- 상사와의 의사소통 및 신뢰도 향상에 도움이 된다.

해설 ① **포럼** : 공개토의라고도 하며, 전문가의 발표 시간은 10~20분 정도 주어진다. 포럼은 전문가와 일반 참여자가 구분되는 비대칭적 토의이다
③ **사례연구법(Case Method)** : 교육훈련의 주제에 관한 실제의 사례를 작성하여 배부하고 여기에 관한 토론을 실시하는 교육훈련방법으로 피교육자에 대하여 많은 사례를 연구하고 분석하게 한다.
④ **패널 디스커션** : 토론집단을 패널 멤버와 청중으로 나누고 먼저 소정의 문제에 대해 패널 멤버인 각 분야의 전문가로 하여금 토론하게 한 다음 청중과 패널 멤버 사이에 질의응답을 하도록 하는 토론 형식

18 다음 중 안전교육의 기본 방향과 가장 거리가 먼 것은?

① 생산성 향상을 위한 교육
② 사고 사례 중심의 안전교육
③ 안전작업을 위한 교육
④ 안전의식 향상을 위한 교육

해설 ▶ **안전교육의 기본 방향**
- 사고 사례 중심의 안전교육
- 안전 작업(표준작업)을 위한 안전교육
- 안전 의식 향상을 위한 안전교육

19 다음 설명의 학습지도 형태는 어떤 토의법 유형인가?

> 6-6 회의라고도 하며, 6명씩 소집단으로 구분하고, 집단별로 각각의 사회자를 선발하여 6분간씩 자유토의를 행하여 의견을 종합하는 방법

① 포럼(Forum)
② 버즈세션(Buzz session)
③ 케이스 메소드(case method)
④ 패널 디스커션(Panel Discussion)

20 안전점검의 종류 중 태풍, 폭우 등에 의한 침수, 지진 등의 천재지변이 발생한 경우나 이상사태 발생시 관리자나 감독자가 기계, 기구, 설비 등의 기능상 이상 유무에 대하여 점검하는 것은?

① 일상점검
② 정기점검
③ 특별점검
④ 수시점검

해설 ▶ **안전점검의 종류**
- **정기점검** : 일정기간마다 정기적으로 실시(법적 기준, 사내규정을 따름)
- **수시점검**(일상점검) : 매일 작업 전, 중, 후에 실시
- **특별점검** : 기계, 기구, 설비의 신설·변경 또는 고장 수리시
- **임시점검** : 기계, 기구, 설비 이상 발견시 임시로 점검

2과목 인간공학 및 시스템안전공학

21 인간이 기계보다 우수한 기능으로 옳지 않은 것은? (단, 인공지능은 제외한다.)

① 암호화된 정보를 신속하게 대량으로 보관할 수 있다.

② 관찰을 통해서 일반화하여 귀납적으로 추리한다.

③ 항공사진의 피사체나 말소리처럼 상황에 따라 변화하는 복잡한 자극의 형태를 식별할 수 있다.

④ 수신 상태가 나쁜 음극선관에 나타나는 영상과 같이 배경 잡음이 심한 경우에도 신호를 인지할 수 있다.

해설

구분	인간이 기계보다 우수한 기능	기계가 인간보다 우수한 기능
감지 기능	• 저에너지 자극감시 • 복잡 다양한 자극 형태 식별 • 예기치 못한 사건 감지	• 인간의 정상적 감지 범위 밖의 자극 감지 • 인간 및 기계에 대한 모니터 기능 • 드물게 발생하는 사상 감지
정보 저장	• 많은 양의 정보를 장시간 보관	• 암호화된 정보를 신속하게 대량보관
정보 처리 및 결심	• 관찰을 통해 일반화 • 귀납적 추리 • 원칙적용 • 다양한 문제해결 (정상적)	• 연역적 추리 • 정량적 정보처리
행동 기능	• 과부하 상태에서는 중요한 일에 전념	• 과부하 상태에서도 효율적 작용 • 장시간 중량 작업 • 반복작업 • 동시에 여러 가지 작업 가능

22 FTA에서 사용되는 최소 컷셋에 대한 설명으로 옳지 않은 것은?

① 일반적으로 Fussell Algorithm을 이용한다.

② 정상사상(Top event)을 일으키는 최소한의 집합이다.

③ 반복되는 사건이 많은 경우 Limnios와 Ziani Algorithm을 이용하는 것이 유리하다.

④ 시스템에 고장이 발생하지 않도록 하는 모든 사상의 집합이다.

해설 컷셋의 집합 중에서 정상사상을 일으키기 위하여 필요한 최소한의 컷셋을 미니멀 컷셋이라 한다(시스템의 위험성 또는 안전성을 나타냄).
미니멀 컷셋은 시스템의 기능을 마비시키는 사고요인의 최소집합이다.

23 직무에 대하여 청각적 자극 제시에 대한 음성 응답을 하도록 할 때 가장 관련 있는 양립성은?

① 공간적 양립성   ② 양식 양립성

③ 운동 양립성   ④ 개념적 양립성

해설 ❯ **인간-기계 시스템 설계원칙의 양립성**

• **개념적 양립성** : 외부 자극에 대해 인간의 개념적 현상의 양립성
   예 빨간 버튼 온수, 파란 버튼 냉수
• **공간적 양립성** : 표시장치, 조종장치의 형태 및 공간적 배치의 양립성
   예 오른쪽 조리대는 오른쪽에 조절장치로, 왼쪽 조절장치는 왼쪽 조절장치로
• **운동의 양립성** : 표시장치, 조종장치 등의 운동 방향의 양립성
   예 조종장치를 오른쪽으로 돌리면 표시장치의 지침이 오른쪽으로 이동하는 것
• **양식 양립성** : 직무에 맞는 자극과 응답 양식의 존재에 대한 양립성

21 ①   22 ④   23 ②   **정답**

24 컴퓨터 스크린 상에 있는 버튼을 선택하기 위해 커서를 이동시키는 데 걸리는 시간을 예측하는 가장 적합한 법칙은?

① Fitts의 법칙
② Lewin의 법칙
③ Hick의 법칙
④ Weber의 법칙

> **해설** 표적이 작을수록, 이동거리가 길수록 작업의 난이도와 소요 이동시간이 증가한다는 이론으로 Fitts의 법칙은 동작시간의 법칙이다.

25 설비의 고장과 같이 발생확률이 낮은 사건의 특정 시간 또는 구간에서의 발생횟수를 측정하는 데 가장 적합한 확률분포는?

① 이항분포(Binomial distribution)
② 푸아송분포(Poisson distribution)
③ 와이블분포(Weibulll distribution)
④ 지수분포(Exponential distribution)

> **해설** 푸아송분포(Poisson distribution)는 확률론에서 단위 시간 안에 어떤 사건이 몇 번 발생할 것인지를 표현하는 이산확률분포이다.

26 Sanders와 McCormick의 의자 설계의 일반적인 원칙으로 옳지 않은 것은?

① 요부 후반을 유지한다.
② 조정이 용이해야 한다.
③ 등근육의 정적부하를 줄인다.
④ 디스크가 받는 압력을 줄인다.

> **해설** ① 요부는 전반을 유지해야 한다.

27 후각적 표시장치(olfactory display)와 관련된 내용으로 옳지 않은 것은?

① 냄새의 확산을 제어할 수 없다.
② 시각적 표시장치에 비해 널리 사용되지 않는다.
③ 냄새에 대한 민감도의 개별적 차이가 존재한다.
④ 경보 장치로서 실용성이 없기 때문에 사용되지 않는다.

> **해설** 후각은 특정 자극을 식별하는 데 사용하기보다는 냄새의 존재 여부를 탐지하는 데 효과적이다.

28 그림의 FT도에서 $F_1 = 0.015$, $F_2 = 0.02$, $F_3 = 0.05$이면, 정상사상 T가 발생할 확률은 약 얼마인가?

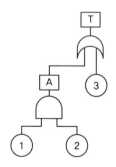

① 0.0002
② 0.0283
③ 0.0503
④ 0.9500

> **해설** $F_1 \times F_2 = 0.015 \times 0.02$
> $1-(1-F_3) \times (1-F_1 \times F_2)$
> $1-(1-0.05) \times (1-0.015 \times 0.02)$

29 NOISH lifting guideline에서 권장무게한계(RWL) 산출에 사용되는 계수가 아닌 것은?

① 휴식 계수
② 수평 계수
③ 수직 계수
④ 비대칭 계수

> **해설**
> • LC = 부하상수 = 23[kg]
> • HM = 수평계수 = 25/H
> • VM = 수직계수 = 1-(0.003×|V-75|)
> • DM = 거리계수 = 0.82+(4.5/D)
> • AM = 비대칭계수 = 1-(0.0032×A)
> • FM = 빈도계수
> • CM = 결합계수

30 인간공학을 기업에 적용할 때의 기대효과로 볼 수 없는 것은?

① 노사 간의 신뢰 저하
② 작업손실시간의 감소
③ 제품과 작업의 질 향상
④ 작업자의 건강 및 안전 향상

> **해설** ▶ **인간공학을 기업에 적용할 때의 기대효과**
> • 작업자의 안전과 작업능률 향상
> • 산업재해 감소
> • 생산원가 절감
> • 재해로 인한 직무손실 감소
> • 직무만족도 향상
> • 기업의 이미지와 상품 선호도 향상으로 경쟁력 상승
> • 노사 간의 신뢰 구축

31 THERP(Technique for Human Error Rate Prediction)의 특징에 대한 설명으로 옳은 것을 모두 고른 것은?

> ㉠ 인간-기계 시스템(SYSTEM)에서 여러 가지의 인간의 에러와 이에 의해 발생할 수 있는 위험성의 예측과 개선을 위한 기법
> ㉡ 인간의 과오를 정성적으로 평가하기 위하여 개발된 기법
> ㉢ 가지처럼 갈라지는 형태의 논리구조와 나무 형태의 그래프를 이용

① ㉠, ㉡
② ㉠, ㉢
③ ㉡, ㉢
④ ㉠, ㉡, ㉢

> **해설** ㉠ 인간 실수율 예측 기법(THERP)은 인간 신뢰도 분석에서의 HEP(인간실수 확률)에 대한 예측 기법
> ㉢ 인간 신뢰도 분석 사건 나무

32 차폐효과에 대한 설명으로 옳지 않은 것은?

① 차폐음과 배음의 주파수가 가까울 때 차폐효과가 크다.
② 헤어드라이어 소음 때문에 전화 음을 듣지 못한 것과 관련이 있다.
③ 유의적 신호와 배경 소음의 차이를 신호/소음(S/N) 비로 나타낸다.
④ 차폐효과는 어느 한 음 때문에 다른 음에 대한 감도가 증가되는 현상이다.

> **해설** ④ 차폐효과는 어느 한 음 때문에 다른 음에 대한 감도가 감소하는 현상이다.

33 산업안전보건기준에 관한 규칙상 '강렬한 소음 작업'에 해당하는 기준은?

① 85[dB] 이상의 소음이 1일 4시간 이상 발생하는 작업

② 85[dB] 이상의 소음이 1일 8시간 이상 발생하는 작업

③ 90[dB] 이상의 소음이 1일 4시간 이상 발생하는 작업

④ 90[dB] 이상의 소음이 1일 8시간 이상 발생하는 작업

> **해설** ▶ **강렬한 소음작업**
> • 90[dB] 이상의 소음이 1일 8시간 이상 발생하는 작업
> • 95[dB] 이상의 소음이 1일 4시간 이상 발생하는 작업
> • 100[dB] 이상의 소음이 1일 2시간 이상 발생하는 작업
> • 105[dB] 이상의 소음이 1일 1시간 이상 발생하는 작업
> • 110[dB] 이상의 소음이 1일 30분 이상 발생하는 작업
> • 115[dB] 이상의 소음이 1일 15분 이상 발생하는 작업

34 HAZOP 기법에서 사용하는 가이드 워드와 의미가 잘못 연결된 것은?

① No/Not – 설계 의도의 완전한 부정

② More/Less – 정량적인 증가 또는 감소

③ Part of – 성질상의 감소

④ Other than – 기타 환경적인 요인

> **해설** • **NO 혹은 NOT** : 설계 의도의 완전한 부정
> • **MORE LESS** : 양의 증가 혹은 감소(정량적)
> • **AS WELL AS** : 성질상의 증가(정성적 증가)
> • **PART OF** : 성질상의 감소(정성적 감소)
> • **REVERSE** : 설계 의도의 논리적인 역(설계의도와 반대 현상)
> • **OTHER THAN** : 완전한 대체의 필요

35 그림과 같이 신뢰도가 95[%]인 펌프 A가 각각 신뢰도 90[%]인 밸브 B와 밸브 C의 병렬밸브계와 직렬계를 이룬 시스템의 실패확률은 약 얼마인가?

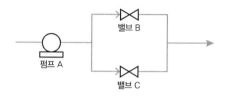

① 0.0091   ② 0.0595

③ 0.9405   ④ 0.9811

> **해설** $0.95 \times [1-(1-0.9) \times (1-0.9)]$
> $= 0.95 \times (1-0.1 \times 0.1)$
> $= 0.95 \times 0.99$
> $= 0.9405$
> 여기서 실패확률을 구해야 하므로
> $1-0.9405 = 0.0595$

36 화학설비의 안전성 평가에서 정량적 평가의 항목에 해당되지 않는 것은?

① 훈련   ② 조작

③ 취급물질   ④ 화학설비용량

> **해설** ▶ **안전성 평가의 정량적 평가항목** : 화학설비의 취급물질, 용량, 온도, 압력, 조작

37 인간 에러(human error)에 관한 설명으로 틀린 것은?

① omission error : 필요한 작업 또는 절차를 수행하지 않는 데 기인한 에러

② commission error : 필요한 작업 또는 절차의 수행지연으로 인한 에러

③ extraneous error : 불필요한 작업 또는 절차를 수행함으로써 기인한 에러

④ sequential error : 필요한 작업 또는 절차의 순서 착오로 인한 에러

> **해설**　• **작위오류**(commission error) : 절차의 불확실한 수행에 의한 오류
> • **시간오류**(time error) : 절차의 수행지연에 의한 오류

38 다음은 유해위험방지계획서의 제출에 관한 설명이다. ( ) 안에 들어갈 내용으로 옳은 것은?

> 산업안전보건법령상 "대통령령으로 정하는 사업의 종류 및 규모에 해당하는 사업으로서 해당 제품의 생산 공정과 직접적으로 관련된 건설물·기계·기구 및 설비 등 일체를 설치·이전하거나 그 주요 구조 부분을 변경하려는 경우"에 해당하는 사업주는 유해위험방지계획서에 관련 서류를 첨부하여 해당 작업 시작 (㉠)까지 공단에 (㉡)부를 제출하여야 한다.

① ㉠ : 7일 전, ㉡ : 2

② ㉠ : 7일 전, ㉡ : 4

③ ㉠ : 15일 전, ㉡ : 2

④ ㉠ : 15일 전, ㉡ : 4

> **해설**　사업주가 유해위험방지계획서를 제출할 때에는 사업장별로 제조업 등 유해위험방지계획서에 규정된 서류를 첨부하여 해당 작업 시작 15일 전까지 공단에 2부를 제출해야 한다. 이 경우 유해위험방지계획서의 작성기준, 작성자, 심사기준, 그 밖에 심사에 필요한 사항은 고용노동부장관이 정하여 고시한다.

39 그림과 같이 FTA로 분석된 시스템에서 현재 모든 기본사상에 대한 부품이 고장난 상태이다. 부품 X_1부터 부품 X_5까지 순서대로 복구한다면 어느 부품을 수리 완료하는 시점에서 시스템이 정상가동되는가?

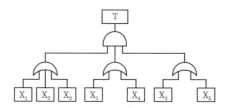

① 부품 X_2

② 부품 X_3

③ 부품 X_4

④ 부품 X_5

> **해설**　모든 부품이 고장이라 정상사상은 T도 고장이다. 정상사상 바로 밑이 AND 사상이므로, 그 밑에 3개의 OR사상이 모두 복구되어야 움직인다. 부품 X_1부터 부품 X_5까지 순서대로 복구하는 것으로 하나씩 풀어보면,
> • X_1 복구 : 1번 OR 2번 복구 → 3번 OR 고장으로 여전히 고장
> • X_2 복구 : 변경 없음. 즉, X_1 복구와 동일함
> • X_3 복구 : 3번 OR 복구되어 3개의 OR이 모두 복구, 정상사상 복구, 시스템 정상가동

40 눈과 물체의 거리가 23[cm], 시선과 직각으로 측정한 물체의 크기가 0.03[cm]일 때 시각(분)은 얼마인가? (단, 시각은 600 이하이며, radian 단위를 분으로 환산하기 위한 상수값은 57.3과 60을 모두 적용하여 계산하도록 한다.)

① 0.001

② 0.007

③ 4.48

④ 24.55

해설 $시각 = 57.3 \times 60 \times \dfrac{L}{D}$

$= 57.3 \times 60 \times 0.03/23$

L : 물체의 크기

D : 물체와 눈과의 거리

3과목 기계위험방지기술

41 산업안전보건법령상 산업용 로봇의 작업 시작 전 점검사항으로 가장 거리가 먼 것은?

① 외부 전선의 피복 또는 외장의 손상 유무

② 압력방출장치의 이상 유무

③ 매니퓰레이터 작동 이상 유무

④ 제동장치 및 비상정지 장치의 기능

해설
- 자동운전 중 로봇의 작업자를 격리시키고 로봇의 가동 범위 내에 작업자가 불필요하게 출입할 수 없도록 또는 출입하지 않도록 한다.
- 작업개시 전에 외부전선의 피복손상, 팔의 작동상황, 제동장치, 비상정지장치 등의 기능을 점검한다.
- 안전한 작업위치를 선정하면서 작업한다.
- 될 수 있는 한 복수로 작업하고 1인이 감시인이 된다.
- 로봇의 검사, 수리, 조정 등의 작업은 로봇의 가동범위 외측에서 한다.
- 가동범위 내에서 검사 등을 행할 때는 운전을 정지하고 행한다.

42 산업안전보건법령상 보일러의 과열을 방지하기 위하여 최고사용압력과 상용압력 사이에서 보일러의 버너 연소를 차단하여 정상 압력으로 유도하는 방호장치로 가장 적절한 것은?

① 압력방출장치

② 고저수위조절장치

③ 언로우드밸브

④ 압력제한스위치

해설

종류	설치방법
고저수위 조절장치	• 고저수위 지점을 알리는 경보등·경보음 장치 등을 설치-동작상태 쉽게 감시 • 자동으로 급수 또는 단수되도록 설치 • 플로트식, 전극식, 차압식 등
압력방출 장치	• 보일러 규격에 적합한 압력방출장치를 최고사용압력 이하에서 작동되도록 1개 또는 2개 이상 설치 • 2개 이상 설치된 경우 최고사용압력 이하에서 1개가 작동되고, 다른 압력방출장치는 최고사용압력 1.05배 이하에서 작동되도록 부착 • 1년에 1회 이상 토출압력시험 후 납으로 봉인(공정안전관리 이행수준 평가결과가 우수한 사업장은 4년에 1회 이상 토출압력시험 실시) • 스프링식, 중추식, 지렛대식(일반적으로 스프링식 안전밸브가 많이 사용)
압력제한 스위치	• 보일러의 과열방지를 위해 최고사용압력과 상용압력 사이에서 버너연소를 차단할 수 있도록 압력제한스위치 부착 사용 • 압력계가 설치된 배관상에 설치
화염 검출기	• 연소상태를 항상 감시하고 그 신호를 프레임 릴레이가 받아서 연소차단밸브 개폐

43 프레스 작동 후 슬라이드가 하사점에 도달할 때까지의 소요시간이 0.5[s]일 때 양수기동식 방호장치의 안전거리는 최소 얼마인가?

① 200[mm]

② 400[mm]

③ 600[mm]

④ 800[mm]

해설 거리[cm]

= 160×프레스기 작동 후 작업점까지 도달 시간(초)

0.5s = 0.5×1000[ms]

안전거리 = 1.6×(0.5×1000) = 800[mm]

정답 41 ② 42 ④ 43 ④

44 둥근톱기계의 방호장치 중 반발예방장치의 종류로 틀린 것은?

① 분할날
② 반발방지 기구(finger)
③ 보조 안내판
④ 안전덮개

> **해설** ④ 안전덮개는 비산되는 파편으로부터 작업자를 보호하기 위한 방호장치이다.

45 산업안전보건법령상 형삭기(slotter, shaper)의 주요 구조부로 가장 거리가 먼 것은? (단, 수치제어식은 제외)

① 공구대
② 공작물 테이블
③ 램
④ 아버

> **해설** ④ 아버는 밀링 머신에 장치하여 사용하는 축이다.

46 산업안전보건법령상 프레스 및 전단기에서 안전블록을 사용해야 하는 작업으로 가장 거리가 먼 것은?

① 금형 가공작업
② 금형 해체작업
③ 금형 부착작업
④ 금형 조정작업

> **해설**
> • 프레스 등의 금형을 부착·해체 또는 조정작업을 하는 때에는 신체의 일부가 위험한계 내에 들어갈 때에 슬라이드가 불시에 하강함으로써 발생하는 위험을 방지하기 위하여 안전블록을 사용하여야 한다.
> • 금형가공작업과 같이 프레스 및 전단기가 가동 중인 경우 안전블록을 설치하면 작업을 할 수 없다.

47 다음 중 기계 설비의 안전조건에서 안전화의 종류로 가장 거리가 먼 것은?

① 재질의 안전화
② 작업의 안전화
③ 기능의 안전화
④ 외형의 안전화

> **해설** • 외형의 안전화
> • 작업점의 안전화
> • 기능의 안전화
> • 구조의 안전화
> • 보전작업의 안전화

48 다음 중 비파괴검사법으로 틀린 것은?

① 인장검사
② 자기탐상검사
③ 초음파탐상검사
④ 침투탐상검사

> **해설** ① 인장검사는 파괴검사이다.

49 산업안전보건법령상 아세틸렌 용접장치를 사용하여 금속의 용접·용단 또는 가열작업을 하는 경우 게이지 압력은 얼마를 초과하는 압력의 아세틸렌을 발생시켜 사용하면 안 되는가?

① 98[kPa]
② 127[kPa]
③ 147[kPa]
④ 196[kPa]

> **해설** 아세틸렌 용접장치를 사용하여 금속의 용접·용단 또는 가열작업을 하는 경우에는 게이지 압력이 127[kPa]을 초과하는 압력의 아세틸렌을 발생시켜 사용해서는 아니 된다.

44 ④ 45 ④ 46 ① 47 ① 48 ① 49 ② **정답**

50 산업안전보건법령상 산업용 로봇으로 인하여 근로자에게 발생할 수 있는 부상 등의 위험이 있는 경우 위험을 방지하기 위하여 울타리를 설치할 때 높이는 최소 몇 [m] 이상으로 해야 하는가? (단, 산업표준화법 및 국제적으로 통용되는 안전기준은 제외한다.)

① 1.8　　　　　② 2.1
③ 2.4　　　　　④ 1.2

> **해설** 근로자에게 발생할 수 있는 부상 등의 위험을 방지하기 위하여 높이 1.8[m] 이상의 울타리(로봇의 가동범위 등을 고려하여 높이로 인한 위험성이 없는 경우에는 높이를 그 이하로 조절할 수 있다)를 설치하여야 한다.

51 크레인의 사용 중 하중이 정격을 초과하였을 때 자동적으로 상승이 정지되는 장치는?

① 해지장치　　　　② 이탈방지장치
③ 아우트리거　　　④ 과부하방지장치

> **해설 ▶ 과부하방지장치**
> • 정격하중 이상이 적재될 경우 작동을 정지시키는 기능
> • 전도모멘트의 크기와 안정모멘트의 크기가 비슷해지면 경보를 발하는 기능

52 인간이 기계 등의 취급을 잘못해도 그것이 바로 사고나 재해와 연결되는 일이 없는 기능을 의미하는 것은?

① fail safe　　　　② fail active
③ fail operational　④ fool proof

> **해설 ▶ Fool Proof** : 인간의 착오, 미스 등 이른바 휴먼에러가 발생하더라도 기계설비나 그 부품은 안전쪽으로 작동하게 설계하는 안전설계의 기법이다.

53 산업안전보건법령상 컨베이어를 사용하여 작업을 할 때 작업시작 전 점검사항으로 가장 거리가 먼 것은?

① 원동기 및 풀리(pulley) 기능의 이상 유무
② 이탈 등의 방지장치 기능의 이상 유무
③ 유압장치의 기능의 이상 유무
④ 비상정지장치 기능의 이상 유무

> **해설** • 원동기 및 풀리 기능의 이상 유무
> • 이탈 등 방지장치 기능의 이상 유무
> • 비상정지장치 기능의 이상 유무
> • 덮개, 울 등의 이상 유무

54 다음 중 기계설비에서 반대로 회전하는 두 개의 회전체가 맞닿는 사이에 발생하는 위험점으로 가장 적절한 것은?

① 물림점　　　　② 협착점
③ 끼임점　　　　④ 절단점

> **해설** ① **물림점**(Nip-point) : 회전하는 두 개의 회전체에는 물려 들어가는 위험성이 존재한다. 이때 위험점이 발생되는 조건은 회전체가 서로 반대방향으로 맞물려 회전되어야 한다.
> 　　예 롤러와 롤러의 물림, 기어와 기어의 물림 등
> ② **협착점**(Squeeze-point) : 왕복운동을 하는 동작부분과 움직임이 없는 고정부분 사이에서 형성되는 위험점으로 사업장의 기계설비에서 많이 볼 수 있다.
> 　　예 프레스기, 전단기, 성형기, 굽힘기계(bending machine) 등
> ③ **끼임점**(Shear-point) : 고정부분과 회전하는 동작부분이 함께 만드는 위험점
> 　　예 연삭숫돌과 덮개, 교반기의 날개와 하우징, 프레임에서 암의 요동운동을 하는 기계부분 등
> ④ **절단점**(Cutting-point) : 고정부분과 운동부분이 만드는 위험점이 아니고 회전하는 운동부 자체의 위험이나 운동하는 기계 부분 자체의 위험에서 초래되는 위험점이다.
> 　　예 밀링의 커터, 띠톱이나 둥근톱의 톱날, 벨트의 이음 부분 등

정답 50 ① 　51 ④ 　52 ④ 　53 ③ 　54 ①

55 선반 작업 시 안전수칙으로 가장 적절하지 않은 것은?

① 기계에 주유 및 청소 시 반드시 기계를 정지시키고 한다.

② 칩 제거 시 브러시를 사용한다.

③ 바이트에는 칩 브레이커를 설치한다.

④ 선반의 바이트는 끝을 길게 장치한다.

해설 • 가공물을 착탈 시에는 반드시 스위치를 끄고 바이트를 충분히 연 다음 행한다.
• 캐리어(공구대)는 적당한 크기의 것을 선택하고 심압대는 스핀들을 지나치게 내놓지 않는다.
• 물건의 장착이 끝나면 척, 렌치류는 곧 벗겨놓는다.
• 무게가 편중된 가공물의 장착에는 균형추를 부착한다. 장착물은 방진구에 사용 커버를 씌운다.
• 긴 재료가 돌출되었을 때에는 빨간 천 등을 부착하여 위험표시를 하거나 커버를 씌운다.
• 바이트 착탈은 기계를 정지시킨 다음에 한다.
• 방진구는 일감의 길이가 직경의 12[배] 이상일 때 사용한다.

56 산업안전보건법령상 양중기를 사용하여 작업하는 운전자 또는 작업자가 보기 쉬운 곳에 해당 양중기에 대해 표시하여야 할 내용으로 가장 거리가 먼 것은? (단, 승강기는 제외한다.)

① 정격 하중

② 운전 속도

③ 경고 표시

④ 최대 인양 높이

해설 사업주는 양중기(승강기는 제외한다) 및 달기구를 사용하여 작업하는 운전자 또는 작업자가 보기 쉬운 곳에 해당 기계의 정격하중, 운전속도, 경고표시 등을 부착하여야 한다.

57 롤러기의 급정지장치에 관한 설명으로 가장 적절하지 않은 것은?

① 복부 조작식은 조작부 중심점을 기준으로 밑면으로부터 1.2~1.4[m] 이내의 높이로 설치한다.

② 손 조작식은 조작부 중심점을 기준으로 밑면으로부터 1.8[m] 이내의 높이로 설치한다.

③ 급정지장치의 조작부에 사용하는 줄은 사용 중에 늘어져서는 안 된다.

④ 급정지장치의 조작부에 사용하는 줄은 충분한 인장강도를 가져야 한다.

해설

급정지장치 조작부의 종류	위치	비고
손으로 조작하는 것	밑면으로부터 1.8[m] 이내	위치는 급정지장치 조작부의 중심점을 기준으로 함.
복부로 조작하는 것	밑면으로부터 0.8[m] 이상 1.1[m] 이내	
무릎으로 조작하는 것	밑면으로부터 0.4[m] 이상 0.6[m] 이내	

58 연삭기의 안전작업수칙에 대한 설명 중 가장 거리가 먼 것은?

① 숫돌의 정면에 서서 숫돌 원주면을 사용한다.

② 숫돌 교체 시 3분 이상 시운전을 한다.

③ 숫돌의 회전은 최고 사용 원주속도를 초과하여 사용하지 않는다.

④ 연삭숫돌에 충격을 가하지 않는다.

해설 • 사업주는 회전 중인 연삭숫돌(지름이 5[cm] 이상인 것으로 한정한다)이 근로자에게 위험을 미칠 우려가 있는 경우에 그 부위에 덮개를 설치하여야 한다.
• 사업주는 연삭숫돌을 사용하는 작업의 경우 작업을 시작하기 전에는 1분 이상, 연삭숫돌을 교체한 후에는 3분 이상 시험운전을 하고 해당 기계에 이상이 있는지를 확인하여야 한다.

55 ④ 56 ④ 57 ① 58 ① **정답**

• 시험운전에 사용하는 연삭숫돌은 작업시작 전에 결함이 있는지를 확인한 후 사용하여야 한다.

• 사업주는 연삭숫돌의 최고 사용회전속도를 초과하여 사용하도록 해서는 아니 된다.

• 사업주는 측면을 사용하는 것을 목적으로 하지 않는 연삭숫돌을 사용하는 경우 측면을 사용하도록 해서는 아니 된다.

59 롤러기의 가드와 위험점 간의 거리가 100[mm]일 경우 ILO 규정에 의한 가드 개구부의 안전간격은?

① 11[mm]

② 21[mm]

③ 26[mm]

④ 31[mm]

해설 개구부 간격(Y) = 6+0.15X(X : 가드와 위험점 간의 거리)
= 6+0.15×100 = 21

60 지게차의 포크에 적재된 화물이 마스트 후방으로 낙하함으로써 근로자에게 미치는 위험을 방지하기 위하여 설치하는 것은?

① 헤드가드

② 백레스트

③ 낙하방지장치

④ 과부하방지장치

해설 백레스트(backrest)를 갖추지 아니한 지게차를 사용해서는 아니 된다. 다만, 마스트의 후방에서 화물이 낙하함으로써 근로자가 위험해질 우려가 없는 경우에는 그러하지 아니하다.

4과목 전기위험방지기술

61 Dalziel에 의하여 동물 실험을 통해 얻어진 전류값을 인체에 적용했을 때 심실세동을 일으키는 전기에너지[J]는 약 얼마인가? (단, 인체 전기저항은 500[Ω]으로 보며, 흐르는 전류 $I = \dfrac{165}{\sqrt{T}}$[mA]로 한다.)

① 9.8

② 13.6

③ 19.6

④ 27

해설 $Q = I^2 RT$[J] [Q[J], I[A], R[Ω], T[sec]]
$= (165/\sqrt{T} \times 10^{-3})^2 \times 500 \times T$
$= 165^2 \times 10^{-6} \times 500 = 13.6$

62 전기설비의 방폭구조의 종류가 아닌 것은?

① 근본 방폭구조

② 압력 방폭구조

③ 안전증 방폭구조

④ 본질안전 방폭구조

해설 ① 근본 방폭구조는 없다.

63 작업자가 교류전압 7000[V] 이하의 전로에 활선 근접작업 시 감전사고 방지를 위한 절연용 보호구는?

① 고무절연관

② 절연시트

③ 절연커버

④ 절연안전모

해설 보호구는 몸에 착용하는 것으로 안전모는 머리에 착용하는 것이다.

정답 59 ② 60 ② 61 ② 62 ① 63 ④

64 방폭전기기기에 "Ex ia IIC T4 Ga"라고 표시되어 있다. 해당 기기에 대한 설명으로 틀린 것은?

① 정상 작동, 예상된 오작동 중에 또는 드문 오작동 중에 점화원이 될 수 없는 "매우 높은" 보호등급의 기기이다.

② 온도 등급이 T4이므로 최고표면온도가 150[℃]를 초과해서는 안 된다.

③ 본질안전 방폭구조로 0종 장소에서 사용이 가능하다.

④ 수소 및 아세틸렌 등의 가스가 존재하는 곳에 사용이 가능하다.

해설 ② 온도 등급이 T4이므로 최고표면온도가 135[℃]를 초과해서는 안 된다.

최고표면온도의 범위[℃]	온도 등급
300 초과 450 이하	T1
200 초과 300 이하	T2
135 초과 200 이하	T3
100 초과 135 이하	T4
85 초과 100 이하	T5
85 이하	T6

65 전기기계 · 기구의 기능 설명으로 옳은 것은?

① CB는 부하전류를 개폐시킬 수 있다.

② ACB는 진공 중에서 차단동작을 한다.

③ DS는 회로의 개폐 및 대용량부하를 개폐시킨다.

④ 피뢰침은 뇌나 계통의 개폐에 의해 발생하는 이상 전압을 대지로 방전시킨다.

해설 ② ACB는 공기 중에서 차단동작을 한다.
③ 단로기는 회로의 개폐 및 무부하전류를 개폐한다.

66 산업안전보건기준에 관한 규칙 제319조에 따라 감전될 우려가 있는 장소에서 작업을 하기 위해서는 전로를 차단하여야 한다. 전로 차단을 위한 시행 절차 중 틀린 것은?

① 전기기기 등에 공급되는 모든 전원을 관련 도면, 배선도 등으로 확인

② 각 단로기를 개방한 후 전원 차단

③ 단로기 개방 후 차단장치나 단로기 등에 잠금장치 및 꼬리표를 부착

④ 잔류전하 방전 후 검전기를 이용하여 작업 대상 기기가 충전되어 있는지 확인

해설 ② 전원 차단 후 각 단로기 개방

67 유자격자가 아닌 근로자가 방호되지 않은 충전전로 인근의 높은 곳에서 작업할 때에 근로자의 몸은 충전전로에서 몇 [cm] 이내로 접근할 수 없도록 하여야 하는가? (단, 대지전압이 50[kV]이다.)

① 50

② 100

③ 200

④ 300

해설 유자격자가 아닌 근로자가 충전전로 인근의 높은 곳에서 작업할 때에 근로자의 몸 또는 긴 도전성 물체가 방호되지 않은 충전전로에서 대지전압이 50[kV] 이하인 경우에는 300[cm] 이내로, 대지전압이 50[kV]를 넘는 경우에는 10[kV]당 10[cm]씩 더한 거리 이내로 각각 접근할 수 없도록 할 것

64 ② 65 ① 66 ② 67 ④ **정답**

68 다음 중 정전기의 재해방지 대책으로 틀린 것은?

① 설비의 도체 부분을 접지

② 작업자는 정전화를 착용

③ 작업장의 습도를 30[%] 이하로 유지

④ 배관 내 액체의 유속제한

해설 ③ 작업장의 습도를 30[%] 이상으로 유지해야 한다.

69 가스(발화온도 120[℃])가 존재하는 지역에 방폭기기를 설치하고자 한다. 설치가 가능한 기기의 온도 등급은?

① T2

② T3

③ T4

④ T5

해설

가스발화점[℃]	온도 등급
450 초과	T1
300~450	T2
200~300	T3
135~200	T4
100~135	T5
85~100	T6

70 변압기의 중성점을 제2종 접지한 수전전압 22.9[kV], 사용전압 220[V]인 공장에서 외함을 제3종 접지공사를 한 전동기가 운전 중에 누전되었을 경우에 작업자가 접촉될 수 있는 최소전압은 약 몇 [V]인가? (단, 1선 지락전류 10[A], 제3종 접지저항 30[Ω], 인체저항 : 10000[Ω]이다.)

① 116.7

② 127.5

③ 146.7

④ 165.6

해설 2021년 한국전기설비규정 개정에 따라 종별접지는 폐지되었다. 계산 결과에는 변동이 없지만, 향후 유사 문제가 출제된다면 현재 제시된 조건의 변동이 필수적이다.

71 제전기의 종류가 아닌 것은?

① 전압인가식 제전기

② 정전식 제전기

③ 방사선식 제전기

④ 자기방전식 제전기

해설 제전기는 정전기를 막기 위한 장치이다.

72 정전기 방전현상에 해당되지 않는 것은?

① 연면방전

② 코로나 방전

③ 낙뢰방전

④ 스팀방전

해설 ▶ **방전현상** : 코로나방전, 연면방전, 불꽃방전, 스파크방전

73 전로에 지락이 생겼을 때에 자동적으로 전로를 차단하는 장치를 시설해야 하는 전기기계의 사용전압 기준은? (단, 금속제 외함을 가지는 저압의 기계 기구로서 사람이 쉽게 접촉할 우려가 있는 곳에 시설되어 있다.)

① 30[V] 초과

② 50[V] 초과

③ 90[V] 초과

④ 150[V] 초과

해설 전로에 지락이 생겼을 때에 자동적으로 전로를 차단하는 장치를 시설해야 하는 전기기계의 사용전압 기준은 50[V] 초과

74 정전용량 $C = 20[\mu F]$, 방전 시 전압 $V = 2[kV]$일 때 정전에너지[J]는 얼마인가?

① 40

② 80

③ 400

④ 800

해설 정전에너지[J] $= 1/2 \times CV^2 = 1/2 \times 20 \times 10^{-6} \times 2000^2$

정답 68 ③ 69 ④ 70 ③ 71 ② 72 ④ 73 ② 74 ①

75 전로에 시설하는 기계기구의 금속제 외함에 접지공사를 하지 않아도 되는 경우로 틀린 것은?

① 저압용의 기계기구를 건조한 목재의 마루 위에서 취급하도록 시설한 경우
② 외함 주위에 적당한 절연대를 설치한 경우
③ 교류 대지 전압이 300[V] 이하인 기계기구를 건조한 곳에 시설한 경우
④ 전기용품 및 생활용품 안전관리법의 적용을 받는 2중 절연구조로 되어 있는 기계기구를 시설하는 경우

해설 ③ 교류 대지 전압이 150[V] 이하인 기계기구를 건조한 곳에 시설한 경우

76 피뢰기가 구비하여야 할 조건으로 틀린 것은?

① 제한전압이 낮아야 한다.
② 상용 주파 방전 개시 전압이 높아야 한다.
③ 충격방전 개시전압이 높아야 한다.
④ 속류 차단 능력이 충분하여야 한다.

해설 ▶ **피뢰기**
• 충격방전 개시전압이 낮을 것
• 제한전압이 낮을 것
• 반복동작이 가능할 것
• 구조가 견고하고 특성이 변화하지 않은 것
• 점검, 보수가 간단할 것
• 뇌전류에 대한 방전능력이 클 것
• 속류의 차단이 확실할 것

77 다음 중 정전기의 발생 현상에 포함되지 않는 것은?

① 파괴에 의한 발생
② 분출에 의한 발생
③ 전도 대전
④ 유동에 의한 대전

해설 ▶ **정전기의 발생 현상**
• 마찰대전
• 박리대전
• 유도대전
• 분출대전
• 충돌대전
• 파괴대전
• 비중차에 의한 대전
• 근처의 전자 또는 전리 이온에 의한 대전

78 방폭기기에 별도의 주위 온도 표시가 없을 때 방폭기기의 주위 온도 범위는? (단, 기호 "X"의 표시가 없는 기기이다.)

① 20~40[℃]
② −20~40[℃]
③ 10~50[℃]
④ −10~50[℃]

해설 ▶ **전기설비의 표준환경 조건**
• **주변온도** : −20~40[℃]
• **표고** : 1000[m] 이하
• **상대습도** : 45~85[%]
• **압력** : 80~110[kPa]
• **산소 함유율** : 21[%v/v]

79 정전기로 인한 화재 및 폭발을 방지하기 위하여 조치가 필요한 설비가 아닌 것은?

① 드라이클리닝 설비
② 위험물 건조설비
③ 화약류 제조설비
④ 위험기구의 제전설비

해설 ④ 제전설비는 정전기를 막는 설비이다.

75 ③ 76 ③ 77 ③ 78 ② 79 ④ **정답**

80 300[A]의 전류가 흐르는 저압 가공전선로의 1선에서 허용 가능한 누설전류[mA]는?

① 600 　　　　② 450

③ 300 　　　　④ 150

> **해설** 누설전류 = 최대공급전류의 $\frac{1}{2000}$[A]로 규정
>
> $300 \times 1000 \times 1/2000 = 150$[mA]

5과목 화학설비위험방지기술

81 탄화수소 증기의 연소하한값 추정식은 연료의 양론농도(Cst)의 0.55배이다. 프로판 1[mol]의 연소반응식이 다음과 같을 때 연소하한값은 약 몇 [vol%]인가?

$$C_3H_8 + 5O_2 \rightarrow 3CO_2 + 4H_2O$$

① 2.22 　　　　② 4.03

③ 4.44 　　　　④ 8.06

> **해설** • 프로판의 $Cst = \dfrac{100}{1+4.773\left(3+\dfrac{8}{4}\right)} = 4.02$
>
> • 프로판의 연소하한값 = $0.55 \times 4.02 = 2.2$

82 에틸알코올(C_2H_5OH) 1[mol]이 완전연소할 때 생성되는 CO_2의 [mol]수로 옳은 것은?

① 1 　　　　② 2

③ 3 　　　　④ 4

> **해설** 에틸알코올(C_2H_5OH)의 연소방식은 $C_2H_5OH + 3O_2 \rightarrow 2CO_2 + 3H_2O$이므로 에틸알코올 1[mol]이 완전연소할 때 생성되는 CO_2와 H_2O의 [mol]수는 2[mol]과 3[mol]이다.

83 프로판과 메탄의 폭발하한계가 각각 2.5, 5.0[vol%]이라고 할 때 프로판과 메탄이 3 : 1의 체적비로 혼합되어 있다면 이 혼합가스의 폭발하한계는 약 몇 [vol%]인가? (단, 상온, 상압 상태이다.)

① 2.9 　　　　② 3.3

③ 3.8 　　　　④ 4.0

> **해설** ❯ 르 샤틀리에 법칙
>
> (75[%]+25[%])/하한계
>
> = 75[%]/2.5+25[%]/5
>
> 하한계 = 100/(75/2.5+25/5)
>
> = 100/35 = 2.9

84 다음 중 소화약제로 사용되는 이산화탄소에 관한 설명으로 틀린 것은?

① 사용 후에 오염의 영향이 거의 없다.

② 장시간 저장하여도 변화가 없다.

③ 주된 소화효과는 억제소화이다.

④ 자체 압력으로 방사가 가능하다.

> **해설** ③ 주된 소화효과는 질식소화이다.

85 다음 중 물질의 자연발화를 촉진시키는 요인으로 가장 거리가 먼 것은?

① 표면적이 넓고, 발열량이 클 것

② 열전도율이 클 것

③ 주위 온도가 높을 것

④ 적당한 수분을 보유할 것

> **해설** ❯ 자연발화 조건
> • 발열량이 클 것
> • 열전도율이 작을 것
> • 주위의 온도가 높을 것
> • 표면적이 넓을 것
> • 수분이 적당량 존재할 것

정답 80 ④ 81 ① 82 ② 83 ① 84 ③ 85 ②

86 증기 배관 내에 생성하는 응축수를 제거할 때 증기가 배출되지 않도록 하면서 응축수를 자동적으로 배출하기 위한 장치를 무엇이라 하는가?

① Vent stack ② Steam trap
③ Blow down ④ Relief valve

해설 ▶ **스팀 트랩** : 증기 중의 응축수만을 배출하고 증기의 누설을 막기 위한 자동밸브이다.

87 다음 중 수분(H_2O)과 반응하여 유독성 가스인 포스핀이 발생되는 물질은?

① 금속나트륨 ② 알루미늄 분말
③ 인화칼슘 ④ 수소화리튬

해설 Ca_3P_2(인화칼슘)+$6H_2O$ → $2PH_3$(포스핀)+$3Ca(OH)_2$

88 대기압에서 사용하나 증발에 의한 액체의 손실을 방지함과 동시에 액면 위의 공간에 폭발성 위험가스를 형성할 위험이 적은 구조의 저장탱크는?

① 유동형 지붕 탱크 ② 원추형 지붕 탱크
③ 원통형 저장 탱크 ④ 구형 저장탱크

해설 floating으로 액체의 손실을 방지함과 동시에 액면 위의 공간이기에 유동성 지붕 탱크이다.

89 자동화재탐지설비의 감지기 종류 중 열감지기가 아닌 것은?

① 차동식 ② 정온식
③ 보상식 ④ 광전식

해설 ④ 광전식은 빛감지기이다.

90 산업안전보건법령에서 규정하고 있는 위험물질의 종류 중 부식성 염기류로 분류되기 위하여 농도가 40[%] 이상이어야 하는 물질은?

① 염산 ② 아세트산
③ 불산 ④ 수산화칼륨

해설 ▶ **부식성 염기류** : 농도가 40[%] 이상인 수산화나트륨·수산화칼륨, 그 밖에 이와 동등 이상의 부식성을 가지는 염기류

91 인화점이 각 온도 범위에 포함되지 않는 물질은?

① -30[℃] 미만 : 디에틸에테르
② -30[℃] 이상 0[℃] 미만 : 아세톤
③ 0[℃] 이상 30[℃] 미만 : 벤젠
④ 30[℃] 이상 65[℃] 이하 : 아세트산

해설 ③ **벤젠** : -11[℃]
① **디에틸에테르** : -45[℃]
② **아세톤** : -18[℃]
④ **아세트산** : 41.7[℃]

92 다음 중 아세틸렌을 용해가스로 만들 때 사용되는 용제로 가장 적합한 것은?

① 아세톤 ② 메탄
③ 부탄 ④ 프로판

해설 아세틸렌을 용해가스로 만들 때 사용되는 용제는 아세톤

86 ② 87 ③ 88 ① 89 ④ 90 ④ 91 ③ 92 ① **정답**

93 다음 중 산업안전보건법령상 화학설비의 부속설비로만 이루어진 것은?

① 사이클론, 백필터, 전기집진기 등 분진처리설비
② 응축기, 냉각기, 가열기, 증발기 등 열교환기류
③ 고로 등 점화기를 직접 사용하는 열교환기류
④ 혼합기, 발포기, 압출기 등 화학제품 가공설비

해설 ① 사이클론, 백필터, 전기집진기 등 분진처리설비 – 부속설비
② 응축기, 냉각기, 가열기, 증발기 등 열교환기류 – 화학설비
③ 고로 등 점화기를 직접 사용하는 열교환기류 – 화학설비
④ 혼합기, 발포기, 압출기 등 화학제품 가공설비 – 화학설비

94 다음 중 밀폐 공간 내 작업 시의 조치사항으로 가장 거리가 먼 것은?

① 산소결핍이나 유해가스로 인한 질식의 우려가 있으면 진행 중인 작업에 방해되지 않도록 주의하면서 환기를 강화하여야 한다.
② 해당 작업장을 적정한 공기상태로 유지되도록 환기하여야 한다.
③ 그 장소에 근로자를 입장시킬 때와 퇴장시킬 때마다 인원을 점검하여야 한다.
④ 그 작업장과 외부의 감시인 간에 항상 연락을 취할 수 있는 설비를 설치하여야 한다.

해설 ① 산소결핍이나 유해가스로 인한 질식의 우려가 있으면 작업을 중지한다.

95 산업안전보건법령상 폭발성 물질을 취급하는 화학설비를 설치하는 경우에 단위공정설비로부터 다른 단위공정설비 사이의 안전거리는 설비 바깥 면으로부터 몇 [m] 이상이어야 하는가?

① 10   ② 15
③ 20   ④ 30

해설 설비의 바깥 면으로부터 10[m] 이상이어야 한다(안전보건규칙 별표 8).

96 다음 중 압축기 운전 시 토출압력이 갑자기 증가하는 이유로 가장 적절한 것은?

① 윤활유의 과다
② 피스톤 링의 가스 누설
③ 토출관 내에 저항 발생
④ 저장조 내 가스압의 감소

해설 토출관내 저항 발생으로 면적이 감소하여 토출압력이 증가한다.

97 진한 질산이 공기 중에서 햇빛에 의해 분해되었을 때 발생하는 갈색증기는?

① N_2 ② NO_2
③ NH_3 ④ NH_2

해설 질산은 햇빛을 받으면 햇빛에 의해 분해되어 물과 산소로 분해되며 이산화질소(NO_2)를 발생시킨다. 따라서 보관시 갈색병에 넣어 보관해야 한다.
N_2 : 질소, NO_2 : 이산화질소, NH_3 : 암모니아,
$-NH_2$: 아미노기

정답 93 ①   94 ①   95 ①   96 ③   97 ②

98 고온에서 완전 열분해하였을 때 산소를 발생하는 물질은?

① 황화수소
② 과염소산칼륨
③ 메틸리튬
④ 적린

> **해설** ② 과염소산칼륨은 1류 위험물로 산소가 과하게 있어 분해하면 산소가 튀어나온다.

99 다음 중 분진폭발에 관한 설명으로 틀린 것은?

① 폭발한계 내에서 분진의 휘발성분이 많으면 폭발 위험성이 높다.
② 분진이 발화 폭발하기 위한 조건은 가연성, 미분 상태, 공기 중에서의 교반과 유동 및 점화원의 존재이다.
③ 가스폭발과 비교하여 연소의 속도나 폭발의 압력이 크고, 연소시간이 짧으며, 발생에너지가 작다.
④ 폭발한계는 입자의 크기, 입도분포, 산소농도, 함유수분, 가연성가스의 혼입 등에 의해 같은 물질의 분진에서도 달라진다.

> **해설** ▶ **분진폭발의 특징**
> • 가스폭발과 비교하여 작지만 연소시간이 길다.
> • 발생에너지가 크기 때문에 파괴력과 타는 정도가 크다.
> • 발화에너지는 상대적으로 훨씬 크다.

100 다음 중 유류화재의 화재급수에 해당하는 것은?

① A급   ② B급
③ C급   ④ D급

> **해설**
>
> | A급 화재 | B급 화재 | C급 화재 | D급 화재 |
> |---|---|---|---|
> | 보통화재 | 유류, 가스화재 | 전기화재 | 금속화재 (Al분, Mg분) |

6과목 건설안전기술

101 토질시험 중 연약한 점토 지반의 점착력을 판별하기 위하여 실시하는 현장시험은?

① 베인테스트(Vane Test)
② 표준관입시험(SPT)
③ 하중재하시험
④ 삼축압축시험

> **해설** 베인테스트(Vane Test)는 연약한 지반에 적합하다.

102 비계의 부재 중 기둥과 기둥을 연결시키는 부재가 아닌 것은?

① 띠장
② 장선
③ 가새
④ 작업발판

> **해설** 작업발판은 비계의 부재 중 기둥과 기둥을 연결시키는 부재에 해당하지 않는다. 띠장 장선, 가새는 모두 비계의 연결부재이다.

---

98 ②   99 ③   100 ②   101 ①   102 ④   **정답**

103 항만하역작업에서의 선박승강설비 설치기준으로 옳지 않은 것은?

① 200톤급 이상의 선박에서 하역작업을 하는 경우에 근로자들이 안전하게 오르내릴 수 있는 현문(舷門) 사다리를 설치하여야 하며, 이 사다리 밑에 안전망을 설치하여야 한다.

② 현문 사다리는 견고한 재료로 제작된 것으로 너비는 55[cm] 이상이어야 한다.

③ 현문 사다리의 양측에는 82[cm] 이상의 높이로 울타리를 설치하여야 한다.

④ 현문 사다리는 근로자의 통행에만 사용하여야 하며, 화물용 발판 또는 화물용 보판으로 사용하도록 해서는 아니 된다.

해설 ▶ **선박승강설비의 설치**(안전보건규칙 제397조)
- 사업주는 300톤급 이상의 선박에서 하역작업을 하는 경우에 근로자들이 안전하게 오르내릴 수 있는 현문(舷門) 사다리를 설치하여야 하며, 이 사다리 밑에 안전망을 설치하여야 한다.
- 현문 사다리는 견고한 재료로 제작된 것으로 너비는 55[cm] 이상이어야 하고, 양측에 82[cm] 이상의 높이로 울타리를 설치하여야 하며, 바닥은 미끄러지지 않도록 적합한 재질로 처리되어야 한다.
- 현문 사다리는 근로자의 통행에만 사용하여야 하며, 화물용 발판 또는 화물용 보판으로 사용하도록 해서는 아니 된다.

104 다음 중 유해위험방지계획서 제출 대상 공사가 아닌 것은?

① 지상높이가 30[m]인 건축물 건설공사

② 최대 지간길이가 50[m]인 교량건설공사

③ 터널 건설공사

④ 깊이가 11[m]인 굴착공사

해설 ① 지상높이가 31[m] 이상인 건축물 또는 인공구조물

105 본 터널(main tunnel)을 시공하기 전에 터널에서 약간 떨어진 곳에 지질조사, 환기, 배수, 운반 등의 상태를 알아보기 위하여 설치하는 터널은?

① 프리패브(prefab) 터널

② 사이드(side) 터널

③ 쉴드(shield) 터널

④ 파일럿(pilot) 터널

해설 본 터널(main tunnel)을 시공하기 전에 터널에서 약간 떨어진 곳에 지질조사, 환기, 배수, 운반 등의 상태를 알아보기 위하여 설치하는 터널은 파일럿(pilot) 터널이다.

106 터널작업 시 자동경보장치에 대하여 당일의 작업 시작 전 점검하여야 할 사항으로 옳지 않은 것은?

① 검지부의 이상 유무

② 조명시설의 이상 유무

③ 경보장치의 작동 상태

④ 계기의 이상 유무

해설 ▶ **터널작업 전 자동경보장치 점검사항**(안전보건규칙 제350조 제4항)
- 계기의 이상 유무
- 검지부의 이상 유무
- 경보장치의 작동상태

107 다음은 강관틀비계를 조립하여 사용하는 경우 준수해야 할 기준이다. ( ) 안에 알맞은 숫자를 나열한 것은?

> 길이가 띠장 방향으로 (A)[m] 이하이고 높이가 (B)[m]를 초과하는 경우에는 (C)[m] 이내마다 띠장 방향으로 버팀기둥을 설치할 것

① A : 4, B : 10, C : 5
② A : 4, B : 10, C : 10
③ A : 5, B : 10, C : 5
④ A : 5, B : 10, C : 10

해설 길이가 띠장 방향으로 4[m] 이하이고 높이가 10[m]를 초과하는 경우에는 10[m] 이내마다 띠장 방향으로 버팀기둥을 설치할 것(안전보건규칙 제62조)

해설 시설 또는 가설물 등에 설치하는 경우에는 그 내력을 확인하고 내력이 부족하면 그 내력을 보강할 것(안전보건규칙 제209조)

108 지반의 종류가 다음과 같을 때 굴착면의 기울기 기준으로 옳은 것은?

보통 흙의 습지

① 1 : 0.5 ~ 1 : 1　　② 1 : 1 ~ 1 : 1.5
③ 1 : 0.8　　　　　　④ 1 : 0.5

해설 ▶ **굴착면의 기울기 기준**(안전보건규칙 별표 11)

구분	지반의 종류	기울기
보통 흙	습지	1 : 1 ~ 1 : 1.5
	건지	1 : 0.5 ~ 1 : 1
암반	풍화암	1 : 1.0
	연암	1 : 1.0
	경암	1 : 0.5

(※ 안전기준 : 2021.11.19. 개정)

109 동력을 사용하는 항타기 또는 항발기에 대하여 무너짐을 방지하기 위하여 준수하여야 할 기준으로 옳지 않은 것은?

① 연약한 지반에 설치하는 경우에는 아웃트리거 · 받침 등 지지구조물의 침하를 방지하기 위하여 깔판 · 깔목 등을 사용할 것
② 아웃트리거 · 받침 등 지지구조물이 미끄러질 우려가 있는 경우에는 말뚝 또는 쐐기 등을 사용하여 해당 지지구조물을 고정시킬 것
③ 상단 부분은 버팀대 · 버팀줄로 고정하여 안정시키고, 그 하단 부분은 견고한 버팀 · 말뚝 또는 철골 등으로 고정시킬 것
④ 시설 또는 가설물 등에 설치하는 경우에는 그 내력을 확인할 필요가 없다.

110 운반작업을 인력운반작업과 기계운반작업으로 분류할 때 기계운반작업으로 실시하기에 부적당한 대상은?

① 단순하고 반복적인 작업
② 표준화되어 있어 지속적이고 운반량이 많은 작업
③ 취급물의 형상, 성질, 크기 등이 다양한 작업
④ 취급물이 중량인 작업

해설 ③ 취급물의 형상, 성질, 크기 등이 다양한 작업은 기계운반이 부적당하다.

111 터널 등의 건설작업을 하는 경우에 낙반 등에 의하여 근로자가 위험해질 우려가 있는 경우에 필요한 직접적인 조치사항과 거리가 먼 것은?

① 터널지보공 설치　　② 부석의 제거
③ 울 설치　　　　　　④ 록볼트 설치

해설 ③ 울 설치는 추락위험 방지를 위한 조치사항이다.

112 장비 자체보다 높은 장소의 땅을 굴착하는 데 적합한 장비는?

① 파워 쇼벨(Power Shovel)
② 불도저(Bulldozer)
③ 드래그라인(Drag line)
④ 클램쉘(Clam Shell)

108 ② 109 ④ 110 ③ 111 ③ 112 ① **정답**

해설 파워쇼벨은 장비 자체보다 높은 장소의 땅을 굴착하는 데 적합하다.

113 사다리식 통로의 길이가 10[m] 이상일 때 얼마 이내마다 계단참을 설치하여야 하는가?

① 3[m] 이내마다
② 4[m] 이내마다
③ 5[m] 이내마다
④ 6[m] 이내마다

해설 사다리식 통로의 길이가 10[m] 이상인 때에는 5[m] 이내마다 계단참을 설치할 것(안전보건규칙 제24조 제1항 제8호)

114 추락방지망 설치 시 그물코의 크기가 10[cm]인 매듭 있는 방망의 신품에 대한 인장강도 기준으로 옳은 것은?

① 100[kgf] 이상
② 200[kgf] 이상
③ 300[kgf] 이상
④ 400[kgf] 이상

해설

그물코의 크기 (단위 : [cm])	방망의 종류(단위 : [kg])			
	매듭 없는 방망		매듭 방망	
	신품에 대한	폐기 시	신품에 대한	폐기 시
10	240	150	200	135
5	–		110	60

115 타워크레인을 자립고(自立高) 이상의 높이로 설치할 때 지지벽체가 없어 와이어로프로 지지하는 경우의 준수사항으로 옳지 않은 것은?

① 와이어로프를 고정하기 위한 전용 지지프레임을 사용할 것
② 와이어로프 설치각도는 수평면에서 60[°] 이내로 하되, 지지점은 4개소 이상으로 하고, 같은 각도로 설치할 것
③ 와이어로프와 그 고정부위는 충분한 강도와 장력을 갖도록 설치하되, 와이어로프를 클립·샤클(shackle) 등의 기구를 사용하여 고정하지 않도록 유의할 것
④ 와이어로프가 가공전선에 근접하지 않도록 할 것

해설 ▶ **타워크레인을 와이어로프로 지지하는 경우의 준수사항**
(안전보건규칙 제142조)
• 제조사의 설명서에 따라 설치할 것
• 와이어로프를 고정하기 위한 전용 지지프레임을 사용할 것
• 와이어로프 설치각도는 수평면에서 60[°] 이내로 하되, 지지점은 4개소 이상으로 하고, 같은 각도로 설치할 것
• 와이어로프와 그 고정부위는 충분한 강도와 장력을 갖도록 설치하고, 와이어로프를 클립·샤클(shackle, 연결고리) 등의 고정기구를 사용하여 견고하게 고정시켜 풀리지 아니하도록 하며, 사용 중에는 충분한 강도와 장력을 유지하도록 할 것
• 와이어로프가 가공전선(架空電線)에 근접하지 않도록 할 것

116 콘크리트 타설을 위한 거푸집동바리의 구조검토 시 가장 선행되어야 할 작업은?

① 각 부재에 생기는 응력에 대하여 안전한 단면을 산정한다.
② 가설물에 작용하는 하중 및 외력의 종류, 크기를 산정한다.
③ 하중 및 외력에 의하여 각 부재에 생기는 응력을 구한다.
④ 사용할 거푸집 동바리의 설치간격을 결정한다.

정답 113 ③ 114 ② 115 ③ 116 ②

해설 가설물에 작용하는 하중 및 외력의 종류, 크기를 산정하는 것이 우선 검토 대상이다.

해설 ③ 파이프 서포트를 이어서 사용하는 경우에는 4개 이상의 볼트 또는 전용철물을 사용하여 이을 것(안전보건규칙 제332조 제8호)

117 다음 중 해체작업용 기계 기구로 가장 거리가 먼 것은?

① 압쇄기　　　　　② 핸드 브레이커
③ 철제 햄머　　　　④ 진동롤러

해설 ④ 진동롤러는 전륜 또는 후륜에 기동장치를 부착하고, 철 바퀴를 진동시키는 데 따라 자중(自重) 및 진동을 주어서 다지는 기계를 말한다.

118 거푸집동바리 등을 조립하는 경우에 준수하여야 할 안전조치기준으로 옳지 않은 것은?

① 동바리로 사용하는 강관은 높이 2[m] 이내마다 수평연결재를 2개 방향으로 만들고 수평연결재의 변위를 방지할 것
② 동바리로 사용하는 파이프 서포트는 3개 이상이어서 사용하지 않도록 할 것
③ 동바리로 사용하는 파이프 서포트를 이어서 사용하는 경우에는 3개 이상의 볼트 또는 전용철물을 사용하여 이을 것
④ 동바리로 사용하는 강관틀과 강관틀 사이에는 교차가새를 설치할 것

119 다음은 말비계를 조립하여 사용하는 경우에 관한 준수사항이다. (　　) 안에 들어갈 내용으로 옳은 것은?

> • 지주부재와 수평면의 기울기를 (A)[°] 이하로 하고 지주부재와 지주부재 사이를 고정시키는 보조부재를 설치할 것
> • 말비계의 높이가 2[m]를 초과하는 경우에는 작업발판의 폭을 (B)[cm] 이상으로 할 것

① A : 75, B : 30　　② A : 75, B : 40
③ A : 85, B : 30　　④ A : 85, B : 40

해설 ▶ **말비계**(안전보건규칙 제67조)
• 지주부재의 하단에는 미끄럼 방지장치를 하고, 양측 끝부분에 올라서서 작업하지 아니하도록 할 것
• 지주부재와 수평면과의 기울기를 75[°] 이하로 하고, 지주부재와 지주부재 사이를 고정시키는 보조부재를 설치할 것
• 말비계의 높이가 2[m]를 초과할 경우에는 작업발판의 폭을 40[cm] 이상으로 할 것

120 산업안전보건관리비계상기준에 따른 일반건설공사(갑), 대상액 '5억원 이상~50억원 미만'의 안전관리비 비율 및 기초액으로 옳은 것은?

① 비율 : 1.86[%], 기초액 : 5,349,000원
② 비율 : 1.99[%], 기초액 : 5,499,000원
③ 비율 : 2.35[%], 기초액 : 5,400,000원
④ 비율 : 1.57[%], 기초액 : 4,411,000원

117 ④　118 ③　119 ②　120 ①　정답

해설

구분 / 공사 종류	대상액 5억원 미만인 경우 적용 비율 [%]	대상액 5억원 이상 50억원 미만인 경우		대상액 50억원 이상인 경우 적용 비율 [%]	영 별표5에 따른 보건 관리자 선임 대상 건설 공사의 적용비율 [%]
		적용 비율 [%]	기초액		
일반건설 공사(갑)	2.93 [%]	1.86 [%]	5,349,000원	1.97[%]	2.15[%]
일반건설 공사(을)	3.09 [%]	1.99 [%]	5,499,000원	2.10[%]	2.29[%]
중건설 공사	3.43 [%]	2.35 [%]	5,400,000원	2.44[%]	2.66[%]
철도· 궤도 신설공사	2.45 [%]	1.57 [%]	4,411,000원	1.66[%]	1.81[%]
특수 및 기타 건설공사	1.85 [%]	1.20 [%]	3,250,000원	1.27[%]	1.38[%]

2020년 제4회 기출 복원문제

1과목 | 안전관리론

01 다음 재해원인 중 간접원인에 해당하지 않는 것은?

① 기술적 원인
② 교육적 원인
③ 관리적 원인
④ 인적 원인

해설 ▶ 재해 발생 원인

간접 원인	• 기술적 원인 : 건물, 기계장치의 설계불량, 구조, 재료의 부적합, 생산방법의 부적합, 점검, 정비, 보존불량 • 교육적 원인 : 안전지식의 부족, 안전수칙의 오해, 경험·훈련의 미숙, 작업방법의 교육 불충분, 유해·위험작업의 교육 불충분 • 작업관리상 원인 : 안전관리조직 결함, 안전수칙 미제정, 작업준비 불충분, 인원배치 부적당, 작업지시 부적당
직접 원인	• 불안전한 행동(인적) : 위험장소 접근, 안전장치의 기능 제거, 기계기구의 잘못 사용, 운전중인 기계장치의 손질, 위험물 취급 부주의, 방호장치의 무단탈거 등 • 불안전한 상태(물적) : 물 자체의 결함, 안전방호장치의 결함, 복장·보호구의 결함, 물의 배치 및 작업장소 결함, 생산공정의 결함

02 재해원인 분석방법의 통계적 원인분석 중 사고의 유형, 기인물 등 분류항목을 큰 순서대로 도표화한 것은?

① 파레토도
② 특성요인도
③ 크로스도
④ 관리도

해설 ▶ 파레토도 작성순서
조사 사항을 결정하고 분류 항목을 선정 → 선정된 항목에 대한 데이터를 수집하고 정리 → 수집된 데이터를 이용하여 막대그래프 작성 → 누적곡선을 그림

03 다음 중 헤드십(headship)에 관한 설명과 가장 거리가 먼 것은?

① 권한의 근거는 공식적이다.
② 지휘의 형태는 민주주의적이다.
③ 상사와 부하와의 사회적 간격은 넓다.
④ 상사와 부하와의 관계는 지배적이다.

해설 ▶ 헤드십과 리더십의 비교

구분	헤드십	리더십
권한 부여 및 행사	• 위에서 위임하여 임명	• 아래로부터의 동의에 의한 선출
권한 근거	• 법적 또는 공식적	• 개인 능력
상관과 부하와의 관계 및 책임 귀속	• 지배적 상사	• 개인적인 영향, 상사와 부하
부하와의 사회적 간격	• 넓다	• 좁다
지휘 형태	• 권위주의적	• 민주주의적

04 다음 설명에 해당하는 학습지도의 원리는?

학습자가 지니고 있는 각자의 요구와 능력 등에 알맞은 학습활동의 기회를 마련해주어야 한다는 원리

① 직관의 원리
② 자기활동의 원리
③ 개별화의 원리
④ 사회화의 원리

01 ④　02 ①　03 ②　04 ③　**정답**

해설 ▶ 학습지도 원리
- **개별화의 원리** : 학습자를 개별적 존재로 인정하며 요구와 능력에 알맞은 기회 제공
- **자발성의 원리** : 학습자 스스로 능동적으로, 즉 내적 동기가 유발된 학습 활동을 할 수 있도록 장려
- **직관의 원리** : 언어 위주의 설명보다는 구체적 사물 제시, 직접 경험 교육
- **사회화의 원리** : 집단 과정을 통한 협력적이고 우호적인 공동학습을 통한 사회화
- **통합화의 원리** : 특정 부분 발전이 아니라 종합적으로 지도하는 원리, 교재적 통합과 인격적 통합으로 구분
- **목적의 원리** : 학습 목표를 분명하게 인식시켜 적극적인 학습 활동에 참여 유발
- **과학성의 원리** : 자연, 사회 기초지식 등을 지도하여 논리적 사고력을 발달시키는 것이 목표
- **자연성의 원리** : 자유로운 분위기를 존중하며 압박감이나 구속감을 주지 않는다.

05 안전교육의 단계에 있어 교육대상자가 스스로 행함으로써 습득하게 하는 교육은?

① 의식교육
② 기능교육
③ 지식교육
④ 태도교육

해설 ▶ 안전보건교육 3단계
- **지식교육** : 기초지식 주입, 광범위한 지식의 습득 및 전달
- **기능교육** : 교육자가 스스로 행함, 경험과 적응, 전문적 기술 기능, 작업능력 및 기술능력부여, 작업동작의 표준화, 교육기간의 장기화, 대규모 인원에 대한 교육 곤란
- **태도교육** : 습관 형성, 안전의식 향상, 안전책임감 주입

06 타인의 비판 없이 자유로운 토론을 통하여 다량의 독창적인 아이디어를 이끌어내고, 대안적 해결안을 찾기 위한 집단적 사고기법은?

① Role playing
② Brain storming
③ Action playing
④ Fish Bowl playing

해설 ▶ 브레인스토밍 : 핵심은 아이디어의 발상 및 창작 과정에서 '좋다' 혹은 '나쁘다' 같은 아이디어의 수준을 판단하지 않고 최대한 많은 아이디어를 얻는 것으로, 어떤 생각이라도 자유롭게 말하는 '두뇌 폭풍'을 통해 창의적인 아이디어를 창출하는 것이 목표이다. 4가지의 원칙은 비판금지, 대량발언, 수정발언, 자유발언이다.

07 강도율 7인 사업장에서 한 작업자가 평생 동안 작업을 한다면 산업재해로 인한 근로손실일수는 며칠로 예상되는가? (단, 이 사업장의 연근로시간과 한 작업자의 평생근로시간은 100000시간으로 가정한다.)

① 500　　② 600
③ 700　　④ 800

해설 강도율 $= \dfrac{\text{총요양근로손실일수}}{\text{연근로시간수}} \times 1000$

08 산업안전보건법령상 유해·위험 방지를 위한 방호 조치가 필요한 기계·기구가 아닌 것은?

① 예초기　　② 지게차
③ 금속절단기　　④ 금속탐지기

해설 ▶ 유해·위험 방지를 위한 방호조치가 필요한 기계·기구
- 예초기
- 원심기
- 공기압축기
- 금속절단기
- 지게차
- 포장기계(진공포장기, 래핑기로 한정한다)

해설
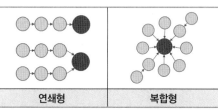

연쇄형	복합형

- **단순자극형** : 순간적으로 재해가 발생하는 유형으로 재해 발생 장소나 시점 등 일시적으로 요인이 집중되는 형태
- **연쇄형** : 원인들이 연쇄적 작용을 일으켜 결국 재해를 발생케 하는 형태
- **복합형** : 단순자극형과 연쇄형의 혼합형으로 대부분의 재해가 이 형태를 따른다.

09 산업안전보건법령상 안전보건표지의 색채와 사용 사례의 연결로 틀린 것은?

① 노란색 – 화학물질 취급장소에서의 유해·위험 경고 이외의 위험경고
② 파란색 – 특정 행위의 지시 및 사실의 고지
③ 빨간색 – 화학물질 취급장소에서의 유해·위험 경고
④ 녹색 – 정지신호, 소화설비 및 그 장소, 유해행위의 금지

해설 ④ 녹색 – 비상구 및 피난소, 사람 또는 차량의 통행표지
빨간색 – 정지신호, 소화설비 및 그 장소, 유해행위의 금지

11 생체리듬의 변화에 대한 설명으로 틀린 것은?

① 야간에는 체중이 감소한다.
② 야간에는 말초운동 기능이 증가된다.
③ 체온, 혈압, 맥박수는 주간에 상승하고 야간에 감소한다.
④ 혈액의 수분과 염분량은 주간에 감소하고 야간에 상승한다.

해설 ▶ 생체리듬의 변화
- **주간 감소, 야간 증가** : 혈액의 수분, 염분량
- **주간 상승, 야간 감소** : 체온, 혈압, 맥박수
- 특히 야간에는 체중 감소, 소화불량, 말초신경기능 저하, 피로의 자각증상 증대 등의 현상이 나타난다.

10 재해의 발생형태 중 다음 그림이 나타내는 것은?

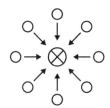

① 단순연쇄형　　② 복합연쇄형
③ 단순자극형　　④ 복합형

12 무재해 운동을 추진하기 위한 조직의 세 기둥으로 볼 수 없는 것은?

① 최고경영자의 경영자세
② 소집단 자주활동의 활성화
③ 전 종업원의 안전요원화
④ 라인관리자에 의한 안전보건의 추진

해설 ▶ 무재해운동의 3기둥(요소)
- 최고경영자의 엄격한 안전경영자세
- 안전활동의 라인화(라인화 철저)
- 직장 자주 안전활동의 활성화

13 안전인증 절연장갑에 안전인증 표시 외에 추가로 표시하여야 하는 등급별 색상의 연결로 옳은 것은? (단, 고용노동부 고시를 기준으로 한다.)

① 00등급 : 갈색 ② 0등급 : 흰색

③ 1등급 : 노란색 ④ 2등급 : 빨간색

해설 ▶ **절연장갑의 등급별 색상**

등급	색상	등급	색상
00	갈색	2	노란색
0	빨간색	3	녹색
1	흰색	4	등색

14 안전교육방법 중 구안법(Project Method)의 4단계의 순서로 옳은 것은?

① 계획수립 → 목적결정 → 활동 → 평가

② 평가 → 계획수립 → 목적결정 → 활동

③ 목적결정 → 계획수립 → 활동 → 평가

④ 활동 → 계획수립 → 목적결정 → 평가

해설 ▶ **교육실행 순서**

과제에 대한 목표결정 → 계획수립 → 활동 시킨다 → 행동 → 평가

15 산업안전보건법령상 사업 내 안전보건교육 중 관리 감독자 정기교육의 내용이 아닌 것은?

① 유해·위험 작업환경 관리에 관한 사항

② 표준안전작업방법 및 지도 요령에 관한 사항

③ 작업공정의 유해·위험과 재해 예방대책에 관한 사항

④ 기계·기구의 위험성과 작업의 순서 및 동선에 관한 사항

해설 ▶ **관리감독자 정기 안전보건교육**
- 산업안전 및 사고 예방에 관한 사항
- 산업보건 및 직업병 예방에 관한 사항
- 유해·위험 작업환경 관리에 관한 사항
- 산업안전보건법령 및 산업재해보상보험 제도에 관한 사항

- 직무스트레스 예방 및 관리에 관한 사항
- 직장 내 괴롭힘, 고객의 폭언 등으로 인한 건강장해 예방 및 관리에 관한 사항
- 작업공정의 유해·위험과 재해 예방대책에 관한 사항
- 표준안전 작업방법 및 지도 요령에 관한 사항
- 관리감독자의 역할과 임무에 관한 사항
- 안전보건교육 능력 배양에 관한 사항

16 라인(Line)형 안전관리 조직의 특징으로 옳은 것은?

① 안전에 관한 기술의 축적이 용이하다.

② 안전에 관한 지시나 조치가 신속하다.

③ 조직원 전원을 자율적으로 안전활동에 참여 시킬 수 있다.

④ 권한 다툼이나 조정 때문에 통제수속이 복잡해지며, 시간과 노력이 소모된다.

해설 ▶ **라인형 조직**

장점	• 안전에 대한 지시 및 전달이 신속·용이하다. • 명령계통이 간단·명료하다. • 참모식보다 경제적이다.
단점	• 안전에 관한 전문지식 부족 및 기술의 축적이 미흡하다. • 안전정보 및 신기술 개발이 어렵다. • 라인에 과중한 책임이 물린다.

17 레빈(Lewin)의 인간 행동 특성을 다음과 같이 표현하였다. 변수 'P'가 의미하는 것은?

$$B = f(P \cdot E)$$

① 행동 ② 소질

③ 환경 ④ 함수

해설

$$B = f(P \cdot E)$$

- B : Behavior(인간의 행동)
- f : function(함수관계) $P \cdot E$에 영향을 줄 수 있는 조건
- P : Person(연령, 경험, 심신상태, 성격, 지능, 소질 등)
- E : Environment(심리적 환경 – 인간관계, 작업환경, 설비적 결함 등)

정답 13 ① 14 ③ 15 ④ 16 ② 17 ②

18 Y-K(Yutaka – Kohate) 성격검사에 관한 사항으로 옳은 것은?

① C,C형은 적응이 빠르다.

② M,M형은 내구성, 집념이 부족하다.

③ S,S형은 담력, 자신감이 강하다

④ P,P형은 운동, 결단이 빠르다.

해설 ▶ **C,C형 : 담즙질**
- 운동, 결단, 기민 빠름
- 적응 빠름
- 세심하지 않음
- 내구, 집념 부족
- 자신감 강함

19 재해예방의 4원칙이 아닌 것은?

① 손실우연의 원칙   ② 사전준비의 원칙

③ 원인계기의 원칙   ④ 대책선정의 원칙

해설 ▶ **재해예방 4원칙**
- **예방 가능의 원칙** : 천재지변을 제외한 모든 인재는 예방이 가능하다.
- **손실 우연의 원칙** : 사고의 결과 손실의 유무 또는 대소는 사고 당시의 조건에 따라서 우연적으로 발생한다.
- **원인 연계의 원칙** : 사고에는 반드시 원인이 있고 원인은 대부분 연계 원인이다.
- **대책 선정의 원칙** : 사고의 원인이나 불안전 요소가 발견되면 반드시 대책은 실시되어야 하고, 대책 선정이 가능하다. 대책에는 재해 방지의 세 기둥이라 할 수 있는 3E, 즉 기술적 대책, 교육적 대책, 규제적 대책을 들 수 있다.

20 재해의 발생확률은 개인적 특성이 아니라 그 사람이 종사하는 작업의 위험성에 기초한다는 이론은?

① 암시설   ② 경향설

③ 미숙설   ④ 기회설

해설
- **기회설** : 개인의 문제가 아니라 작업 자체에 위험성이 많기 때문 → 교육훈련실시 및 작업환경개선대책
- **경향설** : 개인이 가지고 있는 소질이 재해를 일으킨다는 설
- **암시설** : 재해를 당한 경험이 있어서 재해를 빈발한다는 설(슬럼프)

2과목 인간공학 및 시스템안전공학

21 신호검출이론(SDT)의 판정결과 중 신호가 없었는데도 있었다고 말하는 경우는?

① 긍정(hit)

② 누락(miss)

③ 허위(false alarm)

④ 부정(correct rejection)

해설
- **신호의 정확한 판정**(Hit) : 신호가 나타났을 때 신호라고 판정 P(S/S)
- **허위경보**(False Alarm) : 잡음을 신호로 판정P(S/N)
- **신호검출실패**(Miss) : 신호가 나타났어도 잡음으로 판정P(N/S)
- **잡음을 제대로 판정**(Correct Noise) : 잡음만 있을 때 잡음으로 판정P(N/N)

22 촉감의 일반적인 척도의 하나인 2점 문턱값(two-point Threshold)이 감소하는 순서대로 나열된 것은?

① 손가락 → 손바닥 → 손가락 끝

② 손바닥 → 손가락 → 손가락 끝

③ 손가락 끝 → 손가락 → 손바닥

④ 손가락 끝 → 손바닥 → 손가락

해설 ▶ **문턱값** : 감지 가능한 가장 작은 자극의 크기
손바닥 → 손가락 → 손가락 끝

23 시스템 안전분석 방법 중 HAZOP에서 "완전대체"를 의미하는 것은?

① NOT

② REVERSE

③ PART OF

④ OTHER THAN

해설 • NO 혹은 NOT : 설계 의도의 완전한 부정
• MORE LESS : 양의 증가 혹은 감소(정량적)
• AS WELL AS : 성질상의 증가(정성적 증가)
• PART OF : 성질상의 감소(정성적 감소)
• REVERSE : 설계 의도의 논리적인 역(설계의도와 반대 현상)
• OTHER THAN : 완전한 대체의 필요

24 어느 부품 1000개를 100000시간 동안 가동하였을 때 5개의 불량품이 발생하였을 경우 평균 동작시간(MTTF)은?

① 1×10^6시간

② 2×10^7시간

③ 1×10^8시간

④ 2×10^9시간

해설 $1000 \times 100000 / 5$

25 신체활동의 생리학적 측정법 중 전신의 육체적인 활동을 측정하는 데 가장 적합한 방법은?

① Flicker 측정

② 산소 소비량 측정

③ 근전도(EMG) 측정

④ 피부전기반사(GSR) 측정

해설 ① Flicker 측정 → 정신
③ 근전도(EMG) 측정 → 국부육체활동
④ 피부전기반사(GSR) 측정 → 정신적인 활동

26 산업안전보건법령상 유해위험방지계획서의 제출대상 제조업은 전기 계약 용량이 얼마 이상인 경우에 해당되는가? (단, 기타 예외사항은 제외한다)

① 50[kW]

② 100[kW]

③ 200[kW]

④ 300[kW]

해설 유해위험방지계획서 제출대상은 전기 계약용량이 300[kW] 이상인 경우이다.

27 인간–기계 시스템에서 시스템의 설계를 다음과 같이 구분할 때 제3단계인 기본설계에 해당되지 않는 것은?

| 1단계 : 시스템의 목표와 성능 명세 결정 |
| 2단계 : 시스템의 정의 |
| 3단계 : 기본설계 |
| 4단계 : 인터페이스 설계 |
| 5단계 : 보조물 설계 |
| 6단계 : 시험 및 평가 |

① 화면 설계

② 작업 설계

③ 직무 분석

④ 기능 할당

해설 ➤ 인간-기계 시스템 설계
- **제1단계** : 목표 및 성능명세 결정 – 시스템 설계 전 그 목적이나 존재 이유가 있어야 한다(인간 요소적인 면, 신체의 역학적 특성 및 인체특정학적 요소 고려).
- **제2단계** : 시스템(체계)의 정의 – 목적을 달성하기 위한 특정한 기본기능들이 수행되어야 한다.
- **제3단계** : 기본설계 : 시스템의 형태를 갖추기 시작하는 단계(직무분석, 작업설계, 기능할당)
- **제4단계** : 계면(인터페이스) 설계 – 사용자 편의와 시스템 성능
- **제5단계** : 촉진물(보조물) 설계 – 인간의 성능을 촉진시킬 보조물 설계
- **제6단계** : 시험 및 평가 – 시스템 개발과 관련된 평가와 인간적인 요소 평가 실시

해설		
적절성	기준이 의도된 목적에 접합하다고 판단되는 정도	
무오염성	측정하고자 하는 변수외의 영향이 없어야 함	
기준척도의 신뢰성	반복성을 통한 측도의 신뢰성이 있어야 함	
민감도	피실험자 사이에서 볼 수 있는 예상 차이점에 비례하는 단위로 측정해야 한다.	

28 결함수분석법에서 Path set에 관한 설명으로 옳은 것은?

① 시스템의 약점을 표현한 것이다.
② Top 사상을 발생시키는 조합이다.
③ 시스템이 고장나지 않도록 하는 사상의 조합이다.
④ 시스템 고장을 유발시키는 필요불가결한 기본사상들의 집합이다.

해설 ➤ 패스셋 : 그 안에 포함되는 모든 기본사상이 일어나지 않을 때 처음으로 정상사상이 일어나지 않는 기본사상의 집합 → 결함

30 FTA결과 다음과 같은 패스셋을 구하였다. 최소 패스셋(Minimal path sets)으로 옳은 것은?

> $\{X_2, X_3, X_4\}$
> $\{X_1, X_3, X_4\}$
> $\{X_3, X_4\}$

① $\{X_3, X_4\}$
② $\{X_1, X_3, X_4\}$
③ $\{X_2, X_3, X_4\}$
④ $\{X_2, X_3, X_4\}$와 $\{X_3, X_4\}$

해설 그 안에 포함되는 모든 기본사상이 일어나지 않을 때 처음으로 정상사상이 일어나지 않는 기본사상의 집합인 패스셋에서 필요 최소한의 것을 미니멀 패스셋이라 한다(시스템의 신뢰성을 나타냄).

29 연구 기준의 요건과 내용이 옳은 것은?

① 무오염성 : 실제로 의도하는 바와 부합해야 한다.
② 적절성 : 반복 실험 시 재현성이 있어야 한다.
③ 신뢰성 : 측정하고자 하는 변수 이외의 다른 변수의 영향을 받아서는 안 된다.
④ 민감도 : 피실험자 사이에서 볼 수 있는 예상 차이점에 비례하는 단위로 측정해야 한다.

31 인체측정에 대한 설명으로 옳은 것은?

① 인체측정은 동적측정과 정적측정이 있다.
② 인체측정학은 인체의 생화학적 특징을 다룬다.
③ 자세에 따른 인체지수의 변화는 없다고 가정한다.
④ 측정항목에 무게, 둘레, 두께, 길이는 포함되지 않는다.

해설		
	구조적 인체치수 (정적 인체계측)	• 신체를 고정시킨 자세에서 피측정자를 인체 측정기 등으로 측정 • 여러 가지 설계의 표준이 되는 기초적 치수 결정 • 마르틴 식 인체 계측기 사용 • 종류 – 골격치수 : 신체의 관절 사이를 측정 – 외곽치수 : 머리둘레, 허리둘레 등의 표면 치수 측정
	기능적 인체치수 (동적 인체계측)	• 동적 치수는 운전을 위해 핸들을 조작하 거나 브레이크를 밟는 행위 또는 물체 를 잡기위해 손을 뻗는 행위 등 움직이 는 신체의 자세로부터 측정 • 신체적 기능 수행 시 각 신체 부위는 독 립적으로 움직이는 것이 아니라, 부위별 특성이 조합되어 나타나기 때문에 정적 치수와 차별화 • 소마토그래피 : 신체적 기능 수행을 정 면도, 측면도, 평면도의 형태로 표현하 여 신체 부위별 상호작용을 보여주는 그림

32 실린더 블록에 사용하는 가스켓의 수명 분포는 $X \sim N$ (10000, 200^2)인 정규분포를 따른다. $t = 9600$ 시간일 경우에 신뢰도($R(t)$)는? (단, $P(Z \le 1)$= 0.8413, $P(Z \le 1.5)$=0.9332, $P(Z \le 2)$=0.9772, $P(Z \le 3)$=0.9987이다.)

① 84.13[%]

② 93.32[%]

③ 97.72[%]

④ 99.87[%]

해설 (사용−평균)/표준편차 = Z
(9600−10000)/200 = −2
0.9772 = 97.2[%]

33 다음 중 열 중독증(heat illness)의 강도를 올바르게 나열한 것은?

ⓐ 열소모(heat exhaustion)
ⓑ 열발진(heat rash)
ⓒ 열경련(heat cramp)
ⓓ 열사병(heat stroke)

① ⓒ < ⓑ < ⓐ < ⓓ

② ⓒ < ⓑ < ⓓ < ⓐ

③ ⓑ < ⓒ < ⓐ < ⓓ

④ ⓑ < ⓓ < ⓐ < ⓒ

해설 열발진 → 열경련 → 열소모 → 열사병

34 사무실 의자나 책상에 적용할 인체 측정 자료의 설계 원칙으로 가장 적합한 것은?

① 평균치 설계

② 조절식 설계

③ 최대치 설계

④ 최소치 설계

해설 ② 사무실 의자의 높낮이 조절, 자동차 좌석의 전후 조절 등
• 장비나 설비의 설계에 있어 때로는 여러 사람이 사용 가능하도록 조절식으로 하는 것이 바람직한 경우도 있다.

35 암호체계의 사용 시 고려해야 될 사항과 거리가 먼 것은?

① 정보를 암호화한 자극은 검출이 가능하여야 한다.

② 다차원의 암호보다 단일 차원화된 암호가 정보 전달이 촉진된다.

③ 암호를 사용할 때는 사용자가 그 뜻을 분명히 알 수 있어야 한다

④ 모든 암호 표시는 감지장치에 의해 검출될 수 있고, 다른 암호 표시와 구별될 수 있어야 한다.

해설 ▶ **암호체계 사용 시 고려사항**
- 암호의 검출성
- 암호의 변별성
- 부호의 양립성
- 부호의 의미
- 암호의 표준화
- 다차원 암호의 사용

36 결함수분석의 기호 중 입력사상이 어느 하나라도 발생할 경우 출력사상이 발생하는 것은?

① NOR GATE ② AND GATE
③ OR GATE ④ NAND GATE

해설 • **OR GATE** : 하위의 사건중 하나라도 만족하면 출력사상이 발생하는 논리 게이트
- **AND GATE** : 하위의 사건이 모두 만족하는 경우 출력사상이 발생하는 논리게이트

37 가스밸브를 잠그는 것을 잊어 사고가 발생했다면 작업자는 어떤 인적 오류를 범한 것인가?

① 생략 오류(omission error)
② 시간지연 오류(time error)
③ 순서 오류(sequential error)
④ 작위적 오류(commission error)

해설 ▶ **인적 오류**(휴먼 에러) – 심리적 분류
- **생략오류(omission error)** : 절차를 생략해 발생하는 오류
- **시간오류(time error)** : 절차의 수행지연에 의한 오류
- **작위오류(commission error)** : 절차의 불확실한 수행에 의한 오류
- **순서오류(sequential error)** : 절차의 순서착오에 의한 오류
- **과잉행동오류(extraneous error)** : 불필요한 작업/절차에 의한 오류

38 어떤 소리가 1000[Hz], 60[dB]인 음과 같은 높이임에도 4배 더 크게 들린다며, 이 소리의 음압수준은 얼마인가?

① 70[dB] ② 80[dB]
③ 90[dB] ④ 100[dB]

해설 소음이 2배일 경우 10[dB] 증가, 소음 4배의 경우 20[dB] 증가
60[dB] + 20[dB] = 80[dB]

39 시스템 안전분석 방법 중 예비위험분석(PHA)단계에서 식별하는 4가지 범주에 속하지 않는 것은?

① 위기상태 ② 무시가능상태
③ 파국적상태 ④ 예비조처상태

해설 ▶ **재해 심각도 분류**

범주 I	파국적 (대재앙)	인원의 사망 또는 중상, 또는 완전한 시스템 손실
범주 II	위험 (심각한)	인원의 상해 또는 중대한 시스템의 손상으로 인원이나 시스템 생존을 위해 즉시 시정 조치 필요
범주 III	한계적 (경미한)	인원의 상해 또는 중대한 시스템의 손상 없이 배제 또는 제어 가능
범주 IV	무시 (무시할만한)	인원의 손상이나 시스템의 손상은 초래하지 않는다.

40 다음은 불꽃놀이용 화학물질취급설비에 대한 정량적 평가이다. 해당 항목에 대한 위험등급이 올바르게 연결된 것은?

항목	A (10점)	B (5점)	C (2점)	D (0점)
취급물질	○	○	○	
조작		○		○
화학설비의 용량	○		○	
온도	○	○		
압력		○	○	○

36 ③ 37 ① 38 ② 39 ④ 40 ④ **정답**

① 취급물질 – Ⅰ등급, 화학설비의 용량 – Ⅰ등급

② 온도 – Ⅰ등급, 화학설비의 용량 – Ⅱ등급

③ 취급물질 – Ⅰ등급, 조작 – Ⅳ등급

④ 온도 – Ⅱ등급, 압력 – Ⅲ등급

> **해설** • **위험등급 Ⅰ** : 합산점수 16점 이상
> • **위험등급 Ⅱ** : 합산점수 15점 이하
> • **위험등급 Ⅲ** : 합산점수 10점 이하

3과목 기계위험방지기술

41 다음 중 프레스 방호장치에서 게이트 가드식 방호 장치의 종류를 작동방식에 따라 분류할 때 가장 거리가 먼 것은?

① 경사식   ② 하강식

③ 도립식   ④ 횡슬라이드식

> **해설** 가드식 안전장치는 게이트가 하강식, 상승식, 도입식, 횡 슬라이드식 등이 있으며 작업조건에 따라서 게이트의 작동을 선정하여야 한다.

42 선반작업의 안전수칙으로 가장 거리가 먼 것은?

① 기계에 주유 및 청소를 할 때에는 저속회전에서 한다.

② 일반적으로 가공물의 길이가 지름의 12배 이상 일 때는 방진구를 사용하여 선반작업을 한다.

③ 바이트는 가급적 짧게 설치한다.

④ 면장갑을 사용하지 않는다.

> **해설** ① 기계에 주유 및 청소를 할 때에는 기계 정지 후 한다.

43 다음 중 보일러 운전 시 안전수칙으로 가장 적절하지 않은 것은?

① 가동 중인 보일러에는 작업자가 항상 정위치를 떠나지 아니할 것

② 보일러의 각종 부속장치의 누설상태를 점검할 것

③ 압력방출장치는 매 7년마다 정기적으로 작동시험을 할 것

④ 노 내의 환기 및 통풍장치를 점검할 것

> **해설** ③ 압력방출장치는 1년에 1회 이상 표준압력계를 이용하여 토출압력을 시험한 후 납으로 봉인하여 사용할 것

44 산업안전보건법령상 크레인에서 권과방지장치의 달기구 윗면이 권상장치의 아랫면과 접촉할 우려가 있는 경우 최소 몇 [m] 이상 간격이 되도록 조정하여야 하는가? (단, 직동식 권과방지장치의 경우는 제외)

① 0.1   ② 0.15

③ 0.25   ④ 0.3

> **해설** 양중기에 대한 권과방지장치는 훅·버킷 등 달기구의 윗면(그 달기구에 권상용 도르래가 설치된 경우에는 권상용 도르래의 윗면)이 드럼, 상부 도르래, 트롤리프레임 등 권상장치의 아랫면과 접촉할 우려가 있는 경우에 그 간격이 0.25[m] 이상[직동식(直動式) 권과방지장치는 0.05[m] 이상으로 한다]이 되도록 조정하여야 한다. (안전보건규칙 제134조 제2항)

45 슬라이드가 내려옴에 따라 손을 쳐내는 막대가 좌우로 왕복하면서 위험한계에 있는 손을 보호하는 프레스 방호장치는?

① 수인식   ② 게이트 가드식

③ 반발예방장치   ④ 손쳐내기식

정답   41 ①   42 ①   43 ③   44 ③   45 ④

해설 ④ **손쳐내기식** : 기계가 작동할 때 레버나 링크 혹은 캠으로 연결된 제수봉이 위험구역의 전면에 있는 작업자의 손을 우에서 좌, 좌에서 우로 쳐내는 것을 말한다.
① **수인식** : 작업자의 손과 기계의 운동부분을 케이블이나 로프로 연결하고 기계의 위험한 작동에 따라서 손을 위험구역 밖으로 끌어내는 장치
② **게이트가드식** : 기계를 작동하려면 우선 게이트(문)가 위험점을 폐쇄하여야 비로소 기계가 작동되록 한 장치
③ **반발예방장치** : 안전덮개

46 산업안전보건법령상 로봇을 운전하는 경우 근로자가 로봇에 부딪칠 위험이 있을 때 높이는 최소 얼마 이상의 울타리를 설치하여야 하는가? (단, 로봇의 가동범위 등을 고려하여 높이로 인한 위험성이 없는 경우는 제외)

① 0.9[m]
② 1.2[m]
③ 1.5[m]
④ 1.8[m]

해설 근로자에게 발생할 수 있는 부상 등의 위험을 방지하기 위하여 높이 1.8[m] 이상의 울타리(로봇의 가동범위 등을 고려하여 높이로 인한 위험성이 없는 경우에는 높이를 그 이하로 조절할 수 있다)를 설치하여야 한다.

47 일반적으로 전류가 과대하고, 용접속도가 너무 빠르며, 아크를 짧게 유지하기 어려운 경우 모재 및 용접부의 일부가 녹아서 홈 또는 오목한 부분이 생기는 용접부 결함은?

① 잔류응력
② 융합불량
③ 기공
④ 언더컷

해설 언더컷은 홈 또는 오목한 부분이다.

48 산업안전보건법령상 승강기의 종류로 옳지 않은 것은?

① 승객용 엘리베이터
② 리프트
③ 화물용 엘리베이터
④ 승객화물용 엘리베이터

해설 ② 리프트는 승강기의 종류가 아니다.

49 다음 중 선반의 방호장치로 가장 거리가 먼 것은?

① 실드(Shield)
② 슬라이딩
③ 척 커버
④ 칩 브레이커

해설 선반의 방호장치로는 실드, 척 커버, 칩 브레이커가 있다.

50 산업안전보건법령상 목재가공용 둥근톱 작업에서 분할날과 톱날 원주면과의 간격은 최대 얼마 이내가 되도록 조정하는가?

① 10[mm]
② 12[mm]
③ 14[mm]
④ 16[mm]

해설 분할날(dividing knife)이 대면하는 둥근톱날의 원주면과의 거리는 12[mm] 이내가 되도록 하여야 한다.

51 기계설비에서 기계 고장률의 기본 모형으로 옳지 않은 것은?

① 조립 고장
② 초기 고장
③ 우발 고장
④ 마모 고장

해설 고장률의 기본 모형으로는 초기, 우발, 마모고장이 있다.

46 ④　47 ④　48 ②　49 ②　50 ②　51 ①　**정답**

52 산업안전보건법령상 화물의 낙하에 의해 운전자가 위험을 미칠 경우 지게차의 헤드가드(head guard)는 지게차의 최대하중의 몇 배가 되는 등분포정하중에 견디는 강도를 가져야 하는가? (단, 4[t]을 넘는 값은 제외)

① 1배　　　　② 1.5배
③ 2배　　　　④ 3배

해설 강도는 지게차의 최대하중의 2배 값(4[t]을 넘는 값에 대해서는 4[t]으로 한다)의 등분포정하중(等分布靜荷重)에 견딜 수 있을 것

53 다음 중 컨베이어의 안전장치로 옳지 않은 것은?

① 비상정지장치
② 반발예방장치
③ 역회전방지장치
④ 이탈방지장치

해설 ② 반발예방장치는 둥근톱, 빠른 속도로 도는 물체이다.

54 크레인에 돌발 상황이 발생한 경우 안전을 유지하기 위하여 모든 전원을 차단하여 크레인을 급정지시키는 방호장치는?

① 호이스트
② 이탈방지장치
③ 비상정지장치
④ 아우트리거

해설 비상정지장치는 비상시에 즉시 컨베이어 등의 운전을 정지시킬 수 있는 장치이다.

55 산업안전보건법령상 프레스 등을 사용하여 작업을 할 때에 작업시작 전 점검사항으로 가장 거리가 먼 것은?

① 압력방출장치의 기능
② 클러치 및 브레이크의 기능
③ 프레스의 금형 및 고정볼트 상태
④ 1행정 1정지기구·급정지장치 및 비상정지장치의 기능

해설 ▶ 프레스 등 작업 전 점검사항
• 클러치 및 브레이크의 기능
• 크랭크축·플라이휠·슬라이드·연결봉 및 연결 나사의 풀림 여부
• 1행정 1정지기구·급정지장치 및 비상정지장치의 기능
• 슬라이드 또는 칼날에 의한 위험방지 기구의 기능
• 프레스의 금형 및 고정볼트 상태
• 방호장치의 기능
• 전단기(剪斷機)의 칼날 및 테이블의 상태

56 산업안전보건법령상 롤러기의 방호장치 중 롤러의 앞면 표면 속도가 30[m/min] 이상일 때 무부하 동작에서 급정지거리는?

① 앞면 롤러 원주의 1/2.5 이내
② 앞면 롤러 원주의 1/3 이내
③ 앞면 롤러 원주의 1/3.5 이내
④ 앞면 롤러 원주의 1/5.5 이내

앞면롤의 표면속도[m/min]	급정지거리
30 미만	앞면 롤 원주의 1/3
30 이상	앞면 롤 원주의 1/2.5

57 극한하중이 600[N]인 체인에 안전계수가 4일 때 체인의 정격하중[N]은?

① 130　　　　② 140
③ 150　　　　④ 160

정답　52 ③　53 ②　54 ③　55 ①　56 ①　57 ③

해설 정격하중 = 극한하중/안전계수
= 600/4

58 연삭작업에서 숫돌의 파괴원인으로 가장 적절하지 않은 것은?

① 숫돌의 회전속도가 너무 빠를 때
② 연삭작업 시 숫돌의 정면을 사용할 때
③ 숫돌에 큰 충격을 줬을 때
④ 숫돌의 회전중심이 제대로 잡히지 않았을 때

해설 ◎ **연삭숫돌의 파괴 원인**
• 숫돌의 속도가 너무 빠를 때
• 숫돌에 균열이 있을 때
• 플랜지가 현저히 작을 때
• 숫돌의 치수(특히 구멍지름)가 부적당할 때
• 숫돌에 과대한 충격을 줄 때
• 작업에 부적당한 숫돌을 사용할 때
• 숫돌의 불균형이나 베어링의 마모에 의한 진동이 있을 때
• 숫돌의 측면을 사용할 때
• 반지름방향의 온도변화가 심할 때

59 산업안전보건법령상 용접장치의 안전에 관한 준수사항으로 옳은 것은?

① 아세틸렌 용접장치의 발생기실을 옥외에 설치한 경우에는 그 개구부를 다른 건축물로부터 1[m] 이상 떨어지도록 하여야 한다.
② 가스집합장치로부터 7[m] 이내의 장소에서는 화기의 사용을 금지시킨다.
③ 아세틸렌 발생기에서 10[m] 이내 또는 발생기실에서 4[m] 이내의 장소에서는 화기의 사용을 금지시킨다.
④ 아세틸렌 용접장치를 사용하여 용접작업을 할 경우 게이지 압력이 127[kPa]을 초과하는 압력의 아세틸렌을 발생시켜 사용해서는 아니 된다.

해설 ① 발생기실을 옥외에 설치한 경우에는 그 개구부를 다른 건축물로부터 1.5[m] 이상 떨어지도록 하여야 한다.
② 가스집합장치에 대해서는 화기를 사용하는 설비로부터 5[m] 이상 떨어진 장소에 설치하여야 한다.
③ 발생기에서 5[m] 이내 또는 발생기실에서 3[m] 이내의 장소에서는 흡연, 화기의 사용 또는 불꽃이 발생할 위험한 행위를 금지시킬 것

60 500[rpm]으로 회전하는 연삭숫돌의 지름이 300[mm]일 때 원주속도[m/min]는?

① 약 748
② 약 650
③ 약 532
④ 약 471

해설 원주속도 $= \pi \times D \times n$
(D : 숫돌의 직경[m], n : 회전수[rpm])
원주속도 $= 3.14 \times 0.3 \times 500$

4과목 **전기위험방지기술**

61 전기시설의 직접 접촉에 의한 감전방지 방법으로 적절하지 않은 것은?

① 충전부는 내구성이 있는 절연물로 완전히 덮어 감쌀 것
② 충전부가 노출되지 않도록 폐쇄형 외함이 있는 구조로 할 것
③ 충전부에 충분한 절연효과가 있는 방호망 또는 절연 덮개를 설치할 것
④ 충전부는 출입이 용이한 전개된 장소에 설치하고, 위험표시 등의 방법으로 방호를 강화할 것

해설 ④ 충전부는 출입이 용이하지 않아야 한다.

62 심실세동을 일으키는 위험한계 에너지는 약 몇 [J] 인가? (단, 심실세동전류 $I = \dfrac{165}{\sqrt{T}}$ [mA], 인체의 전기저항 $R = 800[\Omega]$, 통전시간 $T = 1$초이다.)

① 12   ② 22

③ 32   ④ 42

> **해설** • 심실세동전류 = $165/\sqrt{1}$ = 165[mA] = 0.165[A]
> • 에너지 = 전압×전류, 전압 = 전류×저항
> • 에너지 = 전류²×저항
>   = $0.165^2 × 800$

63 전기기계·기구에 설치되어 있는 감전방지용 누전차단기의 정격감도전류 및 작동시간으로 옳은 것은? (단, 정격전부하전류가 50[A] 미만이다.)

① 15[mA] 이하, 0.1초 이내

② 30[mA] 이하, 0.03초 이내

③ 50[mA] 이하, 0.5초 이내

④ 100[mA] 이하, 0.05초 이내

> **해설** 누전차단기와 접속된 각각의 기계기구에 대하여 정격감도전류 30[mA] 이하이며 동작시간은 0.03초 이내일 것

64 피뢰레벨에 따른 회전구체 반경이 틀린 것은?

① 피뢰레벨 Ⅰ : 20[m]

② 피뢰레벨 Ⅱ : 30[m]

③ 피뢰레벨 Ⅲ : 50[m]

④ 피뢰레벨 Ⅳ : 60[m]

> **해설** ③ 피뢰레벨 Ⅲ : 45[m]

65 지락사고 시 1초를 초과하고 2초 이내에 고압전로를 자동차단하는 장치가 설치되어 있는 고압전로에 제2종 접지공사를 하였다. 접지저항은 몇 [Ω] 이하로 유지해야 하는가? (단, 변압기의 고압측 전로의 1선 지락전류는 10[A]이다.)

① 10[Ω]   ② 20[Ω]

③ 30[Ω]   ④ 40[Ω]

> **해설** 출제 당시에는 정답이 ③이었으나 2021년 개정되어 정답 없음

66 우리나라의 안전전압으로 볼 수 있는 것은 약 몇 [V]인가?

① 30   ② 50

③ 60   ④ 70

> **해설** 우리나라의 안전전압은 30[V]

67 산업안전보건기준에 관한 규칙에 따라 누전에 의한 감전의 위험을 방지하기 위하여 접지를 하여야 하는 대상의 기준으로 틀린 것은? (단, 예외조건은 고려하지 않는다.)

① 전기기계·기구의 금속제 외함

② 고압 이상의 전기를 사용하는 전기기계·기구 주변의 금속제 칸막이

③ 고정배선에 접속된 전기기계·기구 중 사용전압이 대지 전압 100[V]를 넘는 비충전 금속체

④ 코드와 플러그를 접속하여 사용하는 전기기계·기구 중 휴대형 전동기계·기구의 노출된 비충전 금속체

정답   62 ②   63 ②   64 ③   65 정답 없음   66 ①   67 ③

해설 ③ 고정배선에 접속된 전기기계·기구 중 사용전압이 대지 전압 150[V]를 넘는 비충전 금속체

해설 용접장치의 무부하 전압은 보통 60~90[V]이다. 자동전격방지장치를 사용하게 되면 25[V] 이하로 저하시켜 용접기 무부하 시에 작업자가 용접봉과 모재 사이에 접촉함으로 발생하는 감전 위험을 방지한다.

68 정전유도를 받고 있는 접지되어 있지 않은 도전성 물체에 접촉한 경우 전격을 당하게 되는데 이때 물체에 유도된 전압 $V[V]$를 옳게 나타낸 것은? (단, E는 송전선의 대지전압, C_1은 송전선과 물체 사이의 정전용량, C_2는 물체와 대지 사이의 정전용량이며, 물체와 대지 사이의 저항은 무시한다.)

① $V = \dfrac{C_1}{C_1 + C_2} \times E$

② $V = \dfrac{C_1 + C_2}{C_1} \times E$

③ $V = \dfrac{C_1}{C_1 \times C_2} \times E$

④ $V = \dfrac{C_1 \times C_2}{C_1} \times E$

해설 송전선 – 물체 – 대지에서
송전선 – 물체 = C_1, 물체 – 대지 = C_2이다.
물체에서 대지로 넘어가기 전 송전선 – 물체구간의 유도전압 = (송전선 – 물체 정전용량)/전체정전용량 × 송전선의 대지전압(E)

69 교류 아크 용접기의 자동전격방지장치는 전격의 위험을 방지하기 위하여 아크 발생이 중단된 후 약 1초 이내에 출력 측 무부하 전압을 자동적으로 몇 [V] 이하로 저하시켜야 하는가?

① 85

② 70

③ 50

④ 25

70 정전기 발생에 영향을 주는 요인으로 가장 적절하지 않은 것은?

① 분리속도

② 물체의 질량

③ 접촉면적 및 압력

④ 물체의 표면상태

해설 정전기 발생에 영향을 주는 요인으로는 물체의 특성, 물체의 표면상태, 물질의 이력, 접촉면적 및 압력, 분리속도가 있다.

71 다음에서 설명하고 있는 방폭구조는?

전기기기의 정상 사용 조건 및 특정 비정상 상태에서 과도한 온도 상승, 아크 또는 스파크의 발생위험을 방지하기 위해 추가적인 안전 조치를 취한 것으로 Ex e라고 표시한다.

① 유입 방폭구조

② 압력 방폭구조

③ 내압 방폭구조

④ 안전증 방폭구조

해설 ① **유입 방폭구조**(o) : 아크 또는 고열을 발생하는 전기설비를 용기에 넣고 그 용기 안에 다시 기름을 채워서 외부의 폭발성 가스와 점화원이 접촉하여 인화할 위험이 없도록 하는 구조로 유입 개폐부분에는 가스를 빼내는 배기공을 설치하여야 한다.
② **압력 방폭구조**(p) : 용기 내부에 불연성 가스인 공기나 질소를 압입시켜 내부압력을 유지함으로써 외부의 폭발성 가스가 용기 내부에 침투하지 못하도록 한 구조로 용기 안의 압력을 항상 용기 외부의 압력보다 높게 해 두어야 한다.
③ **내압 방폭구조** : 전기설비에서 아크 또는 고열이 발생하여 폭발성 가스에 점화할 우려가 있는 부분을 전폐한 용기에 넣음으로써 폭발이 일어날 경우 이 용기가 압력에 견디고 외부의 폭발성 가스에 인화될 위험이 없도록 한 구조의 방폭구조이다.

72 KS C IEC 60079-6에 따른 유입방폭구조 "o" 방폭장비의 최소 IP 등급은?

① IP44   ② IP54

③ IP55   ④ IP66

> **해설** KS C IEC 60079-6에 따른 유입방폭구조에 따라 최소 IP66에 적합하다.

73 20[Ω]의 저항 중에 5[A]의 전류를 3분간 흘렸을 때의 발열량[cal]은?

① 4320   ② 90000

③ 21600   ④ 376560

> **해설** • 에너지 = 전압×전류, 전압 = 전류×저항
> • 에너지 = 저항×전류^2 = 20×5^2 = 500[J]
> • 일 = 열 = 500×3×60 = 90000
> • 열량으로 바꾸면
>   1칼로리 = 4.2[J]
>   90000/4.2

74 다음은 어떤 방전에 대한 설명인가?

> 정전기가 대전되어 있는 부도체에 접지체가 접근한 경우 대전물체와 접지체 사이에 발생하는 방전과 거의 동시에 부도체의 표면을 따라서 발생하는 나뭇가지 형태의 발광을 수반하는 방전

① 코로나 방전   ② 뇌상 방전

③ 연면 방전   ④ 불꽃 방전

> **해설** • **코로나 방전** : 국부적으로 전계가 집중되기 쉬운 돌기상 부분에서는 발광방전에 도달하기 전에 먼저 자속방전이 발생하고 다른 부분은 절연이 파괴되지 않은 상태의 방전이며 국부파괴(Paryial Breakdown) 상태이다(공기 중 O_3 발생).
> • **불꽃 방전** : 표면전하밀도가 아주 높게 축적되어 분극화된 절연판 표면 또는 도체가 대전되었을 때 접지된 도체 사이에서 발생하는 강한 발광과 파괴음을 수반하는 방전형태로 방전에너지가 아주 높다.

75 가연성 가스가 있는 곳에 저압 옥내전기설비를 금속관 공사에 의해 시설하고자 한다. 관 상호 간 또는 관과 전기기계·기구와는 몇 턱 이상 나사조임으로 접속하여야 하는가?

① 2턱   ② 3턱

③ 4턱   ④ 5턱

> **해설** 가연성 가스가 있는 곳에 저압 옥내전기설비를 금속관 공사에 의해 시설하고자 할 때는 관 상호 간 또는 관과 전기기계·기구와는 5턱 이상 나사조임으로 접속하여야 한다.

76 KS C IEC 60079-0에 따른 방폭기기에 대한 설명이다. 다음 빈칸에 들어갈 알맞은 용어는?

> (ⓐ)은 EPL로 표현되며 점화원이 될 수 있는 가능성에 기초하여 기기에 부여된 보호등급이다. EPL의 등급 중 (ⓑ)는 정상 작동, 예상된 오작동, 드문 오작동 중에 점화원이 될 수 없는 "매우 높은" 보호 등급의 기기이다.

① ⓐ Explosion Protection Level, ⓑ EPL Ga

② ⓐ Explosion Protection Level, ⓑ EPL Gc

③ ⓐ Equipment Protection Level, ⓑ EPL Ga

④ ⓐ Equipment Protection Level, ⓑ EPL Gc

> **해설** • **Ga** : 정상 작동, 예상된 오작동, 드문 오작동 중에 점화원이 될 수 없는 매우 높은 보호 등급의 기기
> • **Gb** : 정상 작동, 예상된 오작동 중에 점화원이 될 수 없는 높은 보호 등급의 기기
> • **Gc** : 정상작동 중에 점화원이 될 수 없고 정기적인 고장 발생시 점화원의 비활성 상태의 유지를 보장하기 위하여 추가적인 보호장치가 있을 수 있는 강화된 보호 등급의 기기

정답   72 ④   73 ③   74 ③   75 ④   76 ③

77 접지계통 분류에서 TN접지방식이 아닌 것은?

① TN-S 방식 ② TN-C 방식

③ TN-T 방식 ④ TN-C-S 방식

해설 • **T** : Earth 접지
 • **N** : Neutral 중성적인
 • **S** : Seperate 분리된
 • **C** : Combined 결합된
 • **I** : Isolated 절연
 • **TN계통** : TN-C, TN-C-S, TN-S
 그 외 TT 계통, IT 계통

78 접지공사의 종류에 따른 접지선(연동선)의 굵기 기준으로 옳은 것은?

① 제1종 : 공칭단면적 6[mm²] 이상

② 제2종 : 공칭단면적 12[mm²] 이상

③ 제3종 : 공칭단면적 5[mm²] 이상

④ 특별 제3종 : 공칭단면적 3.5[mm²] 이상

해설 출제 당시에는 정답이 ①이었으나 2021년 개정되어 정답 없음

79 최소 착화에너지가 0.26[mJ]인 가스에 정전용량이 100[pF]인 대전 물체로부터 정전기 방전에 의하여 착화할 수 있는 전압은 약 몇 [V]인가?

① 2240 ② 2260

③ 2280 ④ 2300

해설 $W = 1/2 \times C \times V^2$

$0.26 \times 10^{-3} = 1/2 \times 10^{-12} \times V^2$

$V = \sqrt{\dfrac{0.26 \times 10^{-3}}{\dfrac{1}{2} \times 10^{-12}}}$

단위에 주의!

80 누전차단기의 구성요소가 아닌 것은?

① 누전검출부 ② 영상변류기

③ 차단장치 ④ 전력퓨즈

해설 ▶ **누전차단기의 구성요소** : 영상변류기, 누전검출부, 트립코일, 차단장치 및 시험버튼

5과목 화학설비위험방지기술

81 액화 프로판 310[kg]을 내용적 50[L] 용기에 충전할 때 필요한 소요 용기의 수는 몇 개인가? (단, 액화 프로판의 가스정수는 2.35이다.)

① 15 ② 17

③ 19 ④ 21

해설 액화가스용기의 저장능력(W) $= \dfrac{V_2}{C}$

(V_2 : 내용적[L], C : 가스정수)

$\dfrac{50}{2.35} = 21.28$[kg], 용기 하나에 21.28[kg]을 충전할 수

있으므로, $\dfrac{310}{21.28} = 14.6$이다.

따라서 필요한 용기의 수는 15개이다.

82 다음 중 가연성 가스의 연소형태에 해당하는 것은?

① 분해연소 ② 증발연소

③ 표면연소 ④ 확산연소

해설 ▶ **가연성 가스의 연소형태**
 • **분해연소** : 가연성 가스가 공기와 혼합되어 연소
 • **증발연소** : 가열에 의해 발생한 가연성 증기가 연소
 • **표면연소** : 물질 그 자체가 연소
 • **확산연소** : 가연성 가스가 공기 중에 확산되어 연소

---

77 ③ 78 정답 없음 79 ③ 80 ④ 81 ① 82 ④ 정답

83 다음 중 산업안전보건법령상 위험물질의 종류에 있어 인화성 가스에 해당하지 않는 것은?

① 수소　　　　　　② 부탄
③ 에틸렌　　　　　④ 과산화수소

> **해설** ④ 과산화수소는 분류상 산화성 액체에 속한다.
> ▶ **인화성 가스**(안전보건규칙 별표 1)
> 수소, 아세틸렌, 에틸렌, 메탄, 에탄, 프로판, 부탄, 영 별표 13에 따른 인화성 가스

84 반응폭주 등 급격한 압력상승의 우려가 있는 경우에 설치하여야 하는 것은?

① 파열판　　　　　② 통기밸브
③ 체크밸브　　　　④ Flame arrester

> **해설** ▶ **파열판의 설치**(안전보건규칙 제262조)
> • 반응 폭주 등 급격한 압력 상승 우려가 있는 경우
> • 급성 독성물질의 누출로 인하여 주위의 작업환경을 오염시킬 우려가 있는 경우
> • 운전 중 안전밸브에 이상 물질이 누적되어 안전밸브가 작동되지 아니할 우려가 있는 경우

85 다음 중 응상폭발이 아닌 것은?

① 분해폭발
② 수증기폭발
③ 전선폭발
④ 고상 간의 전이에 의한 폭발

> **해설** • 응상폭발은 기상폭발(기체폭발)이 아닌 고체나 액체 폭발이며, 분해폭발은 기상폭발에 해당한다.
> • 전선폭발은 고체 상태에서 급속하게 액체 상태를 거쳐 기체 상태로 바뀔 때 일어나는 폭발이다.

86 가연성물질의 저장 시 산소농도를 일정한 값 이하로 낮추어 연소를 방지할 수 있는데 이때 첨가하는 물질로 적합하지 않은 것은?

① 질소　　　　　　② 이산화탄소
③ 헬륨　　　　　　④ 일산화탄소

> **해설** ④ 일산화탄소는 가연성 물질로, 가연성 방지 물질로는 적합하지 않다.

87 다음 중 물과의 반응성이 가장 큰 물질은?

① 니트로글리세린　② 이황화탄소
③ 금속나트륨　　　④ 석유

> **해설** 금속나트륨과 물의 반응 시 다량의 수소가 발생하여 폭발 위험이 있다.
> $2Na + 2H_2O \rightarrow 2NaOH + H_2$

88 산업안전보건법령상 위험물질의 종류에서 폭발성 물질에 해당하는 것은?

① 니트로화합물　　② 등유
③ 황　　　　　　　④ 질산

> **해설** ▶ **위험물질의 종류**(안전보건규칙 별표 1)
>
> | 폭발성 물질 및 유기 과산 화물 | • 질산에스테르류 : 니트로셀룰로오스, 니트로글리세린, 질산메틸, 질산에틸 등
• 니트로화합물 : 피크린산(트리니트로페놀), 트리니트로톨루엔(TNT) 등
• 니트로소화합물 : 파라니트로소벤젠, 디니트로소레조르신 등
• 아조화합물 및 디아조화합물
• 하이드라진 유도체
• 유기과산화물 : 메틸에틸케톤, 과산화물, 과산화벤조일, 과산화아세틸 등 |
> | --- | --- |

정답　83 ④　84 ①　85 ①　86 ④　87 ③　88 ①

89 **어떤 습한 고체재료 10[kg]을 완전 건조 후 무게를 측정하였더니 6.8[kg]이었다. 이 재료의 건량 기준 함수율은 몇 [kg · H_2O/kg]인가?**

① 0.25 ② 0.36
③ 0.47 ④ 0.58

해설 함수율 = (원재료무게−건조 후 무게)/건조 후 무게
= (10−6.8)/6.8
= 0.47

90 **대기압하에서 인화점이 0[℃] 이하인 물질이 아닌 것은?**

① 메탄올 ② 이황화탄소
③ 산화프로필렌 ④ 디에틸에테르

해설 ① **메탄올** : 13[℃]
② **이황화탄소** : −30[℃]
③ **산화프로필렌** : −37.2[℃]
④ **디에틸에테르** : −45[℃]

91 **가연성가스의 폭발범위에 관한 설명으로 틀린 것은?**

① 압력 증가에 따라 폭발상한계와 하한계가 모두 현저히 증가한다.
② 불활성가스를 주입하면 폭발범위는 좁아진다.
③ 온도의 상승과 함께 폭발범위는 넓어진다.
④ 산소 중에서 폭발범위는 공기 중에서 보다 넓어진다.

해설 ① 압력 증가에 따라 폭발상한계는 증가하고 하한계는 영향이 없다. 온도의 상승으로 폭발하한계는 약간 하강하고 폭발상한계는 상승한다.

92 **열교환기의 정기적 점검을 일상점검과 개방점검으로 구분할 때 개방점검 항목에 해당하는 것은?**

① 보냉재의 파손 상황
② 플랜지부나 용접부에서의 누출 여부
③ 기초볼트의 체결 상태
④ 생성물, 부착물에 의한 오염 상황

해설 생성물, 부착물에 의한 오염은 내부에서 일어나는 현상이므로 개방점검에 해당한다.

93 **다음 중 분진폭발을 일으킬 위험이 가장 높은 물질은?**

① 염소 ② 마그네슘
③ 산화칼슘 ④ 에틸렌

해설 **분진폭발의 위험성이 높은 물질**
- **금속** : Al, Mg, Fe, Mn, Si, Sn
- **분말** : 티탄, 바나듐, 아연, Dow합금
- **농산물** : 밀가루, 녹말, 솜, 쌀, 콩, 코코아, 커리

94 **산업안전보건법령에서 인화성 액체를 정의할 때 기준이 되는 표준압력은 몇 [kPa]인가?**

① 1 ② 100
③ 101.3 ④ 273.15

해설 **인화성 액체**(산업안전보건법 시행규칙 별표 18) : 표준압력(101.3[kPa])에서 인화점이 93[℃] 이하인 액체

89 ③ 90 ① 91 ① 92 ④ 93 ② 94 ③ 정답

95 다음 중 C급 화재에 해당하는 것은?

① 금속화재　　　　② 전기화재

③ 일반화재　　　　④ 유류화재

> **해설** C급 화재로는 전기화재, 전기절연성을 갖는 소화제를 사용해야만 하는 전기기계·기구 등의 화재를 말한다. A급 화재는 일반, B급 화재는 유류, D급 화재는 금속화재이다.

96 사업주는 가스폭발 위험장소 또는 분진폭발 위험장소에 설치되는 건축물 등에 대해서는 규정에서 정한 부분을 내화구조로 하여야 한다. 다음 중 내화구조로 하여야 하는 부분에 대한 기준이 틀린 것은?

① 건축물의 기둥 : 지상 1층(지상 1층의 높이가 6[m]를 초과하는 경우에는 6[m])까지

② 위험물 저장·취급용기의 지지대(높이가 30[cm] 이하인 것은 제외) : 지상으로부터 지지대의 끝부분까지

③ 건축물의 보 : 지상 2층(지상 2층의 높이가 10[m]를 초과하는 경우에는 10[m])까지

④ 배관·전선관 등의 지지대 : 지상으로부터 1단(1단의 높이가 6[m]를 초과하는 경우에는 6[m])까지

> **해설** ▶ **내화기준**(안전보건규칙 제270조)
> • **건축물의 기둥 및 보** : 지상 1층(지상 1층의 높이가 6[m]를 초과하는 경우에는 6[m])까지
> • **위험물 저장·취급용기의 지지대**(높이가 30[cm] 이하인 것은 제외한다) : 지상으로부터 지지대의 끝부분까지
> • **배관·전선관 등의 지지대** : 지상으로부터 1단(1단의 높이가 6[m]를 초과하는 경우에는 6[m])까지

97 다음 물질 중 인화점이 가장 낮은 물질은?

① 이황화탄소　　　② 아세톤

③ 크실렌　　　　　④ 경유

> **해설** ① **이황화탄소** : −30[℃]
> ② **아세톤** : −18[℃]
> ③ **크실렌** : 약 25[℃]
> ④ **경유** : 40~85[℃]

98 물의 소화력을 높이기 위하여 물에 탄산칼륨(K_2CO_3)과 같은 염류를 첨가한 소화약제를 일반적으로 무엇이라 하는가?

① 포 소화약제　　　② 분말 소화약제

③ 강화액 소화약제　④ 산알칼리 소화약제

> **해설** 강화액 소화약제는 0[℃]에서 얼어버리는 물에 탄산칼륨 등을 첨가하여 어는점을 낮추어 겨울철이나 한랭지역에 사용 가능하도록 한 소화약제를 말한다.

99 다음 중 분진의 폭발위험성을 증대시키는 조건에 해당하는 것은?

① 분진의 온도가 낮을수록

② 분위기 중 산소 농도가 작을수록

③ 분진 내의 수분농도가 작을수록

④ 분진의 표면적이 입자체적에 비교하여 작을수록

> **해설** ① 분진의 온도가 높을수록
> ② 분위기 중 산소 농도가 클수록
> ④ 분진의 표면적이 입자체적에 비교하여 클수록

100 다음 중 관의 지름을 변경하는 데 사용되는 관의 부속품으로 가장 적절한 것은?

① 엘보우(Elbow)

② 커플링(Coupling)

③ 유니온(Union)

④ 리듀서(Reducer)

> **해설** ④ **리듀서**(Reducer) : 줄어든다는 표현으로 배관의 지름을 감소
> ① **엘보우**(Elbow) : 배관의 방향을 변경
> ② **커플링**(Coupling) : 축과 축을 연결하는 부품
> ③ **유니온**(Union) : 동일 지름의 관을 직선 연결

102 흙막이 공법을 흙막이 지지방식에 의한 분류와 구조방식에 의한 분류로 나눌 때 다음 중 지지방식에 의한 분류에 해당하는 것은?

① 수평 버팀대식 흙막이 공법

② H-Pile 공법

③ 지하연속벽 공법

④ Top down method 공법

> **해설** ◇ **흙막이 설치공법의 분류**
> • **지지방식에 의한 분류**
> – 자립식 공법 : 어미말뚝식 공법, 연결재당겨매기식 공법, 줄기초흙막이 공법
> – 버팀대식 공법 : 수평버팀대 공법, 경사버팀대식 공법, 어스앵커 공법
> • **구조방식에 의한 분류** : H-Pile 공법, 지하연속벽 공법, 엄지말뚝식 공법, 목제널말뚝 공법, 강제(철제)널말뚝 공법

6과목 건설안전기술

101 작업발판 및 통로의 끝이나 개구부로서 근로자가 추락할 위험이 있는 장소에서 난간 등의 설치가 매우 곤란하거나 작업의 필요상 임시로 난간 등을 해체하여야 하는 경우에 설치하여야 하는 것은?

① 구명구

② 수직보호망

③ 석면포

④ 추락방호망

> **해설** 사업주는 난간 등을 설치하는 것이 매우 곤란하거나 작업의 필요상 임시로 난간등을 해체하여야 하는 경우 제42조 제2항 각 호의 기준에 맞는 추락방호망을 설치하여야 한다(안전보건규칙 제43조).

103 철골용접부의 내부결함을 검사하는 방법으로 가장 거리가 먼 것은?

① 알칼리 반응시험

② 방사선 투과시험

③ 자기분말 탐상시험

④ 침투 탐상시험

> **해설** 방사선 투과시험이 용접 내부결함 검사법으로 적당하다. 다만, 알칼리 반응시험이 내부결함 검사법과 가장 거리가 멀어 ①이 가답안에서 정답이었으나, 확정답안에서는 자기분말 탐상시험과 침투 탐상시험도 인정되어 ③과 ④도 정답으로 인정되었다.

104 유해위험방지 계획서를 제출하려고 할 때 그 첨부 서류와 가장 거리가 먼 것은?

① 공사개요서
② 산업안전보건관리비 작성요령
③ 전체 공정표
④ 재해 발생 위험 시 연락 및 대피방법

> **해설 ▶ 유해위험방지 계획서 첨부서류**(산업안전보건법 시행 규칙 별표 10)
> • 공사 개요서
> • 공사현장의 주변 현황 및 주변과의 관계를 나타내는 도면(매설물 현황을 포함한다)
> • 전체 공정표
> • 산업안전보건관리비 사용계획서(별지 제102호서식)
> • 안전관리 조직표
> • 재해 발생 위험 시 연락 및 대피방법

105 콘크리트 타설작업과 관련하여 준수하여야 할 사항으로 가장 거리가 먼 것은?

① 당일의 작업을 시작하기 전에 해당 작업에 관한 거푸집 동바리 등의 변형·변위 및 지반의 침하 유무 등을 점검하고 이상이 있으면 보수할 것
② 콘크리트를 타설하는 경우에는 편심이 발생하지 않도록 골고루 분산하여 타설할 것
③ 진동기의 사용은 많이 할수록 균일한 콘크리트를 얻을 수 있으므로 가급적 많이 사용할 것
④ 설계도서상의 콘크리트 양생기간을 준수하여 거푸집동바리 등을 해체할 것

> **해설 ▶ 콘크리트 타설작업 시 준수사항**(안전보건규칙 제334조)
> • 당일의 작업을 시작하기 전에 해당 작업에 관한 거푸집동바리 등의 변형·변위 및 지반의 침하 유무 등을 점검하고 이상이 있으면 보수할 것
> • 작업 중에는 거푸집동바리 등의 변형·변위 및 침하 유무 등을 감시할 수 있는 감시자를 배치하여 이상이 있으면 작업을 중지하고 근로자를 대피시킬 것

> • 콘크리트 타설작업 시 거푸집 붕괴의 위험이 발생할 우려가 있으면 충분한 보강조치를 할 것
> • 설계도서상의 콘크리트 양생기간을 준수하여 거푸집 동바리 등을 해체할 것
> • 콘크리트를 타설하는 경우에는 편심이 발생하지 않도록 골고루 분산하여 타설할 것

106 건설현장에 설치하는 사다리식 통로의 설치기준으로 옳지 않은 것은?

① 발판과 벽과의 사이는 15[cm] 이상의 간격을 유지할 것
② 발판의 간격은 일정하게 할 것
③ 사다리의 상단은 걸쳐놓은 지점으로부터 60[cm] 이상 올라가도록 할 것
④ 사다리식 통로의 길이가 10[m] 이상인 경우에는 3[m] 이내마다 계단참을 설치할 것

> **해설 ▶ 사다리식 통로 등의 구조**(안전보건규칙 제24조)
> • 견고한 구조로 할 것
> • 심한 손상·부식 등이 없는 재료를 사용할 것
> • 발판의 간격은 일정하게 할 것
> • 발판과 벽과의 사이는 15[cm] 이상의 간격을 유지할 것
> • 폭은 30[cm] 이상으로 할 것
> • 사다리가 넘어지거나 미끄러지는 것을 방지하기 위한 조치를 할 것
> • 사다리의 상단은 걸쳐놓은 지점으로부터 60[cm] 이상 올라가도록 할 것
> • 사다리식 통로의 길이가 10[m] 이상인 경우에는 5[m] 이내마다 계단참을 설치할 것
> • 사다리식 통로의 기울기는 75[°] 이하로 할 것. 다만, 고정식 사다리식 통로의 기울기는 90[°] 이하로 하고, 그 높이가 7[m] 이상인 경우에는 바닥으로부터 높이가 2.5[m] 되는 지점부터 등받이울을 설치할 것
> • 접이식 사다리 기둥은 사용 시 접혀지거나 펼쳐지지 않도록 철물 등을 사용하여 견고하게 조치할 것

107 불도저를 이용한 작업 중 안전조치사항으로 옳지 않은 것은?

① 작업종료와 동시에 삽날을 지면에서 띄우고 주차 제동장치를 건다.
② 모든 조종간은 엔진 시동 전에 중립 위치에 놓는다.
③ 장비의 승차 및 하차 시 뛰어내리거나 오르지 말고 안전하게 잡고 오르내린다.
④ 야간작업 시 자주 장비에서 내려와 장비 주위를 살피며 점검하여야 한다.

해설 ① 작업종료와 동시에 삽날을 지면으로 내리고 주차 제동장치를 건다.

108 건설공사의 산업안전보건관리비 계상 시 대상액이 구분되어 있지 않은 공사는 도급계약 또는 자체사업 계획상의 총 공사금액 중 얼마를 대상액으로 하는가?

① 50[%]
② 60[%]
③ 70[%]
④ 80[%]

해설 대상액이 구분되어 있지 않은 공사는 도급계약 또는 자체사업계획상의 총공사금액의 70[%]를 대상액으로 하여 「건설업 산업안전보건관리비 계상 및 사용기준」 제4조에 따라 안전보건관리비를 계상하여야 한다.

109 도심지 폭파해체공법에 관한 설명으로 옳지 않은 것은?

① 장기간 발생하는 진동, 소음이 적다.
② 해체 속도가 빠르다.
③ 주위의 구조물에 끼치는 영향이 적다.
④ 많은 분진 발생으로 민원을 발생시킬 우려가 있다.

해설 도심지 폭파 해체 작업 시 해체물의 비산, 진동, 분진발생 등으로 주변 구조물에 영향을 줄 수 있다.

110 NATM공법 터널공사의 경우 록 볼트 작업과 관련된 계측결과에 해당되지 않은 것은?

① 내공변위 측정 결과
② 천단침하 측정 결과
③ 인발시험 결과
④ 진동 측정 결과

해설 록 볼트 작업과 관련된 계측에는 내공변위 측정, 천단침하 측정, 인발시험 등이 있다.

111 거푸집동바리 등을 조립하는 경우에 준수하여야 할 사항으로 옳지 않은 것은?

① 깔목의 사용, 콘크리트 타설, 말뚝박기 등 동바리의 침하를 방지하기 위한 조치를 할 것
② 개구부 상부에 동바리를 설치하는 경우에는 상부하중을 견딜 수 있는 견고한 받침대를 설치할 것
③ 거푸집이 곡면인 경우에는 버팀대의 부착 등 그 거푸집의 부상(浮上)을 방지하기 위한 조치를 할 것
④ 동바리의 이음은 맞댄이음이나 장부이음을 피할 것

해설 ▶ **거푸집동바리 등의 안전조치**(안전보건규칙 제332조)
• 깔목의 사용, 콘크리트 타설, 말뚝박기 등 동바리의 침하를 방지하기 위한 조치를 할 것
• 개구부 상부에 동바리를 설치하는 경우에는 상부하중을 견딜 수 있는 견고한 받침대를 설치할 것
• 동바리의 상하 고정 및 미끄러짐 방지 조치를 하고, 하중의 지지상태를 유지할 것
• 동바리의 이음은 맞댄이음이나 장부이음으로 하고 같은 품질의 재료를 사용할 것
• 강재와 강재의 접속부 및 교차부는 볼트·클램프 등 전용철물을 사용하여 단단히 연결할 것
• 거푸집이 곡면인 경우에는 버팀대의 부착 등 그 거푸집의 부상(浮上)을 방지하기 위한 조치를 할 것

107 ① 108 ③ 109 ③ 110 ④ 111 ④ 정답

112 비계의 높이가 2[m] 이상인 작업장소에 설치하는 작업발판의 설치기준으로 옳지 않은 것은? (단, 달비계, 달대비계 및 말비계는 제외)

① 작업발판의 폭은 40[cm] 이상으로 한다.

② 작업발판재료는 뒤집히거나 떨어지지 않도록 하나 이상의 지지물에 연결하거나 고정시킨다.

③ 발판재료 간의 틈은 3[cm] 이하로 한다.

④ 작업발판의 지지물은 하중에 의하여 파괴될 우려가 없는 것을 사용한다.

> **해설** ② 작업발판재료는 뒤집히거나 떨어지지 않도록 둘 이상의 지지물에 연결하거나 고정시킨다(안전보건규칙 제56조).

113 흙막이 지보공을 설치하였을 경우 정기적으로 점검하고 이상을 발견하면 즉시 보수하여야 하는 사항과 가장 거리가 먼 것은?

① 부재의 접속부·부착부 및 교차부의 상태

② 버팀대의 긴압(緊壓)의 정도

③ 부재의 손상·변형·부식·변위 및 탈락의 유무와 상태

④ 지표수의 흐름 상태

> **해설** ▶ **흙막이 지보공 설치 시 정기 점검사항**(안전보건규칙 제347조 제1항)
> • 부재의 손상·변형·부식·변위 및 탈락의 유무와 상태
> • 버팀대의 긴압의 정도
> • 부재의 접속부·부착부 및 교차부의 상태
> • 침하의 정도

114 말비계를 조립하여 사용하는 경우 지주부재와 수평면의 기울기는 얼마 이하로 하여야 하는가?

① 65[°] ② 70[°]
③ 75[°] ④ 80[°]

> **해설** 지주부재와 수평면의 기울기를 75[°] 이하로 하고, 지주부재와 지주부재 사이를 고정시키는 보조부재를 설치할 것 (안전보건규칙 제67조)

115 지반 등의 굴착 시 위험을 방지하기 위한 연암 지반 굴착면의 기울기 기준으로 옳은 것은? (기준 개정에 의한 문제 수정 반영)

① 1 : 0.3 ② 1 : 0.4
③ 1 : 0.5 ④ 1 : 1.0

> **해설** ▶ **굴착면의 기울기 기준**(안전보건규칙 별표 11)
>
> | 구분 | 지반의 종류 | 기울기 |
> |------|-----------|--------|
> | 보통흙 | 습지 | 1 : 1 ~ 1 : 1.5 |
> | | 건지 | 1 : 0.5 ~ 1 : 1 |
> | 암반 | 풍화암 | 1 : 1.0 |
> | | 연암 | 1 : 1.0 |
> | | 경암 | 1 : 0.5 |
>
> (※ 안전기준 : 2021.11.19. 개정)

116 건설재해대책의 사면보호공법 중 식물을 생육시켜 그 뿌리로 사면의 표층토를 고정하여 빗물에 의한 침식, 동상, 이완 등을 방지하고, 녹화에 의한 경관조성을 목적으로 시공하는 것은?

① 식생공

② 쉴드공

③ 뿜어 붙이기공

④ 블록공

> **해설** • **식생공** : 건설재해대책의 사면보호공법 중 식물을 생육시켜 그 뿌리로 사면의 표층토를 고정하여 빗물에 의한 침식, 동상, 이완 등을 방지하고, 녹화에 의한 경관조성이 목적이다.
> • **뿜어붙이기공** : 콘크리트 또는 시멘트모터로 뿜어 붙임
> • **돌쌓기공** : 견치석 또는 콘크리트 블록을 쌓아 보호
> • **배수공** : 지반의 강도를 저하시키는 물을 배제
> • **표층안정공** : 약액 또는 시멘트를 지반에 그라우팅

정답 112 ② 113 ④ 114 ③ 115 ④ 116 ①

117 산업안전보건법령에 따른 양중기의 종류에 해당하지 않는 것은?

① 곤돌라　　　　② 리프트

③ 클램셸　　　　④ 크레인

> **해설** **◐ 양중기의 종류**(안전보건규칙 제132조)
> - 크레인[호이스트(hoist)를 포함한다]
> - 이동식 크레인
> - 리프트(이삿짐운반용 리프트의 경우에는 적재하중이 0.1[t] 이상인 것으로 한정한다)
> - 곤돌라
> - 승강기

118 화물취급작업과 관련한 위험방지를 위해 조치하여야 할 사항으로 옳지 않은 것은?

① 하역작업을 하는 장소에서 작업장 및 통로의 위험한 부분에는 안전하게 작업할 수 있는 조명을 유지할 것

② 하역작업을 하는 장소에서 부두 또는 안벽의 선을 따라 통로를 설치하는 경우에는 폭을 50[cm] 이상으로 할 것

③ 차량 등에서 화물을 내리는 작업을 하는 경우에 해당 작업에 종사하는 근로자에게 쌓여 있는 화물 중간에서 화물을 빼내도록 하지 말 것

④ 꼬임이 끊어진 섬유로프 등을 화물운반용 또는 고정용으로 사용하지 말 것

> **해설** ② 부두 또는 안벽의 선을 따라 통로를 설치하는 경우에는 폭을 90[cm] 이상으로 할 것(안전보건규칙 제390조)

119 표준관입시험에 관한 설명으로 옳지 않은 것은?

① N치(N-value)는 지반을 30[cm] 굴진하는 데 필요한 타격횟수를 의미한다.

② N치 4~10일 경우 모래의 상대밀도는 매우 단단한 편이다.

③ 63.5[kg] 무게의 추를 76[cm] 높이에서 자유낙하하여 타격하는 시험이다.

④ 사질지반에 적용하며, 점토지반에서는 편차가 커서 신뢰성이 떨어진다.

> **해설** ② 타격횟수에 따른 모래의 상대밀도
> - 0~4 : 대단히 느슨
> - 4~10 : 느슨
> - 10~30 : 중간
> - 30~50 : 조밀
> - 50 이상 : 대단히 조밀

120 근로자의 추락 등의 위험을 방지하기 위한 안전난간의 설치요건에서 상부난간대를 120[cm] 이상 지점에 설치하는 경우 중간난간대를 최소 몇 단 이상 균등하게 설치하여야 하는가?

① 2단

② 3단

③ 4단

④ 5단

> **해설** 상부 난간대는 바닥면・발판 또는 경사로의 표면(이하 "바닥면등"이라 한다)으로부터 90[cm] 이상 지점에 설치하고, 상부 난간대를 120[cm] 이하에 설치하는 경우에는 중간 난간대는 상부 난간대와 바닥면 등의 중간에 설치하여야 하며, 120[cm] 이상 지점에 설치하는 경우에는 중간 난간대를 2단 이상으로 균등하게 설치하고 난간의 상하 간격은 60[cm] 이하가 되도록 할 것(안전보건규칙 제13조 제2호)

117 ③　118 ②　119 ②　120 ①　**정답**

2021년 제1회 기출 복원문제

1과목 | 안전관리론

01 산업안전보건법령상 보안경 착용을 포함하는 안전보건표지의 종류는?

① 지시표지　　② 안내표지
③ 금지표지　　④ 경고표지

해설

보안경 착용	녹십자 등	동그라미 슬러시	마름모, 세모
지시표지	안내표지	금지표지	경고표지

02 보호구에 관한 설명으로 옳은 것은?

① 유해물질이 발생하는 산소결핍지역에서는 필히 방독마스크를 착용하여야 한다.
② 차광용보안경의 사용구분에 따른 종류에는 자외선용, 적외선용, 복합용, 용접용이 있다.
③ 선반작업과 같이 손에 재해가 많이 발생하는 작업장에서는 장갑 착용을 의무화한다.
④ 귀마개는 처음에는 저음만을 차단하는 제품부터 사용하며, 일정 기간이 지난 후 고음까지 모두 차단할 수 있는 제품을 사용한다.

해설 ① 유해물질이 발생하는 산소농도 18[%] 이하인 지역에서 사용한다.
③ 선반작업과 같이 회전말림점이 있는 곳에서는 장갑을 끼지 않아야 한다.
④ 귀마개는 소음 영역에 맞게 착용한다.

03 산업안전보건법령상 사업 내 안전보건교육의 교육시간에 관한 설명으로 옳은 것은?

① 일용근로자의 작업내용 변경 시의 교육은 2시간 이상이다.
② 사무직에 종사하는 근로자의 정기교육은 매분기 3시간 이상이다.
③ 일용근로자를 제외한 근로자의 채용 시 교육은 4시간 이상이다.
④ 관리감독자의 지위에 있는 사람의 정기교육은 연간 8시간 이상이다.

해설 ◈ 안전보건교육 교육시간

교육과정	교육대상		교육시간
정기교육	사무직 종사 근로자		매분기 3시간 이상
	사무직 종사 근로자 외의 근로자	판매업무에 직접 종사하는 근로자	매분기 3시간 이상
		판매업무에 직접 종사하는 근로자 외의 근로자	매분기 6시간 이상
	관리감독자의 지위에 있는 사람		연간 16시간 이상
채용 시 교육	일용근로자		1시간 이상
	일용근로자를 제외한 근로자		8시간 이상
작업내용 변경 시 교육	일용근로자		1시간 이상
	일용근로자를 제외한 근로자		2시간 이상

정답 01 ① 02 ② 03 ②

04 집단에서의 인간관계 메커니즘(Mechanism)과 가장 거리가 먼 것은?

① 분열, 강박
② 모방, 암시
③ 동일화, 일체화
④ 커뮤니케이션, 공감

해설 ● 인간관계 메커니즘
- **투사**(Projection) : 자기 속에 억압된 것을 다른 사람의 것으로 생각하는 것
- **암시**(Suggestion) : 다른 사람의 판단이나 행동을 그대로 수용하는 것
- **커뮤니케이션**(Communication) : 갖가지 행동 양식이나 기호를 매개로 하여 어떤 사람으로부터 다른 사람에게 전달되는 과정
- **모방**(Initation) : 남의 행동이나 판단을 기준으로 그에 가까운 행동을 함
- **동일화**(Identification) : 다른 사람의 행동 양식이나 태도를 투입시키거나, 다른 사람 가운데서 자기와 비슷한 것을 발견하는 것

05 재해의 빈도와 상해의 강약도를 혼합하여 집계하는 지표로 옳은 것은?

① 강도율
② 종합재해지수
③ 안전활동률
④ Safe-T-Score

해설 종합재해지수(FSI)$= \sqrt{\text{빈도율}(F.R) \times \text{강도율}(S.R)}$

06 브레인스토밍 기법에 관한 설명으로 옳은 것은?

① 타인의 의견을 수정하지 않는다.
② 지정된 표현방식에서 벗어나 자유롭게 의견을 제시한다.
③ 참여자에게는 동일한 횟수의 의견제시 기회가 부여된다.
④ 주제와 내용이 다르거나 잘못된 의견은 지적하여 조정한다.

해설 브레인스토밍 4가지 원칙은 수정발언, 자유발언, 대량발언, 비평금지이며, ②는 자유발언에 해당한다.

07 산업안전보건법령상 안전인증대상기계 등에 포함되는 기계, 설비, 방호장치에 해당하지 않는 것은?

① 롤러기
② 크레인
③ 동력식 수동대패용 칼날 접촉 방지장치
④ 방폭구조(防爆構造) 전기기계·기구 및 부품

해설 ● 안전인증 대상

안전인증 대상 기계·기구	
기계·기구	크레인, 리프트, 고소작업대, 프레스, 전단기, 사출성형기, 롤러기, 절곡기, 곤돌라
	압력용기
	방폭구조 전기기계·기구 및 부품
	가설기자재
방호장비	• 프레스 및 전단기 방호장치 • 양중기용(揚重機用) 과부하 방지장치 • 보일러 압력방출용 안전밸브 • 압력용기 압력방출용 안전밸브 • 압력용기 압력방출용 파열판 • 절연용 방호구 및 활선작업용(活線作業用) 기구 • 방폭구조(防爆構造) 전기기계·기구 및 부품 • 추락·낙하 및 붕괴 등의 위험 방지 및 보호에 필요한 가설기자재로서 고용노동부장관이 정하여 고시하는 것 • 충돌·협착 등의 위험 방지에 필요한 산업용 로봇 방호장치로서 고용노동부장관이 정하여 고시하는 것

08 안전교육 중 같은 것을 반복하여 개인의 시행착오에 의해서만 점차 그 사람에게 형성되는 것은?

① 안전기술의 교육
② 안전지식의 교육
③ 안전기능의 교육
④ 안전태도의 교육

해설 ● 안전보건교육의 3단계
- **지식교육** : 기초지식 주입, 광범위한 지식의 습득 및 전달
- **기능교육** : 교육자로 스스로 행함, 경험과 적응, 전문적 기술 기능, 작업능력 및 기술능력 부여, 작업동작의 표준화, 교육기간의 장기화, 대규모 인원에 대한 교육 곤란
- **태도교육** : 습관 형성, 안전의식 향상, 안전책임감 주입

09 상황성 누발자의 재해 유발 원인과 가장 거리가 먼 것은?

① 작업이 어렵기 때문이다.

② 심신에 근심이 있기 때문이다.

③ 기계설비의 결함이 있기 때문이다.

④ 도덕성이 결여되어 있기 때문이다.

> 해설 ▶ 상황성 누발자의 재해 유발 원인
> • 작업 자체가 어렵기 때문
> • 기계설비의 결함존재
> • 주위 환경상 주의력 집중 곤란
> • 심신에 근심 걱정이 있기 때문

10 작업자 적성의 요인이 아닌 것은?

① 지능

② 인간성

③ 흥미

④ 연령

> 해설 ④ 연령은 작업자 적성의 요인이 아니다.

11 재해로 인한 직접비용으로 8000만원의 산재보상비가 지급되었을 때, 하인리히 방식에 따른 총 손실비용은?

① 16000만원

② 24000만원

③ 32000만원

④ 40000만원

> 해설 총재해비용 = 직접비(1)+간접비(4)
> 직접비(8000만원)+간접비(8000만원×4) = 40,000만원

12 재해조사의 목적과 가장 거리가 먼 것은?

① 재해예방 자료수집

② 재해관련 책임자 문책

③ 동종 및 유사재해 재발방지

④ 재해발생 원인 및 결함 규명

> 해설 ▶ 재해조사의 목적
> • 재해발생 상황의 진실 규명
> • 재해발생의 원인 규명
> • 예방대책의 수립 : 동종 및 유사재해 방지

13 교육훈련기법 중 Off.J.T(Off the Job Training)의 장점이 아닌 것은?

① 업무의 계속성이 유지된다.

② 외부의 전문가를 강사로 활용할 수 있다.

③ 특별교재, 시설을 유효하게 사용할 수 있다.

④ 다수의 대상자에게 조직적 훈련이 가능하다.

> 해설 ▶ OJT의 장점
> • 직장의 현장 실정에 맞는 구체적이고 실질적인 교육이 가능하다.
> • 교육의 효과가 업무에 신속하게 반영된다.
> • 교육의 이해도가 빠르고 동기부여가 쉽다.

14 산업안전보건법령상 중대재해의 범위에 해당하지 않는 것은?

① 1명의 사망자가 발생한 재해

② 1개월의 요양을 요하는 부상자가 동시에 5명 발생한 재해

③ 3개월의 요양을 요하는 부상자가 동시에 3명 발생한 재해

④ 10명의 직업성 질병자가 동시에 발생한 재해

정답 09 ④ 10 ④ 11 ④ 12 ② 13 ① 14 ②

해설 ⊙ 중대재해의 범위
- 사망자가 1명 이상 발생한 재해
- 3개월 이상의 요양이 필요한 부상자가 동시에 2명 이상 발생한 재해
- 부상자 또는 직업성 질병자가 동시에 10명 이상 발생한 재해

해설 ⊙ 생체리듬의 변화
- **주간 감소, 야간 증가** : 혈액의 수분, 염분량
- **주간 상승, 야간 감소** : 체온, 혈압, 맥박수
- 특히 야간에는 체중 감소, 소화불량, 말초신경기능 저하, 피로의 자각증상 증대 등의 현상이 나타난다.
- **사고발생률이 가장 높은 시간대**
  - 24시간 업무 중 : 03~05시 사이
  - 주간업무 중 : 오전 10~11시, 오후 15~16시 사이

15 Thorndike의 시행착오설에 의한 학습의 원칙이 아닌 것은?

① 연습의 원칙
② 효과의 원칙
③ 동일성의 원칙
④ 준비성의 원칙

해설 ⊙ 시행착오설에 의한 학습법칙
- 효과의 법칙, 준비성의 법칙, 연습의 법칙
- 준비성 → 연습, 반복 → 효과

18 하인리히의 재해구성비율 "1 : 29 : 300"에서 "29"에 해당되는 사고발생비율은?

① 8.8[%]
② 9.8[%]
③ 10.8[%]
④ 11.8[%]

해설 ⊙ 하인리히의 법칙
- 사망 또는 중상 1회
- 경상 29회
- 무상해 사고 300회
- 29/(1 + 29 + 300) ≒ 8.8

16 참가자에게 일정한 역할을 주어 실제적으로 연기를 시켜봄으로써 자기의 역할을 보다 확실히 인식할 수 있도록 체험학습을 시키는 교육방법은?

① Symposium
② Brain Storming
③ Role Playing
④ Fish Bowl Playing

해설 ⊙ Role Playing(롤플레잉) : 일상생활에서의 여러 역할을 모의로 실연(實演)하는 일. 개인이나 집단의 사회적 적응을 향상하기 위한 치료 및 훈련 방법의 하나이다.

19 무재해 운동의 3원칙에 해당되지 않는 것은?

① 무의 원칙
② 참가의 원칙
③ 선취의 원칙
④ 대책선정의 원칙

해설 ⊙ 무재해 운동의 기본 3원칙
- **무(Zero)의 원칙** : 산업재해의 근원적인 요소들을 없앤다는 것
- **참여의 원칙**(참가의 원칙) : 전원이 일치 협력하여 각자의 위치에서 적극적으로 문제를 해결하는 것
- **안전제일의 원칙**(선취의 원칙) : 행동하기 전, 잠재위험요인을 발견하고 파악, 해결하여 재해를 예방하는 것

17 일반적으로 시간의 변화에 따라 야간에 상승하는 생체리듬은?

① 혈압
② 맥박수
③ 체중
④ 혈액의 수분

15 ③ 16 ③ 17 ④ 18 ① 19 ④ **정답**

20 안전보건관리조직의 형태 중 라인-스태프(Line-Staff)형에 관한 설명으로 틀린 것은?

① 조직원 전원을 자율적으로 안전 활동에 참여시킬 수 있다.

② 라인의 관리, 감독자에게도 안전에 관한 책임과 권한이 부여된다.

③ 중규모 사업장(100명 이상~500명 미만)에 적합하다.

④ 안전 활동과 생산업무가 유리될 우려가 없기 때문에 균형을 유지할 수 있어 이상적인 조직형태이다.

해설 ▶ 라인-스태프(직계·참모)형 조직

장점	• 안전지식 및 기술 축적 가능 • 안전지시 및 전달이 신속·정확하다. • 안전에 대한 신기술의 개발 및 보급이 용이하다. • 안전활동이 생산과 분리되지 않으므로 운용이 쉽다.
단점	• 명령계통과 지도·조언 및 권고적 참여가 혼동되기 쉽다. • 스태프의 힘이 커지면 라인이 무력해진다.
규모	대규모(1,000인 이상) 사업장에 적용

2과목 **인간공학 및 시스템안전공학**

21 정신작업 부하를 측정하는 척도를 크게 4가지로 분류할 때 심박수의 변동, 뇌 전위, 동공 반응 등 정보처리에 중추신경계 활동이 관여하고 그 활동이나 징후를 측정하는 것은?

① 주관적(subjective) 척도

② 생리적(physiological) 척도

③ 주 임무(primary task) 척도

④ 부 임무(secondary task) 척도

해설 ▶ **생리적 측정** : 주로 단일 감각기관에 의존하는 경우에 작업에 대한 정신부하를 측정할 때 이용되는 방법으로 부정맥, 점멸융합주파수, 피부전기 반응, 눈깜박거림, 뇌파 등이 정신작업 부하 평가에 이용된다.

22 서브시스템, 구성요소, 기능 등의 잠재적 고장 형태에 따른 시스템의 위험을 파악하는 위험 분석 기법으로 옳은 것은?

① ETA(Event Tree Analysis)

② HEA(Human Error Analysis)

③ PHA(Preliminary Hazard Analysis)

④ FMEA(Failure Mode and Effect Analysis)

해설 ④ **FMEA** : 시스템 안전분석에 이용되는 전형적인 정성적 귀납적 분석방법으로 시스템에 영향을 미치는 전체 요소의 고장을 유형별로 분석하여 그 영향을 검토하는 것
① **ETA** : 정량적 귀납적(정상 또는 고장)으로 발생경로를 파악하는 방법
② **HEA** : 확률론적 안전기법으로 인간의 과오에 기인된 사고원인 분석기법
③ **PHA** : 시스템 내의 위험요소가 얼마나 위험상태인가를 평가하는 시스템안전프로그램

23 불필요한 작업을 수행함으로써 발생하는 오류로 옳은 것은?

① Command Error   ② Extraneous Error

③ Secondary Error   ④ Commission Error

해설 ▶ **휴먼에러의 오류**
• **생략오류**(Omission Error) : 절차를 생략해 발생하는 오류
• **시간오류**(Time Error) : 절차의 수행지연에 의한 오류
• **작위오류**(Commission Error) : 절차의 불확실한 수행에 의한 오류
• **순서오류**(Sequential Error) : 절차의 순서착오에 의한 오류
• **과잉행동오류**(Extraneous Error) : 불필요한 작업, 절차에 의한 오류

24 불(Boole) 대수의 정리를 나타낸 관계식으로 틀린 것은?

① $A \cdot A = A$
② $A + A = 0$
③ $A + AB = A$
④ $A + A = A$

해설 ◆ 불 대수의 관계식

항등 법칙	$A+0=A$, $A+1=1$	$A \cdot 1=A$, $A \cdot 0=0$
동일 법칙	$A+A=A$	$A \cdot A=A$
보원 법칙	$A+\overline{A}=1$	$A \cdot \overline{A}=0$
다중 부정	$\overline{\overline{A}}=A$, $\overline{\overline{\overline{A}}}=\overline{A}$	
교환 법칙	$A+B=B+A$	$A \cdot B=B \cdot A$
결합 법칙	$A+(B+C)$ $=(A+B)+C$	$A \cdot (B \cdot C)$ $=(A \cdot B) \cdot C$
분배 법칙	$A \cdot (B+C)$ $=AB+AC$	$A+B \cdot C$ $=(A+B) \cdot (A+C)$
흡수 법칙	$A+A \cdot B=A$	$A \cdot (A+B)=A$
드모르간 정리	$\overline{A+B}=\overline{A} \cdot \overline{B}$	$\overline{A \cdot B}=\overline{A}+\overline{B}$

25 Chapanis가 정의한 위험의 확률수준과 그에 따른 위험발생률로 옳은 것은?

① 전혀 발생하지 않는(impossible) 발생빈도 : 10^{-8}/day
② 극히 발생할 것 같지 않는(extremely unlikely) 발생빈도 : 10^{-7}/day
③ 거의 발생하지 않은(remote) 발생빈도 : 10^{-6}/day
④ 가끔 발생하는(occasional) 발생빈도 : 10^{-5}/day

해설

발생빈도	평점	발생확률
자주	6	10^{-2}/day
보통	5	10^{-3}/day
가끔	4	10^{-4}/day
거의	3	10^{-5}/day
극히	2	10^{-6}/day
전혀	1	10^{-8}/day

26 화학설비에 대한 안정성 평가 중 정성적 평가방법의 주요 진단 항목으로 볼 수 없는 것은?

① 건조물
② 취급물질
③ 입지 조건
④ 공장 내 배치

해설 ◆ 정성적 평가 주요 진단 항목 : 입지조건, 공장 내의 배치, 소방 설비, 공정기기, 수송/저장, 원재료, 중간재, 제품

27 작업면상의 필요한 장소만 높은 조도를 취하는 조명은?

① 완화조명
② 전반조명
③ 투명조명
④ 국소조명

해설 필요한 장소만 높은 조도를 취하는 것은 국소조명이다.

28 동작경제의 원칙에 해당하지 않는 것은?

① 공구의 기능을 각각 분리하여 사용하도록 한다.
② 두 팔의 동작은 동시에 서로 반대방향으로 대칭적으로 움직이도록 한다.
③ 공구나 재료는 작업동작이 원활하게 수행되도록 그 위치를 정해준다.
④ 가능하다면 쉽고도 자연스러운 리듬이 작업동작에 생기도록 작업을 배치한다.

해설 ◆ 동작경제의 원칙 중 신체사용
• 양손은 동시에 동작을 시작하고 또 끝마쳐야 한다.
• 휴식시간 이외에 양손이 동시에 노는 시간이 있어서는 안 된다.
• 양팔은 각기 반대방향에서 대칭적으로 동시에 움직여야 한다.

24 ② 25 ① 26 ② 27 ④ 28 ① **정답**

- 손의 동작은 작업을 수행할 수 있는 최소동작 이상을 해서는 안 된다.
- 작업자들을 돕기 위하여 동작의 관성을 이용하여 작업하는 것이 좋다.
- 구속되거나 제한된 동작 또는 급격한 방향전환보다는 유연한 동작이 좋다.
- 작업동작은 율동이 맞아야 한다.
- 직선동작보다는 연속적인 곡선동작을 취하는 것이 좋다.
- 탄도동작(ballistic movement)은 제한되거나 통제된 동작보다 더 신속, 정확, 용이하다.
- 눈을 주시시키는 동작 또는 이동시키는 동작은 되도록 적게 하여야 한다.

해설 ▶ 청각적 표시장치가 유리한 경우
- 전언이 간단하다.
- 전언이 짧다.
- 전언이 후에 재참조되지 않는다.
- 전언이 시간적 사상을 다룬다.
- 전언이 즉각적인 행동을 요구한다(긴급할 때).
- 수신장소가 너무 밝거나 암조응유지가 필요시
- 직무상 수신자가 자주 움직일 때
- 수신자가 시각계통이 과부하 상태일 때

---

29 인간이 기계보다 우수한 기능이라 할 수 있는 것은? (단, 인공지능은 제외한다.)

① 일반화 및 귀납적 추리
② 신뢰성 있는 반복 작업
③ 신속하고 일관성 있는 반응
④ 대량의 암호화된 정보의 신속한 보관

해설	인간이 우수한 기능	기계가 우수한 기능
	귀납적 추리	연역적 추리
	과부하 상태에서 선택	과부하 상태에서도 효율적

---

30 시각적 표시장치보다 청각적 표시장치를 사용하는 것이 더 유리한 경우는?

① 정보의 내용이 복잡하고 긴 경우
② 정보가 공간적인 위치를 다룬 경우
③ 직무상 수신자가 한 곳에 머무르는 경우
④ 수신 장소가 너무 밝거나 암순응이 요구될 경우

---

31 다음 시스템의 신뢰도 값은?

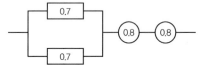

① 0.5824
② 0.6682
③ 0.7855
④ 0.8642

해설 $[1-(1-0.7)\times(1-0.7)]\times0.8\times0.8$

---

32 다음 현상을 설명한 이론은?

> 인간이 감지할 수 있는 외부의 물리적 자극 변화의 최소범위는 표준 자극의 크기에 비례한다.

① 피츠(Fitts) 법칙
② 웨버(Weber) 법칙
③ 신호검출이론(SDT)
④ 힉-하이만(Hick-Hyman) 법칙

해설 물리적 자극을 상대적으로 판단하는 데 있어 특정감각의 변화감지역은 기준 자극의 크기에 비례한다. 웨버의 비가 작을수록 감각의 분별력이 뛰어나다.

정답 29 ① 30 ④ 31 ① 32 ②

33 그림과 같은 FT도에서 정상사상 T의 발생 확률은? (단, X₁, X₂, X₃의 발생 확률은 각각 0.1, 0.15, 0.1이다.)

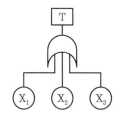

① 0.3115
② 0.35
③ 0.496
④ 0.9985

> **해설** $1-(1-0.1)\times(1-0.15)\times(1-0.1)$

34 산업안전보건법령상 해당 사업주가 유해위험방지계획서를 작성하여 제출해야 하는 대상은?

① 시·도지사
② 관할 구청장
③ 고용노동부장관
④ 행정안전부장관

> **해설** 사업주는 유해·위험 방지에 관한 사항을 적은 계획서(유해위험방지계획서)를 작성하여 고용노동부령으로 정하는 바에 따라 고용노동부장관에게 제출하고 심사를 받아야 한다 (산업안전보건법 제42조 제1항).

35 인간의 위치 동작에 있어 눈으로 보지 않고 손을 수평면상에서 움직이는 경우 짧은 거리는 지나치고, 긴 거리는 못 미치는 경향이 있는데 이를 무엇이라고 하는가?

① 사정효과(range effect)
② 반응효과(reaction effect)
③ 간격효과(distance effect)
④ 손동작효과(hand action effect)

> **해설** ▶ **사정효과(Range effect)**
> • 보지 않고 손을 움직일 경우 짧은 거리는 지나치고 긴 거리는 못 미치는 경향
> • 작은 오차에는 과잉반응하고 큰 오차에는 과소반응

36 인체측정 자료를 장비, 설비 등의 설계에 적용하기 위한 응용원칙에 해당하지 않는 것은?

① 조절식 설계
② 극단치를 이용한 설계
③ 구조적 치수 기준의 설계
④ 평균치를 기준으로 한 설계

> **해설** ③ 구조적 치수(정적계측) 기준은 인체치수의 계측 시 사용한다.

37 컷셋(Cut Sets)과 최소 패스셋(Minimal Path Sets)의 정의로 옳은 것은?

① 컷셋은 시스템 고장을 유발시키는 필요 최소한의 고장들의 집합이며, 최소 패스셋은 시스템의 신뢰성을 표시한다.
② 컷셋은 시스템 고장을 유발시키는 기본고장들의 집합이며, 최소 패스셋은 시스템의 불신뢰도를 표시한다.
③ 컷셋은 그 속에 포함되어 있는 모든 기본사상이 일어났을 때 정상사상을 일으키는 기본사상의 집합이며, 최소 패스셋은 시스템의 신뢰성을 표시한다.
④ 컷셋은 그 속에 포함되어 있는 모든 기본사상이 일어났을 때 정상사상을 일으키는 기본사상의 집합이며, 최소 패스셋은 시스템의 성공을 유발하는 기본사상의 집합이다.

해설 • **컷셋** : 정상사상을 발생시키는 기본사상의 집합으로 그 안에 포함되는 모든 기본사상이 발생할 때 정상사상을 발생시킬 수 있는 기본사상의 집합
• **패스셋** : 그 안에 포함되는 모든 기본사상이 일어나지 않을 때 처음으로 정상사상이 일어나지 않는 기본사상의 집합 → 결함

해설 평균수명은 평균고장률 λ와 역수관계이다.

$$\lambda = \frac{1}{MTBF}, \quad 고장률(\lambda) = \frac{기간\ 중의\ 총\ 고장수(r)}{총\ 동작시간(T)}$$

$$MTBF = \frac{1}{\lambda}$$

38 작업공간의 배치에 있어 구성요소 배치의 원칙에 해당하지 않는 것은?

① 기능성의 원칙
② 사용빈도의 원칙
③ 사용순서의 원칙
④ 사용방법의 원칙

해설 ▶ **부품 배치의 4원칙**
• 중요성의 원칙
• 사용 빈도의 원칙
• 기능별 배치의 원칙
• 사용순서의 원칙

40 자동차를 생산하는 공장의 어떤 근로자가 95[dB](A)의 소음수준에서 하루 8시간 작업하며 매 시간 조용한 휴게실에서 20분씩 휴식을 취한다고 가정하였을 때, 8시간 시간가중평균(TWA)은? (단, 소음은 누적소음노출량측정기로 측정하였으며, OSHA에서 정한 95[dB](A)의 허용시간은 4시간이라 가정한다.)

① 약 91[dB](A)
② 약 92[dB](A)
③ 약 93[dB](A)
④ 약 94[dB](A)

해설

$$TWA = 16.61\log\left(\frac{D}{100}\right) + 90$$

TWA : 시간가중평균 소음수준 [dB](A)
D : 누적소음노출량[%]

소음노출량 = 가동시간(95[dB])/기준시간[hr]
= 8×(60−20)/60/4 = 133[%]
시간가중평균치(TWA) = 16.61×log(133/100)+90

39 시스템의 수명 및 신뢰성에 관한 설명으로 틀린 것은?

① 병렬설계 및 디레이팅 기술로 시스템의 신뢰성을 증가시킬 수 있다.
② 직렬시스템에서는 부품들 중 최소 수명을 갖는 부품에 의해 시스템 수명이 정해진다.
③ 수리가 가능한 시스템의 평균 수명(MTBF)은 평균 고장률(λ)과 정비례 관계가 성립한다.
④ 수리가 불가능한 구성요소로 병렬구조를 갖는 설비는 중복도가 늘어날수록 시스템 수명이 길어진다.

3과목 | **기계위험방지기술**

41 산업안전보건법령상 숫돌 지름이 60[cm]인 경우 숫돌 고정 장치인 평형 플랜지의 지름은 최소 몇 [cm] 이상인가?

① 10
② 20
③ 30
④ 60

해설 ▶ **연삭숫돌의 플랜지 지름** : 연삭숫돌 지름의 1/3 이상일 것

$$d = D \times \frac{1}{3} = 60 \times \frac{1}{3} = 20$$

정답 38 ④ 39 ③ 40 ② 41 ②

42 기계설비의 위험점 중 연삭숫돌과 작업받침대, 교반기의 날개와 하우스 등 고정부분과 회전하는 동작 부분 사이에서 형성되는 위험점은?

① 끼임점　　　　② 물림점
③ 협착점　　　　④ 절단점

해설 ▶ **기계설비의 위험점**
- **끼임점**(Shear point) : 고정부분과 회전하는 동작부분이 함께 만드는 위험점
  예 연삭숫돌과 덮개, 교반기의 날개와 하우징, 프레임에서 암의 요동운동을 하는 기계부분 등
- **물림점**(Nip point) : 회전하는 두 개의 회전체에는 물려 들어가는 위험성이 존재한다. 이때 위험점이 발생되는 조건은 회전체가 서로 반대방향으로 맞물려 회전되어야 한다.
  예 롤러와 롤러의 물림, 기어와 기어의 물림 등
- **협착점**(Squeeze point) : 왕복운동을 하는 동작부분과 움직임이 없는 고정 부분 사이에서 형성되는 위험점으로 사업장의 기계설비에서 많이 볼 수 있다.
- **절단점**(Cutting point) : 고정부분과 운동부분이 만드는 위험점이 아니고 회전하는 운동부 자체의 위험이나 운동하는 기계 부분 자체의 위험에서 초래되는 위험점이다.
  예 밀링의 커터, 띠톱이나 둥근톱의 톱날, 벨트의 이음 부분 등

43 500[rpm]으로 회전하는 연삭숫돌의 지름이 300[mm]일 때 회전속도[m/min]는?

① 471
② 551
③ 751
④ 1025

해설 지름×π×[rpm]
0.3×π×500

> 숫돌의 원주속도(V)[m/분] $=\pi Dn$
> D : 숫돌의 직경[m]
> n : 회전수[rpm]

44 산업안전보건법령상 정상적으로 작동될 수 있도록 미리 조정해 두어야 할 이동식 크레인의 방호장치로 가장 적절하지 않은 것은?

① 제동장치
② 권과방지장치
③ 과부하방지장치
④ 파이널 리미트 스위치

해설 ④ 파이널 리미트 스위치는 승강기의 방호장치이다.

45 비파괴 검사 방법으로 틀린 것은?

① 인장 시험　　　　② 음향 탐상 시험
③ 와류 탐상 시험　　④ 초음파 탐상 시험

해설 ① 인장시험은 파괴검사에 속한다.

비파괴검사	파괴검사
• 초음파 탐상 시험	• 인장 시험
• 음향 탐상 시험	• 압축 시험
• 와류 탐상 시험	• 전단 시험

46 산업안전보건법령상 롤러기의 방호장치 설치 시 유의해야 할 사항으로 가장 적절하지 않은 것은?

① 손으로 조작하는 급정지장치의 조작부는 롤러기의 전면 및 후면에 각각 1개씩 수평으로 설치하여야 한다.
② 앞면 롤러의 표면속도가 30[m/min] 미만인 경우 급정지 거리는 앞면 롤러 원주의 1/2.5 이하로 한다.
③ 급정지장치의 조작부에 사용하는 줄은 사용 중 늘어져서는 안 된다.
④ 급정지장치의 조작부에 사용하는 줄은 충분한 인장강도를 가져야 한다.

해설 ② 앞면 롤러의 표면속도가 30[m/min] 미만인 경우 급정지 거리는 앞면 롤러 원주의 1/3 이하로 한다.

47 보일러 부하의 급변, 수위의 과상승 등에 의해 수분이 증기와 분리되지 않아 보일러 수면이 심하게 솟아올라 올바른 수위를 판단하지 못하는 현상은?

① 프라이밍   ② 모세관
③ 워터해머   ④ 역화

해설 ▶ **프라이밍 현상**
- 보일러의 과부하로 물방울 비산
- 증기 발생으로 보일러 수위가 불안정한 현상

48 자동화 설비를 사용하고자 할 때 기능의 안전화를 위하여 검토할 사항으로 거리가 가장 먼 것은?

① 재료 및 가공 결함에 의한 오동작
② 사용압력 변동 시의 오동작
③ 전압강하 및 정전에 따른 오동작
④ 단락 또는 스위치 고장 시의 오동작

해설 ▶ **기능의 안전화를 위하여 검토할 사항**
- 사용압력 변동 시의 오동작
- 전압강하 및 정전에 따른 오동작
- 단락 또는 스위치 고장 시의 오동작

49 산업안전보건법령상 금속의 용접, 용단에 사용하는 가스 용기를 취급할 때 유의사항으로 틀린 것은?

① 밸브의 개폐는 서서히 할 것
② 운반하는 경우에는 캡을 벗길 것
③ 용기의 온도는 40[℃] 이하로 유지할 것
④ 통풍이나 환기가 불충분한 장소에는 설치하지 말 것

해설 ② 운반하는 경우에는 캡을 벗기지 말 것

50 크레인 로프에 질량 2000[kg]의 물건을 10[m/s²]의 가속도로 감아올릴 때, 로프에 걸리는 총 하중[kN]은? (단, 중력가속도는 9.8[m/s²])

① 9.6   ② 19.6
③ 29.6   ④ 39.6

해설 힘 = 질량×가속도
질량×(끌어올리는 가속도+중력가속도)
$2000×(10+9.8) = 39600[N] = 39.6[kN]$

51 산업안전보건법령상 보일러에 설치해야 하는 안전장치로 거리가 가장 먼 것은?

① 해지장치
② 압력방출장치
③ 압력제한스위치
④ 고·저수위조절장치

해설 ① **해지장치** : 훅걸이용 와이어로프 등이 훅으로부터 벗겨지는 것을 방지하기 위한 장치이다.
▶ **보일러에 설치해야 하는 안전장치**
- 고저수위 조절장치
- 압력방출장치
- 압력제한스위치
- 화염검출기

52 프레스 작동 후 작업점까지의 도달시간이 0.3초인 경우 위험한계로부터 양수조작식 방호장치의 최단 설치거리는?

① 48[cm] 이상
② 58[cm] 이상
③ 68[cm] 이상
④ 78[cm] 이상

해설 $D[\text{mm}] = 1.6 \times 0.3 \times 1000 = 480[\text{mm}] = 48[\text{cm}]$

$$D = 1.6(T_l + T_s)$$

여기서, D : 안전거리[m]

T_l : 방호장치의 작동시간[즉, 손이 광선을 차단했을 때부터 급정지기구가 작동을 개시할 때까지의 시간(초)]

T_s : 프레스의 최대정지시간[즉, 급정지기구가 작동을 개시할 때부터 슬라이드가 정지할 때까지의 시간(초)]

54 프레스의 손쳐내기식 방호장치 설치기준으로 틀린 것은?

① 방호판의 폭이 금형 폭의 1/2 이상이어야 한다.

② 슬라이드 행정수가 300[spm] 이상의 것에 사용한다.

③ 손쳐내기봉의 행정(Stroke) 길이를 금형의 높이에 따라 조정할 수 있고 진동폭은 금형폭 이상이어야 한다.

④ 슬라이드 하행정거리의 3/4 위치에서 손을 완전히 밀어내야 한다.

해설 기계의 슬라이드 작동에 의해서 제수봉의 길이 및 진폭을 조절할 수 있는 구조로 되어야 하며, 손의 안전을 확보할 수 있는 방호판이 구비되어야 한다. 이 방호판의 폭은 금형 폭의 1/2(금형의 폭이 200[mm] 이하에서 사용하는 방호판의 폭은 100[mm]) 이상이어야 하며 또 높이가 행정길이(행정길이가 300[mm]를 넘는 것은 300 [mm]의 방호판) 이상이 되어야 한다.

53 산업안전보건법령상 고속회전체의 회전시험을 하는 경우 미리 회전축의 재질 및 형상 등에 상응하는 종류의 비파괴검사를 해서 결함 유무를 확인해야 한다. 이때 검사 대상이 되는 고속회전체의 기준은?

① 회전축의 중량이 0.5[t]을 초과하고, 원주속도가 100[m/s] 이내인 것

② 회전축의 중량이 0.5[t]을 초과하고, 원주속도가 120[m/s] 이상인 것

③ 회전축의 중량이 1[t]을 초과하고, 원주속도가 100[m/s] 이내인 것

④ 회전축의 중량이 1[t]을 초과하고, 원주속도가 120[m/s] 이상인 것

해설 ▶ 비파괴검사대상 고속회전체 기준

회전축의 중량이 1[t]을 초과하고 원주속도가 120[m/s] 이상인 것

55 산업안전보건법령상 컨베이어에 설치하는 방호장치로 거리가 가장 먼 것은?

① 건널다리

② 반발예방장치

③ 비상정지장치

④ 역주행방지장치

해설 ② 반발예방장치 : 둥근톱 작업 시 가공재의 반발을 방지하기 위하여 설치하는 분할날

56 휴대형 연삭기 사용 시 안전사항에 대한 설명으로 가장 적절하지 않은 것은?

① 잘 안 맞는 장갑이나 옷은 착용하지 말 것
② 긴 머리는 묶고 모자를 착용하고 작업할 것
③ 연삭숫돌을 설치하거나 교체하기 전에 전선과 압축공기 호스를 설치할 것
④ 연삭작업 시 클램핑 장치를 사용하여 공작물을 확실히 고정할 것

> 해설 • 연삭숫돌을 설치하거나 교체한 후에 전선과 압축공기 호스를 설치할 것
> • 연삭작업 시 클램핑 장치를 사용하여 고정시키고 회전체에 장애물을 제거할 것

57 선반 작업에 대한 안전수칙으로 가장 적절하지 않은 것은?

① 선반의 바이트는 끝을 짧게 장치한다.
② 작업 중에는 면장갑을 착용하지 않도록 한다.
③ 작업이 끝난 후 절삭 칩의 제거는 반드시 브러시 등의 도구를 사용한다.
④ 작업 중 일감의 치수 측정 시 기계 운전 상태를 저속으로 하고 측정한다.

> 해설 ● **선반작업 시 안전수칙**
> • 브러시 등 도구를 사용하여 절삭 칩 제거
> • 면장갑 착용 금지
> • 기계 정지 후 치수 측정

58 다음 중 금형을 설치 및 조정할 때 안전수칙으로 가장 적절하지 않은 것은?

① 금형을 체결할 때에는 적합한 공구를 사용한다.
② 금형의 설치 및 조정은 전원을 끄고 실시한다.
③ 금형을 부착하기 전에 하사점을 확인하고 설치한다.
④ 금형을 체결할 때에는 안전블록을 잠시 제거하고 실시한다.

> 해설 ④ 금형을 체결할 때에는 안전블록을 설치하고 실시한다.

59 지게차의 방호장치에 해당하는 것은?

① 버킷
② 포크
③ 마스트
④ 헤드가드

> 해설 ● **지게차 방호장치**
> • 헤드가드
> • 전조등, 후미등
> • 백레스트
> • 안전벨트

60 다음 중 절삭가공으로 틀린 것은?

① 선반   ② 밀링
③ 프레스   ④ 보링

> 해설
> | 절삭가공기계 | 비절삭가공기계 |
> |---|---|
> | 선반, 밀링, 보링기계 | 프레스, 절곡기 |

4과목 전기위험방지기술

61 고압 및 특고압 전로에 시설하는 피뢰기의 설치장소로 잘못된 곳은?

① 가공전선로와 지중전선로가 접속되는 곳
② 발전소, 변전소의 가공전선 인입구 및 인출구
③ 고압 가공전선로에 접속하는 배전용 변압기의 저압측
④ 고압 가공전선로로부터 공급을 받는 수용장소의 인입구

- 발전소, 변전소 또는 이에 준하는 장소의 가공전선 인입구 및 인출구
- 가공전선로에 접속하는 배전용 변압기의 고압측 및 특고압측
- 고압 또는 특고압의 가공전선로로부터 공급을 받는 수용장소의 인입구
- 가공전선로와 지중전선로가 접속되는 곳

62 산업안전보건기준에 관한 규칙 제319조에 의한 정전전로에서의 정전 작업을 마친 후 전원을 공급하는 경우에 사업주가 작업에 종사하는 근로자 및 전기기기와 접촉할 우려가 있는 근로자에게 감전의 위험이 없도록 준수해야 할 사항이 아닌 것은?

① 단락 접지기구 및 작업기구를 제거하고 전기기기 등이 안전하게 통전될 수 있는지 확인한다.
② 모든 작업자가 작업이 완료된 전기기기에서 떨어져 있는지 확인한다.
③ 잠금장치와 꼬리표를 근로자가 직접 설치한다.
④ 모든 이상 유무를 확인한 후 전기기기 등의 전원을 투입한다.

해설 ③ 잠금장치와 꼬리표는 설치한 근로자가 직접 철거할 것
① 작업기구, 단락 접지기구 등을 제거하고 전기기기 등이 안전하게 통전될 수 있는지를 확인할 것
② 모든 작업자가 작업이 완료된 전기기기 등에서 떨어져 있는지를 확인할 것
④ 모든 이상 유무를 확인한 후 전기기기 등의 전원을 투입할 것

63 변압기의 최소 IP 등급은? (단, 유입 방폭구조의 변압기이다.)

① IP55
② IP56
③ IP65
④ IP66

해설 기기의 보호등급은 KS C IEC 60529에 따라 최소 IP66에 적합하다.

64 가스그룹이 IIB인 지역에 내압방폭구조 "d"의 방폭기기가 설치되어 있다. 기기의 플랜지 개구부에서 장애물까지의 최소 거리[mm]는?

① 10
② 20
③ 30
④ 40

해설 ▶ 가스그룹/최소이격거리[mm]
- IIA/10
- IIB/30
- IIC/40

65 방폭전기설비의 용기 내부에서 폭발성 가스 또는 증기가 폭발하였을 때 용기가 그 압력에 견디고 접합면이나 개구부를 통해서 외부의 폭발성 가스나 증기에 인화되지 않도록 한 방폭구조는?

① 내압 방폭구조
② 압력 방폭구조
③ 유입 방포구조
④ 본질안전 방폭구조

해설 ② **압력방폭구조** : 용기 내부에 불연성 가스인 공기나 질소를 압입시켜 내부압력을 유지함으로써 외부의 폭발성 가스가 용기 내부에 침투하지 못하도록 한 구조로 용기 안의 압력을 항상 용기 외부의 압력보다 높게 해 두어야 한다.
③ **유입방폭구조** : 아크 또는 고열을 발생하는 전기설비를 용기에 넣고 그 용기 안에 다시 기름을 채워서 외부의 폭발성 가스와 점화원이 접촉하여 인화할 위험이 없도록 하는 구조로 유입 개폐부분에는 가스를 빼내는 배기공을 설치하여야 한다.
④ **본질안전방폭구조** : 정상시 및 사고시(단선, 단락, 지락 등)에 발생하는 전기 불꽃, 아크 또는 고온에 의하여 폭발성 가스 또는 증기에 점화되지 않는 것이 점화시험, 그 밖에 의하여 확인된 구조를 말한다.

정답 62 ③ 63 ④ 64 ③ 65 ①

66 정전기가 대전된 물체를 제전시키려고 한다. 다음 중 대전된 물체의 절연저항이 증가되어 제전의 효과를 감소시키는 것은?

① 접지한다.
② 건조시킨다.
③ 도전성 재료를 첨가한다.
④ 주위를 가습한다.

해설 건조할 경우 절연저항이 증가되어 제전효과를 감소시킨다.

67 감전 등의 재해를 예방하기 위하여 특고압용 기계·기구 주위에 관계자 외 출입을 금하도록 울타리를 설치할 때, 울타리의 높이와 울타리로부터 충전부분까지의 거리의 합이 최소 몇 [m] 이상이 되어야 하는가? (단, 사용전압이 35[kV] 이하인 특고압용 기계기구이다.)

① 5[m]   ② 6[m]
③ 7[m]   ④ 9[m]

해설 35[kV] 이하 5[m]
35[kV] 초과 160[kV] 이하 6[m]

68 개폐기로 인한 발화는 스파크에 의한 가연물의 착화화재가 많이 발생한다. 이를 방지하기 위한 대책으로 틀린 것은?

① 가연성증기, 분진 등이 있는 곳은 방폭형을 사용한다.
② 개폐기를 불연성 상자 안에 수납한다.
③ 비포장 퓨즈를 사용한다.
④ 접속부분의 나사풀림이 없도록 한다.

해설 ③ 포장 퓨즈를 사용한다.

69 극간 정전용량이 1000[pF]이고, 착화에너지가 0.019 [mJ]인 가스에서 폭발한계 전압[V]은 약 얼마인가? (단, 소수점 이하는 반올림한다.)

① 3900   ② 1950
③ 390   ④ 195

해설 $W = 1/2 \times C \times V^2$
$0.019 \times 10^{-3} = 1/2 \times 1000 \times 10^{-12} \times V^2$

$$V = \sqrt{\dfrac{0.019 \times 10^{-3}}{\dfrac{1}{2} \times 1000 \times 10^{-12}}}$$

단위에 주의!

70 개폐기, 차단기, 유도 전압조정기의 최대 사용 전압이 7[kV] 이하인 전로의 경우 절연 내력 시험은 최대 사용 전압의 1.5배의 전압을 몇 분간 가하는가?

① 10   ② 15
③ 20   ④ 25

해설 개폐기, 차단기, 유도 전압조정기의 최대 사용 전압이 7[kV] 이하인 전로의 경우 절연 내력 시험은 최대 사용 전압의 1.5배의 전압을 10분간 가한다.

71 한국전기설비규정에 따라 욕조나 샤워시설이 있는 욕실 등 인체가 물에 젖어있는 상태에서 전기를 사용하는 장소에 인체감전보호용 누전차단기가 부착된 콘센트를 시설하는 경우 누전차단기의 정격감도전류 및 동작시간은?

① 15[mA] 이하, 0.01초 이하
② 15[mA] 이하, 0.03초 이하
③ 30[mA] 이하, 0.01초 이하
④ 30[mA] 이하, 0.03초 이하

해설 물이 있는 곳은 인체감전보호용 누전차단기를 설치(정격감도전류 15[mA] 이하, 동작시간은 0.03[s] 이하의 전류동작형으로 한다.)

정답 66 ② 67 ① 68 ③ 69 ④ 70 ① 71 ②

72 불활성화할 수 없는 탱크, 탱크롤리 등에 위험물을 주입하는 배관은 정전기 재해방지를 위하여 배관 내 액체의 유속제한을 한다. 배관 내 유속제한에 대한 설명으로 틀린 것은?

① 물이나 기체를 혼합하는 비수용성 위험물의 배관 내 유속은 1[m/s] 이하로 할 것

② 저항률이 10^{10}[Ω·cm] 미만의 도전성 위험물의 배관 내 유속은 7[m/s] 이하로 할 것

③ 저항률이 10^{10}[Ω·cm] 이상인 위험물의 배관 내 유속은 관내경이 0.05[m]이면 3.5[m/s] 이하로 할 것

④ 이황화탄소 등과 같이 유동대전이 심하고 폭발 위험성이 높은 것은 배관 내 유속을 3[m/s] 이하로 할 것

> **해설** ◈ 배관 내 유속제한
> • 저항률이 10^{10}[Ω·m] 미만인 도전성 위험물의 배관유속 : 7[m/s] 이하
> • 에테르, 이황화탄소 등과 같이 유동성이 심하고 폭발 위험성이 높은 것 : 1[m/s] 이하
> • 물이나 기체를 혼합한 비수용성 위험물 : 1[m/s]
> • 저항률이 10^{10}[Ω·m] 이상인 위험물의 유관의 유속은 유입구가 액면 아래로 충분히 잠길 때까지 : 1[m/s] 이하

73 절연물의 절연계급을 최고허용온도가 낮은 온도에서 높은 온도 순으로 배치한 것은?

① Y종 → A종 → E종 → B종

② A종 → B종 → E종 → Y종

③ Y종 → E종 → B종 → A종

④ B종 → Y종 → A종 → E종

> **해설** • Y종 절연 : 90[℃]
> • A종 절연 : 105[℃]
> • E종 절연 : 120[℃]
> • B종 절연 : 130[℃]
> • F종 절연 : 155[℃]
> • H종 절연 : 180[℃]
> • C종 절연 : 180[℃] 초과

74 다른 두 물체가 접촉할 때 접촉 전위차가 발생하는 원인으로 옳은 것은?

① 두 물체의 온도 차

② 두 물체의 습도 차

③ 두 물체의 밀도 차

④ 두 물체의 일함수 차

> **해설** 일함수는 에너지를 일컫는 말로 고체의 표면에서 한 개의 전자를 고체 밖으로 빼내는 데 필요한 에너지이다.

75 방폭인증서에서 방폭부품을 나타내는 데 사용되는 인증번호의 접미사는?

① "G"　　　　　　② "X"

③ "D"　　　　　　④ "U"

> **해설** 방폭부품이란 전기기기 및 모듈의 부품을 말하며 기호로는 "U"로 표시하고 폭발성 가스 분위기에서 사용하는 전기기기 및 시스템에 사용할 때 단독으로 사용하지 않고 추가로 고려사항이 요구된다.

76 속류를 차단할 수 있는 최고의 교류전압을 피뢰기의 정격전압이라고 하는데 이 값은 통상적으로 어떤 값으로 나타내고 있는가?

① 최댓값

② 평균값

③ 실횻값

④ 파곳값

> **해설** 실횻값으로 실제로 효과가 있는 값을 말한다.

72 ④　73 ①　74 ④　75 ④　76 ③　**정답**

77 전로에 시설하는 기계기구의 철대 및 금속제 외함에 접지공사를 생략할 수 없는 경우는?

① 30[V] 이하의 기계기구를 건조한 곳에 시설하는 경우

② 물기 없는 장소에 설치하는 저압용 기계기구를 위한 전로에 정격감도전류 40[mA] 이하, 동작시간 2초 이하의 전류동작형 누전차단기를 시설하는 경우

③ 철대 또는 외함의 주위에 적당한 절연대를 설치하는 경우

④ 「전기용품 및 생활용품 안전관리법」의 적용을 받는 이중절연구조로 되어 있는 기계기구를 시설하는 경우

> **해설** ② 물기 없는 장소에 설치하는 저압용 기계기구를 위한 전로에 정격감도전류 30[mA] 이하, 동작시간 0.03초 이하의 전류동작형 누전차단기를 시설하는 경우

78 인체의 전기저항을 500[Ω]으로 하는 경우 심실세동을 일으킬 수 있는 에너지는 약 얼마인가? (단, 심실세동전류 $I = \dfrac{165}{\sqrt{T}}$[mA]로 한다.)

① 13.6[J]　② 19.0[J]
③ 13.6[mJ]　④ 19.0[mJ]

> **해설** • 심실세동전류 = $165/\sqrt{1}$ = 165[mA] = 0.165[A]
> • 에너지 = 전압×전류, 전압 = 전류×저항
> • 에너지 = 전류^2×저항
> 　　= $0.165^2 \times 500$

79 전기설비에 접지를 하는 목적으로 틀린 것은?

① 누설전류에 의한 감전방지
② 낙뢰에 의한 피해방지
③ 지락사고 시 대지전위 상승유도 및 절연강도 증가
④ 지락사고 시 보호계전기 신속동작

> **해설** ③ 지락사고 시 대지전위 상승억제 및 절연강도 증가

80 한국전기설비규정에 따라 과전류차단기로 저압전로에 사용하는 범용 퓨즈(gG)의 용단전류는 정격전류의 몇 배인가? (단, 정격전류가 4[A] 이하인 경우이다.)

① 1.5배　② 1.6배
③ 1.9배　④ 2.1배

> **해설** 한국전기설비규정에 따라 과전류차단기로 저압전로에 사용하는 범용 퓨즈(gG)의 용단전류는 정격전류의 2.1배이다.

5과목 화학설비위험방지기술

81 다음 중 분진이 발화 폭발하기 위한 조건으로 거리가 먼 것은?

① 불연성질
② 미분상태
③ 점화원의 존재
④ 산소 공급

> **해설** • 불연은 불이 붙지 않는 성질이다.
> • 미분상태는 미세한 가루상태여서 표면적이 넓어 불붙기 좋다.

82 다음 중 폭발한계[vol%]의 범위가 가장 넓은 것은?

① 메탄   ② 부탄

③ 톨루엔   ④ 아세틸렌

> 해설 ④ **아세틸렌** : 2.5~81
> ① **메탄** : 5~15
> ② **부탄** : 1.9~8.5
> ③ **톨루엔** : 1.4~6.7

83 다음 중 최소발화에너지(E[J])를 구하는 식으로 옳은 것은? (단, I는 전류[A], R은 저항[Ω], V는 전압[V], C는 콘덴서용량[F], T는 시간[초]이라 한다.)

① $E = IRT$

② $E = 0.24 I^2 \sqrt{R}$

③ $E = \dfrac{1}{2} C V^2$

④ $E = \dfrac{1}{2} \sqrt{C^2 V}$

> 해설 $E = 1/2 \times C \times V^2$

84 공기 중에서 A 물질의 폭발하한계가 4[vol%], 상한계가 75[vol%]라면 이 물질의 위험도는?

① 16.75   ② 17.75

③ 18.75   ④ 19.75

> 해설 위험도 = (상한계−하한계)/하한계
> = (75−4)/4 = 17.75

85 다음 중 관의 지름을 변경하고자 할 때 필요한 관 부속품은?

① elbow

② reducer

③ plug

④ valve

> 해설 ② **reducer** : 배관의 지름을 감소(줄어든다)
> ① **elbow** : 배관의 방향을 변경
> ③ **plug** : 배관의 끝을 막을 때
> ④ **valve** : 유체 흐름 개폐

86 산업안전보건법령상 다음 내용에 해당하는 폭발 위험장소는?

> 20종 장소 밖으로서 분진운 형태의 가연성 분진이 폭발농도를 형성할 정도의 충분한 양이 정상작동 중에 존재할 수 있는 장소를 말한다.

① 21종 장소

② 22종 장소

③ 0종 장소

④ 1종 장소

> 해설
>
> | | | |
> |---|---|---|
> | 분진폭발위험장소 | 20종 장소 | • 밀폐방진방폭구조(DIP A20 또는 B20)
• 그 밖에 관련 공인 인증기관이 20종 장소에서 사용이 가능한 방폭구조로 인증한 방폭구조 |
> | | 21종 장소 | • 밀폐방진방폭구조(DIP A20 또는 A21, DIP B20 또는 B21)
• 밀폐방전방폭구조(SDP)
• 그 밖에 관련 공인 인증기간이 21종 장소에서 사용이 가능한 방폭구조로 인증한 방폭구조 |
> | | 22종 장소 | • 20종 장소 및 21종 장소에 사용 가능한 방폭구조
• 일반방진방폭구조(DIP A22 또는 B22)
• 그 밖에 22종 장소에서 사용하도록 특별히 고안된 비방폭형 구조 |

82 ④   83 ③   84 ②   85 ②   86 ①   **정답**

87 Li과 Na에 관한 설명으로 틀린 것은?

① 두 금속 모두 실온에서 자연발화의 위험성이 있으므로 알코올 속에 저장해야 한다.

② 두 금속은 물과 반응하여 수소기체를 발생한다.

③ Li은 비중 값이 물보다 작다.

④ Na는 은백색의 무른 금속이다.

> **해설** ① 두 금속 모두 실온에서 자연발화의 위험성이 있으므로 석유 속에 저장해야 한다.

88 다음 중 누설 발화형 폭발재해의 예방 대책으로 가장 거리가 먼 것은?

① 발화원 관리

② 밸브의 오동작 방지

③ 가연성 가스의 연소

④ 누설물질의 검지 경보

> **해설** ③ 가연성가스의 연소를 막아야 한다.

89 수분을 함유하는 에탄올에서 순수한 에탄올을 얻기 위해 벤젠과 같은 물질을 첨가하여 수분을 제거하는 증류 방법은?

① 공비증류

② 추출증류

③ 가압증류

④ 감압증류

> **해설** ① **공비증류** : 물질을 첨가하여 수분을 제거하는 방법
> ② **추출증류** : 두 성분의 분리를 허용하기 위해 이원혼합물에 세 번째 성분을 첨가
> ③ **가압증류** : 대기압보다 높은 압력을 가하는 증류
> ④ **감압증류** : 끓는점이 비교적 높은 액체 혼합물을 분리하기 위하여 액체에 작용한 압력을 감소

90 다음 중 인화점에 관한 설명으로 옳은 것은?

① 액체의 표면에서 발생한 증기농도가 공기 중에서 연소하한 농도가 될 수 있는 가장 높은 액체온도

② 액체의 표면에서 발생한 증기농도가 공기 중에서 연소상한 농도가 될 수 있는 가장 낮은 액체온도

③ 액체의 표면에 발생한 증기농도가 공기 중에서 연소하한 농도가 될 수 있는 가장 낮은 액체온도

④ 액체의 표면에서 발생한 증기농도가 공기 중에서 연소상한 농도가 될 수 있는 가장 높은 액체온도

> **해설** 인화점은 기체 또는 휘발성 액체에서 발생하는 증기가 공기와 섞여 가연성 또는 완폭발성 혼합기체를 형성하고 여기에 불꽃을 가까이 댔을 때 순간적으로 섬광을 내면서 연소, 인화되는 최저의 온도를 말한다.

91 분진폭발의 특징에 관한 설명으로 옳은 것은?

① 가스폭발보다 발생에너지가 작다.

② 폭발압력과 연소속도는 가스폭발보다 크다.

③ 입자의 크기, 부유성 등이 분진폭발에 영향을 준다.

④ 불완전연소로 인한 가스중독의 위험성은 작다.

> **해설** ❯ **분진폭발의 특징**
> • 가스폭발과 비교하여 작지만 연소시간이 길다.
> • 발생에너지가 크기 때문에 파괴력과 타는 정도가 크다.
> • 발화에너지는 상대적으로 훨씬 크다.

정답 87 ① 88 ③ 89 ① 90 ③ 91 ③

92 위험물안전관리법령상 제1류 위험물에 해당하는 것은?

① 과염소산나트륨

② 과염소산

③ 과산화수소

④ 과산화벤조일

해설 ② **과염소산** : 제6류 위험물

③ **과산화수소** : 제6류 위험물

④ **과산화벤조일** : 제5류 위험물

93 다음 중 질식소화에 해당하는 것은?

① 가연성 기체의 분출화재 시 주 밸브를 닫는다.

② 가연성 기체의 연쇄반응을 차단하여 소화한다.

③ 연료 탱크를 냉각하여 가연성 가스의 발생속도를 작게 한다.

④ 연소하고 있는 가연물이 존재하는 장소를 기계적으로 폐쇄하여 공기의 공급을 차단한다.

해설 질식소화는 가연물이 연소할 때 공기 중의 산소농도(약 21[%])를 10~15[%]로 떨어뜨려 연소를 중단시키는 방법으로 대부분의 액체는 공기 중의 산소함량이 15[%] 이하로 되면 소화되고 고체는 6[%], 아세틸렌은 4[%] 이하가 되면 소화된다. 이의 대표적인 소화제가 이산화탄소(CO_2)이다.

① 가연성 기체의 분출화재 시 주 밸브를 닫는다.

– 제거소화

② 가연성 기체의 연쇄반응을 차단하여 소화한다.

– 억제소화

③ 연료 탱크를 냉각하여 가연성 가스의 발생속도를 작게 한다. – 냉각소화

94 산업안전보건기준에 관한 규칙에서 정한 위험물질의 종류에서 "물반응성 물질 및 인화성 고체"에 해당하는 것은?

① 질산에스테르류

② 니트로화합물

③ 칼륨·나트륨

④ 니트로소화합물

해설 ◈ **물반응성 물질 및 인화성 고체**(안전보건규칙 별표 1)

• 리튬

• 칼륨·나트륨

• 황

• 황린

• 황화인·적린

• 셀룰로이드류

• 알킬알루미늄·알킬리튬

• 마그네슘 분말

• 금속 분말(마그네슘 분말은 제외한다)

• 알칼리금속(리튬·칼륨 및 나트륨은 제외한다)

• 유기금속화합물(알킬알루미늄 및 알킬리튬은 제외한다)

• 금속의 수소화물

• 금속의 인화물

• 칼슘 탄화물, 알루미늄 탄화물

• 위의 물질과 같은 정도의 발화성 또는 인화성 있는 물질

• 위의 물질을 함유한 물질

95 공기 중 아세톤의 농도가 200[ppm](TLV 500[ppm]), 메틸에틸케톤(MEK)의 농도가 100[ppm](TLV 200[ppm])일 때 혼합물질의 허용농도[ppm]는? (단, 두 물질은 서로 상가작용을 하는 것으로 가정한다.)

① 150

② 200

③ 270

④ 333

해설 200/500+100/200 = 0.9(노출지수)

허용농도 = 혼합물의 공기 중 농도/노출지수

= (200+100)/0.9 = 333[ppm]

96 포스겐가스 누설검지의 시험지로 사용되는 것은?

① 연당지

② 염화파라듐지

③ 하리슨시험지

④ 초산벤젠지

해설 포스겐가스 누설검지의 시험지는 해리슨(하리슨)시험지로 유자색이다.

97 안전밸브 전단·후단에 자물쇠형 또는 이에 준하는 형식의 차단밸브 설치를 할 수 있는 경우에 해당하지 않는 것은?

① 자동압력조절밸브와 안전밸브 등이 직렬로 연결된 경우

② 화학설비 및 그 부속설비에 안전밸브 등이 복수방식으로 설치되어 있는 경우

③ 열팽창에 의하여 상승된 압력을 낮추기 위한 목적으로 안전밸브가 설치된 경우

④ 인접한 화학설비 및 그 부속설비에 안전밸브 등이 각각 설치되어 있고, 해당 화학설비 및 그 부속설비의 연결배관에 차단밸브가 없는 경우

해설 ① 자동압력조절밸브와 안전밸브 등이 병렬로 연결된 경우

98 압축하면 폭발할 위험성이 높아 아세톤 등에 용해시켜 다공성 물질과 함께 저장하는 물질은?

① 염소　　　　② 아세틸렌

③ 에탄　　　　④ 수소

해설 아세틸렌가스는 압축하거나 액화시키면 분해 폭발을 일으키므로 용기에 다공 물질과 가스를 잘 녹이는 용제(아세톤, 디메틸포름아미드 등)를 넣어 용해시켜 충전한다.

99 산업안전보건법령상 대상 설비에 설치된 안전밸브에 대해서는 경우에 따라 구분된 검사주기마다 안전밸브가 적정하게 작동하는지 검사하여야 한다. 화학공정 유체와 안전밸브의 디스크 또는 시트가 직접 접촉될 수 있도록 설치된 경우의 검사주기로 옳은 것은?

① 매년 1회 이상

② 2년마다 1회 이상

③ 3년마다 1회 이상

④ 4년마다 1회 이상

해설 화학공정 유체와 안전밸브의 디스크 또는 시트가 직접 접촉될 수 있도록 설치된 경우 매년 1회 이상이다.

100 위험물을 산업안전보건법령에서 정한 기준량 이상으로 제조하거나 취급하는 설비로서 특수화학설비에 해당되는 것은?

① 가열시켜 주는 물질의 온도가 가열되는 위험물질의 분해온도보다 높은 상태에서 운전되는 설비

② 상온에서 게이지 압력으로 200[kPa]의 압력으로 운전되는 설비

③ 대기압 하에서 300[℃]로 운전되는 설비

④ 흡열반응이 행하여지는 반응설비

정답　96 ③　97 ①　98 ②　99 ①　100 ①

해설 ▶ 특수화학설비(안전보건규칙 제273조)
- 발열반응이 일어나는 반응장치
- 증류·정류·증발·추출 등 분리를 하는 장치
- 가열시켜 주는 물질의 온도가 가열되는 위험물질의 분해온도 또는 발화점보다 높은 상태에서 운전되는 설비
- 반응폭주 등 이상 화학반응에 의하여 위험물질이 발생할 우려가 있는 설비
- 온도가 섭씨 350[℃] 이상이거나 게이지 압력이 980[kPa] 이상인 상태에서 운전되는 설비
- 가열로 또는 가열기

6과목 | 건설안전기술

101 산업안전보건법령에서 규정하는 철골작업을 중지하여야 하는 기후조건에 해당하지 않는 것은?

① 풍속이 초당 10[m] 이상인 경우
② 강우량이 시간당 1[mm] 이상인 경우
③ 강설량이 시간당 1[cm] 이상인 경우
④ 기온이 영하 5[℃] 이하인 경우

해설 ▶ 철골작업 시 안전상 작업중지 사유(안전보건규칙 제383조)
- 풍속이 초당 10[m] 이상인 경우
- 강우량이 시간당 1[mm] 이상인 경우
- 강설량이 시간당 1[cm] 이상인 경우

102 차량계 건설기계를 사용하여 작업을 하는 경우 작업계획서 내용에 포함되지 않는 사항은?

① 사용하는 차량계 건설기계의 종류 및 성능
② 차량계 건설기계의 운행경로
③ 차량계 건설기계에 의한 작업방법
④ 차량계 건설기계 사용 시 유도자 배치 위치

해설 ▶ 차량계 건설기계 작업계획서 포함사항(안전보건규칙 별표 4)
- 사용하는 차량계 건설기계의 종류 및 성능
- 차량계 건설기계의 운행경로
- 차량계 건설기계에 의한 작업방법

103 유해위험방지계획서를 고용노동부장관에게 제출하고 심사를 받아야 하는 대상 건설공사 기준으로 옳지 않은 것은?

① 최대 지간길이가 50[m] 이상인 다리의 건설등 공사
② 지상높이 25[m] 이상인 건축물 또는 인공구조물의 건설등 공사
③ 깊이 10[m] 이상인 굴착공사
④ 다목적댐, 발전용댐, 저수용량 2천만[t] 이상의 용수 전용 댐 및 지방상수도 전용 댐의 건설등 공사

해설 ② 지상높이가 31[m] 이상(10층 정도)인 건축물 또는 인공구조물(산업안전보건법 시행령 제42조 제3항 제1호 가목)

104 공사진척에 따른 공정률이 다음과 같을 때 안전관리비 사용기준으로 옳은 것은? (단, 공정률은 기성공정률을 기준으로 함)

공정률 : 70[%] 이상, 90[%] 미만

① 50[%] 이상   ② 60[%] 이상
③ 70[%] 이상   ④ 80[%] 이상

해설

공정률	50[%] 이상 70[%] 미만	70[%] 이상 90[%] 미만	90[%] 이상
사용기준	50[%] 이상	70[%] 이상	90[%] 이상

105 미리 작업장소의 지형 및 지반상태 등에 적합한 제한속도를 정하지 않아도 되는 차량계 건설기계의 속도 기준은?

① 최대제한속도가 10[km/h] 이하
② 최대제한속도가 20[km/h] 이하
③ 최대제한속도가 30[km/h] 이하
④ 최대제한속도가 40[km/h] 이하

> **해설** 차량계 하역운반기계, 차량계 건설기계(최대제한속도가 10[km/h] 이하인 것은 제외한다)를 사용하여 작업을 하는 경우 미리 작업장소의 지형 및 지반 상태 등에 적합한 제한속도를 정하고, 운전자로 하여금 준수하도록 하여야 한다(안전보건규칙 제98조).

106 사면 보호 공법 중 구조물에 의한 보호 공법에 해당되지 않는 것은?

① 블록공
② 식생구멍공
③ 돌쌓기공
④ 현장타설 콘크리트 격자공

> **해설** ② 식생공은 건설재해대책의 사면보호공법 중 식물을 생육시켜 그 뿌리로 사면의 표층토를 고정하여 빗물에 의한 침식, 동상, 이완 등을 방지하고, 녹화에 의한 경관조성이 목적이다.

107 안전계수가 4이고 2000[MPa]의 인장강도를 갖는 강선의 최대허용응력은?

① 500[MPa]
② 1000[MPa]
③ 1500[MPa]
④ 2000[MPa]

> **해설** 허용응력 $= \dfrac{\text{인장강도}}{\text{안전계수}} = \dfrac{2,000}{4} = 500$

108 터널공사의 전기발파작업에 관한 설명으로 옳지 않은 것은?

① 전선은 점화하기 전에 화약류를 충진한 장소로부터 30[m] 이상 떨어진 안전한 장소에서 도통시험 및 저항시험을 하여야 한다.
② 점화는 충분한 허용량을 갖는 발파기를 사용하고 규정된 스위치를 반드시 사용하여야 한다.
③ 발파 후 발파기와 발파모선의 연결을 유지한 채 그 단부를 절연시킨 후 재점화가 되지 않도록 한다.
④ 점화는 선임된 발파책임자가 행하고 발파기의 핸들을 점화할 때 이외는 시건장치를 하거나 모선을 분리하여야 하며 발파책임자의 엄중한 관리하에 두어야 한다.

> **해설** ③ 발파 후 발파기와 발파모선의 연결을 분리한 후 그 단부를 절연시킨 후 재점화가 되지 않도록 한다.

109 화물을 적재하는 경우의 준수사항으로 옳지 않은 것은?

① 침하 우려가 없는 튼튼한 기반 위에 적재할 것
② 건물의 칸막이나 벽 등이 화물의 압력에 견딜 만큼의 강도를 지니지 아니한 경우에는 칸막이나 벽에 기대어 적재하지 않도록 할 것
③ 불안정한 정도로 높이 쌓아 올리지 말 것
④ 하중을 한쪽으로 치우치더라도 화물을 최대한 효율적으로 적재할 것

> **해설** ▶ **화물 적재 시 준수사항**(안전보건규칙 제393조)
> • 침하 우려가 없는 튼튼한 기반 위에 적재할 것
> • 건물의 칸막이나 벽 등이 화물의 압력에 견딜 만큼의 강도를 지니지 아니한 경우에는 칸막이나 벽에 기대어 적재하지 않도록 할 것
> • 불안정할 정도로 높이 쌓아 올리지 말 것
> • 하중이 한쪽으로 치우치지 않도록 쌓을 것

정답 105 ① 106 ② 107 ① 108 ③ 109 ④

110 발파구간 인접구조물에 대한 피해 및 손상을 예방하기 위한 건물기초에서의 허용진동치[cm/sec] 기준으로 옳지 않은 것은? (단, 기존 구조물에 금이 가 있거나 노후구조물 대상일 경우 등은 고려하지 않는다.)

① 문화재 : 0.2[cm/sec]
② 주택, 아파트 : 0.5[cm/sec]
③ 상가 : 1.0[cm/sec]
④ 철골콘크리트 빌딩 : 0.8~1.0[cm/sec]

해설

건물분류	문화재	주택 아파트	상가 (금이 없는 상태)	철골 콘크리트 빌딩 및 상가
허용진동치 [cm/sec]	0.2	0.5	1.0	1.0~4.0

111 거푸집동바리 등을 조립 또는 해체하는 작업을 하는 경우의 준수사항으로 옳지 않은 것은?

① 재료, 기구 또는 공구 등을 올리거나 내리는 경우에는 근로자로 하여금 달줄·달포대 등의 사용을 금하도록 할 것
② 낙하·충격에 의한 돌발적 재해를 방지하기 위하여 버팀목을 설치하고 거푸집동바리 등을 인양장비에 매단 후에 작업을 하도록 하는 등 필요한 조치를 할 것
③ 비, 눈, 그 밖의 기상상태의 불안정으로 날씨가 몹시 나쁜 경우에는 그 작업을 중지할 것
④ 해당 작업을 하는 구역에는 관계 근로자가 아닌 사람의 출입을 금지할 것

해설 ▶ **거푸집동바리 조립·해체작업 시 준수사항**(안전보건규칙 제336조)
• 해당 작업을 하는 구역에는 관계 근로자가 아닌 사람의 출입을 금지할 것
• 비, 눈, 그 밖의 기상상태의 불안정으로 날씨가 몹시 나쁜 경우에는 그 작업을 중지할 것
• 재료, 기구 또는 공구 등을 올리거나 내리는 경우에는 근로자로 하여금 달줄·달포대 등을 사용하도록 할 것
• 낙하·충격에 의한 돌발적 재해를 방지하기 위하여 버팀목을 설치하고 거푸집동바리 등을 인양장비에 매단 후에 작업을 하도록 하는 등 필요한 조치를 할 것

112 강관을 사용하여 비계를 구성하는 경우 준수하여야 할 기준으로 옳지 않은 것은?

① 비계기둥의 간격은 띠장 방향에서는 1.85[m] 이하, 장선(長線) 방향에서는 1.5[m] 이하로 할 것
② 띠장 간격은 2.0[m] 이하로 할 것
③ 비계기둥의 제일 윗부분으로부터 31[m] 되는 지점 밑부분의 비계기둥은 3개의 강관으로 묶어 세울 것
④ 비계기둥 간의 적재하중은 400[kg]을 초과하지 않도록 할 것

해설 ③ 비계기둥의 제일 윗부분으로부터 31[m] 되는 지점 밑부분의 비계기둥은 2개의 강관으로 묶어 세울 것. 다만, 브라켓(bracket, 까치발) 등으로 보강하여 2개의 강관으로 묶을 경우 이상의 강도가 유지되는 경우에는 그러하지 아니하다.
① 비계기둥의 간격은 띠장 방향에서는 1.85[m] 이하, 장선(長線) 방향에서는 1.5[m] 이하로 할 것. 다만, 선박 및 보트 건조작업의 경우 안전성에 대한 구조검토를 실시하고 조립도를 작성하면 띠장 방향 및 장선 방향으로 각각 2.7[m] 이하로 할 수 있다.
② 띠장 간격은 2.0[m] 이하로 할 것. 다만, 작업의 성질상 이를 준수하기가 곤란하여 쌍기둥틀 등에 의하여 해당 부분을 보강한 경우에는 그러하지 아니하다.
④ 비계기둥 간의 적재하중은 400[kg]을 초과하지 않도록 할 것

110 ④ 111 ① 112 ③ 정답

113 지하수위 상승으로 포화된 사질토 지반의 액상화 현상을 방지하기 위한 가장 직접적이고 효과적인 대책은?

① well point 공법 적용
② 동다짐 공법 적용
③ 입도가 불량한 재료를 입도가 양호한 재료로 치환
④ 밀도를 증가시켜 한계간극비 이하로 상대밀도를 유지하는 방법 강구

> **해설** well point 공법은 지름 5[cm], 길이 1[m] 정도의 필터가 달린 흡수기(well point)를 1~2[m] 간격으로 설치하고 펌프로 지하수를 빨아 올림으로써 지하수위를 낮추는 방법이다.

114 크레인 등 건설장비의 가공전선로 접근 시 안전대책으로 옳지 않은 것은?

① 안전 이격거리를 유지하고 작업한다.
② 장비를 가공전선로 밑에 보관한다.
③ 장비의 조립, 준비 시부터 가공전선로에 대한 감전 방지 수단을 강구한다.
④ 장비 사용 현장의 장애물, 위험물 등을 점검 후 작업계획을 수립한다.

> **해설** ② 가공전선로를 최대한 멀리한다.

115 흙의 투수계수에 영향을 주는 인자에 관한 설명으로 옳지 않은 것은?

① 포화도 : 포화도가 클수록 투수계수도 크다.
② 공극비 : 공극비가 클수록 투수계수는 작다.
③ 유체의 점성계수 : 점성계수가 클수록 투수계수는 작다.
④ 유체의 밀도 : 유체의 밀도가 클수록 투수계수는 크다.

> **해설** ② 공극비가 작을수록 투수계수는 작다.

116 다음 중 지하수위 측정에 사용되는 계측기는? (문제 오류로 정답 없음 처리됨)

① Load Cell
② Inclinometer
③ Extensometer
④ Piezometer

> **해설**
> ① **Load Cell** : 하중측정
> ② **Inclinometer** : 지중 수평 변위 측정
> ③ **Extensometer** : 지중 수직 변위 측정
> ④ **Piezometer** : 지하수면이나 정수압면의 표고값을 관측하기 위해 설치
> ※ 당초에는 답이 ④로 발표되었으나, 최종발표에서 정답 없음으로 모두 정답처리되었다.
> 굴착공사 계측관리 기술지침에 의하면, 지하수위 변화는 지하수위계(water level meter)로 계측한다.

117 이동식비계를 조립하여 작업을 하는 경우에 준수하여야 할 기준으로 옳지 않은 것은?

① 승강용사다리는 견고하게 설치할 것
② 비계의 최상부에서 작업을 하는 경우에는 안전난간을 설치할 것
③ 작업발판의 최대적재하중은 400[kg]을 초과하지 않도록 할 것
④ 작업발판은 항상 수평을 유지하고 작업발판 위에서 안전난간을 딛고 작업을 하거나 받침대 또는 사다리를 사용하여 작업하지 않도록 할 것

> **해설** ▶ **이동식비계 조립·작업 시 준수사항**(안전보건규칙 제68조)
> • 이동식비계의 바퀴에는 뜻밖의 갑작스러운 이동 또는 전도를 방지하기 위하여 브레이크·쐐기 등으로 바퀴를 고정시킨 다음 비계의 일부를 견고한 시설물에 고정하거나 아웃트리거(outrigger, 전도방지용 지지대)를 설치하는 등 필요한 조치를 할 것

정답 113 ① 114 ② 115 ② 116 정답 없음 117 ③

- 승강용사다리는 견고하게 설치할 것
- 비계의 최상부에서 작업을 하는 경우에는 안전난간을 설치할 것
- 작업발판은 항상 수평을 유지하고 작업발판 위에서 안전난간을 딛고 작업을 하거나 받침대 또는 사다리를 사용하여 작업하지 않도록 할 것
- 작업발판의 최대적재하중은 250[kg]을 초과하지 않도록 할 것

118 터널 지보공을 조립하거나 변경하는 경우에 조치하여야 하는 사항으로 옳지 않은 것은?

① 목재의 터널 지보공은 그 터널 지보공의 각 부재에 작용하는 긴압 정도를 체크하여 그 정도가 최대한 차이나도록 할 것

② 강(鋼)아치 지보공의 조립은 연결볼트 및 띠장 등을 사용하여 주재 상호 간을 튼튼하게 연결할 것

③ 기둥에는 침하를 방지하기 위하여 받침목을 사용하는 등의 조치를 할 것

④ 주재(主材)를 구성하는 1세트의 부재는 동일 평면 내에 배치할 것

해설 ▶ **터널 지보공 조립·변경 시 조치사항**(안전보건규칙 제364조)
- 주재(主材)를 구성하는 1세트의 부재는 동일 평면 내에 배치할 것
- 목재의 터널 지보공은 그 터널 지보공의 각 부재의 긴압 정도가 균등하게 되도록 할 것
- 기둥에는 침하를 방지하기 위하여 받침목을 사용하는 등의 조치를 할 것
- 강(鋼)아치 지보공의 조립은 다음 각 목의 사항을 따를 것
  - 조립간격은 조립도에 따를 것
  - 주재가 아치작용을 충분히 할 수 있도록 쐐기를 박는 등 필요한 조치를 할 것
  - 연결볼트 및 띠장 등을 사용하여 주재 상호 간을 튼튼하게 연결할 것
  - 터널 등의 출입구 부분에는 받침대를 설치할 것
  - 낙하물이 근로자에게 위험을 미칠 우려가 있는 경우에는 널판 등을 설치할 것

119 거푸집동바리 등을 조립하는 경우에 준수하여야 하는 기준으로 옳지 않은 것은?

① 동바리로 사용하는 파이프 서포트를 이어서 사용하는 경우에는 3개 이상의 볼트 또는 전용철물을 사용하여 이을 것

② 동바리로 사용하는 강관은 높이 2[m] 이내마다 수평연결재를 2개 방향으로 만들 것

③ 깔목의 사용, 콘크리트 타설, 말뚝박기 등 동바리의 침하를 방지하기 위한 조치를 할 것

④ 동바리로 사용하는 파이프 서포트를 3개 이상 이어서 사용하지 않도록 할 것

해설 ① 파이프 서포트를 이어서 사용하는 경우에는 4개 이상의 볼트 또는 전용철물을 사용하여 이을 것(안전보건규칙 제332조 제8호)

120 가설통로를 설치하는 경우 준수하여야 할 기준으로 옳지 않은 것은?

① 경사는 30[°] 이하로 할 것

② 경사가 15[°]를 초과하는 경우에는 미끄러지지 아니하는 구조로 할 것

③ 추락할 위험이 있는 장소에는 안전난간을 설치할 것

④ 수직갱에 가설된 통로의 길이가 15[m] 이상인 경우에는 7[m] 이내마다 계단참을 설치할 것

해설 ▶ **가설통로 설치기준**(안전보건규칙 제23조)
- 견고한 구조로 할 것
- 경사는 30[°] 이하로 할 것
- 경사는 15[°]를 초과하는 때에는 미끄러지지 아니하는 구조로 할 것
- 추락의 위험이 있는 장소에는 안전난간을 설치할 것
- 수직갱에 가설된 통로의 길이가 15[m] 이상인 때에는 10[m] 이내마다 계단참을 설치할 것

118 ① 119 ① 120 ④ **정답**

2021년 제2회 기출 복원문제

1과목 안전관리론

01 학습을 자극(Stimulus)에 의한 반응(Response)으로 보는 이론에 해당하는 것은?

① 장설(Field Theory)
② 통찰설(Insight Theory)
③ 기호형태설(Sign-gestalt Theory)
④ 시행착오설(Trial and Error Theory)

> **해설** **S-R이론**(자극에 의한 반응으로 보는 이론)
> • 시행착오설
> • 조건반사설
> • 접근적 조건화설
> • 도구적 조건화설

02 하인리히의 사고방지 기본원리 5단계 중 시정방법의 선정 단계에 있어서 필요한 조치가 아닌 것은?

① 인사조정
② 안전행정의 개선
③ 교육 및 훈련의 개선
④ 안전점검 및 사고조사

> **해설** **제4단계 – 시정 방법의 선정**(분석을 통해 색출된 원인)
> • 기술적 개선
> • 배치 조정(인사조정)
> • 교육 및 훈련 개선
> • 안전 행정 개선
> • 규정 및 수칙, 작업표준, 제도의 개선
> • 안전 운동 전개 등의 효과적인 개선 방법을 선정한다.

03 산업안전보건법령상 안전보건교육 교육대상별 교육내용 중 관리감독자 정기교육의 내용으로 틀린 것은?

① 정리정돈 및 청소에 관한 사항
② 유해·위험 작업환경 관리에 관한 사항
③ 표준안전작업방법 및 지도 요령에 관한 사항
④ 작업공정의 유해·위험과 재해 예방대책에 관한 사항

> **해설** **관리감독자 정기교육 내용**
> • 산업안전 및 사고 예방에 관한 사항
> • 산업보건 및 직업병 예방에 관한 사항
> • 유해·위험 작업환경 관리에 관한 사항
> • 산업안전보건법령 및 산업재해보상보험 제도에 관한 사항
> • 직무스트레스 예방 및 관리에 관한 사항
> • 직장 내 괴롭힘, 고객의 폭언 등으로 인한 건강장해 예방 및 관리에 관한 사항
> • 작업공정의 유해·위험과 재해 예방대책에 관한 사항
> • 표준안전 작업방법 및 지도 요령에 관한 사항
> • 관리감독자의 역할 및 임무에 관한 사항
> • 안전보건교육 능력 배양에 관한 사항

04 산업안전보건법령상 협의체 구성 및 운영에 관한 사항으로 ( )에 알맞은 내용은?

> 도급인은 관계수급인 근로자가 도급인의 사업장에서 작업을 하는 경우 도급인과 수급인을 구성원으로 하는 안전 및 보건에 관한 협의체를 구성 및 운영하여야 한다. 이 협의체는 ( ) 정기적으로 회의를 개최하고 그 결과를 기록·보존해야 한다.

① 매월 1회 이상
② 2개월마다 1회
③ 3개월마다 1회
④ 6개월마다 1회

해설 노사협의체의 회의는 정기회의와 임시회의로 구분하여 개최하되, 정기회의는 2개월마다 노사협의체의 위원장이 소집하며, 임시회의는 위원장이 필요하다고 인정할 때에 소집한다.

05 산업안전보건법령상 프레스를 사용하여 작업을 할 때 작업시작 전 점검사항으로 틀린 것은?

① 방호장치의 기능
② 언로드밸브의 기능
③ 금형 및 고정볼트 상태
④ 클러치 및 브레이크의 기능

해설 ▶ **프레스 작업시작 전 점검사항**
- 클러치 및 브레이크의 기능
- 크랭크축·플라이휠·슬라이드·연결봉 및 연결 나사의 풀림 여부
- 1행정 1정지기구·급정지장치 및 비상정지장치의 기능
- 슬라이드 또는 칼날에 의한 위험방지 기구의 기능
- 프레스의 금형 및 고정볼트 상태
- 방호장치의 기능
- 전단기(剪斷機)의 칼날 및 테이블의 상태

06 데이비스(K. Davis)의 동기부여 이론에 관한 등식에서 그 관계가 틀린 것은?

① 지식×기능 = 능력
② 상황×능력 = 동기유발
③ 능력×동기유발 = 인간의 성과
④ 인간의 성과×물질의 성과 = 경영의 성과

해설
- 경영의 성과=인간의 성과×물적인 성과
- 능력(ability)＝지식(knowledge)×기능(skill)
- 동기유발(motivation)＝상황(situation)×태도(attitude)
- 인간의 성과(human performance)＝능력(ability)×동기유발(motivation)

07 산업안전보건법령상 보호구 안전인증 대상 방독 마스크의 유기화합물용 정화통 외부 측면 표시 색으로 옳은 것은?

① 갈색
② 녹색
③ 회색
④ 노랑색

해설 ▶ **정화통의 종류와 색깔**
- 할로겐가스용(보통가스용), 황화수소용, 시안화수소용
  – A : 회색 및 흑색(활성탄, 소다라임)
- 유기가스용 – C : 흑색(활성탄)
- 암모니아용 – H : 녹색(큐프라마이트)
- 일산화탄소용 – E : 적색(홉카라이트, 방습제)
- 아황산가스용 – I : 황색(산화금속, 알칼리제제)
- 유기화합물용 –갈색

08 재해원인 분석기법의 하나인 특성요인도의 작성 방법에 대한 설명으로 틀린 것은?

① 큰 뼈는 특성이 일어나는 요인이라고 생각되는 것을 크게 분류하여 기입한다.
② 등뼈는 원칙적으로 우측에서 좌측으로 향하여 가는 화살표를 기입한다.
③ 특성의 결정은 무엇에 대한 특성요인도를 작성할 것인가를 결정하고 기입한다.
④ 중뼈는 특성이 일어나는 큰 뼈의 요인마다 다시 미세하게 원인을 결정하여 기입한다.

해설 ▶ **특성요인도 작성법**
- 특성(문제점)을 정한다.
- 등뼈를 기입하고 등뼈는 특성을 오른쪽에 적고, 굵은 화살표(등뼈)를 기입한다.
- 큰 뼈를 기입한다. 큰 뼈는 특성이 생기는 원인이라고 생각되는 것을 크게 분류하면 어떤 것이 있는가를 찾아내어 그것을 큰 뼈로서 화살표로 기입한다. 큰 뼈는 4~8개 정도가 적당하다.
- 중뼈, 잔뼈를 기입한다. 큰 뼈의 하나하나에 대해서 특성이 발생되는 원인을 생각하여 중뼈를 화살표로 기입한다. 그 다음 중뼈에 대하여 그 원인이 되는 것(잔뼈)을 화살표로 기입한다.

- 기입 누락이 없는가를 체크한다. 큰 뼈 전부에 중뼈, 잔뼈의 기입이 끝났으면, 전체에 대해 원인으로 생각되는 것이 빠짐없이 들어갔는가를 체크하여 기입 누락이 있으면 추가 기입한다.
- 영향이 큰 것에 표를 한다.

09 TWI의 교육 내용 중 인간관계 관리방법, 즉 부하 통솔법을 주로 다루는 것은?

① JST(Job Safety Training)
② JMT(Job Method Training)
③ JRT(Job Relation Training)
④ JIT(Job Instruction Training)

해설 ▶ **TWI 훈련의 종류**
- **Job Method Training**(J. M. T) : 작업방법훈련 – 작업의 개선방법에 대한 훈련
- **Job Instruction Training**(J. I. T) : 작업지도훈련 – 작업을 가르치는 기법 훈련
- **Job Relations Training**(J. R. T) : 인간관계훈련 – 사람을 다루는 기법훈련
- **Job Safety Training**(J. S. T) : 작업안전훈련 – 작업안전에 대한 훈련기법

10 산업안전보건법령상 안전보건관리규정에 반드시 포함되어야 할 사항이 아닌 것은? (단, 그 밖에 안전 및 보건에 관한 사항은 제외한다.)

① 재해코스트 분석 방법
② 사고 조사 및 대책 수립
③ 작업장 안전 및 보건관리
④ 안전 및 보건 관리조직과 그 직무

해설 ▶ **안전보건관리규정 작성**
- 안전 및 보건에 관한 관리조직과 그 직무에 관한 사항
- 안전보건교육에 관한 사항
- 작업장의 안전 및 보건 관리에 관한 사항
- 사고 조사 및 대책 수립에 관한 사항
- 그 밖에 안전 및 보건에 관한 사항

11 재해조사에 관한 설명으로 틀린 것은?

① 조사목적에 무관한 조사는 피한다.
② 조사는 현장을 정리한 후에 실시한다.
③ 목격자나 현장 책임자의 진술을 듣는다.
④ 조사자는 객관적이고 공정한 입장을 취해야 한다.

해설 ▶ **재해조사**
- **현장보존** : 재해조사는 재해발생 직후에 실시한다.
- **사실수집**
  - 현장의 물리적 흔적(증거)을 수집 및 보관한다(사실수집).
  - 재해현장의 상황을 기록하고 사진을 촬영한다.
- **진술확보**
  - 목격자 및 현장 관계자의 진술을 확보한다.
  - 재해 피해자와 면담(사고 직전의 상황청취 등)

12 산업안전보건법령상 안전보건표지의 종류 중 경고표지의 기본모형(형태)이 다른 것은?

① 고압전기 경고
② 방사성물질 경고
③ 폭발성물질 경고
④ 매달린 물체 경고

해설

고압전기 경고	방사성 물질경고	폭발성 물질경고	매달린 물체경고

정답 09 ③ 10 ① 11 ② 12 ③

13 무재해운동 추진의 3요소에 관한 설명이 아닌 것은?

① 안전보건은 최고경영자의 무재해 및 무질병에 대한 확고한 경영자세로 시작된다.

② 안전보건을 추진하는 데에는 관리감독자들의 생산 활동 속에 안전보건을 실천하는 것이 중요하다.

③ 모든 재해는 잠재요인을 사전에 발견·파악·해결함으로써 근원적으로 산업재해를 없애야 한다.

④ 안전보건은 각자 자신의 문제이며, 동시에 동료의 문제로서 직장의 팀 멤버와 협동 노력하여 자주적으로 추진하는 것이 필요하다.

해설 **▶ 무재해운동 추진의 3요소**
- 최고경영자의 엄격한 안전경영자세
- 안전 활동의 라인화(라인화 철저)
- 직장 자주안전 활동의 활성화

14 헤링(Hering)의 착시현상에 해당하는 것은?

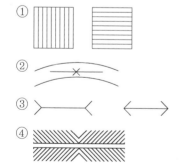

해설
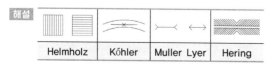

15 도수율이 24.5이고, 강도율이 1.15인 사업장에서 한 근로자가 입사하여 퇴직할 때까지의 근로손실일수는?

① 2.45일

② 115일

③ 215일

④ 245일

해설 입사하여 퇴직할 때까지의 근로시간 100,000시간

근로손실일수 = (강도율×총 근로시간)/1,000

$$강도율 = \frac{총요양근로손실일수}{연근로시간수} \times 1000$$

※ 강도율이 1.15라는 뜻 : 연간 1000시간당 작업 시 근로손실일수가 1.15일

16 학습자가 자신의 학습속도에 적합하도록 프로그램 자료를 가지고 단독으로 학습하도록 하는 안전교육 방법은?

① 실연법

② 모의법

③ 토의법

④ 프로그램 학습법

해설 학습자가 프로그램 자료를 가지고 단독으로 학습하도록 하는 방법

17 헤드십의 특성이 아닌 것은?

① 지휘형태는 권위주의적이다.

② 권한행사는 임명된 헤드이다.

③ 구성원과의 사회적 간격은 넓다.

④ 상관과 부하와의 관계는 개인적인 영향이다.

구분	헤드십	리더십
권한 부여 및 행사	• 위에서 위임하여 임명	• 아래로부터의 동의에 의한 선출
권한 근거	• 법적 또는 공식적	• 개인 능력
상관과 부하와의 관계 및 책임 귀속	• 지배적 상사	• 개인적인 영향, 상사와 부하
부하와의 사회적 간격	• 넓다	• 좁다
지휘 형태	• 권위주의적	• 민주주의적

18 산업안전보건법령상 특정행위의 지시 및 사실의 고지에 사용되는 안전보건표지의 색도기준으로 옳은 것은?

① 2.5G 4/10
② 5Y 8.5/12
③ 2.5PB 4/10
④ 7.5R 4/14

해설 특정행위의 지시 및 사실의 고지 – 2.5PB 4/10 – 파란색

19 인간관계의 메커니즘 중 다른 사람의 행동 양식이나 태도를 투입시키거나 다른 사람 가운데서 자기와 비슷한 것을 발견하는 것은?

① 공감
② 모방
③ 동일화
④ 일체화

해설 ▶ **인간관계 메커니즘**
- **투사**(Projection) : 자기 속에 억압된 것을 다른 사람의 것으로 생각하는 것
- **암시**(Suggestion) : 다른 사람의 판단이나 행동을 그대로 수용하는 것
- **커뮤니케이션**(Communication) : 갖가지 행동 양식이나 기호를 매개로 하여 어떤 사람으로부터 다른 사람에게 전달되는 과정
- **모방**(Initation) : 남의 행동이나 판단을 기준으로 그에 가까운 행동을 함
- **동일화**(Identification) : 다른 사람의 행동 양식이나 태도를 투입시키거나, 다른 사람 가운데서 자기와 비슷한 것을 발견하는 것

20 다음의 교육내용과 관련 있는 교육은?

- 작업 동작 및 표준작업방법의 습관화
- 공구·보호구 등의 관리 및 취급태도의 확립
- 작업 전후의 점검, 검사요령의 정확화 및 습관화

① 지식교육
② 기능교육
③ 태도교육
④ 문제해결교육

해설 ③ **태도교육** : 습관형성, 안전의식향상, 안전책임감 주입
① **지식교육** : 기초지식주입, 광범위한 지식의 습득 및 전달
② **기능교육** : 교육자가 스스로 행함, 경험과 적응, 전문적 기술 기능, 작업능력 및 기술능력부여, 작업동작의 표준화, 교육기간의 장기화, 대규모 인원에 대한 교육 관란

2과목 인간공학 및 시스템안전공학

21 중량물 들기 작업 시 5분간의 산소소비량을 측정한 결과 90[L]의 배기량 중에 산소가 16[%], 이산화탄소가 4[%]로 분석되었다. 해당 작업에 대한 산소소비량[L/min]은 약 얼마인가? (단, 공기 중 질소는 79[vol%], 산소는 21[vol%]이다.)

① 0.948
② 1.948
③ 4.74
④ 5.74

해설

$$V_1 = \frac{(100 - O_2\% - CO_2\%)}{79} \times V_2$$

$$\text{산소소비량} = (21\% \times V_1) - (O_2\% \times V_2)$$

분당배기량 = 90[L]/5분 = 18[L/min]
분당흡기량 = (100[%]−16[%]−4[%])/79[%]×18L
　　　　　=18.23[L/min]
산소소비량 = 21[%]×18.23[L/min]−16[%]×18.23[L/min]
　　　　　= 0.948[L/min]

22 의도는 올바른 것이었지만, 행동이 의도한 것과는 다르게 나타나는 오류는?

① Slip
② Mistake
③ Lapse
④ Violation

해설 ① Slip : 의도는 잘했지만 행동은 의도한 것과 다르게 나타남
② Mistake : 의도부터 잘못된 실수
③ Lapse : 기억도 안 난 건망증
④ Violation : 일부러 범죄함

23 동작경제의 원칙과 가장 거리가 먼 것은?

① 급작스러운 방향의 전환은 피하도록 할 것
② 가능한 관성을 이용하여 작업하도록 할 것
③ 두 손의 동작은 같이 시작하고 같이 끝나도록 할 것
④ 두 팔의 동작은 동시에 같은 방향으로 움직일 것

해설 ❯ **동작경제의 원칙 중 신체사용**
• 양손은 동시에 동작을 시작하고 또 끝마쳐야 한다.
• 휴식시간 이외에 양손이 동시에 노는 시간이 있어서는 안 된다.
• 양팔은 각기 반대방향에서 대칭적으로 동시에 움직여야 한다.
• 손의 동작은 작업을 수행할 수 있는 최소동작 이상을 해서는 안 된다.
• 작업자들을 돕기 위하여 동작의 관성을 이용하여 작업하는 것이 좋다.
• 구속되거나 제한된 동작 또는 급격한 방향전환보다는 유연한 동작이 좋다.
• 작업동작은 율동이 맞아야 한다.
• 직선동작보다는 연속적인 곡선동작을 취하는 것이 좋다.
• 탄도동작(ballistic movement)은 제한되거나 통제된 동작보다 더 신속, 정확, 용이하다.
• 눈을 주시시키는 동작 또는 이동시키는 동작은 되도록 적게 하여야 한다.

24 두 가지 상태 중 하나가 고장 또는 결함으로 나타나는 비정상적인 사건은?

① 톱사상
② 결함사상
③ 정상적인 사상
④ 기본적인 사상

해설 ❯ **결함사상** : 결함으로 나타나는 사상

25 설비보전 방법 중 설비의 열화를 방지하고 그 진행을 지연시켜 수명을 연장하기 위한 점검, 청소, 주유 및 교체 등의 활동은?

① 사후 보전
② 개량 보전
③ 일상 보전
④ 보전 예방

해설 사업주는 작업장, 사무실 등의 청소, 청결 등은 일상적으로 실시해야 한다.

26 음량수준을 평가하는 척도와 관계없는 것은?

① [dB]
② HSI
③ phon
④ sone

해설 ① dB : 음의 강도 척도
③ phon : 음량수준척도
④ sone : 음량수준으로 다른 음의 상대적인 주관적 크기 비교

22 ① 23 ④ 24 ② 25 ③ 26 ② 정답

27 실효 온도(effective temperature)에 영향을 주는 요인이 아닌 것은?

① 온도
② 습도
③ 복사열
④ 공기 유동

해설 ▶ **실효온도의 영향인자** : 온도, 습도, 공기의 유동(기류)

28 FT도에서 시스템의 신뢰도는 얼마인가? (단, 모든 부품의 발생확률은 0.1이다.)

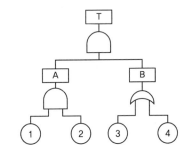

① 0.0033
② 0.0062
③ 0.9981
④ 0.9936

해설 A(직렬) = 0.1×0.1 = 0.01
B(병렬) = 1−(1−0.1)×(1−0.1) = 0.19
T의 고장발생확률 = 0.01×0.19 = 0.0019
신뢰도 = 1−고장발생확률
따라서, 신뢰도는 1−0.0019

29 인간공학 연구방법 중 실제의 제품이나 시스템이 추구하는 특성 및 수준이 달성되는지를 비교하고 분석하는 연구는?

① 조사연구
② 실험연구
③ 분석연구
④ 평가연구

해설 ▶ **평가연구** : 달성 수준을 비교 분석하는 연구

30 어떤 설비의 시간당 고장률이 일정하다고 할 때 이 설비의 고장간격은 다음 중 어떤 확률분포를 따르는가?

① t분포
② 와이블분포
③ 지수분포
④ 아이링(Eyring)분포

해설 고장확률밀도 함수 등 지수분포를 따른다.

31 시스템 수명주기에 있어서 예비위험분석(PHA)이 이루어지는 단계에 해당하는 것은?

① 구상단계
② 점검단계
③ 운전단계
④ 생산단계

해설 ▶ **예비사고 분석** : 시스템 최초 개발 단계의 분석으로 위험 요소의 위험 상태를 정성적으로 평가

32 FTA에서 사용하는 다음 사상기호에 대한 설명으로 맞는 것은?

① 시스템 분석에서 좀 더 발전시켜야 하는 사상
② 시스템의 정상적인 가동상태에서 일어날 것이 기대되는 사상
③ 불충분한 자료로 결론을 내릴 수 없어 더 이상 전개할 수 없는 사상
④ 주어진 시스템의 기본사상으로 고장원인이 분석되었기 때문에 더 이상 분석할 필요가 없는 사상

해설 생략사상에 대한 설명이다.

정답 27 ③ 28 ③ 29 ④ 30 ③ 31 ① 32 ③

33 정보를 전송하기 위해 청각적 표시장치보다 시각적 표시장치를 사용하는 것이 더 효과적인 경우는?

① 정보의 내용이 간단한 경우

② 정보가 후에 재참조되는 경우

③ 정보가 즉각적인 행동을 요구하는 경우

④ 정보의 내용이 시간적인 사건을 다루는 경우

해설 ◆ 시각적 표시장치 사용이 효과적인 경우
- 전언이 복잡하다.
- 전언이 길다.
- 전언이 후에 재참조된다.
- 전언이 공간적인 위치를 다룬다.
- 전언이 즉각적인 행동을 요구하지 않는다.
- 수신장소가 너무 시끄러울 때
- 직무상 수신자가 한곳에 머물 때
- 수신자의 청각 계통이 과부하 상태일 때

34 감각저장으로부터 정보를 작업기억으로 전달하기 위한 코드화 분류에 해당되지 않는 것은?

① 시각코드   ② 촉각코드

③ 음성코드   ④ 의미코드

해설 ② 촉각코드는 분류를 달리한다.

35 인간–기계시스템 설계과정 중 직무분석을 하는 단계는?

① 제1단계 : 시스템의 목표와 성능명세 결정

② 제2단계 : 시스템의 정의

③ 제3단계 : 기본 설계

④ 제4단계 : 인터페이스 설계

해설 ◆ 인간–기계시스템 설계과정상 직무분석단계
- **제1단계** : 목표 및 성능명세 결정 – 시스템 설계 전 그 목적이나 존재 이유가 있어야 함(인간 요소적인 면, 신체의 역학적 특성 미친 인체특정학적 요소 고려)

- **제2단계** : 시스템(체계)의 정의 – 목적을 달성하기 위한 특정한 기본기능들이 수행되어야 함
- **제3단계** : 기본설계 – 시스템의 형태를 갖추기 시작하는 단계(직무분석, 작업설계, 기능할당)
- **제4단계** : 계면(인터페이스)설계 – 사용자 편의와 시스템 성능
- **제5단계** : 촉진물(보조물)설계 – 인간의 성능을 촉진시킬 보조물 설계
- **제6단계** : 시험 및 평가 – 시스템 개발과 관련된 평가와 인간적인 요소 평가 실시

36 일반적으로 은행의 접수대 높이나 공원의 벤치를 설계할 때 가장 적합한 인체 측정 자료의 응용원칙은?

① 조절식 설계

② 평균치를 이용한 설계

③ 최대치수를 이용한 설계

④ 최소치수를 이용한 설계

해설 ◆ 인체 측정 자료의 응용원칙
- **조절식 설계** : 장비나 설비의 설계에 있어 때로는 여러 사람이 사용 가능하도록 조절식으로 하는 것이 바람직한 경우
- **최대치수설계** : 대상 집단에 대한 인체 측정 변수의 상위 백분위수를 기준으로 90, 95, 99[%] 치를 사용
- **최소치수설계** : 관련 인체 측정 변수 분포의 하위 백분위수를 기준으로 1, 5, 10[%] 치 사용
- **평균치 설계** : 특정 장비나 설비의 경우, 최대 집단치나 최소 집단치 또는 조절식으로 설계하기가 부적절하거나 불가능할 때

37 위험분석기법 중 고장이 시스템의 손실과 인명의 사상에 연결되는 높은 위험도를 가진 요소나 고장의 형태에 따른 분석법은?

① CA   ② ETA

③ FHA   ④ FTA

해설 ① CA : 위험성이 높은 요소 특히 고장이 직접 시스템의 손해나 인원의 사상에 연결되는 요소에 대해서는 특별한 주의와 해석이 필요
② ETA : 정량적 귀납적 기법으로 DT에서 변천해 온 것으로 설비의 설계, 심사, 제작, 검사, 보전, 운전, 안전대책의 과정에서 그 대응조치가 성공인가 실패인가를 확대해 가는 과정을 검토
③ FHA : 분업에 의해 여럿이 분담 설계한 서브시스템 간의 인터페이스를 조정하여 각각의 서브시스템 및 전체 시스템에 악영향을 미치지 않게 하기 위한 분석방법
④ FTA : 분석에는 게이트, 이벤트, 부호 등의 그래픽 기호를 사용하여 결함 단계를 표현하며, 각각의 단계에 확률을 부여하여 어떤 상황의 실패 확률 계산 가능

38 작업장의 설비 3대에서 각각 80[dB], 86[dB], 78[dB]의 소음이 발생되고 있을 때 작업장의 음압수준은?

① 약 81.3[dB]   ② 약 85.5[dB]
③ 약 87.5[dB]   ④ 약 90.3[dB]

해설 $SPL[dB] = 10\log(10^{A_1/10} + 10^{A_2/10} + 10^{A_3/10} + \cdots)$
A_1, A_2, A_3 : 소음

39 일반적인 화학설비에 대한 안전성 평가(safety assessment) 절차에 있어 안전대책 단계에 해당되지 않는 것은?

① 보전
② 위험도 평가
③ 설비적 대책
④ 관리적 대책

해설 ◈ **안전대책 단계** : 설비에 관한 대책, 관리적(인원배치, 보전, 교육훈련 등) 대책

40 욕조곡선에서의 고장 형태에서 일정한 형태의 고장률이 나타나는 구간은?

① 초기 고장구간
② 마모 고장구간
③ 피로 고장구간
④ 우발 고장구간

해설 ◈ **욕조곡선에서의 고장 형태**
• **초기고장** : 감소형(debugging 기간, burning 기간)
  ※ debugging 기간 : 인간시스템의 신뢰도에서 결함을 찾아내 고장률을 안정시키는 기간
• **우발고장** : 일정형
• **마모고장** : 증가형

3과목 **기계위험방지기술**

41 산업안전보건법령상 컨베이어, 이송용 롤러 등을 사용하는 경우 정전·전압강하 등에 의한 위험을 방지하기 위하여 설치하는 안전장치는?

① 권과방지장치
② 동력전달장치
③ 과부하방지장치
④ 화물의 이탈 및 역주행 방지장치

해설 컨베이어, 이송용 롤러 등을 사용하는 경우에는 정전·전압강하 등에 따른 화물 또는 운반구의 이탈 및 역주행을 방지하는 장치를 갖추어야 한다.

42 회전하는 동작부분과 고정부분이 함께 만드는 위험점으로 주로 연삭숫돌과 작업대, 교반기의 교반날개와 몸체 사이에서 형성되는 위험점은?

① 협착점   ② 절단점
③ 물림점   ④ 끼임점

해설 ④ **끼임점**(Shear point) : 고정부분과 회전하는 동작부분이 함께 만드는 위험점
  예 연삭숫돌과 덮개, 교반기의 날개와 하우징, 프레임에서 암의 요동운동을 하는 기계부분 등
① **협착점**(Squeeze point) : 왕복운동을 하는 동작부분과 움직임이 없는 고정 부분 사이에서 형성되는 위험점으로 사업장의 기계설비에서 많이 볼 수 있다.
  예 프레스기, 전단기, 성형기, 굽힘기계(bending machine) 등
② **절단점**(Cutting point) : 고정부분과 운동부분이 만드는 위험점이 아니고 회전하는 운동부 자체의 위험이나 운동하는 기계 부분 자체의 위험에서 초래되는 위험점이다.
  예 밀링의 커터, 띠톱이나 둥근톱의 톱날, 벨트의 이음 부분 등
③ **물림점**(Nip point) : 회전하는 두 개의 회전체에는 물려 들어가는 위험성이 존재한다. 이때 위험점이 발생되는 조건은 회전체가 서로 반대방향으로 맞물려 회전되어야 한다.
  예 롤러와 롤러의 물림, 기어와 기어의 물림 등

43 다음 중 드릴 작업의 안전사항으로 틀린 것은?

① 옷소매가 길거나 찢어진 옷은 입지 않는다.
② 작고, 길이가 긴 물건은 손으로 잡고 뚫는다.
③ 회전하는 드릴에 걸레 등을 가까이 하지 않는다.
④ 스핀들에서 드릴을 뽑아낼 때에는 드릴 아래에 손을 내밀지 않는다.

해설 ▶ **드릴 작업의 안전사항**
 • 회전하고 있는 주축이나 드릴에 손이나 걸레를 대거나 머리를 가까이 하지 말 것
 • 드릴 사용 전에 점검하고 상처나 균열이 있는 것은 사용하지 않는다.
 • 가공 중에 드릴의 절삭률이 불량해지고 이상음이 발생하면 중지하고 즉시 드릴을 바꾼다.
 • 드릴의 착탈은 회전이 완전히 멈춘 다음 행한다.
 • 작은 물건은 바이스나 클램프를 사용하여 장착하고 직접 손으로 지지하는 것을 피한다.
 • 가공 중 드릴이 깊이 먹어 들어가면 기계를 멈추고 손 돌리기로 드릴을 뽑아낸다.
 • 드릴이나 척을 뽑을 때는 공구를 사용하고 해머 등으로 두드려서는 안 된다.

 • 드릴이나 척을 뽑을 때는 되도록 주축을 내려서 낙하거리를 적게 하고 테이블 등에 나뭇조각 등을 놓고 받는다.
 • 레디얼드릴머신은 작업중 컬럼(column)과 암(arm)을 확실하게 체결하여 암을 선회시킬 때 주위에 조심한다. 정지시는 암을 베이스의 중심 위치에 놓는다.
 • 공작물과 드릴이 함께 회전하는 경우 : 거의 구멍을 뚫었을 때

44 산업안전보건법령상 양중기의 과부하방지장치에서 요구하는 일반적인 성능기준으로 가장 적절하지 않은 것은?

① 과부하방지장치 작동 시 경보음과 경보램프가 작동되어야 하며 양중기는 작동이 되지 않아야 한다.
② 외함의 전선 접촉부분은 고무 등으로 밀폐되어 물과 먼지 등이 들어가지 않도록 한다.
③ 과부하방지장치와 타 방호장치는 기능에 서로 장애를 주지 않도록 부착할 수 있는 구조이어야 한다.
④ 방호장치의 기능을 정지 및 제거할 때 양중기의 기능이 동시에 원활하게 작동하는 구조이며 정지해서는 안 된다.

해설 ④ 방호장치의 기능을 정지 및 제거할 때 양중기의 기능이 상호 간섭을 주지 않아야 한다.

45 프레스기의 SPM(stroke per minute)이 200이고, 클러치의 맞물림 개소수가 6인 경우 양수기동식 방호장치의 안전거리는?

① 120[mm] ② 200[mm]
③ 320[mm] ④ 400[mm]

43 ② 44 ④ 45 ③ 정답

해설 • 양수기동식 프레스
$Dm = 1.6\,Tm$
$Tm = (1/$클러치 맞물림 개소수$+1/2)\times 60000/$
매분 스토로크수(SPM)
$Dm = 1.6\times(1/6+1/2)\times 60000/200 = 320[mm]$
• 양수조작식 프레스
$D = 1.6(T_l + T_s)$
여기서, D : 안전거리[m]
　　　　T_l : 방호장치의 작동시간[즉, 손이 광선을 차
단했을 때부터 급정지기구가 작동을 개
시할 때까지의 시간(초)]
　　　　T_s : 프레스의 최대정지시간[즉, 급정지기구가
작동을 개시할 때부터 슬라이드가 정지
할 때까지의 시간(초)]

46 산업안전보건법령상 보일러의 압력방출장치가 2개
설치된 경우 그중 1개는 최고사용압력 이하에서
작동된다고 할 때 다른 압력방출장치는 최고사용
압력의 최대 몇 배 이하에서 작동되도록 하여야
하는가?

① 0.5　　　　② 1
③ 1.05　　　　④ 2

해설 2개 이상 설치된 경우 최고사용압력 이하에서 1개가 작
동되고, 다른 압력방출장치는 최고사용압력 1.05배 이
하에서 작동되도록 부착하여야 한다.

47 상용운전압력 이상으로 압력이 상승할 경우 보일
러의 파열을 방지하기 위하여 버너의 연소를 차단
하여 정상압력으로 유도하는 장치는?

① 압력방출장치　　② 고저수위 조절장치
③ 압력제한 스위치　④ 통풍제어 스위치

해설 압력제한 스위치는 보일러의 과열방지를 위해 최고사용
압력과 상용압력 사이에서 버너연소를 차단할 수 있도
록 압력제한스위치 부착 사용, 압력계가 설치된 배관상
에 설치하여야 한다.

48 용접부 결함에서 전류가 과대하고, 용접속도가 너
무 빨라 용접부의 일부가 홈 또는 오목하게 생기
는 결함은?

① 언더컷　　　　② 기공
③ 균열　　　　　④ 융합불량

해설 전류가 과대하고 용접속도가 너무 빠르며 아크를 짧게
유지하기 어려운 경우 모재 및 용접부의 일부가 녹아서
발생하는 홈 또는 오목하게 생긴 결함이다.

49 물체의 표면에 침투력이 강한 적색 또는 형광성의
침투액을 표면 개구 결함에 침투시켜 직접 또는
자외선 등으로 관찰하여 결함장소와 크기를 판별
하는 비파괴시험은?

① 피로시험　　　② 음향탐상시험
③ 와류탐상시험　④ 침투탐상시험

해설 ▶ **침투탐상시험**
• 시험물체를 침투액 속에 넣었다가 다시 집어내어 결함
을 육안으로 판별하는 방법
• 침투액에 형광물질을 첨가하여 더욱 정확하게 검출할
수도 있다(형광시험법)

50 연삭숫돌의 파괴원인으로 거리가 가장 먼 것은?

① 숫돌이 외부의 큰 충격을 받았을 때
② 숫돌의 회전속도가 너무 빠를 때
③ 숫돌 자체에 이미 균열이 있을 때
④ 플랜지 직경이 숫돌 직경의 1/3 이상일 때

해설 ▶ **연삭숫돌의 파괴원인**
• 최고 사용 원주 속도를 초과하였다.
• 제조사의 결함으로 숫돌에 균열이 발생하였다.
• 플랜지의 과소, 지름의 불균일이 발생하였다.
• 부적당한 연삭숫돌을 사용하였다.
• 작업 방법이 불량하였다.

정답 46 ③　47 ③　48 ①　49 ④　50 ④

51 산업안전보건법령상 프레스 등 금형을 부착·해체 또는 조정하는 작업을 할 때, 슬라이드가 갑자기 작동함으로써 근로자에게 발생할 우려가 있는 위험을 방지하기 위해 사용해야 하는 것은? (단, 해당 작업에 종사하는 근로자의 신체가 위험한계 내에 있는 경우)

① 방진구
② 안전블록
③ 시건장치
④ 날접촉예방장치

해설 프레스 등의 금형을 부착·해체 또는 조정작업을 하는 때에는 신체의 일부가 위험한계 내에 들어갈 때에 슬라이드가 불시에 하강함으로써 발생하는 위험을 방지하기 위하여 안전블록을 사용하여야 한다.

52 페일 세이프(fail safe)의 기능적인 면에서 분류할 때 거리가 가장 먼 것은?

① Fool proof
② Fail passive
③ Fail active
④ Fail operational

해설 Fool Proof는 작업자의 착오, 미스 등 이른바 휴먼에러가 발생하더라도 기계설비나 그 부품은 안전 쪽으로 작동하게 설계하는 안전설계의 기법 중 하나이다.
Fail Safe는 부품의 고장에 대한 안전화기능이다.

53 산업안전보건법령상 크레인에서 정격하중에 대한 정의는? (단, 지브가 있는 크레인은 제외)

① 부하할 수 있는 최대하중
② 부하할 수 있는 최대하중에서 달기기구의 중량에 상당하는 하중을 뺀 하중
③ 짐을 싣고 상승할 수 있는 최대하중
④ 가장 위험한 상태에서 부하할 수 있는 최대하중

해설 ▶ **정격하중** : 크레인으로서 지브가 없는 것은 매다는 하중에서, 지브가 있는 크레인에서는 지브경사각 및 길이와 지브 위의 도르래 위치에 따라 부하할 수 있는 최대의 하중에서 각각 훅, 크레인버킷 등의 달기구의 중량에 상당하는 하중을 뺀 하중을 말한다.

54 기계설비의 안전조건인 구조의 안전화와 거리가 가장 먼 것은?

① 전압 강하에 따른 오동작 방지
② 재료의 결함 방지
③ 설계상의 결함 방지
④ 가공 결함 방지

해설 ① **기능의 안전화** : 전압강하에 따른 오동작을 방지한다.

55 공기압축기의 작업안전수칙으로 가장 적절하지 않은 것은?

① 공기압축기의 점검 및 청소는 반드시 전원을 차단한 후에 실시한다.
② 운전 중에 어떠한 부품도 건드려서는 안 된다.
③ 공기압축기 분해 시 내부의 압축공기를 이용하여 분해한다.
④ 최대공기압력을 초과한 공기압력으로는 절대로 운전하여서는 안 된다.

해설 ③ 분해 시 공기 압축기, 공기탱크 및 관로 안의 압축공기를 완전히 배출 뒤에 실시한다.

56 산업안전보건법령상 보일러 수위가 이상현상으로 인해 위험수위로 변하면 작업자가 쉽게 감지할 수 있도록 경보등, 경보음을 발하고 자동적으로 급수 또는 단수되어 수위를 조절하는 방호장치는?

① 압력방출장치　　② 고저수위 조절장치
③ 압력제한 스위치　④ 과부하방지장치

해설 종류	설치방법
고저수위 조절장치	• 고저수위 지점을 알리는 경보등·경보음장치 등을 설치–동작상태 쉽게 감시 • 자동으로 급수 또는 단수되도록 설치 • 플로트식, 전극식, 차압식 등
압력방출장치	• 보일러 규격에 적합한 압력방출장치를 최고사용압력 이하에서 작동되도록 1개 또는 2개 이상 설치 • 2개 이상 설치된 경우 최고사용압력 이하에서 1개가 작동되고, 다른 압력방출장치는 최고사용압력 1.05배 이하에서 작동되도록 부착 • 1년에 1회 이상 토출압력시험 후 납으로 봉인(공정안전관리 이행수준 평가결과가 우수한 사업장은 4년에 1회 이상 토출압력시험 실시) • 스프링식, 중추식, 지렛대식(일반적으로 스프링식 안전밸브가 많이 사용)
압력제한 스위치	• 보일러의 과열방지를 위해 최고사용압력과 상용압력 사이에서 버너연소를 차단할 수 있도록 압력제한스위치 부착 사용 • 압력계가 설치된 배관상에 설치

57 프레스 작업에서 제품 및 스크랩을 자동적으로 위험한계 밖으로 배출하기 위한 장치로 틀린 것은?

① 피더
② 키커
③ 이젝터
④ 공기 분사 장치

해설 ① 피더(feeder)는 공급 장치이다.

58 산업안전보건법령상 로봇의 작동범위 내에서 그 로봇에 관하여 교시 등 작업을 행하는 때 작업시작 전 점검사항으로 옳은 것은? (단, 로봇의 동력원을 차단하고 행하는 것은 제외)

① 과부하방지장치의 이상 유무
② 압력제한스위치의 이상 유무
③ 외부 전선의 피복 또는 외장의 손상 유무
④ 권과방지장치의 이상 유무

해설 ▶ **로봇 작업시작 전 점검사항**
• 자동운전 중 로봇의 작업자를 격리시키고 로봇의 가동범위 내에 작업자가 불필요하게 출입할 수 없도록 또는 출입하지 않도록 한다.
• 작업개시 전에 외부전선의 피복손상, 팔의 작동상황, 제동장치, 비상정지장치 등의 기능을 점검한다.
• 안전한 작업위치를 선정하면서 작업한다.
• 될 수 있는 한 복수로 작업하고 1인이 감시인이 된다.
• 로봇의 검사, 수리, 조정 등의 작업은 로봇의 가동범위 외측에서 한다.
• 가동범위 내에서 검사 등을 행할 때는 운전을 정지하고 행한다.

59 산업안전보건법령상 지게차 작업시작 전 점검사항으로 거리가 가장 먼 것은?

① 제동장치 및 조종장치 기능의 이상 유무
② 압력방출장치의 작동 이상 유무
③ 바퀴의 이상 유무
④ 전조등·후미등·방향지시기 및 경보장치 기능의 이상 유무

해설 ▶ **지게차 작업시작 전 점검사항**
• 제동장치 및 조종장치 기능의 이상 유무
• 하역장치 및 유압장치 기능의 이상 유무
• 바퀴의 이상 유무
• 전조등·후미등·방향지시기 및 경보장치 기능의 이상 유무

정답　56 ②　57 ①　58 ③　59 ②

60 다음 중 가공재료의 칩이나 절삭유 등이 비산되어 나오는 위험으로부터 보호하기 위한 선반의 방호장치는?

① 바이트
② 권과방지장치
③ 압력제한스위치
④ 쉴드(shield)

해설 ▶ **쉴드** : 칩이나 절삭유의 비산을 방지하기 위해 설치하는 장치이다.

4과목 | 전기위험방지기술

61 정전기 재해의 방지를 위하여 배관 내 액체의 유속 제한이 필요하다. 배관의 내경과 유속 제한 값으로 적절하지 않은 것은?

① 관내경[mm] : 25
    제한유속[m/s] : 6.5
② 관내경[mm] : 50
    제한유속[m/s] : 3.5
③ 관내경[mm] : 100
    제한유속[m/s] : 2.5
④ 관내경[mm] : 200
    제한유속[m/s] : 1.8

해설

관내경(단위 : [m])	유속(단위 : [m/s])
0.01	8.0
0.025	4.9
0.05	3.5
0.1	2.5
0.2	1.8
0.4	1.3

62 지락이 생긴 경우 접촉상태에 따라 접촉전압을 제한할 필요가 있다. 인체의 접촉상태에 따른 허용접촉전압을 나타낸 것으로 다음 중 옳지 않은 것은?

① 제1종 : 2.5[V] 이하
② 제2종 : 25[V] 이하
③ 제3종 : 35[V] 이하
④ 제4종 : 제한 없음

해설

종별	접촉상태	허용접촉 전압[V]
제1종	• 인체의 대부분이 수중에 있는 상태	2.5[V] 이하
제2종	• 인체가 많이 젖어 있는 상태 • 금속제 전기기계장치나 구조물에 인체의 일부가 상시 접촉되어 있는 상태	25[V] 이하
제3종	• 제1, 제2종 이외의 경우로서 통상적인 인체 상태에 있어서 접촉전압이 가해지면 위험성이 높은 상태	50[V]
제4종	• 제1, 제2종 이외의 경우로서 통상적인 인체 상태에 있어서 접촉전압이 가해져도 위험성이 낮은 상태 • 접촉전압이 가해질 우려가 없는 경우	무제한

63 계통접지로 적합하지 않은 것은?

① TN계통
② TT계통
③ IN계통
④ IT계통

해설 ▶ **KEC 접지방식**
• 계통접지 : TN, TT, IT
• 보호접지 : 등전위본딩 등
• 피뢰시스템접지

60 ④   61 ①   62 ③   63 ③   **정답**

64 정전기 발생에 영향을 주는 요인이 아닌 것은?

① 물체의 분리속도
② 물체의 특성
③ 물체의 접촉시간
④ 물체의 표면상태

> **해설** ▶ **정전기 발생에 영향을 주는 요인** : 물체의 특성, 물체의 표면상태, 물체의 이력, 접촉면적 및 압력, 분리속도이다.

65 정전기재해의 방지대책에 대한 설명으로 적합하지 않는 것은?

① 접지의 접속은 납땜, 용접 또는 멈춤나사로 실시한다.
② 회전부품의 유막저항이 높으면 도전성의 윤활제를 사용한다.
③ 이동식의 용기는 절연성 고무제 바퀴를 달아서 폭발위험을 제거한다.
④ 폭발의 위험이 있는 구역은 도전성 고무류로 바닥 처리를 한다.

> **해설** ③ 이동식의 용기는 도전성 고무제 바퀴를 달아서 폭발위험을 제거한다. 절연성으로 하게 되면 정전기가 발생한다.

66 정전기 방지대책 중 적합하지 않은 것은?

① 대전서열이 가급적 먼 것으로 구성한다.
② 카본 블랙을 도포하여 도전성을 부여한다.
③ 유속을 저감 시킨다.
④ 도전성 재료를 도포하여 대전을 감소시킨다.

> **해설** ① 대전서열에서 두 물질이 가까운 위치에 있으면 정전기의 발생량이 적고 먼 위치에 있으면 정전기의 발생량이 커진다.

67 다음 중 방폭전기기기의 구조별 표시방법으로 틀린 것은?

① 내압방폭구조 : p
② 본질안전방폭구조 : ia, ib
③ 유입방폭구조 : o
④ 안전증방폭구조 : e

> **해설** ① **내압방폭구조** : d

68 내접압용 절연장갑의 등급에 따른 최대사용전압이 틀린 것은? (단, 교류전압은 실횻값이다.)

① 등급 00 : 교류 500[V]
② 등급 1 : 교류 7500[V]
③ 등급 2 : 직류 17000[V]
④ 등급 3 : 직류 39750[V]

> **해설** ▶ **내전압용 절연장갑의 등급에 따른 최대사용전압**
>
> | 등급 | 교류전압 | 직류전압(교류×1.5) |
> |------|----------|---------------------|
> | 00 | 500 | 750 |
> | 0 | 1000 | 1500 |
> | 1 | 7500 | 11250 |
> | 2 | 17000 | 25500 |
> | 3 | 26500 | 39750 |
> | 4 | 36000 | 54000 |

정답   64 ③   65 ③   66 ①   67 ①   68 ③

69 저압전로의 절연성능에 관한 설명으로 적합하지 않은 것은?

① 전로의 사용전압이 SELV 및 PELV일 때 절연저항은 0.5[MΩ] 이상이어야 한다.

② 전로의 사용전압이 FELV일 때 절연저항은 1[MΩ] 이상이어야 한다.

③ 전로의 사용전압이 FELV일 때 DC 시험 전압은 500[V]이다.

④ 전로의 사용전압이 600[V]일 때 절연저항은 1[MΩ] 이상이어야 한다.

> **해설** ④ 전로의 사용전압이 500[V]일 때 절연저항은 1[MΩ] 이상이어야 한다.

70 다음 중 0종 장소에 사용될 수 있는 방폭구조의 기호는?

① Ex ia   ② Ex ib

③ Ex d   ④ Ex e

> **해설** ① Ex ia : 본질안전방폭 : 0, 1, 2종
> ② EX ib : 본질안전방폭 : 1, 2종
> ③ EX d : 내압방폭 : 1, 2종
> ④ EX e : 안전증 방폭 : 2종

71 다음 중 전기화재의 주요 원인이라고 할 수 없는 것은?

① 절연전선의 열화

② 정전기 발생

③ 과전류 발생

④ 절연저항값의 증가

> **해설** 전기화재의 원인은 단락, 누전, 과전류, 스파크, 접촉부 과열, 절연열화에 의한 발열, 지락이고 절연저항값의 감소이다.

72 배전선로에 정전작업 중 단락 접지기구를 사용하는 목적으로 가장 적합한 것은?

① 통신선 유도 장해 방지

② 배전용 기계 기구의 보호

③ 배전선 통전 시 전위경도 저감

④ 혼촉 또는 오동작에 의한 감전방지

> **해설** ▶ **단락접지기구 사용목적** : 오동작, 다른 전로와의 혼촉 등 불의에 그 전로가 충전되는 경우의 위험을 방지하기 위해 가급적 공사개소 가까이 충분한 용량을 구비한 단락접지기구를 사용해서 정전전로에 단락접지를 해둔다.

73 어느 변전소에서 고장전류가 유입되었을 때 도전성 구조물과 그 부근 지표상의 점과의 사이(약 1[m])의 허용접촉전압은 약 몇 [V]인가? (단, 심실세동전류 : $I_k = \dfrac{0.165}{\sqrt{t}}$ [A], 인체의 저항 : 1000[Ω], 지표면의 저항률 : 150[Ω·m], 통전시간을 1초로 한다.)

① 164   ② 186

③ 202   ④ 228

> **해설** 심실세동전류 = $0.165 / \sqrt{1}$ = 0.165[A]
> 허용접촉전압 = [인체저항+(3/2×지표면저항률)]× 심실세동전류
> = (1000+3/2×150)×0.165 = 202[V]

74 방폭기기 그룹에 관한 설명으로 틀린 것은?

① 그룹Ⅰ, 그룹Ⅱ, 그룹Ⅲ가 있다.

② 그룹Ⅰ의 기기는 폭발성 갱내 가스에 취약한 광산에서의 사용을 목적으로 한다.

③ 그룹Ⅱ의 세부 분류로 ⅡA, ⅡB, ⅡC가 있다.

④ ⅡA로 표시된 기기는 그룹ⅡB기기를 필요로 하는 지역에 사용할 수 있다.

> **해설** ④ ⅡB기기를 필요로 하는 지역에 ⅡA로 표시된 지역에 사용할 수 있다.

75 한국전기설비규정에 따라 피뢰설비에서 외부피뢰시스템의 수뢰부시스템으로 적합하지 않은 것은?

① 돌침
② 수평도체
③ 메시도체
④ 환상도체

> **해설** 수뢰부 시스템은 돌침, 수평도체, 메시도체의 요소 중에 한 가지 또는 이를 조합한 형식으로 시설하여야 한다.

76 폭발한계에 도달한 메탄가스가 공기에 혼합되었을 경우 착화한계전압[V]은 약 얼마인가? (단, 메탄의 최소착화에너지는 0.2[mJ], 극간용량은 10[pF]로 한다.)

① 6325
② 5225
③ 4135
④ 3035

> **해설** $E = \frac{1}{2}CV^2$ (C : 극간 용량[F], V : 방전 전압[V])
>
> 0.2[mJ] = 1/2 × 10pF × V^2
>
> 0.2×10^{-3} = 1/2 × 10 × 10^{-12} × V^2
>
> V = 6325

77 $Q = 2 \times 10^{-7}$C으로 대전하고 있는 반경 25[cm] 도체구의 전위[kV]는 약 얼마인가?

① 7.2
② 12.5
③ 14.4
④ 25

> **해설** $Q = 4\pi\varepsilon \times R \times V$ (ε는 유전율로 8.855×10^{-12})
>
> $V = \dfrac{Q}{4\pi\varepsilon \times R}$
>
> $V = 2 \times 10^{-7}/(4 \times \pi \times 8.855 \times 10^{-12} \times 0.25) = 7.2$[kV]
>
> 2×10^{-7}C일 경우 도체구의 전위는 7.20이다.

78 다음 중 누전차단기를 시설하지 않아도 되는 전로가 아닌 것은? (단, 전로는 금속제 외함을 가지는 사용전압이 50[V]를 초과하는 저압의 기계기구에 전기를 공급하는 전로이며, 기계기구에는 사람이 쉽게 접촉할 우려가 있다.)

① 기계기구를 건조한 장소에 시설하는 경우

② 기계기구가 고무, 합성수지, 기타 절연물로 피복된 경우

③ 대지전압 200[V] 이하인 기계기구를 물기가 있는 곳 이외의 곳에 시설하는 경우

④ 「전기용품 및 생활용품 안전관리법」의 적용을 받는 이중절연구조의 기계기구를 시설하는 경우

> **해설** ▶ **누전차단기를 설치해야 하는 경우**
> - 대지전압이 150[V]를 초과하는 이동형 또는 휴대형 전기기계·기구
> - 물 등 도전성이 높은 액체가 있는 습윤장소에서 사용하는 저압(750[V] 이하 직류전압이나 600[V] 이하의 교류전압을 말한다)용 전기기계·기구
> - 철판·철골 위 등 도전성이 높은 장소에서 사용하는 이동형 또는 휴대형 전기기계·기구
> - 임시배선의 전로가 설치되는 장소에서 사용하는 이동형 또는 휴대형 전기기계·기구

정답 74 ④　75 ④　76 ①　77 ①　78 ③

79 고압전로에 설치된 전동기용 고압전류 제한퓨즈의 불용단전류의 조건은?

① 정격전류 1.3배의 전류로 1시간 이내에 용단되지 않을 것
② 정격전류 1.3배의 전류로 2시간 이내에 용단되지 않을 것
③ 정격전류 2배의 전류로 1시간 이내에 용단되지 않을 것
④ 정격전류 2배의 전류로 2시간 이내에 용단되지 않을 것

해설	퓨즈의 종류	전격 용량	용단 시간
	고압용 포장퓨즈	정격전류의 1.3배	2배의 전류로 120분
	고압용 비포장퓨즈	정격전류의 1.25배	2배의 전류로 2분

80 누전차단기의 시설방법 중 옳지 않은 것은?

① 시설장소는 배전반 또는 분전반 내에 설치한다.
② 정격전류용량은 해당 전로의 부하전류 값 이상이어야 한다.
③ 정격감도전류는 정상의 사용상태에서 불필요하게 동작하지 않도록 한다.
④ 인체감전보호형은 0.05초 이내에 동작하는 고감도고속형이어야 한다.

해설	종류		정격감도전류[mA]·동작시간
고감도형	고속형		• 정격감도전류에서 0.1초 이내, • 인체감전보호형은 0.03초 이내
	시연형	5, 10, 15, 30	• 정격감도전류에서 0.1초를 초과하고 2초 이내
	반한시형		• 정격감도전류에서 0.2초를 초과하고 1초 이내 • 정격감도전류에서 1.4배의 전류에서 0.1초를 초과하고 0.5초 이내 • 정격감도전류에서 4.4배의 전류에서 0.05초 이내

5과목 화학설비위험방지기술

81 다음 중 왕복펌프에 속하지 않는 것은?

① 피스톤 펌프
② 플런저 펌프
③ 기어 펌프
④ 격막 펌프

해설 ③ 기어펌프는 회전펌프이다.

82 두 물질을 혼합하면 위험성이 커지는 경우가 아닌 것은?

① 이황화탄소+물
② 나트륨+물
③ 과산화나트륨+염산
④ 염소산칼륨+적린

해설 ① 이황화탄소는 제4류 특수인화물로 안전을 위해서 물에 넣어서 보관한다.

83 5[%] NaOH 수용액과 10[%] NaOH 수용액을 반응기에 혼합하여 6[%] 100[kg]의 NaOH 수용액을 만들려면 각각 몇 [kg]의 NaOH 수용액이 필요한가?

① 5[%] NaOH 수용액 : 33.3
　　10[%] NaOH 수용액 : 66.7

② 5[%] NaOH 수용액 : 50
　　10[%] NaOH 수용액 : 50

③ 5[%] NaOH 수용액 : 66.7
　　10[%] NaOH 수용액 : 33.3

④ 5[%] NaOH 수용액 : 80
　　10[%] NaOH 수용액 : 20

> **해설** 6[%]의 혼합 수용액이 100[kg]이므로, 5[%] 수용액의 무게를 x[kg]이라 하면, 10[%] 수용액의 무게는 $(100-x)$[kg]이 된다.
> 따라서 $0.06 \times 100 = 0.05x + 0.1(100 - x)$
> $6 = 0.05x + 10 - 0.1x,\ 0.05x = 4$
> ∴ $x = 80$
> 따라서 5[%] 수용액은 80[kg],
> 10[%] 수용액은 20(= 100−80)[kg]이 된다.

84 다음 중 노출기준(TWA, [ppm]) 값이 가장 작은 물질은?

① 염소
② 암모니아
③ 에탄올
④ 메탄올

> **해설** ① 염소 0.5[ppm]
> ② 암모니아 25[ppm]
> ③ 에탄올 1000[ppm]
> ④ 메탄올 200[ppm]

85 산업안전보건법령에 따라 위험물 건조설비 중 건조실을 설치하는 건축물의 구조를 독립된 단층 건물로 하여야 하는 건조설비가 아닌 것은?

① 위험물 또는 위험물이 발생하는 물질을 가열·건조하는 경우 내용적이 2[m³]인 건조설비

② 위험물이 아닌 물질을 가열·건조하는 경우 액체연료의 최대사용량이 5[kg/h]인 건조설비

③ 위험물이 아닌 물질을 가열·건조하는 경우 기체연료의 최대사용량이 2[m³/h]인 건조설비

④ 위험물이 아닌 물질을 가열·건조하는 경우 전기사용 정격용량이 20[kW]인 건조설비

> **해설** ② 위험물이 아닌 물질을 가열·건조하는 경우 액체연료의 최대사용량이 10[kg/h]인 건조설비(안전보건규칙 제280조)

86 산업안전보건법령상 위험물질의 종류를 구분할 때 다음 물질들이 해당하는 것은?

> 리튬, 칼륨·나트륨, 황, 황린, 황화인·적린

① 폭발성 물질 및 유기과산화물
② 산화성 액체 및 산화성 고체
③ 물반응성 물질 및 인화성 고체
④ 급성 독성 물질

> **해설** ▶ **물반응성 물질 및 인화성 고체**(안전보건규칙 별표 1)
> • 리튬
> • 칼륨·나트륨
> • 황
> • 황린
> • 황화인·적린
> • 셀룰로이드류
> • 알킬알루미늄·알킬리튬
> • 마그네슘 분말
> • 금속 분말(마그네슘 분말은 제외한다)

정답　83 ④　84 ①　85 ②　86 ③

• 알칼리금속(리튬·칼륨 및 나트륨은 제외한다)
• 유기금속화합물(알킬알루미늄 및 알킬리튬은 제외한다)
• 금속의 수소화물
• 금속의 인화물
• 칼슘 탄화물, 알루미늄 탄화물

87 제1종 분말소화약제의 주성분에 해당하는 것은?

① 사염화탄소
② 브롬화메탄
③ 수산화암모늄
④ 탄산수소나트륨

종류	주 성 분		분말색	적용 화재
	품명	화학식		
제1종	탄산수소나트륨	$NaHCO_3$	백색	B, C급 화재
제2종	탄산수소칼륨	$KHCO_3$	담청색	B, C급 화재
제3종	인산암모늄	$NH_4H_2PO_4$	담홍색	A, B, C급 화재
제4종	탄산수소칼륨과 요소와의 반응물	$KC_2N_2H_3O_3$	쥐색	B, C급 화재

88 탄화칼슘이 물과 반응하였을 때 생성물을 옳게 나타낸 것은?

① 수산화칼슘 + 아세틸렌
② 수산화칼슘 + 수소
③ 염화칼슘 + 아세틸렌
④ 염화칼슘 + 수소

해설 CaC_2(탄화칼슘) + $2H_2O$(물) → $CaOH_2$(수산화칼슘) + C_2H_2(아세틸렌)

89 다음 중 분진폭발의 특징으로 옳은 것은?

① 가스폭발보다 연소시간이 짧고, 발생에너지가 작다.
② 압력의 파급속도보다 화염의 파급속도가 빠르다.
③ 가스폭발에 비하여 불완전 연소의 발생이 없다.
④ 주위의 분진에 의해 2차, 3차의 폭발로 파급될 수 있다.

해설 ① 가스폭발과 비교하여 작지만 연소시간이 길다.
② 발생에너지가 크기 때문에 파괴력과 타는 정도가 크다.
③ 가스폭발에 비해 불완전연소의 가능성이 크다.

90 가연성 가스 A의 연소범위를 2.2~9.5[vol%]라 할 때 가스 A의 위험도는 얼마인가?

① 2.52
② 3.32
③ 4.91
④ 5.64

해설 위험도 = (상한 값−하한 값)/하한 값
= (9.5−2.2)/2.2
= 3.32

91 다음 중 증기배관 내에 생성된 증기의 누설을 막고 응축수를 자동적으로 배출하기 위한 안전장치는?

① Steam trap
② Vent stack
③ Blow down
④ Flame arrester

해설 ▶ **스팀 트랩** : 증기 중의 응축수만을 배출하고 증기의 누설을 막기 위한 자동밸브이다.

92 CF$_3$Br 소화약제의 하론 번호를 옳게 나타낸 것은?

① 하론 1031
② 하론 1311
③ 하론 1301
④ 하론 1310

해설 ③ **하론 1301** : 탄소 1개, 불소 3개, 염소 0개, 브롬 1개

93 산업안전보건법령에 따라 공정안전보고서에 포함해야 할 세부내용 중 공정안전자료에 해당하지 않는 것은?

① 안전운전지침서
② 각종 건물·설비의 배치도
③ 유해하거나 위험한 설비의 목록 및 사양
④ 위험설비의 안전설계·제작 및 설치관련 지침서

해설 ▶ **공정안전보고서의 공정안전자료 포함사항**(산업안전보건법 시행규칙 제50조)
• 취급·저장하고 있는 유해·위험물질의 종류와 수량
• 유해·위험물질에 대한 물질안전보건자료
• 유해·위험설비의 목록 및 사양
• 유해·위험설비의 운전방법을 알 수 있는 공정도면
• 각종 건물·설비의 배치도
• 폭발위험장소구분도 및 전기단선도
• 위험설비의 안전설계·제작 및 설치관련지침서

94 산업안전보건법령상 단위공정시설 및 설비로부터 다른 단위공정 시설 및 설비 사이의 안전거리는 설비의 바깥 면부터 얼마 이상이 되어야 하는가?

① 5[m]
② 10[m]
③ 15[m]
④ 20[m]

해설 설비의 바깥 면으로부터 10[m] 이상

95 자연발화 성질을 갖는 물질이 아닌 것은?

① 질화면
② 목탄분말
③ 아마인유
④ 과염소산

해설 ④ 과염소산은 산화성 액체로 자연발화하지 않는다.

96 산업안전보건법령상 특수화학설비를 설치할 때 내부의 이상상태를 조기에 파악하기 위하여 필요한 계측장치를 설치하여야 한다. 이러한 계측장치로 거리가 먼 것은?

① 압력계
② 유량계
③ 온도계
④ 비중계

해설 내부의 이상 상태를 조기에 파악하기 위하여 필요한 온도계·유량계·압력계 등의 계측장치를 설치하여야 한다(안전보건규칙 제273조).

97 불연성이지만 다른 물질의 연소를 돕는 산화성 액체 물질에 해당하는 것은?

① 히드라진
② 과염소산
③ 벤젠
④ 암모니아

해설 ▶ **산화성 액체** : 차아염소산, 아염소산, 과염소산, 브롬산, 요오드산, 과산화수소, 질산

98 아세톤에 대한 설명으로 틀린 것은?

① 증기는 유독하므로 흡입하지 않도록 주의해야 한다.
② 무색이고 휘발성이 강한 액체이다.
③ 비중이 0.79이므로 물보다 가볍다.
④ 인화점이 20[℃]이므로 여름철에 인화 위험이 더 높다.

해설 ④ 인화점이 −18[℃]이므로 여름철에 더 인화 위험이 낮다.

L_1, L_2, $\cdots$, L_n : 각 성분가스의 폭발한계[vol%]
V_1, V_2, $\cdots$, V_n : 각 성분가스의 혼합비[vol%]
LEL = 100/(70/5)+(21/2.1)+(9/1.8)
    = 3.45
UEL = 100/(70/15)+(21/9.5)+(9/8.4)
    = 12.58

99 화학물질 및 물리적 인자의 노출기준에서 정한 유해인자에 대한 노출기준의 표시단위가 잘못 연결된 것은?

① 에어로졸 : ppm
② 증기 : ppm
③ 가스 : ppm
④ 고온 : 습구흑구온도지수(WBGT)

해설 ① 에어로졸 : mg/m³

6과목 건설안전기술

101 산업안전보건법령에 따른 건설공사 중 다리건설공사의 경우 유해위험방지계획서를 제출하여야 하는 기준으로 옳은 것은?

① 최대 지간길이가 40[m] 이상인 다리의 건설등 공사
② 최대 지간길이가 50[m] 이상인 다리의 건설등 공사
③ 최대 지간길이가 60[m] 이상인 다리의 건설등 공사
④ 최대 지간길이가 70[m] 이상인 다리의 건설등 공사

해설 최대 지간(支間)길이(다리의 기둥과 기둥의 중심 사이의 거리)가 50[m] 이상인 다리의 건설등 공사(산업안전보건법 시행령 제42조 제3항 제3호)

100 다음 [표]를 참조하여 메탄 70[vol%], 프로판 21[vol%], 부탄 9[vol%]인 혼합가스의 폭발범위를 구하면 약 몇 [vol%]인가?

가스	폭발하한계 [vol%]	폭발상한계 [vol%]
C_4H_{10}	1.8	8.4
C_3H_8	2.1	9.5
C_2H_6	3.0	12.4
CH_4	5.0	15.0

① 3.45~9.11
② 3.45~12.58
③ 3.85~9.11
④ 3.85~12.58

해설 $L = \dfrac{100}{\dfrac{V_1}{L_1} + \dfrac{V_2}{L_2} + \cdots + \dfrac{V_n}{L_n}}$

L : 혼합가스의 폭발한계

102 가설통로 설치에 있어 경사가 최소 얼마를 초과하는 경우에는 미끄러지지 아니하는 구조로 하여야 하는가?

① 15[°]   ② 20[°]
③ 30[°]   ④ 40[°]

해설 경사가 15[°]를 초과하는 경우에는 미끄러지지 아니하는 구조로 할 것(안전보건규칙 제23조)

103 굴착과 싣기를 동시에 할 수 있는 토공기계가 아닌 것은?

① 트랙터 셔블(tractor shovel)

② 백호(back hoe)

③ 파워 셔블(power shovel)

④ 모터 그레이더(motor grader)

해설 ④ 모터 그레이더(motor grader)는 땅 고르는 건설기계, 그 외는 굴착기계

104 강관틀비계를 조립하여 사용하는 경우 준수하여야 할 사항으로 옳지 않은 것은?

① 비계기둥의 밑둥에는 밑받침 철물을 사용할 것

② 높이가 20[m]를 초과하거나 중량물의 적재를 수반하는 작업을 할 경우에는 주틀 간의 간격을 1.8[m] 이하로 할 것

③ 주틀 간에 교차 가새를 설치하고 최하층 및 3층 이내마다 수평재를 설치할 것

④ 길이가 띠장 방향으로 4[m] 이하이고 높이가 10[m]를 초과하는 경우에는 10[m] 이내마다 띠장 방향으로 버팀기둥을 설치할 것

해설 ▷ **강관틀비계 조립·사용 시 준수사항**(안전보건규칙 제62조)
• 비계기둥의 밑둥에는 밑받침 철물을 사용하여야 하며 밑받침에 고저차(高低差)가 있는 경우에는 조절형 밑받침철물을 사용하여 각각의 강관틀비계가 항상 수평 및 수직을 유지하도록 할 것
• 높이가 20[m]를 초과하거나 중량물의 적재를 수반하는 작업을 할 경우에는 주틀 간의 간격을 1.8[m] 이하로 할 것
• 주틀 간에 교차 가새를 설치하고 최상층 및 5층 이내마다 수평재를 설치할 것
• 수직방향으로 6[m], 수평방향으로 8[m] 이내마다 벽이음을 할 것
• 길이가 띠장 방향으로 4[m] 이하이고 높이가 10[m]를 초과하는 경우에는 10[m] 이내마다 띠장 방향으로 버팀기둥을 설치할 것

105 산업안전보건법령에 따른 양중기의 종류에 해당하지 않는 것은?

① 고소작업차   ② 이동식 크레인

③ 승강기   ④ 리프트(Lift)

해설 ▷ **양중기의 종류**(안전보건규칙 제132조)
• 크레인[호이스트(hoist)를 포함한다]
• 이동식 크레인
• 리프트(이삿짐운반용 리프트의 경우에는 적재하중이 0.1[t] 이상인 것으로 한정한다)
• 곤돌라
• 승강기

106 강관을 사용하여 비계를 구성하는 경우 준수해야 할 사항으로 옳지 않은 것은?

① 비계기둥의 간격은 띠장 방향에서는 1.85[m] 이하, 장선(長線) 방향에서는 1.5[m] 이하로 할 것

② 띠장 간격은 2.0[m] 이하로 할 것

③ 비계기둥의 제일 윗부분으로부터 31[m] 되는 지점 밑부분의 비계기둥은 3개의 강관으로 묶어 세울 것

④ 비계기둥 간의 적재하중은 400[kg]을 초과하지 않도록 할 것

해설 ③ 비계기둥의 제일 윗부분으로부터 31[m] 되는 지점 밑부분의 비계기둥은 2개의 강관으로 묶어 세울 것. 다만, 브라켓(bracket, 까치발) 등으로 보강하여 2개의 강관으로 묶을 경우 이상의 강도가 유지되는 경우에는 그러하지 아니하다.
① 비계기둥의 간격은 띠장 방향에서는 1.85[m] 이하, 장선(長線) 방향에서는 1.5[m] 이하로 할 것. 다만, 선박 및 보트 건조작업의 경우 안전성에 대한 구조검토를 실시하고 조립도를 작성하면 띠장 방향 및 장선 방향으로 각각 2.7[m] 이하로 할 수 있다.
② 띠장 간격은 2.0[m] 이하로 할 것. 다만, 작업의 성질상 이를 준수하기가 곤란하여 쌍기둥틀 등에 의하여 해당부분을 보강한 경우에는 그러하지 아니하다.
④ 비계기둥 간의 적재하중은 400[kg]을 초과하지 않도록 할 것

정답 **103** ④ **104** ③ **105** ① **106** ③

107 다음은 산업안전보건법령에 따른 시스템 비계의 구조에 관한 사항이다. ( ) 안에 들어갈 내용으로 옳은 것은?

> 비계 밑단의 수직재와 받침철물은 밀착되도록 설치하고, 수직재와 받침철물의 연결부의 겹침 길이는 받침철물 전체 길이의 ( ) 이상이 되도록 할 것

① 2분의 1 ② 3분의 1
③ 4분의 1 ④ 5분의 1

해설 비계 밑단의 수직재와 받침철물은 서로 밀착되도록 설치하고, 수직재와 받침철물의 연결부의 겹침길이는 받침철물 전체길이의 3분의 1 이상 되도록 할 것(안전보건규칙 제69조 제2호)

108 건설현장에서 작업으로 인하여 물체가 떨어지거나 날아올 위험이 있는 경우에 대한 안전조치에 해당하지 않는 것은?

① 수직보호망 설치
② 방호선반 설치
③ 울타리 설치
④ 낙하물 방지망 설치

해설 작업으로 인하여 물체가 떨어지거나 날아올 위험이 있는 경우 낙하물 방지망, 수직보호망 또는 방호선반의 설치, 출입금지구역의 설정, 보호구의 착용 등 위험을 방지하기 위하여 필요한 조치를 하여야 한다. 이 경우 낙하물 방지망 및 수직보호망은 「산업표준화법」에 따른 한국산업표준에서 정하는 성능기준에 적합한 것을 사용하여야 한다(안전보건규칙 제14조).

109 흙막이 가시설 공사 중 발생할 수 있는 보일링 (Boiling) 현상에 관한 설명으로 옳지 않은 것은?

① 이 현상이 발생하면 흙막이 벽의 지지력이 상실된다.
② 지하수위가 높은 지반을 굴착할 때 주로 발생된다.
③ 흙막이벽의 근입장 깊이가 부족할 경우 발생한다.
④ 연약한 점토지반에서 굴착면의 융기로 발생한다.

해설 ▶ **보일링 현상** : 지하수위가 높은 사질토에서 발생하며 지면의 액상화 현상, 굴착면과 배면토의 수두차에 의해 삼투압현상이 발생하는 것

110 거푸집동바리 등을 조립하는 경우에 준수해야 할 기준으로 옳지 않은 것은?

① 동바리의 상하 고정 및 미끄러짐 방지조치를 하고, 하중의 지지상태를 유지한다.
② 강재와 강재의 접속부 및 교차부는 볼트·클램프 등 전용철물을 사용하여 단단히 연결한다.
③ 파이프 서포트를 제외한 동바리로 사용하는 강관은 높이 2[m]마다 수평연결재를 2개 방향으로 만들고 수평연결재의 변위를 방지할 것
④ 동바리로 사용하는 파이프 서포트는 4개 이상 이어서 사용하지 않도록 할 것

해설 ④ 동바리로 사용하는 파이프 서포트를 3개 이상 이어서 사용하지 않도록 할 것(안전보건규칙 제332조 제8호)

111 장비가 위치한 지면보다 낮은 장소를 굴착하는 데 적합한 장비는?

① 트럭크레인 ② 파워셔블
③ 백호 ④ 진폴

해설 백호는 굴착기이며, 지면보다 낮은 장소를 굴착하는 데 적합하다.

해설 ② 진동기를 너무 많이 사용할 경우 거푸집 붕괴의 위험 이 발생할 수 있다.

112 건설공사도급인은 건설공사 중에 가설구조물의 붕괴 등 산업재해가 발생할 위험이 있다고 판단되면 건축·토목 분야의 전문가의 의견을 들어 건설공사 발주자에게 해당 건설공사의 설계변경을 요청할 수 있는데, 이러한 가설구조물의 기준으로 옳지 않은 것은?

① 높이 20[m] 이상인 비계
② 작업발판 일체형 거푸집 또는 높이 6[m] 이상인 거푸집 동바리
③ 터널의 지보공 또는 높이 2[m] 이상인 흙막이 지보공
④ 동력을 이용하여 움직이는 가설구조물

해설 ① 높이 31[m] 이상의 비계

114 산업안전보건법령에 따른 작업발판 일체형 거푸집에 해당되지 않는 것은?

① 갱 폼(Gang Form)
② 슬립 폼(Slip Form)
③ 유로 폼(Euro Form)
④ 클라이밍 폼(Climbing Form)

해설 ▶ **작업발판 일체형 거푸집**(안전보건규칙 제337조 제1항)
• 갱 폼(gang form)
• 슬립 폼(slip form)
• 클라이밍 폼(climbing form)
• 터널 라이닝 폼(tunnel lining form)
• 그 밖에 거푸집과 작업발판이 일체로 제작된 거푸집 등

113 콘크리트 타설 시 안전수칙으로 옳지 않은 것은?

① 타설순서는 계획에 의하여 실시하여야 한다.
② 진동기는 최대한 많이 사용하여야 한다.
③ 콘크리트를 치는 도중에는 거푸집, 지보공 등의 이상 유무를 확인하여야 한다.
④ 손수레로 콘크리트를 운반할 때에는 손수레를 타설하는 위치까지 천천히 운반하여 거푸집에 충격을 주지 아니하도록 타설하여야 한다.

115 터널 지보공을 조립하는 경우에는 미리 그 구조를 검토한 후 조립도를 작성하고, 그 조립도에 따라 조립하도록 하여야 하는데 이 조립도에 명시하여야 할 사항과 가장 거리가 먼 것은?

① 이음방법　　　② 단면규격
③ 재료의 재질　　④ 재료의 구입처

해설 조립도에는 재료의 재질, 단면규격, 설치간격 및 이음방법 등을 명시하여야 한다(안전보건규칙 제363조 제2항).

정답 112 ①　113 ②　114 ③　115 ④

116 부두·안벽 등 하역작업을 하는 장소에서 부두 또는 안벽의 선을 따라 통로를 설치하는 경우에는 폭을 최소 얼마 이상으로 하여야 하는가?

① 85[cm]
② 90[cm]
③ 100[cm]
④ 120[cm]

해설 부두 또는 안벽의 선을 따라 통로를 설치하는 경우에는 폭을 90[cm] 이상으로 할 것(안전보건규칙 제390조)

117 다음은 산업안전보건법령에 따른 산업안전보건관리비의 사용에 관한 규정이다. ( ) 안에 들어갈 내용을 순서대로 옳게 작성한 것은?

건설공사도급인은 고용노동부장관이 정하는 바에 따라 해당 건설공사를 위하여 계상된 산업안전보건관리비를 그가 사용하는 근로자와 그의 관계수급인이 사용하는 근로자의 산업재해 및 건강장해 예방에 사용하고, 그 사용명세서를 ( ) 작성하고 건설공사 종료 후 ( )간 보존해야 한다.

① 매월, 6개월
② 매월, 1년
③ 2개월 마다, 6개월
④ 2개월 마다, 1년

해설 • 건설공사도급인은 도급금액 또는 사업비에 계상(計上)된 산업안전보건관리비의 범위에서 그의 관계수급인에게 해당 사업의 위험도를 고려하여 적정하게 산업안전보건관리비를 지급하여 사용하게 할 수 있다.
• 건설공사도급인은 산업안전보건관리비를 사용하는 해당 건설공사의 금액(고용노동부장관이 정하여 고시하는 방법에 따라 산정한 금액을 말한다)이 4천만원 이상인 때에는 고용노동부장관이 정하는 바에 따라 매월(건설공사가 1개월 이내에 종료되는 사업의 경우에는 해당 건설공사가 끝나는 날이 속하는 달을 말한다) 사용명세서를 작성하고, 건설공사 종료 후 1년 동안 보존해야 한다.

118 지반의 굴착 작업에 있어서 비가 올 경우를 대비한 직접적인 대책으로 옳은 것은?

① 측구 설치
② 낙하물 방지망 설치
③ 추락 방호망 설치
④ 매설물 등의 유무 또는 상태 확인

해설 사업주는 비가 올 경우를 대비하여 측구(側溝)를 설치하거나 굴착경사면에 비닐을 덮는 등 빗물 등의 침투에 의한 붕괴재해를 예방하기 위하여 필요한 조치를 하여야 한다(안전보건규칙 제340조 제2항).

119 강관틀비계(높이 5[m] 이상)의 넘어짐을 방지하기 위하여 사용하는 벽이음 및 버팀의 설치간격 기준으로 옳은 것은?

① 수직방향 5[m], 수평방향 5[m]
② 수직방향 6[m], 수평방향 7[m]
③ 수직방향 6[m], 수평방향 8[m]
④ 수직방향 7[m], 수평방향 8[m]

해설 ▶ 틀비계 : 수직방향 6[m] 이하, 수평방향 8[m] 이하

120 굴착공사에 있어서 비탈면붕괴를 방지하기 위하여 실시하는 대책으로 옳지 않은 것은?

① 지표수의 침투를 막기 위해 표면배수공을 한다.
② 지하수위를 내리기 위해 수평배수공을 설치한다.
③ 비탈면 하단을 성토한다.
④ 비탈면 상부에 토사를 적재한다.

해설 ④ 비탈면 하부에 토사를 적재한다.

116 ② 117 ② 118 ① 119 ③ 120 ④ 정답

2021년 제3회 기출 복원문제

1과목 안전관리론

01 상황성 누발자의 재해유발원인이 아닌 것은?

① 심신의 근심
② 작업의 어려움
③ 도덕성의 결여
④ 기계설비의 결함

> **해설** ▶ **상황성 누발자의 재해유발원인**
> • 작업자체가 어렵기 때문
> • 기계설비의 결함존재
> • 주위 환경 상 주의력 집중 곤란
> • 심신에 근심 걱정이 있기 때문

02 인간의 의식 수준을 5단계로 구분할 때 의식이 몽롱한 상태의 단계는?

① Phase Ⅰ
② Phase Ⅱ
③ Phase Ⅲ
④ Phase Ⅳ

> **해설**
>
> | 단계 (phase) | 뇌파 패턴 | 의식상태 (mode) | 주의의 작용 | 생리적 상태 | 신뢰성 |
> |---|---|---|---|---|---|
> | 0 | δ파 | 무의식, 실신 | 제로 | 수면, 뇌발작 | 0 |
> | Ⅰ | θ파 | 의식이 둔한 상태 | 활발하지 않음 | 피로 단조, 졸림, 취중 | 0.9 |
> | Ⅱ | α파 | 편안한 상태 | 수동적임 | 안정적 상태, 휴식시, 정상 작업시 | 0.99~ 0.9999 |
> | Ⅲ | β파 | 명석한 상태 | 활발함, 적극적임 | 적극적, 활동시 | 0.9999 이상 |
> | Ⅳ | β파 | 흥분상태 (과긴장) | 일점에 응집, 판단정지 | 긴급 방위 반응, 당황, 패닉 | 0.9 이하 |

03 산업안전보건법령상 사업장에서 산업재해 발생 시 사업주가 기록·보존하여야 하는 사항을 모두 고른 것은? (단, 산업재해조사표와 요양신청서의 사본은 보존하지 않았다.)

> ㄱ. 사업장의 개요 및 근로자의 인적사항
> ㄴ. 재해 발생의 일시 및 장소
> ㄷ. 재해 발생의 원인 및 과정
> ㄹ. 재해 재발방지 계획

① ㄱ, ㄹ
② ㄴ, ㄷ, ㄹ
③ ㄱ, ㄴ, ㄷ
④ ㄱ, ㄴ, ㄷ, ㄹ

> **해설** ▶ **산업재해 기록·보존** : 산업재해가 발생한 경우 다음 사항을 기록하고, 3년간 보존
> • 사업장의 개요 및 근로자의 인적사항
> • 재해발생 일시 및 장소
> • 재해발생 원인 및 과정
> • 재해 재발방지 계획

04 A사업장의 조건이 다음과 같을 때 A사업장에서 연간재해발생으로 인한 근로손실일수는?

> • 강도율 : 0.4
> • 근로자 수 : 1000명
> • 연근로시간수 : 2400시간

① 480
② 720
③ 960
④ 1440

> **해설** 강도율 = $\dfrac{\text{총요양근로손실일수}}{\text{연근로시간수}} \times 1000$
>
> $0.4 \times (1000 \times 2400)/1000$

정답 01 ③ 02 ① 03 ④ 04 ③

05 무재해운동의 이념 중 선취의 원칙에 대한 설명으로 옳은 것은?

① 사고의 잠재요인을 사후에 파악하는 것
② 근로자 전원이 일체감을 조성하여 참여하는 것
③ 위험요소를 사전에 발견, 파악하여 재해를 예방 또는 방지하는 것
④ 관리감독자 또는 경영층에서의 자발적 참여로 안전 활동을 촉진하는 것

> **해설 ▷ 무재해운동의 이념**
> • **무(Zero)의 원칙** : 산업재해의 근원적인 요소들을 없앤다는 것
> • **안전제일의 원칙**(선취의 원칙) : 행동하기 전, 잠재위험요인을 발견하고 파악, 해결하여 재해를 예방하는 것
> • **참여의 원칙**(참가의 원칙) : 전원이 일치 협력하여 각자의 위치에서 적극적으로 문제를 해결하는 것

06 산업안전보건법령상 명시된 타워크레인을 사용하는 작업에서 신호업무를 하는 작업 시 특별교육 대상 작업별 교육 내용이 아닌 것은? (단, 그 밖에 안전보건관리에 필요한 사항은 제외한다.)

① 신호방법 및 요령에 관한 사항
② 걸고리·와이어로프 점검에 관한 사항
③ 화물의 취급 및 안전작업방법에 관한 사항
④ 인양물이 적재될 지반의 조건, 인양하중, 풍압 등이 인양물과 타워크레인에 미치는 영향

> **해설 ▷ 타워크레인 사용작업 시 신호업무 대상 교육**
> • 타워크레인의 기계적 특성 및 방호장치 등에 관한 사항
> • 화물의 취급 및 안전작업방법에 관한 사항
> • 신호방법 및 요령에 관한 사항
> • 인양 물건의 위험성 및 낙하·비래·충돌재해 예방에 관한 사항
> • 인양물이 적재될 지반의 조건, 인양하중, 풍압 등이 인양물과 타워크레인에 미치는 영향
> • 그 밖에 안전보건관리에 필요한 사항

07 보호구 안전인증 고시상 추락방지대가 부착된 안전대 일반구조에 관한 내용 중 틀린 것은?

① 죔줄은 합성섬유로프를 사용해서는 안 된다.
② 고정된 추락방지대의 수직구명줄은 와이어로프 등으로 하며 최소지름이 8[mm] 이상이어야 한다.
③ 수직구명줄에서 걸이설비와의 연결부위는 훅 또는 카라비너 등이 장착되어 걸이설비와 확실히 연결되어야 한다.
④ 추락방지대를 부착하여 사용하는 안전대는 신체지지의 방법으로 안전그네만을 사용하여야 하며 수직구명줄이 포함되어야 한다.

> **해설** ① 죔줄은 합성섬유로프 사용

08 하인리히 재해 구성 비율 중 무상해사고가 600건이라면 사망 또는 중상 발생 건수는?

① 1
② 2
③ 29
④ 58

> **해설 ▷ 하인리히의 1 : 29 : 300의 법칙**
> • 사망 또는 중상 1회
> • 경상 29회
> • 무상해 사고 300회

09 재해사례연구 순서로 옳은 것은?

재해 상황의 파악 → (㉠) → (㉡) → 근본적 문제점의 결정 → (㉢)

① ㉠ 문제점의 발견, ㉡ 대책수립, ㉢ 사실의 확인
② ㉠ 문제점의 발견, ㉡ 사실의 확인, ㉢ 대책수립
③ ㉠ 사실의 확인, ㉡ 대책수립, ㉢ 문제점의 발견
④ ㉠ 사실의 확인, ㉡ 문제점의 발견, ㉢ 대책수립

해설 ▶ **재해사례연구 순서**
- 제0단계 : 재해상황 파악
- 제1단계 : 사실의 확인
- 제2단계 : 문제점 발견(작업표준 등을 근거)
- 제3단계 : 근본적인 문제점 결정(각 문제점마다 재해 요인의 인적·물적·관리적 원인 결정)
- 제4단계 : 대책수립

10 강의식 교육지도에서 가장 많은 시간을 소비하는 단계는?

① 도입
② 제시
③ 적용
④ 확인

해설

구분	도입	제시	적용	확인
강의식	5분	40분	10분	5분
토의식	5분	10분	40분	5분

11 위험예지훈련 4단계의 진행 순서를 바르게 나열한 것은?

① 목표설정 → 현상파악 → 대책수립 → 본질추구
② 목표설정 → 현상파악 → 본질추구 → 대책수립
③ 현상파악 → 본질추구 → 대책수립 → 목표설정
④ 현상파악 → 본질추구 → 목표설정 → 대책수립

해설 ▶ **위험예지훈련 4단계**
- 제1단계 : 현상파악 – 어떤 위험이 잠재되어 있는가?
- 제2단계 : 본질추구 – 이것이 위험의 point다.
- 제3단계 : 대책수립 – 당신이라면 어떻게 하는가?
- 제4단계 : 목표설정 – 우리들은 이렇게 한다.

12 레윈(Lewin, K)에 의하여 제시된 인간의 행동에 관한 식을 올바르게 표현한 것은? (단, B는 인간의 행동, P는 개체, E는 환경, f는 함수관계를 의미한다.)

① $B=f(P \cdot E)$
② $B=f(P+1)^E$
③ $P=E \cdot f(B)$
④ $E=f(P \cdot B)$

해설

$$B=f(P \cdot E)$$

- B : Behavior(인간의 행동)
- f : function(함수관계) $P \cdot E$에 영향을 줄 수 있는 조건
- P : Person(연령, 경험, 심신상태, 성격, 지능, 소질 등)
- E : Environment(심리적 환경 – 인간관계, 작업환경, 설비적 결함 등)

13 산업안전보건법령상 근로자에 대한 일반 건강진단의 실시 시기 기준으로 옳은 것은?

① 사무직에 종사하는 근로자 : 1년에 1회 이상
② 사무직에 종사하는 근로자 : 2년에 1회 이상
③ 사무직 외의 업무에 종사하는 근로자 : 6월에 1회 이상
④ 사무직 외의 업무에 종사하는 근로자 : 2년에 1회 이상

해설

근로자	주기
사무직에 종사하는 근로자(공장 또는 공사 현장과 같은 구역에 있지 않은 사무실에서 서무·인사·경리·판매·설계 등의 사무 업무에 종사하는 근로자를 말하며, 판매업무 등에 직접 종사하는 근로자는 제외한다)	2년에 1회 이상
그 밖의 근로자	1년에 1회 이상

정답 10 ② 11 ③ 12 ① 13 ②

14 매슬로우(Maslow)의 욕구 5단계 이론 중 안전욕구의 단계는?

① 제1단계 ② 제2단계
③ 제3단계 ④ 제4단계

해설	단계		이론
하위단계가 충족되어야 상위단계로 진행	5단계		자아실현의 욕구
	4단계		인정받으려는 욕구
	3단계		사회적 욕구
	2단계		안전의 욕구
	1단계		생리적 욕구

15 교육계획 수립 시 가장 먼저 실시하여야 하는 것은?

① 교육내용의 결정
② 실행교육계획서 작성
③ 교육의 요구사항 파악
④ 교육실행을 위한 순서, 방법, 자료의 검토

> 해설 ❷ **안전보건교육 계획수립 절차**
> 교육의 필요점 및 요구사항 파악 → 교육내용 및 방법 결정 → 교육의 준비 및 실시 → 교육의 성과 평가

16 안전점검표(체크리스트) 항목 작성 시 유의사항으로 틀린 것은?

① 정기적으로 검토하여 설비나 작업방법이 타당성 있게 개조된 내용일 것
② 사업장에 적합한 독자적 내용을 가지고 작성할 것
③ 위험성이 낮은 순서 또는 긴급을 요하는 순서대로 작성할 것
④ 점검항목을 이해하기 쉽게 구체적으로 표현할 것

> 해설 ❷ **안전점검표 항목 작성 시 유의사항**
> • 사업장에 적합한 독자적 내용일 것
> • 중점도가 높은 것부터 순서대로 작성할 것
> • 정기적으로 검토하여 재해 방지에 타당성 있게 개조된 내용일 것
> • 일정양식을 정하여 점검 대상을 정할 것
> • 점검표의 내용은 이해하기 쉽도록 표현하고 구체적일 것

17 안전교육에 있어서 동기부여방법으로 가장 거리가 먼 것은?

① 책임감을 느끼게 한다.
② 관리감독을 철저히 한다.
③ 자기 보존본능을 자극한다.
④ 물질적 이해관계에 관심을 두도록 한다.

> 해설 ❷ **안전교육 시 동기부여방법**
> • 안전의 근본이념을 인식시킨다.
> • 안전 목표를 명확히 설정한다.
> • 결과의 가치를 알려준다.
> • 상과 벌을 준다.
> • 경쟁과 협동을 유도한다.
> • 동기 유발의 최적수준을 유지하도록 한다.

18 교육과정 중 학습경험조직의 원리에 해당하지 않는 것은?

① 기회의 원리
② 계속성의 원리
③ 계열성의 원리
④ 통합성의 원리

> 해설 ❷ **학습경험조직의 원리**
> • **계속성** : 교육내용이나 경험을 반복적으로 조직하는 것
> • **계열성** : 교육내용이나 경험의 폭과 깊이를 더해지도록 조직하는 것
> • **통합성** : 교육내용 관련 요소들을 연관시켜 학습자 행동의 통일성을 증가시키는 것

19 근로자 1000명 이상의 대규모 사업장에 적합한 안전관리 조직의 유형은?

① 직계식 조직

② 참모식 조직

③ 병렬식 조직

④ 직계참모식 조직

> **해설 ▶ 안전관리 조직의 유형**
> • **직계식** : 소규모(근로자 100인 미만) 사업장에 적용
> • **참모식** : 중규모(근로자 100~1000명) 사업장에 적용
> • **직계참모식** : 대규모(근로자 1000명 이상) 사업장에 적용

20 산업안전보건법령상 안전보건표지의 종류와 형태 중 관계자 외 출입금지에 해당하지 않는 것은?

① 관리대상물질 작업장

② 허가대상물질 작업장

③ 석면취급·해체 작업장

④ 금지대상물질의 취급 실험실

해설 501 허가대상물질 작업장	502 석면취급/해체 작업장	503 금지대상물질의 취급 실험실 등
관계자 외 출입금지 (허가물질 명칭) 제조/사용/ 보관 중	관계자 외 출입금지 석면 취급/해체 중	관계자 외 출입금지 발암물질 취급 중
보호구/보호복 착용 흡연 및 음식물 섭취 금지	보호구/보호복 착용 흡연 및 음식물 섭취 금지	보호구/보호복 착용 흡연 및 음식물 섭취 금지

2과목　인간공학 및 시스템안전공학

21 다음 그림에서 명료도 지수는?

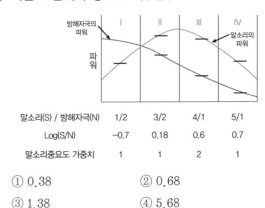

말소리(S) / 방해자극(N)	1/2	3/2	4/1	5/1
Log(S/N)	−0.7	0.18	0.6	0.7
말소리중요도 가중치	1	1	2	1

① 0.38

② 0.68

③ 1.38

④ 5.68

> **해설** 명료도 지수는 통화이해도를 측정하는 지표로 각 옥타브 (octave)대의 음성과 잡음의 [dB]값에 가중치를 곱한다.
> −0.7+0.18+(0.6×2)+0.7

22 정보수용을 위한 작업자의 시각 영역에 대한 설명으로 옳은 것은?

① 판별시야 – 안구운동만으로 정보를 주시하고 순간적으로 특정정보를 수용할 수 있는 범위

② 유효시야 – 시력, 색판별 등의 시각 기능이 뛰어나며 정밀도가 높은 정보를 수용할 수 있는 범위

③ 보조시야 – 머리부분의 운동이 안구운동을 돕는 형태로 발생하며 무리 없이 주시가 가능한 범위

④ 유도시야 – 제시된 정보의 존재를 판별할 수 있는 정도의 식별능력밖에 없지만 인간의 공간좌표 감각에 영향을 미치는 범위

> **해설 ▶ 유도시야** : 제시된 정보의 존재를 판별할 수 있는 정도의 식별능력밖에 없지만 인간의 공간좌표 감각에 영향을 미치는 범위

정답 19 ④ 20 ① 21 ③ 22 ④

23 FMEA 분석 시 고장평점법의 5가지 평가요소에 해당하지 않는 것은?

① 고장발생의 빈도

② 신규설계의 가능성

③ 기능적 고장 영향의 중요도

④ 영향을 미치는 시스템의 범위

> 해설 ❯ **FMEA 분석 시 고장평점법의 5가지 요소**
> • 고장발생의 빈도
> • 고장방지의 가능성
> • 기능적 고장 영향의 중요도
> • 영향을 미치는 시스템의 범위
> • 신규설계의 정도

24 건구온도 30[℃], 습구온도 35[℃]일 때의 옥스퍼드(Oxford) 지수는?

① 20.75

② 24.58

③ 30.75

④ 34.25

> 해설 $WD = 0.85W + 0.15D$ (W : 습구온도, D : 건구온도)
> $= 0.85 \times 35 + 0.15 \times 30$
> $= 29.75 + 4.5 = 34.25$

25 설비보전에서 평균수리시간을 나타내는 것은?

① MTBF

② MTTR

③ MTTF

④ MTBP

> 해설 ② **MTTR**(Mean Time To Repair) : 평균수리시간
> ① **MTBF**(Mean Time Between Failure) : 평균고장간격
> ③ **MTTF**(Mean Time To Failure) : 평균동작시간

26 발생 확률이 동일한 64가지의 대안이 있을 때 얻을 수 있는 총 정보량은?

① 6[bit]

② 16[bit]

③ 32[bit]

④ 64[bit]

> 해설 $\log_2 64 = 6$
> 2의 6승이 64이다.

27 인간-기계 시스템의 설계 과정을 다음과 같이 분류할 때 다음 중 인간, 기계의 기능을 할당하는 단계는?

1단계 : 시스템의 목표와 성능명세 결정
2단계 : 시스템의 정의
3단계 : 기본 설계
4단계 : 인터페이스 설계
5단계 : 보조물 설계 혹은 편의수단 설계
6단계 : 평가

① 기본 설계

② 인터페이스 설계

③ 시스템의 목표와 성능명세 결정

④ 보조물 설계 혹은 편의수단 설계

> 해설 ❯ **인간-기계 시스템의 설계 과정**
> • **제1단계** : 목표 및 성능명세 결정 – 시스템 설계 전 그 목적이나 존재 이유가 있어야 함(인간 요소적인 면, 신체의 역학적 특성 미친 인체특정학적 요소 고려)
> • **제2단계** : 시스템(체계)의 정의 – 목적을 달성하기 위한 특정한 기본기능들이 수행되어야 함
> • **제3단계** : 기본설계 – 시스템의 형태를 갖추기 시작하는 단계(직무분석, 작업설계, 기능할당)
> • **제4단계** : 계면(인터페이스)설계 – 사용자 편의와 시스템 성능
> • **제5단계** : 촉진물(보조물)설계 – 인간의 성능을 촉진시킬 보조물 설계
> • **제6단계** : 시험 및 평가 – 시스템 개발과 관련된 평가와 인간적인 요소 평가 실시

28 FT도에서 최소 컷셋을 올바르게 구한 것은?

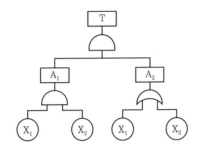

① (X₁, X₂)

② (X₁, X₃)

③ (X₂, X₃)

④ (X₁, X₂, X₃)

해설 $(X_1 \times X_2) \times (X_1 + X_3)$

$= (X_1 \times X_2) \times (X_1) + (X_1 \times X_2) \times (X_3)$

$= (X_1 \times X_2) + (X_1 \times X_2) \times (X_3)$

$= (X_1 \times X_2) \times (1 + X_3)$

$= (X_1 \times X_2) \times 1$

$= (X_1 \times X_2)$

29 일반적으로 인체측정치의 최대집단치를 기준으로 설계하는 것은?

① 선반의 높이

② 공구의 크기

③ 출입문의 크기

④ 안내 데스크의 높이

해설 ▶ 인체측정치의 최대집단치

구분	최대집단치
개념	대상 집단에 대한 인체측정 변수의 상위 백분위수를 기준으로 90, 95, 99[%] 치 사용
적용 예	• 출입문, 통로, 의자 사이의 간격 등 • 줄사다리, 그네 등의 지지물의 최소 지지 중량(강도)

30 인간공학의 궁극적인 목적과 가장 관계가 깊은 것은?

① 경제성 향상

② 인간 능력의 극대화

③ 설비의 가동률 향상

④ 안전성 및 효율성 향상

해설 ▶ 인간공학의 궁극적인 목적

• 사용상의 효율성 및 편리성 향상

• 안정감 및 만족도를 증가시키고 인간의 가치기준을 향상(삶의 질적 향상)

• 인간·기계 시스템에 대하여 인간의 복지, 안락함, 효율성을 향상시키는 것

• 안전성 향상 및 사고예방

• 직업능률 및 생산성 증대

• 작업환경의 쾌적성

31 '화재 발생'이라는 시작(초기)사상에 대하여, 화재 감지기, 화재 경보, 스프링클러 등의 성공 또는 실패 작동 여부와 그 확률에 따른 피해 결과를 분석하는 데 가장 적합한 위험 분석 기법은?

① FTA

② ETA

③ FHA

④ THERP

해설 ▶ ETA(Event Tree Analysis : 사건 수 분석)

정량적 귀납적 기법으로 DT에서 변천해 온 것으로 설비의 설계, 심사, 제작, 검사, 보전, 운전, 안전대책의 과정에서 그 대응조치가 성공인가 실패인가를 확대해 가는 과정을 검토

32 여러 사람이 사용하는 의자의 좌판 높이 설계 기준으로 옳은 것은?

① 5[%] 오금높이

② 50[%] 오금높이

③ 75[%] 오금높이

④ 95[%] 오금높이

해설 ❯ **다중사용 의자의 좌판 높이 설계 기준**
- 대퇴부의 압박 방지를 위해 좌판 앞부분은 오금 높이 보다 높지 않게 설계(치수는 5[%] 치 사용)
- 좌판의 높이는 개인별로 조절할 수 있도록 하는 것이 바람직
- 사무실 의자의 좌판과 등판각도
  - 좌판각도 : 3[°]
  - 등판각도 : 100[°]

---

33 FTA에서 사용되는 사상기호 중 결함사상을 나타낸 기호로 옳은 것은?

①   ②

③   ④

해설

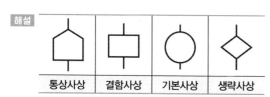

통상사상	결함사상	기본사상	생략사상

---

34 기술개발과정에서 효율성과 위험성을 종합적으로 분석·판단할 수 있는 평가방법으로 가장 적절한 것은?

① Risk Assessment

② Risk Management

③ Safety Assessment

④ Technology Assessment

해설 ❯ **Technology Assessment** : 기술의 재검토 또는 기술의 사전평가라는 뜻으로 마이너스면에 주목하여 2차, 3차의 파급 효과라든지 그 영향 등을 중시, 재검토하여 기술을 평가하려는 것을 말한다.

---

35 자동차를 타이어가 4개인 하나의 시스템으로 볼 때, 타이어 1개가 파열될 확률이 0.01이라면, 이 자동차의 신뢰도는 약 얼마인가?

① 0.91 ② 0.93

③ 0.96 ④ 0.99

해설 타이어가 1개라도 파열되면 자동차는 고장이므로, 타이어 4개가 모두 안전한 직렬로 $(1-0.01)^4$ 계산

---

36 다음 상황은 인간실수의 분류 중 어느 것에 해당하는가?

> 전자기기 수리공이 어떤 제품의 분해·조립 과정을 거쳐서 수리를 마친 후 부품 하나가 남았다.

① Time Error ② Omission Error

③ Command Error ④ Extraneous Error

해설 ❯ **인간실수의 분류**
- **생략오류**(Omission Error) : 절차를 생략해 발생하는 오류
- **시간오류**(Time Error) : 절차의 수행지연에 의한 오류
- **작위오류**(Commission Error) : 절차의 불확실한 수행에 의한 오류
- **순서오류**(Sequential Error) : 절차의 순서착오에 의한 오류
- **과잉행동오류**(Extraneous Error) : 불필요한 작업/절차에 의한 오류

---

37 스트레스의 영향으로 발생된 신체 반응의 결과인 스트레인(strain)을 측정하는 척도가 잘못 연결된 것은?

① 인지적 활동 – EEG

② 육체적 동적 활동 – GSR

③ 정신 운동적 활동 – EOG

④ 국부적 근육 활동 – EMG

---

33 ② 34 ④ 35 ③ 36 ② 37 ② 정답

해설 ② 정신적인 활동 – GSR(Galvanic Skin Responser, 피부전기반사)

38 일반적인 시스템의 수명곡선(욕조곡선)에서 고장 형태 중 증가형 고장률을 나타내는 기간으로 옳은 것은?

① 우발 고장기간
② 마모 고장기간
③ 초기 고장기간
④ Burn-in 고장기간

해설 ▶ **수명곡선의 고장형태**
• **초기고장** : 감소형(debugging 기간, burning 기간)
※ debugging 기간 : 인간시스템의 신뢰도에서 결함을 찾아내 고장률을 안정시키는 기간
• **우발고장** : 일정형
• **마모고장** : 증가형

39 청각적 표시장치의 설계 시 적용하는 일반 원리에 대한 설명으로 틀린 것은?

① 양립성이란 긴급용 신호일 때는 낮은 주파수를 사용하는 것을 의미한다.
② 검약성이란 조작자에 대한 입력신호는 꼭 필요한 정보만을 제공하는 것이다.
③ 근사성이란 복잡한 정보를 나타내고자 할 때 2단계의 신호를 고려하는 것이다.
④ 분리성이란 두 가지 이상의 채널을 듣고 있다면 각 채널의 주파수가 분리되어 있어야 한다는 의미이다.

해설 ① 양립성은 자극과 반응의 관계가 인간의 기대와 모순되지 않는 성질

40 FTA에 대한 설명으로 가장 거리가 먼 것은?

① 정성적 분석만 가능
② 하향식(top-down) 방법
③ 복잡하고 대형화된 시스템에 활용
④ 논리게이트를 이용하여 도해적으로 표현하여 분석하는 방법

해설 ▶ **FTA**
• 연역적이고 정량적인 해석 방법(Top down 형식)
• 정량적 해석기법(컴퓨터처리 가능)이다.
• 논리기호를 사용한 특정사상에 대한 해석이다.
• 서식이 간단해서 비전문가도 짧은 훈련으로 사용할 수 있다.
• Human Error의 검출이 어렵다.

3과목 | 기계위험방지기술

41 프레스기의 안전대책 중 손을 금형 사이에 집어넣을 수 없도록 하는 본질적 안전화를 위한 방식(no-hand in die)에 해당하는 것은?

① 수인식
② 광전자식
③ 방호울식
④ 손쳐내기식

해설 방호울은 본질적 안전화를 위한 방식이다.

42 회전하는 부분의 접선방향으로 물려 들어갈 위험이 존재하는 점으로 주로 체인, 풀리, 벨트, 기어와 랙 등에서 형성되는 위험점은?

① 끼임점　　　　　② 협착점
③ 절단점　　　　　④ 접선물림점

해설 ④ **접선물림점**(Tangential Nip point) : 회전하는 부분의 접선방향으로 물려 들어갈 위험이 존재하는 점이다.
예 벨트와 풀리, 체인과 스프로킷, 랙과 피니언
① **끼임점**(Shear point) : 고정부분과 회전하는 동작부분이 함께 만드는 위험점
예 연삭숫돌과 덮개, 교반기의 날개와 하우징, 프레임에서 암의 요동운동을 하는 기계부분 등
② **협착점**(Squeeze point) : 왕복운동을 하는 동작부분과 움직임이 없는 고정부분 사이에서 형성되는 위험점으로 사업장의 기계설비에서 많이 볼 수 있다.
예 프레스기, 전단기, 성형기, 굽힘기계(bending machine) 등
③ **절단점**(Cutting point) : 고정부분과 운동부분이 만드는 위험점이 아니고 회전하는 운동부 자체의 위험이나 운동하는 기계 부분 자체의 위험에서 초래되는 위험점이다.
예 밀링의 커터, 띠톱이나 둥근톱의 톱날, 벨트의 이음 부분 등

---

44 다음 설명 중 (   ) 안에 알맞은 내용은?

> 산업안전보건법령상 롤러기의 급정지장치는 롤러를 무부하로 회전시킨 상태에서 앞면 롤러의 표면속도가 30[m/min] 미만일 때에는 급정지거리가 앞면 롤러 원주의 (   ) 이내에서 롤러를 정지시킬 수 있는 성능을 보유해야 한다.

① 1/4 　　　　② 1/3
③ 1/2.5 　　　④ 1/2

해설

앞면 롤의 표면속도[m/min]	급정지거리
30 미만	앞면 롤 원주의 1/3
30 이상	앞면 롤 원주의 1/2.5

---

43 산업안전보건법령상 양중기에 해당하지 않는 것은?

① 곤돌라
② 이동식 크레인
③ 적재하중 0.05[t]의 이삿짐운반용 리프트 화물용 엘리베이터
④ 화물용 엘리베이터

해설 ▶ **양중기**
• 크레인[호이스트(hoist)를 포함한다]
• 이동식 크레인
• 리프트(이삿짐운반용 리프트의 경우에는 적재하중이 0.1[t] 이상인 것으로 한정한다.)
• 곤돌라
• 승강기(최대하중이 0.25[t] 이상인 것으로 한정한다)

---

45 산업안전보건법령상 지게차에서 통상적으로 갖추고 있어야 하나, 마스트의 후방에서 화물이 낙하함으로써 근로자에게 위험을 미칠 우려가 없는 때에는 반드시 갖추지 않아도 되는 것은?

① 전조등 　　　　② 헤드가드
③ 백레스트 　　　④ 포크

해설 백레스트(backrest)를 갖추지 아니한 지게차를 사용해서는 아니 된다. 다만, 마스트의 후방에서 화물이 낙하함으로써 근로자가 위험해질 우려가 없는 경우에는 그러하지 아니하다.

---

46 산업안전보건법령상 압력용기에서 안전인증된 파열판에 안전인증 표시 외에 추가로 나타내어야 하는 사항이 아닌 것은?

① 분출차[%] 　　　② 호칭지름
③ 용도(요구성능) 　④ 유체의 흐름방향 지시

---

43 ③　　44 ②　　45 ③　　46 ①　　**정답**

해설 압력용기란 화학공장의 탑류, 반응기, 열교환기, 저장용기 및 공기압축기의 공기 저장탱크로서 상용압력이 0.2[kg/cm²] 이상이 되고 사용압력(단위 : [kg/cm²])과 용기내 용적(단위 : [m³])의 곱이 1 이상인 것을 말한다. 압력용기에는 안전인증된 파열판에는 안전인증 표시 외에 추가로 호칭지름, 용도, 유체의 흐름방향지시가 있어야 한다.

해설 ❱ **사출성형기 등의 방호장치**
- 사업주는 사출성형기(射出成形機)·주형조형기(鑄型造形機) 및 형단조기(프레스등은 제외한다) 등에 근로자의 신체 일부가 말려들어갈 우려가 있는 경우 게이트 가드(gate guard) 또는 양수조작식 등에 의한 방호장치, 그 밖에 필요한 방호 조치를 하여야 한다.
- 게이트가드는 닫지 아니하면 기계가 작동되지 아니하는 연동구조(連動構造)여야 한다.
- 사업주는 기계의 히터 등의 가열 부위 또는 감전 우려가 있는 부위에는 방호덮개를 설치하는 등 필요한 안전 조치를 하여야 한다.

47 선반에서 일감의 길이가 지름에 비하여 상당히 길 때 사용하는 부속품으로 절삭 시 절삭저항에 의한 일감의 진동을 방지하는 장치는?

① 칩 브레이커　　② 척 커버
③ 방진구　　　　④ 실드

해설 방진구는 일감의 길이가 직경의 12[배] 이상일 때 사용하며 공작 기계 등에서 가늘고 긴 공작물을 가공할 때 진동을 방지하는 기구이다.

49 연강의 인장강도가 420[MPa]이고, 허용응력이 140[MPa]이라면 안전율은?

① 1　　　　　　② 2
③ 3　　　　　　④ 4

해설 안전율은 인장강도/허용응력
420/140 = 3

48 산업안전보건법령상 프레스를 제외한 사출성형기·주형조형기 및 형단조기 등에 관한 안전조치 사항으로 틀린 것은?

① 근로자의 신체 일부가 말려들어갈 우려가 있는 경우에는 양수조작식 방호장치를 설치하여 사용한다.
② 게이트 가드식 방호장치를 설치할 경우에는 연동구조를 적용하여 문을 닫지 않아도 동작할 수 있도록 한다.
③ 사출성형기의 전면에 작업용 발판을 설치할 경우 근로자가 쉽게 미끄러지지 않는 구조여야 한다.
④ 기계의 히터 등의 가열 부위, 감전 우려가 있는 부위에는 방호덮개를 설치하여 사용한다.

50 밀링 작업 시 안전 수칙에 관한 설명으로 틀린 것은?

① 칩은 기계를 정지시킨 다음에 브러시 등으로 제거한다.
② 일감 또는 부속장치 등을 설치하거나 제거할 때는 반드시 기계를 정지시키고 작업한다.
③ 면장갑을 반드시 끼고 작업한다.
④ 강력 절삭을 할 때는 일감을 바이스에 깊게 물린다.

해설 ③ 밀링 작업 시는 말려들어갈 위험으로 인해 면장갑 착용을 금지

51 다음 중 프레스기에 사용되는 방호장치에 있어 원칙적으로 급정지기구가 부착되어야만 사용할 수 있는 방식은?

① 양수조작식
② 손쳐내기식
③ 가드식
④ 수인식

해설 ▶ **양수조작식** : 양손으로 누름단추 등의 조작장치를 계속 누르고 있으면 기계는 계속 작동하지만 두 손 중 한 손만 조작장치에서 떼면 기계는 즉시 정지한다. 급정지 성능이 약화하지 않는 한 작업자를 슬라이드에 의한 위험거리에서 완전히 방호한다.

52 산업안전보건법령상 지게차의 최대하중의 2배 값이 6[t]일 경우 헤드가드의 강도는 몇 [t]의 등분포 정하중에 견딜 수 있어야 하는가?

① 4　　② 6
③ 8　　④ 10

해설 강도는 지게차의 최대하중의 2배 값(4[t]을 넘는 값에 대해서는 4[t]으로 한다)의 등분포정하중(等分布靜荷重)에 견딜 수 있을 것

53 강자성체를 자화하여 표면의 누설자속을 검출하는 비파괴 검사 방법은?

① 방사선 투과 시험
② 인장시험
③ 초음파 탐상 시험
④ 자분 탐상 시험

해설 ④ **자분탐상시험** : 강자성체(Fe, Ni, Co 및 그 합금)에 발생한 표면 크랙을 찾아내는 것으로, 결함을 가지고 있는 시험에 적절한 자장을 가해 자속(磁束)을 흐르게 하여, 결함부에 의해 누설된 누설자속에 의해 생긴 자장에 자분을 흡착시켜 큰 자본 모양으로 나타내어 육안으로 결함을 검출하는 방법(시험물체가 강자성체가 아니면 적용할 수 없지만 시험물체의 표면에 존재하는 균열과 같은 결함의 검출에 가장 우수한 비파괴 시험방법)
① **방사선투과시험** : X선이나 γ선 등의 방사선은 물질을 잘 투과하기 쉬우나 투과 도중에 흡수 또는 산란을 받게 되어, 투과 후의 세기는 투과 전의 세기에 비해 약해지며 이 약해진 정도는 물체의 두께, 물체의 재질 및 방사선의 종류에 따라 달라진다.
③ **초음파 탐상시험** : 높은 주파수(보통 1~5[MHz] : 100만[Hz]~50만[Hz]의 음파, 즉 초음파의 펄스(pulse)를 탐촉자로부터 시험체에 투입시켜 내부 결함을 반사에 의해 탐촉자에 수신되는 현상을 이용하여, 결함의 소재나 결함의 위치 및 크기를 비파괴적으로 알아내는 방법으로써 결함 탐상 이외에 기계가공에서 초음파 구멍 뚫기, 초음파 절단, 초음파 용접 작업 등에 사용되고 있다.

54 산업안전보건법령상 보일러 방호장치로 거리가 가장 먼 것은?

① 고저수위 조절장치
② 아우트리거
③ 압력방출장치
④ 압력제한스위치

해설 ▶ **산업안전보건법령상 보일러 방호장치**
• 고저수위조절장치
• 압력방출장치
• 압력제한스위치
• 화염검출기

55 산업안전보건법령상 아세틸렌 용접장치에 관한 설명이다. ( ) 안에 공통으로 들어갈 내용으로 옳은 것은?

> • 사업주는 아세틸렌 용접장치의 취관마다 ( )를 설치하여야 한다.
> • 사업주는 가스용기가 발생기와 분리되어 있는 아세틸렌 용접장치에 대하여 발생기와 가스용기 사이에 ( )를 설치하여야 한다.

① 분기장치
② 자동발생 확인장치
③ 유수 분리장치
④ 안전기

해설 아세틸렌 용접장치의 취관마다 안전기를 설치하여야 한다.

56 산업안전보건법령상 사업장내 근로자 작업환경 중 '강렬한 소음작업'에 해당하지 않는 것은?

① 85[dB] 이상의 소음이 1일 10시간 이상 발생하는 작업
② 90[dB] 이상의 소음이 1일 8시간 이상 발생하는 작업
③ 95[dB] 이상의 소음이 1일 4시간 이상 발생하는 작업
④ 100[dB] 이상의 소음이 1일 2시간 이상 발생하는 작업

해설 ① 85[dB] 이상의 소음이 1일 10시간 이상 발생하는 작업은 강렬한 소음작업에 속하지 않는다.

57 산업안전보건법령상 프레스의 작업시작 전 점검사항이 아닌 것은?

① 슬라이드 또는 칼날에 의한 위험방지 기구의 기능
② 프레스의 금형 및 고정볼트 상태
③ 전단기의 칼날 및 테이블의 상태
④ 권과방지장치 및 그 밖의 경보장치의 기능

해설 ▷ 프레스의 작업시작 전 점검사항
• 클러치 및 브레이크의 기능
• 크랭크축・플라이휠・슬라이드・연결봉 및 연결 나사의 풀림 여부
• 1행정 1정지기구・급정지장치 및 비상정지장치의 기능
• 슬라이드 또는 칼날에 의한 위험방지 기구의 기능
• 프레스의 금형 및 고정볼트 상태
• 방호장치의 기능
• 전단기(剪斷機)의 칼날 및 테이블의 상태

58 동력전달부분의 전방 35[cm] 위치에 일반 평형보호망을 설치하고자 한다. 보호망의 최대 구멍의 크기는 몇 [mm]인가?

① 41
② 45
③ 51
④ 55

해설 안전거리(보호망, 전동체)
$Y[mm] = 6 + 0.1 \times$ 거리[mm]
$6 + 0.1 \times 350 = 41$

59 다음 연삭숫돌의 파괴원인 중 가장 적절하지 않은 것은?

① 숫돌의 회전속도가 너무 빠른 경우
② 플랜지의 직경이 숫돌 직경의 1/3 이상으로 고정된 경우
③ 숫돌 자체에 균열 및 파손이 있는 경우
④ 숫돌에 과대한 충격을 준 경우

정답 55 ④ 56 ① 57 ④ 58 ① 59 ②

해설 ◎ 연삭숫돌의 파괴원인
- 숫돌의 속도가 너무 빠를 때
- 숫돌에 균열이 있을 때
- 플랜지가 현저히 작을 때
- 숫돌의 치수(특히 구멍지름)가 부적당할 때
- 숫돌에 과대한 충격을 줄 때
- 작업에 부적당한 숫돌을 사용할 때
- 숫돌의 불균형이나 베어링의 마모에 의한 진동이 있을 때
- 숫돌의 측면을 사용할 때
- 반지름방향의 온도변화가 심할 때

60 화물중량이 200[kgf], 지게차의 중량이 400[kgf], 앞바퀴에서 화물의 무게중심까지의 최단거리가 1[m]일 때 지게차가 안정되기 위하여 앞바퀴에서 지게차의 무게중심까지 최단거리는 최소 몇 [m]를 초과해야 하는가?

① 0.2[m] ② 0.5[m]
③ 1[m] ④ 2[m]

해설 화물의 모멘트 평형 = 지게차의 모멘트 평형
$200 \times 1 = 400 \times X$
$X = 200/400$

4과목 전기위험방지기술

61 50[kW], 60[Hz] 3상 유도전동기가 380[V] 전원에 접속된 경우 흐르는 전류[A]는 약 얼마인가? (단, 역률은 80[%]이다.)

① 82.24 ② 94.96
③ 116.30 ④ 164.47

해설 3상으로 $\sqrt{3}$ 이 들어간다.
교류이기 때문에 Power factor를 곱한다.
$W = \sqrt{3} \times V \times I \times$ 역률
$50000 = \sqrt{3} \times 380 \times I \times$ 역률

62 인체저항을 500[Ω]이라 한다면, 심실세동을 일으키는 위험 한계 에너지는 약 몇 [J]인가? (단, 심실세동전류값 $I = \dfrac{165}{\sqrt{T}}$ [mA]의 Dalziel의 식을 이용하며, 통전시간은 1초로 한다.)

① 11.5 ② 13.6
③ 15.3 ④ 16.2

해설 • 심실세동전류 = $165 / \sqrt{1}$ = 165[mA] = 0.165[A]
• 에너지 = 전압×전류, 전압 = 전류×저항
• 에너지 = 전류^2×저항
  $= 0.165^2 \times 500$

63 내압방폭용기 "d"에 대한 설명으로 틀린 것은?

① 원통형 나사 접합부의 체결 나사산 수는 5산 이상이어야 한다.
② 가스/증기 그룹이 ⅡB일 때 내압 접합면과 장애물과의 최소 이격거리는 20[mm]이다.
③ 용기 내부의 폭발이 용기 주위의 폭발성 가스 분위기로 화염이 전파되지 않도록 방지하는 부분은 내압방폭 접합부이다.
④ 가스/증기 그룹이 ⅡC일 때 내압 접합면과 장애물과의 최소 이격거리는 40[mm]이다.

해설 ② 가스/증기 그룹이 ⅡB일 때 내압 접합면과 장애물과의 최소 이격거리는 30[mm]이다.

64 KS C IEC 60079-0의 정의에 따라 '두 도전부 사이의 고체 절연물 표면을 따른 최단거리'를 나타내는 명칭은?

① 전기적 간격 ② 절연공간거리
③ 연면거리 ④ 충전물 통과거리

해설 ▶ 연면거리(沿面距離 : Creepage 또는 Creeping Distance)
절연 표면을 따라 측정한 두 전도성 부품 간 또는 전도성 부품과 장비의 경계면 간 최단 경로를 말한다. 불꽃 방전을 일으키는 두 전극 간 거리를 고체 유전체의 표면을 따라서 그 최단 거리로 나타낸 값이다.

65 접지 목적에 따른 분류에서 병원설비의 의료용 전기전자(M·E)기기와 모든 금속부분 또는 도전바닥에도 접지하여 전위를 동일하게 하기 위한 접지를 무엇이라 하는가?

① 계통 접지
② 등전위 접지
③ 노이즈방지용 접지
④ 정전기 장해방지용 접지

해설 등전위 접지 또는 등전위 본딩이라고 한다.

66 정격사용률이 30[%], 정격2차전류가 300[A]인 교류아크 용접기를 200[A]로 사용하는 경우의 허용사용률[%]은?

① 13.3 　　② 67.5
③ 110.3 　　④ 157.5

해설 허용사용률 = (2차 정격전류/사용전류)^2×정격사용률
= (300/200)^2×30 = 67.5

67 피뢰기의 제한 전압이 752[kV]이고 변압기의 기준충격 절연강도가 1050[kV]이라면, 보호 여유도[%]는 약 얼마인가?

① 18 　　② 28
③ 40 　　④ 43

해설 보호여유도[%] = $\dfrac{\text{충격전열강도} - \text{제한전압}}{\text{제한전압}} \times 100$

$= \dfrac{1050-752}{752} \times 100 = 40$

68 절연물의 절연불량 주요원인으로 거리가 먼 것은?

① 진동, 충격 등에 의한 기계적 요인
② 산화 등에 의한 화학적 요인
③ 온도상승에 의한 열적 요인
④ 정격전압에 의한 전기적 요인

해설 ④ 정격전압에 의한 전기적 요인은 절연불량 요인이 아니다.

69 고장전류를 차단할 수 있는 것은?

① 차단기(CB)
② 유입 개폐기(OS)
③ 단로기(DS)
④ 선로 개폐기(LS)

해설 고장전류를 차단할 수 있는 것은 차단기이다.

70 주택용 배선차단기 B타입의 경우 순시동작범위는? (단, I_n는 차단기 정격전류이다.)

① 3[I_n] 초과 ~ 5[I_n] 이하
② 5[I_n] 초과 ~ 10[I_n] 이하
③ 10[I_n] 초과 ~ 15[I_n] 이하
④ 10[I_n] 초과 ~ 20[I_n] 이하

해설 주택용 배선차단기 B타입의 경우 순시동작범위 3[I_n] 초과 ~ 5[I_n] 이하이다.

정답　65 ②　66 ②　67 ③　68 ④　69 ①　70 ①

71 다음 중 방폭구조의 종류가 아닌 것은?

① 유압 방폭구조(k)

② 내압 방폭구조(d)

③ 본질안전 방폭구조(i)

④ 압력 방폭구조(p)

> 해설 ① 유압방폭구조는 없다. 유입방폭구조(o)가 있다.

72 동작 시 아크가 발생하는 고압 및 특고압용 개폐기·차단기의 이격거리(목재의 벽 또는 천장, 기타 가연성 물체로부터의 거리) 외 기준으로 옳은 것은? (단, 사용전압이 35[kV] 이하의 특고압용의 기구 등으로서 동작할 때에 생기는 아크의 방향과 길이를 화재가 발생할 우려가 없도록 제한하는 경우가 아니다.)

① 고압용 : 0.8[m] 이상, 특고압용 : 1.0[m] 이상

② 고압용 : 1.0[m] 이상, 특고압용 : 2.0[m] 이상

③ 고압용 : 2.0[m] 이상, 특고압용 : 3.0[m] 이상

④ 고압용 : 3.5[m] 이상, 특고압용 : 4.0[m] 이상

> 해설 한국전기설비규정(KEC) 341.7 아크를 발생하는 기구의 시설
>
> **❍ 아크를 발생하는 기구의 시설 시 이격거리**
>
> | 기구 등의 구분 | 이격거리 |
> |---|---|
> | 고압용의 것 | 1[m] 이상 |
> | 특고압용의 것 | 2[m] 이상(사용전압이 35[kV] 이하의 특고압용의 기구 등으로서 동작할 때에 생기는 아크의 방향과 길이를 화재가 발생할 우려가 없도록 제한하는 경우에는 1[m] 이상) |

73 3300/220[V], 20[kVA]인 3상 변압기로부터 공급받고 있는 저압 전선로의 절연 부분의 전선과 대지 간의 절연저항의 최솟값은 약 몇 [Ω]인가? (단, 변압기의 저압측 중성점에 접지가 되어 있다.)

① 1240

② 2794

③ 4840

④ 8383

> 해설 $P(20000) = \sqrt{3} \times V(220) \times I$, $I = 52.49$
>
> 누설전류는 최대공급전류의 1/2000을 넘지 않도록 하여야 한다(전기설비기술기준 제27조).
>
> $R = \dfrac{V}{I}$ 이므로 220/(52.49/2000) = 8383

74 감전사고로 인한 전격사의 메커니즘으로 가장 거리가 먼 것은?

① 흉부수축에 의한 질식

② 심실세동에 의한 혈액순환기능의 상실

③ 내장파열에 의한 소화기계통의 기능상실

④ 호흡중추신경 마비에 따른 호흡기능 상실

> 해설 ③ 내장파열에 의한 소화기계통의 기능상실감전사고로 인한 전격사의 메커니즘과 관계가 없다.

75 욕조나 샤워시설이 있는 욕실 또는 화장실에 콘센트가 시설되어 있다. 해당 전로에 설치된 누전차단기의 정격감도전류와 동작시간은?

① 정격감도전류 15[mA] 이하, 동작시간 0.01초 이하

② 정격감도전류 15[mA] 이하, 동작시간 0.03초 이하

③ 정격감도전류 30[mA] 이하, 동작시간 0.01초 이하

④ 정격감도전류 30[mA] 이하, 동작시간 0.03초 이하

> 해설 • 전기설비기술기준 판단기준으로 욕조나 샤워시설이 있는 욕실 또는 화장실에 콘센트가 시설되어 있는 곳은 인체감전보호용 누전차단기를 설치하여야 한다.
> • 정격감도전류 15[mA] 이하, 동작시간 0.03초 이하로 하여야 한다.

71 ①   72 ②   73 ④   74 ③   75 ②   **정답**

76 피뢰시스템의 등급에 따른 회전구체의 반지름으로 틀린 것은?

① Ⅰ등급 : 20[m] ② Ⅱ등급 : 30[m]
③ Ⅲ등급 : 40[m] ④ Ⅳ등급 : 60[m]

해설 ③ Ⅲ등급 : 45[m]

77 전류가 흐르는 상태에서 단로기를 끊었을 때 여러 가지 파괴작용을 일으킨다. 다음 그림에서 유입차단기의 차단순서와 투입순서가 안전수칙에 가장 적합한 것은?

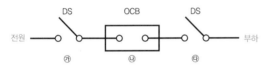

① 차단 : ㉮ → ㉯ → ㉰, 투입 : ㉮ → ㉯ → ㉰
② 차단 : ㉯ → ㉰ → ㉮, 투입 : ㉯ → ㉰ → ㉮
③ 차단 : ㉰ → ㉯ → ㉮, 투입 : ㉰ → ㉮ → ㉯
④ 차단 : ㉯ → ㉰ → ㉮, 투입 : ㉰ → ㉮ → ㉯

해설 차단은 ㉯ → ㉰ → ㉮ 순으로 하고, 투입은 ㉰ → ㉮ → ㉯로 한다.

78 다음은 무슨 현상을 설명한 것인가?

> 전위차가 있는 2개의 대전체가 특정거리에 접근하게 되면 등전위가 되기 위하여 전하가 절연공간을 깨고 순간적으로 빛과 열을 발생하며 이동하는 현상

① 대전 ② 충전
③ 방전 ④ 열전

해설 방전에 대한 설명이다.

79 정전기 재해를 예방하기 위해 설치하는 제전기의 제전효율은 설치 시에 얼마 이상이 되어야 하는가?

① 40[%] 이상
② 50[%] 이상
③ 70[%] 이상
④ 90[%] 이상

해설 제전기의 제전효율은 설치 시에 90[%] 이상이어야 된다.

80 정전기 화재폭발 원인으로 인체대전에 대한 예방대책으로 옳지 않은 것은?

① Wrist Strap을 사용하여 접지선과 연결한다.
② 대전방지제를 넣은 제전복을 착용한다.
③ 대전방지 성능이 있는 안전화를 착용한다.
④ 바닥 재료는 고유저항이 큰 물질로 사용한다.

해설 ④ 저항이 적어야 정전기가 발생하지 않는다.

5과목 **화학설비위험방지기술**

81 산업안전보건법령상 위험물질의 종류에서 "폭발성 물질 및 유기과산화물"에 해당하는 것은?

① 디아조화합물
② 황린
③ 알킬알루미늄
④ 마그네슘 분말

해설 ▶ 안전보건규칙 별표 1

폭발성 물질 및 유기과 산화물	• **질산에스테르류** : 니트로셀룰로오스, 니트로 글리세린, 질산메틸, 질산에틸 등 • **니트로화합물** : 피크린산(트리니트로페놀), 트리니트로톨루엔(TNT) 등 • **니트로소화합물** : 파라니트로소벤젠, 디니 트로소레조르신 등 • 아조화합물 및 디아조화합물 • 하이드라진 유도체 • **유기과산화물** : 메틸에틸케톤, 과산화물, 과 산화벤조일, 과산화아세틸 등

82 화염방지기의 설치에 관한 사항으로 ( )에 알맞은 것은?

> 사업주는 인화성 액체 및 인화성 가스를 저장·취급하는 화학설비에서 증기나 가스를 대기로 방출하는 경우에는 외부로부터의 화염을 방지하기 위하여 화염방지기를 그 설비 ( )에 설치하여야 한다.

① 상단
② 하단
③ 중앙
④ 무게중심

해설 사업주는 인화성 액체 및 인화성 가스를 저장·취급하는 화학설비에서 증기나 가스를 대기로 방출하는 경우에는 외부로부터의 화염을 방지하기 위하여 화염방지기를 그 설비 상단에 설치해야 한다(안전보건규칙 제269조 제1항).

83 다음 중 인화성 가스가 아닌 것은?

① 부탄
② 메탄
③ 수소
④ 산소

해설 ④ 산소는 조연성 가스이다.
▶ **인화성 가스** : 수소, 아세틸렌, 에틸렌, 메탄, 에탄, 프로판, 부탄, 영 별표 13에 따른 인화성 가스

84 반응기를 조작방식에 따라 분류할 때 해당되지 않는 것은?

① 회분식 반응기
② 반회분식 반응기
③ 연속식 반응기
④ 관형식 반응기

해설 • **조작(운전)방식에 의한 분류** : 회분식, 연속식, 반회분식
• **구조에 의한 분류** : 관형, 탑형, 교반기형, 유동층형

85 다음 중 가연성 물질과 산화성 고체가 혼합하고 있을 때 연소에 미치는 현상으로 옳은 것은?

① 착화온도(발화점)가 높아진다.
② 최소점화에너지가 감소하며, 폭발의 위험성이 증가한다.
③ 가스나 가연성 증기의 경우 공기혼합보다 연소범위가 축소된다.
④ 공기 중에서보다 산화작용이 약하게 발생하여 화염온도가 감소하며 연소속도가 늦어진다.

해설 ① 착화온도(발화점)가 내려간다.
③ 가스나 가연성 증기의 경우 공기혼합보다 연소범위가 확대된다.
④ 공기 중에서보다 산화작용이 강하게 발생하여 화염온도가 증가하며 연소속도가 빨라진다.

86 공기 중에서 A 가스의 폭발하한계는 2.2[vol%]이다. 이 폭발하한계 값을 기준으로 하여 표준 상태에서 A 가스와 공기의 혼합기체 1[m³]에 함유되어 있는 A 가스의 질량을 구하면 약 몇 [g]인가? (단, A 가스의 분자량은 26이다.)

① 19.02
② 25.54
③ 29.02
④ 35.54

82 ① 83 ④ 84 ④ 85 ② 86 ② 정답

해설 STP상태에서 기체 1[mol]은 22.4[L]이고 0.0224[m]
A 가스 1[mol]의 분자량이 26[g]이므로,
$26[g]/0.0224[m^3] = 1160.7143[g/m^3]$
A 가스의 폭발하한계는 2.2[vol%]
$1160.7143[g/m^3] \times 0.022 = 25.5357$

87 다음 물질 중 물에 가장 잘 융해되는 것은?

① 아세톤 ② 벤젠
③ 톨루엔 ④ 휘발유

해설 아세톤(CH_3COCH_3)은 인화성액체로 물에 잘 융해된다.

88 가스누출감지경보기 설치에 관한 기술상의 지침으로 틀린 것은?

① 암모니아를 제외한 가연성가스 누출감지경보기는 방폭성능을 갖는 것이어야 한다.

② 독성가스 누출감지경보기는 해당 독성가스 허용농도의 25[%] 이하에서 경보가 울리도록 설정하여야 한다.

③ 하나의 감지대상가스가 가연성이면서 독성인 경우에는 독성가스를 기준하여 가스누출감지경보기를 선정하여야 한다.

④ 건축물 안에 설치되는 경우, 감지대상가스의 비중이 공기보다 무거운 경우에는 건축물 내의 하부에 설치하여야 한다.

해설 ▶ **경보 설정치**(가스누출감지경보기 설치기술상 지침)
• 가연성 가스누출감지경보기는 감지대상가스의 폭발하한계 25[%] 이하
• 독성가스 누출감지경보기는 해당 독성가스의 허용농도 이하에서 경보가 울리도록 설정할 것

89 폭발을 기상폭발과 응상폭발로 분류할 때 기상폭발에 해당되지 않는 것은?

① 분진폭발 ② 혼합가스폭발
③ 분무폭발 ④ 수증기폭발

해설 • **기상폭발** : 기체상태의 폭발(분진, 분무, 가스)
• **응상폭발** : 고체와 액체상태의 폭발(수증기, 증기, 전선)
※ 수증기는 기체가 아니고 액체이다.

90 다음 가스 중 가장 독성이 큰 것은?

① CO ② $COCl_2$
③ NH_3 ④ H_2

해설 ② $COCl_2$(포스겐) 1차 세계대전 독가스로 0.1[ppm]
① CO(일산화탄소) 50[ppm]
③ NH_3(암모니아) 25[ppm]
④ H_2(수소) 무독성
※ ppm이 낮을수록 독성이 강하다.

91 처음 온도가 20[℃]인 공기를 절대압력 1기압에서 3기압으로 단열압축하면 최종온도는 약 몇 도인가? (단, 공기의 비열비 1.4이다.)

① 68[℃] ② 75[℃]
③ 128[℃] ④ 164[℃]

해설 $T_2 = T_1 \times \left(\dfrac{P_2}{P_1}\right)^{\frac{K-1}{K}}$

$= (273+20) \times (3/1)^{\frac{1.4-1}{1.4}} = 401.04[k]$
$401.04 - 273 = 128[℃]$
• T_2 = 단열압축 후 절대온도
• T_1 = 단열압축 전 절대온도
• P_1 = 압축 전 압력
• P_2 = 압축 후 압력
• K = 압축비(비열비)

92 물질의 누출방지용으로써 접합면을 상호 밀착시키기 위하여 사용하는 것은?

① 개스킷　　　　② 체크밸브
③ 플러그　　　　④ 콕크

해설 접합면을 상호 밀착시키기 위해 사용하는 것은 개스킷이다.

93 건조설비의 구조를 구조부분, 가열장치, 부속설비로 구분할 때 다음 중 "부속설비"에 속하는 것은?

① 보온판　　　　② 열원장치
③ 소화장치　　　④ 철골부

해설 소화장치가 부속설비이다. 철골부는 구조부분이고, 보온판, 열원장치는 가열장치이다.

94 에틸렌(C_2H_4)이 완전연소하는 경우 다음의 Jones 식을 이용하여 계산할 경우 연소하한계는 약 몇 [vol%]인가?

Jones식 : $LEL = 0.55 \times Cst$

① 0.55　　　　② 3.6
③ 6.3　　　　　④ 8.5

해설 연료몰수와 완전연소에 필요한 공기몰수를 이용하여 화학양론적 계수(Cst)를 계산한 후 이를 이용하여 폭발하한계와 상한계를 추산하는 식은
$X1(LEL) = 0.55\,Cst$
$X2(UEL) = 3.50\,Cst$
$C_2H_4 + 3O_2 = 2CO_2 + 2H_2O$, 따라서 $1:3$이 최적 산소농도
산소는 공기 중에 21[%]만 있으므로
$1/(1 + 3/0.21) \times 0.55 = 0.036$
연소하한계는 3.6[vol%]

95 [보기]의 물질을 폭발 범위가 넓은 것부터 좁은 순서로 옳게 배열한 것은?

H_2　　C_3H_8　　CH_4　　CO

① $CO > H_2 > C_3H_8 > CH_4$
② $H_2 > CO > CH_4 > C_3H_8$
③ $C_3H_8 > CO > CH_4 > H_2$
④ $CH_4 > H_2 > CO > C_3H$

해설 H_2(수소 4~75)>CO(일산화탄소 12.7~74)>CH_4(메탄 5~15)>C_3H_8(프로판 2.1~9.5)

96 다음 중 고체연소의 종류에 해당하지 않는 것은?

① 표면연소
② 증발연소
③ 분해연소
④ 예혼합연소

해설 ▶ **고체연소의 종류**
• **표면연소** : 열분해에 의하여 인화성 가스를 발생하지 않고 물질 그 자체가 연소하는 형태를 말한다.
  예 코크스, 목탄, 금속분, 석탄 등
• **분해연소** : 충분한 열에너지 공급 시 가열분해에 의해 발생된 인화성 가스가 공기와 혼합되어 연소하는 형태를 말한다. 예 목재, 종이, 플라스틱, 알루미늄
• **증발연소** : 황, 나프탈렌과 같은 고체위험물을 가열하면 분해를 일으켜 액체가 된 후 어떤 일정온도에서 발생된 인화성 증기가 연소되는데 이를 증발연소라고 한다.
  예 알코올
• **자기연소** : 제5류 위험물은 인화성이면서 자체 내에 산소를 함유하고 있어 공기 중의 산소를 필요로 하지 않고 연소되는데 이를 자기연소라고 한다.
  예 니트로 화합물, 수소

92 ① 93 ③ 94 ② 95 ② 96 ④ **정답**

97 가연성물질을 취급하는 장치를 퍼지하고자 할 때 잘못된 것은?

① 대상물질의 물성을 파악한다.

② 사용하는 불활성가스의 물성을 파악한다.

③ 퍼지용 가스를 가능한 한 빠른 속도로 단시간에 다량 송입한다.

④ 장치내부를 세정한 후 퍼지용 가스를 송입한다.

> 해설 ③ 퍼지(purge)란 주로 불활성가스(inert gas)로 배관을 청소하는 것을 말한다. 퍼지용 가스를 가능한 한 느리게 천천히 송입한다.

98 위험물질에 대한 설명 중 틀린 것은?

① 과산화나트륨에 물이 접촉하는 것은 위험하다.

② 황린은 물속에 저장한다.

③ 염소산나트륨은 물과 반응하여 폭발성의 수소 기체를 발생한다.

④ 아세트알데히드는 0[℃] 이하의 온도에서도 인화할 수 있다.

> 해설 ③ 염소산나트륨은 산과 반응하여 유독한 폭발성 이산화염소(ClO_2)를 발생시킨다.

99 공정안전보고서 중 공정안전자료에 포함하여야 할 세부내용에 해당하는 것은?

① 비상조치계획에 따른 교육계획

② 안전운전지침서

③ 각종 건물·설비의 배치도

④ 도급업체 안전관리계획

> 해설 ▶ **공정안전보고서의 공정안전자료 포함사항**(산업안전보건법 시행규칙 제50조)
> • 취급·저장하고 있는 유해·위험물질의 종류와 수량
> • 유해·위험물질에 대한 물질안전보건자료
> • 유해·위험설비의 목록 및 사양
> • 유해·위험설비의 운전방법을 알 수 있는 공정도면
> • 각종 건물·설비의 배치도
> • 폭발위험장소구분도 및 전기단선도
> • 위험설비의 안전설계·제작 및 설치관련지침서

100 디에틸에테르의 연소범위에 가장 가까운 값은?

① 2~10.4[%] ② 1.9~48[%]

③ 2.5~15[%] ④ 1.5~7.8[%]

> 해설 디에틸에테르의 비점 34.6[℃], 인화점 −45[℃], 발화점 180[℃], 연소범위 1.9~48[%]

6과목 | **건설안전기술**

101 유한사면에서 원형활동면에 의해 발생하는 일반적인 사면파괴의 종류에 해당하지 않는 것은?

① 사면내파괴(Slope failure)

② 사면선단파괴(Toe failure)

③ 사면인장파괴(Tension failure)

④ 사면저부파괴(Base failure)

> 해설 원형활동면에 의해 발생하는 사면파괴로는 사면내파괴, 사면선단파괴, 사면저부파괴가 있으며, 사면인장파괴는 이에 해당되지 않는다.

정답 97 ③ 98 ③ 99 ③ 100 ② 101 ③

102 강관비계를 사용하여 비계를 구성하는 경우 준수해야 할 기준으로 옳지 않은 것은?

① 비계기둥의 간격은 띠장 방향에서는 1.85[m] 이하, 장선(長線) 방향에서는 1.5[m] 이하로 할 것

② 띠장 간격은 2.0[m] 이하로 할 것

③ 비계기둥의 제일 윗부분으로부터 31[m] 되는 지점 밑부분의 비계기둥은 2개의 강관으로 묶어 세울 것

④ 비계기둥 간의 적재하중은 600[kg]을 초과하지 않도록 할 것

해설 ▶ **강관비계의 구조**(안전보건규칙 제60조)
- 비계기둥의 간격은 띠장 방향에서는 1.85[m] 이하, 장선(長線) 방향에서는 1.5[m] 이하로 할 것. 다만, 선박 및 보트 건조작업의 경우 안전성에 대한 구조검토를 실시하고 조립도를 작성하면 띠장 방향 및 장선 방향으로 각각 2.7[m] 이하로 할 수 있다.
- 띠장 간격은 2.0[m] 이하로 할 것. 다만, 작업의 성질상 이를 준수하기가 곤란하여 쌍기둥틀 등에 의하여 해당 부분을 보강한 경우에는 그러하지 아니하다.
- 비계기둥의 제일 윗부분으로부터 31[m] 되는 지점 밑부분의 비계기둥은 2개의 강관으로 묶어 세울 것. 다만, 브라켓(bracket, 까치발) 등으로 보강하여 2개의 강관으로 묶을 경우 이상의 강도가 유지되는 경우에는 그러하지 아니하다.
- 비계기둥 간의 적재하중은 400[kg]을 초과하지 않도록 할 것

103 다음은 산업안전보건법령에 따른 화물자동차의 승강설비에 관한 사항이다. ( ) 안에 알맞은 내용으로 옳은 것은?

> 사업주는 바닥으로부터 짐 윗면까지의 높이가 ( ) 이상인 화물자동차에 짐을 싣는 작업 또는 내리는 작업을 하는 경우에는 근로자의 추가 위험을 방지하기 위하여 해당 작업에 종사하는 근로자가 바닥과 적재함의 짐 윗면 간을 안전하게 오르내리기 위한 설비를 설치하여야 한다.

① 2[m]
② 4[m]
③ 6[m]
④ 8[m]

해설 높이 또는 깊이가 2[m]를 초과하는 장소에서 작업하는 경우 해당 작업에 종사하는 근로자가 안전하게 승강하기 위한 건설용 리프트 등의 설비를 설치해야 한다(안전보건규칙 제46조).

104 달비계의 최대 적재하중을 정함에 있어서 활용하는 안전계수의 기준으로 옳은 것은? (단, 곤돌라의 달비계를 제외한다.)

① 달기 훅 : 5 이상
② 달기 강선 : 5 이상
③ 달기 체인 : 3 이상
④ 달기 와이어로프 : 5 이상

해설 ▶ **안전계수의 기준**(안전보건규칙 제55조)
- 달기 와이어로프 및 달기 강선의 안전계수 : 10 이상
- 달기 체인 및 달기 훅의 안전계수 : 5 이상
- 달기 강대와 달비계의 하부 및 상부 지점의 안전계수 : 강재(鋼材)의 경우 2.5 이상, 목재의 경우 5 이상
※ 안전계수는 와이어로프 등의 절단하중 값을 그 와이어로프 등에 걸리는 하중의 최댓값으로 나눈 값을 말한다.

105 발파작업 시 암질변화 구간 및 이상암질의 출현 시 반드시 암질판별을 실시하여야 하는데, 이와 관련된 암질판별기준과 가장 거리가 먼 것은?

① R.Q.D[%]
② 탄성파속도[m/sec]
③ 전단강도[kg/cm^2]
④ R.M.R

> **해설** ◎ 암질변화구간 및 이상암질 출현 시 암질판별 방법
> • RQD　　　　　• RMR
> • 탄성파속도　　• 진동치속도
> • 일축압축강도

106 흙 속의 전단응력을 증대시키는 원인에 해당하지 않는 것은?

① 자연 또는 인공에 의한 지하공동의 형성
② 함수비의 감소에 따른 흙의 단위체적 중량의 감소
③ 지진, 폭파에 의한 진동 발생
④ 균열내에 작용하는 수압증가

> **해설** ② 함수비의 증가에 따른 흙의 단위체적 중량의 증가

107 다음은 산업안전보건법령에 따른 항타기 또는 항발기에 권상용 와이어로프를 사용하는 경우에 준수하여야 할 사항이다. (　　) 안에 알맞은 내용으로 옳은 것은?

> 권상용 와이어로프는 추 또는 해머가 최저의 위치에 있을 때 또는 널말뚝을 빼내기 시작할 때를 기준으로 권상장치의 드럼에 적어도 (　　) 감기고 남을 수 있는 충분한 길이일 것

① 1회
② 2회
③ 4회
④ 6회

> **해설** 권상용 와이어로프는 추 또는 해머가 최저의 위치에 있을 때 또는 널말뚝을 빼내기 시작할 때를 기준으로 권상장치의 드럼에 적어도 2회 감기고 남을 수 있는 충분한 길이일 것(안전보건규칙 제212조)

108 산업안전보건법령에 따른 유해위험방지계획서 제출 대상 공사로 볼 수 없는 것은?

① 지상 높이가 31[m] 이상인 건축물의 건설공사
② 터널 건설공사
③ 깊이 10[m] 이상인 굴착공사
④ 다리의 전체길이가 40[m] 이상인 건설공사

> **해설** ④ 최대 지간(支間)길이(다리의 기둥과 기둥의 중심 사이의 거리)가 50[m] 이상인 다리의 건설등 공사

109 사다리식 통로 등을 설치하는 경우 고정식 사다리식 통로의 기울기는 최대 몇 [°] 이하로 하여야 하는가?

① 60[°]
② 75[°]
③ 80[°]
④ 90[°]

> **해설** 사다리식 통로의 기울기는 75[°] 이하로 할 것. 다만, 고정식 사다리식 통로의 기울기는 90[°] 이하로 하고, 그 높이가 7[m] 이상인 경우에는 바닥으로부터 높이가 2.5[m] 되는 지점부터 등받이울을 설치할 것(안전보건규칙 제24조)

110 거푸집동바리 구조에서 높이가 $L = 3.5$[m]인 파이프 서포트의 좌굴하중은? (단, 상부받이판과 하부받이판은 힌지로 가정하고, 단면2차모멘트 $I = 8.31$[cm^4], 탄성계수 $E = 2.1 \times 10^5$[MPa])

① 14060[N]
② 15060[N]
③ 16060[N]
④ 17060[N]

해설 기둥부재의 좌굴하중공식

$$P_{cr} = \frac{\pi^2 \times E \times I}{(K \times L)^2}$$

$$= \frac{\pi^2 \times (2.1 \times 10^5 \times 10^6) \times \left(\frac{8.31}{10^{-4}}\right)}{(1 \times 3.5)^2}$$

$$= 14059.96[\text{N}]$$

이때, 양단이 힌지일 경우, K(좌굴길이계수)의 값은 1이 된다.

그물코의 크기 (단위 : [cm])	방망의 종류(단위 : [kg])			
	매듭 없는 방망		매듭 방망	
	신품에 대한	폐기 시	신품에 대한	폐기 시
10	240	150	200	135
5	–		110	60

해설 표시

---

111 하역작업 등에 의한 위험을 방지하기 위하여 준수하여야 할 사항으로 옳지 않은 것은?

① 꼬임이 끊어진 섬유로프를 화물운반용으로 사용해서는 안 된다.

② 심하게 부식된 섬유로프를 고정용으로 사용해서는 안 된다.

③ 차량 등에서 화물을 내리는 작업 시 해당 작업에 종사하는 근로자에게 쌓여 있는 화물 중간에서 화물을 빼내도록 할 경우에는 사전 교육을 철저히 한다.

④ 부두 또는 안벽의 선을 따라 통로를 설치하는 경우에는 폭을 90[cm] 이상으로 한다.

해설 ③ 사업주는 차량 등에서 화물을 내리는 작업을 하는 경우에 해당 작업에 종사하는 근로자에게 쌓여 있는 화물 중간에서 화물을 빼내도록 해서는 아니 된다(안전보건규칙 제389조).

---

112 추락방지용 방망 중 그물코의 크기가 5[cm]인 매듭방망 신품의 인장강도는 최소 몇 [kg] 이상이어야 하는가?

① 60 ② 110

③ 150 ④ 200

---

113 단관비계의 도괴 또는 전도를 방지하기 위하여 사용하는 벽이음의 간격기준으로 옳은 것은?

① 수직방향 5[m] 이하, 수평방향 5[m] 이하

② 수직방향 6[m] 이하, 수평방향 6[m] 이하

③ 수직방향 7[m] 이하, 수평방향 7[m] 이하

④ 수직방향 8[m] 이하, 수평방향 8[m] 이하

해설 **벽이음 간격기준**
- **단관비계** : 수직방향 5[m] 이하, 수평방향 5[m] 이하
- **통나무 비계** : 수직방향 5.5[m] 이하, 수평방향 7.5[m] 이하
- **틀비계** : 수직방향 6[m] 이하, 수평방향 8[m] 이하

---

114 인력으로 하물을 인양할 때의 몸의 자세와 관련하여 준수하여야 할 사항으로 옳지 않은 것은?

① 한쪽 발은 들어올리는 물체를 향하여 안전하게 고정시키고 다른 발은 그 뒤에 안전하게 고정시킬 것

② 등은 항상 직립한 상태와 90[°] 각도를 유지하여 가능한 한 지면과 수평이 되도록 할 것

③ 팔은 몸에 밀착시키고 끌어당기는 자세를 취하며 가능한 한 수평거리를 짧게 할 것

④ 손가락으로만 인양물을 잡아서는 아니 되며 손바닥으로 인양물 전체를 잡을 것

해설 ② 허리를 펴고 무릎으로 물건을 든다.

111 ③ 112 ② 113 ① 114 ② **정답**

115 산업안전보건관리비 항목 중 안전시설비로 사용 가능한 것은?

① 원활한 공사수행을 위한 가설시설 중 비계설치 비용

② 소음관련 민원예방을 위한 건설현장 소음방지용 방음시설 설치 비용

③ 근로자의 재해예방을 위한 목적으로만 사용하는 CCTV에 사용되는 비용

④ 기계·기구 등과 일체형 안전장치의 구입비용

해설 ◆ **안전관리비의 사용 불가 내역**

원활한 공사수행을 위해 공사현장에 설치하는 시설물, 장치, 자재, 안내·주의·경고 표지 등과 공사 수행 도구·시설이 안전장치와 일체형인 경우 등에 해당하는 경우 그에 소요되는 구입·수리 및 설치·해체 비용 등

1. 원활한 공사수행을 위한 가설시설, 장치, 도구, 자재 등
   - 외부인 출입금지, 공사장 경계표시를 위한 가설울타리
   - 각종 비계, 작업발판, 가설계단·통로, 사다리 등
   - ※ 안전발판, 안전통로, 안전계단 등과 같이 명칭에 관계 없이 공사 수행에 필요한 가시설들은 사용 불가
   - ※ 다만, 비계·통로·계단에 추가 설치하는 추락방지용 안전난간, 사다리 전도방지장치, 틀비계에 별도로 설치하는 안전난간·사다리, 통로의 낙하물방호선반 등은 사용 가능함
   - 절토부 및 성토부 등의 토사유실 방지를 위한 설비
   - 작업장 간 상호 연락, 작업 상황 파악 등 통신수단으로 활용되는 통신시설·설비
   - 공사 목적물의 품질 확보 또는 건설장비 자체의 운행 감시, 공사 진척상황 확인, 방범 등의 목적을 가진 CCTV 등 감시용 장비
   - ※ 다만 근로자의 재해예방을 위한 목적으로만 사용하는 CCTV에 소요되는 비용은 사용 가능함
2. 소음·환경관련 민원예방, 교통통제 등을 위한 각종 시설물, 표지
   - 건설현장 소음방지를 위한 방음시설, 분진망 등 먼지·분진 비산 방지시설 등
   - 도로 확·포장공사, 관로공사, 도심지 공사 등에서 공사차량 외의 차량유도, 안내·주의·경고 등을 목적으로 하는 교통안전시설물
   - ※ 공사안내·경고 표지판, 차량유도등·점멸등, 라바콘, 현장경계휀스, PE드럼 등
3. 기계·기구 등과 일체형 안전장치의 구입비용
   - ※ 기성제품에 부착된 안전장치 고장 시 수리 및 교체비용은 사용 가능

- 기성제품에 부착된 안전장치
- ※ 톱날과 일체식으로 제작된 목재가공용 둥근톱의 톱날접촉예방장치, 플러그와 접지 시설이 일체식으로 제작된 접지형플러그 등
- 공사수행용 시설과 일체형인 안전시설
4. 동일 시공업체 소속의 타 현장에서 사용한 안전시설물을 전용하여 사용할 때의 자재비(운반비는 안전관리비로 사용할 수 있다)

116 건설현장에서 사용되는 작업발판 일체형 거푸집의 종류에 해당되지 않는 것은?

① 갱 폼(gang form)

② 슬립 폼(slip form)

③ 클라이밍 폼(climbing form)

④ 유로 폼(euro form)

해설 ◆ **작업발판 일체형 거푸집**(안전보건규칙 제337조 제1항)
- 갱 폼(gang form)
- 슬립 폼(slip form)
- 클라이밍 폼(climbing form)
- 터널 라이닝 폼(tunnel lining form)
- 그 밖에 거푸집과 작업발판이 일체로 제작된 거푸집 등

117 콘크리트 타설작업을 하는 경우 준수하여야 할 사항으로 옳지 않은 것은?

① 당일의 작업을 시작하기 전에 해당 작업에 관한 거푸집동바리 등의 변형·변위 및 지반의 침하 유무 등을 점검하고 이상이 있으면 보수할 것

② 콘크리트를 타설하는 경우에는 편심이 발생하지 않도록 골고루 분산하여 타설할 것

③ 설계도서상의 콘크리트 양생기간을 준수하여 거푸집동바리 등을 해체할 것

④ 작업 중에는 거푸집동바리 등의 변형·변위 및 침하 유무 등을 감시할 수 있는 감시자를 배치하여 이상이 있으면 작업을 중지하지 아니하고, 즉시 충분한 보강조치를 실시할 것

정답 115 ③ 116 ④ 117 ④

해설 ▶ 콘크리트 타설작업 시 준수사항(안전보건규칙 제334조)
- 당일의 작업을 시작하기 전에 해당 작업에 관한 거푸 집동바리 등의 변형·변위 및 지반의 침하 유무 등을 점검하고 이상이 있으면 보수할 것
- 작업 중에는 거푸집동바리 등의 변형·변위 및 침하 유무 등을 감시할 수 있는 감시자를 배치하여 이상이 있으면 작업을 중지하고 근로자를 대피시킬 것
- 콘크리트 타설작업 시 거푸집 붕괴의 위험이 발생할 우려가 있으면 충분한 보강조치를 할 것
- 설계도서상의 콘크리트 양생기간을 준수하여 거푸집 동바리등을 해체할 것
- 콘크리트를 타설하는 경우에는 편심이 발생하지 않도 록 골고루 분산하여 타설할 것

118 버팀보, 앵커 등의 축하중 변화상태를 측정하여 이들 부재의 지지효과 및 그 변화 추이를 파악하 는데 사용되는 계측기기는?

① water level meter ② load cell

③ piezo meter ④ strain gauge

해설 ② **load cell** : 무게를 숫자로 표시하는 전자저울에 필수 적인 무게측정 소자
① **water level meter** : 수위계
③ **piezo meter** : 공급수압을 측정하는 장치
④ **strain gauge** : 구조체 변형 상태와 양을 측정하는 기계

119 차량계 건설기계를 사용하여 작업을 하는 경우 작 업계획서 내용에 포함되지 않는 것은?

① 사용하는 차량계 건설기계의 종류 및 성능

② 차량계 건설기계의 운행경로

③ 차량계 건설기계에 의한 작업방법

④ 차량계 건설기계의 유지보수방법

해설 ▶ 차량계 건설기계 작업계획서 포함사항(안전보건규칙 별표 4)
- 사용하는 차량계 건설기계의 종류 및 성능
- 차량계 건설기계의 운행경로
- 차량계 건설기계에 의한 작업방법

120 근로자의 추락 등의 위험을 방지하기 위한 안전난 간의 설치기준으로 옳지 않은 것은?

① 상부 난간대와 중간 난간대는 난간 길이 전체에 걸쳐 바닥면등과 평행을 유지할 것

② 발끝막이판은 바닥면 등으로부터 20[cm] 이상 의 높이를 유지할 것

③ 난간대는 지름 2.7[cm] 이상의 금속제 파이프나 그 이상의 강도가 있는 재료일 것

④ 안전난간은 구조적으로 가장 취약한 지점에서 가장 취약한 방향으로 작용하는 100[kg] 이상의 하중에 견딜 수 있는 튼튼한 구조일 것

해설 ▶ 추락방지 안전난간의 설치기준(안전보건규칙 제13조)
- 상부 난간대, 중간 난간대, 발끝막이판 및 난간기둥으 로 구성할 것. 다만, 중간 난간대, 발끝막이판 및 난간 기둥은 이와 비슷한 구조와 성능을 가진 것으로 대체 할 수 있다.
- 상부 난간대는 바닥면·발판 또는 경사로의 표면(이하 "바닥면 등"이라 한다)으로부터 90[cm] 이상 지점에 설치하고, 상부 난간대를 120[cm] 이하에 설치하는 경 우에는 중간 난간대는 상부 난간대와 바닥면 등의 중 간에 설치하여야 하며, 120[cm] 이상 지점에 설치하는 경우에는 중간 난간대를 2단 이상으로 균등하게 설치 하고 난간의 상하 간격은 60[cm] 이하가 되도록 할 것. 다만, 계단의 개방된 측면에 설치된 난간기둥 간의 간격이 25[cm] 이하인 경우에는 중간 난간대를 설치 하지 아니할 수 있다.
- 발끝막이판은 바닥면 등으로부터 10[cm] 이상의 높이 를 유지할 것. 다만, 물체가 떨어지거나 날아올 위험이 없거나 그 위험을 방지할 수 있는 망을 설치하는 등 필 요한 예방 조치를 한 장소는 제외한다.
- 난간기둥은 상부 난간대와 중간 난간대를 견고하게 떠 받칠 수 있도록 적정한 간격을 유지할 것
- 상부 난간대와 중간 난간대는 난간 길이 전체에 걸쳐 바닥면등과 평행을 유지할 것
- 난간대는 지름 2.7[cm] 이상의 금속제 파이프나 그 이 상의 강도가 있는 재료일 것
- 안전난간은 구조적으로 가장 취약한 지점에서 가장 취 약한 방향으로 작용하는 100[kg] 이상의 하중에 견딜 수 있는 튼튼한 구조일 것

118 ② 119 ④ 120 ② **정답**

2022년
제 1 회
기출 복원문제

1과목 | 안전관리론

01 사회행동의 기본 형태가 아닌 것은?

① 모방   ② 대립

③ 도피   ④ 협력

> **해설** ▶ **사회행동의 기본 형태**
> - **협력** : 조력, 분업
> - **대립** : 공격, 경쟁
> - **도피** : 고립, 정신병, 자살
> - **융합** : 강제타협

02 위험예지훈련의 문제해결 4라운드에 해당하지 않는 것은?

① 현상파악   ② 본질추구

③ 대책수립   ④ 원인결정

> **해설** ▶ **위험예지훈련의 4단계**
> - **제1단계** : 현상파악 – 어떤 위험이 잠재되어 있는가?
> - **제2단계** : 본질추구 – 이것이 위험의 point다.
> - **제3단계** : 대책수립 – 당신이라면 어떻게 하는가?
> - **제4단계** : 목표설정 – 우리들은 이렇게 한다.

03 바이오리듬(생체리듬)에 관한 설명 중 틀린 것은?

① 안정기(+)와 불안정기(–)의 교차점을 위험일이라 한다.

② 감성적 리듬은 33일을 주기로 반복하며, 주의력, 예감 등과 관련되어 있다.

③ 지성적 리듬은 "I"로 표시하며 사고력과 관련이 있다.

④ 육체적 리듬은 신체적 컨디션의 율동적 발현, 즉 식욕·활동력 등과 밀접한 관계를 갖는다.

> **해설** ② **감성적 리듬**(적색) : 28일을 주기로 교감신경계를 지배하여 정서와 감정의 에너지를 지배한다.

04 운동의 시지각(착각현상) 중 자동운동이 발생하기 쉬운 조건에 해당하지 않는 것은?

① 광점이 작은 것

② 대상이 단순한 것

③ 광의 강도가 큰 것

④ 시야의 다른 부분이 어두운 것

> **해설** ▶ **자동운동**
> - 암실 내에서 정지된 작은 광점이나 밤하늘의 별들을 응시하면 움직이는 것처럼 보이는 현상
> - 발생하기 쉬운 조건으로 광점이 작을수록, 시야의 다른 부분이 어두울수록, 광의 강도가 작을수록, 대상이 단순할수록 발생하기 쉽다.

05 보호구 안전인증 고시상 안전인증 방독마스크의 정화통 종류와 외부 측면의 표시 색이 잘못 연결된 것은?

① 할로겐용 – 회색

② 황화수소용 – 회색

③ 암모니아용 – 회색

④ 시안화수소용 – 회색

> **해설** • 할로겐가스용(보통가스용), 황화수소용, 시안화수소용 – A : 회색 및 흑색(활성탄, 소다라임)
> - 유기가스용 – C : 흑색(활성탄)
> - 암모니아용 – H : 녹색(큐프라마이트)
> - 일산화탄소용 – E : 적색(홉카라이트, 방습제)
> - 아황산가스용 – I : 황색(산화금속, 알칼리제제)
> - 유기화합물용 : 갈색

정답   01 ①   02 ④   03 ②   04 ③   05 ③

06 학습지도의 형태 중 몇 사람의 전문가가 주제에 대한 견해를 발표하고 참가자로 하여금 의견을 내거나 질문을 하게 하는 토의방식은?

① 포럼(Forum)

② 심포지엄(Symposium)

③ 버즈세션(Buzz session)

④ 자유토의법(Free discussion method)

해설 ① **포럼**(Forum) : 공개토의라고도 하며, 전문가의 발표 시간은 10~20분 정도 주어진다. 포럼은 전문가와 일반 참여자가 구분되는 비대칭적 토의이다.
③ **버즈세션**(Buzz session) : 전체구성원을 4~6명의 소그룹으로 나누고 각각의 소그룹이 개별적인 토의를 벌인 뒤, 각 그룹의 결론을 패널형식으로 토론하고, 최후에 리더가 전체적인 결론을 내리는 토의법
④ **자유토의법**(Free discussion method) : 자유롭게 토론하는 방법

07 버드(Bird)의 신 도미노이론 5단계에 해당하지 않는 것은?

① 제어부족(관리)

② 직접원인(징후)

③ 간접원인(평가)

④ 기본원인(기원)

해설 ▶ **신 도미노이론 5단계(버드)**
• **1단계** – 관리의 부족(관리의 부재, 통제부족)
• **2단계** – 기본원인(기원)
• **3단계** – 직접원인(징후) – 불안전한 행동, 불안전한 상태
• **4단계** – 사고
• **5단계** – 재해, 상해

08 산업안전보건법령상 근로자 안전보건교육 대상에 따른 교육시간 기준 중 틀린 것은? (단, 상시작업이며, 일용근로자는 제외한다.)

① 특별교육 – 16시간 이상

② 채용 시 교육 – 8시간 이상

③ 작업내용 변경 시 교육 – 2시간 이상

④ 사무직 종사 근로자 정기교육 – 매분기 1시간 이상

해설 ▶ **근로자 안전보건교육**

교육 과정	교육대상		교육시간
정기 교육	사무직 종사 근로자		매분기 3시간 이상
	사무직 종사 근로자 외의 근로자	판매업무에 직접 종사하는 근로자	매분기 3시간 이상
		판매업무에 직접 종사하는 근로자 외의 근로자	매분기 6시간 이상
	관리감독자의 지위에 있는 사람		연간 16시간 이상
채용 시 교육	일용근로자		1시간 이상
	일용근로자를 제외한 근로자		8시간 이상

09 재해예방의 4원칙에 해당하지 않는 것은?

① 예방가능의 원칙

② 손실우연의 원칙

③ 원인연계의 원칙

④ 재해 연쇄성의 원칙

해설 ▶ **재해예방의 4원칙**
- **예방가능의 원칙** : 천재지변을 제외한 모든 인재는 예방이 가능하다.
- **손실우연의 원칙** : 사고의 결과 손실의 유무 또는 대소는 사고 당시의 조건에 따라서 우연적으로 발생한다.
- **원인연계**(계기)**의 원칙** : 사고에는 반드시 원인이 있으며, 원인은 대부분 복합적 연계 원인이다.
- **대책선정의 원칙** : 사고의 원인이나 불안전 요소가 발견되면 반드시 대책은 선정 실시되어야 하며, 대책 선정이 가능하다. 대책에는 재해 방지의 세 기둥이라 할 수 있는 3E, 즉 기술적 대책, 교육적 대책, 규제적 대책을 들 수 있다.

10 안전점검을 점검시기에 따라 구분할 때 다음에서 설명하는 안전점검은?

> 작업담당자 또는 해당 관리감독자가 맡고 있는 공정의 설비, 기계, 공구 등을 매일 작업 전 또는 작업 중에 일상적으로 실시하는 안전점검

① 정기점검　② 수시점검
③ 특별점검　④ 임시점검

해설 ② **수시점검**(일상점검) : 매일 작업 전, 중, 후에 실시
① **정기점검** : 일정기간마다 정기적으로 실시(법적기준, 사내규정을 따름)
③ **특별점검** : 기계, 기구, 설비의 신설·변경 또는 고장 수리시
④ **임시점검** : 기계, 기구, 설비 이상 발견시 임시로 점검

11 타일러(Tyler)의 교육과정 중 학습경험선정의 원리에 해당하는 것은?

① 기회의 원리
② 계속성의 원리
③ 계열성의 원리
④ 통합성의 원리

해설 • **학습경험선정원리** : 기회, 만족, 가능성, 다(多)경험, 다(多)성과, 행동의 원리
- **학습경험의 조직** : 수직적 조직원리, 수평적 조직원리
- **학습경험 조직원리의 특성** : 계속성, 계열성, 통합성

12 주의(Attention)의 특성에 관한 설명 중 틀린 것은?

① 고도의 주의는 장시간 지속하기 어렵다.
② 한 지점에 주의를 집중하면 다른 곳의 주의는 약해진다.
③ 최고의 주의 집중은 의식의 과잉 상태에서 가능하다.
④ 여러 자극을 지각할 때 소수의 현란한 자극에 선택적 주의를 기울이는 경향이 있다.

해설 ③ 의식의 과잉 상태에서는 의식이 일점에 응집되어 판단이 정지될 수 있다.
▶ **주의의 특징**
- **변동성** : 주의는 장시간 지속될 수 없다.
- **방향성** : 주의를 집중하는 곳 주변의 주의는 떨어진다.
- **선택성** : 주의는 한곳에만 집중할 수 있다.

13 산업재해보상보험법령상 보험급여의 종류가 아닌 것은?

① 장례비　② 간병급여
③ 직업재활급여　④ 생산손실비용

해설 ▶ **보험급여의 종류**(산업재해보상보험법 제36조 제1항)
- 요양급여
- 휴업급여
- 장해급여
- 간병급여
- 유족급여
- 상병(傷病)보상연금
- 장례비
- 직업재활급여

정답 10 ② 11 ① 12 ③ 13 ④

14 산업안전보건법령상 그림과 같은 기본 모형이 나타내는 안전·보건표시의 표시사항으로 옳은 것은? (단, L은 안전·보건표시를 인식할 수 있거나 인식해야 할 안전거리를 말한다.)

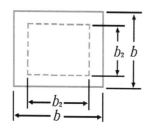

$$(b \geq 0.0224\mathrm{L}, \quad b_2 = 0.8b)$$

① 금지
② 경고
③ 지시
④ 안내

해설 ▶ 안전보건표지의 색채

분류	기호	색채
금지 표지	⊘	• 바탕은 흰색, 기본모형은 빨간색, 관련 부호 및 그림은 검은색
경고 표지	△	• 바탕은 노란색, 기본모형, 관련 부호 및 그림은 검은색 다만, 일부 경고표지의 경우 바탕은 무색, 기본 모형은 빨간색(검은색도 가능)
지시 표지	○	• 바탕은 파란색, 관련 그림은 흰색
안내 표지	□	• 바탕이 흰색이면, 기본모형 및 관련 부호는 녹색 • 바탕이 녹색이면, 관련 부호 및 그림은 흰색
출입 금지 표지	⊘	• 글자는 흰색 바탕에 흑색 • 다음 글자는 적색 － ○○○제조/사용/보관 중 － 석면취급/해체 중 － 발암물질 취급 중

15 기업 내의 계층별 교육훈련 중 주로 관리감독자를 교육대상자로 하며 작업을 가르치는 능력, 작업방법을 개선하는 기능 등을 교육내용으로 하는 기업 내 정형교육은?

① TWI(Training Within Industry)
② ATT(American Telephone Telegram)
③ MTP(Management Training Program)
④ ATP(Administration Training Program)

해설 ① TWI : 초급관리자 대상 교육, 작업지도, 개선 방법 등 교육
② ATT : 고급관리자 대상, 정책수립, 조직 운용 관련 교육
③ MTP : 중간계층 관리자 대상
④ ATP : 경영자 대상 교육

16 산업안전보건법령상 산업안전보건위원회의 구성·운영에 관한 설명 중 틀린 것은?

① 정기회의는 분기마다 소집한다.
② 위원장은 위원 중에서 호선(互選)한다.
③ 근로자대표가 지명하는 명예산업안전감독관은 근로자위원에 속한다.
④ 공사금액 100억원 이상의 건설업의 경우 산업안전보건위원회를 구성·운영해야 한다.

해설 ④ 공사금액 120억원 이상(「건설산업기본법 시행령」 별표 1의 종합공사를 시공하는 업종의 건설업종란 제1호에 따른 토목공사업의 경우에는 150억원 이상)

17 산업안전보건법령상 잠함(潛函) 또는 잠수 작업 등 높은 기압에서 작업하는 근로자의 근로시간 기준은?

① 1일 6시간, 1주 32시간 초과 금지
② 1일 6시간, 1주 34시간 초과 금지
③ 1일 8시간, 1주 32시간 초과 금지
④ 1일 8시간, 1주 34시간 초과 금지

해설 사업주는 유해하거나 위험한 작업으로서 높은 기압에서 하는 작업 등 대통령령으로 정하는 작업에 종사하는 근로자에게는 1일 6시간, 1주 34시간을 초과하여 근로하게 해서는 안 된다.

18 산업현장에서 재해 발생 시 조치 순서로 옳은 것은?

① 긴급처리 → 재해조사 → 원인분석 → 대책수립
② 긴급처리 → 원인분석 → 대책수립 → 재해조사
③ 재해조사 → 원인분석 → 대책수립 → 긴급처리
④ 재해조사 → 대책수립 → 원인분석 → 긴급처리

해설 ◇ 재해 발생 시 조치 순서
- **제1단계** : 긴급처리(기계정지–응급처치–통보–2차 재해방지–현장보존)
- **제2단계** : 재해조사(6하원칙에 의해서)
- **제3단계** : 원인강구(중점분석대상 : 사람–물체–관리)
- **제4단계** : 대책수립(이유 : 동종 및 유사재해의 예방)
- **제5단계** : 대책실시 계획
- **제6단계** : 대책실시
- **제7단계** : 평가

19 산업재해보험적용근로자 1000명인 플라스틱 제조 사업장에서 작업 중 재해 5건이 발생하였고, 1명이 사망하였을 때 이 사업장의 사망만인율은?

① 2   ② 5
③ 10   ④ 20

해설 ◇ 사망만인율 : 사망자수의 10,000배를 임금근로자수(산재보험적용근로자수)로 나눈 값

$$사망만인율 = \frac{사망자수}{임금근로자수} \times 10,000$$

$$= \frac{1}{1,000} \times 10,000 = 10$$

20 안전보건 교육계획 수립 시 고려사항 중 틀린 것은?

① 필요한 정보를 수집한다.
② 현장의 의견을 고려하지 않는다.
③ 지도안은 교육대상을 고려하여 작성한다.
④ 법령에 의한 교육에만 그치지 않아야 한다.

해설 ◇ 안전보건 교육계획 수립 시 고려사항
- 교육목표
- 교육의 종류 및 교육대상
- 교육과목 및 교육내용
- 교육장소 및 교육방법
- 교육기간 및 시간
- 교육담당자 및 강사

2과목 **인간공학 및 시스템안전공학**

21 태양광이 내리쬐지 않는 옥내의 습구흑구 온도지수(WBGT) 산출 식은?

① 0.6 × 자연습구온도 + 0.3 × 흑구온도
② 0.7 × 자연습구온도 + 0.3 × 흑구온도
③ 0.6 × 자연습구온도 + 0.4 × 흑구온도
④ 0.7 × 자연습구온도 + 0.4 × 흑구온도

해설 • **옥외**(태양광선이 내리쬐는 장소) 7 : 2 : 1
WBGT[℃] = (0.7×자연습구온도) + (0.2×흑구온도) + (0.1×건구온도)
• **옥내 또는 옥외**(태양광선이 내리쬐지 않는 장소) 7 : 3
WBGT[℃] = (0.7×자연습구온도) + (0.3×흑구온도)

22 FTA에서 사용되는 논리게이트 중 입력과 반대되는 현상으로 출력되는 것은?

① 부정 게이트   ② 억제 게이트
③ 배타적 OR 게이트   ④ 우선적 AND 게이트

해설 ◇ 게이트 기호
- AND 게이트에는 •를, OR 게이트에는 +를 표기하는 경우도 있다.
- **억제 게이트** : 수정기호를 병용해서 게이트 역할, 입력이 게이트 조건에 만족 시 발생
- **부정 게이트** : 입력사상의 반대사상이 출력
- **OR GATE** : 하위의 사건 중 하나라도 만족하면 출력사상이 발생하는 논리 게이트
- **AND GATE** : 하위의 사건이 모두 만족하는 경우 출력사상이 발생하는 논리 게이트

23 부품고장이 발생하여도 기계가 추후 보수될 때까지 안전한 기능을 유지할 수 있도록 하는 기능은?

① Fail – Soft
② Fail – Active
③ Fail – Operational
④ Fail – Passive

해설 ◇ Fail Safe의 3단계 종류
- **Fail Passive** : 부품이 고장나면 통상 기계는 정비방향으로 옮긴다.
- **Fail Active** : 부품이 고장나면 기계는 경보음을 내면서 짧은 시간의 운전이 가능하다.
- **Fail Operational** : 부품이 고장나더라도 기계는 보수가 이루어질 때까지 안전한 기능을 유지한다.

24 양립성의 종류가 아닌 것은?

① 개념의 양립성
② 감성의 양립성
③ 운동의 양립성
④ 공간의 양립성

해설 ◇ 양립성의 종류 : 개념의 양립성, 공간의 양립성, 운동의 양립성, 양식의 양립성

25 James Reason의 원인적 휴먼에러 종류 중 다음 설명의 휴먼에러 종류는?

> 자동차가 우측 운행하는 한국의 도로에 익숙해진 운전자가 좌측 운행을 해야 하는 일본에서 우측 운행을 하다가 교통사고를 냈다.

① 고의 사고(Violation)
② 숙련 기반 에러(Skill Based Error)
③ 규칙 기반 착오(Rule Based Mistake)
④ 지식 기반 착오(Knowledge Based Mistake)

해설 ◇ 휴먼에러의 분류
1. **A. Swain의 행위 관점 분류**
   - **작위오류**(Commission Error) : 수행해야 할 작업을 부정확하게 수행하는 오류
   - **누락오류**(Omission Error) : 수행해야 할 작업을 빠뜨리는 오류
   - **순서오류**(Sequence Error) : 수행해야 할 작업의 순서를 틀리게 수행하는 오류
   - **시간오류**(Time Error) : 수행해야 할 작업을 정해진 시간 동안 완수하지 못하는 오류
   - **불필요한 수행오류**(Extraneous Error) : 작업 완수에 불필요한 작업을 수행하는 오류
2. **James Reason의 원인 관점 분류** – 라스무센(Rassmussen)의 모델 사용
   - **숙련 기반 에러**(Skill Based Error) : 무의식에 의한 행동. 실수(slip), 망각(lapse)
   - **규칙 기반 착오**(Rule Based Mistake) : 잘못된 규칙을 기억하거나, 정확한 규칙이라도 상황에 맞지 않게 잘못 적용
   - **지식 기반 착오**(Knowledge Based Mistake) : 장기기억 속에 관련 지식이 없는 경우, 추론이나 유추로 지식 처리 중에 실패 또는 과오로 이어진 경우

26 불(Boole) 대수의 관계식으로 틀린 것은?

① $A + \overline{A} = 1$
② $A + AB = A$
③ $A(A + B) = A + B$
④ $A + \overline{A}B = A + B$

해설 ▶ 불 대수의 관계식

$A + 0 = A$	$A + 1 = 1$	$A \cdot 0 = 0$
$A \cdot 1 = A$	$A + A = A$	$A + \overline{A} = 1$
$A \cdot A = A$	$A \cdot \overline{A} = 0$	$\overline{A} = A$
$A + AB = A$	$A + \overline{A}B = A + B$	$(A+B) \cdot (A+C) = A + BC$

27 인간공학의 목표와 거리가 가장 먼 것은?

① 사고 감소   ② 생산성 증대
③ 안전성 향상   ④ 근골격계질환 증가

해설 ④ 근골격계질환의 감소이다.

28 통화 이해도 척도로서 통화 이해도에 영향을 주는 잡음의 영향을 추정하는 지수는?

① 명료도 지수   ② 통화 간섭 수준
③ 이해도 점수   ④ 통화 공진 수준

해설 ▶ **통화 간섭 수준** : 통화 이해도(speech intelligibility)에 끼치는 소음의 영향을 추정하는 지수. 주어진 상황에서의 통화 간섭 수준은 500, 1000, 2000[Hz]에 중심을 둔 3옥타브 대의 소음 [dB] 수준의 평균치이다. 소음의 주파수별 분포가 평평할 경우 특히 유용한 지표이다.

29 예비위험분석(PHA)에서 식별된 사고의 범주가 아닌 것은?

① 중대(critical)
② 한계적(marginal)
③ 파국적(catastrophic)
④ 수용가능(acceptable)

해설 ▶ **PHA에서 식별된 사고의 범주** : 파국적, 중대, 한계적, 무시가능

30 어떤 결함수를 분석하여 minimal cut set을 구한 결과 다음과 같았다. 각 기본사상의 발생확률은 q_i, i = 1, 2, 3이라 할 때, 정상사상의 발생확률함수로 맞는 것은?

$$k_1 = [1, 2], \quad k_2 = [1, 3], \quad k_3 = [2, 3]$$

① $q_1q_2 + q_1q_2 - q_2q_3$
② $q_1q_2 + q_1q_3 - q_2q_3$
③ $q_1q_2 + q_1q_3 + q_2q_3 - q_1q_2q_3$
④ $q_1q_2 + q_1q_3 + q_2q_3 - 2q_1q_2q_3$

해설 정상사상 T가 k_1, k_2, k_3 중간사상 3개를 OR게이트로 연결되어 있으므로
T = 1 − (1 − k_1)(1 − k_2)(1 − k_3) 공식에 적용
그러므로 k_1 = ($q_1 \cdot q_2$), k_2 = ($q_1 \cdot q_3$), k_3 = ($q_2 \cdot q_3$)을 대입하면,
T = 1 − (1 − k_1)(1 − k_2)(1 − k_3)
  = $k_1 + k_2 + k_3 − k_1 \cdot k_2 − k_2 \cdot k_3 − k_2 \cdot k_3 + k_1 \cdot k_2 \cdot k_3$
  = ($q_1 \cdot q_2$) + ($q_1 \cdot q_3$) + ($q_2 \cdot q_3$) − ($q_1 \cdot q_2 \cdot q_1 \cdot q_3$)
  − ($q_1 \cdot q_3 \cdot q_2 \cdot q_3$) − ($q_1 \cdot q_3 \cdot q_2 \cdot q_3$)
  + ($q_1 \cdot q_2 \cdot q_1 \cdot q_3 \cdot q_2 \cdot q_3$)
  = ($q_1 \cdot q_2$) + ($q_1 \cdot q_3$) + ($q_2 \cdot q_3$) − ($q_1 \cdot q_2 \cdot q_3$)
  − ($q_1 \cdot q_2 \cdot q_3$) − ($q_1 \cdot q_2 \cdot q_3$) + ($q_1 \cdot q_2 \cdot q_3$)
  = ($q_1 \cdot q_2$) + ($q_1 \cdot q_3$) + ($q_2 \cdot q_3$) − 2($q_1 \cdot q_2 \cdot q_3$)

31 반사경 없이 모든 방향으로 빛을 발하는 점광원에서 3[m] 떨어진 곳의 조도가 300[lux]라면 2[m] 떨어진 곳에서 조도[lux]는?

① 375   ② 675
③ 875   ④ 975

해설 조도 = 광도/거리, 광도 = 조도 × 거리^2
광도 = 300 × 3^2 = 2700[cd]
따라서 2[m] 떨어진 곳의 조도는
2700 = X × 2^2
→ X = 2700 / 2^2 = 675

정답 27 ④   28 ②   29 ④   30 ④   31 ②

32 근골격계 부담작업의 범위 및 유해요인조사 방법에 관한 고시상 근골격계 부담작업에 해당하지 않는 것은? (단, 상시작업을 기준으로 한다.)

① 하루에 10회 이상 25[kg] 이상의 물체를 드는 작업

② 하루에 총 2시간 이상 쪼그리고 앉거나 무릎을 굽힌 자세에서 이루어지는 작업

③ 하루에 총 2시간 이상 시간당 5회 이상 손 또는 무릎을 사용하여 반복적으로 충격을 가하는 작업

④ 하루에 4시간 이상 집중적으로 자료입력 등을 위해 키보드 또는 마우스를 조작하는 작업

해설 ◎ **근골격계 부담작업**
- 하루에 4시간 이상 집중적으로 자료입력 등을 위해 키보드 또는 마우스를 조작하는 작업
- 하루에 총 2시간 이상 목, 어깨, 팔꿈치, 손목 또는 손을 사용하여 같은 동작을 반복하는 작업
- 하루에 총 2시간 이상 머리 위에 손이 있거나, 팔꿈치가 어깨 위에 있거나, 팔꿈치를 몸통으로부터 들거나, 팔꿈치를 몸통 뒤쪽에 위치하도록 하는 상태에서 이루어지는 작업
- 지지되지 않은 상태이거나 임의로 자세를 바꿀 수 없는 조건에서, 하루에 총 2시간 이상 목이나 허리를 구부리거나 트는 상태에서 이루어지는 작업
- 하루에 총 2시간 이상 쪼그리고 앉거나 무릎을 굽힌 자세에서 이루어지는 작업
- 하루에 총 2시간 이상 지지되지 않은 상태에서 1[kg] 이상의 물건을 한손의 손가락으로 집어 옮기거나, 2[kg] 이상에 상응하는 힘을 가하여 한손의 손가락으로 물건을 쥐는 작업
- 하루에 총 2시간 이상 지지되지 않은 상태에서 4.5[kg] 이상의 물건을 한 손으로 들거나 동일한 힘으로 쥐는 작업
- 하루에 10회 이상 25[kg] 이상의 물체를 드는 작업
- 하루에 25회 이상 10[kg] 이상의 물체를 무릎 아래에서 들거나, 어깨 위에서 들거나, 팔을 뻗은 상태에서 드는 작업
- 하루에 총 2시간 이상, 분당 2회 이상 4.5[kg] 이상의 물체를 드는 작업
- 하루에 총 2시간 이상 시간당 10회 이상 손 또는 무릎을 사용하여 반복적으로 충격을 가하는 작업

33 시각적 식별에 영향을 주는 각 요소에 대한 설명 중 틀린 것은?

① 조도는 광원의 세기를 말한다.

② 휘도는 단위 면적당 표면에 반사 또는 방출되는 광량을 말한다.

③ 반사율은 물체의 표면에 도달하는 조도와 광도의 비를 말한다.

④ 광도 대비란 표적의 광도와 배경의 광도의 차이를 배경 광도로 나눈 값을 말한다.

해설 ① 조도는 물체의 표면에 도달하는 빛의 밀도(표면밝기의 정도)로 단위는 [lux]를 사용하며, 거리가 멀수록 역자승 법칙에 의해 감소한다.

34 부품 배치의 원칙 중 기능적으로 관련된 부품들을 모아서 배치한다는 원칙은?

① 중요성의 원칙　　② 사용 빈도의 원칙

③ 사용 순서의 원칙　④ 기능별 배치의 원칙

해설 ◎ **부품 배치의 원칙**

중요성의 원칙	목표달성에 긴요한 정도에 따른 우선순위
사용 빈도의 원칙	사용되는 빈도에 따른 우선순위
기능별 배치의 원칙	기능적으로 관련된 부품을 모아서 배치
사용 순서의 원칙	순서적으로 사용되는 장치들을 순서에 맞게 배치

35 HAZOP 분석기법의 장점이 아닌 것은?

① 학습 및 적용이 쉽다.

② 기법 적용에 큰 전문성을 요구하지 않는다.

③ 짧은 시간에 저렴한 비용으로 분석이 가능하다.

④ 다양한 관점을 가진 팀 단위 수행이 가능하다.

해설 ▷ HAZOP : 각각의 장비에 대해 잠재된 위험이나 기능 저하, 운전 잘못 등과 전체로서의 시설을 결과적으로 미칠 수 있는 영향 등을 평가하기 위해서 공정이나 설계도 등에 체계적이고 비판적인 검토를 행하는 것을 말한다.
전체로서의 시설, 체계적이고 비판적인 검토를 하려면 시간이 많이 걸리고 비용도 많이 사용된다.

해설 ▷ A와 C의 신뢰도 $= 1 - (1-Ra) \times (1-Rc)$
$= 1 - (1-r) \times (1-r)$
$= 1 - (1-r-r+r^2) = 2r - r^2 = r(2-r)$
B와 D의 신뢰도 $= 1 - (1-Rb) \times (1-Rd)$
$= 1 - (1-r) \times (1-r)$
$= 1 - (1-r-r+r^2) = 2r - r^2 = r(2-r)$
전체신뢰도 : $r(2-r) \times r(2-r) = r^2(2-r)^2$

36 인간공학적 연구에 사용되는 기준 척도의 요건 중 다음 설명에 해당하는 것은?

> 기준 척도는 측정하고자 하는 변수 외의 다른 변수들의 영향을 받아서는 안 된다.

① 신뢰성　　　　② 적절성

③ 검출성　　　　④ 무오염성

해설 ▷ **체계기준의 요건**
- **적절성** : 기준이 의도된 목적에 적합하다고 판단되는 정도
- **무오염성** : 측정하고자 하는 변수 외의 영향이 없어야 함
- **기준 척도의 신뢰성** : 반복성을 통한 척도의 신뢰성이 있어야 함
- **민감도** : 피실험자 사이에서 볼 수 있는 예상 차이점에 비례하는 단위로 측정해야 함

38 서브시스템 분석에 사용되는 분석방법으로 시스템 수명주기에서 ㉠에 들어갈 위험분석기법은?

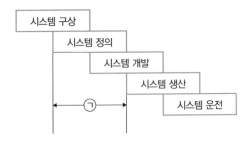

① PHA　　　　② FHA

③ FTA　　　　④ ETA

해설 ▷ FHA(결함위험분석) : 분업에 의해 여럿이 분담 설계한 서브시스템 간의 인터페이스를 조정하여 각각의 서브시스템 및 전체 시스템에 악영향을 미치지 않게 하기 위한 분석방법으로, 시스템 정의단계와 시스템 개발단계에서 적용

37 그림과 같은 시스템에서 부품 A, B, C, D의 신뢰도가 모두 r로 동일할 때 이 시스템의 신뢰도는?

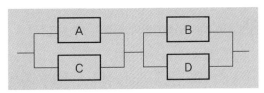

① $r(2-r^2)$　　　　② $r^2(2-r)^2$

③ $r^2(2-r^2)$　　　　④ $r^2(2-r)$

39 정신적 작업 부하에 관한 생리적 척도에 해당하지 않는 것은?

① 근전도

② 뇌파도

③ 부정맥 지수

④ 점멸융합주파수

정답 36 ④　37 ②　38 ②　39 ①

해설 ① **근전도**(EMG) : 근육이 수축할 때 근섬유에서 생기는 활동전위를 유도하여 증폭 기록한 근육활동의 전위 차(말초신경에 전기자극)로, 신체적 작업 부하에 측정함

40 A사의 안전관리자는 자사 화학설비의 안전성 평가를 실시하고 있다. 그중 제2단계인 정성적 평가를 진행하기 위하여 평가 항목을 설계단계 대상과 운전관계 대상으로 분류하였을 때 설계관계 항목이 아닌 것은?

① 건조물
② 공장 내 배치
③ 입지조건
④ 원재료, 중간제품

해설 ◆ **위험성 평가의 단계**
1. **정량적 평가** : 물질, 화학설비의 용량, 온도, 압력, 조작
2. **정성적 평가**
   • **설계관계** : 입지조건, 공장 내 배치, 건조물, 소방설비
   • **운전관계** : 원재료, 중간체 제품, 공정, 수송, 저장, 공정기기 등

3과목 기계위험방지기술

41 산업안전보건법령상 다음 중 보일러의 방호장치와 가장 거리가 먼 것은?

① 언로드밸브
② 압력방출장치
③ 압력제한스위치
④ 고저수위 조절장치

해설 ① 언로드밸브는 압송밸브로 보일러 방호장치가 아니다.

42 다음 중 롤러기 급정지장치의 종류가 아닌 것은?

① 어깨조작식
② 손조작식
③ 복부조작식
④ 무릎조작식

해설 ◆ **롤러기 급정지장치 위치**

급정지장치 조작부의 종류	위치
손으로 조작하는 것	밑면에서 1.8[m] 이내
작업자의 복부로 조작하는 것	밑면에서 0.8[m] 이상, 1.1[m] 이내
작업자의 무릎으로 조작하는 것	밑면에서 0.4[m] 이상, 0.6[m] 이내

※ 위치는 급정지장치의 조작부의 중심점을 기준으로 한다.

43 산업안전보건법령에 따라 레버풀러(lever puller) 또는 체인블록(chain block)을 사용하는 경우 훅의 입구(hook mouth) 간격이 제조자가 제공하는 제품사양서 기준으로 몇 [%] 이상 벌어진 것은 폐기하여야 하는가?

① 3
② 5
③ 7
④ 10

해설 레버풀러 또는 체인블록을 사용하는 경우 훅의 입구(hook mouth) 간격이 제조자가 제공하는 제품사양서 기준으로 10[%] 이상 벌어진 것은 폐기한다.

44 컨베이어(conveyor) 역전방지장치의 형식을 기계식과 전기식으로 구분할 때 기계식에 해당하지 않는 것은?

① 라쳇식
② 밴드식
③ 스러스트식
④ 롤러식

해설 ◆ **컨베이어 역전방지장치의 형식**
• **기계식** : 라쳇식, 롤러식, 밴드식, 웜기어 등
• **전기식** : 전기브레이크, 스러스트브레이크 등

45 다음 중 연삭숫돌의 3요소가 아닌 것은?

① 결합제
② 입자
③ 저항
④ 기공

해설 ▶ 연삭숫돌의 3요소
- **숫돌 입자** : 절삭하는 날
- **결합제** : 숫돌 입자를 고정시키는 본드
- **기공** : 절삭칩이 쌓이는 장소

46 산업안전보건법령상 프레스 작업시작 전 점검해야 할 사항에 해당하는 것은?

① 와이어로프가 통하고 있는 곳 및 작업장소의 지반상태
② 하역장치 및 유압장치 기능
③ 권과방지장치 및 그 밖의 경보장치의 기능
④ 1행정 1정지기구·급정지장치 및 비상정지장치의 기능

해설 ▶ 작업시작 전 점검사항
- 클러치 및 브레이크의 기능
- 크랭크축·플라이휠·슬라이드·연결봉 및 연결 나사의 풀림 여부
- 1행정 1정지기구·급정지장치 및 비상정지장치의 기능
- 슬라이드 또는 칼날에 의한 위험방지 기구의 기능
- 프레스의 금형 및 고정볼트 상태
- 방호장치의 기능
- 전단기(剪斷機)의 칼날 및 테이블의 상태

47 방호장치를 분류할 때는 크게 위험장소에 대한 방호장치와 위험원에 대한 방호장치로 구분할 수 있는데, 다음 중 위험장소에 대한 방호장치가 아닌 것은?

① 격리형 방호장치
② 접근거부형 방호장치
③ 접근반응형 방호장치
④ 포집형 방호장치

해설 • 격리형, 접근거부형, 접근반응형 = 위험장소
• 포집형 = 위험원

48 산업안전보건법령상 목재가공용 기계에 사용되는 방호장치의 연결이 옳지 않은 것은?

① 둥근톱기계 : 톱날접촉예방장치
② 띠톱기계 : 날접촉예방장치
③ 모떼기기계 : 날접촉예방장치
④ 동력식 수동대패기계 : 반발예방장치

해설 ④ 동력식 수동대패기계 : 날접촉예방장치

49 다음 중 금속 등의 도체에 교류를 통한 코일을 접근시켰을 때, 결함이 존재하면 코일에 유기되는 전압이나 전류가 변하는 것을 이용한 검사방법은?

① 자분탐상검사
② 초음파탐상검사
③ 와류탐상검사
④ 침투형광탐상검사

해설 ① **자분탐상검사** : 금속표면의 비교적 낮은 부분의 결함을 발견하는 것에 이용하는 자력을 이용한 비파괴 검사의 일종
② **초음파탐상검사** : 초음파를 피검사체에 전파하고 그의 음향적 성질을 이용해서 재료 내의 결함의 유무를 조사하는 검사
④ **침투형광탐상검사** : 형광염료(황록색)를 포함하고 있는 침투액을 사용하여 암실 또는 어두운 장소(20[lux] 이하)에서 자외선(320~400[nm])을 조사하여 결함 지시모양을 관찰하는 방법

50 산업안전보건법령상에서 정한 양중기의 종류에 해당하지 않는 것은?

① 크레인[호이스트(hoist)를 포함한다]
② 도르래
③ 곤돌라
④ 승강기

정답 46 ④ 47 ④ 48 ④ 49 ③ 50 ②

해설 ▶ **양중기의 종류**
- 크레인[호이스트(hoist)를 포함한다]
- 이동식 크레인
- 리프트(이삿짐운반용 리프트의 경우에는 적재하중이 0.1[t] 이상인 것으로 한정한다)
- 곤돌라
- 승강기

51 롤러의 급정지를 위한 방호장치를 설치하고자 한다. 앞면 롤러 직경이 36[cm]이고, 분당회전속도가 50[rpm]이라면 급정지거리는 약 얼마 이내이어야 하는가? (단, 무부하동작에 해당한다.)

① 45[cm]   ② 50[cm]
③ 55[cm]   ④ 60[cm]

해설
- 표면속도가 30[m/min] 이상인 경우 : 앞면 롤러직경 (3.14×D)의 1/2.5
- 표면속도가 30[m/min] 미만인 경우 : 앞면 롤러직경 (3.14×D)의 1/3

급정지거리 $= \dfrac{3.14 \times D}{2.5} = \dfrac{3.14 \times 36}{2.5} = 45.216$

52 다음 중 금형 설치·해체작업의 일반적인 안전사항으로 틀린 것은?

① 고정볼트는 고정 후 가능하면 나사산이 3~4개 정도 짧게 남겨 슬라이드 면과의 사이에 협착이 발생하지 않도록 해야 한다.
② 금형 고정용 브래킷(물림판)을 고정시킬 때 고정용 브래킷은 수평이 되게 하고, 고정볼트는 수직이 되게 고정하여야 한다.
③ 금형을 설치하는 프레스의 T홈 안길이는 설치볼트 직경 이하로 한다.
④ 금형의 설치용구는 프레스의 구조에 적합한 형태로 한다.

해설 ③ 금형을 설치하는 프레스의 T홈의 안길이는 설치볼트 직경의 2배 이상으로 한다.

53 산업안전보건법령상 보일러에 설치하는 압력방출장치에 대하여 검사 후 봉인에 사용되는 재료에 가장 적합한 것은?

① 납   ② 주석
③ 구리   ④ 알루미늄

해설 1년에 1회 이상 토출압력시험 후 납으로 봉인(공정안전관리 이행수준 평가결과가 우수한 사업장은 4년에 1회 이상 토출압력시험 실시)

54 슬라이드가 내려옴에 따라 손을 쳐내는 막대가 좌우로 왕복하면서 위험점으로부터 손을 보호하여주는 프레스의 안전장치는?

① 수인식 방호장치
② 양손조작식 방호장치
③ 손쳐내기식 방호장치
④ 게이트 가드식 방호장치

해설 ① **수인식** : 작업자의 손과 기계의 운동부분을 케이블이나 로프로 연결하고 기계의 위험한 작동에 따라서 손을 위험구역 밖으로 끌어내는 장치
② **양손조작식** : 기계를 가동할 때 위험한 작업점에 손이 놓이지 않도록 조작단추나 조작레버를 2개 준비하고 양손으로 동시에 단추나 레버를 작동시키도록 한 것
④ **게이트 가드식** : 기계를 작동하려면 우선 게이트(문)가 위험점을 폐쇄하여야 비로소 기계가 작동되도록 한 장치

55 산업안전보건법령에 따라 사업주는 근로자가 안전하게 통행할 수 있도록 통로에 얼마 이상의 채광 또는 조명시설을 하여야 하는가?

① 50[lux]   ② 75[lux]
③ 90[lux]   ④ 100[lux]

51 ①   52 ③   53 ①   54 ③   55 ②   **정답**

해설 근로자가 안전하게 통행할 수 있도록 통로에 75[lux] 이상의 채광 또는 조명시설을 하여야 한다. 다만, 갱도 또는 상시 통행을 하지 아니하는 지하실 등을 통행하는 근로자에게 휴대용 조명기구를 사용하도록 한 경우에는 그러하지 아니하다.

해설 ① 승차석 외의 탑승 제한은 안전보건규칙 제86조 제7항의 내용이다.
사업주는 차량계 하역운반기계(화물자동차는 제외한다)를 사용하여 작업을 하는 경우 승차석이 아닌 위치에 근로자를 탑승시켜서는 아니 된다.
②, ③, ④ 안전보건규칙 제86조 제1항 1~3호

56 산업안전보건법령상 사업주가 진동작업을 하는 근로자에게 충분히 알려야 할 사항과 거리가 가장 먼 것은?

① 인체에 미치는 영향과 증상
② 진동기계·기구 관리방법
③ 보호구 선정과 착용방법
④ 진동재해 시 비상연락체계

해설 ▶ **진동작업 시 근로자 주시사항**
 • 인체에 미치는 영향과 증상
 • 보호구의 선정과 착용방법
 • 진동기계·기구 관리방법
 • 진동 장해 예방방법

58 연삭기에서 숫돌의 바깥지름이 150[mm]일 경우 평형플랜지 지름은 몇 [mm] 이상이어야 하는가?

① 30
② 50
③ 60
④ 90

해설 ▶ **연삭숫돌의 고정법** : 플랜지는 연삭숫돌 지름의 1/3 크기

59 플레이너 작업 시의 안전대책이 아닌 것은?

① 베드 위에 다른 물건을 올려놓지 않는다.
② 바이트는 되도록 짧게 나오도록 설치한다.
③ 프레임 내의 피트(pit)에는 뚜껑을 설치한다.
④ 칩 브레이커를 사용하여 칩이 길게 되도록 한다.

해설 작업장에서는 이동테이블에 사람이나 운반기계가 부딪치지 않도록 플레이너의 운동 범위에 방책을 설치한다. 또 플레이너의 프레임 중앙부의 피트에는 덮개를 설치해서 물건이나 공구류를 두지 않도록 해야 하고 테이블과 고정벽 또는 다른 기계와의 최소거리가 40[cm] 이하가 될 때는 기계의 양쪽에 방책을 설치하여 통행을 차단하여야 한다.

57 산업안전보건법령상 크레인에 전용탑승설비를 설치하고 근로자를 달아 올린 상태에서 작업에 종사시킬 경우 근로자의 추락 위험을 방지하기 위하여 실시해야 할 조치 사항으로 적합하지 않은 것은?

① 승차석 외의 탑승 제한
② 안전대나 구명줄의 설치
③ 탑승설비의 하강시 동력하강방법을 사용
④ 탑승설비가 뒤집히거나 떨어지지 않도록 필요한 조치

정답 56 ④ 57 ① 58 ② 59 ④

60 양중기 과부하방지장치의 일반적인 공통사항에 대한 설명 중 부적합한 것은?

① 과부하방지장치와 타 방호장치는 기능에 서로 장애를 주지 않도록 부착할 수 있는 구조이어야 한다.

② 방호장치의 기능을 변형 또는 보수할 때 양중기의 기능도 동시에 정지할 수 있는 구조이어야 한다.

③ 과부하방지장치에는 정상동작상태의 녹색램프와 과부하 시 경고 표시를 할 수 있는 붉은색램프와 경보음을 발하는 장치 등을 갖추어야 하며, 양중기 운전자가 확인할 수 있는 위치에 설치해야 한다.

④ 과부하방지장치 작동 시 경보음과 경보램프가 작동되어야 하며 양중기는 작동이 되지 않아야 한다. 다만, 크레인은 과부하 상태 해지를 위하여 권상된 만큼 권하시킬 수 있다.

해설 ▶ **양중기 과부하방지장치의 일반 공통사항**
- 과부하방지장치 작동 시 경보음과 경보램프가 작동되어야 하며 양중기는 작동이 되지 않아야 한다. 다만, 크레인은 과부하 상태 해지를 위하여 권상된 만큼 권하시킬 수 있다.
- 외함은 납봉인 또는 시건할 수 있는 구조이어야 한다.
- 외함의 전선 접촉부분은 고무 등으로 밀폐되어 물과 먼지 등이 들어가지 않도록 한다.
- 과부하방지장치와 타 방호장치는 기능에 서로 장애를 주지 않도록 부착할 수 있는 구조이어야 한다.
- 방호장치의 기능을 제거 또는 정지할 때 양중기의 기능도 동시에 정지할 수 있는 구조이어야 한다.
- 과부하방지장치는 별표 2의2 각 호의 시험 후 정격하중의 1.1배 권상 시 경보와 함께 권상동작이 정지되고 횡행과 주행동작이 불가능한 구조이어야 한다. 다만, 타워크레인은 정격하중의 1.05배 이내로 한다.
- 과부하방지장치에는 정상동작상태의 녹색램프와 과부하 시 경고 표시를 할 수 있는 붉은색램프와 경보음을 발하는 장치 등을 갖추어야 하며, 양중기 운전자가 확인할 수 있는 위치에 설치해야 한다.

4과목 전기위험방지기술

61 다음 ( ) 안의 알맞은 내용을 나타낸 것은?

폭발성 가스의 폭발등급 측정에 사용되는 표준용기는 내용적이 (㉮)[cm³], 반구상의 플랜지 접합면의 안길이 (㉯)[mm]의 구상용기의 틈새를 통과시켜 화염일주 한계를 측정하는 장치이다.

① ㉮ 600, ㉯ 0.4
② ㉮ 1800, ㉯ 0.6
③ ㉮ 4500, ㉯ 8
④ ㉮ 8000, ㉯ 25

해설 ▶ **안전간격**(화염일주 한계) : 표준용기(8[L], 틈의 안길이 25[mm]의 구형 용기) 내에 폭발성 가스를 채우고 점화시켰을 때 폭발 화염이 용기 외부까지 전달되지 않는 한계의 틈
8L = 8,000[cm³]

62 다음 차단기는 개폐기구가 절연물의 용기 내에 일체로 조립한 것으로 과부하 및 단락사고 시에 자동적으로 전로를 차단하는 장치는?

① OS
② VCB
③ MCCB
④ ACB

해설 ▶ **MCCB**(배선용차단기) : 부하전류를 개폐하는 전원스위치의 역할을 하며 과전류 및 단락 시 전기사고를 예방하기 위해 자동으로 회로를 차단해 주는 역할의 차단기

60 ② 61 ④ 62 ③ **정답**

63 한국전기설비규정에 따라 보호등전위본딩 도체로서 주접지단자에 접속하기 위한 등전위본딩 도체(구리 도체)의 단면적은 몇 [mm²] 이상이어야 하는가? (단, 등전위본딩 도체는 설비 내에 있는 가장 큰 보호접지 도체 단면적의 1/2 이상의 단면적을 가지고 있다.)

① 2.5　　　　　　　② 6
③ 16　　　　　　　　④ 50

해설 • **구리 도체** : 6[mm²]
• **알루미늄 도체** : 16[mm²]
• **강철 도체** : 50[mm²]

64 저압전로의 절연성능 시험에서 전로의 사용전압이 380[V]인 경우 전로의 전선 상호 간 및 전로와 대지 사이의 절연저항은 최소 몇 [MΩ] 이상이어야 하는가?

① 0.1　　　　　　　② 0.3
③ 0.5　　　　　　　④ 1

해설 절연저항 1[MΩ] 이상일 것

65 전격의 위험을 결정하는 주된 인자로 가장 거리가 먼 것은?

① 통전전류　　　　　② 통전시간
③ 통전경로　　　　　④ 접촉전압

해설 ▶ **전격위험 요인**
• 통전전류
• 통전시간
• 통전경로
• 전원의 종류

66 교류 아크용접기의 허용사용률[%]은? (단, 정격사용률은 10[%], 2차 정격전류는 500[A], 교류 아크용접기의 사용전류는 250[A]이다.)

① 30　　　　　　　　② 40
③ 50　　　　　　　　④ 60

해설 ▶ **교류 아크용접기의 허용사용률[%]**

$$허용사용률 = \left(\frac{정격\ 2차전류^2}{실제사용\ 용접전류^2} \right) \times 정격사용률$$
$$= \frac{500^2}{250^2} \times 10[\%]$$
$$= 40[\%]$$

67 내압방폭구조의 필요충분조건에 대한 사항으로 틀린 것은?

① 폭발화염이 외부로 유출되지 않을 것
② 습기침투에 대한 보호를 충분히 할 것
③ 내부에서 폭발한 경우 그 압력에 견딜 것
④ 외함의 표면온도가 외부의 폭발성가스를 점화되지 않을 것

해설 ▶ **내압방폭구조** : 전기설비에서 아크 또는 고열이 발생하여 폭발성 가스에 점화할 우려가 있는 부분을 전폐한 용기에 넣음으로써 폭발이 일어날 경우 이 용기가 압력에 견디고 외부의 폭발성 가스에 인화될 위험이 없도록 한 구조의 방폭구조이다.

68 다음 중 전동기를 운전하고자 할 때 개폐기의 조작순서로 옳은 것은?

① 메인 스위치 → 분전반 스위치 → 전동기용 개폐기
② 분전반 스위치 → 메인 스위치 → 전동기용 개폐기
③ 전동기용 개폐기 → 분전반 스위치 → 메인 스위치
④ 분전반 스위치 → 전동기용 스위치 → 메인 스위치

해설 ▶ **전동기 개폐기의 조작순서**
메인 스위치 → 분전반 스위치 → 전동기용 개폐기

정답　63 ②　64 ④　65 ④　66 ②　67 ②　68 ①

69 다음 빈칸에 들어갈 내용으로 알맞은 것은?

> 교류 특고압 가공전선로에서 발생하는 극저주파 전자계는 지표상 1[m]에서 전계가 (ⓐ), 자계가 (ⓑ)가 되도록 시설하는 등 상시 정전유도 및 전자유도 작용에 의하여 사람에게 위험을 줄 우려가 없도록 시설하여야 한다.

① ⓐ 0.35[kV/m] 이하, ⓑ 0.833[μT] 이하

② ⓐ 3.5[kV/m] 이하, ⓑ 8.33[μT] 이하

③ ⓐ 3.5[kV/m] 이하, ⓑ 83.3[μT] 이하

④ ⓐ 35[kV/m] 이하, ⓑ 833[μT] 이하

> **해설** ▶ **유도장해 방지**(전기설비기술기준 제17조 제1항)
> 교류 특고압 가공전선로에서 발생하는 극저주파 전자계는 지표상 1[m]에서 전계가 3.5[kV/m] 이하, 자계가 83.3[μT] 이하가 되도록 시설하고, 직류 특고압 가공전선로에서 발생하는 직류전계는 지표면에서 25[kV/m] 이하, 직류자계는 지표상 1[m]에서 400,000[μT] 이하가 되도록 시설하는 등 상시 정전유도 및 전자유도 작용에 의하여 사람에게 위험을 줄 우려가 없도록 시설하여야 한다.

70 감전사고를 방지하기 위한 방법으로 틀린 것은?

① 전기기기 및 설비의 위험부에 위험표지

② 전기설비에 대한 누전차단기 설치

③ 전기기기에 대한 정격표시

④ 무자격자는 전기계 및 기구에 전기적인 접촉 금지

> **해설** ③ 정격표시는 모든 기기에 다 되어 있다.

71 외부피뢰시스템에서 접지극은 지표면에서 몇 [m] 이상 깊이로 매설하여야 하는가? (단, 동결심도는 고려하지 않는 경우이다.)

① 0.5

② 0.75

③ 1

④ 1.25

> **해설** 접지극은 지하 75[cm] 이상 깊이에 매설할 것

72 정전기의 재해방지 대책이 아닌 것은?

① 부도체에는 도전성을 향상 또는 제전기를 설치 운영한다.

② 접촉 및 분리를 일으키는 기계적 작용으로 인한 정전기 발생을 적게 하기 위해서는 가능한 접촉 면적을 크게 하여야 한다.

③ 저항률이 10^{10}[Ω·cm] 미만의 도전성 위험물의 배관유속은 7[m/s] 이하로 한다.

④ 생산공정에 별다른 문제가 없다면, 습도를 70[%] 정도 유지하는 것도 무방하다.

> **해설** ② 접촉 및 분리를 일으키는 기계적 작용으로 인한 정전기 발생을 적게 하기 위해서는 가능한 접촉 면적을 적게 하여야 한다.

73 어떤 부도체에서 정전용량이 10[pF]이고, 전압이 5[kV]일 때 전하량[C]은?

① 9×10^{-12}

② 6×10^{-10}

③ 5×10^{-8}

④ 2×10^{-6}

---

69 ③ 70 ③ 71 ② 72 ② 73 ③ 정답

해설 $Q = CV$ 공식에서

C : 도체의 정전용량[F], V : 대전전위[V]

$Q = 10 \times 10^{-12} \times 5 \times 10^3$

$\quad = 50 \times 10^{-9}$

$\quad = 5 \times 10^{-8}$

74 KS C IEC 60079-0에 따른 방폭에 대한 설명으로 틀린 것은?

① 기호 "X"는 방폭기기의 특정사용조건을 나타내는 데 사용되는 인증번호의 접미사이다.

② 인화하한(LEL)과 인화상한(UEL) 사이의 범위가 클수록 폭발성 가스 분위기 형성 가능성이 크다.

③ 기기그룹에 따라 폭발성가스를 분류할 때 ⅡA의 대표 가스로 에틸렌이 있다.

④ 연면거리는 두 도전부 사이의 고체 절연물 표면을 따른 최단거리를 말한다.

해설
- **EX** : Explosion Protection(방폭구조)
- **IP** : Type of Protection(보호등급)
- **ⅡA** : Gas Group(가스 증기 및 분진의 그룹)
- **T5** : Temperatre(표면최고 온도 등급)
- **G1, G2** : (발화도 등급)
- **ⅡA의 대표 가스** : 암모니아, 일산화탄소, 벤젠, 아세톤, 에탄올, 메탄올, 프로판
- **ⅡB의 대표 가스** : 에틸렌, 부타디엔, 틸렌옥사이드, 도시가스

75 다음 중 활선근접 작업 시의 안전조치로 적절하지 않은 것은?

① 근로자가 절연용 방호구의 설치·해체작업을 하는 경우에는 절연용 보호구를 착용하거나 활선작업용 기구 및 장치를 사용하도록 하여야 한다.

② 저압인 경우에는 해당 전기작업자가 절연용 보호구를 착용하되, 충전전로에 접촉할 우려가 없는 경우에는 절연용 방호구를 설치하지 아니할 수 있다.

③ 유자격자가 아닌 근로자가 근로자의 몸 또는 긴 도전성 물체가 방호되지 않은 충전전로에서 대지전압이 50[kV] 이하인 경우에는 400[cm] 이내로 접근할 수 없도록 하여야 한다.

④ 고압 및 특별고압의 전로에서 전기작업을 하는 근로자에게 활선작업용 기구 및 장치를 사용하여야 한다.

해설 ③ 유자격자가 아닌 근로자가 충전전로 인근의 높은 곳에서 작업할 때에 근로자의 몸 또는 긴 도전성 물체가 방호되지 않은 충전전로에서 대지전압이 50[kV] 이하인 경우에는 300[cm] 이내로, 대지전압이 50[kV]를 넘는 경우에는 10[kV]당 10[cm]씩 더한 거리 이내로 각각 접근할 수 없도록 할 것

76 밸브 저항형 피뢰기의 구성요소로 옳은 것은?

① 직렬 갭, 특성요소
② 병렬 갭, 특성요소
③ 직렬 갭, 충격요소
④ 병렬 갭, 충격요소

해설 ◎ **피뢰기의 구성요소**
- **직렬 갭** : 이상 전압 내습 시 뇌전압을 방전하고 그 속류를 차단, 상시에는 누설전류 방지
- **특성요소** : 뇌전류 방전 시 피뢰기 자신의 전위상승을 억제하여 자신의 절연파괴를 방지

77 정전기 제거 방법으로 가장 거리가 먼 것은?

① 작업장 바닥을 도전처리한다.
② 설비의 도체 부분은 접지시킨다.
③ 작업자는 대전방지화를 신는다.
④ 작업장을 항온으로 유지한다.

해설 ④ 정전기와 온도와는 관계가 크지 않다.

78 인체의 전기저항을 0.5[kΩ]이라고 하면 심실세동을 일으키는 위험한계 에너지는 몇 [J]인가? (단, 심실세동전류값 $I = \dfrac{165}{\sqrt{T}}$[mA]의 Dalziel의 식을 이용하며, 통전시간은 1초로 한다.)

① 13.6   ② 12.6
③ 11.6   ④ 10.6

해설 $I = \dfrac{165}{\sqrt{1}} = 165[\text{mA}] = 0.165[\text{A}]$

위험한계 에너지
$= I^2 \times R \times T$
$= (0.165)^2 \times 500 \times 1$
$= 13.61[\text{J}]$

79 다음 중 전기설비기술기준에 따른 전압의 구분으로 틀린 것은?

① 저압 : 직류 1[kV] 이하
② 고압 : 교류 1[kV]를 초과, 7[kV] 이하
③ 특고압 : 직류 7[kV] 초과
④ 특고압 : 교류 7[kV] 초과

해설	교류	직류
저압	1[kV] 이하	1.5[kV] 이하
고압	1[kV] 초과~7[kV] 이하	1.5[kV] 초과~7[kV] 이하
특고압	7[kV] 초과	

80 가스 그룹 ⅡB 지역에 설치된 내압방폭구조 "d" 장비의 플랜지 개구부에서 장애물까지의 최소 거리[mm]는?

① 10
② 20
③ 30
④ 40

해설 ◈ 내압방폭구조 플랜지 개구부와 장애물까지의 최소 거리
• ⅡA : 10[mm]
• ⅡB : 30[mm]
• ⅡC : 40[mm]

5과목 | 화학설비위험방지기술

81 다음 설명이 의미하는 것은?

> 온도, 압력 등 제어상태가 규정의 조건을 벗어나는 것에 의해 반응속도가 지수함수적으로 증대되고, 반응용기 내의 온도, 압력이 급격히 이상 상승되어 규정 조건을 벗어나고, 반응이 과격화되는 현상

① 비등
② 과열·과압
③ 폭발
④ 반응폭주

해설 ① **비등** : 액체가 끓어오름. 액체가 어느 온도 이상으로 가열되어, 그 증기압이 주위의 압력보다 커져서 액체의 표면뿐만 아니라 내부에서도 기화하는 현상
② **과열** : 지나치게 뜨거워짐. 또는 그런 열
　 과압 : 지나치게 높은 압력
③ **폭발** : 물질이 급격한 화학 변화나 물리 변화를 일으켜 부피가 몹시 커져 폭발음이나 파괴 작용이 따름. 또는 그런 현상

77 ④　78 ①　79 ①　80 ③　81 ④　**정답**

82 다음 중 전기화재의 종류에 해당하는 것은?

① A급
② B급
③ C급
④ D급

해설 ③ **C급 화재** : 전기화재, 전기절연성을 갖는 소화제를 사용해야만 하는 전기기계·기구 등의 화재를 말한다.
① **A급 화재**
  • 일반화재, 다량의 물 또는 물을 다량 함유한 용액으로 소화한다.
  • 냉각효과가 효과적인 화재이며 목재, 종이, 유지류 등 보통화재를 말한다.
② **B급 화재** : 기름화재, 가연성 액체(에테르, 가솔린, 등유, 경유, 벤젠, 콜타르, 식물류 등), 고체유지류(그리스, 피치, 아스팔트 등) 화재가 있다.
④ **D급 화재** : 금속화재를 말한다.

83 다음 중 폭발범위에 관한 설명으로 틀린 것은?

① 상한값과 하한값이 존재한다.
② 온도에는 비례하지만 압력과는 무관하다.
③ 가연성 가스의 종류에 따라 각각 다른 값을 갖는다.
④ 공기와 혼합된 가연성 가스의 체적 농도로 나타낸다.

해설 ▶ **폭발범위**
  • 압력이 고압이 되면 폭발할 수 있는 조성의 범위는 커진다.
  • 압력이 1[atm]보다 낮을 때에는 큰 변화가 없다.
  • 발화온도는 압력에 가장 큰 영향을 준다.
  • 연쇄반응이 일어나면 상압보다 낮은 곳에서도 폭발은 일어난다.
  • 폭발은 압력, 온도, 조성의 관계에서 발생한다.
  • 온도와 압력이 높아지면 폭발범위는 넓어진다.

84 다음 표와 같은 혼합가스의 폭발범위[vol%]로 옳은 것은?

종류	용적비율 [vol%]	폭발 하한계 [vol%]	폭발 상한계 [vol%]
CH_4	70	5	15
C_2H_6	15	3	12.5
C_3H_8	5	2.1	9.5
C_4H_{10}	10	1.9	8.5

① 3.75~13.21
② 4.33~13.21
③ 4.33~15.22
④ 3.75~15.22

해설 폭발범위는 폭발 하한계 ~ 폭발 상한계

$$L = \frac{100}{\dfrac{V_1}{L_1} + \dfrac{V_2}{L_2} + \cdots + \dfrac{V_n}{L_n}}$$

• 폭발 하한계

$$\left(\frac{100}{\dfrac{70}{5} + \dfrac{15}{3} + \dfrac{5}{2.1} + \dfrac{10}{1.9}} \right) = 3.75 [\text{vol}\%]$$

• 폭발 상한계

$$\left(\frac{100}{\dfrac{70}{15} + \dfrac{15}{12.5} + \dfrac{5}{9.5} + \dfrac{10}{8.5}} \right) = 13.21 [\text{vol}\%]$$

85 위험물을 저장·취급하는 화학설비 및 그 부속설비를 설치할 때 '단위공정시설 및 설비로부터 다른 단위공정시설 및 설비의 사이' 안전거리는 설비의 바깥 면으로부터 몇 [m] 이상이 되어야 하는가?

① 5
② 10
③ 15
④ 20

해설 ▶ 안전거리(안전보건기준규칙 별표 8)

구분	안전거리
1. 단위공정시설 및 설비로부터 다른 단위공정시설 및 설비의 사이	설비의 바깥 면으로부터 10[m] 이상
2. 플레어스택으로부터 단위공정시설 및 설비, 위험물질 저장탱크 또는 위험물질 하역설비의 사이	플레어스택으로부터 반경 20[m] 이상 (다만, 단위공정시설 등이 불연재로 시공된 지붕 아래에 설치된 경우에는 그러하지 아니하다.)
3. 위험물질 저장탱크로부터 단위공정시설 및 설비, 보일러 또는 가열로의 사이	저장탱크의 바깥 면으로부터 20[m] 이상 (다만, 저장탱크의 방호벽, 원격조종 화설비 또는 살수설비를 설치한 경우에는 그러하지 아니하다.)
4. 사무실·연구실·실험실·정비실 또는 식당으로부터 단위공정시설 및 설비, 위험물질 저장탱크, 위험물질 하역설비, 보일러 또는 가열로의 사이	사무실 등의 바깥 면으로부터 20[m] 이상 (다만, 난방용 보일러인 경우 또는 사무실 등의 벽을 방호구조로 설치한 경우에는 그러하지 아니하다.)

86 열교환기의 열교환 능률을 향상시키기 위한 방법으로 거리가 먼 것은?

① 유체의 유속을 적절하게 조절한다.
② 유체의 흐르는 방향을 병류로 한다.
③ 열교환기 입구와 출구의 온도차를 크게 한다.
④ 열전도율이 좋은 재료를 사용한다.

해설 ② 유체의 흐르는 방향을 향류로 해야 한다.

87 다음 중 인화성 물질이 아닌 것은?

① 디에틸에테르　　② 아세톤
③ 에틸알코올　　　④ 과염소산칼륨

해설 ④ 과염소산칼륨 → 제1류(산화성 고체)

88 산업안전보건법령상 위험물질의 종류에서 "폭발성 물질 및 유기과산화물"에 해당하는 것은?

① 리튬　　　　　　② 아조화합물
③ 아세틸렌　　　　④ 셀룰로이드류

해설 ▶ 폭발성 물질 및 유기과산화물(안전보건규칙 별표 1)
- **질산에스테르류** : 니트로셀룰로오스, 니트로글리세린, 질산메틸, 질산에틸 등
- **니트로화합물** : 피크린산(트리니트로페놀), 트리니트로톨루엔(TNT) 등
- **니트로소화합물** : 파라니트로소벤젠, 디니트로소레조르신 등
- 아조화합물 및 디아조화합물
- 하이드라진 유도체
- **유기과산화물** : 메틸에틸케톤, 과산화물, 과산화벤조일, 과산화아세틸 등

89 건축물 공사에 사용되고 있으나, 불에 타는 성질이 있어서 화재 시 유독한 시안화수소 가스가 발생되는 물질은?

① 염화비닐　　　　② 염화에틸렌
③ 메타크릴산메틸　④ 우레탄

해설 ① **염화비닐** : 중합하면 폴리염화비닐(염화비닐 수지)이 된다. 폴리염화비닐은 공업재료로 많이 사용되어 플라스틱 폐기물로서 공해의 원인이 되고 있다. 염화비닐과 폴리염화비닐은 혼용하여 사용하는 경우가 많다.
② **염화에틸렌** : 염화비닐의 다른 이름
③ **메타크릴산메틸** : 메타크릴산과 메타놀의 에스터 화합물. 무색의 맑은 액체로 중합하여 유기 유리를 만든다.

90 반응기를 설계할 때 고려하여야 할 요인으로 가장 거리가 먼 것은?

① 부식성
② 상의 형태
③ 온도 범위
④ 중간생성물의 유무

해설 ▶ 반응기 설계 시 고려하여야 할 요인
- 부식성
- 상의 형태
- 온도 범위
- 운전압력
- 체류시간과 공간속도
- 열전달
- 온도조절
- 조작방법
- 수율

91 에틸알코올 1[mol]이 완전 연소 시 생성되는 CO_2와 H_2O의 [mol]수로 옳은 것은?

① CO_2 : 1, H_2O : 4
② CO_2 : 2, H_2O : 3
③ CO_2 : 3, H_2O : 2
④ CO_2 : 4, H_2O : 1

해설 에틸알코올(C_2H_5OH)의 연소방식은 $C_2H_5OH+3O_2 \rightarrow 2CO_2 +3H_2O$이므로 에틸알코올 1[mol]이 완전연소할 때 생성되는 CO_2와 H_2O의 [mol]수는 2[mol]과 3[mol]이다.

92 산업안전보건법령상 각 물질이 해당하는 위험물질의 종류를 옳게 연결한 것은?

① 아세트산(농도 90[%]) – 부식성 산류
② 아세톤(농도 90[%]) – 부식성 염기류
③ 이황화탄소 – 인화성 가스
④ 수산화칼륨 – 인화성 가스

해설 ② · ③ 아세톤(CH_3COCH_3), 이황화탄소(CS_2) – 인화성 액체
④ 수산화칼륨(농도 40[%] 이상) – 부식성 염기류
▶ **부식성 물질**
1) 부식성 산류
  - 20[%] 이상 HCl, H_2SO_4, HNO_3
  - 60[%] 이상 H_3PO_4, CH_3COOH, HF
2) 부식성 염기류 : 40[%] 이상 KOH, $NaOH$

93 물과의 반응으로 유독한 포스핀가스를 발생하는 것은?

① HCl
② $NaCl$
③ Ca_3P_2
④ $Al(OH)_3$

해설 포스핀가스 = PH_3
인(P)이 들어있는 것이 답이다.

94 분진폭발의 요인을 물리적 인자와 화학적 인자로 분류할 때 화학적 인자에 해당하는 것은?

① 연소열
② 입도분포
③ 열전도율
④ 입자의 형성

해설 ▶ **분진폭발요인의 화학적 인자**
- 연소열
- 산화속도

95 메탄올에 관한 설명으로 틀린 것은?

① 무색투명한 액체이다.
② 비중은 1보다 크고, 증기는 공기보다 가볍다.
③ 금속나트륨과 반응하여 수소를 발생한다.
④ 물에 잘 녹는다.

해설 ② 비중은 0.79로 1보다 작다.

96 다음 중 자연발화가 쉽게 일어나는 조건으로 틀린 것은?

① 주위온도가 높을수록
② 열 축적이 클수록
③ 적당량의 수분이 존재할 때
④ 표면적이 작을수록

해설 ▶ **자연발화조건**
• 발열량이 클 것
• 열전도율이 작을 것
• 주위의 온도가 높을 것
• 표면적이 넓을 것
• 수분이 적당량 존재할 것

97 다음 중 인화점이 가장 낮은 것은?

① 벤젠　　　　② 메탄올
③ 이황화탄소　　④ 경유

해설 ③ **이황화탄소** : −30[℃]
① 벤젠 : −11[℃](벤진 : −40[℃] 이하)
② 메탄올(메틸알코올) : 11[℃](에탄올 : 13[℃])
④ 경유 : 50~70[℃](등유 : 40~60[℃], 중유 : 60~100[℃])

98 자연발화성을 가진 물질이 자연발화를 일으키는 원인으로 거리가 먼 것은?

① 분해열　　　　② 증발열
③ 산화열　　　　④ 중합열

해설 ▶ **자연발화 형태**
• 산화열(건성유, 석탄분말, 금속분말)
• 분해열(니트로셀룰로스, 셀룰로이드 등)
• 흡착열(목탄, 활성탄)
• 중합열(시안화수소)
• 미생물에 의한 발화(먼지, 퇴비)

99 비점이 낮은 가연성 액체 저장탱크 주위에 화재가 발생했을 때 저장탱크 내부의 비등현상으로 인한 압력 상승으로 탱크가 파열되어 그 내용물이 증발, 팽창하면서 발생되는 폭발현상은?

① Back Draft
② BLEVE
③ Flash Over
④ UVCE

해설 ▶ **BLEVE**(Boiling Liquid Expending Vapor Explosion) : 비등액 팽창증기 폭발

100 사업주는 산업안전보건법령에서 정한 설비에 대해서는 과압에 따른 폭발을 방지하기 위하여 안전밸브 등을 설치하여야 한다. 다음 중 이에 해당하는 설비가 아닌 것은?

① 원심펌프
② 정변위 압축기
③ 정변위 펌프(토출축에 차단밸브가 설치된 것만 해당한다)
④ 배관(2개 이상의 밸브에 의하여 차단되어 대기온도에서 액체의 열팽창에 의하여 파열될 우려가 있는 것으로 한정한다)

해설 ▶ **안전밸브 등의 설치**
• 압력용기(안지름이 150[mm] 이하인 압력용기는 제외하며, 압력용기 중 관형 열교환기의 경우에는 관의 파열로 인하여 상승한 압력이 압력용기의 최고사용압력을 초과할 우려가 있는 경우만 해당한다)
• 정변위 압축기
• 정변위 펌프(토출축에 차단밸브가 설치된 것만 해당한다)
• 배관(2개 이상의 밸브에 의하여 차단되어 대기온도에서 액체의 열팽창에 의하여 파열될 우려가 있는 것으로 한정한다)
• 그 밖의 화학설비 및 그 부속설비로서 해당 설비의 최고사용압력을 초과할 우려가 있는 것

96 ④　97 ③　98 ②　99 ②　100 ①　**정답**

6과목 건설안전기술

101 비계의 높이가 2[m] 이상인 작업장소에 작업발판을 설치할 경우 준수하여야 할 기준으로 옳지 않은 것은?

① 작업발판의 폭은 30[cm] 이상으로 한다.

② 발판재료 간의 틈은 3[cm] 이하로 한다.

③ 추락의 위험성이 있는 장소에는 안전난간을 설치한다.

④ 발판재료는 뒤집히거나 떨어지지 않도록 2개 이상의 지지물에 연결하거나 고정시킨다.

> **해설** ▶ **작업발판 설치기준 및 준수사항**(안전보건규칙 제56조)
> 비계(달비계, 달대비계 및 말비계는 제외한다)의 높이가 2[m] 이상인 작업장소에 다음의 기준에 맞는 작업발판을 설치하여야 한다.
> • 발판재료는 작업시의 하중을 견딜 수 있도록 견고한 것으로 할 것
> • 작업발판의 폭은 40[cm] 이상으로 하고, 발판재료 간의 틈은 3[cm] 이하로 할 것. 다만, 외줄비계의 경우에는 고용노동부장관이 별도로 정하는 기준에 따른다.
> • 추락의 위험성이 있는 장소에는 안전난간을 설치할 것
> • 작업발판의 지지물은 하중에 의하여 파괴될 우려가 없는 것을 사용할 것
> • 작업발판재료는 뒤집히거나 떨어지지 아니하도록 2 이상의 지지물에 연결하거나 고정시킬 것
> • 작업발판을 작업에 따라 이동시킬 때에는 위험 방지에 필요한 조치를 할 것
> • 선박 및 보트 건조작업의 경우 선박블록 또는 엔진실 등의 좁은 작업공간에 작업발판을 설치하기 위하여 필요하면 작업발판의 폭을 30[cm] 이상으로 할 수 있고, 걸침비계의 경우 강관기둥 때문에 발판재료 간의 틈을 3[cm] 이하로 유지하기 곤란하면 5[cm] 이하로 할 수 있다. 이 경우 그 틈 사이로 물체 등이 떨어질 우려가 있는 곳에는 출입금지 등의 조치를 하여야 한다.

102 사면지반 개량공법으로 옳지 않은 것은?

① 전기 화학적 공법

② 석회 안정처리 공법

③ 이온 교환 공법

④ 옹벽 공법

> **해설** • **사면보강공법** : 누름성토공법, 옹벽공법, 보강토공법, 미끄럼 방지 말뚝공법, 앵커공법 등
> • **사면지반 개량공법** : 주입공법, 이온교환공법, 전기화학적 공법, 시멘트 안정처리 공법, 석회 안정처리 공법, 소결공법 등

103 법면 붕괴에 의한 재해 예방조치로서 옳은 것은?

① 지표수와 지하수의 침투를 방지한다.

② 법면의 경사를 증가한다.

③ 절토 및 성토 높이를 증가한다.

④ 토질의 상태에 관계없이 구배조건을 일정하게 한다.

> **해설** ①은 예방조치에 해당하나, ②·③·④는 붕괴의 원인이 될 수 있다.
> ▶ **토석 붕괴의 원인**
> 1. **외적 원인**
>   • 사면, 법면의 경사 및 기울기의 증가
>   • 절토 및 성토 높이의 증가
>   • 공사에 의한 진동 및 반복하중의 증가
>   • 지표수 및 지하수의 침투에 의한 토사 중량의 증가
>   • 지진, 차량, 구조물의 하중작용
>   • 토사 및 암석의 혼합층 두께
> 2. **내적 원인**
>   • 절토 사면의 토질, 암질
>   • 성토 사면의 토질구성 및 분포
>   • 토석의 강도 저하

104 취급·운반의 원칙으로 옳지 않은 것은?

① 운반 작업을 집중하여 시킬 것
② 생산을 최고로 하는 운반을 생각할 것
③ 곡선 운반을 할 것
④ 연속 운반을 할 것

> **해설** ▶ **취급·운반의 5원칙**
> • 운반 작업을 집중하여 시킬 것
> • 생산을 최고로 하는 운반을 생각할 것
> • 직선 운반을 한다.
> • 연속 운반을 할 것
> • 최대한 시간과 경비를 절약할 수 있는 운반방법을 고려할 것

105 가설통로의 설치기준으로 옳지 않은 것은?

① 경사가 15[°]를 초과하는 때에는 미끄러지지 않는 구조로 한다.
② 건설공사에 사용하는 높이 8[m] 이상인 비계다리에는 7[m] 이내마다 계단참을 설치한다.
③ 수직갱에 가설된 통로의 길이가 15[m] 이상일 경우에는 15[m] 이내마다 계단참을 설치한다.
④ 추락의 위험이 있는 장소에는 안전난간을 설치한다.

> **해설** ▶ **가설통로의 설치기준**(안전보건규칙 제23조)
> • 견고한 구조로 할 것
> • 경사는 30[°] 이하로 할 것. 다만, 계단을 설치하거나 높이 2[m] 미만의 가설통로로서 튼튼한 손잡이를 설치한 경우에는 그러하지 아니하다.
> • 경사가 15[°]를 초과하는 경우에는 미끄러지지 아니하는 구조로 할 것
> • 추락할 위험이 있는 장소에는 안전난간을 설치할 것. 다만, 작업상 부득이한 경우에는 필요한 부분만 임시로 해체할 수 있다.
> • 수직갱에 가설된 통로의 길이가 15[m] 이상인 경우에는 10[m] 이내마다 계단참을 설치할 것
> • 건설공사에 사용하는 높이 8[m] 이상인 비계다리에는 7[m] 이내마다 계단참을 설치할 것

106 작업장 출입구 설치 시 준수해야 할 사항으로 옳지 않은 것은?

① 출입구의 위치·수 및 크기가 작업장의 용도와 특성에 맞도록 한다.
② 출입구에 문을 설치하는 경우에는 근로자가 쉽게 열고 닫을 수 있도록 한다.
③ 주된 목적이 하역운반기계용인 출입구에는 보행자용 출입구를 따로 설치하지 않는다.
④ 계단이 출입구와 바로 연결된 경우에는 작업자의 안전한 통행을 위하여 그 사이에 1.2[m] 이상 거리를 두거나 안내표지 또는 비상벨 등을 설치한다.

> **해설** ③ 주된 목적이 하역운반기계용인 출입구에는 인접하여 보행자용 출입구를 따로 설치할 것(안전보건규칙 제11조)

107 건설작업장에서 근로자가 상시 작업하는 장소의 작업면 조도기준으로 옳지 않은 것은? (단, 갱내 작업장과 감광재료를 취급하는 작업장의 경우는 제외)

① 초정밀작업 : 600[lux] 이상
② 정밀작업 : 300[lux] 이상
③ 보통작업 : 150[lux] 이상
④ 초정밀, 정밀, 보통작업을 제외한 기타 작업 : 75[lux] 이상

> **해설** ▶ **작업장별 조도기준**(안전보건규칙 제8조)
> • **초정밀작업** : 750[lux] 이상
> • **정밀작업** : 300[lux] 이상
> • **보통작업** : 150[lux] 이상
> • **그 외 작업** : 75[lux] 이상

104 ③　105 ③　106 ③　107 ①　**정답**

108 건설업 산업안전보건관리비 계상 및 사용기준에 따른 안전관리비의 개인보호구 및 안전장구 구입비 항목에서 안전관리비로 사용이 가능한 경우는?

① 안전・보건관리자가 선임되지 않은 현장에서 안전・보건업무를 담당하는 현장관계자용 무전기, 카메라, 컴퓨터, 프린터 등 업무용 기기

② 혹한・혹서에 장기간 노출로 인해 건강장해를 일으킬 우려가 있는 경우 특정 근로자에게 지급되는 기능성 보호 장구

③ 근로자에게 일률적으로 지급하는 보냉・보온장구

④ 감리원이나 외부에서 방문하는 인사에게 지급하는 보호구

> **해설** ▷ **산업안전보건관리비 사용가능 항목**
> • 안전관리자 등 인건비 및 각종 업무수당
> • 안전시설비 등
> • 개인보호구 및 안전장구 구입비 등
> • 안전진단비 등
> • 안전보건교육비 및 행사비 등
> • 근로자 건강관리비
> • 건설재해예방 기술지도비

109 옥외에 설치되어 있는 주행크레인에 대하여 이탈방지장치를 작동시키는 등 그 이탈을 방지하기 위한 조치를 하여야 하는 순간풍속에 대한 기준으로 옳은 것은?

① 순간풍속이 초당 10[m]를 초과하는 바람이 불어올 우려가 있는 경우

② 순간풍속이 초당 20[m]를 초과하는 바람이 불어올 우려가 있는 경우

③ 순간풍속이 초당 30[m]를 초과하는 바람이 불어올 우려가 있는 경우

④ 순간풍속이 초당 40[m]를 초과하는 바람이 불어올 우려가 있는 경우

> **해설** 순간풍속이 초당 30[m]를 초과하는 바람이 불거나 중진(中震) 이상 진도의 지진이 있은 후에 옥외에 설치되어 있는 양중기를 사용하여 작업을 하는 경우에는 미리 기계 각 부위에 이상이 있는지를 점검하여야 한다(안전보건규칙 제143조).

110 지반 등의 굴착작업 시 연암의 굴착면 기울기로 옳은 것은?

① 1 : 0.3

② 1 : 0.5

③ 1 : 0.8

④ 1 : 1.0

> **해설** • **습지** : 1 : 1 ～ 1 : 1.5
> • **건지** : 1 : 0.5 ～ 1 : 1
> • **풍화암** : 1 : 1.0
> • **연암** : 1 : 1.0
> • **경암** : 1 : 0.5

111 철골작업 시 철골부재에서 근로자가 수직방향으로 이동하는 경우엔 설치하여야 하는 고정된 승강로의 최대 답단 간격은 얼마 이내인가?

① 20[cm]

② 25[cm]

③ 30[cm]

④ 40[cm]

> **해설** 근로자가 수직방향으로 이동하는 철골부재에는 답단 간격이 30[cm] 이내인 고정된 승강로를 설치하여야 하며, 수평방향 철골과 수직방향 철골이 연결되는 부분에는 연결작업을 위하여 작업발판 등을 설치하여야 한다(안전보건규칙 제381조).

정답 108 ② 109 ③ 110 ④ 111 ③

112 흙막이벽 근입 깊이를 깊게 하고, 전면의 굴착부분을 남겨두어 흙의 중량으로 대항하게 하거나, 굴착예정부분의 일부를 미리 굴착하여 기초콘크리트를 타설하는 등의 대책과 가장 관계가 깊은 것은?

① 파이핑현상이 있을 때

② 히빙현상이 있을 때

③ 지하수위가 높을 때

④ 굴착깊이가 깊을 때

> **해설** 연약한 점토지반을 굴착할 때 흙막이벽 배면 흙의 중량이 굴착저면 이하의 흙보다 중량이 클 경우 굴착저면 이하의 지지력보다 크게 되어 흙막이 배면에 있는 흙이 안으로 밀려들어 굴착저면이 솟아오르는 현상을 히빙이라고 한다.

113 재해사고를 방지하기 위하여 크레인에 설치된 방호장치로 옳지 않은 것은?

① 공기정화장치   ② 비상정지장치

③ 제동장치   ④ 권과방지장치

> **해설** ▶ **크레인에 설치된 방호장치의 종류**
> • 과부하방지장치
> • 권과방지장치
> • 비상방지장치
> • 제동장치
> • 안전밸브

114 가설구조물의 문제점으로 옳지 않은 것은?

① 도괴재해의 가능성이 크다.

② 추락재해 가능성이 크다.

③ 부재의 결합이 간단하나 연결부가 견고하다.

④ 구조물이라는 통상의 개념이 확고하지 않으며 조립의 정밀도가 낮다.

> **해설** ▶ **가설구조물의 특징**
> • 연결재가 부실한 구조로 되기 쉽다.
> • 불안전한 부재 결함 부분이 많다.
> • 구조물이라는 통상 개념이 확고하지 않아 조립의 정밀도가 낮다.
> • 부재는 과소 단면이거나 부실한 재료가 되기 쉽다.

115 강관틀비계를 조립하여 사용하는 경우 준수해야할 기준으로 옳지 않은 것은?

① 수직방향으로 6[m], 수평방향으로 8[m] 이내마다 벽이음을 할 것

② 높이가 20[m]를 초과하거나 중량물의 적재를 수반하는 작업을 할 경우에는 주틀 간의 간격을 2.4[m] 이하로 할 것

③ 길이가 띠장 방향으로 4[m] 이하이고 높이가 10[m]를 초과하는 경우에는 10[m] 이내마다 띠장 방향으로 버팀기둥을 설치할 것

④ 주틀 간에 교차 가새를 설치하고 최상층 및 5층 이내마다 수평재를 설치할 것

> **해설** ▶ **강관틀비계 조립ㆍ사용 시 준수사항**(안전보건규칙 제62조)
> • 비계기둥의 밑둥에는 밑받침 철물을 사용하여야 하며 밑받침에 고저차(高低差)가 있는 경우에는 조절형 밑받침철물을 사용하여 각각의 강관틀비계가 항상 수평 및 수직을 유지하도록 할 것
> • 높이가 20[m]를 초과하거나 중량물의 적재를 수반하는 작업을 할 경우에는 주틀 간의 간격을 1.8[m] 이하로 할 것
> • 주틀 간에 교차 가새를 설치하고 최상층 및 5층 이내마다 수평재를 설치할 것
> • 수직방향으로 6[m], 수평방향으로 8[m] 이내마다 벽이음을 할 것
> • 길이가 띠장 방향으로 4[m] 이하이고 높이가 10[m]를 초과하는 경우에는 10[m] 이내마다 띠장 방향으로 버팀기둥을 설치할 것

116 유해 · 위험방지계획서 제출 시 첨부서류로 옳지 않은 것은?

① 공사현장의 주변 현황 및 주변과의 관계를 나타내는 도면

② 공사개요서

③ 전체공정표

④ 작업인부의 배치를 나타내는 도면 및 서류

> **해설** ▶ **유해 · 위험방지계획서 첨부서류**
> - 공사개요서
> - 공사현장의 주변 현황 및 주변과의 관계를 나타내는 도면(매설물 현황을 포함한다)
> - 전체공정표
> - 산업안전보건관리비 사용계획서(별지 제102호 서식)
> - 안전관리 조직표
> - 재해 발생 위험 시 연락 및 대피방법

117 거푸집 해체작업 시 유의사항으로 옳지 않은 것은?

① 일반적으로 수평부재의 거푸집은 연직부재의 거푸집보다 빨리 떼어낸다.

② 해체된 거푸집이나 각목 등에 박혀있는 못 또는 날카로운 돌출물은 즉시 제거하여야 한다.

③ 상하 동시 작업은 원칙적으로 금지하여 부득이한 경우에는 긴밀히 연락을 위하며 작업을 하여야 한다.

④ 거푸집 해체작업장 주위에는 관계자를 제외하고는 출입을 금지시켜야 한다.

> **해설** ▶ **거푸집 해체작업 시 유의사항**
> - 일반적으로 연직부재의 거푸집은 수평부재의 거푸집보다 빨리 떼어낸다.
> - 해체된 거푸집이나 각목 등에 박혀있는 못 또는 날카로운 돌출물은 즉시 제거하여야 한다.
> - 상하 동시 작업은 원칙적으로 금지하여 부득이한 경우에는 긴밀히 연락을 위하여 작업을 하여야 한다.
> - 거푸집 해체작업장 주위에는 관계자를 제외하고는 출입을 금지시켜야 한다.

118 사다리식 통로 등을 설치하는 경우 통로 구조로서 옳지 않은 것은?

① 발판의 간격은 일정하게 한다.

② 발판과 벽과의 사이는 15[cm] 이상의 간격을 유지한다.

③ 사다리의 상단은 걸쳐놓은 지점으로부터 60[cm] 이상 올라가도록 한다.

④ 폭은 40[cm] 이상으로 한다.

> **해설** ▶ **사다리식 통로 등의 구조**(안전보건규칙 제24조)
> - 견고한 구조로 할 것
> - 심한 손상·부식 등이 없는 재료를 사용할 것
> - 발판의 간격은 일정하게 할 것
> - 발판과 벽과의 사이는 15[cm] 이상의 간격을 유지할 것
> - 폭은 30[cm] 이상으로 할 것
> - 사다리가 넘어지거나 미끄러지는 것을 방지하기 위한 조치를 할 것
> - 사다리의 상단은 걸쳐놓은 지점으로부터 60[cm] 이상 올라가도록 할 것
> - 통로의 길이가 10[m] 이상인 경우에는 5[m] 이내마다 계단참을 설치할 것
> - 통로의 기울기는 75[°] 이하로 할 것. 다만, 고정식 사다리식 통로의 기울기는 90[°] 이하로 하고, 그 높이가 7[m] 이상인 경우에는 바닥으로부터 높이가 2.5[m] 되는 지점부터 등받이 울을 설치할 것
> - 접이식 사다리 기둥은 사용 시 접혀지거나 펼쳐지지 않도록 철물 등을 사용하여 견고하게 조치할 것

119 추락 재해방지 설비 중 근로자의 추락재해를 방지할 수 있는 설비로 작업발판 설치가 곤란한 경우에 필요한 설비는?

① 경사로 ② 추락방호망

③ 고정사다리 ④ 달비계

> **해설** 작업발판을 설치하기 곤란한 경우 기준에 맞는 추락방호망을 설치해야 한다. 다만, 추락방호망을 설치하기 곤란한 경우에는 근로자에게 안전대를 착용하도록 하는 등 추락위험을 방지하기 위해 필요한 조치를 해야 한다(안전보건규칙 제42조).

정답 116 ④ 117 ① 118 ④ 119 ②

120 콘크리트 타설작업을 하는 경우에 준수해야 할 사항으로 옳지 않은 것은?

① 당일의 작업을 시작하기 전에 해당 작업에 관한 거푸집동바리 등의 변형·변위 및 지반의 침하 유무 등을 점검하고 이상이 있으면 보수한다.

② 작업 중에는 거푸집동바리 등의 변형·변위 및 침하 유무 등을 감시할 수 있는 감시자를 배치하여 이상이 있으면 작업을 빠른 시간 내 우선 완료하고 근로자를 대피시킨다.

③ 콘크리트 타설작업 시 거푸집 붕괴의 위험이 발생할 우려가 있으면 충분한 보강조치를 한다.

④ 콘크리트를 타설하는 경우에는 편심이 발생하지 않도록 골고루 분산하여 타설한다.

해설 ▶ **콘크리트 타설작업 시 준수사항**(안전보건규칙 제334조)
- 당일의 작업을 시작하기 전에 해당 작업에 관한 거푸집 동바리 등의 변형·변위 및 지반의 침하 유무 등을 점검하고 이상이 있으면 보수할 것
- 작업 중에는 거푸집동바리 등의 변형·변위 및 침하 유무 등을 감시할 수 있는 감시자를 배치하여 이상이 있으면 작업을 중지하고 근로자를 대피시킬 것
- 콘크리트 타설작업 시 거푸집 붕괴의 위험이 발생할 우려가 있으면 충분한 보강조치를 할 것
- 설계도서상의 콘크리트 양생기간을 준수하여 거푸집 동바리 등을 해체할 것
- 콘크리트를 타설하는 경우에는 편심이 발생하지 않도록 골고루 분산하여 타설할 것

2022년 제2회 기출 복원문제

1과목 안전관리론

01 기업 내 정형교육 중 TWI(Training Within Industry)의 교육내용이 아닌 것은?

① Job Method Training
② Job Relation Training
③ Job Instruction Training
④ Job Standardization Training

해설 ▶ TWI훈련의 종류
- **Job Method Training**(J. M. T) : 작업방법훈련
- **Job Relations Training**(J. R. T) : 인간관계훈련
- **Job Instruction Training**(J. I. T) : 작업지도훈련
- **Job Safety Training**(J. S. T) : 작업안전훈련

02 레빈(Lewin)의 법칙 $B = f(P \cdot E)$ 중 B가 의미하는 것은?

① 행동
② 경험
③ 환경
④ 인간관계

해설 인간의 행동(B)은 인간이 가진 능력과 자질, 즉 개체(P)와 주변의 심리적 환경(E)과의 상호함수

$$B = f(P \cdot E)$$

B : Behavior(인간의 행동)
f : function(함수관계) $P \cdot E$에 영향을 줄 수 있는 조건
P : Person(연령, 경험, 심신상태, 성격, 지능, 소질 등)
E : Environment(심리적 환경 : 인간관계, 작업환경, 설비적 결함 등)

03 재해원인을 직접원인과 간접원인으로 분류할 때 직접원인에 해당하는 것은?

① 물적 원인
② 교육적 원인
③ 정신적 원인
④ 관리적 원인

해설 • **재해의 직접원인**
  - **물적 원인** : 불안전한 상태(환경, 설비 등의 불안전)
  - **인적 원인** : 불안전한 행동(보호수칙 미준수)
• **재해의 간접원인**
  - 교육적 원인
  - 정신적 원인
  - 관리적 원인
  - 기술적 원인
  - 신체적 원인

04 산업안전보건법령상 안전관리자의 업무가 아닌 것은? (단, 그 밖에 고용노동부장관이 정하는 사항은 제외한다.)

① 업무 수행 내용의 기록
② 산업재해에 관한 통계의 유지·관리·분석을 위한 보좌 및 지도·조언
③ 안전교육계획의 수립 및 안전교육 실시에 관한 보좌 및 지도·조언
④ 작업장 내에서 사용되는 전체 환기장치 및 국소 배기장치 등에 관한 설비의 점검

정답 01 ④ 02 ① 03 ① 04 ④

해설 ▶ **안전관리자의 업무**(산업안전보건법 시행령 제18조 제1항)
- 안전보건관리규정 및 취업규칙에서 정한 업무
- 위험성평가에 관한 보좌 및 지도·조언
- 안전인증대상기계 등과 자율안전확인대상기계 등 구입 시 적격품의 선정에 관한 보좌 및 지도·조언
- 해당 사업장 안전교육계획의 수립 및 안전교육 실시에 관한 보좌 및 지도·조언
- 사업장 순회점검, 지도 및 조치 건의
- 산업재해 발생의 원인 조사·분석 및 재발 방지를 위한 기술적 보좌 및 지도·조언
- 산업재해에 관한 통계의 유지·관리·분석을 위한 보좌 및 지도·조언
- 법 또는 법에 따른 명령으로 정한 안전에 관한 사항의 이행에 관한 보좌 및 지도·조언
- 업무 수행 내용의 기록·유지
- 그 밖에 안전에 관한 사항으로서 고용노동부장관이 정하는 사항

05 헤드십(headship)의 특성에 관한 설명으로 틀린 것은?

① 지휘형태는 권위주의적이다.
② 상사의 권한 증거는 비공식적이다.
③ 상사와 부하의 관계는 지배적이다.
④ 상사와 부하의 사회적 간격은 넓다.

해설

구분	헤드십	리더십
권한 부여 및 행사	위에서 위임하여 임명	아래로부터의 동의에 의한 선출
권한 근거	법적 또는 공식적	개인 능력
상관과 부하와의 관계 및 책임 귀속	지배적 상사	개인적인 영향, 상사와 부하
부하와의 사회적 간격	넓다	좁다
지휘 형태	권위주의적	민주주의적

06 산업재해의 분석 및 평가를 위하여 재해발생 건수 등의 추이에 대해 한계선을 설정하여 목표 관리를 수행하는 재해통계 분석기법은?

① 관리도
② 안전 T점수
③ 파레토도
④ 특성 요인도

해설 ① **관리도** : 목표 관리를 행하기 위해 월별의 발생수를 그래프화하여 관리선을 설정하여 관리하는 방법
② **안전 T점수** : 상해발생률의 시점 간 비교를 할 수 있어서, 현재와 과거의 상해발생률을 비교하는 등의 경우에 사용
③ **파레토도** : 중요한 문제점을 발견하고자 하거나, 문제점의 원인을 조사하고자 할 때, 또는 개선과 대책의 효과를 알고자 할 때 사용
④ **특성 요인도** : 결과에 원인이 어떻게 관계되고 영향을 미치고 있는가를 나타낸 그림(어골도, 어골상)

07 산업안전보건법령상 안전보건관리규정 작성 시 포함되어야 하는 사항을 모두 고른 것은? (단, 그 밖에 안전 및 보건에 관한 사항은 제외한다.)

ㄱ. 안전보건교육에 관한 사항
ㄴ. 재해사례 연구·토의결과에 관한 사항
ㄷ. 사고 조사 및 대책 수립에 관한 사항
ㄹ. 작업장의 안전 및 보건 관리에 관한 사항
ㅁ. 안전 및 보건에 관한 관리조직과 그 직무에 관한 사항

① ㄱ, ㄴ, ㄷ, ㄹ
② ㄱ, ㄴ, ㄹ, ㅁ
③ ㄱ, ㄷ, ㄹ, ㅁ
④ ㄴ, ㄷ, ㄹ, ㅁ

해설 ▶ **안전보건관리규정에 포함될 사항**(산업안전보건법 제25조 제1항)
- 안전보건교육에 관한 사항
- 사고 조사 및 대책 수립에 관한 사항
- 작업장의 안전 및 보건 관리에 관한 사항
- 안전 및 보건에 관한 관리조직과 그 직무에 관한 사항
- 그 밖에 안전 및 보건에 관한 사항

08 억측판단이 발생하는 배경으로 볼 수 없는 것은?

① 정보가 불확실할 때
② 타인의 의견에 동조할 때
③ 희망적인 관측이 있을 때
④ 과거에 성공한 경험이 있을 때

해설 억측판단은 자기 멋대로 하는 주관적인 판단이므로, 타인의 의견에 동조하는 것은 억측판단에 해당되지 않는다.

09 하인리히의 사고예방원리 5단계 중 교육 및 훈련의 개선, 인사조정, 안전관리규정 및 수칙의 개선 등을 행하는 단계는?

① 사실의 발견
② 분석 평가
③ 시정방법의 선정
④ 시정책의 적용

해설 ▶ 하인리히의 사고예방원리 5단계
• 제1단계 : 안전 관리 조직
• 제2단계 : 사실의 발견(현상파악)
• 제3단계 : 분석 평가(발견된 사실 및 불안전한 요소)
• 제4단계 : 시정방법의 선정(분석을 통해 색출된 원인)
 – 기술적 개선
 – 교육 및 훈련의 개선
 – 규정, 수칙, 작업표준, 제도의 개선
 – 배치조정(인사조정) 등
• 제5단계 : 시정책의 적용

10 재해예방의 4원칙에 대한 설명으로 틀린 것은?

① 재해발생은 반드시 원인이 있다.
② 손실과 사고와의 관계는 필연적이다.
③ 재해는 원인을 제거하면 예방이 가능하다.
④ 재해를 예방하기 위한 대책은 반드시 존재한다.

해설 ▶ 재해예방의 4원칙
• **예방 가능의 원칙** : 천재지변을 제외한 모든 인재는 예방이 가능하다.
• **손실 우연의 원칙** : 사고의 결과 손실의 유무 또는 대소는 사고 당시의 조건에 따라서 우연적으로 발생한다.
• **원인 연계의 원칙** : 사고에는 반드시 원인이 있고 원인은 대부분 연계 원인이다.
• **대책 선정의 원칙** : 사고의 원인이나 불안전 요소가 발견되면 이를 제거하기 위한 대책이 반드시 선정되고 실행되어야 하며, 대책에는 재해 방지의 세 기둥이라 할 수 있는 3E, 즉 기술적 대책, 교육적 대책, 규제적 대책을 들 수 있다.

11 산업안전보건법령상 안전보건진단을 받아 안전보건개선계획의 수립 및 명령을 할 수 있는 대상이 아닌 것은?

① 유해인자의 노출기준을 초과한 사업장
② 산업재해율이 같은 업종 평균 산업재해율의 2배 이상인 사업장
③ 사업주가 필요한 안전조치 또는 보건조치를 이행하지 아니하여 중대재해가 발생한 사업장
④ 상시근로자 1천명 이상인 사업장에서 직업성 질병자가 연간 2명 이상 발생한 사업장

해설 ④ 상시근로자 1천명 이상 사업장의 직업성 질병자 발생 기준은 연간 3명이다.
▶ **안전보건진단을 받아 안전보건개선계획을 수립·제출하도록 명할 수 있는 사업장**(산업안전보건법 시행령 제49조)
• 산업재해율이 같은 업종 평균 산업재해율의 2배 이상인 사업장
• 중대재해 발생 사업장
• 직업성 질병자 연간 2명(1000명 이상 3명) 이상 발생한 사업장

12 버드(Bird)의 재해분포에 따르면 20건의 경상(물적, 인적상해)사고가 발생했을 때 무상해·무사고(위험순간) 고장 발생 건수는?

① 200
② 600
③ 1200
④ 12000

> **해설** ③ 경상이 20건 발생하였으므로 무상해, 무사고 고장 발생건수는 1200건이다.
> ▶ 1 : 10 : 30 : 600의 법칙(버드의 재해구성 비율법칙)
> • 중상 또는 폐질 1
> • 경상(물적, 인적 상해) 10
> • 무상해 사고(물적 손실) 30
> • 무상해, 무사고 고장(위험한 순간) 600

13 산업안전보건법령상 거푸집 동바리의 조립 또는 해체작업 시 특별교육 내용이 아닌 것은? (단, 그 밖에 안전·보건관리에 필요한 사항은 제외한다.)

① 비계의 조립순서 및 방법에 관한 사항
② 조립 해체 시의 사고 예방에 관한 사항
③ 동바리의 조립방법 및 작업 절차에 관한 사항
④ 조립재료의 취급방법 및 설치기준에 관한 사항

> **해설** ▶ **거푸집 동바리의 조립 또는 해체작업 시 특별교육 내용**
> (산업안전보건법 시행규칙 제26조 별표 5)
> • 조립 해체 시의 사고 예방에 관한 사항
> • 동바리의 조립방법 및 작업 절차에 관한 사항
> • 조립재료의 취급방법 및 설치기준에 관한 사항
> • 보호구 착용 및 점검에 관한 사항
> • 그 밖에 안전·보건관리에 필요한 사항

14 산업안전보건법령상 다음의 안전보건표지 중 기본모형이 다른 것은?

① 위험장소 경고
② 레이저 광선 경고
③ 방사성 물질 경고
④ 부식성 물질 경고

> **해설** ①, ②, ③은 삼각형 모형(△)의 경고표지, ④는 마름모 모형(◇)의 경고표지이다.

15 학습정도(Level of learning)의 4단계를 순서대로 나열한 것은?

① 인지 → 이해 → 지각 → 적용
② 인지 → 지각 → 이해 → 적용
③ 지각 → 이해 → 인지 → 적용
④ 지각 → 인지 → 이해 → 적용

> **해설** ▶ **학습 정도의 4단계**
> • 인지(to acquaint)
> • 지각(to know)
> • 이해(to understand)
> • 적용(to apply)

16 매슬로우(Maslow)의 인간의 욕구단계 중 5번째 단계에 속하는 것은?

① 안전 욕구
② 존경의 욕구
③ 사회적 욕구
④ 자아실현의 욕구

> **해설** ▶ **매슬로우의 욕구단계**
>
> | 제1단계 | 생리적 욕구 |
> |---|---|
> | 제2단계 | 안전 욕구 |
> | 제3단계 | 사회적 욕구 |
> | 제4단계 | 인정받으려는 욕구 |
> | 제5단계 | 자아실현의 욕구 |

17 A사업장의 현황이 다음과 같을 때 이 사업장의 강도율은?

> • 근로자수 : 500명
> • 연근로시간수 : 2400시간
> • 신체장해등급
>   – 2급 : 3명
>   – 10급 : 5명
> • 의사 진단에 의한 휴업일수 : 1500일

① 0.22
② 2.22
③ 22.28
④ 222.88

해설 강도율 $= \dfrac{\text{총요양근로손실일수}}{\text{연근로시간수}} \times 1000$

$= \dfrac{(3 \times 7500) + (5 \times 600) + \left(1500 \times \dfrac{300}{365}\right)}{500 \times 2400} \times 1000$

$= 22.28$

- 신체장해등급 1~3급 : 근로손실일수 7500일
- 신체장해등급 10급 : 근로손실일수 600일
- 휴업일수 : 300/365×휴업일수로 손실일수 계산

18 보호구 자율안전확인 고시상 자율안전확인 보호구에 표시하여야 하는 사항을 모두 고른 것은?

ㄱ. 모델명	ㄴ. 제조번호
ㄷ. 사용기한	ㄹ. 자율안전확인 번호

① ㄱ, ㄴ, ㄷ   ② ㄱ, ㄴ, ㄹ
③ ㄱ, ㄷ, ㄹ   ④ ㄴ, ㄷ, ㄹ

해설 ▶ 보호구 자율안전확인 고시 제11조
자율안전확인 제품에는 산업안전보건법 시행규칙 제121조에 따른 표시 외에 다음 각 목의 사항을 표시한다.
가. 형식 또는 모델명
나. 규격 또는 등급 등
다. 제조자명
라. 제조번호 및 제조연월
마. 자율안전확인 번호

19 학습지도의 형태 중 참가자에게 일정한 역할을 주어 실제적으로 연기를 시켜봄으로써 자기의 역할을 보다 확실히 인식시키는 방법은?

① 포럼(Forum)
② 심포지엄(Symposium)
③ 롤 플레잉(Role playing)
④ 사례연구법(Case study method)

해설 ③ 롤 플레잉 : 일상생활에서의 여러 역할을 모의로 실연하는 일로, 개인이나 집단의 사회적 적응을 향상하기 위한 치료 및 훈련 방법의 하나이다.
① 포럼 : 공개토의라고도 하며, 전문가의 발표 시간은 10~20분 정도 주어진다. 포럼은 전문가와 일반 참여자가 구분되는 비대칭적 토의이다.
② 심포지엄 : 여러 사람의 강연자가 하나의 주제에 대해서 각각 다른 입장에서 짧은 강연을 하고, 그 뒤부터 청중으로부터 질문이나 의견을 내어 넓은 시야에서 문제를 생각하고, 많은 사람들에 관심을 가지고, 결론을 이끌어 내려고 하는 집단토론방식의 하나이다.
④ 사례연구법 : 교육훈련의 주제에 관한 실제의 사례를 작성하여 배부하고 여기에 관한 토론을 실시하는 교육훈련방법으로 피교육자에 대하여 많은 사례를 연구하고 분석하게 한다.

20 보호구 안전인증 고시상 전로 또는 평로 등의 작업 시 사용하는 방열두건의 차광도 번호는?

① #2 ~ #3   ② #3 ~ #5
③ #6 ~ #8   ④ #9 ~ #11

해설 ▶ 보호구 안전인증 고시 별표 8(방열복의 성능기준)

차광도 번호	사용구분
#2~#3	고로강판가열로, 조괴 등의 작업
#3~#5	전로 또는 평로 등의 작업
#6~#8	전기로의 작업

2과목   인간공학 및 시스템안전공학

21 양식 양립성의 예시로 가장 적절한 것은?

① 자동차 설계 시 고도계 높낮이 표시
② 방사능 사업장에 방사능 폐기물 표시
③ 청각적 자극 제시와 이에 대한 음성 응답
④ 자동차 설계 시 제어장치와 표시장치의 배열

해설 ③ 청각적 자극을 제시하였으므로 이에 맞는 양식인 음성으로 응답하는 것이 양식 양립성에 해당된다.

▶ **양식 양립성** : 직무에 맞는 자극과 응답 양식의 존재에 대한 양립

22 다음에서 설명하는 용어는?

> 유해·위험요인을 파악하고 해당 유해·위험요인에 의한 부상 또는 질병의 발생 가능성(빈도)과 중대성(강도)을 추정·결정하고 감소대책을 수립하여 실행하는 일련의 과정을 말한다.

① 위험성 결정　　　② 위험성 평가

③ 위험빈도 추정　　　④ 유해·위험요인 파악

해설 ② 제시된 내용은 위험성 평가의 정의에 해당된다.
①, ③, ④ 위험성 평가 절차의 세부 내용에 해당된다.
▶ **위험성평가 실시 절차 5단계**
• 1단계 : 사전준비
• 2단계 : 유해·위험요인 파악
• 3단계 : 위험성 추정
• 4단계 : 위험성 결정
• 5단계 : 위험성 감소 대책수립 및 실행

23 태양광선이 내리쬐는 옥외장소의 자연습구온도 20[℃], 흑구온도 18[℃], 건구온도 30[℃]일 때 습구흑구온도지수(WBGT)는?

① 20.6[℃]　　　② 22.5[℃]

③ 25.0[℃]　　　④ 28.5[℃]

해설 ▶ **습구흑구온도지수**(WBGT)
• 태양광선이 내리쬐는 옥외장소
(0.7 × 자연습구온도) + (0.2 × 흑구온도) + (0.1 × 건구온도)
= (0.7 × 20) + (0.2 × 18) + (0.1 × 30)
= 14 + 3.6 + 3
= 20.6
• 태양광선이 내리쬐지 않는 옥외장소 또는 실내
(0.7 × 자연습구온도) + (0.3 × 흑구온도)

24 FTA(Fault Tree Analysis)에 관한 설명으로 옳은 것은?

① 정성적 분석만 가능하다.

② 복잡하고 대형화된 시스템의 신뢰성 분석 및 안정성 분석에 이용되는 기법이다.

③ FT에 동일한 사건이 중복되어 나타나는 경우 상향식(Bottom-up)으로 정상 사건 T의 발생 확률을 계산할 수 있다.

④ 기초사건과 생략사건의 확률 값이 주어지게 되더라도 정상 사건의 최종적인 발생확률을 계산할 수 없다.

해설 ▶ **FTA**
• 연역적이고 정량적인 해석 방법(Top down 형식)
• 정량적 해석기법(컴퓨터처리 가능)이다.
• 논리기호를 사용한 특정 사상에 대한 해석이다.
• 서식이 간단해서 비전문가도 짧은 훈련으로 사용할 수 있다.
• 미사일의 우발사고 예측 등 복잡하고 대형화된 시스템의 분석에 사용된다.
• Human Error의 검출이 어렵다.

25 1[sone]에 관한 설명으로 (　)에 알맞은 수치는?

> 1[sone] : (　ㄱ　)[Hz], (　ㄴ　)[dB]의 음압수준을 가진 순음의 크기

① ㄱ : 1000, ㄴ : 1

② ㄱ : 4000, ㄴ : 1

③ ㄱ : 1000, ㄴ : 40

④ ㄱ : 4000, ㄴ : 40

해설 ▶ **sone**
• 다른 음의 상대적인 주관적 크기 비교
• 40[dB]의 1000[Hz] 순음의 크기(40[Phon]) = 1[sone]
• 기준 음보다 10배 크게 들리는 음은 10[sone]의 음량

26 인간공학에 대한 설명으로 틀린 것은?

① 인간-기계 시스템의 안전성, 편리성, 효율성을 높인다.

② 인간을 작업과 기계에 맞추는 설계 철학이 바탕이 된다.

③ 인간이 사용하는 물건, 설비, 환경의 설계에 적용된다.

④ 인간의 생리적, 심리적인 면에서의 특성이나 한계점을 고려한다.

해설 인간이 편리하게 사용할 수 있도록 인간에 맞춘 기계 설비 및 환경을 설계하는 과정을 인간공학이라 한다.

27 HAZOP 기법에서 사용하는 가이드워드와 그 의미가 잘못 연결된 것은?

① Part of : 성질상의 감소

② As well as : 성질상의 증가

③ Other than : 기타 환경적인 요인

④ More/Less : 정량적인 증가 또는 감소

해설

GUIDE WORD	의미
NO 혹은 NOT	설계 의도의 완전한 부정
MORE / LESS	양의 증가 혹은 감소(정량적)
AS WELL AS	성질상의 증가(정성적 증가)
PART OF	성질상의 감소(정성적 감소)
REVERSE	설계 의도의 논리적인 역 (설계의도와 반대 현상)
OTHER THAN	완전한 대체의 필요

28 그림과 같은 FT도에 대한 최소 컷셋(minimal cut sets)으로 옳은 것은? (단, Fussell의 알고리즘을 따른다.)

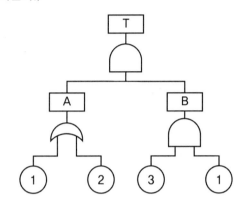

① {1, 2}

② {1, 3}

③ {2, 3}

④ {1, 2, 3}

해설 $(1 + 2) \times (3 \times 1)$
$= (3 \times 1) \times (1 + 2)$
$= (3 \times 1 \times 1) + (3 \times 2 \times 1)$
$= (3 \times 1) + (3 \times 2 \times 1)$
{1, 3}과 {1, 2, 3} 중 최소 컷셋은 {1, 3}이다.

29 경계 및 경보신호의 설계지침으로 틀린 것은?

① 주의를 환기시키기 위하여 변조된 신호를 사용한다.

② 배경소음의 진동수와 다른 진동수의 신호를 사용한다.

③ 귀는 중음역에 민감하므로 500~3000[Hz]의 진동수를 사용한다.

④ 300[m] 이상의 장거리용으로는 1000[Hz]를 초과하는 진동수를 사용한다.

해설 ▶ 경계 및 경보신호의 설계지침
- 귀는 중음역에 가장 민감하므로 500~3,000[Hz]의 진동수를 사용
- 고음은 멀리 가지 못하므로 300[m] 이상 장거리용으로는 1,000[Hz] 이하의 진동수 사용
- 신호가 장애물을 돌아가거나 칸막이를 통과해야 할 때는 500[Hz] 이하의 진동수 사용
- 주의를 끌기 위해서는 변조된 신호를 사용
- 배경소음의 진동수와 다른 신호를 사용하고 신호는 최소한 0.5~1초 동안 지속
- 경보 효과를 높이기 위해서 개시 시간이 짧은 고강도 신호 사용
- 주변 소음에 대한 은폐효과를 막기 위해 500~1,000[Hz] 신호를 사용하여, 적어도 30[dB] 이상 차이가 나야 함

30 FTA(Fault Tree Analysis)에서 사용되는 사상 기호 중 통상의 작업이나 기계의 상태에서 재해의 발생 원인이 되는 요소가 있는 것은?

①

②

③

④

해설

통상사상	결함사상	기본사상	생략사상
통상적으로 발생할 것으로 예상되는 사상	개별적인 결함사상	더 이상 전개되지 않는 기본적인 결함사상	정보부족 등으로 더 이상 전개 불가능한 사상

31 불(Bool) 대수의 정리를 나타낸 관계식 중 틀린 것은?

① $A \cdot 0 = 0$

② $A + 1 = 1$

③ $A \cdot \overline{A} = 1$

④ $A(A+B) = A$

해설

항등 법칙	$A+0=A, A+1=1$	$A \cdot 1=A, A \cdot 0=0$
동일 법칙	$A+A=A$	$A \cdot A=A$
보원 법칙	$A+\overline{A}=1$	$A \cdot \overline{A}=0$
다중 부정	$\overline{\overline{A}}=A, \overline{\overline{\overline{A}}}=\overline{A}$	
교환 법칙	$A+B=B+A$	$A \cdot B=B \cdot A$
결합 법칙	$A+(B+C)$ $=(A+B)+C$	$A \cdot (B \cdot C)$ $=(A \cdot B) \cdot C$
분배 법칙	$A \cdot (B+C)$ $=AB+AC$	$A+B \cdot C$ $=(A+B) \cdot (A+C)$
흡수 법칙	$A+A \cdot B=A$	$A \cdot (A+B)=A$
드모르간 정리	$\overline{A+B}=\overline{A} \cdot \overline{B}$	$\overline{A \cdot B}=\overline{A}+\overline{B}$

32 근골격계질환 작업분석 및 평가 방법인 OWAS의 평가요소를 모두 고른 것은?

ㄱ. 상지	ㄴ. 무게(하중)
ㄷ. 하지	ㄹ. 허리

① ㄱ, ㄴ

② ㄱ, ㄷ, ㄹ

③ ㄴ, ㄷ, ㄹ

④ ㄱ, ㄴ, ㄷ, ㄹ

해설 ▶ OWAS : 작업자의 부적절한 작업 자세를 정의하고 평가하기 위해 개발한 방법으로, 상지(팔), 하지(다리), 허리(등) 및 이에 대한 하중(무게)을 기준으로 적절한 자세를 분류하여 평가함(팔목, 손목 등에 대한 정보는 RULA 기법에서 반영)

33 다음 중 좌식 작업이 가장 적합한 작업은?

① 정밀 조립 작업

② 4.5[kg] 이상의 중량물을 다루는 작업

③ 작업장이 서로 떨어져 있으며 작업장 간 이동이 작은 작업

④ 작업자의 정면에서 매우 높거나 낮은 곳으로 손을 자주 뻗어야 하는 작업

해설 무거운 중량을 다루거나, 작업장이 서로 떨어져 있거나, 작업자가 높은 곳으로 손을 자주 뻗어야 하는 작업은 좌식 작업에 적합하지 않다.

34 n개의 요소를 가진 병렬 시스템에 있어 요소의 수명(MTTF)이 지수 분포를 따를 경우, 이 시스템의 수명으로 옳은 것은?

① $MTTF \times n$

② $MTTF \times \dfrac{1}{n}$

③ $MTTF \times \left(1 + \dfrac{1}{2} + \cdots + \dfrac{1}{n}\right)$

④ $MTTF \times \left(1 \times \dfrac{1}{2} \times \cdots \times \dfrac{1}{n}\right)$

해설 평균수명으로서 시스템 부품 등이 고장 나기까지의 동작시간 평균치이다. MTBF와 달리 시스템을 수리하여 사용할 수 없는 경우 MTTF라고 한다.

$$MTTF_s = MTTF\left(1 + \frac{1}{2} + \frac{1}{3} + \cdots + \frac{1}{n}\right)$$

35 인간-기계 시스템에 관한 설명으로 틀린 것은?

① 자동 시스템에서는 인간요소를 고려하여야 한다.

② 자동차 운전이나 전기 드릴 작업은 반자동 시스템의 예시이다.

③ 자동 시스템에서 인간은 감시, 정비유지, 프로그램 등의 작업을 담당한다.

④ 수동 시스템에서 기계는 동력원을 제공하고 인간의 통제 하에서 제품을 생산한다.

해설

수동 시스템	• 인간의 신체적인 힘을 동력으로 사용하여 작업통제 • 다양성 있는 체계로 역할 가능한 능력을 최대한 활용(융통성이 있는 운용 가능)
기계화 시스템	• 반자동체계, 변화가 적은 기능들을 수행하도록 설계(융통성이 없는 체계) • 기계가 동력을 제공하며, 조정 장치를 사용하는 통제는 사람이 담당
자동화 시스템	• 기계가 감지, 정보처리 및 의사결정 행동을 포함한 모든 임무 수행(동력원 제공 및 운전 수행) • 대부분의 폐회로 체계이며, 설계, 설치, 감시, 프로그램 작성 및 수정 정비, 유지 등은 사람이 담당

36 위험분석 기법 중 시스템 수명주기 관점에서 적용 시점이 가장 빠른 것은?

① PHA

② FHA

③ OHA

④ SHA

해설 ▶ PHA(Preliminary Hazard Analysis, 예비사고 분석) 시스템 최초 개발 단계의 분석으로 위험 요소의 위험 상태를 정성적으로 평가

정답 33 ① 34 ③ 35 ④ 36 ①

37 상황해석을 잘못하거나 목표를 잘못 설정하여 발생하는 인간의 오류 유형은?

① 실수(Slip)

② 착오(Mistake)

③ 위반(Violation)

④ 건망증(Lapse)

> **해설** ② **Mistake**(착오) : 의도부터 잘못된 실수
> ① **Slip**(실수) : 의도는 잘 했지만 행동은 의도한 것과 다르게 나타남
> ③ **Violation**(위반) : 정해진 규칙을 고의로 따르지 않거나 무시
> ④ **Lapse**(건망증) : 기억의 실패

38 A작업의 평균 에너지소비량이 다음과 같을 때, 60분간의 총 작업시간 내에 포함되어야 하는 휴식시간(분)은?

> • 휴식중 에너지소비량 : 1.5[kcal/min]
> • A작업 시 평균 에너지소비량 : 6[kcal/min]
> • 기초대사를 포함한 작업에 대한 평균 에너지소비량 상한 : 5[kcal/min]

① 10.3

② 11.3

③ 12.3

④ 13.3

> **해설** 휴식시간(분)
> = 60(작업 시 평균 에너지 소비량
>   − 작업에 대한 평균 에너지값)
>   ÷ (작업 시 평균 에너지 소비량 − 1.5)
> = 60(6 − 5) ÷ (6 − 1.5) = 13.3

39 시스템의 수명곡선(욕조곡선)에 있어서 디버깅(Debugging)에 관한 설명으로 옳은 것은?

① 초기 고장의 결함을 찾아 고장률을 안정시키는 과정이다.

② 우발 고장의 결함을 찾아 고장률을 안정시키는 과정이다.

③ 마모 고장의 결함을 찾아 고장률을 안정시키는 과정이다.

④ 기계 결함을 발견하기 위해 동작시험을 하는 기간이다.

> **해설** ① **초기 고장** : 감소형(debugging 기간, burning 기간)
> ※ debugging 기간 : 인간시스템의 신뢰도에서 결함을 찾아내 고장률을 안정시키는 기간
> ② **우발 고장** : 일정형
> ③ **마모 고장** : 증가형

40 밝은 곳에서 어두운 곳으로 갈 때 망막에 시홍이 형성되는 생리적 과정인 암조응이 발생하는데, 완전 암조응(Dark adaptation)이 발생하는 데 소요되는 시간은?

① 약 3~5분   ② 약 10~15분

③ 약 30~40분   ④ 약 60~90분

> **해설** ③ **완전 암조응** : 보통 30~40분 소요
> (명조응은 수초 내지 1~2분 소요)

3과목　기계위험방지기술

41 설비보전은 예방보전과 사후보전으로 대별된다. 다음 중 예방보전의 종류가 아닌 것은?

① 시간계획보전   ② 개량보전

③ 상태기준보전   ④ 적응보전

해설 • **예방보전** : 시간계획보전(TBM), 상태기준보전(CBM), 적응보전(AM)
• **사후보전** : 계획 사후보전, 긴급 사후보전

42 천장크레인에 중량 3[kN]의 화물을 2줄로 매달았을 때 매달기용 와이어(sling wire)에 걸리는 장력은 약 몇 [kN]인가? (단, 매달기용 와이어(sling wire) 2줄 사이의 각도는 55[°]이다.)

① 1.3
② 1.7
③ 2.0
④ 2.3

해설 $\dfrac{\dfrac{\text{중량}(=3)}{2}}{\cos\left(\dfrac{55[°]}{2}\right)} = \dfrac{1.5}{0.887011} = 1.69$

43 다음 중 롤러의 급정지 성능으로 적합하지 않은 것은?

① 앞면 롤러 표면 원주속도가 25[m/min], 앞면 롤러의 원주가 5[m]일 때 급정지거리 1.6[m] 이내
② 앞면 롤러 표면 원주속도가 35[m/min], 앞면 롤러의 원주가 7[m]일 때 급정지거리 2.8[m] 이내
③ 앞면 롤러 표면 원주속도가 30[m/min], 앞면 롤러의 원주가 6[m]일 때 급정지거리 2.6[m] 이내
④ 앞면 롤러 표면 원주속도가 20[m/min], 앞면 롤러의 원주가 8[m]일 때 급정지거리 2.6[m] 이내

해설

앞면 롤의 표면속도[m/min]	급정지거리
30 미만	앞면 롤 원주의 1/3
30 이상	앞면 롤 원주의 1/2.5

③ 원주속도가 30[m/min] 이상이므로, 급정지거리는 2.4[m] 이내여야 한다.

44 조작자의 신체부위가 위험한계 밖에 위치하도록 기계의 조작장치를 위험구역에서 일정거리 이상 떨어지게 하는 방호장치는?

① 덮개형 방호장치
② 차단형 방호장치
③ 위치제한형 방호장치
④ 접근반응형 방호장치

해설 ▶ **방호장치의 종류**
• **위치제한형 방호장치** : 조작자의 신체부위가 위험한계 밖에 있도록 기계의 조작장치를 위험구역에서 일정거리 이상 떨어지게 한 방호장치
  예 양수조작식 안전장치
• **접근거부형 방호장치** : 작업자의 신체부위가 위험한계 내로 접근하면 기계의 동작위치에 설치해 놓은 기구가 접근하는 신체부위를 안전한 위치로 되돌리는 것
  예 손쳐내기식 안전장치, 수인식
• **접근반응형 방호장치** : 작업자의 신체부위가 위험한계로 들어오게 되면 이를 감지하여 작동 중인 기계를 즉시 정지시키거나 스위치가 꺼지도록 하는 기능
  예 광전자식 안전장치

45 산업안전보건법령상 아세틸렌 용접장치의 아세틸렌 발생기실을 설치하는 경우 준수하여야 하는 사항으로 옳은 것은?

① 벽은 가연성 재료로 하고 철근 콘크리트 또는 그 밖에 이와 동등하거나 그 이상의 강도를 가진 구조로 할 것
② 바닥면적의 16분의 1 이상의 단면적을 가진 배기통을 옥상으로 돌출시키고 그 개구부를 창이나 출입구로부터 1.5[m] 이상 떨어지도록 할 것
③ 출입구의 문은 불연성 재료로 하고 두께 1.0[mm] 이하의 철판이나 그 밖에 그 이상의 강도를 가진 구조로 할 것
④ 발생기실을 옥외에 설치한 경우에는 그 개구부를 다른 건축물로부터 1.0[m] 이내 떨어지도록 할 것

정답 42 ② 43 ③ 44 ③ 45 ②

해설 ② 바닥면적의 16분의 1 이상의 단면적을 가진 배기통을 옥상으로 돌출시키고 그 개구부를 창이나 출입구로부터 1.5[m] 이상 떨어지도록 할 것(안전보건규칙 제287조 제3호)
① 벽은 불연성 재료로 하고 철근 콘크리트 또는 그 밖에 이와 같은 수준이거나 그 이상의 강도를 가진 구조로 할 것(안전보건규칙 제287조 제1호)
③ 출입구의 문은 불연성 재료로 하고 두께 1.5[mm] 이상의 철판이나 그 밖에 그 이상의 강도를 가진 구조로 할 것(안전보건규칙 제287조 제4호)
④ 발생기실을 옥외에 설치한 경우에는 그 개구부를 다른 건축물로부터 1.5[m] 이상 떨어지도록 하여야 한다(안전보건규칙 제286조 제3항).

46 금형의 설치, 해체, 운반 시 안전사항에 관한 설명으로 틀린 것은?

① 운반을 통하여 관통 아이볼트가 사용될 때는 구멍 틈새가 최소화되도록 한다.
② 금형을 설치하는 프레스의 T홈 안길이는 설치 볼트 지름의 1/2 이하로 한다.
③ 고정볼트는 고정 후 가능하면 나사산을 3~4개 정도 짧게 남겨 설치 또는 해체 시 슬라이드 면과의 사이에 협착이 발생하지 않도록 해야 한다.
④ 운반 시 상부금형과 하부금형이 닿을 위험이 있을 때는 고정 패드를 이용한 스트랩, 금속재질이나 우레탄 고무의 블록 등을 사용한다.

해설 ② 금형을 설치하는 프레스의 T홈 안길이는 설치 볼트 직경의 2배 이상으로 한다.

47 선반에서 절삭 가공 시 발생하는 칩을 짧게 끊어지도록 공구에 설치되어 있는 방호장치의 일종인 칩 제거 기구를 무엇이라 하는가?

① 칩 브레이커
② 칩 받침
③ 칩 쉴드
④ 칩 커터

해설 ▶ 칩 브레이커 : 칩을 짧게 끊어주는 선반전용 안전장치

48 다음 중 산업안전보건법령상 안전인증대상 방호장치에 해당하지 않는 것은?

① 연삭기 덮개
② 압력용기 압력방출용 파열판
③ 압력용기 압력방출용 안전밸브
④ 방폭구조(防爆構造) 전기기계・기구 및 부품

해설 ▶ 안전인증대상 방호장치
• 프레스 및 전단기 방호장치
• 양중기용 과부하 방지장치
• 보일러 압력방출용 안전밸브
• 압력용기 압력방출용 안전밸브
• 압력용기 압력방출용 파열판
• 절연용 방호구 및 활선작업용 기구
• 방폭구조 전기기계・기구 및 부품

49 인장강도가 250[N/mm^2]인 강판에서 안전율이 4라면 이 강판의 허용응력[N/mm^2]은 얼마인가?

① 42.5
② 62.5
③ 82.5
④ 102.5

해설 허용응력 $= \dfrac{\text{인장강도}}{\text{안전율}} = \dfrac{250}{4} = 62.5$

50 산업안전보건법령상 강렬한 소음작업에서 데시벨에 따른 노출시간으로 적합하지 않은 것은?

① 100[dB] 이상의 소음이 1일 2시간 이상 발생하는 직업

② 110[dB] 이상의 소음이 1일 30분 이상 발생하는 직업

③ 115[dB] 이상의 소음이 1일 15분 이상 발생하는 직업

④ 120[dB] 이상의 소음이 1일 7분 이상 발생하는 직업

해설 ▶ **강렬한 소음작업**(안전보건규칙 제512조 제2호)
- 90[dB] 이상의 소음이 1일 8시간 이상 발생하는 작업
- 95[dB] 이상의 소음이 1일 4시간 이상 발생하는 작업
- 100[dB] 이상의 소음이 1일 2시간 이상 발생하는 작업
- 105[dB] 이상의 소음이 1일 1시간 이상 발생하는 작업
- 110[dB] 이상의 소음이 1일 30분 이상 발생하는 작업
- 115[dB] 이상의 소음이 1일 15분 이상 발생하는 작업

51 방호장치 안전인증 고시에 따라 프레스 및 전단기에 사용되는 광전자식 방호장치의 일반구조에 대한 설명으로 가장 적절하지 않은 것은?

① 정상동작표시램프는 녹색, 위험표시램프는 붉은색으로 하며, 근로자가 쉽게 볼 수 있는 곳에 설치해야 한다.

② 슬라이드 하강 중 정전 또는 방호장치의 이상 시에 정지할 수 있는 구조이어야 한다.

③ 방호장치는 릴레이, 리미트 스위치 등의 전기부품의 고장, 전원전압의 변동 및 정전에 의해 슬라이드가 불시에 동작하지 않아야 하며, 사용전원전압의 ±(100분의 10)의 변동에 대하여 정상으로 작동되어야 한다.

④ 방호장치의 감지기능은 규정한 검출영역 전체에 걸쳐 유효하여야 한다(다만, 블랭킹 기능이 있는 경우 그렇지 않다).

해설 ▶ **광전자식 방호장치의 일반구조**(방호장치 안전인증 고시 별표 1)
- 정상동작표시램프는 녹색, 위험표시램프는 붉은색으로 하며, 쉽게 근로자가 볼 수 있는 곳에 설치해야 한다.
- 슬라이드 하강 중 정전 또는 방호장치의 이상 시에 정지할 수 있는 구조이어야 한다.
- 방호장치는 릴레이, 리미트 스위치 등의 전기부품의 고장, 전원전압의 변동 및 정전에 의해 슬라이드가 불시에 동작하지 않아야 하며, 사용전원전압의 ±(100분의 20)의 변동에 대하여 정상으로 작동되어야 한다.
- 방호장치의 정상작동 중에 감지가 이루어지거나 공급전원이 중단되는 경우 적어도 두 개 이상의 독립된 출력신호 개폐장치가 꺼진 상태로 돼야 한다.
- 방호장치의 감지기능은 규정한 검출영역 전체에 걸쳐 유효하여야 한다(다만, 블랭킹 기능이 있는 경우 그렇지 않다).
- 방호장치에 제어기(Controller)가 포함되는 경우에는 이를 연결한 상태에서 모든 시험을 한다.
- 방호장치를 무효화하는 기능이 있어서는 안 된다.

52 산업안전보건법령상 연삭기 작업 시 작업자가 안심하고 작업을 할 수 있는 상태는?

① 탁상용 연삭기에서 숫돌과 작업 받침대의 간격이 5[mm]이다.

② 덮개 재료의 인장강도는 224[MPa]이다.

③ 숫돌 교체 후 2분 정도 시험운전을 실시하여 해당 기계의 이상 여부를 확인하였다.

④ 작업 시작 전 1분 정도 시험운전을 실시하여 해당 기계의 이상 여부를 확인하였다.

해설 ① 탁상용 연삭기는 워크레스트(작업 받침대)와 조정편을 설치할 것(워크레스트와 숫돌과의 간격은 3[mm] 이내)
② 덮개 재료의 인장강도는 274.5[MPa] 이상이다.
③, ④ 사업주는 연삭숫돌을 사용하는 작업의 경우 작업을 시작하기 전에는 1분 이상, 연삭숫돌을 교체한 후에는 3분 이상 시험운전을 하고 해당 기계에 이상이 있는지를 확인하여야 한다.

53 다음과 같은 기계요소가 단독으로 발생시키는 위험점은?

밀링커터, 둥근톱날

① 협착점
② 끼임점
③ 절단점
④ 물림점

해설 ▶ **위험점의 분류**
• **협착점**(Squeeze point) : 왕복운동을 하는 동작부분과 움직임이 없는 고정부분 사이에서 형성되는 위험점으로 사업장의 기계설비에서 많이 볼 수 있다.
　예 프레스기, 전단기, 성형기, 굽힘기계 등
• **끼임점**(Shear point) : 고정부분과 회전하는 동작부분이 함께 만드는 위험점
　예 연삭숫돌과 덮개, 교반기의 날개와 하우징, 프레임에서 암의 요동운동을 하는 기계부분 등

• **절단점**(Cutting point) : 고정부분과 운동부분이 만드는 위험점이 아니고 회전하는 운동부 자체의 위험이나 운동하는 기계 부분 자체의 위험에서 초래되는 위험점이다.
　예 밀링의 커터, 띠톱이나 둥근톱의 톱날, 벨트의 이음 부분 등
• **물림점**(Nip point) : 회전하는 두 개의 회전체에는 물려 들어가는 위험성이 존재한다. 이때 위험점이 발생되는 조건은 회전체가 서로 반대방향으로 맞물려 회전되어야 한다.
　예 롤러와 롤러의 물림, 기어와 기어의 물림 등
• **접선물림점**(Tangential Nip point) : 회전하는 부분의 접선방향으로 물려 들어갈 위험이 존재하는 점이다.
　예 벨트와 풀리, 체인과 스프로킷, 랙과 피니언 등
• **회전말림점**(Trapping point) : 회전하는 물체에 작업복, 머리카락 등이 말려드는 위험이 존재하는 점이다.
　예 회전하는 축, 커플링, 돌출된 키나 고정나사, 회전하는 공구 등

54 다음 중 크레인의 방호장치로 가장 거리가 먼 것은?

① 권과방지장치
② 과부하방지장치
③ 비상정지장치
④ 자동보수장치

해설 크레인의 방호장치로는 과부하방지장치, 권과방지장치, 비상방지장치 및 제동장치, 안전밸브 등이 있다.

55 산업안전보건법령상 프레스기를 사용하여 작업을 할 때 작업시작 전 점검사항으로 틀린 것은?

① 클러치 및 브레이크의 기능
② 압력방출장치의 기능
③ 크랭크축·플라이휠·슬라이드·연결봉 및 연결나사의 풀림 유무
④ 프레스의 금형 및 고정 볼트의 상태

52 ④ 53 ③ 54 ④ 55 ② **정답**

해설 ◈ 프레스기 작업시작 전 점검사항
- 클러치 및 브레이크의 기능
- 크랭크축·플라이휠·슬라이드·연결봉 및 연결 나사의 풀림 여부
- 1행정 1정지기구·급정지장치 및 비상정지장치의 기능
- 슬라이드 또는 칼날에 의한 위험방지 기구의 기능
- 프레스의 금형 및 고정볼트 상태
- 방호장치의 기능
- 전단기(剪斷機)의 칼날 및 테이블의 상태

56 다음 중 와이어 로프의 구성요소가 아닌 것은?

① 클립
② 소선
③ 스트랜드
④ 심강

해설 ◈ 와이어 로프의 구성
코어(심강)+스트랜드[소선(wire)을 모은 후 꼬아서 구성]

57 산업안전보건법령상 산업용 로봇에 의한 작업 시 안전조치 사항으로 적절하지 않은 것은?

① 로봇의 운전으로 인해 근로자가 로봇에 부딪칠 위험이 있을 때에는 높이 1.8[m] 이상의 울타리를 설치하여야 한다.
② 작업을 하고 있는 동안 로봇의 기동스위치 등은 작업에 종사하고 있는 근로자가 아닌 사람이 그 스위치 등을 조작할 수 없도록 필요한 조치를 한다.
③ 로봇의 조작방법 및 순서, 작업 중의 매니퓰레이터의 속도 등에 관한 지침에 따라 작업을 하여야 한다.
④ 작업에 종사하는 근로자가 이상을 발견하면, 관리 감독자에게 우선 보고하고, 지시가 나올 때까지 작업을 진행한다.

해설 ④ 작업에 종사하는 근로자가 이상을 발견하면, 로봇의 운전을 정지시키고 관리 감독자에게 보고하고 지시에 따른다.

58 밀링 작업 시 안전수칙으로 옳지 않은 것은?

① 테이블 위에 공구나 기타 물건 등을 올려놓지 않는다.
② 제품 치수를 측정할 때는 절삭 공구의 회전을 정지한다.
③ 강력 절삭을 할 때는 일감을 바이스에 짧게 물린다.
④ 상·하, 좌·우 이송장치의 핸들은 사용 후 풀어둔다.

해설 ③ 강력 절삭을 할 때는 일감을 바이스에 깊게 물린다.

59 다음 중 지게차의 작업 상태별 안정도에 관한 설명으로 틀린 것은? (단, V는 최고속도[km/h]이다.)

① 기준 부하상태의 하역작업 시의 전후 안정도는 20[%] 이내이다.
② 기준 부하상태의 하역작업 시의 좌우 안정도는 6[%] 이내이다.
③ 기준 무부하상태에서 주행 시의 전후 안정도는 18[%] 이내이다.
④ 기준 무부하상태의 주행 시의 좌우 안정도는 (15 + 1.1V)[%] 이내이다.

해설 ① 하역작업 시의 전후 안정도 : 4[%] 이내
② 하역작업 시의 좌우 안정도 : 6[%] 이내
③ 주행 시의 전후 안정도 : 18[%] 이내
④ 주행 시의 좌우 안정도 : (15+1.1V)[%] 이내

60 산업안전보건법령상 보일러의 안전한 가동을 위하여 보일러 규격에 맞는 압력방출장치가 2개 이상 설치된 경우에 최고사용압력 이하에서 1개가 작동되고, 다른 압력방출장치는 최고사용압력의 몇 배 이하에서 작동되도록 부착하여야 하는가?

① 1.03배
② 1.05배
③ 1.2배
④ 1.5배

정답 56 ① 57 ④ 58 ③ 59 ① 60 ②

해설 2개 이상 설치된 경우 최고사용압력 이하에서 1개가 작동되고, 다른 압력방출장치는 최고사용압력 1.05배 이하에서 작동되도록 부착하여야 한다.

4과목 전기위험방지기술

61 다음 중 방폭구조의 종류가 아닌 것은?

① 본질안전 방폭구조 ② 고압 방폭구조

③ 압력 방폭구조 ④ 내압 방폭구조

해설 ② 고압방폭구조는 없다.

62 심실세동전류 $I = \dfrac{165}{\sqrt{T}}$[mA]라면 심실세동 시 인체에 직접 받는 전기에너지[cal]는 약 얼마인가? (단, T는 통전시간으로 1초이며, 인체의 저항은 500[Ω]으로 한다.)

① 0.52 ② 1.35

③ 2.14 ④ 3.27

해설 $W = I^2 RT = \left(\dfrac{165}{\sqrt{T}} \times 10^{-3}\right)^2 \times 500 \times T = 13.61$[J]

13.61[J] $\times 0.24 ≒ 3.27$[cal]

63 산업안전보건기준에 관한 규칙에 따른 전기기계·기구의 설치 시 고려할 사항으로 거리가 먼 것은?

① 전기기계·기구의 충분한 전기적 용량 및 기계적 강도

② 전기기계·기구의 안전효율을 높이기 위한 시간 가동률

③ 습기·분진 등 사용장소의 주위 환경

④ 전기적·기계적 방호수단의 적정성

해설 ▶ **전기기계·기구 설치 시 고려사항**(안전보건규칙 제303조 제1항)
• 전기기계·기구의 충분한 전기적 용량 및 기계적 강도
• 습기·분진 등 사용장소의 주위 환경
• 전기적·기계적 방호수단의 적정성

64 정전작업 시 조치사항으로 틀린 것은?

① 작업 전 전기설비의 잔류 전하를 확실히 방전한다.

② 개로된 전로의 충전 여부를 검전기구에 의하여 확인한다.

③ 개폐기에 잠금장치를 하고 통전금지에 관한 표지판은 제거한다.

④ 예비 동력원의 역송전에 의한 감전의 위험을 방지하기 위해 단락접지 기구를 사용하여 단락 접지를 한다.

해설 ③ 개폐기에 시건장치(잠금장치)를 하고 통전금지에 관한 표지판을 부착한다.

65 정전기로 인한 화재 폭발의 위험이 가장 높은 것은?

① 드라이클리닝 설비

② 농작물 건조기

③ 가습기

④ 전동기

해설 습도가 낮아지면 정전기로 인한 화재 폭발의 위험이 높다. 드라이클리닝의 대상인 섬유는 농작물에 비하여 정전기의 발생 확률이 더 높다.

61 ② 62 ④ 63 ② 64 ③ 65 ① 정답

66 다음 중 방폭설비의 보호등급(IP)에 대한 설명으로 옳은 것은?

① 제1 특성 숫자가 "1"인 경우 지름 50[mm] 이상의 외부 분진에 대한 보호
② 제1 특성 숫자가 "2"인 경우 지름 10[mm] 이상의 외부 분진에 대한 보호
③ 제2 특성 숫자가 "1"인 경우 지름 50[mm] 이상의 외부 분진에 대한 보호
④ 제2 특성 숫자가 "2"인 경우 지름 10[mm] 이상의 외부 분진에 대한 보호

해설 ▶ 저압전기설비에서의 감전예방을 위한 기술지침

	0	무보호
제1 특성 숫자	1	50[mm]보다 큰 고형물질에 대한 보호
	2	12[mm]보다 큰 고형물질에 대한 보호
	3	2.5[mm]보다 큰 고형물질에 대한 보호
	4	1.0[mm]보다 큰 고형물질에 대한 보호
	5	분진
	6	먼지가 통하지 않음
제2 특성 숫자	0	무보호
	1	똑똑 떨어지는 물방울에 대한 보호
	2	15[°]까지 경사시켰을 때 떨어지는 물방울에 대한 보호
	3	물보라에 대한 보호
	4	튀기는 물에 대한 보호
	5	물분출에 대한 보호
	6	강한 물분사에 대한 보호
	7	일시적 침수의 영향에 대한 보호
	8	잠수에 대한 보호

67 정전기 발생에 영향을 주는 요인에 대한 설명으로 틀린 것은?

① 물체의 분리속도가 빠를수록 발생량은 적어진다.
② 접촉면적이 크고 접촉압력이 높을수록 발생량이 많아진다.
③ 물체 표면이 수분이나 기름으로 오염되면 산화 및 부식에 의해 발생량이 많아진다.
④ 정전기의 발생은 처음 접촉, 분리할 때가 최대로 되고 접촉, 분리가 반복됨에 따라 발생량은 감소한다.

해설 ① 물체의 분리속도가 빠를수록 발생량은 많아진다.

68 전기기기, 설비 및 전선로 등의 충전 유무 등을 확인하기 위한 장비는?

① 위상검출기
② 디스콘 스위치
③ COS
④ 저압 및 고압용 검전기

해설 ④ 검전기(저압용, 고압용, 특고압용) : 충전 유무 확인

69 피뢰기로서 갖추어야 할 성능 중 틀린 것은?

① 충격 방전 개시전압이 낮을 것
② 뇌전류 방전 능력이 클 것
③ 제한전압이 높을 것
④ 속류 차단을 확실하게 할 수 있을 것

해설 ▶ 피뢰기 성능 요건
• 충격 방전 개시전압이 낮을 것
• 제한전압이 낮을 것
• 반복동작이 가능할 것
• 구조가 견고하고 특성이 변화하지 않을 것
• 점검, 보수가 간단할 것
• 뇌전류에 대한 방전능력이 클 것
• 속류의 차단이 확실할 것

정답 66 ① 67 ① 68 ④ 69 ③

70 접지저항 저감 방법으로 틀린 것은?

① 접지극의 병렬 접지를 실시한다.
② 접지극의 매설 깊이를 증가시킨다.
③ 접지극의 크기를 최대한 작게 한다.
④ 접지극 주변의 토양을 개량하여 대지 저항률을 떨어뜨린다.

> **해설** ● **접지저항 저감 방법**
> • 접지극 길이를 길게(크기를 확대)
> • 접지극 병렬 접속
> • 심타공법으로 시공
> • 접지봉 매설 깊이 증가
> • 접지저항 저감제 사용
> • 접지극 주변토양 개량

71 교류 아크용접기의 사용에서 무부하 전압이 80[V], 아크 전압 25[V], 아크 전류 300[A]일 경우 효율은 약 몇 [%]인가? (단, 내부손실은 4[kW]이다.)

① 65.2 ② 70.5
③ 75.3 ④ 80.6

> **해설** 효율 $= \dfrac{출력}{입력} = \dfrac{출력}{출력 + 손실}$
> $= \dfrac{25 \times 300}{(25 \times 300) + (4000)} = 65.2[\%]$

72 아크방전의 전압전류 특성으로 가장 옳은 것은?

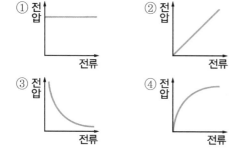

> **해설** 아크방전의 전압과 전류는 서로 반비례한다.

73 다음 중 기기보호등급(EPL)에 해당하지 않는 것은?

① EPL Ga
② EPL Ma
③ EPL Dc
④ EPL Mc

> **해설** ● **기기보호등급**(EPL) : c에서 a로 갈수록 등급이 높다.
> • **EPL Ma, Mb** : 화재가 발생할 수 있는 광산의 장비
> • **EPL Ga, Gb, Gc** : 폭발성 가스 대기용 장비
> • **EPL Da, Db, Dc** : 분진에서 사용하기 위한 장비

74 다음 중 산업안전보건기준에 관한 규칙에 따라 누전차단기를 설치하지 않아도 되는 곳은?

① 철판·철골 위 등 도전성이 높은 장소에서 사용하는 이동형 전기기계·기구
② 대지전압이 220[V]인 휴대형 전기기계·기구
③ 임시배선의 전로가 설치되는 장소에서 사용하는 이동형 전기기계·기구
④ 절연대 위에서 사용하는 전기기계·기구

> **해설** ④ 절연대 위 등과 같이 감전위험이 없는 장소에서 사용하는 전기기계·기구에는 누전차단기를 설치하지 않는다.
> ● **누전차단기 설치대상**(안전보건규칙 제304조 제1항)
> • 대지전압이 150[V]를 초과하는 이동형 또는 휴대형 전기기계·기구
> • 물 등 도전성이 높은 액체가 있는 습윤장소에서 사용하는 저압(1.5천[V] 이하 직류전압이나 1천[V] 이하의 교류전압을 말한다)용 전기기계·기구
> • 철판·철골 위 등 도전성이 높은 장소에서 사용하는 이동형 또는 휴대형 전기기계·기구
> • 임시배선의 전로가 설치되는 장소에서 사용하는 이동형 또는 휴대형 전기기계·기구

70 ③ 71 ① 72 ③ 73 ④ 74 ④ 정답

75 다음 설명이 나타내는 현상은?

전압이 인가된 이극 도체 간의 고체 절연물 표면에 이물질이 부착되면 미소방전이 일어난다. 이 미소방전이 반복되면서 절연물 표면에 도전성 통로가 형성되는 현상이다.

① 흑연화현상
② 트래킹현상
③ 반단선현상
④ 절연이동현상

해설 전선의 피복이 경년변화나 이물질 부착 등에 의해 탄화되면 누전(도전성)에 의한 원인으로 화재가 발생하게 되는데, 이러한 현상을 트래킹 현상이라고 한다.

76 대지에서 용접작업을 하고 있는 작업자가 용접봉에 접촉한 경우 통전전류는? [단, 용접기의 출력측 무부하전압 : 90[V], 접촉저항(손, 용접봉 등 포함) : 10[kΩ], 인체의 내부저항 : 1[kΩ], 발과 대지의 접촉저항 : 20[kΩ]이다.]

① 약 0.19[mA]
② 약 0.29[mA]
③ 약 1.96[mA]
④ 약 2.90[mA]

해설 전류 = $\dfrac{\text{전압}}{\text{저항}} = \dfrac{90}{10+1+20} = 2.90$

77 KS C IEC 60079-10-2에 따라 공기 중에 분진운의 형태로 폭발성 분진 분위기가 지속적으로 또는 장기간 또는 빈번히 존재하는 장소는?

① 0종 장소
② 1종 장소
③ 20종 장소
④ 21종 장소

해설 ①, ② 0종~2종 장소는 가스폭발 위험장소이다.

▶ 분진폭발 위험장소
• **20종** : 불이 붙을 수 있는 먼지가 지속적으로 존재하는 장소
• **21종** : 분진이 24시간 동안 3[mm] 이상 축적되는 장소, 정상 운전 시 불이 붙을 수 있는 분진이 퇴적되는 장소
• **22종** : 21종 주변장소로 고장으로 인한 불이 붙을 수 있는 분진이 간헐적 발생, 드물게 짧은 순간에 존재 가능성이 있는 장소

78 설비의 이상현상에 나타나는 아크(Arc)의 종류가 아닌 것은?

① 단락에 의한 아크
② 지락에 의한 아크
③ 차단기에서의 아크
④ 전선저항에 의한 아크

해설 ④ 전선저항에 의한 아크는 발생하지 않는다.

79 정전기 재해방지에 관한 설명 중 틀린 것은?

① 이황화탄소의 수송 과정에서 배관 내의 유속을 2.5[m/s] 이상으로 한다.
② 포장 과정에서 용기를 도전성 재료에 접지한다.
③ 인쇄 과정에서 도포량을 소량으로 하고 접지한다.
④ 작업장의 습도를 높여 전하가 제거되기 쉽게 한다.

해설 ① 이황화탄소의 수송 과정에서 배관 내의 유속을 1.0[m/s] 이상으로 한다.

80 한국전기설비규정에 따라 사람이 쉽게 접촉할 우려가 있는 곳에 금속제 외함을 가지는 저압의 기계기구가 시설되어 있다. 이 기계기구의 사용전압이 몇 [V]를 초과할 때 전기를 공급하는 전로에 누전차단기를 시설해야 하는가? (단, 누전차단기를 시설하지 않아도 되는 조건은 제외한다.)

① 30[V]

② 40[V]

③ 50[V]

④ 60[V]

해설 ▶ **한국전기설비규정(KEC) 211.2.4 누전차단기의 시설**
금속제 외함을 가지는 사용전압이 50[V]를 초과하는 저압의 기계기구로서 사람이 쉽게 접촉할 우려가 있는 곳에 시설하는 것에 전기를 공급하는 전로에 누전차단기를 시설해야 한다.

5과목 화학설비위험방지기술

81 다음 중 공기 중 최소 발화에너지 값이 가장 작은 물질은?

① 에틸렌

② 아세트알데히드

③ 메탄

④ 에탄

해설 ① 에틸렌 : 0.07[mJ]
② 아세트알데히드 : 0.36[mJ]
③ 메탄 : 0.28[mJ]
④ 에탄 : 0.24[mJ]

82 다음 표의 가스(A~D)를 위험도가 큰 것부터 작은 순으로 나열한 것은?

	폭발하한값	폭발상한값
A	4.0[vol%]	75.0[vol%]
B	3.0[vol%]	80.0[vol%]
C	1.25[vol%]	44.0[vol%]
D	2.5[vol%]	81.0[vol%]

① D - B - C - A

② D - B - A - C

③ C - D - A - B

④ C - D - B - A

해설 위험도 $= \dfrac{폭발상한값 - 폭발하한값}{폭발하한값}$

$A = 17.75$, $B = 25.67$, $C = 34.2$, $D = 31.4$
따라서 위험도가 큰 순서로 나열하면 C - D - B - A가 된다.

83 알루미늄분이 고온의 물과 반응하였을 때 생성되는 가스는?

① 이산화탄소

② 수소

③ 메탄

④ 에탄

해설 알루미늄이 고온의 물과 반응하면 수소를 생성한다.

84 메탄, 에탄, 프로판의 폭발하한계가 각각 5[vol%], 2[vol%], 2.1[vol%]일 때 다음 중 폭발하한계가 가장 낮은 것은? (단, Le Chatelier의 법칙을 이용한다.)

① 메탄 20[vol%], 에탄 30[vol%], 프로판 50[vol%]의 혼합가스

② 메탄 30[vol%], 에탄 30[vol%], 프로판 40[vol%]의 혼합가스

③ 메탄 40[vol%], 에탄 30[vol%], 프로판 30[vol%]의 혼합가스

④ 메탄 50[vol%], 에탄 30[vol%], 프로판 20[vol%]의 혼합가스

해설 르 샤틀리에의 공식

$$L = \cfrac{100}{\cfrac{V_1}{L_1} + \cfrac{V_2}{L_2} + \cdots + \cfrac{V_n}{L_n}}$$

① $\cfrac{100}{\cfrac{20}{5} + \cfrac{30}{2} + \cfrac{50}{2.1}} = 2.336$

② $\cfrac{100}{\cfrac{30}{5} + \cfrac{30}{2} + \cfrac{40}{2.1}} = 2.497$

③ $\cfrac{100}{\cfrac{40}{5} + \cfrac{30}{2} + \cfrac{30}{2.1}} = 2.681$

④ $\cfrac{100}{\cfrac{50}{5} + \cfrac{30}{2} + \cfrac{20}{2.1}} = 2.897$

85 고압가스 용기 파열사고의 주요 원인 중 하나는 용기의 내압력(耐壓力, capacity to resist presure) 부족이다. 다음 중 내압력 부족의 원인으로 거리가 먼 것은?

① 용기 내벽의 부식 ② 강재의 피로
③ 과잉 충전 ④ 용접 불량

해설 ▶ 내압력 부족의 원인 : 용기 내벽의 부식, 강재의 피로, 용접 불량, 용기낙하·충돌·충격 및 기타 타격, 용기의 절단 등

86 질화면(Nitrocellulose)은 저장·취급 중에는 에틸알코올 등으로 습면상태를 유지해야 한다. 그 이유를 옳게 설명한 것은?

① 질화면은 건조 상태에서는 자연적으로 분해하면서 발화할 위험이 있기 때문이다.
② 질화면은 알코올과 반응하여 안정한 물질을 만들기 때문이다.
③ 질화면은 건조 상태에서 공기 중의 산소와 환원반응을 하기 때문이다.
④ 질화면은 건조 상태에서 유독한 중합물을 형성하기 때문이다.

해설 질화면은 주로 다이너마이트나 로켓 연료 등에 사용된다. 건조한 상태에서는 쉽게 발화하므로 알코올에 담가서 보관한다.

87 분진폭발의 특징으로 옳은 것은?

① 연소속도가 가스폭발보다 크다.
② 완전연소로 가스중독의 위험이 작다.
③ 화염의 파급속도보다 압력의 파급속도가 빠르다.
④ 가스폭발보다 연소시간은 짧고 발생에너지는 작다.

해설 ▶ 분진폭발의 특징
• 가스폭발과 비교하여 작지만 연소시간이 길다.
• 발생에너지가 크기 때문에 파괴력과 타는 정도가 크다.
• 발화에너지는 상대적으로 훨씬 크다.
• 압력속도는 300[m/s] 정도이다.
• 화염의 파급속도보다 압력의 파급속도가 훨씬 빠르다.

88 크롬에 대한 설명으로 옳은 것은?

① 은백색 광택이 있는 금속이다.
② 중독 시 미나마타병이 발병한다.
③ 비중이 물보다 작은 값을 나타낸다.
④ 3가 크롬이 인체에 가장 유해하다.

해설 ② 중독 시 피부궤양이나 비중격천공 등이 나타난다. 미나마타병은 수은 중독으로 발병한다.
③ 비중이 물보다 큰 값을 나타낸다.
④ 크롬 중독은 6가 크롬에 의하여 발생한다.

89 사업주는 인화성 액체 및 인화성 가스를 저장 취급하는 화학설비에서 증기나 가스를 대기로 방출하는 경우에는 외부로부터의 화염을 방지하기 위하여 화염방지기를 설치하여야 한다. 다음 중 화염방지기의 설치 위치로 옳은 것은?

① 설비의 상단 ② 설비의 하단
③ 설비의 측면 ④ 설비의 조작부

정답 85 ③ 86 ① 87 ③ 88 ① 89 ①

해설 사업주는 인화성 액체 및 인화성 가스를 저장·취급하는 화학설비에서 증기나 가스를 대기로 방출하는 경우에는 외부로부터의 화염을 방지하기 위하여 화염방지기를 그 설비 상단에 설치해야 한다. 다만, 대기로 연결된 통기관에 화염방지 기능이 있는 통기밸브가 설치되어 있거나, 인화점이 섭씨 38[℃] 이상 60[℃] 이하인 인화성 액체를 저장·취급할 때에 화염방지 기능을 가지는 인화방지망을 설치한 경우에는 그렇지 않다(안전보건규칙 제269조 제1항).

90 열교환탱크 외부를 두께 0.2[m]의 단열재(열전도율 k = 0.037[kcal/m·h·℃])로 보온하였더니 단열재 내면은 40[℃], 외면은 20[℃]이었다. 면적 1[m²]당 1시간에 손실되는 열량[kcal]은?

① 0.0037
② 0.037
③ 1.37
④ 3.7

해설 손실되는 열량 = 열전도율 × $\dfrac{온도차}{두께}$

$$= 0.037 \times \frac{40-20}{0.2}$$

$$= 0.037 \times \frac{200}{2} = 3.7$$

91 산업안전보건법령상 다음 인화성 가스의 정의에서 ( ) 안에 알맞은 값은?

> "인화성 가스"란 인화한계 농도의 최저한도가 (㉠)[%] 이하 또는 최고한도와 최저한도의 차가 (㉡)[%] 이상인 것으로서 표준압력(101.3 [kPa], 20[℃])에서 가스 상태인 물질을 말한다.

① ㉠ 13, ㉡ 12
② ㉠ 13, ㉡ 15
③ ㉠ 12, ㉡ 13
④ ㉠ 12, ㉡ 15

해설 인화성 가스란 인화한계 농도의 최저한도가 13[%] 이하 또는 최고한도와 최저한도의 차가 12[%] 이상인 것으로서 표준압력의 20[℃]에서 가스 상태인 물질을 말한다.

92 액체 표면에서 발생한 증기농도가 공기 중에서 연소하한농도가 될 수 있는 가장 낮은 액체온도를 무엇이라 하는가?

① 인화점
② 비등점
③ 연소점
④ 발화온도

해설 인화점이란, 기체 또는 휘발성 액체에서 발생하는 증기가 공기와 섞여 가연성 또는 완폭발성 혼합기체를 형성하고 여기에 불꽃을 가까이 댔을 때 순간적으로 섬광을 내면서 연소, 인화되는 최저의 온도를 말한다.

93 위험물의 저장방법으로 적절하지 않은 것은?

① 탄화칼슘은 물속에 저장한다.
② 벤젠은 산화성 물질과 격리시킨다.
③ 금속나트륨은 석유 속에 저장한다.
④ 질산은 갈색병에 넣어 냉암소에 보관한다.

해설 탄화칼슘(CaC₂)은 물(H₂O)을 만나면 가연성 C₂H₂(아세틸렌)을 발생시키기 때문에 습기 없는 밀폐용기에 불연성가스를 넣어서 보관한다.

94 다음 중 열교환기의 보수에 있어 일상점검항목과 정기적 개방점검항목으로 구분할 때 일상점검항목으로 거리가 먼 것은?

① 도장의 노후상황
② 부착물에 의한 오염의 상황
③ 보온재, 보냉재의 파손 여부
④ 기초볼트의 체결정도

해설 ② 생성물, 부착물에 의한 오염은 내부에서 일어나는 현상이므로 개방점검에 해당한다.
> **일상점검항목**
> • 보온재 및 보냉재의 파손상황
> • 도장의 노후상황
> • 플랜지(Flange)부, 용접부 등의 누설 여부
> • 기초볼트의 조임 상태

90 ④ 91 ① 92 ① 93 ① 94 ② **정답**

95 다음 중 반응기의 구조 방식에 의한 분류에 해당하는 것은?

① 탑형 반응기
② 연속식 반응기
③ 반회분식 반응기
④ 회분식 균일상반응기

해설 ▶ **반응기의 분류**
• **조작(운전)방식에 의한 분류** : 회분식, 연속식, 반회분식
• **구조에 의한 분류** : 관형, 탑형, 교본기형, 유동충형

96 산업안전보건법에서 정한 위험물질을 기준량 이상 제조하거나 취급하는 화학설비로서 내부의 이상상태를 조기에 파악하기 위하여 필요한 온도계·유량계·압력계 등의 계측장치를 설치하여야 하는 대상이 아닌 것은?

① 가열로 또는 가열기
② 증류·정류·증발·추출 등 분리를 하는 장치
③ 반응폭주 등 이상 화학반응에 의하여 위험물질이 발생할 우려가 있는 설비
④ 흡열반응이 일어나는 반응장치

해설 ▶ **계측장치 등을 설치해야 할 특수화학설비**(안전보건규칙 제273조)
• 발열반응이 일어나는 반응장치
• 증류·정류·증발·추출 등 분리를 하는 장치
• 가열시켜 주는 물질의 온도가 가열되는 위험물질의 분해온도 또는 발화점보다 높은 상태에서 운전되는 설비
• 반응폭주 등 이상 화학반응에 의하여 위험물질이 발생할 우려가 있는 설비
• 온도가 섭씨 350[℃] 이상이거나 게이지 압력이 980[kPa] 이상인 상태에서 운전되는 설비
• 가열로 또는 가열기

97 다음 중 퍼지(purge)의 종류에 해당하지 않는 것은?

① 압력퍼지
② 진공퍼지
③ 스위프퍼지
④ 가열퍼지

해설 퍼지의 종류로는 진공퍼지(저압퍼지), 압력퍼지, 스위프 퍼지가 있다.

98 폭발한계와 완전 연소조정관계인 Jones식을 이용하여 부탄(C_4H_{10})의 폭발하한계를 구하면 몇 [vol%]인가?

① 1.4
② 1.7
③ 2.0
④ 2.3

해설 • Jones식 폭발하한계 $= 0.55 \times Cst$

$$Cst = \cfrac{100}{1+4.773\left(n+\cfrac{m-f-2\lambda}{4}\right)}$$

$$= \cfrac{100}{1+4.773\left(4+\cfrac{10}{4}\right)} = 3.1226$$

폭발하한계 $= 3.1226 \times 0.55 = 1.72$

99 가스를 분류할 때 독성가스에 해당하지 않는 것은?

① 황화수소
② 시안화수소
③ 이산화탄소
④ 산화에틸렌

해설 ③ 이산화탄소는 독성가스에 해당하지 않지만, 일산화탄소는 독성가스에 해당한다.

100 다음 중 폭발 방호대책과 가장 거리가 먼 것은?

① 불활성화
② 억제
③ 방산
④ 봉쇄

해설 ① 불활성화는 소화대책에 해당된다.
▶ **폭발화재의 근본대책**
• 폭발봉쇄
• 폭발억제
• 폭발방산

정답 95 ① 96 ④ 97 ④ 98 ② 99 ③ 100 ①

6과목 건설안전기술

101 터널공사에서 발파작업 시 안전대책으로 옳지 않은 것은?

① 발파전 도화선 연결상태, 저항치 조사 등의 목적으로 도통시험 실시 및 발파기의 작동상태에 대한 사전점검 실시

② 모든 동력선은 발원점으로부터 최소한 15[m] 이상 후방으로 옮길 것

③ 지질, 암의 절리 등에 따라 화약량에 대한 검토 및 시방기준과 대비하여 안전조치 실시

④ 발파용 점화회선은 타동력선 및 조명회선과 한 곳으로 통합하여 관리

> **해설** ④ 발파용 점화회선은 타동력선 및 조명회선으로부터 분리되어야 한다.

102 건설업 산업안전보건관리비 계상 및 사용기준은 산업재해보상 보험법의 적용을 받는 공사 중 총 공사금액이 얼마 이상인 공사에 적용하는가? (단, 전기공사업법, 정보통신공사업법에 의한 공사는 제외)

① 4천만원 ② 3천만원

③ 2천만원 ④ 1천만원

> **해설** ▶ **건설업 산업안전보건관리비 계상 및 사용기준 제3조**
> 이 고시는 산업안전보건법 제2조 제11호의 건설공사 중 총 공사금액 2천만원 이상인 공사에 적용한다. 다만, 다음 각 호의 어느 하나에 해당되는 공사 중 단가계약에 의하여 행하는 공사에 대하여는 총계약금액을 기준으로 적용한다.
> • 전기공사업법 제2조에 따른 전기공사로서 저압·고압 또는 특별고압 작업으로 이루어지는 공사
> • 정보통신공사업법 제2조에 따른 정보통신공사

103 건설업의 공사금액이 850억원일 경우 산업안전보건법령에 따른 안전관리자의 수로 옳은 것은? (단, 전체 공사기간을 100으로 할 때 공사 전·후 15에 해당하는 경우는 고려하지 않는다.)

① 1명 이상

② 2명 이상

③ 3명 이상

④ 4명 이상

> **해설** ▶ **안전관리자의 선임**(산업안전보건법 시행령 제16조 별표 3)
> • 공사금액 50억원 이상(관계 수급인은 100억원 이상) 120억원 미만 : 1명 이상
> • 공사금액 120억원 이상 800억원 미만 : 1명 이상
> • 공사금액 800억원 이상 1500억원 미만 : 2명 이상

104 거푸집 동바리의 침하를 방지하기 위한 직접적인 조치로 옳지 않은 것은?

① 수평연결재 사용

② 깔목의 사용

③ 콘크리트의 타설

④ 말뚝박기

> **해설** ▶ **거푸집동바리의 안전조치**(안전보건기준 규칙 제332조)
> • 깔목의 사용, 콘크리트 타설, 말뚝박기 등 동바리의 침하를 방지하기 위한 조치를 할 것
> • 개구부 상부에 동바리를 설치하는 경우에는 상부하중을 견딜 수 있는 견고한 받침대를 설치할 것
> • 동바리의 상하 고정 및 미끄러짐 방지 조치를 하고, 하중의 지지상태를 유지할 것
> • 동바리의 이음은 맞댄이음이나 장부이음으로 하고 같은 품질의 재료를 사용할 것
> • 강재와 강재의 접속부 및 교차부는 볼트·클램프 등 전용철물을 사용하여 단단히 연결할 것
> • 거푸집이 곡면인 경우에는 버팀대의 부착 등 그 거푸집의 부상(浮上)을 방지하기 위한 조치를 할 것

101 ④ 102 ③ 103 ② 104 ① **정답**

105 달비계에 사용하는 와이어로프의 사용금지 기준으로 옳지 않은 것은?

① 이음매가 있는 것

② 열과 전기 충격에 의해 손상된 것

③ 지름의 감소가 공칭지름의 7[%]를 초과하는 것

④ 와이어로프의 한 꼬임에서 끊어진 소선의 수가 7[%] 이상인 것

> **해설** ◆ **와이어로프의 사용금지 기준**(안전보건규칙 제63조)
> • 이음매가 있는 것
> • 와이어로프의 한 꼬임[스트랜드(strand)를 말한다.]에서 끊어진 소선(素線)[필러(pillar)선은 제외한다]의 수가 10[%] 이상(비자전로프의 경우에는 끊어진 소선의 수가 와이어로프 호칭지름의 6배 길이 이내에서 4개 이상이거나 호칭지름 30배 길이 이내에서 8개 이상)인 것
> • 지름의 감소가 공칭지름의 7[%]를 초과하는 것
> • 꼬인 것
> • 심하게 변형되거나 부식된 것
> • 열과 전기충격에 의해 손상된 것

106 항타기 또는 항발기의 사용 시 준수사항으로 옳지 않은 것은?

① 증기나 공기를 차단하는 장치를 작업관리자가 쉽게 조작할 수 있는 위치에 설치한다.

② 해머의 운동에 의하여 공기호스와 해머의 접속부가 파손되거나 벗겨지는 것을 방지하기 위하여 그 접속부가 아닌 부위를 선정하여 공기호스를 해머에 고정시킨다.

③ 항타기나 항발기의 권상장치의 드럼에 권상용 와이어로프가 꼬인 경우에는 와이어로프에 하중을 걸어서는 안 된다.

④ 항타기나 항발기의 권상장치에 하중을 건 상태로 정지하여 두는 경우에는 쐐기장치 또는 역회전방지용 브레이크를 사용하여 제동하는 등 확실하게 정지시켜 두어야 한다.

> **해설** ◆ **안전보건규칙 제217조**
> • 사업주는 압축공기를 동력원으로 하는 항타기나 항발기를 사용하는 경우에는 다음의 사항을 준수하여야 한다.
> − 해머의 운동에 의하여 공기호스와 해머의 접속부가 파손되거나 벗겨지는 것을 방지하기 위하여 그 접속부가 아닌 부위를 선정하여 공기호스를 해머에 고정시킬 것
> − 공기를 차단하는 장치를 해머의 운전자가 쉽게 조작할 수 있는 위치에 설치할 것
> • 사업주는 항타기나 항발기의 권상장치의 드럼에 권상용 와이어로프가 꼬인 경우에는 와이어로프에 하중을 걸어서는 아니 된다.
> • 사업주는 항타기나 항발기의 권상장치에 하중을 건 상태로 정지하여 두는 경우에는 쐐기장치 또는 역회전방지용 브레이크를 사용하여 제동하는 등 확실하게 정지시켜 두어야 한다.

107 건설업 중 유해위험방지계획서 제출 대상 사업장으로 옳지 않은 것은?

① 지상높이가 31[m] 이상인 건축물 또는 인공구조물, 연면적 30000[m²] 이상인 건축물 또는 연면적 5000[m²] 이상의 문화 및 집회시설의 건설공사

② 연면적 3000[m²] 이상의 냉동・냉장 창고시설의 설비공사 및 단열공사

③ 깊이 10[m] 이상인 굴착공사

④ 최대 지간길이가 50[m] 이상인 다리의 건설공사

> **해설** ② 연면적 5000[m²] 이상의 냉동・냉장 창고시설의 설비공사 및 단열공사가 유해위험방지계획서 제출 대상이다(산업안전보건법 시행령 제42조).

108 건설작업용 타워크레인의 안전장치로 옳지 않은 것은?

① 권과방지장치　　② 과부하방지장치

③ 비상정지장치　　④ 호이스트 스위치

> **해설** ④ 호이스트 스위치는 호이스트 크레인의 안전장치이다.

109 이동식 비계를 조립하여 작업을 하는 경우의 준수 기준으로 옳지 않은 것은?

① 비계의 최상부에서 작업을 할 때에는 안전난간을 설치하여야 한다.

② 작업발판의 최대적재하중은 400[kg]을 초과하지 않도록 한다.

③ 승강용 사다리는 견고하게 설치하여야 한다.

④ 작업발판은 항상 수평을 유지하고 작업발판 위에서 안전난간을 딛고 작업을 하거나 받침대 또는 사다리를 사용하여 작업하지 않도록 한다.

해설 ② 작업발판의 최대적재하중은 250[kg]을 초과하지 않도록 한다.

110 토사붕괴원인으로 옳지 않은 것은?

① 경사 및 기울기 증가

② 성토높이의 증가

③ 건설기계 등 하중작용

④ 토사중량의 감소

해설 ④ 토사중량이 증가하면 토사붕괴의 원인이 된다.

111 건설용 리프트의 붕괴 등을 방지하기 위해 받침의 수를 증가시키는 등 안전조치를 하여야 하는 순간 풍속 기준은?

① 초당 15[m] 초과   ② 초당 25[m] 초과

③ 초당 35[m] 초과   ④ 초당 45[m] 초과

해설 순간풍속이 초당 35[m]를 초과하는 바람이 불어올 우려가 있는 경우 건설용 리프트(지하에 설치되어 있는 것은 제외한다)에 대하여 받침의 수를 증가시키는 등 그 붕괴 등을 방지하기 위한 조치를 하여야 한다(안전보건규칙 제154조 제2항).

112 토사붕괴에 따른 재해를 방지하기 위한 흙막이 지보공 부재로 옳지 않은 것은?

① 흙막이판

② 말뚝

③ 턴버클

④ 띠장

해설 ▶ 흙막이 지보공 부재 : 흙막이판·말뚝·버팀대 및 띠장

113 가설구조물의 특징으로 옳지 않은 것은?

① 연결재가 적은 구조로 되기 쉽다.

② 부재 결합이 간략하여 불안전 결합이다.

③ 구조물이라는 개념이 확고하여 조립의 정밀도가 높다.

④ 사용부재는 과소단면이거나 결함재가 되기 쉽다.

해설 ③ 건축물의 시공 후 철거되는 임시 구조물이므로 조립의 정밀도가 높지 않다.

114 사다리식 통로 등의 구조에 대한 설치기준으로 옳지 않은 것은?

① 발판의 간격은 일정하게 할 것

② 발판과 벽과의 사이는 15[cm] 이상의 간격을 유지할 것

③ 사다리식 통로의 길이가 10[m] 이상인 때에는 7[m] 이내마다 계단참을 설치할 것

④ 사다리의 상단은 걸쳐놓은 지점으로부터 60[cm] 이상 올라가도록 할 것

해설 ▶ **사다리식 통로 등의 구조**(안전보건규칙 제24조)
- 견고한 구조로 할 것
- 심한 손상·부식 등이 없는 재료를 사용할 것
- 발판의 간격은 일정하게 할 것
- 발판과 벽과의 사이는 15[cm] 이상의 간격을 유지할 것
- 폭은 30[cm] 이상으로 할 것
- 사다리가 넘어지거나 미끄러지는 것을 방지하기 위한 조치를 할 것
- 사다리의 상단은 걸쳐놓은 지점으로부터 60[cm] 이상 올라가도록 할 것
- 사다리식 통로의 길이가 10[m] 이상인 경우에는 5[m] 이내마다 계단참을 설치할 것
- 사다리식 통로의 기울기는 75[°] 이하로 할 것. 다만, 고정식 사다리식 통로의 기울기는 90[°] 이하로 하고, 그 높이가 7[m] 이상인 경우에는 바닥으로부터 높이가 2.5[m] 되는 지점부터 등받이울을 설치할 것
- 접이식 사다리 기둥은 사용 시 접혀지거나 펼쳐지지 않도록 철물 등을 사용하여 견고하게 조치할 것

115 가설통로를 설치하는 경우 준수해야 할 기준으로 옳지 않은 것은?

① 경사는 30[°] 이하로 할 것
② 경사가 25[°]를 초과하는 경우에는 미끄러지지 아니하는 구조로 할 것
③ 건설공사에 사용하는 높이 8[m] 이상인 비계다리에는 7[m] 이내마다 계단참을 설치할 것
④ 수직갱에 가설된 통로의 길이가 15[m] 이상인 때에는 10[m] 이내마다 계단참을 설치할 것

해설 ▶ **가설통로의 설치기준**(안전보건규칙 제23조)
- 견고한 구조로 할 것
- 경사는 30[°] 이하로 할 것. 다만, 계단을 설치하거나 높이 2[m] 미만의 가설통로로서 튼튼한 손잡이를 설치한 경우에는 그러하지 아니하다.
- 경사가 15[°]를 초과하는 경우에는 미끄러지지 아니하는 구조로 할 것
- 추락할 위험이 있는 장소에는 안전난간을 설치할 것. 다만, 작업상 부득이한 경우에는 필요한 부분만 임시로 해체할 수 있다.

- 수직갱에 가설된 통로의 길이가 15[m] 이상인 경우에는 10[m] 이내마다 계단참을 설치할 것
- 건설공사에 사용하는 높이 8[m] 이상인 비계다리에는 7[m] 이내마다 계단참을 설치할 것

116 건설현장에 거푸집동바리 설치 시 준수사항으로 옳지 않은 것은?

① 파이프서포트 높이가 4.5[m]를 초과하는 경우에는 높이 2[m] 이내마다 2개 방향으로 수평 연결재를 설치한다.
② 동바리의 침하 방지를 위해 깔목의 사용, 콘크리트 타설, 말뚝박기 등을 실시한다.
③ 강재와 강재의 접속부는 볼트 또는 클램프 등 전용철물을 사용한다.
④ 강관틀 동바리는 강관틀과 강관틀 사이에 교차가새를 설치한다.

해설 ① 높이가 3.5[m]를 초과하는 경우에는 높이 2[m] 이내마다 2개 방향으로 수평 연결재를 설치한다(안전보건규칙 제332조).

117 고소작업대를 설치 및 이동하는 경우에 준수하여야 할 사항으로 옳지 않은 것은?

① 와이어로프 또는 체인의 안전율은 3 이상일 것
② 붐의 최대 지면경사각을 초과 운전하여 전도되지 않도록 할 것
③ 고소작업대를 이동하는 경우 작업대를 가장 낮게 내릴 것
④ 작업대에 끼임·충돌 등 재해를 예방하기 위한 가드 또는 과상승방지장치를 설치할 것

해설 ① 와이어로프 또는 체인의 안전율은 5 이상이어야 한다.

정답 115 ② 116 ① 117 ①

118 건설공사의 유해위험방지계획서 제출 기준일로 옳은 것은?

① 당해공사 착공 1개월 전까지
② 당해공사 착공 15일 전까지
③ 당해공사 착공 전날까지
④ 당해공사 착공 15일 후까지

해설 사업주가 유해위험방지계획서를 제출할 때에는 건설공사 유해위험방지계획서에 서류를 첨부하여 해당 공사의 착공 전날까지 공단에 2부를 제출해야 한다(산업안전보건법 시행규칙 제42조 제3항).

119 철골건립준비를 할 때 준수하여야 할 사항으로 옳지 않은 것은?

① 지상 작업장에서 건립준비 및 기계기구를 배치할 경우에는 낙하물의 위험이 없는 평탄한 장소를 선정하여 정비하여야 한다.
② 건립작업에 다소 지장이 있다 하더라도 수목은 제거하거나 이설하여서는 안 된다.
③ 사용 전에 기계기구에 대한 정비 및 보수를 철저히 실시하여야 한다.
④ 기계에 부착된 앵커 등 고정장치와 기초구조 등을 확인하여야 한다.

해설 ② 건립작업에 다소 지장이 있다면 수목은 제거하여 안전작업을 실시하여야 한다.

120 가설공사 표준안전 작업지침에 따른 통로발판을 설치하여 사용함에 있어 준수사항으로 옳지 않은 것은?

① 추락의 위험이 있는 곳에는 안전난간이나 철책을 설치하여야 한다.
② 작업발판의 최대폭은 1.6[m] 이내이어야 한다.
③ 비계발판의 구조에 따라 최대 적재하중을 정하고 이를 초과하지 않도록 하여야 한다.
④ 발판을 겹쳐 이음하는 경우 장선 위에서 이음을 하고 겹침길이는 10[cm] 이상으로 하여야 한다.

해설 ▶ **가설발판의 지지력**
- 근로자가 작업 및 이동하기에 충분한 넓이 확보
- 추락의 위험이 있는 곳에 안전난간 또는 철책 설치
- 발판을 겹쳐 이음 시 장선 위에 이음하고 겹침길이는 20[cm] 이상
- 발판 1개에 대한 지지물은 2개 이상
- 작업발판의 최대폭은 1.6[m] 이내
- 작업발판 위에는 돌출된 못, 옹이, 철선 등이 없을 것
- 비계발판의 구조에 따라 최대적재하중을 정하고 초과 금지

2022년 제3회 기출 복원문제

1과목 안전관리론

01 매슬로우(Maslow)의 욕구단계 이론 중 2단계에 해당되는 것은?

① 생리적 욕구
② 안전에 대한 욕구
③ 자아실현의 욕구
④ 존경과 긍지에 대한 욕구

해설 ▶ 매슬로우의 욕구단계 이론

단계	이론	설명
5단계	자아실현의 욕구	잠재능력의 극대화, 성취의 욕구
4단계	인정받으려는 욕구	자존심, 성취감, 승진 등 자존의 욕구
3단계	사회적 욕구	소속감과 애정에 대한 욕구
2단계	안전의 욕구	자기존재에 대한 욕구, 보호받으려는 욕구
1단계	생리적 욕구	기본적 욕구로서 강도가 가장 높은 욕구

02 기업 내 정형교육 중 TWI(Training Within Industry)의 교육내용이 아닌 것은?

① Job Method Training
② Job Relation Training
③ Job Instruction Training
④ Job Standardization Training

해설
• Job Method Training(J.M.T) : 작업방법훈련
• Job Instruction Training(J.I.T) : 작업지도훈련
• Job Relations Training(J.R.T) : 인간관계훈련
• Job Safety Training(J.S.T) : 작업안전훈련

03 라인(Line)형 안전관리 조직의 특징으로 옳은 것은?

① 안전에 관한 기술의 축적이 용이하다.
② 안전에 관한 지시나 조치가 신속하다.
③ 조직원 전원을 자율적으로 안전활동에 참여시킬 수 있다.
④ 권한 다툼이나 조정 때문에 통제수속이 복잡해지며, 시간과 노력이 소모된다.

해설 ▶ 라인형 조직

장점	• 안전에 대한 지시 및 전달이 신속·용이하다. • 명령계통이 간단·명료하다. • 참모식보다 경제적이다.
단점	• 안전에 관한 전문지식 부족 및 기술의 축적이 미흡하다. • 안전정보 및 신기술 개발이 어렵다 • 라인에 과중한 책임이 물린다.

04 참가자에게 일정한 역할을 주어 실제적으로 연기를 시켜봄으로써 자기의 역할을 보다 확실히 인식할 수 있도록 체험학습을 시키는 교육방법은?

① Role playing
② Brain storming
③ Action playing
④ Fish Bowl plaing

해설 일상생활에서의 여러 역할을 모의로 실연(實演)하는 일. 개인이나 집단의 사회적 적응을 향상하기 위한 치료 및 훈련 방법의 하나이다.

05 주의의 수준이 Phase 0인 상태에서의 의식상태로 옳은 것은?

① 무의식 상태
② 의식의 이완 상태
③ 명료한 상태
④ 과긴장 상태

정답 01 ② 02 ④ 03 ② 04 ① 05 ①

단계 (phase)	뇌파 패턴	의식상태 (mode)	주의의 작용	생리적 상태	신뢰성
0	δ파	무의식, 실신	제로	수면, 뇌발작	0
I	θ파	의식이 둔한 상태	활발하지 않음	피로 단조, 졸림, 취중	0.9
II	α파	편안한 상태	수동적임	안정적 상태, 휴식시, 정상 작업시	0.99~ 0.9999
III	β파	명석한 상태	활발함, 적극적임	적극적 활동시	0.9999 이상
IV	β파	흥분상태 (과긴장)	일점에 응집, 판단정지	긴급 방위 반응, 당황, 패닉	0.9 이하

06 최대사용전압이 교류(실효값) 500[V] 또는 직류 750[V]인 내전압용 절연장갑의 등급은?

① 00

② 0

③ 1

④ 2

해설

등급	최대사용전압		색상
	교류([V], 실횻값)	직류[V]	
00등급	500	750	갈색
0등급	1000	1500	빨간색
1등급	7500	11250	흰색
2등급	17000	25500	노란색
3등급	26500	39750	녹색
4등급	36000	54000	등색

07 인간의 적응기제 중 방어기제로 볼 수 없는 것은?

① 승화

② 고립

③ 합리화

④ 보상

해설 ▶ 인간의 방어기제

- **보상** : 결함과 무능에 의해 생긴 열등감이나 긴장을 장점 같은 것으로 그 결함을 보충하려는 행동
- **합리화** : 실패나 약점을 그럴듯한 이유로 비난받지 않도록 하거나 자위하는 행동(변명)
- **투사** : 불만이나 불안을 해소하기 위해 남에게 뒤집어 씌우는 식
- **동일시** : 실현할 수 없는 적응을 타인 또는 어떤 집단에 자신과 동일한 것으로 여겨 욕구를 만족
- **승화** : 억압당한 욕구를 다른 가치 있는 목적을 실현하도록 노력하여 욕구 충족
- ※ 방어기제는 긍정적 요소로 부정적 요소가 방어기제가 아님.

08 교육훈련 기법 중 off.J.T의 장점에 해당되지 않는 것은?

① 우수한 전문가를 강사로 활용할 수 있다.

② 특별 교재, 교구, 설비를 유효하게 활용할 수 있다.

③ 다수의 근로자에게 조직적 훈련이 가능하다.

④ 직장의 실정에 맞는 실제적인 교육이 가능하다.

해설 ▶ Off.J.T와 OJT 비교

Off.J.T	• 한 번에 다수의 대상을 일괄적, 조직적으로 교육할 수 있다. • 전문분야의 우수한 강사진을 초빙할 수 있다. • 교육기자재 및 특별 교재 또는 시설을 유효하게 활용할 수 있다.
OJT	• 직장의 현장 실정에 맞는 구체적이고 실질적인 교육이 가능하다. • 교육의 효과가 업무에 신속하게 반영된다. • 교육의 이해도가 빠르고 동기부여가 쉽다.

09 산업안전보건법상 안전관리자의 업무에 해당되지 않는 것은?

① 업무수행 내용의 기록·유지

② 산업재해에 관한 통계의 유지·관리·분석을 위한 보좌 및 조언·지도

③ 법 또는 법에 따른 명령으로 정한 안전에 관한 사항의 이행에 관한 보좌 및 조언·지도

④ 작업장 내에서 사용되는 전체 환기장치 및 국소 배기장치 등에 관한 설비의 점검과 작업방법의 공학적 개선에 관한 보좌 및 조언·지도

해설 ▶ **안전관리자의 업무**(산업안전보건법 시행령 제18조 제1항)

- 안전보건관리규정 및 취업규칙에서 정한 업무
- 위험성평가에 관한 보좌 및 지도·조언
- 안전인증대상기계 등에 따른 자율안전확인대상기계 등 구입 시 적격품의 선정에 관한 보좌 및 지도·조언
- 해당 사업장 안전교육계획의 수립 및 안전교육 실시에 관한 보좌 및 지도·조언
- 사업장 순회점검, 지도 및 조치 건의
- 산업재해 발생의 원인 조사·분석 및 재발 방지를 위한 기술적 보좌 및 지도·조언
- 산업재해에 관한 통계의 유지·관리·분석을 위한 보좌 및 지도·조언
- 법 또는 법에 따른 명령으로 정한 안전에 관한 사항의 이행에 관한 보좌 및 지도·조언
- 업무 수행 내용의 기록·유지
- 그 밖에 안전에 관한 사항으로서 고용노동부장관이 정하는 사항

10 근로자수 300명, 총 근로시간수 48시간×50주이고, 연재해건수는 200건일 때 이 사업장의 강도율은? (단, 연 근로손실일수는 800일로 한다.)

① 1.11

② 0.90

③ 0.16

④ 0.84

해설 강도율 $= \dfrac{총요양근로손실일수}{연근로시간수} \times 1000$

$= \dfrac{800}{300 \times 48 \times 50} \times 1000 = 1.11$

11 재해예방의 4원칙이 아닌 것은?

① 손실우연의 원칙

② 사실확인의 원칙

③ 원인계기의 원칙

④ 대책선정의 원칙

해설 ▶ **재해예방 4원칙**

- **예방가능의 원칙** : 천재지변을 제외한 모든 인재는 예방이 가능하다.
- **손실우연의 원칙** : 사고의 결과 손실의 유무 또는 대소는 사고 당시의 조건에 따라서 우연적으로 발생한다.
- **원인계기의 원칙** : 사고에는 반드시 원인이 있고 원인은 대부분 연계 원인이다.
- **대책선정의 원칙** : 사고의 원인이나 불안전 요소가 발견되면 반드시 대책은 실시되어야 하며 대책 선정이 가능하다. 대책에는 재해 방지의 세 기둥이라 할 수 있는 3E, 즉 기술적 대책, 교육적 대책, 규제적 대책을 들 수 있다.

12 A 사업장의 강도율이 2.5이고, 연간 재해발생 건수가 12건, 연간 총 근로시간수가 120만 시간일 때 이 사업장의 종합재해지수는 약 얼마인가?

① 1.6

② 5.0

③ 27.6

④ 230

해설 • 종합재해지수(FSI) $= \sqrt{빈도율(F.R) \times 강도율(S.R)}$

$= \sqrt{10 \times 2.5} = 5$

• 빈도율(도수율) $= \dfrac{재해건수}{연근로시간수} \times 10^6$

13 재해코스트 산정에 있어 시몬즈(R.H. Simonds) 방식에 의한 재해코스트 산정법으로 옳은 것은?

① 직접비 + 간접비

② 간접비 + 비보험코스트

③ 보험코스트 + 비보험코스트

④ 보험코스트 + 사업부보상금 지급액

해설 총재해코스트 = 보험코스트 + 비보험코스트
= 산재보험료 + (A × 휴업상해건수) + (B × 통원상해건수)
+ (C × 구급조치상해건수) + (D × 무상해사고건수)

해설 ④ 녹색 – 안내 – 비상구 및 피난소, 사람 또는 차량의 통행표시
빨간색 – 금지 – 정지신호, 소화설비 및 그 장소, 유해행위의 금지

14 산업현장에서 재해 발생 시 조치 순서로 옳은 것은?

① 긴급처리 → 재해조사 → 원인분석 → 대책수립
→ 실시계획 → 실시 → 평가

② 긴급처리 → 원인분석 → 재해조사 → 대책수립
→ 실시 → 평가

③ 긴급처리 → 재해조사 → 원인분석 → 실시계획
→ 실시 → 대책수립 → 평가

④ 긴급처리 → 실시계획 → 재해조사 → 대책수립
→ 평가 → 실시

해설 ▶ 재해 발생 시 조치 순서
• **제1단계** : 긴급처리(기계정지–응급처치–통보–2차 재해방지–현장보존)
• **제2단계** : 재해조사(6하원칙에 의해서)
• **제3단계** : 원인강구(중점분석대상 : 사람 – 물체 – 관리)
• **제4단계** : 대책수립(이유 : 동종 및 유사재해의 예방)
• **제5단계** : 대책실시 계획
• **제6단계** : 대책실시
• **제7단계** : 평가

16 산업재해의 분석 및 평가를 위하여 재해발생 건수 등의 추이에 대해 한계선을 설정하여 목표 관리를 수행하는 재해통계 분석기법은?

① 폴리건(polygon)

② 관리도(control chart)

③ 파레토도(pareto diagram)

④ 특성 요인도(cause &effect diagram)

해설 관리도는 목표 관리를 행하기 위해 월별의 발생수를 그래프화하여 관리선을 설정하여 관리하는 방법이다.

17 헤드십의 특성이 아닌 것은?

① 지휘형태는 권위주의적이다.

② 권한행사는 임명된 헤드이다.

③ 구성원과의 사회적 간격은 넓다.

④ 상관과 부하와의 관계는 개인적인 영향이다.

해설

구분	헤드십	리더십
권한 부여 및 행사	• 위에서 위임하여 임명	• 아래로부터의 동의에 의한 선출
권한 근거	• 법적 또는 공식적	• 개인 능력
상관과 부하와의 관계 및 책임 귀속	• 지배적 상사	• 개인적인 영향, 상사와 부하
부하와의 사회적 간격	• 넓다	• 좁다
지휘 형태	• 권위주의적	• 민주주의적

15 산업안전보건법령상 안전 · 보건표지의 색채와 사용사례의 연결로 틀린 것은?

① 노란색 – 화학물질 취급장소에서의 유해 · 위험 경고 이외의 위험경고

② 파란색 – 특정 행위의 지시 및 사실의 고지

③ 빨간색 – 화학물질 취급장소에서의 유해 · 위험 경고

④ 녹색 – 정지신호, 소화설비 및 그 장소, 유해행위의 금지

18 무재해운동에 관한 설명으로 틀린 것은?

① 제3자의 행위에 의한 업무상 재해는 무재해로 본다.

② 작업 시간 중 천재지변 또는 돌발적인 사고로 인한 구조행위 또는 긴급피난 중 발생한 사고는 무재해로 본다.

③ 무재해란 무재해운동 시행사업장에서 근로자가 업무에 기인하여 사망 또는 2일 이상의 요양을 요하는 부상 또는 질병에 이환되지 않는 것을 말한다.

④ 작업 시간 외에 천재지변 또는 돌발적인 사고 우려가 많은 장소에서 사회통념상 인정되는 업무수행 중 발생한 사고는 무재해로 본다.

해설 ③ 2일 이상이 아니라 4일 이상이다.

> **무재해로 인정되는 경우**
- 출, 퇴근 도중에 발생한 재해
- 운동 경기 등 각종 행사 중 발생한 재해
- 작업 시간 중 천재지변 또는 돌발적인 사고로 인한 구조 행위 또는 긴급피난 중 발생한 사고
- 작업 시간 외에 천재지변 또는 돌발적인 사고 우려가 많은 장소에서 사회 통념상 인정되는 업무수행 중 발생한 사고
- 제3자의 행위에 의한 업무상 재해
- 업무상 재해인정 기준 중 뇌혈관 질환 또는 심장질환에 의한 재해

19 맥그리거(Mcgregor)의 X, Y이론에서 X이론에 대한 관리 처방으로 볼 수 없는 것은?

① 직무의 확장

② 권위주의적 리더십의 확립

③ 경제적 보상체제의 강화

④ 면밀한 감독과 엄격한 통제

해설	X이론의 관리적 처방 (독재적 리더십)	Y이론의 관리적 처방 (민주적 리더십)
	• 권위주의적 리더십의 확보 • 경제적 보상체계의 강화 • 세밀한 감독과 엄격한 통제 • 상부책임제도의 강화(경영자의 간섭) • 설득, 보상, 처벌, 통제에 의한 관리	• 분권화와 권한의 위임 • 민주적 리더십의 확립 • 직무확장 • 비공식적 조직의 활용 • 목표에 의한 관리 • 자체 평가제도의 활성화 • 조직목표달성을 위한 자율적인 통제

20 버드(Bird)의 재해분포에 따르면 20건의 경상(물적, 인적상해) 사고가 발생했을 때 무상해, 무사고(위험순간) 고장은 몇 건이 발생하겠는가?

① 600건 ② 800건

③ 1200건 ④ 1600건

해설 > 1 : 10 : 30 : 600의 법칙
- 중상 또는 폐질 1
- 경상(물적, 인적 상해) 10
- 무상해 사고(물적 손실) 30
- 무상해, 무사고 고장(위험한 순간) 600

2과목 인간공학 및 시스템안전공학

21 설비보전에서 평균수리시간의 의미로 맞는 것은?

① MTTR ② MTBF

③ MTTF ④ MTBP

해설 ① **MTTR**(Mean Time To Repair) : 평균수리시간
② **MTBF**(Mean Time Between Failure) : 평균고장간격
③ **MTTF**(Mean Time To Failure) : 평균동작시간

정답 18 ③ 19 ① 20 ③ 21 ①

22 산업안전보건기준에 관한 규칙상 작업장의 작업면에 따른 적정 조명 수준은 초정밀 작업에서 (㉠)[lux] 이상이고, 보통 작업에서는 (㉡)[lux] 이상이다. ( ) 안에 들어갈 내용은?

① ㉠ : 650, ㉡ : 150

② ㉠ : 650, ㉡ : 250

③ ㉠ : 750, ㉡ : 150

④ ㉠ : 750, ㉡ : 250

> **해설** ◇ **작업별 조도기준**
> • **기타 작업** : 75[lux] 이상
> • **보통 작업** : 150[lux] 이상
> • **정밀 작업** : 300[lux] 이상
> • **초정밀 작업** : 750[lux] 이상

23 다음 FT도에서 최소 컷셋을 올바르게 구한 것은?

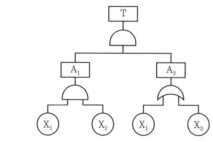

① (X_1, X_2)

② (X_1, X_3)

③ (X_2, X_3)

④ (X_1, X_2, X_3)

> **해설** $(X_1 \times X_2) \times (X_1 + X_3)$
> $= (X_1 \times X_2) \times (X_1) + (X_1 \times X_2) \times (X_3)$
> $= (X_1 \times X_2) + (X_1 \times X_2) \times (X_3)$
> $= (X_1 \times X_2) \times (1 + X_3)$
> $= (X_1 \times X_2) \times 1$
> $= (X_1 \times X_2)$

24 보기의 실내면에서 빛의 반사율이 낮은 곳에서부터 높은 순서대로 나열한 것은?

A : 바닥   B : 천장   C : 가구   D : 벽

① A < B < C < D

② A < C < B < D

③ A < C < D < B

④ A < D < C < B

> **해설**
> | 바닥 | 가구, 사무용기기, 책상 | 창문 발, 벽 | 천장 |
> |---|---|---|---|
> | 20~40[%] | 25~45[%] | 40~60[%] | 80~90[%] |

25 A 회사에서는 새로운 기계를 설계하면서 레버를 위로 올리면 압력이 올라가도록 하고, 오른쪽 스위치를 눌렀을 때 오른쪽 전등이 켜지도록 하였다면, 이것은 각각 어떤 유형의 양립성을 고려한 것인가?

① 레버 – 공간양립성, 스위치 – 개념양립성

② 레버 – 운동양립성, 스위치 – 개념양립성

③ 레버 – 개념양립성, 스위치 – 운동양립성

④ 레버 – 운동양립성, 스위치 – 공간양립성

> **해설**
> | 공간적 양립성 | 표시장치나 조정장치에서 물리적 형태 및 공간적 배치 |
> |---|---|
> | 운동 양립성 | 표시장치의 움직이는 방향과 조정장치의 방향이 사용자의 기대와 일치 |
> | 개념적 양립성 | 이미 사람들이 학습을 통해 알고 있는 개념적 연상 |

26 인간의 귀의 구조에 대한 설명으로 틀린 것은?

① 외이는 귓바퀴와 외이도로 구성된다.

② 고막은 중이와 내이의 경계부위에 위치해 있으며 음파를 진동으로 바꾼다.

③ 중이에는 인두와 교통하여 고실 내압을 조절하는 유스타키오관이 존재한다.

④ 내이는 신체의 평형감각수용기인 반규관과 청각을 담당하는 전정기관 및 와우로 구성되어 있다.

해설 ② 고막은 외이와 중이의 경계에 위치하는 얇고 투명한 두께 0.1[mm]의 막이며, 외이로부터 전달된 음파에 진동이 되어 내이로 전달시키는 역할을 한다.

27 인간-기계 시스템의 설계를 6단계로 구분할 때, 첫 번째 단계에서 시행하는 것은?

① 기본설계

② 시스템의 정의

③ 인터페이스 설계

④ 시스템의 목표와 성능명세 결정

해설 ▶ 인간-기계시스템의 설계 6단계
- 제1단계 : 목표 및 성능명세 결정 – 시스템 설계 전 그 목적이나 존재 이유가 있어야 함(인간 요소적인 면, 신체의 역학적 특성 및 인체특정학적 요소 고려)
- 제2단계 : 시스템(체계)의 정의 – 목적을 달성하기 위한 특정한 기본기능들이 수행되어야 함
- 제3단계 : 기본설계 – 시스템의 형태를 갖추기 시작하는 단계(직무분석, 작업설계, 기능할당)
- 제4단계 : 계면(인터페이스) 설계 – 사용자 편의와 시스템 성능
- 제5단계 : 촉진물(보조물) 설계 – 인간의 성능을 촉진시킬 보조물 설계
- 제6단계 : 시험 및 평가 – 시스템 개발과 관련된 평가와 인간적인 요소 평가 실시

28 빨강, 노랑, 파랑의 3가지 색으로 구성된 교통 신호등이 있다. 신호등은 항상 3가지 색 중 하나가 켜지도록 되어 있다. 1시간 동안 조사한 결과, 파란등은 총 30분 동안, 빨간등과 노란등은 각각 총 15분 동안 켜진 것으로 나타났다. 이 신호등의 총 정보량은 몇 [bit]인가?

① 0.5

② 0.75

③ 1.0

④ 1.5

해설 총정보량은 = $(0.5 \times 1) + (0.25 \times 2) + (0.25 \times 2) = 1.5$
- ▶ **정보량** : 실현 가능성이 같은 n개의 대안이 있을 때 총 정보량
- **시간**
파랑 : $30/60 = 0.5$, 빨강 : $15/60 = 0.25$,
노랑 : $15/60 = 0.25$
- **정보량**
파랑 : $\log(\frac{1}{0.5})/\log(2) = 1$

빨강, 노랑 : $\log(\frac{1}{0.25})/\log(2) = 2$

29 결함수분석(FTA)에 관한 설명으로 틀린 것은?

① 연역적 방법이다.

② 버텀-업(Bottom-Up)방식이다.

③ 기능적 결함의 원인을 분석하는 데 용이하다.

④ 정량적 분석이 가능하다.

해설 ▶ 연역적이고 정량적인 해석 방법(Top down 형식)
- 정량적 해석기법(컴퓨터처리 가능)이다.
- 논리기호를 사용한 특정사상에 대한 해석이다.
- 서식이 간단해서 비전문가도 짧은 훈련으로 사용할 수 있다.
- Human Error의 검출이 어렵다.

정답 26 ② 27 ④ 28 ④ 29 ②

30 시각 장치와 비교하여 청각 장치 사용이 유리한 경우는?

① 메시지가 길 때

② 메시지가 복잡할 때

③ 정보 전달 장소가 너무 소란할 때

④ 메시지에 대한 즉각적인 반응이 필요할 때

해설 ◐ **청각장치 사용이 유리한 경우**
- 전언이 간단하다.
- 전언이 짧다.
- 전언이 후에 재참조되지 않는다.
- 전언이 시간적 사상을 다룬다.
- 전언이 즉각적인 행동을 요구한다(긴급할 때).
- 수신장소가 너무 밝거나 암조응유지가 필요시
- 직무상 수신자가 자주 움직일 때
- 수신자가 시각계통이 과부하 상태일 때

31 NOISH lifting guideline에서 권장무게한계(RWL) 산출에 사용되는 계수가 아닌 것은?

① 휴식 계수 ② 수평 계수

③ 수직 계수 ④ 비대칭 계수

해설 ◐ **권장무게한계 계수**
- LC = 부하상수 = 23[kg]
- HM = 수평계수 = 25/H
- VM = 수직계수 = 1−(0.003×|V−75|)
- DM = 거리계수 = 0.82+(4.5/D)
- AM = 비대칭계수 = 1−(0.0032×A)
- FM = 빈도계수
- CM = 결합계수

32 인체측정에 대한 설명으로 옳은 것은?

① 인체측정은 동적측정과 정적측정이 있다.

② 인체측정학은 인체의 생화학적 특징을 다룬다.

③ 자세에 따른 인체지수의 변화는 없다고 가정한다.

④ 측정항목에 무게, 둘레, 두께, 길이는 포함되지 않는다.

해설		
구조적 인체치수 (정적 인체계측)	• 신체를 고정시킨 자세에서 피측정자를 인체 측정기 등으로 측정 • 여러 가지 설계의 표준이 되는 기초적 치수 결정 • 마르틴 식 인체 계측기 사용 • 종류 − 골격치수 − 신체의 관절 사이를 측정 − 외곽치수 − 머리둘레, 허리둘레 등의 표면 치수 측정	
기능적 인체치수 (동적 인체계측)	• 동적 치수는 운전을 위해 핸들을 조작하거나 브레이크를 밟는 행위 또는 물체를 잡기위해 손을 뻗는 행위 등 움직이는 신체의 자세로부터 측정 • 신체적 기능 수행 시 각 신체 부위는 독립적으로 움직이는 것이 아니라, 부위별 특성이 조합되어 나타나기 때문에 정적 치수와 차별화 • 소마토그래피 : 신체적 기능 수행을 정면도, 측면도, 평면도의 형태로 표현하여 신체 부위별 상호작용을 보여주는 그림	

33 시스템이 저장되어 이동되고 실행됨에 따라 발생하는 작동시스템의 기능이나 과업, 활동으로부터 발생되는 위험에 초점을 맞춘 위험분석 차트는?

① 결함수분석(FTA: Fault Tree Analysis)

② 사상수분석(ETA: Event Tree Analysis)

③ 결함위험분석(FHA: Fault Hazard Analysis)

④ 운용위험분석(OHA: Operating Hazard Analysis)

해설 OHA는 시스템의 모든 사용 단계에서 생산, 보전, 시험, 운반, 저장, 운전 비상탈출, 구조, 훈련 및 폐기 등에 사용되는 인원, 순서, 설비에 관하여 위험을 통제하고 제어한다.

30 ④ 31 ① 32 ① 33 ④ **정답**

34 인간이 기계보다 우수한 기능이라 할 수 있는 것은? (단, 인공지능은 제외한다.)

① 일반화 및 귀납적 추리
② 신뢰성 있는 반복 작업
③ 신속하고 일관성 있는 반응
④ 대량의 암호화된 정보의 신속한 보관

해설

인간이 우수한 기능	기계가 우수한 기능
귀납적 추리	연역적 추리
과부하 상태에서 선택	과부하 상태에서도 효율적

35 건구온도 30[℃], 습구온도 35[℃]일 때의 옥스퍼드(Oxford) 지수는 얼마인가?

① 27.75[℃]
② 24.58[℃]
③ 32.78[℃]
④ 34.25[℃]

해설 $WD = 0.85W + 0.15D$ (W : 습구온도, D : 건구온도)
= $(0.85 \times 35) + (0.15 \times 30) = 34.25[℃]$

36 작업자가 용이하게 기계·기구를 식별하도록 암호화(Coding)를 한다. 암호화 방법이 아닌 것은?

① 강도
② 형상
③ 크기
④ 색채

해설 ❯ **암호화 방법**
• 모양
• 표면촉감
• 크기
• 위치
• 색
• 표시
• 조작법 등

37 반사형 없이 모든 방향으로 빛을 발하는 점광원에서 5[m] 떨어진 곳의 조도가 120[lux]라면 2[m] 떨어진 곳의 조도는?

① 150[lux]
② 192.2[lux]
③ 750[lux]
④ 3000[lux]

해설 조도 $= \dfrac{광량}{거리^2}$
광량 = 조도 × 거리^2
$120[lux] \times 5^2 = 3000[lumen]$
2[m] 떨어진 곳에서의 조도 $= 3000/2^2 = 750[lux]$

38 동작경제의 원칙과 가장 거리가 먼 것은?

① 급작스러운 방향의 전환은 피하도록 할 것
② 가능한 관성을 이용하여 작업하도록 할 것
③ 두 손의 동작은 같이 시작하고 같이 끝나도록 할 것
④ 두 팔의 동작은 동시에 같은 방향으로 움직일 것

해설 ❯ **동작경제의 원칙 중 신체사용에 관한 원칙**
• 양손은 동시에 동작을 시작하고 또 끝마쳐야 한다.
• 휴식시간 이외에 양손이 동시에 노는 시간이 있어서는 안 된다.
• 양팔은 각기 반대방향에서 대칭적으로 동시에 움직여야 한다.
• 손의 동작은 작업을 수행할 수 있는 최소동작 이상을 해서는 안 된다.
• 작업자들을 돕기 위하여 동작의 관성을 이용하여 작업하는 것이 좋다.
• 구속되거나 제한된 동작 또는 급격한 방향전환보다는 유연한 동작이 좋다.
• 작업동작은 율동이 맞아야 한다.
• 직선동작보다는 연속적인 곡선동작을 취하는 것이 좋다.
• 탄도동작(ballistic movement)은 제한되거나 통제된 동작보다 더 신속, 정확, 용이하다.
• 눈을 주시시키는 동작 또는 이동시키는 동작은 되도록 적게 하여야 한다.

정답 34 ① 35 ④ 36 ① 37 ③ 38 ④

39 여러 사람이 사용하는 의자의 좌판 높이 설계 기준으로 옳은 것은?

① 5[%] 오금 높이

② 50[%] 오금 높이

③ 75[%] 오금 높이

④ 95[%] 오금 높이

해설 ▶ 의자 좌판의 높이
- 대퇴부의 압박 방지를 위해 좌판 앞부분은 오금 높이보다 높지 않게 설계(치수는 5[%] 치 사용)
- 좌판의 높이는 개인별로 조절할 수 있도록 하는 것이 바람직
- 사무실 의자의 좌판과 등판각도
- 좌판각도 : 3[°]
  - 등판각도 : 100[°]

40 다음 그림에서 명료도 지수는?

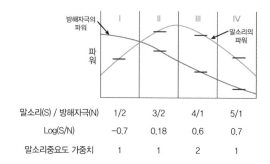

말소리(S) / 방해자극(N)	1/2	3/2	4/1	5/1
Log(S/N)	−0.7	0.18	0.6	0.7
말소리중요도 가중치	1	1	2	1

① 0.38

② 0.68

③ 1.38

④ 5.68

해설 명료도 지수는 통화이해도를 측정하는 지표로 각 옥타브(octave)대의 음성과 잡음의 [dB]값에 가중치를 곱한다.
− 0.7 + 0.18 + (0.6 × 2) + 0.7 = 1.38

3과목 기계위험방지기술

41 다음 중 드릴작업의 안전사항이 아닌 것은?

① 옷소매가 길거나 찢어진 옷은 입지 않는다.

② 작고, 길이가 긴 물건은 플라이어로 잡고 뚫는다.

③ 회전하는 드릴에 걸레 등을 가까이 하지 않는다.

④ 스핀들에서 드릴을 뽑아낼 때에는 드릴 아래에 손을 내밀지 않는다.

해설 ▶ 드릴작업의 안전사항
- 회전하고 있는 주축이나 드릴에 손이나 걸레를 대거나 머리를 가까이 하지 말 것
- 드릴 사용 전에 점검하고 상처나 균열이 있는 것은 사용하지 않는다.
- 가공 중에 드릴의 절삭률이 불량해지고 이상음이 발생하면 중지하고 즉시 드릴을 바꾼다.
- 드릴의 착탈은 회전이 완전히 멈춘 다음 행한다.
- 작은 물건은 바이스나 클램프를 사용하여 장착하고 직접 손으로 지지하는 것을 피한다.
- 가공 중 드릴이 깊이 먹어 들어가면 기계를 멈추고 손 돌리기로 드릴을 뽑아낸다.
- 드릴이나 척을 뽑을 때는 공구를 사용하고 해머 등으로 두드려서는 안 된다.
- 드릴이나 척을 뽑을 때는 되도록 주축을 내려서 낙하거리를 적게 하고 테이블 등에 나뭇조각 등을 놓고 받는다.
- 레디얼드릴머신은 작업 중 컬럼(column)과 암(arm)을 확실하게 체결하여 암을 선회시킬 때 주위에 조심한다. 정지 시는 암을 베이스의 중심 위치에 놓는다.
- 공작물과 드릴이 함께 회전하는 경우 : 거의 구멍을 뚫었을 때

42 슬라이드 행정수가 100[spm] 이하이거나, 행정 길이가 50[mm] 이상의 프레스에 설치해야 하는 방호장치 방식은?

① 양수조작식   ② 수인식

③ 가드식   ④ 광전자식

해설 제시된 기준은 수인식 방호장치의 설치기준이다.

43 그림과 같이 50[kN]의 중량물을 와이어 로프를 이용하여 상부에 60[°]의 각도가 되도록 들어 올릴 때, 로프 하나에 걸리는 하중(T)은 약 몇 [kN] 인가?

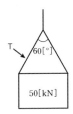

① 16.8　　　　② 24.5
③ 28.9　　　　④ 37.9

해설 $\dfrac{\dfrac{50}{2}}{\cos\left(\dfrac{60°}{2}\right)} = \dfrac{25}{0.8660254} = 28.867$

44 광전자식 방호장치의 광선에 신체의 일부가 감지된 후로부터 급정지기구가 작동을 개시하기까지의 시간이 40[ms]이고, 광축의 최소설치거리(안전거리)가 200[mm]일 때 급정지기구가 작동을 개시한 때로부터 프레스기의 슬라이드가 정지될 때까지의 시간은 약 몇 [ms]인가?

① 60[ms]　　　　② 85[ms]
③ 105[ms]　　　　④ 130[ms]

해설
$$D = 1.6(T_l + T_s)$$
D : 안전거리[m]
T_l : 방호장치의 작동시간[즉, 손이 광선을 차단했을 때부터 급정지기구가 작동을 개시할 때까지의 시간(초)]
T_s : 프레스의 최대정지시간[즉, 급정지기구가 작동을 개시할 때부터 슬라이드가 정지할 때까지의 시간(초)]

$200 = 1.6 \times (40 + T_S)$
$T_S = 200/1.6 - 40 = 85$

45 크레인 로프에 2[t]의 중량을 걸어 20[m/s²] 가속도로 감아올릴 때 로프에 걸리는 총 하중은 약 몇 [kN]인가?

① 42.8
② 59.6
③ 74.5
④ 91.3

해설 힘 = 질량 × 가속도
질량 × (끌어올리는 가속도 + 중력가속도)
2000[kg] × (20 + 9.8) = 59.6

46 연삭기 덮개의 개구부 각도가 그림과 같이 150[°] 이하여야 하는 연삭기의 종류로 옳은 것은?

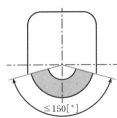

① 센터리스 연삭기
② 탁상용 연삭기
③ 내면 연삭기
④ 평면 연삭기

해설
구분	노출 각도
• 탁상용 연삭기	90[°]
• 휴대용 연삭기, 스윙연삭기, 스라브연삭기	180[°]
• 연삭숫돌의 상부를 사용하는 것을 목적으로 하는 연삭기	60[°]
• 절단 및 평면 연삭기	150[°]

정답 43 ③　44 ②　45 ②　46 ④

47 와이어로프의 꼬임은 일반적으로 특수로프를 제외하고는 보통 꼬임(Ordinary Lay)과 랭 꼬임(Lang's Lay)으로 분류할 수 있다. 다음 중 랭 꼬임과 비교하여 보통 꼬임의 특징에 관한 설명으로 틀린 것은?

① 킹크가 잘 생기지 않는다.
② 내마모성, 유연성, 저항성이 우수하다.
③ 로프의 변형이나 하중을 걸었을 때 저항성이 크다.
④ 스트랜드의 꼬임 방향과 로프의 꼬임 방향이 반대이다.

> **해설** ② 내마모성, 유연성, 저항성이 우수하다. → 랭 꼬임의 특징

랭 꼬임   보통 꼬임

48 다음 중 선반 작업 시 지켜야 할 안전수칙으로 거리가 먼 것은?

① 작업 중 절삭칩이 눈에 들어가지 않도록 보안경을 착용한다.
② 공작물 세팅에 필요한 공구는 세팅이 끝난 후 바로 제거한다.
③ 상의의 옷자락은 안으로 넣고, 끈을 이용하여 소맷자락을 묶어 작업을 준비한다.
④ 공작물은 전원스위치를 끄고 바이트를 충분히 멀리 위치시킨 후 고정한다.

> **해설** ③ 상의의 옷자락은 안으로 넣고, 끈을 이용하지 않는다.

49 다음 ( ) 안에 들어갈 용어로 알맞은 것은?

> 사업주는 보일러의 과열을 방지하기 위하여 최고사용압력과 상용압력 사이에서 보일러의 버너연소를 차단할 수 있도록 ( )을/를 부착하여 사용하여야 한다.

① 고저수위 조절장치
② 압력방출장치
③ 압력제한스위치
④ 파열판

> **해설** 보일러의 과열방지를 위해 최고사용압력과 상용압력 사이에서 버너연소를 차단할 수 있도록 압력제한스위치 부착 사용

50 아세틸렌 용접장치에 관한 설명 중 틀린 것은?

① 아세틸렌발생기로부터 5[m] 이내, 발생기실로부터 3[m] 이내에는 흡연 및 화기사용을 금지한다.
② 발생기실에는 관계 근로자가 아닌 사람이 출입하는 것을 금지한다.
③ 아세틸렌 용기는 뉘어서 사용한다.
④ 건식안전기의 형식으로 소결금속식과 우회로식이 있다.

> **해설** ③ 아세틸렌 용기는 세워서 사용한다.

51 크레인의 사용 중 하중이 정격을 초과하였을 때 자동적으로 상승이 정지되는 장치는?

① 해지장치   ② 이탈방지장치
③ 아우트리거   ④ 과부하방지장치

> **해설** ◐ **과부하방지장치**
> • 정격하중 이상이 적재될 경우 작동을 정지시키는 기능
> • 전도모멘트의 크기와 안정모멘트의 크기가 비슷해지면 경보를 발하는 기능

52 산업안전보건법령상 화물의 낙하에 의해 운전자가 위험을 미칠 경우 지게차의 헤드가드(head guard)는 지게차의 최대하중의 몇 배가 되는 등분포정하중에 견디는 강도를 가져야 하는가? (단, 4[t]을 넘는 값은 제외)

① 1배

② 1.5배

③ 2배

④ 3배

> **해설** 강도는 지게차의 최대하중의 2배 값(4[t]을 넘는 값에 대해서는 4[t]으로 한다)의 등분포정하중(等分布靜荷重)에 견딜 수 있을 것

53 산업안전보건법령상 고속회전체의 회전시험을 하는 경우 미리 회전축의 재질 및 형상 등에 상응하는 종류의 비파괴검사를 해서 결함 유무를 확인해야 한다. 이때 검사 대상이 되는 고속회전체의 기준은?

① 회전축의 중량이 0.5[t]을 초과하고, 원주속도가 100[m/s] 이내인 것

② 회전축의 중량이 0.5[t]을 초과하고, 원주속도가 120[m/s] 이상인 것

③ 회전축의 중량이 1[t]을 초과하고, 원주속도가 100[m/s] 이내인 것

④ 회전축의 중량이 1[t]을 초과하고, 원주속도가 120[m/s] 이상인 것

> **해설** ▶ **비파괴검사대상 고속회전체 기준** : 회전축의 중량이 1[t]을 초과하고 원주속도가 120[m/s] 이상인 것

54 다음 중 금속 등의 도체에 교류를 통한 코일을 접근시켰을 때, 결함이 존재하면 코일에 유기되는 전압이나 전류가 변하는 것을 이용한 검사방법은?

① 자분탐상검사

② 초음파탐상검사

③ 와류탐상검사

④ 침투형광탐상검사

> **해설** 전기가 비교적 잘 통하는 물체를 교번 자계(交番磁界 : 방향이 바뀌는 자계) 내에 두면 그 물체에 전류가 흐르는데, 만약 물체 내에 흠이나 결함이 있으면 전류의 흐름이 난조(亂調)를 보이며 변동한다. 그 변화하는 상태를 관찰함으로써 물체 내의 결함의 유무를 검사한다.

55 회전하는 동작부분과 고정부분이 함께 만드는 위험점으로 주로 연삭숫돌과 작업대, 교반기의 교반날개와 몸체 사이에서 형성되는 위험점은?

① 협착점   ② 절단점

③ 물림점   ④ 끼임점

> **해설** ④ **끼임점**(Shear point) : 고정부분과 회전하는 동작부분이 함께 만드는 위험점
>
> 예 연삭숫돌과 덮개, 교반기의 날개와 하우징, 프레임에서 암의 요동운동을 하는 기계부분 등
>
> ① **협착점**(Squeeze point) : 왕복운동을 하는 동작부분과 움직임이 없는 고정부분 사이에서 형성되는 위험점으로 사업장의 기계설비에서 많이 볼 수 있다.
>
> 예 프레스기, 전단기, 성형기, 굽힘기계(bending machine) 등
>
> ② **절단점**(Cutting point) : 고정부분과 운동부분이 만드는 위험점이 아니고 회전하는 운동부 자체의 위험이나 운동하는 기계 부분 자체의 위험에서 초래되는 위험점이다.
>
> 예 밀링의 커터, 띠톱이나 둥근톱의 톱날, 벨트의 이음 부분 등
>
> ③ **물림점**(Nip point) : 회전하는 두 개의 회전체에는 물려 들어가는 위험성이 존재한다. 이때 위험점이 발생되는 조건은 회전체가 서로 반대방향으로 맞물려 회전되어야 한다.
>
> 예 롤러와 롤러의 물림, 기어와 기어의 물림 등

정답 52 ③   53 ④   54 ③   55 ④

56 롤러기의 앞면 롤의 지름이 300[mm], 분당회전수가 30회일 경우 허용되는 급정지장치의 급정지 거리는 약 몇 [mm] 이내이어야 하는가?

① 37.7 　　　② 31.4

③ 377 　　　④ 314

해설 • 표면속도 30[m/min] 이상 : 앞면 롤러 원주의 1/2.5
• 표면속도 30[m/min] 미만 : 앞면 롤러 원주의 1/3
표면속도(V) $= \pi D N$
$3.14 \times 300 \times 30/1000 = 28.26(30[\text{m/min}]$ 미만)
앞면 롤러 원주 $= D\pi = 300\pi$
$300 \times \pi/3 = 314[\text{mm}]$

57 단면적이 1800[mm²]인 알루미늄 봉의 파괴강도는 70[MPa]이다. 안전율을 2로 하였을 때 봉에 가해질 수 있는 최대하중은 얼마인가?

① 6.3[kN]

② 126[kN]

③ 63[kN]

④ 12.6[kN]

해설 $1800 \times 70/2 = 63[\text{kN}]$

58 원동기, 풀리, 기어 등 근로자에게 위험을 미칠 우려가 있는 부위에 설치하는 위험방지 장치가 아닌 것은?

① 덮개 　　　② 슬리브

③ 건널다리 　④ 램

해설 원동기, 풀리, 기어 등 근로자에게 위험을 미칠 우려가 있는 부위에 설치하는 위험방지 장치로 덮개, 울, 슬리브, 건널다리 등을 설치해야 한다.

59 롤러기의 급정지장치로 사용되는 정지봉 또는 로프의 설치에 관한 설명으로 틀린 것은?

① 복부 조작식은 밑면으로부터 1200~1400[mm] 이내의 높이로 설치한다.

② 손 조작식은 밑면으로부터 1800[mm] 이내의 높이로 설치한다.

③ 손 조작식은 앞면 롤 끝단으로부터 수평거리가 50[mm] 이내에 설치한다.

④ 무릎 조작식은 밑면으로부터 400~600[mm] 이내의 높이로 설치한다.

해설 • **손조작로프식** : 바닥면으로부터 1.8[m] 이내
• **복부조작식** : 바닥면으로부터 0.8~1.1[m] 이내
• **무릎조작식** : 바닥면으로부터 0.4~0.6[m] 이내

60 다음 중 프레스의 방호장치에 관한 설명으로 틀린 것은?

① 양수조작식 방호장치는 1행정 1정지기구에 사용할 수 있어야 한다.

② 손쳐내기식 방호장치는 슬라이드 하행정거리의 3/4 위치에서 손을 완전히 밀어내야 한다.

③ 광전자식 방호장치의 정상동작 표기램프는 붉은색, 위험 표시램프는 녹색으로 하며, 쉽게 근로자가 볼 수 있는 곳에 설치해야 한다.

④ 게이트 가드 방호장치는 가드가 열린 상태에서 슬라이드를 동작시킬 수 없고 또한 슬라이드 작동 중에는 게이트 가드를 열 수 없어야 한다.

해설 ③ 정상동작 표기램프는 녹색, 위험표시램프는 붉은색

4과목 전기위험방지기술

61 피뢰기의 설치장소가 아닌 것은? (단, 직접 접속하는 전선이 짧은 경우 및 피보호기기가 보호범위 내에 위치하는 경우가 아니다.)

① 저압을 공급 받는 수용장소의 인입구

② 지중전선로와 가공전선로가 접속되는 곳

③ 가공전선로에 접속하는 배전용 변압기의 고압측

④ 발전소 또는 변전소의 가공전선 인입구 및 인출구

해설 ➔ **피뢰기의 설치장소**
- 발전소, 변전소 또는 이에 준하는 장소의 가공전선 인입구 및 인출구
- 가공전선로에 접속하는 배전용 변압기의 고압측 및 특고압측
- 고압 또는 특고압의 가공전선로로부터 공급을 받는 수용장소의 인입구
- 가공전선로와 지중전선로가 접속되는 곳

62 전격의 위험을 결정하는 주된 인자로 가장 거리가 먼 것은?

① 통전전류

② 통전시간

③ 통전경로

④ 통전전압

해설 ➔ **전격위험도 결정조건**
- 통전전류의 크기
- 통전시간
- 통전경로
- 전원의 종류(직류보다 상용주파수의 교류전원이 더 위험한 이유 : 극성변화)
- 주파수 및 파형
- 전격인가위상

63 방폭전기설비의 용기 내부에서 폭발성 가스 또는 증기가 폭발하였을 때 용기가 그 압력에 견디고 접합면이나 개구부를 통해서 외부의 폭발성 가스나 증기에 인화되지 않도록 한 방폭구조는?

① 내압 방폭구조

② 압력 방폭구조

③ 유입 방폭구조

④ 본질안전 방폭구조

해설 ② **압력방폭구조**(p) : 용기 내부에 불연성 가스인 공기나 질소를 압입시켜 내부압력을 유지함으로써 외부의 폭발성 가스가 용기 내부에 침투하지 못하도록 한 구조로 용기 안의 압력을 항상 용기 외부의 압력보다 높게 해 두어야 한다.

③ **유입방폭구조** : 아크 또는 고열을 발생하는 전기설비를 용기에 넣고 그 용기 안에 다시 기름을 채워서 외부의 폭발성 가스와 점화원이 접촉하여 인화할 위험이 없도록 하는 구조로 유입 개폐부분에는 가스를 빼내는 배기공을 설치하여야 한다.

④ **본질안전방폭구조** : 정상시 및 사고시(단선, 단락, 지락 등)에 발생하는 전기 불꽃, 아크 또는 고온에 의하여 폭발성 가스 또는 증기에 점화되지 않는 것이 점화시험, 그 밖에 의하여 확인된 구조를 말한다.

64 누전차단기의 시설방법 중 옳지 않은 것은?

① 시설장소는 배전반 또는 분전반 내에 설치한다.

② 정격전류용량은 해당 전로의 부하전류 값 이상이어야 한다.

③ 정격감도전류는 정상의 사용상태에서 불필요하게 동작하지 않도록 한다.

④ 인체감전보호형은 0.05초 이내에 동작하는 고감도고속형이어야 한다.

정답 61 ① 62 ④ 63 ① 64 ④

해설

종류		정격감도전류[mA] · 동작시간
고감도형	고속형	• 정격감도전류에서 0.1초 이내, • 인체감전보호형은 0.03초 이내
	시연형	• 정격감도전류에서 0.1초를 초과하고 2초 이내
	반한시형	• 정격감도전류에서 0.2초를 초과하고 1초 이내 • 정격감도전류에서 1.4배의 전류에서 0.1초를 초과하고 0.5초 이내 • 정격감도전류에서 4.4배의 전류에서 0.05초 이내

(고감도형 반한시형 열 좌측에 5, 10, 15, 30 표기)

65 감전사고로 인한 전격사의 메커니즘으로 가장 거리가 먼 것은?

① 흉부수축에 의한 질식
② 심실세동에 의한 혈액순환기능의 상실
③ 내장파열에 의한 소화기계통의 기능상실
④ 호흡중추신경 마비에 따른 호흡기능 상실

해설 ③ 감전사고는 내장파열에 이르지 않는다.

66 정전유도를 받고 있는 접지되어 있지 않은 도전성 물체에 접촉한 경우 전격을 당하게 되는데 이때 물체에 유도된 전압 V[V]를 옳게 나타낸 것은? (단, E는 송전선의 대지전압, C_1은 송전선과 물체 사이의 정전용량, C_2는 물체와 대지 사이의 정전용량이며, 물체와 대지 사이의 저항은 무시한다.)

① $V = \dfrac{C_1}{C_1 + C_2} \cdot E$

② $V = \dfrac{C_1 + C_2}{C_1} \cdot E$

③ $V = \dfrac{C_1}{C_1 \times C_2} \cdot E$

④ $V = \dfrac{C_1 \times C_2}{C_1} \cdot E$

해설 송전선 – 물체 – 대지에서
송전선 – 물체 = C_1, 물체 – 대지 = C_2이다. 따라서
(송전선 – 물체 정전용량)/전체정전용량 × 송전선의 대지전압(E)

67 감전사고가 발생했을 때 피해자를 구출하는 방법으로 틀린 것은?

① 피해자가 계속하여 전기설비에 접촉되어 있다면 우선 그 설비의 전원을 신속히 차단한다.
② 감전 사항을 빠르게 판단하고 피해자의 몸과 충전부가 접촉되어 있는지를 확인한다.
③ 충전부에 감전되어 있으면 몸이나 손을 잡고 피해자를 곧바로 이탈시켜야 한다.
④ 절연 고무장갑, 고무장화 등을 착용한 후에 구원해 준다.

해설 ③ 충전부에 감전되어 있으면 몸이나 손을 잡지 않고 피해자를 곧바로 이탈시켜야 한다.

68 인체감전보호용 누전차단기의 정격감도전류[mA]와 동작시간(초)의 최댓값은?

① 10[mA], 0.03초
② 20[mA], 0.01초
③ 30[mA], 0.03초
④ 50[mA], 0.1초

해설 정격감도전류 30[mA] 이하이며, 동작시간은 0.03초 이내일 것

65 ③ 66 ① 67 ③ 68 ③ 정답

69 전기시설의 직접 접촉에 의한 감전방지 방법으로 적절하지 않은 것은?

① 충전부는 내구성이 있는 절연물로 완전히 덮어 감쌀 것

② 충전부가 노출되지 않도록 폐쇄형 외함이 있는 구조로 할 것

③ 충전부에 충분한 절연효과가 있는 방호망 또는 절연 덮개를 설치할 것

④ 충전부는 관계자 외 출입이 용이한 전개된 장소에 설치하고 위험표시 등의 방법으로 방호를 강화할 것

> **해설** ➤ **직접 접촉에 의한 감전방지 방법**
> • 충전부 전체를 절연한다.
> • 기기구조상 안전조치로서 노출형 배전설비 등은 폐쇄형으로 하고 전동기 등에는 적절한 방호구조의 형식을 사용하고 있는데 이들 기기들이 고가가 되는 단점이 있다.
> • 설치장소의 제한, 즉 별도의 실내 또는 울타리를 설치한 지역으로 평소에 열쇠가 잠겨 있어야 한다.
> • 교류아크용접기, 도금장치, 용해로 등의 충전부의 절연은 원리상 또는 작업상 불가능하므로 보호절연, 즉 작업장 주위의 바닥이나 그 밖에 도전성 물체를 절연물로 도포하고 작업자는 절연화, 절연도구 등 보호장구를 사용하는 방법을 이용하여야 한다.
> • 덮개, 방호망 등으로 충전부를 방호한다.
> • 안전전압 이하의 기기를 사용한다.

70 작업자가 교류전압 7000[V] 이하의 전로에 활선 근접작업 시 감전사고 방지를 위한 절연용 보호구는?

① 고무절연관

② 절연시트

③ 절연커버

④ 절연안전모

> **해설** 보호구는 몸에 착용하는 것으로 안전모는 머리에 착용하는 것이다.

71 다음은 어떤 방전에 대한 설명인가?

> 정전기가 대전되어 있는 부도체에 접지체가 접근한 경우 대전물체와 접지체 사이에 발생하는 방전과 거의 동시에 부도체의 표면을 따라서 발생하는 나뭇가지 형태의 발광을 수반하는 방전

① 코로나 방전

② 뇌상 방전

③ 연면방전

④ 불꽃 방전

> **해설** • **코로나 방전** : 국부적으로 전계가 집중되기 쉬운 돌기 상 부분에서는 발광방전에 도달하기 전에 먼저 자속방전이 발생하고 다른 부분은 절연이 파괴되지 않은 상태의 방전이며 국부파괴(Paryial Breakdown) 상태이다(공기 중 O_3 발생).
> • **불꽃 방전** : 표면전하밀도가 아주 높게 축적되어 분극화된 절연판 표면 또는 도체가 대전되었을 때 접지된 도체 사이에서 발생하는 강한 발광과 파괴음을 수반하는 방전형태로 방전에너지가 아주 높다.

72 불활성화할 수 없는 탱크, 탱크롤리 등에 위험물을 주입하는 배관은 정전기 재해방지를 위하여 배관 내 액체의 유속제한을 한다. 배관 내 유속제한에 대한 설명으로 틀린 것은?

① 물이나 기체를 혼합하는 비수용성 위험물의 배관 내 유속은 1[m/s] 이하로 할 것

② 저항률이 $10^{10}[\Omega \cdot cm]$ 미만의 도전성 위험물의 배관 내 유속은 7[m/s] 이하로 할 것

③ 저항률이 $10^{10}[\Omega \cdot cm]$ 이상인 위험물의 배관 내 유속은 관내경이 0.05[m]이면 3.5[m/s] 이하로 할 것

④ 이황화탄소 등과 같이 유동대전이 심하고 폭발위험성이 높은 것은 배관 내 유속을 3[m/s] 이하로 할 것

정답 69 ④ 70 ④ 71 ③ 72 ④

해설 ▷ 배관 내 유속제한
- 저항률이 $10^{10}[\Omega \cdot m]$ 미만인 도전성 위험물의 배관유속 : 7[m/s] 이하
- 에테르, 이황화탄소 등과 같이 유동성이 심하고 폭발위험성이 높은 것 : 1[m/s] 이하
- 물이나 기체를 혼합한 비수용성 위험물 : 1[m/s]
- 저항률이 $10^{10}[\Omega \cdot m]$ 이상인 위험물의 유관의 유속은 유입구가 액면 아래로 충분히 잠길 때까지 : 1[m/s] 이하

73 누전화재가 발생하기 전에 나타나는 현상으로 거리가 가장 먼 것은?

① 인체 감전현상
② 전등 밝기의 변화현상
③ 빈번한 퓨즈 용단현상
④ 전기 사용 기계장치의 오동작 감소

해설 ④ 전기 사용 기계장치의 오동작이 증가한다.

74 정전기 발생에 영향을 주는 요인이 아닌 것은?

① 물체의 분리속도
② 물체의 특성
③ 물체의 접촉시간
④ 물체의 표면상태

해설 ▷ 정전기 발생에 영향을 주는 요인 : 물체의 특성, 물체의 표면상태, 물체의 이력, 접촉면적 및 압력, 분리속도이다.

75 다음은 무슨 현상을 설명한 것인가?

> 전위차가 있는 2개의 대전체가 특정거리에 접근하게 되면 등전위가 되기 위하여 전하가 절연공간을 깨고 순간적으로 빛과 열을 발생하며 이동하는 현상

① 대전
② 충전
③ 방전
④ 열전

해설 방전에 대한 설명이다.

76 전류가 흐르는 상태에서 단로기를 끊었을 때 여러 가지 파괴작용을 일으킨다. 다음 그림에서 유입차단기의 차단순서와 투입순서가 안전수칙에 가장 적합한 것은?

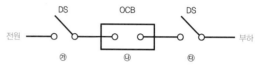

① 차단 : ㉮→㉯→㉰, 투입 : ㉮→㉯→㉰
② 차단 : ㉯→㉰→㉮, 투입 : ㉯→㉰→㉮
③ 차단 : ㉰→㉯→㉮, 투입 : ㉰→㉮→㉯
④ 차단 : ㉯→㉰→㉮, 투입 : ㉰→㉮→㉯

해설 차단은 ㉯ → ㉰ → ㉮ 순으로 하고, 투입은 ㉰ → ㉮ → ㉯로 한다.

77 KS C IEC 60079-0의 정의에 따라 '두 도전부 사이의 고체 절연물 표면을 따른 최단거리'를 나타내는 명칭은?

① 전기적 간격
② 절연공간거리
③ 연면거리
④ 충전물 통과거리

해설 ▷ 연면거리(沿面距離 : Creepage 또는 Creeping Distance) : 절연 표면을 따라 측정한 두 전도성 부품 간 또는 전도성 부품과 장비의 경계면 간 최단 경로를 말한다. 불꽃 방전을 일으키는 두 전극 간 거리를 고체 유전체의 표면을 따라서 그 최단 거리로 나타낸 값

78 KS C IEC 60079-0에 따른 방폭에 대한 설명으로 틀린 것은?

① 기호 "X"는 방폭기기의 특정사용조건을 나타내는 데 사용되는 인증번호의 접미사이다.

② 인화하한(LEL)과 인화상한(UEL) 사이의 범위가 클수록 폭발성 가스 분위기 형성 가능성이 크다.

③ 기기그룹에 따라 폭발성 가스를 분류할 때 ⅡA의 대표 가스로 에틸렌이 있다.

④ 연면거리는 두 도전부 사이의 고체 절연물 표면을 따른 최단거리를 말한다.

해설 • **EX** : Explosion Protection(방폭구조)
 • **IP** : Type of Protection(보호등급)
 • **ⅡA** : Gas Group(가스 증기 및 분진의 그룹)
 • **T5** : Temperatre(표면최고 온도 등급)
 • **G1, G2** : (발화도 등급)
 • **ⅡA의 대표 가스** : 암모니아, 일산화탄소, 벤젠, 아세톤, 에탄올, 메탄올, 프로판
 • **ⅡB의 대표 가스** : 에틸렌, 부타디엔, 틸렌옥사이드, 도시가스

79 정전기 제거 방법으로 가장 거리가 먼 것은?

① 작업장 바닥을 도전처리한다.
② 설비의 도체 부분은 접지시킨다.
③ 작업자는 대전방지화를 신는다.
④ 작업장을 항온으로 유지한다.

해설 ④ 작업장을 항온으로 유지한다.
 → 온도는 정전기와 별 상관이 없다. 습도를 높인다면 정전기 제거에 도움이 된다.
 ① 작업장 바닥을 도전처리한다.
 → 정전기는 전기가 정지해 있는 상태. 따라서 도전(전류를 흐르게 함)하여 전류를 움직이게 한다.
 ② 설비의 도체 부분은 접지시킨다.
 → 역시 전류를 흐르게 한다.
 ③ 작업자는 대전방지화를 신는다.
 → 정전기 재해 예방으로 대전물체의 전하축적을 예방한다.

80 가스 그룹 ⅡB 지역에 설치된 내압방폭구조 "d" 장비의 플랜지 개구부에서 장애물까지의 최소 거리[mm]는?

① 10
② 20
③ 30
④ 40

해설 ▶ 내압방폭구조 플랜지 개구부와 장애물까지의 최소거리
 • ⅡA : 10[mm]
 • ⅡB : 30[mm]
 • ⅡC : 40[mm]

5과목 **화학설비위험방지기술**

81 산업안전보건법령상 안전밸브 등의 전단·후단에는 차단밸브를 설치하여서는 아니되지만 다음 중 자물쇠형 또는 이에 준하는 형식의 차단밸브를 설치할 수 있는 경우로 틀린 것은?

① 인접한 화학설비 및 그 부속설비에 안전밸브 등이 각각 설치되어 있고, 해당 화학설비 및 그 부속설비의 연결배관에 차단밸브가 없는 경우

② 안전밸브 등의 배출용량의 4분의 1 이상에 해당하는 용량의 자동압력조절밸브와 안전밸브 등이 직렬로 연결된 경우

③ 화학설비 및 그 부속설비에 안전밸브 등이 복수방식으로 설치되어 있는 경우

④ 열팽창에 의하여 상승된 압력을 낮추기 위한 목적으로 안전밸브가 설치된 경우

해설 **차단밸브의 설치**(안전보건규칙 제266조 단서)
- 인접한 화학설비 및 그 부속설비에 안전밸브 등이 각각 설치되어 있고, 해당 화학설비 및 그 부속설비의 연결배관에 차단밸브가 없는 경우
- 안전밸브 등의 배출용량의 2분의 1 이상에 해당하는 용량의 자동압력조절밸브(구동용 동력원의 공급을 차단하는 경우 열리는 구조인 것으로 한정한다)와 안전밸브 등이 병렬로 연결된 경우
- 화학설비 및 그 부속설비에 안전밸브 등이 복수방식으로 설치되어 있는 경우
- 예비용 설비를 설치하고 각각의 설비에 안전밸브 등이 설치되어 있는 경우
- 열팽창에 의하여 상승된 압력을 낮추기 위한 목적으로 안전밸브가 설치된 경우
- 하나의 플레어 스택(flare stack)에 둘 이상의 단위공정의 플레어 헤더(flare header)를 연결하여 사용하는 경우로서 각각의 단위공정의 플레어헤더에 설치된 차단밸브의 열림·닫힘 상태를 중앙제어실에서 알 수 있도록 조치한 경우

---

82 화재 감지에 있어서 열감지 방식 중 차동식에 해당하지 않는 것은?

① 공기관식　　　② 열전대식
③ 바이메탈식　　④ 열반도체식

해설 공기관식, 열전대식, 열반도체식은 차동식 감지장치이다. 차동식은 실내온도 상승속도가 한도 이상으로 빠른 경우 경보를 울림. 가장 간단하고 저렴한 방식이며, 온도 변화가 작은 사무실이나 거실, 방 등에 많이 사용

---

83 각 물질(A~D)의 폭발상한계와 하한계가 다음 [표]와 같을 때 다음 중 위험도가 가장 큰 물질은?

구분	A	B	C	D
폭발 상한계	9.5	8.4	15	13
폭발 하한계	2.1	1.8	5	2.6

① A　　　② B
③ C　　　④ D

해설 위험도$(H) = \dfrac{U_2 - U_1}{U_1}$

(U_1 : 폭발하한계, U_2 : 폭발상한계)
위험은 범위가 넓은 것이 위험하다.
A = (9.5-2.1)/2.1 = 3.5, B = (8.4-1.8)/1.8 = 3.7
C = (15-5)/5 = 2, D = (13-2.6)/2.6 = 4

---

84 위험물안전관리법령에서 정한 위험물의 유형 구분이 나머지 셋과 다른 하나는?

① 질산　　　　② 질산칼륨
③ 과염소산　　④ 과산화수소

해설
- **질산칼륨** : 산화성고체로 제1류 위험물
- **질산, 과염소산, 과산화수소** : 산화성액체로 제6류 위험물

---

85 위험물을 산업안전보건법령에서 정한 기준량 이상으로 제조하거나 취급하는 설비로서 특수화학설비에 해당되는 것은?

① 가열시켜 주는 물질의 온도가 가열되는 위험물질의 분해온도보다 높은 상태에서 운전되는 설비
② 상온에서 게이지 압력으로 200[kPa]의 압력으로 운전되는 설비
③ 대기압 하에서 섭씨 300[℃]로 운전되는 설비
④ 흡열반응이 행하여지는 반응설비

해설 **특수화학설비**(안전보건규칙 제273조)
- 발열반응이 일어나는 반응장치
- 증류·정류·증발·추출 등 분리를 하는 장치
- 가열시켜 주는 물질의 온도가 가열되는 위험물질의 분해온도 또는 발화점보다 높은 상태에서 운전되는 설비
- 반응폭주 등 이상 화학반응에 의하여 위험물질이 발생할 우려가 있는 설비
- 온도가 섭씨 350[℃] 이상이거나 게이지 압력이 980[kPa] 이상인 상태에서 운전되는 설비
- 가열로 또는 가열기

---

82 ③　83 ④　84 ②　85 ①　**정답**

86 다음 중 유류화재에 해당하는 화재의 급수는?

① A급   ② B급

③ C급   ④ D급

해설

급 별	명칭
A급 화재(백색)	일반화재
B급 화재(황색)	유류화재
C급 화재(청색)	전기화재
D급 화재(무색)	금속화재

87 헥산 1[vol%], 메탄 2[vol%], 에틸렌 2[vol%], 공기 95[vol%]로 된 혼합가스의 폭발하한계 값[vol%]은 약 얼마인가? (단, 헥산, 메탄, 에틸렌의 폭발하한계 값은 각각 1.1, 5.0, 2.7[vol%]이다.)

① 2.44   ② 12.89

③ 21.78   ④ 48.78

해설 르 샤틀리에 공식 적용

$(1+2+2)/[(1/1.1)+(2/5.0)+(2/2.7)] = 2.439$

88 화염방지기의 설치에 관한 사항으로 ( )에 알맞은 것은?

> 사업주는 인화성 액체 및 인화성 가스를 저장 취급하는 화학설비에서 증기나 가스를 대기로 방출하는 경우에는 외부로부터의 화염을 방지하기 위하여 화염방지기를 그 설비 ( )에 설치하여야 한다.

① 상단

② 하단

③ 중앙

④ 무게중심

해설 화염방지기는 flame arrester로 굴뚝 같은 통기관에 끼워서 상단에 설치해야 한다.

인화성 액체 및 인화성 가스를 저장·취급하는 화학설비에서 증기나 가스를 대기로 방출하는 경우에는 외부로부터의 화염을 방지하기 위하여 화염방지기를 그 설비 상단에 설치해야 한다. 다만, 대기로 연결된 통기관에 화염방지 기능이 있는 통기밸브가 설치되어 있거나, 인화점이 섭씨 38[℃] 이상 60[℃] 이하인 인화성 액체를 저장·취급할 때에 화염방지 기능을 가지는 인화방지망을 설치한 경우에는 그렇지 않다(안전보건규칙 제269조 제1항).

89 위험물안전관리법령상 제3류 위험물 중 금수성 물질에 대하여 적응성이 있는 소화기는?

① 포소화기

② 이산화탄소소화기

③ 할로겐화합물소화기

④ 탄산수소염류분말소화기

해설 제3류 위험물 중 금수성 물질에 대한 소화는 탄산수소염류분말소화기를 사용한다.

90 다음 인화성 가스 중 가장 가벼운 물질은?

① 아세틸렌

② 수소

③ 부탄

④ 에틸렌

해설 수소는 H_2로 분자량이 2이며, 가장 가벼운 물질이다.

정답   86 ②   87 ①   88 ①   89 ④   90 ②

91 다음 중 분진폭발에 관한 설명으로 틀린 것은?

① 폭발한계 내에서 분진의 휘발성분이 많으면 폭발 위험성이 높다.

② 분진이 발화 폭발하기 위한 조건은 가연성, 미분상태, 공기 중에서의 교반과 유동 및 점화원의 존재이다.

③ 가스폭발과 비교하여 연소의 속도나 폭발의 압력이 크고, 연소시간이 짧으며, 발생에너지가 작다.

④ 폭발한계는 입자의 크기, 입도분포, 산소농도, 함유수분, 가연성가스의 혼입 등에 의해 같은 물질의 분진에서도 달라진다.

> 해설 ▶ **분진폭발의 특징**
> • 가스폭발과 비교하여 작지만 연소시간이 길다.
> • 발생에너지가 크기 때문에 파괴력과 타는 정도가 크다.
> • 발화에너지는 상대적으로 훨씬 크다.

92 가연성가스의 폭발범위에 관한 설명으로 틀린 것은?

① 압력 증가에 따라 폭발 상한계와 하한계가 모두 현저히 증가한다.

② 불활성가스를 주입하면 폭발범위는 좁아진다.

③ 온도의 상승과 함께 폭발범위는 넓어진다.

④ 산소 중에서 폭발범위는 공기 중에서 보다 넓어진다.

> 해설 ① 압력 증가에 따라 폭발상한계는 증가하고 하한계는 영향이 없다. 온도의 상승으로 폭발하한계는 약간 하강하고 폭발상한계는 상승한다.

93 사업주는 특수산화설비를 설치할 때 내부의 이상상태를 조기에 파악하기 위하여 필요한 계측장치를 설치하여야 한다. 다음 중 이에 해당하는 특수화학설비가 아닌 것은?

① 발열 반응이 일어나는 반응장치

② 증류, 증발 등 분리를 행하는 장치

③ 가열로 또는 가열기

④ 액체의 누설을 방지하는 방유장치

> 해설 ▶ **특수화학설비**(안전보건규칙 제273조)
> • 발열반응이 일어나는 반응장치
> • 증류·정류·증발·추출 등 분리를 하는 장치
> • 가열시켜 주는 물질의 온도가 가열되는 위험물질의 분해온도 또는 발화점보다 높은 상태에서 운전되는 설비
> • 반응폭주 등 이상 화학반응에 의하여 위험물질이 발생할 우려가 있는 설비
> • 온도가 섭씨 350[℃] 이상이거나 게이지 압력이 980[kPa] 이상인 상태에서 운전되는 설비
> • 가열로 또는 가열기

94 가스 또는 분진폭발 위험장소에 설치되는 건축물의 내화구조로 설명한 것으로 틀린 것은?

① 건축물 기둥 및 보는 지상층까지 내화구조로 한다.

② 위험물 저장·취급용기의 지지대는 지상으로부터 지지대의 끝부분까지 내화구조로 한다.

③ 건축물 주변에 자동소화설비를 설치한 경우 건축물 화재 시 1시간 이상 그 안전성을 유지한 경우는 내화구조로 하지 아니할 수 있다.

④ 배관·전선관 등의 지지대는 지상으로부터 1단까지 내화구조로 한다.

해설 ▶ **내화구조**(안전보건규칙 제270조 제1항 단서)
- 건축물의 기둥 및 보 : 지상 1층(지상 1층의 높이가 6[m]를 초과하는 경우에는 6[m])까지
- 위험물 저장·취급용기의 지지대(높이가 30[cm] 이하인 것은 제외한다) : 지상으로부터 지지대의 끝부분까지
- 배관·전선관 등의 지지대 : 지상으로부터 1단(1단의 높이가 6[m]를 초과하는 경우에는 6[m])까지
- 건축물 등의 주변에 화재에 대비하여 물 분무시설 또는 폼 헤드(foam head)설비 등의 자동소화설비를 설치하여 건축물 등이 화재시에 2시간 이상 그 안전성을 유지할 수 있도록 한 경우에는 내화구조로 하지 아니할 수 있다.

해설 ▶ **건조설비의 사용**(안전보건규칙 제283조)
- 위험물 건조설비를 사용하는 경우에는 미리 내부를 청소하거나 환기할 것
- 위험물 건조설비를 사용하는 경우에는 건조로 인하여 발생하는 가스·증기 또는 분진에 의하여 폭발·화재의 위험이 있는 물질을 안전한 장소로 배출시킬 것
- 위험물 건조설비를 사용하여 가열건조하는 건조물은 쉽게 이탈되지 않도록 할 것
- 고온으로 가열건조한 인화성 액체는 발화의 위험이 없는 온도로 냉각한 후에 격납시킬 것
- 건조설비(바깥 면이 현저히 고온이 되는 설비만 해당한다)에 가까운 장소에는 인화성 액체를 두지 않도록 할 것

---

95 고압가스의 분류 중 압축가스에 해당되는 것은?

① 질소
② 프로판
③ 산화에틸렌
④ 염소

해설 압축가스는 상온에서 압축해도 액화되지 않고 기체로 압축된다. 이에는 수소, 산소, 질소, 메탄 등이 있다.

---

96 건조설비를 사용하여 작업을 하는 경우에 폭발이나 화재를 예방하기 위하여 준수하여야 하는 사항으로 틀린 것은?

① 위험물 건조설비를 사용하는 경우에는 미리 내부를 청소하거나 환기할 것
② 위험물 건조설비를 사용하여 가열건조하는 건조물은 쉽게 이탈되도록 할 것
③ 고온으로 가열건조한 인화성 액체는 발화의 위험이 없는 온도로 냉각한 후에 격납시킬 것
④ 바깥 면이 현저히 고온이 되는 건조설비에 가까운 장소에는 인화성 액체를 두지 않도록 할 것

---

97 액화 프로판 310[kg]을 내용적 50[L] 용기에 충전할 때 필요한 소요 용기의 수는 몇 개인가? (단, 액화 프로판의 가스정수는 2.35이다.)

① 15
② 17
③ 19
④ 21

해설 가스정수 = 부피/무게
2.35 = 필요부피/310
필요부피 = 2.35 × 310 = 728.5
필요한 개수 = $\frac{728.5}{50}$ = 14.57 ⇒ 15개

---

98 산업안전보건법령상 위험물질의 종류와 해당물질의 연결이 옳은 것은?

① 폭발성 물질 : 마그네슘분말
② 인화성 고체 : 중크롬산
③ 산화성 물질 : 니트로소화합물
④ 인화성 가스 : 에탄

해설 ① 물반응성 물질 및 인화성 고체 : 마그네슘분말
② 산화성 액체 및 산화성 고체 : 중크롬산
③ 폭발성 물질 및 유기과산화물 : 니트로소화합물

---

99 가연성 기체의 분출 화재 시 주 공급밸브를 닫아서 연료공급을 차단하여 소화하는 방법은?

① 제거소화 ② 냉각소화
③ 희석소화 ④ 억제소화

해설 • **제거소화** : 가연물(연료)을 제거하거나 가연성 액체의 농도를 희석시켜 연소를 저지하는 것을 말한다.
• **냉각소화** : 액체 또는 고체소화제를 사용하여 가연물을 냉각시켜 인화점 및 발화점 이하로 떨어뜨려 소화하는 방법으로 이의 대표적인 소화제는 물이다.
• **억제소화** : 물이나 할로겐 소화

100 산업안전보건법령에 따라 위험물 건조설비 중 건조실을 설치하는 건축물의 구조를 독립된 단층 건물로 하여야 하는 건조설비가 아닌 것은?

① 위험물 또는 위험물이 발생하는 물질을 가열·건조하는 경우 내용적이 2[m³]인 건조설비
② 위험물이 아닌 물질을 가열·건조하는 경우 액체연료의 최대사용량이 5[kg/h]인 건조설비
③ 위험물이 아닌 물질을 가열·건조하는 경우 기체연료의 최대사용량이 2[m³/h]인 건조설비
④ 위험물이 아닌 물질을 가열·건조하는 경우 전기사용 정격용량이 20[kW]인 건조설비

해설 ② 위험물이 아닌 물질을 가열·건조하는 경우 액체연료의 최대사용량이 10[kg/h]인 건조설비(안전보건규칙 제280조)

6과목 건설안전기술

101 산업안전보건관리비 계상 및 사용기준에 따른 공사 종류별 계상기준으로 옳은 것은? (단, 철도·궤도신설공사이고, 대상액이 5억원 미만인 경우)

① 1.85[%] ② 2.45[%]
③ 3.09[%] ④ 3.43[%]

해설

구 분 공사 종류	대상액 5억원 미만인 경우 적용 비율 [%]	대상액 5억원 이상 50억원 미만인 경우		대상액 50억원 이상인 경우 적용 비율 [%]	영 별표5에 따른 보건 관리자 선임 대상 건설 공사의 적용비율 [%]
		적용 비율 [%]	기초액		
일반건설 공사(갑)	2.93[%]	1.86 [%]	5,349,000원	1.97[%]	2.15[%]
일반건설 공사(을)	3.09[%]	1.99 [%]	5,499,000원	2.10[%]	2.29[%]
중건설 공사	3.43[%]	2.35 [%]	5,400,000원	2.44[%]	2.66[%]
철도· 궤도 신설공사	2.45[%]	1.57 [%]	4,411,000원	1.66[%]	1.81[%]
특수 및 기타 건설공사	1.85[%]	1.20 [%]	3,250,000원	1.27[%]	1.38[%]

102 공정률이 65[%]인 건설현장의 경우 공사 진척에 따른 산업안전보건관리비의 최소 사용기준으로 옳은 것은?

① 40[%] 이상 ② 50[%] 이상
③ 60[%] 이상 ④ 70[%] 이상

해설

공정률	50[%] 이상 70[%] 미만	70[%] 이상 90[%] 미만	90[%] 이상
사용기준	50[%] 이상	70[%] 이상	90[%] 이상

103 강관비계를 조립할 때 준수하여야 할 사항으로 옳지 않은 것은?

① 띠장간격은 1.5[m] 이하로 설치할 것
② 비계기둥의 간격은 띠장 방향에서 1.85[m] 이하로 할 것
③ 비계기둥의 제일 윗부분으로부터 31[m] 되는 지점 밑부분의 비계기둥은 2개의 강관으로 묶어 세울 것
④ 비계기둥 간의 적재하중은 400[kg]을 초과하지 않도록 할 것

해설 ▶ **강관비계의 구조**(안전보건규칙 제60조)
• 비계기둥의 간격은 띠장 방향에서는 1.85[m] 이하, 장선(長線) 방향에서는 1.5[m] 이하로 할 것. 다만, 선박 및 보트 건조작업의 경우 안전성에 대한 구조검토를 실시하고 조립도를 작성하면 띠장 방향 및 장선 방향으로 각각 2.7[m] 이하로 할 수 있다.
• 띠장 간격은 2.0[m] 이하로 할 것. 다만, 작업의 성질상 이를 준수하기가 곤란하여 쌍기둥틀 등에 의하여 해당 부분을 보강한 경우에는 그러하지 아니하다.
• 비계기둥의 제일 윗부분으로부터 31[m] 되는 지점 밑부분의 비계기둥은 2개의 강관으로 묶어 세울 것. 다만, 브라켓(bracket, 까치발) 등으로 보강하여 2개의 강관으로 묶을 경우 이상의 강도가 유지되는 경우에는 그러하지 아니하다.
• 비계기둥 간의 적재하중은 400[kg]을 초과하지 않도록 할 것

104 터널붕괴를 방지하기 위한 지보공에 대한 점검사항과 가장 거리가 먼 것은?

① 부재의 긴압 정도
② 부재의 손상·변형·부식·변위 탈락의 유무 및 상태
③ 기둥침하의 유무 및 상태
④ 경보장치의 작동상태

해설 ▶ **터널 지보공 설치 시 점검사항**(안전보건규칙 제366조)
• 부재의 손상·변형·부식·변위 탈락의 유무 및 상태
• 부재의 긴압 정도
• 부재의 접속부 및 교차부의 상태
• 기둥침하의 유무 및 상태

105 콘크리트 타설작업 시 안전에 대한 유의사항으로 옳지 않은 것은?

① 콘크리트를 치는 도중에는 지보공·거푸집 등의 이상 유무를 확인한다.
② 높은 곳으로부터 콘크리트를 타설할 때는 호퍼로 받아 거푸집 내에 꽂아 넣는 슈트를 통해서 부어 넣어야 한다.
③ 진동기를 가능한 한 많이 사용할수록 거푸집에 작용하는 측압상 안전하다.
④ 콘크리트를 한 곳에만 치우쳐서 타설하지 않도록 주의한다.

해설 ③ 진동기를 넣고 나서 뺄 때까지 시간은 보통 5~15초가 적당하며 많이 사용할수록 거푸집에 측압이 상승하여 도괴의 원인이 된다.

106 건설공사 위험성평가에 관한 내용으로 옳지 않은 것은?

① 건설물, 기계·기구, 설비 등에 의한 유해·위험요인을 찾아내어 위험성을 결정하고 그 결과에 따른 조치를 하는 것을 말한다.
② 사업주는 위험성평가의 실시내용 및 결과를 기록·보존하여야 한다.
③ 위험성평가 기록물의 보존기간은 2년이다.
④ 위험성평가 기록물에는 평가대상의 유해·위험요인, 위험성결정의 내용 등이 포함된다.

해설 ③ 사업주는 위험성 평가 기록물을 3년간 보존해야 한다.

정답 103 ① 104 ④ 105 ③ 106 ③

107 구축물이 풍압·지진 등에 의하여 붕괴 또는 전도하는 위험을 예방하기 위한 조치와 가장 거리가 먼 것은?

① 설계도서에 따라 시공했는지 확인

② 건설공사 시방서에 따라 시공했는지 확인

③ 「건축물의 구조기준 등에 관한 규칙」에 따른 구조기준을 준수했는지 확인

④ 보호구 및 방호장치의 성능검정 합격품을 사용했는지 확인

> **해설** ▶ **구축물 또는 유사한 시설물 등의 안전유지**(안전보건규칙 제51조)
> 사업주는 구축물 또는 이와 유사한 시설물에 대하여 자중(自重), 적재하중, 적설, 풍압(風壓), 지진이나 진동 및 충격 등에 의하여 전도·폭발하거나 무너지는 등의 위험을 예방하기 위하여 다음 각 호의 조치를 하여야 한다.
> • 설계도서에 따라 시공했는지 확인
> • 건설공사 시방서(示方書)에 따라 시공했는지 확인
> • 「건축물의 구조기준 등에 관한 규칙」에 따른 구조기준을 준수했는지 확인

108 건립 중 강풍에 의한 풍압 등 외압에 대한 내력이 설계에 고려되었는지 확인하여야 하는 철골구조물의 기준으로 옳지 않은 것은?

① 높이 20[m] 이상의 구조물

② 구조물의 폭과 높이의 비가 1 : 4 이상인 구조물

③ 이음부가 공장 제작인 구조물

④ 연면적당 철골량이 50[kg/m²] 이하인 구조물

> **해설** ▶ **외압 내력설계 철골구조물의 기준**
> • 높이 20[m] 이상인 철골구조물
> • 폭과 높이의 비가 1 : 4 이상인 철골 구조물
> • 철골 설치 구조가 비정형적인 구조물(캔틸레버 구조물 등)
> • 타이플레이트(Tie Plate)형 기둥을 사용한 철골 구조물
> • 이음부가 현장 용접인 철골 구조물

109 그물코의 크기가 5[cm]인 매듭 방망일 경우 방망사의 인장강도는 최소 얼마 이상이어야 하는가? (단, 방망사는 신품인 경우이다.)

① 50[kg]   ② 100[kg]
③ 110[kg]   ④ 150[kg]

해설	방망의 종류(단위 : [kg])			
그물코의 크기 (단위 : [cm])	매듭 없는 방망		매듭 방망	
	신품에 대한	폐기 시	신품에 대한	폐기 시
10	240	150	200	135
5	–		110	60

110 작업장에 계단 및 계단참을 설치하는 경우 매제곱미터당 최소 몇 [kg] 이상의 하중에 견딜 수 있는 강도를 가진 구조로 설치하여야 하는가?

① 300[kg]   ② 400[kg]
③ 500[kg]   ④ 600[kg]

> **해설** 계단 및 계단참을 설치하는 경우 매제곱미터당 500[kg] 이상의 하중에 견딜 수 있는 강도를 가진 구조로 설치하여야 하며, 안전율[안전의 정도를 표시하는 것으로서 재료의 파괴응력도(破壞應力度)와 허용응력도(許容應力度)의 비율을 말한다]은 4 이상으로 하여야 한다(안전보건규칙 제26조).

111 터널 등의 건설작업을 하는 경우에 낙반 등에 의하여 근로자가 위험해질 우려가 있는 경우에 필요한 직접적인 조치사항과 거리가 먼 것은?

① 터널지보공 설치   ② 부석의 제거
③ 울 설치   ④ 록볼트 설치

> **해설** ③ 울 설치는 추락위험 방지를 위한 조치사항이다.

112 비계의 높이가 2[m] 이상인 작업장소에 설치하는 작업발판의 설치기준으로 옳지 않은 것은? (단, 달비계, 달대비계 및 말비계는 제외)

① 작업발판의 폭은 40[cm] 이상으로 한다.
② 작업발판재료는 뒤집히거나 떨어지지 않도록 하나 이상의 지지물에 연결하거나 고정시킨다.
③ 발판재료 간의 틈은 3[cm] 이하로 한다.
④ 작업발판의 지지물은 하중에 의하여 파괴될 우려가 없는 것을 사용한다.

> **해설** ② 작업발판재료는 뒤집히거나 떨어지지 않도록 둘 이상의 지지물에 연결하거나 고정시킨다(안전보건규칙 제56조).

113 차량계 건설기계를 사용하여 작업을 하는 경우 작업계획서 내용에 포함되지 않는 사항은?

① 사용하는 차량계 건설기계의 종류 및 성능
② 차량계 건설기계의 운행경로
③ 차량계 건설기계에 의한 작업방법
④ 차량계 건설기계 사용 시 유도자 배치 위치

> **해설** ▶ **차량계 건설기계 작업계획서 포함사항**(안전보건규칙 별표 4)
> • 사용하는 차량계 건설기계의 종류 및 성능
> • 차량계 건설기계의 운행경로
> • 차량계 건설기계에 의한 작업방법

114 산업안전보건법령에 따른 작업발판 일체형 거푸집에 해당되지 않는 것은?

① 갱 폼(Gang Form)
② 슬립 폼(Slip Form)
③ 유로 폼(Euro Form)
④ 클라이밍 폼(Climbing Form)

> **해설** ▶ **작업발판 일체형 거푸집**(안전보건규칙 제337조 제1항)
> • 갱 폼(gang form)
> • 슬립 폼(slip form)
> • 클라이밍 폼(climbing form)
> • 터널 라이닝 폼(tunnel lining form)
> • 그 밖에 거푸집과 작업발판이 일체로 제작된 거푸집 등

115 산업안전보건법령에 따른 양중기의 종류에 해당하지 않는 것은?

① 고소작업차
② 이동식 크레인
③ 승강기
④ 리프트(Lift)

> **해설** ▶ **양중기의 종류**(안전보건규칙 제132조 제1항)
> • 크레인[호이스트(hoist)를 포함한다]
> • 이동식 크레인
> • 리프트(이삿짐운반용 리프트의 경우에는 적재하중이 0.1[t] 이상인 것으로 한정한다)
> • 곤돌라
> • 승강기

116 산업안전보건관리비 항목 중 안전시설비로 사용 가능한 것은?

① 원활한 공사수행을 위한 가설시설 중 비계설치 비용
② 소음관련 민원예방을 위한 건설현장 소음방지용 방음시설 설치 비용
③ 근로자의 재해예방을 위한 목적으로만 사용하는 CCTV에 사용되는 비용
④ 기계·기구 등과 일체형 안전장치의 구입비용

해설 ◆ 안전관리비의 사용 불가 내역

원활한 공사수행을 위해 공사현장에 설치하는 시설물, 장치, 자재, 안내·주의·경고 표지 등과 공사 수행 도구·시설이 안전장치와 일체형인 경우 등에 해당하는 경우 그에 소요되는 구입·수리 및 설치·해체 비용 등

1. **원활한 공사수행을 위한 가설시설, 장치, 도구, 자재 등**
   - 외부인 출입금지, 공사장 경계표시를 위한 가설울타리
   - 각종 비계, 작업발판, 가설계단·통로, 사다리 등
     ※ 안전발판, 안전통로, 안전계단 등과 같이 명칭에 관계없이 공사 수행에 필요한 가시설들은 사용 불가
     ※ 다만, 비계·통로·계단에 추가 설치하는 추락방지용 안전난간, 사다리 전도방지장치, 틀비계에 별도로 설치하는 안전난간·사다리, 통로의 낙하물방호선반 등은 사용 가능함
   - 절토부 및 성토부 등의 토사유실 방지를 위한 설비
   - 작업장 간 상호 연락, 작업 상황 파악 등 통신수단으로 활용되는 통신시설·설비
   - 공사 목적물의 품질 확보 또는 건설장비 자체의 운행 감시, 공사 진척상황 확인, 방범 등의 목적을 가진 CCTV 등 감시용 장비
     ※ 다만 근로자의 재해예방을 위한 목적으로만 사용하는 CCTV에 소요되는 비용은 사용 가능함

2. **소음·환경관련 민원예방, 교통통제 등을 위한 각종 시설물, 표지**
   - 건설현장 소음방지를 위한 방음시설, 분진망 등 먼지·분진 비산 방지시설 등
   - 도로 확·포장공사, 관로공사, 도심지 공사 등에서 공사차량 외의 차량유도, 안내·주의·경고 등을 목적으로 하는 교통안전시설물
     ※ 공사안내·경고 표지판, 차량유도등·점멸등, 라바콘, 현장경계휀스, PE드럼 등

3. **기계·기구 등과 일체형 안전장치의 구입비용**
   ※ 기성제품에 부착된 안전장치 고장 시 수리 및 교체비용은 사용 가능
   - 기성제품에 부착된 안전장치
     ※ 톱날과 일체식으로 제작된 목재가공용 둥근톱의 톱날접촉예방장치, 플러그와 접지 시설이 일체식으로 제작된 접지형플러그 등
   - 공사수행용 시설과 일체형인 안전시설

4. 동일 시공업체 소속의 타 현장에서 사용한 안전시설물을 전용하여 사용할 때의 자재비(운반비는 안전관리비로 사용할 수 있다)

---

117 달비계의 최대 적재하중을 정함에 있어서 활용하는 안전계수의 기준으로 옳은 것은? (단, 곤돌라의 달비계를 제외한다.)

① 달기 훅 : 5 이상
② 달기 강선 : 5 이상
③ 달기 체인 : 3 이상
④ 달기 와이어로프 : 5 이상

해설 ◆ 안전계수(안전보건규칙 제55조)
- 달기 와이어로프 및 달기 강선의 안전계수 : 10 이상
- 달기 체인 및 달기 훅의 안전계수 : 5 이상
- 달기 강대와 달비계의 하부 및 상부 지점의 안전계수 : 강재(鋼材)의 경우 2.5 이상, 목재의 경우 5 이상
  ※ 안전계수는 와이어로프 등의 절단하중 값을 그 와이어로프 등에 걸리는 하중의 최댓값으로 나눈 값을 말한다.

---

118 사다리식 통로 등을 설치하는 경우 통로 구조로서 옳지 않은 것은?

① 발판의 간격은 일정하게 한다.
② 발판과 벽과의 사이는 15[cm] 이상의 간격을 유지한다.
③ 사다리의 상단은 걸쳐놓은 지점으로부터 60[cm] 이상 올라가도록 한다.
④ 폭은 40[cm] 이상으로 한다.

해설 ◆ 사다리식 통로(안전보건규칙 제24조 제1항)
- 발판과 벽 사이 15[cm] 이상
- 폭 30[cm] 이상
- 사다리 상단은 걸친점에서 60[cm] 이상
- 기울기 75[°] 이하(고정식 : 90[°] 이하, 7[m] 이상일 때 2.5[m] 지점부터 등받이울 설치)

---

119 유해위험방지계획서 제출 시 첨부서류로 옳지 않은 것은?

① 공사현장의 주변 현황 및 주변과의 관계를 나타내는 도면

② 공사개요서

③ 전체공정표

④ 작업인부의 배치를 나타내는 도면 및 서류

해설 ▶ **유해위험방지계획서 첨부서류**(산업안전보건법 시행규칙 별표 10)
- 공사 개요서
- 공사현장의 주변 현황 및 주변과의 관계를 나타내는 도면(매설물 현황을 포함한다)
- 전체 공정표
- 산업안전보건관리비 사용계획서(별지 제102호 서식)
- 안전관리 조직표
- 재해 발생 위험 시 연락 및 대피방법

120 법면 붕괴에 의한 재해 예방조치로서 옳은 것은?

① 지표수와 지하수의 침투를 방지한다.

② 법면의 경사를 증가한다.

③ 절토 및 성토높이를 증가한다.

④ 토질의 상태에 관계없이 구배조건을 일정하게 한다.

해설 ①은 예방조치에 해당하나, ②·③·④는 붕괴의 원인이 될 수 있다.
▶ **토석 붕괴의 원인**
1. **외적 원인**
   - 사면, 법면의 경사 및 기울기의 증가
   - 절토 및 성토 높이의 증가
   - 공사에 의한 진동 및 반복하중의 증가
   - 지표수 및 지하수의 침투에 의한 토사 중량의 증가
   - 지진, 차량, 구조물의 하중작용
   - 토사 및 암석의 혼합층 두께
2. **내적 원인**
   - 절토 사면의 토질, 암질
   - 성토 사면의 토질구성 및 분포
   - 토석의 강도 저하

☂ Profile

공학박사 오병섭

[자격]
기계안전/건설안전/건설기계기술사
산업위험성평가사
PMP 사업관리사
KOSHA-MS 인증심사위원

[경력]
국가기술자격시험 검토 · 출제위원
한국전력/국토교통부/건설기계안전관리원 검사부장
현대중공업 중앙연구소 기술관리부장/수석연구원
서울시/인천 LH평가 심의위원
대림대/한세대 대학원 겸임교수
(사)한국안전보건협회 회장
(현)한국안전보건평가원 원장
(현)한국건설안전공사 부회장

[연구 및 저술활동]
산업안전보건법/중대재해처벌법 법령집
중대재해처벌법 총람
연구실험실 안전실무
직무스트레스 진단평가
온실가스에너지 적산실무

공학박사 김세연

[자격]
산업안전기사
인간공학기사
산업위험성평가사
PSM 지도사
주차관리사
스마트시티평가사

[경력]
교통안전공단 제안서 심사위원/자문위원
서울시 공유촉진위원회 위원
수원시 지방재정계획심의위원회 및
스마트시티협의회 위원
(사)한국선진교통문화연합회 이사장
스마트도시문화연구소 대표
(사)한국안전보건협회 전문위원
(현)한국안전보건평가원 상임이사
(현)한국건설안전공사 연구위원

[연구 및 저술활동]
주차장 법규&운영
온실가스에너지 적산실무

류선희

[경력]
(전)종로 Y 고시학원 기술직 9급, 7급 전임교수
(전)신림동 H 고시학원 전임교수(전기자기학, 회로이론)
(현)신지원에듀 산업안전기사 전임강사
(현)대양전기직업전문학교 대표

경국현

[경력]
(전)중앙열관리공과학원 가스 · 산업 · 건설안전 강의
(전)재단법인 안전관리대행협회 성남지부 안전교육 전임강사
(전)중앙기술고시학원 산업 · 건설안전 강의
(전)한신기술고시학원 산업 · 건설안전 강의
(전)(주)올배움 안전보건분야 전임교수
(전)세영직업전문학교 안전보건분야 전임교수
(현)신지원에듀 산업안전기사 전임교수
그 외 대학교, 기업체, 공기업 다수 강의

2023

산업안전기사 _ 필기

초판인쇄	2023년 4월 5일
초판발행	2023년 4월 10일
공편저자	오병섭 · 김세연 · 류선희 · 경국현
발 행 인	최현동
발 행 처	신지원
주 소	07532 서울특별시 강서구 양천로 551-17, 813호(가양동, 한화비즈메트로 1차)
전 화	(02) 2013-8080
팩 스	(02) 2013-8090
등 록	제16-1242호
교재구입문의	(02) 2013-8080~1

저자와의
협의하에
인지생략

정 가 38,000원
ISBN 979-11-6633-228-9 13530